표기법

각 항목 뒤의 숫자는 본문에서 해당 기호가 설명된 페이지를 나타낸다.

집합과 함수

$c \in B$	c는 집합 B의 원소이다, 657
$c \notin B$	c는 집합 B의 원소가 아니다, 657
$\varnothing$	공집합, 658
$B \subseteq C$	B는 C의 부분집합, 658
$B - C$	B에서 C의 차집합, 659
$B \cap C$	B와 C의 교집합, 659
$\bigcap_{i \in I} A_i$	$i \in I$에 대하여 집합 A_i들의 교집합, 660
$B \cup C$	B와 C의 합집합, 659
$\bigcup_{i \in I} Ai$	$i \in I$에 대하여 집합 A_i들의 합집합, 660
$B \times C$	집합 B와 C의 곱집합, 660
$f : B \to C$	집합 B에서 집합 C로의 함수[또는 사상], 661
$f(b)$	함수에 대한 b의 상, 또는 함수 f의 b에서의 값, 661
$\iota_B : B \to B$	집합 B 위의 항등사상, 661
$g \circ f$	$f : B \to C$와 $g : C \to D$의 합성함수, 661~662
$\mathrm{Im} f$	함수 $f : B \to C$의 치역, 이것은 C의 부분집합이다, 666

주요 집합

$\mathbb{N}$	음이 아닌 정수 전체, 674
$\mathbb{Z}$	정수 전체, 3
$\mathbb{Q}$	유리수 전체, 61, 243
$\mathbb{R}$	실수 전체, 57, 243
$\mathbb{C}$	복소수 전체, 62, 243
$\mathbb{Q}^*$, $\mathbb{R}^*$, $\mathbb{C}^*$	각각 $\mathbb{Q}$, $\mathbb{R}$, $\mathbb{C}$의 영이 아닌 원소 전체, 226, 243
$\mathbb{Q}^{**}$, $\mathbb{R}^{**}$	각각 양의 유리수 전체, 양의 실수 전체, 227, 244

정수

$b \mid a$	a가 b로 나누어진다 [또는 b가 a의 약수(인수)이다], 10
$\gcd(a, b)$	a와 b의 최대공약수(gcd), 11
$\gcd(a_1, a_2, \ldots, a_n)$	$a_1, a_2, \ldots, a_n$의 최대공약수(gcd), 19
$\mathrm{lcm}[a, b]$	a와 b의 최소공배수(lcm), 20

$\operatorname{lcm}[a_1, a_2, \ldots, a_n]$	$a_1, a_2, \ldots, a_n$의 최소공배수(lcm), 20
$a \equiv b \pmod{n}$	a는 b와 모듈로 n 합동, 31
$[a]$ 또는 $[a]_n$	a의 모듈로 n 합동류, 34, 35
$\mathbb{Z}_n$	모듈로 n 합동류 전제 집합, 37

환과 아이디얼

1_R	항등원을 갖는 환에서 곱셈에 대한 항등원, 56
$M(\mathbb{R})$	실수 위의 2×2 행렬의 환, 58
$M(\mathbb{Z}), M(\mathbb{Q}),$ $M(\mathbb{C}), M(\mathbb{Z}_n)$	각각 $\mathbb{Z}$, $\mathbb{Q}$, $\mathbb{C}$, $\mathbb{Z}_n$ 위의 2×2 행렬의 환, 60
0	$M(\mathbb{R})$의 영행렬, 59
$M(R)$	항등원을 갖는 가환환 R 위의 2×2 행렬의 환, 60
$R \cong S$	환 R이 환 S와 동형이다, 92
(c)	c로 생성된 주아이디얼, 185
$(c_1, c_2, \ldots, c_n)$	$c_1, c_2, \ldots, c_n$으로 생성된 아이디얼, 186
$a \equiv b \pmod{I}$	a는 b와 모듈로 I 합동, 186
$a + I$	a의 모듈로 I 잉여류[합동류], 188
R/I	환 R을 아이디얼 I로 나눈 몫환 [또는 인자환], 189, 198
$I + J$	아이디얼 I와 J의 합 (이것 또한 아이디얼이다), 192
IJ	아이디얼 I와 J의 곱 (이것 또한 아이디얼이다), 194
$\mathbb{Z}[\sqrt{d}]$	$\mathbb{C}$ 의 부분환 $\{r + s\sqrt{d} \mid d, r, s \in \mathbb{Z}\}$, 416
$\mathbb{Z}[i]$, $\mathbb{Z}[\sqrt{-1}]$	Gauss 정수의 환, 416
$\mathbb{Q}_{\mathbb{Z}}[x]$	상수항이 정수인 모든 유리수 계수 다항식의 환, 434
$N: \mathbb{Z}[\sqrt{d}] \to \mathbb{Z}$	노름 함수, 447
$F(x)$	체 F 위의 다항식 환 $F[x]$의 분수체 [또는 유리함수체], 463

다항식

$R[x]$	환 R 위의 다항식 환, 109
$\deg f(x)$	다항식 $f(x)$의 차수, 111
$f(x) \mid g(x)$	$g(x)$는 $f(x)$로 나누어진다[또는 $f(x)$는 $g(x)$의 인수이다], 121
$f(x) \equiv g(x) \pmod{p(x)}$	$f(x)$는 $g(x)$와 모듈로 $p(x)$ 합동이다, 161
$[f(x)]$ 또는 $[f(x)]_{p(x)}$	$f(x)$의 모듈로 $p(x)$ 합동류, 163
$F[x]/p(x)$	모듈로 $p(x)$ 합동류의 환, 165, 170

목록은 뒤표지 안쪽으로 이어진다.

Abstract Algebra
An Introduction Third Edition

제3판

현대대수학

Thomas W. Hungerford 지음

심효섭 옮김

KM 경문사

Cengage

Australia • Brazil • Canada • Mexico • Singapore • United Kingdom • United States

Abstract Algebra: An Introduction, 3rd Edition

Thomas W. Hungerford

Original edition © 2013 Brooks Cole, a part of Cengage Learning.
Abstract Algebra: An Introduction, 3rd Edition
by Thomas W. Hungerford
ISBN: 9781111569624

This edition is translated by license from Brooks Cole, a part of Cengage Learning, for sale in Korea only.

ISBN-13: 979-11-6073-674-8

Cengage Learning Korea Ltd.
14F YTN Newsquare 76 Sangamsan-ro
Mapo-gu Seoul 03926 Korea
Tel: (82) 1533 7053
Fax: (82) 2 330 7001

Cengage is a leading provider of customized learning solutions with employees residing in nearly 40 different countries and sales in more than 125 countries around the world. Find your local representative at: **www.cengage.com**.

To learn more about Cengage Solutions, visit **www.cengageasia.com**.

Every effort has been made to trace all sources and copyright holders of news articles, figures and information in this book before publication, but if any have been inadvertently overlooked, the publisher will ensure that full credit is given at the earliest opportunity.

Printed in Korea
Print Number: 01 Print Year: 2024

차례

* 핵심과정에서 *로 표시된 절은 생략하거나 뒤로 미룰 수 있다. 자세한 내용은 각 절의 시작 부분을 참조하라.

* 핵심과정에서 *로 표시된 절은 생략하거나 뒤로 미룰 수 있다. 자세한 내용은 각 절의 시작 부분을 참조하라.

머리말

이 책은 현대 추상대수학(abstract algebra)에서 학부 과정의 첫 강좌용으로 계획된 것이다. 선형대수는 필수적인 선수 요건이 아니다. 유연한 설계로 이 책이 전통적 현대대수학 과정이나, 응용 중심의 과정, 또는 중등학교 예비 교사를 위한 과정을 포함하는 (그러나 이것들에 한정하지 않고) 여러 가지 다양한 길이와 다양한 수학적 수준의 과정에 적합하게 하였다. 이전 판과 마찬가지로 설명의 명료성에 중점을 두고, 보통 수준의 학생들이 최소한의 외부 조력으로 읽을 수 있는 책을 만드는 것이 목표이다.

제3판의 새로운 점

군 먼저 선택권 (나처럼) 군(groups) 이전에 환(rings)을 먼저 다루는 것이 현대대수학에 대한 더 좋은 교육학적 접근이라고 믿는 사람들은 이전 판을 사용하였던 것과 똑같이 이 판을 사용할 수 있다.

그렇지만, 들리는 바에 따르면 어떤 강사들은 '군 먼저' 강좌에 제2판을 사용했으며, 이것은 아마도 필요에 맞게 조정하는 부담을 기꺼이 무릅쓰고라도, 이 책의 다른 면을 좋아하는 것을 의미하는 것 같다. 그들이 더 편안할 수 있도록, (또 '군 먼저'를 좋아하는 그 밖의 누군가를 위하여)

(필수는 아니지만) 이제 환 이전에 군을 먼저 다루는 강좌에 이 책을 사용할 수 있다.

자세한 내용은 교수에게 부분을 보라.

이 선택이 유연하도록 새롭게 쓴 많은 내용은 '환 먼저' 이용자에게도 도움이 된다. 그중 많은 사람이 사실상 "환에 대한 유사 정리의 증명을 적용하라."고 지시하기보다, 군 이론(group theory)의 장에서 완전한 증명을 제시해주기를 제안해왔다. 이제 완전한 증명이 그곳에 있다.

초보자를 위한 증명 첫 현대대수학 강좌에 들어오는 많은 학생은 증명을 읽거나 쓴 경험이 거의 (또는 전혀) 없다. 그런 학생들을 (또 잘 준비된 학생들도) 돕기 위하여, (특히 제1장과 제2장에서) 많은 증명을 다시 쓰고 상세히 다루었다. 증명을 여러 개의 단계로

쪼개어 각각 조심스럽게 설명하고, 상세하게 증명하였다. 이런 증명은 더 많은 공간을 차지하지만, 이해를 더 잘할 수 있게 돕는다면 그만한 가치가 있다고 생각한다.

학생들이 필수적인 주제에 더 집중할 수 있도록, 이 책의 나머지 부분에서 중요하지 않은 정수론의 여러 가지 항목을 제1장과 제2장에서 (어떤 것은 연습문제로 남기지만) 삭제하였다.

더 많은 예제와 연습문제 핵심 과정(제1~8장)에서 이전 판보다 예제는 35%, 연습문제는 13% 더 늘렸다. 일부 오래된 연습문제를 바꾸어, 연습문제의 18%를 새롭게 하였다. 책 전체에 약 350개의 예제와 1,600개의 연습문제를 수록하였다. 인용을 더 쉽게 할 수 있도록, 예제의 번호를 새로 부여하였다.

취급 범위 이 판의 취급 범위는 한 가지 사소한 예외를 제외하면, 근본적으로 이전 판과 같다. (분명히 거의 사용하지 않는) 격자와 Boole 대수(Lattices and Boolean Algebra)에 관한 장을 삭제하였다. 그렇지만, 이것을 원한다면 웹사이트 www.CengageBrain.com에서 이용할 수 있다.

군의 취급은 이전과 거의 같지만, 제2판의 첫 군 이론 장은 (지금까지 이 책에서 가장 긴 장으로) 더 적절한 크기의 두 개의 장으로 분할하였다. 이 방식은 정수, 다항식, 군 및 환의 아주 유사한 전개를 더 분명하게 해 주는 장점을 더하였다.

겉표지 안쪽 지면 겉표지의 안쪽 면에 유용한 기호(symbols)와 표기법(notations)의 목록을 제공한다.

웹사이트 웹사이트 www.CengageBrain.com에서는 제1장과 제14장의 복잡한 계산을 아주 쉽게 만들어주는 TI 그래프 계산기용 여러 프로그램을 내려받을 수 있다. 또한 격자와 Boole 대수에 관한 장이 있는데, 이것의 선행학습 요건은 제3장과 부록 A 및 B이다.

계속되는 특징

주제의 전개 핵심 과정(제1~8장)은 두 가지 주제, 즉 산술과 합동관계로 구성된다. 이 주제는 정수(제1장과 제2장), 다항식(제4장과 제5장), 환(제3장과 제6장), 군(제7장과 제8장)으로 전개된다. 완전한 그림을 위하여, 학생에게 부분에 있는 주제별 목차표를 보라.

합동 합동 주제는 몫환(quotient rings)과 몫군(quotient groups)의 전개에서 매우 강조된다. 결과적으로 학생들은 아이디얼(ideals), 정규부분군(nomal subgroups), 몫환과 몫군이 이유 없이 신비스러운 것이 아니라, 단순히 정수에 있는 익숙한 개념의 확장임을 더 명확하게 알 수 있다.

유용한 부록 부록에는 선행학습 요건 자료(예를 들어, 논리, 증명, 집합, 함수 및 수학적 귀납법)와 일부 강사들이 소개하기를 바라는 선택자료(예를 들면, 동치관계와 이항정리)가 있다.

감사의 글

이 판은 여러 해 동안 많은 학생과 수학자, 특히 이번 판에 대한 검토위원들의 지적으로 많은 도움을 받았다. 나의 진심 어린 감사를 다음 사람들에게 드린다.

Ross Abraham, *South Dakota State University*
George DeRise, *Thomas Nelson Community College*
Kimberly Elce, *California State University, Sacramento*
Sherry Ettlich, *Southern Oregon University*
Lenny Jones, *Shippensburg University*
Anton Kaul, *California Polytechnic University, San Luis Obispo*
Wojciech Komornicki, *Hamline University*
Ronald Merritt, *Athens State University*
Bogdan Nita, *Montaclair State University*
Tara Smith, *University of Cincinnati*

Cengage의 직원들, 특히 Molly Taylor, Shaylin Walsh, Cathy Brooks와 Alex Gontar의 귀중한 도움을 알릴 수 있어 특히 기쁘다. 또한 원고를 철저히 읽어 최종본을 크게 개선해준 편집자 Martha Williams에게 감사를 표하고 싶다. Charu Khanna와 MPS Limited Production의 직원도 탁월하게 일을 하였다.

John Opera(Cleveland State University), Greg Marks(Saint Louis University)와 David Leep(University of Kentucky)는 여러 가지로 도움을 주었고, 이에 감사드린다.

마지막으로, 이 개정판을 준비하는 동안 인내하고 이해하면서 지원해준 나의 아내 Mary Alice에게 아주 특별한 감사를 드린다.

T.W.H.

교수에게

교수들이 강의계획을 수립하는 데 도움이 될 몇 가지 항목을 여기에 정리한다.

강의계획

다음 페이지의 도표와 차례(선택적 절이 표시된) 및 장 소개를 이용하여, 강좌의 다양한 길이, 강조점 및 주제의 순서를 쉽게 계획할 수 있다. 환(rings) 이전에 군(groups)을 먼저 다루려고 하면 7.1절을 (7.1절 바로 다음에 있는) 7.1.A로 바꾸어야 하는 것을 주목하기 바란다.

부록

부록 A(논리와 증명)는 책 전체에 대한 선행학습 요건이다. 책의 여러 부분에 대한 선행학습 요건은 부록 B~F에 나와 있다. 학생의 준비 상태와 강의계획서에 따라, 이 자료 중 일부를 강의에 포함하기를 원할 수도 있을 것이다. 다음을 주목하라.

- 부록 B(집합과 함수): 중간 부분(곱집합과 이항연산)은 3.1절[7.1.A]*에서 먼저 이용된다. 마지막 다섯 페이지(단사와 전사함수)는 3.3절[7.4]에서 먼저 사용된다.
- 부록 C(수학적귀납법): 보통의 수학적귀납법(정리 C.1)은 4.4절에서 먼저 사용된다. 완전수학적귀납법(정리 C.2)은 4.1절[9.2]에서 먼저 사용된다. 수학적귀납법과 정렬성원리의 동치성은 이 책의 본문에서 필요하지 않다.
- 부록 D(동치관계): 동치관계에 대한 중요한 예를 2.1절, 5.1절, 6.1절, 8.1절에서 제시하지만, 그 형식적 정의는 10.4절[9.4] 이전까지는 불필요하다.
- 부록 E(이항정리): 이것은 11.6절과 그 앞의 몇 개의 예에서만 사용된다.
- 부록 F(행렬대수): 이것은 제16장에 대한 선행학습 요건이지만, 선형대수를 이수한 학생에게는 불필요하다.

마지막으로, 부록 G는 다항식과 부정원의 형식적 전개를 제시한다. 개인적으로 초심자에게는 좀 지나치다고 생각하지만, 어떤 사람들은 그것을 좋아한다.

연습문제

연습문제 A그룹은 판에 박힌 계산이나 짧고 쉬운 증명을 수반한다. B그룹에 있는 문제

* 대괄호 안의 절 번호는 군-먼저 과정을 위한 것이다.

는 상당히 합리적인 사고를 요구하지만, 대부분은 거의 모든 학생이 접근할 수 있다. C 그룹은 어려운 문제로 구성된다.

홀수 번호의 연습문제 절반 이상에 대한 풀이(또는 힌트)가 이 책의 마지막에 있다. 나머지 문제에 대한 풀이는 교수용 설명서에 있다.

장별 상호의존성*

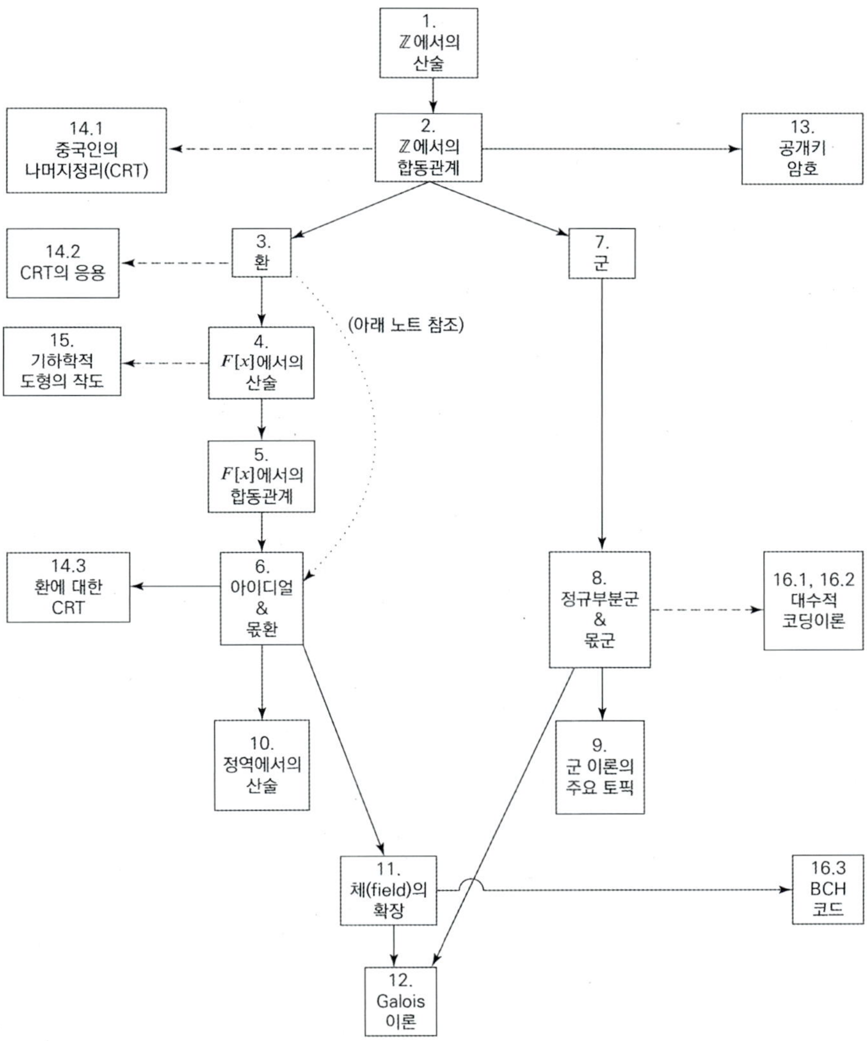

노트: 제3장에서 바로 제6장으로 가기 위하여, 4.1절(나눗셈 알고리즘의 증명은 제외)을 먼저 다루라. 그렇지만 제11장을 다룰 계획이라면 제4장을 먼저 다룰 필요가 있다.

* 실선 화살표 A → B는 A가 B에 대한 선행학습 요건임을 의미하고, 파선 화살표 A ⇢ B는 B가 부분적으로만 A에 의존함을 의미한다. (구체적인 것은 목차를 보라.) 점선 화살표 3 ⇢ 6에 대해서는 도표 아래에 있는 노트를 보라.

학생에게

개요

이 책은 초등학교의 산수와 고등학교의 다항식 대수로 (물론, 좀 더 고급의 관점으로) 시작한다. 이 책의 후반부에서 이 익숙한 주제들이 추상대수학 체계라는 더 큰 틀 속에 어떻게 꼭 들어맞는지 알게 될 것이다. 그 설명은 다음 두 가지 주제를 중심으로 이루어진다.

산술 정수에서 나눗셈과 나머지, 인수분해, 소수의 익숙한 성질들이 다항식으로, 또 더 일반적인 대수체계로 어떻게 옮겨지는지 알게 될 것이다.

합동 학생들은 아마 '시계 산술'에* 익숙할 것이다. 이것은 합동의 한 예이고, 다항식과 다른 대수체계에서 할 수 있는 것에 대한 본보기를 제공하는 새로운 유한 산술 체계를 이끈다. 합동과 관련된 몫 구조의 개념은 현대대수학의 이해를 위한 열쇠이다.

증명

이 과정은 고등학교 대수보다 훨씬 더 주제의 엄밀한 논리적 전개를 강조한다. 증명을 읽고 쓴 경험이 별로 없다면, 부록 A를 먼저 읽는 것이 좋을 것이다. 부록 A에서는 논리의 기본 법칙과 이 책 전반에 걸쳐 사용되는 증명의 기법을 요약하였다. 학생들은 먼저 (학생 스스로 작성한 증명과 아주 다른) 책에 있는 증명을 이해하는 데 집중해야 한다. 마치 건축가나 시공자가 아니어도 새로운 어떤 빌딩을 평가할 수 있는 것처럼, **비록 누군가 처음부터 어떻게 이러한 방법을 생각할 수 있었는지 알 수 없지만** 타인이 제시한 증명의 타당성을 확인할 수 있다.

각 단계의 세부 사항을 고민하기 전에, 그것의 전반적 윤곽에 대한 아이디어를 얻기 위해 증명을 대충 훑어보며 시작하라. 그것이 대략 어디로 향하는지를 안다면 논법을 이해하기 더 쉬워진다. 그런 다음 처음으로 되돌아가서 증명을 조심스럽게 또박또박 읽

* 시계의 시침이 12에서 3시간이나 15시간을 이동하였을 때, 그것은 같은 위치에 멈추고, 그래서 시계 위에서 $3=15$이다. 시침이 12에서 시작하여, 8시간을 이동 후 9시간 더 이동하면 시침은 5에서 멈추고, 따라서 시계 위에서 $8+9=5$이다.

으라. "이런저런 것이 정리 5.18로부터 참이다."라고 하면 정리 5.18이 말하는 것이 무엇인지 확인하고, 왜 그것이 여기에 적용되는지 확실히 이해하라. 만약, 이해가 안 되고 막히면 그냥 받아들이고, 증명의 나머지를 읽으라. 그런 다음 다시 돌아가서 그 어색한 부분을 이해할 수 있는지 알아보라.

정말로 이해가 되지 않으면 **교수에게 물어보라**. 교수는 학생의 진정한 노력으로 인해 발생한 질문을 환영할 것이다.

연습문제

수학은 구경하는 스포츠가 아니다. 물속에 들어가지 않고 수영을 배울 수 없는 것처럼 학생이 수학을 **하지** 않고 수학을 배울 수는 없다. 이것이 이 책에서 연습문제가 그렇게 많은 이유이다.

그룹 A의 연습문제는 보통 아주 쉽다. 만약, 그 대부분을 풀 수 없다면 내용을 제대로 이해하지 못한 것이다. 그룹 B의 연습문제는 종종 합리적인 사고가 필요하다. − 대부분의 학생은 애를 좀 써야 하고, 실수를 범하기도 한다. 그렇지만, 그 문제들 대부분은 풀 수 있는 것이다. 그룹 C의 문제는 보통 어렵다. 실력이 있는 학생들에게 좋은 테스트가 될 것이다.

많은 연습문제는 학생들이 어떤 것을 증명하라는 것이다. (앞에서 설명한 대로) 타인의 증명을 이해하는 기량을 쌓은 만큼, 학생 스스로 증명하는 것이 더 쉬워지는 것을 알게 될 것이다. 학생이 해 보라는 증명은 보통 이 책의 증명보다 훨씬 간단한 것이다. (그럼에도 책에 나와 있는 증명을 본보기로 삼을 수 있다.)

홀수 번호 연습문제의 반 이상의 정답(또는 힌트)이 이 책의 마지막에 있다.

간명하게 파악하기

학생들은 핵심 과정(제1~8장)에서 여러 가지 주제가 서로 어떻게 관련되는지, 심지어 관련되어 있는지**조차** 모르는 경우가 많다. 다음 두 페이지의 주제별 목차표는 산술과 합동이라는 주제에 따라 배치되어 있어서 주제가 어떻게 서로 잘 연결되는지 알 수 있다.

핵심 과정의 주제별 목차표

사용 방법: 이 두 페이지를 왼쪽에서 오른쪽으로 읽으면, 가장 왼쪽 열의 주제나 하위 주제가 맨 윗줄에 열거한 네 개의 대수체계에서 어떻게 전개되는지를 알 수 있다. 각 세로열은 그 주제들이 그 열의 맨 위쪽에 표시된 체계에서 어떻게 전개되는지를 보여준다.

환*	군*
3. 환 3.1 환의 정의와 예	**7. 군** 7.1 군의 정의와 예 7.5 대칭군과 교대군
3.2 환의 기본성질	7.2 군의 기본성질 7.3 부분군
6. 아이디얼과 몫환 6.1 아이디얼과 합동	**8. 정규부분군과 몫군** 8.1 합동관계와 Lagrange 정리 8.2 정규부분군 8.5 A_n 의 단순군 증명
6.2 몫환과 준동형사상	8.3 몫군 8.4 몫군과 준동형사상
6.3 I가 소이거나 극대일 때 R/I의 구조	
3.3 동형사상과 준동형사상	7.4 준동형사상과 동형사상

* 산술 주제에서, 제3장(환)과 제8장(군)의 절에서 개별적 부분 절들이 (제1장과 제4장의 절에서 대응하는 것처럼) 대응하지 않는다. 그렇지만 정역에 대하여 어떤 대응이 존재하는 것을 제10장(정역에서의 산술)에서 알게 될 것이다.

PART 1

핵심 과정

CHAPTER 1

$\mathbb{Z}$에서 산술의 재구현

대수학은 산술에서 발전하였으며, 산술에 아주 크게 의존한다. 따라서 앞으로 이 책에서 자주 사용할 산술부터 줄거리를 살펴보며 현대대수학의 학습을 시작하여, 공부할 여러 가지 많은 모형을 제시하도록 한다. 기본적으로 계산 방법보다는 근원적인 양식이나 성질들을 강조한다. 그렇지만 그 기본적인 개념들은 이미 우리가 아는 것이다.

1.1 나눗셈 알고리즘

먼저, 정수 전체의 집합 $\mathbb{Z} = \{0, \pm 1, \pm 2, ...\}$와 함께 시작해 보자. 정수의 산술과 정수 집합 $\mathbb{Z}$에서의 보통의 순서관계($<$)에 대하여 익숙한 것으로 가정한다. 또한 다음 공리를 가정한다.

정렬성원리(Well-Ordering Axiom)

영 이상의 모든 정수 집합의 공집합이 아닌 임의의 부분집합은 항상 최소원소를 포함한다.

영 이상의 모든 정수가 수직선 위에 놓여 있다고 생각하자. 그 부분집합의 다른 모든 원소의 왼쪽에 놓인 한 원소, 즉 최소원소를 포함한다는 것은 직관적으로 그럴듯해 보인다. 반면, 정수 전체의 집합 $\mathbb{Z}$에서는 (최소의 음의 정수가 존재하지 않으므로) 정렬성원리가 성립하지 않는다. 영 이상의 모든 유리수의 집합에 대해서도 그것은 성립하지 않는다. (부분집합인 모든 양의 유리수의 집합은 최소원소를 포함하지 않는다. 왜냐하면 임의의 양수 r에 대하여 더 작은 양의 유리수 예를 들면, $r/2$이 존재하기 때문이다.)

노트: 다음에 진술할 정리 1.1은 이 장의 나머지와 그다음에 필요하다. 아쉽게도 그 증명은 좀 복잡하여, 형식적인 수학증명을 잘 알지 못하는 독자들에게는 코스의 처음인 지금 제시하는 것이 바람직하지 않다. 이러한 상황을 완화하기 위해 정리 1.1의 기원을 먼저 살펴보고, 그 증명의 아이디어를 설명할 것이다. 만약 수학적 기초가 부족하다면 그 증명을 시도하기 전에, 이 추가적인 내용을 자세히 읽어보는 것이 좋을 것이다.

초심자의 어려움을 피하고자 여러 개의 단계로 나누어 증명하고, 대부분의 보통 책에서보다 더 자세한 설명이 주어질 것이다. 그러나 증명은 그 정리가 어떻게 사용되는지를 실제로 보여 주지 않으므로, 수업에서 여러 결과를 증명하는 데 더 많은 경험을 할 때까지 증명을 미루기를 원하는 강사도 있다. 어떤 경우든 모든 학생은 증명의 대강(첫 세 줄과 1~4 단계의 진술)만이라도 읽어보아야 한다.

여기서, 다음 초등학교 나눗셈 문제를 살펴보자.

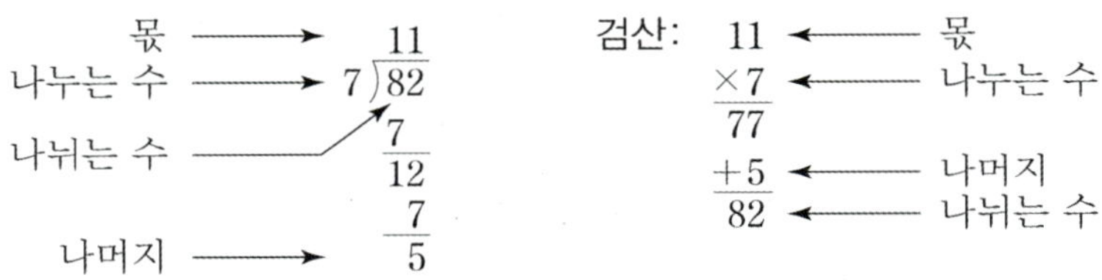

나누는 수보다 작은 나머지가 나오면 나눗셈 과정은 끝나게 된다. 모든 본질적인 사실은 검산 과정에 들어있는데, 다음과 같이 한마디로 요약할 수 있다.

$$(\text{나뉘는 수}) = (\text{나누는 수})(\text{몫}) + (\text{나머지})$$

여기서 나뉘는 수는 a로, 나누는 수는 b로, 몫은 q로, 나머지는 r로 나타내면 이러한 개념을 형식적으로 다음과 같이 나타낼 수 있다.

정리 1.1 나눗셈 알고리즘(Division Algorithm)

정수 a, b에 대하여 $b > 0$일 때

$$a = bq + r \text{ 이고 } \quad 0 \leq r < b$$

를 만족하는 각각 유일한 정수 q와 r이 존재한다.

정리 1.1에서 나뉘는 수 a가 음수가 될 수도 있지만, 나머지 r은 음이 아니어야 할 뿐 아니라 나누는 수 b보다 작아야 한다. 이 마지막 조건이 왜 필수적인지 알기 위하여, $a = -14$를 $b = 3$으로 나눈다고 하면 $-14 = 3q + r$이다. 만약 나머지가 나누는 수 3보다 작아야 한다는 조건만 있다면, 몫 q와 나머지 r은 다음 세 가지를 포함하여 많은 경우의 수가 있다.

$$\begin{array}{lll} -14 = 3(-3) + (-5), & \text{여기서 } -5 < 3 & [\text{이 경우 } q = -3\text{이고 } r = -5] \\ -14 = 3(-4) + (-2), & \text{여기서 } -2 < 3 & [\text{이 경우 } q = -4\text{이고 } r = -2] \\ -14 = 3(-5) + 1, & \text{여기서 } 1 < 3 & [\text{이 경우 } q = -5\text{이고 } r = 1] \end{array}$$

정리 1.1에서처럼, 나머지가 음이 아니라는 조건도 부과한다면 몫 q와 나머지 r은 각각 꼭 한 개씩, 즉 $q = -5$이고 $r = 1$이어야 하고, 이것을 증명에서 보일 것이다.

정리 1.1의 증명에서의 근본적인 아이디어는 나눗셈이 반복적인 뺄셈이라는 것이다. 예를 들어, 82를 7로 나누는 것은 7을 반복하여 빼는 것을 속기로 나타내는 방법일 뿐이다. 즉

$$\begin{array}{rlrlrl} 82 & & 54 & & 26 & \\ \underline{-7} & & \underline{-7} & & \underline{-7} & \\ 75 & \leftarrow 82-7\cdot 1 & 47 & \leftarrow 82-7\cdot 5 & 19 & \leftarrow 82-7\cdot 9 \\ \underline{-7} & & \underline{-7} & & \underline{-7} & \\ 68 & \leftarrow 82-7\cdot 2 & 40 & \leftarrow 82-7\cdot 6 & 12 & \leftarrow 82-7\cdot 10 \\ \underline{-7} & & \underline{-7} & & \underline{-7} & \\ 61 & \leftarrow 82-7\cdot 3 & 33 & \leftarrow 82-7\cdot 7 & 5 & \leftarrow 82-7\cdot 11 \\ \underline{-7} & & \underline{-7} & & & \\ 54 & \leftarrow 82-7\cdot 4 & 26 & \leftarrow 82-7\cdot 8 & & \end{array}$$

7보다 작은 영 이상의 수(이 경우 5)가 나올 때까지 뺄셈을 계속한다. 그 수 5가 나머지이고, 빼낸 7의 개수(즉, 뺄셈 과정의 오른쪽에 보이는 11)가 몫이다. 앞의 예에서, 수

$$82 - 7\cdot 1, \quad 82 - 7\cdot 2, \quad 82 - 7\cdot 3 \ \text{등등}$$

을 보았다. 다르게 말하자면, 앞의 예에서 $x = 1, 2, 3, \ldots$에 대하여 $82 - 7x$ 형태의 수들을 보고 가장 작은 수(즉, 5)를 찾는다. 정리 1.1의 증명에서 아주 유사한 방법으로 진행할 것이다.

정리 1.1의 증명*

먼저, a와 b를 주어진 정수라 하고 $b > 0$가 성립한다고 하자. 다음 형태의 모든 정수들의 집합을 S라 하자.

$$a - bx, \quad \text{여기서 } x\text{가 정수이고 } a - bx \geq 0$$

* 수학적귀납법을 이용하는 이 정리의 대체 증명을 보려면, 부록 C의 예제 2를 참조하라.

x는 양이든, 음이든, 또는 0인 어떤 정수일 수 있지만 $a-bx$는 음이 아니어야 함을 주목하라. 증명은 다음에 표기된 것처럼, 네 개의 주요 단계로 이루어진다.

제1단계 $a-bx \geq 0$를 만족하는 x의 한 값을 구하여, S가 공집합이 아님을 증명한다.

제1단계의 증명: 먼저 $a+b|a| \geq 0$ 임을 보이자. 가정에 의하여 b는 양의 정수이므로, 다음이 성립하여야 한다.

$$\begin{aligned} b &\geq 1 \\ b|a| &\geq |a| && \text{[앞의 부등식의 양변에 } |a| \text{를 곱하여]} \\ b|a| &\geq -a && \text{[절댓값의 정의에 의하여 } |a| \geq -a \text{이므로]} \\ a+b|a| &\geq 0 \end{aligned}$$

이제 $x = -|a|$라 두자. 그러면

$$a-bx = a-b(-|a|) = a+b|a| \geq 0$$

따라서 $x = -|a|$일 때 $a-bx$는 S에 속하고, 이것은 S가 공집합이 아님을 의미한다.

제2단계 $a = bq+r$이고 $r \geq 0$를 만족하는 정수 q와 r을 구한다.

제2단계의 증명: 정렬성원리에 의하여 S가 r이라고 부르는 최소원소를 포함한다. $r \in S$이므로 $r \geq 0$이고, 어떤 x, 이를테면 $x = q$에 대하여 $r = a-bx$이다. 따라서

$$r = a-bq \text{이고 } r \geq 0, \text{ 또는 동치인 } a = bq+r \text{이고 } r \geq 0 \text{이다.}$$

제3단계 $r < b$를 증명한다.

제3단계의 증명: '모순에 의한 증명'(부록 A의 653쪽에서 설명)을 이용할 것이다. $r < b$를 보이고자 한다. 그래서 반대로 $r \geq b$라 가정하자. 그러면 $r-b \geq 0$이고 결과적으로

$$0 \leq r-b = (a-bq)-b = a-b(q+1)$$

이다. $a-b(q+1)$은 음이 아니므로 정의에 따라, S의 한 원소이다. 그런데 b가 양수이므로 $r-b < r$은 분명히 참이다. 그러므로

$$a-b(q+1) = r-b < r$$

이다. 마지막 부등식은 S의 원소인 $a-b(q+1)$가 S의 최소원소인 r보다

작다는 것을 말한다. 이것은 모순이다. 그래서 가정인 $r \geq b$는 거짓이고, 그 결과로 $r < b$이다. 따라서

$$a = bq + r \text{ 이고 } \quad 0 \leq r < b \text{ 인}$$

정수 q와 r을 구하였다.

제4단계 q와 r이 각각 이러한 성질을 만족하는 유일한 수(즉, 정리의 진술에서 '유일한'이 의미하는 것)임을 증명한다.

제4단계의 증명: 유일성을 증명하기 위하여, $a = bq_1 + r_1$과 $0 \leq r_1 < b$를 만족하는 정수 q_1과 r_1이 존재할 때 $q_1 = q$이고 $r_1 = r$임을 증명하자.
$a = bq + r$이고 $a = bq_1 + r_1$이므로

$$bq + r = bq_1 + r_1$$

이고, 그 결과

$$(*) \qquad b(q - q_1) = r_1 - r$$

이다. 또한

$$0 \leq r < b$$
$$0 \leq r_1 < b$$

이다. 첫 부등식에 -1을 곱하면 (부등호의 방향이 바뀌어) 다음을 얻는다.

$$-b < -r \leq 0$$
$$0 \leq r_1 < b$$

두 부등식을 더하여 다음을 얻는다. 즉

$$-b < r_1 - r < b$$
$$-b < b(q - q_1) < b \quad \text{[등식 (*)에 의하여]}$$
$$-1 < q - q_1 < 1 \quad \text{[각 항을 } b\text{로 나누어]}$$

그러나 (q와 q_1이 정수이므로) $q - q_1$은 정수이고, -1과 1 사이의 안쪽에 있는 유일한 정수는 0이다. 그러므로 $q - q_1 = 0$이고, 즉 $q = q_1$이다. 등식 (*)에서 $q - q_1 = 0$를 대입하면 $r - r_1 = 0$임을 알 수 있고, 따라서 $r = r_1$이다. 그러므로 몫과 나머지는 각각 유일하고, 증명이 끝난다. ■*

* 기호 ■는 증명의 끝을 나타낸다.

나뉘는 수 a와 나누는 수 b가 모두 양수이면 몫과 나머지는 4쪽에서와 같이 나눗셈 과정을 사용하거나, 관련된 정수들이 큰 경우는 계산기를 이용하여 쉽게 구할 수 있다.

예제 1

$a=4327$을 $b=281$로 나눈다고 하자. 계산기에 a/b를 입력하면 $15.39857\cdots$를 얻는다. 십진수 소수점 왼쪽의 정수(여기서는 15)가 몫 q이고 나머지는

$$r=a-bq=4327-281\cdot 15=112$$

이다. 그림 1에서 이 계산을 그래픽 계산기로 보여준다.

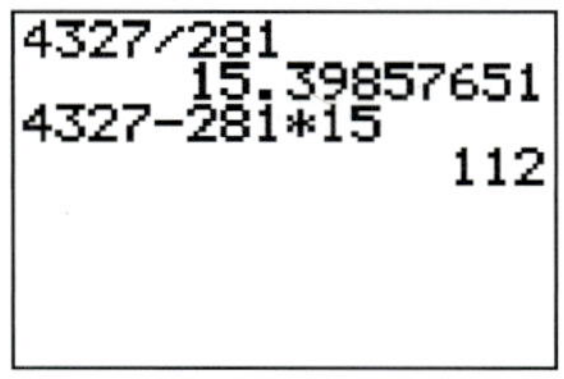

그림 1

나뉘는 수 a가 음수일 때, 나머지가 음이 아니도록 하기 위해 약간 다른 과정이 필요하다.

예제 2

$a=-7432$를 $b=453$으로 나눈다고 하자. 계산기에 a/b를 입력하면 $-16.40618\cdots$이 나온다. 이 경우, q는 -16이 아니고 대신에

$$q=(\text{십진수 소수점의 왼쪽의 정수})-1=-16-1=-17$$

이다. (이러한 조정이 없으면 음의 나머지를 얻게 된다.) 이제 보통처럼

$$r=a-bq=-7432-453\cdot(-17)=269$$

이다. 이 계산은 그림 2의 계산기 화면에 요약된다.

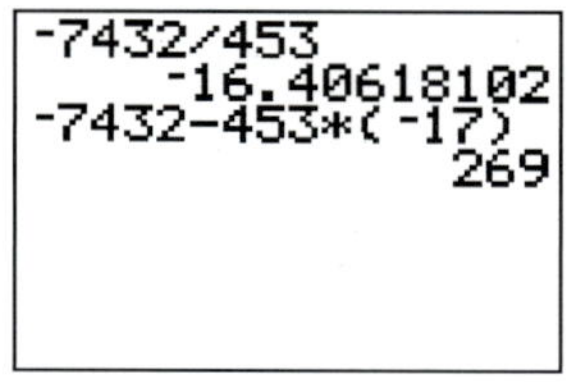

그림 2

■ 연습문제

A. 연습문제 1과 2에서, a를 b로 나눌 때 몫 q와 나머지 r을 계산기를 쓰지 않고 구하라. 또, 결과를 검산하라.

1. (a) $a = 17,\ b = 4$ (b) $a = 0,\ b = 19$ (c) $a = -17,\ b = 4$
2. (a) $a = -51,\ b = 6$ (b) $a = 302,\ b = 19$ (c) $a = 2000,\ b = 17$

연습문제 3과 4에서, 계산기를 사용하여 a를 b로 나눌 때 몫 q와 나머지 r을 구하라.

3. (a) $a = 517,\ b = 83$ (b) $a = -612,\ b = 74$
   (c) $a = 7965532,\ b = 127$

4. (a) $a = 8126493,\ b = 541$ (b) $a = -9217645,\ b = 617$
   (c) $a = 171819920,\ b = 4321$

5. 정수 a, 양의 정수 b와 c에 대하여, a를 b로 나눌 때 몫을 q라 하고 나머지를 r이라고 하자. 즉, $a = bq + r$이고 $0 \le r < b$이다. ac를 bc로 나눌 때, 몫은 q이고 나머지는 rc임을 증명하라.

B. 6. 연습문제 5에서 정의된 정수 a, b, c와 q에 대하여, q를 c로 나눌 때 몫을 k라 하자. a를 bc로 나눌 때 몫도 k임을 증명하라.

7. 임의의 정수 a에 대하여, a의 제곱은 어떤 정수 k에 대하여 $3k$ 또는 $3k+1$ 형태임을 증명하라. [힌트: 나눗셈 알고리즘에 의하여 a는 $3q$ 또는 $3q+1$ 또는 $3q+2$ 형태가 된다.]

8. 나눗셈 알고리즘을 사용하여, 임의의 홀수인 정수는 어떤 정수 k에 대하여 $4k+1$ 또는 $4k+3$ 형태임을 증명하라.

9. 임의의 정수 a에 대하여, a의 세제곱은 어떤 정수 k에 대하여 $9k$ 또는 $9k+1$ 또는 $9k+8$ 형태 중의 꼭 하나임을 증명하라. [힌트: 연습문제 7의 힌트를 조정하여, 각각의 경우에 a를 세제곱하라.]

10. 양의 정수 n에 대하여, 정수 a와 c를 각각 n으로 나눌 때 나머지가 같을 필요충분조건은 $a - c = nk$를 만족하는 어떤 정수 k가 존재하는 것임을 증명하라.

11. 나누는 수가 양수일 때도 음수일 때도 성립하는 나눗셈 알고리즘의 다음 변형을 증명하라.

    확장된 나눗셈 알고리즘: 정수 a, b에 대하여 $b \neq 0$일 때, $a = bq + r$이고 $0 \leq r < |b|$를 만족하는 각각 유일한 정수 q와 r이 존재한다.

    [힌트: a를 $|b|$로 나눌 때 정리 1.1을 적용하라. 두 경우($b > 0$와 $b < 0$)를 생각.]

1.2 나누어지는 성질

나눗셈에서 중요한 경우는 나머지가 0 일 때, 즉 나누는 수가 나뉘는 수의 약수가 되는 때이다. 형식적 정의는 다음과 같다.

정의

정수 a, b에 대하여 $b \neq 0$라 하자. $a = bc$인 정수 c가 존재할 때 a가 b로 **나누어진다**(divisible)고 하고, b를 a의 **약수**(divisor) 또는 **인수**(factor)라 한다. 'a가 b로 나누어진다'를 기호로 $b|a$로 나타내고, 'a가 b로 나누어지지 않는다'를 $b \nmid a$로 나타낸다.

예제 1

$24 = 3 \cdot 8$이므로 $3|24$이지만 $3 \nmid 17$이다. 음의 약수도 허용한다. $54 = (-6)(-9)$이므로 $-6|54$이지만 $-6 \nmid (-13)$이다.

예제 2

$0 = b \cdot 0$이므로 임의의 영이 아닌 정수 b는 0의 약수이다. 임의의 정수 a에 대하여, $a = 1 \cdot a$이므로 $1|a$이다.

참고 만약 a가 b로 나누어지면 어떤 c에 대하여 $a = bc$이다. 따라서 $-a = b(-c)$이므로 $b|(-a)$이다. 유사한 논법으로, $-a$의 임의의 약수는 a의 약수임을 알 수 있다. 결과적으로

a와 $-a$는 같은 약수를 갖는다.

참고 $b \neq 0$이고 $b|a$라 가정하자. 그러면 $a = bc$이므로 $|a| = |b||c|$이다. 그러므로

$0 \le |b| \le |a|$ 이다. 이 마지막 부등식은 $-|a| \le b \le |a|$ 와 동치이다. 결과적으로

(i) 영이 아닌 정수 a 의 임의의 약수는 $|a|$ 와 같거나 작다.

(ii) 영이 아닌 임의의 정수는 단지 유한개의 약수를 갖는다.

정수 12 의 모든 약수는

$$1, -1, 2, -2, 3, -3, 4, -4, 6, -6, 12, -12$$

이다. 비슷하게, 정수 30 의 모든 약수는

$$1, -1, 2, -2, 3, -3, 5, -5, 6, -6, 10, -10, 15, -15, 30, -30$$

이다.

12 와 30 의 **공약수**(common divisor)는 12 와 30 이 모두 나누어지는 수, 즉 앞의 두 목록 모두에 들어 있는 수:

$$1, -1, 2, -2, 3, -3, 6, -6$$

이다. 이들 공약수 중에서 가장 큰 것, 즉 6 을 12 와 30 의 '최대공약수'라 한다. 이것은 다음 정의의 한 예이다.

정의

a 와 b를 적어도 하나는 0 이 아닌 정수라 하자. a 와 b 가 모두 나누어지는 가장 큰 정수 d 를 a 와 b 의 **최대공약수**(**g**reatest **c**ommon **d**ivisor)라 한다. 다르게 표현하면, a 와 b 의 최대공약수 d 는 다음 두 조건을 만족하는 정수다.

1) $d|a$ 이고 $d|b$ 이다.
2) $c|a$ 이고 $c|b$ 이면 $c \le d$ 이다.

a 와 b 의 최대공약수는 $\gcd(a,b)$ 로 나타낸다.

만약 a 와 b가 적어도 하나는 0 이 아닌 정수라 하면 그 최대공약수는 존재하고 유일하다. 그 이유는 영이 아닌 정수는 단지 유한개의 약수를 가지므로, 유한개의 공약수만 존재하기 때문이다. 그러므로 가장 큰 것은 하나뿐이다. 더구나 a 와 b 의 최대공약수는 다음 부등식을 만족한다. 즉

$$\gcd(a, b) \ge 1$$

그 이유는 1 이 a 와 b 의 공약수이기 때문이다.

예제 3

앞에서 보인 것처럼, $\gcd(12, 30) = 6$ 이다. 10 과 21 의 공약수는 1 과 -1 뿐이므로 $\gcd(10, 21) = 1$ 이다. 10 과 21 처럼 최대공약수가 1 인 두 정수를 **서로 소**(relatively prime)라 한다.

예제 4

임의의 정수 a 와 0 의 공약수는 a 의 약수와 같다. 만약 $a > 0$ 이면 a 의 가장 큰 공약수는 분명히 a 자신이다. 따라서 $a > 0$ 이면 $\gcd(a, 0) = a$ 이다.

두 정수의 최대공약수를 구하기 위하여, 그 정수들의 모든 약수를 열거하는 것은 시간을 많이 소비하는 일이다. 그렇지만 Euclid 알고리즘(연습문제 15)은 최대공약수를 구하는 상대적으로 빠른 손쉬운 방법이다. 계산기와 같은 기기를 이용할 수도 있다.

기술팁: TI-그래픽 계산기로 최대공약수를 구하기 위하여, MATH 메뉴의 하위메뉴 NUM에서 'gcd'를 선택.

앞에서 $6 = \gcd(12, 30)$ 임을 살펴보았다. 약간의 산술 계산으로 또 다른 무언가가 참임을 여기서 알 수 있다. 즉, 6 은 12 와 30 의 일차결합이다. 예를 들어,

$$6 = 12(-2) + 30(1) \quad \text{또는} \quad 6 = 12(8) + 30(-3)$$

이다. $6 = 12u + 30v$ 를 만족하는 정수 u와 v 를 쉽게 찾을 수 있다. 다음 정리는 임의의 최대공약수에 대하여 똑같은 일이 가능함을 보여준다.

정리 1.2

적어도 하나는 0 이 아닌 정수 a 와 b의 최대공약수를 d 라 하자. $d = au + bv$를 만족하는 정수 u와 v 가 (꼭 유일하지는 않지만) 존재한다.

주의: 정리를 조심스럽게 읽어야 한다. $d = au + bv$라는 사실이 $d = \gcd(a,b)$ 임을 의미하는 것은 아니다. 연습문제 25를 보라.

경험이 없는 독자를 위해, 정리 1.2와 따름정리 1.3의 증명은 여러 단계로 나누어 이

루어질 것이다. 기본 아이디어는 a와 b의 모든 가능한 일차결합들을 관찰하고, d와 같은 하나를 찾는 것이다.

정리 1.2의 증명

S를 a와 b의 모든 일차결합의 집합이라고 하자. 즉

$$S = \{am + bn \mid m, n \in \mathbb{Z}\}$$

제1단계 S의 가장 작은 양의 원소 t를 찾는다.

제1단계의 증명: $a^2 + b^2 = aa + bb$는 S에 속하고 $a^2 + b^2 \geq 0$이다. a와 b 중 적어도 하나는 0이 아닌 정수이므로 $a^2 + b^2$은 양수이다. 따라서 S는 양수를 포함하고, 정렬순서의 원리에 따라 양수 중 최소인 것을 포함한다. S의 이 최소양수를 t라 하자. S의 정의에 따라, 어떤 정수 u와 v에 대하여 $t = au + bv$이다.

제2단계 t는 a와 b의 최대공약수임을 증명한다. 즉 $t = d$이다.

제2단계의 증명: t가 a와 b에 대한 최대공약수 정의의 다음 두 조건을 만족하는 것을 증명하여야 한다. 즉

(1) $t|a$이고 $t|b$이다.
(2) $c|a$이고 $c|b$이면 $c \leq t$이다.

(1)의 증명: 나눗셈 알고리즘에 따라, $a = tq + r$와 함께 $0 \leq r < t$를 만족하는 정수 q와 r이 존재한다. 따라서

$$r = a - tq,$$
$$r = a - (au + bv)q = a - aqu - bvq,$$
$$r = a(1 - qu) + b(-vq)$$

그러므로 r은 a와 b의 일차결합이고, 따라서 $r \in S$이다. $r < t$ (S의 최소양수)이므로 r은 양수가 될 수 없다. $r \geq 0$이므로 $r = 0$일 수밖에 없다. 따라서 $a = tq + r = tq + 0 = tq$이고, 그래서 $t|a$이다. 마찬가지 방법으로 $t|b$임을 알 수 있다. 결과적으로 t는 a와 b의 공약수이다.

(2)의 증명: $c|a$이고 $c|b$이라고 하자. 그러면 어떤 정수 k, s에 대하여 $a = ck$이고, $b = cs$이다. 그러므로

$$t = au + bv = (ck)u + (cs)v = c(ku + sv)$$

이다. 이 방정식의 처음과 마지막 항으로부터 $c|t$ 임을 알 수 있다. 따라서 10쪽의 두 번째 참고 사항으로부터 $c \leq |t|$ 이다. t 는 양수이므로 $|t| = t$ 이다. 결과적으로 $c \leq t$ 이다.

이렇게 하여 t 는 a 와 b 의 최대공약수 d 이고, 정리의 증명이 끝난다. ■

기술팁: TI 계산기로 a 와 b 의 최대공약수를 구하고, 그것을 $au + bv$ 형태로 나타내기 위하여 웹사이트 www.CengageBrain.com에서 GCD 프로그램을 내려받아라. 그림 1은 $a = 2579$ 와 $b = 4321$ 을 입력하였을 때 그 결과를 보여준다. 즉, 최대공약수는 1 이고 $2579 \cdot 826 + 4321 \cdot (-493) = 1$ 임을 쉽게 알 수 있다.

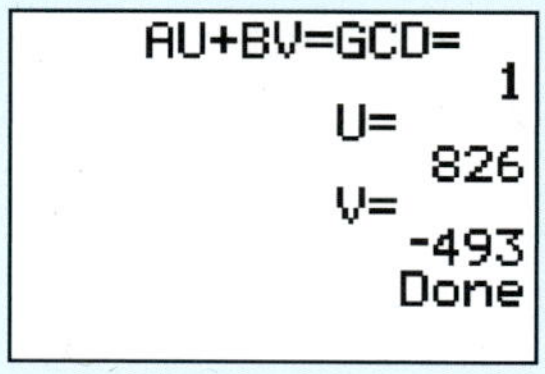

그림 1

Maple에서 같은 작업을 하려면 명령어 igcdex(a, b, 's', 't');를 사용하면 된다.

따름정리 1.3

a 와 b 를 적어도 하나는 0 이 아닌 정수라 하고, d 를 양의 정수라 하자. d 가 a 와 b 의 최대공약수일 필요충분조건은 d 가 다음 두 조건을 만족하는 것이다.

(i) $d|a$ 이고 $d|b$ 이다.

(ii) $c|a$ 이고 $c|b$ 이면 $c|d$ 이다.

증명

'필요충분조건' 명제의 증명은 두 단계가 필요하다. (부록 A 655쪽~656쪽 참고)

제1단계 $d = \gcd(a,b)$ 이면 d 가 조건 (i)과 (ii)를 만족함을 증명한다.

제1단계의 증명: $d = \gcd(a,b)$ 이면 최대공약수의 정의에 따라, d 는 a 와 b 의 공약수이다. 즉, d 는 조건 (i)을 만족한다.

d가 조건 (ⅱ)를 만족하는 것을 보이기 위해 c가 $c|a$이고 $c|b$인 정수라고 하자. 그러면 '나누어짐'의 정의에 따라, 어떤 정수 r과 s에 대하여 $a=cr$이고 $b=cs$이다. 정리 1.2에 의하여 다음을 만족하는 정수 u, v가 존재한다.

$$d = au + bv$$
$$d = (cr)u + (cs)v \qquad [a = cr \text{ 이고 } b = cs \text{ 이므로}]$$
$$d = c(ru + sv) \qquad [\text{양쪽 항의 인수 } c\text{를 묶어내어}]$$

그런데 마지막 식은 $c|d$임을 보여준다. 그러므로 d는 조건 (ⅱ)를 만족한다.

제2단계 d가 조건 (ⅰ)과 (ⅱ)를 만족하는 양의 정수이면 $d=\gcd(a,b)$임을 증명한다.

제2단계의 증명: $d=\gcd(a,b)$를 증명하기 위하여, d가 최대공약수의 정의의 두 조건 즉

(1) $d|a$이고 $d|b$이다.
(2) $c|a$이고 $c|b$이면 $c \le d$이다.

를 보여야 한다. 요구조건 (1)과 조건 (ⅰ)은 같은 것이므로, 분명히 d는 (1)을 만족한다. d가 요구조건 (2)를 만족하는 것을 보이기 위해 c가 a와 b의 공약수라고 하면, 조건 (ⅱ)로부터 $c|d$이다. 따라서 10쪽의 두 번째 참고에 따라, $c \le |d|$이다. 그런데 d는 양수이므로 $|d|=d$이다. 따라서 $c \le d$이다. 결과적으로 d가 요구조건 (2)를 만족하므로 d는 a와 b의 최대공약수이다. ■

다음 질문에 대한 답은 여러 가지 경우에 필요할 것이다. 만약 $a|bc$이면 무슨 조건 아래에서 $a|b$ 또는 $a|c$가 참인가? 그것은 다음 예가 보여주는 것처럼 분명히 항상 참은 아니다. 즉

$$6 \mid 3 \cdot 4 \text{ 이지만} \quad 6 \nmid 3 \text{ 이고 } 6 \nmid 4$$

이다. 6은 3과의 자명하지 않은 공약수를 갖고, 4와도 또 다른 자명하지 않은 공약수를 갖는 것을 주목하자. bc의 약수가 b 또는 c와 (± 1을 제외한) 어떤 공약수도 갖지 않을 때 그 질문에 대한 유용한 답이 있다.

정리 1.4

$\gcd(a, b) = 1$ 일 때, $a|bc$ 이면 $a|c$ 이다.

증명

$\gcd(a, b) = 1$ 이므로 정리 1.2에 의하여, $au + bv = 1$ 인 정수 u와 v가 존재한다. 이 등식의 양변에 c를 곱하면 $acu + bcv = c$ 임을 알 수 있다. 그런데 $a|bc$ 이면 $bc = ar$ 인 정수 r이 존재한다. 따라서

$$c = acu + bcv = acu + (ar)v = a(cu + rv)$$

이다. 이 식의 처음과 마지막 항은 $a|c$ 임을 보여준다. ■

■ 연습문제

1. 두 수의 최대공약수를 구하라. (a)~(c)는 직접 손으로 구할 수 있고, 나머지는 계산기를 사용해도 좋다.

   (a) 56, 72 (b) 24, 138 (c) 112, 57
   (d) 143, 231 (e) 306, 657 (f) 272, 1479
   (g) 4144, 7696 (h) 12378, 3054

2. $b|a$ 와 $(-b)|a$ 는 동치임을 증명하라.

3. $a|b$ 이고 $b|c$ 이면 $a|c$ 임을 증명하라.

4. (a) $a|b$ 이고 $a|c$ 이면 $a|(b+c)$ 임을 증명하라.
   (b) $a|b$ 이고 $a|c$ 이면 임의의 $r, s \in \mathbb{Z}$ 에 대하여 $a|(br + cs)$ 임을 증명하라.

5. a와 b가 0이 아닌 정수일 때, $a|b$ 이고 $b|a$ 이면 $a = \pm b$ 임을 증명하라.

6. $a|b$ 이고 $c|d$ 이면 $ac|bd$ 임을 증명하라.

7. $a < 0$ 일 때, $\gcd(a, 0)$ 을 구하라.

8. 임의의 정수 n 에 대하여, $\gcd(n, n+1) = 1$ 임을 증명하라.

9. $a|c$ 이고 $b|c$ 이면 c 는 ab 로 나누어지는가? 그 답의 타당성을 밝히라.

10. $\gcd(a, 0) = 1$ 이면 a는 무엇이 될 수 있는가?

11. $n \in \mathbb{Z}$ 일 때, 다음 값은 각각 무엇이 될 수 있는가?
(a) $\gcd(n, n+2)$ (b) $\gcd(n, n+6)$

12. $\gcd(a, b) = 1$ 이고 $\gcd(a, c) = 1$ 일 때, 다음 중 거짓인 명제는 어느 것인가?
(a) $\gcd(ab, a) = 1$ (b) $\gcd(b, c) = 1$ (c) $\gcd(ab, c) = 1$

13. a, b, q와 r 이 $a = bq + r$ 인 정수일 때, 다음을 각각 증명하라.
(a) a 와 b 의 임의의 공약수 c 는 또한 b 와 r 의 공약수이다. [**힌트**: 어떤 정수 s 와 t 에 대하여 $a = cs$ 이고 $b = ct$ 이다. 이 결과를 $a = bq + r$ 에 대입하여 $c|r$ 을 보인다.]
(b) b 와 r 의 임의의 공약수 c 는 또한 a 와 b 의 공약수이다.
(c) $\gcd(a, b) = \gcd(b, r)$.

14. 다음에 주어진 각 집합의 최소인 양의 정수를 구하라. [**힌트**: 정리 1.2]
(a) $\{6u + 15v \mid u, v \in \mathbb{Z}\}$ (b) $\{12r + 17s \mid r, s \in \mathbb{Z}\}$

15. Euclid 알고리즘(Euclidean Algorithm)은 임의의 양의 정수 a 와 b 에 대하여 $\gcd(a, b)$ 를 구하는 효과적인 방법이다. 그것은 여기서 $\gcd(524, 148)$ 에 대해 설명한 것처럼, 최대공약수를 얻을 때까지 나눗셈 알고리즘을 여러 번 계속 적용하기만 하면 된다.
(a) 다음 진술이 옳음을 증명하라.

$524 = 148 \cdot 3 + 80$	$0 \le 80 < 148$	[각 줄에서 나누는 수는 그다음 줄에서 나뉘는 수가 되고, 각 줄에서 나머지는 그다음 줄에서 나누는 수가 된다.]
$148 = 80 \cdot 1 + 68$	$0 \le 68 < 80$	
$80 = 68 \cdot 3 + 12$	$0 \le 12 < 68$	
$68 = 12 \cdot 5 + 8$	$0 \le 8 < 12$	[(b)에서 알 수 있는 것처럼 마지막 영이 아닌 나머지, 즉 4 가 $\gcd(524, 148)$ 이다.]
$12 = 8 \cdot 1 + 4$	$0 \le 4 < 8$	
$8 = 4 \cdot 2 + 0$		

(b) 문항 (a)와 연습문제 13과 예제 4를 이용하여, 다음을 증명하라.

$$\begin{aligned}\gcd(524, 148) &= \gcd(148, 80) = \gcd(80, 68) = \gcd(68, 12)\\ &= \gcd(12, 8) = \gcd(8, 4) = \gcd(4, 0) = 4\end{aligned}$$

Euclid 알고리즘을 이용하여 다음을 구하라.

(c) $\gcd(1003, 456)$ (d) $\gcd(322, 148)$ (e) $\gcd(5858, 1436)$

문항 (a)를 이용하여, 다음과 같이 그 최대공약수 4를 524와 148의 일차결합으로 나타낼 수 있다. 먼저, 아래와 같이 문항 (a)의 처음 5개의 식들을 재배열한다.

$$\begin{aligned} 80 &= 524 - 148\cdot 3 && (1)\\ 68 &= 148 - 80 && (2)\\ 12 &= 80 - 68\cdot 3 && (3)\\ 8 &= 68 - 12\cdot 5 && (4)\\ 4 &= 12 - 8 && (5)\end{aligned}$$

(f) 식 (1)은 80을 524와 148의 일차결합으로 나타낸다. 이 사실과 식 (2)를 이용하여, 68을 524와 148의 일차결합으로 나타내라.

(g) 식 (1), 문항 (f)와 식 (3)을 이용하여 12를 524와 148의 일차결합으로 나타내라.

(h) 문항 (f)와 (g)를 이용하여 8을 524와 148의 일차결합으로 나타내라.

(i) 문항 (g)와 (h)를 이용하여 4를 524와 148의 일차결합으로 나타내라.

(j) 문항 (f)~(i)에서 설명한 방법을 이용하여 문항 (c)에서의 최대공약수를 1003과 456의 일차결합으로 나타내라.

B. 16. $\gcd(a, b) = d$일 때, $\gcd\left(\frac{a}{d}, \frac{b}{d}\right) = 1$임을 증명하라. [**힌트**: $a = dr$이고 $b = ds$인 정수 r과 s가 존재한다. (이유는?). 따라서 $a/d = r$이고, $b/d = s$이고, $\gcd(r, s) = 1$임을 증명하여야 한다. $\gcd(a, b)$에 정리 1.2를 적용하여 얻은 등식을 d로 나누라.]

17. $\gcd(a, b) = 1$일 때, $a|c$이고 $b|c$이면 $ab|c$임을 증명하라. [**힌트**: $c = bt$이고 (이유는?), 따라서 $a|bt$이다. 정리 1.4를 이용하라.]

18. $c > 0$일 때, $\gcd(ca, cb) = c\cdot\gcd(a, b)$임을 증명하라. [**힌트**: $\gcd(a, b) = d$라 하고 $\gcd(ca, cb) = k$라 하자. $cd\,|\,k$이고 $k\,|\,cd$임을 보이라. 연습문제 5 참고.]

19. $a\,|\,(b+c)$ 이고 $\gcd(b, c)=1$ 이면 $\gcd(a, b)=1=\gcd(a, c)$ 임을 증명하라.

20. 임의의 $t \in \mathbb{Z}$ 에 대하여, $\gcd(a, b)=\gcd(a, b+at)$ 임을 증명하라.

21. $\gcd(a, \gcd(b, c))=\gcd(\gcd(a, b), c)$ 임을 증명하라.

22. $\gcd(a, c)=1$ 이고 $\gcd(b, c)=1$ 이면 $\gcd(ab, c)=1$ 임을 증명하라.

23. 수학적귀납법을 이용하여, $\gcd(a, b)=1$ 이면 임의의 자연수 n 에 대하여 $\gcd(a, b^n)=1$ 임을 증명하라.*

24. $a,\ b,\ c \in \mathbb{Z}$ 에 대하여, 방정식 $ax+by=c$ 가 정수해를 가질 필요충분조건은 $\gcd(a, b)\,|\,c$ 임을 증명하라.

25. (a) $au+bv=1$ 인 $a,\ b,\ u,\ v \in \mathbb{Z}$ 에 대하여, $\gcd(a, b)=1$ 임을 증명하라.
    (b) $au+bv=d>1$ 이지만 $\gcd(a, b)$ 가 d 가 아닐 수 있음을 예를 들어 보이라.

26. $\gcd(a, b)=d$ 일 때, $a\,|\,c$ 이고 $b\,|\,c$ 이면 $ab\,|\,cd$ 임을 증명하라.

27. $\gcd(c, a)=d$ 일 때, $c\,|\,ab$ 이면 $c\,|\,db$ 임을 증명하라.

28. 양의 한 정수가 3으로 나누어질 필요충분조건은 그 수의 십진 자릿수들의 총합이 3으로 나누어짐을 증명하라. [**힌트**: $10^3=999+1$이고, 10의 다른 거듭제곱들도 유사하게 성립.]

29. 양의 한 정수가 9로 나누어질 필요충분조건은 그 수의 십진 자릿수들의 총합이 9로 나누어짐을 증명하라. [연습문제 28 참고.]

30. $a_1,\ a_2,\ \ldots,\ a_n$을 적어도 하나는 0이 아닌 정수라 할 때, 모든 i 에 대하여 $d\,|\,a_i$ 를 만족하는 가장 큰 정수 d를 그것들의 **최대공약수**(greatest common divisor, gcd)라 한다. $d=a_1u_1+a_2u_2+\ \cdots\ +a_nu_n$ 을 만족하는 정수 $u_1,\ u_2,\ \ldots,\ u_n$ 이 존재함을 증명하라. [**힌트**: 정리 1.2의 증명을 일반화하라.]

---

* 수학적귀납법은 부록 C에서 논의한다.

31. $a_1, a_2, \ldots, a_k$가 0이 아닌 정수일 때, $i=1, 2, \ldots, k$에 대하여 $a_i | m$를 만족하는 가장 작은 양의 정수 m을 그것들의 **최소공배수**(least common multiple, lcm)라고 하고, 이것을 $\text{lcm}(a_1, a_2, \ldots, a_k)$로 나타낸다.
   (a) $\text{lcm}(6, 10)$, $\text{lcm}(4, 5, 6, 10)$, $\text{lcm}(20, 42)$와 $\text{lcm}(2, 3, 14, 36, 42)$를 각각 구하라.
   (b) t가 $i=1, 2, \ldots, k$에 대하여 $a_i | t$를 만족하는 정수이면 $\text{lcm}(a_1, a_2, \ldots, a_k) | t$임을 증명하라. [힌트: $\text{lcm}(a_1, a_2, \ldots, a_k)=m$이라고 하자. 나눗셈 알고리즘에 의하여 $t=mq+r$, 여기서 $0 \leq r < m$이다. $i=1, 2, \ldots, k$에 대하여 $a_i | r$임을 보이라. m은 이 성질을 만족하는 최소의 양의 정수임을 이용하여 r에 대한 결론을 유도하라.]

32. a와 b를 모두 0이 아닌 정수라 하고, t를 양의 정수라 하자. t가 a와 b의 최소공배수일 필요충분조건은 t가 다음 두 조건을 만족하는 것임을 증명하라.
   (i) $a | t$이고 $b | t$이다.
   (ii) $a | c$이고 $b | c$이면 $t | c$이다.

C. 33. $a>0$이고 $b>0$일 때, $\text{lcm}(a, b)=\dfrac{ab}{\gcd(a, b)}$임을 증명하라.

34. 다음을 각각 증명하라.
   (a) $\gcd(a, b) | \gcd(a+b, a-b)$
   (b) a가 홀수이고 b가 짝수이면 $\gcd(a, b)=\gcd(a+b, a-b)$이다.
   (c) a와 b가 모두 홀수이면 $2\gcd(a, b)=\gcd(a+b, a-b)$이다.

1.3 소수와 인수분해의 유일성

± 1을 제외한 영이 아닌 정수 n은 적어도 네 개의 서로 다른 약수, 즉 $1, -1, n, -n$을 갖는다. 이러한 네 개의 약수만을 갖는 정수는 결정적인 역할을 한다.

정의

정수 p에 대하여, $p \neq 0$, ± 1이고 p의 모든 약수가 ± 1, $\pm p$뿐일 때 p를 **소수**(prime)라 한다.

예제 1

3, -5, 7, -11, 13, -17은 소수이지만 15는 아니다. 왜냐하면 15는 ± 1과 ± 15 외에도 3과 5 등의 약수를 갖기 때문이다. 정수 4567은 소수이지만 정의에 따라 이 사실을 증명하려면, 가능한 모든 약수를 검사해야 하는 지루한 과정이 필요하다. 다행히 주어진 정수가 소수인지 아닌지를 판정하는 효과적인 여러 가지 많은 방법이 있다. 이 절의 마지막에서 그 한 가지를 살펴볼 것이다.

무수히 많은 소수가 존재한다는 것을 보이는 것은 어렵지 않다(연습문제 32). 정수 p는 $-p$와 같은 약수를 갖기 때문에

p가 소수일 필요충분조건은 $-p$가 소수인 것이다.

p와 q가 둘 다 소수이고 $p|q$이면 p는 1, -1, q, $-q$ 중 하나이다. 그러나 p는 소수이므로 $p \neq \pm 1$이다. 따라서

p와 q가 소수이고 $p|q$이면 $p = \pm q$이다.

곱 bc의 약수가 어떤 조건 아래서 b 또는 c의 약수가 되는가? 정리 1.4는 이 질문에 대한 하나의 답을 준다. 또 다른 답이 여기에 있다.

정리 1.5

$p \neq 0$, ± 1인 정수 p에 대하여, p가 소수일 필요충분조건은 p가 다음 성질을 만족하는 것이다.

$p|bc$이면 $p|b$ 또는 $p|c$이다.

증명

이것은 '필요충분조건' 명제이므로, 증명은 두 부분으로 이루어진다.

제1단계 p를 소수라 가정하고, p가 정리에 진술된 성질을 만족함을 증명한다.

제1단계 증명: p가 소수이고 bc가 p로 나누어질 때, p와 b의 최대공약수를 생각하자. 이제 $\gcd(p,b)$는 소수 p의 양의 약수이다. 따라서 가능한 경우는 $\gcd(p,b)=1$ 또는 $\gcd(p,b)=\pm p$(양수)뿐이다. 만약 $\gcd(p,b)=\pm p$이면 $p|b$이다. 또 $\gcd(p,b)=1$이면 $p|bc$이므로, 정리 1.4에 의하여 $p|b$이다. 따라서 어느 경우에나 $p|b$ 또는 $p|c$이다. 그러므로 p는 정리에 진술된

성질을 만족한다.

제2단계 p가 정리에 진술된 성질을 만족하는 정수라 가정하고, p가 소수임을 증명한다.

제2단계 증명: 이 증명은 독자에게 남긴다(연습문제 14). ■

따름정리 1.6

p가 소수이고 $p | a_1 a_2 \cdots a_n$이면 적어도 하나의 a_i는 p로 나누어진다.

증명

$p | a_1(a_2 a_3 \cdots a_n)$이면 정리 1.5에 의하여, $p | a_1$ 또는 $p | a_2 a_3 \cdots a_n$이다. 만약 $p | a_1$이면 증명은 끝난다. 그렇지 않으면, 정리 1.5를 적용하여 이 과정을 계속한다. 많아야 n 단계에서 p로 나누어지는 a_i가 존재한다. ■

0과 ± 1이 아닌 한 정수를 선택하자. 가능한 한 많이 인수분해하면, 그것은 하나 또는 여러 개의 소수의 곱이 되는 것을 알 수 있다. 예를 들어,

$$12 = 4 \cdot 3 = 2 \cdot 2 \cdot 3$$
$$60 = 12 \cdot 5 = 2 \cdot 2 \cdot 3 \cdot 5$$
$$113 = 113(\text{소수})$$

이와 관련하여, 시작하는 수가 실제로 소수일 때 꼭 하나의 인수로 이루어진 '곱'의 가능성을 허용한다. 이들 예에서 했던 것을 언제나 할 수 있다.

정리 1.7

0과 ± 1을 제외한 임의의 정수는 어떤 소수들의 곱이다.

증명

먼저, $n = p_1 p_2 \cdots p_k$처럼 소수들의 곱이라 하면 $-n = (-p_1)p_2 \cdots p_k$도 소수들의 곱이다. 결과적으로 $n > 1$일 때만 정리를 증명하면 된다. 증명의 아이디어는 다음과 같이 요약된다.

> 소수들의 곱이 아닌 1보다 큰 모든 정수들의 집합을 S라 하자. S가 공집합임을 보이면 된다. 그러면 S에는 어떤 정수도 없으므로 1보다 큰 임의의 정수는 소수들의 곱이

된다. (그렇지 않으면 그것이 S에 속하기 때문이다.)

S가 공집합임의 증명: 증명은 귀류법으로 이루어진다. S가 공집합이 아니라고 가정하고, 그 가정을 이용하여 모순을 끌어낼 것이다. 그래서 S가 공집합이 아니라고 하자. 그러면 정렬성원리에 의하여, S는 최소원소 m을 포함한다. $m \in S$이므로 m 자신은 소수가 아니다. 따라서 m은 1과 m이 아닌 양의 약수들을 갖는다. 이를테면 $m = ab$, 여기서 $1 < a < m$이고 $1 < b < m$이다. a와 b는 모두 (S의 최소원소인) m보다 작으므로, a나 b 어느 것도 S에 속하지 않는다. S의 정의로부터 a와 b는 모두 소수들의 곱, 즉 $a = p_1 p_2 \cdots p_r$이고 $b = q_1 q_2 \cdots q_s$이다. 여기서 $r \geq 1$, $s \geq 1$이고, 각 p_i, p_j는 소수이다. 그러므로

$$m = ab = p_1 p_2 \cdots p_r q_1 q_2 \cdots q_s$$

는 소수들의 곱이고, 따라서 $m \not\in S$이다. $m \in S$이고 $m \not\in S$이므로, 이것은 모순이다. 결과적으로 S는 공집합이다. ■

기술팁: TI 그래핑 계산기로 10 내지 12자리의 큰 정수의 소인수분해를 구하기 위하여, 프로그램 FACTOR를 웹사이트 www.CengageBrain.com에서 내려받으면 된다. 인수분해를 하기 위하여 그 프로그램은 26쪽에서 증명할 정리 1.10을 이용한다. Maple과 Mathematica도 아주 빨리 이러한 수나 더 큰 정수의 소인수분해를 구할 수 있다.

0, ±1과 다른 소수가 아닌 정수를 **합성수**(composite)라 한다. 비록 합성수는

$$45 = 3 \cdot 3 \cdot 5$$
$$45 = (-3) \cdot 5 \cdot (-3)$$
$$45 = 5 \cdot 3 \cdot 3$$
$$45 = (-5) \cdot (-3) \cdot 5$$

와 같이 여러 가지 다른 형태의 소인수분해를 가질 수 있지만, 이러한 인수분해는 근본적으로 같은 것이다. 45의 임의의 소인수분해는 꼭 세 개의 소인수, 말하자면 q_1, q_2, q_3를 갖는다는 것을 쉽게 이해할 수 있다. 더구나 그 소인수 q들을 재배열하고 다시 번호를 붙이면 $3 = \pm q_1$, $3 = \pm q_2$이고, $5 = \pm q_3$이라고 할 수 있다. 이것은 다음 정리의 하나의 예이다.

정리 1.8 산술의 기본정리

0, ± 1을 제외한 임의의 정수 n은 어떤 소수들의 곱이다. 이 소인수분해는 다음의 의미에서 유일하다. 즉

$$n = p_1 p_2 \cdots p_r \text{이고} \quad n = q_1 q_2 \cdots q_s$$

여기서 각 p_i, q_j가 소수이면 $r = s$이고(즉, 소인수들의 개수가 같고) q_j들을 재배열하여 다시 번호를 붙이면 다음과 같다.

$$p_1 = \pm q_1,\ p_2 = \pm q_2,\ \ldots,\ p_r = \pm q_r$$

증명

0, ± 1을 제외한 임의의 정수 n은 정리 1.7에 의하여, 적어도 하나의 소인수분해를 갖는다. n이 정리에서 표시된 것과 같이 두 가지 소인수분해를 갖는다고 하자. 그러면

$$p_1(p_2 p_3 \cdots p_r) = q_1 q_2 q_3 \cdots q_s$$

이므로 $p_1 | q_1 q_2 \cdots q_s$이다. 따름정리 1.6에 의하여 p_1은 q_j들 중 하나의 약수가 되어야 한다. 필요하면 q_j들을 재배열하고, 다시 번호를 붙여 $p_1 | q_1$라 해도 좋다. p_1과 q_1은 소수이므로 $p_1 = \pm q_1$이다. 결과적으로

$$\pm q_1 p_2 p_3 \cdots p_r = q_1 q_2 q_3 \cdots q_s$$

이다. 양변을 q_1으로 나누면

$$p_2(\pm p_3 p_4 \cdots p_r) = q_2 q_3 q_4 \cdots q_s$$

이므로 $p_2 | q_2 q_3 \cdots q_s$이다. 따름정리 1.6에 의하여 q_j들 중 하나는 p_2로 나누어진다. 그러므로 앞에서처럼 $p_2 | q_2$라 할 수 있다. 따라서 $p_2 = \pm q_2$이고

$$\pm q_2 p_3 p_4 \cdots p_r = q_2 q_3 q_4 \cdots q_s$$

이다. 양변을 q_2로 나누면

$$p_3(\pm p_4 \cdots p_r) = q_3 q_4 \cdots q_s$$

이다. 같은 방법으로, 반복하여 따름정리 1.6을 이용하여 각 단계에서 각 변의 소수를 하나씩 제거한다. 만약 $r = s$이면 이 과정은 원하는 결론에 이르게 된다. 즉

$$p_1 = \pm q_1,\ p_2 = \pm q_2,\ \ldots,\ p_r = \pm q_r.$$

그래서 정리의 증명을 완성하기 위하여 $r = s$임을 보여야 한다. $r = s$의 증명은 귀류법으로 한다. $r \neq s$라고 가정하고(이것은 $r > s$ 또는 $r < s$임을 의미한다), 이 가정이 모순을 유도하는 것을 보이자.

먼저, $r > s$라 가정하자. 앞의 과정에서 s단계 후에 모든 q들은 소거되고, 그 식은 다음과 같게 된다. 즉

$$\pm p_{s+1} p_{s+2} \cdots p_r = 1.$$

이 등식은 그중에서도 $p_r | 1$임을 보여준다. 1의 약수는 ± 1뿐이므로 $p_r = \pm 1$이다. 그러나 p_r은 소수이므로 $p_r \neq \pm 1$임을 소수의 정의로부터 알고 있다. 이것은 모순($p_r = \pm 1$이고 $p_r \neq \pm 1$)이다. 그러므로 $r > s$일 수는 없다. 마찬가지 논법으로, $r < s$라는 가정도 모순을 이끌고, 따라서 이 경우도 일어날 수 없다. 그러므로 유일한 가능성은 $r = s$이고, 정리는 증명된다. ■

기술팁: 웹사이트 www.CengageBrain.com에서의 TI 계산기 프로그램 FACTOR는 상대적으로 빠르게 정수 n을 소수들의 곱으로 인수분해한다. 예를 들어, 그림 1에서 보여주는 것처럼 $n = 94017$이면 $n = 3 \cdot 7 \cdot 11^2 \cdot 37$이다.

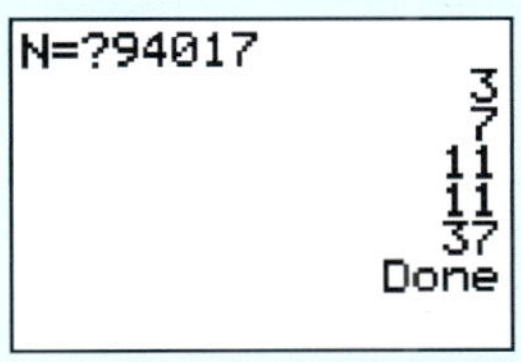

그림 1

Maple에서 명령어 ifactor(n);은 n의 소인수분해를 구해준다.

양의 정수로 제한하여 생각하면, 인수분해의 유일성에 대한 더 강한 변형이 있다.

따름정리 1.9

1보다 큰 임의의 정수 n은 $n = p_1 p_2 p_3 \cdots p_r$의 형태로 일의적으로 나타낼 수 있다. 여기서 p_i들은 모두 $p_1 \leq p_2 \leq p_3 \leq \cdots \leq p_r$을 만족하는 소수이다.

증명

연습문제 12. ■

소수의 판정

이론적으로 양의 정수 n이 소수인지를 결정하기는 쉽다. n이 1과 n을 제외한 다른 약수를 갖는지 알기 위하여, 1과 n 사이에 있는 임의의 정수로 n을 나누어 보기만 하면 된다. 실제로 n의 (1을 제외한) 약수는 적어도 하나의 소수로 나누어지기 때문에 소수인 약수만 조사하면 된다. 다음 소수판정은 꼭 필요한 나눗셈의 횟수를 크게 줄여준다.

정리 1.10

$n > 1$일 때, n이 $\sqrt{n}$ 이하인 양의 소수 약수를 갖지 않으면 n은 소수이다.

이 정리를 증명하기 전에 어떻게 사용되는지 알아보는 것이 유용할 것이다.

예제 2

137이 소수임을 알기 위하여 정리에 의하면, 137이 $\sqrt{137} \approx 11.7$ 이하의 양의 소수 약수를 갖지 않음을 보여야 한다. 즉, 2, 3, 5, 7 11이 137의 약수가 아님을 보이면 된다. 137은 이들 중 어느 것으로도 나누어지지 않음을 쉽게 알 수 있다. 따라서 정리 1.10에 의하여 137은 소수이다.

정리 1.10의 증명은 (이 장의 앞부분의 여러 곳에서처럼) 필요한 것보다 좀 더 구체적이다. 특히 증명의 밑줄 친 부분은 보통 생략한다.

정리 1.10의 증명

<u>모순에 의한 증명으로 한다.</u> n이 소수가 아니라고 가정하자. 그러면 n은 적어도 두 개의 양의 소수 약수 이를테면, p_1, p_2를 갖고, 따라서 어떤 양의 정수 k에 대하여 $n = p_1 p_2 k$이다. 가정에 의하여, <u>n은 $\sqrt{n}$ 이하의 양의 소수인 약수를 갖지 않는다. 그러므로</u> $p_1 > \sqrt{n}$ 이고 $p_2 > \sqrt{n}$ 이다. 따라서

$$n = p_1 p_2 k \geq p_1 p_2 > \sqrt{n}\sqrt{n} = n$$

이고, 이것은 $n > n$을 의미하므로 모순이다. <u>n이 소수가 아니라는 가정 때문에 모순이 일어나 결국 n은 소수이다.</u> ■

정리 1.10은 비교적 작은 수를 손으로 작업할 때 유용하다. 하지만 아주 큰 정수의 소수판정은 컴퓨터와 이 책의 범위를 넘는 기법이 필요하다.

■ 연습문제

A. 1. 다음 수를 소수들의 곱으로 나타내라.

(a) 5040 (b) -2345

(c) 45670 (d) 2042040

2. (a) 2^5-1과 2^7-1은 소수임을 증명하라.

(b) $2^{11}-1$은 소수가 아님을 증명하라.

3. 다음 수 중 소수인 것은 어느 것인가?

(a) 701 (b) 1009

(c) 1949 (d) 1951

4. $q=p+2$인 두 소수 p와 q를 쌍둥이소수(twin prime)라고 한다. 예를 들어, 3과 5는 쌍둥이소수이고 11과 13도 그렇다. 200 이하의 양의 쌍둥이소수를 모두 구하라.

5. (a) $s, t \in \mathbb{Z}$ 이고 $s, t > 0$일 때 $3^s 5^t$의 양의 약수를 모두 구하라.

(b) $r, s, t \in \mathbb{Z}$ 가 양수일 때 $2^r 3^s 5^t$ 의 양의 약수는 모두 몇 개인가?

6. $p>5$인 소수 p를 10으로 나누었을 때 그 나머지는 1, 3, 7 또는 9임을 증명하라.

7. 정수 a, b, c에 대하여, a와 $a+bc$가 모두 어떤 소수 p로 나누어지면 $p|b$ 또는 $p|c$ 임을 증명하라.

8. (a) $x-1$은 x^n-1의 인수임을 증명하라.

(b) n이 양수이면 $2^{2n}\cdot 3^n-1$의 소인수분해는 11을 소수인 인수의 하나로 포함함을 증명하라. [**힌트**: $2^{2n}\cdot 3^n=(2^2\cdot 3)^n$]

9. 0, ± 1과 다른 정수 p에 대하여, p가 소수일 필요충분조건은 p가 다음 성질을 만족하는 것을 증명하라: r과 s가 $p=rs$인 정수이면 언제나 $r=\pm 1$ 또는 $s=\pm 1$이다.

10. 0, ± 1과 다른 정수 p에 대하여, p가 소수일 필요충분조건은 임의의 $a \in \mathbb{Z}$에 대하여 $\gcd(a,p)=1$ 또는 $p|a$임을 증명하라.

11. 정수 a, b, c, d에 대하여, 소수 p가 $a-b$와 $c-d$의 공약수이면 p는 $(a+c)-(b+d)$의 약수임을 증명하라.

12. 따름정리 1.9를 증명하라.

13. $n>1$인 임의의 정수 n은 $n=p_1^{r_1}p_2^{r_2}\cdots p_t^{r_t}$의 형태로 나타낼 수 있음을 증명하라. 단, 여기서 p_i들은 서로 다른 소수들이고 $r_i>0$이다.

14. 0, ± 1과 다른 정수 p가 다음 성질을 갖는다고 하자: b와 c가 $p|bc$인 임의의 정수라 하면 $p|b$ 또는 $p|c$이다. p는 소수임을 증명하라. [**힌트**: d가 p의 약수, 말하자면 $p=dt$이면 $p|d$ 또는 $p|t$이다. 이것으로부터 $d=\pm p$ 또는 $d=\pm 1$임을 보이라.]

15. p가 소수이고 $p|a^n$일 때 $p^n|a^n$은 참인가? 답에 대한 타당한 이유를 밝히라.

16. $\gcd(a,b)=1$일 필요충분조건은 $p|a$이고 $p|b$인 어떤 소수 p도 존재하지 않는 것임을 증명하라.

17. p가 소수이고 $\gcd(a,b)=p$이면 $\gcd(a^n,b^n)=?$

18. 다음 명제가 참이면 증명하고 거짓이면 그 이유를 밝히라.
    (a) p가 소수이고 $p|(a^2+b^2)$이고 $p|(c^2+d^2)$이면 $p|(a^2-c^2)$이다.
    (b) p가 소수이고 $p|(a^2+b^2)$이고 $p|(c^2+d^2)$이면 $p|(a^2+c^2)$이다.
    (c) p가 소수이고 $p|a$이고 $p|(a^2+b^2)$이면 $p|b$이다.

B. 19. 서로 다른 양의 소수 $p_1, p_2, \dots, p_k$에 대하여 $a=p_1^{r_1}p_2^{r_2}\cdots p_k^{r_k}$이고 $b=p_1^{s_1}p_2^{s_2}\cdots p_k^{s_k}$라 하자. 여기서 각 $r_i,\ s_i \ge 0$이다. $a|b$일 필요충분조건은 모든 i에 대하여 $r_i \le s_i$임을 증명하라.

20. 서로 다른 양의 소수 $p_1, p_2, \dots, p_k$에 대하여 $a = p_1^{r_1} p_2^{r_2} \cdots p_k^{r_k}$이고 $b = p_1^{s_1} p_2^{s_2} \cdots p_k^{s_k}$라 하자. 여기서 각 r_i, $s_i \geq 0$이다. 이때 다음을 증명하라.
    (a) $\gcd(a,b) = p_1^{n_1} p_2^{n_2} \cdots p_k^{n_k}$ 여기서 임의의 i에 대하여 $n_i =$ (r_i와 s_i 중 최솟값).
    (b) $\text{lcm}(a,b) = p_1^{t_1} p_2^{t_2} \cdots p_k^{t_k}$ 여기서 임의의 i에 대하여 $t_i =$ (r_i와 s_i 중 최댓값). [**힌트**: 1.2절의 연습문제 31 참고.]

21. $c^2 = ab$이고 $\gcd(a,b) = 1$이면 a와 b는 완전제곱수임을 증명하라.

22. 서로 다른 양의 소수 $p_1, p_2, \dots, p_k$에 대하여 $n = p_1^{r_1} p_2^{r_2} \cdots p_k^{r_k}$라 하자. 여기서 각 $r_i \geq 0$이다. n이 완전제곱수일 필요충분조건은 r_i가 모두 짝수임을 증명하라.

23. $a|b$일 필요충분조건은 $a^2|b^2$ 임을 증명하라. [**힌트**: 연습문제 19.]

24. $a|b$일 필요충분조건은 $a^n|b^n$ 임을 증명하라.

25. p가 소수이고, $1 \leq k < p$라 하자. p가 이항계수 $\binom{p}{k}$의 약수임을 증명하라. [$\binom{p}{k} = \dfrac{p!}{k!\,(p-k)!}$ 임을 상기하라.]

26. n이 양의 정수이면 n개의 연속한 합성수가 존재함을 증명하라. [**힌트**: $(n+1)!+2$, $(n+1)!+3$, $(n+1)!+4$, $\cdots$를 생각하라.]

27. 소수 p에 대하여, $p > 3$이면 $p^2 + 2$는 합성수임을 증명하라. [**힌트**: p를 3으로 나눌 때 가능한 나머지를 생각하라.]

28. 증명 또는 반증하라: 합

$$1+2+4,\ 1+2+4+8,\ 1+2+4+8+16,\ \cdots$$

은 소수와 합성수가 번갈아 나온다.

29. $n \in \mathbb{Z}$이고 $n \neq 0$이면 n은 $n = 2^k m$, 여기서 $k \geq 0$이고 m은 홀수로 유일하게 나타낼 수 있음을 증명하라.

30. (a) $a^2 = 2b^2$ 인 영이 아닌 정수 a 와 b 는 존재하지 않음을 증명하라. [**힌트**: 산술의 기본정리를 이용하라.]

(b) $\sqrt{2}$ 는 무리수임을 증명하라. [**힌트**: 모순에 의한 증명(부록 A). $\sqrt{2} = a/b$ $(a,\ b \in \mathbb{Z}\ )$라고 가정하고, 문항 (a)를 이용하여 모순을 유도하라.]

31. p 가 양의 소수이면 $\sqrt{p}$ 는 무리수임을 증명하라. [연습문제 30을 보라.]

32. (Euclid) 무수히 많은 소수가 존재함을 증명하라. [**힌트**: 모순에 의한 증명(부록 A). 모든 소수가 유한개인 $p_1,\ p_2,\ \cdots, p_k$ 뿐이라고 가정하고, 수 $p_1 p_2 \cdots\ p_k + 1$ 이 $p_1,\ p_2,\ \cdots,\ p_k$ 의 어느 것으로도 나누어지지 않음을 보여 모순을 찾으라.]

33. $p > 1$ 이라고 하자. $2^p - 1$ 이 소수이면 p 는 소수임을 증명하라. [**힌트**: 대우를 증명하라. 즉, p 가 합성수이면 $2^p - 1$ 은 합성수이다.][**노트**: 역은 연습문제 2(b)에 의해 거짓이다.]

C. 34. 증명 또는 반증하라: n이 정수이고 $n > 2$ 이면 $n < p < n!$ 인 소수 p 가 존재한다.

35. (a) a 를 양의 정수라 하자. $\sqrt{a}$ 가 유리수이면 $\sqrt{a}$ 는 정수임을 증명하라.

(b) r 이 유리수이고 a 가 $r^n = a$ 를 만족하는 정수라 하자. r 은 정수임을 증명하라. [문항 (a)는 $n = 2$ 인 경우이다.]

36. $p,\ q$가 $p \geq 5,\ q \geq 5$인 소수라 하자. $24 \mid (p^2 - q^2)$ 임을 증명하라.

CHAPTER 2

$\mathbb{Z}$에서의 합동관계와 모듈러 산술

여기서 정수에 대한 산술의 기본개념을 확장하여 '모듈로 n 합동'의 개념을 도입한다. 합동관계는 정수의 모든 모듈로 n 합동류의 집합인 $\mathbb{Z}_n$을 구성하는 데 쓰인다. 이 구성 과정은 이 책의 나머지 부분에서 여러 가지 유사한 구성에 대한 하나의 모델 역할을 하게 될 것이다. 또한 보통의 산술이 갖는 여러 가지 기본성질을 공유하면서도 중요한 차이점이 있는 새로운 산술 체계에 대한 첫 예가 된다.

2.1 합동과 합동류

'합동(congruence)'의 개념은 등호 관계의 일반화로 생각할 수 있다. 두 정수 a와 b가 같다고 하는 것은 그들의 차이가 0이 되는 것, 다르게 말하면 그들의 차이가 0의 배수가 되는 것이다. n이 양의 정수이면, 두 정수의 차이가 n의 배수일 때 두 정수는 모듈로 n 합동(congruence modulo n)이라고 한다. 어떤 정수 k에 대하여 $a-b=nk$임은 $a-b$가 n으로 나누어진다는 것을 의미한다. 그래서 다음의 형식적인 정의를 갖는다.

정의 n을 $n>0$인 정수라 하자. 정수 a, b에 대하여, $a-b$가 n으로 나누어질 때 a는 b와 **모듈로 n 합동**(congruent modulo n)이라고 하고 '$a \equiv b \pmod{n}$'으로 나타낸다.

예제 1

$17-5=12$는 6으로 나누어지므로 $17 \equiv 5 \pmod 6$이다. 마찬가지로 $4-25=-21$은 7로 나누어지므로 $4 \equiv 25 \pmod 7$이다. 또한 $6-(-4)=10$은 5로 나누어지므로 $6 \equiv -4 \pmod 5$이다.

참고 표기법 '$a \equiv b \pmod n$'에서 기호 '$\equiv$'와 '$(\text{mod}\, n)$'은 실제로 하나의 기호를 구성하는 부분들이다. 즉, '$a \equiv b$' 자체만으로는 의미가 없다. 다른 책에서는 '$a \equiv b \pmod n$' 대신에 '$a \equiv_n b$'와 같이 쓰기도 한다. 이러한 단일기호 표기법이 장점이 있기도 하지만, 여기서는 전통적인 '$(\text{mod}\, n)$' 표기법을 고수한다.

합동을 나타내는 기호는 등호와 매우 유사해 보인다. 이것은 합동관계가 등호 관계와 같은 성질을 많이 갖고 있으므로 우연한 것이 아니다. 예를 들어, 등호의 다음 성질을 잘 알고 있다.

반사적(reflexive): 임의의 정수 a에 대하여 $a=a$이다.
대칭적(symmetric): $a=b$이면 $b=a$이다.
추이적(transitive): $a=b$이고 $b=c$이면 $a=c$이다.

모듈로 n 합동 역시 반사적이고, 대칭적이고, 추이적임을 다음과 같이 알 수 있다.

정리 2.1

n을 양의 정수라 하자. 임의의 $a, b, c \in \mathbb{Z}$ 에 대하여

(1) $a \equiv a \pmod n$
(2) $a \equiv b \pmod n$이면 $b \equiv a \pmod n$이다.
(3) $a \equiv b \pmod n$이고 $b \equiv c \pmod n$이면 $a \equiv c \pmod n$이다.

증명

(1) $a \equiv a \pmod n$을 증명하기 위하여 $n \mid (a-a)$임을 보여야 한다. 그런데 $a-a=0$이고 $n \mid 0$(10쪽의 예제 2 참고)이다. 따라서 $n \mid (a-a)$이고 $a \equiv a \pmod n$이다.

(2) $a \equiv b \pmod n$은 어떤 정수 k에 대하여 $a-b=nk$임을 의미한다. 따라서 $b-a=-(a-b)=-nk=n(-k)$이다. 이 등식의 처음과 마지막에서 $n \mid (b-a)$임을 알 수 있다. 그러므로 $b \equiv a \pmod n$이다.

(3) $a \equiv b \pmod{n}$이고 $b \equiv c \pmod{n}$이라고 하면 합동의 정의에 따라, $a-b=nk$이고 $b-c=nt$ 인 정수 k와 t가 존재한다. 따라서

$$\begin{aligned}(a-b)+(b-c)&=nk+nt\\ a-c&=n(k+t)\end{aligned}$$

이다. 따라서 $n \mid (a-c)$이고, 즉 $a \equiv c \pmod{n}$이다. ■

여러 가지 중요한 산술적 또는 대수적 취급은 실마리가 되는 다음 성질에 의존한다.

$$a=b\text{이고}\quad c=d\text{이면 } a+c=b+d\text{이고}\quad ac=bd\text{이다.}$$

이제 합동에 대하여 같은 성질이 성립함을 보이자.

정리 2.2

$a \equiv b \pmod{n}$이고 $c \equiv d \pmod{n}$이면

(1) $a+c \equiv b+d \pmod{n}$이고
(2) $ac \equiv bd \pmod{n}$이다.

증명

(1) $a+c \equiv b+d \pmod{n}$을 증명하기 위하여, $(a+c)-(b+d)$가 n으로 나누어지는 것을 보여야 한다. $a \equiv b \pmod{n}$이고 $c \equiv d \pmod{n}$이므로 $n \mid (a-b)$이고 $n \mid (c-d)$이다. 따라서

$$(*)\qquad a-b=nk\text{이고}\quad c-d=nt$$

을 만족하는 정수 k와 t가 존재한다. 여기서 $(a+c)-(b+d)$가 n으로 나누어짐을 보이기 위하여 이 사실을 이용한다.

$$\begin{aligned}(a+c)-(b+d)&=a+c-b-d && \text{[산술]}\\ &=(a-b)+(c-d) && \text{[항의 순서변경]}\\ &=nk+nt && [a-b=nk\text{ 이고 } c-d=nt]\\ (a+c)-(b+d)&=n(k+t) && \text{[오른쪽 인수분해]}\end{aligned}$$

마지막 등식은 $(a+c)-(b+d)$가 n으로 나누어짐을 보여준다. 따라서

$$a+c \equiv b+d \pmod{n}$$

이다.

(2) $ac-bd$가 n으로 나누어짐을 증명해야 한다.*

$$
\begin{aligned}
ac-bd &= ac+0-bd \\
&= ac-bc+bc-b & [-bc+bc=0] \\
&= (a-b)c+b(c- & [\text{첫 두 항과 마지막 두 항을 인수분해}] \\
&= (nk)c+b(nl) & [(*)\text{에 의하여 } a-b=nk \text{이고 } c-d=nl\,] \\
ac-bd &= n(kc+bl) & [\text{오른쪽을 } n \text{ 으로 인수분해}]
\end{aligned}
$$

마지막 등식으로부터 $n\,|\,(ac-bd)$이다. 그러므로 $ac \equiv bd \pmod{n}$이다. ■

등호 관계에서는 주어진 수 a와 같은 수가 무엇인지 알기 쉽다. 즉 a 자신뿐이다. 그러나 합동에서는 이야기가 좀 다르고 흥미로운 어떤 결론을 이끈다.

정의

n을 $n>0$인 정수라 하자. 정수 a와 모듈로 n 합동인 모든 정수들의 집합을 a의 **모듈로 n 합동류**(congruence class of a modulo n)라고 하고, $[a]$로 나타낸다. 즉

$$[a] = \{b \mid b \in \mathbb{Z} \text{ 이고 } b \equiv a \pmod{n}\}$$

$b \equiv a \pmod{n}$은 어떤 정수 k에 대하여 $b-a=kn$ 또는 $b=a+kn$임을 의미한다. 따라서

$$
\begin{aligned}
[a] = \{b \mid b \equiv a \pmod{n}\} &= \{b \mid b = a+kn,\ k \in \mathbb{Z}\} \\
&= \{a+kn \mid k \in \mathbb{Z}\}
\end{aligned}
$$

예제 2

모듈로 5 합동에서 다음을 알 수 있다.

$$
\begin{aligned}
[9] &= \{9+5k \mid k \in \mathbb{Z}\} = \{9,\ 9\pm5,\ 9\pm10,\ 9\pm15,\ \ldots\} \\
&= \{\ldots,\ -11,\ -6,\ -1,\ 4,\ 9,\ 14,\ 19,\ 24,\ \ldots\}
\end{aligned}
$$

예제 3

기호 '[ ]'는 문맥에 따라 그 의미가 다르다. 모듈로 3 합동에서는 예를 들면

$$[2] = \{2+3k \mid k \in \mathbb{Z}\} = \{\ldots,\ -7,\ -4,\ -1,\ 2,\ 5,\ 8,\ \ldots\}$$

* 이 증명의 첫 두 줄은 대수적인 표준기법이다. 0을 적절한 어떤 표현 X에 대하여 $-X+X$의 형태로 바꾸어 쓴다.

이지만, 모듈로 5 합동에서는 합동류 $[2]$는 집합

$$\{2+5k \mid k \in \mathbb{Z}\} = \{\dots, -13, -8, -3, 2, 7, 12, \dots\}$$

이다. 하나의 모듈로를 논할 때는 이러한 혼동의 우려가 없다. 여러 가지 모듈로를 함께 생각할 때가 종종 있는데, 이 경우 a의 모듈로 n 합동류를 $[a]_n$으로 나타내어 혼동을 피한다.

예제 4

모듈로 3 합동에서 합동류

$$[2] = \{\dots, -7, -4, -1, 2, 5, 8, \dots\}$$

이다. 그런데

$$[-1] = \{-1+3k \mid k \in \mathbb{Z}\} = \{\dots, -7, -4, -1, 2, 5, 8, \dots\}$$

이므로 $[-1]$은 $[2]$와 같은 합동류이다. 또한 $2 \equiv -1 \pmod 3$이다. 이것은 다음 정리의 한 예이다.

정리 2.3

$a \equiv c \pmod n$일 필요충분조건은 $[a] = [c]$이다.

정리 2.3은 '필요충분조건' 명제이므로 다음 두 가지를 증명해야 한다. 즉

1. $a \equiv c \pmod n$이면 $[a] = [c]$이다.
2. $[a] = [c]$이면 $a \equiv c \pmod n$이다.

이 두 가지를 증명하는데, 어느 것도 합동의 정의를 이용하지 않을 것이다. 대신에 증명은 단지 합동이 반사적이고, 대칭적이고, 또 추이적임(정리 2.1)을 이용할 것이다.

정리 2.3의 증명

먼저, $a \equiv c \pmod n$라 가정하자. $[a] = [c]$를 증명하기 위하여 $[a] \subseteq [c]$임을 보여야 한다. 이것을 위하여 $b \in [a]$라고 하자. 정의에 따라 $b \equiv a \pmod n$이다. $a \equiv c \pmod n$이므로 추이적 성질에 의해 $b \equiv c \pmod n$이다. 그러므로 $b \in [c]$이고 $[a] \subseteq [c]$이다. 이 논법에서 a와 c의 역할을 바꾸고, 대칭성에 의하여 $c \equiv a \pmod n$

임을 이용하면, $[c] \subseteq [a]$임을 보여준다. 결과적으로 $[a]=[c]$이다.

역으로, $[a]=[c]$이라고 가정하자. 반사적 성질로부터 $a \equiv a \pmod{n}$이므로 $a \in [a]$이고, 따라서 $a \in [c]$이다. $[c]$의 정의로부터 $a \equiv c \pmod{n}$이다. ■

A와 C가 두 집합이면 보통 세 가지 가능성이 있다. 즉, A와 C가 서로 소(disjoint)이거나, $A=C$ 이거나, 또는 $A \cap C$는 공집합이 아니고 $A \neq C$이다. 그런데 합동류의 경우에는 단 두 가지 경우만 있다.

따름정리 2.4

두 모듈로 n 합동류는 서로 소이거나 같다.

증명

$[a]$와 $[c]$가 서로 소이면 증명은 끝이다. $[a] \cap [c]$가 공집합이 아니라고 하자. 그러면 $b \in [a]$이고 $b \in [c]$인 정수 b가 존재한다. 대칭적이고 추이적이므로, $a \equiv c \pmod{n}$이다. 결과적으로 정리 2.3에 의하여 $[a]=[c]$이다. ■

따름정리 2.5

n을 $n>1$인 정수라 하자.

(1) 정수 a에 대하여, a를 n으로 나누었을 때 나머지를 r이라고 하면 $[a]=[r]$이다.

(2) 정확히 n개의 서로 다른 모듈로 n 합동류가 존재한다. 즉,

$$[0],\ [1],\ [2],\ \ldots,\ [n-1].$$

증명

(1) $a \in \mathbb{Z}$ 라 하자. 나눗셈 알고리즘으로부터 $a=nq+r$, 여기서 $0 \le r < n$이다. 따라서 $a-r=qn$이므로 $a \equiv r \pmod{n}$이다. 정리 2.3에 의하여 $[a]=[r]$이다.

(2) $[a]$가 하나의 합동류이면 (1)에 의하여 $[a]=[r]$, 여기서 $0 \le r < n$이다. 따라서 $[0], [1], [2], \ldots, [n-1]$ 중의 하나이다. 증명을 완성하기 위해, 이 n개의 합동류가 모두 다르다는 것을 보여야 한다. 이것을 위하여 먼저 $0, 1, 2, \ldots, n-1$ 중 어느 두 개로 모듈로 n 합동일 수 없다는 것을 보이자. s와 t를 $0, 1, 2, \ldots, n-1$ 중 서로 다른 정수라 하자. 그러면 어느 하나는 다른 것, 이를테면 t보다 작고 따라서 $0 \le s < t < n$이다.

그러므로 $t-s$는 n보다 작은 양의 정수이다. 따라서 $t-s$는 n으로 나누어지지 않고, 이것은 $t \neq s$임을 의미한다. 그러므로 0, 1, 2, ..., $n-1$ 중 어느 두 개도 모듈로 n 합동이 될 수 없다. 결과적으로 정리 2.3에 의하여, 합동류 $[0]$, $[1]$, $[2]$, ..., $[n-1]$은 서로 다르다. ■

정의 모듈로 n 합동류 전체 집합을 $\mathbb{Z}_n$으로 나타낸다. (이것을 '$\mathbb{Z}$ 모듈로 n'으로 읽는다.)

여기에 몇 가지 주의해야 할 것이 있다. $\mathbb{Z}_n$의 원소는 동치류이지 단순히 정수가 아니다. 그러므로 $[5] \in \mathbb{Z}_n$은 참인 명제일 수 있으나, $5 \in \mathbb{Z}_n$은 거짓 명제이다. 더구나 $\mathbb{Z}_n$의 임의의 원소는 여러 가지 다른 방법으로 표현할 수 있다. 예를 들어,

$$2 \equiv 5 \pmod 3, \quad 2 \equiv -1 \pmod 3, \quad 2 \equiv 14 \pmod 3)$$

임을 알고 있다. 따라서 정리 2.3에 의하여 $\mathbb{Z}_3$에서 $[2]=[5]=[-1]=[14]$이다. $\mathbb{Z}_n$의 각 원소(즉, 합동류)는 무수히 많은 방법으로 다르게 표시할 수 있지만, 따름정리 2.5에 의하여 단지 유한개의 서로 다른 합동류만이 존재한다. 이것은 실제로 다음을 의미한다.

집합 $\mathbb{Z}_n$은 정확히 n개의 원소를 갖는다

예를 들면, 집합 $\mathbb{Z}_3$는 세 개의 원소 $[0]$, $[1]$, $[2]$로 이루어진다.

■ 연습문제

A. 1. 주어진 p와 a에 대하여, $a^{p-1} \equiv 1 \pmod p$임을 보이라.

(a) $a=2,\ p=5$ (b) $a=4,\ p=7$ (c) $a=3,\ p=11$

2. (a) $k \equiv 1 \pmod 4$일 때, $6k+5$와 모듈로 4 합동인 것은 무엇인가?

(b) $r \equiv 3 \pmod{10}$이고 $s \equiv -7 \pmod{10}$일 때, $2r+3s$와 모듈로 10 합동인 것은 무엇인가?

3. 모든 출판된 책은 (뒤표지나 저작권 페이지에) 열 자리의 ISBN-10 수가 있는데, 보통 $x_1-x_2x_3x_4-x_5x_6x_7x_8x_9-x_{10}$의 형태이다(여기서 각 x_i는 한 자리의 수).* 앞의 9개의 자릿수로는 책을 구별하고, 마지막 자릿수 x_{10}은 체크기호로 다음 식을 만족하도록 선택한다.

$$10x_1+9x_2+8x_3+7x_4+6x_5+5x_6+4x_7+3x_8+2x_9+x_{10}\equiv 0 \pmod{11}$$

ISBN 수를 컴퓨터에 스캐닝하여 읽어 들이거나 입력할 때, 오류가 있으면 모듈로 11에 대하여 합동식의 왼쪽이 0과 합동이 아닐 것이고, 그 수는 효력이 없는 것으로 거부될 것이다.† 다음 중 ISBN 수로 분명히 타당하지 않은 것은 어느 것인가?

(a) $3-540-90518-9$ (b) $0-031-10559-5$

(c) $0-385-49596-X$

4. 상점에서 팔고 있는 상품 대부분에는 12자리 UPC 바코드가 있어 계산대에서 검색된다. 한 UPC 수 $d_1d_2d_3\cdots d_{10}d_{11}$의 앞 11개의 자릿수로는 제조자와 상품을 확인한다. 마지막 자릿수 d_{12}는 조건

$$3d_1+d_2+3d_3+d_4+3d_5+d_6+3d_7+d_8+3d_9+d_{10}+3d_{11}+d_{12}\equiv 0 \pmod{11}$$

을 만족하도록 선택되는 검사 자릿수이다. 만약 이 합동식이 성립하지 않으면 오류가 생기고, 그 상품을 다시 스캔하거나 손으로 UPC 코드를 입력한다. 다음 중 어느 UPC 수가 잘못 스캔된 것인가?

(a) 037000356691 (b) 833732000625 (c) 040293673034

5. (a) $\mathbb{Z}_4$에서 $[0]$, $[1]$, $[2]$, $[3]$ 중 어느 것이 $[5^{2000}]$과 같은가? **[힌트:** $5\equiv 1 \pmod 4$; 정리 2.2와 2.3을 이용.]

(b) $\mathbb{Z}_5$에서 $[0]$, $[1]$, $[2]$, $[3]$, $[4]$ 중 어느 것이 $[4^{2001}]$과 같은가?

6. $a\equiv b \pmod n$이고 $k|n$일 때 $a\equiv b \pmod k$는 참인가? 답이 타당함을 밝히라.

7. $a\in\mathbb{Z}$일 때 a^2은 2 또는 3과 모듈로 4 합동이 아님을 증명하라.

8. 임의의 홀수는 1 또는 3과 모듈로 4 합동임을 증명하라.

---

* ISBN의 마지막 자리의 수는 간혹 영문자 X일 때도 있다. 이 경우에 X는 숫자 10을 의미한다.

† 연습문제 3과 4에서 그 과정은 한 자릿수의 대체 오류(예를 들어, 3을 8로 잘못 입력하고 다른 오류는 없는)를 찾아낸다. 대략 90%의 호환 오류(예를 들면, 74를 47도 잘못 입력하고 다른 오류는 없는)를 찾아준다. 그러나 중복 오류는 알아내지 못할 수 있다.

9. 다음을 증명하라.

 (a) $(n-a)^2 \equiv a \pmod{n}$　　(b) $(2n-a)^2 = a^2 \pmod{4n}$

10. a가 0 이상의 정수일 때, a는 그 마지막 자리의 수와 모듈로 10 합동임을 증명하라[예를 들어, $27 \equiv 7 \pmod{10}$].

B. 11. a와 b가 임의의 소수 p에 대하여 $a \equiv b \pmod{p}$인 정수이면 $a = b$임을 증명하라.

12. p가 $p \geq 5$인 소수일 때, $\mathbb{Z}_6$에서 $[p]=[1]$ 또는 $[p]=[5]$임을 증명하라. [힌트: 정리 2.3과 따름정리 2.5.]

13. $a \equiv b \pmod{n}$일 필요충분조건은 a와 b를 각각 n으로 나누었을 때 그 나머지가 같은 것을 증명하라.

14. (a) $ab \equiv 0 \pmod{n}$이면 $a \equiv 0 \pmod{n}$이거나 $b \equiv 0 \pmod{n}$임을 증명하거나 성립하지 않음을 보이라.

 (b) n이 소수일 때, (a)의 물음에 답하라.

15. $\gcd(a,n)=1$이면 $ab \equiv 1 \pmod{n}$을 만족하는 정수 b가 존재함을 증명하라.

16. $\mathbb{Z}_n$에서 $[a]=[1]$이면 $\gcd(a,n)=1$임을 증명하라. 그 역은 참이 아님을 예를 들어 보이라.

17. 임의의 양의 정수 n에 대하여 $10^n \equiv (-1)^n \pmod{11}$임을 증명하라.

18. (계산기를 사용하지 않고) 합동관계를 이용하여

$$(125698)(23797) \neq 2891235306$$

임을 증명하라. [힌트: 연습문제 21 참고.]

19. 다음을 증명하거나 성립하지 않음을 보이라.

$$\mathbb{Z}_n\text{에서 } [a]=[b]\text{이면 } \gcd(a,n)=\gcd(b,n)\text{이다.}$$

20. (a) 다음을 증명하거나 성립하지 않음을 보이라: $a^2 \equiv b^2 \pmod{n}$이면 $a \equiv b \pmod{n}$ 또는 $a \equiv -b \pmod{n}$이다.
    (b) n이 소수일 때 문제 (a)에 답하라.

21. (a) 임의의 자연수 n에 대하여, $10^n \equiv 1 \pmod{9}$임을 증명하라.
    (b) 임의의 자연수는 그 자릿수들의 합과 모듈로 9 합동임을 증명하라. [예를 들어, $38 \equiv 11 \pmod{9}$].

22. (a) 다음 명제가 거짓임을 보여주는 예를 들라.

$$ab \equiv ac \pmod{n}\text{이고 } a \not\equiv 0 \pmod{n}\text{이면 } b \equiv c \pmod{n}\text{이다.}$$

    (b) $\gcd(a,n) = 1$일 때 (a)의 명제가 참임을 증명하라.

잠시 벗어나기: 중국인의 나머지정리(Chinese Remainder Theorem, 14.1절)는 원한다면 여기서 다룰 수 있다.

2.2 모듈러 산술

유한집합인 $\mathbb{Z}_n$은 무한집합인 $\mathbb{Z}$와 밀접한 관계가 있다. 따라서 $\mathbb{Z}_n$에서 덧셈과 곱셈을 할 수 있는지, 또 합리적인 어떤 종류의 산술을 할 수 있는지 묻는 것은 당연하다. $\mathbb{Z}_n$에서 덧셈을 정의하기 위해, $\mathbb{Z}_n$에서 두 합동류를 선택하고 또 어떤 다른 합동류, 즉 그들의 합을 만드는 어떤 방법을 생각해야 한다. 정수의 덧셈은 정의되므로 다음과 같은 임시의 정의를 살펴보는 것이 좋을 것이다.

합동류 $[a]$와 $[c]$의 합은 $a+c$를 포함하는 합동류이다. 기호로 나타내면

$$[a] \oplus [c] = [a+c]$$

여기서 합동류의 덧셈은 정수에 대한 보통의 덧셈과 구별하기 위해 $\oplus$로 나타낸다. 곱셈에 대해서도 유사하게 다음 임시의 정의를 시도할 수 있다.

$[a]$와 $[c]$의 곱은 ac를 포함하는 합동류이다. 즉

$$[a] \odot [c] = [ac]$$

여기서 $\odot$는 합동류의 곱셈을 나타낸다.

예제 1

$\mathbb{Z}_5$에서 $[3]\oplus[4]=[3+4]=[7]=[2]$ 이고, $[3]\odot[2]=[3\cdot2]=[6]=[1]$ 이다.

지금까지 모두 잘 작동하는 것처럼 보이지만, 한 가지 어려운 점이 있을 수 있다. $\mathbb{Z}_n$의 임의의 원소는 많은 다른 방법으로 나타낼 수 있다. 예를 들어, $\mathbb{Z}_5$에서 $[3]=[13]$이고 $[4]=[9]$이다. 앞의 예제에서 $\mathbb{Z}_5$에서 $[3]\oplus[4]=[2]$임을 보였다. 만약 $[3]$ 대신에 $[13]$을, $[4]$ 대신에 $[9]$를 사용한다면 같은 답을 얻을까? 이 경우에 답은 '예'이다. 왜냐하면

$$[13]\oplus[9]=[13+9]=[22]=[2]$$

이기 때문이다. 그 합동류를 어떤 방법으로 나타내든지 답은 항상 같다는 것을 어떻게 알 수 있을까? 잘못될 수 있는 일이 무엇인지 알아보기 위하여, 다음 다섯 개의 정수들의 모임을 생각해 보자.

$$\begin{aligned}
A&=\{\ldots,\ -14,\ -8,\ -2,\ 0,\ 6,\ 12,\ 18,\ \ldots\}\\
B&=\{\ldots,\ -11,\ -7,\ -3,\ 1,\ 5,\ 9,\ 13,\ \ldots\}\\
C&=\{\ldots,\ -9,\ -5,\ -1,\ 3,\ 7,\ 11,\ 15,\ \ldots\}\\
D&=\{\ldots,\ -16,\ -10,\ -4,\ 2,\ 8,\ 14,\ 20,\ \ldots\}\\
E&=\{\ldots,\ -18,\ -12,\ -6,\ 4,\ 10,\ 16,\ 22,\ \ldots\}
\end{aligned}$$

이 모임들은 $\mathbb{Z}_5$에서의 합동류처럼, 다음 기본성질을 갖는다: 임의의 정수는 이들 모임 중 하나에 속하고, 어느 두 모임은 서로 소이거나 같다. 1은 B에, 7은 C에 속하므로 $B+C$를 $1+7=8$을 포함하는 모임으로, 즉 $B+C=D$로 정의할 수 있을 것이다. 그러나 B는 -3을, C는 15를 포함하는 모임이기도 하므로 $B+C$는 $-3+15=12$를 포함해야 한다. 그러나 12는 A에 속하므로 $B+C=A$이다. 따라서 B와 C에서 선택된 '대표'들에 따라 다른 답을 얻게 된다. 그 답이 이때는 이것이고, 다른 때는 다른 것이면 분명히 의미 있는 덧셈의 개념을 가질 수 없다. $\mathbb{Z}_n$의 덧셈과 곱셈의 정의에서 단어 '임시의'를 없애기 위하여, 먼저 이 연산들이 여러 가지 합동류에서 선택된 대표에 의존해서는 안 될 것이다. 여기서 필요한 것이 있다.

정리 2.6

$\mathbb{Z}_n$에서 $[a]=[b]$이고 $[c]=[d]$이면

$$[a+c]=[b+d]\text{이고}\quad [ac]=[bd]\text{이다.}$$

증명

$[a]=[b]$이므로 정리 2.3으로부터 $a\equiv b\pmod n$이다. 마찬가지로 $[c]=[d]$는 $c\equiv d\pmod n$을 의미한다. 따라서 정리 2.2로부터

$$a+c\equiv b+d\pmod n\text{이고}\quad ac\equiv bd\pmod n$$

이다. 따라서 정리 2.3으로부터

$$[a+c]=[b+d]\text{이고}\quad [ac]=[bd]$$

이다. ■

정리 2.6에 따라, 다음 합동류의 덧셈과 곱셈의 형식적 정의가 각 합동류 대표의 선택에 독립임을 알 수 있다.

정의

$\mathbb{Z}_n$의 **덧셈**과 **곱셈**을 다음과 같이 정의한다.

$$[a]\oplus[c]=[a+c],\quad [a]\odot[c]=[a+c]$$

예제 2

다음은 $\mathbb{Z}_5$에 대한 완전한 덧셈표와 곱셈표이다.[*] (계산이 정확한지 확인하라.)

$\oplus$	[0]	[1]	[2]	[3]	[4]
[0]	[0]	[1]	[2]	[3]	[4]
[1]	[1]	[2]	[3]	[4]	[0]
[2]	[2]	[3]	[4]	[0]	[1]
[3]	[3]	[4]	[0]	[1]	[2]
[4]	[4]	[0]	[1]	[2]	[3]

$\odot$	[0]	[1]	[2]	[3]	[4]
[0]	[0]	[0]	[0]	[0]	[0]
[1]	[0]	[1]	[2]	[3]	[4]
[2]	[0]	[2]	[4]	[1]	[3]
[3]	[0]	[3]	[1]	[4]	[2]
[4]	[0]	[4]	[3]	[2]	[1]

다음은 $\mathbb{Z}_6$에 대한 두 연산이다.

$\oplus$	[0]	[1]	[2]	[3]	[4]	[5]
[0]	[0]	[1]	[2]	[3]	[4]	[5]
[1]	[1]	[2]	[3]	[4]	[5]	[0]
[2]	[2]	[3]	[4]	[5]	[0]	[1]
[3]	[3]	[4]	[5]	[0]	[1]	[2]
[4]	[4]	[5]	[0]	[1]	[2]	[3]
[5]	[5]	[0]	[1]	[2]	[3]	[4]

$\odot$	[0]	[1]	[2]	[3]	[4]	[5]
[0]	[0]	[0]	[0]	[0]	[0]	[0]
[1]	[0]	[1]	[2]	[3]	[4]	[5]
[2]	[0]	[2]	[4]	[0]	[2]	[4]
[3]	[0]	[3]	[0]	[3]	[0]	[3]
[4]	[0]	[4]	[2]	[0]	[4]	[2]
[5]	[0]	[5]	[4]	[3]	[2]	[1]

* 이들 연산표는 다음과 같이 읽는다: 덧셈 연산표에서 예를 들어, $[a]$가 가장 왼쪽 세로 열에, $[c]$가 가장 위쪽 가로 행에 있으면 그 합 $[a]\oplus[c]$는 $[a]$가 있는 가로 행과 $[c]$가 있는 세로 열의 교차하는 곳에 나타난다.

모듈러 산술의 성질

$\mathbb{Z}_n$에서 정의된 덧셈과 곱셈, 이러한 '축소형 산술'들의 성질들을 잘 알려진 $\mathbb{Z}$에 대한 성질들과 비교해 보자. $\mathbb{Z}$에서의 산술에 관한 핵심적인 성질들(그리고 이들 성질에 대한 일상적인 호칭)은 다음과 같다.

1. $a, b \in \mathbb{Z}$이면 $a+b \in \mathbb{Z}$이다. [덧셈에 대한 닫힘]
2. $a+(b+c)=(a+b)+c$이다. [덧셈에 대한 결합법칙]
3. $a+b=b+a$ [덧셈에 대한 교환법칙]
4. $a+0=a=0+a$ [덧셈에 대한 항등원]
5. 임의의 $a \in \mathbb{Z}$에 대하여 방정식 $a+x=0$은 $\mathbb{Z}$에서 해를 갖는다.
6. $a, b \in \mathbb{Z}$이면 $ab \in \mathbb{Z}$이다. [곱셈에 대한 닫힘]
7. $a(bc)=(ab)c$ [곱셈에 대한 결합법칙]
8. $a(b+c)=ab+ac$이고 $(a+b)c=ac+bc$ [분배법칙]
9. $ab=ba$ [곱셈에 대한 교환법칙]
10. $a \cdot 1=a=1 \cdot a$ [곱셈에 대한 항등원]
11. $ab=0$이면 $a=0$ 또는 $b=0$이다.

앞의 예제에 대한 연산표를 이용해 이 성질들의 첫 10가지 성질은 $\mathbb{Z}_5$와 $\mathbb{Z}_6$에서 성립하고, 성질 11은 $\mathbb{Z}_5$에서 성립하지만, $\mathbb{Z}_6$에서는 성립하지 않음을 입증할 수 있다. 그러나 (특히, 결합법칙이나 분배법칙에 대해서) 연산표를 사용하는 것은 정말 효과적인 증명의 방법이 아니다. 그래서 성질 1부터 성질 10까지가 모든 $\mathbb{Z}_n$에 대하여 성립하는 것을 증명하는 것은, $\mathbb{Z}_n$에서 연산의 정의와 그 성질들이 $\mathbb{Z}$에서 타당하다는 것으로 알려져 있다는 사실에 근거한다.

정리 2.7

$\mathbb{Z}_n$의 임의의 합동류 $[a]$, $[b]$, $[c]$에 대하여

1. $[a], [b] \in \mathbb{Z}_n$이면 $[a] \oplus [b] \in \mathbb{Z}_n$이다.
2. $[a] \oplus ([b] \oplus [c]) = ([a] \oplus [b]) \oplus [c]$
3. $[a] \oplus [b] = [b] \oplus [a]$
4. $[a] \oplus [0] = [a] = [0] \oplus [a]$
5. 임의의 $[a] \in \mathbb{Z}_n$에 대하여, 방정식 $[a] \oplus X = [0]$은 $\mathbb{Z}_n$에서 해를 갖는다.
6. $[a], [b] \in \mathbb{Z}_n$이면 $[a] \odot [b] \in \mathbb{Z}_n$이다.
7. $[a] \odot ([b] \odot [c]) = ([a] \odot [b]) \odot [c]$
8. $[a] \odot ([b] \oplus [c]) = [a] \odot [b] \oplus [a] \odot [c]$, $([a] \oplus [b]) \odot [c] = [a] \odot [c] \oplus [b] \odot [c]$

9. $[a]\odot[b]=[b]\odot[a]$
10. $[a]\odot[1]=[a]=[1]\odot[a]$

증명

성질 1과 성질 6은 $\mathbb{Z}_n$의 $\oplus$와 $\odot$의 정의의 직접적인 결과이다.
성질 2를 증명하기 위하여 덧셈의 정의로부터

$$[a]\oplus([b]\oplus[c])=[a]\oplus[b+c]=[a+(b+c)]$$

임을 주목한다. $\mathbb{Z}$에서 $a+(b+c)=(a+b)+c$임을 알고 있다. 따라서 이 정수들의 합동류들은 $\mathbb{Z}_n$에서 같아야 한다. 즉, $[a+(b+c)]=[(a+b)+c]$이다. $\mathbb{Z}_n$의 덧셈의 정의에 따라

$$[(a+b)+c]=[a+b]\oplus[c]=([a]\oplus[b])\oplus[c]$$

이다. 이것은 성질 2를 증명한다. 성질 3, 7, 8, 9의 증명은 유사하다(연습문제 10).

성질 4와 10은 직접 계산으로 증명된다. 예를 들어, $[a]\odot[1]=[a\cdot 1]=[a]$이다.

성질 5에서 $X=[-a]$가 그 방정식의 해임을 보이는 것은 $[a]\oplus[-a]=[a+(-a)]=[0]$이므로 쉽다. ■

지수와 방정식

보통의 산술에서 사용되는 것과 같은 지수 표기법이 $\mathbb{Z}_n$에서도 사용된다. $[a]\in\mathbb{Z}_n$이고 k가 양의 정수이면 $[a]^k$는 곱

$$[a]\odot[a]\odot[a]\odot\cdots\odot[a]\ (k\text{개의 인수})$$

을 나타낸다.

예제 3

$\mathbb{Z}_5$에서 $[3]^2=[3]\odot[3]=[4]$이고 $[3]^4=[3]\odot[3]\odot[3]\odot[3]=[1]$이다.

37쪽에서 살펴보았듯이 $\mathbb{Z}_n$은 꼭 n개의 원소를 갖는다. 결과적으로 $\mathbb{Z}_n$에서 임의의 방정식은 어떤 원소가 해가 되는지를 알기 위해, 그 방정식에 이 n개의 원소 하나하나를 대입하여 보고 풀 수 있다.

예제 4

$\mathbb{Z}_6$에서 $x^2 \oplus [5] \odot x = [0]$을 풀기 위하여, [0], [1], [2], [3], [4], [5]를 각각 방정식에 대입하여 보면 해가 되는지 알 수 있다.

x	$x^2 \oplus [5] \odot x$	$x^2 \oplus [5] \odot x = [0]$이 성립?
[0]	$[0] \odot [0] \oplus [5] \odot [0] = [0] \oplus [0] = [0]$	예, 해
[1]	$[1] \odot [1] \oplus [5] \odot [1] = [1] \oplus [5] = [0]$	예, 해
[2]	$[2] \odot [2] \oplus [5] \odot [2] = [4] \oplus [4] = [2]$	아니오
[3]	$[3] \odot [3] \oplus [5] \odot [3] = [3] \oplus [3] = [0]$	예, 해
[4]	$[4] \odot [4] \oplus [5] \odot [4] = [4] \oplus [2] = [0]$	예, 해
[5]	$[5] \odot [5] \oplus [5] \odot [5] = [1] \oplus [1] = [2]$	아니오

그래서 주어진 방정식은 4개의 해 [0], [1], [3], [4]를 갖는다.

예제 4는 $\mathbb{Z}_n$에서 방정식의 해를 구하는 것이, $\mathbb{Z}$에서 방정식의 해를 구하는 것과 아주 다른 것을 보여준다. $\mathbb{Z}$에서 2차 방정식은 많아야 두 개의 해를 갖지만, 2차 방정식 $x^2 \oplus [5] \odot x$는 $\mathbb{Z}_6$에서 네 개의 해를 갖는다.

■ 연습문제

A. 1. 다음 각 경우에 덧셈과 곱셈 연산표를 작성하라.

(a) $\mathbb{Z}_2$　(b) $\mathbb{Z}_4$　(c) $\mathbb{Z}_7$　(d) $\mathbb{Z}_{12}$

연습문제 2~8에서 주어진 방정식을 풀라.

2. $\mathbb{Z}_4$에서 $x^2 \oplus x = [0]$

3. $\mathbb{Z}_8$에서 $x^2 = [1]$

4. $\mathbb{Z}_5$에서 $x^4 = [1]$

5. $\mathbb{Z}_6$에서 $x^2 \oplus [3] \odot x \oplus [2] = [0]$

6 $\mathbb{Z}_9$에서 $x^2 \oplus [8] \odot x = [0]$

7. $\mathbb{Z}_8$에서 $x^3 \oplus x^2 \oplus x \oplus [1] = [0]$

8. $\mathbb{Z}_{10}$에서 $x^3 \oplus x^2 = [2]$

9. (a) $\mathbb{Z}_7$의 영이 아닌 임의의 원소가 $\mathbb{Z}_7$의 어떤 원소 $[a]$의 거듭제곱이 되는 $[a]$를 구하라.
   (b) $\mathbb{Z}_5$에 대하여 문항 (a)에 답하라.
   (c) $\mathbb{Z}_6$에 대하여 문항 (a)에 답할 수 있는가?

10. 정리 2.7의 3, 7, 8, 9를 증명하라.

11. 다음 방정식을 풀라.
   (a) $\mathbb{Z}_3$에서 $x \oplus x \oplus x = [0]$
   (b) $\mathbb{Z}_4$에서 $x \oplus x \oplus x \oplus x = [0]$
   (c) $\mathbb{Z}_5$에서 $x \oplus x \oplus x \oplus x \oplus x = [0]$

12. 다음을 증명하거나 성립하지 않음을 보이라: $\mathbb{Z}_n$에서 $[a] \odot [b] = [0]$이면 $[a] = [0]$ 또는 $[b] = [0]$이다.

13. 다음을 증명하거나 성립하지 않음을 보이라: $\mathbb{Z}_n$에서 $[a] \odot [b] = [a] \odot [c]$이고 $[a] \neq [0]$이면 $[b] = [c]$이다.

B. 14. 다음 방정식을 풀라.
   (a) $\mathbb{Z}_5$에서 $x^2 + x = [0]$
   (b) $\mathbb{Z}_6$에서 $x^2 + x = [0]$
   (c) p가 소수일 때, $\mathbb{Z}_p$에서 $x^2 + x = [0]$의 해는 $[0]$과 $[p-1]$ 뿐임을 증명하라.

15. 다음 곱을 계산하라.
   (a) $\mathbb{Z}_2$에서 $([a] \oplus [b])^2$
   (b) $\mathbb{Z}_3$에서 $([a] \oplus [b])^3$ [힌트: 연습문제 11(a) 참조]
   (c) $\mathbb{Z}_5$에서 $([a] \oplus [b])^5$ [힌트: 연습문제 11(c) 참조]
   (d) 앞의 (a)~(c)의 결과에 근거하여, $\mathbb{Z}_7$에서 $([a] \oplus [b])^7$은 무엇인가를 생각해 보라.

16. (a) $\mathbb{Z}_5$에서 방정식 $[a] \odot x = [1]$이 해를 갖는 $[a]$를 모두 구하라. 다음 경우에 같은 물음에 답하라.
(b) $\mathbb{Z}_4$ (c) $\mathbb{Z}_3$ (d) $\mathbb{Z}_6$

2.3 $\mathbb{Z}_p$(p: 소수)와 $\mathbb{Z}_n$의 구조

이제 나중에 할 것에 대한 하나의 모델이 될 (특히 n이 소수일 때) $\mathbb{Z}_n$의 구조에 관한 몇 가지 사실을 살펴보자. 먼저 표기를 바꾸는 것부터 하자.

새로운 표기법

지금까지 $\mathbb{Z}$에 속하는 정수와 $\mathbb{Z}_n$에 속하는 합동류를 매우 조심스럽게 구별하여, 두 체계에서 연산들에 대하여 다른 기호를 사용하기까지 하였다. 그러나 이제는 기본 아이디어에 꽤 익숙해졌고, $\mathbb{Z}_n$에서의 산술도 편해졌을 것이다. 따라서 비록 완전히 다른 두 속성을 같은 기호로 표현하는 것이 결함이 있기는 하지만, 수학에서 널리 사용되는 새 표기법을 채택할 것이다.

문맥을 통하여 $\mathbb{Z}_n$을 다루고 있다는 것이 분명할 때는 합동류 기호 '$[a]$'를 생략하여 간단히 'a'로 쓰기로 한다. 예를 들어, $\mathbb{Z}_6$에서 $6 = 0$이라 할 수 있는데, 이것은 6과 0이 보통의 정수라면 말이 안 되지만, $\mathbb{Z}_6$의 합동류에 대하여 분명히 참이다. $\mathbb{Z}_n$의 덧셈은 보통의 덧셈기호를, 곱셈은 작은 점이나 병렬 표시를 사용할 것이다. 예를 들면, $\mathbb{Z}_5$에서 다음과 같이 쓸 것이다.

$$4+1=0 \quad \text{또는} \quad 3 \cdot 4 = 2 \quad \text{또는} \quad 4+4=3$$

이러한 용법이 혼동의 우려가 있는 경우에는, 합동류에 대한 이전의 괄호 기호로 되돌아갈 것이다.

예제 1

새로운 기호로, $\mathbb{Z}_3$에 대한 덧셈과 곱셈의 연산표는 다음과 같다.

+	0	1	2
0	0	1	2
1	1	2	0
2	2	0	1

·	0	1	2
0	0	0	0
1	0	1	2
2	0	2	1

주의: 지수는 $\mathbb{Z}_n$의 원소가 아니라 일반 정수이다. 예를 들어, $\mathbb{Z}_3$에서 $2^4 = 2 \cdot 2 \cdot 2 \cdot 2 = 1$ 이고, $2^1 = 2$이므로, $\mathbb{Z}_3$에서 $4 = 1$이지만 $2^4 \neq 2^1$이다.

p가 소수일 때 $\mathbb{Z}_p$의 구조

어떤 $\mathbb{Z}_n$은 $\mathbb{Z}$의 멋진 성질을 모두 공유하지는 않는다. 예를 들면, $\mathbb{Z}$에서 영이 아닌 수들의 곱은 항상 영이 아니지만, $\mathbb{Z}_6$에서는 $2 \neq 0$이고 $3 \neq 0$이라도 $2 \cdot 3 = 0$이다. 한편 42쪽에 있는 곱셈 연산표는 $\mathbb{Z}_5$에서 영이 아닌 원소들의 곱은 항상 영이 아님을 보여준다. 사실 $\mathbb{Z}_5$는 $\mathbb{Z}$보다 훨씬 강한 성질을 갖는다. $a \neq 0$일 때 방정식 $ax = 1$이 $\mathbb{Z}$에서 해를 가질 필요충분조건은 $a = \pm 1$이다. 그러나 $\mathbb{Z}_5$에 대한 곱셈 연산표는 $a \neq 0$일 때 방정식 $ax = 1$은 $\mathbb{Z}_5$에서 해를 갖는다는 것을 보여준다. 예를 들어

$x = 3$은 $2x = 1$의 해이고
$x = 4$는 $4x = 1$의 해이다.

더 일반적으로, n이 소수일 때 $\mathbb{Z}_n$은 특별한 성질을 갖는다.

정리 2.8

p가 $p > 1$인 정수일 때, 다음 조건들은 동치이다.*

(1) p가 소수이다.
(2) $\mathbb{Z}_p$에서 $a \neq 0$이면 방정식 $ax = 1$은 $\mathbb{Z}_p$에서 해를 갖는다.
(3) $\mathbb{Z}_p$에서 $bc = 0$이면 $b = 0$ 또는 $c = 0$이다.

이 정리의 증명은 $\mathbb{Z}_n$에 관련된 명제를 증명하기 위한 다음 두 가지 기본적인 방법을 설명해준다.

(i) $\mathbb{Z}_n$에서의 방정식을 $\mathbb{Z}$에서의 동치인 합동식의 명제로 바꾼다. 그러면 $\mathbb{Z}$에서의 합동관계의 성질과 산술을 이용할 수 있다.

(ii) $\mathbb{Z}$의 산술을 사용하지 않고 바로 $\mathbb{Z}_n$의 산술에 관한 성질을 사용한다. 이 경우 $\mathbb{Z}_n$에서 괄호 기호는 필요가 없다.

* "다음 조건들은 동치이다."의 의미와 그런 명제를 증명하기 위하여 무엇을 해야 하는가를 위해 부록 A에서 656쪽을 보라.

정리 2.8의 증명

(1) ⇒ (2) 첫 번째 방법을 이용한다. p를 소수라 하고, $\mathbb{Z}_p$에서 $[a] \neq [0]$ 라 하자. 그러면 정리 2.3에 의하여 $\mathbb{Z}$ 에서 $a \not\equiv 0 \pmod{p}$ 이다. 따라서 합동관계의 정의로부터 $p \nmid a$ 이다. 이제 a와 p의 최대공약수는 p의 양의 약수이므로 p 또는 1이다. $\gcd(a,p)$는 a의 약수이고 $p \nmid a$이므로 $\gcd(a,p) = 1$ 이다. 정리 1.2에 따라 어떤 정수 u와 v에 대하여 $au + pv = 1$ 이다. 따라서 $au - 1 = p(-v)$이고, 결과로 $au \equiv 1 \pmod{p}$이다. 정리 2.3에 의하여 $[au] = [1]$이다. 그러므로 $[a][u] = [au] = [1]$이므로, $x = [u]$는 $[a]x = [1]$의 한 해이다.

(2) ⇒ (3) 두 번째 방법을 사용하자. $\mathbb{Z}_p$에서 $ab = 0$ 이라고 가정하자. $a = 0$ 이면 증명할 필요가 없다. 만약 $a \neq 0$ 이면 (2)에 의하여, $au = 1$ 을 만족하는 $\mathbb{Z}_p$의 원소 u가 존재한다. 그러면

$$0 = u \cdot 0 = u(ab) = (ua)b = 1 \cdot b = b$$

이다. 따라서 어느 경우든지 $a = 0$ 또는 $b = 0$ 이다.

(3) ⇒ (1) 첫 번째 방법으로 돌아가자. b와 c를 $p|bc$ 인 정수라 하자. 그러면 $bc \equiv 0 \pmod{p}$ 이다. 그러므로 정리 2.3에 의하여

$$\mathbb{Z}_p\text{에서 } [b][c] = [bc] = [0]$$

이다. 그러므로 (3)에 의하여 $[b] = [0]$ 또는 $[c] = [0]$이다. 따라서 정리 2.3에 의하여 $b \equiv 0 \pmod{p}$ 또는 $c \equiv 0 \pmod{p}$ 이고, 이것은 합동의 정의로부터 $p|b$ 또는 $p|c$ 를 의미한다. 결과적으로 정리 1.5에 의해서 p는 소수이다. ■

$\mathbb{Z}_n$의 구조

n이 소수일 때 방정식 $ax = 1$ 은 $\mathbb{Z}_n$에서 해를 가질 필요는 없다. 예를 들면, 방정식 $2x = 1$ 은 $\mathbb{Z}_4$에서 해를 갖지 않음을 쉽게 밝힐 수 있다. 다음 결과는 $ax = 1$ 이 $\mathbb{Z}_n$에서 해를 가져야 할 때가 언제인지 정확히 말해준다. 명확히 하기 위해 괄호 표시를 사용할 것이다.

정리 2.9

n을 $n > 1$ 인 정수라고 하자. 정수 a에 대하여, 방정식 $[a]x = [1]$ 이 $\mathbb{Z}_n$ 에서 해를 가질 필요충분조건은 $\mathbb{Z}$ 에서 $\gcd(a,n) = 1$ 인 것이다.

증명

'필요충분조건' 명제이므로, 증명은 두 부분으로 이루어진다. 먼저, 주어진 방정식이 해를 갖는다고 가정하고 $\gcd(a,n)=1$ 임을 보이자.

$[w]$가 $[a]x=[1]$의 해라고 하면

$$\begin{array}{rll} [a][w] &= [1] & \\ [aw] &= [1] & [\mathbb{Z}_n\text{에서 곱셈}] \\ \mathbb{Z}\text{에서 } aw &\equiv 1 \pmod{n} & [\text{정리 2.3}] \\ \text{어떤 정수 } k\text{에 대하여 } aw-1 &= kn & [\text{합동의 정의}] \\ aw+n(-k) &= 1 & [\text{항의 재정렬}] \end{array}$$

$\gcd(a,n)=d$라 두자. d는 a와 n의 공약수이므로 $dr=a$이고, $ds=n$인 정수 r과 s가 존재한다. 그러므로

$$\begin{aligned} aw+n(-k) &= 1 \\ drw+ds(-k) &= 1 \\ d(rw-sk) &= 1 \end{aligned}$$

이다. 그래서 $d|1$ 이다. d는 정의로부터 양수이므로 $d=1$ 이어야 한다. 즉, $\gcd(a,n)=1$ 이다.

다음은 $\gcd(a,n)=1$ 이라 가정하고 $[a]x=[1]$이 $\mathbb{Z}_n$에서 해를 갖는 것을 보이자. 사실, 이미 이것을 보였다. 정리 2.8의 (1)⇒(2)의 증명에서, p가 소수인 것은 $\gcd(a,p)=1$을 증명할 때만 사용하였다. 그다음부터 증명은 $\gcd(a,n)=1$일 때 모든 $\mathbb{Z}_n$에 대하여 타당하고, $[a]x=[1]$이 $\mathbb{Z}_n$에서 해를 갖는다. ■

가역원과 영인자

어떤 방정식을 다룰 때 종종 특별한 용어를 사용한다. $\mathbb{Z}_n$의 원소 a에 대하여 방정식 $ax=1$이 해를 가질 때 a를 **가역원**(unit)이라고 한다. 다르게 말하면, $\mathbb{Z}_n$에서 $ab=1$을 만족하는 b가 존재할 때 a는 가역원이다. 이 경우에 b를 a의 **역원**(inverse)이라고 한다. $ab=1$은 b도 역시 (a를 역원으로 갖는) 가역원임을 말한다.

예제 2

$\mathbb{Z}_{15}$에서 $2\cdot 8=1$이므로 2와 8은 둘 다 $\mathbb{Z}_{15}$의 가역원이다. 8은 2의 역원이고, 2는 8의 역원이다. 유사하게 $\mathbb{Z}_4$에서 $3\cdot 3=1$이므로 3은 $\mathbb{Z}_4$에서 가역원이다. 3은 자신의 역원이다.

예제 3

정리 2.8의 (2)는 p가 소수일 때, $\mathbb{Z}_p$의 영이 아닌 임의의 원소는 가역원임을 말한다.

가역원의 용어를 사용하여, 정리 2.9를 다시 나타내면 다음과 같다.

정리 2.10

n을 $n > 1$인 정수라고 하자. 정수 a에 대하여, $[a]$가 $\mathbb{Z}_n$에서 가역원일 필요충분조건은 $\mathbb{Z}$에서 $\gcd(a,n) = 1$이다.

$\mathbb{Z}_n$의 영이 아닌 원소 a에 대하여, 방정식 $ax = 0$가 영이 아닌 해를 가질 때 (즉, $ac = 0$를 만족하는 $\mathbb{Z}_n$의 영이 아닌 원소 c가 존재할 때) a를 **영인자**(zero divisor)라고 한다.

예제 4

$\mathbb{Z}_{15}$에서 $3 \cdot 5 = 0$이므로 3과 5는 모두 $\mathbb{Z}_{15}$에서 영인자이다. 비슷하게, $\mathbb{Z}_4$에서 $2 \cdot 2 = 0$이므로 2는 $\mathbb{Z}_4$에서 영인자이다.

예제 5

정리 2.8의 (3)은 p가 소수일 때 $\mathbb{Z}_p$에는 영인자가 없음을 말한다.

■ 연습문제

A. 1. 가역원을 모두 구하라.

(a) $\mathbb{Z}_7$ (b) $\mathbb{Z}_8$ (c) $\mathbb{Z}_9$ (d) $\mathbb{Z}_{10}$

2. 영인자를 모두 구하라.

(a) $\mathbb{Z}_7$ (b) $\mathbb{Z}_8$ (c) $\mathbb{Z}_9$ (d) $\mathbb{Z}_{10}$

3. 연습문제 1과 2에 근거하여, $\mathbb{Z}_n$에서의 가역원과 영인자에 대한 추측을 만들라.

4. 방정식 $6x = 4$ 의 해의 개수는?
   (a) $\mathbb{Z}_7$ (b) $\mathbb{Z}_8$ (c) $\mathbb{Z}_9$ (d) $\mathbb{Z}_{10}$

5. $\mathbb{Z}_n$에서 a가 가역원이고 b가 영인자이면 ab는 영인자임을 증명하라.

6. n이 합성수이면 $\mathbb{Z}_n$에서 적어도 하나의 영인자가 존재하는 것을 증명하라. [연습문제 2 참조.]

7. 정리 2.8을 사용하지 않고, p가 소수일 때 $\mathbb{Z}_p$에서 $ab = 0$이면 $a = 0$ 또는 $b = 0$ 임을 증명하라. [**힌트**: 정리 1.8.]

8. (a) $\mathbb{Z}_{12}$에서 영이 아닌 해를 갖지 않는 $ax = b$ 형태의 방정식의 예를 세 개 들라.
   (b) 문항 (a)에서 구한 세 개의 방정식 각각에 대하여 방정식 $ax = 0$는 영이 아닌 해를 갖는가?

B. 9. (a) a가 $\mathbb{Z}_n$의 가역원일 때 a가 영인자가 아님을 증명하라.
   (b) a가 $\mathbb{Z}_n$의 영인자일 때 a는 가역원이 아님을 증명하라. [**힌트**: (a)에서 대우를 생각하라.]

10. $\mathbb{Z}_n$의 영이 아닌 임의의 원소는 가역원이거나 영인자이지만 동시에 둘 다는 아님을 증명하라. [**힌트**: 연습문제 9는 '둘 다는 아니다'의 증명을 제공한다.]

11. 연습문제 13과 14를 사용하지 않고, 다음을 증명하라: $a, b \in \mathbb{Z}_n$이고 a가 가역원이면 방정식 $[a]x = [b]$는 $\mathbb{Z}_n$에서 꼭 하나의 해를 갖는다. [**노트**: 방정식의 해를 하나 구하고, 또 그 해가 유일한 것임을 보여야 한다.]

12. n은 $n > 1$인 정수이고, 정수 a, b에 대하여 $d = \gcd(a,n)$이라고 하자. 방정식 $[a]x = [b]$는 $\mathbb{Z}_n$에서 해를 가지면 $d|b$ 임을 증명하라. [**힌트**: $x = [r]$이 한 해이면 $[a][r] = [b]$ 이므로 $ar - b = nk$인 정수 k가 존재.]

13. n은 $n > 1$인 정수이고, 정수 a, b에 대하여 $d = \gcd(a,n)$이라 하고 $d|b$라 가정하자. 방정식 $[a]x = [b]$는 $\mathbb{Z}_n$에서 해를 가짐을 다음과 같이 증명하라.
   (a) $au + nv = d$이고 $a = da_1$, $b = db_1$, $n = dn_1$인 정수 u, v, a_1, b_1, n_1이 왜 존재하는지 설명하라.

(b) $[ub_1]$, $[ub_1+n_1]$, $[ub_1+2n_1]$, $[ub_1+3n_1]$, ..., $[ub_1+(d-1)n_1]$ 이 각각 $[a]x=[b]$ 의 해임을 보이라.

14. n은 $n>1$ 인 정수이고, 정수 a, b에 대하여 $d=\gcd(a,n)$이고 $d|b$ 라 가정하자. 방정식 $[a]x=[b]$는 $\mathbb{Z}_n$에서 d개의 서로 다른 해를 가짐을 다음과 같이 증명하라.
   (a) 연습문제 13(b)에 나열된 해들이 모두 다르다는 것을 보이라. [힌트: $[r]=[s]$일 필요충분조건은 $n|(r-s)$.]
   (b) $x=[r]$ 이 $[a]x=[b]$의 임의의 해이면 $0\le k\le d-1$ 인 어떤 정수 k에 대하여 $[r]=[ub_1+kn_1]$ 임을 보이라. [힌트: $[ar]-[aub_1]=[0]$ (왜?), 따라서 $n|a(r-ub_1)$. $n_1|(a_1(r-ub_1))$ 임을 보이고 정리 1.4를 이용하여 $n_1|(r-ub_1)$ 임을 보이라.]

15 연습문제 13을 이용하여 다음 방정식을 풀라.
   (a) $\mathbb{Z}_{18}$에서 $15x=9$　　　(b) $\mathbb{Z}_{65}$에서 $25x=10$

16. $a\neq 0$ 와 b가 $\mathbb{Z}_n$의 원소이고 $ax=b$ 가 $\mathbb{Z}_n$에서 해를 갖지 않을 때, a는 영인자임을 증명하라.

17. $\mathbb{Z}_n$에서 두 가역원의 곱은 역시 가역원임을 증명하라.

18. $\mathbb{Z}$ 의 보통의 순서 $<$는 추이적이고, 덧셈에 관하여 보존된다. 다음 조건을 만족하는 $\mathbb{Z}_n$의 순서는 존재하지 않음을 보이라.

   (i) $a<b$ 이고 $b<c$ 이면 $a<c$ 이다.
   (ii) $a<b$ 이면 $\mathbb{Z}_n$의 임의의 원소 c에 대하여, $a+c<b+c$ 이다.

   [힌트: $0<1$ 을 만족하는 그런 어떤 순서가 존재한다고 하면, 양변에 계속하여 1을 더하여 $0<1<2<\cdots<n-1$ 임을 (ii)에 의하여 보이라. 따라서 (i)에 의하여 $0<n-1$ 이다. 양변에 1을 더하여 모순을 얻는다. 같은 논법으로 $1<0$ 일 때도 증명.]

응용: (제13장의) 공개키 암호는 필요하다면 여기서 다룰 수 있다.

CHAPTER 3

환(Rings)

> **대체 경로:** 환을 공부하기 전에 군을 공부하려면, 바로 제7장과 8장을 읽어야 한다.

보통의 산술법칙 대부분은 $\mathbb{Z}$ 에서뿐만 아니라, 축소형 산술인 $\mathbb{Z}_n$ 에서도 성립하는 것을 살펴보았다. 실수와 같은 다른 수학 체계에서도 그와 같은 많은 법칙이 성립하는 것을 알고 있다.

산술과 유사한 법칙들이 다른 체계에서도 성립한다는 사실은 그러한 체계에 대하여 공통적인 특성을 생각하는 것이 가치 있는 일임을 보여준다. 결국에는 많은 일을 줄여주는 것이 될 것이다. 어떤 체계에 대한 정리를 다른 체계와 공통으로 성립하는 성질들만을 허용하여 증명할 수 있다면 그 정리는 다른 체계에서도 성립한다. 근본적 특징의 공통적인 핵심을 '추상화'함으로써, 특수한 경우인 $\mathbb{Z}$, $\mathbb{Z}_n$ 또는 다른 익숙한 체계를 포함하는 일반적인 이론을 전개할 수 있다. 이러한 일반이론에서 증명된 결과들은 그 이론에 의하여 보장되는 모든 체계에서 동시에 적용될 것이다. 이러한 추상화 과정은 불필요한 디테일에 발목이 잡히지 않고, 특정 명제가 참이라는 진정한 이유를 찾을 수 있게 해준다. 이러한 방법으로 관련된 모든 체계에 대한 깊은 이해가 가능해진다.

그래서 이제 **추상**대수학의 전개를 시작하자. 이 장은 그 첫 단계로 기본적인 정의, 예와 함께 용어들로 구성된다. $\mathbb{Z}$ 와 $\mathbb{Z}_n$ 이 갖는 최소한의 기본적인 성질을 공유하는 체계를 **환**(ring)이라고 한다. 3.1절에서 추가 성질을 갖는 환에 대해 다른 이름을 붙일 것이다. 임의의 환에 대하여 산술과 대수에 대한 기초적인 사실들을 3.2절에서 전개할 것이다. 3.3절에서는 서로 다르게 보이지만, 그 원소들의 표시만 다르고 실제로 '근본적으로 같은 것'에 대하여 살펴본다.

3.1 환의 정의와 예

다음 정의와 함께 익숙한 체계들의 공통적인 특성을 추상화하는 과정을 시작한다.

정의 다음 공리를 만족하는 (보통 덧셈과 곱셈으로 표시되는) 두 연산을* 갖춘 공집합이 아닌 집합 R을 **환**(ring)이라고 한다. 임의의 $a, b, c \in R$에 대하여

1. $a \in R$이고 $b \in R$이면 $a+b \in R$ [덧셈에 대한 닫힘]
2. $a+(b+c)=(a+b)+c$ [덧셈에 대한 결합법칙]
3. $a+b=b+a$ [덧셈에 대한 교환법칙]
4. $a+0_R=a=0_R+a$를 모든 $a \in R$에 대하여 만족하는 R의 일정한 원소 0_R이 존재한다. [덧셈에 대한 항등원 또는 영]
5. 각 원소 $a \in R$에 대하여 방정식 $a+x=0_R$의 해가 R에서 존재한다.†
6. $a \in R$이고 $b \in R$이면 $ab \in R$ [곱셈에 대한 닫힘]
7. $a(bc)=(ab)c$ [곱셈에 대한 결합법칙]
8. $a(b+c)=ab+ac$이고 $(a+b)c=ac+bc$이다. [곱셈에 대한 분배법칙]

이 공리들은 $\mathbb{Z}$나 $\mathbb{Z}_n$과 유사한 체계가 되기 위하여 필요한 최소한의 것이다. $\mathbb{Z}$와 $\mathbb{Z}_n$에는 특별히 언급할 만한 추가 성질이 몇 가지 있다.

정의 다음 공리 9를 만족하는 환 R을 **가환환**(commutative ring)이라고 한다.

9. 모든 $a, b \in R$에 대하여 $ab=ba$이다. [곱셈에 대한 교환법칙]

정의 다음 공리 10을 만족하는 일정한 원소 1_R을 포함하는 환 R을 **항등원을 갖는 환**(ring with identity)이라고 한다.

10. 모든 $a \in R$에 대하여 $a1_R=a=1_Ra$이다. [곱셈에 대한 항등원]

다음 예들에 대하여 공리가 성립함을 확인하는 것은 대부분 독자에게 맡긴다.

* '연산'과 '닫힘'은 부록 B에서 정의된다.

† 제7장을 먼저 공부한 경우는, 공리 1~5는 단순히 환이 덧셈에 대하여 Abel 군이라고 말하는 것임을 주목해야 한다.

예제 1

$\mathbb{Z}$ (정수 전체)와 $\mathbb{R}$ (실수 전체)은 보통의 덧셈과 곱셈에 대하여 항등원을 갖는 가환환이다.

예제 2

정리 2.7에 의하여, 집합 $\mathbb{Z}_n$은 보통의 합동류 덧셈과 곱셈에 대하여 항등원을 갖는 가환환이다.

예제 3

E를 보통의 덧셈과 곱셈을 갖는 모든 짝수의 집합이라 하자. 두 짝수의 합이나 곱은 역시 짝수이므로 닫힘 공리(1과 6)를 만족한다. 0은 짝수이므로 E는 덧셈에 대한 항등원을 갖는다(공리 4). a가 짝수이면 $a+x=0$ 의 해(즉, $-a$)는 또한 짝수이고 따라서 공리 5를 만족한다. 나머지 공리(2, 3, 7, 8, 9)는 모든 정수에 대하여 성립하는 것이므로 a, b, c가 짝수일 때도 참이다. 결과적으로 E는 가환환이다. 그러나 임의의 짝수 a에 대하여 $ae=a=ea$를 만족하는 짝수 e가 존재하지 않으므로 E는 항등원을 갖지 않는다.

예제 4

모든 홀수 정수의 집합은 보통의 덧셈과 곱셈에 대하여 환이 아니다. 공리 중에서 공리 1이 성립하지 않는다. 두 홀수의 합이 홀수가 아니다.

환의 정의는 비록 $\mathbb{Z}$와 $\mathbb{Z}_n$을 모델로 하여 만들어졌지만, 이 모델과 전혀 같지 않은 환들이 많이 있다. 이들 환에서는 원소들이 숫자나 합동류가 아닐 수도 있고, 또 그 연산들도 '보통'의 덧셈과 곱셈과는 무관한 것일 수도 있다.

예제 5

집합 $T=\{r, s, t, z\}$는 다음 연산표에 의하여 정의된 덧셈과 곱셈에 대하여 하나의 환이다.

$+$	z	r	s	t
z	z	r	s	t
r	r	z	t	s
s	s	t	z	r
t	t	s	r	z

$\cdot$	z	r	s	t
z	z	z	z	z
r	z	z	r	r
s	z	z	s	s
t	z	z	t	t

결합법칙과 분배법칙(공리 2, 7, 8)이 성립하는 것은 믿고 접어두자. 나머지 공리들은 앞의 연산표로부터 쉽게 확인할 수 있다. 특히, T가 덧셈과 곱셈 모두에 대하여 닫혀있음(공리 1과 6)과 덧셈에 대한 교환법칙(공리 3)을 보여준다.

원소 z는 덧셈에 대한 항등원(공리 4에서의 0_R로 나타내는 원소)이다. 이것은 $\mathbb{Z}$에서 숫자 0과 같은 역할을 하는데 (그것이 공리에서 기호 0_R을 사용하는 이유이다.) 사실, 그것은 어떤 종류의 숫자는 아니다. 그런데도, 0_R을 환 T의 '영(zero)'이라고 부른다.

공리 5를 증명하기 위하여, 방정식

$$r+x=z, \quad s+x=z, \quad t+x=z, \quad z+x=z$$

가 각각 T에서 해를 갖는다는 것을 보여야 한다. 이것은 덧셈 연산표로부터 쉽게 보일 수 있다. 예를 들어, $r+r=z$이므로 $x=r$이 $r+x=z$의 해이다.

마지막으로 T는 가환환은 아니다. 예를 들면, $rs=r$이고 $sr=z$이므로 $rs \neq sr$이다.

예제 6

실수 위의 모든 2×2 행렬의 집합을 $M(\mathbb{R})$이라고 하자. 즉, $M(\mathbb{R})$은 다음 형태의 모든 배열, 즉

$$\begin{pmatrix} a & b \\ c & d \end{pmatrix}, \quad \text{여기서 } a,\ b,\ c,\ d\text{는 실수}$$

로 이루어진다. 두 행렬은 대응하는 위치의 성분들이 모두 같은 때 같다. 즉

$$\begin{pmatrix} a & b \\ c & d \end{pmatrix} = \begin{pmatrix} r & s \\ t & u \end{pmatrix}\text{일 필요충분조건은 } a=r,\ b=s,\ c=t,\ d=u$$

이다. 예를 들어

$$\begin{pmatrix} 4 & 0 \\ -3 & 1 \end{pmatrix} = \begin{pmatrix} 2+2 & 0 \\ 1-4 & 1 \end{pmatrix}\text{이지만,} \quad \begin{pmatrix} 1 & 3 \\ 5 & 2 \end{pmatrix} \neq \begin{pmatrix} 3 & 5 \\ 1 & 2 \end{pmatrix}$$

이다. 행렬의 덧셈은 다음과 같이 정의한다.

$$\begin{pmatrix} a & b \\ c & d \end{pmatrix} + \begin{pmatrix} a' & b' \\ c' & d' \end{pmatrix} = \begin{pmatrix} a+a' & b+b' \\ c+c' & d+d' \end{pmatrix}$$

예를 들면

$$\begin{pmatrix} 3 & -2 \\ 5 & 1 \end{pmatrix} + \begin{pmatrix} 4 & 7 \\ 6 & 0 \end{pmatrix} = \begin{pmatrix} 3+4 & -2+7 \\ 5+6 & 1+0 \end{pmatrix} = \begin{pmatrix} 7 & 5 \\ 11 & 1 \end{pmatrix}$$

행렬의 곱셈은 다음과 같이 정의한다.

$$\begin{pmatrix} a & b \\ c & d \end{pmatrix}\begin{pmatrix} w & x \\ y & z \end{pmatrix} = \begin{pmatrix} aw+by & ax+bz \\ cw+dy & cx+dz \end{pmatrix}$$

예를 들어

$$\begin{aligned} \begin{pmatrix} 2 & 3 \\ 0 & -4 \end{pmatrix}\begin{pmatrix} 1 & -5 \\ 6 & 7 \end{pmatrix} &= \begin{pmatrix} 2\cdot 1+3\cdot 6 & 2(-5)+3\cdot 7 \\ 0\cdot 1+(-4)6 & 0(-5)+(-4)7 \end{pmatrix} \\ &= \begin{pmatrix} 20 & 11 \\ -24 & -28 \end{pmatrix} \end{aligned}$$

행렬의 곱셈에서 곱해지는 행렬들의 순서를 바꾸면 다른 결과가 얻어질 수도 있다. 다음이 그런 경우이다.

$$\begin{aligned} \begin{pmatrix} 1 & -5 \\ 6 & 7 \end{pmatrix}\begin{pmatrix} 2 & 3 \\ 0 & -4 \end{pmatrix} &= \begin{pmatrix} 1\cdot 2+(-5)0 & 1\cdot 3+(-5)(-4) \\ 6\cdot 2+7\cdot 0 & 6\cdot 3+7(-4) \end{pmatrix} \\ &= \begin{pmatrix} 2 & 23 \\ 12 & -10 \end{pmatrix} \end{aligned}$$

그래서 이 곱셈은 가환이 아니다. 약간의 작업으로 $M(\mathbb{R})$이 항등원을 갖는 환임을 밝힐 수 있다. 영 원소는 **0**으로 나타내는 **영행렬**(zero matrix)

$$\begin{pmatrix} 0 & 0 \\ 0 & 0 \end{pmatrix}$$

이고, $X = \begin{pmatrix} -a & -b \\ -c & -d \end{pmatrix}$는

$$\begin{pmatrix} a & b \\ c & d \end{pmatrix} + X = \begin{pmatrix} 0 & 0 \\ 0 & 0 \end{pmatrix}$$

의 해이다. 곱셈에 대한 항등원(공리 10)은 행렬 $I = \begin{pmatrix} 1 & 0 \\ 0 & 1 \end{pmatrix}$임을 주장한다. 이 주장을 증명하기 위하여, 먼저 $M(\mathbb{R})$의 대표적인 행렬에 I를 오른쪽에 곱하면

$$\begin{pmatrix} a & b \\ c & d \end{pmatrix}\begin{pmatrix} 1 & 0 \\ 0 & 1 \end{pmatrix} = \begin{pmatrix} a\cdot 1+b\cdot 0 & a\cdot 0+b\cdot 1 \\ c\cdot 1+d\cdot 0 & c\cdot 0+d\cdot 1 \end{pmatrix} = \begin{pmatrix} a & b \\ c & d \end{pmatrix}$$

이다. 곱셈은 여기서 가환이 아니므로, I를 왼쪽에 곱하는 것도 필요하다. 즉

$$\begin{pmatrix} 1 & 0 \\ 0 & 1 \end{pmatrix}\begin{pmatrix} a & b \\ c & d \end{pmatrix} = \begin{pmatrix} 1\cdot a+0\cdot c & 1\cdot b+0\cdot d \\ 0\cdot a+1\cdot c & 0\cdot b+1\cdot d \end{pmatrix} = \begin{pmatrix} a & b \\ c & d \end{pmatrix}$$

이것은 I가 공리 10을 만족하는 것을 증명한다.* 결과적으로 I를 **항등행렬**(identity matrix)이라고 부른다.

$M(\mathbb{R})$의 영이 아닌 원소들의 곱이 영이 될 수도 있음을 주목한다. 예를 들어

$$\begin{pmatrix} 4 & 6 \\ 2 & 3 \end{pmatrix}\begin{pmatrix} -3 & -9 \\ 2 & 6 \end{pmatrix} = \begin{pmatrix} 4(-3)+6\cdot 2 & 4(-9)+6\cdot 6 \\ 2(-3)+3\cdot 2 & 2(-9)+3\cdot 6 \end{pmatrix} = \begin{pmatrix} 0 & 0 \\ 0 & 0 \end{pmatrix}$$

예제 7

항등원을 갖는 가환환 R에 대하여, $M(R)$의 원소를 성분으로 하는 모든 2×2 행렬의 집합이라 하자. 예제 6에서 정의된 덧셈과 곱셈과 함께 $M(R)$은 항등원을 갖는 비가환 환임을 쉽게 증명할 수 있다. 예를 들어, $M(\mathbb{Z})$는 정수 성분의 모든 2×2 행렬의 환이고, $M(\mathbb{Q})$는 유리수 성분의 모든 2×2 행렬의 환이고, $M(\mathbb{Z}_n)$은 $\mathbb{Z}_n$의 원소를 성분으로 갖는 모든 2×2 행렬의 환이다.

예제 8

실수 전체의 집합 $\mathbb{R}$에 대하여, T를 $\mathbb{R}$에서 $\mathbb{R}$로의 모든 함수의 집합이라 하자. 미적분학에서와 같이, $f+g$와 fg는

$$(f+g)(x) = f(x)+g(x) \text{와} \quad (fg)(x) = f(x)g(x)$$

로 정의되는 함수들이다. T가 항등원을 갖는 가환환임을 쉽게 증명할 수 있다. 영 원소는 임의의 $x \in \mathbb{R}$에 대하여 $h(x)=0$로 정의되는 함수 h이다. (곱셈에 대한) 항등원은 모든 $x \in \mathbb{R}$에 대하여 $e(x)=1$로 정의되는 함수 e이다. 또한 T의 영이 아닌 두 원소의 곱이 원소 영이 될 수도 있다(연습문제 36 참조).

영이 아닌 두 원소의 곱이 항상 영이 아닌 성질을 갖지 않는 환에 대하여 살펴보았다. 그러나 $\mathbb{Z}$처럼 이 성질을 갖는 환이 칭호를 붙여야 할 만큼 자주 나타난다.

---

* 항등원이 될 원소를 오른쪽과 왼쪽에 곱하여 모두 조건을 확인하는 것이 필수적이다. 오른쪽에 곱하면 항등원처럼 작용하지만, 왼쪽에 곱하면 그렇지 않은 환들이 존재한다. 연습문제 11 참조.

정의

$1_R \neq 0_R$인 항등원 1_R을 갖는 가환환 R에 대하여, 다음 공리 11을 만족할 때 R을 **정역**(integral domain)이라고 한다.

11. $a, b \in R$이고 $ab = 0_R$이면 $a = 0_R$ 또는 $b = 0_R$이다.

조건 $1_R \neq 0_R$은 영 환(즉, 꼭 하나의 원소만을 갖는 환 $\{0\}$)을 정역에서 배제하는 데 필요한 조건이다. 공리 11은 그것의 대우인*

$$a \neq 0_R \text{이고 } b \neq 0_R \text{이면} \quad ab \neq 0_R \text{이다}$$

와 논리적으로 동치임을 주목한다.

예제 9

정수환 $\mathbb{Z}$는 정역이다. p가 소수일 때, 정리 2.8에 의하여 $\mathbb{Z}_p$는 정역이다. 한편 $\mathbb{Z}_6$에서 $4 \cdot 3 = 0$이지만 $4 \neq 0$이고 $3 \neq 0$이므로, $\mathbb{Z}_6$은 정역이 아니다.

유리수 전체 집합 $\mathbb{Q}$는 $a, b \in \mathbb{Z}$이고 $b \neq 0$인 모든 분수 a/b들로 이루어진 것임을 잘 알고 있다. 분수의 상등, 덧셈과 곱셈은 다음 보통의 규칙으로 정의된다.

$$\frac{a}{b} = \frac{r}{s} \text{일 필요충분조건은 } as = br$$

$$\frac{a}{b} + \frac{c}{d} = \frac{ad + bc}{bd} \qquad \frac{a}{b} \cdot \frac{c}{d} = \frac{ac}{bd}$$

$\mathbb{Q}$가 정역임을 쉽게 증명할 수 있다. 그러나 $\mathbb{Q}$는 $\mathbb{Z}$에서는 성립하지 않는 추가적인 성질들을 가지고 있다. 즉, 방정식 $ax = b$는 ($a \neq 0$일 때) $\mathbb{Q}$에서 해를 갖는다. 따라서 $\mathbb{Q}$는 다음 정의에 대한 하나의 예이다.

정의

$1_R \neq 0_R$인 항등원 1_R을 갖는 가환환 R에 대하여, 다음 공리 12를 만족할 때 R을 **체**(field)라고 한다.

12. R의 임의의 원소 $a \neq 0_R$에 대하여 방정식 $ax = 1_R$이 R에서 해를 갖는다.

* 대우에 관한 논의를 위해 부록 A를 참조하라.

또다시 조건 $1_R \neq 0_R$은 영 환을 체로부터 배제하기 위해 꼭 필요하다. 공리 11은 체의 정의에서 분명하게 언급되지 않는다. 그렇지만 공리 11은 체에서도 성립함을 주목한다. 이것은 정리 3.8의 증명에서 보일 것이다.

예제 10

실수 전체 집합 $\mathbb{R}$ 은 보통의 덧셈 및 곱셈에 대하여 체이다. p가 소수일 때 $\mathbb{Z}_p$는 정리 2.8에 따라 체이다.

예제 11

복소수 전체 집합 $\mathbb{C}$ 는 $a, b \in \mathbb{R}$ 이고 $i^2 = -1$인 $a+bi$ 꼴의 모든 수로 구성된다. $\mathbb{C}$ 에서의 상등은 다음과 같이 정의된다.

$$a+bi = c+di \text{일 필요충분조건은 } a=c \text{이고 } b=d \text{이다.}$$

복소수 전체 집합 $\mathbb{C}$ 는 다음과 같이 정의되는 덧셈과 곱셈과 함께 체이다.

$$(a+bi)+(c+di) = (a+c)+(b+d)i$$
$$(a+bi)(c+di) = (ac-bd)+(ad+bc)i$$

실수 전체 집합 $\mathbb{R}$ 은 $a+0i$ 형태의 모든 복소수로 이루어져 있으므로 체 $\mathbb{R}$은 $\mathbb{C}$ 에 포함된다. $\mathbb{C}$ 에서 $a+bi \neq 0$ 이면 방정식 $(a+bi)x=1$ 의 해는 $x=c+di$이다. 여기서

$$c = a/(a^2+b^2) \in \mathbb{R} \text{ 이고 } \quad d = -b/(a^2+b^2) \in \mathbb{R} \text{ 이다.}$$

(증명하라!)

예제 12

K를 a, b가 실수인

$$\begin{pmatrix} a & b \\ -b & a \end{pmatrix}$$

형태의 모든 2×2 행렬의 집합이라 하자. K가 체임을 증명하여 보자. K의 임의의 두 행렬에 대하여

$$\begin{pmatrix} a & b \\ -b & a \end{pmatrix} + \begin{pmatrix} c & d \\ -d & c \end{pmatrix} = \begin{pmatrix} a+c & b+d \\ -b-d & a+c \end{pmatrix}$$

$$\begin{pmatrix} a & b \\ -b & a \end{pmatrix}\begin{pmatrix} c & d \\ -d & c \end{pmatrix} = \begin{pmatrix} ac-bd & ad+bc \\ -ad-bc & ac-bd \end{pmatrix}$$

각 경우에 오른쪽의 행렬은 **주대각선**(왼쪽 위에서 오른쪽 아래로)의 성분들이 같고 부대각선(오른쪽 위에서 왼쪽 아래로)의 성분들의 부호가 반대이므로 K에 속한다. 따라서 K는 덧셈과 곱셈에 대하여 닫혀있다.

$$\begin{pmatrix} c & d \\ -d & c \end{pmatrix}\begin{pmatrix} a & b \\ -b & a \end{pmatrix} = \begin{pmatrix} ac-bd & ad+bc \\ -ad-bc & ac-bd \end{pmatrix} = \begin{pmatrix} a & b \\ -b & a \end{pmatrix}\begin{pmatrix} c & d \\ -d & c \end{pmatrix}$$

이므로 K는 가환이다. 분명히 영행렬과 항등행렬 I는 K에 속한다. 만약

$$A = \begin{pmatrix} a & b \\ -b & a \end{pmatrix}$$

가 영행렬이 아니면 $AX = I$의 해가

$$X = \begin{pmatrix} a/d & -b/d \\ b/d & a/d \end{pmatrix} \in K, \quad \text{여기서 } d = a^2 + b^2$$

임을 증명한다.

앞의 예제에 나오는 환을 언급할 때는 덧셈과 곱셈이 앞에서 정의된 것으로 가정해도 좋다. 그렇지 않으면 다른 것에 대한 특별한 진술이 있다. 그렇지만 주어진 집합($\mathbb{Z}$와 같은)이 다른 덧셈과 곱셈 연산을 정의함으로써, 여러 가지 다른 방법으로 환이 될 수가 있다는 것을 알아야 한다. 그런 예를 위하여 연습문제 17과 22~26을 보라.

다른 다양한 종류의 환을 알고 있는 지금, 다음과 같은 방법으로 새로운 환을 만드는데 그것을 사용할 수 있다.

예제 13

T를 부록 B에서 정의된 곱집합 $\mathbb{Z}_6 \times \mathbb{Z}$라 하자. T에서의 덧셈을 다음과 같이 정의한다.

$$(a, z) + (a', z') = (a + a', z + z')$$

덧셈 부호는 여기서 세 가지 방법으로 사용되고 있다. 즉, 등호의 오른쪽의 첫 좌표에 있는 $+$는 $\mathbb{Z}_6$에서의 덧셈을 나타내고, 둘째 좌표의 $+$는 $\mathbb{Z}$에서의 덧셈을 나타내고, 등호의 왼쪽에 $+$는 정의하는 T에서의 덧셈이다. $\mathbb{Z}_6$는 환이고 $a, a' \in \mathbb{Z}_6$이므로 오른쪽 변의 첫 좌표는 $a + a'$로 $\mathbb{Z}_6$에 속한다. 마찬가지로 $z + z' \in \mathbb{Z}$이다. 따라서 T의

덧셈은 닫혀있다. 곱셈은 다음과 같이 유사하게 정의된다. 즉

$$(a,z)(a',z') = (aa',zz')$$

예를 들어, $(3,5)+(4,9)=(3+4,5+9)=(1,14)$ 이고 $(3,5)(4,9)=(3\cdot 4,5\cdot 9)=(0,45)$ 이다. T가 항등원을 갖는 가환환임을 쉽게 증명할 수 있다. 영은 $(0,0)$이고 곱셈에 대한 항등원은 $(1,1)$이다. 여기서 정의한 것을 임의의 두 환에 대해 할 수 있다.

정리 3.1

환 R과 S의 곱집합(Cartesian product) $\boldsymbol{R}\times\boldsymbol{S}$에 대한 덧셈과 곱셈을

$$(r,s)+(r',s')=(r+r',s+s') \text{ 와 } \quad (r,s)(r',s')=(rr',ss')$$

로 정의하면 $R\times S$는 환이다. 만약 R과 S가 둘 다 가환이면 $R\times S$도 가환이다.

증명

연습문제 33. ■

부분환

R이 환이고, R의 부분집합 S는 그 자체로 R의 연산들에 대하여 환이 될 수도 있고 되지 않을 수도 있다. 정수 전체의 환 $\mathbb{Z}$에서 예를 들어, 짝수 전체의 부분집합 E는 환이지만 홀수 전체의 부분집합 O는 예제 3과 4에서 살펴본 것처럼 환이 아니다. 환 R의 부분집합 S가 그 자체로 R의 덧셈과 곱셈에 대하여 환이 될 때, S를 R의 **부분환**(subring)이라고 한다.

예제 14

$\mathbb{Z}$는 유리수 전체의 환 $\mathbb{Q}$의 부분환이고, 실수 전체의 환 $\mathbb{R}$의 부분환이다. $\mathbb{Q}$는 그 자체로 체이므로 $\mathbb{R}$의 **부분체**(subfield)라 한다. 마찬가지로, $\mathbb{R}$은 복소수 전체의 환 $\mathbb{C}$의 부분체이다.

예제 15

예제 7에서 행렬 환 $M(\mathbb{Z})$와 $M(\mathbb{Q})$는 $M(\mathbb{R})$의 부분환이다.

예제 16

예제 12의 환 K는 $M(\mathbb{R})$의 부분환이다.

예제 17

T를 예제 8에서의 $\mathbb{R}$ 에서 $\mathbb{R}$ 로의 모든 함수의 환이라고 하자. $\mathbb{R}$ 에서 $\mathbb{R}$ 로의 모든 연속함수로 이루진 부분집합 S는 T의 부분환이다. 이것을 증명하기 위해서는 미적분학에서 증명된 어떤 사실이 필요하다. 즉, 연속함수들의 합과 곱도 연속이다. 따라서 S는 덧셈과 곱셈에 대하여 닫혀있다(공리 1과 6). 다른 공리들은 쉽게 증명할 수 있다.

환 R의 부분집합 S가 부분환임을 실제로 증명하는 것은 S가 환임을 보이는 것보다 더 쉽다. 예를 들면, R의 모든 원소에 대하여 $a+b=b+a$이므로 이 사실은 a, b가 부분집합인 S에 속할 때도 참이다. 따라서 공리 3(덧셈에 대한 교환법칙)은 환의 임의의 부분집합 S에 대하여 자동으로 성립한다. 사실 환의 어떤 부분집합 S가 실제로 부분환임을 증명하기 위해 단지 다음 정리에서 보여주는 몇 가지 공리만을 증명하기만 하면 된다.

정리 3.2

환 R에 대하여, S를 다음 조건을 만족하는 R의 부분집합이라 하면 S는 R의 부분환이다.

(ⅰ) S가 덧셈에 대하여 닫혀있다. 즉, $a,\ b \in S$이면 $a+b \in S$이다.
(ⅱ) S가 곱셈에 대하여 닫혀있다. 즉, $a,\ b \in S$이면 $ab \in S$이다.
(ⅲ) $0_R \in S$이다.
(ⅳ) $a \in S$이면 방정식 $a+x=0_R$의 해가 S에 존재한다.

조건 (ⅳ)를 주의 깊게 살펴보자. 이것을 증명하기 위해 방정식 $a+x=0_R$이 해를 갖는 것을 보일 필요는 없다. R이 환이므로 이미 이것을 알고 있다. 단지 이 해가 S에 속한다는 것을 보이기만 하면 된다. (이것은 S에 대하여 공리 5가 성립하는 것을 의미한다.)

정리 3.2의 증명

이 정리의 앞에서 주목했던 것으로, 공리 2, 3, 7, 8은 R의 모든 원소에 대하여 성립하고, 그 결과로 부분집합인 S의 모든 원소에 대하여 반드시 성립한다. 공리 1, 6, 4, 5는 (ⅰ)~(ⅳ)에 의해 성립한다. ■

예제 18

$\mathbb{Z}_6$의 부분집합 $S=\{0, 3\}$은 덧셈과 곱셈에 대하여 닫혀있다($0+0=0,\ 0+3=3,\ 3+3=0$, 마찬가지로 $0\cdot 0=0,\ 0\cdot 3=0,\ 3\cdot 3=3$). S의 정의로부터 $0\in S$이다. 마지막으로, 방정식 $0+x=0$의 해는 $x=0\in S$이고, $3+x=0$의 해는 $x=3\in S$이다. 그러므로 정리 3.2에 따라, S는 $\mathbb{Z}_6$의 부분환이다.

예제 19

S를 $\begin{pmatrix} a & 0 \\ b & c \end{pmatrix}$ 형태의 모든 행렬로 이루어진 $M(\mathbb{R})$의 부분집합이라 하자. 그러면

$$\begin{pmatrix} a & 0 \\ b & c \end{pmatrix}+\begin{pmatrix} r & 0 \\ s & t \end{pmatrix}=\begin{pmatrix} a+r & 0+0 \\ b+s & c+t \end{pmatrix}=\begin{pmatrix} a+r & 0 \\ b+s & c+t \end{pmatrix}\in S\text{이고}$$

$$\begin{pmatrix} a & 0 \\ b & c \end{pmatrix}\begin{pmatrix} r & 0 \\ s & t \end{pmatrix}=\begin{pmatrix} ar & 0 \\ br+cs & ct \end{pmatrix}\in S$$

이므로 S는 덧셈과 곱셈에 대하여 닫혀있다. 항등행렬은 ($a=1,\ b=0,\ c=1$ 이라고 두면) S의 원소이고, 방정식

$$\begin{pmatrix} a & 0 \\ b & c \end{pmatrix}+x=\begin{pmatrix} 0 & 0 \\ 0 & 0 \end{pmatrix}$$

의 해는 $x=\begin{pmatrix} -a & 0 \\ -b & -c \end{pmatrix}\in S$이다. 따라서 정리 3.2로부터 S는 부분환이다.

예제 20

집합 $\mathbb{Z}[\sqrt{2}]=\{a+b\sqrt{2}\mid a, b\in\mathbb{Z}\}$는 $\mathbb{R}$의 부분환이다.

$$\begin{aligned}(a+b\sqrt{2})(c+d\sqrt{2}) &= ac+ad\sqrt{2}+bc\sqrt{2}+bd\sqrt{2}\cdot\sqrt{2} \\ &= (ac+2bd)+(ad+bd)\sqrt{2}\in\mathbb{Z}[\sqrt{2}]\end{aligned}$$

임을 쉽게 알 수 있다. 따라서 $\mathbb{Z}[\sqrt{2}]$는 덧셈과 곱셈에 대하여 닫혀있다. 증명의 나머지는 연습문제 13을 보라.

■ 연습문제

A. 1. 다음 $\mathbb{Z}$ 의 부분집합은 (보통의 덧셈과 곱셈에 대하여) 환에 대한 공리 중 하나만 제외하고 모두 만족한다. 각 경우에 성립하지 않는 공리는 어느 것인가?

(a) 모든 홀수 정수와 0의 집합 S

(b) 0 이상의 모든 정수의 집합 S

2. $R = \{0, e, b, c\}$를 다음과 같이 연산표에 의하여 정의된 덧셈과 곱셈을 갖는 집합이라 하자. 결합법칙과 분배법칙이 성립하는 것으로 가정하고, R이 항등원을 갖는 환임을 보이라. R은 체인가?

$+$	0	e	b	c
0	0	e	b	c
e	e	0	c	b
b	b	c	0	e
c	c	b	e	0

$\cdot$	0	e	b	c
0	0	0	0	0
e	0	e	b	c
b	0	b	b	0
c	0	c	0	c

3. $F = \{0, e, a, b\}$ 를 다음 연산표에 의하여 주어진 연산들을 갖는 집합이라고 하자. 결합법칙과 분배법칙을 가정할 때, F는 체임을 보이라.

$+$	0	e	a	b
0	0	e	a	b
e	e	0	b	a
a	a	b	0	e
b	b	a	e	0

$\cdot$	0	e	a	b
0	0	0	0	0
e	0	e	a	b
a	0	a	b	e
b	0	b	e	a

4. $AC = \mathbf{0}$이지만 $CA \neq \mathbf{0}$인 $M(\mathbb{R})$의 행렬 A와 C를 구하라. 여기서 $\mathbf{0}$는 영행렬이다. [힌트: 예제 6.]

5. 다음 6개의 집합 중에서 어느 것이 $M(\mathbb{R})$의 부분환인가? 어느 것이 항등원을 갖는가?

(a) $\begin{pmatrix} 0 & r \\ 0 & 0 \end{pmatrix}$, $r \in \mathbb{Q}$ 형태의 모든 행렬의 집합

(b) $\begin{pmatrix} a & b \\ 0 & c \end{pmatrix}$, $a, b, c \in \mathbb{Z}$ 형태의 모든 행렬의 집합

(c) $\begin{pmatrix} a & b \\ c & 0 \end{pmatrix}$, $a, b, c \in \mathbb{R}$ 형태의 모든 행렬의 집합

(d) $\begin{pmatrix} a & 0 \\ a & 0 \end{pmatrix}$, $a \in \mathbb{R}$ 형태의 모든 행렬의 집합

(e) $\begin{pmatrix} a & 0 \\ 0 & a \end{pmatrix}$, $a \in \mathbb{R}$ 형태의 모든 행렬의 집합

(f) $\begin{pmatrix} a & 0 \\ 0 & 0 \end{pmatrix}$, $a \in \mathbb{R}$ 형태의 모든 행렬의 집합

6. (a) 모든 3의 배수의 집합 R은 $\mathbb{Z}$의 부분환임을 보이라.
   (b) k를 정해진 정수라 하자. 모든 k의 배수들의 집합은 $\mathbb{Z}$의 부분환임을 보이라.

7. K를 $\sqrt{2}$의 정수배, 즉 $n \in \mathbb{Z}$에 대하여 $n\sqrt{2}$ 형태의 모든 실수의 집합이라 하자. K는 공리 1~5를 만족하지만, 환이 아님을 보이라.

8. $\mathbb{C}$의 부분집합 $\{1, -1, i, -i\}$는 $\mathbb{C}$의 부분환인가?

9. 환 R에 대하여 $R^* = \{(r, r) \mid r \in R\}$로 정의된 $R \times R$의 부분집합 R^*를 생각하자.
   (a) $R = \mathbb{Z}_6$일 때 R^*의 모든 원소를 열거하라.
   (b) 임의의 환 R에 대하여 R^*는 $R \times R$의 부분환임을 보이라.

10. $S = \{(a, b) \mid a + b = 0\}$는 $\mathbb{Z} \times \mathbb{Z}$의 부분환인가? 답의 타당성을 입증하라.

11. S를 $\begin{pmatrix} a & a \\ b & b \end{pmatrix}$ 형태의 모든 행렬로 구성되는 $M(\mathbb{R})$의 부분집합이라 하자.
    (a) S는 환임을 증명하라.
    (b) $J = \begin{pmatrix} 1 & 1 \\ 0 & 0 \end{pmatrix}$는 S의 우항등원(S의 모든 원소 A에 대하여 $AJ = A$를 의미)임을 증명하라.
    (c) $JB \neq B$인 S의 행렬 B를 찾아 $J = \begin{pmatrix} 1 & 1 \\ 0 & 0 \end{pmatrix}$는 좌항등원이 아님을 보이라. 이 S에 대한 더 많은 정보를 위해 연습문제 41을 보라.

12. 집합 $\{a + bi \mid a, b \in \mathbb{Z}\}$를 $\mathbb{Z}[i]$로 나타내자. $\mathbb{Z}[i]$는 $\mathbb{C}$의 부분환임을 보이라.

13. 집합 $\{a + b\sqrt{2} \mid a, b \in \mathbb{Z}\}$를 $\mathbb{Z}[\sqrt{2}]$로 나타낸다. $\mathbb{Z}[\sqrt{2}]$는 $\mathbb{R}$의 부분환임을 보이라. [예제 20 참조.]

14. T를 예제 8에서의 환이라 하자. $S = \{f \in T \mid f(2) = 0\}$이라고 두자. S는 T의 부분환임을 증명하라.

15. 다음 각 경우에 덧셈과 곱셈의 연산표를 작성하라.
(a) $\mathbb{Z}_2 \times \mathbb{Z}_3$ (b) $\mathbb{Z}_2 \times \mathbb{Z}_2$ (c) $\mathbb{Z}_3 \times \mathbb{Z}_3$

16. $M(\mathbb{R})$에서 $A = \begin{pmatrix} 1 & 1 \\ 1 & 1 \end{pmatrix}$, $\mathbf{0} = \begin{pmatrix} 0 & 0 \\ 0 & 0 \end{pmatrix}$이라고 하자. S를 $AB = \mathbf{0}$을 만족하는 모든 행렬 B의 집합이라 하자.
(a) S에 속하는 행렬 3개를 열거하라. [여러 가지 다른 답이 가능.]
(b) S가 $M(\mathbb{R})$의 부분환임을 증명하라. [**힌트**: B와 C가 S에 속할 때 $A(B+C)$와 $A(BC)$를 계산하여 $B+C$와 BC가 S에 속하는 것을 보이라.]

17. $\mathbb{Z}$에 새로운 곱셈으로, 모든 $a, b \in \mathbb{Z}$에 대하여 $ab = 0$으로 정의하자. 보통의 덧셈과 이 새로운 곱셈에 대하여 $\mathbb{Z}$는 가환환임을 보이라.

18. $\mathbb{Z}$에 새로운 곱셈으로, 모든 $a, b \in \mathbb{Z}$에 대하여 $ab = 1$로 정의하자. 보통의 덧셈과 이 새로운 곱셈에 대하여 $\mathbb{Z}$는 환이 되는가?

19. $S = \{a, b, c\}$이고, $P(S)$를 S의 모든 부분집합의 집합이라 하고, $P(S)$의 원소들을 다음과 같이 나타내자.

$$S = \{a, b, c\},\ D = \{a, b\},\ E = \{a, c\},\ F = \{b, c\},$$
$$A = \{a\},\ B = \{b\}\ \ C = \{c\},\ 0 = \varnothing$$

$P(S)$의 덧셈과 곱셈을

$$M + N = (M - N) \cup (N - M) \text{와 } MN = M \cap N$$

으로 정의한다. $P(S)$의 덧셈과 곱셈의 연산표를 작성하라. 또 연습문제 44를 보라.

B. 20. $\mathbb{Z}_{18}$의 부분집합 $R = \{0, 3, 6, 9, 12, 15\}$는 부분환임을 증명하라. R은 (곱셈에 대한) 항등원을 갖는가?

21. $\mathbb{Z}_{10}$의 부분집합 $S = \{0, 2, 4, 6, 8\}$은 부분환임을 증명하라. S는 (곱셈에 대한) 항등원을 갖는가?

22. $\mathbb{Z}$ 에서 새로운 덧셈과 곱셈을

$$a \oplus b = a + b - 1,\ a \odot b = a + b - ab$$

로 정의한다. 여기서 등호의 오른쪽 연산은 보통의 덧셈, 뺄셈과 곱셈이다. 이 새로운 연산들에 대하여 $\mathbb{Z}$ 는 정역임을 증명하라.

23. E를 모든 짝수의 집합이라 하자. E의 새로운 곱셈 $*$를 '$a*b = ab/2$'로 정의하자(여기서 오른쪽의 곱셈은 보통의 곱셈이다). 보통의 덧셈과 이 새로운 곱셈에 대하여 E는 항등원을 갖는 가환환임을 증명하라.

24. $\mathbb{Z}$ 에서 새로운 덧셈과 곱셈을

$$a \oplus b = a + b - 1,\ a \odot b = ab - (a + b) - 2$$

로 정의한다. 이 새로운 두 연산에 대하여 $\mathbb{Z}$ 는 정역임을 증명하라.

25. $\mathbb{Q}$ 에서 새로운 덧셈과 곱셈을

$$r \oplus s = r + s + 1,\ r \odot s = rs + r + s$$

로 정의한다. 이 새로운 연산에 대하여 $\mathbb{Q}$ 는 항등원을 갖는 가환환임을 증명하라. 이것은 정역인가?

26. L을 모든 양의 실수의 집합이라 하자. L에서 새로운 덧셈과 곱셈을

$$a \oplus b = ab,\ a \odot b = a^{\log b}$$

로 정의한다.

(a) L은 이들 연산에 대하여 환이 되는가?
(b) L은 가환환인가?
(c) L은 체인가?

27. S를 분모가 홀수인 분수로 나타낼 수 있는 모든 유리수의 집합이라 하자. S는 $\mathbb{Q}$ 의 부분환이지만, 체는 아님을 증명하라.

28. 양의 소수 p에 대하여, R을 $r,\ i \in \mathbb{Z}$ 이고 $i \geq 0$인 r/p^i 형태로 나타낼 수 있는 모든 유리수의 집합이라 하자. 임의의 $n \in \mathbb{Z}$ 는 n/p^0 으로 나타낼 수 있으므로 $\mathbb{Z} \subseteq R$임을 주목하라. R이 $\mathbb{Q}$ 의 부분환임을 보이라.

29. 세 개의 원소를 갖는 어떤 환에 대한 덧셈 연산표와 곱셈 연산표의 일부분이 다음과 같이 주어졌다.

$+$	r	s	t
r	r	s	t
s	s	t	r
t	t	r	s

$\cdot$	r	s	t
r	r	r	r
s	r	t	
t	r		

분배법칙을 사용하여 곱셈 연산표를 완성하라.

30. 4개의 원소를 갖는 어떤 환에 대하여 연습문제 29와 같은 질문에 답하라.

$+$	w	x	y	z
w	w	x	y	z
x	x	y	z	w
y	y	z	w	x
z	z	w	x	y

$\cdot$	w	x	y	z
w	w	w	w	w
x	w	y		
y	w		w	
z	w		w	y

31. 어떤 실수 k에 대하여 $\begin{pmatrix} k & 0 \\ 0 & k \end{pmatrix}$ 형태의 $M(\mathbb{R})$의 행렬을 **스칼라행렬**(scalar matrix)이라고 한다.
   (a) 모든 스칼라행렬의 집합은 $M(\mathbb{R})$의 부분환임을 증명하라.
   (b) K가 스칼라행렬이면 $M(\mathbb{R})$에 속하는 모든 행렬 A에 대하여 $KA = AK$임을 증명하라.
   (c) K가 $M(\mathbb{R})$에 속하는 모든 행렬 A에 대하여 $KA = AK$를 만족하는 $M(\mathbb{R})$의 행렬이면 K는 스칼라행렬임을 증명하라. [**힌트**: $K = \begin{pmatrix} a & b \\ c & d \end{pmatrix}$일 때 $A = \begin{pmatrix} 1 & 0 \\ 0 & 0 \end{pmatrix}$라 하자. $KA = AK$라는 사실을 이용하여, $b = 0$이고 $c = 0$임을 보이라. 그다음에 $A = \begin{pmatrix} 0 & 1 \\ 0 & 0 \end{pmatrix}$와 함께 유사한 논법으로 $a = d$ 임을 보이라.]

32. 환 R에 대하여 $Z(R) = \{a \in R \mid$ 모든 $r \in R$에 대하여 $ar = ra\}$라 하자. 다르게 말하면, $Z(R)$은 R의 모든 원소와 가환인 R의 모든 원소로 이루어진다. $Z(R)$은 R의 부분환임을 증명하라. $Z(R)$을 R의 **중심**(center)이라고 한다. [**힌트**: 연습문제 31은 $M(\mathbb{R})$의 중심이 모든 스칼라 행렬의 부분환임을 보여준다.]

33. 정리 3.1을 증명하라.

34. ($\mathbb{Z}_2$에서 성분을 갖는 모든 2×2 행렬의 집합) $M(\mathbb{Z}_2)$은 16개의 원소로 이루어진 항등원을 갖는 비가환 환임을 보이라.

35. 증명하거나 성립하지 않음을 보이라.
(a) R과 S가 정역이면 $R\times S$는 정역이다.
(b) R과 S가 체이면 $R\times S$는 체이다.

36. T를 예제 8에서의 환이라고 하고, f, g를

$$f(x)=\begin{cases} 0\ , & x\le 2\text{일 때} \\ x-2, & x>2\text{일 때}\end{cases} \qquad g(x)=\begin{cases} 2-x\ , & x\le 2\text{일 때} \\ 0\ , & x>2\text{일 때}\end{cases}$$

와 같이 정의하자. $f,\ g\in T$이고 $fg=0_T$임을 증명하라. 그러므로 T는 정역이 아니다.

37. (a) 환 R의 원소를 성분으로 갖는 모든 2×2 행렬들의 집합 $M(R)$이 환임을 보이라.
(b) R이 항등원을 갖는 환이면 $M(R)$도 항등원을 가짐을 증명하라.

38. R이 환이고, $a\in R$에 대하여 $A_R=\{r\in R\mid ar=0_R\}$이라고 하자. A_R이 R의 부분환임을 증명하라. A_R을 a의 **우소멸자**(right annihilator)라 부른다. [예를 들어, 연습문제 16에서의 환 S는 행렬 A의 우소멸자임을 살펴보라.]

39. $\mathbb{Q}(\sqrt{2})=\{r+s\sqrt{2}\mid r,\ s\in\mathbb{Q}\}$라 두자. $\mathbb{Q}(\sqrt{2})$는 $\mathbb{R}$의 부분체임을 보이라. [**힌트**: $(r+s\sqrt{2})x=1$의 해가 실제로 $\mathbb{Q}(\sqrt{2})$의 원소임을 보이기 위해, $1/(r+s\sqrt{2})$에 $(r-s\sqrt{2})/(r-s\sqrt{2})$를 곱하라.]

40. 완전제곱이 아닌 정수 d에 대하여, $\mathbb{Q}(\sqrt{d})=\{a+b\sqrt{d}\mid a,\ b\in\mathbb{Q}\}$는 $\mathbb{C}$의 부분체임을 보이라. [**힌트**: 연습문제 39를 보라.]

41. S를 연습문제 11에서의 환이라고 하자.
(a) 다음 각 행렬이 S의 우항등원임을 밝히라.

$$\begin{pmatrix} \frac{1}{2} & \frac{1}{2} \\ \frac{1}{2} & \frac{1}{2}\end{pmatrix},\ \begin{pmatrix} 0.7 & 0.7 \\ 0.3 & 0.3\end{pmatrix},\ \begin{pmatrix} 2 & 2 \\ -1 & -1\end{pmatrix}$$

(b) 행렬 $\begin{pmatrix} x & x \\ y & y \end{pmatrix}$가 S의 우항등원이 될 필요충분조건은 $x+y=1$임을 증명하라.

(c) $x+y=1$이면 $\begin{pmatrix} x & x \\ y & y \end{pmatrix}$가 S의 좌항등원이 아님을 보이라.

42. 항등원 $1_R \neq 0_R$을 갖는 (교환 법칙은 성립할 필요 없는) 환 R이 공리 11과 12 (61쪽)를 만족할 때 R을 **나눗셈환**(division ring)이라 한다. 따라서 체는 가환인 나눗셈환이다. 비가환 나눗셈환의 예는 연습문제 43에서 보라. R이 나눗셈환이고, a, b를 R의 영이 아닌 원소라 하자.

(a) $bb=b$이면 $b=1_R$임을 증명하라. [힌트: v가 $bx=1_R$의 해라고 하고 $bv=b^2v$임을 주목하라.]

(b) u가 방정식 $ax=1_R$의 해이면 u는 또 방정식 $xa=1_R$의 해임을 증명하라 (R이 가환이 아닐 수도 있음을 기억하라). [힌트: $b=ua$와 함께 (a)를 이용하라.]

43. 환 $M(\mathbb{C})$에서

$$\mathbf{1}=\begin{pmatrix} 1 & 0 \\ 0 & 1 \end{pmatrix},\quad \mathbf{i}=\begin{pmatrix} i & 0 \\ 0 & -i \end{pmatrix},\quad \mathbf{j}=\begin{pmatrix} 0 & 1 \\ -1 & 0 \end{pmatrix},\quad \mathbf{k}=\begin{pmatrix} 0 & i \\ i & 0 \end{pmatrix}$$

라 두자. 행렬의 실수 배는

$$r\begin{pmatrix} t & u \\ v & w \end{pmatrix}=\begin{pmatrix} rt & ru \\ rv & rw \end{pmatrix}$$

와 같이 정의된 행렬이다. $\mathbf{1}$, $\mathbf{i}$, $\mathbf{j}$, $\mathbf{k}$의 실수 배의 결합으로 이루어진 행렬을 **실4원수**(real quaternion)라 하고, 모든 실4원수의 집합 H는 다음과 같은 형태의 행렬들로 구성된다.

$$\begin{aligned} a\mathbf{1}+b\mathbf{i}+c\mathbf{j}+d\mathbf{k} &= a\begin{pmatrix} 1 & 0 \\ 0 & 1 \end{pmatrix}+b\begin{pmatrix} i & 0 \\ 0 & -i \end{pmatrix}+c\begin{pmatrix} 0 & 1 \\ -1 & 0 \end{pmatrix}+d\begin{pmatrix} 0 & i \\ i & 0 \end{pmatrix} \\ &= \begin{pmatrix} a & 0 \\ 0 & a \end{pmatrix}+\begin{pmatrix} bi & 0 \\ 0 & -bi \end{pmatrix}+\begin{pmatrix} 0 & c \\ -c & 0 \end{pmatrix}+\begin{pmatrix} 0 & di \\ di & 0 \end{pmatrix} \\ &= \begin{pmatrix} a+bi & c+di \\ -c+di & a-bi \end{pmatrix} \end{aligned}$$

여기서 a, b, c, d는 실수이다.

(a) 다음을 증명하라.

$$\mathbf{i}^2=\mathbf{j}^2=\mathbf{k}^2=-\mathbf{1},\qquad \mathbf{ij}=-\mathbf{ji}=\mathbf{k}$$
$$\mathbf{jk}=-\mathbf{kj}=\mathbf{i},\qquad \mathbf{ki}=-\mathbf{ik}=\mathbf{j}$$

(b) H는 항등원을 갖는 비가환 환임을 보이라.

(c) H는 나눗셈환(연습문제 42에서 정의됨)임을 보이라. [힌트: $M = a\mathbf{1} + b\mathbf{i} + c\mathbf{j} + d\mathbf{k}$이면 방정식 $Mx = \mathbf{1}$의 해는 행렬 $ta\mathbf{1} - tb\mathbf{i} - tc\mathbf{j} - td\mathbf{k}$임을 밝히라. 여기서 $t = 1/(a^2 + b^2 + c^2 + d^2)$.]

(d) 방정식 $x^2 = -\mathbf{1}$은 H에서 무수히 많은 해를 갖는 것은 증명하라. [힌트: $b^2 + c^2 + d^2 = 1$일 때 $0\mathbf{1} + b\mathbf{i} + c\mathbf{j} - d\mathbf{k}$ 형태의 4원수를 생각하라.]

44. 집합 S에 대하여, $P(S)$를 S의 모든 부분집합의 집합이라 하자. $P(S)$의 덧셈과 곱셈을

$$M + N = (M - N) \cup (N - M), \quad MN = M \cap N$$

으로 정의한다.

(a) $P(S)$는 항등원을 갖는 가환환임을 증명하라. [덧셈에 대한 결합법칙과 분배법칙의 입증은 좀 산뜻하지 않지만, 벤다이어그램을 이용한 비공식적인 논의가 이 예의 뜻을 이해하는 데 적절하다. 이 환의 특별한 경우는 연습문제 19를 참조하라.]

(b) $P(S)$의 임의의 원소는 방정식 $x^2 = x$와 $x + x = 0_{P(S)}$를 만족함을 보이라.

C. 45. C를 (정리 3.1에 있는) 보통의 좌표별 덧셈과

$$(a, b)(c, d) = (ac - bd, ad + bc)$$

로 주어진 새로운 곱셈을 갖는 집합 $\mathbb{R} \times \mathbb{R}$ 이라고 하자. C는 이들 연산에 대하여 체임을 보이라.

46. 양의 정수 r, s와 $1 \le k < r$인 어떤 k에 대하여, $ks + 1$이 r로 나누어진다고 하자. $\mathbb{Z}_{rs}$의 부분집합 $\{0, r, 2r, \ldots, (s-1)r\}$은 보통의 덧셈과 곱셈에 대하여 항등원이 $ks + 1$인 환임을 증명하라. 연습문제 21은 이 결과의 특수한 경우이다.

응용: 중국인의 나머지정리(Chinese Remainder Theorem)의 응용(14.2절)을 원한다면 여기서 다룰 수 있다.

3.2 환의 기본성질

$\mathbb{Z}$ 에서 산술을 할 때, 정역의 공리보다 훨씬 많은 것을 종종 사용하게 된다. 예를 들어, 소거할 때나 음의 정수를 곱할 때의 규칙에서 뺄셈이 어김없이 나온다. 이와 같은 여러 가지 성질들이 모든 환에서 성립하는 것을 살펴보며 시작하자.

환에서의 산술

뺄셈은 환에 대한 공리에서는 나오지 않고, 그런 연산이 임의의 환에서 존재한다는 것은 그냥 가정할 수는 없다. 환에서 뺄셈을 정의하려면 덧셈, 곱셈과 환의 공리에 관하여 정의하여야 한다. 그 첫째 단계는 다음과 같다.

정리 3.3

환 R의 임의의 원소 a에 대하여, 방정식 $a+x=0_R$은 유일한 해를 갖는다.

증명

방정식 $a+x=0_R$은 공리 5에 따라, 적어도 하나의 해 u를 갖는 것을 알고 있다. 만약 v가 또 하나의 해라고 하면 $a+u=0_R$이고 $a+v=0_R$이므로

$$v=0_R+v=(a+u)+v=(u+a)+v=u+(a+v)=u+0_R=u$$

이다. 그러므로 u는 유일한 해이다. ■

이제 음과 뺄셈을 $\mathbb{Z}$ 와 같은 익숙한 환에서 일어나는 것을 모방하여, 임의의 환에서 정의할 수 있다. R을 임의의 환이라 하고 $a \in R$이라 하자. 정리 3.3으로부터, 방정식 $a+x=0_R$은 유일한 해를 갖는다. $\mathbb{Z}$ 에서 사용된 기호를 사용하여 이 유일한 해를 기호 '$-a$'로 표기한다. 덧셈은 가환이므로

$-a$는 $a+(-a)=0_R=(-a)+a$를 만족하는 R의 유일한 원소이다.

익숙한 환에서, 이 정의는 임의의 원소에 대한 음의 원소에 대해 잘 알려진 개념과 일치한다. 더 중요한 것은 임의의 환에서 '음'에 대한 의미를 규정한다는 것이다.

예제 1

환 $\mathbb{Z}_6$에서 방정식 $2+x=0$의 해는 4이고, 그래서 이 환에서 $-2=4$이다. 유사하게 $\mathbb{Z}_{14}$에서 $9+x=0$ 의 해는 5이므로 $-9=5$이다.

이제 임의의 환에서 뺄셈을 다음과 같이 정의한다. 즉

$b-a$는 $b+(-a)$를 뜻한다.

$\mathbb{Z}$와 또 다른 익숙한 환에서, 이것은 바로 보통의 뺄셈이다. 다른 환에서는 새로운 연산을 갖는다.

예제 2

$\mathbb{Z}_6$에서 $1-2=1+(-2)=1+4=5$이다.

중학교 과정에서 음수와 뺄셈을 다루는 많은 계산과 대수 법칙을 공부하였다. 다음 두 정리는 이러한 법칙들이 임의의 환에서도 타당하다는 것을 보여준다. 이러한 사실은 그 자체로는 특별히 흥미롭지 않더라도 임의의 환에서 산술을 수행할 수 있도록 타당성을 확립하는 것이 필수적이다.

정리 3.4

임의의 환 R에서, $a+b=a+c$이면 $b=c$이다.

증명

$a+b=a+c$의 양변에 $-a$를 더하면 결합법칙과 음의 원소를 이용하여

$$\begin{aligned} -a+(a+b) &= -a+(a+c) \\ (-a+a)+b &= (-a+a)+c \\ 0_R+b &= 0_R+c \\ b &= c \end{aligned}$$

임을 알 수 있다. ■

정리 3.5

환 R의 임의의 원소 a와 b에 대하여 다음이 성립한다.

(1) $a \cdot 0_R = 0_R = 0_R \cdot a$ 특히 $0_R \cdot 0_R = 0_R$

(2) $a(-b) = -ab$이고 $(-a)b = -ab$

(3) $-(-a) = a$

(4) $-(a+b) = -a+(-b)$

(5) $-(a-b) = -a+b$

(6) $(-a)(-b) = ab$

만약 R이 항등원을 가지면

(7) $(-1_R)a = -a$이다.

증명

(1) $0_R + 0_R = 0_R$이므로 분배법칙으로부터

$$a \cdot 0_R + a \cdot 0_R = a(0_R + 0_R) = a \cdot 0_R = a \cdot 0_R + 0_R$$

이다. 이 등식의 처음과 마지막에 정리 3.4를 적용하면 $a \cdot 0_R = 0_R$임을 알 수 있다. $0_R \cdot a = 0_R$의 증명도 비슷하다.

(2) 정의로부터 $-ab$는 방정식 $ab + x = 0_R$의 유일한 해이고, 그래서 이 방정식의 어떤 다른 해도 $-ab$와 같다. 그런데 분배법칙과 (1)에 따라

$$ab + a(-b) = a(b + (-b)) = a \cdot 0_R = 0_R$$

이므로 $x = a(-b)$도 해이다. 그러므로 $a(-b) = -ab$이다. 나머지 부분은 유사하게 증명된다.

(3) 정의에 따라 $-(-a)$는 $(-a) + x = 0_R$의 유일한 해이다. 그런데 $(-a) + a = 0_R$이므로 a는 이 방정식의 해이다. 해가 유일하므로, 따라서 $-(-a) = a$이다.

(4) 정의로부터 $-(a+b)$는 $(a+b) + x = 0_R$의 유일한 해이고, 덧셈에 대한 교환법칙에 따라

$$\begin{aligned}(a+b) + [(-a) + (-b)] &= a + (-a) + b + (-b) \\ &= 0_R + 0_R = 0_R\end{aligned}$$

이므로 $(-a)+(-b)$도 해이고, 해는 유일하므로

$$-(a+b)=(-a)+(-b)$$

(5) 뺄셈의 정의와 (4)와 (3)으로부터

$$-(a-b)=-(a+(-b))=(-a)+(-(-b))=-a+b$$

(6) $(-a)(-b)=-(a(-b))$ [(2)의 둘째 등식에서 b 대신에 $-b$를 대입하여]
$=-(-ab)$ [(2)의 첫째 등식에 의하여]
$=ab$ [(3)에서 a 대신에 ab를 대입하여]

(7) (2)에 따라

$$(-1_R)a=-(1_R a)=-(a)=-a$$ ■

덧셈에 대한 상응하는 것(예를 들어, $a+a+a=3a$)과 마찬가지로, 보통의 산술에서 지수 기호는 확실히 유용하다. 지금 이러한 개념을 임의의 환으로 옮겨보자. 환 R에 대하여 $a\in R$라 하면, 임의의 양의 정수 n에 대하여

$$a^n = aaa\cdots a \ (n\text{개의 인수})$$

와 같이 정의한다. 임의의 $a\in R$과 양의 정수 m과 n에 대하여 다음을 밝히기는 쉽다.

$$a^m a^n = a^{m+n}, \quad (a^m)^n = a^{mn}$$

R이 항등원을 갖고 $a\neq 0_R$일 때, a^0을 원소 1_R로 정의한다. 이 경우에 지수법칙은 영 이상의 모든 m, n에 대하여 성립한다.

환 R에 대하여, $a\in R$이면 임의의 양의 정수 n에 대하여

$$na = a+a+a+\cdots+a \ (n\text{개의 합})$$
$$-na = (-a)+(-a)+(-a)+\cdots+(-a) \ (n\text{개의 합})$$

마지막으로 $0a=0_R$로 정의한다. 익숙한 환에서 이것은 새로운 것이 아니지만, 다른 환에 대해서는 이것은 정수 n과 환의 원소 a의 '곱'의 의미를 부여한다.

예제 3

임의의 환 R에 대하여, a, $b\in R$이면

$$\begin{aligned}(a+b)^2 &= (a+b)(a+b)=a(a+b)+b(a+b)\\ &= aa+ab+ba+bb=a^2+ab+ba+b^2\end{aligned}$$

여기서 조심해야 한다. 만약 $ab \neq ba$이면 중간 두 항을 결합할 수 없다. 그러나 만약 R이 가환환이면 $ab = ba$이고, 다음과 같은 익숙한 형태를 얻는다.

$$(a+b)^2 = a^2 + ab + ba + b^2 = a^2 + ab + ab + b^2 = a^2 + 2ab + b^2$$

가환환에서 $n > 2$일 때 $(a+b)^n$을 계산하기 위하여, 부록 E의 이항정리(Binomial Theorem)를 보라.

환의 어떤 부분집합이 부분환이 되는 것을 실제로 보이기 위해, 뺄셈이 정리 3.2보다 더 빠른 방법을 제공한다는 것을 주목할 필요가 있다.

정리 3.6

환 R의 공집합이 아닌 부분집합 S가

(1) 뺄셈에 대하여 닫혀있고 ($a,\ b \in S$이면 $a - b \in S$)
(2) 곱셈에 대하여 닫혀있으면 ($a,\ b \in S$이면 $ab \in S$)

S는 R의 부분환이다.

증명

S가 정리 3.2의 조건 (ⅰ)~(ⅳ)를 만족하는 것을 보여 부분환임을 보일 것이다. 이 조건들을 (ⅱ), (ⅲ), (ⅳ), (ⅰ)의 순서로 증명할 것이다.

(ⅱ) 여기서 가정 (2)는 정리 3.2의 조건 (ⅱ)와 같다. 그러므로 S는 조건 (ⅱ)를 만족한다.

(ⅲ) S는 공집합이 아니므로, $c \in S$인 어떤 원소 c가 존재한다. ($a = c$ 및 $b = c$와 함께) (1)을 적용하여 $c - c = 0_R$이 S에 속하는 것을 알 수 있다. 따라서 S는 정리 3.2의 조건 (ⅲ)을 만족한다.

(ⅳ) a가 S의 원소이면 (1)에 따라, $0_R - a = -a$도 S에 속한다. $-a$는 $a + x = 0_R$의 해이므로 정리 3.2의 조건 (ⅳ)를 만족한다.

(ⅰ) $a,\ b \in S$이면 (ⅳ)의 증명에 따라, $-b$는 S에 속한다. (1)에 의하여 $a - (-b) = a + b$는 S에 속한다. 그러므로 S는 정리 3.2의 조건 (ⅰ)을 만족한다.

결과적으로 정리 3.2에 의하여 S는 R의 부분환이다. ■

가역원과 영인자

$\mathbb{Z}_n$에서의 가역원과 영인자는 2.3절에서 소개하였다. 이제 이러한 개념을 임의의 환으로 옮겨보자.

정의 항등원을 갖는 환 R의 원소 a에 대하여, $au = 1_R = ua$를 만족하는 R의 원소 u가 존재할 때 a를 **가역원**(unit)이라고 한다. 이 경우 원소 u를 a의 (곱셈에 대한) **역원**(inverse)이라 하고, $\boldsymbol{a}^{-1}$로 나타낸다.

예제 4

$\mathbb{Z}$ 에서 가역원은 1과 -1 뿐이다.

예제 5

정리 2.10에 의하여, $\mathbb{Z}_{15}$의 가역원은 $1, 2, 4, 7, 8, 11, 13, 14$이다. 예를 들어, $2 \cdot 8 = 1$ 이므로 $2^{-1} = 8$이고, $8^{-1} = 2$이다.

예제 6

체 $\mathbb{R}$ 의 영이 아닌 임의의 원소는 가역원이다. 왜냐하면 $a \neq 0$이면 $a \cdot \dfrac{1}{a} = 1$ 이기 때문이다. 임의의 체 F에 대해서도 마찬가지이다. 정의에 따라 F는 공리 12를 만족한다. 즉, $a \neq 0_F$이면 방정식 $ax = 1_F$가 F에서 해를 갖는다. 따라서

체의 영이 아닌 임의의 원소는 가역원이다.

예제 7

$ad - bc \neq 0$ 인 $M(\mathbb{R})$의 행렬 $\begin{pmatrix} a & b \\ c & d \end{pmatrix}$는 가역원이다. 왜냐하면

$$\begin{pmatrix} a & b \\ c & d \end{pmatrix} \begin{pmatrix} \dfrac{d}{ad-bc} & \dfrac{-b}{ad-bc} \\ \dfrac{-c}{ad-bc} & \dfrac{a}{ad-bc} \end{pmatrix} = \begin{pmatrix} 1 & 0 \\ 0 & 1 \end{pmatrix} \text{이고}$$

$$\begin{pmatrix} \dfrac{d}{ad-bc} & \dfrac{-b}{ad-bc} \\ \dfrac{-c}{ad-bc} & \dfrac{a}{ad-bc} \end{pmatrix} \begin{pmatrix} a & b \\ c & d \end{pmatrix} = \begin{pmatrix} 1 & 0 \\ 0 & 1 \end{pmatrix}$$

임을 쉽게 밝힐 수 있다. 특히, 다음 행렬들은 가역원이다.

$$A=\begin{pmatrix}3&2\\7&5\end{pmatrix},\quad B=\begin{pmatrix}4&3\\-2&5\end{pmatrix},\quad C=\begin{pmatrix}\frac{1}{3}&0\\5&6\end{pmatrix}$$

행렬 환에서 가역원을 **가역행렬**(invertible matrix)이라 한다.

예제 8

체 F의 원소를 성분으로 갖는 모든 2×2 행렬의 환을 $M(F)$라고 하자. $A=\begin{pmatrix}a&b\\c&d\end{pmatrix}\in M(F)$이고 $ad-bc\neq 0_F$일 때, 예제 6에 의하여 $ad-bc$는 F의 가역원이다. 예제 7의 계산에서 $\dfrac{1}{ad-bc}$을 $(ad-bc)^{-1}$로 바꾸면 A는 $\begin{pmatrix}d(ad-bc)^{-1}&-b(ad-bc)^{-1}\\-c(ad-bc)^{-1}&a(ad-bc)^{-1}\end{pmatrix}$이 그 역원으로, 가역행렬($M(F)$에서 가역원)임을 보여준다.

정의

환 R의 원소 a에 대하여

(1) $a\neq 0_R$이고

(2) $ac=0_R$ 또는 $ca=0_R$을 만족하는 R의 원소 c가 존재

할 때 a를 **영인자**(zero divisor)라 한다.

조건 (2)에서 원소 c는 유일한 것이 아님을 주목한다. 환의 많은 원소가 방정식 $ax=0_R$이나 $xa=0_R$을 만족할 수 있다(연습문제 6). 또한 비가환 환에서 $ac=0_R$이면서 $ca\neq 0_R$일 수도 있다(3.1절의 연습문제 4).

예제 9

$\mathbb{Z}_6$에서 $2\cdot3=0$이므로 2와 3은 영인자이다. 유사하게 $\mathbb{Z}_{12}$에서 $4\cdot9=0$이므로 4와 9도 영인자이다.

행렬 환에서, 영인자 A에 대하여 $AC=\mathbf{0}$와 $CA=\mathbf{0}$을 만족하는 (영이 아닌) 행렬 C가 존재할 수 있다.

예제 10

체 F에 대해서, $M(F)$에서 $ad-bc=0_F$인 영이 아닌 행렬 $\begin{pmatrix} a & b \\ c & d \end{pmatrix}$는 영인자이다. 왜냐하면

$$\begin{pmatrix} a & b \\ c & d \end{pmatrix}\begin{pmatrix} d & -b \\ -c & a \end{pmatrix}=\begin{pmatrix} 0_F & 0_F \\ 0_F & 0_F \end{pmatrix}, \quad \begin{pmatrix} d & -b \\ -c & a \end{pmatrix}\begin{pmatrix} a & b \\ c & d \end{pmatrix}=\begin{pmatrix} 0_F & 0_F \\ 0_F & 0_F \end{pmatrix}$$

임을 쉽게 밝힐 수 있기 때문이다. 특히, 다음 각 행렬은 주어진 환에서 영인자이다.

$$M(\mathbb{R})\text{에서 } A=\begin{pmatrix} 3 & 2 \\ 9 & 6 \end{pmatrix}, \; M(\mathbb{Q})\text{에서 } B=\begin{pmatrix} \frac{4}{3} & -8 \\ -2 & 12 \end{pmatrix}, \; M(\mathbb{Z}_6)\text{에서 } C=\begin{pmatrix} 4 & 1 \\ 2 & 5 \end{pmatrix}$$

예제 11

임의의 정역 R은 공리 11을 만족한다. 즉, $ab=0_R$이면 $a=0_R$ 또는 $b=0_R$이다. 다르게 표현하면, 영이 아닌 두 원소의 곱은 0이 될 수 없다. 따라서

정역은 어떤 영인자도 포함하지 않는다.

마지막으로, 정역과 체에 대한 유용한 몇 가지 성질들을 살펴보자.

정리 3.7

임의의 정역 R에서 소거법칙(cancellation law)이 성립한다. 즉, $a \neq 0_R$일 때, R에서 $ab=ac$이면 $b=c$이다.

정역이 아닌 환에서 소거법칙이 성립하지 않을 수도 있다. 예를 들어, $\mathbb{Z}_{12}$에서 $2 \cdot 4 = 2 \cdot 10$이지만 $4 \neq 10$이다.

정리 3.7의 증명

$ab=ac$라 하면 $ab-ac=0_R$이므로, $a(b-c)=0_R$이다. $a \neq 0_R$이므로 $b-c=0_R$이어야 한다. (만약 아니라면, a는 영인자이므로 공리 11에 모순이다.) 따라서 $b=c$이다. ■

정리 3.8

임의의 체 F는 정역이다.

증명

정의로부터 체는 항등원을 갖는 가환환이므로, 체 F가 공리 11을 만족하는 것을 보이기만 하면 된다. 즉, $ab=0_F$이면 $a=0_F$ 또는 $b=0_F$임을 보이면 된다. 그래서 $ab=0_F$라 가정하자. 만약 $b=0_F$라면 증명할 것이 없다. $b \neq 0_F$라 하면 b는 가역원이다(예제 6). 결과적으로 가역원의 정의와 정리 3.5의 (1)에 의하여

$$a = a1_F = abb^{-1} = 0_F b^{-1} = 0_F$$

이므로 어느 경우에나 $a=0_F$ 또는 $b=0_F$이다. 따라서 공리 11이 성립하고, F는 정역이다. ■

정리 3.8의 역은 일반적으로는 성립하지 않는다($\mathbb{Z}$는 정역이지만 체가 아니다). 그러나 유한인 경우는 참이다.

정리 3.9

임의의 유한 정역 R은 체이다.

증명

R은 항등원을 갖는 가환환이므로, R의 임의의 원소 $a \neq 0_R$에 대하여 방정식 $ax=1_R$이 해를 갖는 것만 증명하면 된다. $a_1, a_2, \dots, a_n$을 R의 서로 다른 모든 원소라 하자. $ax=1_R$이 해를 갖는 것을 보이기 위하여, 곱 $aa_1, aa_2, \dots, aa_n$을 생각하자. (만약 $aa_i = aa_j$이면 소거법칙에 따라 $a_i = a_j$이므로) $a_i \neq a_j$이면 $aa_i \neq aa_j$이다. 따라서 $aa_1, aa_2, \dots, aa_n$은 n개의 서로 다른 R의 원소이다. 그런데 R은 정확히 n개의 서로 다른 원소를 갖고 있고, 그 결과 이것들은 어떤 순서의 R의 모든 원소이다. 특히, 어떤 j에 대하여 $aa_j = 1_R$이다. 그러므로 방정식 $ax=1_R$이 해를 갖고 R은 체이다. ■

■ 연습문제

A. 1. 환 R과 $a, b \in R$에 대하여

(a) $(a+b)(a-b) = ?$ (b) $(a+b)^3 = ?$

(c) R이 가환일 때 (a)와 (b)의 답은 무엇인가?

2. 예제 7에서 행렬 A, B, C의 역행렬을 각각 구하라.

3. 환 R의 원소 e가 $e^2 = e$를 만족할 때, e를 **멱등원**(idempotent)이라 한다.

(a) 환 $M(\mathbb{R})$의 4개의 멱등원을 구하라.

(b) $\mathbb{Z}_{12}$의 모든 멱등원을 구하라.

4. 각 행렬 A에 대하여, $AC = \mathbf{0}$이거나 $CA = \mathbf{0}$인 행렬 C를 구하라.

$$A = \begin{pmatrix} 6 & 9 \\ 2 & 3 \end{pmatrix}, \quad A = \begin{pmatrix} 5 & -10 \\ -2 & 4 \end{pmatrix}, \quad A = \begin{pmatrix} \frac{1}{2} & \frac{1}{4} \\ 3 & \frac{3}{2} \end{pmatrix}$$

5. (a) 임의의 환은 꼭 한 개의 영을 갖는 것을 보이라. [**힌트**: 더 많이 있다면, 방정식 $0_R + x = 0_R$은 얼마나 많은 해를 갖는가?]

(b) 항등원을 갖는 환 R은 꼭 한 개의 (곱셈에 대한) 항등원을 가짐을 증명하라.

(c) 항등원을 갖는 환 R의 가역원이 여러 개의 역원을 가질 수 있는가? 그 이유는?

6. (a) A와 C를 $AC = \mathbf{0}$인 $M(\mathbb{R})$의 영이 아닌 행렬이라 하자. 임의의 실수 k에 대하여 $A(kC) = \mathbf{0}$임을 보이라. 단, 여기서 kC는 C의 모든 성분을 k배 한 행렬이다. 따라서 방정식 $AX = \mathbf{0}$는 무수히 많은 해를 갖는다.

(b) $A = \begin{pmatrix} 1 & 2 \\ 3 & 6 \end{pmatrix}$일 때, 방정식 $AX = \mathbf{0}$의 해를 4개 구하라.

7. R을 항등원을 갖는 환이라 하고, $S = \{n1_R \mid n \in \mathbb{Z}\}$라 하자. S는 R의 부분환임을 증명하라. [**힌트**: $n \in \mathbb{Z}$, $a \in R$일 때 na의 정의는 78쪽에 있다. 또, 연습문제 27을 보라.]

8. 환 R에 대하여, b를 R의 정해진 원소라 하자. $T = \{rb \mid r \in R\}$는 R의 부분환임을 증명하라.

9. a, b가 실수인 $\begin{pmatrix} a & 4b \\ b & a \end{pmatrix}$ 형태의 모든 행렬의 집합 S는 $M(\mathbb{R})$의 부분환임을 증명하라.

10. 환 R과 S에 대하여 $R \times S$의 부분집합

$$\overline{R} = \{(r, 0_S) \mid r \in R\}, \ \overline{S} = \{(0_R, s) \mid s \in S\}$$

을 생각하자.

(a) $R = \mathbb{Z}_3$이고, $S = \mathbb{Z}_5$일 때 집합 $\overline{R}$와 $\overline{S}$는 무엇인가?

(b) 임의의 환 R과 S에 대하여 $\overline{R}$는 $R \times S$의 부분환임을 보이라.

(c) 임의의 환 R과 S에 대하여 $\overline{S}$는 $R \times S$의 부분환임을 보이라.

11. 환 R과 정해진 정수 m에 대하여, $S = \{r \in R \mid mr = 0_R\}$이라고 하자. S는 R의 부분환임을 증명하라.

12. a와 b를 환 R의 원소라 하자.

(a) 방정식 $a + x = b$는 R에서 유일한 해를 가짐을 증명하라. (해가 존재하고, 또한 그 해가 유일한 것임을 증명해야 한다.)

(b) R이 항등원을 갖는 환이고 a가 가역원이면 방정식 $ax = b$는 R에서 유일한 해를 가짐을 증명하라.

13. S와 T를 환 R의 부분환이라 하자. (a)와 (b)에서 그 답이 '예'이면 그것을 증명하고, '아니오'이면 반례를 들라.

(a) $S \cap T$는 R의 부분환인가?

(b) $S \cup T$는 R의 부분환인가?

14. 정역 R에서 멱등원은 0_R과 1_R뿐임을 증명하라. (연습문제 3을 보라.)

15. (a) a와 b가 항등원을 갖는 환 R의 가역원이면 ab는 그 역원이 $(ab)^{-1} = b^{-1}a^{-1}$인 가역원임을 증명하라.

(b) a와 b가 가역원이지만 $a^{-1}b^{-1}$는 ab의 곱셈에 대한 역원일 필요가 없음을 보여주는 예를 들라.

16. 다음을 증명하거나 반증하라: 항등원을 갖는 환 R의 모든 가역원의 집합은 R의 부분환이다.

17. u가 항등원을 갖는 환 R의 가역원이면 u는 영인자가 아님을 증명하라.

18. 항등원을 갖는 환 R의 영이 아닌 원소 a에 대하여, u가 방정식 $ax = 1_R$의 해이고 v가 방정식 $ya = 1_R$의 해이면 $u = v$임을 증명하라.

19. R과 S가 항등원을 갖는 환이라 하자. $R \times S$의 모든 가역원들은 무엇인가?

20. R과 S가 영이 아닌 환(적어도 하나의 영이 아닌 원소를 포함하는 것을 의미)이라 하자. $R \times S$에 영인자가 포함되어 있음을 증명하라.

21. 환 R에 대하여, a를 영인자가 아닌 R의 영이 아닌 원소라 하자. a에 대한 소거법칙이 성립함을 증명하라. 즉 다음을 증명하라.
    (a) R에서 $ab = ac$이면 $b = c$이다.
    (b) R에서 $ba = ca$이면 $b = c$이다.

22. (a) ab가 R의 영인자이면 a 또는 b는 영인자임을 증명하라.
    (b) a 또는 b가 가환환 R의 영인자이고 $ab \neq 0_R$이면, ab는 R의 영인자임을 증명하라.

23. (a) R이 환이고 $a, b \in R$이라고 하자. m과 n이 영 이상의 정수일 때, 다음을 증명하라.
    (i) $(m+n)a = ma + na$
    (ii) $m(a+b) = ma + mb$
    (iii) $m(ab) = (ma)b = a(mb)$
    (iv) $(ma)(nb) = mn(ab)$
    (b) m과 n이 임의의 정수일 때, (a)에 답하라.

25. S를 항등원을 갖는 환 R의 부분환이라 하자.
    (a) S가 항등원을 가지면 1_S는 R의 항등원 1_R과 같지 않을 수도 있음을 예를 들어 보이라.
    (b) R과 S가 정역이면 $1_S = 1_R$임을 증명하라.

B. 26. S를 환 R의 부분환이라 하자. $0_S = 0_R$임을 증명하라. [**힌트**: $a \in S$에 대하여, 방정식 $a + x = a$를 생각하라.]

27. 항등원을 갖는 환 R의 정해진 원소 b에 대하여, $S=\{nb \mid n\in\mathbb{Z}\}$라 두자. S는 필연적으로 R의 부분환인가? [**힌트**: 연습문제 7은 $b=1_R$인 경우이다.]

28. $R=\{0_R, 1_R, a, b\}$이 환이라 가정하고, a와 b를 가역원이라 하자. R의 곱셈 연산표를 작성하라.

29. R을 항등원을 갖는 가환환이라 하자. R이 정역일 필요충분조건은 R에서 소거법칙(즉, $a\neq 0_R$이고 R에서 $ab=ac$이면 $b=c$)이 성립하는 것임을 증명하라.

30. R을 항등원을 갖는 가환환이라 하고, $b\in R$이라고 하자. T를 (연습문제 8에서와 같이) b의 모든 배수의 집합이라 하자. u가 R의 가역원이고 $u\in T$이면 $T=R$임을 증명하라.

31. 항등원을 갖는 환 R이 모든 $x\in R$에 대하여 $x^2=x$를 만족할 때, R을 **Boole 환**(Boolean ring)이라고 한다. 예를 들어, 3.1절의 연습문제 19와 44를 보라. R이 Boole 환일 때, 다음을 증명하라.
    (a) 임의의 $a\in R$에 대하여 $a+a=0_R$, 즉 $a=-a$를 의미한다. [**힌트**: $(a+a)^2$을 전개하라.]
    (b) R은 가환이다. [**힌트**: $(a+b)^2$을 전개하라.]

32. R을 항등원을 갖지 않는 환이라 하자. T를 집합 $R\times\mathbb{Z}$라 하자. T의 덧셈과 곱셈을 다음과 같이 정의한다.

$$(r,m)+(s,n)=(r+s, m+n)$$
$$(r,m)(s,n)=(rs+ms+nr, mn)$$

    (a) T는 항등원을 갖는 환임을 증명하라.
    (b) $\overline{R}$를 $(r,0)$ 형태의 T의 모든 원소의 집합이라 하자. $\overline{R}$는 T의 부분환임을 증명하라.

33. R을 항등원을 갖는 환이라 하자. ab와 a가 R의 가역원이면 b는 가역원임을 증명하라.

34. 체 F에 대하여, $A=\begin{pmatrix} a & b \\ c & d \end{pmatrix}$를 $M(F)$에 속하는 행렬이라고 하자.
    (a) A가 가역일 필요충분조건은 $ad-bc\neq 0_F$임을 증명하라. [**힌트**: 예제 7, 8, 10과 연습문제 17.]

(b) A가 영인자일 필요충분조건은 $ad-bc=0_F$임을 증명하라.

35. $A=\begin{pmatrix} a & b \\ c & d \end{pmatrix}$를 정수 성분의 행렬이라고 하자.

(a) $ad-bc=\pm 1$이면 A는 $M(\mathbb{Z})$에서 가역임을 증명하라. [힌트: 예제 7.]

(b) $ad-bc\neq 0,\ 1$ 또는 -1이면 A는 $M(\mathbb{Z})$에서 가역원도 영인자도 아님을 보이라. [힌트: A는 $M(\mathbb{R})$에서는 가역이지만, $M(\mathbb{Z})$에서는 가역이 아님을 보이라. 연습문제 5(c)를 보라. 영인자에 대해서 연습문제 34(b)와 예제 10을 보라.]

36. R을 항등원을 갖는 가환환이라고 하자. 그러면 R의 원소를 성분으로 갖는 모든 2×2 행렬의 집합 $M(R)$은 3.1절의 연습문제 37에 따라 항등원을 갖는 환이다. $A=\begin{pmatrix} a & b \\ c & d \end{pmatrix}\in M(R)$이고 $ad-bc$가 R의 가역원이면 A는 $M(R)$에서 가역임을 증명하라. [힌트: 예제 7에서 $\dfrac{1}{ad-bc}$을 $(ad-bc)^{-1}$로 바꾸라.]

37. 환 R에 대하여 $a,b\in R$이고, a는 영인자가 아니라고 가정하자. $ab=1_R$일 필요충분조건은 $ba=1_R$임을 증명하라. [힌트: $ab=1_R$과 $ba=1_R$은 $aba=a$임을 의미한다(왜?). 연습문제 21을 이용하라.]

38. 환 R에 대하여 $a,b\in R$이라 하고, a도 b도 영인자가 아니라고 가정하자. ab가 가역원이면 a와 b도 가역원임을 증명하라. [힌트: 연습문제 21.]

39. (a) 항등원을 갖는 유한 가환환 R에 대하여, 영이 아닌 $a\in R$은 영인자이거나 가역원임을 증명하라. [힌트: a가 영인자가 아니라면 연습문제 21을 이용하여, 정리 3.9의 증명을 적절히 바꾸어 옮기라.]

(b) R이 무한일 때 (a)는 참인가? 답변에 대한 근거를 밝히라.

40. 환의 원소 a가 어떤 양의 정수 n에 대하여, $a^n=0_R$일 때 a를 **멱영**(nilpotent)이라 한다. 환 R이 영이 아닌 멱영인 원소를 갖지 않을 필요충분조건은 0_R이 방정식 $x^2=0_R$의 유일한 해임을 증명하라.

다음 정의는 연습문제 41~43을 위해 필요하다. R이 항등원을 갖는 환이라고 하자. $n1_R=0_R$을 만족하는 가장 작은 양의 정수 n을 R의 **표수**(characteristic)라 한다. 만약 그런 n이 존재하지 않으면 R의 표수는 0이다.

41. (a) $\mathbb{Z}$의 표수는 0이고, $\mathbb{Z}_n$의 표수는 n임을 보이라.
   (b) $\mathbb{Z}_4 \times \mathbb{Z}_6$의 표수는 무엇인가?

42. 항등원을 갖는 임의의 유한환은 어떤 $n > 0$에 대하여 표수가 n임을 증명하라.

43. 항등원을 갖는 환 R의 표수가 $n > 0$이라고 하자.
   (a) 임의의 $a \in R$에 대하여 $na = 0_R$임을 증명하라.
   (b) R이 정역이면 n은 소수임을 증명하라.

C. 44. (a) a와 b를 가환환 R의 멱영인 원소라 하자. (연습문제 40을 보라.) $a+b$와 ab도 멱영임을 증명하라. [힌트: 부록 E의 이항정리(Binomial Theorem) 이용.]
   (b) N을 R의 모든 멱영원의 집합이라 하자. N이 R의 부분환임을 보이라.

45. R을 모든 $x \in R$에 대하여 $x^3 = x$인 환이라고 하자. R이 가환임을 증명하라.

46. R을 영인자를 갖지 않는 영이 아닌 유한 가환환이라 하자. R이 체임을 증명하라.

3.3 동형사상과 준동형사상

로마 숫자에 익숙하지 않은데 순전히 로마 숫자로만 작성된 정수 산술을 마주하게 되었다면, 이러한 산술이 그 원소에 붙인 이름을 제외하고는 $\mathbb{Z}$에서의 익숙한 산술과 근본적으로 같다는 것을 알게 될 때까지 시간이 좀 걸릴 것이다. 여기에 덜 자명한 예가 있다.

예제 1

$\mathbb{Z}_{10}$의 부분집합 $S = \{0, 2, 4, 6, 8\}$을 생각하자. $\mathbb{Z}_{10}$의 덧셈과 곱셈에 대하여 S는 사실 가환환임을 다음 연산표로부터 알 수 있다.*

* S의 원소들을 이 순서로 배열한 이유는 잠시 후 분명해질 것이다.

+	0	6	2	8	4
0	0	6	2	8	4
6	6	2	8	4	0
2	2	8	4	0	6
8	8	4	0	6	2
4	4	0	6	2	8

$\cdot$	0	6	2	8	4
0	0	0	0	0	0
6	0	6	2	8	4
2	0	2	4	6	8
8	0	8	6	4	2
4	0	4	8	2	6

이 연산표를 자세히 관찰하면 S가 다섯 개의 원소를 갖는 체이고, 이 체의 곱셈에 대한 항등원이 원소 6임을 알 수 있다.

S는 그 원소들에 대한 표시(이름)를 제외하고는 체 $\mathbb{Z}_5$와 '근본적으로 같다'는 것을 보이고자 한다. 이것을 다음과 같이 알 수 있다. $\mathbb{Z}_5$에 대한 덧셈과 곱셈 연산표를 작성한다.* S의 원소들과 혼동하지 않기 위해 $\mathbb{Z}_5$의 원소들을 $\overline{0}$, $\overline{1}$, $\overline{2}$, $\overline{3}$, $\overline{4}$로 나타내자. 그러면 이러한 설정에 따라 $\mathbb{Z}_5$의 연산표에서 각 성분을 새롭게 표시한다. 즉

$\overline{0}$를 0으로, $\overline{1}$를 6으로, $\overline{2}$를 2로, $\overline{3}$를 8로, $\overline{4}$를 4로

새롭게 표시한다. $\mathbb{Z}_5$에 대한 덧셈과 곱셈 연산표에서 무엇이 일어나는지 보라.

+	0 $\not\overline{0}$	6 $\not\overline{1}$	2 $\not\overline{2}$	8 $\not\overline{3}$	4 $\not\overline{4}$
0 $\not\overline{0}$	0 $\not\overline{0}$	6 $\not\overline{1}$	2 $\not\overline{2}$	8 $\not\overline{3}$	4 $\not\overline{4}$
6 $\not\overline{1}$	6 $\not\overline{1}$	2 $\not\overline{2}$	8 $\not\overline{3}$	4 $\not\overline{4}$	0 $\not\overline{0}$
2 $\not\overline{2}$	2 $\not\overline{2}$	8 $\not\overline{3}$	4 $\not\overline{4}$	0 $\not\overline{0}$	6 $\not\overline{1}$
8 $\not\overline{3}$	8 $\not\overline{3}$	4 $\not\overline{4}$	0 $\not\overline{0}$	6 $\not\overline{1}$	2 $\not\overline{2}$
4 $\not\overline{4}$	4 $\not\overline{4}$	0 $\not\overline{0}$	6 $\not\overline{1}$	2 $\not\overline{2}$	8 $\not\overline{3}$

$\cdot$	0 $\not\overline{0}$	6 $\not\overline{1}$	2 $\not\overline{2}$	8 $\not\overline{3}$	4 $\not\overline{4}$
0 $\not\overline{0}$	0 $\not\overline{0}$	0 $\not\overline{0}$	0 $\not\overline{0}$	0 $\not\overline{0}$	0 $\not\overline{0}$
6 $\not\overline{1}$	0 $\not\overline{0}$	6 $\not\overline{1}$	2 $\not\overline{2}$	8 $\not\overline{3}$	4 $\not\overline{4}$
2 $\not\overline{2}$	0 $\not\overline{0}$	2 $\not\overline{2}$	4 $\not\overline{4}$	6 $\not\overline{1}$	8 $\not\overline{3}$
8 $\not\overline{3}$	0 $\not\overline{0}$	8 $\not\overline{3}$	6 $\not\overline{1}$	4 $\not\overline{4}$	2 $\not\overline{2}$
4 $\not\overline{4}$	0 $\not\overline{0}$	4 $\not\overline{4}$	8 $\not\overline{3}$	2 $\not\overline{2}$	6 $\not\overline{1}$

$\mathbb{Z}_5$의 원소들을 새롭게 표시함으로써, S의 덧셈과 곱셈에 대한 연산표를 얻게 된다. 이렇게 하여, $\mathbb{Z}_5$에서의 연산표와 대응하는 S에서 연산표가 꼭 같은 방식으로 작동한다. 유일한 차이점은 원소의 이름을 붙이는 방법뿐이다. 환의 구조만 놓고 볼 때 S는 원소들의 이름을 새롭게 한 바로 그 환 $\mathbb{Z}_5$이다. 더 기술적인 용어로 $\mathbb{Z}_5$와 S는 동형(isomorphic)이라고 한다.

---

* $\mathbb{Z}_5$의 (합동류 기호를 사용한) 연산표들은 2.2절의 예제 2에서 보인다.

일반적으로, 동형인 환들은 어떤 환의 덧셈과 곱셈 연산표들이 예제에서 보인 것처럼, 다른 환의 원소들의 이름을 적절하게 바꾸어 얻은 연산표들과 같게 되는 의미로 같은 구조를 갖는 환들이다. 이러한 직관적 개념은 작은 유한체계에 대하여 적절하지만, 이러한 직관적 개념과 일치하면서 또 큰 환에도 실제로 손쉽게 적용할 수 있는 동형사상의 엄밀한 수학적 정의가 필요하다.

환 R과 S가 동형이라는 직관적 생각에는 두 가지 측면이 있다. 즉, R의 원소들의 이름을 새로 정하고, 그 결과 새로 얻어진 연산표와 S의 연산표를 비교하여, 그들이 같음을 보이는 것이다. 새 이름짓기는 R의 임의의 원소를 S의 꼭 하나의 원소(새로운 이름)와 짝을 짓는 것을 의미한다. 다르게 표현하면, 임의의 $r \in R$을 그것의 새 이름 $f(r) \in S$에 대응시키는 함수 $f : R \to S$가 존재한다. 앞의 예제에서는

$$f(\bar{0}) = 0, \quad f(\bar{1}) = 6, \quad f(\bar{2}) = 2, \quad f(\bar{3}) = 8, \quad f(\bar{4}) = 4$$

로 정의되는 새 이름짓기 함수 $f : \mathbb{Z}_5 \to S$를 이용하였다. 이런 함수는 다음과 같은 추가의 성질을 만족해야 한다.

(i) R의 서로 다른 원소들은 서로 다른 새 이름을 가져야 한다. 즉

$$R\text{에서 } r \neq r' \text{이면 } S\text{에서 } f(r) \neq f(r')\text{이다.}$$

(ii) S의 임의의 원소는 반드시 R의 어떤 원소의 새 이름이 되어야 한다.* 즉,

$$\text{임의의 } s \in S\text{에 대하여 } f(r) = s \text{ 인 } R\text{의 원소 } r\text{이 존재한다.}$$

명제 (i)과 (ii)는 단순히 함수 f가 단사이고 전사, 즉 전단사함수이어야 한다는 것이다.†

(새 이름짓기의) 전단사함수 f가 동형사상이 되기 위해서는 R의 덧셈과 곱셈의 각 연산표에 f를 적용하여, S의 덧셈과 곱셈의 연산표를 각각 얻어야 한다. 따라서 R-연산표에서 $a+b=c$이면 다음 그림에서 나타낸 것처럼, S-연산표에서 $f(a)+f(b) = f(c)$가 성립해야 한다.

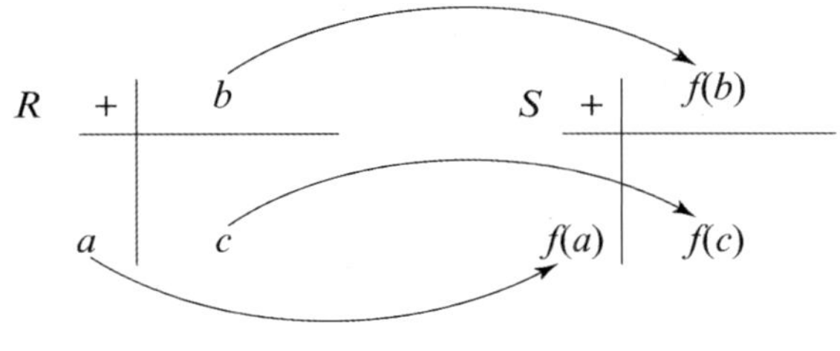

* 그렇지 않으면, R의 연산표로부터 S의 완전한 연산표를 얻을 수 없다.

† 단사와 전사, 전단사함수는 부록 B에서 논의한다.

그런데 $a+b=c$ 이므로 $f(a+b)=f(c)$ 도 성립하여야 한다. 이것과 $f(a)+f(b)=f(c)$라는 사실을 결합하면

$$f(a+b)=f(a)+f(b)$$

이다. 이것이 f 가 R의 덧셈 연산표를 S의 덧셈 연산표로 바꾸기 위해 만족해야 하는 조건이다. 곱셈 연산표에 대해서도 대응하는 f 에 대한 유사한 조건은 $f(ab)=f(a)f(b)$ 이다.

이제 동형사상의 형식적 정의를 다음과 같이 할 수 있다.

정의

환 R과 S에 대하여, 다음 세 조건을 만족하는 함수 $f: R \to S$가 존재할 때 R이 S와 **동형**(isomorphic)이라고 하고 기호로 $R \cong S$로 나타낸다.

(i) f 는 단사이다.
(ii) f 는 전사이다.
(iii) 임의의 $a,\ b \in R$에 대하여 $f(a+b)=f(a)+f(b)$이고 $f(ab)=f(a)f(b)$이다.

이 경우에 함수 f 를 **동형사상**(isomorphism)이라고 한다.

주의: 동형사상이 되기 위하여, 함수는 정의의 세 가지 조건을 만족 모두 만족하여야 한다. 물론, 함수가 이 중 두 가지는 만족하지만 나머지는 만족하지 않을 수도 있다. 예를 들어, 연습문제 4, 25, 32를 보라.

예제 2

62쪽의 예제 12에서, a와 b가 실수인

$$\begin{pmatrix} a & b \\ -b & a \end{pmatrix}$$

형태의 모든 2×2 행렬의 체 K를 살펴보았다. 여기서 K가 복소수 전체의 체 $\mathbb{C}$ 와 동형임을 보이자. 이것을 증명하기 위하여, 함수 $f: K \to \mathbb{C}$ 를 다음 규칙에 따라 정의한다.

$$f\begin{pmatrix} a & b \\ -b & a \end{pmatrix} = a+bi$$

f 가 단사임을 보이기 위해

$$f\begin{pmatrix} a & b \\ -b & a \end{pmatrix} = f\begin{pmatrix} r & s \\ -s & r \end{pmatrix}$$

이라 가정하자. 그러면 f 의 정의로부터, $\mathbb{C}$ 에서 $a+bi=r+si$ 이다. $\mathbb{C}$ 에서의 같음

의 정의에 따라, $a = r$ 이고 $b = s$ 이다. 따라서 K 에서

$$\begin{pmatrix} a & b \\ -b & a \end{pmatrix} = \begin{pmatrix} r & s \\ -s & r \end{pmatrix}$$

이고, 그래서 f 는 단사이다. 임의의 복소수 $a+bi$ 는 K 의 행렬

$$\begin{pmatrix} a & b \\ -b & a \end{pmatrix}$$

의 함수 f 에 대한 함숫값이므로 f 는 전사이다. 마지막으로, K 의 임의의 행렬 A 와 B 에 대하여 $f(A+B) = f(A) + f(B)$ 이고 $f(AB) = f(A)f(B)$ 임을 보여야 한다. 사실

$$\begin{aligned} f\left[\begin{pmatrix} a & b \\ -b & a \end{pmatrix} + \begin{pmatrix} c & d \\ -d & c \end{pmatrix}\right] &= f\begin{pmatrix} a+c & b+d \\ -b-d & a+c \end{pmatrix} \\ &= (a+c) + (b+d)i \\ &= (a+bi) + (c+di) \\ &= f\begin{pmatrix} a & b \\ -b & a \end{pmatrix} + f\begin{pmatrix} c & d \\ -d & c \end{pmatrix} \end{aligned}$$

이고

$$\begin{aligned} f\left[\begin{pmatrix} a & b \\ -b & a \end{pmatrix}\begin{pmatrix} c & d \\ -d & c \end{pmatrix}\right] &= f\begin{pmatrix} ac-bd & ad+bc \\ -ad-bc & ac-bd \end{pmatrix} \\ &= (ac-bd) + (ad+bc)i \\ &= (a+bi)(c+di) \\ &= f\begin{pmatrix} a & b \\ -b & a \end{pmatrix} f\begin{pmatrix} c & d \\ -d & c \end{pmatrix} \end{aligned}$$

이다. 그러므로 f 는 동형사상이다.

하나의 환에 대하여 그 환이 자신과 동형이 되도록 그 원소들의 새 이름을 붙이는 것도 완전히 가능하다.

예제 3

함수 $f : \mathbb{C} \to \mathbb{C}$ 를 $f(a+bi) = a - bi$ *로 정의되는 복소켤레 사상이라 하자. 함수 f 는

* 함수 f 는 $a+bi$ 를 (a,b) 로 나타내는 복소평면에서 기하학적으로 해석된다. 즉, 이 함수는 평면전체를 x 축에 대하여 대칭시킨다.

$$\begin{aligned} f[(a+bi)+(c+di)] &= f[(a+c)+(b+d)i] \\ &= (a+c)-(b+d)i = (a-bi)+(c-di) \\ &= f(a+bi)+f(c+di) \end{aligned}$$

와

$$\begin{aligned} f[(a+bi)(c+di)] &= f[(ac-bd)+(ad+bc)i] \\ &= (ac-bd)-(ad+bc)i = (a-bi)(c-di) \\ &= f(a+bi)f(c+di) \end{aligned}$$

를 만족한다. f 가 단사이고 전사임은 쉽게 밝힐 수 있다(연습문제 17). 따라서 f 는 동형사상이다.

예제 4

R 이 환이고, $\iota_R : R \to R$ 을 $\iota_R(r) = r$ 로 정의되는 항등사상이라 하면 임의의 $a, b \in R$ 에 대하여

$$\iota_R(a+b) = a+b = \iota_R(a)+\iota_R(b) \text{이고} \quad \iota_R(ab) = ab = \iota_R(a)\iota_R(b)$$

이다. ι_R 은 당연히 전단사이므로 동형사상이다.

직관적인 생각으로의 동형사상은 대칭적이다. 즉, 'R 이 S 와 동형'은 'S 가 R 과 동형'과 같다. 그런데 동형사상의 형식적 정의는 S 에서 R 위로의 함수가 아니라 R 에서 S 위로의 함수를 요구하므로, 대칭적이 아니다. 이런 뚜렷한 비대칭성은 쉽게 해결된다. $f : R \to S$ 가 동형사상이면 f 는 그 집합들의 전단사함수이다. 그러므로 f 는 역함수 $g : S \to R$ 를 갖고, $g \circ f = \iota_R$ (R 위의 항등함수)이고 $f \circ g = \iota_S$ (S 위의 항등함수)이다.* 함수 g 가 실제로 동형사상임을 밝히는 것은 어렵지 않다(연습문제 29). 따라서 $R \cong S$ 는 $S \cong R$ 을 의미하고, 대칭성이 되살아난다.

준동형사상

단사가 아니거나 전사가 아닌 많은 함수가 동형사상 정의의 조건 (iii)을 만족한다. 그런 함수들에 대한 특별한 용어가 있다.

* 자세한 것은 부록 B를 보라.

정의

R과 S를 환이라고 하자. 함수 $f: R \to S$가 임의의 $a, b \in R$에 대하여

$$f(a+b) = f(a) + f(b) \text{와 } f(ab) = f(a)f(b)$$

를 만족할 때 **준동형사상**(homomorphism)이라고 한다.

따라서 임의의 동형사상은 준동형사상이지만 다음 예제가 보여주는 것처럼, 준동형사상은 단사나 전사가 아닐 수도 있어 동형사상일 필요가 없다.

예제 5

임의의 환 R과 S에 대하여, 모든 $r \in R$에 대하여 $z(r) = 0_S$로 정의되는 **영함수**(zero map) $z: R \to S$는 임의의 $a, b \in R$에 대하여

$$z(a+b) = 0_S = 0_S + 0_S = z(a) + z(b)$$

이고

$$z(ab) = 0_S = 0_S \cdot 0_S = z(a)z(b)$$

이므로 준동형사상이다. R과 S가 모두 영이 아닌 원소를 포함하면, 영함수 z는 단사도 전사도 아니다.

예제 6

$f(a) = [a]$로 정의되는 함수 $f: \mathbb{Z} \to \mathbb{Z}_6$는 $\mathbb{Z}_6$에서 덧셈과 곱셈이 정의되는 방법 때문에 준동형사상이다. 즉, 임의의 $a, b \in \mathbb{Z}$ 에 대하여

$$f(a+b) = [a+b] = [a] + [b] = f(a) + f(b)$$

이고

$$f(ab) = [ab] = [a][b] = f(a)f(b)$$

이다. 준동형사상 f는 전사이지만 단사는 아니다. (왜?)

예제 7

$$g(r) = \begin{pmatrix} 0 & 0 \\ -r & r \end{pmatrix}$$

로 정의된 사상 $g: \mathbb{R} \to M(\mathbb{R})$은 임의의 $r, s \in \mathbb{R}$ 에 대하여

$$g(r)+g(s)=\begin{pmatrix} 0 & 0 \\ -r & r \end{pmatrix}+\begin{pmatrix} 0 & 0 \\ -s & s \end{pmatrix}=\begin{pmatrix} 0 & 0 \\ -r-s & r+s \end{pmatrix}=\begin{pmatrix} 0 & 0 \\ -(r+s) & r+s \end{pmatrix}=g(r+s)$$

이고

$$g(r)g(s)=\begin{pmatrix} 0 & 0 \\ -r & r \end{pmatrix}\begin{pmatrix} 0 & 0 \\ -s & s \end{pmatrix}=\begin{pmatrix} 0 & 0 \\ -rs & rs \end{pmatrix}=g(rs)$$

이다. 준동형사상 g는 단사이지만 전사는 아니다(연습문제 26).

주의: 모든 함수가 다 준동형사상인 것은 아니다. 성질

$$f(a+b)=f(a)+f(b) \text{와} \quad f(ab)=f(a)f(b)$$

는 많은 함수에 대하여 성립하지 않는다. 예를 들어, $f:\mathbb{R}\to\mathbb{R}$를 $f(x)=x+2$로 정의한다면, $f(3+4)=f(7)=9$이지만 $f(3)+f(4)=5+6=11$이므로 $f(3+4)\neq f(3)+f(4)$이다. 유사하게 $f(3\cdot 4)=f(12)=14$이지만 $f(3)f(4)=5\cdot 6=30$이므로 $f(3\cdot 4)\neq f(3)\cdot f(4)$이다.

정리 3.10

임의의 환 준동형사상 $f:R\to S$에 대하여

(1) $f(0_R)=0_S$.

(2) 모든 $a\in R$에 대하여 $f(-a)=-f(a)$.

(3) 모든 $a, b\in R$에 대하여 $f(a-b)=f(a)-f(b)$.

R이 항등원을 갖는 환이고 f가 전사이면

(4) S는 항등원 $f(1_R)$을 갖는 환이다.

(5) u가 R의 가역원이면 $f(u)$는 S의 가역원이고, $f(u)^{-1}=f(u^{-1})$이다.

증명

(1)

$f(0_R)+f(0_R)=f(0_R+0_R)$	[f는 준동형사상]
$f(0_R)+f(0_R)=f(0_R)$	[$0_R+0_R=0_R$]
$f(0_R)+f(0_R)=f(0_R)+0_S$	[S에서 $f(0_R)+0_S=f(0_R)$]
$f(0_R)=0_S$	[$f(0_R)$을 양변에서 뺀다.]

(2) 먼저 다음을 주목한다.

$$\begin{aligned} f(a)+f(-a) &= f(a+(-a)) && [f \text{ 는 준동형사상}] \\ &= f(0_R) && [a+(-a)=0_R] \\ &= 0_S && [(1)\text{항}] \end{aligned}$$

따라서 $f(-a)$는 방정식 $f(a)+x=0_S$의 해이다. 그런데 이 방정식의 유일한 해는 정리 3.3으로부터 $-f(a)$이다. 따라서 유일성에 의하여 $f(-a)=-f(a)$이다.

(3)
$$\begin{aligned} f(a-b) &= f(a+(-b)) && [\text{뺄셈의 정의}] \\ &= f(a)+f(-b) && [f \text{ 는 준동형사상}] \\ &= f(a)+(-f(b)) && [(2)\text{항}] \\ &= f(a)-f(b) && [\text{뺄셈의 정의}] \end{aligned}$$

(4) $f(1_R)$이 S의 항등원임을 보이자. s를 S의 임의의 원소라 하자. f는 전사이므로, 어떤 원소 $r\in R$에 대하여 $s=f(r)$이다. 따라서

$$s\cdot f(1_R)=f(r)f(1_R)=f(r\cdot 1_R)=f(r)=s$$

이고, 유사한 방법으로 $f(1_R)\cdot s=s$이다. 그러므로 S는 그 항등원으로 $f(1_R)$을 갖는다.

(5) u는 R의 가역원이므로, $uv=1_R=vu$인 R의 원소 v가 존재한다. 따라서 (4)에 의하여

$$f(u)f(v)=f(uv)=f(1_R)=1_S$$

이다. 유사한 방법으로, $vu=1_R$로부터 $f(v)f(u)=1_S$을 얻는다. 그러므로 $f(u)$는 S의 가역원이고, 그 역원은 $f(v)$이다. 다르게 표현하면, $f(u)^{-1}=f(v)$이다. $v=u^{-1}$이므로 $f(u)^{-1}=f(v)=f(u^{-1})$ 임을 알 수 있다. ■

함수 $f: R\to S$에 대하여, S의 부분집합

$$\operatorname{Im} f=\{s\in S \mid \text{어떤 } r\in R\text{에 대하여 } s=f(r)\}=\{f(r)\mid r\in R\}$$

을 f의 **치역**(image)이라고 한다. 특히, f가 전사이면 전사의 정의로부터 $\operatorname{Im} f=S$이다. 어느 경우든 다음을 얻는다.

따름정리 3.11

함수 $f: R \to S$가 환의 준동형사상이면, f의 치역은 S의 부분환이다.

증명

$\mathrm{Im}\, f$를 I로 나타내자. 정리 3.10의 (1)에 따라 $0_S = f(0_R) \in I$이므로 I는 공집합이 아니다. 준동형사상의 정의로부터, I는 곱셈에 대하여 닫혀있다. 즉, $f(a), f(b) \in I$이면 $f(a)f(b) = f(ab) \in I$이다. 유사하게 정리 3.10에 의하여 $f(a) - f(b) = f(a-b) \in I$이므로 I는 뺄셈에 대하여 닫혀있다. 따라서 정리 3.6에 의하여 I는 S의 부분환이다. ■

동형사상의 존재성

두 환이 동형일 것이라는 생각이 들어도 두 환 사이의 동형사상인 함수를 찾는 데 있어 확실하고 빠른 방법은 없다. 그러나 정리 3.10의 준동형사상에 대한 성질들이 종종 도움이 된다.

예제 8

환 $\mathbb{Z}_{12}$에서 $\mathbb{Z}_3 \times \mathbb{Z}_4$로의 어떤 동형사상 f가 존재한다면 정리 3.10의 (4)에 의하여 $f(1) = (1, 1)$이다. f는 준동형사상이므로 다음을 만족하여야 한다.

$$f(2) = f(1+1) = f(1) + f(1) = (1, 1) + (1, 1) = (2, 2)$$
$$f(3) = f(2+1) = f(2) + f(1) = (2, 2) + (1, 1) = (0, 3)$$
$$f(4) = f(3+1) = f(3) + f(1) = (0, 3) + (1, 1) = (1, 0)$$

이 과정을 계속하여, f가 동형사상이면 f가 바로 이 전단사함수야 함을 알 수 있다. 즉

$$\begin{array}{llll} f(1) = (1, 1) & f(4) = (1, 0) & f(7) = (1, 3) & f(10) = (1, 2) \\ f(2) = (2, 2) & f(5) = (2, 1) & f(8) = (2, 0) & f(11) = (2, 3) \\ f(3) = (0, 3) & f(6) = (0, 2) & f(9) = (0, 1) & f(0) = (0, 0) \end{array}$$

여기까지 보인 모든 것으로부터, 이 전단사함수 f가 유일하게 동형사상일 가능성이 있다. f가 실제로 동형사상임을 보이기 위하여, 이것이 준동형사상임을 보여야 한다. 이것은 (번거로운 일이지만) 연산표를 작성하여 보이거나, f의 규칙을 다음과 같이 기술할 수 있다는 것을 관찰하는 것이다. 즉

$$f([a]_{12}) = ([a]_3, [a]_4)$$

여기서 $[a]_{12}$는 $\mathbb{Z}_{12}$에서 정수 a의 합동류를, $[a]_3$은 $\mathbb{Z}_3$에서 a의 합동류를, 그리고 $[a]_4$는 $\mathbb{Z}_4$에서의 합동류를 나타낸다. (이 마지막 진술이 옳음을 밝히라.) 그러면

$$\begin{aligned} f([a]_{12}+[b]_{12}) &= f([a+b]_{12}) && [\mathbb{Z}_{12}\text{에서 덧셈의 정의}] \\ &= ([a+b]_3, [a+b]_4) && [f\text{의 정의}] \\ &= ([a]_3+[b]_3, [a_4]+[b]_4) && [\mathbb{Z}_3\text{과 }\mathbb{Z}_4\text{에서 덧셈의 정의}] \\ &= ([a]_3, [a]_4)+([b]_3, [b]_4) && [\mathbb{Z}_3\times\mathbb{Z}_4\text{에서 덧셈의 정의}] \\ &= f([a]_{12})+f([b]_{12}) && [f\text{의 정의}] \end{aligned}$$

덧셈을 곱셈으로 바꾸어 꼭 같은 논법으로, $f([a]_{12}[b]_{12}) = f([a]_{12})f([a]_{12})$임을 알 수 있다. 따라서 f는 동형사상이고 $\mathbb{Z}_{12} \cong \mathbb{Z}_3 \times \mathbb{Z}_4$이다.

지금까지 여러 가지 환이 동형임을 보이는 데 집중하였으나, 때때로 두 환이 동형이 아님을 보이는 것도 못지않게 중요하다. 이것을 위하여 정의의 세 가지 조건을 만족하는 함수가 없다는 것을 보여야만 한다.

예제 9

$\mathbb{Z}_6$는 $\mathbb{Z}_{12}$ 또는 $\mathbb{Z}$와 동형이 아니다. 왜냐하면 여섯 개의 원소를 갖는 집합에서 더 큰 집합으로의 전사함수(또는 더 큰 집합에서 $\mathbb{Z}_6$로의 단사함수)가 존재하지 않기 때문이다.

두 무한 환이나 같은 원소의 개수를 갖는 두 유한환이 동형이 아님을 보이기 위하여, 보통 간접적으로 진행하는 것이 최선이다.

예제 10

환 $\mathbb{Z}_4$와 $\mathbb{Z}_2 \times \mathbb{Z}_2$는 동형이 아니다. 이것을 보이기 위하여 반대로 $f: \mathbb{Z}_4 \to \mathbb{Z}_2 \times \mathbb{Z}_2$가 동형이라고 가정하자. 그러면 정리 3.10에 의하여, $f(0) = (0, 0)$이고 $f(1) = (1, 1)$이다. 결과적으로

$$f(2) = f(1+1) = f(1)+f(1) = (1, 1)+(1, 1) = (0, 0)$$

이다. f는 단사이고, $f(0) = f(2)$이므로 이것은 모순이다. 따라서 가능한 동형사상이 없다.

$f: R \to S$가 동형사상이고 R의 원소 $a, b, c, \ldots$가 특별한 어떤 성질을 갖는다고 하자. S의 원소 $f(a), f(b), f(c), \ldots$가 같은 성질을 가질 때, 그 성질은 **동형사상에 의하여 보존**(preserved by isomorphism)된다고 한다. 정리 3.10의 (1), (4), (5)에 따라, 예를 들어, 영이나 항등원 또는 가역원이 되는 성질은 동형사상에 의하여 보존된다. 동형사상에 의하여 보존되는 성질은 다음 예제에서처럼 두 환이 동형이 아님을 증명하는 데 종종 이용될 수 있다.

예제 11

환 $\mathbb{Z}_8$에서 원소 1, 3, 5, 7은 정리 2.10으로부터 가역원이다. 가역원이 되는 것은 동형사상에 의하여 보존되는 성질이므로, $\mathbb{Z}_8$에서 항등원을 갖는 환으로의 임의의 동형사상은 이들 4개의 가역원을 다른 환의 4개의 가역원에 사상할 것이다. 결과적으로 $\mathbb{Z}_8$은 가역원의 개수가 4보다 작은 임의의 환과 동형이 아니다. 특히, $\mathbb{Z}_4 \times \mathbb{Z}_2$의 가역원은 $(1,1)$과 $(3,1)$ 뿐임을 쉽게 밝힐 수 있으므로, $\mathbb{Z}_8$은 $\mathbb{Z}_4 \times \mathbb{Z}_2$와 동형이 아니다.

예제 12

$\mathbb{Q}$, $\mathbb{R}$, $\mathbb{C}$ 는 어느 것도 $\mathbb{Z}$ 와 동형이 아니다. 왜냐하면 $\mathbb{Q}$, $\mathbb{R}$, $\mathbb{C}$ 의 영이 아닌 임의의 원소는 가역원이지만 $\mathbb{Z}$ 의 가역원은 (1과 -1) 두 개뿐이기 때문이다.

예제 13

R이 가환환이고, $f: R \to S$를 동형사상이라고 하자. 임의의 $a, b \in R$에 대하여 R에서 $ab = ba$이므로 S에서

$$f(a)f(b) = f(ab) = f(ba) = f(b)f(a)$$

이다. S의 임의의 두 원소는 $f(a), f(b)$의 형태이고, (f가 전사이므로) 따라서 S는 가환이다. 다르게 표현하면, 가환환이 되는 성질은 동형사상에 의하여 보존된다. 그러므로 어떤 가환환도 비가환 환과 동형이 될 수 없다.

■ 연습문제

A. 1. $f: \mathbb{Z}_6 \to \mathbb{Z}_2 \times \mathbb{Z}_3$을

$$0 \to (0,0), \quad 1 \to (1,1), \quad 2 \to (0,2), \quad 3 \to (1,0), \quad 4 \to (0,1), \quad 5 \to (1,2)$$

로 주어진 전단사함수라 하자. $\mathbb{Z}_6$와 $\mathbb{Z}_2 \times \mathbb{Z}_3$의 덧셈과 곱셈 연산표를 이용

하여, f가 동형사상임을 보이라.

2. 연산표를 이용하여, $\mathbb{Z}_2 \times \mathbb{Z}_2$는 3.1절의 연습문제 2의 환 R과 동형임을 증명하라.

3. 환 R에 대하여, R^*를 (a, a) 형태의 모든 원소로 구성되는 $R \times R$의 부분환이라고 하자. $f(a) = (a, a)$로 정의된 함수 $f : R \to R^*$는 동형사상임을 증명하라.

4. S를 $\mathbb{Z}_{10}$의 부분환 $\{0, 2, 4, 6, 8\}$이라 하고, (예제 1에서 사용된 기호로) $\mathbb{Z}_5 = \{\bar{0}, \bar{1}, \bar{2}, \bar{3}, \bar{4}\}$라 두자.

$$\bar{0} \to 0, \quad \bar{1} \to 2, \quad \bar{2} \to 4, \quad \bar{3} \to 6, \quad \bar{4} \to 8$$

로 정의된 $\mathbb{Z}_5$에서 S로의 전단사함수는 동형사상이 아님을 보이라.

5. 모든 실수의 체 $\mathbb{R}$은 $a \in \mathbb{R}$인 $\begin{pmatrix} 0 & 0 \\ 0 & a \end{pmatrix}$ 형태의 모든 2×2 행렬의 환과 동형임을 증명하라. [**힌트**: $f(a) = \begin{pmatrix} 0 & 0 \\ 0 & a \end{pmatrix}$로 주어지는 함수 f를 생각하라.]

6. R과 S를 환이라 하고, $\overline{R}$를 $(a, 0_S)$ 형태의 모든 원소로 구성된 $R \times S$의 부분환이라 하자. $f(a) = (a, 0_S)$로 정의된 함수 $f : R \to \overline{R}$는 동형사상임을 보이라.

7. $\mathbb{R}$은 $a \in \mathbb{R}$인 $\begin{pmatrix} a & 0 \\ 0 & a \end{pmatrix}$ 형태의 모든 2×2 행렬의 환 S와 동형임을 증명하라.

8. $\mathbb{Q}(\sqrt{2})$는 3.1절의 연습문제 39에서 정의된 환이라고 하자. $f(a + b\sqrt{2}) = a - b\sqrt{2}$로 정의된 함수 $f : \mathbb{Q}(\sqrt{2}) \to \mathbb{Q}(\sqrt{2})$는 동형사상임을 증명하라.

9. $f : \mathbb{Z} \to \mathbb{Z}$가 동형사상이면 f는 항등사상임을 증명하라. [**힌트**: $f(1)$, $f(1+1)$, $\cdots$는 무엇인가?]

10. R이 항등원을 갖는 환이고, $f : R \to S$를 R에서 환 S로의 준동형사상이라고 하면 $f(1_R)$는 S에서 멱등원임을 증명하라. [**힌트**: 멱등원은 3.2절의 연습문제 3에서 정의되었다.]

11. 다음에 주어진 함수가 준동형사상이 아닌 이유를 적어도 하나 진술하라.
   (a) $f : \mathbb{R} \to \mathbb{R}$ 이고 $f(x) = \sqrt{x}$
   (b) $g : E \to E$, 여기서 E는 모든 짝수 정수의 환이고 $g(x) = 3x$
   (c) $h : \mathbb{R} \to \mathbb{R}$ 이고 $h(x) = 2^x$
   (d) $k : \mathbb{Q} \to \mathbb{Q}$ 이고 $k(0) = 0$, $a \neq 0$일 때 $k\left(\frac{a}{b}\right) = \frac{b}{a}$

12. 다음 함수 중 어느 것이 준동형사상인가?
   (a) $f(x) = -x$로 정의된 $f : \mathbb{Z} \to \mathbb{Z}$
   (b) $f(x) = -x$로 정의된 $f : \mathbb{Z}_2 \to \mathbb{Z}_2$
   (c) $g(x) = \dfrac{1}{x^2+1}$로 정의된 $g : \mathbb{Q} \to \mathbb{Q}$
   (d) $h(a) = \begin{pmatrix} -a & 0 \\ a & 0 \end{pmatrix}$로 정의된 $h : \mathbb{R} \to M(\mathbb{R})$
   (e) $f([x]_{12}) = [x]_4$로 정의된 $f : \mathbb{Z}_{12} \to \mathbb{Z}_4$, 여기서 $[u]_n$은 $\mathbb{Z}_n$에서 정수 u의 합동류를 나타낸다.

13. R과 S를 환이라 하자.
   (a) $f((r, s)) = r$로 정의된 함수 $f : R \times S \to R$은 전사인 준동형사상임을 증명하라.
   (b) $g((r, s)) = s$로 정의된 함수 $g : R \times S \to S$는 전사인 준동형사상임을 증명하라.
   (c) R과 S가 모두 영이 아닌 환이면 준동형사상 f와 g는 단사가 아님을 증명하라.

14. $f : \mathbb{Z} \to \mathbb{Z}_6$을 예제 6에서의 준동형사상이라 하자. $K = \{a \in \mathbb{Z} \mid f(a) = [0]\}$일 때 K는 $\mathbb{Z}$의 부분환임을 증명하라.

15. $f : R \to S$를 환의 준동형사상이라 하자. r이 R에서의 영인자이면 $f(r)$은 S에서의 영인자인가?

B. 16. T, R, F를 3.1절의 예제 5와 3.1절의 연습문제 2, 3에서 연산표가 주어진 네 개의 원소를 갖는 환이라고 하자. 이 환들의 어느 두 개도 동형이 아님을 보이라.

17. ($f(a+bi) = a - bi$로 정의되는) 복소켤레 사상 $f : \mathbb{C} \to \mathbb{C}$는 전단사함수임을 보이라.

18. 예제 1에서의 $\mathbb{Z}_5$와 S의 동형사상은 규칙 $f([x]_5)=[6x]_{10}$(여기서 기호는 연습문제 12(e)에서의 의미)으로 정의되는 함수로 주어지는 것을 보이라. 이 함수가 준동형사상임을 (연산표를 사용하지 않고) 직접 증명하라.

19. $S=\{0, 4, 8, 12, 16, 20, 24\}$는 $\mathbb{Z}_{28}$의 부분환임을 증명하라. 그리고 $f([x]_7) = [8x]_{28}$으로 정의된 변환 $f:\mathbb{Z}_7\to S$는 동형사상임을 증명하라.

20. E를 3.1절의 연습문제 23에서 정의된 곱셈 $*$에 대한 짝수 전체의 환이라고 하자. $f(x)=x/2$로 정의되는 변환 $f:E\to\mathbb{Z}$는 동형사상임을 증명하라.

21. $\mathbb{Z}^*$를 3.1절의 연습문제 22에서 정의된 연산 $\oplus$과 $\odot$에 대한 정수 전체의 환이라고 하자. $\mathbb{Z}$는 $\mathbb{Z}^*$와 동형임을 증명하라.

22. $\overline{\mathbb{Z}}$를 3.1절의 연습문제 24에서 정의된 연산 $\oplus$과 $\odot$에 대한 정수 전체의 환이라고 하자. $\overline{\mathbb{Z}}$는 $\mathbb{Z}$와 동형임을 증명하라.

23. C를 3.1절의 연습문제 45의 체라고 하자. C는 복소수체 $\mathbb{C}$와 동형임을 보이라.

24. (a) R을 정리 3.1에서 정의된 보통의 좌표별 덧셈을 갖는 집합 $\mathbb{R}\times\mathbb{R}$ 이라고 하자. 새로운 곱셈을 규칙 $(a, b)(c, d)=(ac, bc)$로 정의하자. R이 환임을 보이라.

    (b) 문제 (a)에서의 환이 $\begin{pmatrix} a & 0 \\ b & 0 \end{pmatrix}$ 형태의 $M(\mathbb{R})$의 모든 행렬의 환과 동형임을 보이라.

25. L을 $\begin{pmatrix} a & 0 \\ b & c \end{pmatrix}$ 형태의 $M(\mathbb{Z})$의 모든 행렬의 환이라 하자. $f\begin{pmatrix} a & 0 \\ b & c \end{pmatrix}=a$로 정의되는 함수 $f:L\to\mathbb{Z}$는 전사인 준동형사상이지만 동형사상은 아님을 보이라.

26. 예제 7의 준동형사상 g는 단사이지만 전사는 아님을 보이라.

27. (a) $g:R\to S$와 $f:S\to T$가 준동형사상이면 $f\circ g:R\to T$가 준동형사상임을 보이라.

    (b) f와 g가 동형사상이면 $f\circ g$도 동형사상임을 보이라.

28. (a) R은 항등원을 갖지만 S는 갖지 않는 준동형사상 $f: R \to S$의 예를 들라. 이것은 정리 3.10의 (4)에 모순이 되는가?
    (b) S는 항등원을 갖지만 R은 갖지 않는 준동형사상 $f: R \to S$의 예를 들라.

29. $f: R \to S$를 환의 동형사상이라 하고, $g: S \to R$을 f의 역함수(부록 B에서 정의됨)라 하자. g도 동형사상임을 보이라. [**힌트**: $g(a+b) = g(a) + g(b)$를 보이기 위해, f에 대한 왼쪽의 함숫값과 오른쪽의 함숫값을 생각하고 f가 준동형사상임과 $f \circ g$가 항등사상임을 이용.]

30. $f: R \to S$를 환의 준동형사상이라 하고, $K = \{r \in R \mid f(r) = 0_S\}$이라고 하자. K는 R의 부분환임을 증명하라.

31. $f: R \to S$를 환의 준동형사상이라 하고, T를 S의 부분환이라 하자. $P = \{r \in R \mid f(r) \in T\}$라 두면 P는 R의 부분환임을 증명하라.

32. $n \equiv 1 \pmod{m}$이라고 가정하자. $f([x]_m) = [nx]_{mn}$으로 정의된 함수 $f: \mathbb{Z}_m \to \mathbb{Z}_{mn}$는 단사인 준동형사상이지만, $n \geq 2$일 때 동형사상이 아님을 보이라. (단, 기호는 연습문제 2(e)에서와 같다.)

33. (a) 3.1절의 예제 8에서 살펴본 $\mathbb{R}$에서 $\mathbb{R}$로의 함수 전체의 환 T에 대하여, $\theta: T \to \mathbb{R}$을 $\theta(f) = f(5)$로 정의된 함수라 하자. θ는 전사인 준동형사상임을 증명하라. 또 θ는 동형사상인가?
    (b) 문제 (a)에서 5를 $\mathbb{R}$의 임의의 상수로 바꾸면 참인가?

34. $f: R \to S$가 환의 준동형사상일 때, 다음 중 어느 것이 동형사상에 의하여 보존되는 성질인가? 답을 입증하라.
    (a) $a \in R$은 영인자이다.
    (b) $a \in R$은 멱등원이다.*
    (c) R은 정역이다.

35. 첫째 환이 둘째 환과 동형이 아님을 보이라.
    (a) E와 $\mathbb{Z}$ (b) $\mathbb{R} \times \mathbb{R} \times \mathbb{R} \times \mathbb{R}$과 $M(\mathbb{R})$
    (c) $\mathbb{Z}_4 \times \mathbb{Z}_{14}$와 $\mathbb{Z}_{16}$ (d) $\mathbb{Q}$와 $\mathbb{R}$
    (e) $\mathbb{Z} \times \mathbb{Z}_2$와 $\mathbb{Z}$ (f) $\mathbb{Z}_4 \times \mathbb{Z}_4$와 $\mathbb{Z}_{16}$

* 멱등원은 3.2절의 연습문제 3에서 정의된다.

36. (a) $f: R \to S$가 환의 동형사상이면, 임의의 $r \in R$과 $n \in \mathbb{Z}$에 대하여 $f(nr) = nf(r)$임을 보이라.
   (b) 항등원을 갖는 동형인 환들은 같은 표수를 가짐을 증명하라. [3.2절의 연습문제 41~43 참조.]
   (c) $f: R \to S$가 항등원을 갖는 환의 준동형사상일 때 R과 S는 같은 표수를 갖는가?

37. (a) e를 환 R의 영이 아닌 멱등원이고* 영인자는 아니라고 하자. e는 R의 항등원임을 증명하라. [**힌트**: $e^2 = e$ (왜?). $a \in R$에 대하여 $e^2 = e$의 양변에 a를 곱하라.]
   (b) S를 항등원을 갖는 환이라 하고 T를 영인자를 갖지 않는 환이라 하자. $f: S \to T$를 영이 아닌(R의 적어도 한 원소는 0_T에 사상되지 않음을 의미) 준동형사상이라고 하자. $f(1_S)$는 T의 항등원임을 증명하라. [**힌트**: $f(1_S)$가 (a)의 가정을 만족함을 보이라.]

38. F를 체라 하고 $f: F \to R$을 환의 준동형사상이라고 하자.
   (a) $f(c) = 0_R$을 만족하는 F의 영이 아닌 원소 c가 존재하면, f는 준동형사상 영(즉, 모든 $x \in F$에 대하여 $f(x) = 0_R$)임을 증명하라. [**힌트**: c^{-1}가 존재한다(왜?). $x \in F$일 때 $f(xcc^{-1})$를 생각하라.]
   (b) f가 단사이거나 또는 영함수임을 증명하라. [**힌트**: f가 영함수가 아닐 때 $f(a) = f(b)$이면 $f(a-b) = 0_R$이다.]

39. R을 항등원을 갖지 않는 환이라 하고, T를 3.2절의 연습문제 32에서의 항등원을 갖는 환이라 하자. R이 T의 부분환 $\overline{R}$와 동형임을 보이라. 따라서 R을 $\overline{R}$로 동일시하면 R은 항등원을 갖는 환의 부분환이다.

C. 40. 임의의 양의 정수 k에 대하여, $k\mathbb{Z}$를 k의 배수인 모든 정수의 환이라고 하자(3.1절의 연습문제 6 참조). $m \neq n$이면 $m\mathbb{Z}$는 $n\mathbb{Z}$와 동형이 아님을 증명하라.

41. $\gcd(m, n) = 1$인 $m, n \in \mathbb{Z}$에 대하여, $f: \mathbb{Z}_{mn} \to \mathbb{Z}_m \times \mathbb{Z}_n$을 $f([a]_{mn}) = ([a]_m, [a]_n)$으로 정의되는 함수라 하자. (여기서 기호는 연습문제 12(e)에서와 같은 의미이고, 예제 8은 $m = 3$, $n = 4$인 경우이다.)
   (a) 사상 f는 잘 정의된 함수임을 보이라. 즉, $\mathbb{Z}_{mn}$에서 $[a]_{mn} = [b]_{mn}$이면 $\mathbb{Z}_m$에서 $[a]_m = [b]_m$이고, $\mathbb{Z}_n$에서 $[a]_n = [b]_n$임을 보이라.

(b) f가 동형사상임을 증명하라. [**힌트**: 예제 8의 증명을 모방하라. 단, 여기서는 f 가 전단사임을 보이는 데 더 많은 작업이 필요하다.]

42. $\gcd(m, n) \neq 1$ 이면 $\mathbb{Z}_{mn}$은 $\mathbb{Z}_m \times \mathbb{Z}_n$과 동형이 아님을 증명하라.

CHAPTER 4

$F[x]$에서의 산술

제1장에서는 상급 과정의 관점에서 초등 산술을 살펴보고, 정수환 $\mathbb{Z}$의 중요한 몇 가지 성질을 전개하였다. 이 장에서는 유사한 방향을 따라가지만, 여기서 출발점은 고등학교 과정의 대수 —

$$x^2 - 3x - 5, \quad 6x^3 - 3x^2 + 7x + 4, \quad x^{12} - 1$$

처럼, 특히 실수체 $\mathbb{R}$에서 계수를 갖는 다항식들이다. 다항식을 다루는 것은 모호한 기호 'x'를 다루는 것으로, 이것은 고등학교 대수에서 세 가지 다른 의미로 사용된다. 첫째로, x는 종종 방정식 $12x - 8 = 0$에서 수 $\frac{2}{3}$인 것처럼 하나의 수를 '대신'한다. 둘째로, x는 때때로 어떤 특별한 수를 대신하지 않지만

$$\frac{x^3 + x}{x^2 + 1} = \frac{x(x^2 + 1)}{x^2 + 1} = x$$

와 같이 식을 간단하게 나타내는 문제에서 마치 하나의 수로 취급된다. 셋째로, x는 또한 $f(x) = 3x + 5$와 같이 함수의 규칙을 나타내는 식에서 변수로 사용된다.

환과 체가 무엇인지 알고 있는 지금은 어떤 환에서 계수를 갖는 다항식들을 생각하고, x의 본질에 관한 신비로운 어떤 것을 명료하게 하도록 시도할 것이다. 4.1~4.3절에서, x가 고등학교 과정에 사용되는 두 번째 방법과 유사한 의미로 주어진다면, 체 F에서 계수를 갖는 모든 다항식은 ($F[x]$로 나타내고) 하나의 환을 이루고, 그 구조는 놀랍게도 환 $\mathbb{Z}$의 구조와 매우 유사하다는 것을 알게 될 것이다. 제1장에서 주어진 $\mathbb{Z}$에 대한 증명들은 $F[x]$에 대하여 거의 같은 단어들로 옮겨진다.

4.4~4.6절에서는 한 다항식이 기약인지 아닌지를 결정하는 판정법(정수의 소수 판정법에 대응되는)을 생각할 것이다. 여기에서의 전개는 정수에 관하여 했던 것의 단순한 복사

판은 아니다. 그 이유는 다항식환 $F[x]$가 정수환에서는 유사한 대응을 갖지 않는 어떤 특징들, 즉 (고등학교 과정에서의 x의 첫 번째와 세 번째 사용에 대응되는) 다항식의 근의 개념과 다항함수의 개념을 갖고 있기 때문이다.

4.1 다항식의 산술과 나눗셈 알고리즘

여기에서의 근본적인 아이디어는 실계수 다항식들의 명백한 확장 방법으로 '다항식'을 정의하는 것이다. R을 임의의 환이라 하자. R에서 계수를 갖는 다항식(polynomial)은

$$a_0 + a_1x + a_2x^2 + \cdots + a_nx^n$$

과 같은 형태의 표현이다. 여기서 n은 음이 아닌 정수이고 $a_i \in R$이다.

이러한 비형식적인 정의는 여러 가지 질문을 제기한다. x는 무엇인가? 이것은 R의 원소인가? 만약 아니라면 x에 환의 원소를 곱하는 것은 무엇을 의미하는가? 이러한 질문에 답하기 위하여 $a_0 + a_1x + a_2x^2 + \cdots + a_nx^n$과 같은 형태의 표현이 각 a_i와 x가 모두 더 큰 어떤 환의 원소라는 조건으로 의미가 있다는 것을 주목한다. 다음의 비슷한 생각이 여기서 도움이 될 것이다. 수 π는 정수환 $\mathbb{Z}$에 속하지 않지만, $3-4\pi+12\pi^2+\pi^3$이라든지 $8-\pi^2+6\pi^5$와 같은 표현들은 실수 집합에서 의미가 있다. 더구나 $n \geq 0$이고 $a_i \in \mathbb{Z}$인

$$a_0 + a_1\pi + a_2\pi^2 + \cdots + a_n\pi^n$$

형태의 모든 실수의 집합이 $\mathbb{Z}$와 π를 모두 포함하는 $\mathbb{R}$의 부분환임을 증명하는 것은 어렵지 않다(연습문제 2).

이제 거의 같은 방법으로 환 R에서 계수를 갖는 다항식을 R과, R에 속하지 않는 특별한 원소 x를 모두 포함하는 더 큰 어떤 환의 원소로 생각할 것이다. 이것은 바로 앞 단락에서 π 대신에 x로, $\mathbb{Z}$ 대신에 R로 바꾼 상황과 유사하다. 하지만 아직 원소 x에 대한 어떤 것도 알지 못하고, 또 더 큰 환이 존재하는 것조차 모른다. 다음 정리는 '다항식'의 정의와 함께 그 답을 제시한다.

정리 4.1

임의의 환 R에 대하여, R에 속하지 않는 어떤 원소 x를 포함하고 다음 성질 (i) ~ (v)를 만족하는 환 T가 존재한다.

(i) R은 T의 부분환이다.
(ii) 모든 $a \in R$에 대하여 $xa = ax$이다.
(iii) $n \geq 0$이고 $a_i \in R$인

$$a_0 + a_1x + a_2x^2 + \cdots + a_nx^n$$

형태의 T의 모든 원소의 집합 $R[x]$는 R을 포함하는 T의 부분환이다.

(iv) $R[x]$의 임의 원소의 표현은 일의적이다. 즉, $n \leq m$이고

$$a_0 + a_1x + a_2x^2 + \cdots + a_nx^n = b_0 + b_1x + b_2x^2 + \cdots + b_mx^m$$

이면 $i = 1, 2, \ldots, n$에 대하여 $a_i = b_i$이고 $i > n$에 대하여 $b_i = 0_R$이다.

(v) $a_0 + a_1x + a_2x^2 + \cdots + a_nx^n = 0_R$일 필요충분조건은 모든 i에 대하여 $a_i = 0_R$이다.

증명

부록 G 참조. 여기서는 정리 4.1은 증명 없이 성립하는 것으로 가정한다. ■

정리 4.1 (iii)에서의 환 $R[x]$의 임의의 원소를 **R 위의 다항식**(polynomials with coefficients in R)이라 하고, 각 원소 a_i를 **계수**(coefficient)라 부른다. 특별한 원소 x를 종종 **부정원**(indeterminate)이라 한다.* 정리 4.1에서 오해를 피하고자 다음 사실을 주목하기를 바란다.

1. 정리 4.1의 성질 (ii)는 환 T가 가환인 것을 의미하지는 않지만 특별한 원소 x가 부분환 R의 임의의 원소와 가환임을 의미한다. (T의 원소들이 서로 가환일 필요는 없다.)
2. 성질 (v)는 성질 (iv)에서 $b_i = 0_R$인 특수한 경우이다.
3. 성질 (v)에서, 왼쪽 표현은 x에 대하여 풀어야 하는 방정식이 아니다. 이 문맥에서 x의 무슨 값이 $a_0 + a_1x + a_2x^2 + \cdots + a_nx^n = 0_R$가 되게 하느냐는 물음은 π의 무슨 값이 $3 + 5\pi - 7\pi^2 = 0$이 되게 하는가라고 묻는 것처럼 의미가 없다. 왜냐하면 x는 (π 처럼) 환의 어떤 특정한 원소이지 값을 대입할 수 있는 변수가 아니기 때문이다.†

* 널리 사용되는 용어이긴 하지만, '부정원(indeterminate)'은 잘못 붙여진 용어라 할 수 있다. 부록 G에서 보인 것처럼, x에 관해 결정되지 않거나 모호한 어떤 것도 없다. x는 더 큰 환 T의 특정 원소이고 R의 원소는 아니다.

† 변수(variable)와 방정식(equation)은 4.4절에서 다룬다.

예제 1

환 $\mathbb{Z}[x]$, $\mathbb{Q}[x]$, $\mathbb{R}[x]$는 고등학교에서부터 익숙한 환이다. 예를 들면, $3+5x-7x^2$는 이들 세 가지 환 모두에 속하지만, $3+7.5x^2$은 계수 7.5가 정수가 아니므로 $\mathbb{Q}[x]$와 $\mathbb{R}[x]$에만 속한다. 유사하게 $4.2+3x+\sqrt{5}\,x^4$은 $\mathbb{R}[x]$에 속하지만, $\sqrt{5}$가 유리수가 아니므로 다른 두 환에는 속하지 않는다. 계수가 영인 항은 앞에서 그랬던 것처럼 보통 생략한다.

예제 2

E를 짝수인 모든 정수들의 환이라고 하자. $4-6x+4x^3 \in E[x]$이다. 그러나 다항식 x는 짝수 계수를 갖는 것으로 나타낼 수 없으므로 $E[x]$에 속하지 않는다.

다항식의 산술

다항식들의 덧셈과 곱셈의 규칙은 $R[x]$가 환이라는 사실에서 바로 나온다.

예제 3

$\mathbb{Z}_7[x]$에서 $f(x)=1+5x-x^2+4x^3+2x^4$이고 $g(x)=4+2x+3x^2+x^3$이면 교환법칙과 결합법칙, 분배법칙으로부터

$$\begin{aligned} f(x)+g(x) &= (1+5x-x^2+4x^3+2x^4)+(4+2x+3x^2+x^3+0x^4) \\ &= (1+4)+(5+2)x+(-1+3)x^2+(4+1)x^3+(2+0)x^4 \\ &= 5+0x+2x^2+5x^3+2x^4 = 5+2x^2+5x^3+2x^4 \end{aligned}$$

임을 알 수 있다.

예제 4

$\mathbb{Q}[x]$에서 $1-7x+x^2$과 $2+3x$의 곱은 분배법칙을 반복적으로 사용하여, 다음과 같이 구할 수 있다.

$$\begin{aligned} (1-7x+x^2)(2+3x) &= 1(2+3x)-7x(2+3x)+x^2(2+3x) \\ &= 1(2)+1(3x)-7x(2)-7x(3x)+x^2(2)+x^2(3x) \\ &= 2+3x-14x-21x^2+2x^2+3x^3 \\ &= 2-11x-19x^2+3x^3 \end{aligned}$$

앞의 예제는 일반적인 경우를 대표하는 것이다. 대응하는 계수들을 더하여 다항식들을 더하고, 분배법칙을 사용하여 다항식을 곱하고 x의 거듭제곱 지수가 같은 것끼리 모은다. 따라서 **다항식의 덧셈**은 규칙

$$\begin{aligned}&(a_0+a_1x+a_2x^2+\cdots+a_nx^n)+(b_0+b_1x+b_2x^2+\cdots+b_nx^n)\\=\ &(a_0+b_0)+(a_1+b_1)x+(a_2+b_2)x^2+\cdots+(a_n+b_n)x^n\end{aligned}$$

와 같이 주어지고, **다항식의 곱셈**은 규칙

$$\begin{aligned}&(a_0+a_1x+a_2x^2+\cdots+a_nx^n)(b_0+b_1x+b_2x^2+\cdots+b_mx^m)\\=\ &a_0b_0+(a_0b_1+a_1b_0)x+(a_2b_0+a_1b_1+a_0b_2)x^2+\cdots+a_nb_mx^{n+m}\end{aligned}$$

로 주어진다. 곱셈에서 x^k의 계수는

$$a_0b_k+a_1b_{k-1}+a_2b_{k-2}+\cdots+a_{k-2}b_2+a_{k-1}b_1+a_kb_0=\sum_{i=0}^{k}a_ib_{k-i}$$

이고, 여기서 $i>n$이면 $a_i=0_R$이고 $j>m$이면 $b_j=0_R$이다.

$R[x]$에서 곱셈의 이러한 진술로부터, R이 가환이면 $R[x]$도 가환임을 쉽게 알 수 있다(연습문제 7 참조). 또한 R이 곱셈에 대한 항등원 1_R을 가지면, 1_R은 $R[x]$의 곱셈에 대한 항등원이다(연습문제 8).

정의

$f(x)=a_0+a_1x+a_2x^2+\cdots+a_nx^n$을 $a_n\neq 0_R$인 $R[x]$에 속하는 다항식이라 하자. 이때, a_n을 $f(x)$의 **최고차항 계수**(leading coefficient)라 한다. 정수 n을 $f(x)$의 **차수**(degree)라 하고, 이것을 $\deg f(x)$로 나타낸다. 다르게 말하면, $\deg f(x)$는 영이 아닌 계수를 갖는 x의 가장 큰 거듭제곱 지수이고, 그 계수가 최고차항 계수이다.

예제 5

$3-x+4x^2-7x^3\in\mathbb{R}[x]$의 차수는 3이고, 그 최고차항 계수는 -7이다. 유사하게 $\deg(3+5x)=1$이고 $\deg(x^{12})=12$이다. $2+x+4x^2-0x^3+0x^5$의 차수는 (영이 아닌 계수를 갖는 x의 가장 큰 거듭제곱 지수) 2이고, 그 최고차항 계수는 4이다.

시작할 때의 환 R은 다항식환 $R[x]$의 부분환이다. R의 원소를 R의 다항식으로 생각하여 **상수다항식**(constant polynomial)이라고 부른다. $R[x]$에서 0차 다항식은 정확히 영이 아닌 상수다항식이다. 특히

상수다항식 0_R은 차수를 갖지 않는다.

(왜냐하면 영이 아닌 계수를 갖는 x의 거듭제곱 항이 없기 때문이다.)

정리 4.2

R이 정역이고 $f(x)$와 $g(x)$가 $R[x]$에 속하는 영이 아닌 다항식이면

$$\deg[f(x)g(x)] = \deg f(x) + \deg g(x)$$

이다.

증명

$f(x) = a_0 + a_1x + a_2x^2 + \cdots + a_nx^n$이고 $g(x) = b_0 + b_1x + b_2x^2 + \cdots + b_mx^m$일 때, $a_n \neq 0_R$, $b_m \neq 0_R$이라고 가정하면 $\deg f(x) = n$이고 $\deg g(x) = m$이다. 이때

$$f(x)g(x) = a_0b_0 + (a_0b_1 + a_1b_0)x + (a_2b_0 + a_1b_1 + a_0b_2)x^2 + \ \cdots \ + a_nb_mx^{n+m}$$

이다. 영이 아닌 계수를 가질 가능성이 있는 x의 가장 큰 거듭제곱 지수는 $n+m$이다. 그런데 R이 정역이고 $a_n \neq 0_R$, $b_m \neq 0_R$이므로, $a_nb_m \neq 0_R$이다. 따라서 $f(x)g(x)$는 영이 아니고, $\deg[f(x)g(x)] = n + m = \deg f(x) + \deg g(x)$이다. ■

따름정리 4.3

R이 정역이면 $R[x]$도 정역이다.

증명

R이 항등원을 갖는 가환환이므로 $R[x]$도 그렇다(연습문제 7과 8). 정리 4.2의 증명은 $R[x]$에서 영이 아닌 다항식들의 곱은 영이 아님을 보여준다. 그러므로 $R[x]$는 정역이다. ■

정리 4.2의 증명의 첫 네 줄은 임의의 환에 대하여 타당하고, 다음 결론을 이끈다.

따름정리 4.4

환 R에 대하여, $f(x)$, $g(x)$와 $f(x)g(x)$가 $R[x]$의 영이 아닌 다항식이면

$$\deg[f(x)g(x)] \le \deg f(x) + \deg g(x).$$

예제 6

$\mathbb{Z}_6[x]$에서 $f(x) = 2x^4$, $g(x) = 5x$라 하자. 그러면 $f(x)g(x) = (2x^4)(5x) = 4x^5$이므로 $\deg[f(x)g(x)] = \deg f(x) + \deg g(x)$이다. 하지만 $g(x) = 1 + 3x^2$이면

$$f(x)g(x) = (2x^4)(1+3x^2) = 2x^4 + 2 \cdot 3x^6 = 2x^4 + 0x^6 = 2x^4$$

으로 차수 4를 갖는다. 그렇지만 $\deg f(x) + \deg g(x) = 6$이고, 따라서 $\deg[f(x)g(x)] < \deg f(x) + \deg g(x)$이다.

다항식들의 합의 차수에 대한 정보를 위해, 연습문제 4와 12를 보라.

따름정리 4.5

정역 R에 대하여, $f(x) \in R[x]$라 하자.

$f(x)$가 $R[x]$의 가역원일 필요충분조건은 $f(x)$가 R의 가역원인 상수다항식이다.

특히 F가 체이면 $F[x]$의 모든 가역원은 F의 영이 아닌 모든 상수와 같다.

'필요충분조건' 명제에 대한 증명은 두 가지로 나누어서 해야 하는 것을 기억하라.

따름정리 4.5의 증명

먼저, $f(x)$를 $R[x]$의 가역원이라 하자. 그러면 $R[x]$의 어떤 $g(x)$에 대하여 $f(x)g(x) = 1_R$이다. 정리 4.2로부터

$$\deg f(x) + \deg g(x) = \deg[f(x)g(x)] = \deg 1_R = 0$$

이다. 다항식의 차수는 영 이상이므로, $\deg f(x) = 0$이고 $\deg g(x) = 0$이다. 따라서 $f(x)$와 $g(x)$는 상수다항식, 즉 R에 속하는 상수이다. $f(x)g(x) = 1_R$이므로 $f(x)$는 R에서의 가역원이다.

역으로, $f(x)$를 R에서의 가역원인 상수다항식, 말하자면 R의 어떤 가역원 b에 대하여 $f(x)=b$라 하자. $h(x)=b^{-1}$라 하면 $f(x)h(x)=bb^{-1}=1_R$이다. 그러므로 $f(x)$는 $R[x]$의 가역원이다.

체에서 임의의 영이 아닌 원소는 그 체의 가역원이므로(3.2절의 예제 6 참조), 따름정리의 마지막 명제가 바로 성립함을 알 수 있다. ■

예제 7

$\mathbb{Z}$의 가역원은 1과 -1뿐이므로 $\mathbb{Z}[x]$의 가역원은 1과 -1뿐이다. $\mathbb{R}$, $\mathbb{Q}$, $\mathbb{C}$는 체이므로, $\mathbb{R}[x]$(또는 $\mathbb{Q}[x]$나 $\mathbb{C}[x]$)에서의 모든 가역원은 영이 아닌 상수 전체이다.

만약 R이 정역이 아니라면 따름정리 4.5는 거짓일 수 있다(연습문제 11).

예제 8

$\mathbb{Z}_{25}[x]$에서 $(5x+1)(20x+1)=1$이므로(스스로 확인하라), $5x+1$은 $\mathbb{Z}_{25}[x]$의 가역원이다.

$F[x]$에서의 나눗셈 알고리즘

이 장의 남은 부분의 주요한 관심은 ($\mathbb{Q}$나 $\mathbb{R}$ 또는 $\mathbb{Z}_5$ 등과 같은) 체 F에서 계수를 갖는 다항식이다. 정역 $F[x]$는 정수 정역 $\mathbb{Z}$와 같은 여러 가지 성질을 갖는다는 것을 이 장의 소개에서 언급하였다. 그런 성질 중에는 나눗셈 알고리즘(정리 1.1)이 포함되는데, 이것을 다음과 같이 진술할 수 있다. 즉, 임의의 정수 a, b에 대하여, b가 양수이면

$$a=bq+r \text{ 이고 } \quad 0 \le r < b$$

를 만족하는 정수 q와 r이 각각 유일하게 존재한다. 다항식에 대하여 바뀌는 것은 인수가 영이 아니어야 하고 조건 '$0 \le r < b$'를 차수에 관한 조건으로 대체하는 것뿐이다. 여기서 (a 대신에 $f(x)$로, b 대신에 $g(x)$로, q, r 대신에 각각 $q(x)$, $r(x)$로 바꾸어) 형식적으로 다음과 같이 진술된다.

정리 4.6 $F[x]$에서의 나눗셈 알고리즘(Division Algorithm)

체 F에 대하여, $f(x)$, $g(x) \in F[x]$이고 $g(x) \neq 0_F$이면

$$f(x)=g(x)q(x)+r(x) \text{이고,} \quad r(x)=0_F \text{ 또는 } \deg r(x) < \deg g(x)$$

를 만족하는 $F[x]$의 다항식 $q(x)$와 $r(x)$가 꼭 하나씩 존재한다.

다음 예제 9는 다항식의 나눗셈을 어떻게 하는지, 이 특별한 경우에 왜 나눗셈 알고리즘이 타당한지 보여준다.

예제 9

$f(x) = 3x^5 + 2x^4 + 2x^3 + 4x^2 + x - 2$를 $g(x) = 2x^3 + 1$로 나누어 보자. 각 단계에서 무엇이 일어났는지 오른쪽의 세로 열에 기록한다.*

$$
\begin{array}{lr|rl}
 & & \frac{3}{2}x^2 + x + 1 & \leftarrow \text{몫 } q(x) \\
\text{나누는 식 } g(x) \rightarrow & 2x^3+1 & 3x^5 + 2x^4 + 2x^3 + 4x^2 + x - 2 & \leftarrow \text{나뉘는 식 } f(x) \\
 & & 3x^5 \qquad\qquad + \frac{3}{2}x^2 & \leftarrow \left(\frac{3}{2}x^2\right)g(x) \\
\hline
 & & 2x^4 + 2x^3 + \frac{5}{2}x^2 + x - 2 & \leftarrow f(x) - \left(\frac{3}{2}x^2\right)g(x) \\
 & & 2x^4 \qquad\qquad + x & \leftarrow x\,g(x) \\
\hline
 & & 2x^3 + \frac{5}{2}x^2 \qquad - 2 & \leftarrow f(x) - \left(\frac{3}{2}x^2\right)g(x) - x\,g(x) \\
 & & 2x^3 \qquad\qquad + 1 & \leftarrow 1\,g(x) \\
\hline
\text{나머지 } r(x) \rightarrow & & \frac{5}{2}x^2 \qquad - 3 & \leftarrow f(x) - \left(\frac{3}{2}x^2\right)g(x) - x\,g(x) - 1\,g(x) \\
 & & & \quad = f(x) - g(x)\left(\frac{3}{2}x^2 + x + 1\right) \\
 & & & \quad = f(x) - g(x)q(x)
\end{array}
$$

왼쪽의 마지막 줄과 오른쪽의 마지막 세 줄은

$$f(x) - g(x)q(x) = r(x), \quad \text{즉 } f(x) = g(x)q(x) + r(x)$$

임을 보여준다. 그러므로 다항식 $f(x)$와 $g(x)$에 대한 나눗셈 알고리즘이 성립한다.

비록 나누는 식과 나뉘는 식이 달라지더라도 같은 과정이 작동한다는 것을 쉽게 확신할 수 있지만(연습문제 5), 당연히 예는 증명이 아니다. 결과적으로 수학적귀납법에 익숙해질 때까지 증명을 건너뛰는 것이 좋을 것이다. 이것이 정리 4.6의 증명을 선택적으로 표시한 이유이다.

---

* **나눗셈 복습:** 몫의 첫 항$\left(\frac{3}{2}x^2\right)$은 나뉘는 식의 최고차항$(3x^5)$을 나누는 식의 최고차항$(2x^3)$으로 나누어 얻는다. 즉, $3x^5/2x^3 = \frac{3}{2}x^2$. 이 항과 나누는 식 $g(x)$의 곱$\left(\left(\frac{3}{2}x^2\right)g(x)\right)$을 나뉘는 식에서 빼면 보이는 바와 같이, $2x^4 + 2x^3 + \frac{5}{2}x^2 + x - 2$를 얻는다. 이 식을 나뉘는 식으로 하고 나누는 식은 같은 식$(g(x))$으로 하여 위 과정을 반복하고, 나누는 식의 차수보다 작은 차수를 갖는 다항식을 얻을 때까지 계속한다.

정리 4.6의 증명 (선택적)

먼저, 다항식 $q(x)$와 $r(x)$의 존재성을 증명하자.

경우 1: $f(x)=0_F$이거나 $\deg f(x)<\deg g(x)$이면 $f(x)=g(x)0_F+r(x)$이므로, $q(x)=0_F$이고 $r(x)=f(x)$가 되어 정리는 참이다.

경우 2: $f(x)\neq 0_F$이고 $\deg g(x)\leq \deg f(x)$이면 존재 증명은 나뉘는 식 $f(x)$의 차수에 대한 수학적귀납법으로 이루어진다.* $\deg f(x)=0$이면 $\deg g(x)=0$이다. 따라서 어떤 영이 아닌 $a, b\in F$에 대하여, $f(x)=a$이고 $g(x)=b$이다. F는 체이므로 b는 가역원이고, $a=b(b^{-1}a)+0_F$이다. 그러므로 $q(x)=b^{-1}a$이고 $r(x)=0_F$가 되어 정리는 참이다.

귀납적으로, 나뉘는 식의 차수가 n보다 작을 때 정리가 성립한다고 가정하자. 이 부분의 증명은 2단의 정렬로 보일 것이다. 왼쪽 열은 형식적인 증명이고, 오른쪽 열은 예제 9에 적용한 것이다. 이 예제는 이 증명에서 무엇을 하고 있는가를 이해하는 데 도움이 될 것이다.

증명	예제 9
나뉘는 식 $f(x)$의 차수가 n일 때, 이를테면 $f(x)=a_nx^n+\cdots+a_1x+a_0$ 여기서 $a_n\neq 0_F$일 때, 정리가 성립함을 증명하여야 한다.	$n=5$ $f(x)=\underbrace{3x^5}_{a_nx^n}+2x^4+2x^3+4x^2+x-2$
나누는 식 $g(x)$는 다음 형태가 되어야 한다. $g(x)=b_mx^m+\cdots+b_1x+b_0$ 여기서 $b_m\neq 0_F$이고, $m\leq n$이다. $f(x)$를 $g(x)$로 나누는 나눗셈의 과정에 있는 것처럼 시작한다.	$m=3$ $g(x)=\underbrace{2x^3}_{b_mx^m}+1$
F는 체이고, $b_m\neq 0_F$이므로 b_m은 가역원이다. 나누는 식 $g(x)$에 $a_nb_m^{-1}x^{n-m}$을 곱하면	$a_nb_m^{-1}x^{n-m}=3\cdot 2^{-1}x^{5-3}=\underbrace{\frac{3}{2}x^2}_{\text{몫의 첫항}}$
$a_nb_m^{-1}x^{n-m}g(x)$ $=a_nb_m^{-1}x^{n-m}\left(b_mx^m+\cdots+b_1x+b_0\right)$ $=a_nx^n+a_nb_m^{-1}b_{m-1}x^{n-1}+\cdots+a_nb_m^{-1}b_0x^{n-m}$	$\frac{3}{2}x^2g(x)=\frac{3}{2}x^2(2x^3+1)$ $=3x^5+\frac{3}{2}x^2$
이다. $a_nb_m^{-1}x^{n-m}g(x)$와 $f(x)$의 차수는 같으므로, 그 차	

* 완전수학적귀납법의 원리를 사용한다. 부록 C 참조.

$$f(x) - a_n b_m^{-1} x^{n-m} g(x)$$

는 차수가 n보다 작은 (영 다항식이 될 수 있는) 다항식이다. 이제 $g(x)$를 나누는 식으로, 다항식 $f(x) - a_n b_m^{-1} x^{n-m} g(x)$를 나뉘는 식으로 하여 (만약 이것이 영이면 경우 1을 이용하여) 귀납법의 가정을 적용한다. 귀납법에 따라

$$f(x) - a_n b_m^{-1} x^{n-m} g(x) = g(x) q_1(x) + r(x) \text{ 이고,}$$

$$r(x) = 0_F \text{ 또는 } \deg r(x) < \deg g(x)$$

를 만족하는 다항식 $q_1(x)$와 $r(x)$가 존재한다.

$$\begin{aligned} f(x) - \frac{3}{2}x^2 g(x) &= f(x) - \left(3x^5 + \frac{3}{2}x^2\right) \\ &= \underbrace{2x^4 + 2x^3 + \frac{5}{2}x^2 + x - 2}_{\text{긴 나눗셈 과정의 넷째 줄}} \end{aligned}$$

$$q_1(x) = \underbrace{x+1}_{\text{몫의 마지막 부분}} \qquad r(x) = \underbrace{\frac{5}{2}x^2 - 3}_{\text{나머지}}$$

결과적으로

$$f(x) = g(x)[a_n b_m^{-1} x^{n-m} + q_1(x)] + r(x) \text{ 이고}$$

$$r(x) = 0_F \text{ 또는 } \deg r(x) < \deg g(x) \text{ 이다.}$$

따라서 $\deg f(x) = n$일 때 $q(x) = a_n b_m^{-1} x^{n-m} + q_1(x)$로 정리는 참이다. 이것으로 수학적귀납법이 완성되었고, $q(x)$와 $r(x)$가 임의의 나누는 식과 나뉘는 식에 대하여 존재한다.

$q(x)$와 $r(x)$가 각각 유일함을 증명하기 위하여, $q_2(x)$와 $r_2(x)$가

$$f(x) = g(x) q_2(x) + r_2(x) \text{ 이고,} \quad r_2(x) = 0_F \text{ 또는 } \deg r_2(x) < \deg g(x)$$

를 만족하는 다항식이라 하자. 그러면

$$g(x)q(x) + r(x) = f(x) = g(x) q_2(x) + r_2(x)$$

이므로

$$g(x)[q(x) - q_2(x)] = r_2(x) - r(x)$$

이다. $q(x) - q_2(x)$가 영이 아니면 정리 4.2로부터, 왼쪽 식의 차수는 $\deg g(x) + \deg[q(x) - q_2(x)]$이고, 이것은 $\deg g(x)$ 이상의 수이다. 그런데 $r_2(x)$와 $r(x)$는 둘 다 분명히 $\deg g(x)$보다 작은 차수를 갖는다(연습문제 12). 이것은 모순이다. 따라서 $q(x) - q_2(x) = 0_F$이고 $q(x) = q_2(x)$와 동치이다. 좌변이 영이므로 $r_2(x) - r(x) = 0_F$이어야 하고, 따라서 $r_2(x) = r(x)$이다. 그러므로 다항식 $q(x)$와 $r(x)$는 일의적이다. ■

■ 연습문제

노트: R은 환을, F는 체를 나타낸다.

A. 1. 지시된 연산을 실행하고, 간단히 답을 설명하라.

(a) $\mathbb{Z}_5[x]$에서 $(3x^4+2x^3-4x^2+x+4)+(4x^3+x^2+4x+3)$

(b) $\mathbb{Z}_3[x]$에서 $(x+1)^3$

(c) $\mathbb{Z}_5[x]$에서 $(x-1)^5$

(d) $\mathbb{Z}_7[x]$에서 $(x^2-3x+2)(2x^3-4x+1)$

2. $n \geq 0$이고 $a_i \in \mathbb{Z}$인

$$a_0+a_1\pi+a_2\pi^2+\ \cdots\ +a_n\pi^n$$

형태의 모든 실수의 집합은 $\mathbb{Z}$와 π를 모두 포함하는 $\mathbb{R}$의 부분환임을 보이라.

3. (a) $\mathbb{Z}_2[x]$에서 차수가 3인 다항식을 모두 구하라.

(b) $\mathbb{Z}_3[x]$에서 차수가 3보다 작은 다항식을 모두 구하라.

4. 각 경우에 주어진 조건을 만족하는 다항식 $f(x), g(x) \in \mathbb{Q}[x]$의 예를 들라.

(a) $f(x)+g(x)$의 차수가 $\deg f(x)$와 $\deg g(x)$의 최댓값보다 작다.

(b) $\deg[f(x)+g(x)]=\max\{\deg f(x), \deg g(x)]$

5. $f(x)=g(x)q(x)+r(x)$이고, $r(x)=0$ 또는 $\deg r(x)<\deg g(x)$를 만족하는 다항식 $q(x)$와 $r(x)$를 각각 구하라.

(a) $\mathbb{Q}[x]$에서 $f(x)=3x^4-2x^3+6x^2-x+2$, $g(x)=x^2+x+1$

(b) $\mathbb{Q}[x]$에서 $f(x)=x^4-7x+1$, $g(x)=2x^2+1$

(c) $\mathbb{Z}_5[x]$에서 $f(x)=2x^4+x^2-x+1$, $g(x)=2x-1$

(d) $\mathbb{Z}_7[x]$에서 $f(x)=4x^4+2x^3+6x^2+4x+5$, $g(x)=3x^2+2$

6. $R[x]$의 다음 부분집합 중 어느 것이 $R[x]$의 부분환인가? 답변의 타당성을 밝히라.

(a) 상수항 계수가 0_R인 모든 다항식의 집합

(b) 차수가 2인 모든 다항식의 집합

(c) 차수가 $\leq k$인 모든 다항식의 집합, 여기서 k는 정해진 양의 정수이다.

(d) x의 홀수차 항의 계수가 영인 모든 다항식의 집합

(e) x의 짝수차 항의 계수가 영인 모든 다항식의 집합

7. R이 가환이면 $R[x]$도 가환임을 보이라.

8. R이 곱셈에 대한 항등원 1_R을 가지면, 1_R이 또한 $R[x]$의 곱에 대한 항등원임을 보이라.

9. $c \in R$이 가환환 R의 영인자이면 c는 또한 $R[x]$의 영인자인가?

10. F가 체이면 $F[x]$는 체가 아님을 보이라. [**힌트**: x는 $F[x]$의 가역원인가?]

B. 11. $1+3x$는 $\mathbb{Z}_9[x]$의 가역원임을 보이라. 따라서 R이 정역이 아니면 따름정리 4.5는 거짓일 수도 있다.

12. $f(x),\ g(x) \in R[x]$이고 $f(x)+g(x) \neq 0_R$이면

$$\deg\,[f(x)+g(x)] \leq \max\{\deg f(x),\ \deg g(x)\}$$

임을 보이라.

13. R이 가환환이라 하자. $a_n \neq 0_R$이고, $f(x) = a_0 + a_1 x + a_2 x^2 + \ \cdots\ + a_n x^n$이 $R[x]$의 영인자이면 a_n은 R의 영인자임을 증명하라.

14. (a) R이 정역이고, $f(x),\ g(x) \in R[x]$라 하자. $g(x)$의 최고차항 계수가 R의 가역원이라고 가정하자. $f(x)$를 나뉘는 식으로, $g(x)$를 나누는 식으로 하여 나눗셈 알고리즘이 성립함을 밝히라. [**힌트**: 정리 4.6의 증명을 모방하라. 거기에서 F가 체라는 가정이 어디에 사용되었는가?]
    (b) $g(x)$의 최고차항 계수가 가역원이 아니라면 문항 (a)가 거짓일 수 있는 예를 $\mathbb{Z}[x]$에서 찾으라. [**힌트**: 연습문제 5(b)에서 $\mathbb{Q}$를 $\mathbb{Z}$로 바꾼다.]

15. R은 항등원을 갖는 환이고 $a \in R$이라고 하자.
    (a) $a^3 = 0_R$이면 $1_R + ax$는 $R[x]$의 가역원임을 보이라. [**힌트**: $1_R - ax + a^2x^2$을 생각하라.]
    (b) $a^4 = 0_R$이면 $1_R + ax$는 $R[x]$의 가역원임을 보이라.

16. R이 항등원을 갖는 가환환이고, $a \in R$이라고 하자. $1_R + ax$가 $R[x]$의 가역원이면 어떤 정수 $n > 0$에 대하여 $a^n = 0_R$임을 보이라. [**힌트**: $1_R + ax$의 역원이 $b_0 + b_1x + b_2x^2 + \cdots + b_kx^k$라 가정하자. 그들의 곱이 1_R이므로, $b_0 = 1_R$이고(왜?), 다른 계수들은 모두 0_R이다.]

17. R이 정역이라고 하자. $R[x]$에서 나눗셈 알고리즘이 항상 성립한다고 가정하면, R은 체임을 증명하라.

18. $\varphi : R[x] \to R$을 $R[x]$의 임의의 다항식을 그 다항식의 상수항(R의 원소)에 대응하는 함수라 하자. φ는 전사인 환의 준동형사상임을 보이라.

19. $\varphi : \mathbb{Z}[x] \to \mathbb{Z}_n[x]$를 $\mathbb{Z}[x]$의 임의의 다항식 $a_0 + a_1x + a_2x^2 + \cdots + a_kx^k$를 다항식 $[a_0] + [a_1]x + [a_2]x^2 + \cdots + [a_k]x^k$에 대응하는 함수라 하자. 여기서 $[a]$는 정수 a의 $\mathbb{Z}_n$에서의 합동류이다. φ는 전사인 환의 준동형사상임을 보이라.

20. $D : \mathbb{R}[x] \to \mathbb{R}[x]$를

$$D\left(a_0 + a_1x + a_2x^2 + \cdots + a_nx^n\right) = a_1 + 2a_2x + 3a_3x^2 + \cdots + na_nx^{n-1}$$

로 정의된 미분 사상이라 하자. D는 환의 준동형사상인가? 동형사상인가?

C. 21. $h : R \to S$를 환의 준동형사상이라 하고, 함수 $\overline{h} : R[x] \to S[x]$를

$$\overline{h}\left(a_0 + a_1x + a_2x^2 + \cdots + a_nx^n\right) = h(a_0) + h(a_1)x + h(a_2)x^2 + \cdots + h(a_n)x^n$$

으로 정의하자. 다음을 증명하라.

(a) $\overline{h}$는 환의 준동형사상이다.
(b) $\overline{h}$가 단사일 필요충분조건은 h가 단사이다.
(c) $\overline{h}$가 전사일 필요충분조건은 h가 전사이다.
(d) $R \cong S$이면 $R[x] \cong S[x]$이다.

22. R이 가환환이고, $k(x)$를 $R[x]$의 지정된 다항식이라 하자.

모든 $r \in R$에 대하여 $\varphi(r) = r$이고 $\varphi(x) = k(x)$인

준동형사상 $\varphi : R[x] \to R[x]$가 일의적으로 존재함을 증명하라.

4.2 $F[x]$에서 나누어지는 성질

이제 $\mathbb{Z}$ 에서 나누어짐과 최대공약수에 대한 1.2절에서의 모든 결과들을 약간의 변경만으로 체 위의 다항식의 환으로 옮겨보자. 이 절 전체에서 F는 항상 체를 의미한다.

정의 체 F에 대하여, $a(x), b(x) \in F[x]$ 이고 $b(x)$가 영이 아니라고 하자. 어떤 $h(x) \in F[x]$ 에 대하여 $a(x) = b(x)h(x)$ 일 때 $a(x)$는 $b(x)$로 **나누어진다**(divisible)고 하고, $b(x)$는 $a(x)$의 **인수**(factor)라 한다. 이것을 $b(x) | a(x)$로 나타낸다.

예제 1

$\mathbb{Q}[x]$에서 $6x^2 - x - 2 = (2x+1)(3x-2)$ 이므로 $(2x+1) | (6x^2 - x - 2)$ 이다. 또한 $2x+1$의 임의의 상수 배는 $6x^2 - x - 2$의 인수이다. 예를 들면, $6x^2 - x - 2 = 5(2x+1)\left[\frac{1}{5}(3x-2)\right]$ 이므로 $5(2x+1)$은 $6x^2 - x - 2$의 인수이다.

예제 1은 다음 결과의 첫 부분을 설명한다.

정리 4.7

체 F에 대하여, $a(x), b(x) \in F[x]$ 이고 $b(x)$가 영이 아니라고 하자.

(1) $b(x)$가 $a(x)$의 인수이면 임의의 영이 아닌 $c \in F$에 대하여 $cb(x)$는 $a(x)$의 인수이다.

(2) $a(x)$의 임의의 인수의 차수는 $\deg a(x)$와 같거나 작다.

증명

(1) $b(x) | a(x)$ 이면 어떤 $h(x) \in F[x]$ 에 대하여 $a(x) = b(x)h(x)$ 이다. 따라서

$$a(x) = 1_F \cdot b(x)h(x) = cc^{-1}b(x)h(x) = cb(x)[c^{-1}h(x)]$$

그러므로 $cb(x) | a(x)$이다.

(2) $b(x) | a(x)$라 하자. 즉, $a(x) = b(x)h(x)$이다. 정리 4.2에 의하여 $\deg a(x) =$

$\deg b(x) + \deg h(x)$이다. 차수는 음이 아니므로 $0 \le \deg b(x) \le \deg a(x)$이어야 한다. ■

앞에서 살펴본 것처럼, 두 정수의 최대공약수는 둘 다를 나누는 가장 큰 정수이다. 비슷한 대응으로 두 다항식 $a(x), b(x) \in F[x]$의 최대공약수는 둘 다를 나누는 가장 큰 차수를 갖는 다항식이어야 한다. 그런데 그런 최대공약수는 그 상수 배도 같은 차수를 갖고 $a(x)$와 $b(x)$ 둘 다를 나누므로 꼭 하나가 아닐 것이다. 유일한 최대공약수를 보장하기 위하여 이 정의를 새로운 개념과 함께 조금 수정하도록 하자. 최고차항의 계수가 1_F인 $F[x]$의 다항식을 **모닉**(monic)이라고 한다. 예를 들면, $x^2 + x + 2$는 $\mathbb{Q}$ 에서 모닉이지만 $2x + 1$은 모닉이 아니다.

정의

체 F에 대하여, $a(x), b(x) \in F[x]$이고 $b(x)$가 영이 아니라고 하자. $a(x)$와 $b(x)$의 공통 인수 중에서 차수가 가장 큰 모닉 다항식을 $a(x)$와 $b(x)$의 **최대공약수**(the greatest common divisor)라 한다. 다르게 표현하면, $a(x)$와 $b(x)$의 최대공약수(gcd) $d(x)$는 다음 조건을 만족하는 모닉(monic) 다항식이다. 즉

(1) $d(x) \mid a(x)$이고 $d(x) \mid b(x)$이다.

(2) $c(x) \mid a(x)$이고 $c(x) \mid b(x)$이면 $\deg c(x) \le \deg d(x)$이다.

다항식 $a(x)$와 $b(x)$는 적어도 하나의 모닉인 공통 인수(즉, 1_F)를 갖는다. 정리 4.7에 의하여 $a(x)$와 $b(x)$의 공통 인수의 차수는 $\deg a(x)$나 $\deg b(x)$ 어느 것보다 클 수 없으므로 최고 차수의 모닉인 공통 인수가 적어도 하나 있어야 한다. 다음 정리 4.8에서 최고 차수의 모닉인 공통 인수가 꼭 하나 존재함을 보일 것이다. 따라서 영어 용어 *the* greatest common divisor의 정관사 사용의 타당성을 보여준다.

예제 2

$\mathbb{Q}[x]$에서 $3x^2 + x + 6$과 0의 최대공약수를 구하기 위하여, 최고 차수의 공통 인수는 $3x^2 + x + 6$의 2차 인수뿐임을 주목하자. 여기에는 $3x^2 + x + 6$ 자신과 이 다항식의 영이 아닌 모든 상수 배가 포함된다. 특히, 모닉 다항식

$$\frac{1}{3}\left(3x^2 + x + 6\right) = x^2 + \frac{1}{3}x + 2$$

를 포함한다. 따라서 $3x^2 + x + 6$과 0의 최대공약수는 $x^2 + \frac{1}{3}x + 2$이다.

예제 3

$\mathbb{Q}[x]$에서 다음 인수분해를 쉽게 할 수 있다.

$$a(x) = 2x^4 + 5x^3 - 5x - 2 = (2x+1)(x+2)(x+1)(x-1)$$
$$b(x) = 2x^3 - 3x^2 - 2x = (2x+1)(x-2)x$$

$2x+1$이 $a(x)$와 $b(x)$의 최고 차수의 공통 인수임을 알 수 있다. 이 경우에 상수 배 $\frac{1}{2}(2x+1) = x + \frac{1}{2}$이 최고 차수의 모닉인 공통 인수이다. 실제로 $x + \frac{1}{2}$이 최대공약수임을 증명하기 위해, 연습문제 5(g)를 보라.

이 절의 남은 부분은 책의 나머지 부분에서 몇 번만 인용될 것이다. 시간이 모자라면 대충 훑어보라 – 정리와 따름정리만 읽고, 증명은 건너뛰어도 좋다.

정리 4.8

체 F에 대하여, $a(x), b(x) \in F[x]$이고 적어도 하나는 영이 아니라고 하자. $a(x)$와 $b(x)$의 최대공약수 $d(x)$가 꼭 하나 존재한다. 또한 $d(x) = a(x)u(x) + b(x)v(x)$를 만족하는 다항식 $u(x)$와 $v(x)$가 (꼭 하나씩일 필요는 없이) 존재한다.

증명의 제1단계과 제2단계는 정리 1.2의 증명을 본떠 만들었다.

정리 4.8의 증명

S를 $a(x)$와 $b(x)$의 모든 결합의 집합이라 하자. 즉

$$S = \{a(x)m(x) + b(x)n(x) \mid m(x),\ n(x) \in F[x]\}.$$

제1단계 S에서 차수가 최소인 모닉 다항식을 구한다.

제1단계의 증명: S는 영이 아닌 다항식을 포함한다. (예를 들어, $a(x)\cdot 1_F + b(x)\cdot 0_F$ 또는 $a(x)\cdot 0_F + b(x)\cdot 1_F$ 중 적어도 하나를 포함한다.) 그러므로 S의 다항식의 차수 전체 집합은 공집합이 아니고, 음이 아닌 어떤 정수들의 집합으로 정렬성원리로부터 최소원소를 갖는다. 따라서 S에서 차수가 가장 작은 다항식 $w(x)$가 존재한다. $w(x)$의 최고차항 계수를 d라 하면 $t(x) = d^{-1}w(x)$는 S에서 차수가 가장 작은 모닉 다항식이다. S의 정의로

부터 어떤 $u(x)$, $v(x) \in F[x]$에 대하여

$$t(x) = a(x)u(x) + b(x)v(x)$$

이다.

제2단계 $t(x)$가 $a(x)$와 $b(x)$의 최대공약수임을 증명한다.

제2단계의 증명: $t(x)$가 최대공약수의 정의에서의 두 조건

(1) $d(x) \mid a(x)$이고 $d(x) \mid b(x)$이다.
(2) $c(x) \mid a(x)$이고 $c(x) \mid b(x)$이면 $\deg c(x) \le \deg d(x)$이다.

을 만족함을 증명하여야 한다.

(1)의 증명: $t(x)$가 $a(x)$와 $b(x)$의 공통 인수임을 보이기 위해, 정리 1.2의 제2단계의 증명에서 a, b, c, t, q, r, u, v, k와 s를 각각 $a(x)$, $b(x)$, $c(x)$, $t(x)$, $q(x)$, $r(x)$, $u(x)$, $v(x)$, $k(x)$, $s(x)$로 바꾸면 된다.

(2)의 증명: (1)의 증명에서와 같이 바꾸고, 정리 1.2의 제2단계의 증명을 반복하여, 다음 결과를 얻는다.

$$\begin{aligned} t(x) = a(x)u(x) + b(x)v(x) &= [c(x)k(x)]u(x) + [c(x)s(x)]v(x) \\ &= c(x)\,[k(x)u(x) + s(x)v(x)] \end{aligned}$$

이 등식의 첫 항과 마지막 항에서 $c(x) \mid t(x)$임을 알 수 있다. 정리 4.7로부터, $\deg c(x) \le \deg t(x)$이다.
결과적으로 이것은 $t(x)$가 $a(x)$와 $b(x)$의 최대공약수임을 보여준다.

제3단계 $t(x)$가 $a(x)$와 $b(x)$의 유일한 최대공약수임을 증명한다.

제3단계의 증명: $d(x)$를 $a(x)$와 $b(x)$의 어떤 최대공약수라고 하자. 유일성을 증명하기 위해, $d(x) = t(x)$임을 보여야 한다. $d(x)$는 $a(x)$와 $b(x)$의 공통 인수이므로, $a(x) = d(x)f(x)$이고 $b(x) = d(x)g(x)$인 $f(x)$, $g(x) \in F[x]$가 존재한다. 따라서

$$\begin{aligned} t(x) = a(x)u(x) + b(x)v(x) &= [d(x)f(x)]u(x) + [d(x)g(x)]v(x) \\ &= d(x)\,[f(x)u(x) + g(x)v(x)]. \end{aligned}$$

정리 4.2에 따라

$$\deg t(x) = \deg d(x) + \deg\,[f(x)u(x) + g(x)v(x)].$$

$t(x)$와 $d(x)$는 최대공약수이므로 같은 차수를 갖는다. 그러므로

$$\deg\left[f(x)u(x)+g(x)v(x)\right]=0$$

이고, 그래서 어떤 상수 $c\in F$에 대하여 $f(x)u(x)+g(x)v(x)=c$이다. 따라서 $t(x)=d(x)c$이다. $t(x)$와 $d(x)$는 모두 모닉이므로 왼쪽의 최고차항 계수는 1_F이고, 오른쪽의 최고차항 계수는 c이다. 그러므로 $c=1_F$이다. 따라서 $d(x)=t(x)=a(x)u(x)+b(x)v(x)$는 $a(x)$와 $b(x)$의 유일한 최대공약수이다. ■

따름정리 4.9

체 F에 대하여, $a(x),\ b(x)\in F[x]$ 이고 적어도 하나는 영이 아니라고 하자. 모닉 다항식 $d(x)\in F[x]$가 $a(x)$와 $b(x)$의 최대공약수일 필요충분조건은 $d(x)$가 다음 조건을 만족하는 것이다.

(i) $d(x)|a(x)$이고 $d(x)|b(x)$이다.

(ii) $c(x)|a(x)$이고 $c(x)|b(x)$이면 $c(x)|d(x)$이다.

증명

따름정리 1.3의 증명을 본떠, $F[x]$에 대하여 맞게 수정하라. ■

최대공약수가 1_F인 다항식 $f(x)$와 $g(x)$를 **서로 소**(relatively prime)라 한다.

정리 4.10

체 F에 대하여, $a(x), b(x), c(x)\in F[x]$라고 하자. $a(x)|b(x)c(x)$이고 $a(x)$와 $b(x)$가 서로 소이면 $a(x)|c(x)$이다.

증명

정리 1.4의 증명을 본떠, $F[x]$에 대하여 맞게 수정하라. ■

■ 연습문제

노트: F는 체를 나타낸다.

A. 1. $f(x) \in F[x]$이면 임의의 영이 아닌 상수다항식은 $f(x)$의 인수임을 보이라.

2. $c_n \neq 0_F$에 대하여, $f(x) = c_n x^n + \cdots + c_0$이면 $f(x)$와 0의 최대공약수는 무엇인가?

3. $a, b \in F$이고 $a \neq b$이면 $x+a$와 $x+b$는 $F[x]$에서 서로 소임을 보이라.

4. (a) $f(x), g(x) \in F[x]$일 때, $f(x) \mid g(x)$이고 $g(x) \mid f(x)$이면 영이 아닌 어떤 상수 $c \in F$에 대하여 $f(x) = cg(x)$임을 보이라.
   (b) 문항 (a)에서 $f(x)$와 $g(x)$가 모닉이면 $f(x) = g(x)$임을 보이라.

5. 1.2절의 연습문제 15에서 정수에 대한 최대공약수를 구하기 위한 Euclid 알고리즘(Euclidean Algorithm)을 기술하였다. 그 과정은 체 위의 다항식에 대하여도 약간의 조정으로 유효하다. 정수에 있어서 마지막 영이 아닌 나머지가 최대공약수이다. 다항식에 대하여, 마지막 영이 아닌 나머지는 최고 차수를 갖는 공통 인수이지만 모닉이 아닐 수 있다. 이 경우에 최대공약수를 구하기 위하여 최고차항 계수의 역원을 곱하여야 한다. Euclid 알고리즘을 이용하여, 다음에 주어진 다항식들의 최대공약수를 구하라.
   (a) $\mathbb{Q}[x]$에서 $x^4 - x^3 - x^2 + 1$과 $x^3 - 1$
   (b) $\mathbb{Q}[x]$에서 $x^5 + x^4 + 2x^3 - x^2 - x - 2$와 $x^4 + 2x^3 + 5x^2 + 4x + 4$
   (c) $\mathbb{Z}_5[x]$에서 $x^4 + 3x^3 + 2x + 4$와 $x^2 - 1$
   (d) $\mathbb{Z}_7[x]$에서 $4x^4 + 2x^3 + 6x^2 + 4x + 5$와 $3x^3 + 5x^2 + 6x$
   (e) $\mathbb{C}[x]$에서 $x^3 - ix^2 + 4x - 4i$와 $x^2 + 1$
   (f) $\mathbb{Z}_2[x]$에서 $x^4 + x + 1$과 $x^2 + x + 1$
   (g) $\mathbb{Q}[x]$에서 $2x^4 + 5x^3 - 5x - 2$와 $2x^3 - 3x^2 - 2x$

6. 연습문제 5에서의 최대공약수를 두 다항식의 일차결합으로 나타내라.

B. 7. $f(x) \in F[x]$일 때, 상수가 아닌 모든 $g(x) \in F[x]$에 대하여 $f(x) \mid g(x)$이면 $f(x)$는 상수다항식임을 보이라. [힌트: $f(x)$는 $x+1$과 x의 공통 인수이다.]

8. $f(x),\ g(x) \in F[x]$가 적어도 하나는 영이 아니라 하고, $d(x)$를 이들의 최대공약수라 하자. $h(x)$가 $f(x)$와 $g(x)$의 최고 차수의 공통 인수라 하면, 영이 아닌 어떤 상수 $c \in F$에 대하여 $h(x) = cd(x)$ 임을 증명하라.

9. $f(x) \neq 0_F$이고 $f(x)$가 0_F과 서로 소이면 $f(x)$에 관하여 무엇을 말할 수 있는가?

10. $\mathbb{Q}[x]$에서 $x+a+b$와 $x^3 - 3abx + a^3 + b^3$의 최대공약수를 구하라.

11. 정리 4.8의 증명에서 생략된 부분을 자세히 보충하라.

12. 따름정리 4.9를 증명하라.

13. 정리 4.10을 증명하라.

14. $f(x),\ g(x),\ h(x) \in F[x]$이고, $f(x)$와 $g(x)$가 서로 소라고 하자. $f(x) \mid h(x)$ 이고 $g(x) \mid h(x)$ 이면 $f(x)g(x) \mid h(x)$ 임을 증명하라.

15. $f(x),\ g(x),\ h(x) \in F[x]$이고 $f(x)$와 $g(x)$가 서로 소라고 하자. $h(x) \mid f(x)$이면 $h(x)$와 $g(x)$는 서로 소임을 증명하라.

16. $f(x),\ g(x),\ h(x) \in F[x]$이고 $f(x)$와 $g(x)$가 서로 소라고 하자. $f(x)h(x)$와 $g(x)$의 최대공약수는 $h(x)$와 $g(x)$의 최대공약수와 같음을 증명하라.

4.3 기약 다항식과 인수분해의 유일성

이 장의 전체에서 F는 항상 체를 나타낸다. 1.3절의 $\mathbb{Z}$에서 인수분해의 유일성에 관한 결과들을 환 $F[x]$로 옮기기 전에 먼저, $\mathbb{Z}$가 $F[x]$와 현저히 다른 부분을 조사하여야 한다. $\mathbb{Z}$에서 가역원은 두 개, 즉 ± 1 뿐이지만, 다항식들의 환에서는 더 많은 가역원이 있다(따름정리 4.5 참조).

항등원을 갖는 가환환 R의 원소 a와 b에 대하여, $a = bu$를 만족하는 가역원 u가 존재할 때 a는 b의 **연관자**(associate)라 한다. 이 경우에 u^{-1}도 가역원이고 $b = au^{-1}$이므로 b도 a의 연관자이다. 환 $\mathbb{Z}$에서 가역원은 ± 1뿐이므로, 정수 n의 연관자는 $\pm n$

뿐이다. F가 체이면 따름정리 4.5에 의하여, $F[x]$에서의 가역원은 영이 아닌 상수이다. 그러므로

$F[x]$에서 $f(x)$가 $g(x)$의 연관자일 필요충분조건은
영이 아닌 어떤 상수 $c \in F$에 대하여 $f(x) = cg(x)$이다.

$\mathbb{Z}$에서 영이 아닌 정수 p가 ± 1이 아니고(즉, p는 $\mathbb{Z}$에서 가역원이 아니고), 약수가 ± 1 (가역원)과 $\pm p$ (p의 연관자)뿐이면 p는 소수임을 상기하자. $F[x]$에서 가역원은 영이 아닌 모든 상수이고, 이 사실은 다음 정의를 시사한다.

정의 F를 체라 하자. 상수가 아닌 다항식 $p(x) \in F[x]$의 인수들이 $p(x)$의 연관자와 영이 아닌 상수다항식(가역원)뿐일 때 $p(x)$를 **기약**(irreducible)이라고 한다.* 상수가 아닌 다항식이 기약이 아닐 때 **가약**(reducible)이라고 한다.

예제 1

다항식 $x+2$는 $\mathbb{Q}[x]$에서 기약이다. 왜냐하면 정리 4.2에 의하여 그것의 모든 인수의 차수가 0 또는 1이므로 영이 아닌 상수이다. 차수가 0인 인수는 영이 아닌 상수이다. 만약 $f(x) | (x+2)$, 즉 $x+2 = f(x)g(x)$이고 $\deg f(x) = 1$이면 $g(x)$의 차수는 0이고, 따라서 $g(x) = c$이다. 그러므로 $c^{-1}(x+2) = f(x)$이고, $f(x)$는 $x+2$의 연관자이다. 일반적으로, 유사한 논법으로 다음을 알 수 있다.

$F[x]$의 차수가 1인 임의의 다항식은 기약이다.

기약성의 정의는 $\mathbb{Z}$에서 소수 개념의 자연스러운 일반화이다. 대부분의 고등학교 교과서에서 다항식이 더 낮은 차수의 다항식들 곱이 아닐 때 기약인 것으로 정의한다. 다음 정리는 이 두 가지 정의가 동치임을 보여준다.

정리 4.11

F를 체라고 하자. 영이 아닌 다항식 $f(x)$가 $F[x]$에서 가약일 필요충분조건은 $f(x)$를 더 낮은 차수의 두 다항식의 곱으로 나타낼 수 있는 것이다.

* 그런 다항식을 '소(prime)'라고 할 수 있지만 '기약'은 다항식과 함께 관습적으로 쓰인 용어이다.

증명

먼저, $f(x)$가 가약이라고 가정하자. 그러면 연관자도 아니고, 영이 아닌 상수도 아닌 인수 $g(x)$를 가져야 한다. 이를테면 $f(x)=g(x)h(x)$이다. 만약 $g(x)$나 $h(x)$의 어느 것이 $f(x)$와 같은 차수를 갖는다고 하면 정리 4.2에 의하여, 둘 중 다른 것은 차수가 0이다. 차수가 0인 다항식은 F의 영이 아닌 상수이므로, 이것은 $g(x)$가 상수이거나 $f(x)$의 연관자임을 의미한다. 이것은 가정에 모순이다. 그러므로 $g(x)$와 $h(x)$ 모두 $f(x)$보다 작은 차수를 갖는다.

이제 $f(x)$를 더 낮은 차수의 두 다항식의 곱으로 나타낼 수 있다고 가정하고, 연습문제 8을 보라. ■

기약성에 대한 여러 가지 판정법을 4.4절부터 4.6절까지 제시할 것이다. 지금은 기약성의 개념이 절대적인 것이 아님을 주목한다. 예를 들면, x^2+1은 $\mathbb{C}[x]$에서 가약이다. 왜냐하면 $x^2+1=(x+i)(x-i)$이고, 어느 인수도 상수가 아니며 x^2+1의 연관자도 아니기 때문이다. 그러나 x^2+1은 $\mathbb{Q}[x]$에서 기약이다(연습문제 6).

다음 정리는 $F[x]$에서 기약 다항식은 $\mathbb{Z}$에서 소수와 근본적으로 같은 나누어지는 성질을 갖는 것을 보여준다. 정리의 조건 (3)은 다항식이 기약임을 증명하는 데 종종 이용된다. 많은 책에서 (3)은 '기약'의 정의로 주어지기도 한다.

정리 4.12

F를 체라고 하자. $p(x)$가 $F[x]$에서 상수가 아닌 다항식일 때, 다음 세 조건은 동치이다.*

(1) $p(x)$가 기약이다.

(2) $b(x)$와 $c(x)$가 $p(x)\mid b(x)c(x)$인 다항식이면 $p(x)\mid b(x)$ 또는 $p(x)\mid c(x)$이다.

(3) $r(x)$와 $s(x)$가 $p(x)=r(x)s(x)$인 다항식이면 $r(x)$ 또는 $s(x)$는 영이 아닌 상수다항식이다.

증명

(1) $\Rightarrow$ (2) $F[x]$에 대하여 정리 1.5의 증명을 본떠 수정하라. $\pm p$에 대한 진술을 $p(x)$의 연관자에 대한 진술로 바꾸고, ± 1에 대한 진술을 $F[x]$의 가역원(영이 아닌 상수다항식)에 대한 진술로 바꾼다. 정리 1.4의 자리에 정리 4.10을 사용하라.

(2) $\Rightarrow$ (3) $p(x)=r(x)s(x)$이면 (2)에 의하여, $p(x)\mid r(x)$ 또는 $p(x)\mid s(x)$이다. 만

* '다음 조건들은 동치이다'라는 것의 의미와 정리 4.12를 증명하기 위하여 무엇을 해야 하는지에 대해서는, 부록 A의 656쪽을 보라. 예제 2에 정리 4.12의 정수에 대한 유사한 대응이 있다.

약 $p(x)|r(x)$ 이면, 이를테면 $r(x)=p(x)v(x)$ 이면 $p(x)=r(x)s(x)=p(x)v(x)s(x)$이다. $F[x]$는 정역이므로 정리 3.7에 의하여 $p(x)$를 소거할 수 있고, 그 결과 $1_F=v(x)s(x)$ 이다. 그러므로 $s(x)$는 가역원이고, 따름정리 4.5에 따라 $s(x)$는 영이 아닌 상수이다. 유사한 논법으로, 만약 $p(x)|s(x)$이면 $r(x)$가 영이 아닌 상수임을 알 수 있다.

(3) ⇒ (1) $c(x)$를 $p(x)$의 임의의 인수라 하자. 즉, $p(x)=c(x)d(x)$ 라 하자. (3)으로부터 $c(x)$가 영이 아닌 상수이거나 $d(x)$가 영이 아닌 상수이다. 만약 $d(x)=d\neq 0_F$라 하면 $p(x)=c(x)d(x)=dc(x)$의 양변에 d^{-1}를 곱하여 $c(x)=d^{-1}p(x)$를 얻는다. 따라서 어느 경우에나 $c(x)$는 영이 아닌 상수이거나 $p(x)$의 연관자이다. 그러므로 $p(x)$는 기약이다. ■

따름정리 4.13

체 F에 대하여, $p(x)$를 $F[x]$에서의 기약 다항식이라 하자. $p(x)|a_1(x)a_2(x)\cdots a_n(x)$이면 $p(x)$는 $a_i(x)$ 중 적어도 하나의 인수이다.

증명

따름정리 1.6의 증명을 본떠, $F[x]$에 맞게 수정하라. ■

정리 4.14

체 F에 대하여, $F[x]$에서 상수가 아닌 임의의 다항식 $f(x)$는 $F[x]$에서의 어떤 기약 다항식들의 곱이다.* 이 인수분해는 다음의 의미에서 유일하다. 즉

$$f(x)=p_1(x)p_2(x)\cdots p_r(x),\quad f(x)=q_1(x)q_2(x)\cdots q_s(x)$$

이고 각 $p_i(x)$와 $q_j(x)$가 기약이면 $r=s$ 이다(즉, 기약 인수의 개수가 같다). 필요하다면 $q_j(x)$의 순서를 바꾸고 번호를 다시 매겨, ($i=1,2,3,\ldots,r$ 에 대하여) $p_i(x)$가 $q_i(x)$의 연관자가 되게 할 수 있다.

증명

$f(x)$가 기약 다항식들의 곱임을 보이기 위하여, 정리 1.7의 증명을 본떠 $F[x]$에 맞게

* $f(x)$가 기약일 때 인수가 하나만 있는 곱의 가능성을 허용한다.

수정한다. 즉, S를 기약 다항식들의 곱이 아니면서 상수가 아닌 모든 다항식의 집합이라 하고, 모순에 의한 증명을 이용하여 S가 공집합임을 보이자. 연관자들을 같은 것으로 보면 이 인수분해가 유일하다는 것을 보이기 위하여, $f(x) = p_1(x)p_2(x)\cdots p_r(x) = q_1(x)q_2(x)\cdots q_s(x)$이고 여기서 각 $p_i(x)$와 $q_j(x)$가 기약이라고 가정하자. 그러면 $p_1(x)[p_2(x)\cdots p_r(x)] = q_1(x)q_2(x)\cdots q_s(x)$ 이므로 $p_1(x)$는 $q_1(x)q_2(x)\cdots q_s(x)$의 약수이다. 따름정리 4.13으로부터 어떤 j에 대하여 $p_1(x) \mid q_j(x)$이다. 필요에 따라 $q_j(x)$들을 재배열하고, 번호를 다시 매겨 $p_1(x) \mid q_1(x)$ 라 해도 좋다. $q_1(x)$는 기약이므로 $p_1(x)$는 상수이거나 $q_1(x)$의 연관자이다. 그런데 $p_1(x)$는 기약이므로 이것은 상수는 아니다. 따라서 $p_1(x)$는 $q_1(x)$의 연관자이고, 어떤 영이 아닌 상수 c_1에 대하여 $p_1(x) = c_1 q_1(x)$ 이다. 그러므로

$$q_1(x)[c_1 p_2(x)\cdots p_r(x)] = p_1(x)p_2(x)\cdots p_r(x) = q_1(x)q_2(x)\cdots q_s(x)$$

이다. 양쪽 끝에서 $q_1(x)$를 소거하면

$$p_2(x)[c_1 p_3(x)\cdots p_r(x)] = q_2(x)q_3(x)\cdots q_s(x)$$

이다. 정리 1.8의 증명을 본떠 $F[x]$에 대하여 수정하여, 즉 $\pm q_j$에 관한 진술을 $q_j(x)$의 연관자에 관한 진술로 바꾸어 논의를 완성한다. ■

■ 연습문제

노트: F는 체이고, p는 양의 소수이다.

A. 1. 다음의 모닉인 연관자를 구하라.

(a) $\mathbb{Q}[x]$에서 $3x^3 + 2x^2 + x + 5$

(b) $\mathbb{Z}_5[x]$에서 $3x^5 - 4x^2 + 1$

(c) $\mathbb{C}[x]$에서 $ix^3 + x - 1$

2. 임의의 영이 아닌 $f(x) \in F[x]$는 $F[x]$에서 꼭 하나의 모닉인 연관자를 가짐을 증명하라.

3. 모든 연관자를 구하라.

(a) $\mathbb{Z}_5[x]$에서 $x^2 + x + 1$ (b) $\mathbb{Z}_7[x]$에서 $3x + 2$

4. $\mathbb{Z}_p[x]$에서 영이 아닌 임의의 다항식은 $p - 1$개의 연관자를 가짐을 증명하라.

5. $f(x)$와 $g(x)$가 $F[x]$에서 연관자일 필요충분조건은 $f(x)|g(x)$이고 $g(x)|f(x)$임을 증명하라.

6. $\mathbb{Q}[x]$에서 x^2+1은 기약임을 보이라. [**힌트**: 아니라고 하면 $(ax+b)(cx+d)$와 같이 인수분해되어야 한다. 여기서 $a, b, c, d \in \mathbb{Q}$이다. 이것이 불가능함을 보이라.]

7. $f(x)$가 $F[x]$에서 기약일 필요충분조건은 그 연관자가 기약임을 증명하라.

8. $f(x) \in F[x]$를 낮은 차수의 두 다항식의 곱으로 나타낼 수 있으면 $f(x)$는 $F[x]$에서 가약임을 증명하라. (정리 4.11의 증명 두 번째 부분이다.)

9. 다음 조건을 만족하는 기약 다항식을 모두 구하라.
   (a) $\mathbb{Z}_2[x]$에서 차수가 2
   (b) $\mathbb{Z}_2[x]$에서 차수가 3
   (c) $\mathbb{Z}_3[x]$에서 차수가 2

10. 다음 주어진 다항식은 기약인가?
   (a) $\mathbb{Q}[x]$에서 x^2-3은? $\mathbb{R}[x]$에서는?
   (b) $\mathbb{Z}_3[x]$에서 x^2+x-2는? $\mathbb{Z}_7[x]$에서는?

11. x^3-3은 $\mathbb{Z}_7[x]$에서 기약임을 증명하라.

12. x^4-4를 $\mathbb{Q}[x]$, $\mathbb{R}[x]$, $\mathbb{C}[x]$에서 각각 기약 다항식의 곱으로 나타내라.

13. $\mathbb{C}[x]$에서 $(x-3)^3(x-4)^4(x-i)^2$과 $(x-1)(x-3)(x-4)^3$의 최대공약수를 소인수분해의 유일성을 이용하여 구하라.

14. $\mathbb{Z}_6[x]$에서 x^2+x가 가역원도 아니고, x나 $x+1$의 연관자도 아니고, 상수도 아닌 다항식들의 곱으로서 두 가지 방법으로 인수분해될 수 있음을 보이라.

B. 15. (a) $(x+a)(x+b)$ 형태의 곱의 개수를 계산하여, $\mathbb{Z}_p[x]$에서 기약이 아닌 모닉 2차 다항식이 꼭 $(p^2+p)/2$개 존재함을 보이라.
   (b) $\mathbb{Z}_p[x]$에서 모닉인 2차 기약 다항식이 꼭 $(p^2-p)/2$개 존재함을 보이라.

16. $p(x)$가 $F[x]$에서 기약일 필요충분조건은 임의의 $g(x) \in F[x]$에 대하여, $p(x) | g(x)$ 이거나 $p(x)$가 $g(x)$와 서로 소임을 증명하라.

17. 정리 4.12에서 (1) $\Rightarrow$ (2)를 증명하라.

18. 정리 4.12에서 명제 (1)이 명제 (3)과 동치임을 명제 (2)를 사용하지 않고 직접 증명하라.

19. 따름정리 4.13을 증명하라.

20. $p(x)$와 $q(x)$가 $F[x]$에서 연관자가 아닌 기약 다항식이면 $p(x)$와 $q(x)$는 서로 소임을 증명하라.

21. (a) $\mathbb{Z}_9[x]$에서 가역원이 되는 차수가 0보다 큰 다항식을 하나 찾으라.
    (b) $\mathbb{Z}_9[x]$에서 (상수다항식 3과 6을 제외하고) 임의의 다항식은 차수가 양수인 두 다항식의 곱으로 나타낼 수 있음을 보이라.

22. (a) 임의의 $a \in \mathbb{Z}_3$에 대하여, $x^3 + a$는 $\mathbb{Z}_3[x]$에서 가약임을 보이라.
    (b) 임의의 $a \in \mathbb{Z}_5$에 대하여, $x^5 + a$는 $\mathbb{Z}_5[x]$에서 가약임을 보이라.

23. (a) $x^2 + 2$는 $\mathbb{Z}_5[x]$에서 기약임을 보이라.
    (b) $\mathbb{Z}_5[x]$에서 $x^4 - 4$를 기약 다항식들의 곱으로 인수분해하라.

24. 정리 4.14를 증명하라.

25. 상수가 아닌 임의의 $f(x) \in F[x]$는 $cp_1(x)p_2(x) \cdots p_n(x)$의 형태로 나타낼 수 있음을 증명하라. 단, 여기서 $c \in F$이고 각 $p_i(x)$는 $F[x]$에서 기약인 다항식이다. 또한 $f(x) = dq_1(x)q_2(x) \cdots q_m(x)$, 여기서 $d \in F$ 이고 각 $q_j(x)$가 모닉이고 $F[x]$에서 기약이면 $m = n$, $c = d$ 이고, 필요하다면 순서를 바꾸어 번호를 다시 붙이면 각 i에 대하여 $p_i(x) = q_i(x)$ 임을 보이라.

4.4 다항함수, 근과 가약성

$F[x]$와 $\mathbb{Z}$의 평행한 전개에서, 다음 단계는 (정수에 대한 소수판정과 유사한 대응인) 다항식들의 기약성에 대한 판정에 대하여 생각하는 것이다. 정수에서의 상황과는 달리, 다항식들에 대한 그런 판정법의 구현이 컴퓨터에 의존하지 않는 것이 많이 있다. 이들은 대부분 $F[x]$에서 임의의 다항식은 F에서 F로의 함수를 유도한다는 사실에 기초한다. 이 함수의 성질(특히, 그 값이 영이 되는 곳)은 그 다항식의 가약성이나 기약성과 밀접하게 관련된다.

이 장의 전체에 걸쳐, R은 가환환이다. $R[x]$의 임의의 다항식 $a_nx^n + \cdots + a_2x^2 + a_1x + a_0$와 관련된 것은 임의의 $r \in R$에 대하여

$$f(r) = a_nr^n + \cdots + a_2r^2 + a_1r + a_0$$

으로 정의되는 함수 $f: R \to R$이다. 다항식에 의하여 유도된 이런 함수 f를 **다항함수**(polynomial function)라 한다.

예제 1

다항식 $x^2 + 5x + 3 \in \mathbb{R}[x]$는 임의의 $r \in \mathbb{R}$에 대하여 $f(r) = r^2 + 5r + 3$으로 정의되는 함수 $f: \mathbb{R} \to \mathbb{R}$을 유도한다.

예제 2

다항식 $x^4 + x + 1 \in \mathbb{Z}_3[x]$는 $f(r) = r^4 + r + 1$로 정의되는 함수 $f: \mathbb{Z}_3 \to \mathbb{Z}_3$을 유도한다. 그러므로

$$f(0) = 0^4 + 0 + 1 = 1, \quad f(1) = 1^4 + 1 + 1 = 0, \quad f(2) = 2^4 + 2 + 1 = 1.$$

다항식 $x^3 + x^2 + 1 \in \mathbb{Z}_3[x]$는

$$g(0) = 0^3 + 0^2 + 1 = 1, \quad g(1) = 1^3 + 1^2 + 1 = 0, \quad g(2) = 2^3 + 2^2 + 1 = 1$$

로 주어지는 함수 $g: \mathbb{Z}_3 \to \mathbb{Z}_3$를 유도한다. 따라서 f와 g는 $\mathbb{Z}_3[x]$의 서로 다른 다항식들로부터 유도되지만, $\mathbb{Z}_3$에서 같은 함수이다.*

* 함수 f와 g가 같다는 것은, 임의의 정의역 원소 r에 대하여 $f(r) = g(r)$임을 상기하라.

다항식과 그것이 유도하는 다항함수의 차이는 분명하지만, 관습적인 기호는 매우 모호하다. 예를 들어, $f(x)=x^2-3x+2$와 같은 표현을 본다고 하자. 문맥에 따라 $f(x)=x^2-3x+2$는 다항식 $x^2-3x+2 \in \mathbb{R}[x]$를 나타내기도 하고, 유도된 함수 $f:\mathbb{R}\to\mathbb{R}$의 규칙을 나타내기도 한다. 기호 x는 여기서 두 가지의 다른 의미로 사용된다. 다항식 x^2-3x+2에서 x는 환 $\mathbb{R}[x]$의 부정원(indeterminate, transcendental element)이다.* 그러나 함수 $f:\mathbb{R}\to\mathbb{R}$에서 기호 x는 그 함수의 규칙을 나타내기 위한 변수(variable)로 사용된다. 부정원을 나타내는 기호와 변수를 나타내는 기호를 구별하여 다르게 나타내는 것이 바람직할 수도 있지만, 현실적으로 두 경우에 대하여 모두 x를 사용하는 것이 널리 퍼져 있으므로, 그것에 익숙해지는 것도 좋을 것이다.

다항식과 유도된 함수 모두에 대하여 같은 표기를 사용하는 것은 사용되는 언어에도 영향을 미친다. 예를 들어, 실제로 의미하는 것이 "f가 다항식 $3x^2-5x+4$에 의하여 유도된 함수일 때 $f(2)$를 구하라"는 것일 때 "$x=2$에서 다항식 $3x^2-5x+4$의 값을 구하라" 또는 "$3x^2-5x+4$에 $x=2$를 대입하라"고 말한다.

어떤 명제가 참인가 거짓인가는 x를 부정원이나 변수 중 어느 것으로 취급하는가에 달려 있다. 예를 들어, x가 부정원(즉, 환의 특별한 하나의 원소)인 환 $\mathbb{R}[x]$에서는 명제 $x^2-3x+2=0$는 거짓이다. 왜냐하면 정리 4.1에 따라 어떤 다항식이 영일 필요충분조건은 그것의 모든 계수가 0인 것이기 때문이다. 그러나 x가 다항함수 $f(x)=x^2-3x+2$의 규칙을 나타내는 변수일 때 그 의미는 다르다. 여기서 $\mathbb{R}$의 어느 원소가 함수 f에 의하여 0에 사상되는가? 즉, 변수 x의 어떤 값에 대하여 $x^2-3x+2=0$가 성립하는지 묻는 것은 완전히 타당하다. 변수 x에 관한 진술은 환 R에서 나오는 반면 부정원 x에 관한 진술은 환 $R[x]$에서 나온다고 생각하는 것이 도움이 될 것이다.

다항식의 근

다항식의 가약성에 관한 질문은 종종 유도된 다항함수를 생각함으로써 답할 수 있다. 이에 대한 분석의 열쇠는 근의 개념이다.

정의 가환환 R에 대하여, $f(x)\in R[x]$라 하자. R의 원소 a에 대하여 $f(a)=0_R$일 때, 즉 유도된 함수 f가 a를 0_R에 사상할 때, a를 다항식 $f(x)$의 **근**(root) 또는 **영**(zero)이라고 한다.

---

* 더 많은 정보를 위해 부록 G의 707쪽을 보라.

예제 3

다항식 $f(x) = x^2 - 3x + 2 \in \mathbb{R}[x]$ 의 모든 근은 $f(x) = 0$을 만족하는 변수 x의 모든 값, 즉 방정식 $x^2 - 3x + 2 = 0$ 의 전체 해이다. 근이 1과 2임을 보이기는 쉽다.

예제 4

다항식 $x^2 + 1 \in \mathbb{R}[x]$는 방정식 $x^2 + 1 = 0$이 실수해를 갖지 않으므로, $\mathbb{R}$ 에서 근을 갖지 않는다. 그러나 $x^2 + 1$을 $\mathbb{C}[x]$의 다항식으로 생각하면 i와 $-i$를 근으로 갖는다. i와 $-i$가 $\mathbb{C}$ 에서 $x^2 + 1 = 0$의 해이기 때문이다.

정리 4.15 나머지정리(Remainder Theorem)

체 F에 대하여, $f(x) \in F[x]$ 이고 $a \in F$ 라 하자. $f(x)$를 다항식 $x - a$로 나누었을 때 나머지는 $f(a)$ 이다.

예제 5

$f(x) = x^{79} + 3x^{24} + 5$를 $x - 1$로 나누었을 때 나머지를 구하기 위해, $a = 1$과 함께 나머지정리를 적용하면 그 나머지는

$$f(1) = 1^{79} + 3 \cdot 1^{24} + 5 = 1 + 3 + 5 = 9$$

이다.

예제 6

$f(x) = 3x^4 - 8x^2 + 11x + 1$을 $x + 2$로 나누었을 때 나머지를 구하기 위해, 나머지정리를 조심스럽게 적용하자. 정리에서 나누는 식은 $x - a$ 이지 $x + a$가 아니므로 $x + 2$를 $x - (-2)$로 나타내고, $a = -2$와 함께 나머지정리를 적용하면 그 나머지는

$$f(-2) = 3(-2)^4 - 8(-2)^2 + 11(-2) + 1 = 48 - 32 - 22 + 1 = -5$$

이다.

정리 4.15의 증명

나눗셈 알고리즘에 의하여 $f(x)=(x-a)q(x)+r(x)$, 여기서 나머지 $r(x)$는 0_F이거나 나누는 식 $x-a$의 차수보다 작은 차수를 갖는다. 따라서 $\deg r(x)=0$ 또는 $r(x)=0_F$이다. 어느 경우든 어떤 $c\in F$에 대해 $r(x)=c$이다. 그러므로 $f(x)=(x-a)q(x)+c$이고, 그 결과로 $f(a)=(a-a)q(a)+c=0_F+c=c$이다. ■

정리 4.16 인수정리(Factor Theorem)

체 F에 대하여, $f(x)\in F[x]$이고 $a\in F$라 하자. a가 다항식 $f(x)$의 근이 될 필요충분조건은 $x-a$가 $F[x]$에서 $f(x)$의 인수인 것이다.

증명

먼저 a가 $f(x)$의 근이라고 하자. 그러면

$$\begin{aligned} f(x) &= (x-a)q(x)+r(x) && [\text{나눗셈 알고리즘}] \\ f(x) &= (x-a)q(x)+f(a) && [\text{나머지 정리}] \\ f(x) &= (x-a)q(x) && [a\text{가 } f(x)\text{의 근이므로 } f(a)=0_F] \end{aligned}$$

따라서 $x-a$는 $f(x)$의 인수이다.

역으로, $x-a$가 $f(x)$의 인수라고 하자. 말하자면 $f(x)=(x-a)q(x)$이다. 그러면 $f(a)=(a-a)q(a)=0_F q(a)=0_F$이므로 a는 $f(x)$의 근이다. ■

예제 7

$x^7-x^5+2x^4-3x^2-x+2$가 $\mathbb{Q}[x]$에서 가약임을 보이기 위하여, 1이 이 다항식의 근임을 주목하자. 그러므로 $x-1$은 인수이다.

따름정리 4.17

체 F에 대하여, $f(x)$가 $F[x]$의 영이 아닌 n차 다항식이면 $f(x)$는 F에서 많아야 n개의 근을 갖는다.

증명*

$f(x)$가 F에서 한 근 a_1을 가지면 인수정리로부터, 어떤 다항식 $h_1(x) \in F[x]$에 대하여 $f(x) = (x - a_1)h_1(x)$이다. 만약 $h_1(x)$가 F에서 한 근 a_2를 가지면 인수정리에 따라, $h_2(x) \in F[x]$에 대하여

$$f(x) = (x - a_1)(x - a_2)\,h_2(x)$$

이다. 만약 $h_2(x)$가 F에서 근 a_3을 가지면 이 과정을 계속하여, 다음 상황의 어느 하나가 될 때까지 계속한다. 즉

(1) $f(x) = (x - a_1)(x - a_2) \cdots (x - a_n)h_n(x)$

(2) $f(x) = (x - a_1)(x - a_2) \cdots (x - a_k)h_k(x)$이고 $h_k(x)$가 F에서 근을 갖지 않는다.

(1)의 경우에, 정리 4.2에 의하여

$$\begin{aligned}\deg f(x) &= \deg(x - a_1) + \deg(x - a_2) + \cdots + \deg(x - a_n) + \deg h_n(x)\\ n &= 1 + 1 + \cdots + 1 + \deg h_n(x)\\ n &= n + \deg h_n(x)\end{aligned}$$

이므로 $\deg h_n(x) = 0$이고, 따라서 어떤 상수 $c \in F$에 대하여 $h_n(x) = c$이고, $f(x)$는 다음과 같이 인수분해된다.

$$f(x) = c(x - a_1)(x - a_2) \cdots (x - a_n)$$

분명히 n개의 수 $a_1, a_2, \ldots, a_n$은 $f(x)$의 모든 근이다.

(2)의 경우에 대한 논법은 근본적으로 같고(단지 n을 k로 바꾼다), 다음 결론을 이끈다. 즉, $n = k + \deg h_k(x)$. 따라서 근의 수는 k개이고 $k \le n$이다. ■

따름정리 4.18

체 F에 대하여, $f(x) \in F[x]$이고 $\deg f(x) \ge 2$라고 하자. $f(x)$가 $F[x]$에서 기약이면 $f(x)$는 F에서 근을 갖지 않는다.

---

* 수학적귀납법에 의한 증명을 원하면 연습문제 29를 보라.

증명

$f(x)$가 기약이면 $F[x]$에서 $x-a$ 형태의 인수를 갖지 않는다. 따라서 인수정리에 따라 F에서 해를 갖지 않는다. ■

따름정리 4.18의 역은 일반적으로 거짓이다. 예를 들어, $x^4+2x^2+1=(x^2+1)(x^2+1)$은 $\mathbb{Q}$에서 근을 갖지 않지만, $\mathbb{Q}[x]$에서 가약이다. 그러나 차수가 2 또는 3일 때는 역이 참이다.

따름정리 4.19

체 F에 대하여, $f(x)\in F[x]$가 2차 또는 3차 다항식이라 하자. $f(x)$가 $F[x]$에서 기약일 필요충분조건은 $f(x)$가 F에서 근을 갖지 않는 것이다.

증명

$f(x)$가 기약이라고 가정하자. 그러면 따름정리 4.18로부터, $f(x)$는 F에서 근을 갖지 않는다. $F[x]$의 임의의 일차 다항식 $cx+d$는 F에서 $-c^{-1}d$를 근으로 가지므로, $f(x)$는 $F[x]$에서 일차 인수를 갖지 않는다. 그러므로 $f(x)=r(x)s(x)$이면 $r(x)$와 $s(x)$ 어느 것도 차수가 1일 수 없다. 정리 4.2에 따라, $\deg f(x)=\deg r(x)+\deg s(x)$이다. $f(x)$는 차수가 2 또는 3이므로, $(\deg r(x), \deg s(x))$로 가능한 것은 $(2,0)$ 또는 $(0,2)$와 $(3,0)$ 또는 $(0,3)$뿐이다. 그래서 $r(x)$ 또는 $s(x)$의 차수가 0이 되어야 한다. 즉, $r(x)$ 또는 $s(x)$가 하나는 영이 아닌 상수이다. 따라서 $f(x)$는 정리 4.12로부터 기약이다. ■

예제 8

x^3+x+1은 $\mathbb{Z}_5[x]$에서 기약임을 보이기 위해, 0, 1, 2, 3, $4\in\mathbb{Z}_5$의 어느 것도 근이 아님을 보이기만 하면 된다.

이 절의 시작점인 다항함수로 되돌아와서 이 절을 마치도록 한다. 예제 2는 $F[x]$의 서로 다른 두 다항식이 F에서 F로의 같은 함수를 유도하는 것을 보여준다. 이제 F가 무한이면 이것이 일어날 수 없음을 알아보자.

따름정리 4.20

F가 무한체이고, $f(x)$, $g(x) \in F[x]$라 하자. $f(x)$와 $g(x)$가 F에서 F로의 같은 함수를 유도할 필요충분조건은 $F[x]$에서 $f(x) = g(x)$이다.

증명

$f(x)$와 $g(x)$가 F에서 F로의 같은 함수를 유도한다고 가정하자. 그러면 임의의 $a \in F$에 대하여 $f(a) = g(a)$이므로, $f(a) - g(a) = 0_F$이다. 이것은 F의 임의의 원소가 다항식 $f(x) - g(x)$의 근임을 의미한다. F가 무한이므로, $f(x) - g(x)$가 영 다항식이 아니면 따름정리 4.17에 따라 이것은 불가능하다. 즉, $f(x) = g(x)$이다. 역은 당연히 성립한다. ■

■ 연습문제

노트: F는 체를 나타낸다.

A. 1. (a) $\mathbb{Z}_2$의 영함수를 유도하는 $\mathbb{Z}_2[x]$의 영이 아닌 모든 다항식을 구하라.
   (b) $\mathbb{Z}_3[x]$에서 같은 물음에 답하라.

2. $f(x)$를 $g(x)$로 나눌 때 나머지를 구하라.
   (a) $\mathbb{Q}[x]$에서 $f(x) = x^{10} + x^8$과 $g(x) = x - 1$
   (b) $\mathbb{Q}[x]$에서 $f(x) = 2x^5 - 3x^4 + x^3 - 2x^2 + x - 8$과 $g(x) = x - 10$
   (c) $\mathbb{Q}[x]$에서 $f(x) = 10x^{75} - 8x^{65} + 6x^{45} + 4x^{37} - 2x^{15} + 5$와 $g(x) = x + 1$
   (d) $\mathbb{Z}_5[x]$에서 $f(x) = 2x^5 - 3x^4 + x^3 + 2x + 3$과 $g(x) = x - 3$

3. $h(x)$가 $f(x)$의 인수인지 아닌지 결정하라.
   (a) $\mathbb{R}[x]$에서 $h(x) = x + 2$와 $f(x) = x^3 - 3x^2 - 4x - 12$
   (b) $\mathbb{Q}[x]$에서 $h(x) = x - \frac{1}{2}$과 $f(x) = 2x^4 + x^3 + x - \frac{3}{4}$
   (c) $\mathbb{Z}_5[x]$에서 $h(x) = x + 2$와 $f(x) = 3x^5 + 4x^4 + 2x^3 - x^2 + 2x + 1$
   (d) $\mathbb{Z}_7[x]$에서 $h(x) = x - 3$과 $f(x) = x^6 - x^3 + x - 5$

4. (a) k의 어떤 값에 대하여 $\mathbb{Q}[x]$에서 $x-2$는 $x^4-5x^3+5x^2+3x+k$의 인수인가?
   (b) k의 어떤 값에 대하여 $\mathbb{Z}_5[x]$에서 $x+1$은 $x^4+2x^3-3x^2+kx+1$의 인수인가?

5. $F[x]$에서 $x-1_F$가 $a_nx^n+\cdots+a_2x^2+a_1x+a_0$의 인수일 필요충분조건은 $a_0+a_1+a_2+\cdots+a_n=0_F$임을 보이라.

6. (a) $\mathbb{Z}_3$의 임의의 원소가 $x^3-x\in\mathbb{Z}_3[x]$의 근임을 밝히라.
   (b) $\mathbb{Z}_5$의 임의의 원소가 $x^5-x\in\mathbb{Z}_5[x]$의 근임을 밝히라.
   (c) (p가 소수일 때) $x^p-x\in\mathbb{Z}_p[x]$의 근에 대한 추측을 만들라.

7. 다항식들의 곱셈을 하지 않고 인수정리를 이용하여, $\mathbb{Z}_7[x]$에서 x^7-x는 $x(x-1)(x-2)(x-3)(x-4)(x-5)(x-6)$으로 인수분해됨을 보이라.

8. 주어진 다항식이 기약인지 아닌지 결정하라.
   (a) $\mathbb{R}[x]$에서 x^2-7
   (b) $\mathbb{Q}[x]$에서 x^2-7
   (c) $\mathbb{C}[x]$에서 x^2+7
   (d) $\mathbb{Z}_5[x]$에서 $2x^3+x^2+2x+2$
   (e) $\mathbb{Z}_{11}[x]$에서 x^3-9
   (f) $\mathbb{Z}_3[x]$에서 x^4+x^2+1

9. $\mathbb{Z}_3[x]$에서 모닉인 2차 기약 다항식을 모두 구하라. $\mathbb{Z}_5[x]$에 대한 같은 질문에 답하라.

10. $\mathbb{Z}_p[x]$에서 x^2+1이 가약인 어떤 소수 $p>5$를 구하라.

11. $\mathbb{Z}_p[x]$에서 $x-2$가 $x^4+x^3+3x^2+x+1$의 인수가 되는 홀수인 어떤 소수 p를 구하라.

B. 12. $a\in F$가 $c_nx^n+c_{n-1}x^{n-1}+\cdots+c_1x+c_0\in F[x]$의 영이 아닌 근이면 a^{-1}는 $c_0x^n+c_1x^{n-1}+\cdots+c_{n-1}x+c_n$의 근임을 보이라.

13. (a) $f(x)$와 $g(x)$가 $F[x]$에서 연관자이면 F에서 근이 모두 같음을 보이라.
   (b) $f(x),\ g(x)\in F[x]$가 F에서 모두 같은 근을 가지면 $f(x)$와 $g(x)$는 $F[x]$에서 연관자인가?

14. (a) $r,\ s \in F$를 $ax^2+bx+c \in F[x]\,(a \neq 0_F)$의 근이라 하자. 인수정리를 이용하여 $r+s=-a^{-1}b$이고 $rs=a^{-1}c$임을 보이라.
    (b) $r,\ s,\ t \in F$를 $ax^3+bx^2+cx+d \in F[x]\,(a \neq 0_F)$의 근이라 하자. $r+s+t=-a^{-1}b$이고, $rs+st+tr=a^{-1}c$이고, $rst=-a^{-1}d$임을 보이라.

15. x^2+1이 $\mathbb{Z}_p[x]$에서 가약일 필요충분조건은 $p=a+b$이고 $ab \equiv 1 \pmod p$인 정수 a와 b가 존재함을 증명하라.

16. $f(x),\ g(x) \in F[x]$의 차수가 $\leq n$이라 하고, $c_0,\ c_1,\ \dots,\ c_n$을 서로 다른 F의 원소라 하자. $i=0,\ 1,\ \dots,\ n$에 대하여 $f(c_i)=g(c_i)$이면 $F[x]$에서 $f(x)=g(x)$임을 증명하라.

17. $\mathbb{Z}_6$에서 네 개의 근을 갖는 $\mathbb{Z}_6[x]$의 2차 다항식을 찾으라. 이것은 따름정리 4.17에 위배되는가?

18. $\varphi : \mathbb{C} \to \mathbb{C}$를 임의의 $a \in \mathbb{Q}$에 대하여 $\varphi(a)=a$인 동형사상이라고 하자. $r \in \mathbb{C}$가 $f(x) \in \mathbb{Q}[x]$의 근이라 가정하자. $\varphi(r)$도 $f(x)$의 근임을 증명하라.

19. $k \geq 2$인 어떤 k에 대하여 $(x-a)^k$가 $f(x) \in F[x]$의 인수일 때, $a \in F$를 $f(x)$의 **중근**(multiple root)이라고 부른다.
    (a) $a \in \mathbb{R}$이 $f(x) \in \mathbb{R}[x]$의 중근일 필요충분조건은 a가 $f(x)$와 $f'(x)$의 공통근임을 증명하라. 단 여기서 $f'(x)$는 $f(x)$의 도함수이다.
    (b) $f(x) \in \mathbb{R}[x]$이고 $f(x)$가 $f'(x)$와 서로 소이면 $f(x)$는 $\mathbb{R}$에서 중근을 갖지 않음을 증명하라.

20. R을 정역이라 하자. 4.1절의 연습문제 14에 따라, 나누는 식이 모닉이면 $R[x]$에서 나눗셈 알고리즘이 성립한다. 이 사실을 이용하여, 나머지정리와 인수정리가 $R[x]$에서 성립함을 보이라.

21. R이 정역이고 $f(x)$가 $R[x]$의 영이 아닌 n차 다항식이면 $f(x)$는 R에서 많아야 n개의 근을 가짐을 증명하라. [**힌트**: 연습문제 20.]

22. F가 무한정역이면 따름정리 4.20이 성립함을 보이라. [**힌트**: 연습문제 21 참조.]

23. $f(x), g(x), h(x) \in F[x]$이고 $r \in F$라 하자.
(a) $F[x]$에서 $f(x) = g(x) + h(x)$이면 F에서 $f(r) = g(r) + h(r)$임을 보이라.
(b) $F[x]$에서 $f(x) = g(x)h(x)$이면 F에서 $f(r) = g(r)h(r)$임을 보이라.
[힌트: 이 절의 어디에서 이 사실들을 이용하였는가?]

24. a를 F의 정해진 원소라 하고, $\varphi_a : F[x] \to F$를 $\varphi_a[f(x)] = f(a)$로 정의된 함수라 하자. φ_a는 전사인 환의 준동형사상임을 증명하라. 이 함수 φ_a를 **값매김 준동형사상**(evaluation homomorphism)이라고 한다. 이것은 각 $a \in F$에 대하여 하나씩 존재한다.

25. $\mathbb{Q}(\pi)$를 $n \geq 0$이고 $r_i \in \mathbb{Q}$인

$$r_0 + r_1\pi + r_2\pi^2 + \cdots + r_n\pi^n$$

형태의 모든 실수의 집합이라고 하자.
(a) $\mathbb{Q}(\pi)$는 $\mathbb{R}$의 부분환임을 보이라.
(b) $\theta(f(x)) = f(\pi)$로 정의되는 함수 $\theta : \mathbb{Q}[x] \to \mathbb{Q}(\pi)$는 동형사상임을 보이라. 자명한 것은 아니지만, π가 영이 아닌 유리수 계수 다항식의 근이 아니라는 사실을 이용해도 좋다. 그러므로 정리 4.1은 $R = \mathbb{Q}$로, x 대신 π로 바꾸어도 참이다. 그렇지만 연습문제 26을 참조하라.

26. $\mathbb{Q}(\sqrt{2})$를 $n \geq 0$이고 $r_i \in \mathbb{Q}$인

$$r_0 + r_1\sqrt{2} + r_2(\sqrt{2})^2 + \cdots + r_n(\sqrt{2})^n$$

형태의 모든 실수의 집합이라 하자.
(a) $\mathbb{Q}(\sqrt{2})$는 $\mathbb{R}$의 부분환임을 보이라.
(b) $\theta(f(x)) = f(\sqrt{2})$로 정의되는 함수 $\theta : \mathbb{Q}[x] \to \mathbb{Q}(\sqrt{2})$는 전사인 준동형사상이지만 동형사상이 아님을 증명하라. 따라서 정리 4.1은 $R = \mathbb{Q}$로, x 대신 $\sqrt{2}$로 바꾸면 참이 아니다. 이것을 연습문제 25와 비교하라.

27. T를 F에서 F로의 모든 다항함수의 환이라 하자. T는 미적분학에서 정의하는 연산, 즉 임의의 $r \in F$에 대하여

$$(f+g)(r) = f(r) + g(r), \quad (fg)(r) = f(r)g(r)$$

에 대하여 항등원을 갖는 가환환임을 보이라. [힌트: T가 덧셈과 곱셈에 대하여 닫혀있음을 보이기 위하여, 연습문제 23을 이용하여 $f+g$와 fg가 각각 다항식의 합과 곱인 $f(x)+g(x)$와 $f(x)g(x)$임을 보이라.]

28. T를 $\mathbb{Z}_3$에서 $\mathbb{Z}_3$으로의 모든 다항함수의 환이라 하자(연습문제 27 참조).
    (a) T는 영인자를 갖는 유한환임을 보이라. [**힌트**: $f(x)=x+1$과 $g(x)=x^2+2x$를 생각하라.]
    (b) T는 $\mathbb{Z}_3[x]$와 동형일 수 없음을 보이라. 그리고 연습문제 30을 참조하라.

29. 수학적귀납법을 이용하여 따름정리 4.17을 증명하라.

C. 30. F가 무한체일 때, 다항식환 $F[x]$는 F에서 F로의 모든 다항함수의 환 T(연습문제 27)와 동형임을 증명하라. [**힌트**: 각 다항식 $f(x) \in F[x]$를 그것에 의하여 유도된 T의 함수에 대응하는 사상 $\varphi : F[x] \to T$를 정의하라. φ는 따름정리 4.20에 따라 단사이다.]

31. $\varphi : F[x] \to F[x]$를 모든 $a \in F$에 대하여 $\varphi(a)=a$를 만족하는 동형사상이라 하자. $f(x)$가 $F[x]$에서 기약일 필요충분조건은 $\varphi(f(x))$가 $F[x]$에서 기약임을 증명하라.

32. (a) $\varphi(f(x))=f(x+1_F)$로 주어진 사상 $\varphi : F[x] \to F[x]$는 모든 $a \in F$에 대하여 $\varphi(a)=a$를 만족하는 동형사상임을 보이라.
    (b) 연습문제 31을 이용하여, $f(x)$가 $F[x]$에서 기약일 필요충분조건은 $f(x+1_F)$가 $F[x]$에서 기약임을 보이라.

4.5 $\mathbb{Q}[x]$에서의 기약성*

이 절의 핵심 주제는 $\mathbb{Q}[x]$에서의 인수분해 문제를 $\mathbb{Z}[x]$에서의 인수분해 문제로 축소시킬 수 있다는 것이다. 그러면 초등 정수론을 이용하여 정수 계수를 갖는 다항식의 기약성을 조사할 수 있다. 자주 이용될 다음 사실을 주목하며 시작하자. 즉,

$f(x) \in \mathbb{Q}[x]$이면 영이 아닌 어떤 정수 c에 대하여
$cf(x)$는 정수 계수의 다항식이다.

예를 들어

$$f(x)=x^5+\frac{2}{3}x^4+\frac{3}{4}x^3-\frac{1}{6}$$

* 이 절은 제11장, 제12장, 제15장에만 이용된다. 원한다면 그때까지 생략해도 좋다. 4.6절은 이 절과 독립적이다.

을 생각하자. $f(x)$의 계수들의 분모들의 최소공배수는 12 이고, $12f(x)$는 정수 계수의 다항식이 된다. 즉

$$12f(x) = 12\left[x^5 + \frac{2}{3}x^4 + \frac{3}{4}x^3 - \frac{1}{6}\right] = 12x^5 + 8x^4 + 9x^3 - 2.$$

인수정리에 따라, 다항식 $g(x) \in \mathbb{Q}[x]$의 1차 인수를 구하는 것은 $\mathbb{Q}$ 에서 근을 구하는 것과 동치이다. 또한 $g(x)$는 영이 아닌 상수 c에 대하여 $cg(x)$와 같은 근을 갖는다. $cg(x)$가 정수 계수 다항식이 되도록 c를 선택하면 $g(x)$의 모든 근을 다음을 이용하여 구할 수 있다.

정리 4.21 유리근판정법(Rational Root Test)

$f(x) = a_n x^n + a_{n-1}x^{n-1} + \cdots + a_1 x + a_0$를 정수 계수의 다항식이라 하자. 만약 $r \neq 0$이고 (기약 분수 꼴의) 유리수 r/s가 $f(x)$의 근이면 $r \mid a_0$이고 $s \mid a_n$이다.

증명

먼저 $s = 1$인 경우, 즉 r이 $f(x)$의 근인 경우를 생각하자. 이것은

$$a_n r^n + a_{n-1}r^{n-1} + \cdots + a_1 r + a_0 = 0$$

임을 의미한다. 따라서

$$\begin{aligned} a_0 &= -a_n r^n - a_{n-1}r^{n-1} - \cdots - a_1 r \\ a_0 &= r(-a_n r^{n-1} - a_{n-1}r^{n-2} - \cdots - a_1) \end{aligned}$$

이고, 이것은 r이 a_0의 약수임을 보여준다.

일반적인 경우에도, 근본적으로 같은 전략을 사용한다. r/s는 $f(x)$의 근이므로

$$a_n\left(\frac{r^n}{s^n}\right) + a_{n-1}\left(\frac{r^{n-1}}{s^{n-1}}\right) + \cdots + a_1\left(\frac{r}{s}\right) + a_0 = 0$$

이다. $s = 1$인 경우처럼, 정수만을 포함하는 방정식이 필요하다. 그래서 양변에 s^n을 곱하여 다시 정렬하고, 앞에서처럼 인수분해하면

$$\begin{aligned} & a_n r^n + a_{n-1}sr^{n-1} + \cdots + a_1 s^{n-1}r + a_0 s^n = 0 \\ (*) \qquad & a_0 s^n = -a_n r^n - a_{n-1}sr^{n-1} - \cdots - a_1 s^{n-1}r \\ & a_0 s^n = r\left(-a_n r^{n-1} - a_{n-1}sr^{n-2} - \cdots - a_1 s^{n-1}\right). \end{aligned}$$

마지막 식으로부터 r은 $a_0 s^n$의 약수인데, 이것은 바로 우리가 원하는 것은 아니다. 그런데 r/s는 기약 분수 꼴이므로 $\gcd(r, s) = 1$이다. 따라서 (따름정리 1.6에 의하여, s의 소수인 약수는 역시 s^n의 약수이므로) $\gcd(r, s^n) = 1$이다. $r \mid a_0 s^n$이고 $\gcd(r, s^n) = 1$이므로 정리 1.4로부터 $r \mid a_0$이다. 유사한 방법으로, $s \mid a_n$을 증명한다. (단지, 식 (*)를 다시 정렬하여, a_n이 한쪽 변에 있고 그 밖에 다른 항들은 다른 변에 있도록 이항하기만 하면 된다.) ■

예제 1

$f(x) = 2x^4 + x^3 - 21x^2 - 14x + 12$의 $\mathbb{Q}$에서의 근으로 가능한 것은 r/s의 형태로, 여기서 r은 (상수항 12의 약수인) ± 1, ± 2, ± 3, ± 4, ± 6, ± 12 중의 하나이고, s는 (최고차항 계수 2의 약수인) ± 1 또는 ± 2이다. 따라서 유리근판정법에 따라, $f(x)$의 근을 찾는 것은 가능한 유한개의 대상으로 줄여진다. 즉

$$1,\ -1,\ 2,\ -2,\ 3,\ -3,\ 4,\ -4,\ 6,\ -6,\ 12,\ -12,\ \frac{1}{2},\ -\frac{1}{2},\ \frac{3}{2},\ -\frac{3}{2}.$$

지루하지만, 이들 중 각각을 $f(x)$에 대입하여 단지 -3과 $\frac{1}{2}$이 $\mathbb{Q}$에서 $f(x)$의 근임을 확인하는 것은 간단한 절차이다.* 인수정리에 의하여 $x - (-3) = x + 3$과 $x - \frac{1}{2}$이 $f(x)$의 인수이다. 나눗셈으로

$$f(x) = (x+3)\left(x - \frac{1}{2}\right)(2x^2 - 4x - 8)$$

임을 알 수 있다. 2차 방정식의 근의 공식으로부터 $2x^2 - 4x + 8$의 근은 $1 \pm \sqrt{5}$이고, 둘 다 $\mathbb{Q}$에 속하지 않는다. 따라서 $2x^2 - 4x + 8$은 $\mathbb{Q}[x]$에서 기약임을 따름정리 4.19로부터 알 수 있다. 이렇게 하여, $f(x)$를 $\mathbb{Q}[x]$에서의 기약 다항식들의 곱으로 인수분해하였다.

예제 2

$g(x) = x^3 + 4x^2 + x - 1$의 $\mathbb{Q}$에서의 근으로 가능한 것은 1과 -1 뿐이다(이유는?). 1과 -1 어느 것도 $g(x)$의 근이 아님을 확인하라. 따라서 따름정리 4.19에 따라 $g(x)$는 $\mathbb{Q}[x]$에서 기약이다.

---

* 그래픽 계산기를 사용하여 계산과정을 현저하게 줄일 수 있다. $y = f(x)$의 그래프가 만나는 x절편이 $f(x)$의 근이므로, 절편 가까이에 있지 않은 수들은 대상에서 소거할 수 있고, 그래프로부터 -3, $\frac{1}{2}$, $-\frac{3}{2}$만 확인하면 되는 것을 알 수 있다.

$f(x) \in \mathbb{Q}[x]$이면 영이 아닌 어떤 상수 c에 대하여 $cf(x)$가 정수 계수의 다항식이 된다. $\mathbb{Z}[x]$에서 $cf(x)$의 인수분해는 $\mathbb{Q}[x]$에서 $f(x)$의 인수분해를 이끈다. 따라서 $\mathbb{Q}[x]$에서의 기약성의 판정은 정수 계수의 다항식으로 제한할 수 있다. 그렇지만 정수 계수의 다항식을 $\mathbb{Q}[x]$에서 인수분해할 수 있으나 $\mathbb{Z}[x]$에서는 아닐 가능성을 먼저 배제하여야 한다. 이것을 위해 다음이 필요하다.

보조정리 4.22

$f(x),\ g(x),\ h(x) \in \mathbb{Z}[x]$에 대하여, $f(x) = g(x)h(x)$라 하자. 소수 p가 $f(x)$의 모든 계수들의 공약수이면, p는 $g(x)$의 모든 계수들의 공약수이거나 또는 $h(x)$의 모든 계수들의 공약수이다.

증명

$f(x) = a_0 + a_1x + \cdots + a_kx^k,\quad g(x) = b_0 + b_1x + \cdots + b_mx^m,\quad h(x) = c_0 + c_1x + \cdots + c_nx^n$이라고 하자. 모순에 의한 증명을 하자. 만약 보조정리가 거짓이라 가정하면 p는 $g(x)$의 어떤 계수의 약수가 아니고, $h(x)$의 어떤 계수의 약수도 아니어야 한다. b_r을 p로 나누어지지 않는 $g(x)$의 첫 계수라고 하고, c_t를 p로 나누어지지 않는 $h(x)$의 첫 계수라 하자. 즉, $i < r$에 대하여 $p|b_i$이고, $j < t$에 대하여 $p|c_j$이다. $f(x)$의 계수 a_{r+t}를 생각하자. $f(x) = g(x)h(x)$이므로

$$a_{r+t} = b_0c_{r+t} + \cdots + b_{r-1}c_{t+1} + b_rc_t + b_{r+1}c_{t-1} + \cdots + b_{r+t}c_0$$

이다. 결과적으로

$$b_rc_t = a_{r+t} - [b_0c_{r+t} + \cdots + b_{r-1}c_{t+1}] - [b_{r+1}c_{t-1} + \cdots + b_{r+t}c_0]$$

이다. 가정에 따라 $p|a_{r+t}$이다. 또 $i < r$인 모든 i에 대하여 $p|b_i$가 되도록 r을 선택하였으므로, p는 첫 번째 괄호 속의 각 항의 약수이다. 마찬가지로 $j < t$인 모든 j에 대하여 $p|c_j$이므로, p는 두 번째 괄호 속의 각 항의 약수이다. 그러므로 정리 1.5로부터 $p|b_r$ 또는 $p|c_t$이다. 이것은 b_r과 c_t 어느 것도 p로 나누어지지 않는다는 것에 모순이다. ■

정리 4.23

정수 계수의 다항식 $f(x)$가 $\mathbb{Q}[x]$에서 차수가 각각 m과 n인 두 다항식의 곱으로 인수분해될 필요충분조건은 $f(x)$가 $\mathbb{Z}[x]$에서 차수가 각각 m과 n인 두 다항식의 곱으로 인수분해되는 것이다.

증명

$f(x)$가 $\mathbb{Z}[x]$에서 인수분해되면 당연히 $\mathbb{Q}[x]$에서 인수분해된다. 역으로 $\mathbb{Q}[x]$에서 $f(x)=g(x)h(x)$라 가정하자. c와 d를 $cg(x)$와 $dh(x)$가 정수 계수의 다항식이 되는 영이 아닌 정수라 하자. $\mathbb{Z}[x]$에서 $cdf(x)=[cg(x)][dh(x)]$, 여기서 $\deg cg(x)=\deg g(x)$이고 $\deg dh(x)=\deg h(x)$이다. p를 cd의 약수라 하자. 이를테면 $cd=pt$이다. 그러면 p는 다항식 $cdf(x)$의 모든 계수들의 약수이다. 보조정리 4.22에 의하여 p는 $cg(x)$의 모든 계수의 약수이거나 $dh(x)$의 모든 계수의 약수이다. (일반성을 잃지 않고) 앞의 약수라고 하자. 그러면 어떤 $k(x)\in\mathbb{Z}[x]$에 대하여 $cg(x)=pk(x)$이고 $\deg k(x)=\deg g(x)$이다. 따라서 $ptf(x)=cdf(x)=[cg(x)][dh(x)]=[pk(x)][dh(x)]$이다. 등식의 양 끝에서 p를 소거하여 $\mathbb{Z}[x]$에서 $tf(x)=k(x)[dh(x)]$를 얻는다.

이제 t의 소수 약수에 대하여 같은 논법을 반복하여, 등식의 양변에서 그 소수를 소거한다. cd의 임의의 약수가 다 소거될 때까지 계속하면 등식의 좌변은 $\pm f(x)$가 되고, 우변은 $\mathbb{Z}[x]$의 두 다항식의 곱이 될 것이고, 여기서 하나는 $g(x)$와 같은 차수를 갖고 다른 하나는 $h(x)$와 같은 차수를 갖는다. ■

예제 3

$f(x)=x^4-5x^2+1$이 $\mathbb{Q}[x]$에서 기약임을 보이자. 증명은 귀류법으로 할 것이다. 만약 $f(x)$가 $\mathbb{Q}[x]$에서 가약이라고 가정하면 상수가 아닌 $\mathbb{Q}[x]$의 두 다항식의 곱으로 인수분해할 수 있다. 그 인수 중 어느 것이 차수가 1이면 $f(x)$는 $\mathbb{Q}$에서 근을 갖는다. 그런데 유리근판정법에 따라 $f(x)$는 $\mathbb{Q}$에서 근을 갖지 않음을 알 수 있다. (가능한 경우는 ± 1뿐이고 어느 것도 실제로 근이 아니다.) 따라서 $f(x)$가 가약이면 가능한 인수분해는 정리 4.2에 의하여, 두 2차 다항식의 곱이다. 이 경우에 정리 4.23에 따라 $\mathbb{Z}[x]$에서 그런 인수분해가 가능하다. 또한 연습문제 10으로부터 $\mathbb{Z}[x]$에서 모닉인 2차 다항식의 곱으로 인수분해가 존재한다. 즉

$$(x^2+ax+b)(x^2+cx+d)=x^4-5x^2+1,\quad \text{여기서 } a,\ b,\ c,\ d\in\mathbb{Z}$$

이다. 식의 좌변을 곱하여 전개하면

$$\begin{aligned} & x^4+(a+c)x^3+(ac+b+d)x^2+(bc+ad)x+bd \\ = \; & x^4+0x^3-5x^2+0x+1 \end{aligned}$$

이고, 두 다항식은 같은 계수들을 갖는다. 따라서

$$a+c=0, \quad ac+b+d=-5, \quad bc+ad=0, \quad bd=1.$$

$a+c=0$이므로 $a=-c$이고, 그 결과

$$-5=ac+b+d=-c^2+b+d$$

이고 이것은

$$5=c^2-b-d$$

와 동치이다. 그런데 $\mathbb{Z}$에서 $bd=1$이므로 $b=d=1$이거나 $b=d=-1$이고, 그 결과로 가능한 것은

$$\begin{array}{lll} 5=c^2-1-1 & \text{또는} & 5=c^2+1+1 \\ 7=c^2 & \text{또는} & 3=c^2 \end{array}$$

제곱하여 3이나 7이 되는 정수는 없으므로 $f(x)$는 $\mathbb{Z}[x]$에서 2차 다항식의 곱으로 인수분해되는 것은 불가능하고, 따라서 $\mathbb{Q}[x]$에서도 불가능하다. 그러므로 $f(x)$는 $\mathbb{Q}[x]$에서 기약이다.

앞의 예제에서의 무작위에 의한 방법은 고차 다항식의 경우에는 풀어야 하는 연립방정식이 복잡하고 체계적으로 다루기 어렵기 때문에 덜 효과적이다. 그렇지만 어떤 고차 다항식의 기약성은 다음과 같이 쉽게 확정된다.

정리 4.24 Eisenstein 판정법

$f(x)=a_nx^n+a_{n-1}x^{n-1}+\cdots+a_1x+a_0$를 상수가 아닌 정수 계수의 다항식이라 하자. 어떤 소수 p가 $a_0, a_1, \ldots, a_{n-1}$ 각각의 약수이지만 a_n의 약수는 아니고, 또 p^2이 a_0의 약수가 아니면 $f(x)$는 $\mathbb{Q}[x]$에서 기약이다.

증명

증명은 귀류법으로 한다. 만약 $f(x)$가 가약이면 정리 4.23에 의하여 $\mathbb{Z}[x]$에서 인수분

해될 수 있다. 즉

$$f(x) = (b_0 + b_1x + \cdots + b_rx^r)(c_0 + c_1x + \cdots + c_sx^s)$$

여기서 각 b_i, $c_j \in \mathbb{Z}$이고 $r \geq 1$, $s \geq 1$이다. $a_0 = b_0c_0$임을 주목한다. 전제조건에 의하여 $p|a_0$이고, 따라서 정리 1.5에 의하여 $p|b_0$ 또는 $p|c_0$이다. (일반성을 잃지 않고) $p|b_0$라 하자. p^2은 a_0의 약수가 아니므로 c_0는 p로 나누어지지 않는다. 또 $a_n = b_r c_s$이다. 결과적으로 p는 b_r의 약수가 아니다. (그렇지 않으면 a_n은 p로 나누어지므로 전제조건에 모순이다.) p로 나누어지지 않는 다른 b_i가 또 있을 수도 있다. b_k를 p로 나누어지지 않는 b_i 중 첫 번째라고 하면 $0 < k \leq r < n$이고,

$$i < k\text{에 대하여 } p \mid b_i \text{이고} \quad p \nmid b_k \text{이다.}$$

다항식 곱셈의 정의에 따라

$$a_k = b_0c_k + b_1c_{k-1} + \cdots + b_{k-1}c_1 + b_kc_0$$

이므로

$$b_kc_0 = a_k - b_0c_k - b_1c_{k-1} - \cdots - b_{k-1}c_1$$

이다. $p|a_k$이고, $i < k$에 대하여 $p|b_i$이므로, p는 이 등식의 우변의 각 항의 약수이다. 따라서 $p|b_kc_0$이다. 정리 1.5에 따라 p는 b_k 또는 c_0의 약수이어야 한다. 이것은 b_k나 c_0 어느 것도 p로 나누어지지 않는다는 것에 모순이다. 그러므로 $f(x)$는 $\mathbb{Q}[x]$에서 기약이다. ■

예제 4

다항식 $x^{17} + 6x^{13} - 15x^4 + 3x^2 - 9x + 12$는 $p = 3$에 대한 Eisenstein 판정법에 따라 $\mathbb{Q}[x]$에서 기약이다.

예제 5

다항식 $x^9 + 5$는 $p = 5$에 대한 Eisenstein 판정법에 따라 $\mathbb{Q}[x]$에서 기약이다. 유사하게 $x^n + 5$는 $n \geq 1$에 대하여 $\mathbb{Q}[x]$에서 기약이다. 따라서

$\mathbb{Q}[x]$에서 임의의 차수의 기약 다항식이 존재한다.

비록 Eisenstein 판정법이 매우 효과적이지만, 이것을 적용할 수 없는 다항식도 많이 있다. 그런 경우에는 다른 기법이 필요하다. 그 하나의 방법은 다음과 같은 의미에서 $\bmod p$ 에 의한 다항식의 축약을 수반한다. p를 양의 소수라 하자. 임의의 정수 a에 대하여 $[a]$는 $\mathbb{Z}_p$에서 a의 동치류를 나타낸다. 정수 계수의 다항식 $f(x) = a_k x^k + \cdots + a_1 x + a_0$에 대하여, $\overline{f}(x)$를 $\mathbb{Z}_p[x]$의 다항식 $[a_k]x^k + \cdots + [a_1]x + [a_0]$이라고 하자. 예를 들어, $f(x) = 2x^4 - 3x^2 + 5x + 7$이면 $\mathbb{Z}_3[x]$에서

$$\begin{aligned}\overline{f}(x) &= [2]x^4 - [3]x^2 + [5]x + [7] \\ &= [2]x^4 - [0]x^2 + [2]x + [1] = [2]x^4 + [2]x + [1].\end{aligned}$$

$f(x)$와 $\overline{f}(x)$의 차수가 같음을 주목한다. 이것은 $f(x)$의 최고차항 계수가 p로 나누어지지 않는 경우 항상 그럴 것이다(그러면 $\overline{f}(x)$의 최고차항 계수가 $\mathbb{Z}_p$에서 동치류 영이 아니다).

정리 4.25

$f(x) = a_k x^k + \cdots + a_1 x + a_0$를 정수 계수의 다항식이라 하고, p를 a_k의 약수가 아닌 양의 어떤 소수라 하자. $\overline{f}(x)$가 $\mathbb{Z}_p[x]$에서 기약이면 $f(x)$는 $\mathbb{Q}[x]$에서 기약이다.

증명

반대로, $f(x)$가 $\mathbb{Q}[x]$에서 가약이라고 하자. 정리 4.23에 의하여 $f(x) = g(x)h(x)$이고 여기서 $g(x)$, $h(x)$는 $\mathbb{Z}[x]$에서 상수가 아니다. p는 $f(x)$의 최고차항 계수 a_k의 약수가 아니므로, $g(x)$나 $h(x)$의 최고차항 계수(그 곱이 a_k)의 약수일 수 없다. 결과적으로 $\deg \overline{g}(x) = \deg g(x)$이고 $\deg \overline{h}(x) = \deg h(x)$이다. 특히 $\overline{g}(x)$나 $\overline{h}(x)$ 어느 것도 $\mathbb{Z}_p[x]$에서 상수다항식이 아니다.

$\mathbb{Z}[x]$에서 $f(x) = g(x)h(x)$이면 $\mathbb{Z}_p[x]$에서 $\overline{f}(x) = \overline{g}(x)\overline{h}(x)$임을 밝히라(연습문제 20). 이것은 $\mathbb{Z}_p[x]$에서 $\overline{f}(x)$가 기약이라는 데 모순이다. 그러므로 $f(x)$는 $\mathbb{Q}[x]$에서 기약이어야 한다. ■

정리 4.25의 유용함은 다음 사실에 달려 있다. 즉, 임의의 음이 아닌 정수 k에 대하여 $\mathbb{Z}_p[x]$에서 단지 유한개의 k차 다항식이 존재한다(연습문제 17). 그러므로 $\mathbb{Z}_p[x]$에서 주어진 다항식이 기약인지 아닌지 유한개의 가능한 인수를 조사하여 결정하는 것이 이론적으로 가능하다. p의 크기와 다항식의 차수에 따라 적당한 시간 내에 이것을 실행

하는 것이 종종 가능하다.

예제 6

$f(x)=x^5+8x^4+3x^2+4x+7$ 이 $\mathbb{Q}[x]$에서 기약임을 보이기 위하여 mod 2로 축약한다. $\mathbb{Z}_2[x]$에서 $\overline{f}(x)=x^5+x^2+1$이다.* $\overline{f}(x)$는 $\mathbb{Z}_2$에서 근을 갖지 않음을 쉽게 알 수 있고, 따라서 $\mathbb{Z}_2[x]$에서 1차 인수를 갖지 않는다. $\mathbb{Z}_2[x]$에서 2차 다항식은 x^2, x^2+x, x^2+1과 x^2+x+1뿐이다. 그렇지만 만약 x^2, $x^2+x=x(x+1)$이나 $x^2+1=(x+1)(x+1)$이 인수이면 $\overline{f}(x)$는 1차 인수를 갖지만, 그것은 아니다. 남은 2차 다항식 x^2+x+1은 $\overline{f}(x)$의 인수가 아님을 실제로 나누어 보면 알 수 있다. 끝으로, $\overline{f}(x)$는 3차나 4차의 인수를 가질 수 없다. (이것이 가능하다면 다른 인수의 차수는 1차 또는 2차가 될 것이고, 이것은 불가능하다.) 그러므로 $\overline{f}(x)$는 $\mathbb{Z}_2[x]$에서 기약이다. 따라서 $f(x)$는 $\mathbb{Q}[x]$에서 기약이다.

주의: $\mathbb{Z}[x]$의 다항식이 어떤 모듈로 p에 대하여 $\mathbb{Z}_p[x]$의 가약인 다항식으로 변형되면, 정리 4.25로부터 어떤 결과도 얻을 수가 없다. 아쉽게도, $f(x)$가 $\mathbb{Q}[x]$에서 실제로 기약인 경우에도 $f(x)$의 축약이 $\mathbb{Z}_p[x]$에서 가약인 p가 많이 존재할 수 있다. 결과적으로 정리 4.25를 적용하기 위해서는 생각보다 더 많은 시간이 소요될 수도 있다.

■ 연습문제

A. 1. 유리근판정법을 사용하여, 각 다항식을 $\mathbb{Q}[x]$에서의 기약 다항식들의 곱으로 나타내라.

(a) $-x^4+x^3+x^2+x+2$ (b) $x^5+4x^4+x^3-x^2$

(c) $3x^5+2x^4-7x^3+2x^2$ (d) $2x^4-5x^3+3x^2+4x-6$

(e) $2x^4+7x^3+5x^2+7x+3$ (f) $6x^4-31x^3+25x^2+33x+7$

2. 임의의 양의 소수 p에 대하여 $\sqrt{p}$는 무리수임을 보이라. [**힌트:** x^2-p의 근은 무엇인가? 이 증명을 1.3절의 연습문제 30과 31의 증명보다 더 선호하는가?]

3. 모닉인 정수 계수의 다항식이 $\mathbb{Q}$에서 근을 가지면 이 근은 반드시 정수임을 보이라.

* 혼동의 우려가 없으면 $\mathbb{Z}_2$의 원소에서 괄호를 생략한다.

4. 예제 3에서처럼, 각 다항식이 $\mathbb{Q}[x]$에서 기약임을 보이라.
   (a) x^4+2x^3+x+1 (b) x^4-2x^2+8x+1

5. Eisenstein 판정법을 이용하여, 각 다항식이 $\mathbb{Q}[x]$에서 기약임을 보이라.
   (a) $x^5-4x+22$ (b) $10-15x+25x^2-7x^4$
   (c) $5x^{11}-6x^4+12x^3+36x-6$

6. $x^9+12x^5-21x+k$가 $\mathbb{Q}[x]$에서 기약인 정수 k가 무수히 많이 존재함을 보이라.

7. 각 다항식 $f(x)$가 $\mathbb{Z}_p[x]$에서 기약인 소수 p를 구하여, $f(x)$가 $\mathbb{Q}[x]$에서 기약임을 보이라.
   (a) $7x^3+6x^2+4x+6$ (b) $9x^4+4x^3-3x+7$

8. $f(x)$가 $\mathbb{Q}[x]$에서 가약이지만 $\overline{f}(x)$는 $\mathbb{Z}_p[x]$에서 기약인 다항식 $f(x)\in\mathbb{Z}[x]$의 예와 소수 p를 찾으라. 이것은 정리 4.25에 모순인가?

9. $\mathbb{Q}[x]$에서 기약이지만, $\bmod 2, 3, 4, 5$에 대하여 축약하면 인수분해되는 $\mathbb{Z}[x]$의 다항식의 예를 찾으라.

10. 모닉인 정수 계수의 다항식이 $\mathbb{Z}[x]$에서 m차와 n차 다항식들의 곱으로 인수분해되면, $\mathbb{Z}[x]$에서 m차와 n차 모닉인 정수 계수 다항식들의 곱으로 인수분해될 수 있음을 증명하라.

B. 11. ($n\in\mathbb{Z}$ 이고 $n>1$일 때) $30x^n-91$은 $\mathbb{Q}$에서 근을 갖지 않음을 증명하라.

12. 체 F에 대하여, $f(x)\in F[x]$라 하자. $c\in F$이고 $f(x+c)$가 $F[x]$에서 기약이면 $f(x)$는 $F[x]$에서 기약임을 증명하라. [힌트: 대우명제를 증명하라.]

13. $f(x)=x^4+4x+1$일 때, Eisenstein 판정법을 사용하여 $f(x+1)$이 기약임을 보이고, 연습문제 12를 이용하여 $f(x)=x^4+4x+1$이 $\mathbb{Q}[x]$에서 기약임을 증명하라.

14. $f(x)=x^4+x^3+x^2+x+1$이 $\mathbb{Q}[x]$에서 기약임을 증명하라. [힌트: $p=5$와 함께 연습문제 21에 대한 힌트를 이용하라.]

15. $f(x) = a_n x^n + a_{n-1} x^{n-1} + \cdots + a_1 x + a_0$가 정수 계수의 다항식이라 하자. p가 $p \mid a_1, p \mid a_2, \ldots, p \mid a_n$ 이지만 $p \nmid a_0$ 이고, $p^2 \nmid a_n$ 인 어떤 소수이면 $f(x)$는 $\mathbb{Q}[x]$에서 기약임을 증명하라. [**힌트**: $f(x)/x^n$ 에서 $y = 1/x$라 두고 얻은 다항식은 정리 4.24에 의하여 기약이다.]

16. 다음 명제는 거짓임을 예를 들어 보이라: $f(x) \in \mathbb{Z}[x]$이고, 정리 4.24를 만족하는 소수 p가 존재하지 않으면 $f(x)$는 $\mathbb{Q}[x]$에서 가약이다.

17. $\mathbb{Z}_n[x]$에서 꼭 $n^{k+1} - n^k$개의 k차 다항식이 존재함을 보이라.

18. 다음 다항식 중 어느 것이 $\mathbb{Q}$에서 기약인가?
 (a) $x^4 - x^2 + 1$
 (b) $x^4 + x + 1$
 (c) $x^5 + 4x^4 + 2x^3 + 3x^2 - x + 5$
 (d) $x^5 + 5x^2 + 4x + 7$

19. 각 다항식을 $\mathbb{Q}[x]$에서 기약 다항식들의 곱으로 나타내라.
 (a) $x^5 + 2x^4 - 6x^2 - 16x - 8$
 (b) $x^7 - 2x^6 - 6x^4 - 15x^2 - 33x - 9$

20. $f(x) = a_k x^k + \cdots + a_1 x + a_0$와 $g(x) = b_r x^r + \cdots + b_1 x + b_0$, $h(x) = c_s x^s + \cdots + c_1 x + c_0$가 $f(x) = g(x)h(x)$를 만족하는 $\mathbb{Z}[x]$의 다항식이면 $\mathbb{Z}_n[x]$에서 $\overline{f}(x) = \overline{g}(x)\overline{h}(x)$임을 보이라. [**힌트**: 4.1절의 연습문제 19를 보라.]

C. 21. 소수 p에 대하여, $f(x) = x^{p-1} + x^{p-2} + \cdots + x + 1$이 $\mathbb{Q}[x]$에서 기약임을 증명하라. [**힌트**: $(x-1)f(x) = x^p - 1$이므로 $f(x) = (x^p - 1)/(x-1)$이고 $f(x+1) = [(x+1)^p - 1]/x$ 이다. 이항정리(부록 E)에 의하여 $(x+1)^p$를 전개하고, $k > 0$일 때 p가 $\binom{p}{k}$의 약수임을 주목하라. Eisenstein 판정법을 이용하여 $f(x+1)$이 기약임을 보이고, 연습문제 12를 적용하라.]

잠시 벗어나기: 기하적 작도(제15장)는 원한다면 여기서 다룰 수 있다.

4.6 $\mathbb{R}[x]$와 $\mathbb{C}[x]$에서의 기약성*

$\mathbb{Q}[x]$에서의 상황과는 다르게, $\mathbb{R}[x]$와 $\mathbb{C}[x]$에서 모든 기약 다항식에 대한 명확한 기술이 가능하다. 결과적으로 어떤 정교한 조사나 판정이 필요 없이 $\mathbb{R}[x]$나 $\mathbb{C}[x]$에서 다항식이 기약인지 바로 말할 수 있다. 이러한 사실은 1799년 Gauss가 처음으로 증명한 다음 정리의 결과이다.

정리 4.26 대수학의 기본정리

$\mathbb{C}[x]$의 임의의 다항식은 $\mathbb{C}$에서 근을 갖는다.

이 정리는 종종 체 $\mathbb{C}$가 **대수적으로 닫혀있다**(algebraically closed)는 다른 용어로 표현된다. 이 정리의 알려진 모든 증명은 해석학, 그리고/또는 복소함수론의 사실들에 크게 의존한다. 이러한 이유로, $\mathbb{C}[x]$와 $\mathbb{R}[x]$에서의 기약성에 대한 기본정리의 일부 결과들만을 생각할 것이다. 증명을 위하여 Hungerford [5]를 참조하라.

따름정리 4.27

임의의 다항식이 $\mathbb{C}[x]$에서 기약일 필요충분조건은 그 차수가 1인 것이다.

증명

정리 4.26으로부터 차수가 ≥ 2인 $\mathbb{C}[x]$의 임의의 다항식은 $\mathbb{C}$에서 근을 갖고, 따라서 인수정리로부터 1차 인수를 갖는다. 그러므로 $f(x)$는 $\mathbb{C}[x]$에서 가약이고, 임의의 $\mathbb{C}[x]$의 기약 다항식은 차수가 1이어야 한다. 역으로, 1차 다항식은 기약이다(4.3절의 예제 1). ■

따름정리 4.28

$\mathbb{C}[x]$의 상수가 아닌 임의의 기약 다항식은 어떤 $c, a_1, \dots, a_n \in \mathbb{C}$에 대하여 $c(x-a_1)(x-a_2)\cdots(x-a_n)$의 형태로 나타낼 수 있다. 이 인수분해는 인수들의 순서를 무시하면 유일하다.

* 이 절은 제11장과 12장에서만 이용된다. 원한다면 그때까지 생략해도 좋다.

증명

정리 4.14에 따라, $f(x)$는 $\mathbb{C}[x]$에서 기약 다항식들의 곱이다. 따름정리 4.27에 의하여 그 각각은 1차 다항식이고, 정리 4.2로부터 정확히 n개의 인수가 있다. 그러므로

$$\begin{aligned} f(x) &= (r_1 x + s_1)(r_2 x + s_2) \cdots (r_n x + s_n) \\ &= r_1\big(x - (-r_1^{-1} s_1)\big) r_2\big(x - (-r_2^{-1} s_2)\big) \cdots r_n\big(x - (-r_n^{-1} s_n)\big) \\ &= c(x - a_1)(x - a_2) \cdots (x - a_n) \end{aligned}$$

여기서 $c = r_1 r_2 \cdots r_n$이고 $a_i = r_i^{-1} s_i$이다. 유일성은 정리 4.14로부터 성립한다; 4.3절의 연습문제 25를 참고하라. ■

$\mathbb{R}[x]$에서 모든 기약 다항식들을 기술하기 위하여 다음이 필요하다.

보조정리 4.29

$f(x)$가 $\mathbb{R}[x]$에서 기약일 때, $a+bi$가 $\mathbb{C}$에서 $f(x)$의 근이면 $a-bi$도 $f(x)$의 근이다.

증명

$c = a + bi \in \mathbb{C}$ (여기서 $a, b \in \mathbb{R}$)이면 $a - bi$를 $\bar{c}$로 나타내자. 임의의 $c, d \in \mathbb{C}$에 대하여

$$\overline{(c+d)} = \bar{c} + \bar{d} \text{와} \quad \overline{cd} = \bar{c}\,\bar{d}$$

가 성립한다. 또한 $\bar{c} = c$일 필요충분조건은 c가 실수인 것이다. 이제 $f(x) = a_n x^n + \cdots + a_1 x + a_0$이고 c가 $f(x)$의 근이면 $f(c) = 0$이므로

$$\begin{aligned} 0 = \bar{0} = \overline{f(c)} &= \overline{a_n c^n + \cdots + a_1 c + a_0} \\ &= \bar{a}_n \bar{c}^n + \cdots + \bar{a}_1 \bar{c} + \bar{a}_0 \\ &= a_n \bar{c}^n + \cdots + a_1 \bar{c} + a_0 \quad [\text{각 } a_i \in \mathbb{R} \text{ 이므로}] \\ &= f(\bar{c}). \end{aligned}$$

그러므로 $\bar{c} = a - bi$도 $f(x)$의 근이다. ■

정리 4.30

$\mathbb{R}[x]$에서 다항식 $f(x)$가 기약일 필요충분조건은 $f(x)$가 1차 다항식이거나

$$f(x) = ax^2 + bx + c \quad \text{여기서 } b^2 - 4ac < 0 \text{이다.}$$

증명

정리에서 진술된 두 종류의 다항식들이 실제로 기약임을 증명하는 것은 독자에게 맡긴다(연습문제 7). 역으로, $f(x)$의 차수가 ≥ 2이고 $\mathbb{R}[x]$에서 기약이라고 가정하자. 그러면 정리 4.26에 의하여 $f(x)$는 $\mathbb{C}$에서 근 w를 갖는다. 보조정리 4.29에 따라 $\overline{w}$도 $f(x)$의 근이다. 또한 $w \neq \overline{w}$이다(그렇지 않으면 w는 $f(x)$의 실근이고, 이것은 $f(x)$의 기약성에 모순이다). 결과적으로 인수정리로부터 $x - w$와 $x - \overline{w}$는 $f(x)$의 $\mathbb{C}[x]$에서의 인수이다. 즉, 어떤 $h(x) \in \mathbb{C}[x]$에 대하여 $f(x) = (x-w)(x-\overline{w})h(x)$이다. $g(x) = (x-w)(x-\overline{w})$라 두면 $\mathbb{C}[x]$에서 $f(x) = g(x)h(x)$이다. 또한 ($r, s \in \mathbb{R}$에 대하여) $w = r + si$이면

$$\begin{aligned} g(x) &= (x-w)(x-\overline{w}) = (x-(r+si))(x-(r-si)) \\ &= x^2 - 2rx + r^2 + s^2 \end{aligned}$$

이다. 따라서 $g(x)$의 계수는 모두 실수이다.

이제 $h(x)$의 계수도 모두 실수임을 보이자. $\mathbb{R}[x]$에 대한 나눗셈 알고리즘으로부터 $f(x) = g(x)q(x) + r(x)$이고, $r(x) = 0$ 또는 $\deg r(x) < \deg g(x)$를 만족하는 $\mathbb{R}[x]$의 다항식 $q(x)$, $r(x)$가 존재한다. 그런데 $\mathbb{C}[x]$에서 $f(x) = g(x)h(x) + 0$이다. $q(x)$와 $r(x)$는 $\mathbb{C}[x]$의 다항식으로 생각할 수 있으므로, $\mathbb{C}[x]$에서의 나눗셈 알고리즘의 유일성 부분에 의하여 $q(x) = h(x)$이고 $r(x) = 0$이다. 따라서 $h(x) = q(x) \in \mathbb{R}[x]$이다. $f(x) = g(x)h(x)$이고, $f(x)$는 $\mathbb{R}[x]$에서 기약이고, 또 $\deg g(x) = 2$이므로 $h(x)$는 상수 $d \in \mathbb{R}$이어야 한다. 결과적으로, $f(x) = dg(x)$는 $\mathbb{R}[x]$의 2차 다항식이고, 따라서 어떤 $a, b, c \in \mathbb{R}$에 대하여 $ax^2 + bx + c$의 형태이다. $f(x)$는 $\mathbb{R}$에서 근을 갖지 않으므로, 2차 방정식의 근의 공식에 의하여 $b^2 - 4ac < 0$이다(연습문제 6). ■

따름정리 4.31

$\mathbb{R}[x]$의 임의의 홀수차 다항식은 $\mathbb{R}$에서 근을 갖는다.

증명

정리 4.14에 의하여 $f(x)=p_1(x)p_2(x)\cdots p_k(x)$, 여기서 각 $p_i(x)$는 $\mathbb{R}[x]$에서 기약이다. 정리 4.30에 의하여 각 $p_i(x)$는 차수가 1 또는 2이다. 정리 4.2로부터

$$\deg f(x)=\deg p_1(x)+\deg p_2(x)+\ \cdots\ +\deg p_k(x)$$

이다. $f(x)$의 차수는 홀수이므로 $p_i(x)$ 중 적어도 하나는 차수가 1이다. 그러므로 $f(x)$는 1차 인수를 갖고, 따라서 $\mathbb{R}$에서 근을 갖는다. ■

기본정리와 그 따름정리들은 다항 방정식에 관한 모든 근본 문제를 해결해 주는 것 같다. 아쉽게도 이것들은 사실상 간단한 것이 아니다. 알려진 기본정리의 증명 어느 것도 특정 다항식의 근을 구하는 구조적인 방법을 제시하지 않는다.* 그러므로 임의의 다항식이 $\mathbb{C}$에서 근을 갖는 것을 알고 있더라도 특정한 다항식의 근을 구하는 것은 불가능할지도 모른다.

4차 이하의 다항 방정식은 문제가 없다. 이차의 근의 공식은 임의의 이차 다항 방정식의 모든 근을 그 다항식의 계수들의 합, 차, 곱, 몫과 제곱근을 취하여 얻을 수 있음을 보여준다. 더 복잡하기는 하지만, 3차나 4차의 다항 방정식의 근에 대해 세제곱근과 네제곱근을 포함하는 유사한 대응이 존재한다. (3차 근의 공식의 한 형태는 549쪽을 참조하라.) 그렇지만 5차 또는 그 이상의 모든 다항식의 근을 모두 구할 수 있는 그런 공식은 존재하지 않는다. 이 놀라운 사실은 거의 2세기 전에 증명되었는데, 12.3절에서 논의한다.

* 실제로 보이지 않고 근의 존재 증명이 가능한 것이 이상하게 생각될 수 있지만 그러한 '존재정리'는 수학에서 흔한 일이다. 아주 거친 비유는 어떤 사람이 저격수의 총탄에 의하여 죽임을 당하였을 때 일어나는 그 상황이다. 경찰은 살인자가 있음을 알지만 실제로 그 살인자를 찾는 것은 어렵거나 불가능할 수도 있다.

■ 연습문제

A. 1. 각 다항식의 $\mathbb{C}$ 에서 모든 근을 구하라. (한 개의 근은 이미 주어짐)

(a) $x^4-3x^3+x^2+7x-30$; 근 $1-2i$

(b) $x^4-2x^3-x^2+6x-6$; 근 $1+i$

(c) $x^4-4x^3+3x^2+14x+26$; 근 $3+2i$

2. 다음 주어진 조건들을 만족하는 $\mathbb{R}[x]$의 한 다항식을 구하라.

(a) 2와 $3+i$를 근으로 갖는 3차 모닉 다항식

(b) $1-i$와 $2i$를 근으로 갖는 최저차 모닉 다항식

(c) 3과 $4i-1$을 근으로 갖는 최저차 모닉 다항식

3. 각 다항식을 $\mathbb{Q}[x]$에서, $\mathbb{R}[x]$에서 또 $\mathbb{C}[x]$에서 기약 다항식들의 곱으로 인수분해하라.

(a) x^4-2 (b) x^3+1 (c) x^3-x^2-5x+5

4. $\mathbb{C}[x]$에서 $x^2+x+1+i$를 인수분해하라.

B. 5. 중근을 갖지 않는 $\mathbb{R}[x]$의 임의의 홀수차 다항식은 홀수개의 실근을 가짐을 증명하라.

6. $f(x)=ax^2+bx+c\in\mathbb{R}[x]$이고, $a\neq 0$이라고 하자. $\mathbb{C}$ 에서 $f(x)$의 모든 근은

$$\frac{-b+\sqrt{b^2-4ac}}{2a} \text{ 와 } \frac{-b-\sqrt{b^2-4ac}}{2a}$$

임을 증명하라. [**힌트**: $ax^2+bx+c=0$는 $x^2+(b/a)x=-(c/a)$와 동치임을 보이고, 완전제곱 꼴로 고쳐 x를 구하라.]

7. $b^2-4ac<0$일 때 임의의 $ax^2+bx+c\in\mathbb{R}[x]$는 $\mathbb{R}[x]$에서 기약임을 증명하라. [**힌트**: 연습문제 6을 보라.]

8. $a+bi$가 $x^3-3x^2+2ix+i-1\in\mathbb{C}[x]$의 근이면 $a-bi$ 도 근임은 참인가?

CHAPTER 5

$F[x]$에서의 합동관계와 합동류 산술

이 장에서는 정수환 $\mathbb{Z}$와 체 F에서 계수를 갖는 모든 다항식의 환 $F[x]$ 사이의 유사성에 대한 탐구를 계속한다. 합동의 개념과 합동류 산술을 $\mathbb{Z}$로부터 $F[x]$로 특별한 변경 없이 옮겨올 수 있음을 알게 될 것이다. 다항식환 $F[x]$의 추가적인 특성(다항함수와 근) 때문에, 이 새로운 합동류의 환은 환 $\mathbb{Z}_n$보다 훨씬 풍부한 구조를 갖는다. 이러한 추가적인 구조는 주목할 만한 결과를 이끈다. 즉, 임의의 체 위의 주어진 다항식에 대하여, 더 큰 어떤 체에서 그 다항식의 근을 구할 수 있다.

5.1 $F[x]$에서의 합동과 합동류

정수에 대한 합동의 개념은 $\mathbb{Z}$에서의 나누어짐에 관한 어떤 기본적 사실에 의존한다. F가 체이면 다항식환 $F[x]$는 근본적으로 $\mathbb{Z}$에서와 같은 나누어짐의 성질을 갖는다. 그래서 $\mathbb{Z}$에서의 합동의 개념과 그 기본성질들(2.1절)이 거의 같은 말로 $F[x]$에 대응하는 것은 놀라운 일이 아니다.

정의

체 F에 대하여, $p(x) \in F[x]$는 영이 아니라고 하자. $f(x), g(x) \in F[x]$에 대하여, $f(x)-g(x)$가 $p(x)$로 나누어질 때 **$f(x)$는 $g(x)$와 모듈로 $p(x)$ 합동**(congruent)이라고 하고, $f(x) \equiv g(x) \pmod{p(x)}$로 나타낸다.

예제 1

$\mathbb{Q}[x]$에서 $x^2+x+1 \equiv x+2 \pmod{x+1}$이다. 왜냐하면

$$(x^2+x+1)-(x+2) = x^2-1 = (x+1)(x-1).$$

예제 2

$\mathbb{R}[x]$에서 $3x^4+4x^2+2x+2 \equiv x^3+3x^2+3x+4 \pmod{x^2+1}$이다. 왜냐하면

$$\begin{aligned}(3x^4+4x^2+2x+2)-(x^3+3x^2+3x+4) &= 3x^4-x^3+x^2-x-2 \\ &= (x^2+1)(3x^2-x-2).\end{aligned}$$

정리 5.1

체 F에 대하여, $p(x)$를 $F[x]$의 영이 아닌 다항식이라 하자. 모듈로 $p(x)$ 합동은

(1) 반사적(reflexive): $f(x) \in F[x]$에 대하여 $f(x) \equiv f(x) \pmod{p(x)}$이다.
(2) 대칭적(symmetric): $f(x) \equiv g(x) \pmod{p(x)}$이면
$g(x) \equiv f(x) \pmod{p(x)}$이다.
(3) 추이적(transitive): $f(x) \equiv g(x) \pmod{p(x)}$, $g(x) \equiv h(x) \pmod{p(x)}$이면
$f(x) \equiv h(x) \pmod{p(x)}$이다.

증명

정리 2.1의 증명을 적용하되, n, a, b, c를 각각 $p(x)$, $f(x)$, $g(x)$, $h(x)$로 바꾸라. ■

정리 5.2

체 F에 대하여 $p(x)$를 $F[x]$의 영이 아닌 다항식이라 하자. $f(x) \equiv g(x) \pmod{p(x)}$이고 $h(x) \equiv k(x) \pmod{p(x)}$이면

(1) $f(x)+h(x) \equiv g(x)+k(x) \pmod{p(x)}$
(2) $f(x)h(x) \equiv g(x)k(x) \pmod{p(x)}$

이다.

증명

정리 2.2의 증명을 적용하되, n, a, b, c, d를 각각 $p(x)$, $f(x)$, $g(x)$, $h(x)$, $k(x)$로 바꾸라. ■

정의

체 F에 대하여 $p(x)$를 $F[x]$의 영이 아닌 다항식이라 하자. $f(x) \in F[x]$에 대하여, $f(x)$와 모듈로 $p(x)$ 합동인 $F[x]$의 모든 다항식으로 구성되는 집합을 $f(x)$의 **모듈로 $p(x)$ 합동류**(congruence class 또는 residue class)라 하고, $[f(x)]$로 나타낸다. 즉

$$[f(x)] = \{g(x) \mid g(x) \in F[x] \text{이고 } g(x) \equiv f(x) \pmod{p(x)}\}$$

이다.

$g(x) \equiv f(x) \pmod{p(x)}$는 어떤 $k(x) \in F[x]$에 대하여 $g(x) = f(x) + k(x)p(x)$를 의미하므로

$$\begin{aligned}[f(x)] &= \{g(x) \mid g(x) \equiv f(x) \pmod{p(x)}\} \\ &= \{f(x) + k(x)p(x) \mid k(x) \in F[x]\}.\end{aligned}$$

예제 3

$\mathbb{R}[x]$에서 모듈로 x^2+1 합동을 생각하자. $2x+1$의 합동류는 집합

$$\{(2x+1) + k(x)(x^2+1) \mid k(x) \in \mathbb{R}[x]\}$$

이다. 나눗셈 알고리즘으로부터, 이 집합의 원소들은 x^2+1로 나누었을 때 나머지가 $2x+1$인 $\mathbb{R}[x]$의 모든 다항식이다.

예제 4

$\mathbb{Z}_2[x]$에서 모듈로 x^2+x+1 합동을 생각하자. x^2의 합동류를 구하기 위하여, $x^2-(x+1) = x^2-x-1 = (x^2+x+1)$로부터 $x^2 \equiv x+1 \pmod{x^2+x+1}$임을 주목하자($\mathbb{Z}_2$에서 $1+1=0$이므로 $1=-1$). 그러므로 $x+1$은 합동류 $[x^2]$의 원소이다. 사실, 다음 정리는 $[x+1]=[x^2]$임을 보여준다.

정리 5.3

$f(x) \equiv g(x) \pmod{p(x)}$ 일 필요충분조건은 $[f(x)] = [g(x)]$ 이다.

증명

정리 2.3의 증명에서, a, c, n과 정리 2.1 대신 $f(x)$, $g(x)$, $p(x)$와 정리 5.1로 바꾸라.
■

따름정리 5.4

두 모듈로 $p(x)$ 합동류는 서로 소(disjoint)이거나 같다.

증명

따름정리 2.4의 증명을 본떠 옮겨쓰라. ■

$\mathbb{Z}$ 의 모듈로 n 합동에서는 정확히 n개의 서로 다른 합동류가 존재한다(따름정리 2.5). 이들은 $[0]$, $[1]$, $[2]$, ..., $[n-1]$이다. n으로 나누어 가능한 각 나머지에 대하여, 하나씩의 합동류가 존재함을 주목한다. $F[x]$에서 n차 다항식으로 나누었을 때 가능한 모든 나머지는 (당연히 0과) $n-1$차 이하의 모든 다항식이다. 따라서 따름정리 2.5에 대응하는 유사 성질은 다음과 같다.

따름정리 5.5

체 F에 대하여, $p(x)$를 $F[x]$의 n차 다항식이라 하고 모듈로 $p(x)$ 합동을 생각하자.

(1) $f(x) \in F[x]$이고, $r(x)$가 $f(x)$를 $p(x)$로 나누었을 때 나머지라고 하면 $[f(x)] = [r(x)]$ 이다.

(2) S를 영 다항식과 n보다 작은 차수의 $F[x]$의 모든 다항식으로 이루어진 집합이라 하자. 임의의 모듈로 $p(x)$ 합동류는 S의 어떤 다항식의 합동류와 같고, S의 서로 다른 다항식들의 합동류들은 서로 다르다.

증명

(1) 나눗셈 알고리즘에 따라 $f(x) = p(x)q(x) + r(x)$, 여기서 $r(x) = 0_F$ 또는

$\deg r(x) < n$이다. 따라서 $f(x) - r(x) = p(x)q(x)$이고, 그 결과 $f(x) \equiv r(x)$ $(\bmod p(x))$이다. 정리 5.3으로부터 $[f(x)] = [r(x)]$이다.

(2) $r(x) = 0_F$ 또는 $\deg r(x) < n$이므로 $r(x) \in S$ 임을 알 수 있다. 그러므로 임의의 합동류는 S의 어떤 다항식의 합동류와 같다. S의 다른 두 다항식은 그 차의 차수가 n보다 작아 모듈로 $p(x)$ 합동일 수 없고, 그러므로 $p(x)$로 나누어지지 않는다. 따라서 S의 서로 다항식들은 정리 5.3에 따라, 서로 다른 합동류를 갖는다. ■

모듈로 $p(x)$ 합동류 전체 집합을

$$F[x]/(p(x))$$

로 나타내고, 이것은 $\mathbb{Z}_n$에 대응하는 기호이다.

예제 5

$\mathbb{R}[x]$에서 모듈로 x^2+1 합동을 생각하자. x^2+1로 나누어 가능한 각 나머지에 대하여 하나씩의 합동류가 존재한다. 이제 가능한 모든 나머지는 (r, $s \in \mathbb{R}$ 중 하나 또는 둘 다 0일 수도 있는) $rx+s$ 형태의 다항식이다. 따라서 $\mathbb{R}[x]/(x^2+1)$은 무수히 많은 다른 합동류들로 구성되고,

$$[0],\ [x],\ [x+1],\ [5x+3],\ \left[\frac{7}{9}x+2\right],\ [x-7],\ \ldots$$

을 포함한다. 따름정리 5.5로부터, $[rx+s] = [cx+d]$일 필요충분조건은 $rx+s = cx+d$, 즉 $r=c$이고 $s=d$인 것이다. 따라서 $\mathbb{R}[x]/(x^2+1)$의 임의의 원소는 $[rx+s]$ 형태로 유일하게 나타낼 수 있다.

예제 6

$\mathbb{Z}_2[x]$에서 모듈로 x^2+x+1 합동을 생각하자. x^2+x+1로 나누어 가능한 모든 나머지는 a, $b \in \mathbb{Z}_2$인 $ax+b$ 형태의 모든 다항식이다. 따라서 가능한 나머지는 단지 0, 1, x, $x+1$의 네 개뿐이다. 그러므로 $\mathbb{Z}_2[x]/(x^2+x+1)$은 네 개의 합동류 $[0]$, $[1]$, $[x]$, $[x+1]$로 구성된다.

예제 7

예제 6에서의 양식은 일반적으로도 작동한다. n을 소수인 정수라 하자. 그래서 $\mathbb{Z}_n$은 체이고, 나눗셈 알고리즘이 $\mathbb{Z}_n[x]$에서 성립한다. 만약 $p(x) \in \mathbb{Z}_n[x]$의 차수가 k이면 $p(x)$로 나누어 생길 수 있는 가능한 나머지들은 $a_i \in \mathbb{Z}_n$인 $a_0 + a_1 x + a_2 x^2 + \cdots + a_{k-1} x^{k-1}$ 형태이다. k개의 계수 $a_0, a_1, a_2, \ldots, a_{k-1}$의 각각에 대하여 n가지씩의 가능성이 있고, 따라서 n^k개의 서로 다른 이러한 형태의 다항식이 존재한다. 결과적으로 따름정리 5.5로부터 $\mathbb{Z}_n[x]/(p(x))$에는 정확히 n^k개의 서로 다른 모듈로 $p(x)$ 합동류가 존재한다.

■ 연습문제

노트: F는 체를 나타내고, $p(x)$는 $F[x]$에서의 영이 아닌 다항식이다.

A. 1. $f(x), g(x), p(x) \in F[x]$이고, $p(x)$는 영이 아니라고 하자. $f(x) \equiv g(x) \pmod{p(x)}$인지 아닌지 결정하라.

(a) $f(x) = x^5 - 2x^4 + 4x^3 + x + 1$, $g(x) = 3x^4 + 2x^3 - 5x^2 - 9$, $p(x) = x^2 + 1$; $F = \mathbb{Q}$

(b) $f(x) = x^4 + x^2 + x + 1$, $g(x) = x^4 + x^3 + x^2 + 1$, $p(x) = x^2 + x$; $F = \mathbb{Z}_2$

(c) $f(x) = 3x^5 + 4x^4 + 5x^3 - 6x^2 + 5x - 7$, $g(x) = 2x^5 + 6x^4 + x^3 + 2x^2 + 2x - 5$, $p(x) = x^3 - x^2 + x - 1$; $F = \mathbb{R}$

2. $p(x)$가 $F[x]$의 영이 아닌 상수다항식이면 $F[x]$의 임의의 두 다항식은 모듈로 $p(x)$ 합동임을 보이라.

3. $\mathbb{Z}_2[x]$에서 서로 다른 모듈로 $x^3 + x + 1$ 합동류는 몇 개 존재하는가? 그것을 모두 열거하라.

4. $\mathbb{Z}_3[x]$에서 모듈로 $x^3 + 2x + 1$ 합동에 대하여 꼭 27개의 서로 다른 합동류가 존재함을 보이라.

5. $\mathbb{Q}[x]$에서 서로 다른 모듈로 $x^2 - 2$ 합동류가 무한히 많이 존재함을 보이라. 그것을 기술하라.

6. $a \in F$ 라 하자. $F[x]$ 에서 모든 모듈로 $x-a$ 합동류를 기술하라.

7. $F[x]$ 에서 모든 모듈로 x 합동류를 기술하라.

B. 8. 증명하거나 성립하지 않음을 입증하라: $p(x)$가 $k(x)$와 서로 소이고 $f(x)k(x) \equiv g(x)k(x) \pmod{p(x)}$이면 $f(x) \equiv g(x) \pmod{p(x)}$이다.

9. $f(x) \equiv g(x) \pmod{p(x)}$ 일 필요충분조건은 $f(x)$와 $g(x)$를 $p(x)$로 나누었을 때 같은 나머지를 갖는 것임을 증명하라.

10. 증명하거나 성립하지 않음을 입증하라: $p(x)$가 $F[x]$에서 기약이고 $f(x)g(x) \equiv 0_F \pmod{p(x)}$ 이면 $f(x) \equiv 0_F \pmod{p(x)}$ 또는 $g(x) \equiv 0_F \pmod{p(x)}$ 이다.

11. $p(x)$가 $F[x]$에서 가약이면 $f(x) \not\equiv 0_F \pmod{p(x)}$ 이고 $g(x) \not\equiv 0_F \pmod{p(x)}$ 이지만 $f(x)g(x) \equiv 0_F \pmod{p(x)}$ 인 $f(x),\ g(x) \in F[x]$ 가 존재함을 증명하라.

12. $f(x)$가 $p(x)$와 서로 소이면 $f(x)g(x) \equiv 1_F \pmod{p(x)}$ 인 다항식 $g(x) \in F[x]$ 가 존재함을 증명하라.

13. $f(x),\ g(x) \in \mathbb{R}[x]$ 이고 $f(x) \equiv g(x) \pmod{x}$ 라 하자. $y = f(x)$와 $y = g(x)$의 그래프에 관하여 무엇을 말할 수 있는가?

5.2 합동류 산술

정수에서 합동은 $\mathbb{Z}_n$을 유도한다. 유사하게 $F[x]$에서의 합동도 새로운 환과 체를 만들어 낸다. 이들은 환 $\mathbb{Z}_n$보다 구조에 있어서 훨씬 풍부한 것으로 판명된다. 여기에서의 전개는 2.2절과 매우 유사하다.

정리 5.6

체 F에 대하여, $p(x)$를 $F[x]$의 상수가 아닌 다항식이라 하자. $F[x]/(p(x))$에서, $[f(x)]=[g(x)]$이고 $[h(x)]=[k(x)]$이면

$$[f(x)+h(x)]=[g(x)+k(x)] \text{이고} \quad [f(x)h(x)]=[g(x)k(x)] \text{이다.}$$

증명

정리 2.6의 증명에서, 정리 2.2와 정리 2.3을 정리 5.2와 정리 5.3으로 바꾸어 쓰라. ■

정리 5.6에 따라, 정수에서 하였던 것과 꼭 마찬가지로, 이제 합동류들의 덧셈과 곱셈을 정의할 수 있고, 이들은 각 합동류의 대표 선택에 관계가 없음이 명백하다.

정의

체 F에 대하여, $p(x)$를 $F[x]$의 상수가 아닌 다항식이라 하자. $F[x]/(p(x))$에서의 덧셈과 곱셈을 다음과 같이 정의한다.

$$[f(x)]+[g(x)]=[f(x)+g(x)]$$
$$[f(x)][g(x)]=[f(x)g(x)]$$

예제 1

$\mathbb{R}[x]$에서 모듈로 x^2+1 합동은 생각하자. 합동류 $[2x+1]$과 $[3x+5]$의 합은 합동류

$$[(2x+1)+(3x+5)]=[5x+6]$$

이다. 그 곱은

$$[2x+1][3x+5]=[(2x+1)(3x+5)]=[6x^2+13x+5]$$

이다. 5.1절의 예제 5에서 주목했던, $\mathbb{R}[x]/(x^2+1)$의 임의의 합동류는 $[ax+b]$ 형태로 나타낼 수 있다. 그런 형태로 $[6x^2+13x+5]$를 나타내기 위하여, x^2+1로 $6x^2+13x+5$를 나누어

$$6x^2+13x+5=6(x^2+1)+(13x-1)$$

임을 알 수 있다. 결과적으로 $6x^2+13x+5 \equiv 13x-1 \pmod{x^2+1}$이고, 따라서 $[6x^2+13x+5]=[13x-1]$이다.

예제 2

5.1절의 예제 6에서 $\mathbb{Z}_2[x]/(x^2+x+1)$은 4개의 합동류 $[0]$, $[1]$, $[x]$, $[x+1]$로 구성됨을 살펴보았다. 합동류 덧셈의 정의로부터, $[x+1]+[1]=[x+1+1]=[x]$임을 알 수 있다($\mathbb{Z}_2$에서 $1+1=0$임을 기억하라). 유사한 계산으로, $\mathbb{Z}_2[x]/(x^2+x+1)$에 대한 덧셈표는 다음과 같다.

$+$	$[0]$	$[1]$	$[x]$	$[x+1]$
$[0]$	$[0]$	$[1]$	$[x]$	$[x+1]$
$[1]$	$[1]$	$[0]$	$[x+1]$	$[x]$
$[x]$	$[x]$	$[x+1]$	$[0]$	$[1]$
$[x+1]$	$[x+1]$	$[x]$	$[1]$	$[0]$

$\mathbb{Z}_2[x]/(x^2+x+1)$에 대한 곱셈표의 대부분은 정의로부터 쉽게 얻을 수 있다.

$\cdot$	$[0]$	$[1]$	$[x]$	$[x+1]$
$[0]$	$[0]$	$[0]$	$[0]$	$[0]$
$[1]$	$[0]$	$[1]$	$[x]$	$[x+1]$
$[x]$	$[0]$	$[x]$		
$[x+1]$	$[0]$	$[x+1]$		

표의 나머지를 채우기 위하여 예를 들어, 다음을 주목한다.

$$[x]\cdot[x+1]=[x(x+1)]=[x^2+x]$$

이제 $\mathbb{Z}_2[x]$에서 나눗셈이나 간단한 덧셈으로, $x^2+x=(x^2+x+1)+1$이다. 그러므로 $x^2+x\equiv 1 \pmod{x^2+x+1}$이고, 따라서 $[x^2+x]=[1]$이다. 유사한 계산으로, ($\mathbb{Z}_2[x]$에서 $x^2=(x^2+x+1)+(x+1)$이므로) $[x]\cdot[x]=[x^2]=[x+1]$임을 알 수 있다. $[x+1]\,[x+1]=[x]$임을 밝히라.

앞의 예에서 표들을 살펴보면, $\mathbb{Z}_2[x]/(x^2+x+1)$은 항등원을 갖는 가환환(사실은 체)임을 알 수 있다. $\mathbb{Z}$와 $\mathbb{Z}_n$에 대한 경험의 관점에서, 이것은 그렇게 놀라운 일이 아니다. 예기치 않은 것은 두 연산표의 위쪽 왼편 코너(즉 $[0]$과 $[1]$의 합과 곱)이다. 부분집합 $F^*=\{[0],[1]\}$는 실제로 $\mathbb{Z}_2[x]/(x^2+x+1)$의 부분환이고, F^*는 $\mathbb{Z}_2$와 동형임을 쉽게 알 수 있다(두 시스템에 대한 연산표들은 F^*에서 괄호 표시를 제외하면 같다). 이러한 사실은 다음 정리를 설명해준다.

정리 5.7

체 F에 대하여, $p(x)$를 $F[x]$의 상수가 아닌 다항식이라 하자. 모듈로 $p(x)$ 합동류 전체의 집합 $F[x]/(p(x))$는 항등원을 갖는 가환환이다. 또한 $F[x]/(p(x))$는 F와 동형인 부분환 F^*를 포함한다.

증명

$F[x]/(p(x))$가 항등원을 갖는 가환환임을 증명하기 위하여, 정리 2.7의 증명을 본떠 현재의 경우로 바꿔 쓰라. 모든 상수다항식의 합동류로 구성되는 $F[x]/(p(x))$의 부분집합을 F^*라 하자. 즉, $F^* = \{[a] \mid a \in F\}$이다. F^*는 $F[x]/(p(x))$의 부분환임을 밝히라(연습문제 10). 함수 $\varphi : F \to F^*$를 $\varphi(a) = [a]$로 정의한다. 이 정의는 φ가 전사임을 보여준다. $F[x]/(p(x))$의 덧셈과 곱셈의 정의로부터, 다음을 알 수 있다.

$$\varphi(a+b) = [a+b] = [a]+[b] = \varphi(a)+\varphi(b)\text{이고,}$$
$$\varphi(ab) = [ab] = [a][b] = \varphi(a)\varphi(b)$$

따라서 φ는 준동형사상이다.

φ가 단사임을 보이기 위하여, $\varphi(a) = \varphi(b)$라 가정하자. 그러면 $[a] = [b]$이고 $a \equiv b \pmod{p(x)}$임을 보여준다. 따라서 $p(x)$는 $a-b$의 약수이다. 그런데 $p(x)$의 차수는 ≥ 1이고 $a-b \in F$이다. 이것은 $a-b=0$가 아니면 불가능하다. 따라서 $a=b$이고, φ는 단사이다. 그러므로 $\varphi : F \to F^*$는 동형사상이다. ■

체 F와 $F[x]$의 다항식 $p(x)$로 시작하여 지금까지 F의 동형 복제를 포함하는 환 $F[x]/(p(x))$를 구성하였다. 실제로 바라는 것은 체 F 자체를 포함하는 환이다. 이것을 구현하는 두 가지 가능한 방법이 있는데, 다음 예에서 설명한다.

예제 3

예제 2에서 $\mathbb{Z}_2$와 동형인 부분집합 $F^* = \{[0], [1]\}$을 포함하는 환 $\mathbb{Z}_2[x]/(x^2+x+1)$을 만들기 위하여, $\mathbb{Z}_2[x]$의 다항식 x^2+x+1을 사용하였다. $\mathbb{Z}_2$를 $\mathbb{Z}_2[x]/(x^2+x+1)$ 내부에서 그 동형 복제인 F^*와 동일시 하는 것으로 가정하고, F^*의 원소를 $\mathbb{Z}_2$의 원소처럼 나타내자. 그러면 예제 2의 연산표들은 다음과 같이 된다.

$+$	0	1	$[x]$	$[x+1]$
0	0	1	$[x]$	$[x+1]$
1	1	0	$[x+1]$	$[x]$
$[x]$	$[x]$	$[x+1]$	0	1
$[x+1]$	$[x+1]$	$[x]$	1	0

$\cdot$	0	1	$[x]$	$[x+1]$
0	0	0	0	0
1	0	1	$[x]$	$[x+1]$
$[x]$	0	$[x]$	$[x+1]$	1
$[x+1]$	0	$[x+1]$	1	$[x]$

이렇게 하여, $\mathbb{Z}_2$를 부분집합으로 갖는 환을 갖는다. 이 과정이 조금 불편하다면(과연 $\mathbb{Z}_2$가 실제로 부분집합?) 다음과 같은 대안의 경로를 사용하여, 같은 결과를 얻을 수 있다. E를 실제로 $\mathbb{Z}_2$를 부분집합으로 갖는 네 개의 원소를 갖는 집합, 이를테면 $E = \{0, 1, r, s\}$라 하자. E에서 덧셈과 곱셈을 다음과 같이 정의한다.

$+$	0	1	r	s
0	0	1	r	s
1	1	0	s	r
r	r	s	0	1
s	s	r	1	0

$\cdot$	0	1	r	s
0	0	0	0	0
1	0	1	r	s
r	0	r	s	1
s	0	s	1	r

$\mathbb{Z}_2[x]/(x^2+x+1)$에 대한 연산표들과 E에 대한 연산표들을 비교해 보면, 이 두 환은 동형임을 알 수 있다(즉, $[x]$를 r로, $[x+1]$을 s로 바꾸면 한쪽에서 다른 쪽으로 변한다). 그러므로 E는 본질적으로 앞에서 얻었던 환과 같다. 그럼에도, E는 동일시의 과정 없이 $\mathbb{Z}_2$를 진정한 부분집합으로 포함한다.

앞의 예제에서 했던 것을 일반적으로도 할 수 있다. 주어진 체 F와 F 위의 다항식 $p(x)$에 대하여, F를 부분집합으로 포함하는 환을 구성하는 것이 가능하다. 이것을 위한 관례적인 방법은 F를 $F[x]/(p(x))$ 내부에 있는 그것의 동형 복제 F^*와 동일시하여, F를 $F[x]/(p(x))$의 부분집합으로 생각하는 것이다. 이렇게 하는 것이 불편하다면, 앞의 예제에서처럼 F를 진짜로 포함하는 $F[x]/(p(x))$와 동형인 어떤 환을 항상 만들 수 있다는 것을 염두에 둔다. 후자의 접근방식은 번거로워지는 경향이 있으므로, 보통의 관례를 따라 앞으로 F를 F^*와 동일시한다. 결과적으로 $a, b \in F$일 때 $[b][x]$ 대신에 $b[x]$로, $[a]+[b][x]$ 대신에 $a+b[x]$로 나타낼 것이다. 그러면 정리 5.7은 다음과 같이 다시 나타낼 수 있다.

정리 5.8

체 F에 대하여, $p(x)$가 $F[x]$의 상수가 아닌 다항식이면 $F[x]/(p(x))$는 F를 포함하는 항등원을 갖는 가환환이다.

a가 $\gcd(a,n)=1$ 인 정수이면 정리 2.10에 따라, $[a]$는 $\mathbb{Z}_n$에서 가역원이다. 여기서, 다항식에 대한 대응하는 유사 성질을 살펴보자.

정리 5.9

체 F에 대하여, $p(x)$를 $F[x]$의 상수가 아닌 다항식이라 하자. $f(x)\in F[x]$이고, $f(x)$가 $p(x)$와 서로 소이면 $[f(x)]$는 $F[x]/(p(x))$의 가역원이다.

증명

정리 4.8에 따라, $f(x)u(x)+p(x)v(x)=1$을 만족하는 다항식 $u(x)$와 $v(x)$가 존재한다. 따라서 $f(x)u(x)-1=-p(x)v(x)=p(x)(-v(x))$이고, 정리 5.3으로부터 이것은 $[f(x)u(x)]=[1]$임을 의미한다. 그러므로 $[f(x)][u(x)]=[f(x)u(x)]=[1]$이고, 그 결과 $[f(x)]$는 $F[x]/(p(x))$의 가역원이다. ■

예제 4

x^2-2는 $\mathbb{Q}[x]$에서 기약이므로, $2x+5$와 x^2-2는 $\mathbb{Q}[x]$에서 서로 소이다(왜?). 그러므로 $[2x+5]$는 환 $\mathbb{Q}[x]/(x^2-2)$에서 가역원이다. 정리 5.9의 증명은 이것의 역원이 $[u(x)]$임을 보여준다. 여기서 $(2x+5)u(x)+(x^2-2)v(x)=1$이다. Euclid의 호제법을 이용하여, 1.2절의 연습문제 15에서와 같이 다음을 구할 수 있다.

$$(2x+5)\left(-\frac{2}{17}x+\frac{5}{17}\right)+(x^2-2)\left(\frac{4}{17}\right)=1$$

따라서 $\mathbb{Q}[x]/(x^2-2)$에서 $\left[-\frac{2}{17}x+\frac{5}{17}\right]$는 $[2x+5]$의 역원이다.

■ 연습문제

A. 연습문제 1~4에서의 합동류 환 $F[x]/(p(x))$에 대한 덧셈과 곱셈 연산표를 만들라. 각 경우에 $F[x]/(p(x))$는 체인가?

1. $F=\mathbb{Z}_2,\ p(x)=x^3+x+1$
2. $F=\mathbb{Z}_3,\ p(x)=x^2+1$
3. $F=\mathbb{Z}_2,\ p(x)=x^2+1$
4. $F=\mathbb{Z}_5,\ p(x)=x^2+1$

B. 연습문제 5~8에서, 주어진 합동류 환의 각 원소는 $[ax+b]$의 형태로 나타낼 수 있다(왜?). 합동류들의 덧셈과 곱셈의 정의에 대한 규칙을 정하라. (즉, 곱 $[ax+b][cx+d]$가 합동류 $[rx+s]$이면 r과 s를 a, b, c, d로부터 어떻게 구할 수 있는지를 기술하라. 덧셈에 대해서도 유사한 방법으로 답하라.)

5. $\mathbb{R}[x]/(x^2+1)$ [힌트: 예제 1을 보라.]
6. $\mathbb{Q}[x]/(x^2-2)$
7. $\mathbb{Q}[x]/(x^2-3)$
8. $\mathbb{Q}[x]/(x^2)$
9. 임의의 영이 아닌 합동류 $[ax+b]$가 가역원임을 밝혀, $\mathbb{R}[x]/(x^2+1)$이 체임을 증명하라. [힌트: $[ax+b]$의 역원이 $[cx+d]$임을 보이라. 여기서 $c=-a/(a^2+b^2)$, $d=b/(a^2+b^2)$.]
10. 체 F에 대하여, $p(x)\in F[x]$라 하자. $F^*=\{[a]\mid a\in F\}$가 $F[x]/(p(x))$의 부분환임을 증명하라.
11. 연습문제 8의 환은 체가 아님을 보이라.
12. 정리 5.6의 완전한 증명을 상세히 쓰라(즉, $\mathbb{Z}$에 대한 대응하는 유사 성질의 증명을 $F[x]$에 대하여 옮기라).
13. 정리 5.7의 첫 명제를 증명하라.

14. 각 부분에서 왜 $[f(x)]$가 $F[x]/(p(x))$에서 가역원인지 설명하고, 또 그 역원을 구하라. [**힌트**: 역원을 구하기 위하여, $u(x)$와 $v(x)$를 정리 5.9에서 나온 것이라 하자. $u(x)=ax+b$이고 $v(x)=cx+d$라 가정해도 좋다. $f(x)u(x)+p(x)v(x)$를 전개하여 a, b, c, d에 관한 연립 일차방정식을 유도하고, 그것을 풀라.]
    (a) $[f(x)]=[2x-3]\in\mathbb{Q}[x]/(x^2-2)$
    (b) $[f(x)]=[x^2+x+1]\in\mathbb{Z}_3[x]/(x^2+1)$

C. 15. 예제 3에 주어진 연산표들에 대하여, 체 $\mathbb{Z}_2[x]/(x^2+x+1)$의 4개의 원소를 근으로 갖는 $\mathbb{Z}_2[x]$의 4차 다항식을 구하라. [**힌트**: 인수정리가 도움이 될 것이다.]

16. $\mathbb{Q}[x]/(x^2-2)$는 체임을 증명하라.

5.3 $p(x)$가 기약일 때 $F[x]/(p(x))$의 구조

p가 소수일 때, 정리 2.8은 사실상 $\mathbb{Z}_p$가 체(물론 정역)임을 진술한다. 다음은 $F[x]$와 기약 다항식 $p(x)$에 대응하는 유사 결과이다.

정리 5.10

체 F에 대하여, $p(x)$를 $F[x]$의 상수 아닌 다항식이라 하자. 다음 명제들은 동치이다.

(1) $p(x)$가 $F[x]$에서 기약이다.
(2) $F[x]/(p(x))$가 체이다.
(3) $F[x]/(p(x))$가 정역이다.

정리 5.10과 그 증명의 대부분은 정리 2.8과 그 증명의 복사판으로 $\mathbb{Z}$를 $F[x]$로, $\mathbb{Z}_p$를 $F[x]/(p(x))$로 바꾸고, 소수와 기약 다항식 사이의 차이점에 대한 필수적인 조정이 이루어져야 한다.

정리 5.10의 증명

(1) $\Rightarrow$ (2) 정리 5.7에 따라 $F[x]/(p(x))$는 항등원을 갖는 가환환이고, 따라서 공리

1~10을 만족한다. $F[x]/(p(x))$가 체임을 보이기 위하여, $F[x]/(p(x))$의 영 아닌 임의의 원소가 가역원임을 밝혀야 한다(61쪽의 공리 12). $F[x]/(p(x))$에서 $[a(x)] \neq [0]$이라고 가정하자. $[a(x)][u(x)] = [1_F]$를 만족하는 $[u(x)]$를 구하여야 한다. $[a(x)] \neq [0]$이므로 정리 5.3에 따라 $a(x) \not\equiv 0 \pmod{p(x)}$이다. 따라서 합동의 정의에 따라 $p(x) \nmid a(x)$이다. 이제 $a(x)$와 $p(x)$의 최대공약수는 $a(x)$와 $p(x)$의 공통 인수인 어떤 모닉 다항식이다. $p(x)$는 기약이므로 최대공약수는 1_F 또는 $p(x)$의 모닉인 연관자이다($p(x)$의 모닉인 인수는 이들뿐이다). 128쪽에서 설명한 것처럼, $p(x)$의 연관자는 $0_F \neq c \in F$에 대하여 $cp(x)$ 형태의 다항식이다. 결과적으로 ($a(x)$는 $p(x)$로 나누어지지 않으므로) $a(x)$는 $p(x)$의 어떤 연관자로도 나누어지지 않는다. 최대공약수도 $a(x)$의 약수이고, $p(x) \nmid a(x)$이므로 $a(x)$와 $p(x)$의 최대공약수는 1_F이어야만 한다. 정리 4.8로부터 $a(x)u(x) + p(x)v(x) = 1_F$인 다항식 $u(x)$와 $v(x)$가 존재한다. 그러므로 $a(x)u(x) - 1_F = p(x)(-v(x))$이고, 따라서 $a(x)u(x) \equiv 1_F \pmod{p(x)}$이다. 결과적으로 정리 5.3으로부터 $F[x]/(p(x))$에서 $[a(x)u(x)] = [1_F]$이다. 그러므로 $[a(x)][u(x)] = [a(x)u(x)] = [1_F]$이고, 따라서 $[a(x)]$는 가역원이다. 그러므로 $F[x]/(p(x))$는 공리 12를 만족하고, $F[x]/(p(x))$는 체이다.

(2) $\Rightarrow$ (3) 이것은 정리 3.8의 즉각적인 결과이다.

(3) $\Rightarrow$ (1) $p(x)$가 기약임을 보이기 위하여, 정리 4.12의 명제 (2)가 성립함을 보일 것이다. $b(x)$와 $c(x)$가 $F[x]$의 다항식이고, $p(x) | b(x)c(x)$라 가정하자. 그러면 $b(x)c(x) \equiv 0_F \pmod{p(x)}$이다. 그러므로 정리 5.3으로부터, $F[x]/(p(x))$에서

$$[b(x)][c(x)] = [b(x)c(x)] = [0_F]$$

이다. (3)에 따라 $F[x]/(p(x))$는 정역이므로, $[b(x)] = [0_F]$ 또는 $[c(x)] = [0_F]$이다. 따라서 정리 5.3으로부터 $b(x) \equiv 0_F \pmod{p(x)}$ 또는 $c(x) \equiv 0_F \pmod{p(x)}$이고, 이것은 합동의 정의로부터 $p(x) | b(x)$ 또는 $p(x) | c(x)$임을 의미한다. 결과적으로 정리 4.12로부터 $p(x)$는 기약이다. ■

정리 5.10은 유한체를 만드는 데 이용될 수 있다. p가 소수이고, $f(x)$가 $\mathbb{Z}_p[x]$의 k차 기약 다항식이라고 하면 정리 5.10에 따라 $\mathbb{Z}_p[x]/(f(x))$는 체이다. 5.1절의 예제 7에서 이 체는 꼭 p^k개의 원소를 갖는 것을 살펴보았다. 유한체에 관하여 11.6절에서 좀 더 논의할 것이다. 거기서 임의의 양의 차수를 갖는 $\mathbb{Z}_p[x]$의 기약 다항식들이 존재함을 보이고, 따라서 모든 가능한 소수 거듭제곱 개의 원소로 이루진 체가 존재한다. 예는 연습문제 9를 참조하라.

체 F에 대하여, $p(x)$를 $F[x]$의 기약 다항식이라고 하자. 합동류들의 체 $F[x]/(p(x))$를 K로 나타내기로 하자. 정리 5.8과 정리 5.10에 따라, F는 K의 부분체이다. 또, K는 F의 **확대체**(extension field)라 부른다. $F[x]$의 다항식들은 더 큰 체 K에서 계수를 갖는 것으로 생각할 수 있고, K 안에서 그런 다항식들의 근에 대하여 질문할 수 있다. 특히, 시작할 때 했던 질문인 다항식 $p(x)$의 근에 관하여 무엇을 말할 수 있는가? $p(x)$가 $F[x]$에서 기약이라 하더라도, 확대체 K에서 근을 가질 수도 있다.

예제 1

다항식 $p(x) = x^2 + x + 1$은 $\mathbb{Z}_2$에서 근을 갖지 않고, 그러므로 따름정리 4.19로부터 $\mathbb{Z}_2[x]$에서 기약이다. 결과적으로 $K = \mathbb{Z}_2[x]/(x^2 + x + 1)$은 정리 5.10에 따라 $\mathbb{Z}_2$의 확대체이다. 5.2절의 예제 3에서의 K에 대한 연산표를 이용하여

$$[x]^2 + [x] + 1 = [x+1] + [x] + 1 = 1 + 1 = 0$$

임을 알 수 있다. 이 결과는 다른 기호를 사용한다면 받아들이기 좀 더 쉬울 수도 있을 것이다. $\alpha = [x]$라 두자. 그러면 앞의 계산에서 $\alpha^2 + \alpha + 1 = 0$, 즉 α는 $p(x) = x^2 + x + 1$의 K에서의 한 근이다. 여기서 $x^2 + x + 1 \equiv 0 \pmod{x^2 + x + 1}$임을 알고 있으므로, α가 $p(x)$의 근임을 증명하기 위하여, K에 대한 연산표가 실제로 필요하지 않음을 주목하는 것이 중요하다. 따라서 K에서 $[x^2 + x + 1] = [0]$이고, 합동류 산술의 정의로부터

$$\alpha^2 + \alpha + 1 = [x]^2 + [x] + 1 = [x^2 + x + 1] = 0.$$

일반적으로 다음이 성립한다.

정리 5.11

체 F에 대하여, $p(x)$가 $F[x]$에서의 기약 다항식이면 $F[x]/(p(x))$는 $p(x)$의 한 근을 포함하는 F의 확대체이다.

증명

$K = F[x]/(p(x))$라 두자. 그러면 정리 5.8, 5.10에 따라, K는 F의 확대체이다. $p(x) = a_n x^n + \cdots + a_1 x + a_0$라 두자. 여기서 각 a_i는 F에 속하고, 따라서 K에 속

한다. K에서 $\alpha=[x]$라 두자. α가 $p(x)$의 근임을 보이자. K에서 합동류 산술의 정의에 따라

$$\begin{aligned} a_n\alpha^n+\cdots+a_1\alpha+a_0 &= a_n[x]^n+\cdots+a_1[x]+a_0 \\ &= [a_nx^n+\cdots+a_1x+a_0] \\ &= [p(x)]=0_F\ [p(x)\equiv 0_F\ (\mathrm{mod}\, p(x))\text{이므로}] \end{aligned}$$

이다. 따라서 $\alpha\in K$는 $p(x)$의 한 근이다. ■

따름정리 5.12

체 F에 대하여, $f(x)$가 $F[x]$의 상수 아닌 다항식이면 $f(x)$의 어떤 근을 포함하는 F의 확대체 K가 존재한다.

증명

정리 4.14로부터, $f(x)$는 $F[x]$에서 기약인 인수 $p(x)$를 갖는다. 정리 5.11에 따라 $K=F[x]/(p(x))$는 $p(x)$의 어떤 근을 포함하는 F의 확대체이다. $p(x)$의 임의의 근은 $f(x)$의 근이므로 K는 $f(x)$의 어떤 근을 포함한다. ■

정리 5.11이 함축하는 것들은 얼핏 보이는 것보다 훨씬 깊게 뻗어나간다. 수학의 역사를 통하여 볼 때, 기존의 알려진 수 체계로부터 새로 확장된 체계로의 진전은 종종 의심과 불신을 마주하였다. 중세 시대에 몇몇 수학자들은 음수의 존재를 인정하기를 거부하였다. 17세기 복소수가 소개되었을 때, 어떤 수학자들은 제곱하여 -1이 되는 수, 즉 $x^2+1=0$의 근이 있을 수 있다는 생각을 받아들이지 않았기 때문에 거의 한 세기에 걸쳐 불편함이 있었다. 이러한 장애에 대한 원인은 그 상황을 바라보는 적절한 틀이 없기 때문이었다. 정리 5.11과 그 따름정리는 그런 의심과 불명확성을 제거해준다.

이러한 관점에서 복소수를 생각하는 것이 유익하다. 제곱하여 -1이 되는 수에 관해 묻는 것 대신, "다항식 x^2+1이 어떤 근을 갖는 $\mathbb{R}$을 포함하는 체가 있는가?"라 질문해 보자. x^2+1은 $\mathbb{R}[x]$에서 기약이므로, 정리 5.11에 따라 질문의 답은 예이다. 즉, $K=\mathbb{R}[x]/(x^2+1)$은 $\mathbb{R}$의 확대체이고, x^2+1의 어떤 근, 즉 $\alpha=[x]$를 포함한다. 체 K에서 α는 제곱하여 -1이 되는 원소이다. 그렇다면 이 체 K는 책 앞부분에서 소개한 복소수체와 어떻게 관련지을 수 있는가?

5.1절의 예제 5에서 주목했던 것처럼, $K=\mathbb{R}[x]/(x^2+1)$의 임의의 원소는 $a, b\in\mathbb{R}$인 $[ax+b]$의 형태로 일의적으로 나타낼 수 있다. 각 원소 $r\in\mathbb{R}$을 K의 원

소 $[r]$과 동일시하여, K의 임의의 원소는

$$[a+bx]=[a]+[b][x]=a+b\alpha$$

의 형태로 꼭 한 가지 방법으로 나타낼 수 있다. K에서의 덧셈은 다음 규칙으로 주어진다.

$$\begin{aligned}(a+b\alpha)+(c+d\alpha) &= [a+bx]+[c+dx]=[(a+bx)+(c+dx)]\\ &= [(a+c)+(b+d)x]=[a+c]+[b+d][x]\end{aligned}$$

따라서

$$(a+b\alpha)+(c+d\alpha)=(a+c)+(b+d)\alpha.$$

K에서의 곱셈은 다음 규칙으로 주어진다.

$$\begin{aligned}(a+b\alpha)(c+d\alpha) &= [a+bx][c+dx]=[(a+bx)(c+dx)]\\ &= [ac+(ad+bc)x+bdx^2]\\ &= ac+(ad+bc)\alpha+bd\alpha^2\end{aligned}$$

그런데 α는 x^2+1의 근이고, 따라서 $\alpha^2=-1$이다. 그러므로 K에서 곱셈 규칙은 다음과 같다.

$$(a+b\alpha)(c+d\alpha)=(ac-bd)+(ad+bc)\alpha$$

만약 기호 α를 기호 i로 대체한다면, 이 공식들은 복소수들의 덧셈과 곱셈에 대한 보통의 규칙이 된다. 형식적인 용어로 체 K는 $f(a+b\alpha)=a+bi$로 주어진 동형사상 f와 함께 체 $\mathbb{C}$와 동형이다.

지금까지 복소수체 $\mathbb{C}$는 이미 알려진 것으로 간주하였다. 그러면 앞에서 만들어진 체 K는 알고 있는 체 $\mathbb{C}$와 동형인 것도 드러난다. 그렇지만 복소수에 대한 이전의 어떤 지식도 가정하지 않고, 대신 앞에 나온 예를 정의로 사용하는 좋은 경우가 만들어질 수 있다. 다르게 표현하면 $\mathbb{C}$를 체 $K=\mathbb{R}[x]/(x^2+1)$로 정의할 수 있다. 그런 정의는 당연히 너무 수준이 높아 고등학생들에게는 사용할 수 없지만, 대학생들에게는 복소수와 그 산술의 타당성에 대한 쉽게 사라지지 않는 의심을 제거하는 분명한 장점이 있다.* 이 정의가 수 세기 전에 사용될 수 있었더라면, 어쨌든 복소수의 도입으로 혼란을 일으키지 않았을 것이다.

* 그런 정의를 수용하기 위하여, 다만 이 책의 재조정이 약간 필요하다. 제3장의 꽤 많은 예들을 생략하여야 하고, $\mathbb{C}[x]$와 $\mathbb{R}[x]$에서의 기약성의 논의는 뒤로 미루어야 한다(4.6절). 제5장에 있는 모든 자료는 복소수의 어떤 형식적 정의와도 무관하다.

■ 연습문제

노트: F는 항상 체를 나타낸다.

A. 1. 주어진 합동류 환이 체인지 결정하라. 그 답의 타당성을 밝히라.

(a) $\mathbb{Z}_3[x]/(x^3+2x^2+x+1)$

(b) $\mathbb{Z}_5[x]/(2x^3-4x^2+2x+1)$

(c) $\mathbb{Z}_2[x]/(x^4+x^2+1)$

B. 2. (a) $\mathbb{Q}(\sqrt{2})=\{r+s\sqrt{2} \mid r, s\in\mathbb{Q}\}$가 $\mathbb{R}$의 부분체임을 밝히라.

(b) $\mathbb{Q}(\sqrt{2})$가 $\mathbb{Q}[x]/(x^2-2)$와 동형임을 밝히라. [**힌트**: 5.2절의 연습문제 6이 도움이 될 것이다.]

3. $a\in F$일 때 체 $F[x]/(x-a)$를 기술하라.

4. $p(x)$가 $F[x]$에서 기약이라고 하자. $F[x]/(p(x))$에서 $[f(x)][g(x)]=[0_F]$이면 $[f(x)]=[0_F]$ 또는 $[g(x)]=[0_F]$임을 정리 5.10을 사용하지 않고 증명하라.

5. (a) $\mathbb{Q}(\sqrt{3})=\{r+s\sqrt{3} \mid r, s\in\mathbb{Q}\}$는 $\mathbb{R}$의 부분체임을 밝히라.

(b) $\mathbb{Q}(\sqrt{3})$가 $\mathbb{Q}[x]/(x^2-3)$와 동형임을 밝히라.

6. $p(x)$가 $F[x]$에서 기약이라고 하자. $F[x]/(p(x))$에서 $[f(x)]\neq[0_F]$이고, $h(x)\in F[x]$이면 $F[x]/(p(x))$에서 $[f(x)][g(x)]=[h(x)]$인 $g(x)\in F[x]$가 존재함을 증명하라. [**힌트**: 정리 5.10과 3.2절의 연습문제 12(b).]

7. $f(x)\in F[x]$의 차수가 n이면 (꼭 다를 필요는 없는) 어떤 $c_i\in E$에 대하여 $f(x)=c_0(x-c_1)(x-c_2)\cdots(x-c_n)$인 F의 확대체 E가 존재함을 증명하라. 다르게 말하자면, E는 $f(x)$의 모든 근을 포함한다.

8. $p(x)$가 $F[x]$의 기약 2차 다항식이면 $F[x]/(p(x))$는 $p(x)$의 모든 근을 포함함을 증명하라.

9. (a) $\mathbb{Z}_2[x]/(x^3+x+1)$은 체임을 보이라.

   (b) 체 $\mathbb{Z}_2[x]/(x^3+x+1)$은 x^3+x+1의 세 근을 모두 포함함을 보이라.

10. $\mathbb{Q}[x]/(x^2-2)$는 $\mathbb{Q}[x]/(x^2-3)$과 동형이 아님을 보이라. [**힌트**: 연습문제 2와 5가 도움이 될 것이다.]

11. K가 $\mathbb{Z}_6$을 부분환으로 포함하는 환이라고 하자. $p(x)=3x^2+1 \in \mathbb{Z}_6[x]$는 K에서 어떤 근도 갖지 않음을 보이라. 그러므로 F가 체가 아니면 따름정리 5.12는 거짓일 수 있다. [**힌트**: u가 근이 아니라면 $0=2 \cdot 3$이고, $3u^2+1=0$이다. 모순을 끌어내라.]

12. $2x^3+4x^2+8x+3 \in \mathbb{Z}_{16}[x]$는 $\mathbb{Z}_{16}$을 부분환으로 포함하는 어떤 환 K에서도 근을 갖지 않음을 보이라. [연습문제 11 참조.]

C. 13. $\mathbb{Z}_2[x]$의 임의의 1차, 2차 또는 4차 다항식은 $\mathbb{Z}_2[x]/(x^4+x+1)$에서 한 근을 가짐을 보이라.

CHAPTER 6

아이디얼과 몫환

정수들의 합동관계는 유한 산술 체계 $\mathbb{Z}_n$을 유도하고, 환의 정의에 대한 동기를 부여하는 데 도움이 된다. 다항식환 $F[x]$에서의 합동관계는 각종 $F[x]/(p(x))$로 이루어진 환의 새로운 모임을 얻는 결과로 나왔다. 이들 환은 $p(x)$의 근을 포함하는 F의 확대체를 구성할 수 있게 하였다. 이 장에서는 합동의 개념을 임의의 환으로 확장하여 또 다른 환들을 만들어 내고, 대수체계에 대해 더 깊이 이해하게 된다.

논의의 대부분은 $\mathbb{Z}$ (제2장)와 $F[x]$(제5장)에서의 합동 개념의 전개가 정확히 평행한 것임을 알게 될 것이다. 그렇지만 여기서의 결과는 이전보다 훨씬 더 폭넓은 것이다.

6.1 아이디얼과 합동관계

이 절의 목표는 $\mathbb{Z}$ 에서의 모듈로 n 합동과 $F[x]$ 에서의 모듈로 $p(x)$ 합동을 특별한 경우로 포함하는 임의의 환에서의 합동 개념을 전개하는 것이다. $\mathbb{Z}$ 와 $F[x]$에서 합동의 몇 가지 예를 이전보다 무언가 좀 다른 관점에서 다시 살펴보며 시작한다.

예제 1

환 $\mathbb{Z}$ 에서 $a \equiv b \pmod{3}$은 $a-b$가 3의 배수임을 의미한다. I를 3의 모든 배수의 집합이라 하자. 따라서

$$I = \{0,\ \pm 3,\ \pm 6,\ \ldots\}$$

그러면 모듈로 3 합동을 다음과 같이 특정할 수 있다.

$$a \equiv b \pmod 3 \text{은 } a-b \in I \text{를 의미한다.}$$

부분집합 I는 실제로 $\mathbb{Z}$ 의 부분환이다(3의 배수들의 합과 곱은 또 3의 배수이므로). 또한 임의의 정수와 3의 배수의 곱도 그 자체로 3의 배수이다. 따라서 부분환 I는 다음 성질을 갖는다.

$$k \in \mathbb{Z} \text{ 이고 } i \in I \text{이면 언제나 } ki \in I \text{ 이다.}$$

예제 2*

다항식환 $\mathbb{Q}[x]$에서 기호 $f(x) \equiv g(x) \pmod{x^2-2}$는 $f(x)-g(x)$가 x^2-2의 배수임을 의미한다. I를 x^2-2의 $\mathbb{Q}[x]$에서 모든 배수의 집합이라고 하자. 즉, $I=\{h(x)(x^2-2) \mid h(x) \in \mathbb{Q}[x]\}$이다. I가 $\mathbb{Q}[x]$의 부분환이고, 다음 성질을 만족하는 것을 확인하는 것은 어렵지 않다.

$$k(x) \in \mathbb{Q}[x] \text{이고 } t(x) \in I \text{이면 언제나 } k(x)t(x) \in I \text{ 이다.}$$

(임의의 다항식과 x^2-2의 배수의 곱은 그 자체로 x^2-2의 배수이다.) 모듈로 x^2-2 합동은 I에 관하여 다음과 같이 나타낼 수 있다. 즉

$$f(x) \equiv g(x) \pmod{x^2-2} \text{는 } f(x)-g(x) \in I$$

를 의미한다.

이 두 예제는 임의의 환 R에서 합동관계를 어떤 부분환에 관하여 정의할 수 있음을 제시한다. 만약 I가 그런 부분환이라면 $a \equiv b \pmod I$를 $a-b \in I$를 의미하도록 정의해도 될 것이다. 앞의 예제에서처럼, 부분환 I는 정해진 한 원소의 모든 배수로 구성될 수도 있지만 이러한 상황으로 제한할 이유는 없다. 예제들은 그런 부분환 I에 대한 핵심 성질은 그것이 '곱을 흡수한다'는 것을 암시한다. 즉, I의 원소에 R의 임의의 원소를 (I에 속하든 속하지 않든) 곱하면 언제나 곱의 결과는 I의 원소이다. 정해진 한 원소의 모든 배수의 집합은 이 흡수하는 성질을 갖는다. 이처럼, 많은 다른 부분환이 이 성질을 갖는다는 것을 알게 될 것이다. 그런 부분환이 앞으로 결정적인 역할을 하게 될 것이므로 잠시 멈춰서 용어를 정의하고 그 기본적인 성질들을 살펴본다.

* 제5장을 읽지 않았으면, 이 예제는 건너뛰라.

정의

환 R의 부분환 I가 다음 조건을 만족할 때, I를 **아이디얼**(ideal)이라고 한다.

$$r \in R\text{이고 } a \in I\text{이면 언제나 } ra \in I\text{이고 } ar \in I\text{이다.}$$

양쪽 흡수성의 조건 $ra \in I$와 $ar \in I$는 비가환 환에 대하여 필수적이다. R이 가환일 때는 앞의 예제에서와 같이 이 조건은 $ra \in I$로 줄어든다.

예제 3

환 R의 영 아이디얼은 0_R 하나의 원소만으로 이루어진 것이다. 이것은 임의의 $r \in R$에 대하여 $r0_R = 0_R = 0_R r$이므로, 모든 곱을 흡수하는 부분환이다. 전체 환 R도 아이디얼이다.

예제 4

모든 정수 계수 다항식의 환 $\mathbb{Z}[x]$에서, I를 상수항이 짝수인 모든 다항식의 집합이라 하자. 따라서 x^3+x+6은 I에 속하지만, $4x^2+3$은 아니다. I가 $\mathbb{Z}[x]$의 아이디얼임을 밝히라(연습문제 2).

예제 5

T를 3.1절의 예제 8에서 설명한 $\mathbb{R}$에서 $\mathbb{R}$로의 모든 함수의 환이라고 하자. I를 $g(2)=0$를 만족하는 T의 모든 함수 g로 구성된 부분집합이라 하자. 그러면 I는 T의 부분환이다(3.1절의 연습문제 14). f가 임의의 T에 속하는 함수이고 $g \in I$이면

$$(fg)(2) = f(2)g(2) = f(2)\cdot 0 = 0.$$

그러므로 $fg \in I$이다. 유사하게 $gf \in I$이고, 따라서 I는 T의 아이디얼이다.

예제 6

유리수환 $\mathbb{Q}$의 부분환 $\mathbb{Z}$는 $\mathbb{Q}$의 아이디얼이 아니다. 이것은 $\mathbb{Z}$가 흡수하는 성질을 만족하지 않기 때문이다. 예를 들면, $\frac{1}{2} \in \mathbb{Q}$이고 $5 \in \mathbb{Z}$이지만 그 곱 $\frac{5}{2}$는 $\mathbb{Z}$에 속하지 않는다.

예제 7

$a, b \in \mathbb{R}$ 인 $\begin{pmatrix} a & 0 \\ b & 0 \end{pmatrix}$ 형태의 모든 행렬의 집합 I는 실수 계수의 모든 2×2 행렬의 환 $M(\mathbb{R})$의 부분환임을 밝히라. I가 왼쪽의 곱을 흡수함을 쉽게 알 수 있다. 즉

$$\begin{pmatrix} r & s \\ t & u \end{pmatrix}\begin{pmatrix} a & 0 \\ b & 0 \end{pmatrix}=\begin{pmatrix} ra+sb & 0 \\ ta+ub & 0 \end{pmatrix}\in I$$

그러나 I는 $M(\mathbb{R})$의 아이디얼이 아니다. 왜냐하면 그것은 오른쪽 곱을 흡수하지 않을 수 있기 때문이다. 예를 들면,

$$\begin{pmatrix} 1 & 0 \\ 2 & 0 \end{pmatrix}\begin{pmatrix} 3 & 4 \\ 5 & 6 \end{pmatrix}=\begin{pmatrix} 3 & 4 \\ 6 & 8 \end{pmatrix}\not\in I.$$

때로는 I를 $M(\mathbb{R})$의 양쪽 아이디얼이 아닌 **좌아이디얼**(left ideal)이라고 부른다.

정리 3.6의 다음 일반화는 종종 환의 특별한 부분집합이 아이디얼임을 간결하게 보여준다.

정리 6.1

환 R의 공집합이 아닌 부분집합 I가 아이디얼일 필요충분조건은 I가 다음 성질을 만족하는 것이다.

(i) $a, b \in I$이면 $a-b\in I$이다.
(ii) $r\in R$이고 $a\in I$이면 $ra\in I$이고 $ar\in I$이다.

증명

임의의 아이디얼이 두 성질을 만족하는 것은 분명하다. 역으로, I가 성질 (i)과 (ii)를 만족한다고 가정하자. (ii)로부터 I는 곱을 흡수하고, 그래서 I가 부분환임을 밝히면 된다. 성질 (i)은 뺄셈에 대하여 닫혀있음을 말한다. I는 R의 부분집합이므로 I의 임의의 두 원소의 곱은 (ii)에 따라, I에 속하여야 한다. 다르게 말하면 I는 곱셈에 대하여 닫혀있다. 따라서 정리 3.6으로부터 I는 R의 부분환이다. ■

유한생성 아이디얼

이 절의 첫 예제에서 3의 모든 배수의 집합 I는 $\mathbb{Z}$의 아이디얼임을 알았다. 이 사실은 다음의 특별한 경우이다.

정리 6.2

항등원을 갖는 가환환 R에 대하여, $c \in R$이고 I를 R에서의 c의 모든 배수의 집합, 즉 $I = \{rc \mid r \in R\}$이라 하면 I는 R의 아이디얼이다.

증명

$r_1, r_2, r \in R$이고 $r_1 c, r_2 c \in I$이면 $r_1 - r_2$와 rr_1은 R의 원소이므로

$$r_1 c - r_2 c = (r_1 - r_2)c \in I \text{이고} \quad r(r_1 c) = (rr_1)c \in I \text{이다.}$$

유사하게 R이 가환이므로 $(r_1 c)r = (rr_1)c \in I$이다. 그러므로 정리 6.1에 따라 I는 아이디얼이다. ■

정리 6.2에서 아이디얼 I를 c로 생성된(generated) **주아이디얼**(principal ideal)이라고 하고, (c)로 나타낸다. 환 $\mathbb{Z}$에서 예를 들어, (3)는 3의 모든 배수의 아이디얼을 표시한다. 항등원을 갖는 임의의 가환환 R에서, 임의의 $r \in R$에 대하여 $r = r1_R$이므로 주아이디얼 (1_R)은 전체 환 R이다. $\mathbb{Z}$의 임의의 아이디얼은 주아이디얼임을 보일 수 있다(연습문제 40). 그렇지만 다른 어떤 환에서 주아이디얼, 즉 그 환의 특정한 하나의 원소의 모든 배수로 이루어지는 아이디얼이 아닌 아이디얼이 존재한다.

예제 8

환 $\mathbb{Z}[x]$에서 상수항이 짝수인 $\mathbb{Z}[x]$의 모든 다항식의 집합 I가 아이디얼임을 살펴보았다. I가 주아이디얼이 아님을 살펴보자. 이것을 증명하기 위하여, 반대로 I가 어떤 다항식 $p(x)$의 모든 배수로 이루어진다고 가정하자. 상수다항식 2는 I에 속하므로 2는 $p(x)$의 배수이어야 한다. 정리 4.7에 의하여 이것은 $p(x)$의 차수가 0, 즉 $p(x)$가 상수, 이를테면 $p(x) = c$일 때만 가능하다. $p(x) \in I$이므로 상수 c는 짝수이어야 한다. 2가 $p(x) = c$의 배수이므로 $c = \pm 2$만이 가능하다. 한편 x는 상수항 0이 짝수이므로 $x \in I$이다. 따라서 x는 $p(x) = \pm 2$의 배수가 되어야 한다. 그런데 $\pm 2g(x) = x$이면 정리 4.7에 의하여 $g(x)$의 차수는 1, 말하자면 $g(x) = ax + b$이다. 그런데 $\pm 2(ax + b) = x$로부터 x의 계수가 양변에서 같아야 하므로 $\pm 2a = 1$이다. a가 정수이므로 이것은 불가능하다. 그러므로 I는 $p(x)$의 모든 배수로 이루어지지 않고, 주아이디얼이 아니다.

항등원을 갖는 가환환에서 주아이디얼은 정해진 하나의 원소의 모든 배수로 구성된다. 다음은 이 개념의 일반화이다.

정리 6.3

항등원을 갖는 가환환 R에 대하여, $c_1, c_2, \dots, c_n \in R$이라고 하자. 집합 $I = \{r_1c_1 + r_2c_2 + \cdots + r_nc_n \mid r_1, r_2, \dots, r_n \in R\}$는 R의 아이디얼이다.

증명

연습문제 14. ■

정리 6.3에서의 아이디얼 I를 $c_1, c_2, \dots, c_n$으로 **생성된**(generated by) **아이디얼**이라고 하고, $(c_1, c_2, \dots, c_n)$으로 나타낸다. 이런 아이디얼을 **유한생성**(finitely generated) **아이디얼**이라고 한다. 주아이디얼은 $n = 1$인, 즉 하나의 원소로 생성된 아이디얼이다.* 유한생성 아이디얼을 생성하는 원소들은 일의적일 필요는 없다. 즉, $c_1, c_2, \dots, c_n$으로 생성된 아이디얼이 어떤 c_i가 어느 d_j와 같지 않은 $d_1, d_2, \dots, d_k$로 생성된 아이디얼과 같은 집합이 될지도 모른다(연습문제 16).

예제 9

환 $\mathbb{Z}[x]$에서 다항식 x와 상수다항식 2로 생성된 아이디얼은 다음과 같은 형태의 모든 다항식으로 구성된다.

$$f(x)x + g(x)2, \quad \text{여기서 } f(x), g(x) \in \mathbb{Z}[x]$$

이 아이디얼은 예제 8에서 살펴본, 상수항이 짝수인 모든 다항식의 아이디얼 I임을 보일 수 있다(연습문제 15).

합동관계

아이디얼에 익숙해진 지금, 임의의 환에 대한 합동관계를 정의할 수 있다.

정의 I를 환 R의 아이디얼이라 하고, $a, b \in R$이라고 하자. $a - b \in I$일 때, a는 b와 **모듈로 I 합동**(congruent modulo I)이라고 하고, $a \equiv b \pmod{I}$로 나타낸다.

* 항등원을 갖지 않는 가환환일 때, $c_1, c_2, \dots, c_n$으로 생성된 아이디얼은 좀 다르게 정의된다(연습문제 33 참조.).

예제 1은 I가 3의 모든 배수의 주아이디얼 (3)일 때, 정수에서 모듈로 3 합동이 모듈로 I 합동과 같은 것임을 보여준다. 마찬가지로, 예제 2는 $\mathbb{Q}[x]$에서 모듈로 x^2-2 합동은 주아이디얼 (x^2-2)에 대하여, 모듈로 (x^2-2) 합동과 같은 것임을 보여준다. 아이디얼에 대한 모듈로 합동은 이 책의 앞에서 사용한 $\mathbb{Z}[x]$와 F에서의 합동 개념을 특별한 경우로 포함한다.

예제 10

T가 $\mathbb{R}$ 에서 $\mathbb{R}$ 로의 모든 함수의 환이고, I를 $g(2)=0$ 을 만족하는 T의 모든 함수 g의 아이디얼이라고 하자. $f(x)=x^2+6$ 이고 $h(x)=5x$ 이면

$$(f-h)(2)=f(2)-h(2)=(2^2+6)-(5\cdot 2)=0$$

이므로, $f-h$는 I에 속한다. 따라서 $f\equiv h \pmod I$이다.

정리 6.4

I를 환 R의 아이디얼이라 하자. 모듈로 I 합동관계는

(1) 반사적: 임의의 $a\in R$에 대하여 $a\equiv a \pmod I$이다.
(2) 대칭적: $a\equiv b \pmod I$이면 $b\equiv a \pmod I$이다.
(3) 추이적: $a\equiv b \pmod I$이고 $b\equiv c \pmod I$이면 $a\equiv c \pmod I$이다.

이 정리는 정리 2.1과 정리 5.1을 일반화한다. 증명은 사실상 정리 2.1의 증명과 동등하다. 다만, 'k는 n으로 나누어진다', '$n|k$' 또는 '$k=nt$'와 같은 문장을 '$k\in I$'로 바꾸기만 하면 된다.

정리 6.4의 증명

(1) $a-a=0_R\in I$, 따라서 $a\equiv a \pmod I$.

(2) $a\equiv b \pmod I$는 어떤 $i\in I$에 대하여 $a-b=i$ 임을 의미한다. 따라서 $b-a=-(a-b)=-i$이다. I는 아이디얼이고, I의 원소의 역원도 I에 속하므로 $b-a=-i\in I$이다. 따라서 $b\equiv a \pmod I$이다.

(3) $a\equiv b \pmod I$이고 $b\equiv c \pmod I$라고 하면 합동의 정의에 따라, $a-b=i$이고 $b-c=j$인 I의 원소 i와 j가 존재한다. 그러므로 $a-c=(a-b)+(b-c)=i+j$이

다. 아이디얼 I는 덧셈에 대하여 닫혀있으므로 $i+j \in I$이고, 따라서 $a \equiv c \pmod I$이다. ■

정리 6.5

I를 환 R의 아이디얼이라 하자. $a \equiv b \pmod I$이고 $b \equiv c \pmod I$이면

(1) $a+c \equiv b+d \pmod I$
(2) $ac \equiv bd \pmod I$

이다.

이 정리는 정리 2.2와 정리 5.2의 일반화이다. 그 증명은 이 두 정리의 증명을 아이디얼에 관한 용어로 바꾼 것과 아주 유사하다.

정리 6.5의 증명

(1) 합동의 정의에 따라 $a-b=i$이고 $c-d=j$인 $i, j \in I$가 존재한다. 그러므로 $(a+c)-(b+d)=(a-b)+(c-d)=i+j \in I$이다. 따라서 $a+c \equiv b+d \pmod I$이다.

(2) $ac-bd=ac-bc+bc-bd=(a-b)c+b(c-d)=ic+bj$이다. 아이디얼 I는 좌우 양쪽의 곱을 흡수하므로 $ic \in I$이고 $bj \in I$이다. 따라서 $ac-bd=ic+bj \in I$이다. 그러므로 $ac \equiv bd \pmod I$이다. ■

I가 환 R의 아이디얼이고 $a \in R$이라고 할 때, a와 모듈로 I 합동인 R의 모든 원소의 집합, 즉 집합

$$\begin{aligned}\{b \in R \mid b \equiv a \pmod I\} &= \{b \in R \mid b-a \in I\} \\ &= \{b \in R \mid b-a=i,\ \text{여기서 } i \in I\} \\ &= \{b \in R \mid b=a+i,\ \text{여기서 } i \in I\} \\ &= \{a+i \mid i \in I\}\end{aligned}$$

를 a의 **모듈로 I 합동류**(congruence class modulo I)라 한다.

결론적으로, a의 모듈로 I 합동류를 $\mathbb{Z}$와 $F[x]$에서 사용하였던 기호 $[a]$ 대신 기호 $a+I$로 나타내기로 한다. $a+I$의 덧셈기호는 하나의 형식적 기호일 뿐이다. 한 원소와 아이디얼 I의 합을 정의하지는 않았다. 이러한 맥락으로, 합동류 $a+I$는 R에서 I의 **(좌)잉여류**(coset)라 부른다.

정리 6.6

I가 환 R의 아이디얼이고, $a, c \in R$이라고 하자. $a \equiv c \pmod{I}$일 필요충분조건은 $a+I=c+I$인 것이다.

증명

정리 2.3의 증명을 약간의 기호 변경과 함께, 거의 글자 그대로 현재 상황으로 옮기면 된다. 간단히 '$\bmod n$'을 '$\bmod I$'로, '$[a]$'를 '$a+I$'로 바꾸고, 정리 2.1 대신 정리 6.4를 사용하라. ■

따름정리 6.7

I가 환 R의 아이디얼이라 하자. I의 두 잉여류는 서로 소이거나 완전히 같다.

증명

당연한 기호의 변경과 함께 따름정리 2.4의 증명을 옮기라. ■

I가 환 R의 아이디얼일 때 I의 모든 잉여류, 즉 모듈로 I 합동류의 집합을 R/I로 나타낸다.

예제 11

I를 환 $\mathbb{Z}$의 주아이디얼 (3)이라고 하자. I의 잉여류는 바로 모듈로 3 합동류이고, 따라서 세 개의 서로 다른 잉여류 $0+I=[0]$, $1+I=[1]$과 $2+I=[2]$가 있다. 모든 잉여류의 집합 R/I는 이전에 사용하였던 기호로, 정확히 집합 $\mathbb{Z}_3$이다.

예제 12

I를 상수항이 짝수인 $\mathbb{Z}[x]$의 모든 다항식으로 이루어진 아이디얼이라고 하자. $\mathbb{Z}[x]/I$는 $0+I$와 $1+I$의 꼭 두 개의 서로 다른 잉여류로 구성됨을 보이자. 이것을 위해, 임의의 잉여류 $f(x)+I$를 생각하자. $f(x)$의 상수항은 짝수 또는 홀수 중 하나이다. 만약 그것이 짝수이면 $f(x) \in I$이므로 $f(x) \equiv 0 \pmod{I}$이다. 따라서 정리 6.6으로부터 $f(x)+I=0+I$이다. 만약 $f(x)$의 상수항이 홀수이면 $f(x)-1$의 상수항이 짝수이므로 $f(x) \equiv 1 \pmod{I}$이다. 따라서 정리 6.6으로부터 $f(x)+I=1+I$이다.

예제 13

T가 $\mathbb{R}$ 에서 $\mathbb{R}$ 로의 모든 함수의 환이고, I를 $g(2)=0$ 를 만족하는 T의 모든 함수 g 들의 아이디얼이라고 하자. 임의의 실수 r에 대하여, ($f_r(x)=r$ 로 정의되는) 상수함수 f_r은 T의 원소임을 주목한다. $h(x)$를 T의 임의의 원소라 하자. 그러면 $h(2)$는 어떤 실수, 이를테면 $h(2)=c$ 이고

$$(h-f_c)(2)=h(2)-f_c(2)=c-c=0$$

이다. 따라서 $h-f_c \in I$이고, 그래서 $h \equiv f_c \pmod I$이다. 따라서 $h+I=f_c+I$ 이다. 결과적으로 I의 임의의 잉여류는 어떤 실수 r에 대하여 f_r+I의 형태로 나타낼 수 있다. 또한 $c \neq d$ 이면 $f_c(2) \neq f_d(2)$ 이고, 따라서 $(f_c-f_d)(2) \neq 0$ 이고 $f_c-f_d \not\in I$ 이다. 그러므로 $f_c \not\equiv f_d \pmod I$ 이고 $f_c+I \neq f_d+I$ 이다. 따라서 I의 서로 다른 잉여류가 각 실수 r에 대해 하나씩 무수히 많이 존재한다.

■ 연습문제

노트: R은 환을 나타낸다.

A. 1. $\mathbb{Z}[x]$의 모든 상수다항식의 집합 K는 $\mathbb{Z}[x]$의 부분환이지만, 아이디얼은 아님을 보이라.

2. $\mathbb{Z}[x]$에서 상수항이 짝수인 모든 다항식의 집합 I는 아이디얼임을 보이라.

3. (a) 집합 $I=\{(k,0) \mid k \in \mathbb{Z}\}$는 환 $\mathbb{Z}\times\mathbb{Z}$ 의 아이디얼임을 보이라.
(b) 집합 $T=\{(k,k) \mid k \in \mathbb{Z}\}$는 환 $\mathbb{Z}\times\mathbb{Z}$ 의 아이디얼이 아님을 보이라.

4. 집합 $J=\left\{\begin{pmatrix}0&0\\0&r\end{pmatrix} \,\middle|\, r \in \mathbb{R}\right\}$는 $\mathbb{R}$ 위의 모든 2×2 행렬의 환 $M(\mathbb{R})$의 아이디얼인가?

5. 집합 $K=\left\{\begin{pmatrix}a&b\\0&0\end{pmatrix} \,\middle|\, a, b \in \mathbb{R}\right\}$는 $M(\mathbb{R})$의 오른쪽 곱을 흡수하는 부분환임을 보이라. K는 왼쪽 곱을 흡수하지 못하므로 아이디얼이 아님을 보이라. 이런 집합 K를 때로는 **우아이디얼**(right ideal)이라고 한다.

6. (a) $\mathbb{Z}_8$에서 모든 비가역원의 집합은 아이디얼임을 증명하라.
   (b) $\mathbb{Z}_9$에 대하여 (a)의 질문에 답하라. [또한 연습문제 24를 보라.]

7. $c \in R$이고 $I = \{rc \mid r \in R\}$이라고 하자.
   (a) R이 가환이면 I는 아이디얼임을 증명하라. (즉, 정리 6.2는 R이 항등원을 갖지 않을 때도 참이다.)
   (b) R이 가환이지만 항등원을 갖지 않으면 c는 아이디얼 I의 원소인가? [**힌트**: 모든 짝수의 환 E에서 아이디얼 $\{2k \mid k \in E\}$를 생각하라. 또한 연습문제 33을 보라.]
   (c) R이 가환이 아니면 I는 아이디얼이 아닐 수도 있음을 예를 들어 보이라.

8. I가 환 R의 아이디얼이고 J가 환 S의 아이디얼이면 $I \times J$는 환 $R \times S$의 아이디얼임을 증명하라.

9. R이 항등원을 갖는 환이고, I가 R의 아이디얼이라고 하자. 다음을 증명하라.
   (a) $1_R \in I$이면 $I = R$이다.
   (b) I가 가역원을 하나 포함하면 $I = R$이다.

10. I가 체 F의 아이디얼이면 $I = (0_F)$ 또는 $I = F$임을 증명하라. [**힌트**: 연습문제 9.]

11. 각 환의 주아이디얼을 모두 구하라.
    (a) $\mathbb{Z}_5$ (b) $\mathbb{Z}_9$ (c) $\mathbb{Z}_{12}$

12. $\mathbb{Z}_2 \times \mathbb{Z}_3$의 주아이디얼을 모두 구하라.

13. R이 항등원을 갖는 가환환이고, (a)와 (b)를 $(a) = (b)$인 주아이디얼이라고 하자. $a = b$ 는 참인가? 답변의 타당성을 입증하라.

14. 정리 6.3을 증명하라.

15. $\mathbb{Z}[x]$에서 x와 2로 생성된 아이디얼은 상수항이 짝수인 모든 다항식의 아이디얼 I임을 보이라. (예제 9를 보라.)

16. (a) $\mathbb{Z}$ 에서 $(4, 6) = (2)$ 임을 보이라. 단, 여기서 $(4, 6)$은 4와 6으로 생성된 아이디얼이고, (2)는 2로 생성된 주아이디얼이다.
    (b) $\mathbb{Z}$ 에서 $(6, 9, 15) = (3)$임을 보이라.

17. (a) I와 J가 R의 아이디얼이면 $I \cap J$는 아이디얼임을 증명하라.
    (b) $\{I_k\}$가 (무한히 많을 수도 있는) R의 어떤 아이디얼들의 모임이면 모든 I_k의 교집합은 아이디얼임을 증명하라.

18. 두 아이디얼의 합집합은 아이디얼이 아닐 수도 있음(사실, 이것은 부분환조차 아닐 수도 있음)을 $\mathbb{Z}$ 에서 예를 들어 보라.

19. I가 R의 아이디얼이고 S가 R의 부분환이면 $I \cap S$는 S의 아이디얼임을 증명하라.

20. I와 J가 R의 아이디얼이라 하자. 집합 $K = \{a+b \mid a \in I,\ b \in J\}$는 I와 J를 포함하는 R의 아이디얼임을 증명하라. K를 I와 J의 **합**(sum)이라고 하고 $I+J$로 나타낸다.

21. d가 $\mathbb{Z}$ 에서 a와 b의 최대공약수이면 $(a)+(b)=(d)$ 임을 보이라. (아이디얼들의 합은 연습문제 20에서 정의된다.)

22. I와 J를 R의 아이디얼이라고 하자. $K = \{ab \mid a \in I,\ b \in J\}$ 는 R의 아이디얼인가? 연습문제 20과 비교하라.

23. (a) $I = \{0, 3\}$은 $\mathbb{Z}_6$의 아이디얼임을 밝히고, 그것의 서로 다른 모든 잉여류를 구하라.
    (b) $I = \{0, 3, 6, 9, 12\}$는 $\mathbb{Z}_{15}$의 아이디얼임을 밝히고, 그것의 서로 다른 모든 잉여류를 구하라.

B. 24. R을 항등원을 갖는 환이라 하고, N을 R의 가역원이 아닌 모든 원소의 집합이라 하자. N이 아이디얼이 아닐 수 있음을 예를 들어 보이라.

25. J를 R의 아이디얼이라 하자. I는 아이디얼임을 증명하라. 여기서

$$I = \{r \in R \mid \text{임의의 } t \in J\text{에 대하여 } rt = 0_R\}.$$

26. I를 R의 아이디얼이라 하자. K가 아이디얼임을 증명하라. 여기서

$$K = \{r \in R \mid \text{임의의 } r \in R\text{에 대하여 } ra \in I\}.$$

27. $f : R \to S$를 환의 준동형사상이라 하고,

$$K = \{r \in R \mid f(r) = 0_S\}$$

라 두자. K는 R의 아이디얼임을 증명하라.

28. I가 R의 아이디얼이면 $I[x]$(I의 원소를 계수로 갖는 모든 다항식의 집합)는 다항식환 $R[x]$의 아이디얼임을 증명하라.

29. $\mathbb{Z}$에서 $\gcd(m, n) = 1$이면 $(m) \cap (n)$은 (mn)의 아이디얼임을 증명하라.

30. 가환환 R에서 모든 멱영원의 집합은 아이디얼임을 증명하라. [**힌트**: 3.2절의 연습문제 44를 보라.]

31. R이 정역이고, $a, b \in R$이라고 하자. $(a) = (b)$일 필요충분조건은 어떤 가역원 $u \in R$에 대하여 $a = bu$ 임을 보이라.

32. (a) 상수항이 3의 배수인 $\mathbb{Z}[x]$의 모든 다항식의 집합 J는 아이디얼임을 증명하라.
    (b) J는 주아이디얼이 아님을 보이라.

33. R이 항등원을 갖는 가환환이고, $a \in R$이라고 하자. $A = \{ra + na \mid r \in R, n \in \mathbb{Z}\}$는 a를 포함하는 아이디얼이고, 임의의 a를 포함하는 아이디얼은 A를 포함함을 보이라. A를 a로 생성된 **주아이디얼**(principal ideal)이라 한다.

34. M이 항등원을 갖는 가환환 R의 아이디얼이고 $a \in R$이고 $a \notin M$이면 집합

$$J = \{m + ra \mid r \in R\text{이고 } m \in M\}$$

은 $M \subsetneq J$인 아이디얼임을 증명하라.

35. I를 $(3) \subseteq I \subseteq \mathbb{Z}$인 $\mathbb{Z}$의 아이디얼이라고 하자. $I = (3)$ 또는 $I = \mathbb{Z}$임을 증명하라.

36. R의 아이디얼 I와 J에 대하여 IJ를 ($a \in I$, $b \in J$인) ab 형태 원소들의 유한 개 합으로 가능한 모든 원소의 집합이라 하자. 즉

$$IJ = \{a_1b_1 + a_2b_2 + \cdots + a_nb_n \mid n \geq 1,\ a_k \in I,\ b_k \in J\}.$$

IJ는 아이디얼임을 증명하라. IJ를 I와 J의 **곱**(product)이라 부른다.

37. 항등원 $1_R \neq 0_R$을 갖는 가환환 R에 대하여, 아이디얼이 (0_R)과 R뿐이면 R이 체임을 증명하라. [**힌트**: $a \neq 0_R$이면 아이디얼 (a)를 이용하여, a의 곱셈에 대한 역원을 찾으라.]

38. 가환환 R의 아이디얼 I에 대하여

$$J = \{r \in R \mid \text{어떤 양의 정수 } n \text{에 대하여 } r^n \in I\}$$

라 두자. J는 I를 포함하는 아이디얼임을 증명하라. [**힌트**: 이항정리를 이용(부록 E 참조). 연습문제 30은 $I = (0_R)$인 경우이다.]

39. (a) 곱셈에 대한 역원을 갖지 않는 하나의 행렬을 찾아, 환 $M(\mathbb{R})$이 나눗셈환이 아님을 보이라. (나눗셈환은 3.1절의 연습문제 42에서 정의하였다.)
    (b) $M(\mathbb{R})$은 영 아이디얼과 $M(\mathbb{R})$ 자신을 제외한 아이디얼을 갖지 않음을 보이라. [**힌트**: J가 영이 아닌 아이디얼이면 J는 왼쪽 – 위쪽의 성분이 영이 아닌 c를 갖는 한 행렬 A를 갖는다. $\begin{pmatrix}1&0\\0&0\end{pmatrix}A\begin{pmatrix}c^{-1}&0\\0&0\end{pmatrix}=\begin{pmatrix}1&0\\0&0\end{pmatrix}$이고, 이 행렬은 J에 속하는 것을 밝히라. 유사한 방법으로 $\begin{pmatrix}0&0\\0&1\end{pmatrix}$이 J에 속하는 것을 보이라. 그 합은 무엇인가? 연습문제 9를 보라.]

40. $\mathbb{Z}$의 임의의 아이디얼은 주아이디얼임을 증명하라. [**힌트**: I가 영이 아닌 아이디얼이면 I는 양인 원소를 포함하고, 따라서 최소의 양의 원소 c를 포함한다(왜?). $c \in I$이므로 c의 임의의 배수도 I에 속한다. 따라서 $(c) \subseteq I$이다. $I \subseteq (c)$임을 보이기 위해, a를 I의 임의의 원소라 하자. 그러면 $a = cq + r$ 여기서 $0 \leq r < c$이다(왜?). $r = 0$임을 보이면 $a = cq \in (c)$이다.]

41. (a) (기약분수로 나타낼 때) 분모가 홀수인 모든 유리수의 집합 S는 $\mathbb{Q}$의 부분환임을 증명하라.
    (b) 분자가 짝수인 S의 모든 원소의 집합을 I라 하자. I는 S의 아이디얼임을 증명하라.

(c) S/I는 꼭 두 개의 서로 다른 잉여류들로 이루어짐을 보이라.

42. (a) 소수 정수 p에 대하여 T를 (기약분수꼴로 나타낼 때) 분모가 p의 배수가 아닌 모든 유리수의 집합이라 하자. T가 환임을 증명하라.
(b) I를 분자가 p의 배수인 T의 모든 원소의 집합이라 하자. I는 T의 아이디얼임을 보이라.
(c) T/I는 꼭 p개의 서로 다른 잉여류로 이루어짐을 보이라.

43. J를 상수항이 영인 $\mathbb{Z}[x]$의 모든 다항식의 집합이라 하자.
(a) J는 $\mathbb{Z}[x]$의 주아이디얼 (x)임을 보이라.
(b) $\mathbb{Z}[x]/J$는 각 $n \in \mathbb{Z}$에 하나씩 대응하는 무한개의 서로 다른 잉여류로 구성됨을 보이라.

44. (a) $a, b \in \mathbb{R}$인 $\begin{pmatrix} a & b \\ 0 & a \end{pmatrix}$ 형태의 모든 행렬의 집합 T는 $M(\mathbb{R})$의 부분환임을 증명하라.
(b) $b \in \mathbb{R}$인 $\begin{pmatrix} 0 & b \\ 0 & 0 \end{pmatrix}$ 형태의 모든 행렬의 집합 I는 T의 아이디얼임을 증명하라.
(c) T/I의 임의의 잉여류는 $\begin{pmatrix} a & 0 \\ 0 & a \end{pmatrix} + I$ 형태로 나타낼 수 있음을 보이라.

45. (a) $a, b, c \in \mathbb{R}$에 대하여 $\begin{pmatrix} a & b \\ 0 & c \end{pmatrix}$ 형태의 모든 행렬의 집합 S는 $M(\mathbb{R})$의 부분환임을 증명하라.
(b) $b \in \mathbb{R}$에 대하여 $\begin{pmatrix} 0 & b \\ 0 & 0 \end{pmatrix}$ 형태의 모든 행렬의 집합 I는 S의 아이디얼임을 증명하라.
(c) S/I에는 $\mathbb{R} \times \mathbb{R}$의 각 순서쌍에 하나씩 대응하는 무수히 많은 서로 다른 잉여류가 존재함을 보이라.

C. 46. 체 F에 대하여, $F[x]$의 임의의 아이디얼은 주아이디얼임을 증명하라. [힌트: 나눗셈 알고리즘을 이용하여 $F[x]$의 영이 아닌 아이디얼 I는 $(p(x))$임을 보이라. 여기서 $p(x)$는 I에 속하는 차수가 가장 작은 다항식이다.]

47. $\mathbb{Z}_n$의 부분환 S가 항등원을 가질 필요충분조건은 $u^2 = u$이고 S가 아이디얼 (u)가 되는 S의 어떤 원소 u가 존재하는 것임을 증명하라.

6.2 몫환과 준동형사상

이제 하나의 아이디얼에 대한 모든 모듈로 합동류의 집합이 그 자체로 환이 됨을 보인다. 예상했던 대로, 이것은 $\mathbb{Z}$ 나 $F[x]$에서 합동류에 대하여 하였던 것의 간단한 일반화이다. 그러나 이 합동류들의 환이 제3장에서 공부하였던 주제인 동형사상과 준동형사상과 밀접한 관계가 있다는 것은 아마 기대하지 않았을 것이다. 이 관계를 자세히 살펴보고, 환의 구조에 대한 새로운 인식을 제공할 것이다.

I를 환 R의 아이디얼이라 하자. 집합 R/I의 원소들은 I의 잉여류(모듈로 I 합동류), 즉 $a+I=\{a+i \mid i \in I\}$ 형태의 모든 집합이다. 잉여류들의 덧셈과 곱셈을 정의하기 위하여, $\mathbb{Z}$ 나 $F[x]$에서 합동류에 대해 하였던 것처럼 다음이 필요하다.

정리 6.8

환 R의 아이디얼 I에 대하여, R/I에서 $a+I=b+I$이고 $c+I=d+I$이면

$$(a+c)+I=(b+d)+I\text{이고}\quad (ac)+I=(bd)+I\text{이다.}$$

증명

이것은 정리 2.6의 일반화로, 약간 다른 기호를 사용한다. '$[a]$'를 '$a+I$'로 바꾸고, 정리 2.2와 2.3 대신에 정리 6.5와 6.6을 사용하여, 정리 2.6의 증명을 옮겨쓰라. ■

이제 $\mathbb{Z}_n$과 $F[x]/(p(x))$에서 했던 것처럼, R/I에서 덧셈과 곱셈을 정의할 수 있다. 잉여류 $a+I$ (a의 합동류)와 잉여류 $c+I$ (c의 합동류)의 합은 잉여류 $(a+c)+I$ ($a+c$의 합동류)이다. 기호로 나타내면

$$(a+I)+(c+I)=(a+c)+I$$

이다. 이러한 진술은 더하기 기호가 다음 세 가지의 완전히 다른 의미로 사용되기 때문에, 약간 혼란스러울 수 있다. 즉

잉여류를 나타내기 위한 형식적 기호로: $a+I$,
R의 원소들에 대한 연산으로: $a+c$,
정의되는 잉여류들의 덧셈 연산으로.*

* 이러한 모호함은 잉여류에 대해서는 $[a]$와 같이, 잉여류 덧셈에 대해서는 $\oplus$와 같이 다른 기호를 사용함으로써 피할 수가 있다. 그렇지만 위의 기호가 관례처럼 쓰이고 있으므로 익숙해지면 혼동이 생기지 않을 것이다.

중요한 것은 정리 6.8 때문에 잉여류 덧셈이 각 잉여류의 대표 원소의 선택에 독립적이라는 것이다. $a+I$를 같은 잉여류 $b+I$로 바꾸고, $c+I$를 같은 잉여류 $d+I$로 바꾸더라도 잉여류의 합의 결과는 $(b+d)+I$로 $(a+c)+I$와 같다.

잉여류들의 곱셈도 유사한 방법으로 정의되고, 정리 6.8에 따라 대표 원소의 선택에 독립적이다. 즉

$$(a+I)(c+I)=ac+I.$$

예제 1

I가 $\mathbb{Z}$의 주아이디얼 (3)이면, 잉여류의 덧셈과 곱셈은 2.2절에서 합동류의 덧셈과 곱셈과 같다. 따라서 $\mathbb{Z}/I$는 바로 환 $\mathbb{Z}_3$이다.

예제 2*

체 F에 대하여, $p(x)$가 $F[x]$의 다항식이고 I가 주아이디얼 $(p(x))$이면 I의 잉여류는 정확히 모듈로 $p(x)$ 합동류와 같고, 따라서 잉여류의 덧셈과 곱셈은 5.2절에서와 똑같아진다. 그러므로 $F[x]/I$는 합동류 환 $F[x]/(p(x))$이다.

예제 3

I를 $\mathbb{Z}[x]$에서 상수항이 짝수인 모든 다항식의 아이디얼이라 하자. $\mathbb{Z}[x]/I$는 꼭 두 개의 서로 다른 잉여류 $0+I$와 $1+I$만으로 이루어지는 것을 6.1절의 예제 12에서 살펴보았다. $(1+I)+(1+I)=(1+1)+I=2+I$이지만 $2\in I$이므로 $2\equiv 0 \pmod I$이고, 따라서 $2+I=0+I$이다. 유사한 계산으로, $\mathbb{Z}[x]/I$에 대한 다음 연산표를 얻는다. $\mathbb{Z}[x]/I$는 $\mathbb{Z}_2$와 동형인 환(사실은 체)이다.

$+$	$0+I$	$1+I$
$0+I$	$0+I$	$1+I$
$1+I$	$1+I$	$0+I$

$\cdot$	$0+I$	$1+I$
$0+I$	$0+I$	$0+I$
$1+I$	$0+I$	$1+I$

이 예제들은 다음 정리를 설명해준다. 이 정리는 이전의 $\mathbb{Z}$와 $F[x]$에 대한 경험의 관점에서 볼 때 놀라운 것이 아니다.

* 이 예제는 제5장을 읽지 않았다면 건너뛰어도 좋다.

정리 6.9

I를 환 R의 아이디얼이라 하자.

(1) R/I는 앞에서 정의된 잉여류의 덧셈과 곱셈에 대하여 환이다.
(2) R이 가환이면 R/I는 가환환이다.
(3) R이 항등원을 가지면 R/I도 항등원을 갖는다.

증명

(1) 기호의 변경과 함께(‘$[a]$’대신에 ‘$a+I$’로) 정리 2.7의 증명은 $\mathbb{Z}$가 환이라는 사실에만 의존하므로 현재 상황으로 옮겨진다. 그렇더라도, 이 말을 그냥 믿지만 말고 스스로 상세히 증명을 써 보라.

(2) R이 가환이고 $a, c \in R$이면 $ac = ca$이다. 그러므로 R/I에서 $(a+I)(c+I) = ac+I = ca+I = (c+I)(a+I)$이다. 따라서 R/I는 가환이다.

(3) $(a+I)(1_R+I) = a1_R+I = a+I$이고 유사하게 $(1_R+I)(a+I) = a+I$이므로 R/I의 항등원은 1_R+I이다. ■

환 R/I를 **몫환**(quotient ring) 또는 **인자환**(factor ring)이라고 한다. 때로는, 아이디얼 I로 나누어(by factoring out) 몫환 R/I를 얻는다고도 한다.

준동형사상

몫환의 개념은 $\mathbb{Z}$와 $F[x]$에서의 합동류 산술의 일반화이다. 그렇지만 수학에서 자주 나타나는 경우처럼, 마음속의 어떤 생각을 발전시켜 얻은 개념은 다른 중요한 수학적 개념과 기대하지 않았던 연관이 있을 수도 있다. 바로 이것이 정확히 여기의 그 상황이다. 제3장에서 환의 동형사상에 대한 고찰에서 생겨났던 준동형사상의 개념이 아이디얼과 몫환과 밀접한 관련이 있음을 지금 알게 될 것이다.

정의

$f: R \to S$를 환의 준동형사상이라고 하자. 집합

$$K = \{r \in R \mid f(r) = 0_S\}$$

를 f의 **핵**(kernel)이라고 한다.

따라서 f의 핵은 R의 부분집합으로, f에 의하여 S의 0_S에 대응하는 R의 모든 원소로 이루어진다. 정리 3.10으로부터 $f(0_R)=0_S$이므로 0_R은 핵에 속하는 것을 주목하라. 그런데 핵은 영이 아닌 원소들도 포함할 수 있다.

예제 4

3.3절의 예제 6에서, $f(r)=[r]\in\mathbb{Z}_6$로 정의된 함수 $f:\mathbb{Z}\to\mathbb{Z}_6$가 환의 준동형사상임을 알았다. 그 핵 K는 영이 아닌 많은 원소를 포함한다. 예를 들어, $\mathbb{Z}_6$에서 $f(12)=[12]=[0]$이므로 $12\in K$이다. 사실, 임의의 6의 배수는 핵에 속한다. 왜냐하면,

$$
\begin{aligned}
K &= \{r\in\mathbb{Z} \mid f(r)=[0]\} & & \\
&= \{r\in\mathbb{Z} \mid [r]=[0]\} & & [f\text{ 의 정의}]\\
&= \{r\in\mathbb{Z} \mid r\equiv 0 \pmod 6\} & & [\text{정리 2.3}]\\
&= \{r\in\mathbb{Z} \mid 6\mid r\} & & [\text{모듈로 6 합동의 정의}]\\
&= \{6\text{의 모든 배수}\} & & [6\mid r\text{은 } r\text{ 이 6의 배수임을 의미}]
\end{aligned}
$$

따라서 K는 $\mathbb{Z}$ 의 주아이디얼 (6)이다.

예제 5

$\mathbb{R}[x]$의 각 다항식을 그것의 상수항에 대응시키는 함수 $\theta:\mathbb{R}[x]\to\mathbb{R}$ 는 환의 준동형사상이다(연습문제 1). 이것의 핵은 상수항이 영인 모든 다항식으로 구성된다. 그런데 상수항이 0인 임의의 다항식은 x로 나누어진다. 따라서 그 핵은 $\mathbb{R}[x]$의 주아이디얼 (x)이다.

예제 4와 5는 다음 정리의 예를 제공한다.

정리 6.10

환의 준동형사상 $f:R\to S$에 대하여, f의 핵 K는 환 R의 아이디얼이다.

증명

정리 6.1을 이용하여, $K=\{r\in R\mid f(r)=0_S\}$가 아이디얼임을 보이자. 그것이 R의 공집합이 아닌 부분집합이고, 뺄셈에 대해 닫혀있고, 또 곱을 흡수하는 것을 밝혀야 한

다. 먼저, $0_R \in K$로부터 K는 공집합이 아님을 예제 4의 앞에서 살펴보았다. K가 뺄셈에 대하여 닫혀있음을 증명하기 위하여, $a, b \in K$에 대하여 $a-b$도 K에 속하는 것을 보여야 한다. $a-b \in K$임을 보이기 위하여, $f(a-b)=0_S$임을 보여야 한다. 이것은 f가 준동형사상이고, ($a, b \in K$이므로) $f(a)=0_S$와 $f(b)=0_S$로부터 성립한다. 즉

$$f(a-b)=f(a)-f(b)=0_S-0_S=0_S.$$

K가 곱을 흡수하는 것을 보이기 위해, 먼저 임의의 $r \in R$과 $a \in K$에 대하여 $ra \in K$, 즉 $f(ra)=0_S$임을 밝혀야 한다. 그 증명은 다음과 같다.

$$f(ra)=f(r)f(a)=f(r)0_S=0_S$$

유사한 논법으로 $ar \in K$임을 알 수 있다. 따라서 정리 6.1에 따라 K는 아이디얼이다. ■

예제 4와 5에서 그 준동형사상의 핵은 영이 아닌 많은 원소를 포함한다. 그러나 어떤 준동형사상의 핵이 때로는 꼭 하나의 원소 0_R만을 포함하는데, 이 경우 아주 흥미로운 결과가 나타난다.

정리 6.11

$f: R \to S$를 핵 K를 갖는 환의 준동형사상이라고 하자. $K=(0_R)$일 필요충분조건은 f가 단사이다.

증명

$K=(0_R)$이라고 가정하자. f가 단사임을 보여야 하므로, $a, b \in R$이고 $f(a)=f(b)$이라고 가정하자. f는 준동형사상이므로 $f(a-b)=f(a)-f(b)=0_S$이다. 그러므로 $a-b$는 핵 $K=(0_R)$에 속하고 이것은 $a-b=0_R$, 따라서 $a=b$임을 의미한다. 결과적으로 f는 단사이다.

역으로, f가 단사라고 가정하자. $c \in K$이면 $c=0_R$임을 보여야 한다. 핵의 정의로부터 $f(c)=0_S$이다. 정리 3.10에 따라 $f(0_R)=0_S=f(c)$이다. f는 단사이므로 $c=0_R$이다. 그러므로 핵은 하나의 원소 0_R로만 이루어진다. 즉, $K=(0_R)$이다. ■

예제 6

3.3절의 예제 7에서, $g(r)=\begin{pmatrix} 0 & 0 \\ -r & r \end{pmatrix}$로 정의된 함수 $g:\mathbb{R}\to M(\mathbb{R})$은 환의 준동형사상임을 알았다. g의 핵은 $g(r)=\begin{pmatrix} 0 & 0 \\ 0 & 0 \end{pmatrix}$인, 즉 $\begin{pmatrix} 0 & 0 \\ -r & r \end{pmatrix}=\begin{pmatrix} 0 & 0 \\ 0 & 0 \end{pmatrix}$인 모든 실수 r로 구성된다. 이것은 $r=0$일 때만 가능하다. 그러므로 핵은 영 아이디얼 (0)이다. 따라서 g는 정리 6.11로부터 단사이다.

정리 6.10은 임의의 핵은 아이디얼임을 말한다. 역으로 임의의 아이디얼은 어떤 준동형사상의 핵이다.

정리 6.12

환 R의 아이디얼 I에 대하여, $\pi(r)=r+I$로 정의되는 사상 $\pi:R\to R/I$는 핵이 I인 준동형사상이다.

이 사상 π를 R에서 R/I로의 **자연준동형사상**(natural homomorphism)이라고 한다.

정리 6.12의 증명

R/I의 주어진 임의의 합동류 $r+I$에 대하여 $\pi(r)=r+I$이므로, 사상 π는 전사이다. R/I의 덧셈과 곱셈의 정의로부터 π는 준동형사상이다. 즉

$$\pi(r+s)=(r+s)+I=(r+I)+(s+I)=\pi(r)+\pi(s),$$
$$\pi(rs)=rs+I=(r+I)(s+I)=\pi(r)\pi(s).$$

π의 핵은 $\pi(r)=0_R+I$ (R/I의 영)를 만족하는 모든 $r\in R$의 집합이다. 그런데 $\pi(r)=0_R+I$일 필요충분조건은 $r+I=0_R+I$이고, 이것은 $r\equiv 0_R \pmod I$, 즉 $r\in I$와 동치이다. 따라서 I는 π의 핵이다. ■

정리 6.12에서의 자연준동형사상은 더 일반적인 상황에서의 특별한 경우이다. $f:R\to S$가 전사인 환 준동형사상일 때, S를 R의 **준동형상**(homomorphic image)이라고 한다. f가 사실은 동형사상이라면 (그래서 S가 R의 동형상이면) R과 S는 같은 구조를 갖는다. 둘 중 하나가 특별한 대수적 성질을 가지면 다른 하나도 역시 같은 성질을 갖는다. f가 동형사상이 아니면 어떤 환의 성질이 다른 환에서는 성립하지 않을 수

도 있다. 그렇지만 S의 성질과 동형사상 f는 종종 R에 대한 유용한 어떤 정보를 주기도 한다. 조각과 사진 촬영의 유사성을 생각하면 도움이 될 것이다. 즉, $f: R \to S$가 동형사상이면 S는 R의 정확한 3차원 복제물이다. 만약 f가 단지 전사인 준동형사상이면 S는 R의 2차원 사진 이미지이다. 여기서 R의 어떤 특징은 정확히 반영되지만, 다른 어떤 것은 왜곡되거나 없어질 것이다. 다음 정리는 이러한 상황에서 R과 S 그리고 f의 핵이 어떻게 관련되는지 정확하게 말해준다.

정리 6.13 제1동형사상 정리

$f: R \to S$가 핵 K를 갖는 전사인 준동형사상이면 몫환 R/K는 S와 동형이다.

이 정리는 환 R의 임의의 준동형상은 어떤 아이디얼 K에 대하여 몫환 R/K와 동형임을 말해준다. 따라서 R의 모든 몫환을 알고 있다면 R의 가능한 모든 준동형상을 알 수 있다. 아이디얼 K는 환 R에서 준동형상 R/K로 바뀌어 갈 때 얼마나 많은 정보를 잃어버리는가 하는 척도가 된다. $K=(0_R)$일 때, 정리 6.11로부터 f는 동형사상이고, 어떤 정보도 잃지 않는다. 그러나 K가 크면 꽤 많은 정보를 잃어버릴 수 있다.

정리 6.13의 증명

R/K에서 S로의 어떤 함수 φ를 정의하고, 그것이 동형사상임을 보이자. φ를 정의하기 위해 R/K의 임의의 잉여류 $r+K$를 S의 한 원소와 관련지어야 한다. 그런 하나의 원소에 대한 자연스러운 선택은 $f(r) \in S$가 될 것이다. 다르게 말하면, 규칙 $\varphi(r+K)=f(r)$에 따라 $\varphi: R/K \to S$를 정의하고 싶다. 생길 수 있는 한 가지 문제는 잉여류는 R의 여러 가지 다른 원소로 표시할 수 있다는 것이다. 그래서 φ의 값은 주어진 잉여류에만 의존하지만, 그것을 나타내기 위하여 선택된 특정한 대표 원소 r에 의존하지 않음을 보여야 한다. 만약 $r+K=t+K$라 하면 정리 6.6으로부터 $r \equiv t \pmod{K}$이고, 이것은 합동의 정의에 따라 $r-t \in K$임을 의미한다. 결과적으로 f가 준동형사상이므로 $f(r)-f(t)=f(r-t)=0_S$이다. 그러므로 $r+K=t+K$이면 $f(r)=f(t)$이다. 따라서 규칙 $\varphi(r+K)=f(r)$로 정의된 사상 $\varphi: R/K \to S$는 잉여류를 어떻게 나타내든 관계없이 잘 정의된 함수이다.

f가 전사이므로, $s \in S$이면 어떤 $r \in R$에 대하여 $s=f(r)$이다. 따라서 $s=f(r)=\varphi(r+K)$이고, φ는 전사이다. φ가 단사임을 보이기 위하여, $\varphi(r+K)=\varphi(c+K)$라 하고 다음과 같이 $r+K=c+K$임을 보이자.

$$\begin{aligned} \varphi(r+K) &= \varphi(c+K) & \\ f(r) &= f(c) & [\phi\text{의 정의}] \\ f(r)-f(c) &= 0_S & \\ f(r-c) &= 0_S & [f\text{가 준동형사상}] \end{aligned}$$

그러므로 $r-c \in K$이고, 따라서 $r \equiv c \pmod K$이다. 그러므로 정리 6.6에 따라, $r+K=c+K$이다. 따라서 φ는 단사이다.

마지막으로, φ는 준동형사상이다. 왜냐하면 f는

$$\begin{aligned} \varphi[(c+K)(d+K)] &= \varphi(cd+K) = f(cd) = f(c)f(d) \\ &= \varphi(c+K)\varphi(d+K) \end{aligned}$$

이고

$$\begin{aligned} \varphi[(c+K)+(d+K)] &= \varphi((c+d)+K) = f(c+d) = f(c)+f(d) \\ &= \varphi(c+K)+\varphi(d+K) \end{aligned}$$

이기 때문이다. 따라서 $\varphi : R/K \to S$는 동형사상이다. ■

제1동형사상 정리는 몫환의 구조를 결정하기 위한 유익한 도구이다. 이것을 다음 예제에서 설명한다.

예제 7

환 $\mathbb{Z}[x]$에서 주아이디얼 (x)는 x의 모든 배수, 즉 상수항이 0인 모든 다항식으로 구성된다. 몫환 $\mathbb{Z}[x]/(x)$는 무엇과 같아 보이는가? 각 다항식을 그 상수항으로 사상하는, 함수 $\theta : \mathbb{Z}[x] \to \mathbb{Z}$을 이용하여 답할 수 있다. 함수 θ는 각 $k \in \mathbb{Z}$가 $\mathbb{Z}[x]$에서의 다항식 $x+k$의 상이므로, 확실히 전사이다. 또한 θ는 환의 준동형사상이다(연습문제 1). θ의 핵은 0에 사상되는 즉, 상수항이 0인 모든 다항식으로 구성된다. 따라서 θ의 핵은 아이디얼 (x)이다. 정리 6.13으로부터 몫환 $\mathbb{Z}[x]/(x)$은 $\mathbb{Z}$와 동형이다.

예제 8

T가 $\mathbb{R}$에서 $\mathbb{R}$로의 모든 함수의 환이고, I를 $g(2)=0$을 만족하는 모든 함수 g의 아이디얼이라 하자. T/I는 각 실수 r에 대하여 하나씩 대응하는 모든 잉여류 f_r+I로 이루어지는 것을 6.1절의 예제 13에서 살펴보았다. 여기서 $f_r : \mathbb{R} \to \mathbb{R}$은 모든 x에 대하여 $f_r(x)=r$로 정의되는 상수함수이다. 이것은 몫환 T/I가 체 $\mathbb{R}$과 동형일 가능성

을 암시한다. 핵이 I인 T에서 $\mathbb{R}$로의 전사인 준동형사상을 만들어, 이것이 실제로 성립함을 정리 6.13을 이용하여 보이자. $\varphi: T \to \mathbb{R}$을 $\varphi(f) = f(2)$로 정의되는 함수라 하자. 그러면 임의의 실수 r에 대하여 $r = f_r(2) = \varphi(f_r)$이다. 또한 φ는 환의 준동형사상이다. 즉

$$\varphi(f+h) = (f+h)(2) = f(2) + h(2) = \varphi(f) + \varphi(h)$$
$$\varphi(fh) = (fh)(2) = f(2)h(2) = \varphi(f)\varphi(h).$$

정의에 따라, φ의 핵은 집합

$$\{g \in T \mid \varphi(g) = 0\} = \{g \in T \mid g(2) = 0\}$$

이다. 따라서 그 핵은 정확히 아이디얼 I이다. 정리 6.13으로부터 T/I는 $\mathbb{R}$과 동형이다.

예제 9

환 $\mathbb{Z}$의 준동형상은 무엇과 같아 보이는가? 이 질문에 답하기 위하여, $f: \mathbb{Z} \to S$를 전사인 준동형사상이라 하자. 만약 f가 사실은 동형사상이라면 물론 S는 (대수구조의 관점에서) 정확히 $\mathbb{Z}$인 것처럼 보인다. 만약 f가 전사이지만 동형이 아니면 (즉 단사가 아니면) f의 핵 K는 정리 6.11로부터, $\mathbb{Z}$의 영이 아닌 아이디얼이다. K는 $\mathbb{Z}$의 아이디얼이므로 6.1절의 연습문제 40에 따라, 주아이디얼이고, 즉 어떤 $n \neq 0$에 대하여 $K = (n)$이다. 정리 6.13으로부터 S는 $\mathbb{Z}/K = \mathbb{Z}/(n) = \mathbb{Z}_n$과 동형이다. 따라서 $\mathbb{Z}$의 임의의 준동형상은 $\mathbb{Z}$, 또는 어떤 n에 대하여 $\mathbb{Z}_n$과 동형이다.

■ 연습문제

A. 1. 임의의 다항식 $f(x)$를 그것의 상수항에 보내는 사상 $\theta: \mathbb{R}[x] \to \mathbb{R}$은 전사인 준동형사상임을 보이라.

2. 체 F의 임의의 준동형상은 F 자신이나 영 환과 동형임을 보이라. [**힌트**: 6.1절의 연습문제 10과 아래의 연습문제 7을 보라.]

3. 체 F와 영이 아닌 환 R에 대하여, $f: F \to R$이 전사인 준동형사상이면 f는 동형사상임을 증명하라.

4 정수 a의 모듈로 n 합동류를 $[a]_n$으로 나타내자.

(a) $[a]_{12}$를 $[a]_4$로 보내는 사상 $f: \mathbb{Z}_{12} \to \mathbb{Z}_4$는 잘 정의된 전사인 준동형사상임을 보이라.

(b) f의 핵을 구하라.

5. I를 정역 R의 아이디얼이라고 하자. R/I도 정역인가?

6. $\varphi(f(x))=f(2)$로 정의되는 함수 $\varphi:\mathbb{R}[x]\to\mathbb{R}$은 4.4절의 연습문제 24($a=2$와 함께)에 따라 환의 준동형사상이다. φ의 핵을 구하라. [힌트: 정리 4.16]

7. R이 환이면 $R/(0_R)\cong R$임을 보이라.

8. 환 R과 S에 대하여, $\pi(r,s)=r$로 주어진 $\pi:R\times S\to R$은 핵이 S와 동형이고, 전사인 준동형사상임을 보이라.

9. $R=\left\{\begin{pmatrix}a&0\\b&c\end{pmatrix}\,\middle|\,a,b,c\in\mathbb{Z}\right\}$는 3.1절의 예제 19에 따라 항등원을 갖는 환이다.
   (a) $f\begin{pmatrix}a&0\\b&c\end{pmatrix}=a$로 주어진 사상 $f:R\to\mathbb{Z}$는 전사인 준동형사상임을 보이라.
   (b) f의 핵은 무엇인가?

10. (a) $f:R\to S$를 전사인 환의 준동형사상이라 하고, I를 R의 아이디얼이라 하자. $f(I)$는 S의 아이디얼임을 증명하라. 여기서 $f(I)=\{s\in S\mid$ 어떤 $a\in I$에 대하여 $s=f(a)\}$이다.
    (b) f가 전사가 아니면 (a)는 거짓일 수 있음을 예를 들어 보이라.

11. $\mathbb{Z}[\sqrt{2}]$는 3.1절의 연습문제 13에 따라 환이다. $f:\mathbb{Z}[\sqrt{2}]\to\mathbb{Z}[\sqrt{2}]$를 $f(a+b\sqrt{2})=a-b\sqrt{2}$로 정의된 함수라 하자.
    (a) f는 전사인 환의 준동형사상임을 보이라.
    (b) 정리 6.11을 이용하여 f가 또한 단사이고, 따라서 동형사상임을 보이라. [$\sqrt{2}$가 무리수임을 가정해도 좋다.]

12. 가환이 아닌 환 R에 대하여, I를 모든 $a,b\in R$에 대하여 $ab-ba\in I$인 R의 아이디얼이라고 하자. R/I는 가환임을 증명하라.

13. 환 R의 아이디얼 I에 대하여, R/I의 임의의 원소가 제곱근을 가질 필요충분조건은 임의의 $a\in R$에 대하여 $a-b^2\in I$인 $b\in R$가 존재하는 것임을 증명하라.

14. 환 R의 아이디얼 I에 대하여, R/I의 임의의 원소가 $x^2 = x$ 의 해가 될 필요충분조건은 임의의 $a \in R$에 대하여 $a^2 - a \in I$ 임을 증명하라.

15. 가환환 R의 아이디얼 I에 대하여 R/I가 항등원을 가질 필요충분조건은 임의의 $a \in R$에 대하여 $ea - a \in I$ 인 $e \in R$가 존재하는 것임을 증명하라.

16. 항등원을 갖는 가환환 R에 대하여, I가 $I \neq R$인 R의 아이디얼이라 하자. R/I가 정역일 필요충분조건은 $ab \in I$이면 $a \in I$ 또는 $b \in I$임을 증명하라.

17. I와 J가 환 R의 아이디얼이라 하고, $f : R \to R/I \times R/J$를 $f(a) = (a + I,\ a + J)$로 정의되는 함수라 하자.
    (a) f는 환의 준동형사상임을 증명하라.
    (b) f는 전사인가? [**힌트**: $R = \mathbb{Z}$, $I = (2)$, $J = (4)$인 경우를 생각하라.]
    (c) f의 핵은 무엇인가?

18. R이 항등원을 갖는 가환환이고, R의 모든 아이디얼이 주아이디얼인 성질을 갖는다고 하자. R의 임의의 준동형상은 같은 성질을 가짐을 증명하라.

19. 환 R의 아이디얼 I와 K에 대하여, $K \subseteq I$라고 하자. $I/K = \{a + K \mid a \in I\}$는 몫환 R/K의 아이디얼임을 증명하라.

20. $f : R \to S$를 핵이 K인 환의 준동형사상이라 하고, I를 $I \subseteq K$인 R의 아이디얼이라 하자. $\overline{f}(r + I) = f(r)$로 주어진 $\overline{f} : R/I \to S$는 잘 정의된 준동형사상임을 보이라.

21. 제1동형사상 정리를 이용하여, $\mathbb{Z}_{20}/(5) \cong \mathbb{Z}_5$ 임을 보이라.

22. 환의 준동형사상 $f : R \to S$에 대하여, J가 S의 아이디얼이고 $I = \{r \in R \mid f(r) \in J\}$ 라 두자. I는 f의 핵을 포함하는 R의 아이디얼임을 증명하라.

23. (a) 항등원을 갖는 환 R에 대하여, $f(k) = k1_R$로 주어진 사상 $f : \mathbb{Z} \to R$은 준동형사상임을 보이라.
    (b) f의 핵은 (n)임을 보이라. 단, 여기서 n은 R의 표수(characteristic)이다. [**힌트**: '표수'는 3.2절의 연습문제 41 바로 앞에서 정의하였다. 6.1절의 연습문제 40도 보라.]

24. 몫환 $\mathbb{Q}[x]/(x^4+x^2)$ 에 속하는 적어도 세 개의 멱등원을 찾으라. [3.2절의 연습문제 3 참고.]

25. 가환환 R에 대하여, J를 R의 모든 멱영원의 아이디얼이라고 하자(6.1절의 연습문제 30에서와 같이). 몫환 R/J는 영이 아닌 멱영원을 갖지 않음을 증명하라.

26. 6.1절의 연습문제 41에서의 S와 I에 대하여, $S/I \cong \mathbb{Z}_2$임을 증명하라.

27. 6.1절의 연습문제 42에서의 T와 I에 대하여, $T/I \cong \mathbb{Z}_p$임을 증명하라.

28. 6.1절의 연습문제 44에서의 T와 I에 대하여, $T/I \cong \mathbb{R}$ 임을 증명하라.

29. 6.1절의 연습문제 45에서의 S와 I에 대하여, $S/I \cong \mathbb{R} \times \mathbb{R}$ 임을 증명하라.

C. 30. **(제2동형사상 정리)** I와 J가 환 R의 아이디얼이라 하자. 그러면 6.1절의 연습문제 19와 20에 따라 $I \cap J$는 I의 아이디얼이고 J는 $I+J$의 아이디얼이다. $\dfrac{I}{I \cap J} \cong \dfrac{I+J}{J}$임을 증명하라. [**힌트**: $f(a) = a+J$로 주어진 $f: I \to (I+J)/J$는 전사인 준동형사상이고, 그 핵은 $I \cap J$이다.]

31. **(제3동형사상 정리)** 환 R의 아이디얼 I와 K에 대하여 $K \subseteq I$라 하자. 연습문제 19에 따라, I/K는 R/K의 아이디얼이다. $(R/K)/(I/K) \cong R/I$임을 증명하라. [**힌트**: $f(r+K) = r+I$로 주어진 사상 $f: R/K \to R/I$는 잘 정의되고 전사인 준동형사상으로, 그 핵은 I/K임을 보이라.]

32. (a) 환 R의 아이디얼 K에 대하여, 몫환 R/K의 임의의 아이디얼은 R의 어떤 아이디얼 I에 대하여 I/K와 같은 형태임을 증명하라. [**힌트**: 연습문제 19와 22.]

    (b) $f: R \to S$가 전사인 준동형사상이고 핵이 K이면, S의 모든 아이디얼의 집합에서 K를 포함하는 R의 모든 아이디얼의 집합으로의 전단사함수가 존재함을 증명하라. [**힌트**: (a)와 연습문제 10.]

> **잠시 벗어나기:** 원한다면, 환에 대한 중국인의 나머지정리(Chinese Remainder Theorem, 14.3절)를 여기서 다루어도 좋다.

6.3 I가 소이거나 극대일 때 R/I의 구조*

몫환은 환 $\mathbb{Z}_p$와 $F[x]/(p(x))$의 자연스러운 일반화로 개발되었다. p가 소수일 때, 또 $p(x)$가 기약일 때 $\mathbb{Z}_p$와 $F[x]/(p(x))$는 각각 체이다. 이 절에서는 가환환의 몫환에 관하여 이 상황에 대응하는 유사한 성질을 탐구한다. 몫환이 정역이 되거나 체가 되기 위한 필요조건을 결정할 것이다.

$\mathbb{Z}$에서 소수와 $F[x]$에서 기약 다항식은 합동류 환의 구조에서 근본적으로 같은 역할을 한다. 임의의 가환환에서 첫 과제는 아이디얼의 관점에서 이 역할을 기술하는 어떤 합리적인 방법을 찾는 것이다. 정리 1.5에 따르면 영이 아닌 (± 1과 다른) 정수 p가 소수일 필요충분조건은 $p|bc$이면 $p|b$ 또는 $p|c$인 성질을 p가 갖는 것이다. $p|a$라는 것은 a가 p의 배수, 즉 a가 p의 모든 배수의 집합인 주아이디얼 (p)의 원소임을 의미한다. 따라서 소수에 대한 이러한 성질은 아이디얼에 관하여 다시 나타낼 수 있다. 즉, $p \neq 0$, ± 1일 때

$$p\text{가 소수일 필요충분조건은 } bc \in (p)\text{이면 언제나 } b \in (p) \text{ 또는 } c \in (p)$$

인 것이다. 조건 $p \neq \pm 1$은 1이 p의 배수가 아님을 보장하고, 따라서 아이디얼 (p)는 결코 $\mathbb{Z}$가 아니다. 이러한 상황을 모델로 하여 다음을 정의한다.

정의 가환환 R의 아이디얼 P가 $P \neq R$이고, $bc \in P$이면 언제나 $b \in P$ 또는 $c \in P$일 때 P를 **소**(prime) 아이디얼이라고 한다.

예제 1

앞에서 살펴본 것처럼, 주아이디얼 (p)는 p가 소수일 때 $\mathbb{Z}$의 소 아이디얼이다. 한편 $P=(6)$은 $2 \cdot 3 \in (p)$이지만 $2 \notin (p)$이고 $3 \notin (p)$이므로 $\mathbb{Z}$의 소 아이디얼이 아니다.

예제 2

정역 R의 영 아이디얼은 소 아이디얼이다. 왜냐하면 $ab = 0_R$이면 $a = 0_R$ 또는 $b = 0_R$이기 때문이다.

* 이 절은 이후에는 사용되지 않으며, 원하면 생략해도 좋다.

예제 3

정리 4.12의 (1) $\Rightarrow$ (2)는 F가 체이고, $p(x)$가 $F[x]$에서 기약이면 주아이디얼 $(p(x))$가 $F[x]$에서 소 아이디얼임을 보여준다.

예제 4

$\mathbb{Z}[x]$에서 상수항이 짝수인 모든 다항식의 아이디얼 I에 대하여, I는 주아이디얼이 아니고(6.1절의 예제 8) 분명히 $I \neq \mathbb{Z}[x]$이다. $f(x) = a_n x^n + \cdots + a_0$와 $g(x) = b_m x^m + \cdots + b_0$를 $f(x)g(x) \in I$인 $\mathbb{Z}[x]$의 다항식이라 하자. 그러면 $f(x)g(x)$의 상수항, 즉 $a_0 b_0$는 짝수이다. 두 홀수의 곱은 홀수이므로 a_0가 짝수(즉, $f(x) \in I$) 또는 b_0가 짝수(즉, $g(x) \in I$)이다. 그러므로 I는 소 아이디얼이다.

예제 4의 아이디얼 I는 소 아이디얼이고, 몫환 $\mathbb{Z}[x]/I$는 체이다(6.2절의 예제 3을 보라). 마찬가지로 p가 소수일 때 $\mathbb{Z}/(p) \cong \mathbb{Z}_p$는 체이다. 그러나 다음 예는 P가 소 아이디얼일 때 R/P는 체가 아닐 수도 있음을 보여준다.

예제 5

환 $\mathbb{Z}[x]$의 주아이디얼 (x)는 x의 모든 배수의 다항식, 즉 상수항이 영인 모든 다항식으로 구성된다. 그러므로 $(x) \neq \mathbb{Z}[x]$이다. 만약 $f(x) = a_n x^n + \cdots + a_0$와 $g(x) = b_m x^m + \cdots + b_0$가 $f(x)g(x) \in (x)$이면 $f(x)g(x)$의 상수항, 즉 $a_0 b_0$는 0이어야 한다. 이것은 $a_0 = 0$ 또는 $b_0 = 0$일 때만 가능하다. 즉, $f(x) \in (x)$ 또는 $g(x) \in (x)$이어야 한다. 그러므로 (x)는 소 아이디얼이다. 그러나 6.2절의 예제 7은 몫환 $\mathbb{Z}[x]/(x)$가 $\mathbb{Z}$와 동형임을 보여준다. 따라서 $\mathbb{Z}[x]/(x)$는 정역이지만 체는 아니다.

예제 5에 비추어 볼 때, 다음 정리는 소 아이디얼에 관하여 말할 수 있는 최선이다.

정리 6.14

항등원을 갖는 가환환 R의 아이디얼 P에 대하여, P가 소 아이디얼일 필요충분조건은 몫환 R/P가 정역이다.

증명

P가 R의 임의의 아이디얼이면 정리 6.6으로부터, R/P에서 $a+P=0_R+R$일 필요충분조건은 $a \equiv 0_R \pmod{P}$이다. 또한 $a \equiv 0_R \pmod{P}$일 필요충분조건은 $a \in P$이다. 그러므로 다음의 유용한 사실을 얻는다. 즉

(*) R/P에서 $a+P=0_R+R$일 필요충분조건은 $a \in P$이다.

P가 소 아이디얼라 가정하자. 정리 6.9으로부터 R/P는 항등원을 갖는 가환환이다. R/P가 정역임을 증명하기 위하여, 항등원이 영이 아니고 영인자를 갖지 않음을 보여야 한다. P는 소 아이디얼이므로 $P \neq R$이다. 1_R을 포함하는 임의의 아이디얼은 전체 환이어야 하므로, $1_R \not\in P$이다. 그런데 $1_R \not\in P$는 (*)으로부터 R/P에서 $1_R+P \neq 0_R+P$임을 의미한다. 이제 R/P가 영인자를 갖지 않음을 보이자. 만약 $(b+P)(c+P)=0_R+P$라 하면 $bc+P=0_R+P$이고, (*)으로부터 $bc \in P$이다. 따라서 $b \in P$ 또는 $c \in P$이다. 그러므로 $b+P=0_R+P$ 또는 $c+P=0_R+P$이고, 따라서 R/P는 영인자를 갖지 않는다. 결과적으로 R/P는 정역이다.

이제 R/P가 정역이라고 가정하자. 그러면 정의에 따라 $1_R+P \neq 0_R+P$이고, 따라서 (*)으로부터 $1_R \not\in P$이다. 그러므로 $P \neq R$이다. P가 소 아이디얼이라는 증명을 완성하기 위하여 $bc \in P$임을 가정하고, $b \in P$ 또는 $c \in P$임을 보이자. 만약 $bc \in P$이면 (*)로부터 R/P에서 $(b+P)(c+P)=bc+P=0_R+P$이다. R/P는 영인자를 갖지 않으므로, $b+P=0_R+P$ 또는 $c+P=0_R+P$이다. 따라서 (*)으로부터 $b \in P$ 또는 $c \in P$이다. 그러므로 P는 소 아이디얼이다. ■

소 아이디얼에 의한 몫환이 반드시 체는 아니므로, 몫환이 체가 되기 위하여 아이디얼이 만족해야 하는 조건이 무엇인가를 묻는 것은 자연스럽다.

예제 6

$\mathbb{Z}$에서 아이디얼 (3)을 생각하자. $\mathbb{Z}/(3) \cong \mathbb{Z}_3$은 체임을 알고 있다. 이제 아이디얼 (3)에 대해 알아보자. J를 $(3) \subseteq J \subseteq \mathbb{Z}$를 만족하는 아이디얼이라 하자. 만약 $J \neq (3)$이면 $a \not\in (3)$인 $a \in J$가 존재한다. 특히 $3 \nmid a$이고, 그래서 3과 a는 서로 소이다. 따라서 $3u+av=1$을 만족하는 정수 u와 v가 존재한다. 3과 a는 아이디얼 J에 속하므로 $1 \in J$임을 알 수 있다. 그러므로 6.1절의 연습문제 9에 따라 $J=\mathbb{Z}$이고, 따라서 (3)과 $\mathbb{Z}$ 사이에 다른 어떤 아이디얼도 존재하지 않는다.

예제 7

몫환 $\mathbb{Z}[x]/(x)$는 체가 아니다(예제 5). 또한 상수항이 짝수인 모든 다항식의 아이디얼 I는 (x)와 $\mathbb{Z}[x]$ 사이에 있는 다른 아이디얼이다. 즉, $(x) \subsetneq I \subsetneq \mathbb{Z}[x]$이다.

다음은 이들 예제에서 제시된 성질에 대한 형식적 정의이다.

정의

환 R의 아이디얼 M에 대하여 $M \neq R$이고, J가 $M \subseteq J \subseteq R$인 아이디얼이면 $M = J$ 또는 $J = R$일 때 M을 **극대**(maximal) 아이디얼이라 한다.

예제 6은 아이디얼 (3)이 $\mathbb{Z}$에서 극대이고, 예제 7은 아이디얼 (x)가 $\mathbb{Z}[x]$에서 극대가 아님을 보여준다. 어떤 환은 여러 개의 극대 아이디얼을 가질 수 있다. $\mathbb{Z}_6$에서 아이디얼 $\{0, 2, 4\}$는 극대이고, 아이디얼 $\{0, 3\}$도 극대이다. $\mathbb{Z}$에는 무수히 많은 극대 아이디얼이 존재한다(연습문제 3). 극대 아이디얼은 앞에서 제기된 문제에 대해 다음과 같은 답을 제공해준다.

정리 6.15

항등원을 갖는 가환환 R의 아이디얼 M에 대하여, M이 극대 아이디얼일 필요충분조건은 몫환 R/M이 체인 것이다.

증명

정리 6.14의 증명에서 사용하였던 같은 성질을 이용할 것이다. 즉

(*) $\qquad R/M$에서 $a + M = 0_R + M$일 필요충분조건은 $a \in M$이다.

R/M이 체라고 가정하자. 정의에 따라 $1_R + M \neq 0_R + M$이고, 따라서 (*)으로부터 $1_R \notin M$이다. 그러므로 $M \neq R$이다. M이 극대임을 보이기 위하여, J가 $M \subseteq J \subseteq R$인 아이디얼이라고 가정하고 $M = J$이거나 $J = R$임을 보이자. 만약 $M = J$라면 더 증명할 것이 없다. 만약 $M \neq J$라 하면 $a \notin M$인 $a \in J$가 존재한다. 따라서 체 R/M에서 $a + M \neq 0_R + M$이고 $a + M$은 $(a+M)(b+M) = ab + M = 1_R + M$인 역원 $b + M$을 갖는다. 그러므로 정리 6.6에 따라 $ab \equiv 1_R \pmod{M}$이고, 따라서 어떤 $m \in M$에 대하여 $ab - 1_R = m$이다. 따라서 $1_R = ab - m$이다. a와 m은

아이디얼 J의 원소이므로 $1_R \in J$이고 $J = R$이 성립한다. 그러므로 M은 극대 아이디얼이다.

이제 M이 R의 극대 아이디얼이라 하자. 정리 6.9에 따라 R/M은 항등원을 갖는 가환환이다. R/M이 체임을 증명하기 위하여 먼저, 항등원이 영 원소가 아님을 보이자. M은 극대이므로 $M \neq R$이다. 1_R을 포함하는 임의의 아이디얼은 환 전체를 포함해야 하므로, $1_R \notin M$이다. 그런데 $1_R \notin M$이면 (*)로부터, R/M에서 $1_R + M \neq 0_R + M$이다.

다음은 R/M의 임의의 영이 아닌 원소가 곱셈에 대한 역원을 가짐을 보이자. 만약 $a + M$이 R/M의 영이 아닌 원소이면 $a \notin M$이다(그렇지 않으면 $a + M$은 영 잉여류가 되므로). 집합

$$J = \{m + ra \mid r \in R,\ m \in M\}$$

은 6.1절의 연습문제 34에 따라, M을 포함하는 R의 아이디얼이다. 또한 $a = 0_R + 1_R a$는 J에 속하고, 따라서 $M \neq J$이다. 극대의 정의에 따라 $J = R$이다. 그러므로 $1_R \in J$이고, 어떤 $m \in M$과 $c \in R$에 대하여 $1_R = m + ca$이다. $ca - 1_R = -m \in M$이므로 $ca \equiv 1_R \pmod{M}$이 성립함을 알 수 있고, 따라서 정리 6.6에 따라 $ca + M = 1_R + M$이다. 결과적으로 잉여류 $c + M$은 $a + M$의 R/M에서의 역원이다. 즉

$$(c + M)(a + M) = ca + M = 1_R + M.$$

그래서 R/M의 임의의 영이 아닌 원소는 가역원이다(공리 12를 만족). 그러므로 R/M은 체이다. ■

따름정리 6.16

항등원을 갖는 가환환 R의 임의의 극대 아이디얼은 소 아이디얼이다.

증명

M이 R의 극대 아이디얼이면 정리 6.15에 따라, R/M은 체이다. 따라서 정리 3.8로부터 R/M은 정역이다. 그러므로 정리 6.14로부터 M은 소 아이디얼이다. ■

정리 6.15는 잘 알려진 여러 가지 아이디얼이 극대임을 보이는 데 이용할 수 있다.

예제 8

$\mathbb{Z}[x]$에서 상수항이 짝수인 모든 다항식의 아이디얼 I는 $\mathbb{Z}[x]/I$가 체이므로(6.2절의 예제 3 참조) 극대 아이디얼이다.

예제 9

T를 $\mathbb{R}$에서 $\mathbb{R}$로의 모든 함수의 환이라 하고, I를 $g(2)=0$인 모든 함수 g의 아이디얼이라고 하자. 6.2절의 예제 8에서 T/I는 $\mathbb{R}$과 동형인 체임을 살펴보았다. 따라서 I는 T의 극대 아이디얼이다.

■ 연습문제

A. 1. n이 합성수이면 (n)은 $\mathbb{Z}$의 소 아이디얼이 아님을 증명하라.

2. R이 항등원을 갖는 유한 가환환이면 R의 임의의 소 아이디얼은 극대 아이디얼임을 증명하라. [**힌트**: 정리 3.9.]

3. (a) 영이 아닌 정수 p가 소수일 필요충분조건은 아이디얼 (p)가 $\mathbb{Z}$에서 극대 아이디얼임을 증명하라.
   (b) 체 F와 $p(x)\in F[x]$에 대하여, $p(x)$가 기약일 필요충분조건은 아이디얼 $(p(x))$가 $F[x]$에서 극대 아이디얼임을 증명하라.

4. 항등원을 갖는 가환환 R에 대하여, R이 정역일 필요충분조건은 (0_R)이 소 아이디얼임을 증명하라.

5. $\mathbb{Z}_6$의 모든 극대 아이디얼을 구하라. $\mathbb{Z}_{12}$에서도 구하라.

6. (a) $\mathbb{Z}_8$에서 꼭 하나의 극대 아이디얼이 존재함을 증명하라. $\mathbb{Z}_9$에 대해서 같은 사실을 증명하라. [**힌트**: 6.1절의 연습문제 6.]
   (b) $\mathbb{Z}_{10}$과 $\mathbb{Z}_{15}$는 각각 두 개 이상의 극대 아이디얼을 가짐을 보이라.

7. 항등원을 갖는 가환환 R에 대하여, R이 체일 필요충분조건은 (0_R)이 극대 아이디얼임을 증명하라.

8. 두 개의 소 아이디얼의 교집합은 소 아이디얼이 될 필요가 없음을 예를 들어 보이라. [**힌트**: $\mathbb{Z}$에서 (2)와 (3)을 생각하라.]

9. R이 모든 아이디얼이 주아이디얼인 정역이라고 하자. (p)가 R의 영이 아닌 소 아이디얼이면 p는 다음 성질을 갖는 것을 증명하라: p가 $p=cd$로 인수분해 되면 c 또는 d가 R에서 가역원이다.

B. 10. p를 정해진 소수라 하고, J를 $\mathbb{Z}[x]$에서 상수항이 p의 배수인 모든 다항식의 집합이라 하자. J는 $\mathbb{Z}[x]$의 극대 아이디얼임을 증명하라.

11. $\mathbb{Z}[x]$에서 주아이디얼 $(x-1)$은 소 아이디얼이지만 극대 아이디얼은 아님을 보이라.

12. p가 소수이면 M은 $\mathbb{Z}\times\mathbb{Z}$의 극대 아이디얼임을 증명하라. 단, 여기서 $M=\{(pa, b) \mid a, b\in\mathbb{Z}\}$이다.

13. I가 환 R의 아이디얼이면 6.1절의 연습문제 8에 따라, $I\times I$는 $R\times R$의 아이디얼이다. $(R\times R)/(I\times I)$는 $R/I\times R/I$와 동형임을 증명하라. [**힌트**: $f((a,b))=(a+I, b+I)$로 주어지는 함수 $f: R\times R\to R/I\times R/I$는 전사이고, 핵이 $I\times I$인 환의 준동형사상임을 보이라.]

14. P가 가환환 R의 소 아이디얼이면 $P\times P$는 $R\times R$의 소 아이디얼인가? [**힌트**: 연습문제 13.]

15. (a) R은 모든 정수의 집합으로 보통의 덧셈과 모든 $a, b\in R$에 대하여 $ab=0$로 정의되는 곱셈을 갖는다고 하자. R은 가환환임을 보이라.
(b) $M=\{0, \pm 2, \pm 4, \pm 6, \dots\}$은 R의 극대 아이디얼이지만 소 아이디얼은 아님을 보이라. 이 결과는 따름정리 6.16에 모순되지 않는 이유를 설명하라.

16. $M=\{0, \pm 4, \pm 8, \dots\}$은 짝수인 모든 정수의 환 E의 극대 아이디얼이지만 E/M은 체가 아님을 보이라. 이 결과는 정리 6.15와 모순이 되지 않는 이유를 설명하라.

17. $f: R\to S$를 전사인 가환환의 준동형사상이라고 하자. J가 S의 소 아이디얼이고, $I=\{r\in R \mid f(r)\in J\}$ 이면 I는 R의 소 아이디얼임을 증명하라.

18. P는 가환환 R의 아이디얼이고 $P\neq R$이라고 하자. P가 소 아이디얼일 필요충분조건은 P가 다음 성질을 갖는 것임을 증명하라: A와 B가 $AB\subseteq P$인 R

의 아이디얼이면 $A \subseteq P$ 또는 $B \subseteq P$이다. [AB는 6.1절의 연습문제 36에서 정의됨. 이 성질은 가환이 아닌 환에서 소 아이디얼의 정의로 사용된다.]

19. R이 항등원을 갖는 영이 아닌 환이면 R 자신을 제외한 임의의 아이디얼은 어떤 극대 아이디얼에 포함된다는 것을 가정하자(이 사실의 증명은 이 책의 범위를 넘는다). 항등원을 갖는 가환환 R이 유일한 극대 아이디얼을 가질 필요충분조건은 R의 가역원이 아닌 모든 원소의 집합이 아이디얼임을 증명하라. 이러한 환을 **국소환**(local ring)이라고 한다. (국소환의 예를 위하여 6.1절의 연습문제 6을 보라.)

20. $\mathbb{Z} \times \mathbb{Z}$에서 극대가 아닌 소 아이디얼을 찾으라.

C. 21. (a) $R = \{a+bi \mid a, b \in \mathbb{Z}\}$는 $\mathbb{C}$의 부분환이고

$$M = \{a+bi \mid 3 \mid a \text{이고 } 3 \mid b\}$$

는 R의 극대 아이디얼임을 증명하라. [**힌트**: $r+si \notin M$이면 $3 \nmid r$이거나 $3 \nmid s$이다. 3은 $r^2+s^2=(r+si)(r-si)$의 약수가 아님을 보이라. 그러면 $r+si$와 M을 포함하는 임의의 아이디얼은 1도 포함함을 보이라.

(b) R/M는 9개의 원소를 갖는 체임을 보이라.

22. 연습문제 21에서의 R에 대하여, J는 R의 극대 아이디얼이 아님을 보이라. 단, 여기서 $J = \{a+bi \mid 5 \mid a \text{이고 } 5 \mid b \in \mathbb{Z}\}$이다. [**힌트**: R의 주아이디얼 $K = (2+i)$를 생각하라.]

23. 연습문제 22에서의 R과 J에 대하여 $R/J \cong \mathbb{Z}_5 \times \mathbb{Z}_5$임을 보이라.

24. 연습문제 22에서의 R과 K에 대하여 $R/K \cong \mathbb{Z}_5$임을 보이라.

25. $T = \{a+b\sqrt{2} \mid a, b \in \mathbb{Z}\}$는 $\mathbb{R}$의 부분환이고, $M = \{a+b\sqrt{2} \mid 5 \mid a \text{이고 } 5 \mid b\}$는 T의 극대 아이디얼임을 증명하라.

대체 경로: 이 지점에서 세 가지 가능한 선택이 있다. 군(제7장)이라고 하는 새로운 대수적 개념을 탐구할 수 있고(아직 그렇게 하지 않았다면) 또는 정역(제10장)이나 체(제11장)에 대하여 계속 더 학습해도 좋다.

CHAPTER 7

군(groups)

$\mathbb{Z}$, $\mathbb{Z}_n$, 유리수 환, 실수 환 및 그외 모든 환과 같이 이미 익숙한 대수체계는 모두 덧셈과 곱셈이라는 두 개의 연산을 갖는다. 이 장에서는 – 군이라고 부르는 – 하나의 연산을 사용하는 다른 종류의 대수구조를 소개한다. 군은 대칭성, 기하학적 변환, 대수적 부호이론의 연구와 다항 방정식의 해에 대한 분석에서 자연스럽게 나타난다.

대체 경로: 제3장(환)을 읽지 않았다면, 7.1절을 234쪽에서 시작하는 7.1.A절로 대체하라.

7.1 군의 정의와 예

군은 하나의 연산을 갖는 대수체계다. 어떤 군들은 환으로부터 그 연산 중 하나를 무시하고 남은 하나의 연산에 집중함으로써 나온다. 예를 들어, 정수 전체는 (곱셈이 아닌) 덧셈에 대하여 군을 이루고, 영이 아닌 모든 유리수는 (덧셈이 아닌) 곱셈에 대하여 군을 이루는 것을 알게 될 것이다. 그러나 두 개의 연산을 갖는 체계로부터 나오지 않는 많은 군들이 있다. (군 이론의 역사적 출발점이 된) 후자의 군들에서 가장 중요한 군은 치환의 연구로부터 개발되었다.* 따라서 치환에 대한 고찰과 함께 시작하기로 한다.

비형식적으로, 집합 T의 치환은 단지 그 원소들의 순열이다. 예를 들어,

* 19세기 초, 치환은 2차 방정식의 근의 공식과 비슷한 고차 다항 방정식의 해를 구하는 공식을 찾기 위한 시도에서 열쇠 역할을 하였다. 더 많은 정보를 위하여, 제12장을 보라.

$T = \{1, 2, 3\}$의 여섯 가지의 가능한 치환이 있다. 즉 다음과 같다.

$$123 \quad 132 \quad 213 \quad 231 \quad 312 \quad 321$$

이런 각각의 순열은 T에서 T로의 하나의 전단사함수*, 즉 1을 그 순열의 첫째 원소에, 2를 두 번째 원소에, 3을 세 번째 원소에 대응시키는 함수를 결정한다. 예를 들어, 231은 규칙 $f(1) = 2$, $f(2) = 3$, $f(3) = 1$로 정해지는 함수 $f : T \to T$를 결정한다. 역으로, T에서 T로의 임의의 전단사함수는 그 원소들의 순열, 즉 $f(1)$, $f(2)$, $f(3)$을 정의한다. 결과적으로 집합 T의 **치환**(permutation)을 T에서 T로의 임의의 전단사함수로 정의한다. 이 정의는 순열의 비형식적 개념을 유지하고, 무한집합에도 적용할 수 있는 장점이 있다. 그렇지만 지금부터는 유한집합에만 집중하고, 그것에 대한 치환을 다루기 위한 편리한 기호를 개발한다.

예제 1

$T = \{1, 2, 3\}$에 대하여, 규칙 $f(1) = 2$, $f(2) = 3$, $f(3) = 1$로 정의되는 치환 f는 배열 $\begin{pmatrix} 1 & 2 & 3 \\ 2 & 3 & 1 \end{pmatrix}$로 표현할 수 있다. 이 배열에서 첫 행의 원소의 f에 대한 상은 둘째 행에서 바로 그 아래에 기록된다. 이 기호를 사용하여 6개의 T의 치환을 나타내면 다음과 같다.

$$\begin{pmatrix} 1 & 2 & 3 \\ 1 & 2 & 3 \end{pmatrix} \ \begin{pmatrix} 1 & 2 & 3 \\ 1 & 3 & 2 \end{pmatrix} \ \begin{pmatrix} 1 & 2 & 3 \\ 2 & 1 & 3 \end{pmatrix} \ \begin{pmatrix} 1 & 2 & 3 \\ 2 & 3 & 1 \end{pmatrix} \ \begin{pmatrix} 1 & 2 & 3 \\ 3 & 1 & 2 \end{pmatrix} \ \begin{pmatrix} 1 & 2 & 3 \\ 3 & 2 & 1 \end{pmatrix}$$

두 전단사함수의 합성은 그 자체로 전단사이므로, 임의의 두 치환의 합성은 앞의 목록에 있는 여섯 개의 치환 중의 하나이다. 예를 들어, $f = \begin{pmatrix} 1 & 2 & 3 \\ 3 & 2 & 1 \end{pmatrix}$과 $g = \begin{pmatrix} 1 & 2 & 3 \\ 2 & 1 & 3 \end{pmatrix}$에 대하여 $f \circ g$는

$$\begin{aligned} (f \circ g)(1) &= f(g(1)) = f(2) = 2 \\ (f \circ g)(2) &= f(g(2)) = f(1) = 3 \\ (f \circ g)(3) &= f(g(3)) = f(3) = 1 \end{aligned}$$

로 주어진 함수이다. 따라서 $f \circ g = \begin{pmatrix} 1 & 2 & 3 \\ 2 & 3 & 1 \end{pmatrix}$이다. 먼저 g를 적용한 다음 f를 적용하여, 한 원소의 진행을 가시적으로 추적하여 보통 이런 합성을 더 쉽게 만들 수 있다.

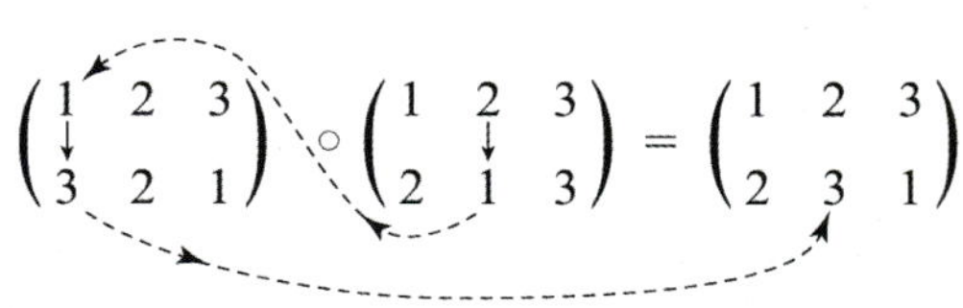

* 전단사함수는 부록 B에서 논의한다.

T의 모든 치환의 집합을 S_3으로 나타내면, 함수의 합성 ($\circ$)는 집합 S_3의 연산으로 다음 성질을 갖는다.

$$f \in S_3 \text{이고 } g \in S_3 \text{이면 } f \circ g \in S_3 \text{이다.}$$

함수의 합성은 결합법칙을 만족하므로*

$$\text{모든 } f, g, h \in S_3 \text{에 대하여,} \quad (f \circ g) \circ h = f \circ (g \circ h)$$

임을 알 수 있다. 항등치환(identity permutation) $I = \begin{pmatrix} 1 & 2 & 3 \\ 1 & 2 & 3 \end{pmatrix}$은 다음 성질을 가짐을 밝히라. 즉,

$$\text{모든 } f \in S_3 \text{에 대하여,} \ I \circ f = f \text{이고 } f \circ I = f \text{이다.}$$

임의의 전단사함수는 역함수*를 갖는다. 결과적으로

$$f \in S_3 \text{이면 } f \circ g = I \text{이고 } g \circ f = I \text{인 } g \in S_3 \text{가 존재한다.}$$

예를 들어, $f = \begin{pmatrix} 1 & 2 & 3 \\ 3 & 1 & 2 \end{pmatrix}$이면

$$\begin{pmatrix} 1 & 2 & 3 \\ 3 & 1 & 2 \end{pmatrix} \circ \begin{pmatrix} 1 & 2 & 3 \\ 2 & 3 & 1 \end{pmatrix} = \begin{pmatrix} 1 & 2 & 3 \\ 1 & 2 & 3 \end{pmatrix}$$

이고

$$\begin{pmatrix} 1 & 2 & 3 \\ 2 & 3 & 1 \end{pmatrix} \circ \begin{pmatrix} 1 & 2 & 3 \\ 3 & 1 & 2 \end{pmatrix} = \begin{pmatrix} 1 & 2 & 3 \\ 1 & 2 & 3 \end{pmatrix}$$

이므로 $g = \begin{pmatrix} 1 & 2 & 3 \\ 2 & 3 & 1 \end{pmatrix}$이다. 학생들은 꼭 S_3의 나머지 치환의 역을 결정해봐야 한다(연습문제 1). 마지막으로, $f \circ g$는 $g \circ f$와 같지 않을 수도 있음을 주목한다. 예를 들면,

$$\begin{pmatrix} 1 & 2 & 3 \\ 3 & 2 & 1 \end{pmatrix} \circ \begin{pmatrix} 1 & 2 & 3 \\ 2 & 1 & 3 \end{pmatrix} = \begin{pmatrix} 1 & 2 & 3 \\ 2 & 3 & 1 \end{pmatrix}$$

이지만

$$\begin{pmatrix} 1 & 2 & 3 \\ 2 & 1 & 3 \end{pmatrix} \circ \begin{pmatrix} 1 & 2 & 3 \\ 3 & 2 & 1 \end{pmatrix} = \begin{pmatrix} 1 & 2 & 3 \\ 3 & 1 & 2 \end{pmatrix}$$

이다.

---

* 부록 B를 보라.

S_3의 연산 $\circ$에 대한 핵심 성질을 추상화하여, 다음을 얻는다.

정의

다음 공리를 만족하는 이항연산 $*$를 갖는 공집합이 아닌 집합 G를 **군**(group)이라고 한다.*

1. 닫힘(closure): $a \in G$이고 $b \in G$이면 $a * b \in G$이다.
2. 결합법칙(associative): 모든 $a, b, c \in G$에 대하여 $a * (b * c) = (a * b) * c$이다.
3. 모든 $a \in G$에 대하여 $a * e = a = e * a$를 만족하는 일정한 원소 (**항등원**(identity element)이라고 부르는) $e \in G$가 존재한다.
4. 각 원소 $a \in G$에 대하여, $a * d = e$이고 $d * a = e$인 어떤 원소 (a의 **역원**(inverse)이라고 부르는) $d \in G$가 존재한다.

다음 공리도 만족하는 군을 **Abel 군**(abelian group)† 또는 **가환**(commutative)이라고 한다.

5. 교환법칙: 모든 $a, b \in G$에 대하여 $a * b = b * a$이다.

유한개의 원소를 갖는 군을 **유한군**(finite group) 또는 **유한위수**(finite order)를 갖는다고 한다. 이때, G의 모든 원소의 개수를 G의 **위수**(order)라 하고, $|G|$로 나타낸다. 무수히 많은 원소를 갖는 군을 **무한군**(infinite group) 또는 **무한위수**(infinite order)를 갖는다고 한다.

예제 2

정의 앞의 논의는 S_3는 함수의 합성을 연산 $*$로 갖는 위수 6의 군이고, Abel 군은 아님을 보여준다.

예제 3

치환군 S_3는 단지 일반적인 상황의 특별한 경우이다. n을 정해진 양의 정수라 하고, T를 집합 $\{1, 2, 3, \ldots, n\}$이라고 하자. S_n을 T의 모든 치환(즉 전단사함수 $T \to T$)의 집합이라고 하자. 이런 함수에 대하여 S_3에서 사용하였던 것과 같은 기호를 사용할 것이다. S_6에서, 예를 들면, $\begin{pmatrix} 1 & 2 & 3 & 4 & 5 & 6 \\ 4 & 6 & 2 & 3 & 5 & 1 \end{pmatrix}$은 1을 4로, 2를 6으로, 3을 2로, 4를 3으로, 5를 5로, 6을 1로 바꾸는 치환을 나타낸다. 두 전단사함수의 합성은 전단사이므로‡ S_n

* 이항연산은 부록 B에서 정의한다.

† 노르웨이 수학자 N. H. Abel (1802~1829)을 기리기 위한 것이다.

은 합성 연산에 대하여 닫혀있다. 예를 들어, S_6에서

$$\begin{pmatrix} 1 & 2 & 3 & 4 & 5 & 6 \\ 3 & 5 & 2 & 4 & 1 & 6 \end{pmatrix} \circ \begin{pmatrix} 1 & 2 & 3 & 4 & 5 & 6 \\ 6 & 4 & 2 & 3 & 5 & 1 \end{pmatrix} = \begin{pmatrix} 1 & 2 & 3 & 4 & 5 & 6 \\ 6 & 4 & 5 & 2 & 1 & 3 \end{pmatrix}$$

(함수의 합성에서 오른쪽 함수를 먼저 적용한 후, 나중에 왼쪽 함수를 적용하는 것을 기억하라. 이 경우 예를 들면, 화살표로 보인 것처럼 $4 \to 3 \to 2$이다.) S_n이 이 연산에 대하여 군임을 보이자. 함수의 합성은 결합법칙을 만족하는 것을 이미 알고 있으며, 임의의 전단사함수는 합성에 대하여 역함수를 갖는다.* 항등치환(identity permutation) $\begin{pmatrix} 1 & 2 & 3 & \cdots & n \\ 1 & 2 & 3 & \cdots & n \end{pmatrix}$은 S_n의 항등원이다. S_n을 **n차 대칭군**(symmetric group of degree n)이라고 한다. S_n의 위수는 $n! = n(n-1)(n-2) \cdots 2 \cdot 1$ 이다(연습문제 20).

예제 4

앞의 예제는 쉽게 일반화할 수 있다. T를 공집합이 아닌, 무한도 가능한, 임의의 집합이라 하자. T의 모든 치환(전단사함수)의 집합을 $A(T)$로 나타내자. S_n에 대하여 앞에서 주어진 논법을 $A(T)$로 옮겨 $A(T)$가 함수의 합성 연산에 대하여 군임을 보이라(연습문제 12).

예제 5

평면을 얇고 단단한 플라스틱으로 생각하자. 정사각형 하나를 오려서 뽑아내고, 그것을 움직여 다시 오려낸 자리에 꼭 맞게 끼운다고 가정하자.† 이렇게 하는 여덟 가지 방법을 아래에 그림으로 보여준다. (여기서 정사각형은 원점을 중심으로 하고, 네 개의 꼭짓점은 식별하기 쉽도록 숫자로 표시한다.) 이 정사각형을 움직여서 오려낸 자리에 꼭 맞게 다시 끼우는 정사각형의 임의의 이동이 여덟 가지의 방법 중 어느 하나와 같은 결과를 갖는다(연습문제 14).

모든 회전이동은 중심에 관하여 시계 반대 방향으로 이루어진다.

‡ 부록 B를 보라.

* 상세한 것을 위해 부록 B를 보라.

† 구부리지 않고 부러뜨리지 않고 찌그러뜨리지 않는 한 뒤집든, 회전하든, 굴리든, 빙빙 돌리든 원하는 것은 무엇이든 하라.

$r_0 = 0°$ 회전

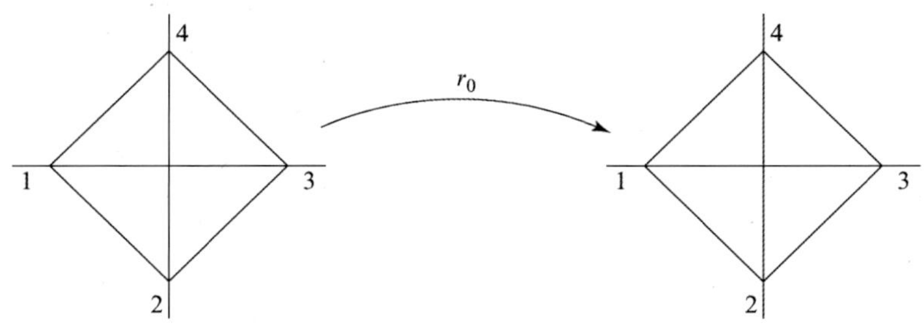

$r_1 = 90°$ 회전

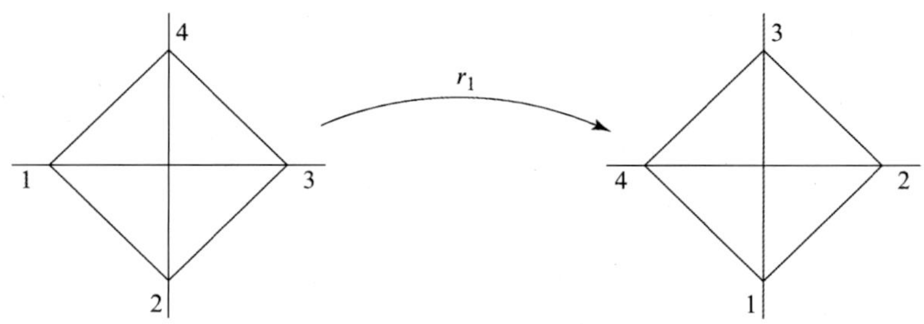

$r_2 = 180°$ 회전

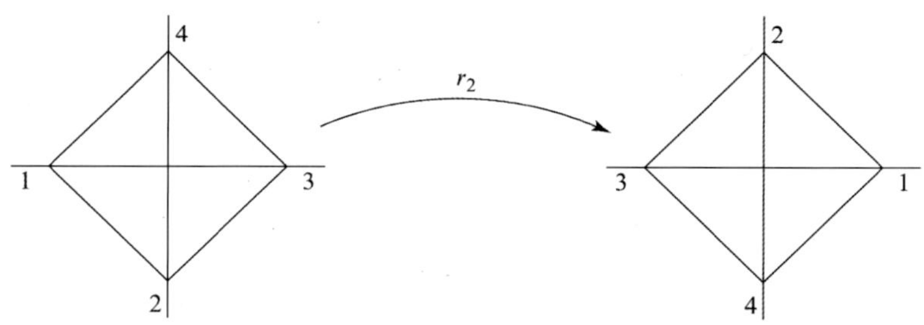

$r_3 = 270°$ 회전

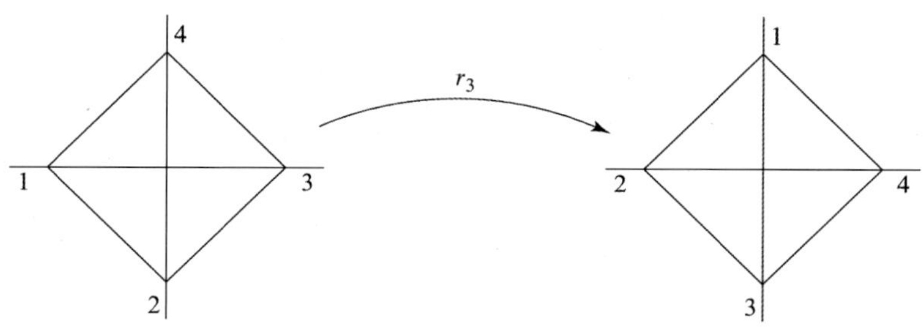

$d =$ x 축에 대한 반사

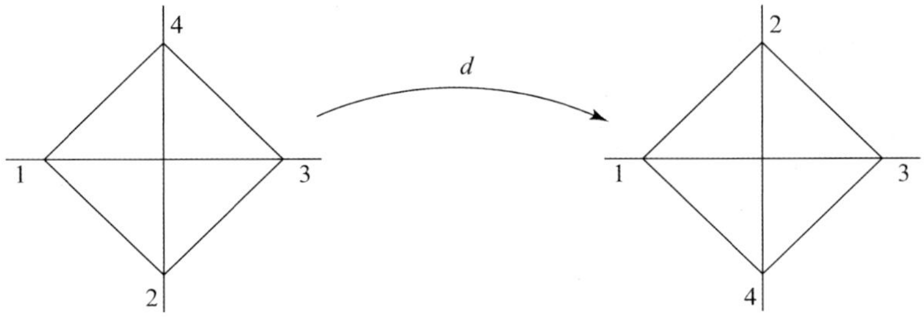

$t =$ y 축에 대한 반사

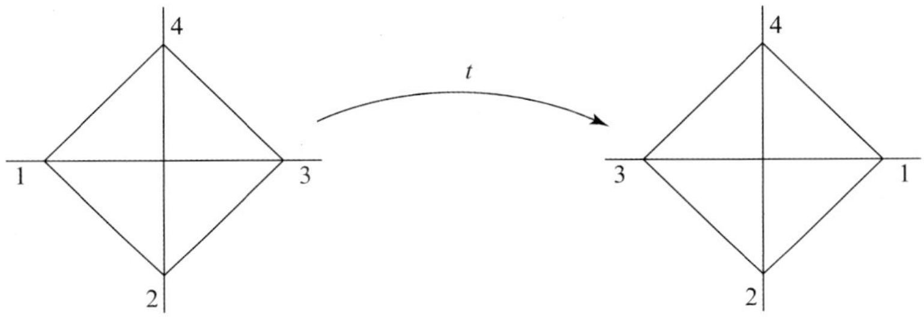

$h =$ 직선 $y = x$ 에 대한 반사

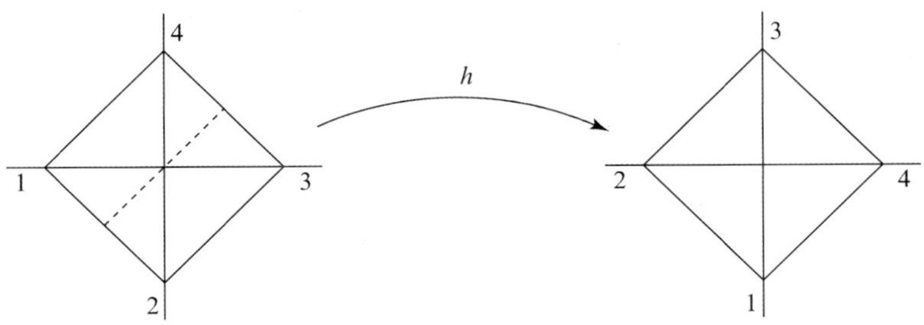

$v =$ 직선 $y = -x$ 에 대한 반사

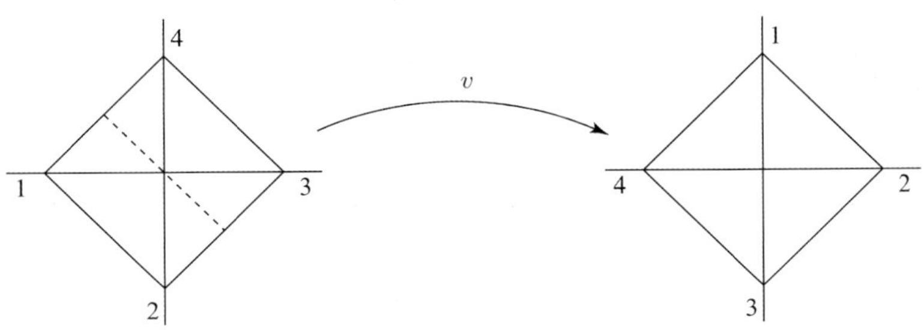

만약 이들 이동 중 하나를 실행한 후 다른 하나를 실행한다면 그 결과는 앞에 나타낸 여덟 가지 중 하나가 될 것이다. 예를 들면,

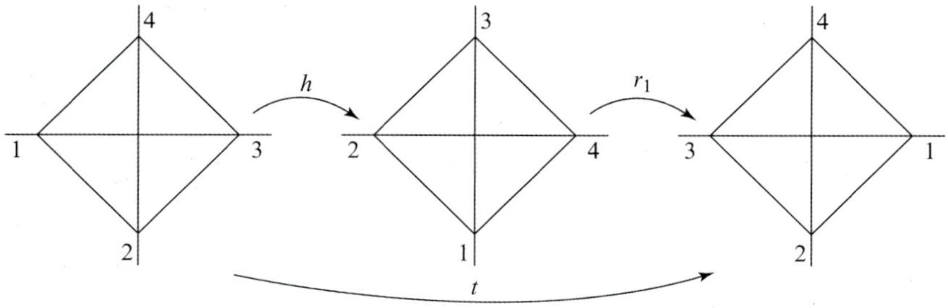

이들 이동의 하나하나를 정사각형에서 그 자체로의 하나의 함수로 생각한다면, 하나의 이동 후 다른 이동을 하는 개념은 바로 함수의 합성이다. 앞의 설명에서 (h의 실행 후 r_1의 실행은 t) $r_1 \circ h = t$로 나타낼 수 있다($r_1 \circ h = t$는 h를 먼저 적용한 다음 r_1을 적용하는 것임을 기억하라). 집합

$$D_4 = \{r_0, r_1, r_2, r_3, h, v, d, t\}$$

는 합성 연산에 대하여 다음 연산표를 갖는다.

$\circ$	r_0	r_1	r_2	r_3	d	h	t	v
r_0	r_0	r_1	r_2	r_3	d	h	t	v
r_1	r_1	r_2	r_3	r_0	h	t	v	d
r_2	r_2	r_3	r_0	r_1	t	v	d	h
r_3	r_3	r_0	r_1	r_2	v	d	h	t
d	d	v	t	h	r_0	r_3	r_2	r_1
h	h	d	v	t	r_1	r_0	r_3	r_2
t	t	h	d	v	r_2	r_1	r_0	r_3
v	v	t	h	d	r_3	r_2	r_1	r_0

분명히 D_4는 $\circ$에 대하여 닫혀있고, 함수의 합성은 결합법칙이 성립하는 것을 알고 있다. 연산표는 r_0가 항등원이고, D_4의 임의의 원소는 역원을 갖는다는 것을 보여준다. 예를 들면, $r_3 \circ r_1 = r_0 = r_1 \circ r_3$이다. 따라서 D_4는 군이다. 예를 들어, $h \circ d \neq d \circ h$이므로 Abel 군은 아니다. D_4를 **4차 이면체군**(dihedral group of degree 4) 또는 **정사각형의 대칭변환군**(group of symmetries of square)이라고 부른다.

예제 6

정사각형의 대칭변환군은 여러 가지 대칭변환군의 하나이다. 대응하는 유사한 과정을 임의의 정다각형에 대하여 수행할 수 있다. 결과의 군 D_n을 **n차 이면체군**(diheadral group of degree n)이라고 부른다. 예를 들어, 군 D_3는 정삼각형의 6개의 대칭이동(시계 반대 방향으로 중심에 관하여 0°, 120°, 240° 회전과 다음에 보인 3개의 반사)으로 구성되고, 함수의 합성을 연산으로 갖는다.

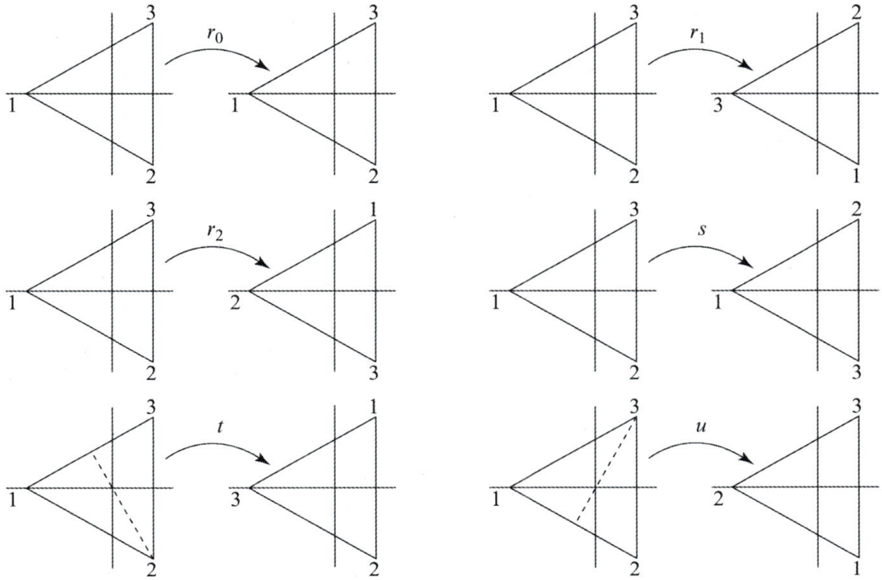

대칭변환군은 미술과 건축, 과학에서 자주 나타난다. 결정학과 결정물리학은 여러 가지 3차원 도형에 대한 대칭변환군을 이용한다. DNA의 최초의 정확한 모델(그 발명자에게 노벨상을 수여)은 DNA 분자의 대칭성 인식 없이 만들 수 없었다. 대칭변환군은 물리학자들이 나중에 실험적으로 발견한 어떤 기본입자의 존재성을 예측하는 데 이용되었다.

군과 환

환 R은 결합법칙을 만족하는 두 개의 연산이 있으며, R이 둘 중 어느 것에 대하여 군이 되는지 묻는 것은 당연하다. 덧셈에 관하여 그 답은 옳다.

정리 7.1

임의의 환은 덧셈에 대하여 Abel 군이다.

증명

(3.1절의) 환에 대한 첫 다섯 개의 공리를 검토해 보면, 연산 $*$를 $+$로, 항등원 e를 0_R로, a의 역원을 $-a$로 하는 Abel 군에 대한 다섯 가지 공리와 같은 것을 알 수 있다. ■

예제 7

정리 7.1에 따라, 다음의 익숙한 환 각각은 덧셈에 대하여 Abel 군이다.

$$\mathbb{Z},\ \mathbb{Z}_n,\ \mathbb{Q},\ \mathbb{R},\ \mathbb{C}$$

$M(\mathbb{R})$과 $M(\mathbb{Z}_2)$와 같은 행렬 환

$\mathbb{Z}[x]$, $\mathbb{R}[x]$, $\mathbb{Z}_n[x]$와 같은 다항식 환

앞으로 이 환이나 다른 환을 언급할 때 아무런 단서 없이 '군'이라는 용어를 사용하면 연산은 덧셈으로 이해한다.

그렇지만 곱셈은 이야기가 다르다.

영이 아닌 환 R은 곱셈에 대하여 결코 군이 아니다.

만약 R이 항등원을 갖지 않으면 공리 3은 성립하지 않는다. 만약 R이 항등원을 가지면 0_R은 역원을 갖지 않고, 공리 4를 만족하지 않는다. 그렇기는 하지만, 항등원을 갖는 환의 어떤 부분집합은 곱셈에 대하여 군이 될 수도 있다.

정리 7.2

체 F의 영이 아닌 모든 원소는 곱셈에 대하여 Abel 군을 이룬다.

앞으로 체 F의 영이 아닌 모든 원소의 집합을 F^*로 나타낼 것이다.

정리 7.2의 증명

F^*에서 곱셈은 다음 환의 공리 즉, 6과 11(닫힘), 7(결합법칙), 10(항등원), 12(역원), 9(교환법칙)를 모두 만족한다 − 52쪽과 61쪽을 보라. 그러므로 F^*는 군의 공리 1~5를 만족하고, 곱셈에 대하여 군이다. ■

예제 8

정리 7.2에 따라, 다음 각각은 곱셈에 대하여 Abel 군이다.

영인 아닌 모든 유리수 $\mathbb{Q}^*$, 영이 아닌 모든 실수 $\mathbb{R}^*$, 영이 아닌 모든 복소수 $\mathbb{C}^*$

예제 9

p가 소수일 때 정리 2.7과 2.8에 따라, $\mathbb{Z}_p$는 체이다. 따라서 정리 7.2로부터 $\mathbb{Z}_p{}^*$는 곱셈에 대하여 군이다.

예제 10

모든 양의 유리수 $\mathbb{Q}^{**}$는 곱셈에 대하여 무한 Abel 군을 이룬다. 왜냐하면 양수의 곱은 양수이고, 1은 항등원이고, 또 a의 역원은 $1/a$이기 때문이다. 마찬가지로 양의 실수 $\mathbb{R}^{**}$는 곱셈에 대하여 Abel 군을 이룬다.

예제 11

모든 복소수 집합의 부분집합 $\{1, -1, i, -i\}$는 곱셈에 대하여 Abel 군을 이룬다. 닫힘을 밝히기는 쉽고, 1은 항등원이다. $i(-i)=1$이므로 i 와 $-i$는 서로 다른 것의 역원이다. $(-1)(-1)=1$이므로 -1은 그 자신의 역원이다. 따라서 공리 4를 만족한다.

예제 12

영이 아닌 모든 정수도, 모든 양의 정수도 어느 것도 곱셈에 대하여 군을 이루지 못한다. 비록 1은 각 체계의 항등원이지만 ± 1을 제외한 어떤 정수도 곱셈에 대한 역원을 갖지 않는다. 그러므로 공리 4를 만족하지 않는다. 예를 들어, 방정식 $2x=1$은 정수해를 갖지 않고, 따라서 2는 정수에서 곱셈에 대한 역원을 갖지 않는다.

예제 13

n이 합성수일 때, $\mathbb{Z}_n$의 영이 아닌 모든 원소의 집합은 (무엇보다도) 닫힘 성질을 만족하지 않으므로 군이 되지 않는다. 예를 들어, $\mathbb{Z}_6$에서 $2\cdot 3=0$이고, $\mathbb{Z}_{20}$에서 $4\cdot 5=0$이다. 유사하게 $n=rs$이면 $\mathbb{Z}_n$에서 $rs=0$이다.

항등원을 갖는 환 R은 곱셈에 대하여 군이 되는 적어도 하나의 부분집합을 갖는다. R에서 가역원은 곱셈에 대한 역원, 즉 $au=1_R=ua$를 만족하는 원소 u를 갖는 원소 a임을 상기하자.

정리 7.3

R이 항등원을 갖는 환이면 R의 모든 가역원의 집합 U는 곱셈에 대하여 군이다.*

증명

가역원들의 곱은 가역원이므로(3.2절 연습문제 15), U는 곱셈에 대하여 닫혀있다(공리 1). R에서의 곱셈은 결합법칙이 성립하므로 공리 2를 만족한다. 1_R은 당연히 가역원이므로 U는 항등원을 갖는다(공리 3). 가역원의 정의로부터, 공리 4를 만족한다. 따라서 U는 군이다. ■

예제 14

$\mathbb{Z}_n$의 모든 가역원의 곱셈군을 U_n으로 나타내자. 정리 2.10으로부터, U_n은 (a를 보통의 정수로 생각할 때) $\gcd(a, n) = 1$인 모든 $a \in \mathbb{Z}_n$으로 구성된다. 그러므로 $\mathbb{Z}_8$에서 모든 가역원의 군은 $U_8 = \{1, 3, 5, 7\}$이고, $\mathbb{Z}_{15}$에서 모든 가역원의 군은 $U_{15} = \{1, 2, 4, 7, 8, 11, 13, 14\}$이다. 다음은 U_8에 대한 연산표이다.

·	1	3	5	7
1	1	3	5	7
3	3	1	7	5
5	5	7	1	3
7	7	5	3	1

예제 15

3.2절의 예제 7과 10, 그리고 3.2절의 연습문제 17은 $M(\mathbb{R})$에서 모든 가역원의 군은

$$GL(2, \mathbb{R}) = \left\{ \begin{pmatrix} a & b \\ c & d \end{pmatrix} \middle| \; a, b, c, d \in \mathbb{R} \text{ 이고 } ad - bc \neq 0 \right\}$$

임을 보여준다. 이것을 $\mathbb{R}$ 위의 **2차 일반선형군**(general linear group of degree 2)이라고 부른다. 이것은 무한군이지만 Abel 군은 아니다(연습문제 7).

* 체에서 모든 가역원은 영이 아닌 모든 원소이므로, 정리 7.2는 정리 7.3의 특별한 경우이다.

예제 16

3.2절의 예제 8과 10, 그리고 3.2절의 연습문제 17은 $M(\mathbb{Z}_2)$에서 모든 가역원의 군은

$$GL(2,\mathbb{Z}_2) = \left\{ \begin{pmatrix} a & b \\ c & d \end{pmatrix} \middle| \ a,\ b,\ c,\ d \in \mathbb{Z}_2 \text{이고 } ad-bc \neq 0 \right\}$$

즉, $\mathbb{Z}_2$ 위의 2차 일반선형군임을 보여준다. 이것은 위수 6의 유한군으로, Abel 군은 아니다(연습문제 7).

알려진 군으로부터 만든 새로운 군

곱집합(Cartesian product)은 좌표별로 정의된 연산과 함께 알려진 환들로부터 새로운 환을 만들 수 있게 했다. 군의 경우에도 마찬가지이다.

정리 7.4

G와 H를 각각 연산 $*$와 연산 $\circ$를 갖는 군이라 하자. $G\times H$의 연산 $\cdot$를

$$(g,h)\cdot(g',h') = (g*g',\ h\circ h')$$

와 같이 정의하면 $G\times H$는 군이다. G와 H가 Abel 군이면 $G\times H$도 Abel 군이다. G와 H가 유한이면 $G\times H$도 유한이고 $|G\times H| = |G||H|$이다.

증명

연습문제 26. ■

예제 17

$\mathbb{Z}$와 $\mathbb{Z}_6$은 둘 다 덧셈에 대한 군이다. $\mathbb{Z}\times\mathbb{Z}_6$에서 $(3,5)\cdot(7,4) = (3+7,\ 5+4) = (10,3)$이다. 항등원은 $(0,0)$이고 $(7,4)$의 역원은 $(-7,2)$이다.

예제 18

$\mathbb{R}^*\times D_4$를 생각하자. 여기서 $\mathbb{R}^*$는 영이 아닌 모든 실수의 곱셈에 대한 군이다. 예제 5에서 연산표는

$$(2,r_1)\cdot(9,v) = (2\cdot 9,\ r_1\circ v) = (18,d)$$

임을 보여준다. 항등원은 $(1,r_0)$이고 $(8,r_3)$의 역원은 $(1/8,r_1)$이다.

■ 연습문제

A. 1. S_3에서 각 치환의 역을 구하라.

2. 다음에서 각 원소의 곱셈에 대한 역원을 구하라.
   (a) $\mathbb{Z}_3$ (b) $\mathbb{Z}_5$ (c) $\mathbb{Z}_7$

3. 각 군의 위수는 무엇인가?
   (a) $\mathbb{Z}_{18}$ (b) D_4 (c) S_4 (d) S_5 (e) U_{18}

4. 집합 G가 연산 $*$에 대하여 군인지 아닌지 결정하라.
   (a) $\mathbb{Z}_{10}$에서 $G = \{2, 4, 6, 8\}$; $a * b = ab$
   (b) $G = \mathbb{Z}$; $a * b = a - b$
   (c) $G = \{n \in \mathbb{Z} \mid n\text{은 홀수}\}$; $a * b = a + b$
   (d) $G = \{2^x \mid x \in \mathbb{Q}\}$; $a * b = ab$

5. 주어진 군의 원소의 역원을 구하라. [**힌트**: 3.2절의 예제 8(또는 7.1.A절의 예제 16)과 연습문제 2.]
   (a) $GL(2, \mathbb{Z}_3)$에서 $\begin{pmatrix} 2 & 0 \\ 2 & 1 \end{pmatrix}$ (b) $GL(2, \mathbb{Z}_5)$에서 $\begin{pmatrix} 1 & 2 \\ 3 & 4 \end{pmatrix}$
   (c) $GL(2, \mathbb{Z}_7)$에서 $\begin{pmatrix} 3 & 5 \\ 4 & 6 \end{pmatrix}$

6. 항등원이 아닌 임의의 원소 a가 $a * a = e$를 만족하는 위수 4의 Abel 군의 예를 들라. [**힌트**: 정리 7.4를 생각하라.]

7. (a) 군 $GL(2, \mathbb{Z}_2)$은 위수가 6임을 모든 원소를 찾아 보이라.
   (b) 군 $GL(2, \mathbb{R})$과 군 $GL(2, \mathbb{Z}_2)$는 Abel 군이 아님을 예를 들어 보이라.

8. 정리 2.10을 이용하여, 군 U_4, U_6, U_{10}, U_{20}, U_{30}의 각 원소를 모두 구하라.

9. 예제 6에서 기술한 군 D_3의 연산표를 작성하라.

10. $G = \left\{ \begin{pmatrix} a & b \\ -b & a \end{pmatrix} \middle| \, a, b \in \mathbb{R}\text{이고 적어도 하나는 0이 아니다} \right\}$는 행렬의 곱셈에 대하여 Abel 군임을 보이라.

11. 덧셈에 대한 군 $\mathbb{Z}_2$와 복소수의 곱셈에 관한 군 $L = \{\pm 1, \pm i\}$에 대하여, 군 $\mathbb{Z}_2 \times L$에 대한 연산표를 작성하라.

12. 공집합이 아닌 집합 T에 대하여, $A(T)$를 T의 모든 치환의 집합이라 하자. $A(T)$는 함수의 합성에 대하여 군임을 보이라.

13. 위수가 각각 12, 16, 30, 48인 Abel 군이 아닌 군의 예를 들라. [**힌트**: 정리 7.4가 도움이 될 것이다.]

B. 14. (예제 5의 시작에서 설명한) 정사각형의 임의 이동은 D_4의 한 원소와 같은 결과가 됨을 보이라. [**힌트**: 임의의 이동 후 정사각형의 위치는 꼭짓점 1의 위치와 정사각형의 방향 − 위를 향하거나 아래를 향함 −에 따라 완전히 결정된다.]

15. 다음 그림의 대칭변환군에 대한 연산표를 작성하라.

(a)

(b)

(c)

16. $\mathbf{1}$, $\mathbf{i}$, $\mathbf{j}$, $\mathbf{k}$를 다음 복소행렬이라고 하자.

$$\mathbf{1} = \begin{pmatrix} 1 & 0 \\ 0 & 1 \end{pmatrix}, \quad \mathbf{i} = \begin{pmatrix} i & 0 \\ 0 & -i \end{pmatrix}, \quad \mathbf{j} = \begin{pmatrix} 0 & 1 \\ -1 & 0 \end{pmatrix}, \quad \mathbf{k} = \begin{pmatrix} 0 & i \\ i & 0 \end{pmatrix}$$

(a) 다음을 증명하라.

$$\mathbf{i}^2 = \mathbf{j}^2 = \mathbf{k}^2 = -\mathbf{1}, \qquad \mathbf{ij} = -\mathbf{ji} = \mathbf{k}$$
$$\mathbf{jk} = -\mathbf{kj} = \mathbf{i}, \qquad \mathbf{ki} = -\mathbf{ik} = \mathbf{j}$$

(b) $Q = \{\mathbf{1}, -\mathbf{1}, \mathbf{i}, -\mathbf{i}, \mathbf{j}, -\mathbf{j}, \mathbf{k}, -\mathbf{k}\}$가 행렬의 곱셈에 대하여 군임을 곱셈 연산표를 작성하여 보이라. Q를 **4원수군**(quaternion group)이라고 부른다.

17. G가 지정된 연산에 대하여 군이면 증명하고, 아니면 반례를 들라.

(a) $G = \mathbb{Q}$; $a * b = a + b + 3$

(b) $G = \{r \in \mathbb{Q} \mid r \neq 0\}$; $a * b = ab/3$

18. $K=\{r\in\mathbb{R}\mid r\neq 0,\ r\neq 1\}$에 대하여 G가 다음 여섯 개의 K에서 K로의 함수로 구성된다고 하자.

$$f(x)=\frac{1}{1-x}\qquad g(x)=\frac{x-1}{x}\qquad h(x)=\frac{1}{x}$$
$$i(x)=x\qquad j(x)=1-x\qquad k(x)=\frac{x}{x-1}$$

G는 함수의 합성 연산에 대하여 군인가?

19. 영이 아닌 모든 실수는 $a*b=|a|b$로 주어진 연산에 대하여 군을 이루는가? 단. 여기서 $|a|$는 a의 절댓값이다.

20. S_n의 위수는 $n!$ 임을 증명하라. [**힌트**: 1에 대한 n개의 가능한 상이 존재한다. 하나가 선택되고 나면 2에 대한 $n-1$개의 가능한 상이 존재한다; 등등.]

21. G가 연산 $*$에 대한 군이라 가정하자. G에서 새로운 연산 #를 $a\#b=b*a$로 정의하자. G는 #에 대하여 군임을 증명하라.

22. 군 D_5(정오각형의 모든 대칭변환)의 원소를 모두 구하라. [**힌트**: 이 군의 위수는 10이다.]

23. $a, b, c, d\in\mathbb{R}$ 이고, $ad-bc=1$인 모든 2×2 행렬 $\begin{pmatrix} a & b \\ c & d \end{pmatrix}$의 집합을 $SL(2,\mathbb{R})$이라고 하자. $SL(2,\mathbb{R})$은 행렬의 곱셈에 대하여 군임을 증명하라. 이것을 **특수선형군**(special linear group)이라고 부른다.

24. 영이 아닌 모든 실수의 집합은

$$a*b=\begin{cases} ab & a>0\text{일 때} \\ a/b & a<0\text{일 때} \end{cases}$$

와 같이 정의된 연산에 대하여 군임을 증명하라.

25. $\mathbb{R}^*\times\mathbb{R}$은 $(a,b)*(c,d)=(ac, bc+d)$로 정의된 연산 $*$에 대하여 군임을 증명하라.

26. 정리 7.4를 증명하라.

27. 군 G에서 $ab=ac$이면 $b=c$임을 증명하라.

28. 유한군 G의 임의의 원소는 연산표의 각 행에서 꼭 한 번씩 또 각 열에서 꼭 한 번씩 나타나는 것을 증명하라. [**힌트**: 연습문제 27.]

29. 다음은 원소가 모두 a, b, c, d인 군 G에 대한 연산표의 일부분이다. 나머지 부분을 모두 채우라. [**힌트**: 연습문제 27과 28.]

	a	b	c	d
a	a	b	c	d
b	b	a		
c	c		a	
d	d			

30. 아래에 보인 것은 군 $G=\{e, a, b, c, d, f\}$의 연산표의 일부이다. 이 연산표를 완성하라. [**힌트**: 연습문제 27과 28.]

	e	a	b	c	d	f
e	e	a	b	c	d	f
a	a	b	e	d		
b	b					
c	c	f				a
d	d					
f	f					

31. 적어도 세 개의 원소를 갖는 집합 T에 대하여, 치환군 $A(T)$(연습문제 12 참조)는 가환이 아님을 보이라.

32. 무한집합 T에 대하여 $A(T)$를 T의 모든 치환의 군이라 하자(연습문제 12). $M=\{f\in A(T) \mid$ 유한개의 $t\in T$에 대해서만 $f(t)\neq t\}$는 군임을 증명하라.

33. $a\neq 0$인 $a, b\in\mathbb{R}$에 대하여 $T_{a,b}:\mathbb{R}\to\mathbb{R}$을 $T_{a,b}(x)=ax+b$로 주어진 함수라 하자. 집합 $G=\{T_{a,b} \mid a, b\in\mathbb{R}$ 이고 $a\neq 0\}$는 함수의 합성에 대하여 비가환 군임을 증명하라.

34. (연습문제 33에서의 기호로) $H = \{ T_{1,b} \mid b \in \mathbb{R} \}$라 두자. H는 함수의 합성에 대하여 Abel 군임을 증명하라.

C. 35. $f \in S_n$이면 $f^k = I$인 양의 정수 k가 존재함을 증명하라. 단, f^k는 $f \circ f \circ \cdots \circ f$ (k개의 f)를 의미하고 I는 항등치환이다.

36. $G = \{0, 1, 2, 3, 4, 5, 6, 7\}$이 다음 성질을 만족하는 어떤 연산 $*$에 대하여 군을 이룬다고 하자.

(i) 모든 $a, b \in G$에 대하여 $a * b \leq a + b$

(ii) 모든 $a, b \in G$에 대하여 $a * a = 0$

G에 대한 연산표를 작성하라. [힌트: 연습문제 27과 28이 도움이 될 것이다.]

7.1.A 군의 정의와 예

노트: 7.1절을 읽었다면 이 절을 생략하고 7.2절을 시작하라.

군은 하나의 연산을 갖는 대수체계다. 어떤 군들은 환으로부터 그 연산 중 하나를 무시하고 남은 하나의 연산에 집중함으로써 나온다. 예를 들어, 정수 전체는 (곱셈이 아닌) 덧셈에 대하여 군을 이루고, 영이 아닌 모든 유리수는 (덧셈이 아닌) 곱셈에 대하여 군을 이루는 것을 알게 될 것이다. 그러나 두 개의 연산을 갖는 체계로부터 나오지 않는 많은 군들이 있다. (군 이론의 역사적 출발점이 된) 후자의 군들에서 가장 중요한 것은 치환의 연구로부터 개발되었다.* 따라서 치환에 대한 고찰과 함께 시작하기로 한다.

비공식적으로, 집합 T의 치환은 단지 그 원소들의 순열이다. 예를 들어, $T = \{1, 2, 3\}$의 여섯 가지의 가능한 치환이 있다. 즉 다음과 같다.

$$123 \quad 132 \quad 213 \quad 231 \quad 312 \quad 321$$

이런 각각의 순열은 T에서 T로의 하나의 전단사함수†, 즉 1을 그 순열의 첫째 원소에, 2를 두 번째 원소에 3을 세 번째 원소에 대응시키는 함수를 결정한다. 예를 들어,

* 19세기 초, 치환은 2차 방정식의 근의 공식과 비슷한 고차 다항 방정식의 해를 구하는 공식을 찾기 위한 시도에서 열쇠 역할을 하였다. 더 많은 정보를 위하여, 제12장을 보라.

† 전단사함수는 부록 B에서 논의한다.

231은 규칙 $f(1)=2$, $f(2)=3$, $f(3)=1$로 정해지는 함수 $f: T \to T$를 결정한다. 역으로, T에서 T로의 임의의 전단사함수는 그 원소들의 순열, 즉 $f(1)$, $f(2)$, $f(3)$을 정의한다. 결과적으로 집합 T의 **치환**(permutation)을 T에서 T로의 임의의 전단사함수로 정의한다. 이 정의는 순열의 비형식적 개념을 유지하고, 무한집합에도 적용할 수 있는 장점이 있다. 그렇지만 지금부터는 유한집합에만 집중하고, 그것에 대한 치환을 다루기 위한 편리한 기호를 개발한다.

예제 1

$T=\{1, 2, 3\}$에 대하여, 규칙 $f(1)=2$, $f(2)=3$, $f(3)=1$로 정의되는 치환 f는 배열 $\begin{pmatrix} 1 & 2 & 3 \\ 2 & 3 & 1 \end{pmatrix}$로 표현할 수 있다. 이 배열에서 첫 행의 원소의 f에 대한 상은 둘째 행에서 바로 그 아래에 기록된다. 이 기호를 사용하여 6개의 T의 치환을 나타내면 다음과 같다.

$$\begin{pmatrix} 1 & 2 & 3 \\ 1 & 2 & 3 \end{pmatrix} \begin{pmatrix} 1 & 2 & 3 \\ 1 & 3 & 2 \end{pmatrix} \begin{pmatrix} 1 & 2 & 3 \\ 2 & 1 & 3 \end{pmatrix} \begin{pmatrix} 1 & 2 & 3 \\ 2 & 3 & 1 \end{pmatrix} \begin{pmatrix} 1 & 2 & 3 \\ 3 & 1 & 2 \end{pmatrix} \begin{pmatrix} 1 & 2 & 3 \\ 3 & 2 & 1 \end{pmatrix}$$

두 전단사함수의 합성은 그 자체로 전단사이므로, 임의의 두 치환의 합성은 앞의 목록에 있는 여섯 개의 치환 중의 하나이다. 예를 들어, $f=\begin{pmatrix} 1 & 2 & 3 \\ 3 & 2 & 1 \end{pmatrix}$과 $g=\begin{pmatrix} 1 & 2 & 3 \\ 2 & 1 & 3 \end{pmatrix}$에 대하여 $f \circ g$는

$$\begin{aligned} (f \circ g)(1) &= f(g(1)) = f(2) = 2 \\ (f \circ g)(2) &= f(g(2)) = f(1) = 3 \\ (f \circ g)(3) &= f(g(3)) = f(3) = 1 \end{aligned}$$

로 주어진 함수이다. 따라서 $f \circ g = \begin{pmatrix} 1 & 2 & 3 \\ 2 & 3 & 1 \end{pmatrix}$이다. 먼저 g를 적용한 다음 f를 적용하여, 한 원소의 진행을 가시적으로 추적하여 보통 이런 합성을 더 쉽게 만들 수 있다.

$$\begin{pmatrix} 1 & 2 & 3 \\ 3 & 2 & 1 \end{pmatrix} \circ \begin{pmatrix} 1 & 2 & 3 \\ 2 & 1 & 3 \end{pmatrix} = \begin{pmatrix} 1 & 2 & 3 \\ 2 & 3 & 1 \end{pmatrix}$$

T의 모든 치환의 집합을 S_3으로 나타내면, 함수의 합성 ($\circ$)는 집합 S_3의 연산으로 다음 성질을 갖는다.

$$f \in S_3 \text{이고 } g \in S_3 \text{이면 } f \circ g \in S_3 \text{이다.}$$

함수의 합성은 결합법칙을 만족하므로*

$$\text{모든 } f,\ g,\ h \in S_3\text{에 대하여,}\quad (f \circ g) \circ h = f \circ (g \circ h)$$

임을 알 수 있다. 항등치환(identity permutation) $I = \begin{pmatrix} 1 & 2 & 3 \\ 1 & 2 & 3 \end{pmatrix}$은 다음 성질을 가짐을 밝히라. 즉,

$$\text{모든 } f \in S_3\text{에 대하여,}\quad I \circ f = f \text{ 이고}\quad f \circ I = f \text{ 이다.}$$

임의의 전단사함수는 역함수*를 갖는다. 결과적으로

$$f \in S_3\text{이면 } f \circ g = I\text{이고 } g \circ f = I\text{인 } g \in S_3\text{가 존재한다.}$$

예를 들면, $f = \begin{pmatrix} 1 & 2 & 3 \\ 3 & 1 & 2 \end{pmatrix}$이면

$$\begin{pmatrix} 1 & 2 & 3 \\ 3 & 1 & 2 \end{pmatrix} \circ \begin{pmatrix} 1 & 2 & 3 \\ 2 & 3 & 1 \end{pmatrix} = \begin{pmatrix} 1 & 2 & 3 \\ 1 & 2 & 3 \end{pmatrix}$$

이고

$$\begin{pmatrix} 1 & 2 & 3 \\ 2 & 3 & 1 \end{pmatrix} \circ \begin{pmatrix} 1 & 2 & 3 \\ 3 & 1 & 2 \end{pmatrix} = \begin{pmatrix} 1 & 2 & 3 \\ 1 & 2 & 3 \end{pmatrix}$$

이므로 $g = \begin{pmatrix} 1 & 2 & 3 \\ 2 & 3 & 1 \end{pmatrix}$이다. 학생들은 꼭 S_3의 나머지 치환의 역을 결정해봐야 한다(연습문제 1). 마지막으로, $f \circ g$는 $g \circ f$와 같지 않을 수도 있음을 주목한다. 예를 들면,

$$\begin{pmatrix} 1 & 2 & 3 \\ 3 & 2 & 1 \end{pmatrix} \circ \begin{pmatrix} 1 & 2 & 3 \\ 2 & 1 & 3 \end{pmatrix} = \begin{pmatrix} 1 & 2 & 3 \\ 2 & 3 & 1 \end{pmatrix}$$

이지만

$$\begin{pmatrix} 1 & 2 & 3 \\ 2 & 1 & 3 \end{pmatrix} \circ \begin{pmatrix} 1 & 2 & 3 \\ 3 & 2 & 1 \end{pmatrix} = \begin{pmatrix} 1 & 2 & 3 \\ 3 & 1 & 2 \end{pmatrix}$$

이다.

S_3의 연산 $\circ$에 대한 주요 성질을 추상화하여, 다음을 얻는다.

* 부록 B를 보라.

정의

다음 공리를 만족하는 이항연산 $*$를 갖는 공집합이 아닌 집합 G를 **군**(group)이라고 한다.*

1. 닫힘(closure): $a \in G$이고 $b \in G$이면 $a * b \in G$이다.
2. 결합법칙(associative): 모든 $a, b, c \in G$에 대하여 $a * (b * c) = (a * b) * c$이다.
3. 모든 $a \in G$에 대하여 $a * e = a = e * a$를 만족하는 일정한 원소 (**항등원**(identity element)이라고 부르는) $e \in G$가 존재한다.
4. 각 원소 $a \in G$에 대하여, $a * d = e$이고 $d * a = e$인 어떤 원소 (a의 **역원**(inverse)이라고 부르는) $d \in G$가 존재한다.

다음 공리도 만족하는 군을 **Abel 군**(abelian group)† 또는 **가환**(commutative)이라고 한다.

5. 교환법칙: 모든 $a, b \in G$에 대하여 $a * b = b * a$이다.

유한개의 원소를 갖는 군을 **유한군**(finite group) 또는 **유한위수**(finite order)를 갖는다고 한다. 이때, G의 모든 원소의 개수를 G의 **위수**(order)라 하고, $|G|$로 나타낸다. 무수히 많은 원소를 갖는 군을 **무한군**(infinite group) 또는 **무한위수**(infinite order)를 갖는다고 한다.

예제 2

정의 앞의 논의는 S_3는 함수의 합성을 연산 $*$로 갖는 위수 6의 군이고, Abel 군은 아님을 보여준다.

예제 3

치환군 S_3는 바로 일반적인 상황의 특별한 경우이다. n을 정해진 양의 정수라 하고, T를 집합 $\{1, 2, 3, \ldots, n\}$이라고 하자. S_n을 T의 모든 치환(즉 전단사함수 $T \to T$)의 집합이라고 하자. 이런 함수에 대하여 S_3에서 사용하였던 것과 같은 기호를 사용할 것이다. S_6에서, 예를 들면, $\begin{pmatrix} 1 & 2 & 3 & 4 & 5 & 6 \\ 4 & 6 & 2 & 3 & 5 & 1 \end{pmatrix}$은 1을 4로, 2를 6으로, 3을 2로, 4를 3으로, 5를 5로, 6을 1로 바꾸는 치환을 나타낸다. 두 전단사함수의 합성은 전단사이므로‡ S_n

* 이항연산은 부록 B에서 정의한다.

† 노르웨이 수학자 N. H. Abel (1802~1829)을 기리기 위한 것이다.

‡ 부록 B를 보라.

은 합성 연산에 대하여 닫혀있다. 예를 들어, S_6 에서

$$\begin{pmatrix} 1 & 2 & 3 & 4 & 5 & 6 \\ 3 & 5 & 2 & 4 & 1 & 6 \end{pmatrix} \circ \begin{pmatrix} 1 & 2 & 3 & 4 & 5 & 6 \\ 6 & 4 & 2 & 3 & 5 & 1 \end{pmatrix} = \begin{pmatrix} 1 & 2 & 3 & 4 & 5 & 6 \\ 6 & 4 & 5 & 2 & 1 & 3 \end{pmatrix}$$

(함수의 합성에서 오른쪽 함수를 먼저 적용한 후, 나중에 왼쪽 함수를 적용하는 것을 기억하라. 이 경우 예를 들면, 화살표로 보인 것처럼 $4 \to 3 \to 2$이다.) S_n이 이 연산에 대하여 군임을 보이자. 함수의 합성은 결합법칙을 만족하는 것을 이미 알고 있으며, 임의의 전단사함수는 합성에 대하여 역함수를 갖는다.[*] 항등치환 $\begin{pmatrix} 1\ 2\ 3 \cdots n \\ 1\ 2\ 3 \cdots n \end{pmatrix}$은 S_n의 항등원이다. S_n을 **n차 대칭군**(symmetric group of degree n)이라고 한다. S_n의 위수는 $n! = n(n-1)(n-2) \cdots 2 \cdot 1$ 이다(연습문제 20).

예제 4

앞의 예제는 쉽게 일반화할 수 있다. T를 공집합이 아닌, 무한도 가능한, 임의의 집합이라 하자. T의 모든 치환(전단사함수)의 집합을 $A(T)$로 나타내자. S_n에 대하여 앞에서 주어진 논법을 $A(T)$로 옮겨 $A(T)$가 함수의 합성 연산에 대하여 군임을 보이라(연습문제 12).

예제 5

평면을 얇고 단단한 플라스틱으로 생각하자. 정사각형 하나를 오려서 뽑아내고, 그것을 움직여 다시 오려낸 자리에 꼭 맞게 끼운다고 가정하자.[†] 이렇게 하는 여덟 가지 방법을 아래에 그림으로 보여준다. (여기서 정사각형은 원점을 중심으로 하고, 네 개의 꼭짓점은 식별하기 쉽도록 숫자로 표시한다.) 이 정사각형을 움직여서 오려낸 자리에 꼭 맞게 다시 끼우는 정사각형의 임의의 이동이 여덟 가지의 방법 중 어느 하나와 같은 결과를 갖는다(연습문제 14).

모든 회전이동은 중심에 관하여 시계 반대 방향으로 이루어진다.

---

* 상세한 것을 위해 부록 B를 보라.

† 구부리지 않고 부러뜨리지 않고 찌그러뜨리지 않는 한 뒤집든, 회전하든, 굴리든, 빙빙 돌리든 원하는 것은 무엇이든 하라.

$r_0 = 0^\circ$ 회전

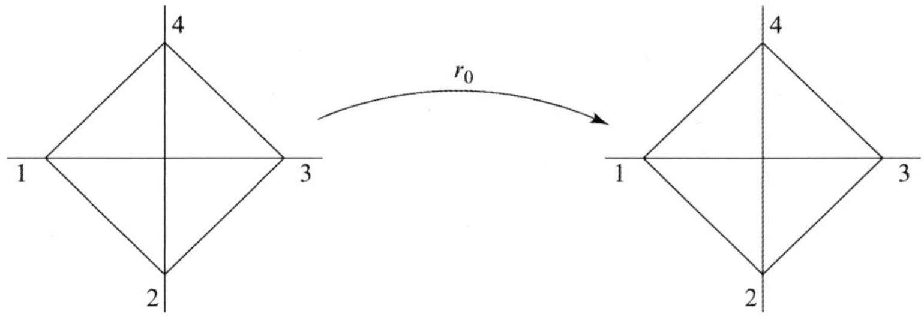

$r_1 = 90^\circ$ 회전

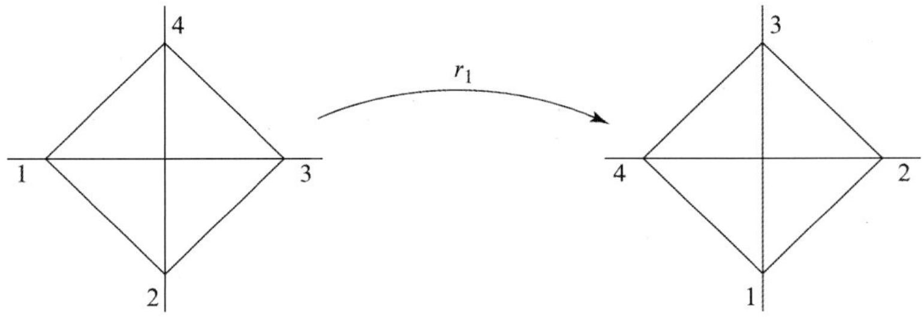

$r_2 = 180^\circ$ 회전

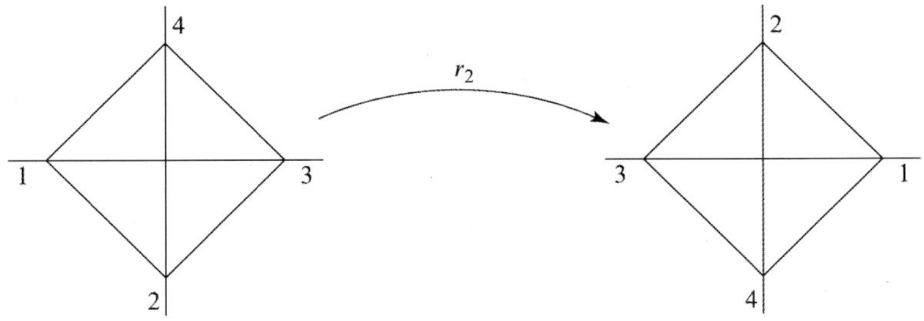

$r_3 = 270^\circ$ 회전

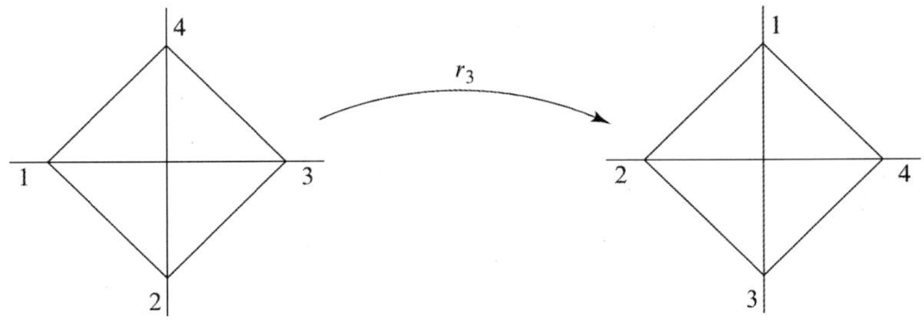

$d =$ x 축에 대한 반사

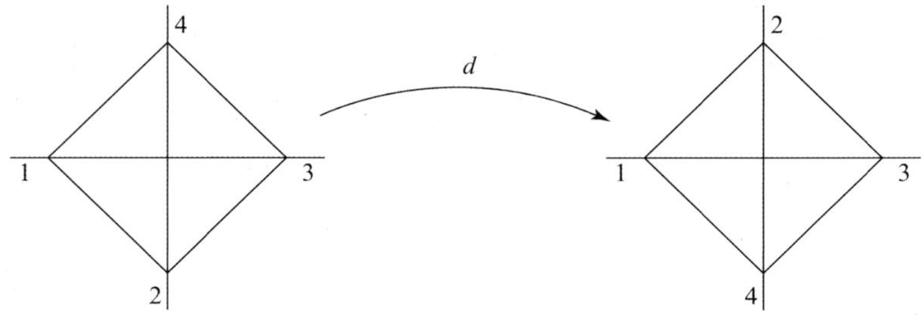

$t =$ y 축에 대한 반사

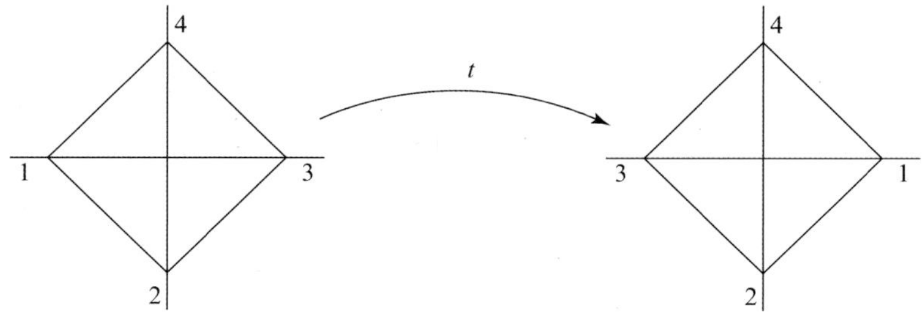

$h =$ 직선 $y = x$에 대한 반사

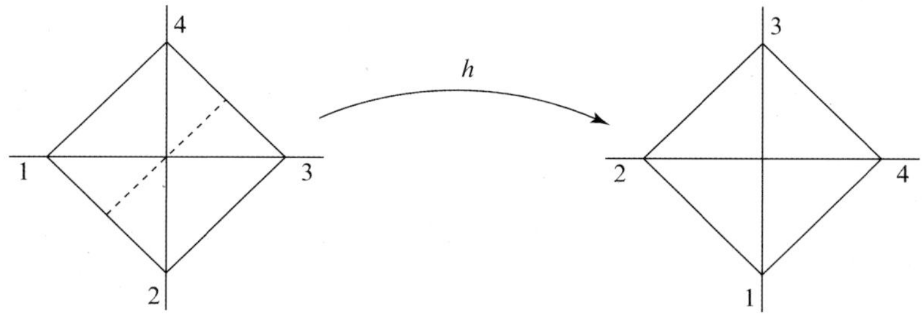

$v =$ 직선 $y = -x$에 대한 반사

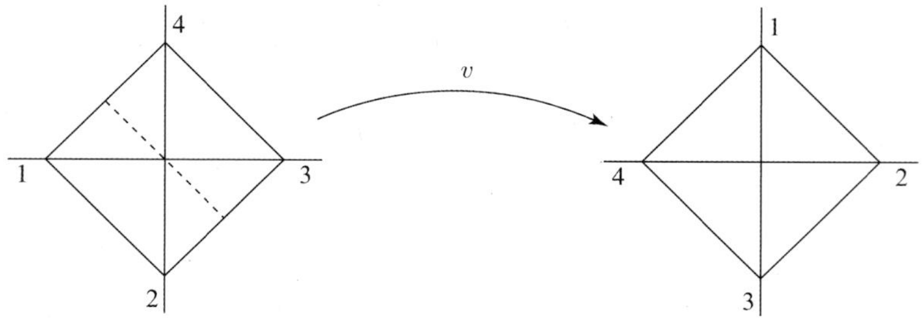

만약 이들 이동 중 하나를 실행한 후 다른 하나를 실행한다면 그 결과는 앞에 나타낸 여덟 가지 중 하나가 될 것이다. 예를 들면,

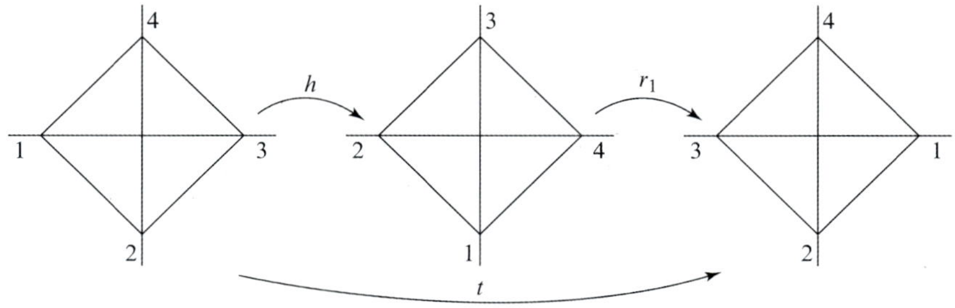

이들 이동의 하나하나를 정사각형에서 그 자체로의 하나의 함수로 생각한다면, 하나의 이동 후 다른 이동을 하는 개념은 바로 함수의 합성이다. 앞의 설명에서 (h의 실행 후 r_1의 실행은 t) $r_1 \circ h = t$로 나타낼 수 있다($r_1 \circ h = t$는 h를 먼저 적용한 다음 r_1을 적용하는 것임을 기억하라). 집합

$$D_4 = \{r_0, r_1, r_2, r_3, h, v, d, t\}$$

는 합성 연산에 대하여 다음 연산표를 갖는다.

$\circ$	r_0	r_1	r_2	r_3	d	h	t	v
r_0	r_0	r_1	r_2	r_3	d	h	t	v
r_1	r_1	r_2	r_3	r_0	h	t	v	d
r_2	r_2	r_3	r_0	r_1	t	v	d	h
r_3	r_3	r_0	r_1	r_2	v	d	h	t
d	d	v	t	h	r_0	r_3	r_2	r_1
h	h	d	v	t	r_1	r_0	r_3	r_2
t	t	h	d	v	r_2	r_1	r_0	r_3
v	v	t	h	d	r_3	r_2	r_1	r_0

분명히 D_4는 $\circ$에 대하여 닫혀있고, 함수의 합성은 결합법칙이 성립하는 것을 알고 있다. 연산표는 r_0가 항등원이고, D_4의 임의의 원소는 역원을 갖는다는 것을 보여준다. 예를 들면, $r_3 \circ r_1 = r_0 = r_1 \circ r_3$이다. 따라서 D_4는 군이다. 예를 들어, $h \circ d \neq d \circ h$이므로 Abel 군은 아니다. D_4를 **4차 이면체군**(dihedral group of degree 4) 또는 **정사각형의 대칭변환군**(group of symmetries of square)이라고 부른다.

예제 6

정사각형의 대칭변환군은 여러 가지 대칭변환군의 하나이다. 대응하는 유사한 과정을 임의의 정다각형에 대하여 수행할 수 있다. 결과의 군 D_n을 **n차 이면체군**(diheadral group of degree n)이라고 부른다. 예를 들어, 군 D_3는 정삼각형의 6개의 대칭이동(시계 반대 방향으로 중심에 관하여 0°, 120°, 240° 회전과 다음에 보인 3개의 반사)으로 구성되고, 함수의 합성을 연산으로 갖는다.

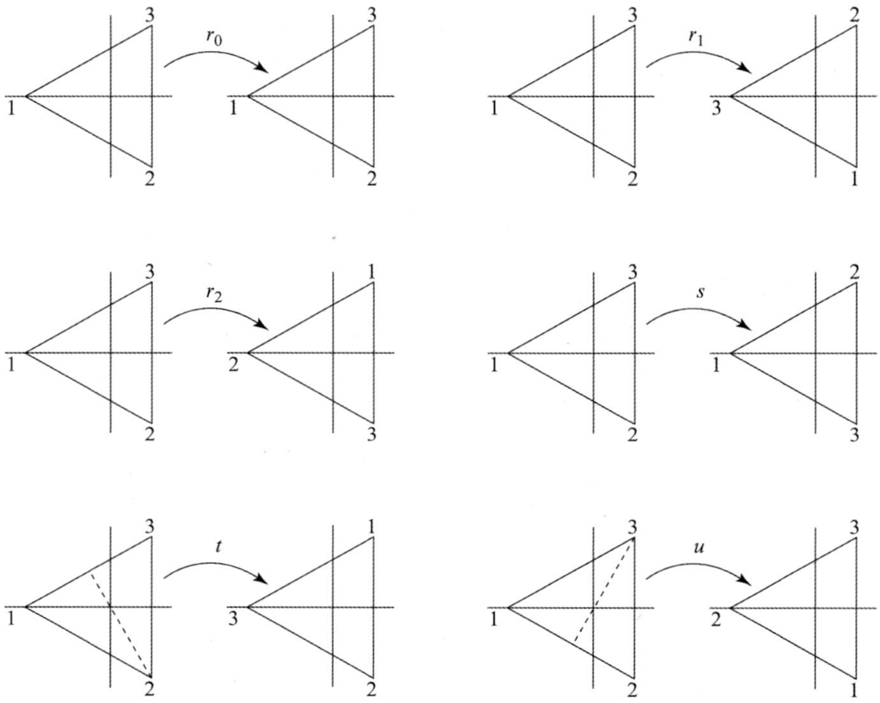

대칭변환군은 미술과 건축, 과학에서 자주 나타난다. 결정학과 결정물리학은 여러 가지 3차원 도형에 대한 대칭변환군을 이용한다. DNA의 최초의 정확한 모델(그 발명자에게 노벨상을 수여)은 DNA 분자의 대칭성 인식 없이 만들 수 없었다. 대칭변환군은 물리학자들이 나중에 실험적으로 발견한 어떤 기본입자의 존재성을 예측하는 데 이용되었다.

두 개의 연산을 갖는 체계

이제 두 개의 연산을 갖는 몇 가지 익숙한 체계를 살펴보고, 두 연산의 하나만을 생각하였을 때 군이 생기는 것은 알게 될 것이다.

예제 7

다음 각각은 군의 정의에서의 연산 $*$가 $+$, 즉 덧셈일 때 Abel 군이다.

모든 정수 $\mathbb{Z}$, 모든 모듈로 n 정수 $\mathbb{Z}_n$,
모든 유리수 $\mathbb{Q}$, 모든 실수 $\mathbb{R}$, 모든 복소수 $\mathbb{C}$

각 체계가 덧셈에 대하여 닫혀있음은 기본 산술로부터 사실이다(공리 1). 또한 각 체계에서 덧셈은 결합법칙이 성립한다. 즉, 임의의 세 수 a, b, c에 대하여

$$a+(b+c)=(a+b)+c \quad [\text{공리 2의 덧셈형}]$$

각 체계에서 항등원은 0이다. 왜냐하면

$$a+0=a=0+a \quad [\text{공리 3의 덧셈형}]$$

유사하게 a의 역원은 $-a$이다. 왜냐하면

$$a+(-a)=0=(-a)+a \quad [\text{공리 4의 덧셈형}]$$

마지막으로, 각 군은 Abel 군이다. 왜냐하면 임의의 두 수 a와 b에 대하여

$$a+b=b+a \quad [\text{공리 5의 덧셈형}]$$

이기 때문이다.

앞으로 $\mathbb{Z}$, $\mathbb{Z}_n$, $\mathbb{Q}$, $\mathbb{R}$ 또는 $\mathbb{C}$를 언급할 때 아무런 단서 없이 '군'이라는 용어를 사용하면 연산은 덧셈인 것으로 이해한다. 곱셈인 경우는 다음 기본성질을 갖는다.

$\mathbb{Z}$, $\mathbb{Z}_n$, $\mathbb{Q}$, $\mathbb{R}$, $\mathbb{C}$는 곱셈에 대하여 어느 것도 군이 아니다.

각 체계는 1을 곱셈에 대한 항등원으로 갖지만, 아쉽게도 0은 역원을 갖지 않는다(방정식 $0x=1$은 해를 갖지 않는다). 그러므로 공리 4를 만족하지 않는다. 그렇기는 하지만, 이 체계들의 어떤 부분집합은 곱셈에 대하여 군이 되기도 한다.

예제 8

다음 각각은 곱셈에 대하여 Abel 군이다.

영인 아닌 모든 유리수 $\mathbb{Q}^*$, 영이 아닌 모든 실수 $\mathbb{R}^*$, 영이 아닌 모든 복소수 $\mathbb{C}^*$

영이 아닌 수들의 곱은 영이 아니므로, 각 체계는 곱셈에 대하여 닫혀있다(공리 1). 기본 산술로부터 곱셈은 결합법칙과 교환법칙이 성립한다(공리 2와 5). $a\cdot 1=a=1\cdot a$

이므로 각 체계에서 항등원은 1이다(공리 3). a의 역원은 $1/a$이다(공리 4).

예제 9

p가 소수일 때, 곱셈에 대하여 $\mathbb{Z}_p$의 영이 아닌 원소들을 생각하자. 만약 $a \neq 0$이고 $b \neq 0$이면 정리 2.8의 조건 (3)에 따라, $ab \neq 0$이므로 닫혀있다(공리 1). 항등원은 1이고(공리 3), 정리 2.8의 조건 (2)에 따라 역원이 존재한다(공리 4). 정리 2.7로부터, 곱셈에 대하여 결합법칙과 교환법칙이 성립한다(공리 2와 5). 따라서 $\mathbb{Z}_p$의 영이 아닌 모든 원소는 곱셈에 대하여 Abel 군을 이룬다.

예제 10

모든 양의 유리수 집합 $\mathbb{Q}^{**}$와 모든 양의 실수 집합 $\mathbb{R}^{**}$는 각각 곱셈에 대하여 Abel 군이다. 두 체계는 양수의 곱이 양수이므로 곱셈에 대하여 닫혀있다. 항등원은 1이고, a의 역원은 $1/a$이다.

예제 11

모든 복소수 집합의 부분집합 $\{1, -1, i, -i\}$는 곱셈에 대하여 Abel 군을 이룬다. 닫힘을 밝히기는 쉽고, 1은 항등원이다. $i(-i) = 1$이므로 i 와 $-i$는 서로 다른 것의 역원이다. $(-1)(-1) = 1$이므로 -1은 그 자신의 역원이다. 따라서 공리 4를 만족한다.

예제 12

영이 아닌 모든 정수도, 모든 양의 정수도 어느 것도 곱셈에 대하여 군을 이루지 못한다. 비록 1은 각 체계의 항등원이지만 ± 1을 제외한 어떤 정수도 곱셈에 대한 역원을 갖지 않는다. 그러므로 공리 4를 만족하지 않는다. 예를 들어, 방정식 $2x = 1$은 정수해를 갖지 않고, 따라서 2는 정수에서 곱셈에 대한 역원을 갖지 않는다.

예제 13

n이 합성수일 때, $\mathbb{Z}_n$의 영이 아닌 모든 원소의 집합은 (무엇보다도) 닫힘 성질을 만족하지 않으므로 군이 되지 않는다. 예를 들어, $\mathbb{Z}_6$에서 $2 \cdot 3 = 0$이고, $\mathbb{Z}_{20}$에서 $4 \cdot 5 = 0$이다. 유사하게 $n = rs$이면 $\mathbb{Z}_n$에서 $rs = 0$이다.

예제 14

$\mathbb{Z}_n$의 모든 가역원의 곱셈군을 U_n으로 나타내자.* 2.3절의 연습문제 17에 따라 두 가역원의 곱은 가역원이고, 따라서 U_n은 곱셈에 대해 닫혀있다. 곱셈은 결합법칙과 교환법칙을 만족한다. $1 \cdot 1 = 1$이므로 항등원 1은 가역원이다. 그러므로 U_n은 곱셈에 대하여 Abel 군이다. 정리 2.10에 따라, U_n은 (a를 보통의 정수로 생각할 때) $\gcd(a, n) = 1$인 모든 $a \in \mathbb{Z}_n$으로 구성된다. 따라서 $\mathbb{Z}_8$에서 모든 가역원의 군은 $U_8 = \{1, 3, 5, 7\}$이고, $\mathbb{Z}_{15}$에서 모든 가역원의 군은 $U_{15} = \{1, 2, 4, 7, 8, 11, 13, 14\}$이다. 다음은 U_8에 대한 연산표이다.

$\cdot$	1	3	5	7
1	1	3	5	7
3	3	1	7	5
5	5	7	1	3
7	7	5	3	1

다음 예는 행렬에 관련된 것이다.† 실수 계수의 2×2 행렬은

$$\begin{pmatrix} a & b \\ c & d \end{pmatrix}, \quad \text{여기서 } a, b, c, d\text{는 실수}$$

형태의 배열이다. 두 행렬은 대응하는 위치의 성분이 같은 조건으로 같다. 즉

$$\begin{pmatrix} a & b \\ c & d \end{pmatrix} = \begin{pmatrix} r & s \\ t & u \end{pmatrix} \text{일 필요충분조건은 } a = r,\ b = s,\ c = t,\ d = u$$

이다. 예를 들어,

$$\begin{pmatrix} 4 & 0 \\ -3 & 1 \end{pmatrix} = \begin{pmatrix} 2+2 & 0 \\ 1-4 & 1 \end{pmatrix} \text{이지만} \begin{pmatrix} 1 & 3 \\ 5 & 2 \end{pmatrix} \neq \begin{pmatrix} 3 & 5 \\ 1 & 2 \end{pmatrix}$$

이다. 행렬의 곱은 다음과 같이 정의한다.

$$\begin{pmatrix} a & b \\ c & d \end{pmatrix}\begin{pmatrix} w & x \\ y & z \end{pmatrix} = \begin{pmatrix} aw+by & ax+bz \\ cw+dy & cx+dz \end{pmatrix}$$

예를 들면,

* $\mathbb{Z}_n$의 원소 a가 가역원이라는 것은 방정식 $ax = 1$이 해를 갖는 것(즉 a가 곱셈에 대하여 역원을 갖는 것)임을 상기하라.

† 선형대수 과목을 이수하였으면 이 단락은 건너뛰어도 좋다.

$$\begin{pmatrix} 2 & 3 \\ 0 & -4 \end{pmatrix}\begin{pmatrix} 1 & -5 \\ 6 & 7 \end{pmatrix} = \begin{pmatrix} 2\cdot 1+3\cdot 6 & 2(-5)+3\cdot 7 \\ 0\cdot 1+(-4)6 & 0(-5)+(-4)7 \end{pmatrix} = \begin{pmatrix} 20 & 11 \\ -24 & -28 \end{pmatrix}$$

이 곱에서 인수의 순서를 바꾸면

$$\begin{pmatrix} 1 & -5 \\ 6 & 7 \end{pmatrix}\begin{pmatrix} 2 & 3 \\ 0 & -4 \end{pmatrix} = \begin{pmatrix} 1\cdot 2+(-5)0 & 1\cdot 3+(-5)(-4) \\ 6\cdot 2+7\cdot 0 & 6\cdot 3+7(-4) \end{pmatrix} = \begin{pmatrix} 2 & 23 \\ 12 & -10 \end{pmatrix}.$$

그러므로 행렬의 곱셈은 교환법칙이 성립하지 않는다. 단순한 (그러나 지루한) 계산으로 행렬의 곱셈은 결합법칙이 성립함을 알 수 있다. 다음을 밝히기는 쉽다. 즉

$$\begin{pmatrix} 1 & 0 \\ 0 & 1 \end{pmatrix}\begin{pmatrix} a & b \\ c & d \end{pmatrix} = \begin{pmatrix} a & b \\ c & d \end{pmatrix} = \begin{pmatrix} a & b \\ c & d \end{pmatrix}\begin{pmatrix} 1 & 0 \\ 0 & 1 \end{pmatrix}$$

따라서 $\begin{pmatrix} 1 & 0 \\ 0 & 1 \end{pmatrix}$는 항등원이다.

예제 15

행렬의 집합

$$\left\{ \begin{pmatrix} a & b \\ c & d \end{pmatrix} \middle|\ a,\ b,\ c,\ d \in \mathbb{R} \text{ 이고 } ad-bc \neq 0 \right\}$$

가 곱셈에 대하여 군임을 보이자. 이 군을 실수 위의 **2차 일반선형군**(general linear group of degree 2)이라 하고, $GL(2, \mathbb{R})$로 나타낸다. 예제 앞의 논의로부터, $GL(2, \mathbb{R})$은 결합법칙을 만족하는 곱셈을 갖고 항등원이 존재함을 알 수 있다(공리 2와 3). $ad-bc \neq 0$일 때,

$$\begin{pmatrix} a & b \\ c & d \end{pmatrix}\begin{pmatrix} \dfrac{d}{ad-bc} & \dfrac{-b}{ad-bc} \\ \dfrac{-c}{ad-bc} & \dfrac{a}{ad-bc} \end{pmatrix} = \begin{pmatrix} 1 & 0 \\ 0 & 1 \end{pmatrix} \text{이고} \begin{pmatrix} \dfrac{d}{ad-bc} & \dfrac{-b}{ad-bc} \\ \dfrac{-c}{ad-bc} & \dfrac{a}{ad-bc} \end{pmatrix}\begin{pmatrix} a & b \\ c & d \end{pmatrix} = \begin{pmatrix} 1 & 0 \\ 0 & 1 \end{pmatrix}$$

임을 쉽게 밝힐 수 있다. 따라서 $GL(2, \mathbb{R})$에서 임의의 행렬은 역원을 갖는다(공리 4).

증명을 완성하기 위해, $GL(2, \mathbb{R})$이 곱셈에 대하여 닫혀있음을 보여야 한다(공리 1). $\begin{pmatrix} a & b \\ c & d \end{pmatrix}$와 $\begin{pmatrix} w & x \\ y & z \end{pmatrix}$가 $GL(2, \mathbb{R})$에 속한다고 가정하면, $ad-bc \neq 0$이고 $wz-xy \neq 0$이다. 그러므로 $(ad-bc)(wz-xy) \neq 0$이다.

$$\begin{pmatrix} a & b \\ c & d \end{pmatrix}\begin{pmatrix} w & x \\ y & z \end{pmatrix} = \begin{pmatrix} aw+by & ax+bz \\ cw+dy & cx+dz \end{pmatrix}$$

가 $GL(2, \mathbb{R})$에 속하는 것을 증명하기 위하여, $(aw+by)(cx+dz)-(ax+bz)(cw+dy) \neq 0$임을 증명하여야 한다.

$$(aw+by)(cx+dz)-(ax+bz)(cw+dy)=(ad-bc)(wz-xy)\neq 0$$

임을 밝히라. 그러면 행렬의 곱은 $GL(2,\mathbb{R})$에 속한다. 따라서 $GL(2,\mathbb{R})$은 곱셈에 대하여 닫혀있고, 군이지만 Abel 군은 아니다(연습문제 7).

예제15 앞의 논의는 $\mathbb{Q}$, $\mathbb{C}$, $\mathbb{Z}_p$(p는 소수)처럼 실수 전체와는 다른 체계에서 성분을 갖는 행렬로 옮겨진다.

예제 16

$\mathbb{Z}_2$ 위의 2차 일반선형군

$$GL(2,\mathbb{Z}_2)=\left\{\begin{pmatrix} a & b \\ c & d\end{pmatrix}\middle|\ a,\, b,\, c,\, d\in\mathbb{Z}_2\text{이고 } ad-bc\neq 0\right\}$$

는 곱셈에 대하여 군이다. 행렬의 곱셈은 결합법칙을 만족하고, 항등행렬은 분명히 $GL(2,\mathbb{Z}_2)$에 속한다. $GL(2,\mathbb{Z}_2)$이 곱셈에 대하여 닫혀있음의 증명은 예제 15에서 $GL(2,\mathbb{R})$에 대한 것과 같다. $A=\begin{pmatrix} a & b \\ c & d\end{pmatrix}\in GL(2,\mathbb{Z}_2)$이면 $\mathbb{Z}_2$에서 $ad-bc\neq 0$이므로, 예제 9 로부터 $ad-bc$는 역원을 갖는다. A의 역원은 예제 15에서 주어진 역행렬에서 기호를 바꾼 것과 같은 $\begin{pmatrix} d(ad-bc)^{-1} & -b(ad-bc)^{-1} \\ -c(ad-bc)^{-1} & a(ad-bc)^{-1}\end{pmatrix}$이다. 즉, $\dfrac{1}{ad-bc}$을 $(ad-bc)^{-1}$로 바꾸었다. 따라서 $GL(2,\mathbb{Z}_2)$는 군이다. 이것은 위수 6의 유한군이지만 Abel 군은 아니다(연습문제 7).

알려진 군으로부터 만든 새로운 군

집합 G와 H의 곱집합(Cartesian product)은 부록 B의 660쪽에서 정의한다. 다음의 정리 7.4는 곱집합을 이용하여, 알려진 군으로부터 새로운 군을 만들 수 있음을 보여준다.*

* 정리 7.1~7.3은 7.1절에 나오고 제3장을 읽었다고 가정하므로, 7.1.A절에는 포함하지 않는다. 그렇지만 앞 예들의 대부분은 이 정리들의 특별한 경우이다. 즉, 예제 1은 정리 7.1의 특별한 경우이고, 예제 8과 9는 정리 7.2의 특별한 경우이며, 예제 14~16은 정리 7.3의 특별한 경우다. 그러므로 이 장에 대한 결정적으로 중요한 어떤 것도 놓치지 않는다. 나중에 정리 7.1~7.3을 읽기를 원한다면 제3장을 읽은 후에 해도 좋다.

정리 7.4

G와 H를 각각 연산 $*$와 연산 $\circ$를 갖는 군이라 하자. $G \times H$의 연산 $\cdot$를

$$(g, h) \cdot (g', h') = (g * g',\ h \circ h')$$

와 같이 정의하면 $G \times H$는 군이다. G와 H가 Abel 군이면 $G \times H$도 Abel 군이다. G와 H가 유한이면 $G \times H$도 유한이고 $|G \times H| = |G||H|$이다.

증명

연습문제 26. ■

예제 17

$\mathbb{Z}$와 $\mathbb{Z}_6$은 둘 다 덧셈에 대한 군이다. $\mathbb{Z} \times \mathbb{Z}_6$에서 $(3, 5) \cdot (7, 4) = (3+7,\ 5+4) = (10, 3)$이다. 항등원은 $(0, 0)$이고 $(7, 4)$의 역원은 $(-7, 2)$이다.

예제 18

$\mathbb{R}^* \times D_4$를 생각하자. 여기서, $\mathbb{R}^*$는 영이 아닌 모든 실수의 곱셈에 대한 군이다. 예제 5에서 연산표는

$$(2, r_1) \cdot (9, v) = (2 \cdot 9,\ r_1 \circ v) = (18, d)$$

임을 보여준다. 항등원은 $(1, r_0)$이고 $(8, r_3)$의 역원은 $(1/8, r_1)$이다.

■ 연습문제

이 절에 대한 연습문제는 7.1절에서와 같다. 230쪽을 보라.

7.2 군의 기본성질

더 깊은 군 이론의 개념을 살펴보기 전에, 몇 가지 용어를 좀 더 개발하고 기본성질을 확립하여야 한다. 기호의 변경과 함께 시작해 보자.

군에 익숙한 지금은 **표준 곱셈표기**로 바꿀 수 있다. 추상적인 군을 논할 때 $a * b$ 대신에 ab로 쓰기로 한다. 그렇지만 ($\mathbb{Z}$와 같이) 연산이 덧셈인 구체적인 군에서는 여전히 덧셈으로 나타낼 것이다. 비록 군의 원소의 역원이나 항등원을 (영어로) 말할 때 관사 the를 사용하여 표시하였으나, 군의 정의에서는 역원이나 항등원의 유일성에 대하여 아무것도 말하지 않는다. 그렇지만 다음 첫 정리는 이 문제를 해결해준다.

정리 7.5

군 G에 대하여, $a, b, c \in G$라 하자.

(1) G의 항등원은 유일하다.
(2) G에서 소거법칙(cancellation law)이 성립한다. 즉, $ab = ac$이면 $b = c$이고, $ba = ca$이면 $b = c$이다.
(3) G의 각 원소의 역원은 유일하다.

증명

(1) 군의 정의에 따라 군 G는 적어도 하나의 항등원을 갖는다. 만약 e와 e'가 각각 G의 항등원이면

$$ee' = e \quad [e'\text{가 항등원이므로}]$$
$$ee' = e' \quad [e\text{가 항등원이므로}]$$

따라서

$$e = ee' = e'$$

그러므로 꼭 하나의 항등원만 존재한다.

(2) 군의 정의로부터 원소 a는 적어도 하나의 역원 d를 갖는다. 즉, $da = e = ad$이다. 만약 $ab = ac$이면 $d(ab) = d(ac)$이다. 결합법칙과 역원 및 항등원의 성질로부터

$$(da)b = (da)c$$
$$eb = ec$$
$$b = c.$$

두 번째 명제도 유사하게 증명할 수 있다.

(3) d와 d'를 $a \in G$의 역원이라 가정하자. 그러면 $ad = e = ad'$이므로 (2)로부터 $d = d'$이다. 따라서 a는 꼭 하나의 역원을 갖는다. ■

앞으로 군에서 원소 a의 유일한 역원은 a^{-1}로 나타낼 것이다. a^{-1}의 유일성은 다음을 의미한다.

$$ay = e = ya \text{이면 언제나 } y = a^{-1} \text{이다.}$$

따름정리 7.6

군 G에 대하여 $a, b \in G$이면

(1) $(ab)^{-1} = b^{-1}a^{-1}$이고
(2) $(a^{-1})^{-1} = a$이다.

진술 (1)에서 원소들의 순서를 주목하라. 흔히 있는 실수는 ab의 역원을 $a^{-1}b^{-1}$로 쓰는 것으로, Abel 군이 아닌 경우에는 성립하지 않을 수 있다.

따름정리 7.6의 증명

(1) $$(ab)(b^{-1}a^{-1}) = a(bb^{-1})a^{-1} = aea^{-1} = aa^{-1} = e$$

이고, 유사하게 $(b^{-1}a^{-1})(ab) = e$이다. 정리 7.5로부터, ab의 역원은 유일하므로 $b^{-1}a^{-1}$는 역원이어야 한다. 즉, $(ab)^{-1} = b^{-1}a^{-1}$이다.

(2) 정의로부터 $a^{-1}a = e$이고 $(a^{-1})(a^{-1})^{-1} = e$이므로, $a^{-1}a = a^{-1}(a^{-1})^{-1}$이다. 정리 7.5로부터 a^{-1}를 소거하면 $a = (a^{-1})^{-1}$임을 알 수 있다. ■

군 G에 대하여, $a \in G$라 하자. $a^2 = aa$, $a^3 = aaa$로, 임의의 양수 n에 대하여

$$a^n = aa a \cdots a \text{ (}n\text{개의 곱)}$$

로 정의한다. 또 $a^0 = e$로,

$$a^{-n} = a^{-1}a^{-1}a^{-1} \cdots a^{-1} \text{ (}n\text{개의 곱)}$$

로 정의한다. 이 정의는 분명히 $\mathbb{R}$과 다른 잘 알려진 환의 보통의 지수 표기로부터 비롯되었다. 그러나 Abel 군이 아닌 경우에는 신중해야 한다. 예를 들면, $(ab)^n$이 $a^n b^n$과 다를 수도 있다. 그렇지만 어떤 지수법칙은 군에서도 성립한다.

정리 7.7

군 G에 대하여 $a \in G$라 하자. 임의의 $m, n \in \mathbb{Z}$에 대하여

$$a^m a^n = a^{m+n} \text{이고} \quad (a^m)^n = a^{mn} \text{이다.}$$

증명

증명은 가능한 각 경우($m \geq 0,\ n \geq 0;\ m \geq 0,\ n < 0$ 등)에 대한 진술의 증명으로 이루어진다. 독자에게 맡긴다(연습문제 21). ■

덧셈표기에 대한 노트: 혼동을 피하기 위하여, 어떤 특정 군에 대한 연산은 덧셈으로 나타내야 한다. (예를 들면, 모든 실수의 덧셈군에서 곱셈은 완전히 다른 의미이다.) 다음은 곱셈에 대한 진술을 덧셈에 대한 것으로 번역하기 위한 사전이다.

	곱셈표기	덧셈표기
연산	ab	$a+b$
항등원	e	0
역원	a^{-1}	$-a$
지수	$a^n = aa\cdots a$ (n개의 곱)	$na = a+a+\ \cdots\ +a$ (n개의 합)
	$a^{-n} = a^{-1}a^{-1}\cdots a^{-1}$	$-na = -a-a-\ \cdots\ -a$
정리 7.7	$a^m a^n = a^{m+n}$	$(ma)+(na) = (m+n)a$
	$(a^m)^n = a^{mn}$	$n(ma) = (mn)a$

원소의 위수

이제 추상적인 군에 대한 곱셈표기로 되돌아오자. 군의 한 원소 a가 어떤 양의 정수 k에 대하여 $a^k = e$일 때* a는 **유한위수**(finite order)를 갖는다고 한다. 이 경우, $a^k = e$를 만족하는 최소의 양의 정수 n을 원소 a의 **위수**(order)라 한다. a의 위수를 $|a|$로 나타낸다. 원소 a가 모든 양의 정수 k에 대하여 $a^k \neq e$일 때 a는 **무한위수**(finite order)를 갖는다고 한다.

* 덧셈표기에서 이 조건은 $ka = 0$이다.

예제 1

영이 아닌 모든 실수의 곱셈군에서, 모든 $k \geq 1$에 대하여 $2^k \neq 1$이므로 2는 무한위수를 갖는다. 곱셈에 대한 복소수의 군 $L = \{\pm 1, \pm i\}$에서 $i^2 = -1$, $i^3 = -i$이고 $i^4 = 1$이므로 i의 위수는 4이다. 마찬가지로 $|-i| = 4$이다. S_3에서 원소 $\begin{pmatrix} 1 & 2 & 3 \\ 3 & 1 & 2 \end{pmatrix}$의 위수는

$$\begin{pmatrix} 1 & 2 & 3 \\ 3 & 1 & 2 \end{pmatrix}^2 = \begin{pmatrix} 1 & 2 & 3 \\ 2 & 3 & 1 \end{pmatrix}\text{이고,} \quad \begin{pmatrix} 1 & 2 & 3 \\ 3 & 1 & 2 \end{pmatrix}^3 = \begin{pmatrix} 1 & 2 & 3 \\ 1 & 2 & 3 \end{pmatrix}$$

이므로 3이다. 임의의 군에서 항등원의 위수는 1이다.

예제 2

덧셈에 대한 군 $\mathbb{Z}_{12}$에서, $8+8=4$이고 $8+8+8=0$이므로 8의 위수는 3이다.

영이 아닌 모든 실수의 곱셈군에서 원소 2는 무한위수를 갖고, 2의 모든 거듭제곱 (2^{-3}, 2^0, 2^5 등등)은 모두 다르다. 한편 곱셈군 $L = \{\pm 1, \pm i\}$에서 i는 위수가 4이고, 그 거듭제곱이 모두 다르지는 않다. 예를 들면

$$i^4 = 1 = i^0\text{이고} \quad i^{10} = (i^4)^2 i^2 = i^2$$

이다. $i^{10} = i^2$이고 $10 \equiv 2 \pmod 4$임을 관찰하라. 이 예들은 다음 정리를 설명한다.

정리 7.8

군 G에 대하여 $a \in G$일 때

(1) a가 무한위수를 가지면 $k \in \mathbb{Z}$인 모든 원소 a^k는 모두 다르다.
(2) $i \neq j$에 대하여 $a^i = a^j$이면 a는 유한위수를 갖는다.

증명

명제 (1)이 참일 필요충분조건은 명제 (2)가 참임을 주목하자. 이것은 부록 A의 650쪽~ 651쪽에서 설명한 것처럼, 각 명제가 다른 명제의 대우이기 때문이다. 따라서 그중 하나만 증명하면 된다. 진술 (2)를 증명하자.

$i > j$에 대하여 $a^i = a^j$라 가정하자. 그러면 양변에 a^{-j}를 곱하여, $a^{i-j} = a^{j-j} = a^0 = e$임을 보여준다. $i - j > 0$이므로, 이것은 a가 유한위수를 갖는 것을 말한다. ■

정리 7.9

군 G에 대하여 $a \in G$가 유한위수 n을 갖는 원소이면

(1) $a^k = e$일 필요충분조건은 $n | k$ 이다.
(2) $a^i = a^j$ 일 필요충분조건은 $i \equiv j \pmod{n}$ 이다.
(3) $d \geq 1$ 에 대하여 $n = td$ 이면 a^t 의 위수는 d 이다.

증명

(1) n이 k의 약수이면, 말하자면 $k = nt$ 이면 $a^k = a^{nt} = (a^n)^t = e^t = e$ 이다. 역으로, $a^k = e$를 가정하자. 나눗셈 알고리즘으로부터, $k = nq + r$ 여기서 $0 \leq r < n$ 이다. 결과적으로,

$$e = a^k = a^{nq+r} = a^{nq}a^r = (a^n)^q a^r = e^q a^r = ea^r = a^r.$$

위수의 정의에 따라, n은 $a^n = e$를 만족하는 최소의 양의 정수이다. $r < n$이므로 $r = 0$일 때만 $a^r = e$ 일 수 있다. 따라서 $k = nq + 0$ 이고, n은 k의 약수이다.

(2) 먼저 $a^i = a^j$ 일 필요충분조건은 $a^{i-j} = e$ 이다. [증명: $a^i = a^j$ 이면 정리 7.8(2)의 증명에 따라 $a^{i-j} = e$ 이다. 역으로, $a^{i-j} = e$ 이면 양변에 a^j 를 곱하여 $a^i = a^j$ 임을 알 수 있다.] 그런데 $k = i - j$와 함께 (1)로부터, $a^{i-j} = e$ 일 필요충분조건은 $n | (i - j)$, 즉 $i \equiv j \pmod{n}$이다. 따라서 $a^i = a^j$ 일 필요충분조건은 $i \equiv j \pmod{n}$이다.

(3) $|a| = n$이므로 $(a^t)^d = a^{td} = a^n = e$ 이다. d가 이 성질을 만족하는 최소의 양의 정수임을 보여야 한다. k가 $(a^t)^k = e$를 만족하는 양의 정수라 하면 $a^{tk} = e$ 이다. 그러므로 (1)항에 의하여 $n | tk$, 말하자면 $tk = nr = (td)r$ 이다. 따라서 $k = dr$ 이다. k와 d는 양수이고 $d | k$이므로 $d \leq k$이다. ■

따름정리 7.10

G를 임의의 원소가 유한위수를 갖는 Abel 군이라 하자. $c \in G$가 G에서 최대위수를 갖는 원소(즉, 모든 $a \in G$에 대하여 $|a| \leq |c|$)이면 G의 임의의 원소의 위수는 $|c|$의 약수이다.

예를 들어, 덧셈에 대한 Abel 군 $\mathbb{Z}_4 \times \mathbb{Z}_2$에서 $(1, 0)$는 위수가 4이고, 임의의 다른 원소의 위수는 1, 2 또는 4이다(연습문제 10(b)). 따라서 $(1, 0)$는 가능한 가장 큰 위수의 원소이고, 임의의 원소의 위수는 $(1, 0)$의 위수, 즉 4의 약수이다.

따름정리 7.10의 증명

반대로, $a \in G$이고 $|a|$가 $|c|$의 약수가 아니라고 가정하자. 그러면 $|c|$의 소인수분해에서 나타나는 소수 p의 거듭제곱보다 더 큰 p의 거듭제곱이 정수 $|a|$의 소인수분해에서 나타나는 소수 p가 존재하여야 한다. 소인수분해로부터, $|a|$를 p의 거듭제곱과 p로 나누어지지 않는 어떤 정수의 곱으로 나타낼 수 있고, $|c|$도 마찬가지로 나타낼 수 있다. 따라서 $\gcd(p, m) = 1 = \gcd(p, n)$이고, $r > s$인 어떤 정수 m, n, r, s에 대하여 $|a| = p^r m$이고 $|c| = p^s n$이다. 정리 7.9의 (3)으로부터, a^m의 위수는 p^r이고 c^{p^s}의 위수는 n이다. 연습문제 33에 따라, $a^m c^{p^s}$의 위수는 $p^r n$이다. 따라서 $|a^m c^{p^s}| = p^r n > p^s n = |c|$이고, 이것은 c가 가장 큰 위수를 갖는 원소라는 사실에 모순이다. 그러므로 $|a|$는 $|c|$의 약수이다. ■

■ 연습문제

노트: 다르게 명시하지 않으면 G는 항등원 e를 갖는 군이다.

A. 1. 군에서 $c^2 = c$이면 $c = e$임을 증명하라.

2. S_3에서 $a = \begin{pmatrix} 1 & 2 & 3 \\ 3 & 1 & 2 \end{pmatrix}$이고 $b = \begin{pmatrix} 1 & 2 & 3 \\ 1 & 3 & 2 \end{pmatrix}$라 하자. $(ab)^{-1} \neq a^{-1}b^{-1}$임을 밝히라.

3. $a, b, c, d \in G$이면 $(abcd)^{-1} = ?$

4. $a, b \in G$이고 $ab = e$이면 $ba = e$임을 증명하라.

5. $f(a) = a^{-1}$로 주어진 함수 $f : G \to G$에 대하여 f는 전단사임을 증명하라.

6. 방정식 $x^2 = e$가 세 개 이상의 해를 갖는 군의 예를 들라.

7. 다음 주어진 원소의 위수를 구하라.
   (a) U_8에서 5
   (b) S_7에서 $\begin{pmatrix} 1 & 2 & 3 & 4 & 5 & 6 & 7 \\ 2 & 3 & 7 & 5 & 1 & 4 & 6 \end{pmatrix}$
   (c) $GL(2, \mathbb{R})$에서 $\begin{pmatrix} 0 & -1 \\ 1 & 1 \end{pmatrix}$
   (d) $GL(2, \mathbb{R})$에서 $\begin{pmatrix} -\frac{1}{2} & \frac{1}{2} \\ -\frac{3}{2} & -\frac{1}{2} \end{pmatrix}$

8. 항등원이 아닌 유한위수의 원소와 무한위수의 원소를 포함하는 군의 예를 들라.

9. (a) 군 U_{10}, U_{12}, U_{24}의 위수를 각각 구하라.
   (b) 군 U_{20}의 각 원소의 위수를 구하라.

10. 각 군에서 임의의 원소의 위수를 구하라.
   (a) $\mathbb{Z}_4$ (b) $\mathbb{Z}_4 \times \mathbb{Z}_2$ (c) S_3 (d) D_4 (e) $\mathbb{Z}$

11. G를 덧셈군이라 하자. 정리 7.8 (2)의 문장과 정리 7.9 (1)~(3)의 문장을 덧셈으로 나타내라.

12. $a, b \in G$이고, n이 임의의 정수이면 $(aba^{-1})^n = ab^n a^{-1}$임을 보이라.

13. G가 위수 n의 유한군이고 $a \in G$라 하면 $|a| \leq n$임을 증명하라. [**힌트**: $n+1$개의 원소 $e = a^0, a^1, a^2, a^3, \cdots, a^n$을 생각하자. 이들은 모두 다른가?] 따라서 유한군의 임의의 원소는 유한위수를 갖는다. 그러나 그 역은 참이 아니다. 임의의 원소가 유한위수를 갖는 무한군의 예를 위하여, 8.3절의 연습문제 25를 보라.

14. 참 또는 거짓: 위수 n인 군은 위수가 n인 원소를 포함한다. 답변에 대한 근거를 제시하라.

15. (a) $a \in G$이고 $a^{12} = e$일 때, a의 위수로 가능한 것은 무엇인가?
   (b) $e \neq b \in G$이고, 어떤 소수 p에 대하여 $b^p = e$일 때 $|b|$는 무엇인가?

16. (a) $a \in G$이고 $|a| = 12$일 때, 원소 $a, a^2, a^3, \ldots, a^{11}$ 각각의 위수를 구하라.
   (b) 문항 (a)를 근거로 하여, $|a| = n$일 때 a^k의 위수에 관한 추측을 만들어 보라.

17. (a) $a, b \in G$라 하자. 방정식 $ax = b$와 $ya = b$가 각각 G에서 유일한 해를 가짐을 증명하라. [힌트: 각 방정식에 대하여 두 가지를 하여야 한다. 즉, 첫째로 하나의 해를 구하고, 다음에 그것이 유일한 해임을 보이라.]
(b) $ax = b$의 해집합은 $ya = b$의 해집합과 같지 않을 수 있음을 예를 들어 보이라. [힌트: S_3를 생각해 보라.]

18. $G = \{a_1, a_2, \dots, a_n\}$을 위수가 n인 유한 Abel 군이라 하자. $x = a_1 a_2 \cdots a_n$이라고 두면 $x^2 = e$임을 증명하라.

19. $a, b \in G$일 때, $|bab^{-1}| = |a|$임을 증명하라.

20. (a) $GL(2, \mathbb{R})$에서 $a = \begin{pmatrix} 0 & 1 \\ -1 & -1 \end{pmatrix}$의 위수는 3이고, $b = \begin{pmatrix} 0 & -1 \\ 1 & 0 \end{pmatrix}$의 위수는 4임을 보이라.
(b) ab는 무한위수를 가짐을 보이라.

B. 21. 정리 7.7을 증명하라.

22. $G = \{e, a, b\}$를 위수 3인 군이라 하자. G에 대한 연산표를 작성하라. [힌트: 7.1절의 연습문제 28.]

23. G를 다음 성질을 갖는 군이라 하자.

$$a, b, c \in G\text{이고 } ab = ca\text{이면 } b = c\text{이다.}$$

G는 Abel 군임을 증명하라.

24. 모든 $a, b \in G$에 대하여 $(ab)^2 = a^2 b^2$이면 G는 Abel 군임을 증명하라.

25. G가 Abel 군일 필요충분조건은 모든 $a, b \in G$에 대하여 $(ab)^{-1} = a^{-1} b^{-1}$임을 증명하라.

26. 임의의 비가환 군 G는 위수가 적어도 6 이상임을 증명하라. 따라서 위수가 2 또는 3, 4, 5인 임의의 군은 Abel 군이다. [힌트: $a, b \in G$이고 $ab \neq ba$이면 부분집합 $H = \{e, a, b, ab, ba\}$의 원소들이 모두 다름을 보이라. $a^2 \notin H$ 또는 $a^2 = e$임을 보이고, 후자의 경우에 $aba \notin H$임을 보이라.]

27. G의 항등원이 아닌 모든 원소의 위수가 2이면 G는 가환임을 증명하라. [**힌트**: $|a| = 2$일 필요충분조건은 $a \neq e$이고 $a = a^{-1}$이다. 왜?]

28. $a \in G$일 때, $|a| = |a^{-1}|$임을 증명하라.

29. $a, b, c \in G$에 대하여 $axb = c$인 유일한 원소 $x \in G$가 존재함을 증명하라.

30. $a, b \in G$일 때, $|ab| = |ba|$임을 증명하라.

31. (a) $a, b \in G$이고, $ab = ba$이면 $(ab)^{|a||b|} = e$임을 증명하라.
    (b) $ab \neq ba$이면 문항 (a)는 거짓일 수 있음을 보이라.

32. $|G|$가 짝수이면 G는 위수가 2인 원소를 포함함을 증명하라. [**힌트**: 항등원의 역원은 자신이다. 연습문제 27에 대한 힌트를 보라.]

33. $a, b \in G$이고 $ab = ba$라 가정하자. $|a|$와 $|b|$가 서로 소이면 ab의 위수는 $|a||b|$임을 증명하라. [**힌트**: 연습문제 31 참조.]

34. G는 위수가 4이지만 위수 4의 원소를 포함하지 않는다고 가정하자.
    (a) 위수가 3인 G의 원소가 없음을 증명하라. [**힌트**: $|a| = 3$이면 G는 네 개의 서로 다른 원소 g, g^2, $g^3 = e$, d로 구성된다. gd는 이 네 원소 중 하나여야 한다. 어느 경우든 모순을 일으킨다는 것을 보이라.]
    (b) 항등원이 아닌 G의 임의의 원소는 위수가 왜 2인지 설명하라.
    (c) G의 모든 원소를 e, a, b, c로 나타내고, G에 대한 연산표를 작성하라.

35. 임의의 $a, b \in G$에 대하여, $b^6 = e$이고 $ab = b^4 a$이면 $b^3 = e$이고 $ab = ba$임을 증명하라.

36. $|a| = 5$, $b \neq e$인 $a, b \in G$에 대하여, $aba^{-1} = b^2$이라고 가정하자. $|b|$를 구하라.

37. 모든 $a, b \in G$에 대하여 $(ab)^3 = a^3 b^3$이고 $(ab)^5 = a^5 b^5$이면 G는 Abel 군임을 증명하라.

C. 38. 모든 $a, b \in G$와 세 개의 연속된 정수 i에 대하여 $(ab)^i = a^i b^i$이면 G는 Abel 군임을 증명하라.

39. (a) G가 공집합이 아닌 유한집합으로 결합법칙이 성립하고, 다음 성질을 만족하는 연산을 갖는다고 하자. 즉, 임의의 $a, b, c, d \in G$에 대하여

$$ab = ac\text{이면 } b = c\text{이고, } bd = cd\text{이면 } b = c\text{이다.}$$

G는 군임을 증명하라.

(b) G가 무한이면 (a)는 성립하지 않을 수 있음을 보이라.

40. G가 공집합이 아닌 집합으로 결합법칙이 성립하고, 다음 성질을 만족하는 연산을 갖는다고 하자. 즉

(i) 모든 $a \in G$에 대하여 $ea = a$를 만족하는 일정한 원소 $e \in G$가 존재한다.

(ii) 각 원소 $a \in G$에 대하여 $da = e$인 $d \in G$가 존재한다.

G는 군임을 증명하라.

41. G가 공집합이 아닌 집합으로 결합법칙이 성립하고, 다음 성질을 만족하는 연산을 갖는다고 하자. 즉, 임의의 $a, b \in G$에 대하여 방정식 $ax = b$와 $ya = b$가 해를 갖는다. G는 군임을 증명하라.

7.3 부분군

부분군에 관한 특별한 관심을 가지고, 군의 기본성질에 대한 논의를 계속한다.

정의

군 G의 부분집합 H가 그 자체로 G의 연산에 대하여 군을 이룰 때, H를 G의 **부분군**(subgroup)이라 한다.

임의의 군 G는 두 부분군을 갖는다. 즉, G 자신과 한 원소 군 $\{e\}$로, **자명한 부분군**(trivial subgroup)이라 한다. 다른 모든 부분군은 **진부분군**(proper subgroup)이라고 한다.

예제 1

영이 아닌 모든 실수의 집합 $\mathbb{R}^*$은 곱셈에 대하여 군이다. 모든 양의 실수의 군 $\mathbb{R}^{**}$는 $\mathbb{R}^*$의 진부분군이다.

예제 2

정수 전체 집합 $\mathbb{Z}$는 덧셈에 대하여 군이고, 유리수의 덧셈군 $\mathbb{Q}$의 부분군이다.

예제 3

복소수들의 부분집합 $L = \{1, -1, i, -i\}$는 곱셈에 대하여 군이다.* 따라서 L은 영이 아닌 모든 복소수의 곱셈군 $\mathbb{C}^*$의 부분군이다.

예제 4

$\mathbb{Z}_8$에서의 모든 가역원의 곱셈군은 $U_8 = \{1, 3, 5, 7\}$임을 상기하자. 7.1절 또는 7.1.A절의 예제 14에서 연산표의 왼쪽 - 위쪽의 4분 영역은 부분집합 $\{1, 3\}$은 U_8의 부분군임을 보여준다.

예제 5

7.1절 또는 7.1.A절의 예제 5에서 D_4에 대한 연산표의 왼쪽 - 위쪽의 4분 영역은 $H = \{r_0, r_1, r_2, r_3\}$가 D_4의 부분군임을 보여준다.

예제 6

덧셈군 $\mathbb{Z}_6 \times \mathbb{Z}_4$에서 $H = \{(0,0), (3,0), (0,2), (3,2)\}$라 하자. H가 부분군임을 그 덧셈 연산표를 작성하여 보이라.

한 군의 어떤 부분집합이 부분군임을 증명할 때, 결합법칙을 확인할 필요는 전혀 없다. 결합법칙은 그 군의 모든 원소에 대하여 성립하므로, 어떤 부분집합 H에 있는 모든 원소에 대해서 자동으로 성립한다. 사실, 군의 두 가지 공리만 밝히면 된다.

* 7.1절이나 7.1.A절의 예제 11을 보라.

정리 7.11

군 G의 공집합이 아닌 부분집합 H가

(ⅰ) $a, b \in H$이면 $ab \in H$

(ⅱ) $a \in H$이면 $a^{-1} \in H$

를 만족하면 G의 부분군이다.

증명

성질 (ⅰ)과 (ⅱ)는 군에 대한 닫힘 공리와 역원에 대한 공리이다. H에서 결합법칙이 성립함은 앞에서 설명하였다. 따라서 $e \in H$를 증명하기만 하면 된다. H는 공집합이 아니므로 어떤 원소 $c \in H$가 존재한다. (ⅱ)로부터 $c^{-1} \in H$이고, (ⅰ)로부터 $cc^{-1} = e$는 H에 속한다. ■

예제 7

H를 $b \in \mathbb{R}$ 인 $\begin{pmatrix} 1 & b \\ 0 & 1 \end{pmatrix}$ 형태의 모든 2×2 행렬로 이루어졌다고 하자. $1 \cdot 1 - b \cdot 0 = 1$이므로 H는 군 $GL(2, \mathbb{R})$의 공집합이 아닌 부분집합이고, 여기서 $GL(2, \mathbb{R})$은 7.1절이나 7.1.A절의 예제 15에서 정의된 것이다. H에 속하는 두 행렬의 곱은

$$\begin{pmatrix} 1 & a \\ 0 & 1 \end{pmatrix}\begin{pmatrix} 1 & c \\ 0 & 1 \end{pmatrix} = \begin{pmatrix} 1 & a+c \\ 0 & 1 \end{pmatrix}$$

이므로 H에 속한다. $\begin{pmatrix} 1 & b \\ 0 & 1 \end{pmatrix}$의 역원은 $\begin{pmatrix} 1 & -b \\ 0 & 1 \end{pmatrix}$이고, 이것은 또한 H에 속한다. 따라서 H는 정리 7.11에 따라 $GL(2, \mathbb{R})$의 부분군이다.

H가 유한일 때, 단 하나의 공리만으로도 H가 부분군임을 보장할 수 있다.

정리 7.12

군 G의 공집합이 아닌 유한 부분집합 H에 대하여, H가 G의 연산에 대하여 닫혀있으면 H는 G의 부분군이다.

증명

정리 7.11에 따라, H의 각 원소의 역원이 역시 H에 속함을 밝히면 된다. $a \in H$이면 닫혀있으므로, 임의의 양수 k에 대하여 $a^k \in H$이다. H는 유한이므로, 이 거듭제곱 원소들은 모두 다를 수 없다. 따라서 정리 7.8로부터 a의 유한위수 n을 갖고 $a^n = e$이다. $n-1 \equiv -1 \pmod{m}$이므로 정리 7.9로부터 $a^{n-1} = a^{-1}$이다. $n > 1$이면 $n-1$은 양수이고 $a^{-1} = a^{n-1}$은 H에 속한다. 만약 $n=1$이면 $a=e$이고, $a^{-1} = e = a$이고, 따라서 a^{-1}는 H에 속한다. ■

예제 8

H가 S_5에서 1을 고정하는 모든 치환으로 이루어진다고 하자. 다르게 표현하면, $H = \{(f \in S_5 \mid f(1) = 1\}$이다. S_5가 유한이므로 H는 유한집합이다. $g, h \in H$이면 $g(1) = 1$이고, $h(1) = 1$이다. 따라서 $(g \circ h)(1) = g(h(1)) = g(1) = 1$이다. 따라서 $g \circ h \in H$이고 H는 닫혀있다. 그러므로 정리 7.12로부터 H는 S_5의 부분군이다.

군의 중심

군 G에 대하여 G의 **중심**(center)은 $Z(G)$로 나타내는 부분집합으로, 다음과 같이 정의된다.

$$Z(G) = \{a \in G \mid \text{모든 } g \in G\text{에 대하여 } ag = ga\}$$

다르게 말하면, G의 한 원소가 $Z(G)$에 속할 필요충분조건은 그 원소가 G의 임의의 원소와 가환이다. 만약 G가 Abel 군이면, 모든 원소가 서로 가환이기 때문에 $Z(G) = G$이다. 그렇지만 G가 가환이 아니면 $Z(G)$는 G 전체가 아니다.

예제 9

S_3의 모든 원소와 가환인 원소는 항등원뿐이므로, S_3의 중심은 항등원만으로 이루어진다(연습문제 25).

예제 10

7.1절이나 7.1.A절의 예제 5에 있는 D_4의 연산표는 r_1이 D_4의 어떤 원소와 가환임을 보여준다(예를 들면, $r_1 \circ r_3 = r_3 \circ r_1$). 그렇지만 $r_1 \circ d \neq d \circ r_1$이므로 r_1은 D_4의 임의의 원소와 가환은 아니다. 따라서 r_1은 $Z(D_4)$에 속하지 않고, d도 속하지 않는

다. 연산표의 세심한 검토와 함께, D_4의 임의의 원소와 가환인 원소들은 r_0와 r_2 밖에 없으므로 $Z(D_4)=\{r_0, r_2\}$ 임을 알 수 있다. $\{r_0, r_2\}$은 D_4의 부분군임을 밝히기는 쉽다. 이것은 다음 결과의 하나의 예이다.

정리 7.13

군 G의 중심 $Z(G)$는 G의 부분군이다.

증명

임의의 $g\in G$에 대하여 $eg=g=ge$이다. 따라서 $e\in Z(G)$이고 $Z(G)$는 공집합이 아니다. $a, b\in Z(G)$이면 모든 $g\in G$에 대하여 $ag=ga$이고 $bg=gb$이다. 따라서

$$(ab)g=a(bg)=a(gb)=(ag)b=(ga)b=g(ab).$$

그러므로 $ab\in Z(G)$이다. 마지막으로, $a\in Z(G)$이고 $g\in G$이면 $ag=ga$이다. 이 등식 양변의 왼쪽과 오른쪽에 a^{-1}를 곱하면

$$\begin{aligned} a^{-1}(ag)a^{-1} &= a^{-1}(ga)a^{-1} \\ ga^{-1} &= a^{-1}g \end{aligned}$$

이므로 $a^{-1}\in Z(G)$이고, 정리 7.11에 따라 $Z(G)$는 부분군이다. ■

순환군

중요한 형태의 부분군을 다음과 같이 만들 수 있다. 군 G의 원소 a에 대하여, a의 모든 거듭제곱들의 집합을 $\langle a\rangle$로 나타내자. 즉

$$\langle a\rangle=\{\ldots, a^{-3}, a^{-2}, a^{-1}, a^0, a^1, a^2, \ldots\}=\{a^n \mid n\in\mathbb{Z}\}$$

정리 7.14

군 G에 대하여, $a\in G$이면 $\langle a\rangle=\{a^n \mid n\in\mathbb{Z}\}$는 G의 부분군이다.

증명

$a^ia^j=a^{i+j}$이므로, $\langle a\rangle$의 임의의 두 원소의 곱도 $\langle a\rangle$에 속한다. a^k의 역원은 a^{-k}로 역시 $\langle a\rangle$에 속한다. 정리 7. 11에 따라 $\langle a\rangle$는 G의 부분군이다. ■

군 $\langle a \rangle$를 a로 **생성된**(generated) **순환부분군**(cyclic subgroup)이라고 부른다. 부분군 $\langle a \rangle$가 전체 군 G일 때 G는 **순환군**(cyclic group)이라고 한다. $a^i a^j = a^{i+j} = a^j a^i$이므로 임의의 순환군은 Abel 군임을 주목한다.

예제 11

$\mathbb{Z}_{15}$에서 모든 가역원의 곱셈군은 정리 2.10에 따라, $U_{15} = \{1, 2, 4, 7, 8, 11, 13, 14\}$이다. 7로 생성되는 순환부분군을 결정하기 위하여, 다음을 계산한다.

$$7^1 = 7 \qquad 7^2 = 4 \qquad 7^3 = 13 \qquad 7^4 = 1 = 7^0$$

따라서 U_{15}에서 원소 7의 위수는 4이다. 순환부분군 $\langle 7 \rangle$은 $\{7^0, 7^1, 7^2, 7^3\} = \{1, 7, 4, 13\}$ 으로 이루어짐을 보이자. [증명: 정의로부터, $\langle 7 \rangle$의 임의의 원소는 어떤 정수 i에 대하여 7^i 형태이다. 임의의 정수는 0, 1, 2, 3의 하나와 모듈로 4 합동이므로, 정리 7.9(2)에 따라 원소 7^i는 $7^0, 7^1, 7^2$ 또는 7^3의 하나이다.] 따라서 $\langle 7 \rangle = \{1, 7, 4, 13\}$이다. 그러므로 순환부분군 $\langle 7 \rangle$의 위수는 4이고, 이것은 그 군을 생성하는 원소 7의 위수이다.

예제 12

하나의 군에서 다른 원소들이 각각 같은 순환부분군을 생성할 수도 있다. 예를 들어, U_{15}에서 13의 위수가 4임을 밝혀 보라. 그러면 예제 11에서와 같은 논법으로, 순환부분군 $\{13^0, 13^1, 13^2, 13^3\} = \{1, 13, 4, 7\}$임을 알 수 있다.

예제 11과 12에서 사용된 논법은 일반적으로 적용할 수 있고, '위수'라는 단어의 두 가지 용법 사이의 연관성을 보여준다. 이것은 실제로 원소 a의 위수는 a로 생성된 순환부분군의 위수와 같음을 진술한다.

정리 7.15

군 G에 대하여 $a \in G$라 하자.

(1) a가 무한위수를 가지면 $\langle a \rangle$는 $k \in \mathbb{Z}$에 따라 모두 다른 원소인 a^k들로 이루어진 무한 부분군이다.

(2) a가 유한위수 n을 가지면 $\langle a \rangle$는 위수가 n인 부분군이고, $\langle a \rangle = \{e = a^0, a^1, a^2, \ldots, a^{n-1}\}$이다.

증명

(1) 이것은 정리 7.8의 (1)항의 직접적인 결과이다.

(2) a^i 를 $\langle a \rangle$ 의 임의의 원소라 하자. i는 이 1, 2, ..., $n-1$ 의 하나와 모듈로 n 합동이다. 결과적으로 정리 7.9의 (2)항에 따라, a^i 는 a^0, a^1, a^2, ..., a^{n-1} 의 하나와 같다. 또한 정수 1, 2, ..., $n-1$ 의 어느 두 개도 모듈로 n 합동이 아니므로, a의 이 거듭제곱들의 어느 두 개도 같지 않다. 따라서 $\langle a \rangle = \{e = a^0, a^1, a^2, ..., a^{n-1}\}$ 은 위수 n의 군이다. ■

> **덧셈표기에 대한 노트:** 군의 연산이 덧셈이면 251쪽의 사전에서 보인 것처럼, a^k 대신에 ka 로 나타낸다. 따라서 순환부분군 $\langle a \rangle = \{ka \mid k \in \mathbb{Z}\}$ 이다. 정리 7.15를 덧셈으로 나타내면 다음과 같다.

정리 7.15 (덧셈에 대한 변형)

덧셈에 대한 군 G에 대하여, $a \in G$라 하자.

(1) a가 무한위수를 가지면 $\langle a \rangle$는 $k \in \mathbb{Z}$ 에 따라 모두 다른 원소인 ka 들로 이루어진 무한 부분군이다.

(2) a가 유한위수 n을 가지면 $\langle a \rangle$는 위수가 n인 부분군이고, $\langle a \rangle = \{0, 1a, 2a, ..., (n-1)a\}$ 이다.

예제 13

$\mathbb{Z} = \{n1 \mid n \in \mathbb{Z}\}$ 이므로, 덧셈군 $\mathbb{Z}$ 는 1로 생성된 무한 순환부분군 $\mathbb{Z} = \langle 1 \rangle$ 이다. 모든 짝수의 집합 $E = \{n2 \mid n \in \mathbb{Z}\}$ 이므로, 덧셈군 $\mathbb{Z}$ 의 순환부분군이다.

예제 14

덧셈군 $\mathbb{Z}_n$은 1의 '거듭제곱', 즉 1, $2 = 1+1$, $3 = 1+1+1$ 등등으로 구성되므로, 각 $\mathbb{Z}_n$은 1로 생성되는 유한 순환부분군이다. 예를 들어, $\mathbb{Z}_4 = \{1, 2, 3, 4\}$, 즉 $\{1, 1+1, 1+1+1, 1+1+1+1\}$이다.

$\mathbb{C}$ 의 영이 아닌 모든 원소의 곱셈군의 부분군 $\{1, -1, i, -i\}$ 은 순환부분군 $\langle i \rangle$ 이다. 왜냐하면 $i^2 = -1$, $i^3 = -i$, $i^4 = 1$ 이기 때문이다. 유사하게 $\mathbb{Z}_7$ 의 영이 아닌 모든 원소의 곱셈군은 순환군 $\langle 3 \rangle$ 임을 쉽게 밝힐 수 있다. 이 예들은 다음 정리의 특별한 경우이다.

정리 7.16

F를 $\mathbb{Q}$, $\mathbb{R}$, $\mathbb{C}$ 또는 $\mathbb{Z}_p$ (p는 소수) 가운데 하나라 하고, F^*를 F의 영이 아닌 모든 원소의 곱셈에 대한 군이라 하자.* G가 F^*의 유한 부분군이면 G는 순환군이다.†

증명

$c \in G$를 가장 큰 위수를 갖는 원소라 하자(G가 유한이므로 반드시 하나는 존재해야 한다). $|c| = m$ 이라고 하자. $a \in G$이면 따름정리 7.10에 따라 $|a|$는 m의 약수이고, 그래서 정리 7.9의 (1)항으로부터 $a^m = 1$ 이다. 따라서 G의 임의의 원소는 방정식 $x^m = 1$의 해이다. m차 다항 방정식은 (따름정리 4.17에 따라)‡ F에서 많아야 m개의 해를 가지므로 $|G| \leq m$이 성립해야 한다. 그런데 정리 7.15에 따라 $\langle c \rangle$는 G 의 위수가 m인 부분군이다. 그러므로 $\langle c \rangle$는 G 전체와 같아야 하고, 즉 G는 순환군이다. ■

이제 순환군이 어떤 모습인지 알았고, 다음 단계로 순환군의 가능한 모든 부분군에 대하여 살펴본다.

정리 7.17

순환군의 임의의 부분군은 그 자체로 순환군이다.

증명

$G = \langle a \rangle$이고, H를 G의 임의의 부분군이라 하자. 만약 $H = \{e\}$ 이면 (e의 모든 거듭제곱은 오직 e 뿐으로) H는 e로 생성된 순환부분군이다. 만약 $H \neq \{e\}$ 이면 H는 항등원이 아닌 G의 어떤 원소, 말하자면 $i \neq 0$ 인 a^i를 포함한다. H는 부분군이므로

---

* 7.1절이나 7.1.A절의 예제 8과 9를 보라.

† 제3장을 읽은 사람들을 위하여: 이 정리와 그 증명은 F가 임의의 체일 때 성립한다.

‡ 4.4절을 읽지 않았다면 지금은 이것을 참으로 믿어야 할 것이다.

그 역원인 a^{-i}도 H에 속한다. i 또는 $-i$의 하나는 양수이므로, H는 a의 양의 거듭제곱을 포함한다. $a^k \in H$를 만족하는 가장 작은 양의 정수를 k라 하자. H가 a^k로 생성되는 순환부분군임을 보이자. 이것을 증명하기 위하여, H의 임의의 원소가 a^k의 거듭제곱임을 보여야 한다. $h \in H$이면 $h \in G$이므로 어떤 정수 m에 대하여 $h = a^m$이다. 나눗셈 알고리즘에 따라, $m = kq + r$ 여기서 $0 \le r < k$이다. 결과적으로 $r = m - kq$이고

$$a^r = a^{m-kq} = a^m a^{-kq} = a^m (a^k)^{-q}.$$

a^m과 a^k는 H에 속한다. 따라서 닫힘 성질에 따라 $a^r \in H$이다. a^k는 H에 속하는 a의 최소 양의 거듭제곱이고, $r < k$이므로 $r = 0$이어야 한다. 그러므로 $m = kq$이고, $h = a^m = a^{kq} = (a^k)^q \in \langle a^k \rangle$이다. 따라서 $H = \langle a^k \rangle$이다. ■

순환군의 구조와 그 부분군에 대한 더 많은 정보를 위하여, 연습문제 44~46을 보라.

군의 생성원

군 G에 대하여 $a \in G$라 하자. 순환부분군 $\langle a \rangle$를 단일원소 집합 $S = \{a\}$에 의하여 다음 방법으로 만들어진 것으로 생각하자. 즉, 가능한 임의의 순서로 a와 a^{-1}의 가능한 모든 곱을 형성한다. 물론, 이러한 곱의 각각은 a^n 형태의 한 원소로 간략히 나타낼 수 있다. 이 과정을 하나 이상의 원소를 갖는 집합 S와 함께 시작하여 일반화해 보자.

정리 7.18

군 G의 공집합이 아닌 집합 S에 대하여, S의 원소들과 그 역원들의 임의의 순서로 가능한 모든 곱의 집합을 $\langle S \rangle$로 나타내자.*

(1) $\langle S \rangle$는 G의 부분군으로 집합 S를 포함한다.
(2) H가 집합 S를 포함하는 G의 부분군이면 H는 전체 부분군 $\langle S \rangle$를 포함한다.

이 정리는 $\langle S \rangle$가 집합 S를 포함하는 가장 작은 G의 부분군임을 보여준다. $S = \{a\}$인 특별한 경우에 $\langle S \rangle$는 바로 순환부분군 $\langle a \rangle$, 즉 a를 포함하는 가장 작은 G의 부분군이다. 군 $\langle S \rangle$를 S로 **생성된**(generated) 부분군이라 부른다. $\langle S \rangle$가 군 G일 때 S는 G를 **생성한다**(generate)고 하고, S의 원소 전체를 G의 **생성원**(generators)이라고 부른다.

---

* 하나의 원소로 된 곱의 가능성을 인정하여, S의 임의의 원소는 $\langle S \rangle$에 속한다.

정리 7.18의 증명

(1) 집합 S는 공집합이 아니므로 $\langle S \rangle$는 공집합이 아니고, (단일원소 곱으로 생각한) S의 임의의 원소는 $\langle S \rangle$의 원소이다. $a, b \in \langle S \rangle$이면 a는 $a_1 a_2 \cdots a_k$ 형태로, 여기서 $k \geq 1$이고 각 원소 a_i는 S의 원소이거나 S의 어떤 원소의 역원이다. 비슷하게, $b = b_1 b_2 \cdots b_l$ 여기서 $l \geq 1$이고, 각 b_i는 S의 원소이거나 S의 어떤 원소의 역원이다. 따라서 곱 $ab = a_1 a_2 \cdots a_k b_1 b_2 \cdots b_l$은 S의 원소나 S의 어떤 원소의 역원으로 이루어진다. 그러므로 $ab \in \langle S \rangle$이고 S는 닫혀있다. S의 원소 $a = a_1 a_2 \cdots a_k$의 역원은 따름정리 7.6으로부터 $a^{-1} = a_k^{-1} \cdots a_2^{-1} a_1^{-1}$이다. 각 a_i는 S의 원소이거나 S의 어떤 원소의 역원이므로 a_i^{-1}에 대해서도 그것은 참이다. 따라서 $a^{-1} \in \langle S \rangle$이다. 정리 7.11에 따라 $\langle S \rangle$는 G의 부분군이다.

(2) 집합 S를 포함하는 모든 부분군은 S의 모든 원소의 역원을 포함해야 한다. 또 닫힘 성질에 의해 S의 모든 원소와 그 역원의 (모든 순서의) 가능한 곱을 모두 포함해야 한다. 따라서 S를 포함하는 모든 부분군은 전체 군 $\langle S \rangle$도 포함해야 한다. ■

예제 15

$U_{15} = \{1, 2, 4, 7, 8, 11, 13, 14\}$는 집합 $S = \{7, 11\}$로 생성된다. 왜냐하면

$$
\begin{array}{llll}
7^1 = 7 & 7^2 = 4 & 7^3 = 13 & 7^4 = 1 \\
11^1 = 11 & 7 \cdot 11 = 2 & 7^2 \cdot 11 = 14 & 7^3 \cdot 11 = 8
\end{array}
$$

이기 때문이다. 원소들의 다른 집합들이 같은 군을 생성할 수도 있다. 예를 들어, U_{15}가 또한 집합 $\{2, 13\}$으로 생성됨을 쉽게 밝힐 수 있다(연습문제 9).

예제 16

7.1절이나 7.1.A절의 예제 5에 있는 연산표를 이용하여, 군 D_4에서 다음을 알 수 있다.

$$
\begin{array}{llll}
(r_1)^1 = r_1 & (r_1)^2 = r_2 & (r_1)^3 = r_3 & (r_1)^4 = r_0 \\
h^1 = h & r_1 \circ h = t & (r_1)^2 \circ h = v & (r_1)^3 \circ h = d
\end{array}
$$

따라서 D_4는 $\{r_1, h\}$로 생성된다. 생성원들에 관한 군의 원소들의 표현은 유일하지 않다. 예를 들면,

$$(r_1)^3 \circ h = d \text{ 이고 } \quad r_1 \circ h \circ (r_1)^2 = d \text{ 이다.}$$

■ 연습문제

A. 1. 다음의 순환부분군을 모두 열거하라.

(a) U_{15} (b) U_{30}

2. (a) D_4의 순환부분군을 모두 열거하라.

(b) D_4의 순환군이 아닌 부분군을 하나 이상 열거하라.

3. S_7의 부분군 $\langle a \rangle$의 모든 원소를 열거하라. 여기서

$$a = \begin{pmatrix} 1 & 2 & 3 & 4 & 5 & 6 & 7 \\ 3 & 2 & 7 & 6 & 5 & 1 & 4 \end{pmatrix}$$

연습문제 4~8에서 주어진 순환부분군의 모든 원소를 열거하거나(가능하면) 기술하라.

4. 덧셈군 $\mathbb{Z}_{12}$에서 $\langle 2 \rangle$

5. 덧셈군 $\mathbb{Z}$ 에서 $\langle 2 \rangle$

6. $\mathbb{Z}_{11}$의 영이 아닌 모든 원소의 곱셈군에서 $\langle 2 \rangle$

7. 영이 아닌 모든 유리수의 곱셈군 $\mathbb{Q}^*$에서 $\langle 2 \rangle$

8. $\mathbb{Z}_{11}$의 영이 아닌 모든 원소의 곱셈군에서 $\langle 3 \rangle$

9. U_{15}는 집합 $\{2, 13\}$으로 생성되는 것을 보이라.

10. $(1, 0)$과 $(0, 2)$는 덧셈군 $\mathbb{Z} \times \mathbb{Z}_7$을 생성함을 보이라.

11. 덧셈군 $\mathbb{Z}_2 \times \mathbb{Z}_3$은 순환군임을 보이라.

12. 덧셈군 $\mathbb{Z}_2 \times \mathbb{Z}_4$는 순환군이 아니지만, 두 원소로 생성됨을 보이라.

13. 군 G의 부분군 H에 대하여 e_G가 G의 항등원이고, e_H가 H의 항등원이라 하면 $e_G = e_H$임을 증명하라.

14. H와 K를 군 G의 부분군이라 하자.
   (a) $H \cup K$는 G의 부분군이 아닐 수 있음을 예를 들어 보이라.
   (b) $H \cup K$가 G의 부분군일 필요충분조건은 $H \subseteq K$ 또는 $K \subseteq H$임을 증명하라.

15. (a) H와 K를 G의 부분군이라고 하자. $H \cap K$는 G의 부분군임을 증명하라.
   (b) $\{H_i\}$를 G의 부분군들의 모임이라 하자. $\cap H_i$는 G의 부분군임을 증명하라.

16. G_1이 G의 부분군이고, H_1이 H의 부분군이라 하자. $G_1 \times H_1$은 $G \times H$의 부분군임을 증명하라.

17. 덧셈 순환군 $\mathbb{Z}$를 생성하는 각 원소는 1과 -1뿐임을 보이라.

18. $(3, 1)$, $(-2, 1)$, $(4, 3)$은 덧셈군 $\mathbb{Z} \times \mathbb{Z}$를 생성함을 보이라.

19. G는 Abel 군이고, T를 유한위수를 갖는 G의 모든 원소의 집합이라 하자. T는 G의 부분군임을 증명하라. T를 G의 **꼬임부분군**(torsion subgroup)이라고 한다. (G가 가환이 아니면 이 결과는 성립하지 않을 수 있다. 7.2절의 연습문제 20을 보라.)

20. G를 Abel 군, k를 정해진 양의 정수, $H = \{a \in G \mid |a|$가 k의 약수$\}$라 하자. H는 G의 부분군임을 증명하라.

21. (a) 군 G에 대하여, $ab \in Z(G)$이면 a와 b는 $Z(G)$에 속하는가? [**힌트**: D_4.]
   (b) 군 G에 대하여, $ab \in Z(G)$이면 $ab = ba$임을 증명하라.

22. a가 군 G의 위수가 2인 유일한 원소이면 $a \in Z(G)$임을 증명하라.

23. 군 G에 대하여, $a \in G$이면 $\langle a \rangle = \langle a^{-1} \rangle$임을 증명하라.

24. 모든 양의 유리수의 곱셈군 $\mathbb{Q}^{**}$는 순환군이 아님을 보이라. [**힌트**: $1 \neq r \in \mathbb{Q}^{**}$이면 r과 r^2 사이에 유리수가 존재하여야 한다.]

25. S_3의 중심은 항등원 부분군임을 보이라.

26. (a) H와 K가 Abel 군 G의 부분군이고, $HK = \{ab \mid a \in H,\ b \in K\}$라 하자. HK는 G의 부분군임을 증명하라.
    (b) G가 가환이 아니면 (a)항은 거짓일 수도 있음을 보이라.

27. H가 군 G의 부분군이고, $x \in G$에 대하여 집합 $\{x^{-1}ax \mid a \in H\}$를 $x^{-1}Hx$로 나타내자. $x^{-1}Hx$는 G의 부분군임을 증명하라.

28. G는 Abel 군이고, n을 정해진 양의 정수라 하자.
    (a) $H = \{a \in G \mid a^n = e\}$는 G의 부분군임을 증명하라.
    (b) G가 가환이 아니면 (a)항은 거짓일 수도 있음을 예를 들어 보이라. [**힌트:** S_3.]

29. 군 G의 공집합이 아닌 부분집합 H에 대하여, H가 G의 부분군이 될 필요충분조건은 임의의 $a, b \in H$에 대하여 $ab^{-1} \in H$임을 증명하라.

30. $A(T)$를 집합 T의 모든 치환들의 군이라 하고, T_1을 T의 공집합이 아닌 부분집합이라 하자. $H = \{f \in A(T) \mid$ 모든 $t \in T_1$에 대하여 $f(t) = t\}$는 $A(T)$의 부분군임을 증명하라.

31. T와 T_1을 연습문제 30에서와 같이 두자. $K = \{f \in A(T) \mid f(T_1) = T_1\}$은 연습문제 30의 부분군 H를 포함하는 $A(T)$의 부분군임을 증명하라. 만약 T_1이 하나보다 많은 원소를 가지면 $K \neq H$ 임을 밝히라.

32. H를 군 G의 부분군이라 하고, 모든 $x \in G$에 대하여 $x^{-1}Hx \subseteq H$라고 가정하자(연습문제 27에서의 기호로). 모든 $x \in G$에 대하여 $x^{-1}Hx = H$임을 증명하라.

33. 군 G에 대하여 $a \in G$라고 하자. 집합 $C(a) = \{g \in G \mid ga = ag\}$는 G의 부분군임을 증명하라. $C(a)$를 a의 **중심화부분군**(centralizer)이라고 한다.

34. 군 G에 대하여 $Z(G) = \bigcap_{a \in G} C(a)$임을 증명하라(기호는 연습문제 33에서 정의됨).

35. 군 G의 원소 a에 대하여, a가 G의 중심에 속할 필요충분조건은 (연습문제 33에 정의된 기호로) $C(a) = G$임을 증명하라.

36. 참 또는 거짓: 군 G의 임의의 진부분군이 순환군이면 G는 순환군이다. 답변의 타당성을 밝히라.

37. H가 군 G의 부분군이고, $a \in G$의 위수가 n이라고 하자. $\gcd(n, k) = 1$인 어떤 k에 대하여 $a^k \in H$이면 $a \in H$임을 증명하라.

B. 38. (a) p는 소수이고, b를 $\mathbb{Z}_p$의 영이 아닌 원소라 하자. $b^{p-1} = 1$임을 보이라. [**힌트**: 정리 7.16]

(b) 다음 **Fermat 작은 정리**(Format's Little Theorem)를 증명하라: p가 소수이고, a가 임의의 정수이면 $a^p \equiv a \pmod{p}$이다. [**힌트**: b를 $\mathbb{Z}_p$에서 a의 합동류라고 하고, (a)항을 이용.]

39. 군 G의 부분군 H에 대하여, 집합 $N(H) = \{x \in G \mid x^{-1}Hx = H\}$(연습문제 27에서의 기호)는 H를 포함하는 G의 부분군임을 증명하라. $N(H)$를 H의 **정규화부분군**(normalizer)이라고 부른다.

40. $H = \left\{ \begin{pmatrix} a & b \\ 0 & 1 \end{pmatrix} \middle| \; a = 1 \text{ 또는 } -1, \; b \in \mathbb{Z} \right\}$는 $GL(2, \mathbb{Q})$의 부분군임을 증명하라.

41. G는 Abel 군이고 n을 정해진 양의 정수라 하자. $H = \{a^n \mid a \in G\}$는 G의 부분군임을 증명하라.

42. k를 양의 정수 n의 양의 약수라 하자. $H_k = \{a \in U_n \mid a \equiv 1 \pmod{k}\}$는 U_n의 부분군임을 증명하라.

43. $\mathbb{Z}_{12}$의 모든 부분군을 구하라. $\mathbb{Z}_{20}$에 대하여 같은 물음에 답하라.

44. $G = \langle a \rangle$를 위수 n인 순환군이라 하자.

(a) $d = \gcd(m, n)$일 때, a^m으로 생성된 순환부분군은 a^d로 생성된 순환부분군과 같음을 증명하라. [**힌트**: a^d가 a^m의 거듭제곱이고 그 반대의 경우도 마찬가지라는 것을 보여주는 것으로 충분하다(왜?). 정리 1.2에 따르면 $d = mu + nv$인 정수 u와 v가 있음을 참고하라.]

(b) a^m 이 G를 생성할 필요충분조건은 $\gcd(m, n) = 1$ 임을 증명하라.

45. $G = \langle a \rangle$를 위수 n인 순환군이라 하자. H가 G의 부분군이면 $|H|$는 n의 약수임을 증명하라. [**힌트**: 연습문제 44와 정리 7.17.]

46. $G = \langle a \rangle$를 위수 n인 순환군이라 하자. k가 n의 양의 약수이면 G는 위수 k인 유일한 부분군을 가짐을 증명하라. [**힌트**: $a^{n/k}$ 으로 생성되는 부분군을 생각하라.]

47. $\gcd(m, n) = 1$ 이고, G를 위수가 mn인 Abel 군이라 하자. G가 위수 m인 원소 a와 위수 n인 원소 b를 포함한다고 가정하자. G는 ab로 생성되는 순환군임을 증명하라.

48. 영이 아닌 모든 실수의 곱셈군 $\mathbb{R}^*$ 는 순환군이 아님을 증명하라.

49. G를 덧셈에 대하여 a로 생성된 무한 순환군이라 하자. 방정식 $x + x = a$는 G에서 해를 갖지 않음을 증명하라.

50. 덧셈군 $\mathbb{Q}$ 는 순환군이 아님을 보이라. [**힌트**: 연습문제 49.]

51. 군 G와 H에 대하여, $G \times H$가 순환군이면 G와 H 모두 순환군임을 증명하라. (연습문제 12는 역이 거짓임을 보여준다.)

52. $\left\{ \begin{pmatrix} 1 & n \\ 0 & 1 \end{pmatrix} \middle| \, n \in \mathbb{Z} \right\}$는 $GL(2, \mathbb{R})$의 순환부분군임을 증명하라.

53. $\mathbb{Z}_m \times \mathbb{Z}_n$ 이 순환군일 필요충분조건은 $\gcd(m, n) = 1$ 임을 증명하라.

54. $G \neq \langle e \rangle$가 어떤 진부분군도 갖지 않는 군이면 G는 소수 위수의 순환군임을 증명하라.

55. 덧셈에 대한 군 $G = \{a + b\sqrt{2} \mid a, b \in \mathbb{Z}\}$ 는 순환군인가?

56. $\mathbb{Z}_{20}$ 의 모든 가역원의 군 U_{20} 은 순환군이 아님을 보이라.

57. $\mathbb{Z}_{18}$ 의 모든 가역원의 군 U_{18} 은 순환군임을 보이라.

58. S가 군 G의 공집합이 아닌 부분집합이면 $\langle S \rangle$는 $S \subseteq H$인 모든 부분군 H의 교집합임을 보이라.

7.4 준동형사상과 동형사상*

로마 숫자에 익숙하지 않은데 로마 숫자로만 쓰인 정수의 산술에 대하여 논하는 상황과 마주쳤다면 이러한 산술이 원소들의 표식을 제외하고 근본적으로 $\mathbb{Z}$ 에서의 익숙한 산술과 같다는 것을 알아차리는 데 시간이 좀 걸릴 수 있다. 여기서, 같은 상황의 좀 덜 당연한 예를 살펴보자.

예제 1

복소수의 곱셈에 대한 부분군 $L = \{\mathbf{1},\ \boldsymbol{i},\ -\boldsymbol{i},\ -\mathbf{1}\}$†와 $\mathbb{Z}_5$의 모든 가역원의 곱셈에 대한 군 $U_5 = \{1, 2, 3, 4\}$를 상기해 보자. 그 연산표는 다음과 같다.

U_5

$\cdot$	1	2	3	4
1	1	2	3	4
2	2	4	1	3
3	3	1	4	2
4	4	3	2	1

L

$\cdot$	$\mathbf{1}$	$\boldsymbol{i}$	$-\boldsymbol{i}$	$-\mathbf{1}$
$\mathbf{1}$	$\mathbf{1}$	$\boldsymbol{i}$	$-\boldsymbol{i}$	$-\mathbf{1}$
$\boldsymbol{i}$	$\boldsymbol{i}$	$-\mathbf{1}$	$\mathbf{1}$	$-\boldsymbol{i}$
$-\boldsymbol{i}$	$-\boldsymbol{i}$	$\mathbf{1}$	$-\mathbf{1}$	$\boldsymbol{i}$
$-\mathbf{1}$	$-\mathbf{1}$	$-\boldsymbol{i}$	$\boldsymbol{i}$	$\mathbf{1}$

얼핏 보아 이 군들은 같아 보이지 않는다. 그러나 이들은 원소들의 표식이 다른 것을 제외하면 '근본적으로 같은' 것이다.

이것을 명확하게 알기 위하여, U_5의 원소의 표식을 다음 안과 같이 바꾸어 보자.

$$1\text{을 } \mathbf{1}\text{로},\quad 2\text{를 } \boldsymbol{i}\text{로},\quad 3\text{을 } -\boldsymbol{i}\text{로},\quad 4\text{를 } -\mathbf{1}\text{로}$$

이제 U_5에 대한 연산표에 무슨 일이 일어나는지 살펴보자. 그것은 L에 대한 연산표가 된다!

---

* 이 절의 몇 페이지는 군에 대한 동형사상의 개념을 설명한다. 이것은 근본적으로 3.3절에서의 환에 대한 설명과 같다. 만약 3.3절을 읽었다면 275쪽에 있는 정의에서 이것을 시작하여도 어려움이 없을 것이다.

† 두 군의 원소들을 쉽게 구별할 수 있도록 L의 원소들을 진하게 표시하였다.

$\cdot$	1 ~~1~~	i ~~2~~	$-i$ ~~3~~	-1 ~~4~~
1 ~~1~~	1 ~~1~~	i ~~2~~	$-i$ ~~3~~	-1 ~~4~~
i ~~2~~	i ~~2~~	-1 ~~4~~	1 ~~1~~	$-i$ ~~3~~
$-i$ ~~3~~	$-i$ ~~3~~	1 ~~1~~	-1 ~~4~~	i ~~2~~
-1 ~~4~~	-1 ~~4~~	$-i$ ~~3~~	i ~~2~~	1 ~~1~~

새로 바꾼 연산표는 U_5와 L의 연산표들이 정확히 같은 방법으로 작동되는 것을 보여준다. 유일한 차이점은 원소들의 표식이 다르다는 것이다. 군의 구조에 관해서는 L은 그 원소의 표식을 바꾼 U_5와 똑같아진다. 보다 기술적 용어로, U_5와 L은 동형(isomorphic)이라고 한다.

일반적으로 동형인 군들은 하나에 대한 연산표가 다른 하나의 연산표를 그 원소들의 표식을 적절히 바꾸면 같아지는 의미로 같은 구조를 갖는 군들이다. 이 직관적인 생각은 비록 작은 유한군에 대해서는 적절할지 모르지만 이러한 직관적 생각과 일치하면서도 더 큰 군에도 여전히 쉽게 적용할 수 있는 엄밀한 수학적 정의를 개발하는 것이 필요하다.

두 군 G와 H가 동형이라는 직관적 생각에는 두 가지 측면이 있다. 즉, G의 원소의 표식을 바꾸고, 그 새로운 연산표와 H의 연산표를 비교하는 것이다. 표식 바꾸기는 G의 임의의 원소를 H의 꼭 한 개씩의 원소(그 새로운 표식)와 짝을 짓는 것을 의미한다. 다르게 말하면, 각 $r \in G$를 그것의 새로운 표식인 $f(r) \in H$로 대응시키는 함수 $f : G \to H$가 존재한다. 앞의 예제에서 표식 바꾸기 함수로

$$f(1) = 1 \quad f(2) = i \quad f(3) = -i \quad f(4) = -1$$

과 같이 주어진 함수 $f : U_5 \to K$를 사용하였다. 함수 $f : G \to H$는 다음 성질을 만족하여야 한다.

(1) G의 서로 다른 원소는 H에 속하는 서로 다른 표식을 갖는다. 즉

G에서 $r \neq r'$이면 H에서 $f(r) \neq f(r')$이다.

(2) H의 임의의 원소는 G의 어떤 원소의 표식이다.* 즉

* 그렇지 않으면, G의 연산표로부터 H의 완전한 연산표를 얻을 수 없다.

$$\text{임의의 } h \in H\text{에 대하여 } f(r) = h\text{인 } r \in G\text{가 존재한다.}$$

성질 (1)과 (2)는 함수 f가 단지 단사이고 전사, 즉 전단사임을 말한다.* 동형사상이 되기 위하여는, G의 연산표에 f를 적용하면 H의 연산표가 되어야 한다. 그런 경우이면 G의 임의의 두 원소 a와 b에 대하여 그 상황은 다음과 같아야 한다.

G

$*$	b
a	c

H

$*$	$f(b)$
$f(a)$	$f(c)$

두 연산표가 보여주는 것은

$$G\text{에서 } a * b = c\text{이고,} \quad H\text{에서 } f(a) * f(b) = f(c)\text{이다.}$$

G에서 $a * b = c$이므로, H에서 $f(a * b) = f(c)$가 성립하여야 한다. 이것을 $f(a) * f(b) = f(c)$라는 사실과 결합하면 다음을 알 수 있다.

$$f(a * b) = f(a) * f(b)$$

이것이 바로 f에 의하여 G의 연산표를 H의 연산표로 바꾸기 위하여, f가 만족해야 하는 조건이다. 이제 동형사상의 형식적 정의를 진술할 수 있다.

정의

G와 H를 $*$로 표기한 연산을 갖는 군이라 하자. 다음 조건 (i), (ii), (iii)을 만족하는 함수 $f: G \to H$가 존재할 때 G는 H와 **동형**(isomorphic)이라고 하고, 기호로 $G \cong H$로 나타낸다.

(i) f는 단사이다.
(ii) f는 전사이다.
(iii) 임의의 $a, b \in G$에 대하여 $f(a * b) = f(a) * f(b)$이다.

이 경우에 함수 f를 **동형사상**(isomorphism)이라고 한다.

$G \cong H$일 필요충분조건은 $H \cong G$임을 보일 수 있다(연습문제 53).

* 단사, 전사 및 전단사함수에 대하여 부록 B에서 논한다.

노트: 앞의 논의에서, 특정 군에 대한 연산이 덧셈이나 곱셈, 또는 그 밖의 어느 것일 수 있음을 상기하기 위해 일시적으로 군의 연산기호 $*$ 로 바꾸었으므로, 그 연산은 덧셈이나 곱셈 또는 그 밖의 어떤 것일 수 있다. 이러한 경우에 정의의 조건 (iii)은 다른 형태가 될 수도 있다. 예를 들면,

조건 (iii)	$f(a*b)=f(a)*f(b)$
G와 H 모두 덧셈	$f(a+b)=f(a)+f(b)$
G와 H 모두 곱셈	$f(ab)=f(a)f(b)$
G는 덧셈, H는 곱셈	$f(a+b)=f(a)f(b)$
G는 곱셈, H는 덧셈	$f(ab)=f(a)+f(b)$

예제 2

$\mathbb{Z}_8$의 가역원의 곱셈군 $U_8=\{1, 3, 5, 7\}$은 덧셈군 $\mathbb{Z}_2\times\mathbb{Z}_2$와 동형이다. 이것을 증명하기 위하여 $f: U_8\to\mathbb{Z}_2\times\mathbb{Z}_2$를

$$f(1)=(0,0) \quad f(3)=(1,0) \quad f(5)=(0,1) \quad f(7)=(1,1)$$

와 같이 정의하자. 분명히 f는 전단사이다. 임의의 $a, b\in U_8$에 대하여 $f(ab)=f(a)+f(b)$ 임을 보이는 것은 단순히 U_8의 연산표에서 각각의 $a\in U_8$을 $f(a)\in\mathbb{Z}_2\times\mathbb{Z}_2$로 바꾸어 $\mathbb{Z}_2\times\mathbb{Z}_2$의 연산표가 얻어질 수 있음을 보이는 것과 동치이다. 아래 연산표를 이용하여 이것이 실제 그 경우임을 밝힐 수 있다. 따라서 f는 동형사상이다.

U_8

$\cdot$	1	3	5	7
1	1	3	5	7
3	3	1	7	5
5	5	7	1	3
7	7	5	3	1

$\mathbb{Z}_2\times\mathbb{Z}_2$

$+$	$(0,0)$	$(1,0)$	$(0,1)$	$(1,1)$
$(0,0)$	$(0,0)$	$(1,0)$	$(0,1)$	$(1,1)$
$(1,0)$	$(1,0)$	$(0,0)$	$(1,1)$	$(0,1)$
$(0,1)$	$(0,1)$	$(1,1)$	$(0,0)$	$(1,0)$
$(1,1)$	$(1,1)$	$(0,1)$	$(1,0)$	$(0,0)$

예제 3

E를 모든 짝수의 덧셈군이라고 하자. $f(a)=2a$로 주어진 $f:\mathbb{Z}\to E$가 동형사상임을 보이자. $\mathbb{Z}$와 E는 무한이므로, 연산표를 비교하는 것은 선택할 수 없다. 그렇지만 동형사상의 형식적 정의로는 가능하다. 먼저, f가 단사임을* 보이는 것부터 시작하자. $a, b\in\mathbb{Z}$이고, E에서 $f(a)=f(b)$라 가정하자. 그러면

* 단사, 전사 및 전단사함수에 대하여 부록 B에서 논한다.

$$\begin{aligned} f(a) &= f(b) \\ 2a &= 2b && [f\text{의 정의}] \\ a &= b && [\text{양변을 2로 나눈다.}] \end{aligned}$$

따라서 f는 단사이다. 이제 $n \in E$라 하자. n은 짝수이므로, 어떤 정수 k에 대하여 $n = 2k$이다. 그러므로 $f(k) = 2k = n$이고 f는 전사이다. 끝으로, 모든 a, $b \in \mathbb{Z}$ 에 대하여

$$f(a+b) = 2(a+b) = 2a + 2b = f(a) + f(b)$$

이므로, f는 덧셈군의 동형사상이다.

예제 4

실수 전체의 덧셈군 $\mathbb{R}$ 은 모든 양의 실수의 곱셈군 $\mathbb{R}^{**}$ 와 동형이다. 이것을 증명하기 위하여, $f : \mathbb{R} \to \mathbb{R}^{**}$를 $f(r) = 10^r$ 로 주어진 함수라 하자. f가 단사임을 보이기 위하여

$$f(r) = f(s)$$

라 하자. 그러면

$$\begin{aligned} 10^r &= 10^s && [f\text{의 정의}] \\ \log 10^r &= \log 10^s && [\text{양변에 로그를 취한다.}] \\ r &= s && [\text{로그의 기본성질}] \end{aligned}$$

따라서 f는 단사이다. f가 전사임을 증명하기 위하여, $k \in \mathbb{R}$ 이라고 하자. 그러면 $r = \log k$ 는 실수이고, 로그의 정의에 따라

$$f(r) = 10^r = 10^{\log k} = k$$

이므로 f는 전사이다. 마지막으로

$$f(r+s) = 10^{r+s} = 10^r 10^s = f(r)f(s)$$

이므로 f는 동형사상이고, $\mathbb{R} \cong \mathbb{R}^{**}$ 이다.

예제 5

($\mathbb{Z}_5$와 $\mathbb{Z}_{10}$처럼) 원소의 개수가 서로 다른 두 유한군은 한 군에서 다른 군으로의 어떤 함수도 전단사일 수가 없으므로, 동형일 수가 없다.

예제 1에서 원소의 개수가 같은 두 군이 동형인 것에 대해 살펴보았다. 그렇지만 항상 그런 것은 아니다.

예제 6

S_3와 $\mathbb{Z}_6$는 둘 다 위수가 6이지만 동형이 아니다. $\mathbb{Z}_6$의 덧셈 연산표를 표식을 바꾸어 S_3의 연산표를 얻을 수 없다. 왜냐하면 S_3에서 연산은 가환이 아니지만 $\mathbb{Z}_6$에서 덧셈은 가환이기 때문이다. 일반적으로도 유사한 논법으로(연습문제 16을 보라), 군 G와 H에 대하여 다음이 성립함을 알 수 있다. 즉

G가 가환이고 H가 비가환이면 G와 H는 동형이 아니다.

예제 7

덧셈군 $\mathbb{Z}_4$와 $\mathbb{Z}_2 \times \mathbb{Z}_2$는 위수가 4 이지만 동형이 아니다. 왜냐하면 $\mathbb{Z}_2 \times \mathbb{Z}_2$의 영이 아닌 임의의 원소는 위수가 2이지만 $\mathbb{Z}_4$에서는 두 원소(즉 1과 3)의 위수가 4 이기 때문이다. 그러므로 하나의 덧셈표에서 다른 것의 연산표를 얻을 수 없다. 연습문제 29로부터 더 일반적인 것을 알 수 있다. 즉

f가 동형사상이면 a와 $f(a)$는 같은 위수를 갖는다.

군 G에 대하여, 동형사상 $G \to G$를 군 G의 **자기동형사상**(automorphism)이라고 한다.

예제 8

군 G에 대하여, $\iota_G(r) = r$로 정의되는 항등사상 $\iota_G : G \to G$는 G의 자기동형사상이다. ι_G가 전단사임은 분명하고, 임의의 $a, b \in G$에 대하여

$$\iota_G(a * b) = a * b = \iota_G(a) * \iota_G(b)$$

이다.

예제 9

c를 군 G의 정해진 원소라 하자. $f : G \to G$를 $f(g) = c^{-1} g c$로 정의하면

$$f(a)f(b) = (c^{-1}ac)(c^{-1}bc) = c^{-1}a(cc^{-1})bc = c^{-1}abc = f(ab)$$

이다. $g \in G$이면 $cgc^{-1} \in G$이고

$$f(cgc^{-1}) = c^{-1}(cgc^{-1})c = (c^{-1}c)g(c^{-1}c) = ege = g$$

이다. 그러므로 f는 전사이다. f가 단사임을 보이기 위하여, $f(a) = f(b)$라 가정하자. 그러면 $c^{-1}ac = c^{-1}bc$이다. 정리 7.5에 따라, 오른쪽 c와 왼쪽 c^{-1}를 소거하면 $a = b$이다. 따라서 f는 단사이다. 그러므로 f는 동형사상이고, 이것을 c에 의하여 유도된 G의 **내부 자기동형사상**(inner automorphism)이라고 부른다. 자기동형사상에 관한 더 많은 것을 위하여, 연습문제 36, 37, 58, 59를 보라.

다음 정리는 모든 순환군을 완전히 특정 짓는다.

정리 7.19

G를 임의의 순환군이라 하자.

(1) G가 무한이면 G는 덧셈군 $\mathbb{Z}$와 동형이다.

(2) G가 유한위수 n을 가지면 G는 덧셈군 $\mathbb{Z}_n$과 동형이다.

증명

(1) $G = \langle a \rangle$가 무한 순환군이라 가정하자. 정리 7.15에 따라, G는 각 $k \in \mathbb{Z}$에 대하여 모두 다른 원소 a^k들로 구성된다($a^i = a^j$일 필요충분조건이 $i = j$임을 의미). $f(a^k) = k$로 정의된 함수 $f : G \to \mathbb{Z}$는 전단사임을 쉽게 알 수 있다(연습문제 17).

$$f(a^i a^j) = f(a^{i+j}) = i + j = f(a^i) + f(a^j)$$

이므로 f는 동형사상이고, $G \cong \mathbb{Z}$이다.

(2) 이제 $G = \langle b \rangle$이고 b의 위수가 n이라고 가정하자. 정리 7.15로부터, $G = \{b^0, b^1, b^2, \cdots, b^{n-1}\}$이고, 따름정리 2.5로부터 $\mathbb{Z}_n = \{[0], [1], [2], \cdots, [n-1]\}$이다. 함수 $g : G \to \mathbb{Z}_n$을 $g(b^i) = [i]$로 정의하자. 분명히 g는 전단사이다. 마침내

$$g(b^i b^j) = g(b^{i+j}) = [i+j] = [i] + [j] = g(b^i) + g(b^j)$$

이다. 따라서 g는 동형사상이고 $G \cong \mathbb{Z}_n$이다. ■

예제 10

영이 아닌 모든 유리수의 곱셈군 $\mathbb{Q}^*$에 대하여, 2로 생성된 순환부부군은 $\langle 2 \rangle = \left\{\dots, \frac{1}{16}, \frac{1}{8}, \frac{1}{4}, \frac{1}{2}, 1, 2, 4, 8, 16, \dots\right\}$이다.* 군 $\langle 2 \rangle$는 정리 7.19로부터, 덧셈군 $\mathbb{Z}$와 동형이다.

예제 11

7.1절 또는 7.1.A절의 예제 5에서 연산표의 왼쪽 - 위쪽 4분 구역과 정리 7.12는 $G = \{r_0, r_1, r_2, r_3\}$가 D_4의 부분군임을 보여준다. G와 $U_5 = \{1, 2, 3, 4\}$는 모두 순환군이다. 정리 7.19로부터 각각은 덧셈군 $\mathbb{Z}_4$와 동형이다. 따라서 이들은 서로 동형이고, 즉 $G \cong U_5$이다(연습문제 21).

준동형사상

단사나 전사가 아닌 많은 함수가 동형사상 정의의 조건 (iii)을 만족한다. 그런 함수들에는 특별한 이름이 붙여지고, 이 장의 이후 부분에서 중요한 역할을 하게 된다.

정의

G와 H가 ($*$로 표기한 연산에 대하여) 군이라고 하자. 임의의 $a, b \in G$에 대하여

$$f(a * b) = f(a) * f(b)$$

를 만족하는 함수 $f : G \to H$를 **준동형사상**(homomorphism)이라고 부른다.

임의의 동형사상은 준동형사상이지만 준동형사상은 동형사상이 아닐 수도 있다.

예제 12

$f(x) = x^2$으로 주어진 함수 $f : \mathbb{R}^* \to \mathbb{R}^*$는 곱셈에 대한 군의 준동형사상이다. 왜냐하면

$$f(ab) = (ab)^2 = a^2b^2 = f(a)f(b).$$

그러나 $f(1) = f(-1)$이므로 f는 단사가 아니고, 모든 x에 대하여 $f(x) = x^2 \geq 0$이므로 음수는 f에 대한 상이 아니므로 전사가 아니다.

* 7.3절의 연습문제 7.

예제 13

$f(a)=[a]$로 주어진 함수 $f:\mathbb{Z}\to\mathbb{Z}_5$는

$$f(a+b)=[a+b]=[a]+[b]=f(a)+f(b)$$

이므로 덧셈군에 대한 준동형사상이지만 단사는 아니다. (왜?)

예제 14

군 G와 H에 대하여, $f((x,y))=x$로 주어진 함수 $f:G\times H\to G$는 전사인 준동형사상이다(연습문제 9). H가 항등원 군이 아니면 f는 단사가 아니다. 예를 들어, $e_H\neq a\in H$이면 $G\times H$에서 $(e_G,a)\neq(e_G,e_H)$이지만 $f((e_G,a))=e_G$이고, $f((e_G,e_H))=e_G$이다.

함수 $f:G\to H$의 **치역**(image)은 H의 부분집합이다. 즉, $\mathrm{Im}f=\{h\in H\mid$ 어떤 $a\in G$에 대하여 $h=f(a)\}$이다. 함수 f를 G에서 $\mathrm{Im}f$로의 전사함수로 생각할 수도 있다.

정리 7.20

군 G와 H의 항등원을 각각 e_G와 e_H라고 하자. $f:G\to H$가 준동형사상이면

(1) $f(e_G)=e_H$

(2) 임의의 $a\in G$에 대하여 $f(a^{-1})=f(a)^{-1}$이다.

(3) $\mathrm{Im}f$는 H의 부분군이다.

(4) f가 단사이면 $G\cong\mathrm{Im}f$이다.

증명

(1) f가 준동형사상이고 e_G는 G의 항등원, e_H는 H의 항등원이므로 다음을 얻는다.

$$\begin{aligned} f(e_G)f(e_G) &= f(e_G e_G) && [f\text{가 준동형사상}] \\ f(e_G)f(e_G) &= f(e_G) && [e_G\text{가 } G\text{의 항등원}] \\ f(e_G)f(e_G) &= e_H f(e_G) && [f(e_G)\in H\text{이고 } e_H\text{는 } H\text{의 항등원}] \end{aligned}$$

(정리 7.5로부터) 오른쪽의 $f(e_G)$를 소거하면 $f(e_G)=e_H$가 된다.

(2) 항 (1)로부터 다음을 얻는다.

$$f(a^{-1})f(a)=f(a^{-1}a)=f(e_G)=e_H=f(a)^{-1}f(a)$$

식의 양쪽 끝항에서 $f(a)$를 소거하여, $f(a^{-1})=f(a)^{-1}$임을 알 수 있다.

(3) (1)로부터 항등원 $e_H\in \mathrm{Im}f$이고, 그래서 $\mathrm{Im}f$는 공집합이 아니다. $f(a)f(b)=f(ab)$이므로 $\mathrm{Im}f$는 닫혀있다. (2)에 따라 각 $f(a)\in \mathrm{Im}f$의 역원은 $f(a^{-1})=f(a)^{-1}$이므로, 역시 $\mathrm{Im}f$에 속한다. 그러므로 정리 7.11로부터, $\mathrm{Im}f$는 H의 부분군이다.

(4) 이 정리 앞에서 주목하였던 것으로, f를 G에서 $\mathrm{Im}f$로의 전사함수로 생각할 수 있다. f가 또한 단사인 준동형사상이면 f는 동형사상이다. ■

군 이론은 치환과 치환들의 군의 연구에서 비롯되었다. 군의 추상적인 정의가 나중에 나왔으므로 치환들의 군의 개념보다 훨씬 일반적인 것처럼 보일 수 있다. 그런데 다음 정리는 그렇지 않음을 보여준다.

정리 7.21 Cayley 정리

임의의 군 G는 어떤 치환들의 군이다.

증명

집합 G의 모든 치환의 군 $A(G)$를 생각하자. $A(G)$는 G에서 G로의 모든 전단사함수로 구성되고 합성을 군 연산으로 갖는다는 것을 상기하자. 이 함수들은 준동형사상일 필요는 없다. 이 정리를 증명하기 위하여, G와 동형인 $A(G)$의 부분군을 찾아보자.* 이것을 위하여 어떤 단사인 군의 준동형사상 $f:G\to A(G)$를 정의하면 정리 7.20에 따라, G는 $A(G)$의 부분군인 $\mathrm{Im}f$와 동형이다.

임의의 $a\in G$에 대하여 $\varphi_a(x)=ax$로 정의된 사상 $\varphi_a:G\to G$는 집합 G의 전단사함수[즉, $A(G)$의 원소]이다. 이것은 다음 사실에 따라 성립한다. 즉, $b\in G$이면 $\varphi_a(a^{-1}b)=a(a^{-1}b)=b$이고, 따라서 φ_a는 전사이다. 또, $\varphi_a(b)=\varphi_a(c)$라 하면 $ab=ac$이다. 정리 7.5로부터 a를 소거하면 결과적으로 $b=c$이다. 그러므로 φ_a는 단사이고, 따라서 전단사이다. 그러므로 $\varphi_a\in A(G)$이다.

* 군 $A(G)$ 자체는 보통 G와 동형이기에는 훨씬 크다. 예를 들어, G의 위수가 n이면 $A(G)$의 위수는 7.1절의 연습문제 20에 따라 $n!$ 이다.

이제 $f: G \to A(G)$를 $f(a) = \varphi_a$로 정의하자. 임의의 $a, b \in G$에 대하여 $f(ab) = \varphi_{ab}$는 $\varphi_{ab}(x) = abx$로 주어지는 G에서 G로의 사상이다. 한편 $f(a) \circ f(b) = \varphi_a \circ \varphi_b$는 $(\varphi_a \circ \varphi_b)(x) = \varphi_a(\varphi_b(x)) = \varphi_a(bx) = abx$로 주어진 사상이다. 그러므로 $f(ab) = f(a) \circ f(b)$이고 f는 군의 준동형사상이다. 마지막으로, $f(a) = f(c)$라고 가정하면 모든 $x \in G$에 대하여 $\varphi_a(x) = \varphi_c(x)$이다. 그러면 $a = ae = \varphi_a(e) = \varphi_c(e) = ce = c$이다. 따라서 f는 단사이다. 그러므로 정리 7.20으로부터 $G \cong \mathrm{Im}f$이다. ■

따름정리 7.22

위수 n인 임의의 유한군 G는 대칭군 S_n의 어떤 부분군과 동형이다.

증명

정리 7.21의 증명으로부터 군 G는 $A(G)$의 어떤 부분군 H와 동형이다. G는 n개의 원소로 이루어진 집합이므로, 연습문제 38에 따라 $A(G)$는 S_n과 동형이다. 결과적으로 연습문제 22에 의해 H는 S_n의 어떤 부분군 K와 동형이다. $G \cong H$이고 $H \cong K$이므로 연습문제 21에 따라, 마침내 $G \cong K$이다. ■

군 G에서 어떤 치환들의 군으로의 임의의 준동형사상을 G의 **표현**(representation)이라 하고, G는 어떤 **치환군으로 표현**된다고 말한다. 정리 7.21의 증명에서의 준동형사상 $G \to A(G)$는 G의 **좌정규표현**(left regular representation)이라고 부른다. 이런 표현을 이용하여 군 이론은 치환군의 연구로 축소된다. 이러한 접근은 치환들이 손쉽게 시각화할 수 있는 구체적인 대상이므로 종종 많은 장점이 있다. 치환의 계산은 항상 그런 것은 아니지만, 어떤 군에서는 간단하다. 어떤 상황에서는 군 표현이 대단히 효율적인 도구이다.

한편 치환에 의한 표현은 어떤 문제점도 있다. 하나는 주어진 군이 여러 가지 많은 방법으로 치환들의 군으로 표현될 수 있다는 것이다. 즉, 정리 7.21에서 준동형사상 $G \to A(G)$는 가능한 것 중 하나일 뿐이다. (다른 준동형사상은 연습문제 49와 51, 54를 보라.) 또한 이런 표현 중 많은 것이 아주 효율적이지 않을 수 있다. 예를 들어, 따름정리에 의하면 위수 12의 임의의 군은 S_{12}의 어떤 부분군과 동형이지만, S_{12}의 위수는 $12! = 479{,}001{,}600$이다. 이런 크기의 어떤 군에서 위수가 12인 부분군에 관한 유용한 정보를 결정하는 것은 아무래도 어려울 것 같다.

그렇다면 어떤 특별한 경우를 제외하고는 기초적인 군 이론의 연구는 구체적인 치환 표현을 통하여 하는 것보다 (지금 하는 것처럼) 추상적 정의를 통하여 하는 것이 더 효과적일 것 같다. 추상적 접근은 불필요한 특성을 없애고, 그 기본적인 근본 구조에 집중한다는 장점이 있다. 결국 이는 일반적으로 더 간단한 증명과 더 나은 이해로 이어진다.

■ 연습문제

A. 1. (a) $f(x)=3x$로 주어진 함수 $f:\mathbb{R}\rightarrow\mathbb{R}$ 은 덧셈군의 동형사상임을 보이라.

(b) $\mathbb{R}^{**}$를 모든 양수들의 곱셈군이라 하자. $f(x)=3x$로 주어진 함수 $f:\mathbb{R}^{**}\rightarrow\mathbb{R}^{**}$는 군의 준동형사상이 아님을 보이라.

2. $g(x)=\sqrt{x}$ 로 주어진 함수 $g:\mathbb{R}^{**}\rightarrow\mathbb{R}^{**}$ 는 동형사상임을 보이라.

3. $GL(2,\mathbb{Z}_2)$가 S_3과 동형임을 각 군에 대한 연산표를 작성하여 보이라.

[힌트: $GL(2,\mathbb{Z}_2)$의 원소를 $\begin{pmatrix}1&0\\0&1\end{pmatrix}, \begin{pmatrix}1&1\\0&1\end{pmatrix}, \begin{pmatrix}0&1\\1&0\end{pmatrix}, \begin{pmatrix}0&1\\1&1\end{pmatrix}, \begin{pmatrix}1&1\\1&0\end{pmatrix}, \begin{pmatrix}1&0\\1&1\end{pmatrix}$의 순서로, S_3의 원소를 $\begin{pmatrix}1&2&3\\1&2&3\end{pmatrix}, \begin{pmatrix}1&2&3\\2&1&3\end{pmatrix}, \begin{pmatrix}1&2&3\\3&2&1\end{pmatrix}, \begin{pmatrix}1&2&3\\2&3&1\end{pmatrix}, \begin{pmatrix}1&2&3\\3&1&2\end{pmatrix}, \begin{pmatrix}1&2&3\\1&3&2\end{pmatrix}$의 순서로 나열하라.]

4. $f(x)=x^3$으로 주어진 함수 $f:\mathbb{R}^*\rightarrow\mathbb{R}^*$ 는 동형사상임을 증명하라.

5. $g(x)=2x$로 정의된 함수 $g:\mathbb{Z}_9\rightarrow\mathbb{Z}_9$는 동형사상임을 증명하라.

6. $h(x)=2x$로 정의된 함수 $h:\mathbb{Z}_8\rightarrow\mathbb{Z}_8$은 준동형사상이지만, 단사도 전사도 아님을 증명하라.

7. $f(x)=|x|$로 정의된 함수 $f:\mathbb{R}^*\rightarrow\mathbb{R}^{**}$ 는 전사인 준동형사상이지만, 단사가 아님을 증명하라.

8. $g(x)=2^x$ 로 정의된 함수 $f:\mathbb{R}^*\rightarrow\mathbb{R}^{**}$ 는 단사인 준동형사상이지만, 전사는 아님을 증명하라.

9. 군 G와 H에 대하여, $f((a,b))=a$로 정의되는 함수 $f:G\times H\rightarrow G$는 전사인 준동형사상임을 증명하라.

10. $f(x)=x^2$으로 정의된 함수 $f:\mathbb{R}\rightarrow\mathbb{R}$ 은 준동형사상이 아님을 보이라.

11. $g(x)=\begin{pmatrix}1 & 0\\0 & x\end{pmatrix}$로 정의된 함수 $g:\mathbb{R}^{*}\to GL(2,\mathbb{R})$은 단사인 준동형사상임을 증명하라.

12. $h(x)=\begin{pmatrix}1 & 0\\x & 1\end{pmatrix}$으로 정의된 함수 $h:\mathbb{R}\to GL(2,\mathbb{R})$은 단사인 준동형사상임을 증명하라.

13. U_5는 U_{10}과 동형임을 보이라.

14. 덧셈군 $\mathbb{Z}_6$은 $\mathbb{Z}_7$의 영이 아닌 모든 원소의 곱셈군과 동형임을 증명하라.

15. $f:G\to H$를 군의 준동형사상이라 하자. 임의의 $a\in G$와 임의의 정수 n에 대하여 $f(a^n)=f(a)^n$임을 증명하라.

16. 전사인 군의 준동형사상 $f:G\to H$에 대하여, G가 가환이면 H가 가환임을 증명하라.

17. 정리 7.19(1)에서의 함수 f가 전단사임을 증명하라.

18. $G,\ H,\ G_1,\ H_1$을 $G\cong G_1$이고 $H\cong H_1$인 군이라 하자. $G\times H\cong G_1\times H_1$임을 증명하라.

19. 군 G가 가환일 필요충분조건은 $f(x)=x^{-1}$로 주어진 함수 $f:G\to G$가 군의 준동형사상임을 증명하라. 이 경우 f는 동형사상임을 보이라.

20. N이 군 G의 부분군이고 $a\in G$라 하자.
    (a) $a^{-1}Na=\{a^{-1}na\mid n\in N\}$이 G의 부분군임을 증명하라.
    (b) N은 $a^{-1}Na$와 동형임을 증명하라. [**힌트**: $f:N\to a^{-1}Na$를 $f(n)=a^{-1}na$로 정의하라.]

21. 군 $G,\ H,\ K$에 대하여 $G\cong H$이고 $H\cong K$이면 $G\cong K$임을 증명하라.
[**힌트**: $f:G\to H$와 $g:H\to K$가 동형사상이면 $g\circ f:G\to K$도 동형사상임을 증명하라.]

22. $f : G \to H$가 군의 동형사상이고, T가 G의 부분군이면 T는 H의 부분군 $f(T) = \{f(a) \mid a \in T\}$와 동형임을 증명하라.

23. (a) G가 Abel 군이면 $f(x) = x^2$으로 주어진 함수 $f : G \to G$는 준동형사상임을 증명하라.
    (b) 임의의 비가환 군에 대하여, 문항 (a)는 거짓임을 보이라. [**힌트**: 여기서 반례는 충분하지 않다(왜?). 그래서 7.2절의 연습문제 24를 시도하라.]

B. 24. 곱셈군 G에 대하여, $a * b = ba$로 정의된 연산을 갖는 집합 G를 G^{op}라 하자.
    (a) G^{op}는 군임을 증명하라.
    (b) $G \cong G^{op}$임을 증명하라. [**힌트**: 따름정리 7.6이 도움이 될 것이다.]

25. a와 b를 각각 순환군 G를 생성하는 원소라 가정하자. 그래서 $G = \langle a \rangle$이고 $G = \langle b \rangle$이다. $f(a^i) = b^i$로 주어진 함수 $f : G \to G$는 G의 자기동형사상임을 증명하라.

26. 순환군 $G = \langle a \rangle$에 대하여, $f : G \to H$가 전사인 군의 준동형사상이면 $f(a)$는 H를 생성함을, 즉 H는 순환군 $\langle f(a) \rangle$임을 보이라. [**힌트**: 연습문제 15.]

27. 곱셈군 G에 대하여, c를 G의 정해진 원소라 하자. H를 $a * b = acb$로 정의되는 새로운 연산 $*$를 갖는 집합 G라 하자.
    (a) H는 군임을 증명하라.
    (b) $f(x) = c^{-1}x$로 정의된 사상 $f : G \to H$는 동형사상임을 증명하라.

28. $f : G \to H$를 군의 준동형사상이라 하고, $a \in G$의 위수가 k라 가정하자.
    (a) $f(a)^k = e$임을 증명하라. [**힌트**: 연습문제 15.]
    (b) $|f(a)|$는 $|a|$의 약수임을 증명하라. [**힌트**: 정리 7.9.]

29. 단사인 군의 준동형사상 $f : G \to H$에 대하여 $a \in G$이면 $|f(a)| = |a|$임을 증명하라.

30. 군의 준동형사상 $f : G \to H$에 대하여, K가 H의 부분군이면 집합 $\{a \in G \mid f(a) \in K\}$는 G의 부분군임을 증명하라.

31. 군의 준동형사상 $f: G \to G$에 대하여, $F = \{a \in G \mid f(a) = a\}$는 G의 부분군임을 증명하라.

32. 행렬 $A = \begin{pmatrix} a & b \\ c & d \end{pmatrix}$에 대하여 수 $ad - bc$를 **det$A$**로 나타내고, A의 **행렬식** (determinant)이라고 한다. $f(A) = \det A$로 정의되는 함수 $f: GL(2, \mathbb{R}) \to \mathbb{R}^*$는 전사인 준동형사상임을 증명하라.

33. 군의 준동형사상 $f: G \to H$에 대하여 $K_f = \{a \in G \mid f(a) = e_H\}$, 즉 f에 의하여 H의 항등원에 사상되는 G의 모든 원소의 집합이라 하자. K_f는 G의 부분군임을 증명하라. 예제로 연습문제 34와 35를 보라.

34. $f(x) = [x]$로 주어진 함수 $f: \mathbb{Z} \to \mathbb{Z}_5$는 예제 13에 따라, 준동형사상이다. (연습문제 33에서의 기호로) K_f를 구하라.

35. $f(x) = x^2$으로 주어진 함수 $f: U_5 \to U_5$는 예제 23에 따라 준동형사상이다. (연습문제 33에서의 기호로) K_f를 구하라.

36. 군 G에 대하여, **Aut$G$**를 G의 모든 자기동형사상의 집합이라고 하자. Aut$G$는 함수의 합성 연산에 대하여 군임을 증명하라. [**힌트**: 연습문제 21이 도움이 될 것이다.]

37. 군 G에 대하여, Aut$G$를 연습문제 36에서 정한 것이라 하자. **Inn$G$**는 G의 모든 내부 자기동형사상(즉, 예제 9에서와 같이 어떤 $c \in G$에 대하여 $f(a) = c^{-1}ac$ 형태의 동형사상)의 집합이라 하자. Inn$G$는 Aut$G$의 부분군임을 증명하라. [**노트**: G의 다른 두 원소가 같은 내부 자기동형사상을 유도할 수도 있다. 즉, 모든 $a \in G$에 대하여 $c^{-1}ac = d^{-1}ad$일 수도 있다. 따라서 $|\mathrm{Inn}\,G| \le |G|$이다.]

38. n개의 원소를 갖는 집합 T에 대하여 $A(T)$를 T의 모든 치환의 군이라 하자. $A(T) \cong S_n$임을 증명하라. [**힌트**: 어떤 순서로 T의 원소들에 $1, 2, \ldots, n$의 번호를 붙이면 T의 임의의 치환은 $1, 2, \ldots, n$의 치환이 된다.]

39. 덧셈군 $\mathbb{Z}$와 $\mathbb{Q}$는 동형이 아님을 보이라.

연습문제 40~44에서, 주어진 두 군이 동형이 아닌 이유를 설명하라. (연습문제 16과 29가 도움이 될 것이다.)

40. $\mathbb{Z}_6$과 S_3

41. $\mathbb{Z}_4 \times \mathbb{Z}_2$와 D_4

42. $\mathbb{Z}_4 \times \mathbb{Z}_2$와 $\mathbb{Z}_2 \times \mathbb{Z}_2 \times \mathbb{Z}_2$

43. U_8과 U_{10}

44. U_{10}과 U_{12}

45. U_8은 U_{12}와 동형인가? 답변의 타당성을 밝히라.

46. 실수의 덧셈군 $\mathbb{R}$은 영이 아닌 실수의 곱셈군 $\mathbb{R}^*$와 동형이 아님을 증명하라. [힌트: 동형사상 $f : \mathbb{R} \to \mathbb{R}^*$가 존재한다면 $f(k) = -1$인 k가 존재한다. 이 사실을 이용하여 모순이 생기는 것을 보이라.]

47. D_4는 7.1절의 연습문제 16에 있는 4원수군과 동형이 아님을 보이라.

48. $\mathbb{R}$과 $\mathbb{R}^{**}$는 동형이지만 덧셈군 $\mathbb{Q}$는 양의 유리수의 곱셈군 $\mathbb{Q}^{**}$와 동형이 아님을 증명하라.

49. 군 G에 대하여, $A(G)$를 집합 G의 모든 치환의 군이라 하자. G에서 $A(G)$로의 함수 g를 임의의 $d \in G$에 대하여 d^{-1}에 의하여 유도된 자기동형사상(예제 9에서 $c = d^{-1}$인 경우)을 지정하는 것으로 정의하자. g는 군의 준동형사상임을 증명하라.

50. 군 G에 대하여, $h \in A(G)$일 때 모든 $a \in G$ 대하여 $h \circ \varphi_a = \varphi_a \circ h$라 가정하자(여기서 φ_a는 정리 7.21의 증명에서 정한 것이다). 모든 $x \in G$에 대하여 $h(x) = xb^{-1}$를 만족하는 일정한 $b \in G$가 존재함을 증명하라.

51. (a) 군 G에 대하여, $c \in G$라 하자. $\theta_c(x) = xc^{-1}$로 주어진 사상 $\theta_c : G \to G$는 $A(G)$의 원소임을 증명하라.
(b) $h(c) = \theta_c$로 주어진 $h : G \to A(G)$는 단사이고, 군의 준동형사상임을 증명하라. 따라서 G는 $A(G)$의 부분군 $\mathrm{Im}h$와 동형이다. 이것을 G의 **우정규표현**(right regular representation)이라고 부른다.

52. 각 군의 좌정규표현을 구하라(즉, 각 군을 정리 7.21의 증명에서처럼 치환군으로 나타내라).
    (a) $\mathbb{Z}_3$ (b) $\mathbb{Z}_4$ (c) S_3

53. 군의 동형사상 $f: G \to H$에 대하여 $g: H \to G$를 부록 B에 정의된 것으로 f의 역함수라고 하자. g도 역시 군의 동형사상임을 증명하라. [**힌트**: $g(ab) = g(a)g(b)$를 보이기 위해 좌변과 우변의 f에 의한 상을 생각하고, f가 준동형사상이고 $f \circ g$가 항등사상이라는 사실을 이용하라.]

54. (a) $D_3 \cong S_3$임을 보이라. [**힌트**: D_3는 7.1절 또는 7.1.A절의 예제 6에서 기술하였다. D_3의 임의의 이동은 꼭짓점들의 치환으로 볼 수 있다. 이것을 이용하여, D_3에서 S_3으로의 함수를 정의하라.]
    (b) D_4는 S_4의 어떤 부분군과 동형임을 보이라. [**힌트**: 문항 (a)에 대한 힌트를 보라. 이 동형사상은 위수 8인 군 D_4를 위수가 $4! = 24$인 치환군의 부분군으로 표현하는 반면 따름정리 7.22의 좌정규표현은 위수가 $8! = 40,320$인 군 S_8의 부분군으로 D_4를 표현한다.]

55. (a) $H = \left\{ \begin{pmatrix} 1-n & -n \\ n & 1+n \end{pmatrix} \middle| \ n \in \mathbb{Z} \right\}$는 행렬의 곱셈에 대하여 군임을 증명하라.
    (b) $H \cong \mathbb{Z}$임을 증명하라.

56. (a) $K = \left\{ \begin{pmatrix} 1-2n & n \\ -4n & 1+2n \end{pmatrix} \middle| \ n \in \mathbb{Z} \right\}$는 행렬의 곱셈에 대하여 군임을 증명하라.
    (b) K는 $\mathbb{Z}$와 동형인가?

57. 덧셈군 $\mathbb{Z}[x]$는 양의 유리수의 곱셈군 $\mathbb{Q}^{**}$와 동형임을 증명하라. [**힌트**: $p_0, p_1, p_2, \cdots$을 크기 순서로 나열한 서로 다른 모든 양의 소수라 하자. $\varphi: \mathbb{Z}[x] \to \mathbb{Q}^{**}$를 $\varphi(a_0 + a_1x + a_2x^2 + \cdots + a_nx^n) = p_0^{a_0} p_1^{a_1} \cdots p_n^{a_n}$로 정의하라.]

58. 군 G가 Abel 군일 필요충분조건은 $\operatorname{Inn} G$가 꼭 하나의 원소로 이루어지는 것임을 증명하라. [**힌트**: 연습문제 37을 보라.]

59. (a) 군 $\operatorname{Inn} D_4$는 위수가 4임을 밝히라. [**힌트**: 연습문제 37을 보라.]
    (b) $\operatorname{Inn} D_4 \cong \mathbb{Z}_2 \times \mathbb{Z}_2$임을 증명하라.

60. $\mathrm{Aut}\,\mathbb{Z} \cong \mathbb{Z}_2$임을 증명하라. [**힌트**: 순환군 $\mathbb{Z}$의 생성원으로 가능한 원소는 무엇인가? 연습문제 25와 26을 보라.]

61. $\mathrm{Aut}\,\mathbb{Z}_n \cong U_n$임을 증명하라. [**힌트**: 위의 연습문제 25와 7.3절의 연습문제 44를 보라.]

62. $\mathrm{Aut}(\mathbb{Z}_2 \times \mathbb{Z}_2) \cong S_3$임을 증명하라.

응용: 원한다면 선형코드(Linear Codes(16.1절))를 여기서 다루어도 좋다.

7.5 대칭군과 교대군*

따름정리 7.22에서 보았듯이, 임의의 유한군은 S_n의 어떤 부분군과 동형이므로 유한 대칭군 S_n은 중요하다. 이 절에서는 치환에 대한 더 많은 편리한 기호와 군 S_n의 어떤 중요한 부분군들을 소개한다. 새로운 기호와 함께 시작하자.

S_6에서의 치환 $\begin{pmatrix} 1 & 2 & 3 & 4 & 5 & 6 \\ 1 & 4 & 3 & 6 & 2 & 5 \end{pmatrix}$를 생각하자. 2는 4에, 4는 6에, 6은 5에, 5는 되돌아 2에 사상되고, 다른 두 원소 1과 3은 자신에게 사상됨을 주목하자. 모든 필수 정보는 다음 그림으로 요약할 수 있다.

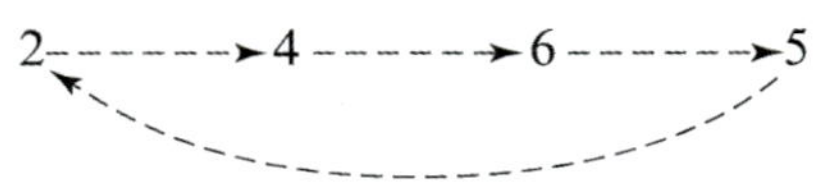

순서를 지킨다면 여기서 화살표를 꼭 포함할 필요는 없다. 이 치환의 완전한 표기는 기호 (2465)로 주어지고, 다음과 같이 이해한다. 즉

> 각 원소는 바로 오른쪽에 열거한 원소로 사상되고,
> 한 줄의 마지막 원소는 맨 처음 원소로 사상된다.
> 열거하지 않은 원소는 자신으로 사상된다.

이것은 순환치환 표기(cycle notation)의 예이다. 형식적으로 다음과 같이 정의한다.

* 몇 개의 눈에 띄는 예제와 연습문제를 제외하고, 이 절은 8.5, 9.3~9.5절과 12.3절에만 필요하다.

정의 $(k \geq 1$일 때$)$ $a_1, a_2, a_3, \ldots, a_k$를 집합 $\{1, 2, 3, \ldots, n\}$의 서로 다른 원소라 하자. $(a_1 a_2 a_3 \cdots a_k)$는 a_1을 a_2로, a_2를 a_3으로, …, a_{k-1}을 a_k로, 또 a_k를 a_1으로 사상하고, $\{1, 2, 3, \ldots, n\}$의 다른 임의의 원소를 자신으로 사상하는 S_n의 치환을 나타낸다. $(a_1 a_2 a_3 \cdots a_k)$를 **길이**(length) k인 **순환치환**(cycle) 또는 **k-순환치환**이라 한다.

예제 1

S_4에서 $(1\,4\,3)$은 1을 4로, 4를 3으로, 3을 1로, 그리고 2를 자신으로 사상하는 3-순환치환이다. 이것은 이전의 기호로 나타내면 $\begin{pmatrix} 1 & 2 & 3 & 4 \\ 4 & 2 & 1 & 3 \end{pmatrix}$이다. $(1\,4\,3)$은 또 $(4\,3\,1)$이나 $(3\,1\,4)$로 나타낼 수도 있다. 왜냐하면 이들은 어느 것이나 1을 4에, 4를 3에, 3을 1에 그리고 2를 2에 사상하는 함수를 나타내기 때문이다.

예제 2

앞의 정의에 따르면, S_n에서 1-순환치환 (3)은 3을 3으로, $\{1, 2, 3, \ldots, n\}$의 임의의 다른 원소를 그 자신으로 대응시키는 치환이다. 다르게 말하면, (3)은 항등치환이다. 마찬가지로, $\{1, 2, 3, \ldots, n\}$의 임의의 k에 대하여 1-순환치환 (k)는 항등치환이다. 엄밀히 말하면, 순환치환 표기는 모호한 점이 있다. 예를 들어, $(1\,6\,3)$은 S_6에서, S_7에서, 또는 임의의 $n \geq 6$에 대하여 S_n에서 치환을 나타내기도 한다. 그렇지만 어느 군 S_n을 논하는지 항상 문맥을 통하여 분명해질 것이므로, 이것은 어떤 문제를 일으키지 않는다.

순환치환 표기에서 곱셈은 이전의 기호에서처럼 시각적으로 계산할 수 있다. 예를 들어

$$\begin{pmatrix} 1 & 2 & 3 & 4 \\ 1 & 4 & 2 & 3 \end{pmatrix} \circ \begin{pmatrix} 1 & 2 & 3 & 4 \\ 2 & 4 & 1 & 3 \end{pmatrix} = \begin{pmatrix} 1 & 2 & 3 & 4 \\ 4 & 3 & 1 & 2 \end{pmatrix}$$

임을 알고 있다. (S_n에서의 곱은 함수의 합성이고, 그래서 오른쪽 치환을 먼저 실행한다는 점을 기억하라.) 순환치환 표기에서 이 곱은*

$$(2\;\;4\;\;3)(1\;\;2\;\;4\;\;3) = (1\;\;4\;\;2\;\;3)$$

* 앞으로 합성 기호 $\circ$를 생략하고, S_n에서의 군 연산을 곱셈으로 쓰기로 한다.

가 된다. 화살표는 그 과정을 나타낸다. 즉, 1은 2에 사상되고, 2는 4에 사상되고, 따라서 곱은 1을 4에 사상한다. 유사한 방법으로, 4는 3에 사상되고, 3은 2에 사상되므로 그 결과, 곱은 4를 2에 사상한다.

예제 3

이전의 표기에서 S_3는

$$\begin{pmatrix}1&2&3\\1&2&3\end{pmatrix},\quad \begin{pmatrix}1&2&3\\1&3&2\end{pmatrix},\quad \begin{pmatrix}1&2&3\\3&2&1\end{pmatrix},\quad \begin{pmatrix}1&2&3\\2&1&3\end{pmatrix},\quad \begin{pmatrix}1&2&3\\2&3&1\end{pmatrix},\quad \begin{pmatrix}1&2&3\\3&1&2\end{pmatrix}$$

로 구성된다. 새로운 표기로, S_3의 원소는 (같은 순서로)

$$(1),\ (2\,3),\ (1\,3),\ (1\,2),\ (1\,2\,3),\ (1\,3\,2)\text{이다.}$$

두 순환치환이 공통 원소를 갖지 않으면 **서로 소**(disjoint)라 한다. 예를 들면, $(1\,3)$과 $(2\,5\,4\,6)$은 S_6에서 서로 소이다. 그러나 $(1\,3)$과 $(3\,4\,5)$는 3이 양쪽의 순환치환에서 공통으로 나타나기 때문에 서로 소가 아니다.

예제 4

앞의 예제 3에서 보인 것처럼, $(2\,4\,3)(1\,2\,4\,3) = (1\,4\,2\,3)$이다.

$$(1\,2\,4\,3)(2\,4\,3) = (2\,3\,4\,1)$$

임을 밝히라. 따라서 순환치환 $(2\,4\,3)$과 $(1\,2\,4\,3)$는 서로 가환이 아니다. 한편 서로 소인 순환치환 $(1\,3)$과 $(2\,5\,4\,6)$은 가환이고, 즉

$$(1\,3)(2\,5\,4\,6) = \begin{pmatrix}1&2&3&4&5&6\\3&5&1&6&4&2\end{pmatrix} = (2\,5\,4\,6)(1\,3).$$

이것은 다음 정리의 한 예시이다.

정리 7.23

$\sigma = (a_1\, a_2 \cdots a_k)$와 $\tau = (b_1\, b_2 \cdots b_r)$이 S_n에서 서로 소인 순환치환이면 $\sigma\tau = \tau\sigma$이다.*

* 치환을 나타내기 위하여 보통 그리스 문자를 자주 사용한다. 일반적으로 문자 알파(α), 베타(β), 델타(δ), 시그마(σ)와 타우(τ)를 사

증명

연습문제 18. ■

임의의 치환이 순환치환은 아니지만, 임의의 치환은 서로 소인 순환치환들의 곱으로 나타낼 수 있다. 예를 들어, S_7에서 치환 $\begin{pmatrix} 1 & 2 & 3 & 4 & 5 & 6 & 7 \\ 5 & 1 & 7 & 2 & 4 & 6 & 3 \end{pmatrix}$을 생각하자. 그 자신에게 사상되지 않는 원소를 하나 찾으라. 예를 들면 1이고, 그것이 치환으로 어디로 보내지는지 추적하라. 즉

1은 5에 사상되고, 5는 4에 사상되고, 4는 2에 사상되고,
또 2는 (처음 시작했던 원소인) 1에 사상된다.

따라서 주어진 치환은 이 네 개의 원소의 순환치환 $(1\,5\,4\,2)$와 동일하게 작용한다. 이제 1, 5, 4, 2를 제외한 다른 원소들 가운데 그 자신에게 사상되지 않는 원소, 말하자면 3을 주목하자.

3은 7에 사상되고, 7은 또 3에 사상된다.

따라서 2-순환치환 $(3\,7)$은 7과 3에 대하여 주어진 치환과 같은 작용을 한다. 지금까지 설명하지 않은 유일한 원소는 6이고, 이것은 그 자신에게 사상된다. 이제 원래의 치환이 지금까지 구한 두 순환치환의 곱인 것을 쉽게 밝힐 수 있다. 즉

$$\begin{pmatrix} 1 & 2 & 3 & 4 & 5 & 6 & 7 \\ 5 & 1 & 7 & 2 & 4 & 6 & 3 \end{pmatrix} = (1\,5\,4\,2)(3\,7).$$

비록, 약간의 주의가 필요하고 기호가 성가시긴 하지만, 일반적인 경우에도 근본적으로 동일한 과정이 성립한다.

정리 7.24

S_n의 임의의 치환은 서로 소인 순환치환들의 곱이다.*

증명

앞의 예의 과정을 상황에 맞추어 조정하고, 연습문제 44를 참조하라. ■

용한다. 그리스 알파벳 전체를 위해, 이 책의 뒤표지 안쪽을 보라.

* 보통 하나의 순환치환만으로 이루어진 곱의 가능성도 허용한다.

정리 7.25

S_n의 임의의 τ의 위수는 그 곱이 τ인 서로 소인 순환치환들의 위수의 최소공배수이다.*

증명

연습문제 19. ■

예제 5

치환 $\tau = (1\,2)(3\,4)(5\,6\,7)$은 길이가 각각 2, 2, 3인 서로 소인 순환치환들의 곱이다. 2, 2, 3의 최소공배수는 6이다. 정리 7.25에 의하면, τ는 위수가 6이다. τ의 거듭제곱을 계산하여 이것을 직접 밝힐 수 있다. 즉

$$\tau = (1\,2)(3\,4)(5\,6\,7), \quad \tau^2 = (5\,7\,6), \quad \tau^3 = (1\,2)(3\,4)$$
$$\tau^4 = (5\,6\,7), \quad \tau^5 = (1\,2)(3\,4)(5\,7\,6), \quad \tau^6 = (1).$$ ■

교대군

2-순환치환을 때로는 **호환**(transposition)이라고 부른다. 호환은 흥미로운 어떤 성질들을 갖는다.

예제 6

호환 $(a\,b)$에 대하여 $(a\,b)(a\,b) = (1)$임을 확인하라. 따라서

임의의 호환의 역원은 자신이다.

예제 7

곱 $(1\,2)(3\,4)(1\,4)(1\,3)$의 역원은 (동일한 호환들을 역순으로 곱한) $(1\,3)(1\,4)(3\,4)(1\,2)$이다. 이 주장을 증명하기 위하여, 호환의 역원은 자신이라는 사실을 이용하자.

$$\begin{aligned}(1\,2)(3\,4)(1\,4)(1\,3)\cdot(1\,3)(1\,4)(3\,4)(1\,2) &= (1\,2)(3\,4)(1\,4)\cdot(1\,4)(3\,4)(1\,2)\\ &= (1\,2)(3\,4)\cdot(3\,4)(1\,2)\\ &= (1\,2)\cdot(1\,2) = (1)\end{aligned}$$

* 최소공배수는 1.2절의 연습문제 31에서 정의한다.

유사한 논법을 일반적으로 적용할 수 있으므로 다음과 같다.

$\sigma_1, \sigma_2, \sigma_3, \ldots, \sigma_{n-1}, \sigma_n$**이 호환이면**

$(\sigma_1\sigma_2\sigma_3\cdots\sigma_{n-1}\sigma_n)^{-1} = \sigma_n\sigma_{n-1}\cdots\sigma_3\sigma_2\sigma_1$**이다.**

다음을 쉽게 밝힐 수 있다.

$$(1) = (1\,2)(1\,2),\quad (1\,2\,3) = (1\,2)(2\,3),\quad (1\,2\,3\,4) = (1\,2)(2\,3)(3\,4)$$

이것은 다음 정리에 대한 예이다.

정리 7.26

S_n 의 임의의 치환은 (꼭 서로 소일 필요는 없이) 호환들의 곱이다.

증명

정리 7.24에 따라 임의의 치환은 순환치환들의 곱이므로, 임의의 순환치환 $(a_1\,a_2\,a_3\cdots a_k)$ 가 호환들의 곱, 즉

$$(a_1\,a_2\,a_3\cdots a_k) = (a_1\,a_2)(a_2\,a_3)\cdots(a_{k-1}\,a_k)$$

임을 확인하기만 하면 된다. ■

이 따름정리는 또한 정리 7.24를 이용하지 않고, 수학적귀납법으로 직접 증명할 수 있다(연습문제 33).

S_n 의 치환을 짝수 개의 호환의 곱으로 나타낼 수 있으면 **짝치환**(even permutation)이라고 하고, 홀수 개의 호환들의 곱으로 나타낼 수 있으면 **홀치환**(odd permutation)이라고 한다.

예제 8

$(1\,3\,2)$는 짝치환이고, $(1\,2\,4\,3)(2\,4\,3)$은 홀치환이다. 왜냐하면

$$(1\,3\,2) = (1\,2)(1\,3)\text{이고}\quad (1\,2\,4\,3)(2\,4\,3) = (2\,3)(3\,4)(1\,4)$$

임을 쉽게 밝힐 수 있다.

동시에 짝수이고 홀수인 정수는 없는 것처럼, 치환에 대한 홀짝 용어는 짝치환인 동시에 홀치환인 치환이 없음을 암시한다. 이는 사실이지만 증명이 필요하다. 그 첫 단계는 다음 사실을 증명하는 것이다.

보조정리 7.27

S_n의 항등치환은 짝치환이지만 홀치환은 아니다.

증명

항등치환을 (1)로 나타내자. $(1\,2)(1\,2)=(1)$임을 확인하라. 따라서 항등치환은 짝치환이다. 이것이 홀치환이 아님을 보이기 위하여, 모순에 의한 증명을 이용한다. $(1)=\tau_k \cdots \tau_2\tau_1$이라 하고, 여기서 각 τ_i는 호환이고 k는 홀수라 가정하자. c를 이들 호환 중 적어도 하나에서 나오는 어떤 번호라 하자. (오른쪽에서 왼쪽으로 읽을 때) c가 처음으로 나오는 호환을 τ_r이라고 하자. 말하자면, $\tau_r=(c\,d)$이다. 그러면 c는 $\tau_{r-1}, \ldots, \tau_1$에서는 나타나지 않고, 따라서 이들 치환에 따라 바뀌지 않는다. 만약 $r=k$이면 c는 τ_k를 제외한 모든 τ_i에 의하여 바뀌지 않고, 그 결과 곱(항등치환)은 c를 d로 사상하고 이것은 모순이다. 따라서 $r<k$이다.

이제 호환 τ_{r+1}을 생각하자. 이것은 다음 형태 중 하나가 되어야 한다.

$$\text{I. } (x\,y) \quad \text{II. } (x\,d) \quad \text{III. } (c\,y) \quad \text{IV. } (c\,d)$$

(여기서 x, y, c, d는 $\{1, 2, 3, \ldots, n\}$의 서로 다른 원소를 나타낸다.) 결과적으로 곱 $\tau_{r+1}\tau_r$에 대한 다음 네 가지 가능성이 있다.

$$\text{I. } (x\,y)(c\,d) \quad \text{II. } (x\,d)(c\,d) \quad \text{III. } (c\,y)(c\,d) \quad \text{IV. } (c\,d)(c\,d)$$

경우 I에서 $(x\,y)(c\,d)=(c\,d)(x\,y)$임을 확인하라. 그 곱에서 $(x\,y)(c\,d)$를 $(c\,d)(x\,y)$로 바꾼다. 이것은 c가 처음으로 나타난 호환을 그 왼쪽으로 이동시킨다. 경우 II에서 $(x\,d)(c\,d)=(x\,c)(x\,d)$임을 확인하라. 만약 $(x\,d)(c\,d)$를 $(x\,c)(x\,d)$로 바꾸면 다시 한 번 c가 처음 나타난 호환을 왼쪽으로 이동시킨다. 경우 III에서 유사한 결과가 성립하는 것을 $(c\,y)(c\,d)=(c\,d)(d\,y)$임을 확인하여 보이라.

경우 I ~ 경우 III의 그 과정을 반복할 때마다 c가 처음 나타나는 호환을 한 단계 더 왼쪽으로 이동시킨다. 결국, 경우 IV가 나오게 된다. 그렇지 않으면 c가 마지막 왼쪽, 즉 τ_k에 처음으로 나타날 때까지 이동을 계속할 수 있는데 첫 단락에서 본 것처럼 이것은 불가능하다. 그런데 경우 IV에서 $\tau_{r+1}\tau_r=(c\,d)(c\,d)=(1)$을 얻었다. 그래서 이 두 호환을 제거할 수 있고, 전보다 더 작은 개수의 곱으로 (1)을 나타낼 수 있다. 분명히 그 곱에 포함된 호환에 나타나는 임의의 부호에 대하여 같은 논법을 시행할 수 있다. 만약 원래의 곱이 홀수개의 호환을 포함한다면, 한 번에 두 개씩 소거하여 결국 그것을 하나의 호환 $(1)=(cd)$로 줄일 수 있고, 이것은 모순이다. 그러므로 항등치환 (1)은 홀수 개의 호환들의 곱으로 나타낼 수 없다. ■

정리 7.28

S_n 의 어떤 치환도 동시에 짝치환과 홀치환이 될 수 없다.

증명

$\alpha \in S_n$ 을 $\sigma_1 \sigma_2 \cdots \sigma_k$와 $\tau_1 \tau_2 \cdots \tau_r$ 로 나타낼 수 있다고 가정하자. 여기서 각 σ_i와 τ_j는 호환이고, k는 홀수, r은 짝수이다. 임의의 호환은 자신이 역원이므로 따름정리 7.6은 다음을 보여준다.

$$\begin{aligned}(1) = \alpha\alpha^{-1} &= (\sigma_1 \cdots \sigma_k)(\tau_1 \cdots \tau_r)^{-1} \\ &= \sigma_1 \cdots \sigma_k \tau_r^{-1} \cdots \tau_1^{-1} \\ &= \sigma_1 \cdots \sigma_k \tau_r \cdots \tau_1\end{aligned}$$

k는 홀수이고 r은 짝수이므로 $k+r$은 홀수이고, (1)을 홀수 개의 호환들의 곱으로 나타냈다. 이것은 보조정리 7.27에 모순이고, 정리의 증명이 완성된다. ■

S_n 의 모든 짝치환의 집합을 A_n 으로 나타내고, 이것을 **n차 교대군**(alternating group of degree n)이라고 한다. 여기서 단어 '군'은 다음 정리와 함께 정당화된다.

정리 7.29

A_n 은 위수가 $n!/2$ 인 S_n 의 부분군이다.

증명

α와 β가 A_n 에 속하면 $\alpha = \sigma_1 \sigma_2 \cdots \sigma_k$ 이고 $\beta = \tau_1 \tau_2 \cdots \tau_r$ 이다. 여기서 각 σ_i와 τ_j는 호환이고, k와 r은 짝수이다. 따라서 $\alpha\beta = \sigma_1 \sigma_2 \cdots \sigma_k \tau_1 \tau_2 \cdots \tau_r$ 이다. $k+r$은 짝수이므로 $\alpha\beta \in A_n$ 이다. 그래서 A_n은 곱셈에 대하여 닫혀있다. 예제 7에 따라,

$\alpha^{-1} = \sigma_k \sigma_{k-1} \cdots \sigma_2 \sigma_1$ 이다. k는 짝수이므로 $\alpha^{-1} \in A_n$ 이다. 그러므로 정리 7. 11에 따라 A_n 은 부분군이다. 연습문제 24는 $|A_n| = n!/2$ 임을 보여준다. ■

예제 9

S_3 의 모든 원소를 예제 3에서 열거하였다. $|S_3| = 3!$ 이므로 $|A_3| = \frac{3!}{2} = 3$ 임을 알 수 있다. (12), (13), (23) 은 분명히 홀치환이므로, A_3 는 (123), (132), (1)로 구성되어야 한다.

■ 연습문제

A. 1. 각 치환을 순환치환 표기로 나타내라.

(a) $\begin{pmatrix} 1 & 2 & 3 & 4 & 5 & 6 & 7 & 8 & 9 \\ 7 & 2 & 1 & 4 & 5 & 6 & 3 & 8 & 9 \end{pmatrix}$ (b) $\begin{pmatrix} 1 & 2 & 3 & 4 & 5 & 6 & 7 & 8 & 9 \\ 2 & 4 & 3 & 5 & 7 & 6 & 8 & 9 & 1 \end{pmatrix}$

(c) $\begin{pmatrix} 1 & 2 & 3 & 4 & 5 & 6 & 7 & 8 & 9 \\ 4 & 8 & 1 & 7 & 5 & 2 & 6 & 3 & 9 \end{pmatrix}$ (d) $\begin{pmatrix} 1 & 2 & 3 & 4 & 5 & 6 & 7 & 8 & 9 \\ 1 & 2 & 5 & 4 & 7 & 6 & 9 & 3 & 8 \end{pmatrix}$

2. 다음 각 곱을 계산하라.

(a) $(12)(23)(34)$ (b) $(246)(147)(135)$

(c) $(12)(53214)(23)$ (d) $(1234)(2345)$

3. 서로 소인 순환치환의 곱으로 나타내라.

(a) $\begin{pmatrix} 1 & 2 & 3 & 4 & 5 & 6 & 7 & 8 & 9 \\ 2 & 1 & 3 & 5 & 4 & 7 & 9 & 8 & 6 \end{pmatrix}$ (b) $\begin{pmatrix} 1 & 2 & 3 & 4 & 5 & 6 & 7 & 8 & 9 \\ 3 & 5 & 1 & 2 & 4 & 6 & 8 & 9 & 7 \end{pmatrix}$

(c) $\begin{pmatrix} 1 & 2 & 3 & 4 & 5 & 6 & 7 & 8 & 9 \\ 3 & 5 & 1 & 2 & 4 & 9 & 8 & 7 & 6 \end{pmatrix}$ (d) $(14)(27)(523)(34)(1472)$

(e) $(7236)(85)(571)(1537)(486)$

4. 연습문제 3의 각 치환을 호환의 곱으로 나타내라.

5. 각 치환의 위수를 구하라.

(a) (12) (b) (123) (c) (1234)

(d) (123456789)의 위수는 무엇이라고 생각하는가?

6. 각 치환의 위수를 구하라.

(a) $(13)(24)$ (b) $(123)(456)$ (c) $(123)(435)$

(d) $(1234)(4231)$ (e) $(1234)(24)(43215)$

7. 짝치환은 어느 것인가?
(a) (2468) (b) $(246)(134)$ (c) $(12)(123)(1234)$

8. 각 군의 모든 원소를 열거하라.
(a) A_2 (b) A_4

9. 각 군의 위수는 무엇인가?
(a) A_4 (b) A_5 (c) A_{10}

10. S_n의 모든 홀치환의 집합 B_n은 군인가? 답변에 대한 근거를 제시하라.

11. A_4의 각 원소의 위수를 구하라.

12. $(12)(34)$를 두 개의 3-순환치환의 곱으로 나타내라.

13. ($n \geq 10$일 때) S_n에서 $\alpha = (123)(234)(567)(78910)$의 위수가 10임을 보이라. [**힌트**: α를 서로 소인 순환치환의 곱으로 나타내고, 정리 7.25를 이용하라.]

14. ($n \geq 10$일 때) S_n에서 $\beta = (1236)(5910)(465)(5678)$의 위수는 21임을 보이라.

B. 15. 순환치환 $(a_1 a_2 \cdots a_k)$가 짝치환일 필요충분조건은 k가 홀수임을 증명하라.

16. S_n에서 $(a_1 a_2 \cdots a_k)$의 역원은 $(a_k a_{k-1} \cdots a_3 a_2 a_1)$임을 보이라.

17. 군 S_n에서 k-순환치환의 위수는 k임을 증명하라.

18. $\sigma = (a_1 a_2 \cdots a_k)$와 $\tau = (b_1 b_2 \cdots b_r)$을 S_n에서 서로 소인 순환치환이라 하자. $\sigma\tau = \tau\sigma$임을 증명하라. [**힌트**: $\sigma\tau$와 $\tau\sigma$가 함수로서 $\{1, 2, 3, \ldots, n\}$의 각 i에서 일치함을 보여야 한다. 다음 세 가지 경우로 나누어 생각하라. 즉, i가 a들 중의 하나일 때, i가 b들 중의 하나일 때, i가 앞의 어느 경우도 아닐 때.]

19. 정리 7.25를 증명하라. 즉, S_n에서 임의의 치환 τ의 위수는 그 곱이 τ인 서로 소인 순환치환들의 길이의 최소공배수이다. [**힌트**: 정리 7.23과 연습문제 17이 도움이 될 것이다.]

20. α와 β를 S_n의 치환이라 하자.

(a) 다음 표의 빈칸을 채우라.

α	β	$\alpha\beta\alpha^{-1}$	$\alpha\beta\alpha^{-1}\beta^{-1}$
짝	짝		
짝	홀		짝
홀	짝		
홀	홀		

(b) 문항 (a)의 결과로부터 끌어낼 수 있는 결론은 무엇인가?

21. σ가 치환 $\begin{pmatrix} 1 & 2 & 3 & 4 & 5 & 6 & 7 & 8 & 9 \\ 3 & 7 & 8 & 9 & 4 & 5 & 2 & 1 & 6 \end{pmatrix}$일 때, σ^{1000}의 위수를 구하라. [**힌트**: σ를 서로소인 순환치환들의 곱으로 나타내라.]

22. S_{10}은 위수가 각각 10, 20, 30인 원소를 포함하는 것을 보이라. 위수가 40인 원소도 포함하는가?

23. $\{(1), (12)(34), (13)(24), (14)(23)\}$은 A_4의 부분군임을 증명하라.

24. S_n의 모든 홀치환의 집합을 B_n으로 나타내자. 함수 $f : A_n \to B_n$을 $f(\alpha) = (12)\alpha$로 정의하자.

(a) f는 단사임을 증명하라.

(b) f는 전사임을 증명하라. [**힌트**: $\beta \in B_n$이면 $(12)\beta \in A_n$이다.]

결과적으로 f는 전단사이다. 그러므로 A_n과 B_n은 원소의 개수가 같다.

(c) $|A_n| = n!/2$임을 증명하라. [**힌트**: S_n의 임의의 원소는 A_n 또는 B_n에 속하고(그러나 둘 다에 속하지는 않는다.) $|S_n| = n!$이다.]

이 연습문제의 일반화를 위하여, 연습문제 39(a)와 (b)를 보라.

25. $\sigma = (1234)$와 $\tau = (24)$로 생성된 S_4의 부분군 G의 위수는 8임을 보이라.

26. $S_n\,(n > 2)$의 중심은 항등원 부분군임을 증명하라.

27. 홀수 k에 대하여 σ가 k-순환치환이면 $\tau^2 = \sigma$인 순환치환 τ가 존재함을 증명하라.

28. σ를 S_n의 k-순환치환이라고 하자.

(a) σ^2이 순환치환일 필요충분조건은 k가 홀수임을 증명하라.

(b) $k=2t$ 일 때, $\sigma^2=\tau\beta$ 인 t-순환치환 τ와 β가 존재함을 증명하라.

29. σ와 τ를 $n\geq 3$ 인 S_n의 호환이라 하자. $\sigma\tau$는 (서로 소일 필요는 없는) 3-순환치환들의 곱임을 증명하라.

30. ($n\geq 3$일 때) A_n의 임의의 원소는 3-순환치환들의 곱임을 증명하라.

31. σ를 같은 길이의 서로 소인 순환치환들의 곱이라 하자. σ는 하나의 순환치환의 거듭제곱임을 증명하라.

32. 임의의 치환의 서로 소인 순환치환들의 곱으로의 분해는 순환치환들을 나열하는 순서를 무시하면 일의적임을 증명하라.

33. n에 대한 수학적귀납법을 이용하여, 정리 7.26, 즉 S_n의 임의의 원소는 호환들의 곱임을 증명하라. [**힌트**: $n=k-1$ 일 때 명제가 참이라고 하고, $\tau\in S_n$이면 호환 (kr)를 생각하라. 여기서 $r=\tau(k)$이다. $(kr)\tau$는 k를 고정하고, 따라서 $\{1, 2, 3, ..., k-1\}$의 치환으로 생각할 수 있음을 주목하라.]

34. $n\geq 3$ 일 때, S_n의 임의의 원소는 많아야 $n-1$ 개의 호환의 곱으로 나타낼 수 있음을 증명하라.

35. τ를 호환이라 하고, $\sigma\in S_n$ 이라고 하자. $\sigma\tau\sigma^{-1}$는 호환임을 증명하라.

36. τ가 k-순환치환 $(a_1 a_2 \cdots a_k)$이고, $\sigma\in S_n$이라고 하자. $\sigma\tau\sigma^{-1}=(\sigma(a_1)\ \sigma(a_2)\ \cdots\ \sigma(a_k))$ 임을 증명하라.

37. H를 S_n에서 1과 n을 고정하는 모든 치환으로 구성된다고 하자. 즉

$$H=\{\alpha\in S_n \mid \alpha(1)=1 \text{ 이고 } \alpha(n)=n\}$$

H는 S_n의 부분군임을 증명하라.

38. D_4는 연습문제 25에서의 군 G와 동형임을 보이라. [**힌트**: D_4의 임의의 원소는 정사각형의 꼭짓점들의 치환을 만든다는 것을 주목하라. (7.1절 또는 7.1.A절의 예제 5를 보라.) 각 꼭짓점을 1, 2, 3, 4로 번호를 매기면, 이 치환은 S_4의 한 원소로 생각할 수 있다. 함수 $f : D_4 \to S_4$를 D_4의 각 원소를 그 꼭짓점들의 치환에 사상하는 것으로 정의한다. f가 단사인 준동형사상이고, 치역이 G임을 밝히라.]

39. G를 S_n의 어떤 홀치환 τ를 포함하는 S_n의 부분군이라 하자.
   (a) G의 모든 짝치환의 개수는 G의 모든 홀치환의 개수와 같음을 증명하라.
   (b) $|G|$는 왜 2로 나누어지는지 설명하라.
   (c) K가 S_n의 홀수 위수의 부분군이면 K는 실제로 A_n의 부분군임을 증명하라.

C. 40. A_n의 임의의 원소는 n-순환치환들의 곱임을 증명하라.

41. 호환 $(1\,2)$, $(1\,3)$, $(1\,4)$, ..., $(1\,n)$은 S_n을 생성함을 증명하라.

42. $(1\,2)$와 $(123\cdots n)$은 S_n을 생성함을 증명하라.

43. f가 S_3의 자기동형사상이면, 모든 $\tau \in S_3$에 대하여 동시에 $f(\tau) = \sigma\tau\sigma^{-1}$를 만족하는 $\sigma \in S_3$가 존재함을 증명하라.

44. 다음 단계들을 이용하여, 정리 7.24, 즉 S_n의 임의의 치환 τ는 서로 소인 순환치환들의 곱임을 증명하라.
   (a) a_1을 $\tau(a_1) \neq a_1$인 $\{1, 2, 3, ..., n\}$의 어떤 원소라 하자. $a_2 = \tau(a_1)$, $a_3 = \tau(a_2)$, $a_4 = \tau(a_3)$ 등등이라 하자. k를 $\tau(a_k)$가 $a_1, a_2, ..., a_{k-1}$ 중의 하나인 첫 번째 번호라 하자. $\tau(a_k) = a_1$임을 증명하라. τ는 $a_1, a_2, ..., a_k$에 순환치환 $(a_1 a_2 \cdots a_k)$과 같은 효과를 가짐을 결론지으라.
   (b) b_1을 $a_1, a_2, ..., a_k$와 다르고 τ에 의하여 자신으로 사상되지 않는 $\{1, 2, 3, ..., n\}$의 어떤 원소라 하자. $b_2 = \tau(b_1)$, $b_3 = \tau(b_2)$ 등등이라 하자. $\tau(b_i)$는 $a_1, a_2, ..., a_k$의 어느 것도 아님을 보이라. 문항 (a)에서의 논법을 계속하여, $\tau(b_r) = b_1$인 b_r을 구하고 τ는 순환치환 $(b_1 b_2 \cdots b_r)$과 모든 b들에서 일치하는 것을 확인하라.

(c) c_1을 앞의 모든 a들이나 b들이 아니고 $\tau(c_1) \neq c_1$인 $\{1, 2, 3, ..., n\}$의 어떤 원소라 하자. $c_2 = \tau(c_1)$ 등등이라 하자. 앞에서처럼 τ가 순환치환 $(c_1 c_2 \cdots c_s)$과 모든 c들에서 일치하는 c_s를 구하라.

(d) 이러한 방식으로, 지명되지 않은 원소들이 τ에 의하여 자신으로 사상되는 원소들만 남을 때까지 계속하라. τ는

$$(a_1 a_2 \cdots a_k)(b_1 b_2 \cdots b_r)(c_1 c_2 \cdots c_s) \cdots$$

와 같이 순환치환들의 곱이고, 이 순환치환들은 서로 소임을 밝히라.

45. S_n은 A_{n+2}의 어떤 부분군과 동형임을 증명하라.

CHAPTER 8

정규부분군과 몫군

정수에서 합동관계는 유한 산술 체계 $\mathbb{Z}_n$ 을 끌어내고, 많은 흥미로운 결과를 생산하였다. 이제 합동의 개념을 군에 대해 확장하여 새로운 군과 대수적 체계에 대해 더 깊이 이해해 보자.

8.1 합동관계와 Lagrange 정리

이 절에서는 제2장의 정수와 제6장의* 환에 대해 소개하였던 합동 개념과 유사한 대응을 군에 대해 살펴본다. 몇 가지 기호의 변경을 제외하면, 이 절의 첫 세 가지 결과는 정수와 환에 대하여 앞에서 증명하였던 것과 사실상 같은 것이다. 다음 도표는 이런 평행한 전개를 보여준다.

정수	환	군
정리 2.1	정리 6.4	정리 8.1
정리 2.3	정리 6.6	정리 8.2
따름정리 2.4	따름정리 6.7	따름정리 8.3

$\mathbb{Z}$ 에서 합동의 예를 좀 다른 시각에서 살펴보는 것으로 시작한다.

* 제6장은 이 절에 대한 꼭 필요한 선행학습 요건이 아니지만, 종종 언급될 것이다. 2.1절은 여기에서 살펴보는 것에 대한 모델이 될 것이다.

예제 1

정수에서 $a \equiv b \pmod 4$는 $a-b$가 4로 나누어짐을 의미한다. 즉, $a-b$는 4의 배수이다. K를 4의 모든 배수의 집합이라 하자. 그래서,

$$K = \{0,\ \pm 4,\ \pm 8,\ \pm 12,\ \ldots\}.$$

따라서

$$a \equiv b \pmod 4\text{는} \quad a-b \in K\text{를 의미한다.}$$

K는 사실 $\mathbb{Z}$의 부분군(4로 생성된 덧셈에 대한 순환부분군)이다. 원소 4를 모듈로 단위로 하는 합동을 생각하는 것 대신에, 이것을 부분군 K를 모듈로 단위로 하는 합동으로 생각할 수 있다. 즉

$$a \equiv b \pmod K\text{는} \quad a-b \in K\text{를 의미한다.}$$

이제 K를 군 G의 부분군이라 하자. 앞 예제의 마지막 문장은 모듈로 K 합동의 정의로 사용될 수 있다. 그런데 군에 대하여 곱셈표기를 사용하는 것이 표준이다. 그래서 제시된 정의와 2.1절로부터, 결과를 곱셈표기에 대한 동치인 문장으로 바꾸어야 한다.* 다음 사전은 이 번역을 위하여 도움이 될 것이다.

덧셈표기	곱셈표기
$a+b$	ab
0	e
$-c$	c^{-1}
$a-b=a+(-b)$	ab^{-1}

따라서 덧셈에 대한 진술 $a-b \in K$는 곱셈에 대한 진술 $ab^{-1} \in K$와 동치이고, 다음과 같이 합동관계를 정의한다.

정의 군 G의 부분군 K와 $a, b \in G$에 대하여, $ab^{-1} \in K$일 때 a는 b와 **모듈로 K 합동**(congruent modulo K)이라 하고, $a \equiv b \pmod K$로 나타낸다.

---

* 정수 곱셈도 또한 정의되므로 여기서 혼동의 가능성이 있다. 정수에서 군으로 합동관계를 옮겨올 때 정수 전체는 덧셈에 대하여 군을 이루지만, 곱셈에 대해서는 아니므로 정수의 덧셈 체계만을 생각하고, 정수의 곱셈은 무시한다.

예제 2

K를 D_4의 부분군 $\{r_0, r_1, r_2, r_3\}$라 하자. 7.1절 또는 7.1.A절의 예제 5에 있는 연산표로부터 $d^{-1}=d$이고, $h \circ d^{-1} = h \circ d = r_1 \in K$ 임을 알 수 있다. 그러므로 $h \equiv d \pmod{K}$이다.

정리 8.1

군 G의 부분군 K에 대하여, 모듈로 K 합동관계는

(1) 반사적: 모든 $a \in G$에 대하여 $a \equiv a \pmod{K}$이다.
(2) 대칭적: $a \equiv b \pmod{K}$이면 $b \equiv a \pmod{K}$이다.
(3) 추이적: $a \equiv b \pmod{K}$이고 $b \equiv c \pmod{K}$이면 $a \equiv c \pmod{K}$이다.

증명의 아이디어는 모듈로 n 합동을 모듈로 K 합동으로 바꾸고, 'x는 n의 약수이다' 또는 '$n \mid x$' 또는 '$x = nt$'와 같은 명제를 명제 '$x \in K$'로 바꾸어, 정리 2.1의 증명을 현재 상황으로 번역하는 것이다. 또한 앞의 사전을 이용하여 덧셈표기를 곱셈표기로 바꿔야 한다. (1)항과 (3)항은 간단하지만, (2)항은 정수 덧셈은 가환이지만 G에서 곱셈 연산은 그렇지 않을 수 있으므로, 약간 더 까다롭다.

정리 8.1의 증명

(1) $aa^{-1} = e$이고 $e \in K$이므로 $a \equiv a \pmod{K}$이다.

(2) $a \equiv b \pmod{K}$는 어떤 $k \in K$에 대하여 $ab^{-1} = k$임을 의미한다. 따라서 따름정리 7.6에 따라

$$k^{-1} = (ab^{-1})^{-1} = (b^{-1})^{-1}a^{-1} = ba^{-1}$$

이다. K는 군이므로 K의 역원도 K의 원소이다. 위 식을 오른쪽에서 왼쪽으로 읽으면 $ba^{-1} = k^{-1} \in K$임을 알 수 있다. 따라서 $b \equiv a \pmod{K}$이다.

(3) $a \equiv b \pmod{K}$이고 $b \equiv c \pmod{K}$이면 합동의 정의로부터, $ab^{-1} = r$이고 $bc^{-1} = s$인 $r, s \in K$가 존재한다. 그러므로

$$\begin{aligned}(ab^{-1})(bc^{-1}) &= rs \\ ac^{-1} &= rs.\end{aligned}$$

(r과 s가 K에 속하므로) $ac^{-1} \in K$이다. 그러므로 $a \equiv c \pmod{K}$이다. ■

군 G의 부분군 K와 $a \in G$에 대하여, a의 **모듈로 K 합동류**(congruence class modulo K)는 a와 모듈로 K 합동인 G의 모든 원소의 집합, 즉

$$\{b \in G \mid b \equiv a \pmod{K}\} = \{b \in G \mid ba^{-1} \in K\}$$
$$= \{b \in G \mid \text{어떤 } k \in K\text{에 대하여 } ba^{-1} = k\}$$

이다. 명제 $ba^{-1} = k$는 a를 오른쪽에 곱하여 $b = ka$와 동치임을 알 수 있다. 따라서 a의 모듈로 K 합동류는 집합

$$\{b \in G \mid \text{어떤 } k \in K\text{에 대하여 } b = ka\} = \{ka \mid k \in K\}$$

이다. 이것을 Ka로 나타내고, G에서 K의 **우잉여류**(right coset)라 부른다. 요약하면, 다음과 같다.

a의 모듈로 K 합동류는 우잉여류 $Ka = \{ka \mid k \in K\}$이다.

군 G의 연산이 덧셈이면 우잉여류는 $K + a$로 나타낸다.*

정리 8.2

군 G의 부분군 K에 대하여, $a, c \in G$일 때 $a \equiv c \pmod{K}$일 필요충분조건은 $Ka = Kc$이다.

증명

약간의 기호를 변경하면, 증명은 근본적으로 정리 2.3의 증명과 같다. 단지, '모듈로 n'은 '모듈로 K'로, '$[a]$'는 'Ka'로 바꾸고, 정리 2.1 대신에 정리 8.1을 사용하기만 하면 된다. ■

따름정리 8.3

군 G의 부분군 K에 대하여, K의 두 우잉여류는 서로 소이거나 같다.

---

* 6.1절을 읽은 사람을 위하여: 환에서 아이디얼 I의 잉여류 $I+a$ 대신에 $a+I$로 나타내었다. 환에서 덧셈은 가환이고, 따라서 임의의 $i \in I$에 대하며 $a+i = i+a$이므로 이것은 어떤 차이도 없다. 그러나 8.2절에서 G가 가환이 아니면, $Ka \neq aK$가 될 수 있음을 알게 될 것이다. 여기서, $aK = \{ak \mid k \in K\}$ 이다.

증명

정리 8.2의 증명에서와 같은 기호 변경과 함께, 따름정리 2.4의 증명을 옮기라. ■

Lagrange 정리

정수에서의 합동과 평행한 논법을 여기서 잠시 멈추고, 우잉여류를 이용하여 정수에서는 해당하는 부분이 없는 유한군에 대한 어떤 사실을 전개한다.

정리 8.4

군 G의 부분군 K에 대하여

(1) G는 K의 모든 우잉여류의 합집합이다. 즉 $G = \bigcup_{a \in G} Ka$ 이다.

(2) 임의의 $a \in G$에 대하여 전단사함수 $f : K \to Ka$가 존재한다. 결과적으로 K가 유한이면 K의 임의의 두 우잉여류는 원소의 개수가 같다.

증명

(1) 임의의 우잉여류의 원소는 G의 원소이므로, $\bigcup_{a \in G} Ka \subseteq G$이다. $b \in G$이면 $b = eb \in Kb \subseteq \bigcup_{a \in G} Ka$ 이고, 그 결과 $G \subseteq \bigcup_{a \in G} Ka$ 이다. 따라서 $G = \bigcup_{a \in G} Ka$ 이다.

(2) $f : K \to Ka$를 $f(x) = xa$로 정의하자. Ka의 정의로부터, f는 전사이다. 만약 $f(x) = f(y)$이면 $xa = ya$이고, 그래서 정리 7.5로부터 $x = y$이다. 그러므로 f는 단사이고, 따라서 전단사이다. 결과적으로 K가 유한이면 임의의 잉여류 Ka의 원소 개수는 K의 원소의 개수, 즉 $|K|$와 같다. ■

군 G의 부분군 H에 대하여, G에서 H의 서로 다른 우잉여류의 개수를 G에서 H의 **지수**(index)라고 하고, $[G : H]$로 나타낸다. G가 유한이면 H의 서로 다른 우잉여류의 개수는 유한일 수밖에 없고, 따라서 지수 $[G : H]$는 유한이다. G가 무한군이면 지수는 유한일 수도 있고, 무한일 수도 있다.

예제 3

H를 덧셈에 대한 $\mathbb{Z}$의 순환부분군 $\langle 3 \rangle$이라고 하자. H는 3의 모든 배수로 이루어지고, H의 잉여류는 바로 모듈로 3 합동류이다. 예를 들면

$$H+2=\{h+2 \mid h \in H\}=\{3z+2 \mid z \in \mathbb{Z}\}=[2]$$

정확히 3개의 모듈로 3 합동류(H의 잉여류)가 존재하므로, $[\mathbb{Z} : H]=3$이다.

예제 4

덧셈에 대한 정수군 $\mathbb{Z}$는 유리수군 $\mathbb{Q}$의 부분군이다. 합동의 정의와 정리 8.2로부터

$$\mathbb{Z}+a=\mathbb{Z}+c \text{일 필요충분조건은 } a-c \in \mathbb{Z} \text{이다.}$$

결과적으로 $0<c<a<1$이면 $0<a-c<1$이고, 이것은 $a-c$가 $\mathbb{Z}$의 원소가 될 수 없음을 의미하므로 $\mathbb{Z}+a$와 $\mathbb{Z}+c$는 서로 다른 잉여류이다. 0과 1 사이에는 무수히 많은 유리수가 존재하므로 $\mathbb{Q}$에서 무수히 많은 서로 다른 $\mathbb{Z}$의 잉여류가 존재한다. 따라서 $[\mathbb{Q} : \mathbb{Z}]$는 무한이다.

정리 8.5 Lagrange 정리

K가 유한군 G의 부분군이면 K의 위수는 G의 위수의 약수이다. 특히, $|G|=|K|[G:K]$이다.

증명

다음의 기호를 도입하는 것이 편리하다. A가 유한집합일 때, $|A|$는 A의 모든 원소의 개수를 나타낸다. A와 B가 서로 소인 유한집합이면 $|A \cup B|=|A|+|B|$이다. 이제 $[G:K]=n$이라 하고, G에서 n개의 서로 다른 K의 잉여류를 $Kc_1, Kc_2, \ldots, Kc_n$이라고 하자. 정리 8.4로부터

$$G=Kc_1 \cup Kc_2 \cup \cdots \cup Kc_n$$

이다. 이 잉여류들은 모두 다르므로, 따름정리 8.3으로부터 서로 소이다. 결과적으로

$$|G|=|Kc_1|+|Kc_2|+\cdots+|Kc_n|$$

그런데 정리 8.4로부터 각 c_i에 대하여 $|Kc_i|=|K|$이다. 그러므로

$$|G|=\underbrace{|K|+|K|+\cdots+|K|}_{n\text{개의 합 인자}}=n|K|=[G:K]|K| \text{이다.} \blacksquare$$

Lagrange 정리는 유한군의 부분군에 대한 가능성이 제한되어 있음을 보여준다. 예를 들어, 위수가 12인 군의 임의의 부분군은 그 위수가 1, 2, 3, 4, 6 또는 12(오직 12의 약수들) 중의 하나이다. 그렇지만 이것들은 단지 부분군의 가능한 위수일 뿐임을 주의해야 한다. Lagrange 정리는 $|G|$의 약수인 임의의 k에 대하여, 군 G의 위수가 k인 부분군을 반드시 가져야 함을 말하는 것이 아니다. 예를 들면, 대칭군 A_4는 위수가 12이지만 위수가 6인 어떤 부분군도 갖지 않는다(연습문제 44). 또한 Lagrange 정리는 군에서 그 원소의 가능한 위수에 대한 제한을 둔다.

따름정리 8.6

유한군 G에 대하여

(1) $a \in G$이면 a의 위수는 G의 위수의 약수이다.

(2) $|G| = k$이면 임의의 $a \in G$에 대하여 $a^k = e$이다.

증명

(1) $a \in G$의 위수가 n이면 정리 7.15에 따라, G의 순환부분군 $\langle a \rangle$의 위수는 n이다. 결과적으로 Lagrange 정리에 따라 n은 $|G|$의 약수이다.

(2) $a \in G$의 위수가 n이면 (1)항에 따라 $n \mid k$, 말하자면 $k = nt$이다. 따라서 $a^k = a^{nt} = (a^n)^t = e^t = e$이다. ■

유한군의 구조

군의 주요 목표는 동형사상 기준으로 모든 유한군을 분류하는 것이다. 즉, 임의의 유한군이 그 목록에 속하는 꼭 하나의 군과 동형인 어떤 군들의 목록을 만들려고 한다. 이것은 엄청난 어려움을 갖는 문제이지만, 이미 부분적인 많은 결과를 얻었다. 예를 들어, 정리 7.19는 모든 순환군의 분류를 제공하며, 이것은 실제로 항등원 군이 아닌 임의의 유한 순환군이 $\mathbb{Z}_2$, $\mathbb{Z}_3$, $\mathbb{Z}_4$, …의 꼭 하나의 군과 동형임을 말한다. 모든 유한 Abel 군을 9.2절에서 분류할 것이다.

이제 Lagrange 정리와 그 따름정리를 이용하여, 소수 위수의 모든 군과 8보다 작은 위수의 모든 군을 분류한다. 아래의 증명들에서 그 논의가 어떻게 이루어지는지 알 수 있도록 필수적인 계산을 충분히 포함한다. 그렇지만 독자들은 펜과 종이를 준비하여, 생략된 모든 계산과정을 채워봐야 한다.

정리 8.7

임의의 소수 p에 대하여, 위수가 p인 임의의 군은 순환군이고, $\mathbb{Z}_p$와 동형이다.

증명

G가 위수 p인 군이고, a가 G의 항등원이 아닌 원소이면 순환부분군 $\langle a \rangle$는 위수가 1 보다 큰 군이다. 군 $\langle a \rangle$의 위수는 p의 약수이고, p는 소수이므로 $\langle a \rangle$는 위수가 p인 군이어야 한다. 따라서 $\langle a \rangle$는 G 전체이고, G는 위수 p인 순환군이다. 그러므로 정리 7.19에 따라 $G \cong \mathbb{Z}_p$이다. ■

정리 8.8

위수가 4인 임의의 군은 $\mathbb{Z}_4$ 또는 $\mathbb{Z}_2 \times \mathbb{Z}_2$와 동형이다.

증명

G를 위수가 4인 군이라 하자. G는 위수가 4인 어떤 원소를 포함하거나 그렇지 않다. 만약 그렇다면 정리 7.15에 따라 그 원소로 생성된 순환부분군은 위수가 4이고, 따라서 G 전체가 되어야 한다. 그러므로 G는 위수가 4인 순환군이고, 정리 7.19에 따라 $G \cong \mathbb{Z}_4$이다.

이제 G가 위수 4인 원소를 포함하지 않는다고 가정하자. e, a, b, c를 G의 서로 다른 원소라 하자. 여기서 e는 항등원이다. 따름정리 8.6에 따라 G의 임의의 원소는 위수가 4의 약수이고, e는 위수가 1인 유일한 원소이므로, a, b, c 각각은 위수가 2라야 한다. 따라서 G의 연산표는 다음과 같은 형태여야 한다.

	e	a	b	c
e	e	a	b	c
a	a	e		
b	b		e	
c	c			e

비어있는 칸을 채우기 위하여, 먼저 곱 ab를 생각하자. 만약 $ab = e$라면 $ab = aa$이므로, 소거하면 $a = b$이다. 이것은 모순이므로 $ab \neq e$이다. 만약 $ab = a$이면 $ab = ae$이고, 소거하여 $b = e$가 되어, 또 하나의 모순이 된다. 유사하게 $ab = b$는 $a = e$라는 모순을 낳는다. 따라서 유일한 가능성은 $ab = c$이다. 유사한 논법으로, G에 대한 연산표

로 가능한 것은 꼭 하나밖에 없다. 즉

	e	a	b	c
e	e	a	b	c
a	a	e	c	b
b	b	c	e	a
c	c	b	a	e

$f: G \to \mathbb{Z}_2 \times \mathbb{Z}_2$를 $f(e)=(0,0)$, $f(a)=(1,0)$, $f(b)=(0,1)$, $f(c)=(1,1)$로 주어진다고 하자. 두 군의 연산표를 비교하여 f가 동형사상임을 보이라. ■

정리 8.9

위수가 6인 임의의 군은 $\mathbb{Z}_6$ 또는 S_3과 동형이다.

증명

G가 위수 6인 원소를 포함하면 G는 위수 6인 순환군이고, 따라서 정리 7.19로부터 $\mathbb{Z}_6$와 동형이다. 따라서 G가 위수 6의 원소를 포함하지 않는다고 가정하자. 그러면 G의 항등원이 아닌 임의 원소의 위수는 따름정리 8.6에 의해 2 또는 3이다. 만약 G의 항등원이 아닌 임의 원소의 위수가 2이면 7.2절의 연습문제 27로부터 G는 Abel 군이다. c와 d가 G의 항등원이 아닌 원소이면 집합 $H=\{e, c, d, cd\}$는 ($c^2=e=d^2$이고, $cd=dc$이므로) 곱셈에 대하여 닫혀있다. 따라서 정리 7.12에 의해 H는 G의 부분군이다. Lagrange 정리에 따라 위수 6의 어떤 군도 위수가 4인 부분군을 가질 수 없으므로, 이것은 모순이다. 그러므로 G의 항등원을 제외한 모든 원소의 위수가 모두 2일 수는 없고, G는 반드시 위수 3인 어떤 한 원소 a를 포함한다. N을 순환부분군 $\langle a \rangle = \{e, a, a^2\}$이라 하고, b를 N에 속하지 않는 G의 어떤 원소라 하자. 잉여류 $Ne=\{e, a, a^2\}$과 $Nb=\{b, ab, a^2b\}$는 $b \notin N = Ne$이므로 서로 다르고, 따라서 서로 소이다(따름정리 8.3). 그러므로 G는 여섯 개의 원소 e, a, a^2, b, ab, a^2b로 이루어진다.

이제 G에 대한 꼭 한 가지 가능한 연산표가 있음을 보이자. b^2에 대한 가능성은 무엇인가? b^2은 a, a^2, b, ab나 a^2b의 어느 것도 될 수 없음을 보이자. 예를 들어, 만약 $b^2=a$이면 $b^4=a^2$이다. 그러나 b도 위수가 2이거나(이 경우에 $a^2=b^4=b^2b^2=ee=e$이므로 모순) 3이다(이 경우, $a^2=b^4=b^3b=eb=b$이므로 또 모순). 유사한 논법으로, 유일한 가능성은 $b^2=e$이다.

다음은 곱 ba를 결정하자. ba는 b, e, a 또는 a^2의 어느 것도 될 수 없음을 보이기는 쉽다(예를 들어, $ba = a$이면 $b = e$). 그래서 남은 가능성은 $ba = ab$이거나 $ba = a^2b$ 뿐이다. 만약 $ba = ab$이면 그 거듭제곱을 계산하여 위수가 6임을 밝힐 수 있다. 이것은 G가 위수 6의 원소를 갖지 않는다는 가정에 모순이다. 그러므로 $ba = a^2b$가 성립하여야 한다. 이 두 가지 사실

$$b^2 = e\text{와} \quad ba = a^2b$$

을 이용하여, 이제 G에서 모든 곱을 계산할 수 있다. 예를 들어, $ba^2 = (ba)a = (a^2b)a = a^2(ba) = a^2a^2b = a^4b = ab$이다.

G에 대한 연산표는 다음과 같음을 밝히라.

	e	a	a^2	b	ab	a^2b
e	e	a	a^2	b	ab	a^2b
a	a	a^2	e	ab	a^2b	b
a^2	a^2	e	a	a^2b	b	ab
b	b	a^2b	ab	e	a^2	a
ab	ab	b	a^2b	a	e	a^2
a^2b	a^2b	ab	b	a^2	a	e

연산표를 비교하여, 다음 대응으로 G는 S_3과 동형임을 보일 수 있다.

$$\begin{array}{cccccc} e & a & a^2 & b & ab & a^2b \\ \downarrow & \downarrow & \downarrow & \downarrow & \downarrow & \downarrow \\ \begin{pmatrix}1&2&3\\1&2&3\end{pmatrix} & \begin{pmatrix}1&2&3\\2&3&1\end{pmatrix} & \begin{pmatrix}1&2&3\\3&1&2\end{pmatrix} & \begin{pmatrix}1&2&3\\2&1&3\end{pmatrix} & \begin{pmatrix}1&2&3\\3&2&1\end{pmatrix} & \begin{pmatrix}1&2&3\\1&3&2\end{pmatrix} \end{array}$$ ■

마지막 세 개의 정리는 위수가 7 이하인 모든 군의 완전한 분류를 제공한다. 이것을 다음 표와 함께 요약한다.

G의 위수	G와 동형인 군
2	$\mathbb{Z}_2$
3	$\mathbb{Z}_3$
4	$\mathbb{Z}_4$ 또는 $\mathbb{Z}_2 \times \mathbb{Z}_2$
5	$\mathbb{Z}_5$
6	$\mathbb{Z}_6$ 또는 S_3
7	$\mathbb{Z}_7$

군의 분류는 제9장에서 논의하는데, 특히 9.5절에서 위의 표를 위수 15까지 확장한다.

■ 연습문제

A. 1. 군 G의 부분군 K와 $a \in G$에 대하여, $Ka = K$일 필요충분조건은 $a \in K$임을 증명하라.

연습문제 2~6에서 G는 군이고, K는 G의 부분군이다. G에서 K의 모든 서로 다른 우잉여류를 열거하라.

2. $K = \{r_0, v\}$, $G = D_4$ [D_4에 대한 연산표는 7.1절 또는 7.1.A절의 예제 5에 있다.]

3. $K = \{r_0, r_1, r_2, r_3\}$, $G = D_4$

4. $K = \left\{\begin{pmatrix}1 & 2 & 3\\ 1 & 2 & 3\end{pmatrix}, \begin{pmatrix}1 & 2 & 3\\ 1 & 3 & 2\end{pmatrix}\right\}$, $G = S_3$

5. $K = \{1, 17\}$, $G = U_{32}$

6. $K = \langle 3 \rangle$, $G = U_{32}$

연습문제 7~11에서 G는 군이고, H는 G의 부분군이다. 지수 $[G : H]$를 구하라.

7. $H = \{r_0, r_2\}$, $G = D_4$

8. $H = \langle 3 \rangle$, $G = \mathbb{Z}_{12}$

9. $H = \langle 3 \rangle$, $G = \mathbb{Z}_{20}$

10. H는 12와 20으로 생성된 부분군, $G = \mathbb{Z}_{40}$

11. H는 $\begin{pmatrix}1 & 2 & 3 & 4\\ 2 & 3 & 4 & 1\end{pmatrix}$로 생성된 순환부분군, $G = S_4$

12.* (a) $K = \{(1), (12)(34), (13)(24), (14)(23)\}$는 A_4의 부분군임을 보이라. 따라서 S_4의 부분군이다. [힌트: 정리 7.12.]

(b) A_4에서 K의 잉여류의 개수를 말하라. 열거하지는 말라.

(c) S_4에서 K의 잉여류의 개수를 말하라. 열거하지는 말라.

연습문제 13~15에서 K는 G의 부분군이다. 주어진 잉여류들이 서로 소인지 또는 같은지를 결정하라.

13. $G = \mathbb{Z}$, $K = \langle 7 \rangle$

(a) $K + 4$와 $K + 3$ (b) $K + 4$와 $K + 137$ (c) $K + (-4)$와 $K + 59$

14.† $G = S_4$, K는 연습문제 12에서의 부분군

(a) $K(12)$와 $K(34)$ (b) $K(1234)$와 $K(1324)$

15. $G = U_{32}$, $K = \langle 9 \rangle$

(a) $K17$과 $K19$ (b) $K9$와 $K25$

16. G가 순환군 $\langle a \rangle$이고, $|a| = 15$라고 하자. $K = \langle a^3 \rangle$의 G에서 서로 다른 잉여류를 모두 열거하라.

17. G가 다음과 같을 때, G의 부분군의 위수로 가능한 것은 무엇인가?

(a) $G = \mathbb{Z}_{26}$ (b) S_4 (c) $D_4 \times \mathbb{Z}_{10}$

18. 다음 각 조건을 만족하는 무한군 G와 H의 예를 이 책에 없는 것으로 들라.

(a) $[G : H]$가 유한이다. (b) $[G : H]$가 무한이다.

19. G를 1부터 12까지 임의의 수를 위수로 갖는 각 원소가 존재하는 유한군이라 하자. $|G|$의 가장 작은 값은 무엇인가?

20. 군 G의 원소 개수가 100보다 작고, 위수가 각각 10과 25인 부분군을 갖는다고 하자. G의 위수는 무엇인가?

---

* 7.5절을 읽지 않았으면 이 연습문제는 건너뛰라.

† 7.5절을 읽지 않았으면 이 연습문제는 건너뛰라.

21. 군 G의 부분군 H와 K가 각각 소수 p를 위수로 갖는다고 하자. $H \neq K$일 때 $H \cap K = \langle e \rangle$임을 증명하라.

22. 유한군 G의 부분군 H와 K에 대하여, $|H \cap K|$는 $|H|$와 $|K|$의 공약수임을 증명하라.

B. 23. 두 개 이상의 원소를 갖는 군 G가 진부분군을 갖지 않으면, G는 어떤 소수 p에 대하여 $\mathbb{Z}_p$와 동형임을 증명하라.

24. G가 위수 25의 군이면 G는 순환군이거나 또는 항등원을 제외한 모든 원소의 위수가 5임을 증명하라.

25. 군 G의 위수가 30인 원소 a에 대하여, 군 $\langle a \rangle$에서 $\langle a^4 \rangle$의 지수는 무엇인가?

26. 위수 8인 임의의 군은 위수가 2인 어떤 원소를 반드시 포함함을 증명하라.

27. $n > 2$일 때, U_n에서 $n-1$은 위수가 2인 원소임을 증명하라.

28. $n > 2$일 때, 군 U_n의 위수는 짝수임을 증명하라.

29. 유한군 G의 부분군 H와 K에 대하여, $K \subseteq H$라 하자. $[G:H]$가 유한이고 $[H:K]$가 유한일 때 $[G:K] = [G:H][H:K]$임을 증명하라. [**힌트**: Lagrange 정리.]

30. 무한군 G의 부분군 H와 K에 대하여 $K \subseteq H$라 하자. $[G:H]$가 유한이고 $[H:K]$가 유한일 때 $[G:K]$는 유한이고, $[G:K] = [G:H][H:K]$임을 증명하라. [**힌트**: $Ha_1, Ha_2, \cdots, Ha_n$을 G에서 H의 서로 다른 모든 잉여류라 하고, $Kb_1, Kb_2, \cdots, Kb_m$을 H에서 K의 서로 다른 모든 잉여류라고 하자. Kb_ia_j(여기서 $1 \le i \le m$이고 $1 \le j \le n$)는 G에서 K의 서로 다른 모든 잉여류임을 보이라.]

31. G가 짝수 위수의 군이면 G는 위수가 2인 어떤 원소를 포함함을 증명하라.

32. 홀수 n에 대하여, G가 위수 $2n$의 Abel 군이면, G는 위수가 2인 꼭 하나의 원소를 포함함을 증명하라.

33. (a) 어떤 군의 원소 a와 b가 각각 위수 3을 갖고 $a^2 = b^2$이면 $a = b$임을 증명하라. [**힌트**: a^{-1}와 b^{-1}는 무엇인가?]
(b) 유한군 G에는 위수가 3인 원소가 모두 짝수 개 존재함을 증명하라.

34. 홀수 위수의 Abel 군 G에 대하여, $a_1, a_2, \dots, a_n$이 (항등원 e를 포함하는) G의 서로 다른 모든 원소이면 $a_1 a_2 \cdots a_n = e$임을 증명하라.

35. p와 q가 소수일 때, 위수가 pq인 군의 임의의 진부분군은 순환군임을 보이라.

36. 서로 다른 소수 p와 q에 대하여, H와 K를 $[G : H] = p$이고 $[G : K] = q$인 유한군 G의 부분군이라 하자. $[G : H \cap K]$는 pq로 나누어짐을 보이라.

37. G가 위수 n의 Abel 군이고, k를 양의 정수라 하자. $\gcd(k, n) = 1$이면 $f(a) = a^k$로 정의되는 함수 $f : G \to G$는 동형사상임을 증명하라.

38. G가 위수 n의 군이고 G가 2^{n-1}개의 부분군을 가지면 $G = \langle e \rangle$ 또는 $G \cong \mathbb{Z}_2$임을 증명하라.

C. 39. G를 위수가 10인 비가환 군이라고 하자.
(a) G는 위수가 5인 어떤 원소를 포함함을 증명하라. [**힌트**: 7.2절의 연습문제 27.]
(b) G는 위수가 2인 다섯 개의 원소를 포함함을 증명하라. [**힌트**: 정리 8.9의 증명에서 사용한 것과 유사한 기법을 사용.]

40. 유한군 G의 위수가 p로 나누어지면 위수가 p인 G의 원소의 개수는 $p-1$의 배수임을 증명하라.

41. 위수가 33인 임의의 군은 위수가 3인 어떤 원소를 포함함을 증명하라.

42. G가 $|a| = 4$, $|b| = 2$, $ba = a^3 b$인 원소 a와 b로 생성되는 군이라고 하자. G의 위수는 8이고, G는 D_4와 동형임을 보이라.

43. G가 $|a| = 4$, $b^2 = a^2$, $ba = a^3 b$인 원소 a와 b로 생성되는 군이라고 하자. G의 위수는 8이고, G는 7.1절의 연습문제 16에서의 4원수군과 동형임을 보이라.

44.[*] (a) (정리 7.29에 따라 위수가 12인) A_4는 위수가 2인 원소가 정확히 3개 존재함을 보이라.

(b) A_4의 위수가 2인 모든 원소와 항등원은 부분군을 이룸을 증명하라.

(c) A_4는 위수가 6인 부분군을 갖지 않음을 증명하라. 따라서 Lagrange 정리의 역이 거짓이다. [**힌트:** N이 위수가 6인 부분군이라면 정리 8.9를 이용하여 N의 구조를 결정하고, 문항 (b)를 사용하여 모순을 유도하라.]

8.2 정규부분군

G를 군이라 하고, H는 G의 부분군이라 하자. 이 절과 다음 절의 목표는 (가능하다면) K의 우잉여류(즉, 모듈로 K 합동류)를 원소로 갖는 새로운 군을 만드는 것이다 – 마치 정수의 합동류를 원소로 갖는 $\mathbb{Z}_n$을 만들었던 것처럼.

정리 2.2의 (1)에 따른 정수의 합동류 덧셈을 상기하자. 정리는 다음과 같이 진술한다.

$$a \equiv b \pmod{n}\text{이고 } c \equiv d \pmod{n}\text{이면 } a+c \equiv b+d \pmod{n}\text{이다.}^{\dagger}$$

K가 곱셈표기의 군 G의 부분군이면 이 명제는 $\bmod K$ 합동에 대하여 다음과 같이 번역된다.

$$(*) \qquad a \equiv b \pmod{K}\text{이고 } c \equiv d \pmod{K}\text{이면 } ac \equiv bd \pmod{K}\text{이다.}$$

하지만 유감스럽게도 명제 (*)는 어떤 부분군에 대해서는 성립하지 않는다(예로 연습문제 2를 보라). 그럼에도 불구하고 명제 (*)가 참인 부분군들의 어떤 종류가 있다. 이 절에서 이것을 '특별한' 부분군이라고 칭하고, 8.3절에서 그 우잉여류들의 곱셈을 정의할 것이다.[‡]

K가 G의 부분군이면 우잉여류 Ka는 집합 $Ka = \{ka \mid k \in K\}$임을 상기하자. 마찬가지로, **좌잉여류**(left coset) aK는 집합

$$aK = \{ak \mid k \in K\}$$

로 정의한다.

---

* 7.5절을 읽지 않았으면 이 연습문제는 건너뛰라.

† 여기서는 정수의 곱셈을 다루지 않는다. 정수는 덧셈에 대하여 군을 이루지만 곱셈에 대해서는 아니기 때문이다. 유사하게 제6장에서 환에서의 합동과 잉여류에 대한 기본 사실들을 전개할 때 단지 환의 덧셈에 대한 군만 다루고 곱셈을 무시하였다.

‡ 6장에서 정리 6.5(정리 2.2에 대응하는 환에 대한 유사 정리)를 증명할 때, 근본적으로 같은 것이 이루어졌다 – 그 논의는 임의의 부분환에 대해서가 아니라 단지 부분환의 특별한 종류인 아이디얼에만 적용되었다.

예제 1

K를 D_4의 부분군 $\{r_0, v\}$라 하자. D_4의 연산표는 다음과 같다.

D_4 $\circ$	r_0	r_1	r_2	r_3	d	h	t	v
r_0	r_0	r_1	r_2	r_3	d	h	t	v
r_1	r_1	r_2	r_3	r_0	h	t	v	d
r_2	r_2	r_3	r_0	r_1	t	v	d	h
r_3	r_3	r_0	r_1	r_2	v	d	h	t
d	d	v	t	h	r_0	r_3	r_2	r_1
h	h	d	v	t	r_1	r_0	r_3	r_2
t	t	h	d	v	r_2	r_1	r_0	r_3
v	v	t	h	d	r_3	r_2	r_1	r_0

우잉여류 Kd는 집합 $\{r_0 \circ d, v \circ d\} = \{d, r_3\}$이고, 좌잉여류 dK는 집합 $\{d \circ r_0, d \circ v\} = \{d, r_1\}$이다. 결과적으로 $Kd \neq dK$이다.

예제 2

N을 D_4의 부분군 $\{r_0, r_1, r_2, r_3\}$라 하자. 우잉여류 Nv는 집합

$$Nv = \{r_0 \circ v, r_1 \circ v, r_2 \circ v, r_3 \circ v\} = \{v, d, h, t\}$$

이고, 좌잉여류 vN은 같은 집합

$$vN = \{v \circ r_0, v \circ r_1, v \circ r_2, v \circ r_3\} = \{v, t, h, d\}$$

이다. 그래서 이 경우 $Nv = vN$이다.* 유사한 계산(연습문제 3)으로, N의 임의의 우잉여류는 또한 좌잉여류임을 알 수 있다. 즉

$$Nr_0 = r_0N,\ Nr_1 = r_1N,\ Nr_2 = r_2N,\ Nr_3 = r_3N,$$
$$Nd = dN,\quad Nh = hN,\quad Nt = tN,\quad Nv = vN.$$

이러한 성질을 만족하는 부분군들은 특별한 이름을 갖는다.

* 집합의 원소들은 어느 순서로 나열할 수도 있음을 기억하라.

정의

N을 군 G의 부분군이라 하자. 모든 $a \in G$에 대하여 $Na = aN$을 만족할 때 N을 **정규부분군**(normal subgroup)이라고 한다.

예제 3

$N = \{r_0, r_1, r_2, r_3\}$는 D_4의 정규부분군이지만, $K = \{r_0, v\}$는 예제 1과 2에서 보인 것처럼 정규부분군이 아니다.

예제 4

N이 Abel 군 G의 부분군이고 $a \in G$이면 모든 $n \in N$에 대하여 $na = an$이고, 따라서 우잉여류 Na는 좌잉여류 aN과 같다. 그러므로

Abel 군의 임의의 부분군은 정규부분군이다.

예제 5

M을 D_4의 부분군 $\{r_0, r_2\}$라고 하자. 예제 1의 D_4에 대한 연산표로부터, 모든 $a \in D_4$에 대하여 $r_0 \circ a = a \circ r_0$이고, $r_2 \circ a = a \circ r_2$임을 알 수 있다. 따라서 모든 $a \in D_4$에 대하여 분명히 $Ma = aM$이 참이다. 그러므로 M은 D_4의 정규부분군이다.

예제 5에서 부분군 M은 D_4의 중심이다(7.3절의 예제 10을 보라). 그러므로 D_4의 중심은 정규부분군이다. 이것은 일반적으로 참이다.

예제 6

군 G의 중심 $Z(G)$는 부분군

$$Z(G) = \{c \in G \mid \text{모든 } g \in G\text{에 대하여 } cg = gc\}$$

이다(정리 7.13). 임의의 $c \in Z(G)$와 $a \in G$에 대하여 $ca = ac$이므로, 모든 $a \in G$에 대하여 $Z(G)a = aZ(G)$이다. 따라서 $Z(G)$는 G의 정규부분군이다.

다른 정규부분군의 예를 연습문제 3~5, 7~9, 14, 23에서 볼 수 있다. 예제 4~6은 중요하긴 하지만, 각 경우에 그 정규부분군 N의 원소들이 군의 다른 모든 원소들과 가환

이라는 오해를 일으킬 수 있다. 그러나 일반적으로 이것은 반드시 참은 아니다. N이 G의 정규부분군일 때

조건 $Na = aN$은 임의의 $n \in N$에 대하여 $na = an$을 의미하지 않는다.

예제 7

예제 2에서 살펴본 것처럼, $N = \{r_0, r_1, r_2, r_3\}$는 D_4의 정규부분군이다. 특히 $Nv = vN$이다. 그렇지만 v가 N의 모든 원소와 가환인 것은 아니다. 예를 들면, $r_3 \circ v \in Nv$이고 $v \circ r_3 \in vN$이지만 $Nv = vN$임에도 D_4에 대한 연산표로부터

$$r_3 \circ v = t \text{ 이고 } \quad v \circ r_3 = d \text{ 이므로 } \quad r_3 \circ v \neq v \circ r_3$$

임을 알 수 있다.

이렇게 N이 G의 정규부분군이지만, N의 원소들이 G의 임의의 원소와 가환이 아닐 수도 있다. 그렇지만 다음의 의미로 약한 형태의 가환성을 규정하는 것으로 정규부분군 N을 생각할 수 있다. 즉

$n \in N$이고 $a \in G$이면 어떤 $n_1, n_2 \in N$에 대하여 $na = an_1$이고 $an = n_2 a$이다.

왜냐하면 $na \in Na$이고 $Na = aN$이며, 유사하게 $an \in aN$이고 $aN = Na$이기 때문이다.

예제 8

또다시 D_4의 정규부분군 $N = \{r_0, r_1, r_2, r_3\}$을 생각하자. D_4의 연산표는 $r_3 \circ v = t$이고 $v \circ r_1 = t$ 임을 보여준다. 따라서

$$r_3 \circ v = v \circ r_1.$$

이것은 $n = r_3$, $a = v$, $n_1 = r_1$과 함께 앞의 굵은 글씨로 쓴 문장의 첫 부분이다.

이 절의 시작에서, 목표는 (정리 2.2에 대응하는 군에 대한 정리인) 319쪽의 명제 (*)가 참인 부분군의 모임을 찾는 것이었다. 바로 정규부분군이 필요한 것이다.

정리 8.10

N을 군 G의 정규부분군이라 하자.

$$a \equiv b \pmod{N} \text{이고} \quad c \equiv d \pmod{N} \text{이면 } ac \equiv bd \pmod{N} \text{이다.}$$

증명은 정수에 대한 가환성을 정규부분군 N에 대하여 만족되는 G의 약한 가환성으로 바꾸면, 근본적으로 정리 2.2(1)의 증명을 곱셈표기로 번역한 것이다.

정리 8.10의 증명

합동의 정의로부터, $ab^{-1} = m$이고 $cd^{-1} = n$인 원소 $m, n \in N$이 존재한다. 그러면

$$\begin{aligned}(ac)(bd)^{-1} &= acd^{-1}b^{-1} && [\text{따름정리 7.6}] \\ &= anb^{-1} && [cd^{-1} = n \text{ 이므로}]\end{aligned}$$

이제 $an \in aN$이고 정규부분군의 조건에 따라 $aN = Na$이므로, 어떤 $n_2 \in N$에 대하여 $an = n_2 a$이다. 따라서

$$\begin{aligned}(ac)(bd)^{-1} &= anb^{-1} \\ &= n_2 ab^{-1} \\ &= n_2 m && [ab^{-1} = m \in N \text{이므로}]\end{aligned}$$

그러므로 $(ac)(bd)^{-1} = n_2 m \in N$이고 $ac \equiv bd \pmod{N}$이다. ■

정규부분군의 정의를 대체하는 표현에 관한 정리와 함께 이 절을 마치기로 한다. 이 정리에서 조건 (2)나 (3)을 확인하는 것이 종종 주어진 부분군이 정규부분군임을 증명하는 가장 쉬운 방법이다.

정리 8.11

군 G의 부분군 N에 대한 다음 조건은 동치이다.

(1) N이 G의 정규부분군이다.

(2) 임의의 $a \in G$에 대하여 $a^{-1}Na \subseteq N$이다.
여기서 $a^{-1}Na = \{a^{-1}na \mid n \in N\}$.

(3) 임의의 $a \in G$에 대하여 $aNa^{-1} \subseteq N$이다.
여기서 $aNa^{-1} = \{ana^{-1} \mid n \in N\}$.
(4) 임의의 $a \in G$에 대하여 $a^{-1}Na = N$이다.
(5) 임의의 $a \in G$에 대하여 $aNa^{-1} = N$이다.

(4)에서 $a^{-1}Na = N$은 각 $n \in N$에 대하여 $a^{-1}na = n$ 임을 의미하는 것이 아니다. 이것은 어떤 $n_1 \in N$에 대하여 $a^{-1}na = n_1$ 임을 의미한다. 유사한 언급은 (2), (3), (5)에도 적용된다.

정리 8.11의 증명

(1) ⇒ (2) $n \in N$이고 $a^{-1}na \in a^{-1}Na$라 가정하자. $a^{-1}na \in N$임을 보여야 한다. na는 우잉여류 Na의 원소임을 주목하자. (1)에 따라 N은 정규부분군이므로 $Na = aN$이다. 따라서 어떤 $n_1 \in N$에 대하여 $na = an_1$이다. 따라서 $a^{-1}na = a^{-1}an_1 = en_1 = n_1 \in N$이다. 그러므로 $a^{-1}Na \subseteq N$이다.

(2) ⇔ (3) G의 임의의 원소에 대하여 (2)가 성립하면 a 대신 a^{-1}에 대하여 (2)가 성립한다. 즉

$$(**) \qquad (a^{-1})^{-1}Na^{-1} \subseteq N.$$

그런데 $(a^{-1})^{-1} = a$이므로 (**)는 명제 (3)이다. 즉, $aNa^{-1} \subseteq N$이다. 유사하게 (3)이 G의 임의의 원소에 대하여 성립하면 a 대신 a^{-1}에 대해서 성립하고, 이것은 명제 (2)를 의미한다.

(3) ⇒ (4) (3)이면 (2)이므로, $a^{-1}Na \subseteq N$이다. $N \subseteq a^{-1}Na$를 증명하기 위하여 $n \in N$이라고 가정하자. 그러면 $n = a^{-1}(ana^{-1})a$이다. (3)에 따라, 어떤 $n_2 \in N$에 대하여 $ana^{-1} = n_2$이다. 따라서 $n = a^{-1}n_2a \in a^{-1}Na$이고, 이것은 $N \subseteq a^{-1}Na$ 임을 증명한다. 그러므로 $a^{-1}Na = N$이다.

(4) ⇔ (5) G의 임의의 원소에 대하여 (4)가 성립하면, a 대신 a^{-1}에 대하여 성립한다. 즉

$$N = (a^{-1})^{-1}Na^{-1} = aNa^{-1}.$$

유사하게 (5)가 G의 임의의 원소에 대하여 성립하면 a 대신 a^{-1}에 대하여 성립하고, 이것은 명제 (4)를 의미한다.

(5) $\Rightarrow$ (1) $n \in N$에 대하여 $an \in aN$이라고 하자. (5)에 따라 $ana^{-1} \in aNa^{-1} = N$이고, 따라서 어떤 $n_3 \in N$에 대하여 $ana^{-1} = n_3$이다. 마지막 등식의 오른쪽에 a를 곱하여, $an = n_3 a \in Na$ 임을 보여준다. 그러므로 $aN \subseteq Na$이다. 역으로 $na \in Na$라 하면, (5)이면 (4)이므로 $a^{-1}na \in a^{-1}Na = N$이다. 따라서 어떤 $n_4 \in N$에 대하여 $a^{-1}na = n_4$이다. a를 양변의 왼쪽에 곱하면 $na = an_4 \in aN$임을 보여준다. 따라서 $Na \subseteq aN$이다. 결과적으로 임의의 $a \in G$에 대하여 $Na = aN$이고, N은 G의 정규부분군이다. ■

예제 9

$A = \left\{ \begin{pmatrix} 1 & 2 & 3 \\ 1 & 2 & 3 \end{pmatrix}, \begin{pmatrix} 1 & 2 & 3 \\ 2 & 3 & 1 \end{pmatrix}, \begin{pmatrix} 1 & 2 & 3 \\ 3 & 1 & 2 \end{pmatrix} \right\}$는 S_3의 부분군임을 확인하라. 우잉여류와 좌잉여류를 계산하여 A가 정규부분군임을 보일 수 있지만, 귀찮고 시간이 걸리는 일이다. 다음과 같이 진행하기가 더 쉽다. $c \in S_3$이면 7.4절의 연습문제 20에 따라, $c^{-1}Ac$는 위수 3의 부분군이다. 그러나 A는 S_3의 위수 3인 유일한 부분군이다(S_3의 항등원이 아닌 다른 원소는 위수가 모두 2이고, 따름정리 8.6으로부터 위수 3의 군이 될 수가 없다). 그러므로 $c^{-1}Ac = A$여야 한다. 따라서 정리 8.11의 (5)항으로부터 A는 정규부분군이다.

■ 연습문제

A. 1. 군 G의 부분군 K와 $a \in G$에 대하여, $aK = K$일 필요충분조건은 $a \in K$임을 증명하라.

2. D_4의 부분군 $K = \{r_0, v\}$에 대하여, $r_1 \equiv t \pmod K$이고 $r_2 \equiv h \pmod K$이지만 $r_1 \circ r_2 \not\equiv t \circ h \pmod K$임을 보이라.

3. $N = \{r_0, r_1, r_2, r_3\}$가 D_4의 정규부분군임을 N의 모든 우잉여류와 좌잉여류를 열거하여 증명하라.

4. G가 군일 때, $\langle e \rangle$와 G는 정규부분군임을 보이라.

5. (a) $G = \left\{ \begin{pmatrix} a & b \\ 0 & d \end{pmatrix} \middle| \ a,\ b,\ d \in \mathbb{R} \text{ 이고 } ad \neq 0 \right\}$는 행렬의 곱셈에 대하여 군임을 증명하고, $N = \left\{ \begin{pmatrix} 1 & b \\ 0 & 1 \end{pmatrix} \middle| \ b \in \mathbb{R} \right\}$이 G의 부분군임을 증명하라.
   (b) 정리 8.11을 이용하여, N이 G의 정규부분군임을 보이라.

6. $\left\{ \begin{pmatrix} 1 & 2 & 3 \\ 1 & 2 & 3 \end{pmatrix}, \begin{pmatrix} 1 & 2 & 3 \\ 2 & 1 & 3 \end{pmatrix} \right\}$은 S_3의 부분군이지만 정규부분군은 아님을 증명하라.

7. 군 G와 H에 대하여, $G^* = \{ (a, e) \mid a \in G \}$는 $G \times H$의 정규부분군임을 증명하라.

8. (a) 4원수군의 모든 순환부분군을 열거하라(7.1절의 연습문제 16).
   (b) 문항 (a)의 임의의 부분군은 정규부분군임을 보이라.

9. N을 군 G의 부분군이라 하자. 임의의 $a \in G$에 대하여, $Na = bN$인 $b \in G$가 존재한다고 가정하자. N이 정규부분군임을 증명하라.

10. 군 G에 대하여, $Z(G)$의 임의의 부분군은 G의 정규부분군임을 증명하라. [연습문제 14와 비교하라.]

11. G의 부분군 N이 G의 임의의 자기동형사상 f에 대하여 $f(N) \subseteq N$을 만족할 때, N을 **특성부분군**(characteristic subgroup)이라고 부른다. 임의의 특성부분군은 정규부분군임을 증명하라. (그 역은 거짓이지만 증명은 더 어렵다.)

12. 임의의 군 G에 대하여, 중심 $Z(G)$는 특성부분군임을 증명하라.

13. 군 G의 부분군 N에 대하여, N이 정규부분군일 필요충분조건은 G의 임의의 내부 자기동형사상 f에 대하여 $f(N) = N$임을 증명하라.

14. M이 N의 정규부분군이고 N이 G의 정규부분군이지만 M은 G의 정규부분군이 아닐 수 있음을, 예를 들어 보이라. 다르게 말하면, 정규부분군이 되는 성질은 추이적이 아니다. [**힌트**: D_4에서 $M = \{v,\ r_0\}$와 $N = \{h,\ v,\ r_2,\ r_0\}$을 생각하라.]

15.* A_n은 S_n의 정규부분군임을 증명하라. [**힌트:** $\sigma \in S_n$이고 $\tau \in A_n$이면 $\sigma^{-1}\tau\sigma$는 짝치환인가 홀치환인가? 7.5절의 예제 7을 보라.]

B. 16. K가 군 G의 위수 2인 정규부분군이면 $K \subseteq Z(G)$임을 증명하라. [**힌트:** $K=\{e, k\}$이고 $a \in G$이면 aka^{-1}로 가능한 것은 무엇인가?]

17. 군의 준동형사상 $f: G \to H$에 대하여, $K=\{a \in G \mid f(a)=e_H\}$는 G의 정규부분군임을 증명하라.

18. 군 G의 정규부분군 K와 N에 대하여, $K \cap N$은 G의 정규부분군임을 증명하라.

19. 군 G의 부분군 N과 K에 대하여, N이 G의 정규부분군이면 $N \cap K$는 K의 정규부분군임을 증명하라.

20. (a) 군 G의 부분군 N와 K에 대하여, N이 G의 정규부분군이면 $NK=\{nk \mid n \in N,\ k \in K\}$는 G의 부분군임을 증명하라. [7.3절의 연습문제 26(b)와 비교하라.]
    (b) N과 K가 모두 G의 정규부분군이면 NK는 정규부분군임을 증명하라.

21. K와 N이 $K \cap N = \langle e \rangle$인 G의 정규부분군이면 임의의 $n \in N$, $k \in K$에 대하여 $nk=kn$임을 증명하라.

22. 전사인 군의 준동형사상 $f: G \to H$에 대하여, N이 G의 정규부분군이면 $f(N)$은 H의 정규부분군임을 증명하라.

23. N을 군 G의 지수 2인 부분군이라 하자. N이 정규부분군임을 다음과 같이 증명하라.
    (a) $a \notin N$이면 잉여류 Na는 N에 속하지 않는 G의 모든 원소의 집합이다.
    (b) 임의의 $a \in G$에 대하여 $a^{-1}Na \subseteq N$임을 증명하고, 정리 8.11을 적용하라. [**힌트:** $a \notin N$이고 $n \in N$이면 (a)로부터 $a^{-1}na$는 N에 속하거나 Na에 속한다. 후자의 경우는 모순이 발생함을 보이라.]

* 7.5절을 읽지 않았으면 이 연습문제는 건너뛰라.

24. $N = \{ A \in GL(2, \mathbb{R}) \mid \det A \in \mathbb{Q} \}$ 라고 하자. N은 $GL(2, \mathbb{R})$의 정규부분군임을 증명하라. [**힌트**: 7.4절의 연습문제 32.]

25. $SL(2, \mathbb{R})$은 $GL(2, \mathbb{R})$의 정규부분군임을 증명하라. [**힌트**: $SL(2, \mathbb{R})$의 정의는 7.1절의 연습문제 23에 있다. 앞의 연습문제 17과 7.4절의 연습문제 32를 이용하라.]

26. H를 군 G의 위수 n인 부분군이라 하자. H가 위수 n인 유일한 부분군이면 H는 정규부분군임을 증명하라. [**힌트**: 정리 8.11과 7.4절의 연습문제 20.]

27. 군 G의 부분군 N이 정규부분군일 필요충분조건은 N이 다음 성질을 만족하는 것임을 증명하라: 임의의 $a, b \in G$에 대하여, $ab \in N$일 필요충분조건이 $ba \in N$이다.

28. 군 G의 순환부분군 $\langle a \rangle$가 정규부분군일 필요충분조건은 각 $g \in G$에 대하여 $ga = a^k g$ 인 정수 k가 존재하는 것임을 증명하라.

29. N이 군 G의 순환 정규부분군이고, H가 N의 임의의 부분군이라 하자. H가 G의 정규부분군임을 증명하라. [연습문제 14와 비교하라.]

30. 군 G의 정규부분군 A와 B에 대하여 $A \cap B = \langle e \rangle$이고 $AB = G$라고 하자(연습문제 20을 보라). $A \times B \cong G$임을 증명하라. [**힌트**: $f : A \times B \to G$를 $f(a, b) = ab$로 정의하고, 연습문제 21을 이용하라.]

31. 군 G의 부분군 H에 대하여, $N(H)$를 H의 정규화부분군이라 하자(7.3절의 연습문제 39를 보라). 다음을 증명하라.
    (a) H는 $N(H)$의 정규부분군이다.
    (b) H가 G의 어떤 부분군 K의 정규부분군이면 $K \subseteq N(H)$이다.

32. $\mathrm{Inn}\,G$는 $\mathrm{Aut}\,G$의 정규부분군임을 증명하라. [7.4절의 연습문제 37을 보라.]

33. 세 개 이상의 원소를 갖는 집합 T에 대하여, $A(T)$를 T의 모든 치환의 군이라 하자. 임의의 $a \in T$에 대하여, $H_a = \{ f \in A(T) \mid f(a) = a \}$라 하면 H_a는 $A(T)$의 부분군이지만 정규부부군은 아님을 증명하라.

34. 군 G가 위수가 n인 부분군을 적어도 하나 포함한다고 하자. $N = \cap K$, 여기서 교집합은 위수 n인 모든 부분군 K에 대해 취해진다. N이 G의 정규부분군임을 증명하라. [**힌트**: 임의의 $a \in G$에 대하여 $a^{-1}Na = \cap a^{-1}Ka$ 임을 증명하라. 여기서 교집합은 위수 n인 모든 부분군 K에 대해 취해진다. 7.4절의 연습문제 20을 이용하라.]

35. 군 G의 부분군 H에 대하여 $N = \bigcap_{a \in G} a^{-1}Ha$라 하자. N이 G의 정규부분군임을 증명하라.

36. N이 군 G의 정규부분군이고 M이 N의 특성부분군이면 M은 G의 정규부분군임을 증명하라. [연습문제 11을 보라.]

37. G가 모든 부분군이 정규부분군인 군이라고 하자. $a, b \in G$이면 $ab = ba^k$인 정수 k가 존재함을 증명하라.

8.3 몫군

군 G의 정규부분군 N에 대하여

G에서 N의 모든 우잉여류의 집합을 G/N으로 나타낸다.

첫 목표는 G/N이 군이 되도록 우잉여류에 대한 연산을 정의하는 것이다. 우잉여류는 합동류이므로 $\mathbb{Z}$나 다른 환에 대한 경험은 다음과 같은 연산을 정의하는 것이 타당할 것임을 암시한다. 즉, 잉여류 Na (a의 합동류)와 Nb (b의 합동류)의 곱을 잉여류 Nab (ab의 합동류)로 정한다. 이 정의를 기호로 나타내면 다음과 같다.

$$(Na)(Nb) = Nab$$

이전처럼, 이 정의가 각 잉여류를 나타내는 원소의 선택에 의존하지 않음을 입증해야 한다. 따라서 다음을 증명해야 한다.

정리 8.12

군 G의 정규부분군 N에 대하여, G/N에서 $Na = Nc$이고 $Nb = Nd$이면 $Nab = Ncd$이다.

증명

$Na = Nc$ 이면 정리 8.2에 따라 $a \equiv c \pmod{N}$ 이다. 유사하게 $Nb = Nd$ 이면 $b \equiv d \pmod{N}$ 이다. 따라서 정리 8.10에 따라 $ab \equiv cd \pmod{N}$ 이다. 그러므로 정리 8.2에 따라 $Nab = Ncd$ 이다. ■

정리 8.13

군 G의 정규부분군 N에 대하여

(1) G/N은 $(Na)(Nb) = Nab$로 정의되는 연산에 대하여 군이다.
(2) G가 유한이면 G/N의 위수는 $|G|/|N|$이다.
(3) G가 Abel 군이면 G/N도 Abel 군이다.

군 G/N을 G의 N에 의한 **몫군**(quotient group) 또는 **인자군**(factor group)이라고 한다.

정리 8.13의 증명

(1) G/N에서의 연산은 정리 8.12로부터 잘 정의된다. G/N의 임의의 Na에 대하여, $(Na)(Ne) = Nae = Na$ 이고 $(Ne)(Na) = Nea = Na$ 이므로, 잉여류 $N = Ne$는 G/N의 항등원이다. $(Na)(Na^{-1}) = Naa^{-1} = Ne$ 이고, 유사하게 $(Na^{-1})(Na) = Ne$ 이므로, Na의 역원은 잉여류 Na^{-1} 이다. G/N에서의 결합법칙은 G의 결합법칙으로부터 성립한다. 즉

$$\begin{aligned}[(Na)(Nb)](Nc) &= (Nab)(Nc) = N(ab)c = Na(bc) = (Na)(Nbc) \\ &= (Na)[(Nb)(Nc)]\end{aligned}$$

따라서 G/N은 군이다.

(2) G/N의 위수는 N의 서로 다른 우잉여류의 개수, 즉 지수 $[G:N]$이다. Lagrange 정리로부터 $[G:N] = |G|/|N|$이다.

(3) 연습문제 11. ■

예제 1

8.2절의 예제 2에서 $N=\{r_0, r_1, r_2, r_3\}$은 D_4의 정규부분군임을 알고 있다. 8.2절의 예제 1에 있는 D_4의 연산표는 다음을 보여준다. 즉

$$Nr_0=\{r_0 \circ r_0,\ r_1 \circ r_0,\ r_2 \circ r_0,\ r_3 \circ r_0\}=\{r_0, r_1, r_2, r_3\}$$
$$Nv=\{r_0 \circ v,\ r_1 \circ v,\ r_2 \circ v,\ r_3 \circ v\}=\{v, d, h, t\}.$$

D_4의 임의의 원소는 Nr_0나 Nv에 속하고, 임의의 N의 잉여류는 서로 소이거나 같으므로(따름정리 8.3) N의 임의의 잉여류는 Nr_0이거나 Nv이어야 한다. 다르게 표현하면, $D_4/N=\{Nr_0, Nv\}$이다. $r_0 \circ v=v=v \circ r_0$이고, $v \circ v=r_0$이므로 몫군 D_4/N의 연산표는 다음과 같다.

	Nr_0	Nv
Nr_0	Nr_0	Nv
Nv	Nv	Nr_0

정리 8.7로부터 D_4/N은 덧셈군 $\mathbb{Z}_2$와 동형이다.

예제 2

8.2절의 예제 5에서 $M=\{r_0, r_2\}$가 D_4의 정규부분군임을 알고 있다. D_4의 연산표를 이용하여, D_4/M은 다음 네 개의 잉여류로 구성됨을 알 수 있다.

$$Mr_0=\{r_0, r_2\}=Mr_2 \quad Mr_1=\{r_1, r_3\}=Mr_3$$
$$Mh=\{h, v\}=Mv \quad Md=\{d, t\}=Mt$$

각 잉여류를 나타내는 한 방법을 선택하여, D_4/M을 Mr_0, Mr_1, Mh, Md로 열거하기로 한다. D_4/M에서의 곱을 계산할 때, 이 네 개의 잉여류에 관하여 그 결과를 나타낸다. 예를 들어, D_4에서 $d \circ r_1=v$이므로 $(Md)(Mr_1)=M(d \circ r_1)=Mv$이지만 $Mv=Mh$이므로 아래 연산표에서 $(Md)(Mr_1)=Mh$로 나타낸다.

	Mr_0	Mr_1	Mh	Md
Mr_0	Mr_0	Mr_1	Mh	Md
Mr_1	Mr_1	Mr_0	Md	
Mh	Mh	Md	Mr_0	
Md	Md	Mh		

D_4/M의 완전한 연산표로부터 D_4/M은 Abel 군이고, 항등원을 제외한 임의 원소의 위수는 2이다(연습문제 3). 그러므로 D_4/M은 순환군이 아니다. 따라서 D_4/M은 정리 8.8로부터 $\mathbb{Z}_2 \times \mathbb{Z}_2$와 동형이다.

예제 3~7에서는 Abel 군을 다룬다. 따라서 임의의 부분군은 정규부분군이다.

예제 3

덧셈군 $\mathbb{Z}_{12}$에서, N을 순환부분군 $\langle 4 \rangle = \{0, 4, 8\}$이라고 하자. 다음 네 개의 N의 잉여류는 $\mathbb{Z}_{12}$의 모든 원소를 포함한다.

$$
\begin{aligned}
N+0 &= \{0, 4, 8\} = N \\
N+1 &= \{1, 5, 9\} \\
N+2 &= \{2, 6, 10\} \\
N+3 &= \{3, 7, 11\}
\end{aligned}
$$

따라서 임의의 잉여류는 이 네 개 중 하나이다. 예를 들어, 5는 $N+1$에 속하고 5는 또 $N+5$에 속한다(왜?). 그러므로 두 잉여류는 서로 소가 아니다. 따라서 따름정리 8.3으로부터 $N+1 = N+5$이다. 유사하게

$$N+4 = N+0 \text{이고} \quad N+6 = N+2.$$

이 사실을 이용하여, $\mathbb{Z}_{12}/N$에 대한 덧셈 연산표는 다음과 같음을 알 수 있다.

	$N+0$	$N+1$	$N+2$	$N+3$
$N+0$	$N+0$	$N+1$	$N+2$	$N+3$
$N+1$	$N+1$	$N+2$	$N+3$	$N+0$
$N+2$	$N+2$	$N+3$	$N+0$	$N+1$
$N+3$	$N+3$	$N+0$	$N+1$	$N+2$

$N+1$은 위수가 4임을 확인하라. 그래서 $\mathbb{Z}_{12}/N$은 위수가 4인 순환군이고, 따라서 정리 7.19로부터 $\mathbb{Z}_4$와 동형이다.

예제 4

덧셈군 $G = \mathbb{Z}_2 \times \mathbb{Z}_4$의 순환부분군 $\langle (1,2) \rangle$를 N이라고 하자. $(1,2)+(1,2) = (0,0)$이므로 $N = \{(0,0),\ (1,2)\}$임을 알 수 있다. 결과적으로 G/N은 다음 네 개의 잉여류로 구성된다.

$$N+(0,0)=\{(0,0),\ (1,2)\}=N+(1,2)$$
$$N+(1,0)=\{(1,0),\ (0,2)\}=N+(0,2)$$
$$N+(0,1)=\{(0,1),\ (1,3)\}=N+(1,3)$$
$$N+(1,1)=\{(1,1),\ (0,3)\}=N+(0,3)$$

그리고 다음 덧셈 연산표를 갖는다.

	$N+(0,0)$	$N+(1,0)$	$N+(0,1)$	$N+(1,1)$
$N+(0,0)$	$N+(0,0)$	$N+(1,0)$	$N+(0,1)$	$N+(1,1)$
$N+(1,0)$	$N+(1,0)$	$N+(0,0)$	$N+(1,1)$	$N+(0,1)$
$N+(0,1)$	$N+(0,1)$	$N+(1,1)$	$N+(0,0)$	$N+(1,0)$
$N+(1,1)$	$N+(1,1)$	$N+(0,1)$	$N+(1,0)$	$N+(0,0)$

이 연산표를 이용하면 G/N이 $N+(1,0)$로부터 생성되는 순환군임을 밝힐 수 있다. 따라서 정리 7.19로부터, $G/N \cong \mathbb{Z}_4$이다.

몫군 G/N의 구조를 결정하기 위하여, 예제 1~4에서 하였던 것처럼 그 연산표를 (가능하더라도) 꼭 작성하여야 하는 것은 아니다.

예제 5

정리 2.10에 따라 군 $U_{14}=\{1,\ 3,\ 5,\ 9,\ 11,\ 13\}$이고, 따라서 위수가 6이다. M을 순환부분군 $\langle 13 \rangle = \{1,\ 13\}$이라고 하자. 그러면 정리 8.13에 따라 $|U_{14}/M| = \dfrac{|U_{14}|}{|M|} = \dfrac{6}{2} = 3$이다. 그러므로 정리 8.7로부터 $U_{14}/M \cong \mathbb{Z}_3$이다.

예제 6

덧셈군 $\mathbb{Z}$에서 K를 순환부분군

$$\langle 4 \rangle = \{0,\ \pm 4,\ \pm 8,\ \pm 12,\ \ldots\}$$

라 하자. 8.1절의 예제 1에서 보았던 것처럼, $a \equiv b \pmod 4$는 $a-b \in K$를 의미한다. 따라서

$$a \equiv b \pmod 4\text{일 필요충분조건은 } a \equiv b \ (\mathrm{mod}\ K)\text{이다.}$$

그러므로 a와 모듈로 4 합동인 모든 정수의 집합(합동류 $[a]$)은 a와 모듈로 K 합동인

모든 정수의 집합(잉여류 $K+a$)와 정확히 같다. 어느 기호로든 산술이 같다. 즉

$$Ka+Kb=K(a+b)\text{는 } [a]+[b]=[a+b]\text{와 같다.}$$

그러므로 $\mathbb{Z}/K$는 모듈로 4 합동류의 군과 같다. 즉, $\mathbb{Z}/K \cong \mathbb{Z}_4$이다. 4 대신 임의의 양의 정수 n에 대하여도 같은 논법이 성립한다. 즉

$$\boldsymbol{K\text{가 } \mathbb{Z}\text{의 순환부분군 } \langle n \rangle\text{이면 } \mathbb{Z}/K \cong \mathbb{Z}_n\text{이다.}}$$

예제 7

덧셈에 대한 유리수 전체의 군 $\mathbb{Q}$에서 정수 전체 부분군 $\mathbb{Z}$는 $\mathbb{Q}$가 Abel 군이므로, 정규부분군이다. 8.1절의 예제 4는 $\mathbb{Q}$에서 $\mathbb{Z}$의 서로 다른 잉여류들이 무수히 많이 존재함을 보여준다. 그렇지만 $\mathbb{Q}/\mathbb{Z}$에서 임의 원소의 위수는 유한이다(연습문제 25).

군의 구조

군 G의 임의의 정규부분군 N에 대하여, 군 N, G, G/N 각각의 구조는 서로 관련이 있다. 만약 두 군에 관한 정보를 충분히 알고 있다면, 다음 정리들에서 설명하는 것처럼 종종 세 번째 군에 관한 유용한 정보를 알아낼 수 있다.

정리 8.14

군 G의 정규부분군 N에 대하여, G/N이 Abel 군일 필요충분조건은 모든 $a, b \in G$에 대하여 $aba^{-1}b^{-1} \in N$이다.

증명

G/N이 Abel 군일 필요충분조건은

$$\text{모든 } a, b \in G\text{에 대하여 } Nab = NaNb = NbNa = Nba\text{이다.}$$

그런데 정리 8.21로부터 $Nab = Nba$일 필요충분조건은 $ab(ba)^{-1} \in N$이고, 따름정리 7.6으로부터 $ab(ba)^{-1} = aba^{-1}b^{-1}$이다. 따라서 G/N이 Abel 군일 필요충분조건은 모든 $a, b \in G$에 대하여 $aba^{-1}b^{-1} \in N$이다. ■

군 G에 대하여, 8.2절의 예제 6은 중심 $Z(G)$가 G의 정규부분군임을 보여준다.

정리 8.15

군 G에 대하여, 몫군 $G/Z(G)$가 순환군이면 G는 Abel 군이다.

증명

표기의 편의를 위하여, $Z(G)$를 C로 나타낸다. G/C가 순환군이므로 어떤 Cd로 생성되고, G/C에 속하는 임의의 잉여류는 어떤 정수 k에 대하여 $(Cd)^k = Cd^k$ 형태이다. a와 b를 G의 임의의 원소라 하자. $a = ea$는 잉여류 Ca에 속하고, 어떤 i에 대하여 $Ca = Cd^i$이므로 어떤 $c_1 \in C$에 대하여 $a = c_1 d^i$이다. 유사하게 어떤 $c_2 \in C$와 정수 j에 대하여 $b = c_2 d^j$이다. 이제 $d^i d^j = d^{i+j} = d^{j+i} = d^j d^i$이고, 중심의 정의에 따라 c_1과 c_2는 G의 임의의 원소와 가환이다. 결과적으로

$$ab = (c_1 d^i)(c_2 d^j) = c_1 c_2 d^i d^j = c_2 c_1 d^j d^i = (c_2 d^j)(c_1 d^i) = ba.$$

그러므로 G는 Abel 군이다. ■

■ 연습문제

1. N을 $\mathbb{Z}_{20}$의 부분군 $\langle 4 \rangle$ 라고 하자. 군 $\mathbb{Z}_{20}/N$에서 $13+N$의 위수를 구하라.

2. G를 $\mathbb{Z}$의 부분군 $\langle 3 \rangle$이라 하고, N은 부분군 $\langle 15 \rangle$라 하자. G/N에서 $6+N$의 위수를 구하라.

3. 예제 2의 표를 완성하고, D_4/M의 항등원이 아닌 임의의 원소는 위수가 2임을 밝히라.

A. 4. $N = \left\{ \begin{pmatrix} 1 & 2 & 3 \\ 1 & 2 & 3 \end{pmatrix}, \begin{pmatrix} 1 & 2 & 3 \\ 2 & 3 & 1 \end{pmatrix}, \begin{pmatrix} 1 & 2 & 3 \\ 3 & 1 & 2 \end{pmatrix} \right\}$는 8.2절의 예제 9에 따라, S_3의 정규부분군이다. $S_3/N \cong \mathbb{Z}_2$임을 보이라.

5. M이 $\mathbb{Z}_{18}$의 순환부분군 $\langle 6 \rangle$ 일 때 $\mathbb{Z}_{18}/M \cong \mathbb{Z}_6$임을 보이라.

6. N이 $\mathbb{Z}_6$의 부분군 $\{0, 3\}$일 때 $\mathbb{Z}_6/N \cong \mathbb{Z}_3$임을 보이라.

7. $U_{26}/\langle 5 \rangle$는 $\mathbb{Z}_3$과 동형임을 보이라.

8. $G=\mathbb{Z}_4\times\mathbb{Z}_4$이고 N을 $(3,2)$로 생성된 순환부분군이라 하자. $G/N\cong\mathbb{Z}_4$임을 보이라.

9. $G=\mathbb{Z}_6\times\mathbb{Z}_2$이고 N을 순환부분군 $\langle(1,1)\rangle$ 이라고 하자. 몫군 G/N을 기술하라.

10. (a) M을 덧셈에 대한 군 $G=\mathbb{Z}_2\times\mathbb{Z}_4$의 순환부분군 $\langle(0,2)\rangle$ 라 하고, N을 예제 4에서의 순환부분군 $\langle(1,2)\rangle$ 라 하자. M이 N과 동형임을 밝히라.
    (b) G/M의 연산표를 네 개의 잉여류 $M+(0,0)$, $M+(1,0)$, $M+(0,1)$, $M+(1,1)$을 이용하여 작성하라.
    (c) G/M은 G/N과 동형이 아님을 보이라(G/N에 대한 연산표는 예제 4에 있다). 그러므로 정규부분군 M과 N에 대하여 $M\cong N$이라는 사실은 G/M과 G/N이 동형임을 의미하지 않는다.

11. N이 Abel 군 G의 부분군이면 G/N은 Abel 군임을 증명하라.

12. N이 군 G의 정규부분군이고, 임의의 $x\in G$에 대하여 $x^2\in N$이면 몫군 G/N의 항등원을 제외한 임의의 원소는 위수가 2임을 증명하라.

13. (a) $G/Z(G)$가 가환이지만 G는 가환이 아닌 예를 들라.
    (b) $G/Z(G)$가 가환이 아닌 G의 예를 들라.

14. (a) $V=\left\{\begin{pmatrix}1&2&3&4\\1&2&3&4\end{pmatrix}, \begin{pmatrix}1&2&3&4\\2&1&4&3\end{pmatrix}, \begin{pmatrix}1&2&3&4\\3&4&1&2\end{pmatrix}, \begin{pmatrix}1&2&3&4\\4&3&2&1\end{pmatrix}\right\}$ 이 S_4의 정규부분군임을 보이라.
    (b) 군 S_4/V의 연산표를 작성하라.

B. 연습문제 15와 16에서 주어진 몫군의 무한위수의 원소와 유한위수의 원소를 각각 구하라. 여러 가지 많은 정답이 있다. $\mathbb{Z}$는 덧셈에 대한 군임을 기억하라.

15. $(\mathbb{Z}\times\mathbb{Z})/\langle(5,5)\rangle$

16. $(\mathbb{Z}\times\mathbb{Z})/\langle(6,9)\rangle$

17. E가 모든 짝수의 군이고, N을 8의 모든 배수의 부분군이라 하자.
    (a) E/N의 위수는 4임을 보이라.

(b) E/N과 동형인 잘 알려진 군은 무엇인가? [힌트: 정리 8.8.]

18. N이 U_{32}의 부분군 $\{1, 17\}$일 때, $U_{32}/N \cong U_{16}$임을 보이라.

19. 군 G의 원소 b에 대하여 $b=c^2$인 G의 원소 c가 존재할 때 b를 **제곱**(square)이라고 한다. Abel 군 G의 부분군 N에 대하여 N과 G/N이 모두 임의의 원소가 제곱인 성질을 가지면 G의 임의의 원소는 제곱임을 증명하라.

20. 군 G에 대하여, $[G:Z(G)]=4$이면 $G/Z(G) \cong \mathbb{Z}_2 \times \mathbb{Z}_2$임을 증명하라.

21. Abel 군 G에 대하여 G의 꼬임부분군(7.3절의 연습문제 19를 보라)을 T라 하자. G/T는 항등원을 제외하고 유한위수의 원소를 갖지 않음을 증명하라.

22. 영이 아닌 모든 실수의 곱셈에 대한 군 $\mathbb{R}^*$에 대하여, N을 부분군 $\{1, -1\}$이라고 하자. $\mathbb{R}^*/N$은 모든 양의 실수의 곱셈에 대한 군 $\mathbb{R}^{**}$와 동형임을 증명하라.

23. 연습문제 22에서의 $\mathbb{R}^*$와 $\mathbb{R}^{**}$에 대하여, 몫군 $\mathbb{R}^*/\mathbb{R}^{**}$를 기술하라.

24. G가 순환군이면 임의의 부분군 N에 대하여 G/N은 순환군임을 증명하라.

25. (a) 덧셈에 대한 군 $\mathbb{Q}/\mathbb{Z}$에서 $\mathbb{Z}+\dfrac{8}{9}$, $\mathbb{Z}+\dfrac{14}{5}$, $\mathbb{Z}+\dfrac{48}{28}$의 위수를 각각 구하라.
    (b) $\mathbb{Q}/\mathbb{Z}$의 임의의 원소는 위수가 유한임을 증명하라.
    (c) $\mathbb{Q}/\mathbb{Z}$는 임의의 위수를 갖는 원소를 포함함을 증명하라.

26. 군 $\mathbb{R}/\mathbb{Z}$에서 위수가 유한인 모든 원소의 집합은 부분군 $\mathbb{Q}/\mathbb{Z}$임을 증명하라.

27. 군 G와 H에 대하여, G^*를 $a \in G$인 모든 (a, e)로 구성된 $G \times H$의 부분집합이라 하자.
    (a) G^*는 G와 동형임을 보이라.
    (b) G^*는 $G \times H$의 정규부분군임을 보이라.
    (c) $(G \times H)/G^* \cong H$임을 보이라.

28. M과 N을 $M \cap N = \langle e \rangle$를 만족하는 군 G의 정규부분군이라 하자. G는 $G/M \times G/N$의 어떤 부분군과 동형임을 증명하라.

29. 군 G의 정규부분군 N에 대하여, N의 임의의 원소의 위수와 G/N의 임의의 원소의 위수가 유한이면 G의 임의의 원소의 위수가 유한임을 증명하라.

30. 군 G의 유한 정규부분군 N에 대하여, G/N이 위수가 n인 어떤 원소를 포함하면 G는 위수가 n인 어떤 원소를 포함함을 증명하라.

31. p와 q가 (서로 다를 필요는 없는) 소수이고, G가 위수 pq인 군이라 하자. 중심 $Z(G)$는 $\langle e \rangle$ 또는 G임을 증명하라.

32. 군 H에 대하여, $H = \langle S \rangle$ (정리 7.18을 보라)를 만족하는 유한인 부분집합 S가 존재할 때, H는 **유한생성**(finitely generated)이라고 한다. 군 G의 정규부분군 N에 대하여, 군 N과 G/N이 유한생성이면 G는 유한생성임을 증명하라.

33. 군 G에 대하여, S를 $a, b \in G$에 대한 $aba^{-1}b^{-1}$ 형태의 모든 원소의 집합이라고 하자. 이 집합 S로 생성된 (정리 7.18에서처럼) 부분군 G'을 G의 **교환자부분군**(commutator subgroup)이라고 한다. 다음을 증명하라.
   (a) G'는 G의 정규부분군이다. [**힌트**: 임의의 $g, a, b \in G$에 대하여 $g^{-1}(aba^{-1}b^{-1})g = (g^{-1}ag)(g^{-1}bg)(g^{-1}a^{-1}g)(g^{-1}b^{-1}g)$가 S에 속하는 것을 보이라.]
   (b) G/G'는 Abel 군이다.

34. G를 덧셈에 대한 군 $\mathbb{R} \times \mathbb{R}$이라고 하자.
   (a) $N = \{(x, y) \mid y = -x\}$는 G의 부분군임을 보이라.
   (b) 몫군 G/N을 기술하라.

35. 군 G와 연습문제 33에서 정의된 교환자부분군 G'에 대하여, N이 $N \cap G' = \langle e \rangle$인 G의 정규부분일 때 다음을 증명하라.
   (a) $N \subseteq Z(G)$
   (b) G/N의 중심은 $Z(G)/N$이다.

36. 군 G에 대하여, $G/Z(G)$는 G의 모든 내부 자기동형사상의 군 $\text{Inn}\, G$와 동형임을 증명하라(7.4절의 연습문제 37을 보라).

C. 37. A, B, N을 $N \subseteq A$, $N \subseteq B$인 군 G의 정규부분군이라 하자. $G = AB$이고 $A \cap B = N$이면 $G/N \cong A/N \times B/N$임을 증명하라. ($N = \langle e \rangle$인 특별한 경우는 8.2절의 연습문제 30이다.)

8.4 몫군과 준동형사상

정규부분군과 몫군 그리고 준동형사상 사이에는 밀접한 관련이 있다.* 다음 정의는 그 관련성을 전개하는 데 결정적으로 중요하다.

정의

군의 준동형사상 $f: G \to H$에 대하여, 집합 $\{a \in G \mid f(a) = e_H\}$를 f의 **핵**(kernel)이라고 한다.

이렇게 하여, 핵은 준동형사상 f에 의하여 H의 항등원으로 사상되는 G의 모든 원소의 집합이다.

예제 1

영이 아닌 모든 실수의 곱셈에 대한 군 $\mathbb{R}^*$와 모든 양의 실수의 곱셈에 대한 군 $\mathbb{R}^{**}$에 대하여, $f(x) = x^2$으로 주어진 함수 $f: \mathbb{R}^* \to \mathbb{R}^{**}$는 준동형사상이다. 왜냐하면 $f(ab) = (ab)^2 = a^2b^2 = f(a)f(b)$이기 때문이다. 그 핵은 $x^2 = 1$을 만족하는 모든 실수 x의 집합, 즉 $\{1, -1\}$이다.

예제 2

$f(a, b) = b$로 주어진 함수 $f: \mathbb{R}^* \times \mathbb{R}^* \to \mathbb{R}^*$는 곱셈군의 준동형사상임을 확인하라. 그 핵은 $b = 1$인 모든 순서쌍 (a, b)의 집합, 즉 $\{(a, 1) \mid a \in \mathbb{R}^*\}$이다.

예제 3

7.4절의 예제 13에서 $f(a) = [a]$로 주어진 함수 $f: \mathbb{Z} \to \mathbb{Z}_5$가 덧셈에 대한 군의 준동형사상임을 알았다. 그 핵은 집합

$$K = \{a \in \mathbb{Z} \mid f(a) = [0]\} = \{a \in \mathbb{Z} \mid [a] = [0]\}$$

이다. 그런데 정리 2.3에 의하여, $[a] = [0]$일 필요충분조건은 $a \equiv 0 \pmod 5$이고, 합동의 정의에 따라, $a \equiv 0 \pmod 5$일 필요충분조건은 $5 \mid a$이다. 따라서 K는 모든 5의 배수들의 집합, 즉 순환부분군 $\langle 5 \rangle$이다.

* 제6장을 읽었다면, 이것은 놀랍지 않을 것이다. 이 절의 첫 부분은 6.2절의 마지막에서(198쪽~203쪽) 전개하였던 아이디얼과 몫환 그리고, 환의 준동형사상에 관한 사실들을 군으로 간단히 옮기는 것이다.

예제 1~3에서 각각의 핵은 실제로 정규부분군임을 쉽게 밝힐 수 있다. 일반적으로, 이것은 참이다.

정리 8.16

군의 준동형사상 $f: G \to H$ 에 대하여, f의 핵 K는 G의 정규부분군이다.

증명

$c, d \in K$이면 핵의 정의에 따라, $f(c) = e_H$이고 $f(d) = e_H$이다. 따라서 $f(cd) = f(c)f(d) = e_H e_H = e_H$이므로 $cd \in K$이다. $c \in K$이면 정리 7.20에 따라 $f(c^{-1}) = = f(c)^{-1} = e_H^{-1} = e_H$이다. 따라서 $c^{-1} \in K$이다. 그러므로 정리 7.11에 따라, K는 G의 부분군이다. K가 정규부분군임을 보이기 위하여, 임의의 $a \in G$와 $c \in K$에 대하여 $a^{-1}ca \in K$ 임을 보여야 한다(정리 8.11). 그런데

$$f(a^{-1}ca) = f(a^{-1})f(c)f(a) = f(a)^{-1}e_H f(a) = f(a)^{-1}f(a) = e_H$$

이므로 $a^{-1}ca \in K$이고, 따라서 K는 정규부분군이다. ■

예제 4*

$f: S_n \to \mathbb{Z}_2$를 다음과 같이 정의하자. 즉, σ가 짝치환일 때 $f(\sigma) = 0$ 으로, σ가 홀치환일 때 $f(\sigma) = 1$로 정한다. 그러면 f는 준동형사상이다(연습문제 7). 분명히 f의 핵은 모든 짝치환으로 구성되고, 즉 핵은 A_n이다. 정리 8.16으로부터, A_n은 S_n의 정규부분군이다.

준동형사상 f의 핵은 f가 단사가 되는 것으로부터 얼마나 멀리 있는가에 대한 측도이다.

정리 8.17

군의 준동형사상 $f: G \to H$ 의 핵 K에 대하여, $K = \langle e_G \rangle$ 일 필요충분조건은 f가 단사이다.

* 7.5절을 읽지 않았으면 이 예제는 건너뛰라.

증명*

$K = \langle e_G \rangle$이라 가정하자. $f(a) = f(b)$이면

$$\begin{aligned} f(ab^{-1}) &= f(a)f(b^{-1}) && [f\text{가 준동형사상}] \\ &= f(a)f(b)^{-1} && [\text{정리 7.20의 (2)항}] \\ &= f(a)f(a)^{-1} = e_H && [\text{가정 } f(a)=f(b) \text{ 에 의하여}] \end{aligned}$$

따라서 ab^{-1}는 핵에 포함되고, 따라서 $ab^{-1} = e_G$이다. 그러므로 $a = b$이다. 결과적으로 f는 단사이다.

역으로, f가 단사라 하자. c가 핵 K의 임의의 원소이면 $f(c) = e_H$ 이다. 정리 7.20 (1)로부터 $f(e_G) = e_H$이다. 따라서 $f(c) = f(e_G)$이고, f가 단사이므로 $c = e_G$이다. 그러므로 e_G는 K의 유일한 원소로 $K = \langle e_G \rangle$이다. ■

정리 8.16은 임의의 핵이 정규부분군임을 진술한다. 역으로, 임의의 정규부분군은 어떤 핵이다.

정리 8.18

군 G의 정규부분군 N에 대하여, $\pi(a) = Na$로 주어진 사상 $\pi : G \to G/N$는 핵이 N이고 전사인 준동형사상이다.

증명

G/N의 주어진 임의의 잉여류 Na에 대하여 $\pi(a) = Na$이므로, 사상 π는 전사이다. G/N에서 군 연산의 정의로부터 π는 준동형사상이다. 즉

$$\pi(ab) = Nab = NaNb = \pi(a)\pi(b).$$

G/N의 항등원은 Ne이다. 그러므로 π의 핵은

$$\begin{aligned} \{a \in G \mid \pi(a) = Ne\} &= \{a \in G \mid Na = Ne\} && [\pi \text{ 의 정의}] \\ &= \{a \in G \mid a \equiv e \pmod N\} && [\text{정리 8.2}] \\ &= \{a \in G \mid ae^{-1} \in N\} && [\text{합동의 정의}] \\ &= \{a \in G \mid a \in N\} = N && [ae^{-1} = ae = a] \end{aligned}$$

이다. ■

* 정리 8.17~8.20의 증명은 정리 6.11~6.13의 증명을 환에서 군으로 단순히 번역한 것이다.

제1동형사상 정리를 증명하기 위하여, 다음 보조정리가 필요하다.

보조정리

핵이 K인 군의 준동형사상 $f: G \to H$에 대하여, $a, b \in G$일 때 $f(a) = f(b)$일 필요충분조건은 $Ka = Kb$이다.

증명

$f(a) = f(b)$이면 $f(a)f(b)^{-1} = e_H$이다. 정리 7.20에 따라

$$f(ab^{-1}) = f(a)f(b^{-1}) = f(a)f(b)^{-1} = e_H.$$

따라서 $ab^{-1} \in K$이고, $a \equiv b \pmod{K}$이다. 그러므로 정리 8.2에 따라, $Ka = Kb$이다.

역으로, $Ka = Kb$라 가정하자. 정리 8.2에 따라 $a \equiv b \pmod{K}$이고, 이것은 $ab^{-1} \in K$임을 의미한다. 따라서 $f(ab^{-1}) = e_H$이고, 정리 7.20으로부터

$$f(a)f(b)^{-1} = f(a)f(b^{-1}) = f(ab^{-1}) = e_H.$$

양쪽 끝의 오른쪽에 $f(b)$를 곱하면 $f(a) = f(b)$임을 알 수 있다. ■

정리 8.20 제1동형사상 정리

$f: G \to H$를 핵이 K이고 전사인 군의 준동형사상이라고 하자. 몫군 G/K는 H와 동형이다.

증명

$\varphi: G/K \to H$를 $\varphi(Ka) = f(a)$로 정의하려 한다. 그런데 잉여류는 여러 가지 다른 방법으로 나타낼 수 있다. 잉여류를 표시하기 위하여 선택된 특별한 대표 원소와 상관없이 φ의 값이 그 잉여류에 의존함을 보여야 한다. 그래서 $Ka = Kb$라 가정하자. 그러면 따름정리 8.19로부터 $f(a) = f(b)$이고, 이것은 $\varphi(Ka) = \varphi(Kb)$를 의미한다. 그러므로 $\varphi(Ka) = f(a)$로 주어진 대응 $\varphi: G/K \to H$는 잘 정의된 함수로, 잉여류를 나타내는 방법에 무관하다.

φ가 전사임을 증명하기 위하여 $h \in H$라 하자. 그러면 f가 전사이므로, 어떤 $c \in G$에 대하여 $h = f(c)$이다. 따라서 $\varphi(Kc) = f(c) = h$이고, φ는 전사이다. φ가 단사임을 증명하기 위하여, $\varphi(Ka) = \varphi(Kb)$라고 하자. 그러면 $f(a) = f(b)$이므로, 보조정

리 8.19로부터 $Ka = Kb$이다. 그러므로 φ는 단사이다. 마지막으로, f가 준동형사상이므로

$$\varphi(KaKb) = \varphi(Kab) = f(ab) = f(a)f(b) = \varphi(Ka)\varphi(Kb)$$

이고, 따라서 φ는 준동형사상이다. 그러므로 $\varphi : G/K \to H$는 동형사상이다. ■

제1동형사상 정리를 이용하여, 특정 몫군의 정체를 쉽게 파악할 수 있다.

예제 5

군 G와 H에 대하여 $f : G \times H \to G$를 $f(a, b) = a$로 정의하자. 그러면 7.4절의 연습문제 9에 따라 f는 전사인 준동형사상이다. f의 핵은

$$\overline{H} = \{(a, b) \mid f(a, b) = e_G\} = \{(a, b) \mid a = e_G\} = \{(e_G, b) \mid b \in H\}$$

이다. 제1동형사상 정리에 따라 $(G \times H)/\overline{H} \cong G$이고, H가 $\overline{H}$와 동형임을 보이기는 쉽다(연습문제 15).

예제 6

$f(a + bi) = a^2 + b^2$으로 주어진 함수 $f : \mathbb{C}^* \to \mathbb{R}^{**}$는 전사인 곱셈에 대한 군의 준동형사상이다(연습문제 16). 1은 $\mathbb{R}^{**}$의 항등원이므로, f의 핵은 $N = \{a + bi \mid a^2 + b^2 = 1\}$이다. 그러면 정리 8.16에 따라 정규부분군이고, 제1동형사상 정리에 따라 $\mathbb{C}^*/N \cong \mathbb{R}^{**}$이다.

예제 7

예제 1에서 살펴보았던 $f(x) = x^2$으로 주어진 함수 $f : \mathbb{R}^* \to \mathbb{R}^{**}$는 핵이 $K = \{1, -1\}$인 준동형사상이다. 임의의 양의 실수 c에 대하여 $f(\sqrt{c}) = (\sqrt{c})^2 = c$이므로, f는 전사이다. 제1동형사상 정리에 따라 $\mathbb{R}^*/K \cong \mathbb{R}^{**}$이다.

몫군의 부분군

이제 군 G의 정규부분군 N에 대하여 몫군 G/N의 부분군을 조사해 보자.

정리 8.21

군 G의 정규부분군 N에 대하여, K가 N을 포함하는 G의 부분군이면 K/N은 G/N의 부분군이다.

증명

N은 당연히 K의 부분군이다. 정규부분군의 정의에 따라, 임의의 $a \in G$에 대하여 $Na = aN$이다. 특히 임의의 $a \in K$에 대하여 $Na = aN$이다. 따라서 N은 K의 정규부분군이고, 정리 8.13으로부터 K/N은 군이다. K/N의 모든 원소는 $a \in K$인 모든 잉여류 Na이다. 임의의 이런 잉여류는 G/N의 원소이므로 결론적으로, K/N은 G/N의 부분군이다. ■

K가 G의 정규부분군일 때, 더 강한 결과를 얻는다.

정리 8.22 제3동형사상 정리*

군 G의 정규부분군 N에 대하여, K가 $N \subseteq K$인 G의 정규부분군이면 K/N은 G/N의 정규부분군이고, 몫군 $(G/N)/(K/N)$는 G/K와 동형이다.

증명

증명의 기본 아이디어는 그 핵이 K/N이 되는 G/N으로부터 G/K로의 전사인 준동형사상을 정의하는 것이다. 그러면 제1동형사상 정리로부터 이 정리의 결론이 바로 얻어진다. 먼저, G/N에서 $Na = Nc$이면 정리 8.2와 모듈로 N 합동의 정의에 따라 $ac^{-1} \in N$이다. $N \subseteq K$이므로 이것은 $ac^{-1} \in K$임을 의미한다. 결과적으로 다시 정리 8.2로부터 $Ka = Kc$는 G/K에 속한다. 그러므로 $f(Na) = Ka$로 주어진 대응 $f : G/N \to G/K$는 잘 정의된 함수이다. 즉, G/N에서 잉여류를 나타내는 대표 원소의 선택에 독립이다. G/K에서 임의의 Ka는 G/N의 원소 Na의 상이므로, 분명히 f는 전사이다. 잉여류 연산의 정의는

$$f(Na\,Nb) = f(Nab) = Kab = KaKb = f(Na)f(Nb)$$

임을 보여준다. 따라서 f는 준동형사상이다. G/K의 항등원은 Ke이므로, 잉여류 Na가 f의 핵에 속할 필요충분조건은 $f(Na) = Ke$, 즉 $Ka = Ke$와 동치이다. 그런

* 물론, 제2동형사상 정리가 있다. 연습문제 40을 보라. 더 많은 정보를 위하여 www.stormfax.com/bios.htm에 접속하라.

데 정리 8.2로부터 $Ka = Ke$일 필요충분조건은 $a \in K$이다. 따라서 f의 핵은 $a \in K$인 모든 잉여류 Na로 구성된다. 다르게 말하면, K/N은 f의 핵이다. 그러므로 K/N은 G/N의 정규부분군이다(정리 8.16). 제1동형사상 정리에 따라, $(G/N)/(K/N) = (G/N)/(f \text{ 의 핵}) \cong G/K$이다. ■

따름정리 8.23

군 G의 정규부분군 N에 대하여, K가 N을 포함하는 G의 부분군이면 K가 G의 정규부분군일 필요충분조건은 K/N이 G/N의 정규부분군이다.

증명

K가 G의 정규부분군이면 정리 8.22로부터 K/N이 G/N의 정규부분군이다. 역으로, K/N이 G/N의 정규부분군이라 하자. a를 G의 임의의 원소라 하고, k를 K의 임의의 원소라 하자. 먼저 $a^{-1}ka \in K$임을 증명하자. K/N이 정규부분군이므로

$$Na^{-1}ka = (Na^{-1})(Nk)(Na) = (Na)^{-1}(Nk)(Na) \in K/N$$

이다. 따라서 어떤 $t \in K$에 대하여 $Na^{-1}ka = Nt$이고 $N \subseteq K$이므로, 그 결과 어떤 $n \in N$에 대하여 원하는 결과인 $a^{-1}ka = nt \in K$이다. a와 k는 임의로 택하였으므로, 이것은 $a^{-1}Ka \subseteq K$임을 증명한다. 그러므로 정리 8.11로부터, K는 G의 정규부분군이다. ■

이제 N을 포함하는 G의 부분군으로부터 생기는 G/N의 부분군에 관한 완전한 정보를 가지고 있다. G/N의 모든 부분군은 이들뿐인가? 다음 정리는 이 질문에 대한 긍정적인 답이다.

정리 8.24

T가 G/N의 임의의 부분군이면 $T = H/N$인 N을 포함하는 G의 부분군 H가 존재한다.

증명

$H = \{a \in G \mid Na \in T\}$라 두자. 연습문제 23은 H가 G의 부분군임을 보여준다. $a \in N$이면 $ae^{-1} = ae = a \in N$이고, 그래서 $a \equiv e \pmod{N}$이다. 정리 8.2에 따라

$Na = Ne \in T$이다. 따라서 $a \in H$이다. 그러므로 $N \subseteq H$이다. 마지막으로 몫군 H/N은 $a \in H$인 모든 잉여류 Na, 즉 모든 $Na \in T$로 구성된다. 따라서 $H/N = T$이다. ■

단순군

8.1절에서 유한군의 분류 문제 – 임의의 유한군이 그 목록에 속하는 꼭 하나의 군과 동형인 군의 목록을 만드는 시도를 살펴보았다. 이제 이 분류 문제를 해결하는 뚜렷한 열쇠가 되는 군을 소개한다. 군 G는 항상 자명한 부분군 $\langle e \rangle$와 G 자신을 두 정규부분군으로 갖는다(8.2절의 연습문제 4). 모든 정규부분군이 $\langle e \rangle$와 G뿐일 때 G를 **단순군**(simple group)이라고 한다.

예제 8

소수 p에 대하여, 덧셈에 대한 군 $\mathbb{Z}_p$의 임의의 (정규)부분군 H는 Lagrange 정리에 따라, 위수가 p의 약수가 되어야 한다. 그러므로 H의 위수는 1 또는 p이어야 하고, 그 결과, $H = \langle 0 \rangle$ 또는 $H = \mathbb{Z}_p$이다. 따라서 $\mathbb{Z}_p$는 단순군이다.

정리 8.25

Abel 군 G가 단순군일 필요충분조건은 G가 어떤 소수 p에 대하여 덧셈군 $\mathbb{Z}_p$와 동형이다.

증명

앞의 예는 $\mathbb{Z}_p$와 동형인 임의의 군은 단순군임을 보여준다. 역으로, G가 단순군이라 가정하자. Abel 군의 부분군은 모두 정규부분군이므로, G는 $\langle e \rangle$와 G를 제외하고 다른 부분군을 절대로 갖지 않는다. 그러므로 a가 G의 항등원이 아닌 임의의 원소이면 순환부분군 $\langle a \rangle$는 G 자신과 같아야 한다. 정리 7.19에 따라 임의의 무한 순환군은 $\mathbb{Z}$와 동형이고, $\mathbb{Z}$는 무수히 많은 진부분군을 가지므로 $G = \langle a \rangle$는 어떤 유한위수 n을 갖는 순환군이어야 한다. 만약 n이 합성수, 말하자면 $1 < d < n$에 대하여 $n = dt$이면 $\langle a^t \rangle$는 정리 7.9의 (3)항에 따라 G의 위수가 d인 부분군이고, G가 단순군이므로 이 것은 불가능하다. 그러므로 G는 소수 위수의 순환군이고, 따라서 정리 7.19로부터 어떤 $\mathbb{Z}_p$와 동형이다. ■

비가환 단순군은 비교적 드물다. 1000 보다 작은 위수를 갖는 것은 다섯 개뿐이고, 1,000,000보다 작은 위수는 56개뿐이다. 비가환 단순군의 큰 모임인 대칭군들을 8.5절에서 살펴볼 것이다.

이제 왜 단순군이 모든 군들에 대한 기본 구성요소가 되는지를 알아본다. G가 유한군이면 G 자신과 다른 정규부분군을 유한개 갖는다. ($\langle e \rangle$는 정규부분군이므로 그런 부분군이 적어도 하나는 있다.) G_1을 (G와 다른) 가능한 한 가장 큰 위수의 정규부분군이라고 하자. G/G_1이 단순군임을 확인하자. 만약 G/G_1이 정규 진부분군을 갖는다고 하면 정리 8.24와 따름정리 8.23으로부터, 이 부분군은 M/G_1 형태이고 여기서 M은 $G_1 \subsetneq M \subsetneq G$인 G의 정규부분군이다. 이 경우 M은 G와 다르고 $|G_1|$보다 큰 위수를 갖는 정규부분군이고, 이것은 모순이다. 따라서 G/G_1은 단순군이다.

만약 $G_1 \neq \langle e \rangle$이라면 G_2를 (G_1과 다른) 가능한 한 가장 큰 위수를 갖는 G의 정규부분군이라 하자(G_2는 G_1의 정규부분군이지만, G의 정규부분군일 필요는 없다). 앞 단락에서의 논법을 G 대신에 G_1으로, G_1 대신에 G_2로 하면 이것은 G_1/G_2가 단순군임을 보여준다. 유사하게 $G_2 \neq \langle e \rangle$이면 $G_3 \neq G_2$이고 G_2/G_3는 단순군인 G_2의 정규부분군 G_3가 존재한다. 이 과정은 G_n이 항등원 부분군이 될 때까지 진행할 수 있다(이것은 각 단계에서 G_i의 위수가 더 작아지므로 꼭 일어나야 한다). 그러면 각 G_i가 그 앞의 정규부분군이고 각 몫군 G_i/G_{i+1}이 단순군인 군들의 나열

$$G = G_0 \supsetneq G_1 \supsetneq G_2 \supsetneq G_3 \supsetneq \cdots \supsetneq G_{n-1} \supsetneq G_n = \langle e \rangle$$

을 얻는다. 이들 단순군 G_0/G_1, G_1/G_2, ..., G_{n-1}/G_n을 G의 **합성인자**(composition factor)라 한다.

유한군 G의 합성인자는 부분군 G_i의 선택에 무관함을 보일 수 있다. 다르게 말하면, G_i를 다르게 선택하여도 얻어진 단순군인 몫군은 앞 절에서 얻은 것 중 하나와 동형일 것이다. 이것은 G의 모든 합성인자는 G의 구조에 따라 완전히 결정되고, 분류 문제의 해결을 위한 전략을 제시한다. 먼저 모든 단순군을 분류한 다음 임의의 군의 구조가 그 군의 합성인자들에 의하여 어떻게 결정되는지 보여줄 수 있다면, 모든 군을 분류하는 것이 가능할 것이다.

좋은 소식은 이 계획의 첫 반은 이미 성공했다는 것이다. 40년 이상 전 세계의 많은 군론 학자가 이 문제를 여러 측면에서 연구하였고, 결국 임의의 유한 단순군을 정확히 한 개씩 포함하는 단순군의 목록을 얻었다.* 이 장대한 결과의 완전한 증명은 10,000 페이지 이상에 달한다! 유한 단순군에 관한 연구의 간단한 역사를 위하여, Gallian [23] 또는 Steen [25]를 보라.

* 증명은 1981년 처음 알려졌으나, 몇 년 후 증명에 빈틈이 발견되었다. 2004년까지 이 빈틈이 메워졌다.

■ 연습문제

노트: 혼동을 피하는 것이 꼭 필요할 때, $\mathbb{Z}_n$에서 a의 합동류를 $[a]_n$으로 나타낸다.

A. 연습문제 1~10에서 주어진 함수가 준동형사상임을 입증하고, 그것의 핵을 구하라.

1. $f:\mathbb{C}\to\mathbb{R}$, 여기서 $f(a+bi)=b$

2. $g:\mathbb{R}^*\to\mathbb{Z}_2$, 여기서 $x>0$일 때 $g(x)=0$이고, $x<0$일 때 $g(x)=1$

3. $h:\mathbb{R}^*\to\mathbb{R}^*$, 여기서 $h(x)=x^3$

4. $f:\mathbb{Q}^*\to\mathbb{Q}^{**}$, 여기서 $f(x)=|x|$

5. $g:\mathbb{Q}\times\mathbb{Z}\to\mathbb{Z}$, 여기서 $g((x,y))=y$

6. $h:\mathbb{C}\to\mathbb{C}$, 여기서 $h(x)=x^4$

7.* $f:S_n\to\mathbb{Z}_2$, 여기서 σ가 짝치환일 때 $f(\sigma)=0$이고, σ가 홀치환일 때 $f(\sigma)=1$

8. $f:\mathbb{Z}_{12}\to\mathbb{Z}_{12}$, 여기서 $f(x)=3x$

9. $f:\mathbb{Z}\to\mathbb{Z}_2\times\mathbb{Z}_4$, 여기서 $f(a)=([a]_2,[a]_4)$

10. $\varphi:S_n\to S_{n+1}$, 여기서 임의의 $f\in S_n$에 대하여 $\varphi(f)\in S_{n+1}$을 다음과 같이 정의한다.

$$\varphi(f)(k)=\begin{cases} f(k) & 1\le k\le n\text{일 때} \\ n+1 & k=n+1\text{일 때} \end{cases}$$

11. 양의 정수 k, n, r에 대하여, $k\mid n$이라고 하자. $f([a]_n)=[ra]_k$로 주어진 $f:\mathbb{Z}_n\to\mathbb{Z}_k$는 ($[a]_n=[b]_n$이면 $[ra]_k=[rb]_k$인 의미로) 잘 정의된 함수임을 보이라.

* 7.5절을 읽지 않았으면 이 연습문제는 건너뛰라.

연습문제 12~14에서 주어진 함수가 전사이고 덧셈에 대한 군의 준동형사상임을 밝히라. 그런 다음 핵을 구하고, 핵과 동형인 순환군을 특정하라. [연습문제 11이 도움이 될 것이다.]

12. $h : \mathbb{Z}_{12} \to \mathbb{Z}_6$, 여기서 $h([a]_{12}) = [a]_6$

13. $h : \mathbb{Z}_{16} \to \mathbb{Z}_4$, 여기서 $h([a]_{16}) = [3a]_4$

14. $h : \mathbb{Z}_{18} \to \mathbb{Z}_3$, 여기서 $h([x]_{18}) = [2x]_3$

15. 예제 5에서의 군 H와 $\overline{H}$ 에 대하여 $H \cong \overline{H}$ 임을 보이라.

16. $f(a+bi) = a^2 + b^2$ 으로 주어진 함수 $f : \mathbb{C}^* \to \mathbb{R}^{**}$ 는 전사이고, 군의 준동형사상임을 증명하라.

17. (a) $\mathbb{Z}_{12}$의 임의의 준동형상이 꼭 하나씩의 군과 동형이 되도록 하는 군의 목록을 작성하라. [**힌트**: 7.4절의 연습문제 26을 보라.]
    (b) $\mathbb{Z}_{20}$에 대하여 같은 것을 하라.

18. D_4의 모든 준동형상을 구하라.

19. S_3의 모든 준동형상을 구하라.

20. (a) $H = \{0, 6\}$일 때 $\mathbb{Z}_{12}/H$의 모든 부분군을 열거하라.
    (b) $K = \{0, 4, 8, 12, 16\}$일 때, $\mathbb{Z}_{20}/K$의 모든 부분군을 열거하라.

21. 단순군 G에 대하여, $f : G \to H$를 전사인 군의 준동형사상이라고 하자. f는 동형사상이거나 $H = \langle e \rangle$임을 증명하라.

B. 22. G를 Abel 군이라 하자.
    (a) $K = \{a \in G \mid |a| \le 2\}$는 G의 부분군임을 보이라.
    (b) $H = \{x^2 \mid x \in G\}$는 G의 부분군임을 보이라.
    (c) $G/K \cong H$임을 증명하라. [**힌트**: 핵이 K인 G에서 H로의 전사인 준동형사상을 정의하라.]

23. 군 G의 정규부분군 N에 대하여, T가 G/N의 부분군이면 $H=\{a\in G \mid Na\in T\}$는 G의 부분군임을 보이라.

24. $k \mid n$일 때, $f([x]_n)=[x]_k$로 주어진 $f: U_n \to U_k$ 는 준동형사상임을 보이고, f 의 핵을 구하라.

25. $(\mathbb{Z}\times\mathbb{Z})/\langle(1,1)\rangle \cong \mathbb{Z}$ 임을 증명하라. [힌트: $f((a,b))=a-b$로 주어진 $f:\mathbb{Z}\times\mathbb{Z}\to\mathbb{Z}$는 전사인 준동형사상임을 보이라.]

26. $(\mathbb{Z}\times\mathbb{Z})/\langle(2,2)\rangle \cong \mathbb{Z}\times\mathbb{Z}_2$ 임을 증명하라. [힌트: $h((a,b))=(a-b,[b]_2)$로 주어진 $h:\mathbb{Z}\times\mathbb{Z}\to\mathbb{Z}\times\mathbb{Z}_2$는 전사인 준동형사상임을 보이라.]

27. 군 G의 정규부분군 M과 군 H의 정규부분군 N에 대하여, $M\times N$이 $G\times H$의 정규부분군이고 $(G\times H)/(M\times N)\cong G/M\times H/N$임을 제1동형사상 정리를 이용하여 증명하라.

28. 8.2절의 연습문제 25에 따라, $SL(2,\mathbb{R})$은 $GL(2,\mathbb{R})$의 정규부분군이다. $GL(2,\mathbb{R})/SL(2,\mathbb{R})$은 영이 아닌 모든 실수의 곱셈에 대한 군 $\mathbb{R}^*$와 동형임을 증명하라.

29. $k \mid n$일 때, $\mathbb{Z}_n/\langle k\rangle \cong \mathbb{Z}_k$임을 증명하라. [연습문제 11이 도움이 될 것이다.]

30. 유한군의 준동형사상 $f: G\to H$에 대하여, $|\mathrm{Im}f|$는 $|G|$와 $|H|$의 공약수임을 증명하라. [$\mathrm{Im}f$는 정리 7.20 앞에서 정의하였다.]

31. $\mathbb{Z}_{12}\cong\mathbb{Z}_3\times\mathbb{Z}_4$임을 증명하라. [$f(a)=([a]_3,[a]_4)$로 주어진 함수 $f:\mathbb{Z}\to\mathbb{Z}_3\times\mathbb{Z}_4$를 생각하라.]

32. 군 G의 정규부분군 M과 군 H의 정규부분군 N에 대하여, $f: G\to H$가 $f(M)\subseteq N$인 준동형사상이면 $g(Ma)=Nf(a)$로 주어진 대응 $g: G/M\to H/N$은 잘 정의된 함수이고, 준동형사상임을 증명하라.

33. $f: G\to H$를 핵이 K이고 전사인 군의 준동형사상이라고 하자. H의 모든 부분군의 집합과 K를 포함하는 G의 모든 부분군의 집합 사이에 전단사함수가 존재함을 증명하라.

34. (3×3 행렬들을 어떻게 곱하는지 알고 있는 사람을 위한 연습문제) G를

$$\begin{pmatrix}1 & a & b\\ 0 & 1 & c\\ 0 & 0 & 1\end{pmatrix}, \quad a,\ b,\ c\in\mathbb{Q}$$

형태의 모든 행렬들의 집합이라 하자.

(a) G는 행렬의 곱셈에 대하여 군임을 보이라.

(b) G의 중심 C를 구하고, C는 덧셈에 대한 모든 유리수의 군 $\mathbb{Q}$와 동형임을 보이라.

(c) G/C는 덧셈에 대한 군 $\mathbb{Q}\times\mathbb{Q}$와 동형임을 보이라.

35. 7.1절의 연습문제 33과 34에서의 군 G와 H에 대하여 제1동형사상 정리를 적용하여, H가 G의 정규부분군이고 G/H는 영이 아닌 모든 실수의 곱셈에 대한 군 $\mathbb{R}^*$와 동형임을 증명하라. [**힌트**: $f(T_{a,b})=a$로 주어진 사상 $f: G\to\mathbb{R}^*$을 생각하라.]

36. 군 G의 정규부분군 N과 군의 준동형사상 $f: G\to H$에 대하여, f의 N에 대한 제한이 동형사상으로 $N\cong H$라고 하자. f의 핵을 K라 하면 $G\cong N\times K$임을 증명하라. [**힌트**: 8.2절의 연습문제 30.]

37. $\mathbb{Q}^*\cong\mathbb{Q}^{**}\times\mathbb{Z}_2$임을 증명하라. [**힌트**: 연습문제 4와 36.]

38. 군 G의 정규부분군 N에 대하여, G/N이 단순군일 필요충분조건은 $N\subsetneq K\subsetneq G$를 만족하는 정규부분군 K가 존재하지 않음을 증명하라. [**힌트**: 따름정리 8.23과 정리 8.24.]

39.* 덧셈에 대한 군 $\mathbb{Z}[x]$는 $\mathbb{Z}$ (모든 상수다항식의 집합)를 정규부분군으로 포함한다. $\mathbb{Z}[x]/\mathbb{Z}$는 $\mathbb{Z}[x]$에 동형임을 보이라. 이 예는 $G/N\cong G$가 꼭 $N=\langle e\rangle$임을 의미하는 것이 아님을 보여준다. [**힌트**: $T(f(x))=\mathbb{Z}+xf(x)$로 주어진 사상 $T:\mathbb{Z}[x]\to\mathbb{Z}[x]/\mathbb{Z}$를 생각하라.]

C. 40. **(제2동형사상 정리)** K가 군 G의 부분군이고 N이 G의 정규부분군이면 8.2절의 연습문제 20에 따라, $NK=\{nk\mid n\in N,\ k\in K\}$는 N과 K를 모두 포함하는 G의 부분군이다.

* 4.1절의 첫 부분을 읽지 않았으면 이 연습문제는 건너뛰라.

(a) N은 NK의 정규부분군임을 증명하라.

(b) $f(k) = Nk$로 주어진 함수 $f : K \to NK/N$는 전사이고, 핵이 $K \cap N$인 준동형사상임을 증명하라.

(c) $K/(N \cap K) \cong NK/N$임을 결론지으라.

41. Cayley 정리 7.21은 군 G를 치환군 $A(G)$의 부분군으로 표현한다. 군 G를 치환군으로 표현하는 더 효율적인 방법이 다음의 일반화된 Cayley 정리로부터 나오게 된다. 군 G의 부분군 K에 대하여, T를 K의 모든 서로 다른 우잉여류의 집합이라 하자.

(a) $a \in G$이면 $f_a(Kb) = Kba$로 주어진 사상 $f_a : T \to T$는 집합 T의 치환임을 보이라.

(b) $\varphi(a) = f_{a^{-1}}$로 주어진 함수 $\varphi : G \to A(G)$는 K에 포함되는 핵을 갖는 군의 준동형사상임을 증명하라.

(c) K가 G의 정규부분군이면 K가 φ의 핵임을 증명하라.

(d) $K = \langle e \rangle$와 함께 (b)와 (c)를 적용하여, Cayley 정리를 증명하라.

42. 군 G에 대하여, N이 가환이고 G/N이 가환인 G의 정규부분군 N이 존재할 때 G를 **메타-Abel 군**(metabelian group)이라 한다.

(a) S_3는 메타-Abel 군임을 보이라.

(b) 메타-Abel 군의 임의의 준동형상은 메타-Abel 군임을 증명하라.

(c) 메타-Abel 군의 임의의 부분군은 메타-Abel 군임을 증명하라.

응용: (16.2절의) 코드복원화 기법(decoding technique)을 원한다면 여기서 다룰 수 있다.

8.5 A_n의 단순군 증명*

단순군은 유한군에 대한 분류 문제를 해결하는 열쇠가 된다는 것을 8.4절의 끝에서 살펴보았다. 이 사실과 함께, 다음 정리는 대칭군 A_n이 중요한 하나의 이유이다.

* 7.5절은 필요한 선행학습 요건이다. 이 절은 이후로는 사용하지 않으니, 원한다면 제외하여도 좋다.

정리 8.26

임의의 $n \neq 4$에 대하여 대칭군 A_n은 단순군이다.

군 A_4는 단순군이 아니다(연습문제 7). 비록 정리 8.26의 증명이 상당히 길지만, 대칭군과 정규부분군에 관한 기본적인 성질만을 필요로 한다. $(abcd)$나 $(a2b)$ 또는 $(ab)(cd)$와 같은 치환을 취급하는 증명에는 여러 가지 경우가 있을 것이다. 그런 모든 경우에

서로 다른 문자는 $\{1, 2, ..., n\}$의 서로 다른 숫자를 나타낸다.

증명을 위하여 다음 두 보조정리가 필요하다.

보조정리 8.27

$n \geq 3$에 대하여 A_n의 임의의 원소는 3-순환치환들의 곱이다.

증명

정의에 따라 A_n의 임의의 원소는 호환의 짝들의 곱이다. 그런데 임의의 그런 짝은 $(ab)(cd)$나 $(ab)(ac)$ 또는 $(ab)(ab)$ 중에서 어떤 한 형태이어야 한다. 첫 번째 경우는 $(ab)(cd) = (adb)(adc)$이고, 두 번째는 $(ab)(ac) = (acb)$, 또 마지막은 $(ab)(ab) = (1) = (abc)(acb)$임을 확인하라. 따라서 임의 호환의 짝은 3-순환치환이거나 두 개의 3-순환치환의 곱이다. 그러므로 임의의 호환의 짝들의 곱은 3-순환치환들의 곱이다. ■

보조정리 8.28

($n \geq 3$에 대하여) A_n의 정규부분군 N이 어떤 3-순환치환을 포함하면 $N = A_n$이다.

증명

표기의 편의성을 위하여 $(123) \in N$이라고 가정하자. [$(rst) \in N$일 때 논법은 1, 2, 3을 각각 r, s, t로 바꾸기만 하면 같다.] $(123) \in N$이므로 $(123)(123) = (132)$도 역시 N에 속한다. $k \geq 4$일 때 $x = (12)(3k)$라 두고 $x^{-1} = (3k)(12)$임을 확인하라. N이 정규부분군이므로 정리 8.11로부터 $x(132)x^{-1} \in N$이다. 그런데

$$x(132)x^{-1} = (12)(3k)(132)(3k)(12) = (12k)$$

이고, 따라서

(*) N은 $k \geq 3$인 $(12k)$ 형태의 모든 3-순환치환을 포함한다.

임의의 다른 3-순환치환은 다음 중 하나의 형태로 나타낼 수 있다.

$$(1a2), \quad (1ab), \quad (2ab), \quad (abc)$$

여기서 $a, b, c \geq 3$이다. (*)와 N의 닫힘 성질에 따라

$$(1a2) = (12a)(12a) \in N$$
$$(1ab) = (12b)(12a)(12a) \in N$$
$$(2ab) = (12b)(12b)(12a) \in N$$
$$(abc) = (12a)(12a)(12c)(12b)(12b)(12a) \in N$$

이다. 따라서 N은 모든 3-순환치환을 포함하고, 그러므로 N은 닫힘 성질에 따라 모든 3-순환치환의 곱을 포함한다. 결과적으로 보조정리 8.27에 따라 $N = A_n$이다. ■

이제 정리 8.26을 증명할 준비가 되었다. 다음 사실은 자주 사용할 것이다.

(**) 순환치환 $(a_1 a_2 a_3 \cdots a_k)$의 역원은 순환치환 $(a_1 a_k a_{k-1} \cdots a_3 a_2)$이다.

예를 들어, $(12345)^{-1} = (15432)$이고 $(678)^{-1} = (687)$이고, 이것을 쉽게 확인할 수 있다.

정리 8.26의 증명

A_2와 A_3는 가환 단순군이다(연습문제 2). 따라서 $n \geq 5$라고 하자. A_n이 정규 진부분군을 갖지 않음을 보여야 한다. N을 $N \neq \langle(1)\rangle$인 A_n의 임의의 정규부분군이라 하자. $N = A_n$임을 보이면 된다. N의 항등원이 아닌 임의의 원소는 서로 소인 순환치환들의 곱으로 나타낼 때, 그 순환치환들의 길이에 대한 다음 세 가지의 가능성이 있다.

1. 길이 ≥ 4인 순환치환이 존재
2. 임의의 순환치환의 길이 ≤ 3이고, 길이가 3인 것이 존재
3. 임의의 순환치환의 길이 ≤ 2

각 경우에 $N = A_n$임을 보일 것이다.

경우 1 N이 적어도 하나는 길이 $r \geq 4$이고 서로 소인 순환치환들의 곱인 어떤 원소 σ를 포함한다. 표기의 편의성을 위해 $\sigma = (1234 \cdots r)\tau$라 하자.* 여기서 τ는 번호

1, 2, 3, 4, ..., r의 어느 것도 포함하지 않는 서로 소인 순환치환들의 곱이다. $\delta = (1\,2\,3) \in A_n$이라고 하자. N은 부분군이고 $\delta = (1\,2\,3) \in N$이므로, 정리 8.11로부터 $\sigma^{-1}(\delta\sigma\delta^{-1}) \in N$이다. 단순한 계산으로 다음을 알 수 있다.

$$\begin{aligned}
\sigma^{-1}(\delta\sigma\delta^{-1}) &= [(1\,2\,3\,4 \cdots r)\tau]^{-1}(1\,2\,3)[(1\,2\,3\,4 \cdots r)\tau](1\,2\,3)^{-1} \\
&= \tau^{-1}(1\,2\,3\,4 \cdots r)^{-1}(1\,2\,3)[(1\,2\,3\,4 \cdots r)\tau](1\,2\,3)^{-1} && [\text{따름정리 7.6}] \\
&= \tau^{-1}(1\,r \cdots 4\,3\,2)(1\,2\,3)(1\,2\,3\,4 \cdots r)\tau(1\,3\,2) && [\text{진술 (**)}] \\
&= \tau^{-1}\tau(1\,r \cdots 4\,3\,2)(1\,2\,3)(1\,2\,3\,4 \cdots r)(1\,3\,2) && [\text{정리 7.23}] \\
&= (1)(1\,3\,r) = (1\,3\,r)
\end{aligned}$$

그러므로 $(1\,3\,r) \in N$이고, 보조정리 8.28로부터 $N = A_n$이다.

경우 2A N이 적어도 두 개는 길이 $r \le 3$이고 서로 소인 순환치환들의 곱인 어떤 원소 σ를 포함한다. 표기의 편리함을 위해 $\sigma = (1\,2\,3)(4\,5\,6)\tau$라 하자. 여기서 τ는 번호 1, 2, ..., 6의 어느 것도 포함하지 않는 서로 소인 순환치환들의 곱이다. $\delta = (1\,2\,4) \in A_n$이라 두자. 경우 1에서처럼, N은 $\sigma^{-1}(\delta\sigma\delta^{-1})$를 포함하고, 유사한 계산으로 다음을 얻는다.

$$\begin{aligned}
\sigma^{-1}(\delta\sigma\delta^{-1}) &= [(1\,2\,3)(4\,5\,6)\tau]^{-1}(1\,2\,4)(1\,2\,3)(4\,5\,6)\tau(1\,2\,4)^{-1} \\
&= \tau^{-1}(4\,5\,6)^{-1}(1\,2\,3)^{-1}(1\,2\,4)(1\,2\,3)(4\,5\,6)\tau(1\,2\,4)^{-1} && [\text{따름정리 7.6}] \\
&= \tau^{-1}(4\,6\,5)(1\,3\,2)(1\,2\,4)(1\,2\,3)(4\,5\,6)\tau(1\,4\,2) && [\text{진술 (**)}] \\
&= \tau^{-1}\tau(4\,6\,5)(1\,3\,2)(1\,2\,4)(1\,2\,3)(4\,5\,6)(1\,4\,2) && [\text{정리 7.23}] \\
&= (1\,4\,2\,6\,3)
\end{aligned}$$

그러므로 $(1\,4\,2\,6\,3) \in N$이고, 경우 1로부터 $N = A_n$이다.

경우 2B N이 3-순환치환 한 개와 몇 개의 2-순환치환들의 곱인 원소 σ를 포함한다. $\sigma = (1\,2\,3)\tau$라 두자. 여기서 τ는 번호 1, 2, 3의 어느 것도 포함하지 않는 서로 소인 호환들의 곱이다. 서로 소인 호환들의 곱의 역원은 자기 자신이므로(연습문제 5) 정리 7.23에 따라

$$\sigma^2 = (1\,2\,3)\tau(1\,2\,3)\tau = (1\,2\,3)(1\,2\,3)\tau\tau = (1\,2\,3)(1\,2\,3) = (1\,3\,2)$$

이다. 그런데 $\sigma \in N$이므로 $\sigma^2 \in N$이다. 그러므로 $(1\,3\,2) \in N$이고, 보조정리 8.28에 따라 $N = A_n$이다.

* $(1\,2\,3\,4 \cdots r)$ 대신에 임의의 r–순환치환 $(a\,b\,c\,d \cdots t)$에 대하여 같은 논법이 적용된다. 단지 1을 a로, 2를 b로, 등등으로 바꾸기만 하면 된다. 논법을 알기 쉽게 하려고 특별한 순환치환을 사용하는 **다른 경우에도 유사한 언급이 적용된다.**

경우 2C N이 3-순환치환을 포함한다. 보조정리 8.28에 따라 $N = A_n$이다.

경우 3 N의 임의의 원소가 짝수개의 서로 소인 호환들의 곱이다. 그러면 N의 전형적인 원소 σ는 $(1\,2)(3\,4)\tau$의 형태이다. 여기서 τ는 번호 1, 2, 3, 4의 어느 것도 포함하지 않는 서로 소인 호환들의 곱이다. $\delta = (1\,2\,3) \in A_n$이라고 두자. 그러면 앞에서와 같이 $\sigma^{-1}(\delta\sigma\delta^{-1}) \in N$이다. 따름정리 7.6, 정리 7.23과 진술 (**)를 이용하여

$$\sigma^{-1}(\delta\sigma\delta^{-1}) = \tau^{-1}(3\,4)(1\,2)(1\,2\,3)(1\,2)(3\,4)\tau(1\,3\,2) = (1\,3)(2\,4)$$

임을 알 수 있다. $n \geq 5$이므로 1, 2, 3, 4와 다른 $\{1, 2, \ldots, n\}$의 어떤 원소 k가 존재한다. $\alpha = (1\,3\,k) \in A_n$이라 하고 $\beta = (1\,3)(2\,4)$라 하자. β가 N에 속하는 것을 바로 앞에서 알고 있다. 그러면 N은 정규부분군이므로 $\beta(\alpha\beta\alpha^{-1}) \in N$이다. 그런데

$$\beta(\alpha\beta\alpha^{-1}) = (1\,3)(2\,4)(1\,3\,k)(1\,3)(2\,4)(1\,k\,3) = (1\,3\,k)$$

이다. 따라서 $(1\,3\,k) \in N$이고, 보조정리 8.28에 따라 $N = A_n$이다. ■

정리 8.26은 S_n의 정규부분군에 관한 흥미 있는 사실을 이끈다.

따름정리 8.29

$n \geq 5$일 때 S_n의 정규부분군은 $\langle(1)\rangle$와 A_n 그리고 S_n뿐이다.

증명의 윤곽

N이 S_n의 임의의 정규부분군이라 하자. $N \cap A_n$은 A_n의 정규부분군이다(8.2절의 연습문제 19). 정리 8.26에 따라, $N \cap A_n$은 A_n 또는 $\langle(1)\rangle$이어야 한다. 만약 $N \cap A_n = A_n$이면 N은 A_n 또는 S_n이다(연습문제 10). 만약 $N \cap A_n = \langle(1)\rangle$이면 N의 항등원이 아닌 모든 원소는 홀치환이다. 두 개의 홀치환의 곱은 짝치환, 즉 A_n의 원소이고 $N \cap A_n = \langle(1)\rangle$이므로 N의 임의의 두 원소의 곱은 (1)이다. 따라서 $N = \langle(1)\rangle$이다(연습문제 8과 9). ■

■ 연습문제

A. 1. (a) S_4에서 모든 3-순환치환을 열거하라.

(b) A_4의 모든 원소를 열거하고 각각을 3-순환치환의 곱으로 나타내라.

2. (a) $A_2 = \langle (1) \rangle$ 임을 확인하라.

   (b) A_3는 위수 3인 순환군임을 보이라. 따라서 정리 8.25로부터 A_3는 단순군이다.

3. 군 A_4의 중심을 구하라.

4. $n \geq 5$ 일 때 A_n의 중심은 무엇인가?

B. 5. $\sigma \in S_n$ 이 서로 소인 호환들의 곱이면 $\sigma^2 = (1)$ 임을 증명하라.

6. A_5는 위수 30의 부분군을 갖지 않음을 증명하라. [**힌트**: 8.2절의 연습문제 23.]

7. $N = \{(1), (1\,2)(3\,4), (1\,3)(2\,4), (1\,4)(2\,3)\}$은 A_4의 정규부분군임을 증명하라. 따라서 A_4는 단순군이 아니다. [**힌트**: 7.5절의 연습문제 23. 정규임을 보이기 위하여, 연습문제 1 (a)와 단순한 계산을 이용하라.]

8. $S_n\,(n \geq 3)$에서 위수가 2인 정규부분군은 존재하지 않음을 증명하라. [**힌트**: 7.5절의 연습문제 26과 8.2절의 연습문제 16.]

9. S_n의 부분군 N에 대하여, 항등원이 아닌 모든 $\sigma, \tau \in N$에 대하여 $\sigma\tau = (1)$ 이면 $N = \langle (1) \rangle$ 이거나 N은 위수가 2인 순환군임을 증명하라. [**힌트**: $N \neq \langle (1) \rangle$ 이면 σ를 N의 항등원이 아닌 어떤 원소라 하자. σ의 위수는 2임을 보이라. τ가 N의 항등원이 아닌 원소이면 $\sigma = \tau$ 임을 보이라.]

10. S_n의 정규부분군 N에 대하여, $N \cap A_n = A_n$이면 $N = A_n$ 또는 $N = S_n$임을 증명하라. [**힌트**: 왜 $A_n \subseteq N \subseteq S_n$인가? 정리 7.29와 Lagrange 정리를 이용하라.]

11. A_n은 S_n에서 지수가 2인 유일한 부분군임을 증명하라. [**힌트**: 8.2절의 연습문제 23과 따름정리 8.29.]

12. $f : S_n \to S_n$이 준동형사상이면 $f(A_n) \subseteq A_n$임을 증명하라.

PART 2

고급 주제

CHAPTER 9

군 이론의 주요 주제

이 장에서는 8.1절에서 소개하였던 유한군에 대한 분류 문제의 여러 가지 상황을 좀 더 깊이 있게 살펴본다. 9.1절에서 필수적인 예비 사항을 전개한 다음, 9.2절에서는 모든 유한 Abel 군을 동형사상 기준으로 분류한다. 비가환 군을 분석하기 위한 기본적인 도구를 9.3절과 9.4절에서 보여준다. 이 결과들과 유한군의 구조에 관한 여러 가지 다른 사실의 응용을 9.5절에서 살펴보고, 여기서 위수가 작은 군들을 분류한다.

9.3절과 9.4절은 9.1절 및 9.2절과는 독립적이므로, 원한다면 먼저 읽어도 된다. 9.1절 ~ 9.4절은 9.5절을 위해 우선 필요한 내용이다.

9.1 직접곱

군 G와 H에 대하여, 곱집합(Cartesian product) $G \times H$는 좌표별로 정의되는 연산에 대하여 군이다(정리 7.4). 이 절에서는 이 개념을 여러 개의 군으로 확장한다. 그런 다음, 군이 그것의 어떤 부분군들의 직접곱과 동형이 되는 조건을 조사한다. 이 부분군들이 특별히 간단한 종류이면 군의 구조는 완전히 결정될 수 있으며, 이것을 9.2절에서 파헤쳐 볼 것이다. 일반적인 논리 전반에 걸쳐, 모든 군을 곱셈으로 표시하지만, 익숙한 덧셈에 대한 군의 특별한 예들은 보통처럼 덧셈으로 나타낸다.

군 $G_1, G_2, \ldots, G_n$에 대하여, 곱집합(Cartesian product) $G_1 \times G_2 \times \cdots \times G_n$에서 좌표별 연산을 다음과 같이 정의한다.

$$(a_1, a_2, \ldots, a_n)(b_1, b_2, \ldots, b_n) = (a_1 b_1, a_2 b_2, \ldots, a_n b_n)$$

이 연산에 대하여 $G_1 \times G_2 \times \cdots \times G_n$이 군임을 밝히기는 쉽다. 즉, e_i가 G_i의 항등원일 때 $(e_1, e_2, \ldots, e_n)$은 $G_1 \times G_2 \times \cdots \times G_n$의 항등원이고, $(a_1, a_2, \ldots, a_n)$의 역원은 $(a_1^{-1}, a_2^{-1}, \ldots, a_n^{-1})$이다. 이 군을 $G_1, G_2, \ldots, G_n$의 **직접곱**(direct product)이라고 한다.*

예제 1

U_n은 $\mathbb{Z}_n$의 모든 가역원의 곱셈에 대한 군이고, $U_4 = \{1, 3\}$ 및 $U_6 = \{1, 5\}$임을 상기하라(정리 2.10을 보라). 직접곱 $U_4 \times U_6 \times \mathbb{Z}_3$은 다음 12개의 삼중 순서쌍(triple)으로 이루어진다.

$$(1,1,0),\quad (1,1,1),\quad (1,1,2),\quad (1,5,0),\quad (1,5,1),\quad (1,5,2),$$
$$(3,1,0),\quad (3,1,1),\quad (3,1,2),\quad (3,5,0),\quad (3,5,1),\quad (3,5,2)$$

U_4의 위수는 2이고, U_6의 위수는 2, $\mathbb{Z}_3$의 위수는 3이고, 직접곱 $U_4 \times U_6 \times \mathbb{Z}_3$는 위수가 $2 \cdot 2 \cdot 3 = 12$임을 주목한다. 유사하게 일반적으로

$G_1, G_2, \ldots, G_n$이 유한군이면 $G_1 \times G_2 \times \cdots \times G_n$의 위수는 $|G_1| \cdot |G_2| \cdots |G_n|$이다.

앞의 예제에서, 군 U_4, U_6와 $\mathbb{Z}_3$는 직접곱 $U_4 \times U_6 \times \mathbb{Z}_3$에 포함되지 않음을 주목하는 것이 중요하다. 예를 들면, 5는 U_6의 원소이지만 5는 $U_4 \times U_6 \times \mathbb{Z}_3$에 속하지 않는다. 왜냐하면 $U_4 \times U_6 \times \mathbb{Z}_3$의 모든 원소는 삼중 순서쌍이기 때문이다. 일반적으로, $1 \le i \le n$에 대하여

G_i는 직접곱 $G_1 \times G_2 \times \cdots \times G_n$의 부분군이 아니다.†

이 상황이 완전히 만족스럽지 않지만, 관점을 약간 바꾸면 각 성분 군을 부분군으로 생각할 수 있는 직접곱의 개념으로 발전시킬 수 있다.

* 각 G_i가 덧셈표기의 Abel 군일 때 $G_1, G_2, \ldots, G_n$의 직접곱을 때로는 **직합**(direct sum)이라 부르고, $G_1 \oplus G_2 \oplus \cdots \oplus G_n$으로 나타낸다.

† 그렇지만 G_i의 어떤 동형 복제가 $G_1 \times G_2 \times \cdots \times G_n$의 부분군임은 사실이다(연습문제 12를 보라).

예제 2

$M=\{0, 3\}$과 $N=\{0, 2, 4\}$가 $\mathbb{Z}_6$의 정규부분군임을 밝히기는 쉽다(해 보라!). 임의의 $\mathbb{Z}_6$의 원소는 M의 어떤 원소와 N의 어떤 원소의 합으로 꼭 한 가지 방법으로 나타낼 수 있다. 즉

$$\begin{array}{lll} 0=0+0 & 1=3+4 & 2=0+2 \\ 3=3+0 & 4=0+4 & 5=3+2. \end{array}$$

$\mathbb{Z}_6$의 모든 원소를 이 방법으로 합으로 나타내면 $\mathbb{Z}_n$에 대한 덧셈 연산표는 다음과 같아 보인다.

	$0+0$	$3+4$	$0+2$	$3+0$	$0+4$	$3+2$
$0+0$	$0+0$	$3+4$	$0+2$	$3+0$	$0+4$	$3+2$
$3+4$	$3+4$	$0+2$	$3+0$	$0+4$	$3+2$	$0+0$
$0+2$	$0+2$	$3+0$	$0+4$	$3+2$	$0+0$	$3+4$
$3+0$	$3+0$	$0+4$	$3+2$	$0+0$	$3+4$	$0+2$
$0+4$	$0+4$	$3+2$	$0+0$	$3+4$	$0+2$	$3+0$
$3+2$	$3+2$	$0+0$	$3+4$	$0+2$	$3+0$	$0+4$

$\mathbb{Z}_6$에 대한 이 연산표나 직접곱 $M\times N$에 대한 다음 연산표를 비교해 보라.

	$(0,0)$	$(3,4)$	$(0,2)$	$(3,0)$	$(0,4)$	$(3,2)$
$(0,0)$	$(0,0)$	$(3,4)$	$(0,2)$	$(3,0)$	$(0,4)$	$(3,2)$
$(3,4)$	$(3,4)$	$(0,2)$	$(3,0)$	$(0,4)$	$(3,2)$	$(0,0)$
$(0,2)$	$(0,2)$	$(3,0)$	$(0,4)$	$(3,2)$	$(0,0)$	$(3,4)$
$(3,0)$	$(3,0)$	$(0,4)$	$(3,2)$	$(0,0)$	$(3,4)$	$(0,2)$
$(0,4)$	$(0,4)$	$(3,2)$	$(0,0)$	$(3,4)$	$(0,2)$	$(3,0)$
$(3,2)$	$(3,2)$	$(0,0)$	$(3,4)$	$(0,2)$	$(3,0)$	$(0,4)$

두 연산표에서 유일한 차이점은 원소가 첫 번째는 $a+b$로 두 번째는 (a,b)로 표시된다는 것이다. 무엇보다도 이 연산표들은 각 원소 $(a,b)\in M\times N$을 $\mathbb{Z}_6$에서 그 좌표들의 합 $a+b$로 대응하는 동형사상에 의하여, 직접곱 $M\times N$이 $\mathbb{Z}_6$와 동형임을 보여준다.

결과적으로 $\mathbb{Z}_6$를 $\mathbb{Z}_6$의 외부에 있는 집합 $M\times N$을 생각하지 않고 순전히 내부적 방식의 직접곱으로 나타낼 수 있다. 즉, 각 원소를 $a\in M$이고 $b\in N$인 합 $a+b$로 꼭

한 가지 방법으로 나타낼 수 있다. 이제 이와 같은 생각을 $\mathbb{Z}_6$ 에서의 덧셈 대신에 곱셈 표기를 사용하여 일반화하여 보자.

정리 9.1

G의 정규부분군 $N_1, N_2, \ldots, N_k$에 대하여, 임의의 G의 원소를 $a_i \in N_i$ 인 $a_1 a_2 \cdots a_k$의 형태로 유일하게 나타낼 수 있으면 G는 직접곱 $N_1 \times N_2 \times \cdots \times N_k$와 동형이다.

증명은 다음의 유용한 사실에 의존한다.

보조정리 9.2

M과 N을 $M \cap N = \langle e \rangle$인 G의 정규부분군이라 하자. $a \in M$이고 $b \in N$이면 $ab = ba$ 이다.

증명

$a^{-1}b^{-1}ab$ 를 생각하자. M이 정규부분군이므로 정리 8.11에 의하여 $b^{-1}ab \in M$이다. M은 닫혀있으므로 $a^{-1}b^{-1}ab = a^{-1}(b^{-1}ab) \in M$ 임을 알 수 있다. 유사하게 N이 정규부분군이므로 $a^{-1}b^{-1}a \in N$이고, 따라서 $a^{-1}b^{-1}ab = (a^{-1}b^{-1}a)b \in N$ 이다. 그러므로 $a^{-1}b^{-1}ab \in M \cap N = \langle e \rangle$ 이다. $a^{-1}b^{-1}ab = e$ 의 양변의 왼쪽에 ba를 곱하면 $ab = ba$ 이다. ■

정리 9.1의 증명

이 정리 앞에 있는 예제의 설명을 따라, (그러나 곱셈표기를 사용하여) 사상

$$f : N_1 \times N_2 \times \cdots \times N_k \to G\text{를} \quad f(a_1, a_2, \ldots, a_k) = a_1 a_2 \cdots a_k\text{로}$$

정의하자. 가정에 의하여, G의 임의의 원소는 ($a_i \in N_i$ 인) $a_1 a_2 \cdots a_k$의 형태로 나타낼 수 있으므로 f는 전사이다. $f(a_1, a_2, \ldots, a_k) = f(b_1, b_2, \ldots, b_k)$라 하면 $a_1 a_2 \cdots a_k = b_1 b_2 \cdots b_k$이다. 유일성의 가정에 의하여, 각 $i\,(1 \le i \le k)$에 대하여 $a_i = b_i$이다. 그러므로 $N_1 \times N_2 \times \cdots \times N_k$에서

$$(a_1, a_2, \ldots, a_k) = (b_1, b_2, \ldots, b_k)$$

이고, 따라서 f는 단사이다.

f가 준동형사상임을 증명하기 위하여, 먼저 N_i 들이 서로 소인 부분군임을, 즉 $i \neq j$ 일 때 $N_i \cap N_j = \langle e \rangle$ 임을 보여야 한다. 만약 $a \in N_i \cap N_j$ 라 하면 a는 N_i 원소들의 곱으로 다음 두 가지 다른 방법으로 나타낼 수 있다.

$$\underset{\underset{N_1}{\uparrow}}{e}\; e \cdots e\; \underset{\underset{N_i}{\uparrow}}{a}\; e \cdots \underset{\underset{N_j}{\uparrow}}{e} \cdots \underset{\underset{N_k}{\uparrow}}{e} = a = \underset{\underset{N_1}{\uparrow}}{e}\; e \cdots \underset{\underset{N_i}{\uparrow}}{e} \cdots e\; \underset{\underset{N_j}{\uparrow}}{a}\; e \cdots \underset{\underset{N_k}{\uparrow}}{e}$$

유일성의 가정에 의하여 N_i의 성분이 같아야 한다. 즉 $a = e$이다. 따라서 $i \neq j$일 때 $N_i \cap N_j = \langle e \rangle$이다. f가 준동형사상임을 보이는 과정에서 이 사실을 반복적으로 사용할 것이다. 이것은 보조정리 9.2와 함께, $a_i \in N_i$와 $b_j \in N_j$에 대해 $a_i b_j = b_j a_i$ 임을 보여준다. 즉

$$\begin{aligned} f[(a_1, a_2, \ldots, a_k)(b_1, b_2, \ldots, b_k)] &= f(a_1 b_1, a_2 b_2, \ldots, a_k b_k) \\ &= a_1 b_1 a_2 b_2 a_3 b_3 \cdots a_k b_k \\ &= a_1 a_2 b_1 b_2 a_3 b_3 \cdots a_k b_k \\ &= a_1 a_2 b_1 a_3 b_2 b_3 \cdots a_k b_k \\ &= a_1 a_2 a_3 b_1 b_2 b_3 \cdots a_k b_k \end{aligned}$$

이러한 방법으로 $a_4, a_5, \ldots, a_k$를 연달아 왼쪽으로 이동시켜 다음 결과

$$\begin{aligned} f[(a_1, a_2, \ldots, a_k)(b_1, b_2, \ldots, b_k)] &= (a_1 a_2 \cdots a_k)(b_1 b_2 \cdots b_k) \\ &= f(a_1, a_2, \ldots, a_k) f(b_1, b_2, \ldots, b_k) \end{aligned}$$

를 얻을 때까지 계속한다. 그러므로 f는 준동형사상이고, 따라서 동형사상이다. ■

군 G의 부분군 $N_1, \ldots, N_k$가 정리 9.1의 가정을 만족할 때, G를 $N_1, \ldots, N_k$의 **직접곱**(direct product)이라고 하고, $G = N_1 \times \cdots \times N_k$로 나타낸다. 각 N_i를 G의 **직접곱인자**(direct factor)라 한다. 문맥에 따라 G를 (각 원소가 k-순서쌍 $(a_1, a_2, \ldots, a_k) \in N_1 \times \cdots \times N_k$ 인) N_i의 외부직접곱(external direct product)으로 생각할 수도 있고, (각 원소를 $a_1 a_2 \cdots a_k \in G$의 형태로 일의적으로 나타내는) 내부직접곱(internal direct product)으로 생각할 수도 있다.

다음 정리는 군이 그것의 어떤 부분군들의 직접곱임을 증명하는데, 정리 9.1보다 사용하기 더 쉬울 때가 종종 있다. 이 정리는 다음 기호를 사용하여 진술된다. 군 G의 부분군 M과 N에 대하여, MN은 $m \in M$과 $n \in N$인 모든 곱 mn의 집합을 나타낸다.

정리 9.3

G의 정규부분군 M과 N에 대하여, $G=MN$이고 $M\cap N=\langle e\rangle$이면 $G=M\times N$이다.

두 개보다 많은 부분군의 경우는 연습문제 25를 보라.

정리 9.3의 증명

가정에 의하여, G의 임의의 원소는 $m\in M$, $n\in N$에 대하여 mn 형태를 가진다. 한 원소가 두 가지 그런 형태를 가진다고 하자. 이를테면 $mn=m_1n_1$, 여기서 $m, m_1\in M$이고 $n, n_1\in N$이다. 그러면

$$
\begin{aligned}
mn &= m_1n_1 \\
m_1^{-1}mn &= m_1^{-1}m_1n_1 && \text{[양변의 왼쪽에 } m_1^{-1} \text{ 을 곱한다.]} \\
m_1^{-1}mn &= n_1 \\
m_1^{-1}mnn^{-1} &= n_1n^{-1} && \text{[양변의 오른쪽에 } n^{-1} \text{ 을 곱한다.]} \\
m_1^{-1}m &= n_1n^{-1}.
\end{aligned}
$$

그런데 $m_1^{-1}m\in M$, $n_1n^{-1}\in N$이고 $M\cap N=\langle e\rangle$이다. 그러므로 $m_1^{-1}m=e$이고 $m=m_1$이다. 유사하게 $n=n_1$이다. 따라서 G의 임의의 원소는 ($m\in M$, $n\in N$인) mn 형태로 유일하게 나타낼 수 있고, 그러므로 정리 9.1에 의하여 $G=M\times N$이다. ■

예제 3

정리 2.10에 의하여, $\mathbb{Z}_{15}$에서 곱셈에 대한 모든 가역원의 군은 $U_{15}=\{1, 2, 4, 7, 8, 11, 13, 14\}$이다. 군 $M=\{1, 11\}$과 $N=\{1, 2, 4, 8\}$은 교집합이 $\langle 1\rangle$인 정규부분군이다. N의 임의의 원소는 MN에 속하고(예를 들면, $2=1\cdot 2$), M에 대해서도 유사하게 된다. $11\cdot 2=7$이고 $11\cdot 8=13$, $11\cdot 4=14$이므로, $U_{15}=MN$임을 알 수 있다. 그러므로 정리 9.3에 의하여 $U_{15}=M\times N$이다. N은 위수가 2인 순환군이고 M은 위수가 4인 (2로 생성되는) 순환군이므로, U_{15}는 $\mathbb{Z}_2\times\mathbb{Z}_4$와 동형임을 결론짓는다(연습문제 10과 정리 7.19를 보라).

■ 연습문제

노트: 다른 언급이 없으면 G_1, G_2, ..., G_n은 군이다.

A. 1. 주어진 군에서 각 원소의 위수를 구하라.

(a) $\mathbb{Z}_2 \times \mathbb{Z}_4$ (b) $\mathbb{Z}_3 \times \mathbb{Z}_3 \times \mathbb{Z}_2$

(c) $D_4 \times \mathbb{Z}_2$

2. 군 $U_5 \times U_6 \times U_7 \times U_8$의 위수는 무엇인가?

3. (a) $\mathbb{Z}_2 \times \mathbb{Z}_2$의 모든 부분군을 열거하라. (두 개보다 많다.)

(b) $\mathbb{Z}_2 \times \mathbb{Z}_2 \times \mathbb{Z}_2$에 대하여 같은 작업을 하라.

4. 군 G와 H에 대하여, $G \times H = H \times G$임을 증명하라.

5. 순환군들의 직접곱이 순환군일 필요가 없음을 예를 들어 보이라.

6. (a) $\mathbb{Z}_{12}$를 두 개의 부분군의 직합으로 나타내라.

(b) $\mathbb{Z}_{15}$에 대하여 같은 작업을 하라.

(c) $\mathbb{Z}_{30}$을 세 가지 다른 방법으로 두 개 이상의 부분군의 직합으로 나타내라. [힌트: 정리 9.3.]

7. 군 G_1, G_2, ..., G_n에 대하여, $G_1 \times G_2 \times \cdots \times G_n$이 가환일 필요충분조건은 모든 G_i가 가환임을 증명하라.

8. $1 \le i \le n$인 정수 i에 대하여, $\pi_i(a_1, a_2, ..., a_n) = a_i$로 주어진 함수 $\pi_i : G_1 \times G_2 \times \cdots \times G_n \to G_i$는 전사이고 준동형사상임을 증명하라.

9. $\mathbb{Z}_8$은 $\mathbb{Z}_4 \times \mathbb{Z}_2$와 동형인가?

B. 10. (a) 군의 동형사상 $f : G_1 \to H_1$과 $g : G_2 \to H_2$에 대하여, $\theta(a, b) = (f(a), g(b))$로 주어진 사상 θ는 동형사상임을 증명하라.

(b) 모든 $i = 1, 2, \ldots, n$에 대하여 $G_i \cong H_i$이면

$$G_1 \times G_2 \times \cdots \times G_n \cong H_1 \times H_2 \times \cdots \times H_n$$

임을 증명하라.

11. 군 H, K, M, N에 대하여, $K \cong M \times N$이면 $H \times K \cong H \times M \times N$임을 증명하라.

12. $1 \le i \le n$인 정수 i에 대하여, $\overline{G_i}$를 i 번째 좌표가 G_i의 원소이고 나머지 다른 좌표는 모두 각각의 항등원인 $G_1 \times G_2 \times \cdots \times G_n$의 모든 원소로 구성되는 부분집합, 즉

$$\overline{G_i} = \{(e_1, \ldots, e_{i-1}, a_i, e_{i+1}, \ldots, e_n) \mid a_i \in G_i\}$$

이라고 하자. 다음을 증명하라.

(a) $\overline{G_i}$는 $G_1 \times G_2 \times \cdots \times G_n$의 정규부분군이다.

(b) $\overline{G_i} \cong G_i$

(c) $G_1 \times G_2 \times \cdots \times G_n$은 부분군 $\overline{G_1}, \ldots, \overline{G_n}$의 (내부)직접곱이다. [**힌트:** $G_1 \times G_2 \times \cdots \times G_n$의 임의의 원소를 $a_i \in \overline{G_i}$인 $a_1 a_2 \cdots a_n$ 형태로 꼭 한 가지 방법으로 나타낼 수 있음을 보이고, 정리 9.1을 적용하라.]

13. 군 G에 대하여, $D = \{(a, a, a) \mid a \in G\}$라 하자.

(a) D는 $G \times G \times G$의 부분군임을 증명하라.

(b) D가 $G \times G \times G$의 정규부분군일 필요충분조건은 G가 가환임을 증명하라.

14. 유한군 $G_1, G_2, \ldots, G_n$에 대하여, $G_1 \times G_2 \times \cdots \times G_n$에서 $(a_1, a_2, \ldots, a_n)$의 위수는 $|a_1|, |a_2|, \ldots, |a_n|$의 최소공배수임을 증명하라.

15. $i_1, i_2, \ldots, i_n$을 정수 $1, 2, \ldots, n$의 순열이라 하자. $G_{i_1} \times G_{i_2} \times \cdots \times G_{i_n}$은 $G_1 \times G_2 \times \cdots \times G_n$과 동형임을 증명하라. [연습문제 4는 $n = 2$인 경우이다.]

16. 군 G의 부분군 N, K에 대하여, $G = N \times K$이면 N의 정규부분군 M은 G의 정규부분군임을 증명하라. [8.2절의 연습문제 14와 비교하라.]

17. 영이 아닌 모든 유리수의 곱셈에 대한 군 $\mathbb{Q}^*$와 모든 양의 유리수의 부분군 $\mathbb{Q}^{**}$, 부분군 $H = \{1, -1\}$에 대하여, $\mathbb{Q}^* = \mathbb{Q}^{**} \times H$임을 증명하라.

18. U_{16}은 $\mathbb{Z}_2 \times \mathbb{Z}_4$와 동형임을 증명하라. [**힌트**: 정리 9.3.]

19. 군 G의 준동형사상 $f_1 : G \to G_1$, $f_2 : G \to G_2$, ..., $f_n : G \to G_n$에 대하여, $f^* : G \to G_1 \times G_2 \times \cdots \times G_n$을 $f^*(a) = (f_1(a), f_2(a), \ldots, f_n(a))$로 정의된 사상이라 하자. $i = 1, 2, \ldots, n$에 대하여 π_i를 연습문제 8에서의 준동형사상이라 하자.
    (a) f^*는 각 i에 대하여 $\pi_i \circ f^* = f_i$인 준동형사상임을 증명하라.
    (b) f^*는 각 i에 대하여 $\pi_i \circ f^* = f_i$를 만족하는 G에서 $G_1 \times G_2 \times \cdots \times G_n$으로의 유일한 준동형사상임을 증명하라.

20. Abel 군 G의 부분군 $N_1, \ldots, N_k$에 대하여, G의 임의의 원소를 ($a_i \in N_i$인) $a_1 a_2 \cdots a_k$의 형태로 나타낼 수 있고, $a_1 a_2 \cdots a_k = e$이면 모든 i에 대하여 $a_i = e$라 가정하자. $G = N_1 \times \cdots \times N_k$임을 증명하라.

21. 덧셈표기의 Abel 군 G의 부분군 H와 K에 대하여, $G = H \times K$일 필요충분조건은 임의의 $x \in G$에 대하여 $\delta_1(\pi_1(x)) + \delta_2(\pi_2(x)) = x$이고 $\pi_1 \circ \delta_1 = \iota_H$, $\pi_2 \circ \delta_2 = \iota_K$, $\pi_1 \circ \delta_2 = 0$, $\pi_2 \circ \delta_1 = 0$를 만족하는 준동형사상

$$H \underset{\pi_1}{\overset{\delta_1}{\rightleftarrows}} G \underset{\delta_2}{\overset{\pi_2}{\rightleftarrows}} K$$

가 존재하는 것임을 증명하라. 단. 여기서 ι_X는 X에서의 항등사상이고, 0은 모든 원소를 영(항등원)에 보내는 사상이다. [**힌트**: π_i는 연습문제 8에서와 같다.]

22. 유한 순환군 G와 H에 대하여, 직접곱 $G \times H$가 순환군일 필요충분조건은 $\gcd(|G|, |H|) = 1$임을 증명하라.

23. (a) N이 정규부분군이 아닐 때 보조정리 9.2는 거짓일 수 있음을 예를 들어 보이라.
    (b) 정리 9.3에 대하여 같은 작업을 하라.

24. G의 부분군 N, K에 대하여, N은 G의 정규부분군이라 하자. N과 K가 Abel 군이고 $G = NK$이면 G는 N과 K의 직접곱인가?

25. 군 G의 정규부분군 $N_1, \ldots, N_k$에 대하여, $a_i \in N_i$인 $a_1 a_2 \cdots a_k$의 형태의 모든 원소의 집합을 $N_1 N_2 \cdots N_k$로 나타내자. $G = N_1 N_2 \cdots N_k$이고 임의의 $i\,(1 \le i \le k)$에 대하여

$$N_i \cap (N_1 \cdots N_{i-1} N_{i+1} \cdots N_k) = \langle e \rangle$$

이면 $G = N_1 \times \cdots \times N_k$임을 증명하라.

26. 유한군 G의 정규부분군 $N_1, \ldots, N_k$에 대하여, $G = N_1 N_2 \cdots N_k$이고(연습문제 25의 표기로) $|G| = |N_1||N_2| \cdots |N_k|$이면 $G = N_1 \times N_2 \times \cdots \times N_k$임을 증명하라.

27. 군 G의 정규부분군 N과 부분군 H에 대하여, $G = NH$이고 $N \cap H = \langle e \rangle$일 때 G를 N과 H의 **반직접곱**(semidirect product)이라고 한다. 다음 각 군은 두 부분군의 반직접곱임을 보이라.
(a) S_3　(b) D_4　(c) S_4

28. 군 G를 두 정규 진부분군의 직접곱으로 나타낼 수 없을 때 G를 **분해불가능**(indecomposible)이라 한다. 다음 각 군은 분해불가능임을 증명하라.
(a) S_3　(b) D_4　(c) $\mathbb{Z}$

29. 소수 p와 양의 정수 n에 대하여, $\mathbb{Z}_{p^n}$이 분해불가능임을 증명하라.

30. $\mathbb{Q}$는 분해불가능임을 증명하라.

31. 분해불가능인 군의 준동형상이 분해불가능이 아닐 수 있음을 예를 들어 보이라.

32. 군 G가 분해불가능일 필요충분조건은 H와 K가 $G = H \times K$인 정규부분군이면 언제나 $H = \langle e \rangle$ 또는 $K = \langle e \rangle$임을 증명하라.

33. I가 모든 양의 정수의 집합일 때*, 각 $i \in I$에 대하여 G_i를 군이라 하자. $a_i \in G_i$인 모든 수열 $(a_1, a_2, \ldots)$로 구성되는 집합을 $\prod_{i \in I} G_i$로 나타내고, 이것을 G_i들의 **무한직접곱**(infinite direct product)이라 한다. $\prod_{i \in I} G_i$는 좌표별 연산

* 임의의 무한 색인(index) 집합 I를 여기서 사용해도 되지만, 모든 양의 정수로 제한하는 것이 표기가 간단하다.

$$(a_1, a_2, \ldots)(b_1, b_2, \ldots) = (a_1 b_1, a_2 b_2, \ldots)$$

에 대하여 군임을 증명하라.

C. 34. 연습문제 33에서의 표기로, $\prod_{i \in I} G_i$ 에서 많아야 유한개의 좌표에서 $c_j \neq e_j$ 인 모든 $(c_1, c_2, \ldots)$ 로 구성된 부분집합을 $\sum_{i \in I} G_i$ 로 나타내자. 여기서 e_j 는 G_j 의 항등원이다. $\sum_{i \in I} G_i$ 는 $\prod_{i \in I} G_i$ 의 정규부분군임을 증명하라. $\sum_{i \in I} G_i$ 를 G_i 의 **무한직합**(infinite direct sum)이라고 한다.

35. 임의의 양의 정수 i 에 대하여 N_i 가 군 G 의 정규부분군이라 하자. G 의 임의의 원소를 $i_1 < i_2 < \cdots < i_k$ 이고 $n_{i_j} \in N_{i_j}$ 인 $n_{i_1} n_{i_2} \cdots n_{i_k}$ 의 형태로 유일하게* 나타낼 수 있다고 가정하자. $G \cong \sum_{i \in I} N_i$ 임을 증명하라(연습문제 34를 보라). [**힌트**: 정리 9.1의 증명을 $f(a_1, a_2, \ldots)$ 를 항등원이 아닌 모든 a_i 의 곱으로 정의하여 수정하라.]

36. $\gcd(m, n) = 1$ 이면 $U_{mn} \cong U_m \times U_n$ 임을 증명하라.

37. 군 H 와 준동형사상 $\tau_1 : H \to G_1$, $\tau_2 : H \to G_2$, …, $\tau_n : H \to G_n$ 이 다음 성질을 갖는다고 하자. 즉, G 가 군이고 $g_1 : G \to G_1$, $g_2 : G \to G_2$, …, $g_n : G \to G_n$ 이 준동형사상이면 임의의 i 에 대하여 $\tau_i \circ g^* = g_i$ 를 만족하는 유일한 준동형사상 $g^* : G \to H$ 가 존재한다. $H \cong G_1 \times G_2 \times \cdots \times G_n$ 임을 증명하라. [연습문제 19를 보라.]

---

* 유일성은 $i_1 < i_2 < \cdots < i_k$ 이고 $j_1 < j_2 < \cdots < j_t$ 일 때 $a_{i_1} a_{i_2} \cdots a_{i_k} = b_{j_1} b_{j_2} \cdots b_{j_t}$ 이면 $k = t$ 이고, $r = 1, 2, \ldots, k$ 에 대하여 $i_r = j_r$ 이고 $a_{i_r} = b_{j_r}$ 임을 의미한다.

9.2 유한 Abel 군

이제 모든 유한 Abel 군을 분류할 것이다. 임의의 유한 Abel 군 G는 어떤 순환군들의 직합이고, 그 순환군들의 위수는 G에 의하여 일의적으로 결정됨을 증명할 것이다. 그 증명을 위한 선행학습 요건은 9.1절을 제외하면, 단지 기초 정수론과 군의 기초이론 (7.5절과 8.5절은 제외한 제7장과 8장)이다. Abel 군에 대한 일반적인 관례에 따라, 이 절에서 모든 군은 덧셈표기로 나타낸다. 다음 사전은 곱셈표기에서 덧셈표기로 번역하는데 도움이 될 것이다.

곱셈표기	덧셈표기
ab	$a+b$
e	0
a^k	ka
$a^k=e$	$ka=0$
$MN=\{mn \mid m\in M,\ n\in N\}$	$M+N=\{m+n \mid m\in M,\ n\in N\}$
직접곱 $M\times N$	직합 $M\oplus N$
직접곱인자 M	직합인자 M

다음은 이미 이전에 살펴보았던 몇 개의 결과를 덧셈표기로 다시 진술한 것으로, 여기에서 자주 사용될 것이다.

정리 7.9

덧셈군 G에 대하여, $a\in G$라고 하자.

(1) a의 위수가 n일 때, $ka=0$일 필요충분조건은 $n \mid k$이다.
(3) $d>0$에 대하여, a의 위수가 td이면 ta의 위수는 d이다.

정리 9.1

덧셈군 G의 정규부분군 $N_1, \dots, N_k$에 대하여, G의 임의의 원소를 $a_i\in N_i$인 $a_1+a_2+\cdots+a_k$의 형태로 유일하게 나타낼 수 있으면 $G\cong N_1\oplus N_2\oplus\cdots\oplus N_k$이다.

정리 9.3

덧셈군 G의 정규부분군 M과 N에 대하여, $G=M+N$이고 $M\cap N=\langle 0\rangle$이면 $G=M\oplus N$이다.

끝으로, 9.1절의 연습문제 11을 분명한 언급 없이 여러 곳에서 사용할 것이다.

Abel 군 G와 소수 p에 대하여, 위수가 p의 거듭제곱인 G의 모든 원소의 집합을 $G(p)$로 나타낸다. 즉

$$G(p)=\{a\in G \mid \text{어떤 } n\geq 0\text{에 대하여 } |a|=p^n\}$$

$G(p)$가 덧셈에 대하여 닫혀있고, $G(p)$의 임의 원소의 역원이 역시 $G(p)$에 속하는 것을 밝히는 것은 어렵지 않다(연습문제 1). 따라서 $G(p)$는 G의 부분군이다.

예제 1

$G=\mathbb{Z}_{12}$에서 $G(2)$는 위수가 2^0, 2^1, 2^2 등등인 원소들의 집합이다. $G(2)$는 부분군 $\{0, 3, 6, 9\}$이고, 유사하게 $G(3)=\{0, 4, 8\}$이다. $G=\mathbb{Z}_3\oplus\mathbb{Z}_3$이면 G의 영이 아닌 모든 원소의 위수가 3이므로 $G(3)=G$이다.

임의의 유한 Abel 군 G가 어떤 순환부분군들의 직합임을 증명하는 첫 단계는 G가 G의 위수의 서로 다른 소수 약수 각각에 대한 하나씩의 부분군 $G(p)$들의 직합임을 보이는 것이다. 이것을 위하여 다음이 필요하다.

보조정리 9.4

Abel 군 G에 대하여, $a\in G$가 유한위수를 갖는 임의의 원소라 하면 어떤 $a_i\in G(p_i)$에 대하여 $a=a_1+a_2+\cdots+a_t$이다. 여기서 $p_1, \ldots, p_t$는 a의 위수의 서로 다른 모든 양의 소수 약수이다.

증명

a의 위수의 서로 다른 소수 약수의 개수에 대한 수학적귀납법을 사용하여 증명한다. 만약 $|a|$가 하나의 소수 p_1만으로 나누어지면 a의 위수는 p_1의 거듭제곱이고, 따라서 $a\in G(p_1)$이다. 그러므로 이 경우에 보조정리는 참이다. 귀납법의 가정으로 위수가

많아야 $k-1$개의 서로 다른 소수로 나누어지는 모든 원소에 대하여 보조정리가 참이라고 가정하고, $|a|$가 서로 다른 소수 $p_1, \dots, p_k$만으로 나누어진다고 하자. 그러면 $|a| = p_1^{r_1} \cdots p_k^{r_k}$이고, 여기서 각 $r_i > 0$이다. $m = p_2^{r_2} \cdots p_k^{r_k}$라 두고 $n = p_1^{r_1}$라 두면 그 결과로 $|a| = mn$임을 알 수 있다. 그러면 $\gcd(m, n) = 1$이고, 정리 1.2에 의하여 $1 = mu + nv$인 정수 u와 v가 존재한다. 결과적으로

$$a = 1a = (mu + nv)a = mua + nva$$

이다. 그런데 a의 위수는 mn이고, 따라서 $p_1^{r_1}(mua) = (nm)ua = u(nma) = u0 = 0$이므로 $mua \in G(p_1)$이다. 유사하게 $m(nva) = 0$이고, 그 결과 정리 7.9에 의하여 nva의 위수는 m의 약수, 즉 오직 $k-1$개의 서로 다른 소수 약수를 갖는 정수이다. 그러므로 귀납법의 가정에 의하여, 어떤 $a_i \in G(p_i)$에 대하여 $nva = a_2 + a_3 + \cdots + a_k$이다. $a_1 = mua$라 두면 $a = mua + nva = a_1 + a_2 + \cdots + a_k$, 여기서 $a_i \in G(p_i)$이다. ■

정리 9.5

G가 유한 Abel 군이면

$$G = G(p_1) \oplus G(p_2) \oplus \cdots \oplus G(p_t)$$

여기서 $p_1, \dots, p_t$는 G의 위수의 서로 다른 모든 양의 소수 약수이다.

증명

$a \in G$라 하면 그 위수는 따름정리 8.6에 의하여, $|G|$의 약수이다. 따라서 보조정리 9.4에 따라 어떤 $a_i \in G(p_i)$에 대하여 $a = a_1 + a_2 + \cdots + a_t$이다(여기서, 만약 p_j가 $|a|$의 약수가 아니면 $a_j = 0$이다). 이 표현이 일의적임을 증명하기 위하여, $a_1 + a_2 + \cdots + a_t = b_1 + b_2 + \cdots + b_t$라 하자. 여기서 $a_i, b_i \in G(p_i)$이다. G는 가환이므로

$$a_1 - b_1 = (b_2 - a_2) + (b_3 - a_3) \cdots + (b_t - a_t)$$

이다. 각 i에 대하여 $b_i - a_i \in G(p_i)$이고, 따라서 그 위수는 p_i의 거듭제곱, 말하자면 $p_i^{r_i}$이다. $m = p_2^{r_2} \cdots p_t^{r_t}$라 두면 $i \geq 2$에 대하여 $m(b_i - a_i) = 0$이고 그 결과

$$m(a_1 - b_1) = m(b_2 - a_2) + \cdots + m(b_t - a_t) = 0 + \cdots + 0 = 0$$

이다. 결과적으로 정리 7.9에 의하여 $a_1 - b_1$의 위수는 m의 약수이다. 그러나

$a_1 - b_1 \in G(p_1)$이고, 그래서 그 위수는 p_1의 거듭제곱이다. $m = p_2^{r_2} \cdots p_t^{r_t}$의 약수인 유일한 p_1의 거듭제곱은 $p_1^0 = 1$이다. 그러므로 $a_1 - b_1 = 0$이고 $a_1 = b_1$이다. $i = 2, \cdots, t$에 대한 유사한 논법으로, 모든 i에 대하여 $a_i = b_i$임을 알 수 있다. 따라서 G의 임의의 원소는 어떤 $a_i \in G(p_i)$에 대하여 $a_1 + a_2 + \cdots + a_t$ 형태로 유일하게 나타낼 수 있고, 따라서 정리 9.1에 의하여 $G = G(p_1) \oplus G(p_2) \oplus \cdots \oplus G(p_t)$이다. ■

소수 p에 대하여, 모든 원소의 위수가 p의 거듭제곱인 군을 **p-군**(p-group)이라고 부른다. 정리 9.5에서 각 $G(p_i)$는 바로 그 정의로부터 p_i-군이다. p-군 B의 어떤 원소 a가 B의 모든 원소 b에 대하여 $|a| \le |b|$일 때 a를 **최대위수**(maximal order)의 원소라고 부른다. $|a| = p^n$이고 $b \in B$이면 G의 위수는 어떤 $j \le n$에 대하여 p^j이다. $p^n = p^j p^{n-j}$이므로 $p^n b = p^{n-j}(p^j b) = 0$이다. 따라서

p-군 B에서 a가 위수 p^n으로 최대위수의 원소이면
모든 $b \in B$에 대하여 $p^n b = 0$이다.

임의의 유한 p-군에서 최대위수의 원소는 항상 존재함을 주목한다.

유한 Abel 군을 분류하는 데 있어서 다음 단계는 임의의 유한 Abel 군은 순환군인 직합인자를 갖는 것을 증명하는 것으로, 그 후에 임의의 유한 Abel p-군은 어떤 순환군들의 직합임을 증명할 수 있을 것이다.

보조정리 9.6

유한 Abel p-군 G에 대하여, a가 G의 최대위수의 원소라 하면 $G = \langle a \rangle \oplus K$인 G의 부분군 K가 존재한다.

다음 증명은 이 책에서 이전에 했던 대부분의 증명보다 더 복잡하다. 그렇지만 기초적인 군 이론만을 이용하므로, 주의 깊게 읽는다면 논의를 따라가는 데 어려움이 없을 것이다.

보조정리 9.6의 증명

$\langle a \rangle \cap H = \langle 0 \rangle$인 G의 부분군 H를 생각하자. 적어도 하나는 존재하고($H = \langle 0 \rangle$), 또 G가 유한이므로 이 성질을 갖는 가장 큰 어떤 부분군 K가 반드시 존재한다. 그러면 $\langle a \rangle \cap K = \langle 0 \rangle$이고, 정리 9.3에 의하여 $G = \langle a \rangle + K$임을 보이기만 하면 된다. 그렇지 않으면 $b \notin \langle a \rangle + K$인 영이 아닌 원소 b가 존재한다. l을 $p^l b \in \langle a \rangle + K$인

가장 작은 양의 정수라 하자(G가 p-군이고, 따라서 어떤 양의 정수 j에 대하여 $p^j b = 0 = 0 + 0 \in \langle a \rangle + K$이므로 반드시 하나는 있다). 그러면

(1) $$c = p^{l-1} b\text{는 } \langle a \rangle + K\text{에 속하지 않고,}$$

$pc = p^l b$는 $\langle a \rangle + K$에 속한다. 이를테면

(2) $$pc = ta + k \quad (\text{여기서 } t \in \mathbb{Z},\ k \in K)$$

a의 위수가 p^n이면 a는 최대위수의 원소이므로 모든 원소 $x \in G$에 대하여 $p^n x = 0$이다. 결과적으로 (2)에 의하여

$$p^{n-1} ta + p^{n-1} k = p^{n-1}(ta + k) = p^{n-1}(pc) = p^n c = 0.$$

따라서 $p^{n-1} ta = -p^{n-1} k \in \langle a \rangle \cap K = \langle 0 \rangle$이고 $p^{n-1} ta = 0$이다. 정리 7.9로부터 (a의 위수) p^n은 $p^{n-1} t$의 약수임을 알 수 있고, 따라서 $p \mid t$, 말하자면 $t = pm$이다. 그러므로 $pc = ta + k = pma + k$이고, 결과적으로 $k = pc - pma = p(c - ma)$이다.

(3) $$d = c - ma$$

라 두자. 그러면 $pd = p(c - ma) = k \in K$이지만 $d \notin K$이다(왜냐하면 만약 $c - ma = k' \in K$이면 $c = ma + k' \in \langle a \rangle + K$이므로 (1)에 모순이기 때문이다). 정리 7.12를 이용하면, $H = \{x + zd \mid x \in K,\ z \in \mathbb{Z}\}$는 $K \subseteq H$인 G의 부분군이다. $d = 0 + 1d \in H$이고 $d \notin K$이므로 H는 K보다 더 크다. 그러나 K는 $\langle a \rangle \cap K = \langle 0 \rangle$를 만족하는 가장 큰 군이므로, $\langle a \rangle \cap H \neq \langle 0 \rangle$이어야 한다. 만약 w가 $\langle a \rangle \cap H$의 영이 아닌 원소이면

(4) $$w = sa = k_1 + rd \quad (k_1 \in K,\ r,\ s \in \mathbb{Z})$$

이다. $p \nmid r$임을 보이자. 왜냐하면 $r = py$이면 $pd \in K$이고, $0 \neq w = sa = k_1 + ypd \in \langle a \rangle \cap K$이므로 모순이다. 결과적으로 $\gcd(p, r) = 1$이고 정리 1.2로부터 $pu + rv = 1$인 정수 u, v가 존재한다. 그러면

$$\begin{aligned}
c = 1c = (pu + rv)c &= u(pc) + v(rc) \\
&= u(ta + k) + v(r(d + ma)) && [(2)\text{와 } (3)\text{에 의하여}] \\
&= u(ta + k) + v(rd + rma) \\
&= u(ta + k) + v(sa - k_1 + rma) && [(4)\text{에 의하여}] \\
&= (ut + vs + rm)a + (uk - vk_1) \in \langle a \rangle + K
\end{aligned}$$

이고, 이것은 (1)에 모순이다. 그러므로 $G = \langle a \rangle + K$이고, 따라서 정리 9.3에 의하여 $G = \langle a \rangle \oplus K$이다. ■

정리 9.7 유한 Abel 군의 기본정리

임의의 유한 Abel 군 G는 위수가 각각 어떤 소수의 거듭제곱인 순환군들의 직합이다.

증명

정리 9.5에 의하여 G는 $|G|$의 각 소수 약수 p에 대하여 하나씩의 부분군 $G(p)$들의 직합이다. 각 $G(p)$는 p-군이다. 그러므로 증명을 완성하기 위하여, 임의의 유한 Abel p-군 H가 p의 거듭제곱인 위수를 갖는 어떤 순환군들의 직합임을 보이기만 하면 된다. H의 위수에 대한 완전수학적귀납법으로 이것을 증명하자.* H의 위수가 p일 때, 정리 8.7에 의하여 그 주장은 참이다. 귀납법의 가정으로, 위수가 $|H|$보다 작은 경우에 그 진술이 참이라고 하고, a를 H에 속하는 최대위수 p^n의 원소라 하자. 따라서 보조정리 9.6에 의하여 $H = \langle a \rangle \oplus K$이다. 귀납법의 가정에 의하여, K는 각 위수가 p의 거듭제곱인 어떤 순환군들의 직합이다. 그러므로 $H = \langle a \rangle \oplus K$에 대해서도 같은 것이 참이다. ■

예제 2

숫자 36은 소수들의 어떤 거듭제곱들의 곱으로 꼭 네 가지 방법으로 나타낼 수 있다. 즉 $36 = 2 \cdot 2 \cdot 3 \cdot 3 = 2 \cdot 2 \cdot 3^2 = 2^2 \cdot 3 \cdot 3 = 2^2 \cdot 3^2$. 결과적으로 정리 9.7에 의하여 위수가 36인 임의의 Abel 군은 다음의 군 중 하나와 동형이다.

$$\mathbb{Z}_2 \oplus \mathbb{Z}_2 \oplus \mathbb{Z}_3 \oplus \mathbb{Z}_3 \quad \mathbb{Z}_2 \oplus \mathbb{Z}_2 \oplus \mathbb{Z}_9 \quad \mathbb{Z}_4 \oplus \mathbb{Z}_3 \oplus \mathbb{Z}_3 \quad \mathbb{Z}_4 \oplus \mathbb{Z}_9$$

이 군들의 어느 두 개도 동형이 아님을 쉽게 확인할 수 있다(위수가 2인 원소들의 개수 또는 3인 원소들의 개수가 각 군에 대하여 다르다). 따라서 위수가 36인 모든 Abel 군의 동형사상을 기준으로 한 분류를 완성하였다.

위수가 36인 익숙한 군, 즉 $\mathbb{Z}_{36}$은 앞 예제의 목록에 명시적으로 나타나지 않음을 아마 알아차렸을 것이다. 그런데 이것은 $\mathbb{Z}_4 \oplus \mathbb{Z}_9$와 동형이고, 이제 이것을 증명할 것이다.

* (역자 주) 더 명확한 논법으로, H의 위수에 대한 귀납법보다 H의 위수 p^k의 지수 k에 대한 귀납법을 적용하는 것을 추천한다.

보조정리 9.8

$\gcd(m, k) = 1$이면 $\mathbb{Z}_m \oplus \mathbb{Z}_k \cong \mathbb{Z}_{mk}$이다.

증명

$\mathbb{Z}_m \oplus \mathbb{Z}_k$에서 $(1, 1)$의 위수는 $(0, 0) = t(1, 1) = (t, t)$인 가장 작은 양의 정수 t이다. 따라서 $t \equiv 0 \pmod{m}$이고 $t \equiv 0 \pmod{k}$이다. 결과적으로 $m \mid t$이고 $k \mid t$이다. 그런데 $\gcd(m, k) = 1$이므로 1.2절의 연습문제 17에 의하여 $mk \mid t$이다. 그러므로 $mk \leq t$이다. $mk(1, 1) = (mk, mk) = (0, 0)$이고, t가 이 성질을 만족하는 가장 작은 양의 정수이므로 분명히 $mk = t = |(1, 1)|$이다. 따라서 (위수가 mk인) $\mathbb{Z}_m \oplus \mathbb{Z}_k$는 $(1, 1)$로 생성되는 순환군이고, 그러므로 정리 7.19에 의하여 $\mathbb{Z}_{mk}$와 동형이다. ■

정리 9.9

서로 다른 소수 $p_1, p_2, \dots, p_t$에 대하여, $n = p_1^{n_1} p_2^{n_2} \cdots p_t^{n_t}$이면

$$\mathbb{Z}_n \cong \mathbb{Z}_{p_1^{n_1}} \oplus \mathbb{Z}_{p_2^{n_2}} \oplus \cdots \oplus \mathbb{Z}_{p_t^{n_t}}.$$

증명

($n_1, n_2, \dots, n_t$가 모두 양수라고 가정해도 좋다.) $t = 1$일 때 정리는 참이다. 수학적귀납법의 가정으로, 서로 다른 소인수의 개수가 t보다 작은 위수를 갖는 군에 대하여 정리가 참이라고 하자. $m = p_1^{n_1}$과 $k = p_2^{n_2} \cdots p_t^{n_t}$에 대하여, 보조정리 9.8을 적용하면 $\mathbb{Z}_n \cong \mathbb{Z}_{p_1^{n_1}} \oplus \mathbb{Z}_k$이고, 귀납법의 가정에 의하여 $\mathbb{Z}_k \cong \mathbb{Z}_{p_2^{n_2}} \oplus \cdots \oplus \mathbb{Z}_{p_t^{n_t}}$이다. ■

정리 9.7과 정리 9.9를 결합하면, 유한 Abel 군을 순환군들의 직합으로 나타내는 두 번째 방법을 얻는다.

예제 3

군

$$G = \mathbb{Z}_2 \oplus \mathbb{Z}_2 \oplus \mathbb{Z}_4 \oplus \mathbb{Z}_8 \oplus \mathbb{Z}_3 \oplus \mathbb{Z}_3 \oplus \mathbb{Z}_3 \oplus \mathbb{Z}_5 \oplus \mathbb{Z}_{25}$$

를 생각하자. 순환부분군 인자들의 소수 거듭제곱 위수를 크기순으로 각 소수에

대하여 한 행씩 배열하자. 즉

$$\begin{matrix} 2 & 2 & 2^2 & 2^3 \\ & 3 & 3 & 3 \\ & & 5 & 5^2 \end{matrix}$$

이제 G의 순환군 인자들을 이 배열의 세로 열이 보여주는 것을 이용하여 재배열하고 (9.1절의 연습문제 15를 보라) 정리 9.9를 적용한다.

$$G \cong (\mathbb{Z}_2) \oplus \underbrace{(\mathbb{Z}_2 \oplus \mathbb{Z}_3)} \oplus \underbrace{(\mathbb{Z}_4 \oplus \mathbb{Z}_3 \oplus \mathbb{Z}_5)} \oplus \underbrace{(\mathbb{Z}_8 \oplus \mathbb{Z}_3 \oplus \mathbb{Z}_{25})}$$
$$G \cong \mathbb{Z}_2 \oplus \mathbb{Z}_6 \oplus \mathbb{Z}_{60} \oplus \mathbb{Z}_{600}$$

G의 순환군들의 합으로서의 이 마지막 분해는 원래의 소수 거듭제곱 분해보다 종종 더 편리하다. 즉, 순환군 인자들의 개수가 더 작고 각 순환군 인자의 위수가 그다음 위수의 약수이다. 비록 기호는 좀 더 복잡하지만 일반적인 경우에도 같은 과정이 성립하므로 다음 정리가 증명된다.

정리 9.10

임의의 유한 순환군은 위수가 $m_1, m_2, \ldots, m_t$인 순환군들의 직합이다. 여기서 $m_1 \mid m_2$, $m_2 \mid m_3$, $m_3 \mid m_4$, …, $m_{t-1} \mid m_t$이다.

여기서 잠시 멈추고, 제11장에서 사용할 흥미로운 따름정리를 제시한다. 이것의 한 변형인 정리 7.16을 이전에 증명하였다.

따름정리 9.11

G가 체 F의 모든 영이 아닌 원소의 곱셈에 대한 군의 유한 부분군이면 G는 순환군이다.*

증명

G가 유한 Abel 군이므로 정리 9.10으로부터 $G \cong \mathbb{Z}_{m_1} \oplus \mathbb{Z}_{m_2} \oplus \cdots \oplus \mathbb{Z}_{m_t}$이다. 여기서 각 m_i는 m_t의 약수이다. $\mathbb{Z}_{m_1} \oplus \mathbb{Z}_{m_2} \oplus \cdots \oplus \mathbb{Z}_{m_t}$의 임의의 원소 b는 $m_t b = 0$

* 3.1절과 4.4절을 읽지 않았으면 다 읽을 때까지 이 따름정리를 건너뛰라.

를 만족한다(왜?). 결과적으로 곱셈에 대한 군 G의 임의의 원소 g는 $g^{m_t} = 1_F$를 만족하여야 한다(즉 방정식 $x^{m_t} - 1_F = 0$의 해이어야 한다). G의 위수가 $m_1 m_2 \cdots m_t$이고, $x^{m_t} - 1_F = 0$는 따름정리 4.17에 의하여 F에서 많아야 m_t개의 다른 해를 가지므로 $t = 1$이고 $G \cong \mathbb{Z}_{m_t}$이다. ■

유한 Abel 군 G에 대하여, 정리 9.10에서의 정수 $m_1, m_2, \ldots, m_t$를 G의 **불변인수**(invariant factors)라 한다. G를 정리 9.7에서처럼, 소수 거듭제곱 위수의 순환군들의 직합으로 나타내었을 때의 그 소수 거듭제곱들을 G의 **기본약수**(elementary divisors)라 한다. 정리 9.7과 정리 9.10은 G의 위수는 기본약수들의 곱이고, 또한 불변인수들의 곱임을 보여준다.

예제 4

위수 36의 모든 Abel 군을 (예제 2에서) 기본약수에 관하여, 또 (예제 3의 과정을 이용하여) 불변인수에 관하여 동형사상을 기준으로 분류하였다.

군	기본약수	불변인수	동형 군
$\mathbb{Z}_2 \oplus \mathbb{Z}_2 \oplus \mathbb{Z}_3 \oplus \mathbb{Z}_3$	$2,\ 2,\ 3,\ 3$	$6,\ 6$	$\mathbb{Z}_6 \oplus \mathbb{Z}_6$
$\mathbb{Z}_2 \oplus \mathbb{Z}_2 \oplus \mathbb{Z}_9$	$2,\ 2,\ 3^2$	$2,\ 18$	$\mathbb{Z}_2 \oplus \mathbb{Z}_{18}$
$\mathbb{Z}_4 \oplus \mathbb{Z}_3 \oplus \mathbb{Z}_3$	$2^2,\ 3,\ 3$	$3,\ 12$	$\mathbb{Z}_3 \oplus \mathbb{Z}_{12}$
$\mathbb{Z}_4 \oplus \mathbb{Z}_9$	$2^2,\ 3^2$	36	$\mathbb{Z}_{36}$

기본정리 9.7을 이용하여, 주어진 위수를 갖는 가능한 모든 Abel 군의 목록을 얻을 수 있다. 그러한 군들의 분류를 완성하기 위하여, 그 목록에 속하는 어느 두 군도 동형이 아님을, 즉 군의 기본약수가 일의적으로 결정됨을 보여야 한다.*

정리 9.12

유한 Abel 군 G와 H에 대하여, G가 H와 동형일 필요충분조건은 G와 H가 같은 기본약수를 갖는다.

* 이 절의 나머지는 선택사항이다. 정리 9.12는 종종 유한 Abel 군의 기본정리에 대한 부분으로 생각하기도 한다.

$G \cong H$일 필요충분조건은 G와 H가 같은 불변인수를 갖는 것도 역시 참이다(연습문제 24).

정리 9.12의 증명

G와 H가 같은 기본약수를 갖는다고 하면 G와 H 둘 다 같은 순환군들의 직합과 동형이고, 따라서 서로 동형이다. 역으로, $f: G \to H$를 동형사상이라고 하면 임의의 $a \in G$에 대하여 a와 $f(a)$는 같은 위수를 갖는다. 결과적으로 각 소수 p에 대하여 $f(G(p)) = H(p)$이고, 따라서 $G(p) \cong H(p)$이다. p의 거듭제곱인 G의 기본약수는 정확히 $G(p)$의 기본약수와 같고, $H(p)$에 대해서도 유사하다. 그래서 동형인 p-군들이 같은 기본약수를 가짐을 보이기만 하면 된다. 다르게 말하면, G와 H가 p-군일 때만 이 정리의 반을 증명하기만 하면 된다.

G와 H가 동형인 p-군이라 하자. G의 위수에 대한 완전수학적귀납법을 이용하여,* G와 H가 같은 기본약수를 가짐을 증명하자. 정리 8.7에 의하여, 위수가 p인 모든 군은 당연히 같은 기본약수 p를 갖는다. 위수가 $|G|$보다 작은 모든 p-군에 대하여 진술이 참이라고 가정하자. $n_1 \geq n_2 \geq \cdots \geq n_t > 1$에 대하여 G의 기본약수가

$$p^{n_1},\ p^{n_2},\ \ldots,\ p^{n_t},\ \underbrace{p,\ p,\ \ldots,\ p}_{r\text{개}}$$

라고 하고, $m_1 \geq m_2 \geq \cdots \geq m_k > 1$에 대하여 H의 기본약수는

$$p^{m_1},\ p^{m_2},\ \ldots,\ ,\ p^{m_k},\ \underbrace{p,\ p,\ \ldots,\ p}_{s\text{개}}$$

라고 하자. $pG = \{px \mid x \in G\}$는 G의 부분군임을 확인하라(연습문제 2). G가 순환군 C_i들의 직합이면 pG는 군 pC_i들의 직합임을 입증하라(연습문제 4). C_i가 a로 생성되는 위수 p^n의 순환군이라 하면 pC_i는 pa로 생성되는 순환군이다. 정리 7.9의 (3)항에 의하여 pa는 위수가 p^{n-1}이므로 pC_i는 위수가 p^{n-1}인 순환군이다. $n=1$(즉 C_i가 위수 p인 순환군)일 때 $pC_i = \langle 0 \rangle$임을 주목한다. 결과적으로 pG의 기본약수는

$$p^{n_1-1},\ p^{n_2-1},\ \ldots,\ p^{n_t-1}$$

이다. 유사한 논법으로, pH의 기본약수는

* (역자 주) 더 명확한 논법으로, G의 위수에 대한 귀납법보다 G의 위수인 p의 거듭제곱에서 그 지수에 대한 귀납법을 적용하는 것을 추천한다.

$$p^{m_1-1},\ p^{m_2-1},\ \dots,\ p^{m_k-1}$$

임을 알 수 있다.

만약 $f: G \to H$가 동형사상이면 $f(pG) = pH$ 임을 밝히고, 그 결과로 $pG \cong pH$ 이다. 더구나 $pG \neq G$이므로(연습문제 9), $|pG| < |G|$이다. 따라서 수학적귀납법의 가정에 의하여, pG와 pH는 같은 기본약수를 갖는다. 즉 $t = k$이고, $i = 1, 2, \dots, t$에 대하여

$$p^{n_i-1} = p^{m_i-1} \text{이고, 그 결과 } n_i - 1 = m_i - 1$$

이다. 그러므로 각 i에 대하여 $n_i = m_i$이다. 그래서 G와 H의 기본약수에서 가능한 차이는 각 목록의 마지막에 나오는 p의 개수뿐이다. $|G|$는 기본약수의 곱이며, $|H|$에 대해서도 마찬가지이고 $G \cong H$이므로

$$p^{n_1}p^{n_2}\cdots p^{n_t}p^r = |G| = |H| = p^{m_1}p^{m_2}\cdots p^{m_t}p^s$$

이다. 각 i에 대하여 $m_i = n_i$이므로 $p^r = p^s$ 여야 하고, 따라서 $r = s$이다. 그러므로 G와 H는 같은 기본약수를 갖는다. ■

■ 연습문제

노트: 특별히 다르게 언급하지 않으면 모든 군을 덧셈으로 나타내고, p는 항상 양의 소수를 나타낸다.

A. 1. G가 Abel 군이면 $G(p)$는 부분군임을 증명하라.

2. G가 Abel 군이면 $pG = \{px \mid x \in G\}$는 G의 부분군임을 증명하라.

3. 다음 주어진 위수의 모든 Abel 군을 (동형사상을 기준으로) 열거하라.

(a) 12　(b) 15　(c) 30　(d) 72
(e) 90　(f) 144　(g) 600　(h) 1160

4. Abel 군 G와 $G_i (1 \le i \le n)$에 대하여, $G = G_1 \oplus G_2 \oplus \cdots \oplus G_n$이면 $pG = pG_1 \oplus pG_2 \oplus \cdots \oplus pG_n$ 임을 보이라.

5. 다음 주어진 군의 기본약수를 구하라.

(a) $\mathbb{Z}_{250}$　(b) $\mathbb{Z}_6 \oplus \mathbb{Z}_{12} \oplus \mathbb{Z}_{18}$
(c) $\mathbb{Z}_{10} \oplus \mathbb{Z}_{20} \oplus \mathbb{Z}_{30} \oplus \mathbb{Z}_{40}$　(d) $\mathbb{Z}_{12} \oplus \mathbb{Z}_{30} \oplus \mathbb{Z}_{100} \oplus \mathbb{Z}_{240}$

6. 연습문제 5에서의 각 군의 불변인수를 구하라.

B. 7. 다음에 주어진 각 군의 기본약수와 불변인수를 구하라. 처음 세 개는 군 연산이 곱셈이고 마지막은 덧셈임을 주목하라.

(a) U_8 (b) U_{17} (c) U_{15} (d) $M(\mathbb{Z}_2)$

8. G가 덧셈군 $\mathbb{Q}/\mathbb{Z}$이면 부분군 $G(2)$의 모든 원소는 무엇인가? 임의의 양의 소수 p에 대하여 $G(p)$의 모든 원소는?

9. (a) 유한 Abel p-군 G에 대하여, $pG \neq G$임을 증명하라.
(b) G가 무한이면 문항 (a)는 거짓일 수 있음을 예를 들어 보이라. [힌트: 연습문제 8에서의 군 $G(2)$를 생각하라.]

10. Abel p-군 G에 대하여, $\gcd(n, p) = 1$이면 $f(a) = na$로 주어진 사상 $f: G \to G$는 동형사상임을 증명하라.

11. 유한 Abel p-군 G에 대하여, $pG = \langle 0 \rangle$이면 유한개의 $\mathbb{Z}_p$에 대하여 $G \cong \mathbb{Z}_p \oplus \cdots \oplus \mathbb{Z}_p$임을 증명하라.

12. **(Abel 군에 대한 Cauchy 정리)** 유한 Abel 군 G에 대하여, p가 $|G|$의 소수인 약수이면 G는 위수가 p인 어떤 원소를 포함함을 증명하라. [힌트: 기본정리를 이용하여 G가 위수 p^k인 순환부분군을 가짐을 보이고, 정리 7.9를 이용하여 위수가 p인 원소를 찾으라.]

13. 유한 Abel p-군은 위수가 p의 거듭제곱인 어떤 원소를 가짐을 증명하라.

14. $\gcd(p, m) = 1$일 때, G가 위수 $p^t m$인 Abel 군이면 $G(p)$의 위수는 p^t임을 증명하라.

15. 유한 Abel 군 G와 소수 p에 대하여, p^n이 $|G|$의 약수이면 G는 위수가 p^n인 부분군을 가짐을 증명하라.

16. 위수가 n인 Abel 군이 (동형사상 기준으로) 꼭 한 개 존재하는 양의 정수 n은 무엇인가?

17. 유한 Abel 군 G, H, K에 대하여
    (a) $G \oplus G \cong H \oplus H$이면 $G \cong H$임을 증명하라.
    (b) $G \oplus H \cong G \oplus K$이면 $H \cong K$임을 증명하라.

18. 위수가 n인 유한 Abel 군 G에 대하여, $k|n$이면 위수 k의 군 H와 전사인 동형사상 $G \to H$가 존재함을 증명하라.

19. Abel 군 G에서 위수가 유한인 모든 원소의 집합을 T라 하자. 다음을 증명하라.
    (a) T는 G의 부분군이다. (이것을 **꼬임부분군**(torsion subgroup)이라 한다.)
    (b) 몫군 G/T의 영이 아닌 임의의 원소의 위수는 무한이다.

20 Abel 군 G에 대하여, 무한위수를 갖는 G의 모든 원소는 (0과 함께) 부분군을 형성하는가? [$\mathbb{Z} \oplus \mathbb{Z}_3$을 생각하라.]

C. 21. Abel 군 G와 전사인 준동형사상 $f : G \to \mathbb{Z}$에 대하여, f의 핵이 K이면 G는 $H \cong \mathbb{Z}$이고 $G = K \oplus H$인 부분군 H를 가짐을 증명하라.

22. G와 H를 다음 성질을 갖는 유한 Abel 군이라고 하자: 임의의 양의 정수 m에 대하여, G에서 위수가 m인 원소들의 개수가 H에서 위수가 m인 원소들의 개수와 같다. $G \cong H$임을 증명하라.

23. G를 다음 성질을 갖는 유한 Abel 군이라고 하자: $m \,||G|$인 임의의 양의 정수 m에 대하여, G에서 위수가 m의 약수인 원소가 정확히 m개 존재한다. G는 순환군임을 증명하라.

24. 유한 Abel 군 G와 H에 대하여, $G \cong H$인 필요충분조건은 G와 H가 같은 불변인수를 가짐을 증명하라.

25. G가 무한 Abel **꼬임군**(torsion group, G의 임의의 원소가 유한위수를 갖는다는 의미)이면 G는 무한직합 $\Sigma\, G(p)$임을 증명하라. 여기서, 합은 모든 양의 소수 p에 대하여 취해진다. [**힌트**: 9.1절의 연습문제 34와 35를 보라. 그리고 정리 9.5의 증명을 적용하라.]

9.3 Sylow 정리

비가환 유한군은 앞 절에서 분류하였던 유한 Abel 군보다 훨씬 복잡하다. Sylow 정리는 비가환 유한군의 구조를 이해하는 첫 기본 단계이다. 이 정리의 증명은 실제로 군을 분석하는 데 사용하는 방법과 크게 관련이 없으므로, 다음 절로 미룬다.* 이 절에서는 Sylow 정리의 의미와 그 응용 사례를 확실하게 이해할 수 있도록 한다.

이 절의 일반적인 논의 전반에 걸쳐 모든 군은 곱셈으로 나타내고, 모든 정수는 영 이상으로 한정한다.

또다시, 주요 주제는 군 G의 구조와 정수 $|G|$의 산술적 성질 사이의 밀접한 관련성이다. 이런 유형의 가장 중요한 결과의 하나는 Lagrange 정리이다. 이것을 진술하면, H가 G의 부분군이면 정수 $|H|$는 $|G|$의 약수라는 것이다. 제1 Sylow 정리는 그 역명제의 일부분이다.

정리 9.13 제1 Sylow 정리

유한군 G와 소수 p에 대하여, p^k가 $|G|$의 약수이면 G는 위수가 p^k인 부분군을 갖는다.

예제 1

대칭군 S_6의 위수는 $6! = 720 = 2^4 \cdot 3^2 \cdot 5$이다. 제1 Sylow 정리($p = 2$일 때)는 S_6가 위수가 각각 2, 4, 8, 16인 부분군을 갖는 것을 보장한다. 이 위수의 각각에 대하여 한 개 이상의 부분군이 존재할 수도 있다. 예를 들면, 위수 4인 부분군이 적어도 60개 이상 존재한다(연습문제 1). $p = 3$일 때 정리를 적용하면, S_6는 위수가 각각 3과 9인 부분군을 갖는다. 유사하게 S_6는 위수가 5인 부분군을 적어도 하나 갖는다.

p가 G의 위수의 약수인 소수이면, G는 제1 Sylow 정리에 따라 위수가 p인 어떤 부분군 K를 갖는다. 정리 8.7로부터 K는 순환군이므로, 위수가 p인 G의 한 원소로 생성된다. 이것은 다음을 증명한다.

---

* 즐기기 전에 일을 먼저 해야 한다고 믿는 청교도적인 사람은 더 진행하기 전에 9.4절을 읽어야 한다.

따름정리 9.14 Cauchy 정리

유한군 G에 대하여, p가 G의 위수의 약수인 소수이면 G는 위수가 p인 어떤 원소를 포함한다.

유한군 G와 소수 p에 대하여, p^n이 G의 위수의 약수인 가장 큰 p의 거듭제곱일 때 위수가 p^n인 G의 부분군을 **Sylow p-부분군**이라고 한다. Sylow p-부분군의 존재성은 제1 Sylow 정리의 직접적인 결과이다.

예제 2

S_4의 위수는 $4! = 24 = 2^3 \cdot 3$이므로 위수가 8인 임의의 부분군은 Sylow 2-부분군이다.

$$\{(1),\ (1234),\ (13)(24),\ (1432),\ (24),\ (12)(34),\ (13),\ (14)(32)\}$$

는 위수가 8이고, 따라서 Sylow 2-부분군임을 쉽게 알 수 있다. 또 다른 두 개의 Sylow 2-부분군이 있다(연습문제 2). S_4의 위수가 3인 임의의 부분군이 Sylow 3-부분군이다. 네 개의 Sylow 3-부분군 가운데 두 개는 $\{(123),\ (132),\ (1)\}$과 $\{(134),\ (143),\ (1)\}$이다.

예제 3*

소수 p에 대하여, G를 위수가 $p^n m$인 유한 Abel 군이라고 하자. 여기서 $p \nmid m$이다. 9.2절의 연습문제 14에 따라

$$G(p) = \{a \in G \mid \text{어떤 } k \geq \text{에 대하여 } |a| = p^k\}$$

는 위수가 p^n이므로, $G(p)$는 Sylow p-부분군이다. $G(p)$가 유일한 Sylow p-부분군임을 알게 될 것이다. 정리 9.5는 G가 모든 Sylow 부분군($|G|$의 약수인 각 소수에 대하여 하나씩)의 직합임을 보여준다.

군 G에 대하여 $x \in G$라 하자. 7.4절의 예제 9는 $f(a) = x^{-1}ax$로 주어진 사상 $f: G \to G$가 동형사상임을 보여준다. K가 G의 부분군이면 f에 대한 K의 상은 $x^{-1}Kx = \{x^{-1}kx \mid k \in K\}$이다. 따라서 $x^{-1}Kx$는 K와 동형인 G의 부분군이다. 특히

* 9.2절을 읽지 않았으면 이 예제를 건너뛰라.

$x^{-1}Kx$는 위수가 K의 위수와 같다. 결과적으로

K가 G의 Sylow p-부분군이면 $x^{-1}Kx$도 Sylow p-부분군이다.

다음 정리는 G의 모든 Sylow p-부분군을 이러한 방식으로 K로부터 얻을 수 있음을 보여준다.

정리 9.15 제2 Sylow 정리

P와 K가 군 G의 Sylow p-부분군이면 $P = x^{-1}Kx$인 $x \in G$가 존재한다.

앞 단락의 고딕체의 진술과 함께 정리 9.15는 다음을 보여준다.

G의 임의의 두 Sylow p-부분군은 동형이다.

따름정리 9.16

유한군 G의 Sylow p-부분군 K에 대하여, K가 G의 정규부분군일 필요충분조건은 K가 G의 유일한 Sylow p-부분군이다.

증명

임의의 $x \in G$에 대하여 $x^{-1}Kx$는 Sylow p-부분군임을 알고 있다. K가 G의 유일한 Sylow p-부분군이면 모든 $x \in G$에 대하여 $x^{-1}Kx = K$이어야 한다. 그러므로 정리 8.11에 의하여 K는 정규부분군이다. 역으로, K가 정규부분군이고 P를 임의의 Sylow p-부분군이라 하자. 제2 Sylow 정리에 따라 $P = x^{-1}Kx$인 $x \in G$가 존재한다. K가 정규부분군이므로 $P = x^{-1}Kx = K$이다. 따라서 K는 유일한 Sylow p-부분군이다. ■

앞의 정리들은 Sylow p-부분군의 존재성과 임의의 그런 두 부분군 사이의 관계를 확립한다. 다음 정리는 주어진 군의 Sylow p-부분군들이 얼마나 많을 수 있는지를 보여준다.

정리 9.17 제3 Sylow 정리

유한군 G의 Sylow p-부분군들의 개수는 $|G|$의 약수이고, 음이 아닌 어떤 정수 k에 대하여 $1+pk$의 형태이다.

Sylow 정리의 응용

(정규 진부분군을 갖지 않는 군인) 단순군은 모든 군에 대한 기본 구성요소이다. 그래서 특정 위수의 어떤 단순군이 있는지 말할 수 있다는 것은 유용하다. 따름정리 9.16과 함께 제3 Sylow 정리는 개수를 세는 적절한 논법과 군 G의 어떤 정규 진부분군의 존재성을 확립하는 데 이용될 수 있고, 따라서 G가 단순군이 아님을 보이는 데 사용될 수 있다.

예제 4

군 G의 위수가 $63=3^2\cdot 7$이면 임의의 Sylow 7-부분군은 위수가 7이고, 그런 부분군의 개수는 제3 Sylow 정리에 따라 $1+7k$ 형태의 63의 약수이다. 63의 약수는 1, 3, 7, 9, 21, 63이고 ($k\geq 0$인) $1+7k$의 형태는 1, 8, 15, 22, 29, 36, 43, 50, 57, 64 등이다. 1이 양쪽 목록에 있는 유일한 숫자이므로, G는 꼭 한 개의 Sylow 7-부분군을 갖는다. 따름정리 9.16에 의하여 이 부분군은 정규부분군이다. 결과적으로 위수 63의 어떤 군도 단순군이 아니다.

예제 5

위수가 $56=2^3\cdot 7$인 단순군이 존재하지 않음을 보일 것이다. $1+7k$ 형태인 56의 약수는 1과 8이다. 그래서 G는 각각 위수가 7인 Sylow 7-부분군이 한 개 또는 여덟 개 있다. 만약 꼭 한 개의 Sylow 7-부분군을 갖는다면 따름정리 9.16에 따라 그것은 정규부분군임이 틀림없다. 따라서 이 경우는 단순군이 아니다. 만약 G가 8개의 Sylow 7-부분군을 가지면 그 각각은 여섯 개씩의 영이 아닌 원소들을 포함하고, 따름정리 8.6에 의하여 영이 아닌 각 원소는 위수가 7이다. 또한 8.1절의 연습문제 21에 의하여 임의의 두 개의 이들 부분군의 교집합은 $\langle e\rangle$이다. 결과적으로 G에는 위수가 7인 $8\cdot 6=48$개의 원소가 존재한다. 임의의 Sylow 2-부분군의 위수는 8이다. 따름정리 8.6에 의하여 하나의 Sylow 2-부분군의 임의 원소의 위수는 8의 약수이고, 따라서 위수가 7인 48개의 원소들의 집합에 포함될 수 없다. 따라서 G에는 위수 8의 꼭 하나의 군만을 포함할 수 있다. 그러므로 이 경우에 위수 8의 단 하나의 Sylow 2-부분군은 따름정리 9.16에 의해 정규부분군이고, G는 단순군이 아니다.

앞의 예제들에서, Sylow 정리들은 (군이 단순군이 아니라는) 부정적인 결론에 도달하는 데 사용될 수 있었다. 그렇지만 같은 기법이 긍정적인 결과를 끌어내는 데에도 사용될 수 있다. 특히 어떤 종류의 유한군을 분류할 수 있다.

따름정리 9.18

p와 q가 $p > q$인 소수일 때, G를 위수 pq의 군이라 하자. $q \nmid (p-1)$이면 $G \cong \mathbb{Z}_{pq}$이다.

증명

제3 Sylow 정리에 따라 Sylow p-부분군의 개수는 $|G| = pq$의 약수이고, 따라서 $1, p, q$ 또는 pq 중 하나이다. 그런데 이 수는 또한 어떤 정수 k에 대하여 $1 + pk$ 형태가 되어야 한다. $p > q$이므로 $q = 1 + pk$일 수는 없다. 또한 $p = 1 + pk$이거나 $pq = 1 + pk$이면 $p \mid 1$이고, 이것은 불가능하다. 그러므로 위수가 p인 Sylow p-부분군 H가 꼭 한 개 존재하고, 따름정리 9.16에 따라 정규부분군이다. 유사한 논법으로, ($q \nmid (p-1)$을 사용하여) 위수가 q인 Sylow q-부분군 K가 꼭 하나 존재하고, 이것 또한 정규부분군이다. $H \cap K$는 H와 K의 부분군이므로 Lagrange 정리에 따라 그 위수는 $|H| = p$와 $|K| = q$의 공약수이다. 따라서 $H \cap K = \langle e \rangle$이다. 연습문제 15는 $G = HK$임을 보여준다. 그러므로 정리 9.3에 의하여 $G = H \times K$이다. 그런데 정리 8.7로부터 $H \cong \mathbb{Z}_p$이고 $K \cong \mathbb{Z}_q$임을 알 수 있다. 결론적으로 보조정리 9.8에 의하여 $G = H \times K = \mathbb{Z}_p \times \mathbb{Z}_q \cong \mathbb{Z}_{pq}$이다.* ■

예제 6

이제 위수가 $15 = 5 \cdot 3$인 모든 군을 분류하기는 쉽다. $p = 5$이고 $q = 3$일 때 따름정리 9.18을 적용하여, 위수 15의 모든 군은 $\mathbb{Z}_{15}$와 동형임을 결론짓는다. 유사하게 이런 위수, 즉 $33 = 11 \cdot 3$, $35 = 7 \cdot 5$, $65 = 13 \cdot 5$, $77 = 11 \cdot 7$, $91 = 13 \cdot 7$에 대하여 (동형사상 기준으로) 꼭 하나씩의 군이 존재한다.

Sylow 정리들의 다른 응용은 9.5절에서 다룬다.

* 보조정리 9.8의 증명은 9.2절의 나머지 부분과 독립적이므로 그 절을 건너뛰었으면 지금 읽어도 좋다.

■ 연습문제

노트: 달리 명시하지 않는 한 G는 유한군이고, p는 양의 소수이다.

A. 1. S_6는 위수가 4인 적어도 60개의 부분군을 가짐을 보이라. [**힌트:** ($\langle(1234)\rangle$와 같이) 4-순환치환으로 생성되는, 또는 ($\langle(1234)(56)\rangle$처럼) 순환치환과 서로 소인 호환의 곱으로 생성되는 순환부분군을 생각하라. 또 $\{(1), (12), (34), (12)(34)\}$와 같이 순환부분군이 아닌 것도 살펴보라.]

2. (a) S_4의 모든 Sylow 2-부분군을 열거하라.
   (b) S_4의 네 개의 Sylow 3-부분군을 열거하라.

3. A_4의 Sylow 2-부분군과 Sylow 3-부분군을 모두 열거하라.

4. $\mathbb{Z}_{12} \times \mathbb{Z}_{12} \times \mathbb{Z}_{10}$의 Sylow 2-부분군 및 Sylow 3-부분군, Sylow 5-부분군을 모두 열거하라. [9.2절이 이 연습문제에 대한 선행학습 요건이다.]

5. 다음 각 경우에 G의 얼마나 많은 Sylow p-부분군이 존재할 수 있는가?
   (a) $p=3$이고 $|G|=72$　　(b) $p=5$이고 $|G|=60$

6. 주어진 위수의 모든 군을 분류하라.
   (a) 115　　(b) 143　　(c) 391

7. 다음에 주어진 위수의 단순군이 존재하지 않음을 증명하라.
   (a) 42　　(b) 200　　(c) 231　　(d) 255

B. 8. Cauchy 정리를 이용하여, 유한 p-군의 위수는 어떤 $n \geq 0$에 대하여 p^n임을 증명하라.

9. (유한이 아닐 수 있는) 군 G의 정규부분군 N에 대하여, N과 G/N이 모두 p-군이면 G는 p-군임을 증명하라.

10. G의 정규부분군 H에 대하여, $|H|=p^k$이면 H는 G의 임의의 Sylow p-부분군에 포함됨을 증명하라. [9.4절의 연습문제 24를 가정해도 좋다.]

11. G의 자기동형사상 f에 대하여, K가 G의 Sylow p-부분군이면 $f(K) = K$ 인가?

12. G의 부분군 H에 대하여, K가 G의 임의의 Sylow p-부분군이면 $K \cap H$는 H의 Sylow p-부분군인가? [**힌트**: S_4를 생각하라.]

13. G의 임의의 Sylow p-부분군이 정규부분군이면 G는 ($|G|$의 약수인 각 소수에 대하여 하나씩의) Sylow 부분군들의 직합임을 증명하라. 이러한 성질을 갖는 군을 **멱영군**(nilpotent group)이라고 한다.

14. p가 소수이면 위수 $2p$의 단순군이 존재하지 않음을 증명하라.

15. (a) G의 부분군 H와 K에 대하여, $HK = \{hk \mid h \in H,\ k \in K\}$로 나타낸다. $H \cap K = \langle e \rangle$이면 $|HK| = |H| \cdot |K|$임을 증명하라. [**힌트**: $hk = h_1 k_1$이면 $h_1^{-1} h = k_1 k^{-1}$.]
    (b) G의 임의의 부분군 H와 K에 대하여

$$|HK| = \frac{|H| \cdot |K|}{|H \cap K|}$$

임을 증명하라.

16. G가 위수 60의 군이고 그 Sylow 3-부분군이 정규부분군이면 G의 Sylow 5-부분군도 또한 정규부분군임을 증명하라.

17. G가 순환군이 아닌 위수 21의 군이면 G는 얼마나 많은 Sylow 3-부분군을 가질 수 있는가?

18. 위수가 168인 단순군 G는 몇 개의 Sylow 7-부분군을 갖는가?

19. 서로 다른 소수 p와 q에 대하여, 위수가 pq인 단순군이 존재하지 않음을 증명하라.

20. $m < p$에 대하여, G의 위수가 $p^k m$이면 G는 단순군이 아님을 증명하라.

21. 위수가 30인 단순군은 존재하지 않음을 증명하라.

22. 서로 다른 소수 p와 q에 대하여, 위수 p^2q 인 단순군이 존재하지 않음을 증명하라.

23. (a) $|G|=105$일 때 G는 위수가 35인 부분군을 가짐을 증명하라.
(b) $|G|=375$일 때 G는 위수가 15인 부분군을 가짐을 증명하라.

24. G의 정규부분군 N에 대하여, K가 G의 Sylow p-부분군이면 $K\cap N$은 N의 Sylow p-부분군임을 증명하라.

C. 25. $p<q<r$인 소수 $p,\ q,\ r$에 대하여, 위수가 pqr인 임의의 군은 Sylow r-부분군이 정규부분군이고, 따라서 단순군이 아님을 증명하라.

9.4 켤레관계와 Sylow 정리의 증명

부록 D가 이 절에 대한 필요한 선행학습 요건이다. Sylow 정리들의 증명은 지금 전개하려는 켤레관계의 개념에 크게 의존한다.

군 G와 $a, b\in G$에 대하여, $b=x^{-1}ax$인 $x\in G$가 존재할 때 a는 b와 **켤레** (conjugate)라 한다. 예를 들어, S_3에서 $(1\,2)$는 $(1\,3)$과 켤레이다. 왜냐하면

$$(1\,2\,3)^{-1}(1\,2)(1\,2\,3)=(1\,3\,2)(1\,2)(1\,2\,3)=(1\,3).$$

다음은 켤레관계에 대한 실마리가 되는 사실이다.

정리 9.19

켤레관계는 G에서의 동치관계이다.

증명

a가 b와 켤레일 때 $a\sim b$로 나타내자. 반사적: $a=eae=e^{-1}ae$이므로 $a\sim a$이다. 대칭적: $a\sim b$이면 어떤 $x\in G$에 대하여 $b=x^{-1}ax$이다. 양변의 왼쪽에 x를, 오른쪽에 x^{-1}를 곱하면 $a=xbx^{-1}=(x^{-1})^{-1}bx^{-1}$임을 알 수 있다. 따라서 $b\sim a$이다. 추이적: $a\sim b$이고 $b\sim c$라 하면 어떤 $x, y\in G$에 대하여 $b=x^{-1}ax$이고 $c=y^{-1}by$이다. 따라서 $c=y^{-1}(x^{-1}ax)y=(y^{-1}x^{-1})a(xy)=(xy)^{-1}a(xy)$이다. 그러므로 $a\sim c$이고,

따라서 $\sim$는 동치관계이다. ■

켤레관계에 대한 G에서의 동치류를 **켤레류**(conjugate class)라 부른다. 부록 D에서의 동치관계에 관한 논의는 다음 사실을 보여준다.

원소 a의 켤레류는 a와 켤레인 G의 모든 원소로 구성된다.
두 켤레류는 서로 소이거나 일치한다.
군 G는 서로 다른 모든 켤레류의 합집합이다.

예제 1

S_3에서 (12)의 켤레류는 $x \in S_3$인 모든 원소 $x^{-1}(12)x$로 구성된다. 쉬운 계산으로, 임의의 $x \in S_3$에 대하여 $x^{-1}(12)x$는 (12)나 (13), (23) 중 하나이다. 예를 들어,

$$(23)^{-1}(12)(23) = (23)(12)(23) = (13)$$
$$(132)^{-1}(12)(132) = (123)(12)(132) = (23)$$

따라서 (12)의 켤레류는 $\{(12), (13), (23)\}$이다. 유사한 계산으로, S_3에서 세 개의 서로 다른 켤레류, 즉

$$\{(1)\}, \quad \{(123), (132)\}, \quad \{(12), (13), (23)\}$$

이 있음을 알 수 있다. 비록 이들 켤레류가 크기는 다르지만, 임의의 켤레류에 속하는 원소들의 개수는 (1 또는 2, 3으로) S_3의 위수인 6의 약수이다. 이 현상은 일반적으로 일어나는 것을 알게 될 것이다.

군 G와 $a \in G$에 대하여, a와 가환인 G의 모든 원소로 구성된 집합을 a의 **중심화부분군**(centralizer)이라 하고, $C(a)$로 나타낸다. 즉

$$C(a) = \{g \in G \mid ga = ag\}.$$

예를 들어, $G = S_3$이고 $a = (123)$일 때 $C(a) = \{(1), (123), (132)\}$이고, $C(a)$는 S_3의 부분군임을 쉽게 밝힐 수 있다. 곱셈에 관한 군 $\mathbb{Q}^*$에서, 영인 아닌 유리수 a에 대하여 임의의 $\mathbb{Q}^*$의 원소는 a와 가환이고, 그러므로 $C(a)$는 전체 군 $\mathbb{Q}^*$이다. 이 예들은 다음의 예시이다.

정리 9.20

군 G의 $a \in G$에 대하여, $C(a)$는 G의 부분군이다.

증명

$ea = ae$이므로 $e \in C(a)$이고, 그 결과 $C(a)$는 공집합이 아니다. $g, h \in C(a)$이면

$$(gh)a = g(ha) = g(ah) = (ga)h = (ag)h = a(gh)$$

이다. 그러므로 $gh \in C(a)$이고 $C(a)$는 닫혀있다. $ga = ag$의 양변의 오른쪽과 왼쪽에 g^{-1}를 곱하면 $ag^{-1} = g^{-1}a$임을 알 수 있다. 따라서 $g \in C(a)$이면 $g^{-1} \in C(a)$이다. 그러므로 정리 7.11에 의하여 $C(a)$는 부분군이다. ■

중심화부분군은 켤레류의 크기에 대해 대단히 유용한 사실을 이끈다.

정리 9.21

유한군 G와 $a \in G$에 대하여, a의 켤레류에 속하는 모든 원소의 개수는 지수 $[G : C(a)]$이고, 이것은 $|G|$의 약수이다.

증명

표기의 편의성을 위하여, 이 증명에서 때로는 $C(a)$를 간단히 C로 나타낸다. S를 G에서 C의 모든 서로 다른 우잉여류들의 집합이라 하고, T를 G에서의 (a의 모든 켤레로 구성된) a의 켤레류라 하자. 함수 $f : S \to T$를 $f(Cx) = x^{-1}ax$로 정의한다. f가 두 집합의 잘 정의된 전단사함수임을 보일 것이다. 이것은 S와 T가 서로 같은 개수의 원소를 갖는 것을 의미한다. S의 원소들의 개수는 $C(a)$의 서로 다른 우잉여류의 개수, 즉 $[G : C(a)]$이고, T의 원소의 개수는 a의 서로 다른 켤레류의 개수이다. 이것은 정리의 첫 부분을 증명한다. 마지막 부분에 관하여, 수 $[G : C(a)]$는 Lagrange 정리에 따라, $|G|$의 약수이다.

이제 상세한 것을 살펴보자. 다음 '$\Leftrightarrow$' 진술의 각각을 '$\Rightarrow$' 방향으로 읽으면 f가 잘 정의됨을 보여준다(즉, $Cx = Cy$이면 $f(Cx) = f(Cy)$임을 의미한다).

$$
\begin{aligned}
Cx = Cy &\Leftrightarrow xy^{-1} \in C && [\text{정리 8.2}] \\
&\Leftrightarrow a(xy^{-1}) = (xy^{-1})a && [C\text{의 정의}] \\
&\Leftrightarrow x^{-1}axy^{-1} = y^{-1}a && [\text{양변의 왼쪽에 } x^{-1}\text{를 곱하여}] \\
&\Leftrightarrow x^{-1}ax = y^{-1}ay && [\text{양변의 오른쪽에 } y\text{를 곱하여}] \\
&\Leftrightarrow f(Cx) = f(Cy) && [f\text{ 의 정의}]
\end{aligned}
$$

같은 진술의 각각을 아래서 위로 '$\Leftarrow$' 방향으로 읽으면, $f(Cx) = f(Cy)$이면 $Cx = Cy$ 임을 보여준다. 그 결과 f는 단사이다.* 마지막으로, a의 주어진 임의의 켤레 $u^{-1}au$는 잉여류 Cu의 상이므로 f는 전사이다. 따라서 f는 전단사이고, 증명이 완성되었다. ■

유한군 G에 대하여, $C_1, C_2, \ldots, C_t$를 G의 서로 다른 모든 켤레류라고 하자. 그러면 $G = C_1 \cup C_2 \cup \cdots \cup C_t$이다. 서로 다른 켤레류들은 서로 소이므로

(1) $$|G| = |C_1 \cup C_2 \cup \cdots \cup C_t| = |C_1| + |C_2| + \cdots + |C_t|$$

여기서 $|C_i|$는 C_i에 속하는 모든 원소의 개수를 나타낸다. 이제 각 켤레류 C_i에서 하나씩의 원소, 이를테면 a_i를 선택하자. 그러면 C_i는 a_i와 켤레인 모든 원소로 구성된다. 정리 9.21에 의하여 $|C_i|$는 정확히 $[G : C(a_i)]$이고, $|G|$의 약수이다. 그러므로 등식 (1)은

(2) $$|G| = [G : C(a_1)] + [G : C(a_2)] + \cdots + [G : C(a_t)]$$

가 된다. 이 식은 ((1)이든 (2)든) 군 G의 **켤레류 등식**(class equation)이라고 한다. 이것은 Sylow 정리들을 증명하는 데 기본 도구가 될 것이다. 켤레류 등식의 다른 응용은 9.5절에서 논할 것이다.

예제 2

예제 1에서 S_3는 크기가 각각 1, 2, 3인 세 개의 켤레류를 갖는다. $|S_3| = 6$이므로 S_3의 켤레류 등식은 $6 = 1 + 2 + 3$이다.

군 G의 원소 c와 x에 대하여, $cx = xc$일 필요충분조건은 $x^{-1}cx = c$이다. 따라서 c가 G의 중심에 속할[모든 $x \in G$에 대하여 $cx = xc$] 필요충분조건은 c의 켤레가 자

* 아래쪽에서 위쪽으로 읽을 때, 오른쪽난의 이유를 조정하여야 한다(연습문제 4).

신 하나뿐[모든 $x \in G$에 대하여 $x^{-1}cx = c$]이다. 따라서 G의 중심 $Z(G)$는 유일한 원소를 갖는 G의 켤레류들의 합집합이고, 결과로 켤레류 등식은 다음 세 번째 형태로 나타낼 수 있다.

$$\text{(3)} \qquad |G| = |Z(G)| + |C_1| + |C_2| + \cdots + |C_r|$$

여기서 C_1, C_2, ..., C_r은 적어도 두 개 이상의 원소를 포함하는 서로 다른 모든 켤레류이고 각 $|C_i|$은 $|G|$의 약수이다.

켤레류 등식에 추가하여 Sylow 정리들을 증명하는 데 필요한 결과가 하나 더 있다.

보조정리 9.22 Abel 군에 대한 Cauchy 정리

유한 Abel 군 G에 대하여, p가 G의 위수의 약수인 소수이면 G는 위수가 p인 어떤 원소를 포함한다.

이 보조정리는 Abel 군의 기본정리의 직접적인 결과이다(9.2절의 연습문제 12). 그러나 다음 증명은 제7장과 8장에만 의존한다.

보조정리 9.22의 증명

증명은 완전수학적귀납법의 원리를* 사용하여, G의 위수에 대한 귀납법으로 한다. 이것을 위하여, 먼저 $|G| = 2$일 때 정리가 참임을 보여야 한다. 이 경우에 p가 $|G|$의 약수이면 $p = 2$이다. 따름정리 8.6의 (1)항에 의하여 G의 영이 아닌 원소의 위수는 2이어야 하고, 따라서 정리는 참이다.

이제 $|G| = n$이라 하고, 위수가 n보다 작은 모든 Abel 군에 대하여 정리가 참이라고 가정하자. a를 G의 항등원이 아닌 임의의 원소라고 하자. 그러면 a의 위수는 양의 정수이고, 따라서 어떤 소수 q로 나누어진다(정리 1.8). 이를테면, $|a| = qt$이다. 정리 7.9에 의하여 $b = a^t$의 위수는 q이다. 만약 $q = p$이면 정리는 증명되었다. 만약 $q \neq p$이면 N을 순환부분군 $\langle b \rangle$라고 하자. G가 가환이므로 N은 정규부분군이고, 정리 7.15에 의하여 N의 위수는 q이다. 정리 8.13에 따라 몫군 G/N의 위수는 $|G|/|N| = n/q < n$이다. 결과적으로 귀납법의 가정으로부터 이 정리는 G/N에 대하여 참이다. p가 $|G|$의 약수이고 $|G| = |N||G/N| = q|G/N|$이다. q는 p가 아닌 소수이므로 정리 1.5로부터, p는 $|G/N|$의 약수임이 틀림없다. 그러므로 G/N은 위수가 p인 어떤 원소, 말하자면 Nc를 갖는다. Nc의 G/N에서의 위수가 p이므로

* 부록 C를 보라.

$Nc^p = (Nc)^p = Ne$이고, 따라서 $c^p \in N$이다. N의 위수는 q이고 따름정리 8.6의 (2)항에 따라 $c^{pq} = (c^p)^q = e$이다.

그러므로 정리 7.9에 의하여 c의 위수는 pq의 약수가 되어야 한다. 그런데 c의 위수가 1이면 Nc의 위수가 G/N에서 p가 아니라 1이 되므로, c의 위수는 1이 될 수 없다. 또한 c의 위수는 q도 될 수 없다. 만약 그렇다면 G/N에서 $(Nc)^q = Nc^q = Ne$이고 그 결과 정리 7.9에 따라 (Nc의 위수) p가 q의 약수가 될 것이기 때문이다. c의 위수가 될 수 있는 것은 p와 pq뿐이다. 후자의 경우에, 정리 7.9에 의하여 c^q의 위수가 p이다. 어느 경우에나 G는 위수가 p인 어떤 원소를 포함한다. 그러므로 정리는 위수가 n인 임의의 Abel 군에 대하여 참이다. 따라서 귀납법에 따라 모든 유한 Abel 군에 대하여 참이다. ■

Sylow 정리의 증명

이제 Sylow 정리들의 증명에 필요한 모든 도구를 갖추었다.

제1 Sylow 정리 9.13의 증명

증명은 G의 위수에 대한 수학적귀납법으로 한다. $|G| = 1$이면 p^0는 $|G|$의 유일한 소수 거듭제곱의 약수이고, G 자신이 위수가 p^0인 부분군이다. $|G| > 1$이고 귀납법의 가정으로, $|G|$보다 작은 위수의 모든 군에 대하여 참이라고 가정하자. G의 두 번째와 세 번째 형태의 켤레류 등식을 결합하여

$$|G| = |Z(G)| + [G : C(a_1)] + [G : C(a_2)] + \cdots + [G : C(a_r)]$$

임을 알 수 있다. 여기서, 각 i에 대하여 $[G : C(a_i)] > 1$이다. 또한 ($e \in Z(G)$이므로) $|Z(G)| \geq 1$이고, $|C(a_i)| < |G|$이다(그렇지 않으면 $[G : C(a_i)] = 1$).

p가 $[G : C(a_j)]$의 약수가 아닌 첨수 j가 존재한다고 가정하자. 그러면 가정에 의하여 p^k는 $|G|$의 약수이고 Lagrange 정리에 따라 $|G| = |C(a_j)|\,[G : C(a_j)]$이므로, 정리 1.5에 의하여 p^k는 $|C(a_j)|$의 약수이어야 한다. 부분군 $C(a_j)$의 위수는 $|G|$보다 작으므로 귀납법의 가정에 의하여 $C(a_j)$는 위수가 p^k인 부분군을 갖고, 따라서 G도 위수 p^k의 부분군을 갖는다.

한편 만약 p가 모든 i에 대하여 $[G : C(a_i)]$의 약수이면 p가 $|G|$의 약수이므로, p는 $|G| - [G : C(a_1)] - [G : C(a_2)] - \cdots - [G : C(a_r)] = |Z(G)|$의 약수이어야 한다. $Z(G)$는 가환이므로 보조정리 9.22에 의하여 $Z(G)$는 위수가 p인 어떤 원소 c를 포함한다. N을 c로 생성되는 순환부분군이라고 하자. 그러면 N은 위수가 p이고, G의 정규부분군이다(연습문제 8). 결과적으로 몫군 G/N의 위수, 즉 $|G|/p$는 $|G|$

보다 작고 p^{k-1}로 나누어진다. 수학적귀납법의 가정에 의하여, G/N은 위수가 p^{k-1}인 어떤 부분군 T를 갖는다. 정리 8.24에 의하여 $N \subseteq H$이고 $T = H/N$인 G의 부분군 H가 존재한다. Lagrange 정리에 따라

$$|H| = |N| \cdot |H/N| = |N| \cdot |T| = p\,p^{k-1} = p^k$$

임을 알 수 있다. 그래서 G는 이 경우에도 위수가 p^k인 부분군을 갖는다. ■

마지막 두 Sylow 정리를 증명하는 데 필요한 기본 도구는 이제 켤레인 원소보다 켤레인 부분군을 취급할 것임을 제외하고, 앞에서 사용하였던 것들과 매우 유사하다. 더 정확히 군 G의 정해진 부분군 H에 대하여, A와 B를 G의 임의의 부분군이라 하자.

$$B = x^{-1}Ax = \{x^{-1}ax \mid a \in A\}$$

를 만족하는 $x \in H$가 존재할 때 A는 B와 **H-켤레**(conjugate)라 한다. H가 군 G 자신인 특별한 경우에 간단히 A는 B와 **켤레**(conjugate)라 한다.

정리 9.23

군 G의 부분군 H에 대하여, H-켤레관계는 G의 모든 부분군에 대한 동치관계이다.

증명

정리 9.19의 증명을 원소 a, b, c 대신에 부분군 A, B, C를 사용하여 옮기라. ■

군 G의 부분군 A에 대하여, 집합 $N(A)$를

$$N(A) = \{g \in G \mid g^{-1}Ag = A\}$$

로 정의하고, A의 **정규화부분군**(normalizer)이라고 한다.

정리 9.24

군 G의 부분군 A에 대하여, $N(A)$는 G의 부분군이고 A는 $N(A)$의 정규부분군이다.

증명

연습문제 7은 $A \subseteq N(A)$이고, $g \in N(A)$일 필요충분조건은 $Ag = gA$임을 보여준

다. 이 사실을 이용하여, 정리 9.20의 증명을 변경하여 쉽게 $N(A)$가 부분군임을 보일 수 있다. $N(A)$의 정의로부터 A가 $N(A)$의 정규부분군임을 알 수 있다. ■

정리 9.25

군 G의 부분군 H와 A에 대하여, A의 서로 다른 모든 H-켤레의 개수(즉, H-켤레관계에 대한 A의 동치류에 속하는 모든 원소의 개수)는 $[H : H \cap N(A)]$이고, 따라서 $|H|$의 약수이다.

증명

정리 9.21의 증명을 G를 H로, a를 A로, 또 C를 $H \cap N(A)$로 바꾸면 현재 상황으로 옮겨진다. ■

보조정리 9.26

유한군 G의 Sylow p-부분군 Q에 대하여, $x \in G$의 위수가 p의 거듭제곱이고 $x^{-1}Qx = Q$이면 $x \in Q$이다.

증명

정리 9.24에 의하여 Q는 $N(Q)$의 정규부분군이므로, 몫군 $N(Q)/Q$가 정의된다. 가정에 의하여 $x \in N(Q)$이다. $|x|$는 p의 거듭제곱이므로 $N(Q)/Q$에서 잉여류 Qx도 위수가 p의 거듭제곱이다. 이제 Qx는 위수가 p의 거듭제곱인 $N(Q)/Q$의 순환부분군 T를 생성한다. 정리 8.24로부터 $T = H/Q$이고, 여기서 H는 Q를 포함하는 G의 부분군이다. 군 Q와 T의 위수가 p의 거듭제곱이고, Lagrange 정리에 따라 $|H| = |Q| \cdot |T|$이므로 $|H|$는 p의 거듭제곱이어야 한다. 그런데 $Q \subseteq H$이고, Sylow p-부분군의 정의에 따라 $|Q|$는 $|G|$의 약수인 가장 큰 p의 거듭제곱이다. 따라서 $Q = H$이고, 그러므로 $T = H/Q$는 항등원 부분군이다. 따라서 T를 생성하는 Qx는 항등원의 잉여류 Qe이다. 등식 $Qx = Qe$로부터 $x \in Q$이다. ■

제2 Sylow 정리 9.15의 증명

K는 Sylow p-부분군이므로, K의 위수는 p^n이고 여기서 $|G| = p^n m$이고 $p \nmid m$이다. $K = K_1, K_2, \ldots, K_t$를 G에서의 K의 서로 다른 모든 켤레라 하자($H = G$ 및 $K = A$와 함께). 정리 9.25에 의하여 $t = [G : N(K)]$이다. p는 t의 약수가 아님을 주목

한다. (왜냐하면 $p^n m = |G| = |N(K)| \cdot [G : N(K)] = |N(K)| \cdot t$ 이고, K가 $N(K)$의 부분군이므로 p^n은 $|N(K)|$의 약수이기 때문이다.) Sylow p-부분군 P가 K와 켤레임을, 즉 P가 K_i들 중의 하나임을 보여야 한다. 이것을 위하여 P-켤레관계를 이용한다.

각 K_i는 K_1의 켤레이고 켤레관계는 추이적이므로, G에서 K_i의 임의의 켤레는 역시 K_1의 켤레이다. 다른 말로, K_i의 임의의 켤레는 어떤 K_j이다. 결과적으로 P-켤레관계에 대하여 K_i의 동치류는 여러 가지 K_j만을 포함한다. 그래서 K의 모든 켤레의 집합 $S = \{K_1, K_2, \ldots, K_t\}$는 P-켤레관계에 대한 서로 다른 모든 동치류의 합집합이다. 이 동치류들의 각각에 포함된 모든 부분군의 개수는 p의 거듭제곱이다. 왜냐하면 정리 9.25에 의하여 K_i와 P-켤레인 모든 부분군의 개수는 $[P : P \cap N(K_i)]$이고, 이것은 Lagrange 정리에 따라 $|P| = p^n$의 약수이기 때문이다. 그러므로 t(집합 S에 속하는 모든 부분군의 개수)는 p의 각종 거듭제곱들의(각각은 그 합집합이 S인 서로 다른 모든 잉여류의 하나에 속하는 부분군의 개수이다) 합이다. p는 t의 약수가 아니므로 이 p의 거듭제곱 중 적어도 하나는 $p^0 = 1$이어야 한다. 따라서 어떤 K_i는 홀로 하나의 동치류에 속한다. 즉, 임의의 $x \in P$에 대하여 $x^{-1}K_i x = K_i$임을 의미한다($Q = K_i$와 함께). 보조정리 9.26에 의하여 임의의 그런 x에 대하여 $x \in K_i$이고, 그 결과 $P \subseteq K_i$이다. P와 K_i는 모두 Sylow p-부분군이므로 그들은 같은 위수를 갖는다. 그러므로 $P = K_i$이다. ■

제3 Sylow 정리 9.17의 증명

$S = \{K_1, K_2, \ldots, K_t\}$를 G의 모든 Sylow p-부분군의 집합이라 하자. 제2 Sylow 정리에 따라, 이들은 모두 K_1의 모든 서로 다른 켤레이다. 제2 Sylow 정리의 증명은 $t = [G : N(K_1)]$임을 보여 주고, 이것은 Lagrange 정리로부터 G의 위수의 약수이다.

P를 K_i들 중 하나라 하고 P-켤레관계를 생각하자. 닫힘 성질에 의하여 P의 유일한 P-켤레는 P 자신이다. 제2 Sylow 정리의 증명은 단 하나의 부분군으로 구성되는 유일한 동치류는 P 자신만으로 구성되는 것임을 보여준다. 그 증명은 또 S가 서로 다른 모든 동치류의 합집합이고, 각 동치류에 포함되는 부분군의 개수는 p의 거듭제곱임을 보여준다. 이 동치류 중 꼭 하나만 P를 포함하고, 따라서 다른 동치류에 속하는 부분군의 개수는 각각 p의 양의 거듭제곱이다. 그러므로 모든 Sylow p-부분군의 개수 t는 1과 p의 여러 개의 양의 거듭제곱들의 합이고, 따라서 어떤 정수 k에 대하여 $1 + pk$ 형태로 나타낼 수 있다. ■

■ 연습문제

노트: 달리 명시하지 않는 한 G는 유한군이고, p는 양의 소수이다.

A. 1. 다음 주어진 군의 서로 다른 켤레류를 모두 열거하라.

(a) D_4 (b) S_4 (c) A_4

2. $a \in G$일 때, $C(a)$는 가환이 아닐 수도 있음을 예를 들어 보이라. [힌트: S_5에서 $a=(1\,2)$이면 $(3\,4)$와 $(3\,4\,5)$가 $C(a)$에 속한다.]

3. G의 부분군 H에 대하여, $a \in H$일 때 H에서 a의 켤레류는 G에서 a의 켤레류와 같지 않을 수도 있음을 예를 들어 보이라.

4. f가 단사임을 보이는 정리 9.21에 대한 증명의 부분을 쓰고, 단계별로 그 이유를 포함하라. 그 답은 다음과 같이 시작해야 할 것이다.

$$f(Cx)=f(Cy) \Rightarrow x^{-1}ax=y^{-1}ay \qquad [f \text{ 의 정의}]$$
$$\Rightarrow x^{-1}axy^{-1}=y^{-1}a \qquad [\text{양변의 오른쪽에 } y^{-1}\text{를 곱하여}]$$

5. S_4에서 Sylow 3-부분군 $\langle(1\,2\,3)\rangle$의 모든 켤레류를 열거하라.

6. G의 부분군 H와 K에 대하여, H가 K의 정규부분군이면 K는 $N(H)$의 부분군임을 증명하라. 다르게 말하자면, $N(H)$는 H가 정규부분군인 G의 가장 큰 부분군이다.

7. 군 G의 부분군 A에 대하여, 다음을 증명하라.

(a) $A \subseteq N(A)$

(b) $g \in N(A)$일 필요충분조건은 $Ag=gA$이다.

8. N이 $Z(G)$의 부분군이면 N은 G의 정규부분군임을 증명하라.

B. 9. G의 자기동형사상 f에 대하여, C가 G에서의 임의의 켤레류이면 $f(C)$도 G의 어떤 켤레류임을 증명하라.

10. 무한군 G에 대하여, H를 G에서 단지 유한개의 서로 다른 켤레를 갖는 모든 G의 원소의 집합이라 하자. H는 G의 부분군임을 증명하라.

11. G가 멱영군(9.3절의 연습문제 13을 보라)이면 G는 다음 성질을 만족함을 증명하라. 즉, m이 $|G|$의 약수이면 G는 위수 m인 부분군을 갖는다. [연습문제 22를 가정해도 좋다.]

12. G의 Sylow p-부분군 K와 정규부분군 N에 대하여, K가 N의 정규부분군이면 K는 G의 정규부분군임을 증명하라.

13. 정리 9.23을 증명하라.

14. G의 정규부분군 N과 $a \in G$에 대하여, C를 a의 G에서의 켤레류라 하자.
    (a) $a \in N$일 필요충분조건은 $C \subseteq N$임을 증명하라.
    (b) C_i가 G에서 임의의 켤레류이면 $C_i \subseteq N$ 또는 $C_i \cap N = \varnothing$ 임을 증명하라.
    (c) 동치류 등식을 이용하여, $|N| = |C_1| + |C_2| + \cdots + |C_k|$임을 보이라. 단, 여기서 $C_1, C_2, \ldots, C_k$는 N에 포함되는 G의 서로 다른 모든 켤레류이다.

15. $|G| = p^n$인 G의 정규부분군 N에 대하여, $N \neq \langle e \rangle$이면 $N \cap Z(G) \neq \langle e \rangle$임을 증명하라. [**힌트**: 연습문제 14(c)가 도움이 될 것이다.]

16. 정리 9.24의 증명을 완성하라.

17. 정리 9.25를 증명하라.

18. G의 Sylow p-부분군 K에 대하여, H가 $N(K)$를 포함하는 G의 부분군이면 $[G:H] \equiv 1 \pmod{p}$임을 증명하라.

19. G의 임의의 Sylow p-부분군 K에 대하여 $N(N(K)) = N(K)$ 임을 증명하라.

20. G의 임의의 진부분군 H에 대하여, G는 H의 모든 켤레의 합집합이 아님을 증명하라. [**힌트**: H는 $N(H)$의 정규부분군임을 기억하라. 정리 9.25가 도움이 될 것이다.]

21. $|H| = p^k$인 G의 정규부분군 H에 대하여, H는 G의 임의의 Sylow p-부분군에 포함됨을 증명하라. [연습문제 24를 가정해도 좋다.]

C. 22. $|G| = p^n$ 이면 G는 위수가 p^{n-1} 인 정규부분군을 가짐을 증명하라. [힌트: 다음 절의 정리 9.27을 가정해도 좋다. n에 대한 수학적귀납법을 이용하라. $N = \langle a \rangle$라 두라. 여기서 $a \in Z(G)$의 위수는 p이다(왜 그런 a가 존재하는가?). 그러면 G/N은 위수가 p^{n-2} 인 부분군을 갖는다. 정리 8.24를 이용하라.]

23. $|G| = p^n$ 이면 위수가 p^{n-1} 인 G의 임의의 부분군은 정규부분군임을 증명하라.

24. G의 부분군 H의 위수가 p의 거듭제곱이면 H는 G의 어떤 Sylow p-부분군에 포함됨을 증명하라. [힌트: 제2 또는 제3 Sylow 정리의 증명과 같이 진행하지만, 모든 Sylow p-부분군의 집합 $\{K_1, K_2, \dots, K_t\}$에 대한 P-켤레관계 대신에 H-켤레관계를 이용하라.]

9.5 유한군의 구조

9.1절~9.4절에서 개발한 도구들은 여기에서 분류 문제의 여러 가지 측면에서 적용된다. 특히, 위수가 15 이하인 모든 군을 분류한다. p-군에 대한 유용한 사실들과 함께 시작한다.

정리 9.27

소수 p와 $n \geq 1$에 대하여, G가 위수 p^n의 군이면 중심 $Z(G)$는 하나 보다 많은 원소를 포함한다. 특히 어떤 $1 \leq k \leq n$에 대하여 $|Z(G)| = p^k$이다.

증명

Lagrange 정리에 따라, 어떤 $0 \leq k \leq n$에 대하여 $|Z(G)| = p^k$이다. 이제 $k \geq 1$, 즉 $|Z(G)| \geq p$ 임을 보이자. (396쪽의) 켤레류 등식 (3)형으로부터, 다음을 알 수 있다.

$$|Z(G)| = |G| - |C_1| - |C_2| - \cdots - |C_r|$$

여기서 각 $|C_i|$는 1보다 큰 $|G|$의 약수이다. $|G| = p^n$ 이므로 1보다 큰 $|G|$의 약수는 p의 양의 거듭제곱이다. 그러므로 각 $|C_i|$는 p로 나누어진다. $|G|$도 p로 나누어지므로 그 결과 p는 $|Z(G)|$의 약수이고, 따라서 $|Z(G)| \geq p$이다. ■

따름정리 9.28

p 가 소수이고 $n > 1$ 일 때, 위수가 p^n 인 단순군은 존재하지 않는다.

증명

G가 위수 p^n 의 군이면 $Z(G)$는 정규부분군이다. $Z(G) \neq G$이면 G는 단순군이 아니다. 만약 $Z(G) = G$이면 G는 가환이고, 정리 8.25에 의하여 단순군이 아니다. ■

따름정리 9.29

소수 p에 대하여, G가 위수 p^2의 군이면 G는 Abel 군이다. 따라서 G는 $\mathbb{Z}_{p^2}$ 또는 $\mathbb{Z}_p \times \mathbb{Z}_p$와 동형이다.

예제 1

따름정리 9.29에 의하여, 위수 9의 임의의 군은 $\mathbb{Z}_9$ 또는 $\mathbb{Z}_3 \times \mathbb{Z}_3$과 동형이다. 유사하게 위수 $169 = 13^2$의 군은 (동형사상을 기준으로) $\mathbb{Z}_{169}$와 $\mathbb{Z}_{13} \times \mathbb{Z}_{13}$뿐이다.

따름정리 9.29의 증명

Lagrange 정리와 정리 9.27에 따라, $Z(G)$의 위수는 p 또는 p^2이다. 만약 $Z(G)$의 위수가 p^2이면 $G = Z(G)$이고, 이것은 G가 Abel 군임을 의미한다. 만약 $Z(G)$의 위수가 p이면 몫군 $G/Z(G)$의 위수는 정리 8.13에 의하여 $|G|/|Z(G)| = p^2/p = p$이다. 따라서 $G/Z(G)$는 정리 8.7에 따라 순환군이다. 그러므로 정리 8.15로부터 G는 Abel 군이다. 이제 이 정리의 마지막 진술은 유한 Abel 군의 분류 정리로부터 직접 얻어진다. ■

따름정리 9.18에서 (서로 다른 소수 p, q에 대해) 위수 pq의 어떤 군들을 특성화하였다. 이제 위수가 p^2q인 어떤 군들에 대하여 그 논법을 일반화할 수 있다.

정리 9.30

서로 다른 소수 p와 q에 대하여, $q \not\equiv 1 \pmod{p}$이고 $p^2 \not\equiv 1 \pmod{q}$라고 하자. G가 위수 $p^2 q$인 군이면 G는 $\mathbb{Z}_{p^2 q}$ 또는 $\mathbb{Z}_p \times \mathbb{Z}_p \times \mathbb{Z}_q$와 동형이다.

예제 2

정리 9.30을 이용하여, 위수 45의 모든 군을 분류할 수 있다. $45 = 3^2 \cdot 5$이고, $5 \not\equiv 1 \pmod{3}$과 $3^2 \not\equiv 1 \pmod{5}$임을 주목한다. 그래서 G가 위수 45의 군이면 정리 9.30으로부터 ($p = 3$ 및 $q = 5$와 함께) G는 $\mathbb{Z}_{45}$ 또는 $\mathbb{Z}_3 \times \mathbb{Z}_3 \times \mathbb{Z}_5$와 동형이다. 유사한 논법으로

$$\begin{array}{lll} 99 = 9 \cdot 11, & 153 = 9 \cdot 17, & 175 = 25 \cdot 7, \\ 245 = 49 \cdot 5, & 325 = 25 \cdot 13, & 539 = 49 \cdot 11 \end{array}$$

을 포함하는 여러 가지 다른 위수의 군을 분류할 수도 있다.

정리 9.30의 증명

제3 Sylow 정리에 따라, G의 Sylow p-부분군의 개수는 1과 모듈로 p 합동이고, $|G|$의 약수이다. $|G|$의 약수는 $1, p, p^2, q, pq, p^2 q$이므로 가능한 것은 1과 q뿐이다. 따라서 유일한 Sylow p-부분군 H가 존재하고, 이것은 따름정리 9.16에 의하여 정규부분군이다. 유사하게 G의 Sylow q-부분군의 개수는 $1, p$ 또는 p^2이고, $p^2 \not\equiv 1 \pmod{q}$이므로 p나 p^2 어느 것도 가능하지 않다. 따라서 꼭 하나의 정규부분군인 Sylow q-부분군 K가 존재한다. 부분군 $H \cap K$의 위수는 Lagrange 정리에 따라, $|H| = p^2$과 $|K| = q$의 공약수가 되어야 한다. 그러므로 $H \cap K = \langle e \rangle$이다. 또한 $HK = G$는 9.3의 연습문제 15로부터 알 수 있다. 따라서 정리 9.3에 의하여 $G = H \times K$이다. 이제 따름정리 9.29에 의하여 H는 $\mathbb{Z}_{p^2}$ 또는 $\mathbb{Z}_p \times \mathbb{Z}_p$와 동형이고, 정리 8.7에 의하여 $K \cong \mathbb{Z}_q$이다. 결과적으로 보조정리 9.8에 의하여 $G = H \times K \cong \mathbb{Z}_{p^2} \times \mathbb{Z}_q \cong \mathbb{Z}_{p^2 q}$ 또는 $G = H \times K \cong \mathbb{Z}_p \times \mathbb{Z}_p \times \mathbb{Z}_q$이다. ■

따름정리 9.31

p와 q가 서로 다른 소수이면 위수가 $p^2 q$인 단순군은 존재하지 않는다.

증명

G를 위수가 p^2q인 군이라고 하자. $p^2 \not\equiv 1 \pmod{q}$ 또는 $q \not\equiv 1 \pmod{p}$이면 정리 9.30의 증명에 따라 G는 정규부분군인 Sylow 부분군을 갖고, 따라서 단순군이 아니다. 만약 $p^2 = 1 \pmod{q}$이고 $q = 1 \pmod{p}$이면 $q \mid (p^2 - 1)$이고 $p \mid (q-1)$이다. 따라서 $p \leq q-1$, 즉 $q \geq p+1$이다. $p^2 - 1 = (p-1)(p+1)$이므로 정리 1.5에 의하여 $q \mid (p-1)$ 또는 $q \mid (p+1)$임을 알 수 있다. $q \geq p+1$이므로 전자는 불가능하고, 후자로부터 $q \leq p+1$이고, 따라서 $q = p+1$이다. p와 q는 소수이므로 유일한 가능성은 $p = 2$와 $q = 3$뿐이다. 연습문제 2는 $2^2 \cdot 3 = 12$를 위수로 갖는 군은 단순군이 아님을 보여준다. ■

이면체군

이제 위수가 $2p$인 군들의 분류를 위하여 결정적인 역할을 하는 어떤 군들의 모임을 소개한다. 군 D_4는 정사각형의 각종 회전과 반사로 구성됨을 상기하라(7.1절 또는 7.1.A절을 보라). 이 아이디어는 다음과 같이 일반화할 수 있다. P를 정n각형($n \geq 3$)이라고 두자.* 인용의 편의를 위하여, P는 중심이 원점이고, x축의 음의 방향에 한 꼭짓점을 갖고, 이것부터 시작하여 반시계 방향으로 다른 꼭짓점들에 번호가 매겨져 있다고 하자. $n = 5$와 $n = 6$에 대하여 아래와 같이 설명할 수 있다.

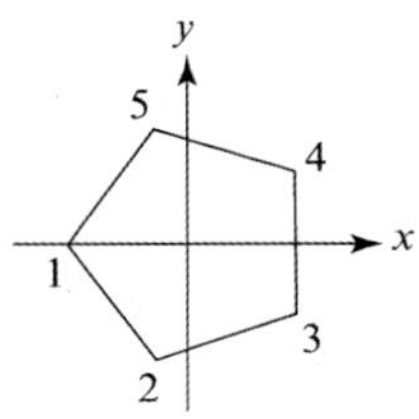

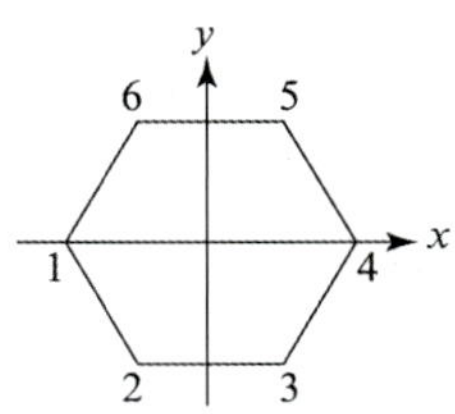

평면을 얇고 딱딱한 플라스틱판으로 생각한다. P를 잘라서 끄집어내고, 그것을 원래의 위치와 반드시 같을 필요는 없으나 잘라낸 바로 그 부분에 꼭 맞게 바꾸어 놓는다. 이러한 이동을 P의 **대칭변환**(symmetry)이라고 한다.† 대칭변환을 P에서 P 자신으로의 함수로, 또 함수의 합성을 연산으로 생각하여(gf는 이동 f 다음 이동 g를 의미) P의 모든 대칭변환의 집합 D_n은 군을 이룬다. 이 군을 **n차 이면체군**(dihedral group of degree n)이라 부른다.

* '정(regular)'은 P의 모든 변의 길이가 같고, (각각이 두 인접한 변으로 형성된) 모든 꼭지각의 크기가 같은 것을 의미한다. n개의 변의 수직 이등분선은 모두 한 점에서 만나고, 그 점을 P의 **중심**(center)이라고 한다.

† P에 대하여 마지막 위치가 같은 결과의 모든 이동은 같은 것으로 생각한다.

정리 9.32

이면체군 D_n 은

$$|r| = n,\ |d| = 2\text{와} \quad dr = r^{-1}d$$

를 만족하는 원소 r 과 d 로 생성되는 위수 $2n$ 의 군이다.

증명

D_n 이 군임을 증명하는 것은 독자에게 맡긴다. r을 P를 중심에 대하여 반시계 방향으로 $360^\circ/n$ 회전이동이라고 하자. r은 꼭짓점 1을 꼭짓점 2로, 꼭짓점 2를 꼭짓점 3으로 등등 보낸다. r^n 은 P를 처음의 위치로 되돌리는 360° 회전이동(항등변환)이므로 r의 위수는 n임을 주목한다. d를 x 축에 대한 반사 이동이라 하자. 다음 그림에서 보여주는 것처럼, d는 P의 '방향을 반대로 바꾼다'. 즉 이전의 꼭짓점 1로부터 반시계 방향으로 번호가 붙여졌던 꼭짓점들이 이제는 시계 방향으로 번호가 붙여진다.

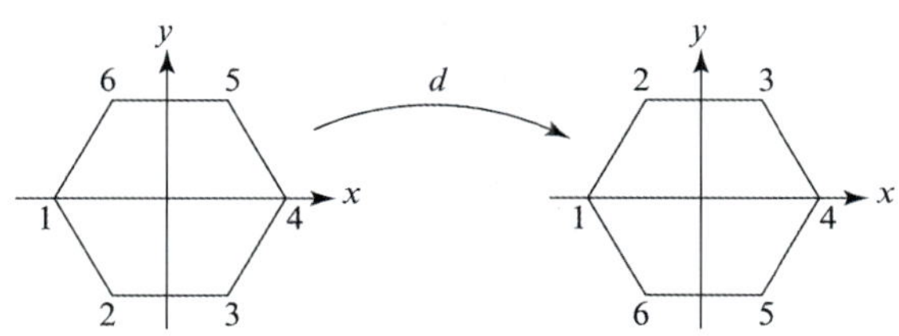

원소 d는 x 축에 대하여 두 번 반사하면 역시 P를 처음의 위치로 되돌리므로 위수가 2이다.

P의 인접한 꼭짓점들은 임의의 대칭이동에 대하여 여전히 인접하므로, P의 마지막 위치는 다음 두 요인, 즉 P의 새로운 방향(꼭짓점 1로부터 그 꼭짓점들의 번호가 시계 방향 또는 반시계 방향 어느 것으로 번호가 붙여지는가 하는)과 꼭짓점 1의 새로운 위치에 의하여 완전히 결정된다. 결론적으로 임의의 이동은 다음 중 어느 하나와 같다.

$r^i \quad (0 \le i \le n)$ [방향을 보존하고, 꼭짓점 1을 꼭짓점 $i+1$ 이 처음에 있던 위치로 바꾸는 반시계 방향의 $i(360^\circ/n)$ 회전이동]

또는

$r^i d \quad (0 \le i \le n)$ [방향을 반대로 바꾸는 x 축에 대한 반사 후, 꼭짓점 1을 꼭짓점 $i+1$ 이 처음에 있던 위치로 바꾸는 반시계 방향의 회전이동]

이다. 따라서

$$D_n = \{e = r^0, r, r^2, \ldots, r^{n-1}; d = r^0 d, rd, r^2 d, \ldots, r^{n-1} d\}$$

이다. 또한 여기에 열거한 $2n$개의 원소들은 모두 다르다(r^i와 r^j는 꼭짓점 1을 서로 다른 위치로 바꾸고, r^j는 꼭짓점의 방향을 보존하지만 $r^j d$는 방향을 반대로 바꾸기 때문에 $r^i = r^j d$는 불가능하다). 그러므로 D_n은 위수가 $2n$인 군이다.

마지막으로 drd는 꼭짓점 1을 원래 꼭짓점 n이 있던 위치로 바꾸고 꼭짓점들의 순서를 바꾸지 않는다. 다르게 말하면, drd는 꼭짓점 1을 꼭짓점 n으로 바꾸는 회전이동이다. 즉 $drd = r^{n-1}$이다. r의 위수는 n이므로 $r^{-1} = r^{n-1}$이고, 따라서 $drd = r^{-1}$이다. 양변의 오른쪽에 d를 곱하면 $dr = r^{-1}d$임을 알 수 있다. ■

이제 또 다른 종류의 군들을 분류할 수 있다.

정리 9.33

홀수인 소수 p에 대하여, 위수가 $2p$인 군 G는 순환군 $\mathbb{Z}_{2p}$ 또는 이면체군 D_p와 동형이다.

예제 3

정리 9.33을 이용하여, 위수가 6, 10, 14, 22, 26, 34 등의 모든 군들을 분류할 수 있다. 예를 들면, 위수가 22인 임의의 군은 $\mathbb{Z}_{22}$ 또는 D_{11}과 동형이고, 위수 38인 임의의 군은 $\mathbb{Z}_{38}$ 또는 D_{19}와 동형이다. 정리 9.33은 또한 위수가 6인 동형이 아닌 군이 꼭 두 개 존재한다는 두 번째 증명을 제공한다(첫 증명에 관하여 정리 8.9를 보라).

정리 9.33의 증명

Cauchy 정리(따름정리 9.14)에 따라, G는 위수가 p인 어떤 원소 a와 위수가 2인 어떤 원소 b를 포함한다. $b^2 = e$는 $b^{-1} = b$를 의미하는 것을 주목한다. H를 순환군 $\langle a \rangle$라 하자. $|G| = 2p$이므로 부분군 H의 지수는 2이고, 따라서 8.2절의 연습문제 23에 의하여 정규부분군이다. 결과적으로 $bab = bab^{-1} \in H$이다. H는 순환군이므로, 어떤 t에 대하여 $bab = a^t$이다. 이것과 $b^2 = e$라는 사실로부터

$$a^{t^2} = (a^t)^t = (bab)^t = (bab)(bab)\cdots(bab) = ba^t b = b(bab)b = a$$

따라서 정리 7.9의 (2)항에 의하여 $t^2 \equiv 1 \pmod{p}$이다. 결과적으로 p는 $t^2 - 1 =$

$(t-1)(t+1)$의 약수이고, 정리 1.5에 의하여 $p \mid (t-1)$ 또는 $p \mid (t+1)$이다. 그러므로 $t \equiv 1 \pmod{p}$ 또는 $t \equiv -1 \pmod{p}$이다.

만약 $t \equiv 1 \pmod{p}$이면 정리 7.9로부터 $bab = a^t = a$이다. 양변에 b를 곱하면 $ba = ab$임을 알 수 있다. 따라서 ab는 위수가 $2p = |G|$이다(7.2절의 연습문제 33). 그러므로 G는 순환군이고, 정리 7.19에 의하여 $\mathbb{Z}_{2p}$와 동형이다.

만약 $t \equiv -1 \pmod{p}$이면 $bab = a^{-1}$이다. 연습문제 9는 $f(r^i d^j) = a^i b^j$로 주어진 사상 $f : D_p \to G$가 준동형사상임을 보여준다. K를 부분군 $\langle b \rangle$라 하자. $|H| = p$ (p는 홀수)이고 $|K| = 2$이므로 Lagrange 정리에 따라 $H \cap K = \langle e \rangle$이고, 9.3절의 연습문제 15에 의하여 $G = HK$이다. 따라서 G의 임의의 원소는 $a^i b^j$ 형태로 나타낼 수 있고, 이것으로부터 f는 전사이다. D_p와 G는 위수가 같으므로 f는 단사이고, 그러므로 동형사상이다. ■

작은 위수의 군

이제 위수가 ≤ 7인 군을 분류한 8.1절에서 시작했던 작은 위수의 군의 분류를 완성할 위치에 있다. 이미 위수 8의 세 가지 Abel 군($\mathbb{Z}_2 \times \mathbb{Z}_2 \times \mathbb{Z}_2$와 $\mathbb{Z}_4 \times \mathbb{Z}_2$, $\mathbb{Z}_8$)과 하나의 비가환 군(D_4)을 알고 있다. 위수 8의 또 다른 비가환 군, 즉 4원수군 Q를 7.1절의 연습문제 16에서 소개하였다. 7.4절의 연습문제 47에 의하여, 이것은 D_4와 동형이 아니다. 이 다섯 가지 군이 전부이다.

정리 9.34

위수 8의 임의의 군 G는 $\mathbb{Z}_8$, $\mathbb{Z}_4 \times \mathbb{Z}_2$, $\mathbb{Z}_2 \times \mathbb{Z}_2 \times \mathbb{Z}_2$, 이면체군 D_4, 4원수군 Q 중 하나와 동형이다.

증명

G가 Abel 군이면 유한 Abel 군의 기본정리에 따라, $\mathbb{Z}_8$ 또는 $\mathbb{Z}_4 \times \mathbb{Z}_2$, $\mathbb{Z}_2 \times \mathbb{Z}_2 \times \mathbb{Z}_2$와 동형이다. G가 위수 8인 비가환 군이라고 가정하자. G의 항등원이 아닌 임의의 원소의 위수는 Lagrange 정리에 따라, 2 또는 4, 8이다. 그런데 G는 위수 8의 원소를 포함할 수 없고(그렇지 않으면 G는 순환군이고 가환이므로), G의 항등원이 아닌 모든 원소의 위수가 2일 수는 없다(7.2절의 연습문제 27을 보라). 따라서 G는 위수가 4인 어떤 원소 a를 포함한다. b를 $b \notin \langle a \rangle = \{e, a, a^2, a^3\}$을 만족하는 G의 어떤 원소라 하자. 그러면 여덟 개의 원소 e, a, a^2, a^3, b, ab, a^2b, a^3b는 모두 다르다. 왜냐하면 $|a| = 4$이고, $a^i = a^j b$이면 $b = a^{i-j} \in \langle a \rangle$이므로 이것은 b의 선택에 모순이

다. 따라서 $G = \{e, a, a^2, a^3, b, ab, a^2b, a^3b\}$ 이다.

부분군 $\langle a \rangle$ 의 위수는 4이고, G 에서의 지수는 2이다. 따라서 8.2절의 연습문제 23에 의하여, $\langle a \rangle$ 는 정규부분군이다. 이제 7.2절의 연습문제 19로부터 원소 bab^{-1} 의 위수는 4이고, 정규부분군의 성질에 의하여 $bab^{-1} \in \langle a \rangle$ 이다. 그러므로 bab^{-1} 는 a 또는 a^3 이다(왜냐하면 e 의 위수는 1이고, a^2 의 위수는 2이므로). 그런데 만약 $bab^{-1} = a$ 이면 $ba = ab$ 이고, 이것은 G 가 Abel 군임을 의미한다. 따라서 $bab^{-1} = a^3$ 이고 그 결과 $ba = a^{-1}b$ 이다. 이 사실은 G 의 곱셈 연산표의 대부분을 만드는 데 사용할 수 있다. 예를 들어, $(ab)a^2 = a(ba)a = a(a^{-1}b)a = ba = a^{-1}b = a^3b$. 유사한 논법으로 연산표는 다음과 같음을 알 수 있다.

	e	a	a^2	a^3	b	ab	a^2b	a^3b
e	e	a	a^2	a^3	b	ab	a^2b	a^3b
a	a	a^2	a^3	e	ab	a^2b	a^3b	b
a^2	a^2	a^3	e	a	a^2b	a^3b	b	ab
a^3	a^3	e	a	a^2	a^3b	b	ab	a^2b
b	b	a^3b	a^2b	ab				
ab	ab	b	a^3b	a^2b				
a^2b	a^2b	ab	b	a^3b				
a^3b	a^3b	a^2b	ab	b				

이 연산표를 완성하기 위하여, b^2 을 구하여야 한다. $b^2 = a^ib$ 이면 $b = a^i \in \langle a \rangle$ 이므로 이것은 모순이다. 따라서 b^2 은 e, a, a^2, a^3 중 하나여야 한다. 그런데 만약 $b^2 = a$ 이면 $ab = b^2b = bb^2 = ba$ 이고, 따라서 G 는 가환이다. 유사하게 $b^2 = a^3$ 이면 G 는 가환이다(연습문제 15). 그러므로 $b^2 = e$ 또는 $b^2 = a^2$ 이다. 이 가능성은 각각 G 에 대한 다른 연산표를 만든다. $b^2 = e$ 인 경우에 연산표를 완성하여 그것과 8.2절의 예제 1에 있는 D_4 의 연산표를 비교하면 $G \cong D_4$ 이고, 그 대응은

$$a^i \to r^i, \quad b \to d, \quad ab \to h, \quad a^2b \to t, \quad a^3b \to v$$

이다(연습문제 4). 유사하게 $b^2 = a^2$ 인 경우에 연산표를 완성하여 그것을 4원수군 Q 의 연산표와 비교하여, $G \cong Q$ 임을 알 수 있다(연습문제 5). ■

유한 Abel 군의 기본정리에 따르면, 위수 12의 Abel 군은 꼭 두 가지가 존재한다. 즉 $\mathbb{Z}_4 \times \mathbb{Z}_3 \cong \mathbb{Z}_{12}$ 와 $\mathbb{Z}_2 \times \mathbb{Z}_2 \times \mathbb{Z}_3$ 이다. 또한 위수 12의 비가환 군 두 가지, 즉 교대군 A_4 와 이면체군 D_6 를 알고 있다. $|a| = 6$, $b^2 = a^3$ 이고 $ba = a^{-1}b$ 인 원소 a 와

b로 생성되는 위수 12의 제3의 비가환 군 T가 존재하고, 이 세 가지 비가환 군의 어느 두 개도 서로 동형이 아님을 보일 수 있다(연습문제 16).

정리 9.35

위수가 12인 임의의 군 G는 $\mathbb{Z}_{12}$, $\mathbb{Z}_2 \times \mathbb{Z}_2 \times \mathbb{Z}_3$, 교대군 A_4, 이면체군 D_6 또는 앞 단락에서 설명한 군 T 중 어느 하나와 동형이다.

증명

정리 9.34의 증명과 유사한 논법을 사용하여 이 정리를 증명할 수 있다. Hungerford [5]의 정리 Ⅱ.6.4를 보라. ■

앞의 결과는 위수가 ≤ 15 인 모든 군의 완전한 분류, 즉 위수가 ≤ 15 인 임의의 군이 꼭 하나의 군과 동형이 되도록 하는 군의 목록을 제공한다.

위수	군	참조
2	$\mathbb{Z}_2$	정리 8.7
3	$\mathbb{Z}_3$	정리 8.7
4	$\mathbb{Z}_4$, $\mathbb{Z}_2 \times \mathbb{Z}_2$	정리 8.8
5	$\mathbb{Z}_5$	정리 8.7
6	$\mathbb{Z}_6$, S_3	정리 8.9
7	$\mathbb{Z}_7$	정리 8.7
8	$\mathbb{Z}_8$, $\mathbb{Z}_4 \times \mathbb{Z}_2$, $\mathbb{Z}_2 \times \mathbb{Z}_2 \times \mathbb{Z}_2$, D_4, Q	정리 9.34
9	$\mathbb{Z}_9$, $\mathbb{Z}_3 \times \mathbb{Z}_3$	따름정리 9.29
10	$\mathbb{Z}_{10}$, D_5	정리 9.33
11	$\mathbb{Z}_{11}$	정리 8.7
12	$\mathbb{Z}_{12}$, $\mathbb{Z}_2 \times \mathbb{Z}_2 \times \mathbb{Z}_3$, A_4, D_6, T	정리 9.35
13	$\mathbb{Z}_{13}$	정리 8.7
14	$\mathbb{Z}_{14}$, D_7	정리 9.33
15	$\mathbb{Z}_{15}$	따름정리 9.18

이 목록은 위수가 100을 넘어까지 계속될 수 있다. 2와 100 사이 위수들의 과반수에 대하여 위에서 보여준 기법으로 해당 위수의 군들의 완전한 분류를 제공한다(연습문제 6). 그렇지만 그 외의 위수에 대해서는 아주 많은 추가 작업이 필수적이다. 예를 들어,

위수 16 의 다른 군들이 14개 존재하고, 위수 64 의 다른 군들이 267개 존재한다. 위수 n의 서로 다른 군들의 개수를 구하는 공식은 알려지지 않았다.

■ 연습문제

A. 1. $p < q$이고 $q \not\equiv 1 \pmod p$인 소수 p와 q에 대하여, G가 위수 p^2q의 군이면 G는 Abel 군임을 증명하라.

2. 위수 12의 단순군이 존재하지 않음을 증명하라. [**힌트**: Sylow 부분군들 중 하나는 반드시 정규부분군임을 보이라.]

3. D_3는 S_3와 동형임을 증명하라.

4. (a) 정리 9.34의 증명에서 $b^2 = e$인 경우에 군 G의 연산표를 완성하라.
   (b) 문항 (a)에서의 연산표를 8.2절의 예제 1에 있는 D_4에 대한 연산표와 비교하여

$$a^i \to r^i, \quad b \to d, \quad ab \to h, \quad a^2b \to t, \quad a^3b \to v$$

   의 대응으로 $G \cong D_4$임을 보이라.

5. (a) 정리 9.34의 증명에서, $b^2 = a^2$인 경우에 군 G의 연산표를 완성하라.
   (b) 문항 (a)에서의 연산표를 Q에 대한 연산표(7.1절의 연습문제 16을 보라)와 비교하여

$$a^r b^s \to \boldsymbol{i}^r \boldsymbol{j}^s \quad (0 \le r \le 3,\ 0 \le s \le 1)$$

   의 대응으로 $G \cong Q$임을 보이라.

6. 정리 8.7, 9.7, 9.30, 9.33, 그리고 따름정리 9.18과 9.29는 여러 가지 위수의 군을 분류하는 데 충분하다. 16에서 100까지 그런 위수를 열거하라.

B. 7. 군 G의 (모든 소수 p에 대한) 임의의 Sylow 부분군이 순환 정규부분군이면 G는 순환군임을 증명하라.

8. 3 이상의 양의 정수 n에 대하여, G를 $a \in \mathbb{Z}_n$인 $\begin{pmatrix} 1 & a \\ 0 & 1 \end{pmatrix}$ 또는 $\begin{pmatrix} -1 & a \\ 0 & 1 \end{pmatrix}$ 형태의 모든 행렬의 집합이라 하자.

(a) G는 행렬의 곱셈에 대하여 위수가 $2n$인 군임을 증명하라.

(b) G는 D_n과 동형임을 증명하라.

9. $bab = a^{-1}$일 때 $f(r^i d^j) = a^i b^j$로 주어진 사상 $f: D_p \to G$가 동형사상임을 보여, 정리 9.33의 증명을 완성하라. [**힌트**: $bab = a^{-1}$는 $ba = a^{-1}b$와 동치이다. 이 사실과 정리 9.32를 사용하여 G와 D_p에서 곱을 계산하라.]

10. 이면체군 D_6는 $S_3 \times \mathbb{Z}_2$와 동형임을 증명하라.

11. (a) $n = 2k$일 때, r^k는 D_n의 중심에 속함을 증명하라.

(b) n이 짝수일 때 $Z(D_n) = \{e, r^k\}$ 임을 증명하라.

(c) n이 홀수일 때 $Z(D_n) = \{e\}$ 임을 증명하라.

12. 정리 9.32에서 r은 어떤 회전이동을 나타내기 위해 사용한다. 혼동을 피하고자 여기서 r은 D_6에서 60° 회전이동을 나타내고, $\bar{r}$는 D_3에서 120° 회전이동을 나타낸다고 하자. 정리 9.32는 D_6의 모든 원소를 $r^i d^j$의 형태로 나타낼 수 있고 D_3의 모든 원소는 $\bar{r}^i d^j$의 형태로 나타낼 수 있음을 보여준다.

(a) $\varphi(r^i d^j) = \bar{r}^i d^j$로 주어진 함수 $\varphi: D_6 \to D_3$는 전사인 동형사상이고, 그 핵은 $\{r^0, r^3\}$ 임을 보이라.

(b) $D_6 / Z(D_6)$는 D_3와 동형임을 증명하라. [**힌트**: 연습문제 11.]

13. 4원수군 Q의 중심은 무엇인가?

14. 4원수군 Q의 모든 부분군은 정규부분군임을 보이라.

15. G가 $|a| = 4$, $b \notin \langle a \rangle$이고 $b^2 = a^3$을 만족하는 원소 a와 b로 생성되는 위수가 8인 군이면 G는 Abel 군임을 보이라. [이 사실은 정리 9.34의 증명에서 사용되었으므로, 이것을 증명하기 위하여 정리 9.34를 사용하지 않아야 한다.]

16. G를 군 $S_3 \times \mathbb{Z}_4$라 하고, $a = ((1\,2\,3), 2)$이고 $b = ((1\,2), 1)$이라 두자.

(a) $|a| = 6$, $b^2 = a^3$이고 $ba = a^{-1}b$ 임을 보이라.

(b) 집합 $T = \{e = a^0, a^1, a^2, a^3, a^4, a^5, b, ab, a^2b, a^3b, a^4b, a^5b\}$는 모두 12개의 서로 다른 원소로 이루어짐을 밝히라.

(c) T는 G의 비가환 부분군임을 보이라. [**힌트**: 문항 (a)와 정리 7.12를 이용하라.]

(d) T는 D_6나 A_4와 동형이 아님을 보이라.

17. 합성수 n과 n의 소수인 약수 p에 대하여, 1과 모듈로 p 합동인 n의 유일한 약수가 1이라고 가정하자. G가 위수 n의 군이면 G는 단순군이 아님을 증명하라.

18. G가 지수 n인 부분군 K를 갖는 단순군이면, $|G|$는 $n!$의 약수임을 증명하라. [**힌트**: T를 K의 모든 우잉여류의 집합이라 하고, 8.4절의 연습문제 41에서의 준동형사상 $\varphi: G \to A(T)$를 생각하라. φ가 단사임을 보이고, $A(T) \cong S_n$ 임을(왜?) 주목하라.]

C. 19. 위수가 21인 모든 군을 동형사상 기준으로 분류하라.

20. 위수가 66인 모든 군을 동형사상 기준으로 분류하라.

21. 위수가 60보다 작은 비가환 단순군은 존재하지 않음을 증명하라. [**힌트**: 연습문제 18이 도움이 될 것이다.]

CHAPTER 10

정역에서의 산술

제1장과 제4장에서 정수환 $\mathbb{Z}$와 체 F 위의 다항식환 $F[x]$가 매우 유사한 구조를 갖는다는 것을 살펴보았다. 즉, 둘 다 나눗셈 알고리즘, 최대공약수 및 유일한 소(기약)인수분해를 갖는다. 이 장에서는 어떤 조건 아래서 이 성질들을 임의의 정역으로 전달할 수 있는지, 특히 유일한 인수분해를 중심으로 살펴본다.

유일한 인수분해는 정역의 아이디얼과 밀접한 관계를 맺는 것으로 밝혀졌다. 한편 유일한 인수분해는 그 정역의 주아이디얼이 특별한 조건(10.2절)을 만족하지 않으면 가능하지 않다. 다른 한편 그것을 만족하지 않는 정역에 일종의 유일한 인수분해를 회복시키는데 아이디얼을 사용할 수 있다. 사실, 아이디얼은 원래 바로 이 목적으로 만들었음을 10.3절에서 알게 될 것이다.

10.4절(정역의 분수체)은 이 장의 나머지 부분과 독립적이고, 제3장 이후의 어느 시점에서나 읽어도 좋다. 10.2절과 10.3절은 제6장에 의존하지만, 이 장의 나머지 부분은 제4장 이후에 읽을 수 있다.

이 장의 절 사이의 상호 종속적 관련성은 다음과 같다. 파선 화살표는 10.2절, 10.3절, 10.5절이 10.1절의 첫 부분(416쪽~419쪽)에만 의존하고, 10.5절은 10.2절의 세 가지 결과에만 의존하고, 그 외에는 모두 해당 절의 나머지 부분과는 독립적임을 보여준다.

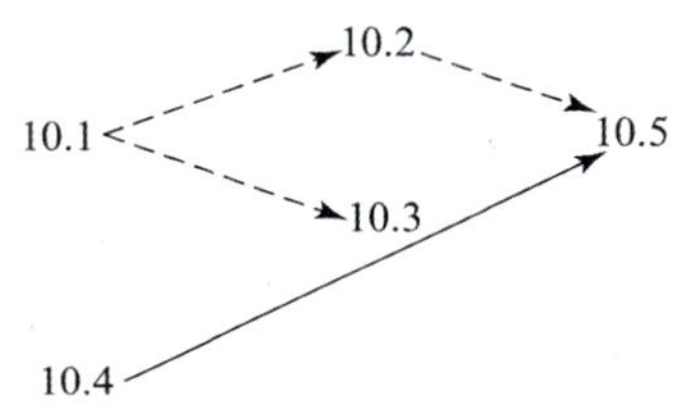

10.1절과 10.2절의 모든 기본정보를 포함하는 요약본은 각 절의 마지막 부분을 생략하여 얻을 수 있다(420쪽과 436쪽의 노트를 보라).

10.1 Euclid 정역

앞 장에서 나누어지는 성질과 가역원, 연관자 및 소수(기약 다항식)를 이용하여, $\mathbb{Z}$ 와 다항식환 $F[x]$의 구조를 분석하였다. 정역에 대한 더 일반적인 설정으로 이러한 개념들을 정의하면서 시작한다.*

이 장 전체에서 R은 정역이다.

영이 아닌 $a, b \in R$에 대하여 $b = ac$인 $c \in R$이 존재할 때 a는 b의 **약수**(divisor, factor) 또는 b가 a로 **나누어진다**(divisible)고 하고, $a \mid b$로 나타낸다. R에서 한 원소 u가 가역원인 것은 어떤 원소 $v \in R$에 대하여 $uv = 1_R$을 만족하는 것임을 상기하자. 따라서 R에서 가역원은 정확히 1_R의 약수이다.

예제 1

$\mathbb{Z}$ 에서 가역원은 1과 -1 뿐이다. F가 체이면 다항식환 $F[x]$ 에서의 모든 가역원은 영을 제외한 모든 상수이다(따름정리 4.5).

예제 2

집합 $\mathbb{Z}[\sqrt{2}] = \{r + s\sqrt{2} \mid r, s \in \mathbb{Z}\}$는 실수환의 부분환이다(연습문제 1). 원소 $1+\sqrt{2}$는

$$(1+\sqrt{2})(-1+\sqrt{2}) = 1$$

이므로 $\mathbb{Z}[\sqrt{2}]$에서의 가역원이다.

앞의 예제에서의 환은 나중에 예로서 자주 이용될 많은 유사한 환들 가운데 하나이다. d가 정해진 정수이면 집합 $\mathbb{Z}[\sqrt{d}] = \{r + s\sqrt{d} \mid r, s \in \mathbb{Z}\}$는 복소수환에 포함되는 정역이다. 만약 $d \geq 0$이면 $\mathbb{Z}[\sqrt{d}]$는 실수환의 부분환이다(연습문제 1). $d = -1$일 때 환 $\mathbb{Z}[\sqrt{-1}]$은 보통 $\mathbb{Z}[i]$로 나타내고, **Gauss 정수의 환**(ring of Gaussian integers)이라고 한다.

* 기본 정의들은 항등원을 갖는 임의의 환에 적용된다. 대부분의 정리가 정역이 아닌 경우는 성립하지 않으므로, 관심을 정역에 한정하기로 한다.

참고 $u \in R$을 역원이 v인 가역원이라 하면 $uv = 1_R$이다. 임의의 $b \in R$에 대하여 $u(vb) = (uv)b = 1_R b = b$이다. 그러므로

임의의 가역원은 R의 임의 원소의 약수이다.

원소 $a \in R$와 $b \in R$에 대하여, $a = bu$인 가역원 u가 존재할 때 a는 b의 **연관자**(associate)라고 한다. 이제 u는 역원을 갖고, 말하자면 $uv = 1_R$이고, v도 또한 가역원이다. $a = bu$의 양변에 v를 곱하면 $av = buv = b1_R = b$ 임을 보여준다. 이 사실을 이용하여

a가 b의 연관자일 필요충분조건은 b가 a의 연관자이다.

또한

R의 영이 아닌 임의의 원소는 그 연관자로 나누어진다.

예제 3

영이 아닌 임의의 정수 n은 $\mathbb{Z}$에서 꼭 두 개의 연관자 n과 $-n$을 갖는다. F가 체일 때, $f(x) \in F[x]$의 모든 연관자는 $f(x)$의 영이 아닌 모든 상수 배이다. 환 $\mathbb{Z}[\sqrt{2}]$에서 원소 $\sqrt{2}$와 $2-\sqrt{2}$는 연관자이다. 왜냐하면 $\sqrt{2} = (2-\sqrt{2})(1+\sqrt{2})$이고, $1+\sqrt{2}$는 예제 2에 의하여 가역원이기 때문이다.

영이 아닌 원소 $p \in R$에 대하여, p가 가역원이 아니고, 또 p의 약수가 그것의 연관자와 R의 가역원뿐일 때 p를 **기약**(irreducible)이라고 한다.

예제 4

$\mathbb{Z}$에서 기약인 원소는 소수뿐이다. 왜냐하면 임의의 소수 p의 약수는 $\pm p$(그것의 연관자)와 ± 1($\mathbb{Z}$의 가역원)뿐이기 때문이다. 위에 주어진 기약의 정의는 F가 체일 때 정역 $F[x]$에서 기약 다항식의 정의와 동등하다(4.3절을 보라). 10.3절에서 $1+i$는 환 $\mathbb{Z}[i]$에서 기약임을 알게 될 것이다.

다음 정리는 보통 어떤 원소가 기약임을 증명하는 가장 쉬운 방법으로, 정의로도 사용된다. 정리 4.12는 $R = F[x]$일 때의 특별한 경우이다.

정리 10.1

p가 정역 R에서 영이 아니고, 가역원이 아닌 원소라 하자. p가 기약일 필요충분조건은

$p = rs$ 이면 r 또는 s가 가역원이다.

증명

p가 기약이고 $p = rs$ 이면 r은 p의 인수이다. 그래서 r은 가역원이거나 p의 어떤 연관자이다. 만약 r이 가역원이면 더 증명할 것이 없다. 만약 r이 p의 연관자, 말하자면 $r = pv$ 이면 $p = rs = pvs$ 이다. 식의 양쪽 끝의 p를 소거하면(정리 3.7) $1_R = vs$ 임을 알 수 있다. 그러므로 s는 가역원이다.

역을 증명하기 위하여, p가 진술된 성질을 갖는다고 가정하자. c를 p의 임의의 약수라 하자. 즉, $p = cd$ 이다. 그러면 가정에 의하여 c 또는 d가 가역원이다. 만약 d가 가역원이면 d^{-1}도 가역원이다. $p = cd$ 의 양변에 d^{-1}를 곱하면 $c = d^{-1}p$ 임을 보여준다. 따라서 어느 경우에나 c는 가역원이거나 p의 연관자이다. 그러므로 p는 기약이다. ■

Euclid 정역

나눗셈 알고리즘은 $\mathbb{Z}$ 와 $F[x]$ 의 산술을 분석하는 데 핵심이 되는 도구였다. 따라서 이제 나눗셈 알고리즘에 대한 유사한 어떤 대응을 갖는 정역에 대하여 살펴본다. 이런 유사한 대응을 어떻게 기술할 것인가를 알기 위하여, $F[x]$ 의 영이 아닌 모든 다항식으로부터 음이 아닌 모든 정수로 정의되는 함수로 $F[x]$ 에서 다항식의 차수를 생각할 수 있음을 주목한다. 이 함수의 핵심 성질을 확인함으로써 다음 정의를 얻는다.

정의 정역 R에 대하여, R의 영이 아닌 모든 원소에서 음이 아닌 모든 정수로의 다음 성질을 만족하는 함수 δ가 존재할 때, R을 **Euclid 정역**(Euclidean domain)이라고 부른다.

(i) a와 b가 R의 영이 아닌 원소이면 $\delta(a) \leq \delta(ab)$ 이다.

(ii) $a, b \in R$이고 $b \neq 0_R$이면 $a = bq + r$ 이고 $r = 0_R$ 또는 $\delta(r) < \delta(b)$ 인 $q, r \in R$이 존재한다.

예제 5

체 F에 대하여, 다항식환 $F[x]$는 $\delta(f(x)) = (f(x)$의 차수$)$로 정의되는 함수 δ를 갖는 Euclid 정역이다. 성질 (i)은 정리 4.2로부터 성립한다. 왜냐하면

$$\begin{aligned}\delta(f(x)g(x)) = \deg f(x)g(x) &= \deg f(x) + \deg g(x)\\ &\geq \deg f(x) = \delta(f(x))\end{aligned}$$

이기 때문이다. 또 성질 (ⅱ)는 바로 나눗셈 알고리즘(정리 4.6)이다.

예제 6

$\mathbb{Z}$는 $\delta(a) = |a|$로 주어진 함수 δ를 갖는 Euclid 정역이다. 성질 (ⅰ)은 모든 영이 아닌 원소 a와 b에 대하여 $|ab| = |a||b| \geq |a|$이므로 성립한다. $a, b \in \mathbb{Z}$, $b > 0$이면 나눗셈 알고리즘(정리 1.1)에 의하여 $a = bq + r$이고 $0 \leq r < b$인 정수 q와 r이 존재한다. $r = 0$이거나 r과 b 둘 다 양수이므로, 이 경우에 $\delta(r) = |r| = r < b = |b| = \delta(b)$이다. 그러므로 성질 (ⅱ)가 $b > 0$일 때 성립한다. $0 < b$인 경우는 연습문제 9를 보라.

예제 7

Gauss 정수의 환 $\mathbb{Z}[i] = \{s + ti \mid s, t \in \mathbb{Z}\}$는 $\delta(s + ti) = s^2 + t^2$로 주어진 함수 δ를 갖는 Euclid 정역임을 증명하자. $s + ti = 0$일 필요충분조건은 s와 t 둘 다 0이므로, $s + ti \neq 0$일 때 $\delta(s + ti) \geq 1$임을 알 수 있다. $\mathbb{Z}[i]$의 임의의 $a = s + ti$와 $b = u + vi$에 대하여 $\delta(ab) = \delta(a)\delta(b)$임을 확인하라(연습문제 17). 그러면 $b \neq 0$일 때

$$\delta(a) = \delta(a) \cdot 1 \leq \delta(a)\delta(b) = \delta(ab)$$

를 얻고, 그 결과 성질 (ⅰ)이 성립한다. $b \neq 0$일 때 a/b는 $c, d \in \mathbb{Q}$에 대하여 어떤 $c + di$ 형태로 나타낼 수 있는 복소수임을 밝히라(연습문제 11). $c \in \mathbb{Q}$이므로 c는 연속한 두 정수 사이에 있고, d도 마찬가지이다. 따라서 $|m - c| \leq 1/2$이고 $|n - d| \leq 1/2$인 정수 m과 n이 존재한다. $a/b = c + di$이므로

$$\begin{aligned}a = \ & b[c + di] = b[(c - m + m) + (d - n + n)i]\\ = \ & b[(m + \ni) + ((c - m) + (d - n)i)]\\ = \ & b[m + \ni] + b[(c - m) + (d - n)i]\\ = \ & bq + r\end{aligned}$$

여기서 $q = m + ni \in \mathbb{Z}[i]$이고 $r = b[(c - m) + (d - n)i]$이다. $r = a - bq$이고 $a, b, q \in \mathbb{Z}[i]$이므로 $r \in \mathbb{Z}[i]$이다. 성질 (ⅱ)는

$$\begin{aligned}\delta(r) = \ & \delta(b)\delta[(c - m) + (d - n)i] = \delta(b)[(c - m)^2 + (d - n)^2]\\ \leq \ & \delta(b)[(1/2)^2 + (1/2)^2] = (1/2)\delta(b) < \delta(b)\end{aligned}$$

이므로 성립한다.

노트: 이 절의 나머지 부분은 선택사항이다. 여기서의 전개는 초보적이고, 3.1절의 환에 관한 기본 사실만을 가정한다. 더 정교한 접근은 아이디얼을 이용하여, 하나의 특별한 경우로서 Euclid 정역을 포함하는 더 큰 정역의 모임에 관한 핵심적인 사실을 전개하는 10.2절에서 보여준다. 따라서 이 절에서는 최소한의 수학적 도구를 이용하여, 현저하게 강한 어떤 결과를 개발하는 반면, 10.2절에서는 보다 넓은 설정 아래 더 효과적으로 같은 결과를 얻는다.

함수 δ를 다르게 정의하여 주어진 정역을 여러 가지 방법으로 Euclid 정역이 되게 할 수도 있다(연습문제 12와 13). 그렇지만 앞의 예제들에서 Euclid 정역들을 언급할 때, 함수 δ를 앞에서 정의된 것으로 가정해도 좋다.

$F[x]$에서 모든 가역원은 차수가 0인 모든 다항식, 즉 항등원 다항식 1_F와 같은 차수를 갖는 모든 다항식이다(따름정리 4.5). 또한 k가 영이 아닌 상수($F[x]$에서 가역원)이면 $f(x)$와 $kf(x)$의 차수는 같다. 임의의 Euclid 정역에서 유사한 성질이 성립한다.

정리 10.2

Euclid 정역 R에 대하여, u가 R의 영이 아닌 원소이면 다음 조건은 동치이다.

(1) u가 가역원이다.
(2) $\delta(u) = \delta(1_R)$
(3) 어떤 영이 아닌 $c \in R$에 대하여 $\delta(c) = \delta(cu)$이다.

증명

(1) ⇒ (2) 연습문제 15.

(2) ⇒ (3) 명제 (3)은 $c = 1_R$에 대하여 성립한다. 왜냐하면 $\delta(1_R) = \delta(u) = \delta(u \cdot 1_R)$이기 때문이다.

(3) ⇒ (1) Euclid 정역의 정의 (ii)에 따르면(a와 b 대신 c와 uc에 대하여)

$$c = (uc)q + r \text{ 이고, } \quad r = 0_R \text{ 또는 } \delta(r) < \delta(cu)$$

를 만족하는 $q, r \in R$이 존재한다. 만약 $\delta(c) \leq \delta(uc)$이면 정의의 (i)($a$와 b 대신 c

와 $1_R - uq$에 대하여)과 명제 (3)에 의하여

$$\delta(c) \leq \delta(c(1_R - uq)) = \delta(c - ucq) = \delta(r) < \delta(uc) = \delta(c)$$

이고, 따라서 $\delta(c) < \delta(c)$가 되어 모순이다. 그러므로 $r = 0_R$이어야 한다. 결과적으로 u는 가역원이다. ■

이 절의 나머지 부분에서는 Euclid 정역에서 최대공약수, 기약, 유일한 인수분해에 관한 사실들을 전개하도록 한다. 여기에서의 전개는 제1장에서 $\mathbb{Z}$에 대하여, 제4장에서 $F[x]$에 대하여 주어진 것과 평행하고, 대부분의 논법은 적절한 수정과 함께 앞에서 사용하였던 것과 동일하다. 대안으로 1.2~1.3절 및 4.2~4.3절에 있는 주요한 결과들을 여기에서 증명된 정리들의 특수한 경우로 생각하여도 될 것이다.

최대공약수

모든 정수는 $\leq$로 순서를 정하고, $F[x]$에서 다항식은 그 차수에 의하여 부분적으로 순서를 준다. 이것은 크기나 차수에 관하여, 이들 정역에서 최대공약수를 정의하는 것을 자연스럽게 만들었다. 같은 아이디어는 Euclid 정역으로 전달되는데, 여기서 '크기'는 함수 δ로 측정된다.

정의 Euclid 정역 R에 대하여 $a, b \in R$(적어도 하나는 영이 아닌)이라고 하자. 다음 조건을 만족하는 원소 d를 a와 b의 **최대공약수**(greatest common divisor)라 한다.

(i) $d \mid a$이고 $d \mid b$이다.
(ii) $c \mid a$이고 $c \mid b$이면 $\delta(c) \leq \delta(d)$이다.

Euclid 정역 R의 임의의 두 원소는 적어도 하나의 공약수, 즉 1_R를 갖는다. 만약 $c \mid a$, 이를테면 $a = ct$이면 $\delta(c) \leq \delta(ct) = \delta(a)$이다. 결과적으로 a와 b의 임의의 공약수 c는 $\delta(c) \leq \max\{\delta(a), \delta(b)\}$를 만족한다. 이것으로부터 가능한 한 큰 δ 값을 갖는 공통 인수가 존재한다. 다르게 말하면, 최대공약수는 항상 존재한다.

$\mathbb{Z}$와 $F[x]$에서 최대공약수를 정의할 때, 각 경우에 특별한 추가 조건을 포함하였다. 즉, 두 정수의 최대공약수는 최대의 절댓값을 갖는 양의 공통 인수이고, 두 다항식의 최대공약수는 최고 차수의 모닉(monic) 공통 인수이다. 이 특별한 추가 조건은 $\mathbb{Z}$에서, 또 $F[x]$에서 최대공약수가 유일함을 보장한다. 임의의 Euclid 정역에서는 그런 특별한 추가 조건이 없고, 최대공약수도 일의적이지 않다. 따라서 앞의 정의는 $\mathbb{Z}$와 $F[x]$에서 하였던 것과 부합되지만, 꼭 같은 것은 아니다.

예제 8

$\mathbb{Z}$ 는 $\delta(a) = |a|$를 갖는 Euclid 정역이다. 바로 앞의 정의로, 2가 10과 18의 최대공약수임은 이전과 같다. 하지만 -2도 10과 18의 약수이고, 10과 18의 임의의 공약수는 그 절댓값이 $|-2|$ 이하이므로 이 정의를 만족한다. 최대공약수 2와 -2는 $\mathbb{Z}$ 에서 연관자임을 주목한다.

정리 10.3

Euclid 정역 R에 대하여, $a, b \in R$ (적어도 하나는 0이 아닌)이라고 하자.

(1) d가 a와 b의 최대공약수이면 d의 임의의 연관자도 a와 b의 최대공약수이다.
(2) a와 b의 임의의 최대공약수는 연관자이다.
(3) d가 a와 b의 최대공약수이면 $d = au + bv$를 만족하는 $u, v \in R$이 존재한다.

증명

(1) 연습문제 16.

이제 a와 b의 특별한 형태의 최소공약수를 구하여, 명제 (2)와 (3)을 증명하는 데 이용할 것이다.

$$S = \{\delta(w) \mid 0_R \neq w \in R \text{이고, 어떤 } s, t \in R \text{에 대하여 } w = as + bt\}$$

라 두자. 가정에 의하여 $a = a1_R + b0_R$와 $b = a0_R + b1_R$ 중 적어도 하나는 영이 아니므로, S는 음이 아닌 정수들의 공집합이 아닌 집합이다. 정렬성원리에 의하여 S는 최소원을 포함한다. 즉, $d^* = au^* + bv^*$이고

(A) 모든 ($s, t \in R$인) $as + bt$ 형태의 영이 아닌 w에 대하여 $\delta(d^*) \leq \delta(w)$

를 만족하는 R의 원소 d^*, u^*, v^*가 존재한다.

d^*가 a와 b의 최대공약수임을 주장하자. 이것을 증명하기 위하여 먼저 $d^* \mid a$임을 보이자. Euclid 정역 정의로부터, $a = d^*q + r$이고 $r = 0_R$ 또는 $\delta(r) \leq \delta(d^*)$를 만족하는 원소인 $q, r \in R$이 존재한다. 다음을 주목하자.

$$\begin{aligned} r &= a - d^*q = a - (au^* + bv^*)q \\ &= a - aqu^* - bv^*q = a(1_R - qu^*) + b(-v^*q) \end{aligned}$$

그러므로 r은 a와 b의 결합이고, 따라서 (A)에 의하여 $\delta(r) < \delta(d^*)$ 일 수가 없다. 따

라서 $r = 0_R$이고, 그 결과로 $a = d^*q$이고 $d^* \mid a$이다. 유사한 논법은 $d^* \mid b$임을 보여주고, 따라서 d^*는 a와 b의 공약수이다.

c를 a와 b의 임의의 다른 공약수라고 하자. 그러면 어떤 $s, t \in R$에 대하여 $a = cs$이고 $b = ct$이므로,

(B) $$d^* = au^* + bv^* = (cs)u^* + (ct)v^* = c(su^* + tv^*).$$

그러므로 Euclid 정역에 대한 정의로부터 $\delta(c) \leq \delta(c(su^* + tv^*)) = \delta(d^*)$이다. 따라서 d^*는 a와 b의 최대공약수이다. (B)는 또한 다음을 보여준다.

(C) a와 b의 임의의 공약수는 d^*의 약수이다.

이것으로 예비 사항을 완성한다. 이제 정리의 나머지 부분을 증명하자.

(2) d를 a와 b의 최대공약수라 하자. d는 a와 b의 공약수이고, d^*는 a와 b의 최대공약수이므로 정의의 (ii)항에 의하여 $\delta(d) \leq \delta(d^*)$이다. 같은 정의로부터 d와 d^*를 역할을 바꾸어 $\delta(d^*) \leq \delta(d)$임을 알 수 있다. 따라서 $\delta(d) \leq \delta(d^*)$이다. (C)에 의하여 $d \mid d^*$, 말하자면 $d^* = dk$이다. 그러므로 $\delta(d) = \delta(d^*) = \delta(dk)$이다. 따라서 k는 정리 10.2에 의하여 가역원이고, d는 d^*의 연관자이다. 임의의 최대공약수는 d^*의 연관자이므로, 연습문제 6에 의하여 그중 어느 두 개는 서로의 연관자이어야 한다.

(3) d가 a와 b의 최대공약수이면 앞의 단락에서 보았던 것처럼, $d^* = dk$이고 여기서 k는 가역원이다. $d^* = au^* + bv^*$ 이므로

$$d = d^*k^{-1} = (au^* + bv^*)k^{-1} = a(u^*k^{-1}) + b(v^*k^{-1}).$$

따라서 $d = au + bv$이고, 여기서 $u = u^*k^{-1}$이고 $v = v^*k^{-1}$이다. ■

따름정리 10.4

Euclid 정역 R에 대하여, $a, b \in R$(적어도 하나는 영이 아닌)이라고 하자. d가 a와 b의 최대공약수일 필요충분조건은 d가 다음 조건을 만족하는 것이다.

(i) $d \mid a$이고 $d \mid b$이다.
(ii) $c \mid a$이고 $c \mid b$이면 $c \mid d$이다.

증명

d가 a와 b의 최대공약수이면 정의에 따라 d는 (i)을 만족한다. c가 a와 b의 공약수라고 가정하자. d^*를 정리 10.3의 증명에서 정의한 것이라 하자. 그러면 $c \mid d^*$, 말하

자면 $d^* = ct$ 이다. 또한 정리 10.3에 의하여 d^*는 d의 연관자이고, 그 결과로 어떤 가역원 k에 대하여 $d^* = dk$이다. 따라서 $d = d^*k^{-1} = (ct)k^{-1} = c(tk^{-1})$이고, 그래서 $c \mid d$이다. 그러므로 조건 (ii)가 성립한다. 역명제의 증명은 연습문제 18이다. ■

Euclid 알고리즘(1.2절의 연습문제 15)은 두 정수의 최대공약수를 계산하는 가장 효과적인 방법을 제공한다. 약간의 수정과 함께, 그 증명은 Euclid 정역으로 전달되고 최대공약수뿐만 아니라 a와 b의 최대공약수를 a와 b의 결합으로 나타내는 데 필요한 계수들을 구하는 구성적인 방법을 제공한다.

인수분해의 유일성

Euclid 정역의 두 원소 a와 b에 대하여, 그 최대공약수의 하나가 1_R일 때 a와 b는 **서로소**(relatively prime)라 한다. 그러므로 정리 10.3에 따르면, a와 b가 서로 소일 필요충분조건은 그 최대공약수의 하나가 가역원이다.

정리 10.5

Euclid 정역 R에 대하여, $a, b, c \in R$이라고 하자. a와 b가 서로 소일 때, $a \mid bc$이면 $a \mid c$이다.

증명

정리 1.4의 증명에서 정리 1.2를 정리 10.3으로 바꾸어 옮기라. ■

따름정리 10.6

Euclid 정역 R의 기약인 원소 p에 대하여

(1) $p \mid bc$이면 $p \mid b$ 또는 $p \mid c$이다.
(2) $p \mid a_1 a_2 \cdots a_n$이면 p는 a_i 중 적어도 하나의 약수이다.

증명

(1) d를 p와 b의 최대공약수라 하자. d는 p의 약수이므로 d는 p의 연관자이거나 가역원임을 알고 있다. 만약 d가 p의 연관자이면 정리 10.3에 따라, p도 p와 b의 최대공약수이므로, 특히 $p \mid b$이다. 만약 d가 가역원이면 p와 b는 서로 소이다. 따라서 정리 10.5에 의하여 $p \mid c$이다.

(2) 따름정리 1.6의 증명을 복사하여, 정리 1.5 대신에 (1)을 사용하라. ■

정리 10.7

Euclid 정역 R에 대하여, R의 임의의 영이 아니고 가역원이 아닌 원소는 기약 원소들의 곱이고,* 이 분해는 연관자 기준으로 일의적이다. 즉, 각 p_i와 q_j가 기약일 때

$$p_1 p_2 \cdots p_r = q_1 q_2 \cdots q_s$$

이면 $r = s$이고, 필요하다면 순서와 번호를 바꾸어

$i = 1, 2, \ldots, r$에 대하여 p_i는 q_i의 연관자이다.

증명

S를 R의 영과 가역원을 제외한 기약 원소들의 곱이 아닌 모든 원소의 집합이라 하자. S가 공집합임을 보일 것이다. 이것은 영이 아니고 가역원이 아닌 임의의 원소가 기약 원소들의 곱으로 적어도 한 가지 방법으로 인수분해될 수 있음을 증명한다. 반대로, S가 공집합이 아니라고 하자. 그러면 집합 $\{\delta(s) \mid s \in S\}$는 영이 아닌 정수들의 공집합이 아닌 집합으로 정렬성원리에 의하여 최소원 $a \in S$을 갖는다. 즉

(*) 모든 $s \in S$에 대하여 $\delta(a) \leq \delta(s)$이다.

$a \in S$이므로 a는 자체로 기약이 아니다. 기약의 정의에 따라, $a = bc$이고 여기서 b와 c는 모두 가역원이 아니다. 이제 Euclid 정역 정의에 따라 $\delta(b) \leq \delta(bc)$이다. 만약 $\delta(b) = \delta(bc)$이면 정리 10.2에 의하여 b는 가역원일 것이고, 이것은 모순이다. 따라서 $\delta(b) < \delta(bc)$이고, 그 결과 (*)로부터 $b \notin S$이다. 유사한 논법으로 $c \notin S$임을 알 수 있다. S의 정의로부터, b와 c 모두 기약 원소들의 곱이고, 따라서 $a = bc$도 그렇다. 이것은 $a \in S$라는 사실에 모순이다. 그러므로 S는 공집합이고 영과 가역원을 제외하고 R의 임의의 원소는 기약 원소들의 곱이다. 이 인수분해가 연관자 기준으로 유일함을 보이기 위하여, 정리 4.14의 증명을 복사하여 상수를 가역원으로 바꾸고 따름정리 4.13을 따름정리 10.6으로 바꾸면 된다. ■

* 원래의 원소가 그 자체로 기약일 때 꼭 하나의 인수를 갖는 곱의 가능성을 허용한다.

■ 연습문제

노트: 달리 명시하지 않는 한 R은 정역이다.

A. 1. $\mathbb{Z}[\sqrt{d}]$는 $\mathbb{C}$의 부분환임을 보이라. $d \geq 0$이면 $\mathbb{Z}[\sqrt{d}]$는 $\mathbb{R}$의 부분환임을 보이라.

2. $d \neq \pm 1$이고 제곱인수가 없는(square-free) 정수라 하자. (즉 d는 $(\pm 1)^2$을 제외한 c^2 형태의 약수를 갖지 않는다.) $\mathbb{Z}[\sqrt{d}]$에서 $r+s\sqrt{d}=r_1+s_1\sqrt{d}$일 필요충분조건은 $r=r_1$이고 $s=s_1$임을 증명하라. 만약 d가 제곱인수를 갖는 정수이면 이 결과는 거짓일 수 있음을 예를 들어 보이라.

3. 다음 각 명제가 참이면 증명하고, 거짓이면 반례를 들라.
   (a) R에서 $a \mid b$이고 $c \mid d$이면 $ac \mid bd$이다.
   (b) R에서 $a \mid b$이고 $c \mid d$이면 $(a+c) \mid (b+d)$이다.

4. R에서 c와 d가 연관자일 필요충분조건은 $c \mid d$이고 $d \mid c$임을 증명하라.

5. $a \neq 0$이고 b와 c가 가역원이 아닐 때, $a = bc$이면 a는 b의 연관자가 아님을 보이라.

6. 명제 'a는 b의 연관자이다'를 $a \sim b$로 나타내기로 한다. $\sim$는 동치관계임을 증명하라. 즉, 임의의 $r, s, t \in R$에 대하여 (i) $r \sim r$. (ii) $r \sim s$이면 $s \sim r$이다. (iii) $r \sim s$이고 $s \sim t$이면 $r \sim t$이다.

7. 기약 원소의 모든 연관자는 기약임을 증명하라.

8. u와 v가 가역원이면 u와 v는 연관자임을 증명하라.

9. 예제 6에서의 함수 δ는 $b < 0$일 때 Euclid 정역 성질 (ii)를 만족함을 보이라. [힌트: a를 나뉘는 수, b를 나누는 수로 하는 나눗셈 알고리즘을 적용하라. 그런 다음, 그 결과를 조정하라.]

10. $\mathbb{Z}[x]$에서 $2x+2$는 기약인가? 왜 아닌가?

11. $a=s+ti$와 $b=u+vi$가 $\mathbb{Z}[i]$에 속하고, $b\neq 0$일 때 $a/b=c+di$임을 보이라. 단, 여기서 $c=\dfrac{su+tv}{u^2+v^2}$이고 $d=\dfrac{tu-sv}{u^2+v^2}$이다.

12. (a) $\mathbb{Z}$는 $\delta(n)=n^2$으로 주어진 함수 δ에 대하여 Euclid 정역임을 보이라.
    (b) $\delta(r)=r^2$으로 주어진 함수 δ에 대하여 $\mathbb{Q}$는 Euclid 정역인가?

13. 함수 δ에 대한 Euclid 정역 R과 양의 정수 k에 대하여
    (a) R은 $\theta(r)=\delta(r)+k$로 주어진 함수 θ에 대하여 역시 Euclid 정역임을 보이라.
    (b) R은 또한 $\beta(r)=k\delta(r)$로 주어진 함수 β에 대하여 역시 Euclid 정역임을 보이라.

14. 체 F는 임의의 영이 아닌 $a\in F$에 대하여 $\delta(a)=0$로 주어진 함수 δ와 함께 Euclid 정역임을 증명하라.

15. Euclid 정역 R에 대하여 $u\in R$일 때, u가 가역원인 필요충분조건은 $\delta(u)=\delta(1_R)$임을 증명하라.

16. Euclid 정역에서 a와 b의 최대공약수 d의 임의의 연관자도 a와 b의 최대공약수임을 증명하라.

17. (a) $\mathbb{Z}[i]$의 영이 아닌 원소 $a=s+ti$와 $b=u+vi$에 대하여 $\delta(ab)=\delta(a)\delta(b)$임을 보이라. 단, 여기서 $\delta(s+ti)=s^2+t^2$이다.
    (b) R이 Euclid 정역일 때, 임의의 $a,\, b\in R$에 대하여 $\delta(ab)=\delta(a)\delta(b)$는 참인가?

18. 따름정리 10.4의 조건 (i)과 (ii)를 만족하는 원소 d가 a와 b의 최대공약수임을 보여, 그 증명을 완성하라.

19. Euclid 정역 정의에서 원소 q와 r은 반드시 일의적일 필요가 없음을 보이라. [힌트: $\mathbb{Z}[i]$에서 $a=-4+i$와 $b=5+3i$에 대해 $q=-1$과 $q=-1+i$를 생각하라.]

B. 20. R의 영이 아닌 임의의 두 원소가 연관자이면 R은 체임을 증명하라.

21. R의 영이 아닌 임의의 원소가 기약이거나 또는 가역원이면 R은 체임을 증명하라.

22. (a) $\mathbb{Z}[i]$에서 $1+i$는 가역원이 아님을 보이라. [**힌트**: $\mathbb{C}$에서 $1+i$의 역원은 무엇인가?]

(b) $\mathbb{Z}[i]$에서 2는 기약이 아님을 보이라.

23. R의 영이 아니고 가역원이 아닌 원소 p에 대하여, $p \mid cd$이면 언제나 $p \mid c$ 또는 $p \mid d$를 만족하면 p는 기약임을 증명하라.

24. 정역의 전사인 준동형사상 $f : R \to S$에 대하여, p가 R에서 기약이고 $f(p) \neq 0_S$이면 $f(p)$는 S에서 기약인가?

25. Euclid 정역 R에 대하여, 다음을 증명하라.

(a) 영이 아닌 모든 $a \in R$에 대하여 $\delta(1_R) \leq \delta(a)$이다.

(b) a와 b가 연관자이면 $\delta(a) = \delta(b)$이다.

(c) $a \mid b$이고 $\delta(a) = \delta(b)$이면 a와 b는 연관자이다.

26. $\mathbb{Z}[\sqrt{-2}]$는 $\delta(r + s\sqrt{-2}) = r^2 + 2s^2$에 대한 Euclid 정역임을 보이라.

27. $\omega = (-1 + \sqrt{-3})/2$에 대하여 $\mathbb{Z}[\omega] = \{r + s\omega \mid r, s \in \mathbb{Z}\}$라 두자. $\mathbb{Z}[\omega]$는 $\delta(r + s\omega) = (r + s\omega)(r + s\omega^2) = r^2 - rs + s^2$에 대하여 Euclid 정역임을 증명하라. [**힌트**: $\omega^3 = 1$이고 $\omega^2 + \omega + 1 = 0$ (왜?)임을 주목하라.]

28. 증명 또는 반증하라: Euclid 정역 R에 대하여, $I = \{a \in R \mid \delta(a) > \delta(1_R)\}$은 R의 아이디얼이다.

29. 함수 δ에 대한 Euclid 정역 R에 대하여, δ가 상수함수이면 R은 체임을 증명하라.

30. (a) $1 - i$는 $\mathbb{Z}[i]$에서 기약임을 증명하라. [**힌트**: $a \mid (1 - i)$이면 $1 - i = ab$이다. 연습문제 17(a)와 25를 보라.]

(b) 2를 $\mathbb{Z}[i]$에서 기약 원소들의 곱으로 나타내라. [**힌트**: $1-i$를 인수로 하여 시도해 보라.]

C. 31. Euclid 정역의 두 원소의 최대공약수를 구하기 위한 Euclid 알고리즘을 진술하고 증명하라.

32. R을 영이 아닌 모든 $a, b \in R$에 대하여 $\delta(a+b) \le \max\{\delta(a), \delta(b)\}$를 만족하는 δ에 대한 정역이라 하자. Euclid 정역에 대한 정의에서 q와 r은 각각 R에서 유일함을 증명하라.

10.2 주아이디얼 정역과 유일인수분해 정역

Euclid 정역은 실제로는 나눗셈 알고리즘에 대응하는 유사한 성질을 갖는 정역이다. 결과적으로 정수환과 다항식환에 대하여 사용된 모든 증명은, 궁극적으로 나눗셈 알고리즘에 의존하는 대부분은 쉽게 Euclid 정역으로 옮길 수 있다. 이제 나눗셈 알고리즘에 대응하는 유사한 성질을 갖지 않을지도 모르지만, 유일인수분해와 최대공약수와 같은 $\mathbb{Z}$의 다른 중요한 성질을 갖는 정역에 대하여 살펴본다.

정의

임의의 아이디얼이 주아이디얼인 정역을 **주아이디얼 정역**(PID, principal ideal domain)이라고 부른다.

다음 정리는 예를 들면, $\mathbb{Z}$와 $\mathbb{Q}[x]$, $\mathbb{Z}[i]$가 모두 Euclid 정역이므로(10.1절의 예제 5~7을 보라) 모두 주아이디얼 정역임을 보여준다. 6.1절의 예제 8은 다항식환 $\mathbb{Z}[x]$는 PID가 아님을 보여준다.

정리 10.8

임의의 Euclid 정역은 주아이디얼 정역이다.

증명

I를 Euclid 정역 R의 영이 아닌 아이디얼이라고 가정하자. 그러면 집합 $\{\delta(i) \mid i \in I\}$

는 공집합이 아닌 영 이상 정수들의 집합이고, 정렬성원리에 의하여 최소원을 포함한다. 즉

$$(*) \qquad \text{모든 } i \in I\text{에 대하여} \quad \delta(b) \le \delta(i)$$

를 만족하는 $b \in I$가 존재한다. I가 주아이디얼 $(b) = \{rb \mid r \in R\}$ 임을 주장하자. $b \in I$이고 I는 아이디얼이므로 모든 $r \in R$에 대하여 $rb \in I$이고, 따라서 $(b) \subseteq I$이다. 역으로, $c \in I$라 가정하자. 그러면

$$c = bq + r \text{ 이고,} \quad r = 0_R \text{ 또는 } \delta(r) < \delta(b)$$

인 $q, r \in R$이 존재한다. $r = c - bq$이고 c와 b는 모두 I에 속하므로 $r \in I$이어야 한다. 그러므로 $(*)$에 의하여 $\delta(r) < \delta(b)$는 불가능하다. 결과적으로 $r = 0_R$이고 $c = bq + r = br \in (b)$이다. 따라서 $I \subseteq (b)$이므로 $I = (b)$이다. 그러므로 R은 PID이다. ■

정리 10.8의 역은 거짓이다. 즉, Euclid 정역이 아닌 주아이디얼 정역이 존재한다(Wilson and Williams [21]). 따라서 Euclid 정역 전체의 모임은 주아이디얼 정역 전체의 모임에 진부분으로 포함된다.

정수와 다항식환, Euclid 정역 논의에서 먼저 최대공약수를 생각하고, 인수분해의 유일성을 증명하기 위하여 이것을 이용하였다. 이러한 접근법이 주아이디얼 정역에도 사용될 수 있지만 인수분해의 유일성을 직접 진행하는 것도 그만큼 쉽다.* 임의의 정역에서 나누어짐과 주아이디얼의 연관관계를 전개함으로써 시작한다.

보조정리 10.9

정역 R의 원소 a와 b에 대하여

(1) $(a) \subseteq (b)$일 필요충분조건은 $b \mid a$이다.
(2) $(a) = (b)$일 필요충분조건은 $b \mid a$이고 $a \mid b$이다.
(3) $(a) \subsetneq (b)$일 필요충분조건은 $b \mid a$이고 b는 a의 연관자가 아니다.

증명

(1) 먼저, 주아이디얼 (b)는 b의 모든 배수, 즉 b로 나누어지는 모든 원소로 구성되는 것을 주목한다. 따라서

$$a \in (b) \text{ 일 필요충분조건은 } b \mid a \text{ 이다.}$$

* 최대공약수는 이 절의 마지막에서 논할 것이다. 또한 연습문제 20~22도 보라.

이제 $(a) \subseteq (b)$ 라 하면 a는 아이디얼 (b)에 속하고, 그 결과로 $b \mid a$ 이다. 역으로, $b \mid a$ 라 하면 $a \in (b)$ 이고, 이것은 a의 임의의 배수도 아이디얼 (b)에 속하는 것을 의미한다. 그러므로 $(a) \subseteq (b)$ 이다.

(2) $(a) = (b)$일 필요충분조건은 $(a) \subseteq (b)$이고 $(b) \subseteq (a)$이다. (1)에 의하여, $(a) \subseteq (b)$이고 $(b) \subseteq (a)$일 필요충분조건은 $b \mid a$ 이고 $a \mid b$ 이다.

(3) 이것을 증명하기 위하여 (1), (2)와 10.1절의 연습문제 4를 이용하면, $b \mid a$이고 $a \mid b$일 필요충분조건은 b가 a의 연관자임을 알 수 있다. ■

다음 정의의 유래를 이해하기 위하여, 정수 a_1을 소수의 곱으로 인수분해하는 전형적인 과정을 상기하는 것이 도움이 될 것이다. a_1의 소수 약수 p_1을 구하여 인수분해한다. 즉, $a_1 = p_1 a_2$ 이다. 그다음에, a_2의 소수 약수 p_2를 구하고 인수분해한다. 즉, $a_2 = p_2 a_3$, 결과로 $a_1 = p_1 p_2 a_3$가 된다. 이 방법을 계속한다. a_1은 단지 유한개의 소인수를 가지므로, 결국 $a_k = p_k \cdot 1$인 어떤 소수 a_k를 가져야 하고, $a_1 = p_1 p_2 p_3 \cdots p_k$ 이다. 인수분해를 계속하는 유일한 방법은 (인수가 양수이고 p_i의 순서를 바꾸지 않으면) $1 = 1 \cdot 1$이라는 사실을 계속 이용하여, a_1를

$$a_1 = p_1 p_2 p_3 \cdots p_k \cdot 1 \cdot 1 \cdots 1$$

와 같이 나타내는 것뿐이다. 결과적으로 보조정리 10.9에 의하여 이 인수분해 과정은 다음과 같은 어떤 아이디얼의 사슬을 만들어 낸다. 즉

$$(a_1) \subseteq (a_2) \subseteq (a_3) \subseteq \cdots \subseteq (a_k) \subseteq (1) \subseteq (1) \subseteq (1) \subseteq \cdots$$

어떤 지점 이후부터 이 사슬에 있는 모든 아이디얼은 그다음의 아이디얼과 같아진다. 이것은 기약 인수의 곱으로서 인수분해는 주아이디얼의 어떤 사슬, 즉 그 속에 있는 모든 아이디얼이 어떤 지점에서부터 모두 같아지는 사슬과 무언가 관련이 있음을 제시하고, 다음 정의에 대한 동기를 부여한다.

정의 정역 R에 대하여, $(a_1) \subseteq (a_2) \subseteq (a_3) \subseteq \cdots$이면 언제나 모든 $i \geq n$에 대하여 $(a_i) = (a_n)$인 양의 정수 n이 존재할 때 R을 **주아이디얼 위의 오름사슬조건**(ACC, ascending chain condition)을 만족한다고 한다.

정의에서 (a_n)과 함께 시작하는 같은 아이디얼은 아이디얼 (1_R)이 아닐 수도 있다. 그런데도 앞의 논의는 $\mathbb{Z}$가 주아이디얼 위의 ACC를 만족할 가능성을 제시한다. 이것

은 사실, 지금 증명하려고 하는 바로 그 경우이다.

보조정리 10.10

임의의 주아이디얼 정역 R은 주아이디얼 위의 오름사슬조건을 만족한다.

증명

R의 아이디얼의 오름사슬 $(a_1) \subseteq (a_2) \subseteq \cdots$에 대하여, A를 합집합 $\bigcup_{t \geq 1} (a_t)$라 두자. A가 아이디얼임을 주장하자. $a, b \in A$라 가정하면, 어떤 $j, k \geq 1$에 대하여 $a \in (a_j)$이고 $b \in (a_k)$이다. $j \leq k$이거나 $k \leq j$이고, 이를테면 $j \leq k$라 하자. 그러면 $(a_j) \subseteq (a_k)$이므로 $a, b \in (a_k)$이다. (a_k)는 아이디얼이므로 $a - b \in (a_k) \subseteq A$이고, 임의의 $r \in R$에 대하여 $ra \in (a_k) \subseteq A$임을 알고 있다. 따라서 A는 정리 6.1로부터 아이디얼이다. R은 PID이므로 어떤 $c \in R$에 대하여 $A = (c)$이다. $A = \bigcup_{t \geq 1} (a_t)$이므로 어떤 n에 대하여 $c \in (a_n)$임을 알 수 있다. 결과적으로 $(c) \subseteq (a_n)$이고 각 $i \geq n$에 대하여

$$(a_n) \subseteq (a_i) \subseteq \bigcup_{t \geq 1} (a_t) = A = (c) \subseteq (a_n)$$

임을 알 수 있다. 그러므로 모든 $i \geq n$에 대하여 $(a_i) = (a_n)$이다. ■

보조정리 10.10은 PID에서 영이 아니고 가역원이 아닌 임의의 원소는 기약 원소들의 곱으로 분해될 수 있음을 보이는 열쇠임을 알게 될 것이다. 이 인수분해가 근본적으로 유일하다는 사실은 다음 보조정리의 직접적인 결과이다.

보조정리 10.11

주아이디얼 정역 R에 대하여, p가 R에서 기약일 때 $p \mid bc$이면 $p \mid b$ 또는 $p \mid c$이다.

증명*

$p \mid bc$라고 하면 bc는 아이디얼 (p)에 속한다. (p)가 소 아이디얼임을 안다면 $b \in (p)$ 또는 $c \in (p)$, 즉 $p \mid b$ 또는 $p \mid c$임을 결론지을 수 있을 것이다. 따름정리 6.16에 의하

* 따름정리 6.16 대신에 최대공약수를 이용하는 대체 증명을 위하여, 연습문제 23을 보라.

여, 임의의 극대 아이디얼은 소 아이디얼이므로 (p)가 극대 아이디얼임을 보이기만 하면 된다. I가 $(p) \subseteq I \subseteq R$을 만족하는 임의의 아이디얼이라고 가정하자. R이 PID이므로 어떤 $d \in R$에 대하여 $I = (d)$이다. 그러면 $(p) \subseteq (d) = I$이고 $d \mid p$를 의미한다. p는 기약이므로 d는 가역원이거나 p의 연관자이어야 한다. 만약 d가 가역원이면 6.1절의 연습문제 9에 따라, $I = (d) = R$이다. 만약 d가 p의 연관자이면, 즉 $d = pu$이면 $p \mid d$이고, 따라서 $(d) \subseteq (p)$이다. 이 경우에 $(p) \subseteq (d) \subseteq (p)$이고, 그래서 $(p) = (d) = I$이다. 그러므로 (p)는 극대이고, 증명이 끝난다. ■

정리 10.12

R을 주아이디얼 정역이라 하자. R의 영이 아니고 가역원이 아닌 임의의 원소는 기약 원소들의 곱이고,* 이 인수분해는 연관자 기준으로 일의적이다. 즉, 각 p_i와 q_j가 기약일 때

$$p_1 p_2 \cdots p_r = q_1 q_2 \cdots q_s$$

이면 $r = s$이고, 필요하다면 순서를 바꾸고 번호를 다시 붙여,

임의의 $i = 1, 2, \ldots, r$에 대하여 p_i는 q_i의 연관자이다.

증명

a를 영이 아니고 가역원이 아닌 R의 원소라 하자. a가 적어도 하나의 인수분해를 가지고 있음을 보여야 한다. 반대로, a가 기약 원소들의 곱이 아니라고 가정하자. 그러면 a 자체는 기약 원소가 아니다. 그래서 가역원이 아닌 어떤 원소 a_1과 b_1에 대하여 $a = a_1 b_1$이다(그렇지 않으면 a의 임의의 인수분해는 가역원을 포함하고, 정리 10.1에 따라 a는 기약이 될 것이다). 만약 a_1과 b_1이 둘 다 기약 원소들의 곱이면 a도 그렇다. 따라서 그중 적어도 하나, 말하자면 a_1이 기약 원소의 곱이 아니다. b_1이 가역원이 아니면 a_1은 a의 연관자가 아니다(10.1절의 연습문제 5). 결과적으로 보조정리 10.9의 (3)에 따라 $(a) \subsetneq (a_1)$이다.

이제 a 대신에 a_1을 가지고 앞의 논법을 계속한다. 이렇게 하여 $(a_1) \subsetneq (a_2)$이면서, a_2가 기약 원소들의 곱이 아닌, 영이 아니고 가역원도 아닌 원소 a_2를 얻는다. 이 과정을 무한히 계속하여 주아이디얼 위의 순(strictly) 오름사슬 $(a) \subsetneq (a_1) \subsetneq (a_2) \subsetneq (a_3) \subsetneq \cdots$를 얻게 되고, 이것은 보조정리 10.10에 모순이다. 그러므로 a는 기약 원소들의 곱으로의 인수분해를 적어도 하나 갖는다.

마지막으로 이 인수분해가 연관자 관계를 기준으로 유일함을 보여야 한다. 이것을

* 원소 자체가 기약일 때, 단 한 개의 인수로 이루어진 인수분해의 가능성을 허용한다.

위하여 정리 4.14($R = F[x]$인 경우)의 증명을 상수를 가역원으로, 따름정리 4.13 대신에 보조정리 10.11과 연습문제 2를 사용하여 일반적인 상황에 맞게 바꾸라. ■

정리 10.12의 중요성의 진가를 알 수 있도록, 인수분해의 유일성이 보장되지 않는 정역의 예를 조사하는 것이 도움이 될 것이다.

예제 1

상수항이 정수인 모든 유리수 계수 다항식의 집합을 $\mathbb{Q}_{\mathbb{Z}}[x]$로 나타내자. 예를 들어, x, $\frac{1}{2}x$, 2는 $\mathbb{Q}_{\mathbb{Z}}[x]$에 속하지만 $x^2 + \frac{1}{2}$과 $\frac{1}{4}$은 아니다. $\mathbb{Q}_{\mathbb{Z}}[x]$는 정역이고, 상수다항식 2는 $\mathbb{Q}_{\mathbb{Z}}[x]$에서 기약임(연습문제 16)을 밝히라. 기약인 원소 2는 $x \in \mathbb{Q}_{\mathbb{Z}}[x]$의 인수이다. 이것은 $x = 2 \cdot \left(\frac{1}{2}x\right)$이기 때문이다. 마찬가지로 $\frac{1}{2}x = 2 \cdot \left(\frac{1}{4}x\right)$이므로 2는 $\frac{1}{2}x$의 인수이다. 따라서 $x = 2 \cdot 2 \cdot \left(\frac{1}{4}x\right)$이다. 사실, 기약인 2로 인수분해하는 과정은 결코 끝나지 않음을 알 수 있다. 즉

$$(*) \qquad \begin{aligned} x = 2 \cdot \left(\frac{1}{2}x\right) &= 2 \cdot 2 \cdot \left(\frac{1}{4}x\right) = 2 \cdot 2 \cdot 2 \cdot \left(\frac{1}{8}x\right) = \cdots \\ &= 2 \cdot 2 \cdots 2 \cdot \left(\frac{1}{2^n}x\right) = \cdots \end{aligned}$$

이러한 관점에서, x는 $\mathbb{Q}_{\mathbb{Z}}[x]$의 기약 원소들의 곱으로 인수분해할 수 없다는 것은 놀라운 것이 아니다(연습문제 17).

이 상황을 431쪽에서 살펴본 $\mathbb{Z}$에서 a_1의 소인수분해와 비교해 보라. $\mathbb{Z}$에서는 유한 번의 단계에서 인수분해가 자명한(남은 인수가 1 뿐인) 것이 되고, 대응하는 사슬에 있는 모든 아이디얼은 그 이후로 모두 같다. 그렇지만 $\mathbb{Q}_{\mathbb{Z}}[x]$에서의 인수분해 (*)에서 이 사실은 다르다. x에서 하나의 2를 인수분해할 때마다 각 시점에 남아 있는 인수는

$$x,\ \frac{1}{2}x,\ \frac{1}{4}x,\ \frac{1}{8}x,\ \ldots,\ \frac{1}{2^n}x,\ \ldots$$

이다. 이 원소들은 어느 두 개도 연관자가 아니고(연습문제 3), 각 원소는 그다음 원소의 2배이다. 즉, 각 원소는 그다음 원소로 나누어진다. 따라서 보조정리 10.9의 (3)에 따라

$$(x) \subsetneq \left(\frac{1}{2}x\right) \subsetneq \left(\frac{1}{4}x\right) \subsetneq \left(\frac{1}{8}x\right) \subsetneq \cdots$$

그러므로 주아이디얼 위의 ACC는 $\mathbb{Q}_{\mathbb{Z}}[x]$에서 성립하지 않는다.

유일인수분해 정역

Euclid 정역과 주아이디얼 정역에 대한 고찰에서 주요한 결과는 인수분해의 유일성이 성립한다는 것이다. 이제 그 과정과 반대로 유일한 인수분해가 항상 성립하는 정역을 생각하고, 보통의 산술과 다른 성질이 무엇인지 살펴보자.

정의

정역 R에 대하여, 다음 조건을 만족할 때 R을 **유일인수분해 정역**(UFD, unique factorization domain)이라고 한다: R의 영이 아니고 가역원이 아닌 임의의 원소는 기약 원소들의 곱이고, 이 인수분해는 연관자 기준으로 유일하다. 즉, 각 p_i와 q_j가 기약일 때

$$p_1 p_2 \cdots p_r = q_1 q_2 \cdots q_s$$

이면 $r = s$이고, 필요하다면 순서를 바꾸고 번호를 다시 붙여

$i = 1,\ 2,\ \ldots,\ r$에 대하여, p_i는 q_i의 연관자이다.

예제 2

정리 10.12는 임의의 PID는 유일인수분해 정역임을 보여준다. 특히 Gauss 정수의 환 $\mathbb{Z}[i]$는 UFD이다.

예제 3

예제 1에서 살펴보았던 것으로, $\mathbb{Q}_{\mathbb{Z}}[x]$는 유일인수분해 정역이 아니다. 이것은 원소 x를 유한개의 기약 원소의 곱으로 인수분해할 수 없기 때문이다. $\mathbb{Z}[\sqrt{-5}]$는 다른 이유로 UFD가 아니다. 즉 임의의 원소는 기약 원소들의 곱이지만, 이 인수분해가 유일한 것은 아니다.

예제 4

다항식환 $\mathbb{Z}[x]$가 UFD라는 증명을 10.5절에서 한다. $\mathbb{Z}[x]$는 주아이디얼 정역이 아니므로(6.1절의 예제 8을 보라) 모든 유일인수분해 정역의 모임은 모든 주아이디얼 정역의 모임보다 더 크다는 것을 알 수 있다.

노트: 이 절의 나머지 부분은 선택사항이고, 이후에 필요하지 않다.

두 정수를 가지고 작업할 때, 두 정수의 인수분해에 나타나는 소수들이 같아지도록 조정할 수 있다. 예를 들어, 소인수분해 $-18 = 2 \cdot 3 \cdot (-3)$과 $40 = 2 \cdot (-2) \cdot (-2) \cdot 5$를 생각하자. 두 인수분해에 나타나는 모든 소수를 열거하면 2, 3, -3, 2, -2, -2, 5 이지만 이 소수 중 어떤 것들은 서로 연관자이다. 이 목록에서 앞의 어떤 수의 연관자인 소수를 목록에서 제거하여, 남은 어느 두 수가 연관자가 아닌 2, 3, 5를 얻는다. -18과 40을 이 세 개의 소수와 가역원 ± 1과의 곱으로 다음과 같이 나타낼 수 있다. 즉

$$\begin{aligned} -18 &= 2 \cdot 3 \cdot (-3) = (-1) \cdot 2 \cdot 3 \cdot 3 = (-1) \cdot 2^1 \cdot 3^2 \cdot 5^0 \\ 40 &= 2 \cdot (-2) \cdot (-2) \cdot 5 = (-1) \cdot (-1) \cdot 2 \cdot 2 \cdot 2 \cdot 5 = (1) \cdot 2^3 \cdot 3^0 \cdot 5^1 \end{aligned}$$

근본적으로 같은 과정을 임의의 UFD에서 실행할 수 있다.

정리 10.13

유일인수분해 정역 R에 대하여, c와 d가 R의 영이 아닌 원소이면

$$c = u p_1^{m_1} p_2^{m_2} \cdots p_k^{m_k} \text{이고} \quad d = v p_1^{n_1} p_2^{n_2} \cdots p_k^{n_k}$$

인 가역원 u와 v 그리고 어느 두 개도 연관자가 아닌 기약 원소 $p_1, p_2, \ldots, p_k$가 존재한다. 단, 여기서 각 m_i와 n_i는 음이 아닌 정수이다. 또한

$$c \mid d \text{ 일 필요충분조건은} \quad i = 1, 2, \ldots, k \text{에 대하여 } m_i \le n_i \text{이다.}$$

정리 앞의 예제에서는 $c = -18$과 $d = 40$에 대하여 $u = -1$, $v = 1$, $p_1 = 2$, $p_2 = 3$, $p_3 = 5$이었다.

정리 10.13의 증명

R이 UFD이므로 c와 d는 인수분해될 수 있고, 이를테면 $c = q_1 q_2 \cdots q_s$이고 $d = r_1 r_2 \cdots r_t$라 하자. 여기서 각 q_i와 r_j는 기약이다. 목록 $q_1, q_2, \ldots, q_s, r_1, r_2, \ldots, r_t$에서 앞에 나오는 원소의 연관자를 모두 제거하여 남아 있는 원소들을 $p_1, p_2, \ldots, p_k$로 나타낸다. 그러면 각 p_i는 기약이고 이들은 어느 두 개도 다른 것의 연관자가 아니다. 또한 q들과 r들은 각각 어떤 p_i의 연관자이다. 결과적으로 인수분해 $c = q_1 q_2 \cdots q_s$에서 각 q_j는 어떤 가역원 w에 대하여 wp_i의 형태이다. 항들을 재배열하여 c는 (가역

원들의 곱)(p_i들의 곱)으로 나타낼 수 있다. 이 가역원들의 곱은 그 자체로 가역원이며 u라 하자. 이 곱에서 필요하면 p_i들을 재배열하고, 지수가 영인 다른 p_i들을 끼워 넣어 $c = up_1^{m_1}p_2^{m_2} \cdots p_k^{m_k}$로 나타낼 수 있다. 여기서 각 $m_i \geq 0$이다. 유사한 과정이 d에 대해서도 이루어지고, 정리의 첫 부분이 증명된다.

정리의 마지막 진술의 첫 반을 증명하기 위하여, $c \mid d$라 가정하자. 그러면 어떤 $b \in R$에 대하여 $d = cb$이다. 기약인 p_i는 d의 인수분해에서 꼭 n_i번 나타나므로, cb의 인수분해에서도 정확히 n_i번 나타나야 한다. 그런데 c의 인수분해에서 이미 m_i번 나타나고, b의 인수분해에서 나타날 수도 있으므로 $m_i \leq n_i$가 성립해야 한다. 역으로, 모든 i에 대하여 $m_i \leq n_i$라 가정하자. $d = ca$를 입증하라. 단, 여기서

$$a = (u^{-1}v)(p_1^{n_1 - m_1}p_2^{n_2 - m_2} \cdots p_k^{n_k - m_k})$$

이다. 따라서 $c \mid d$이다. ■

따름정리 10.14

모든 유일인수분해 정역은 주아이디얼 위의 오름사슬조건을 만족한다.

증명

먼저 (c)와 (d)를 $(d) \subsetneq (c)$인 UFD R의 주아이디얼이라 가정하자. 그러면 보조정리 10.9에 따라 $c \mid d$이고, c는 d의 연관자가 아니다. c와 d를 정리 10.13에서 주어진 형태로 나타내면 각 $m_i \leq n_i$이다. 모든 i에 대하여 $m_i = n_i$이면 $c = uv^{-1}d$이고, 이것은 c가 d의 연관자임을 의미하므로 모순이다. 따라서 $m_j < n_j$인 어떤 번호 j가 존재해야 한다.

$(a_1) \subseteq (a_2) \subseteq (a_3) \subseteq \cdots$를 R에서 주아이디얼의 사슬이라 하자. 보조정리 10.9는 각 a_i가 a_1의 약수임을 보여준다. 정리 10.13에 따라, $a_1 = vp_1^{n_1}p_2^{n_2} \cdots p_k^{n_k}$이고 각 a_i는 $a_i = up_1^{m_1}p_2^{m_2} \cdots p_k^{m_k}$ 형태임을 가정해도 좋다. 여기서 p_j들은 서로 연관자가 아닌 기약 원소이다. 만약 이 아이디얼의 사슬에서 단지 유한개의 순오름 포함(strict inclusion) 기호 ($\subsetneq$)가 존재한다면 어떤 지점에서 그 이후로 등호만 있고, ACC를 만족한다. 첫 단락에서, 순오름 포함 기호가 나타날 때마다 p_j들 중 하나에 대한 지수 중 하나는 감소하여야 하는 것을 알고 있으므로, 순오름 포함 기호는 무수히 많을 수가 없다. 결과적으로 유한개의 순오름 포함 기호 이후에 $a_n = up_1^0p_2^0 \cdots p_k^0 = u$ 형태의 어떤 a_n이 있을 것이다. 그러므로 a_n은 가역원이고, 이것은 6.1절의 연습문제 9에 따라

$(a_n) = R$임을 의미한다. 각 $i \geq n$에 대하여 $(a_n) \subseteq (a_i) \subseteq R = (a_n)$이고, 그래서 $(a_n) = (a_i)$이다. 따라서 R은 주아이디얼 위의 ACC를 만족한다. ■

유일인수분해 정역에서 기약 원소들은 특별한 경우인 Euclid 정역과 주아이디얼 정역에서 자주 이용한 다음 성질을 갖는다.

정리 10.15

유일인수분해 정역 R에 대하여, p를 R의 기약 원소라 하자. $p \mid bc$이면 $p \mid b$ 또는 $p \mid c$이다.

증명

만약 b 또는 c가 0_R이면 $p \mid 0_R$이므로 증명할 것이 없다. 만약 c가 가역원이고 $p \mid bc$이면 어떤 $t \in R$에 대하여 $pt = bc$이고 $ptc^{-1} = b$이다. 따라서 $p \mid b$이다. 유사하게 b가 가역원이면 $p \mid c$이다. 만약 b와 c 모두 영이 아니고 가역원도 아니면 $b = q_1 q_2 \cdots q_k$이고 $c = q_{k+1} q_{k+2} \cdots q_s$, 여기서 q_i들은 (꼭 다를 필요는 없지만) 모두 기약이다. $p \mid bc$이므로 어떤 $r \in R$에 대하여 $pr = bc = q_1 q_2 \cdots q_s$이다. 기약 원소인 p는 인수분해가 유일하므로 어떤 q_i의 연관자이다. 그러므로 p는 q_i의 약수이고, 따라서 b의 약수이거나 c의 약수이다. ■

이제 유일인수분해 정역을 특성화할 시점이다.

정리 10.16

정역 R이 유일인수분해 정역일 필요충분조건은 다음 조건 (1)과 (2)를 만족하는 것이다.

(1) R이 주아이디얼 위의 오름사슬조건을 만족한다.
(2) p가 R의 기약 원소이고 $p \mid bc$이면 언제나 $p \mid b$ 또는 $p \mid c$이다.

정리의 증명에서 보는 것처럼, 조건 (1)은 영이 아니고 가역원이 아닌 각 원소의 소인수분해의 존재성에 대응하고, 조건 (2)는 그 인수분해의 유일성에 대응한다. 두 조건은 독립적이다. 즉, $\mathbb{Q}_{\mathbb{Z}}[x]$에서 (1)은 성립하지 않고, (2)는 성립한다(예제 1과 연습문제 33을 보라). 반면에 $\mathbb{Z}[\sqrt{-5}]$에서 (1)은 성립하지만, (2)는 성립하지 않는다(예제 4

와 10.3절의 연습문제 21에서 알게 될 것이다).

정리 10.16의 증명

R이 UFD이면 따름정리 10.14와 정리 10.15에 따라, (1)과 (2)를 만족한다. 역으로, R이 (1)과 (2)를 만족한다고 가정하고, a를 R의 영이 아니고 가역원이 아닌 원소라 하자. 정리 10.12의 증명에 사용된 논법은 ACC에만 의존하는 것으로 여기서도 타당하고, a는 기약 원소들의 곱으로 인수분해될 수 있음을 보여준다. 이 인수분해가 유일함을 보이기 위하여, 정리 4.14($R = F[x]$인 경우)의 증명을 상수를 가역원으로, 따름정리 4.13 대신에 (2)와 연습문제 2를 사용하여, 일반적인 상황에 맞게 바꾸라. ■

최대공약수

최대공약수는 $\mathbb{Z}$와 $F[x]$, 그리고 다른 Euclid 정역 연구에 유용한 도구였다. 각 경우에 두 원소의 최대공약수는 '크기가 가장 큰' 공약수로 정의되었다. 여기서 '크기'는 $\mathbb{Z}$에서는 절댓값으로, $F[x]$에서는 다항식의 차수로, 또 임의의 Euclid 정역에서는 함수 δ로 측정되었다. 유감스럽게도 일반적인 정역에 대한 '크기'를 측정하는 유사한 방법이 없는 것 같고, 그래서 최대공약수는 약수의 성질만으로 정의하여야 한다.

정의 $a_1, a_2, \dots, a_n$을 정역 R의 (적어도 하나는 영이 아닌) 원소라 하자. 다음 조건 (i)과 (ii)를 만족하는 R의 원소 d를 $a_1, a_2, \dots, a_n$의 **최대공약수**(greatest common divisor)라 한다.

(i) d는 모든 a_i의 약수이다.
(ii) $c \in R$이고 c가 모든 a_i의 약수이면 $c \mid d$이다.

따름정리 1.3과 4.9, 10.4는 이 정의가 $\mathbb{Z}$와 $F[x]$, 또 다른 Euclid 정역에서 이전에 사용한 정의와 동치임을 보여준다. 차이점은 $\mathbb{Z}$와 $F[x]$의 최대공약수가 더 이상 유일하지 않다는 것뿐이다(421쪽~422쪽의 논의를 보라).

정리 10.17

정역 R의 원소 $a_1, a_2, \dots, a_n$의 최대공약수를 d라고 하자.

(1) d의 임의의 연관자도 $a_1, a_2, \dots, a_n$의 최대공약수이다.
(2) $a_1, a_2, \dots, a_n$의 두 최대공약수는 연관자이다.

증명

(1) 연습문제 7.

(2) d와 t 둘 다 $a_1, a_2, \dots, a_n$의 최대공약수라고 하자. 그러면 각 a_i는 t로 나누어지고, 따라서 최대공약수 d에 대한 정의의 (ⅱ)로부터 $t \mid d$이다. 그런데 각 a_i는 d로도 나누어지고, 따라서 최대공약수 t에 대한 정의의 (ⅱ)로부터 $d \mid t$이다. $t \mid d$이고 $d \mid t$이므로, 10.1절의 연습문제 4에 따라 d와 t는 연관자임을 알 수 있다. ■

> **주의:** 어떤 정역에서, 원소들의 어떤 유한집합은 최대공약수를 갖지 않을 수도 있다(10.3절의 연습문제 13을 보라).

정리 10.18

유일인수분해 정역 R에 대하여, $a_1, a_2, \dots, a_n$이 (적어도 하나는 영이 아닌) R의 원소이면 $a_1, a_2, \dots, a_n$은 R에서 최대공약수를 갖는다.

증명

어떤 원소들 집합의 최대공약수는 그 집합의 영이 아닌 원소들의 최대공약수이고, 그래서 각 a_i는 영이 아닌 것으로 가정해도 좋다. 정리 10.13에 따라

$$\begin{aligned} a_1 &= u_1 p_1^{m_{11}} p_2^{m_{12}} p_3^{m_{13}} \cdots p_t^{m_{1t}} \\ a_2 &= u_2 p_1^{m_{21}} p_2^{m_{22}} p_3^{m_{23}} \cdots p_t^{m_{2t}} \\ &\vdots \\ a_n &= u_n p_1^{m_{n1}} p_2^{m_{n2}} p_3^{m_{n3}} \cdots p_t^{m_{nt}} \end{aligned}$$

를 만족하는 (어느 두 개도 연관자가 아닌) 기약 원소 $p_1, p_2, \dots, p_t$와 가역원 $u_1, u_2, \dots, u_n$ 그리고 영이 아닌 정수 m_{ij}가 존재한다. k_1을 p_1에 나타나는 최소의 거듭제곱 지수라 하자. 즉 k_1은 $m_{11}, m_{21}, \dots, m_{n1}$의 최솟값이다. 유사하게 k_2를 p_2에 나오는 최소의 거듭제곱 지수, 등등이라 하자. 정리 10.13을 이용하여, $d = p_1^{k_1} p_2^{k_2} \cdots p_t^{k_t}$가 $a_1, a_2, \dots, a_n$의 최대공약수임을 확인할 수 있다. ■

임의의 유일인수분해 정역에서는 $\mathbb{Z}$ 와 $F[x]$ 와 다르게, 원소 a와 b의 최대공약수를 a와 b의 결합으로 나타내지 못할 수도 있다. 예를 들어, 10.5절에서 UFD $\mathbb{Z}[x]$ 에서 1은 다항식 x와 2의 최대공약수이지만, 1은 $\mathbb{Z}[x]$ 에서 x와 2의 결합이 아니다(연습문제 6). 그렇지만 주아이디얼 정역에서 a와 b의 최대공약수는 항상 a와 b의 결합으로 나타낼 수 있다(연습문제 20).

■ 연습문제

A. 1. a, b가 정역의 영이 아닌 원소이고, a는 가역원이 아니면 $(ab) \subsetneq (b)$ 임을 증명하라.

2. 정역 R의 기약 원소 p에 대하여, $p \mid bc$ 이면 언제나 $p \mid b$ 또는 $p \mid c$ 라 가정하자. $p \mid a_1 a_2 \cdots a_n$ 이면 적어도 하나의 i에 대하여 $p \mid a_i$ 임을 증명하라.

3. (a) $\mathbb{Q}_{\mathbb{Z}}[x]$ 에서 가역원은 1과 -1뿐임을 증명하라. [**힌트**: 정리 4.2.]
   (b) $f(x) \in \mathbb{Q}_{\mathbb{Z}}[x]$ 이면 $f(x)$ 의 연관자는 $f(x)$ 와 $-f(x)$ 뿐임을 보이라.

4. 임의의 체는 UFD인가?

5. 유일인수분해 정역의 부분정역은 UFD가 될 필요가 없음을 예를 들어 보이라.

6. $\mathbb{Z}[x]$ 에서 1은 다항식 2와 x의 결합이 아님을, 즉 $2f(x) + xg(x) = 1$ 을 만족하는 $f(x), g(x) \in \mathbb{Z}[x]$ 를 찾을 수 없음을 증명하라.

7. 정역에서 $a_1, a_2, \ldots, a_n$ 의 최대공약수 d 의 임의의 연관자도 $a_1, a_2, \ldots, a_n$ 의 최대공약수임을 증명하라.

8. 어떤 정역의 기약 원소 p에 대하여, 1_R 이 p와 a의 최대공약수일 필요충분조건은 $p \nmid a$ 임을 증명하라.

B. 9. PID R에 대하여, (c) 가 R의 영이 아닌 아이디얼이면 (c) 를 포함하는 R의 아이디얼은 유한개뿐임을 보이라. [**힌트**: c의 약수를 생각하라.]

10. PID의 아이디얼 (p) 가 극대일 필요충분조건은 p 가 기약임을 증명하라.

11. 주아이디얼 정역 R에 대하여, R 자신을 제외한 R의 임의의 아이디얼은 어떤 극대 아이디얼에 포함됨을 증명하라. [**힌트**: 연습문제 10.]

12. PID의 아이디얼이 소 아이디얼일 필요충분조건은 그것이 극대임을 증명하라. [**힌트**: 연습문제 10.]

13. $f: R \to S$를 항등원을 갖는 환의 전사인 준동형사상이라 하자.
    (a) R이 PID이면 S의 임의의 아이디얼은 주아이디얼임을 증명하라.
    (b) S는 정역이 아닐 수 있음을 예를 들어 보이라.

14. p를 소수인 정해진 정수라 하고, R을 p로 나누어지지 않는 b에 대하여 a/b 형태로 나타낼 수 있는 모든 유리수의 집합이라 할 때, 다음을 증명하라.
    (a) R은 $\mathbb{Z}$를 포함하는 정역이다. [$n = n/1$ 임을 주목.]
    (b) $a/b \in R$이고 $p \nmid a$이면 a/b는 R에서 가역원이다.
    (c) I가 R의 영이 아닌 아이디얼이고, $I \neq R$이면 I는 어떤 $t > 0$에 대하여 p^t를 포함한다.
    (d) R은 PID이다. (I가 아이디얼이면 $I = (p^k)$ 임을 보이라. 여기서 p^k는 I에 속하는 가장 작은 p의 거듭제곱이다.)

15. I를 $\mathbb{Z}[i]$의 영이 아닌 아이디얼이라 하자. 몫환 $\mathbb{Z}[i]/I$는 유한임을 보이라.

16. (a) p가 $\mathbb{Z}$에서 소수이면 상수다항식 p는 $\mathbb{Q}_{\mathbb{Z}}[x]$에서 기약임을 증명하라. [**힌트**: 정리 4.2와 연습문제 3.]
    (b) p와 q가 $\mathbb{Z}$에서 양의 소수이고 $p \neq q$이면 p와 q는 $\mathbb{Q}_{\mathbb{Z}}[x]$에서 연관자가 아님을 증명하라.

17. (a) $\mathbb{Q}_{\mathbb{Z}}[x]$에서 x의 인수는 정수 전체(모든 상수다항식)와 $0 \neq n \in \mathbb{Z}$인 $\frac{1}{n}x$ 형태의 모든 1차 다항식뿐임을 증명하라.
    (b) 임의의 영이 아닌 $n \in \mathbb{Z}$에 대하여, 다항식 $\frac{1}{n}x$는 $\mathbb{Q}_{\mathbb{Z}}[x]$에서 기약이 아님을 보이라. [**힌트**: 정리 10.1.]
    (c) x는 유한개의 $\mathbb{Q}_{\mathbb{Z}}[x]$의 기약 원소들의 곱으로 나타낼 수 없음을 보이라.

18. 환 R에 대하여, $I_1 \subseteq I_2 \subseteq I_3 \subseteq \cdots$ 이 R의 아이디얼의(꼭 주아이디얼일 필요는 없는) 사슬이면 언제나 모든 $j \geq n$에 대하여 $I_j = I_n$을 만족하는 정수 n이 존재할 때, R이 **아이디얼 위의 오름사슬조건**(ACC, ascending chain condition on ideals)을 만족한다고 한다. 가환환 R에서 임의의 아이디얼이 유한생성이면 R은 ACC를 만족함을 증명하라. [**힌트**: 정리 6.3을 보고, 보조정리 10.10의 증명을 고쳐 쓰라.]

19. 환 R에 대하여, $I_1 \supseteq I_2 \supseteq I_3 \supseteq \cdots$ 이 R의 아이디얼들의 사슬이면 언제나 모든 $j \geq n$에 대하여 $I_j = I_n$을 만족하는 정수 n이 존재할 때 R이 **아이디얼 위의 내림사슬조건**(DCC, descending chain condition on ideals)을 만족한다고 한다.
    (a) $\mathbb{Z}$는 DCC를 만족하지 않음을 보이라.
    (b) 정역 R이 체가 될 필요충분조건은 R이 DCC를 만족함을 보이라. [**힌트**: 만약 $0 \neq a \in R$이 가역원이 아니면 아이디얼의 사슬 $(a) \supseteq (a^2) \supseteq (a^3) \supseteq \cdots$ 에 관하여 무엇을 말할 수 있는가?]

20. R이 PID이고, $a, b \in R$ (적어도 하나는 0이 아님)이라고 하자. a, b는 a와 b의 결합으로 나타낼 수 있는 최대공약수를 가짐을 증명하라. [**힌트**: I를 a와 b로 생성되는 아이디얼이라 하자(정리 6.3을 보라). 그러면 어떤 $d \in R$에 대하여 $I = (d)$이다. d는 a와 b의 최대공약수임을 보이라.]

21. R이 PID이고, S는 R을 포함하는 정역이라고 하자. $a, b, d \in R$일 때, R에서 d가 a와 b의 최대공약수이면 d는 S에서 a와 b의 최대공약수임을 증명하라. [**힌트**: 연습문제 20을 보라.]

22. 임의의 유한개 원소들에 대하여 연습문제 20을 확장하라.

23. 다음과 같이 보조정리 10.11의 증명을 대체하라. 즉, 만약 $p \mid b$이면 증명할 것이 없다. 만약 $p \nmid b$이면 연습문제 8에 의하여 1_R이 p와 b의 최대공약수이다. 이제 $p \mid c$임을 정리 1.4의 증명을 본떠 a를 p로, 정리 1.2를 연습문제 20으로 바꾸라.

24. 정역 R에 대하여, R이 PID일 필요충분조건은 (i) R의 임의의 아이디얼이 유한생성이고(정리 6.3) (ii) $a, b \in R$이면 언제나 아이디얼의 합 $(a)+(b)$가 주아이디얼임을 증명하라. [합은 6.17절의 연습문제 20에서 정의된다.]

25. R이 (적어도 하나는 영이 아닌) 임의의 두 원소가 최대공약수를 갖는 정역이라고 하고, r과 s의 최대공약수를 (r, s)로 나타내자. 10.1절의 연습문제 6에서와 같이 연관자 관계를 $\sim$로 나타낸다. 임의의 $r, s, t \in R$에 대하여 다음을 증명하라.
    (a) $s \sim t$이면 $rs \sim rt$이다.
    (b) $s \sim t$이면 $(r, s) \sim (r, t)$이다.
    (c) $r(s, t) \sim (rs, rt)$이다.
    (d) $(r, (s, t)) \sim ((r, s), t)$이다. [**힌트**: 둘 다 r, s, t의 최대공약수임을 보이라.]

26. R이 (적어도 하나는 영이 아닌) 임의의 두 원소가 최대공약수를 갖는 정역이라고 하자. 연습문제 25에서의 기호로, $(b, c) \sim 1_R$이고 $(b, d) \sim 1_R$이면 $(b, cd) \sim 1_R$임을 증명하라. [**힌트**: 연습문제 25(a)와 (c)에 따라 $d \sim (bd, cd)$이고, 그래서 $1_R \sim (b, d) \sim (b, (bd, cd))$. 연습문제 25의 문항 (d), (c)와 (a)를 적용하여, $(b, (bd, cd)) \sim (b, cd)$임을 보이라.]

27. R이 (적어도 하나는 영이 아닌) 임의의 두 원소가 최대공약수를 갖는 정역이라고 하고, p를 R의 기약 원소라 하자. $p \mid cd$이면 언제나 $p \mid c$ 또는 $p \mid d$임을 증명하라. [**힌트**: 연습문제 8과 26.]

28. UFD R에 대하여, a, b, c가 $a \mid c$이고 $b \mid c$인 원소이고 1_R이 a와 b의 최대공약수이면 $ab \mid c$임을 증명하라.

29. UFD R에서 1_R이 a와 b의 최대공약수일 때, $a \mid bc$이면 $a \mid c$임을 증명하라.

30. 영이 아닌 원소 $a_1, a_2, \ldots, a_k$에 대하여, 다음 조건 (ⅰ)과 (ⅱ)를 만족하는 어떤 원소 b를 $a_1, a_2, \ldots, a_k$의 **최소공배수**(lcm, least common multiple)라 한다.

    (ⅰ) b가 임의의 a_i로 나누어진다.
    (ⅱ) 어떤 원소 c가 임의의 a_i로 나누어지면 $b \mid c$이다.

    임의의 UFD의 영이 아닌 원소들의 임의의 유한집합은 최소공배수를 가짐을 증명하라.

31. 정역 R의 임의의 영이 아닌 원소 a와 b에 대하여, a와 b가 R에서 최소공배수를 가질 필요충분조건은 주아이디얼 (a)와 (b)의 교집합도 주아이디얼임을 증명하라.

C. 32. $\mathbb{Z}[\sqrt{d}]$의 임의의 아이디얼 I는 유한생성(정리 6.3)임을 다음과 같이 증명하라. 즉, $I_0 = I \cap \mathbb{Z}$이고, $I_1 = \{b \in \mathbb{Z} \mid$ 어떤 $a \in \mathbb{Z}$에 대하여 $a + b\sqrt{d}\}$라 두자.

(a) I_0와 I_1은 아이디얼임을 증명하라. 그러므로 어떤 $r_0, r_1 \in \mathbb{Z}$에 대하여 $I_0 = (r_0)$이고 $I_1 = (r_1)$이다.

(b) $I_0 \subseteq I_1$임을 증명하라.

(c) I_1의 정의로부터 $a_1 + r_1\sqrt{d}$가 I에 속하는 $a_1 \in \mathbb{Z}$가 존재한다. I는 r_0와 $a_1 + r_1\sqrt{d}$로 생성되는 아이디얼임을 증명하라. [**힌트**: $r + s\sqrt{d} \in I$이면 $s \in I_1$이고 그 결과, $s = r_1 s_1$이다. $(r + s\sqrt{d}) - s_1(a_1 + r_1\sqrt{d}) \in I_0$임을 보이라. 이것을 이용하여, $r + s\sqrt{d}$를 r_0와 $a_1 + r_1\sqrt{d}$의 결합으로 나타내라.]

33. $p(x)$가 $\mathbb{Q}_{\mathbb{Z}}[x]$에서 기약일 필요충분조건은 $p(x)$가 소수 정수이거나 상수항이 ± 1인 $\mathbb{Q}[x]$의 기약 다항식이다. $\mathbb{Q}_{\mathbb{Z}}[x]$에서 임의의 기약 다항식 $p(x)$는 $p(x) \mid c(x)d(x)$이면 언제나 $p(x) \mid c(x)$ 또는 $p(x) \mid d(x)$인 성질을 만족한다는 결론을 유도하라.

34. $\mathbb{Q}_{\mathbb{Z}}[x]$의 영이 아닌 다항식 $f(x)$는 $c \in \mathbb{Q}$, $n \geq 0$이고 각 $p_i(x)$가 상수가 아닌 기약 다항식인 $cx^n p_1(x) \cdots p_k(x)$ 형태로 나타낼 수 있고, 이 인수분해는 다음 의미로 유일함을 증명하라: $f(x) = dx^m q_1(x) \cdots q_t(x)$, $d \in \mathbb{Q}$, $m \geq 0$이고 각 $q_i(x)$는 $\mathbb{Q}_{\mathbb{Z}}[x]$의 상수가 아닌 기약 다항식이면 $c = \pm d$, $m = n$, $k = t$이고, 필요하면 재배열하여 각 i에 대하여 $p_i(x) = \pm q_i(x)$이다.

35. $\mathbb{Q}_{\mathbb{Z}}[x]$에서 영이 아닌 임의의 두 다항식은 최대공약수를 가짐을 증명하라.

36. (a) $f(x)$가 $\mathbb{Z}[x]$에서 기약일 필요충분조건은 $f(x)$가 소수인 정수이거나 $f(x)$의 모든 계수의 $\mathbb{Z}$에서 최대공약수가 1인 $\mathbb{Q}[x]$의 기약 다항식임을 증명하라.

(b) $\mathbb{Z}[x]$는 UFD임을 증명하라. [**힌트**: 정리 4.14와 4.23을 보라.]

10.3 2차 정수의 인수분해*

이 절에서, 정역 $\mathbb{Z}[\sqrt{d}]$에 관해 좀 더 자세히 살펴보자. 이 정역에서는 종종 유일인수분해가 성립하지 않으므로, 이들은 아이디얼의 개념에 대한 역사적 유래와 관련하여 중대한 역할을 한 일종의 장애에 대해 간편한 모델을 제시한다. 이 정역은 또한 유일인수분해가 성립하지 않는 어떤 정역에서 유일인수분해를 '회복'하는 데 아이디얼이 어떻게 사용될 수 있는지를 설명한다. 적절한 역사에 대한 간단한 스케치와 함께 시작한다.

지난 19세기 초, Gauss가 '4차 상호법칙(Law of Biquadratic Reciprocity)'을 증명하였는데, 이것은 $x^4 \equiv c \pmod{n}$ 형태의 합동 방정식이 해를 갖는지 아닌지를 결정하는 빠른 방법을 제공한다. 비록 이 정리의 진술은 정수만 개입되지만, Gauss의 증명은 더 큰 정역 $\mathbb{Z}[i]$에서 이루어졌다. 그는 $\mathbb{Z}[i]$가 유일인수분해 정역이라는 사실을 증명하고, 그것을 이용하였다.

Gauss의 증명이 $\mathbb{Z}[i]$와 관련되었고 i가 1의 복소 네제곱근이므로, 독일 수학자 E. Kummer는 p차의 합동 방정식에 대한 대응하는 유사 정리들이 1의 복소 p제곱근 $\omega = \cos(2\pi/p) + i\sin(2\pi/p)$에 대한 정역

$$\mathbb{Z}[\omega] = \{a_0 + a_1\omega + a_2\omega^2 + \cdots + a_{p-1}\omega^{p-1} \mid a_i \in \mathbb{Z}\}$$

에서 유일한 인수분해와 관련될 것으로 생각하였다. 그는 $\mathbb{Z}[\omega]$가 UFD가 아니라는 것을 발견하였으므로†, 고차 상호법칙을 전개할 수 없었다.

지난 19세기 후반, 인수분해의 유일성 문제가 다음 문제와 관련하여 생겨났다. 방정식 $x^2 + y^2 = z^2$의 영이 아닌 많은 정수해를 쉽게 구할 수 있다(예를 들면, 3, 4, 5 또는 5, 12, 13). 그러나 $x^3 + y^3 = z^3$이나 $x^4 + y^4 = z^4$에 대하여 누구도 영이 아닌 정수해를 구할 수 없었다. 이것은 다음 문제를 제기하였다. 즉

$$x^n + y^n = z^n \text{은 } n > 2\text{일 때, 영이 아닌 정수해를 갖지 않는다.}$$

이 명제는 **Fermat 마지막 정리**(Fermat's Last Theorem)로 알려지게 되었다. 그 이유는 1630년대 말, Fermat는 그가 소장한 Diophantos의 책 산술(*Arithematica*)의 사본 여백에 그것을 기술하고 "나는 정말 놀라운 증명을 발견하였지만, 그것을 포함하기에 여백이 너무 적다."라고 덧붙였기 때문이다. Fermat의 '증명'은 결국 발견되지 않았다. 오늘날 대부분의 수학자는 그가 실제로 타당한 증명을 하였다는 것을 의심한다.

1847년, 프랑스 수학자 G. Lame은 n이 소수일 때 Fermat 마지막 정리의 증명을 찾

* 이 절을 위해 필요한 선행학습 요건은 10.1절의 416쪽~419쪽과 유일인수분해 정역의 정의(435쪽)이다.

† 정역 $\mathbb{Z}[\omega]$는 23보다 작은 임의의 소수 p에 대하여 UFD이고, 더 큰 임의의 소수에 대하여 UFD가 아니다.

았다고 생각하였다.* 그의 증명은 임의의 양의 홀수 소수 p에 대하여 x^p+y^p는 앞에 기술된 정역 $\mathbb{Z}[\omega]$에서 다음과 같이 인수분해될 수 있음을 이용하였다.

$$x^p+y^p=(x+y)(x+\omega y)(x+\omega^2 y)\cdots(x+\omega^{p-1}y)$$

Lame의 알려진 증명은 $\mathbb{Z}[\omega]$가 유일인수분해 정역이라는 가정에 의존한다. 그가 Kummer의 결과를 알았을 때, 그의 증명이 성립하지 않을 수 있음을 알아차렸다.

Kummer는 이미 그 장애를 피하는 방법을 발견하였다. 그는 자신이 '아이디얼 수(ideal number)'라 불렀던 것을 창안하고, 이 아이디얼 수에 대하여 유일인수분해가 성립하는 것을 증명하였다. 이 연구는 궁극적으로 Fermat 정리가 100 이하의 거의 모든 소수를 포함하는 소수들의 큰 모임에 대하여 참이라는 증명을 이끌었다. 이것은 매우 눈부신 성과였고, 이 문제에 관한 이후의 연구에 깊은 영향을 끼쳤다.† 그뿐만 아니라, 이것은 현대 대수학의 발전에 아주 큰 중요성이 있다. Kummer의 '아이디얼 수'가 지금 우리가 아이디얼이라고 부르는 것이다.

이 절의 끝에서 아이디얼로 다시 돌아갈 것이다. 이제 정역 $\mathbb{Z}[\sqrt{d}]$에서 인수분해를 생각하자. 이 정역들은 Kummer가 사용하였던 것과 유사하고, 그가 직면하였던 문제와 그의 해결 방법을 단순한 형태로 설명해준다. 정수 d가 제곱인수가 없다(square-free)는 것은 $d\neq 1$이고 $(\pm 1)^2$을 제외한 c^2 형태의 어떤 정수 인수도 갖지 않는 것을 의미한다. 다음 함수는 $\mathbb{Z}[\sqrt{d}]$에서 인수분해에 대한 열쇠이다.

정의

$$N(s+t\sqrt{d})=(s+t\sqrt{d})(s-t\sqrt{d})=s^2-dt^2$$

으로 주어진 함수 $N:\mathbb{Z}[\sqrt{d}]\to\mathbb{Z}$를 **노름**(norm)이라고 부른다.

예를 들어, $\mathbb{Z}[\sqrt{3}]$에서

$$N(5+2\sqrt{3})=5^2-3\cdot 2^2=13 \text{ 이고 } \quad N(2-4\sqrt{3})=2^2-3\cdot(-4)^2=-44$$

이다. 다음을 주목한다.

$d<0$일 때 임의의 원소의 노름은 음이 아니다.

예를 들면, $\mathbb{Z}[\sqrt{-5}]$에서

$$N(s+t\sqrt{-5})=s^2-(-5)t^2=s^2+5t^2\geq 0.$$

* 소수인 거듭제곱 지수에 대하여 이 정리가 참이라면 모든 지수에 대하여 참이다. 연습문제 1을 보라.

† Fermat 마지막 정리는 Andrew Wiles에 의하여, 1994년 마침내 증명되었다. 그의 증명은 비교적 최근까지 이용할 수 없었던 결과와 기법을 사용한다.

10.1절의 예제 7에서, 노름은 $\mathbb{Z}[i] = \mathbb{Z}[\sqrt{-1}]$을 Euclid 정역으로 만드는 것을 살펴보았다. 이것은 일반적으로 참은 아니지만, 다음을 알 수 있다.

정리 10.19

d를 제곱인수가 없는 정수라 하자. 임의의 $a, b \in \mathbb{Z}[\sqrt{d}]$에 대하여,

(1) $N(a) = 0$일 필요충분조건은 $a = 0$이다.
(2) $N(ab) = N(a)N(b)$이다.

증명

(1) 만약 $a = s + t\sqrt{d}$이면 $N(a) = s^2 - dt^2$이고, 그러므로 $N(a) = 0$일 필요충분조건은 $s^2 = dt^2$이다. 만약 $d = -1$이면 $\mathbb{Z}$에서 $s^2 = -t^2$일 필요충분조건은 $s = 0 = t$, 즉 $a = 0$과 동치이다. 그래서 $d \neq -1$이라고 가정하자. s^2과 t^2의 인수분해에 있는 임의의 소수는 짝수 번 나타나야 한다. 그런데 d는 제곱인수가 없으므로, d의 소수 인수는 중복되지 않는다. 따라서 p가 d의 소수 인수이면 dt^2의 인수분해에서 홀수 번 나와야 한다. $\mathbb{Z}$에서 인수분해의 유일성으로부터, $s = 0 = t$가 아니면, 즉 $a = 0$가 아니면 등식 $s^2 = dt^2$은 불가능하다.

(2) $a = r + s\sqrt{d}$이고 $b = m + n\sqrt{d}$라고 하자. 증명은 어렵지 않은 계산이다(연습문제 3). ■

정리 10.20

d를 제곱인수가 없는 정수라 하자. $u \in \mathbb{Z}[\sqrt{d}]$가 가역원일 필요충분조건은 $N(u) = \pm 1$이다.

증명

만약 u가 가역원이면 어떤 $v \in \mathbb{Z}[\sqrt{d}]$에 대하여 $uv = 1$이다. 정리 10.19에 따라, $N(u)N(v) = N(uv) = N(1) = 1^2 - d \cdot 0^2 = 1$이다. $N(u)$와 $N(v)$는 정수이므로, 가능한 것은 $N(u) = \pm 1$과 $N(v) = \pm 1$뿐이다. 역으로, $u = s + t\sqrt{d}$이고 $N(u) = \pm 1$일 때, $\overline{u} = s - t\sqrt{d} \in \mathbb{Z}[\sqrt{d}]$라 하자. 그러면 노름의 정의로부터 $u\overline{u} = N(u) = \pm 1$이다. 그러므로 $u(\pm \overline{u}) = 1$이고, u는 가역원이다. ■

예제 1

$\mathbb{Z}[\sqrt{2}]$에서 $N(3+2\sqrt{2})=3^2-2\cdot2^2=1$이므로 원소 $3+2\sqrt{2}$는 가역원이다. $3+2\sqrt{2}$의 역원이 $3-2\sqrt{2}$임을 확인하라. 가역원의 임의의 거듭제곱도 가역이므로 $\mathbb{Z}[\sqrt{2}]$는 무수히 많은 가역원을 갖고, 이것은 $3+2\sqrt{2}$, $(3+2\sqrt{2})^2$, $(3+2\sqrt{2})^3$, ...을 포함한다.

정리 10.20에 따르면, $\mathbb{Z}[\sqrt{d}]$에서 모든 가역원 $s+t\sqrt{d}$를 (s와 t에 대한) 방정식 $s^2-dt^2=\pm1$의 모든 정수해를 구하여 결정할 수 있다. $d>1$일 때, 이 방정식은 무수히 많은 해를 갖는다(앞의 예제와 Burton [12]를 보라). $d=-1$일 때, 방정식은 $s^2+t^2=1$이 된다.* 그 해는 $s=\pm1$, $t=0$와 $s=0$, $t=\pm1$뿐이다. 그래서 $\mathbb{Z}[i]=\mathbb{Z}[\sqrt{-1}]$의 가역원은 ±1과 $\pm i$뿐이다. 만약 $d<-1$, 말하자면 $d=-k$에서 $k>1$이면 방정식 $s^2+kt^2=1$로 바뀐다.* $k>1$이므로 그 정수해는 $s=\pm1, t=0$뿐이다. 따라서 다음을 얻는다.

따름정리 10.21

d를 제곱인수가 없는 정수라 하자. $d>1$이면 $\mathbb{Z}[\sqrt{d}]$가 무수히 많은 가역원을 갖는다. $\mathbb{Z}[\sqrt{-1}]$의 모든 가역원은 ±1과 $\pm i$이다. $d<-1$이면 $\mathbb{Z}[\sqrt{d}]$의 모든 가역원은 ±1이다.

따름정리 10.22

d를 제곱인수가 없는 정수리 하자. $p\in\mathbb{Z}[\sqrt{d}]$이고 $N(p)$가 $\mathbb{Z}$에서 소수 정수이면 p는 $\mathbb{Z}[\sqrt{d}]$에서 기약이다.

증명

$N(p)$가 소수이므로 $N(p)\neq\pm1$이고, 그 결과로 정리 10.20에 따라 p는 $\mathbb{Z}[\sqrt{d}]$에서 가역원이 아니다. 만약 $\mathbb{Z}[\sqrt{d}]$에서 $p=ab$이면 정리 10.19에 따라, $\mathbb{Z}$에서 $N(p)=N(a)N(b)$이다. $N(a)$, $N(b)$, $N(p)$는 정수이고 $N(p)$는 소수이므로, $N(a)=\pm1$ 또는 $N(b)=\pm1$이어야 한다. 그러므로 정리 10.1로부터 p는 기약이다. ■

---

* 방정식의 좌변은 항상 음이 아니므로, 우변은 -1이 될 수 없다.

예제 2

$\mathbb{Z}[i]$ 에서 $N(1-\sqrt{-1})=2$ 이므로 원소 $1-i$ 는 $\mathbb{Z}[i]$ 에서 기약이다. 마찬가지로 $1+i$ 도 기약이다. 따라서 2를 $\mathbb{Z}[i]$ 에서 기약 원소들의 곱으로 인수분해하면 $2=(1+i)(1-i)$ 이다.

따름정리 10.22의 역은 거짓이다. 예를 들어, $\mathbb{Z}[\sqrt{-5}]$ 에서 $1+\sqrt{-5}$ 의 노름은 6이고, 이것은 $\mathbb{Z}$ 에서 소수가 아니다. 그러나 다음 예제는 $1+\sqrt{-5}$ 는 $\mathbb{Z}[\sqrt{-5}]$ 에서 기약임을 보여준다.

예제 3

$1+\sqrt{-5}$ 가 $\mathbb{Z}[\sqrt{-5}]$ 에서 기약임을 보이기 위하여, $1+\sqrt{-5}=ab$ 라 가정하자. 정리 10.1로부터 a 또는 b가 가역원임을 보이기만 하면 된다. 정리 10.9에 따라, $N(a)N(b)=N(ab)=N(1+\sqrt{-5})=6$ 이다. $N(a)$ 와 $N(b)$ 가 음이 아닌 정수이므로, 가능한 것은 $N(a)=1,\ 2,\ 3$ 또는 6 뿐이다. 만약 $a=s+t\sqrt{-5}$ 이고 $N(a)=2$ 이면 $s^2+5t^2=2$ 이다. 이 방정식은 s와 t에 대하여 정수해를 갖지 않음을 보이기는 쉽다. 따라서 $N(a)=2$ 는 불가능하다. 유사한 논법으로 $N(a)=3$ 이 불가능함을 알 수 있다. 만약 $N(a)=1$ 이면 정리 10.20으로부터 a는 가역원이다. 만약 $N(a)=6$ 이면 $N(b)=1$ 이고, b는 가역원이다. 그러므로 $1+\sqrt{-5}$ 는 기약이다.

영이 아니고 가역원이 아닌 원소가 기약 원소들의 곱으로 인수분해될 수 없는 정역의 예를 살펴본 적이 있다(10.2절의 연습문제 17). 이제 $\mathbb{Z}[\sqrt{d}]$ 가 어떤 다른 이유로 UFD가 아닐 수 있음을 보일 것이다. 즉, $\mathbb{Z}[\sqrt{d}]$ 에서 기약 원소들의 곱으로 인수분해가 항상 가능하더라도 유일하지 않을 수 있다.

정리 10.23

d 를 제곱인수가 없는 정수라 하자. $\mathbb{Z}[\sqrt{d}]$ 에서 영이 아니고 가역원이 아닌 임의의 원소는 어떤 기약 원소들의 곱이다.*

* 보통처럼, 꼭 하나의 인수를 갖는 '곱'을 허용한다.

증명

S를 $\mathbb{Z}[\sqrt{d}]$에서 영이 아니고, 가역원이 아니고, 기약 원소들의 곱이 아닌 모든 원소의 집합이라 하자. S가 공집합임을 보여야 한다. 그래서 반대로 S가 공집합이 아니라고 가정하자. 그러면 집합 $W=\{|N(t)| \mid t\in S\}$는 양의 정수들의 공집합이 아닌 집합이다. 정렬성원리로부터, W는 최소원소를 포함한다. 따라서 모든 $t\in S$에 대하여 $|N(a)|\le|N(t)|$인 S의 어떤 원소 a가 존재한다. $a\in S$이므로 a 자체는 기약이 아님을 알고 있다. 그래서 $a=bc$를 만족하는 가역원이 아닌 원소 $b, c\in\mathbb{Z}[\sqrt{d}]$가 존재한다. b, c 중 적어도 하나는 S에 속해야 하고(그렇지 않으면 a는 기약 원소들의 곱이 될 것이고, 따라서 S에 속하지 않는다), 말하자면 $b\in S$라 하자. b와 c는 가역원이 아니므로 정리 10.20에 따라 $|N(b)|>1$이고 $|N(c)|>1$이다. 그런데 정리 10.19로부터 $|N(a)|=|N(b)|\,|N(c)|$이고, 그래서 $1<|N(b)|\le|N(a)|$여야 한다. 그러나 $b\in S$이므로 a의 선택에 따라 $|N(a)|\le|N(b)|$이다. 이것은 모순이다. 그러므로 S는 공집합이고, 정리가 증명된다. ■

예제 4

정역 $\mathbb{Z}[\sqrt{-5}]$는 유일인수분해 정역이 아니다. $\mathbb{Z}[\sqrt{-5}]$에서 6은 두 개의 인수분해를 갖는다. 즉

$$6=2\cdot 3\text{과}\quad 6=(1+\sqrt{-5})(1-\sqrt{-5})$$

이다. $1+\sqrt{-5}$가 기약임은 예제 3에서 보였다. 2, 3, $1+\sqrt{-5}$가 기약이라는 증명은 비슷하다. 예를 들어, 만약 $2=ab$이면 $N(a)N(b)=N(ab)=N(2)=4$이고, 그 결과 $N(a)=1, 2$ 또는 4이다. 그런데 방정식 $s^2+5t^2=2$는 정수해를 갖지 않으므로, $N(a)=2$는 불가능하다. 그래서 $N(a)=1$이고 a는 가역원이거나 $N(a)=4$이다. 후자의 경우에 $N(b)=1$이고 b는 가역원이다. 따라서 2는 정리 10.1에 따라 기약이다. $\mathbb{Z}[\sqrt{-5}]$의 가역원은 ±1뿐이므로 2와 3은 어느 것도 $1+\sqrt{-5}$나 $1-\sqrt{-5}$의 연관자가 아니다. 그러므로 기약 원소들의 곱으로 6을 인수분해하는 것은 연관자 기준으로 유일하지 않고, $\mathbb{Z}[\sqrt{-5}]$는 UFD가 아니다.

앞의 예제는 기약인 2는 $\mathbb{Z}[\sqrt{-5}]$에서 곱 $(1+\sqrt{-5})(1-\sqrt{-5})$의 약수이지만 $1+\sqrt{-5}$나 $1-\sqrt{-5}$의 어느 것의 약수도 아니다. 그래서 유일인수분해가 성립하지 않으면 기약 원소 p는 $p\mid cd$이면 $p\mid c$ 또는 $p\mid d$라는 성질을 만족하지 않을 수 있다.* 유일인수분해가 성립하지 않음으로 인한 또 다른 결과는 최대공약수가 없을 가능

* 정리 10.16에 비추어 이것은 특별히 놀라운 것이 아니다.

성이 있다는 것이다(연습문제 13).

아이디얼의 유일인수분해

이제 한 세기 반 전에 Kummer가 있던 시점으로 가 다음 질문에 답해보자. $\mathbb{Z}[\sqrt{-5}]$와 같은 정역에서 유일인수분해 같은 것을 어떻게 되살릴 수 있는가? Kummer의 답은 원소에서 아이디얼로 초점을 바꾸는 것이었다.* 아이디얼 I와 J의 곱 IJ는 $a \in I$이고 $b \in J$인 ab 형태의 원소들의 모든 합의 집합으로 정의한다. 즉

$$IJ = \{a_1b_1 + a_2b_2 + \cdots + a_nb_n \mid n \geq 1,\ a_k \in I,\ b_k \in J\}.$$

6.1절의 연습문제 36은 IJ가 아이디얼임을 보여준다. 원소 a를 기약 원소들의 곱으로 인수분해하는 대신에 Kummer는 주아이디얼 (a)를 소 아이디얼들의 곱으로 분해하였다.

예제 5

$\mathbb{Z}[\sqrt{-5}]$에서 주아이디얼 (6)을 소 아이디얼들의 곱으로 나타내 보자. 자연적인 출발점은 $6 = 2 \cdot 3$이 될 것이고, 아이디얼 (6)이 곱 아이디얼 (2)(3)임을 증명하기는 쉽다(연습문제 16). 그런데 (2)는 소 아이디얼이 아니다. (예를 들면, 곱 $(1+\sqrt{-5})(1-\sqrt{-5}) = 6$은 (2)에 속하지만, 그 인수는 어느 것도 (2)에 속하지 않는다.) 그래서 다른 것을 살펴보아야 한다. P를 $\mathbb{Z}[\sqrt{-5}]$에서 2와 $1+\sqrt{-5}$로 생성되는 아이디얼이라 하자. 즉

$$P = \{2a + (1+\sqrt{-5})b \mid a,\ b \in \mathbb{Z}[\sqrt{-5}]\}$$

이다. 그러면 정리 6.3으로부터 P는 아이디얼이다. 연습문제 17은 $r + s\sqrt{-5} \in P$일 필요충분조건은 r과 s가 동시에 짝수이든가 동시에 홀수이다. 이것은 $\mathbb{Z}[\sqrt{-5}]/P$의 서로 다른 잉여류는 $0+P$와 $1+P$뿐임을 의미한다. 이것을 지금 다음과 같이 살펴보자. $m + n\sqrt{-5}$의 m은 홀수이고 n은 짝수이면 $m-1$과 n이 짝수이므로 $(m + n\sqrt{-5}) - 1 = (m-1) + n\sqrt{-5}) \in P$이다. 따라서 $(m + n\sqrt{-5}) + P = 1 + P$이다. 유사하게 m이 짝수이고 n이 홀수이면 $m-1$과 n이 홀수이므로 $(m-1) + n\sqrt{-5} \in P$이다. 그러므로 몫환 $\mathbb{Z}[\sqrt{-5}]/P$는 $\mathbb{Z}_2$와 동형이다. 따라서 정리 6.14에 따라, P는 $\mathbb{Z}[\sqrt{-5}]$에서 소 아이디얼이다. 유사한 논법으로(연습문제 19), Q_1과 Q_2는 소 아이디얼이다. 여기서

$$Q_1 = \{3a + (1+\sqrt{-5})b \mid a,\ b \in \mathbb{Z}[\sqrt{-5}]\}$$

* Kummer는 다른 용어를 사용하였지만, 여기에서 그 아이디어는 근본적으로 그의 생각과 같다. 아이디얼이라는 현대의 용어는 Kummer의 이론을 일반화하였던 R. Dedekind가 소개하였다.

$$Q_2 = \{3a + (1 - \sqrt{-5})b \mid a,\ b \in \mathbb{Z}[\sqrt{-5}]\}$$

연습문제 18과 19는 곱 아이디얼 $P^2 = PP$는 정확히 아이디얼 (2)와 같고, $Q_1 Q_2 = (3)$임을 보여준다. 따라서 아이디얼 (6)은 네 개의 아이디얼의 곱이다. 즉 $(6) = (2)(3) = P^2 Q_1 Q_2$.

Kummer는 그가 생각했던 정역에서 소 아이디얼들의 곱으로의 아이디얼의 분해가 그 인수의 순서를 무시하면 유일하다는 것을 보이려고 하였다. 그 결과는 나중에 R. Dedekind가 일반화하였다. 그 일반화를 정확히 진술하기 위하여, 배경지식을 정리할 필요가 있다.

유리수 계수의 어떤 모닉 다항식의 근이 되는 복소수를 **대수적 수**(algebraic number)라 한다. t가 대수적 수이고, t가 $\mathbb{Q}[x]$에 속하는 n차 다항식의 근이면

$$\mathbb{Q}(t) = \{a_0 + a_1 t + a_2 t^2 + \cdots + a_{n-1} t^{n-1} \mid a_i \in \mathbb{Q}\}$$

는 $\mathbb{C}$ 의 부분체이고, $\mathbb{Q}(t)$의 임의의 원소는 대수적 수이다.* 정수 계수의 어떤 모닉 다항식의 근이 되는 복소수를 **대수적 정수**(algebraic integer)라 한다. $\mathbb{Q}(t)$에 속하는 모든 대수적 정수의 집합은 정역임을 알 수 있다. ω가 $x^p = 1$ 의 복소근이면 Kummer가 이용했던 정역 $\mathbb{Z}[\omega]$는 사실 $\mathbb{Q}(\omega)$에 속하는 모든 대수적 정수의 정역이다 (Ireland and Rosen [13; p.199]). 따라서 Kummer의 결과는 다음 정리의 특별한 경우이다.

정리 10.24

대수적 수 t에 대하여, R을 $\mathbb{Q}(t)$에 속하는 모든 대수적 정수의 정역이라고 하자. R의 ((0)과 R을 제외한) 임의의 아이디얼은 소 아이디얼들의 곱이고, 이 분해는 인수의 순서를 무시하면 유일하다.

증명을 위하여, Ireland and Rosen [13; p.174]을 보라.

환 $\mathbb{Z}[\sqrt{d}]$의 대부분은 물론 정리 10.24의 특별한 경우이다. 왜냐하면 만약 d가 제곱인수가 없는 정수이면 $t = \sqrt{d}$는 ($x^2 = d$의 한 근이므로) 대수적 수이고, $\mathbb{Q}(\sqrt{d}) = \{a_0 + a_1\sqrt{d} \mid a_i \in \mathbb{Q}\}$이다. 체 $\mathbb{Q}(\sqrt{d})$의 모든 대수적 정수를 **2차 정수**(quadratic integer)라 한다. $\mathbb{Z}[\sqrt{d}]$의 임의의 원소 $r + s\sqrt{d}$는 $\mathbb{Z}[x]$의 다음 모닉 다항식의

---

* 증명을 위하여 정리 11.7과 11.9를 보라.

근이므로 $\mathbb{Q}(\sqrt{d})$의 2차 정수이다.

$$x^2 - 2rx + (r^2 - ds^2) = (x - (r + s\sqrt{d}))(x - (r - s\sqrt{d}))$$

$d \equiv 2$ 또는 $3 \pmod 4$일 때 $\mathbb{Z}[\sqrt{d}]$는 $\mathbb{Q}(\sqrt{d})$의 모든 대수적 정수의 정역 R이지만, $d \equiv 1 \pmod 4$일 때 $\mathbb{Z}[\sqrt{d}]$에 속하지 않는 R의 2차 정수가 존재한다(연습문제 22).*

정리 10.24는 대수적 수 이론에서 매우 유용한 것으로 입증되고 있다. 그렇지만 원소의 유일인수분해에 관한 다음과 같은 여러 가지 문제의 답을 주지 못한다. 즉, R이 $\mathbb{Q}(\sqrt{d})$의 모든 2차 정수의 정역이면 d의 무슨 값에 대하여 R이 UFD인가? $d < 0$일 때 R이 UFD일 필요충분조건은 $d = -1, -2, -3, -7, -11, -19, -43, -67,$ 또는 -163이다(Stark [19]를 보라). $d > 0$일 때 $d = 2, 3, 5, 6, 7, 11, 13, 17, 19, 21, 22, 23, 29$와 더 많은 다른 값들에 대하여 R이 UFD임이 알려져 있다. 그러나 d가 음수일 때와 같은 완전한 목록이 없다. 무한히 많은 d의 값에 대하여 R이 UFD인 것으로 추측된다.

■ 연습문제

A. 1. $x^k + y^k = z^k$가 영이 아닌 정수해를 갖지 않고 $k \mid n$이면 $x^n + y^n = z^n$는 영이 아닌 정수해를 갖지 않음을 증명하라.

2. ω를 $\omega^p = 1$을 만족하는 복소수라 하자.

$$\mathbb{Z}[\omega] = \{a_0 + a_1\omega + a_2\omega^2 + \cdots + a_{p-1}\omega^{p-1} \mid a_i \in \mathbb{Z}\}$$

는 정역임을 보이라. [**힌트**: $\omega^p = 1$ 이면 $\omega^{p+1} = \omega$, $\omega^{p+2} = \omega^2$ 등등이다.]

3. $\mathbb{Z}[\sqrt{d}]$에서 $a = r + s\sqrt{d}$이고 $b = m + n\sqrt{d}$이면 $N(ab) = N(a)N(b)$임을 보이라.

4. $\mathbb{Z}[\sqrt{-5}]$는 임의의 함수 δ에 대하여 왜 Euclid 정역이 아닌지 설명하라.

5. $a \in \mathbb{Q}$가 453쪽에 정의된, 대수적 정수이면 $a \in \mathbb{Z}$임을 보이라. [**힌트**: 정리 4.21.]

* d는 제곱인수가 없으므로, $d \not\equiv 0 \pmod 4$이다.

B. 6. 다음 정역 중 어디에서 5가 기약 원소인가?

(a) $\mathbb{Z}$ (b) $\mathbb{Z}[i]$ (c) $\mathbb{Z}[\sqrt{-2}]$

7. $\mathbb{Z}[\sqrt{-7}]$ 에서 8을 두 개의 기약 원소의 곱으로, 또 세 개의 기약 원소의 곱으로 인수분해하라. [**힌트**: $(1+\sqrt{-7})(1-\sqrt{-7})$ 을 생각하라.]

8. 아래의 각 원소를 $\mathbb{Z}[i]$ 에서 기약 원소들의 곱으로 인수분해하라. [**힌트**: a 의 임의의 약수의 노름은 $N(a)$ 의 약수이다.]

(a) 3 (b) 7 (c) $4+3i$ (d) $11+7i$

9. (a) $5+\sqrt{2}$, $2-\sqrt{2}$, $11-7\sqrt{2}$, $2+\sqrt{2}$ 가 각각 $\mathbb{Z}[\sqrt{2}]$ 에서 기약임을 밝히라.

(b) $(5+\sqrt{2})(2-\sqrt{2})=(11-7\sqrt{2})(2+\sqrt{2})$ 이다. 이 사실은 $\mathbb{Z}[\sqrt{2}]$ 에서 유일인수분해와 왜 모순이 되지 않는지 설명하라.

10. $\mathbb{Z}[\sqrt{-5}]$ 에서 기약 원소들의 곱으로서 9의 두 가지 다른 인수분해를 구하라.

11. $\mathbb{Z}[\sqrt{-6}]$ 이 UFD가 아님을 보이라. [**힌트**: 10을 두 가지 방법으로 인수분해하라.]

12. $\mathbb{Z}[\sqrt{10}]$ 이 UFD가 아님을 보이라. [**힌트**: 6을 두 가지 방법으로 인수분해하라.]

13. $\mathbb{Z}[\sqrt{-5}]$ 에서 6과 $2+2\sqrt{-5}$ 는 최대공약수를 갖지 않음을 보이라. [**힌트**: 6과 $2+2\sqrt{-5}$ 의 공약수 a의 노름은 $N(6)=36$ 과 $N(2+2\sqrt{-5})=24$ 의 공약수이고, 따라서 $a=r+s\sqrt{-5}$ 에서 $r^2+5s^2=N(a)=1, 2, 3, 4, 6$ 또는 12이다. 최대공약수를 구하기 위하여 이것을 이용하라. 어느 경우도 한 원소가 나머지 모두로 나누어지지 않음을 보이라. 즉 최대공약수의 조건을 만족하는 것이 없다. 또 예제 4도 보라.]

14. $\mathbb{Z}[\sqrt{-5}]$ 에서 1은 2와 $1+\sqrt{-5}$ 의 최대공약수이지만 1은 $a, b\in\mathbb{Z}[\sqrt{-5}]$ 에 대하여 $2a+(1+\sqrt{-5})b$ 형태가 아님을 보이라.

15. UFD에서 임의의 주아이디얼은 소 아이디얼의 곱이고, 인수의 순서를 무시하면 꼭 한 가지뿐임을 증명하라.

16. $\mathbb{Z}[\sqrt{-5}]$에서 $(6)=(2)(3)$ 임을 보이라. (아이디얼의 곱은 452쪽에서 정의함.)

17. $\mathbb{Z}[\sqrt{-5}]$의 아이디얼 $P=\{2a+(1+\sqrt{-5})b \mid a,\ b\in\mathbb{Z}[\sqrt{-5}]\}$에 대하여 $r+s\sqrt{-5}\in P$일 필요충분조건은 $r\equiv s\ (\mathrm{mod}\ 2)$(즉, r과 s는 동시에 짝수 또는 동시에 홀수)임을 증명하라.

18. P를 연습문제 17에서 정의된 것이라 하자. P^2은 주아이디얼 (2)임을 증명하라.

19. $\mathbb{Z}[\sqrt{-5}]$의 아이디얼 $Q_1=\{3a+(1+\sqrt{-5})b \mid a,\ b\in\mathbb{Z}[\sqrt{-5}]\}$과 $Q_2=\{3a+(1-\sqrt{-5})b \mid a,\ b\in\mathbb{Z}[\sqrt{-5}]\}$에 대하여
   (a) $r+s\sqrt{-5}\in Q_1$일 필요충분조건은 $r\equiv s\ (\mathrm{mod}\ 3)$ 임을 증명하라.
   (b) $\mathbb{Z}[\sqrt{-5}]/Q_1$은 꼭 세 개의 서로 다른 잉여류를 가짐을 증명하라.
   (c) $\mathbb{Z}[\sqrt{-5}]/Q_1$은 $\mathbb{Z}_3$와 동형임을 증명하고, Q_1이 소 아이디얼이라고 결론지으라.
   (d) Q_2가 소 아이디얼임을 증명하라. [**힌트**: (a)~(c)를 고쳐 쓰라.]
   (e) $Q_1Q_2=(3)$을 증명하라.

20. $r+s\sqrt{-5}\in\mathbb{Z}[\sqrt{-5}]$이고 $s\neq 0$이면 2는 주아이디얼 $(r+s\sqrt{-5})$에 속하지 않음을 증명하라.

21. d가 제곱인수가 없는 정수이면 $\mathbb{Z}[\sqrt{d}]$는 주아이디얼 위의 오름사슬조건을 만족함을 증명하라.

C. 22. d가 제곱인수가 없는 정수이고, $\mathbb{Q}(\sqrt{d})$를 453쪽에 정의된 것이라 하자. $\mathbb{Z}[\sqrt{d}]\subseteq\mathbb{Q}(\sqrt{d})$이고, $\mathbb{Z}[\sqrt{d}]$의 임의의 원소는 2차 정수임을 알고 있다. 다음과 같이 $\mathbb{Q}(\sqrt{d})$의 모든 2차 정수를 결정하라.
   (a) $\mathbb{Q}(\sqrt{d})$의 임의의 원소는 $(r+s\sqrt{d})/t$의 형태임을 보이라. 단, 여기서 $r,\ s,\ t\in\mathbb{Z}$이고 $\gcd(r,s,t)=1$이다. 앞으로 $\mathbb{Q}(\sqrt{d})$의 임의의 원소를 $a=(r+s\sqrt{d})/t$로 나타낸다.
   (b) a는 $p(x)=x^2-\left(\dfrac{2r}{t}\right)x+\left(\dfrac{r^2-ds^2}{t^2}\right)\in\mathbb{Q}[x]$의 근임을 보이라. [**힌트**: $p(x)=(x-a)(x-\overline{a})$ 임을 보이라. 단, 여기서 $\overline{a}=(r-s\sqrt{d})/t$.]
   (c) $s\neq 0$이면 $p(x)$는 $\mathbb{Q}[x]$에서 기약임을 보이라.

(d) a가 2차 정수일 필요충분조건은 $p(x)$의 계수가 모두 정수임을 증명하라. [**힌트**: $s \neq 0$이면 연습문제 5를 이용하라. $s \neq 0$이고 a가 모닉인 다항식 $f(x) \in \mathbb{Z}[x]$의 근이면 정리 4.23을 이용하여 a가 어떤 모닉 $g(x) \in \mathbb{Z}[x]$의 근임을 보이라. 단, $g(x)$는 $\mathbb{Q}[x]$에서 기약이다. (c)와 정리 4.14를 적용하여 $g(x) = p(x)$임을 보이라.]

(e) a가 2차 정수이면 $t \mid 2r$이고 $t^2 \mid 4ds^2$임을 보이라. 이 사실을 이용하여, t는 1 또는 2임을 보이라. [**힌트**: d가 제곱인수가 없으면 $\gcd(r, s, t) = 1$이고, (b)와 (d)를 이용하라.]

(f) $d \equiv 2$ 또는 $3 \pmod 4$이면 a가 2차 정수일 필요충분조건은 $t = 1$임을 보이라. [**힌트**: 만약 $t = 2$이면 (b)와 (d)로부터 $r^2 \equiv ds^2 \pmod 4$이다. 만약 s가 짝수이면 $\gcd(r, s, t) = 1$이라는 사실에 모순이 된다. 만약 s가 홀수이면 2.1절의 연습문제 7을 이용하여 모순을 얻는다.]

(g) $d \equiv 1 \pmod 4$이고 $a \in \mathbb{Q}(\sqrt{d})$이면 a가 2차 정수일 필요충분조건은 $t = 1$ 또는 $t = 2$이고, r과 s는 모두 홀수임을 보이라. [**힌트**: (d)를 이용하라.]

(h) 문항 (f)와 (g)를 이용하여, $\mathbb{Q}(\sqrt{d})$의 모든 2차 정수의 집합은, $d \equiv 2$ 또는 $3 \pmod 4$이면 $\mathbb{Z}[\sqrt{d}]$이고, $d \equiv 1 \pmod 4$이면 $\left\{ \dfrac{m + n\sqrt{d}}{2} \;\middle|\; m, n \in \mathbb{Z} \text{이고 } m \equiv n \pmod 2 \right\}$임을 보이라.

10.4 정역의 분수체*

임의의 정역 R에 대하여, R을 포함하고 R의 원소의 모든 '분수(quotient)' 꼴로 이루어지는 어떤 체 F를 구성할 것이다. 정역 R이 $\mathbb{Z}$인 경우에 F는 유리수 전체의 체 $\mathbb{Q}$가 될 것이다. 그래서 이 과정을 $\mathbb{Z}$로부터 $\mathbb{Q}$를 만들어 내는 엄밀한 형식화로 볼 수 있고, 또는 임의의 정역에 대한 그 구성의 일반화로 볼 수 있다. 이 체 F는 10.5절에서 $R[x]$에서 인수분해를 연구하는 필수적인 도구가 될 것이다.

유리수에 대한 이전의 경험이 형식적인 전개에 대한 길잡이 역할을 할 것이다. 그렇지만 그 증명들은 유리수에 대하여 이미 알려진 지식과 무관하다.

유리수 a/b는 두 정수 a, b $(b \neq 0)$의 순서쌍에 의하여 결정된다. 그러나 서로 다른

* 이 절은 제10장의 나머지 부분과 무관하다. 필요한 선행학습은 제3장과 부록 D이다.

순서쌍이 같은 유리수를 결정할 수도 있다. 예를 들어 $\frac{1}{2}=\frac{3}{6}=\frac{4}{8}$이고, 일반적으로

$$\frac{a}{b}=\frac{c}{d} \text{ 일 필요충분조건은 } ad=bc$$

이다. 이것은 유리수가 정수의 순서쌍에 대한 어떤 종류의 동치관계로부터 나오는 (동치인 순서쌍들이 같은 유리수를 결정하는) 것을 제시해준다.

정역 R에 대하여, S를 다음 순서쌍들의 집합이라 하자.

$$S=\{(a,b) \mid a, b\in R\text{이고, } b\neq 0\}$$

집합 S 위의 관계 $\sim$를

$$(a,b)\sim(c,d)\text{가 } \quad R\text{에서 } ad=bc$$

를 의미하도록 정의한다.

정리 10.25

관계 $\sim$는 S 위의 동치관계이다.

증명

반사적: R이 가환이므로 $ab=ba$이고, 그 결과 S의 임의의 순서쌍 (a,b)에 대하여 $(a,b)\sim(a,b)$이다. 대칭적: 만약 $(a,b)\sim(c,d)$이면 $ad=bc$이다. 가환이므로 $cb=da$이고, 그래서 $(c,d)\sim(a,b)$이다. 추이적: $(a,b)\sim(c,d)$이고 $(c,d)\sim(r,s)$라 가정하자. 그러면 $ad=bc$이고 $cs=dr$이다. $ad=bc$에 s를 곱하고 $cs=dr$임을 이용하면 $ads=(bc)s=b(cs)=bdr$이다. S의 정의로부터, $d\neq 0$이고 R이 정역이므로 $ads=bdr$에서 d를 소거할 수 있고, 결국 $as=br$이다. 그러므로 $(a,b)\sim(r,s)$이다. ■

부록 D의 따름정리 D.2로부터, 동치관계 $\sim$는 S를 서로 소인 동치류들로 분할(partition)한다. 편의를 위하여, (a,b)의 동치류를 어색한 $[(a,b)]$ 대신에 $[a,b]$로 나타낸다. $\sim$에 대한 모든 동치류의 집합을 F로 나타낸다. 정리 D.1에 따라

$$F\text{에서 } [a,b]=[c,d] \text{ 일 필요충분조건은 } S\text{에서 } (a,b)\sim(c,d)$$

임을 주목한다. 그러므로 $\sim$의 정의로부터

$$\boldsymbol{F}\textbf{에서 } [a,b]=[c,d] \textbf{ 일 필요충분조건은 } \boldsymbol{R}\textbf{에서 } ad=bc \textbf{ 이다.}$$

집합 F를 체로 만들려고 한다. 동치류들의 덧셈과 곱셈을 다음과 같이 정의한다.*

$$[a, b] + [c, d] = [ad + bc, bd]$$
$$[a, b][c, d] = [ac, bd]$$

이 정의가 타당함을 보이기 위하여, 등식 우변의 항들이 실제로 F의 원소임을 먼저 보여야 한다. 지금 $[a, b]$는 S에 속하는 순서쌍 (a, b)의 동치류이다. S의 정의에 따라 $b \neq 0_R$이고 유사하게 $d \neq 0_R$이다. R은 정역이므로 $bd \neq 0_R$이다. 따라서 $(ad+bc, bd)$와 (ac, bd)는 집합 S에 속하고, 그 결과 동치류 $[ad+bc, bd]$와 $[ac, bd]$는 F의 원소이다. 그런데 F에서 덧셈과 곱셈이 잘 정의되는 것을 보장하는 데 필요한 것이 더 있다.

보통의 산술에서, $\frac{1}{2} \cdot \frac{3}{5} = \frac{3}{10}$이고 $\frac{1}{2}$을 $\frac{4}{8}$로 바꾸어 계산하면 $\frac{4}{8} \cdot \frac{3}{5} = \frac{12}{40} = \frac{3}{10}$이므로 같은 답을 얻는다. 그 답은 분수를 나타내는 방법에 무관하다. 유사하게 F에서 계산이 동치류를 나타내는 방법에 무관함을 보여야 한다.

보조정리 10.26

F에서 덧셈과 곱셈은 동치류를 나타내는 대표의 선택에 독립적이다. 즉, $[a, b] = [a', b']$이고 $[c, d] = [c', d']$이면

$$[ad + bc, bd] = [a'd' + b'c', b'd'] \text{ 이고 } [ac, bd] = [a'c', b'd'] \text{ 이다.}$$

증명

앞에서 주목하였던 것으로, F에서 $[ad+bc, bd] = [a'd' + b'c', b'd']$일 필요충분조건은 R에서 $(ad+bc)b'd' = bd(a'd' + b'c')$이다. 그래서 이 마지막 진술을 증명할 것이다. $[a, b] = [a', b']$이고 $[c, d] = [c', d']$이므로

$$(*) \qquad ab' = ba' \text{ 이고 } \quad cd' = dc'$$

이다. 첫 등식에 dd'를 곱하고 두 번째 등식에 bb'를 곱하여 서로 더하면 그 결과는

---

* 이 정의는 유리수에 관한 산술 법칙으로부터 (단지 분수 꼴 r/s를 동치류 $[r, s]$로 바꾸어) 유래하였다. 즉

$$\frac{a}{b} + \frac{c}{d} = \frac{ad+bc}{bd} \qquad \frac{a}{b} \cdot \frac{c}{d} = \frac{ac}{bd}$$

$$\begin{aligned} ab'dd' &= ba'dd' \\ cd'bb' &= dc'bb' \\ \hline ab'dd' + cd'bb' &= ba'dd' + dc'bb' \\ (ad+bc)b'd' &= bd(a'd' + b'c') \end{aligned}$$

이다. 따라서 $[ad+bc, bd] = [a'd' + b'c', b'd']$ 이다.

증명의 두 번째 부분을 위하여, (*)의 첫 등식에 cd' 를 곱하고 두 번째 등식에 ba'를 곱하여

$$ab'cd' = ba'cd' \text{ 와 } \quad cd'ba' = dc'ba'$$

를 얻는다. 교환법칙에 따라, 첫 등식의 우변은 두 번째 등식의 좌변과 같고, 그 결과 두 등식의 다른 변들이 같다. 즉 $ab'cd' = dc'ba'$ 이다. 결과적으로

$$(ac)(b'd') = ab'cd' = dc'ba' = (bd)(a'c')$$

이다. 이 등식의 양쪽 끝은 $[ac, bd] = [a'c', b'd']$ 임을 보여준다. ■

보조정리 10.27

R이 정역이고 F가 앞에서 정의된 것이라 하자. 임의의 영이 아닌 $a, b, c, d, k \in R$에 대하여

(1) $[0_R, b] = [0_R, d]$
(2) $[a, b] = [ak, bk]$
(3) $[a, a] = [c, c]$

이다.

증명

연습문제 1. ■

보조정리 10.28

앞에서 정의된 덧셈과 곱셈에 대하여, F는 체이다.

증명

보조정리 10.26과 그 앞의 언급 사항에 따라 덧셈과 곱셈은 닫혀있다. R에서 덧셈과 곱셈의 교환법칙이 성립하므로 F에서 덧셈의 교환법칙이 성립한다. 즉

$$[a, b] + [c, d] = [ad + bc, bd] = [cb + da, db] = [c, d] + [a, b].$$

0_F를 영이 아닌 어떤 $b \in R$에 대하여 동치류 $[0_R, b]$라 하자(보조정리 10.27의 (1)에 의하여 $b \neq 0_R$인 $(0_R, b)$ 형태의 모든 순서쌍은 같은 동치류에 속한다). 만약 $[a, b] \in F$이면 보조정리 10.27의 (2)에 따라 ($k = b$일 때)

$$[a, b] + 0_F = [a, b] + [0_R, b] = [ab + b0_R, bb] = [ab, bb] = [a, b]$$

이다. 그러므로 0_F는 F의 영 원소이다. F에서

$$[a, b] + [-a, b] = [ab - ba, b^2] = [0_R, b^2] = 0_F$$

이므로, F에서 $[a, b]$의 역원은 $[-a, b]$이다. 덧셈에 대한 결합법칙이 성립하고, 곱셈에 대한 결합법칙과 교환법칙이 성립하는 것(연습문제 2)과 함께, $[1_R, 1_R]$이 F의 곱셈에 대한 항등원임을 보이는 것도 독자에게 맡긴다. 만약 $[a, b]$가 F의 영이 아닌 원소이면 $a \neq 0_R$이다. 따라서 $[b, a]$는 F의 잘 정의된 원소이고, 보조정리 10.27의 (3)에 따라

$$[a, b][b, a] = [ab, ba] = [1_R ab,\ 1_R ab] = [1_R, 1_R]$$

이다. 그러므로 $[b, a]$는 $[a, b]$의 곱셈에 대한 역원이다. F에서 분배법칙이 성립하는 것을 보이기 위하여, 다음을 주목하라.

$$\begin{aligned}[a, b]([c, d] + [r, s]) &= [a, b][cs + dr, ds] \\ &= [a(cs + dr), b(ds)] \\ &= [acs + adr, bds]\end{aligned}$$

한편 보조정리 10.27의 (2)로부터 ($k = b$일 때)

$$\begin{aligned}[a, b][c, d] + [a, b][r, s] &= [ac,\ bd] + [ar, bs] \\ &= [(ac)(bs) + (bd)(ar),\ (bd)(bs)] \\ &= [(acs + adr)b,\ (bds)b] \\ &= [acs + adr, bds]\end{aligned}$$

이다. 따라서 $[a, b]([c, d] + [r, s]) = [a, b][c, d] + [a, b][r, s]$이다. ■

보통 정수는 $a/1$ 형태의 유리수와 동일시한다. 일반적으로 같은 아이디어를 적용할 수

있다.

보조정리 10.29

R이 정역이고 F가 보조정리 10.28에서의 체라 하자. F의 부분집합 $R^* = \{[a, 1_R] \mid a \in R\}$은 R과 동형인 정역이다.

증명

R^*가 F의 부분환임을 확인하라(연습문제 3). 분명히 F의 항등원 $[1_R, 1_R]$은 R^*에 속하고, 그러므로 R^*는 정역이다. 사상 $f : R \to R^*$를 $f(a) = [a, 1_R]$로 정의하자. 그러면 f는 준동형사상이다. 즉

$$\begin{aligned} f(a) + f(c) &= [a, 1_R] + [c, 1_R] = [a1_R + 1_Rc,\ 1_R1_R] \\ &= [a + c, 1_R] = f(a + c) \\ f(a)f(c) &= [a, 1_R][c, 1_R] = [ac, 1_R] = f(ac) \end{aligned}$$

이다. $f(a) = f(c)$이면 $[a, 1_R] = [c, 1_R]$로, 정리 10.25 다음의 굵은 글씨체의 진술에 따라 $a1_R = 1_Rc$가 된다. 따라서 f는 당연히 전사이므로 f는 동형사상이다. ■

F의 원소에 대한 동치류 표기는 어색하고, '분수(quotient)'라는 약속된 생각을 전달하지 않는다. 이것은 기호를 바꾸면 쉽게 해결된다. (a, b)의 동치류를 $[a, b]$로 나타내는 것 대신

(a, b)의 동치류를 a/b로 표시한다.

앞에서의 여러 가지 진술을 괄호 기호 대신 새로운 분수 기호로 바꾸어 옮기면 아주 익숙한 것으로 보이게 된다.

정리 10.30

R이 정역이면 $a, b \in R$이고 $b \neq 0_R$인 a/b 형태의 모든 원소로 이루어진 체 F가 존재한다. 단, 그 원소들의 상등은

$$F\text{에서 } \frac{a}{b} = \frac{c}{d} \text{ 일 필요충분조건은 } R\text{에서 } ad = bc$$

에 따른다. F에서의 덧셈과 곱셈은 다음과 같이 주어진다.

$$\frac{a}{b}+\frac{c}{d}=\frac{ad+bc}{bd}, \quad \frac{a}{b}\cdot\frac{c}{d}=\frac{ac}{bd}$$

($a \in R$인) $a/1_F$ 형태의 F의 모든 원소의 집합은 R과 동형인 정역이다.

증명

보조정리 10.28과 10.29 및 이 정리 앞의 기호 변경.* ■

만약 $R=\mathbb{Z}$이면 체 F가 정확히 $\mathbb{Q}$인 것은 지금 분명하다. 그래서 정리 10.30은 $\mathbb{Z}$로부터 $\mathbb{Q}$를 형식적으로 구성한 것으로 볼 수 있다. 일반적으로도 $\mathbb{Q}$에서 사용하는 것과 같은 관습을 따를 것이다. 즉, 환 R은 F에서의 동형사본과 동일시할 것이다. 그러면 R을 $a/1_R$ 형태의 모든 원소로 이루어지는 F의 부분집합이라고 할 수 있다. 체 F를 R의 **분수체**(field of quotients)라 한다.

예제 1

F를 체라 하자. 다항식 정역 $F[x]$의 분수체는 $F(x)$로 나타내고, $f(x)$, $g(x) \in F(x)$이고 $g(x) \neq 0_{F[x]}$인 모든 $f(x)/g(x)$로 구성된다. 체 $F(x)$를 F 위의 **유리함수체**(field of rational functions over F)라 부른다.

정역 R의 분수체는 다음의 의미로 R을 포함하는 가장 작은 체이다.†

정리 10.31

정역 R에 대하여, F를 R의 분수체라고 하자. K가 R을 포함하는 체이면 K는 $R \subseteq E \subseteq K$이고 F와 동형인 부분체 E를 포함한다.

증명

$a/b \in F$이면 $a, b \in R$이고, b는 영이 아니다. $R \subseteq K$이므로 b^{-1}가 존재한다. 사상 $f: F \to K$를 $f(a/b)=ab^{-1}$로 정의하자. 연습문제 9에 따라, f는 잘 정의된 함수이

* 여기서 "왜 더 빨리 분수 꼴 기호를 채택하지 않았는가?"라고 물을 수도 있을 것이다. 그 이유는 수학적이라기보다 심리적이다. 분수 꼴 기호는 내용을 너무 익숙한 유리수와 같이 보이게 만들어, 실제로 엄밀한 전개의 형식적(이고 성가신) 상세한 부분을 수행하기보다 모든 것을 이미 알고 있는 것으로 **가정하는** 경향이 있다.

† 정리 10.31은 이후에는 사용되지 않는다.

다. 즉, F에서 $a/b=c/d$이면 K에서 $f(a/b)=f(c/d)$이다. 연습문제 10은 f가 단사인 준동형사상임을 보여준다. E가 f에 의한 F의 상이면 $F \cong E$이다. 각 $a \in R$에 대하여 $a=a1_R^{-1}=f(a/1_R) \in E$이고, 그래서 $R \subseteq E \subseteq K$이다. ■

■ 연습문제

노트: 달리 명시하지 않는 한 R은 정역이고, F는 R의 분수체이다.

A. 1. 보조정리 10.27을 증명하라.

2. 다음을 보여 보조정리 10.28의 증명을 완성하라.
   (a) 동치류의 덧셈은 결합법칙을 만족한다.
   (b) 동치류의 곱셈은 결합법칙을 만족한다.
   (c) 동치류의 곱셈은 교환법칙을 만족한다.

3. $R^* = \{[a, 1_R] \mid a \in R\}$은 F의 부분환임을 보이라.

B. 4. R이 그 자체로 체이면 $R=F$임을 보이라.

5. $R=\mathbb{Z}[i]$이면 $F \cong \{r+si \mid r, s \in \mathbb{Q}\}$ 임을 보이라.

6. $R=\mathbb{Z}[\sqrt{d}]$이면 $F \cong \{r+s\sqrt{d} \mid r, s \in \mathbb{Q}\}$ 임을 보이라.

7. $\mathbb{Z} \subseteq R \subseteq \mathbb{Q}$이고 $\mathbb{Q}$를 그 분수체로 갖는 정역 R이 무수히 존재함을 보이라. [**힌트**: 3.1절의 연습문제 28.]

8. $f: R \to R_1$을 정역의 동형사상이라고 하자. F를 R의 분수체라 하고 F_1을 R_1의 분수체라 하자. $f^*(a/b)=f(a)/f(b)$로 주어진 사상 $f^*: F \to F_1$은 동형사상임을 증명하라.

9. R이 체 K에 포함되고 F에서 $a/b=c/d$이면 K에서 $ab^{-1}=cd^{-1}$임을 보이라. [**힌트**: $a/b=c/d$이면 K에서 $ad=bc$이다.]

10. (a) 정리 10.31의 증명에서의 사상 f는 단사임을 증명하라. [**힌트**: $f(a/b)=f(c/d)$는 $ab^{-1}=cd^{-1}$를 의미한다. $ad=bc$임을 보이라.]
    (b) 직접 계산하여 f가 준동형사상임을 보이라.

11. $a, b \in R$에 대하여, $a^m = b^m$, $a^n = b^n$이고 $\gcd(m, n) = 1$인 양의 정수 m, n이 존재한다고 가정하자. $a = b$임을 증명하라. [a와 b의 음의 거듭제곱은 R에서 정의되지 않을 수 있음을 기억하라. 하지만 체 F에서는 의미가 있다. 예를 들면, $a^{-2} = 1_R / a^2$이다.]

12. R을 표수가 0인 정역이라 하자(3.2절의 연습문제 41~43 참조).
    (a) R은 $\mathbb{Z}$와 동형인 부분환을 갖는 것을 증명하라. [**힌트**: $\{ n1_R \mid n \in \mathbb{Z} \}$를 생각하라.]
    (b) 표수가 0인 체는 $\mathbb{Q}$와 동형인 부분체를 포함하는 것을 증명하라. [**힌트**: 정리 10.31.]

13. R이 영인자를 갖지 않는 (정역일 필요 없이) 가환환일 때, 정리 10.30의 타당성을 증명하라. [**힌트**: 임의의 영이 아닌 $a \in R$에 대하여 동치류 $[a, a]$는 F의 곱셈에 대한 항등원 역할을 하고, 집합 $\{ [ra, a] \mid r \in R \}$은 R과 동형인 F의 부분환이다. 짝수 전체 집합은 이 상황에 대한 좋은 모델이다.]

10.5 다항식의 정역에서 인수분해의 유일성*

이 절 전체에서 R은 유일인수분해 정역이다. 다항식환 $R[x]$도 UFD임을 증명할 것이다. 증명의 기본 아이디어는 아주 단순하다. 즉, 주어진 다항식 $f(x)$가 기약 다항식들의 곱이 될 때까지 더 낮은 차수의 다항식들 곱으로 계속 인수분해한다. 유일성을 증명하기 위하여 R의 분수체 F에 대하여 $f(x)$를 $F[x]$의 다항식이라 생각한다. $F[x]$가 UFD임(정리 4.14)을 이용하여, $R[x]$에서 인수분해가 유일함을 보인다. 그러나 이 프로그램을 실행하는 데 다소의 어려운 점이 있다.

예제 1

다항식 $3x^2 + 6$은 $\mathbb{Z}[x]$에서 더 낮은 차수의 두 다항식의 곱으로 인수분해할 수 없고, $\mathbb{Q}[x]$에서 기약이다. 그러나 $3x^2 + 6 = 3(x^2 + 2)$이고, 3과 $x^2 + 2$는 $\mathbb{Z}[x]$에서 어느 것도 가역원이 아니므로 $3x^2 + 6$은 $\mathbb{Z}[x]$에서 가약이다.

그래서 첫 단계는 $R[x]$에서 상수다항식의 역할을 조사하는 것이다. 따름정리 4.5와 연

* 이 절을 위하여 먼저 학습해야 할 것은 10.1절의 416쪽~419쪽과 유일인수분해 정역의 정의(정리 10.13, 10.15, 10.18과 함께), 10.4절이다. 정리 10.13, 10.15, 10.18은 UFD의 정의에만 의존하고, 10.2절의 나머지 부분과 독립적으로 읽어도 좋다.

습문제 1에 의하여

$R[x]$의 모든 가역원은 R의 모든 가역원이고

또

$R[x]$의 모든 기약인 상수다항식은 R의 모든 기약 원소이다.

예를 들어, $\mathbb{Z}[x]$의 모든 가역원은 ± 1이다. 상수다항식 3은 $\mathbb{Q}[x]$에서는 가역원이지만 $\mathbb{Z}[x]$에서는 기약이다.

$R[x]$에서 다항식의 상수 기약 인수는 모든 상수 인수를 찾아, 그것을 R의 기약 원소들의 곱으로 나타내면 구할 수 있다.

예제 2

$\mathbb{Z}[x]$에서

$$6x^2 + 18x + 12 = 6(x^2 + 3x + 2) = 2 \cdot 3(x^2 + 3x + 2)$$

이다. $x^2 + 3x + 2$는 $\mathbb{Z}[x]$에서 상수 인수가 가역원 ± 1뿐인 다항식임을 주목한다. 이 예제는 일반화를 위한 전략을 제시한다.

R을 유일인수분해 정역이라 하자. $R[x]$에서 영이 아닌 다항식의 상수 인수가 R의 가역원뿐일 때 그 다항식을 **원시다항식**(primitive polynomial)이라고 한다. 예를 들어, $x^2 + 3x + 2$와 $3x^4 - 5x^3 + 2x$는 $\mathbb{Z}[x]$에서 원시다항식이다. 차수가 0인 원시다항식은 가역원이다. 차수가 1인 임의의 원시다항식은 정리 10.1에 의하여 (임의의 인수분해가 상수를 포함하고(정리 4.2) 그런 임의의 상수는 가역원이므로) 기약이 틀림없다. 그렇지만 더 높은 차수의 원시다항식은 ($\mathbb{Z}[x]$에서 $x^2 + 3x + 2 = (x+1)(x+2)$인 것처럼) 기약이 아닐 수 있다. 한편 정리 4.2와 10.1에 따라, 차수가 양수인 임의의 기약 다항식은 가역원을 제외하고는 상수 인수를 갖지 않는다. 그래서

차수가 양수인 임의의 기약 다항식은 원시다항식이다.

또한 예제가 설명하는 것처럼,

임의의 영이 아닌 다항식 $f(x) \in R[x]$는 어떤 원시다항식 $g(x)$에 대하여 $f(x) = cg(x)$로 인수분해된다.

이 주장을 증명하기 위하여, c를 $f(x)$의 모든 계수의 최대공약수라 하자.* 그러면 어

* 정리 10.18에 따라 최대공약수가 존재한다.

떤 $g(x)$에 대하여 $f(x)=cg(x)$이다. 이제 $g(x)$가 원시다항식임을 보이자. 만약 $d\in R$가 $g(x)$의 인수라면 $g(x)=dh(x)$이므로 $f(x)=cdh(x)$이다. cd는 $f(x)$의 상수 인수이므로 $f(x)$의 모든 계수의 약수이고, 따라서 최대공약수 c의 약수가 틀림없다. 그러므로 어떤 $u\in R$에 대하여 $cdu=c$이다. $c\neq 0_R$이므로 $du=1_R$이고, d는 가역원이다. 따라서 $g(x)$는 원시다항식이다.

원시다항식에 관한 이 사실들을 이용하여, 이제 이 절의 처음에 주어진 논법을 수정할 수 있고, $R[x]$가 UFD가 되기 위한 두 가지 조건 중 첫 번째를 증명할 수 있다.

정리 10.32

R을 유일인수분해 정역이라 하자. $R[x]$에서 임의의 영이 아니고 가역원이 아닌 $f(x)$는 어떤 기약 다항식들의 곱이다.*

증명

$f(x)=cg(x)$이고 $g(x)$는 원시다항식이라 하자. R은 UFD이므로 c는 가역원이거나 R에서 (따라서 $R[x]$에서) 기약 원소들의 곱이다. 그래서 $g(x)$가 가역원이거나 $R[x]$에서 기약 다항식들의 곱임을 보이기만 하면 된다. 만약 $g(x)$가 가역원이거나 기약이면 더 증명할 것이 없다. 그렇지 않다면 정리 10.1에 따라 $g(x)=h(x)k(x)$, 여기서 $h(x)$나 $k(x)$ 어느 것도 가역원이 아니다. $g(x)$는 원시다항식이므로 차수가 0인 인수는 가역원뿐이고, 따라서 $0<\deg h(x)<\deg g(x)$이고 $0<\deg k(x)<\deg g(x)$여야 한다. 또한 $h(x)$와 $k(x)$는 원시다항식이다(그중 하나를 나누는 상수는 $g(x)$의 인수이어야 하고, 따라서 가역원이다). 만약 그것들이 기약이면 증명은 끝이다. 그렇지 않으면, 앞의 논법을 계속할 수 있고 그것들을 차수가 더 작은 원시다항식들의 곱으로 인수분해 한다. 이 과정은 인수의 차수가 단계마다 줄어들고, 차수가 1인 원시다항식은 기약이므로 유한단계 후에 끝이 나야 한다. 그러므로 $g(x)$는 $R[x]$에서 기약 다항식들의 곱이다. ■

$R[x]$에서 인수분해가 유일함을 증명하는 것은 다음에 전개할 여러 가지 기술적 사실들에 달려 있다. 그러나 모든 조각을 어떻게 하나로 맞추는가 하는 아이디어를 얻기 위하여, 필요하다면 중간 결과를 참조하고 증명 없이 인정하면서, 지금 정리 10.38의 증명을 읽어 보면 좋다. 그런 다음 여기로 되돌아와서 그 논법이 어디로 향하는지를 알고, 이 증명을 읽으라.

---

* 늘 그렇듯이 꼭 한 개의 인수의 '곱'을 허용한다.

보조정리 10.33

유일인수분해 정역 R에 대하여, $g(x), h(x) \in R[x]$라 하자. p가 R의 기약 원소일 때, $g(x)h(x)$가 p로 나누어지면 $g(x)$가 p로 나누어지거나 $h(x)$가 p로 나누어진다.

증명

$R = \mathbb{Z}$의 특별한 경우에 대한 보조정리 4.22의 증명을 복사하라. $\mathbb{Z}$를 R로, 소수를 기약 원소로 바꾸고, 정리 1.5 대신에 정리 10.15를 사용하라. ■

따름정리 10.34 Gauss 보조정리

R이 유일인수분해 정역이면 $R[x]$에서 원시다항식들의 곱은 원시다항식이다.

증명

$g(x)$와 $h(x)$가 원시다항식이고 $g(x)h(x)$는 원시다항식이 아니면 $g(x)h(x)$는 가역원이 아닌 어떤 $c \in R$로 나누어진다. 결과적으로 $g(x)h(x)$는 c의 각 기약 인수 p로 나누어진다. 보조정리 10.33에 따라, $g(x)$ 또는 $h(x)$는 p로 나누어지고, 이것은 그것들이 원시다항식이라는 사실에 모순이다. 따라서 $g(x)h(x)$는 원시다항식이다. ■

정리 10.35

R이 유일인수분해 정역이고, r, s가 R의 영이 아닌 원소라 하자. $f(x)$와 $g(x)$를 $rf(x) = sg(x)$인 $R[x]$의 원시다항식이라 하자. r과 s가 R에서 연관자이고, $f(x)$와 $g(x)$는 $R[x]$에서 연관자이다.

증명

r이 가역원이면 $f(x) = r^{-1}sg(x)$이다. 원시다항식 $f(x)$는 $r^{-1}s$로 나누어지므로, $r^{-1}s$는 가역원이다. 말하자면 $(r^{-1}s)u = 1_R$이다. 따라서 $f(x)$와 $g(x)$는 $R[x]$에서 연관자이다. 또한 u는 R의 가역원이고 $su = r$이므로 r과 s는 R에서 연관자이다.

만약 r이 가역원이 아니면 $r = p_1 \cdots p_k$, 여기서 각 p_i는 기약이다. 그러면 $p_1 \cdots p_k f(x) = sg(x)$이고, 그래서 $sg(x)$는 p_1로 나누어진다. 보조정리 10.33으로부터 s 또는 $g(x)$는 p_1로 나누어진다. p_1은 가역원이 아니고 $g(x)$는 원시다항식이므로 s가 p_1로 나누어져야 한다. 말하자면 $s = p_1 t$이다. 그러면 $p_1 \cdots p_k f(x) = s g(x) = p_1 t g(x)$이다. p_1을 소거하면 $p_2 \cdots p_k f(x) = t g(x)$임을 알 수 있다. p_2로 같은 논법을 되풀이하여 $p_3 \cdots p_k f(x) = z g(x)$임을 알 수 있다. 여기서 $p_2 z = t$이고, 따라서 $p_1 p_2 z = p_1 t = s$이다. 그렇게 계속하여, k번째 단계 후에 어떤 $w \in R$에 대하여 $f(x) = w g(x)$이고 $s = p_1 \cdots p_k w$임을 알 수 있다. 기약 다항식 $f(x)$는 w로 나누어지므로 w는 가역원이다. 그러므로 $f(x)$와 $g(x)$는 $R[x]$에서 연관자이다. $s = p_1 \cdots p_k w = rw$이므로 r과 s는 R에서 연관자이다. ■

따름정리 10.36

유일인수분해 정역 R에 대하여, F를 R의 분수체라고 하고 $f(x)$, $g(x)$를 $R[x]$에서 원시다항식이라 하자. $f(x)$와 $g(x)$가 $F[x]$에서 연관자이면 $R[x]$에서도 연관자이다.

증명

$f(x)$와 $g(x)$가 $F[x]$에서 연관자이면 따름정리 4.5로부터, 영이 아닌 어떤 $\frac{r}{s} \in F$에 대하여 $g(x) = \frac{r}{s} f(x)$이다. 결과적으로 $R[x]$에서 $s g(x) = r f(x)$이다. 따라서 정리 10.35로부터 $f(x)$와 $g(x)$는 $R[x]$에서 연관자이다. ■

따름정리 10.37

유일인수분해 정역 R에 대하여, F를 R의 분수체라 하자. $f(x) \in R[x]$의 차수가 양수이고 $R[x]$에서 기약이면 $f(x)$는 $F[x]$에서 기약이다.

증명

$f(x)$가 $F[x]$에서 기약이 아니면 양의 차수의 어떤 $g(x)$, $h(x) \in F[x]$에 대하여 $f(x) = g(x) h(x)$이다. b를 $g(x)$의 모든 계수의 최소 공통분모라 하자. 그러면 $b g(x)$의 계수는 R에 속한다. 따라서 $b g(x) = a g_1(x)$, 여기서 $a \in R$이고 $g_1(x)$는 $R[x]$에서 양의 차수를 갖는 원시다항식이다. 그러므로 $g(x) = \frac{a}{b} g_1(x)$이다. 유사하게 $c, d \in R$와 차수가 양수인 $R[x]$의 어떤 원시다항식 $h_1(x)$에 대하여 $h(x) = \frac{c}{d} h_1(x)$이다. 그러므로 $f(x) = g(x) h(x) = \frac{a}{b} g_1(x) \frac{c}{d} h_1(x) = \frac{ac}{bd} g_1(x) h_1(x)$

이고, 그 결과 $R[x]$에서 $bdf(x) = ac\,g_1(x)h_1(x)$이다. 이제 $f(x)$는 기약이므로 $f(x)$는 원시다항식이고, 따름정리 10.34에 따라 $g_1(x)h_1(x)$는 원시다항식이다. 그래서 정리 10.35로부터 bd는 ac의 연관자이고, 어떤 $u \in R$에 대하여 $bdu = ac$이다. 그러므로 $f(x) = \frac{ac}{bd} g_1(x)h_1(x) = u\,g_1(x)h_1(x)$이다. $u\,g_1(x)$와 $h_1(x)$는 $R[x]$에서 양수 차수의 다항식이므로, 이것은 $f(x)$가 기약인 것에 모순이다. 그러므로 $f(x)$는 $F[x]$에서 기약이어야 한다. ■

정리 10.38

R이 유일인수분해 정역이면 $R[x]$도 유일인수분해 정역이다.

증명

$R[x]$에서 영이 아니고 가역원이 아닌 임의의 $f(x)$는 정리 10.32로부터, 기약 다항식들의 곱이다. 그런 임의의 인수분해는 어떤 기약인 상수들(즉, R에서 기약 원소들)과 차수가 양인 기약 다항식들로 구성된다. 다음을 가정하자. 즉

$$c_1 \cdots c_m\, p_1(x) \cdots p_k(x) = d_1 \cdots d_n\, q_1(x) \cdots q_t(x)$$

여기서 각 c_i, d_j는 R에서 기약이고, 각 $p_i(x)$, $q_j(x)$는 차수가 양수인 $R[x]$에서 기약 (따라서 원시) 다항식이다.* 그러면 따름정리 10.34로부터 $p_1(x) \cdots p_k(x)$와 $q_1(x) \cdots q_t(x)$는 $R[x]$에서 원시다항식이다. 따라서 어떤 가역원 $u \in R$에 대하여 $c_1 \cdots c_m = u\,d_1 \cdots d_n$이다. 기약 원소의 연관자는 기약이므로(10.1절의 연습문제 7) $u\,d_1$은 기약이다. R은 UFD이므로 $m = n$이어야 하고, (필요하다면, 다시 번호를 붙여) c_1은 $u\,d_1$의 연관자이고 (따라서 d_1의 연관자이고) c_i는 $i \ge 2$에 대하여 d_i의 연관자이다. F를 R의 분수체라 하자. 따름정리 10.37에 따라 $p_i(x)$, $q_j(x)$ 각각은 $F[x]$에서 기약이다. $F[x]$에서 인수분해의 유일성(정리 4.14)과 R에 대하여 이제 막 주어진 것과 유사한 논법은 $k = t$이고, (필요하다면 번호를 다시 붙여) 각 $p_i(x)$가 $F[x]$에서 $q_i(x)$의 연관자임을 보여준다. 그러므로 따름정리 10.36으로부터 $R[x]$에서 $p_i(x)$는 $q_i(x)$의 연관자이다. 결과적으로 $R[x]$는 UFD이다. ■

다음은 정리 1.8과 10.38, 그리고 6.1절의 예제 8의 직접적인 결과이다.

* 어떤 인수분해는 상수를 포함하지 않을 수 있지만, 이것은 논법에 영향을 주지 않는다. 한쪽의 인수분해에서는 기약인 상수를 포함하고 다른 쪽에는 그렇지 않은 것은 가능하지 않다(연습문제 5).

따름정리 10.39

$\mathbb{Z}[x]$는 주아이디얼 정역이 아닌 유일인수분해 정역이다.

이전 논의에서 설명했듯이 $\mathbb{Z}[x]$ 및 $\mathbb{Q}[x]$에 대한 정리는 임의의 UFD 및 해당 분수체로 옮겨질 가능성이 높다. 그러한 결과 중에는 유리근판정법(Rational Root Test)과 Eisenstein 판정법(연습문제 9~11)이 있다.

■ 연습문제

노트: 달리 명시하지 않는 한 R은 UFD이고 F는 R의 분수체이다.

A. 1. R이 임의의 정역이고 $p \in R$이라고 하자. p가 R에서 기약일 필요충분조건은 상수다항식 p가 $R[x]$에서 기약임을 증명하라. [**힌트**: 따름정리 4.5가 도움이 될 것이다.]

2. $f(x)$와 $g(x)$가 $F[x]$에서 연관자이지만 $R[x]$에서는 연관자가 아닌 다항식 $f(x)$, $g(x) \in R[x]$의 예를 들라. 이것은 따름정리 10.36에 위배되는가?

3. $c_i \in R$이고 $g(x)$가 $R[x]$에서 원시다항식일 때, $c_1 \cdots c_m f(x) = g(x)$이면 각 c_i는 가역원임을 증명하라.

4. $g(x)$가 $R[x]$에서 원시다항식이면 $g(x)$의 인수인 $R[x]$의 상수가 아닌 임의의 다항식은 원시다항식임을 증명하라.

B. 5. R 위의 다항식이 원시다항식일 필요충분조건은 1_R이 그 다항식의 모든 계수의 최대공약수임을 증명하라. 이 성질은 때로는 원시다항식의 정의로 쓰이기도 한다.

6. $f(x)$가 $R[x]$에서 원시다항식이고 $F[x]$에서 기약이면 $f(x)$는 $R[x]$에서 기약임을 증명하라.

7. 환 R에 대하여, $R[x]$가 UFD이면 R은 UFD임을 증명하라.

8. 환 R에 대하여, $R[x]$가 주아이디얼 정역이면 R은 체임을 증명하라.

9. 유리근판정법(정리 4.21)은 $\mathbb{Z}$와 $\mathbb{Q}$를 R과 F로 바꾸어도 성립함을 밝히라.

10. 정리 4.23은 $\mathbb{Z}$와 $\mathbb{Q}$를 R과 F로 바꾸어도 성립함을 밝히라.

11. Eisenstein 판정법(정리 4.24)은 $\mathbb{Z}$와 $\mathbb{Q}$를 R과 F로 바꾸고, 소수를 기약으로 바꾸어도 성립함을 밝히라.

12. $x^3 - 6x^2 + 4ix + 1 + 3i$는 $(\mathbb{Z}[i])[x]$에서 기약임을 보이라. [힌트: 연습문제 11.]

CHAPTER 11

체의 확장

고등학교 대수는 기본적으로 세 가지 체 $\mathbb{Q}$, $\mathbb{R}$, $\mathbb{C}$ 그리고 집합 $\mathbb{R}\times\mathbb{R}$과 함께 평면기하를 다룬다. 미적분학은 $\mathbb{R}$에서 $\mathbb{R}$로의 함수와 관련된다. 사실 고전 수학의 대부분은 체 $\mathbb{C}$와 그 부분체에서 비롯된다. 다른 체는 비교적 최근의 수학에서 대등하게 중요한 역할을 한다. 그것은 예를 들면, 해석학, 대수기하와 정수론의 분야에서 이용되고, 코딩이론과 대수적 암호이론을 포함한 여러 가지 응용이 있다.

이 장에서는 방정식 이론(제12장)에서의 유명한 어떤 결과들을 증명하기 위하여, 또 앞서 열거한 주제에 대한 어떤 것을 연구하는 데 필요한 체에 관한 기본적 사실들을 전개한다. 주요한 내용은 체와 그것의 각종 부분체 사이의 관련성이다.

11.1 벡터공간

체의 연구를 위한 필수적인 기본 도구는 벡터공간의 개념으로, 이 절에서 소개한다. 벡터공간은 선형대수의 책과 강좌에서 자세히 다룬다. 여기서는 이 책에서 체의 연구에 필요한 주제만을 제시한다. 만약 선형대수 강좌를 수강하였다면 아마 이 절의 대부분을 건너뛰어도 될 것이다. 그렇지만 주요 결과들, 특히 정리 11.4와 11.5를 다시 훑어보는 것이 바람직할 것이다.

실수체 $\mathbb{R}$ 위의 모든 2×2 행렬들의 덧셈에 대한 Abel 군* $M(\mathbb{R})$을 생각하자. r

* 이 장의 마지막 두 결과를 제외하고는 군 이론은 이 장에 대한 선행학습 요건이 아니다. 이 절에서는 덧셈에 대한 Abel 군이 환의 정의(56쪽)에서 공리 1~5를 만족하는 덧셈 연산을 갖는 집합임을 알기만 하면 된다.

이 실수이고, $A=\begin{pmatrix} a & b \\ c & d \end{pmatrix}$가 $M(\mathbb{R})$의 원소이면 수 r과 행렬 A의 곱은 행렬 $rA=\begin{pmatrix} ra & rb \\ rc & rd \end{pmatrix}$로 정의된다. 이 연산은 **스칼라배**(scalar multiplication)라 부르고, 이것은 하나의 실수(체의 원소)와 행렬(군의 원소)로부터 새로운 행렬(군의 원소)을 만든다. 이는 보다 일반적인 개념의 예이다. F를 체라 하고, G를 덧셈에 대한 Abel 군이라 하자.* 그러면 스칼라배는 임의의 $a \in F$와 임의의 $v \in G$에 대하여 꼭 하나의 원소 $av \in G$가 존재하는 연산이다.

정의

F를 체라 하고, V를 덧셈에 대한 Abel 군이라 하자.* 임의의 $a, a_1, a_2 \in F$와 $v, v_1, v_2 \in V$에 대하여

(i) $a(v_1+v_2)=av_1+av_2$
(ii) $(a_1+a_2)v=a_1v+a_2v$
(iii) $a_1(a_2v)=(a_1a_2)v$
(iv) $1_F v=v$

을 만족하는 스칼라배가 정의되어 있을 때, V를 $\boldsymbol{F}$ 위의 **벡터공간**(vector space over F)이라고 한다.

예제 1

앞에서 정의된 $M(\mathbb{R})$에서의 스칼라배는 $M(\mathbb{R})$을 $\mathbb{R}$ 위의 벡터공간으로 만든다(연습문제 1).

예제 2

집합 $\mathbb{Q}^2=\mathbb{Q}\times\mathbb{Q}$를 생각하자. 여기서 $\mathbb{Q}$는 유리수체이다. 그러면 $\mathbb{Q}^2$은 덧셈에 대한 군이고(정리 3.1 또는 7.4), 이것의 영 원소는 $(0,0)$이고, (s,t)의 역원은 $(-s,-t)$이다. $a\in\mathbb{Q}$와 $(s,t)\in\mathbb{Q}^2$에 대하여, 스칼라배를 $a(s,t)=(as,at)$로 정의한다. 이들 연산에 대하여 $\mathbb{Q}^2$은 $\mathbb{Q}$ 위의 벡터공간이다(연습문제 2).

예제 3

앞의 예는 다음과 같이 일반화할 수 있다. 체 F에 대하여, $n\geq 1$이 정수일 때 $F^n=F\times F\times\cdots\times F$($n$개의 F)라 두자. 그러면 F^n은 좌표별 정의된 덧셈, 즉

$$(s_1, s_2, ..., s_n) + (t_1, t_2, ..., t_n) = (s_1 + t_1, s_2 + t_2, \cdots, s_n + t_n)$$

과

$$a(s_1, s_2, ..., s_n) = (as_1, as_2, ..., as_n), \quad a \in F$$

로 정의된 스칼라배에 대하여 F 위의 벡터공간이다(연습문제 5).

예제 4

복소수 전체 $\mathbb{C}$ 는 보통처럼 정의된 복소수(벡터)의 덧셈과 보통의 곱셈(실수와 복소수의 곱은 복소수)인 스칼라배에 대하여 실수체 $\mathbb{R}$ 위의 벡터공간이다.

앞의 예제와 같은 상황에서 특별한 용어를 사용한다. F와 K가 $F \subseteq K$인 체일 때 K를 F의 **확대체**(extension field)라 한다. 예를 들어, 복소수 전체 $\mathbb{C}$ 는 실수체 $\mathbb{R}$ 의 확대체이다. 앞의 예제에서 알 수 있는 것처럼, 확대체 $\mathbb{C}$ 는 $\mathbb{R}$ 위의 벡터공간으로 생각할 수 있다. 이것은 일반적으로 참이다. 즉

K가 F의 확대체이면 K에서의 보통의 덧셈에 의한 벡터의 덧셈과 K에서 보통의 곱셈에 의한 스칼라배에 대하여 K는 F 위의 벡터공간이다.

(부분체 F의 원소와 K의 원소의 곱은 K의 원소이다.) 이 장의 목적을 위하여, 확대체는 벡터공간의 가장 중요한 예이다.

V가 F 위의 벡터공간일 때, 임의의 $v \in V$와 $a \in F$에 대하여 다음 성질이 성립한다(연습문제 21).

$$0_F v = 0_V, \quad a0_V = 0_V, \quad -(av) = (-a)v = a(-v)$$

생성집합

V를 체 F 위의 벡터공간이라 하고, w와 $v_1, v_2, ..., v_n$을 V의 원소라고 하자. w를 어떤 $a_i \in F$에 대하여

$$w = a_1 v_1 + a_2 v_2 + \cdots + a_n v_n$$

의 형태로 나타낼 수 있을 때, w를 $v_1, v_2, ..., v_n$의 **일차결합**(linear combination)이라고 말한다.

정의

체 F 위의 벡터공간 V에 대하여, V의 임의의 원소가 $v_1,\ v_2,\ \dots,\ v_n$의 일차결합일 때 집합 $\{v_1,\ v_2,\ \dots,\ v_n\}$이 F 위에서 V를 **생성**(span)한다고 한다.

예제 5

집합 $\{(1,0,0),\ (0,1,0),\ (0,0,1)\}$는 $\mathbb{Q}$ 위의 벡터공간을 생성한다. 그 이유는, $\mathbb{Q}^3$의 임의의 원소 (a,b,c)는 이 세 원소의 일차결합이기 때문이다. 즉

$$(a,b,c)=a(1,0,0)+b(0,1,0)+c(0,0,1).$$

예제 6

($\mathbb{R}$ 위의 벡터공간으로 생각한) $\mathbb{C}$의 임의의 원소는 $a,\ b\in\mathbb{R}$인 $a1+bi$ 형태로 나타낼 수 있으므로, 1과 i의 일차결합이다. 따라서 $\{1,\ i\}$는 $\mathbb{R}$ 위에서 $\mathbb{C}$를 생성한다. 집합 $\{1+i,\ 5i,\ 2+3i\}$도 $\mathbb{C}$를 생성한다. 왜냐하면 임의의 $a+bi\in\mathbb{C}$는 $\mathbb{R}$의 계수를 갖는 이 세 원소의 일차결합이기 때문이다. 즉

$$a+bi=3a(1+i)+\frac{b}{5}(5i)+(-a)(2+3i).$$

일차독립과 기저

집합 $\{1,\ i\}$는 $\mathbb{R}$의 확대체 $\mathbb{C}$를 생성할 뿐만 아니라 다음 성질을 만족한다. 즉 $a1+bi=0$이면 $a=0$이고 $b=0$이다. 다르게 말하면, 1과 i의 일차결합이 0이면 모든 계수가 0이다. 한편 $\{1+i,\ 5i,\ 2+3i\}$는 이러한 성질을 만족하지 않는다. 그 이유는 이 세 원소의 어떤 일차결합은 그 계수들이 모두 0이 아니라도 0이 될 수 있기 때문이다. 즉

$$2(1+i)+\frac{1}{5}(5i)-1(2+3i)=0.$$

이 두 상황의 차이점은 체의 확장에 관한 이 책의 연구에 매우 중요하다.

정의

체 F 위의 벡터공간 V의 부분집합 $\{v_1,\ v_2,\ \dots,\ v_n\}$에 대하여, $c_i\in F$이고

$$c_1v_1+c_2v_2+\ \cdots\ +c_nv_n=0_V$$

이면 모든 i에 대하여 $c_i = 0_F$일 때, $\{v_1, v_2, ..., v_n\}$은 F 위에서 **일차독립**(linearly independent over F)이라고 말한다. 일차독립이 아닌 집합은 **일차종속**(linearly dependent)이라고 한다.

이렇게 하여, 적어도 하나는 영이 아닌 F의 어떤 원소 $b_1, b_2, ..., b_n$에 대하여 $b_1v_1 + b_2v_2 + \cdots + b_nv_n = 0_V$이면 집합 $\{v_1, v_2, ..., v_n\}$은 F 위에서 일차종속이다.

예제 7

이 정의 앞의 언급들은 $\mathbb{C}$의 부분집합 $\{1, i\}$는 $\mathbb{R}$ 위에서 일차독립이고, 집합 $\{1+i, 5i, 2+3i\}$는 일차종속임을 보여준다. 그렇지만 둘 다 $\mathbb{C}$를 생성하는 것을 주목한다.

예제 8

$\mathbb{Q}$ 위의 벡터공간 $\mathbb{Q}^3$의 부분집합 $\{(3,0,0), (0,0,4)\}$를 생각하고, $c_1, c_2 \in \mathbb{Q}$가 $c_1(3,0,0) + c_2(0,0,4) = (0,0,0)$를 만족한다고 가정하자. 그러면

$$(0,0,0) = c_1(3,0,0) + c_2(0,0,4) = (3c_1, 0, 4c_2)$$

이고 $c_1 = 0 = c_2$이다. 따라서 $\{(3,0,0), (0,0,4)\}$는 $\mathbb{Q}$ 위에서 일차독립이다. 그렇지만 예를 들어 $(0,5,0)$를 $a_i \in \mathbb{Q}$인 $a_1(3,0,0) + a_2(0,0,4) = (3a_1, 0, 4a_2)$의 형태로 나타내는 방법이 없으므로, 집합 $\{(3,0,0), (0,0,4)\}$는 $\mathbb{Q}^3$를 생성하지 않는다.

V를 체 F 위의 벡터공간이라 하자. 앞의 예제들은 일차독립성과 생성은 하나가 다른 것을 의미하지 않음을 보여준다. 즉, V의 어떤 부분집합은 두 성질 중 하나를 갖거나, 둘 다를 갖거나, 어느 것도 갖지 않을 수도 있다. 두 성질을 모두 갖는 부분집합은 특별한 용어를 갖는다.

정의 체 F 위의 벡터공간 V에 대하여, V의 부분집합 $\{v_1, v_2, ..., v_n\}$이 V를 생성하고 F 위에서 일차독립일 때, $\{v_1, v_2, ..., v_n\}$을 V의 **기저**(basis)라 한다.

예제 9

예제 5는 집합 $\{(1,0,0),\ (0,1,0),\ (0,0,1)\}$이 $\mathbb{Q}$ 위에서 벡터공간 $\mathbb{Q}^3$를 생성하는 것을 보여준다. 또한 이 집합은 $\mathbb{Q}$ 위에서 일차독립(연습문제 8)이고, 따라서 기저이다.

예제 10

예제 6과 7은 집합 $\{1,\ i\}$가 $\mathbb{R}$ 위에서 $\mathbb{C}$의 기저임을 보여준다. 집합 $\{1+i,\ 2i\}$도 $\mathbb{R}$ 위에서 $\mathbb{C}$의 기저임을 보이자. 만약 $c_1(1+i)+c_2(2i)=0$, $c_1,\ c_2\in\mathbb{R}$이면 $c_1 1+(c_1+2c_2)i=0$이다. 이것은 $c_1=0$이고 $c_1+2c_2=0$일 때만 성립할 수 있다. 그런데 이것은 $2c_2=0$를 의미하고, 따라서 $c_2=0$이다. 그러므로 $\{1+i,\ 2i\}$는 일차독립이다. 원소 $a+bi\in\mathbb{C}$는 $a(1+i)+\left(\frac{b-a}{2}\right)2i$로 나타낼 수 있음을 주목하여, $\{1+i,\ 2i\}$가 $\mathbb{C}$를 생성하는 것을 알 수 있다.

어떤 상황에서는 항상 일차종속이 된다. V를 체 F 위의 벡터공간이라 하고, S를 V의 부분집합이라고 하자. $v,\ u_1,\ u_2,\ \ldots,\ u_t$가 S의 어떤 원소들이고, v는 $u_1,\ u_2,\ \ldots,\ u_t$의 일차결합이라고 가정하자. 말하자면 $v=a_1u_1+a_2u_2+\cdots+a_tu_t$이고 여기서 $a_i\in F$이다. $w_1,\ w_2,\ \ldots,\ w_r$을 S의 나머지 모든 원소라 하면

$$v=a_1u_1+a_2u_2+\cdots+a_tu_t+0_Fw_1+0_Fw_2+\cdots+0_Fw_r$$

이고, 따라서

$$-1_Fv+a_1u_1+a_2u_2+\cdots+a_tu_t+0_Fw_1+0_Fw_2+\cdots+0_Fw_r=0_V$$

이다. 이들 계수 중 적어도 하나(즉 -1_F)는 영이 아니므로, S는 일차종속이다. 지금까지 다음의 유용한 사실을 증명하였다.

$v\in V$가 $u_1,\ u_2,\ \ldots,\ u_t\in V$의 일차결합이면
v와 모든 u_i를 포함하는 임의의 집합은 일차종속이다.

사실, 참인 것이 좀 더 있다.

보조정리 11.1

체 F 위의 벡터공간 V에 대하여, V의 부분집합 $\{u_1, u_2, \dots, u_n\}$이 F 위에서 일차종속일 필요충분조건은 어떤 u_k가 그 앞에 있는 $u_1, u_2, \dots, u_{k-1}$의 일차결합이다.

증명

어떤 u_k가 그 앞 원소들의 일차결합이면, 그 집합은 이 보조정리 앞에 언급한 사실들에 의하여 일차종속이다. 역으로, $\{u_1, u_2, \dots, u_n\}$이 일차종속이라고 가정하자. 그러면 $c_1u_1 + c_2u_2 + \cdots + c_nu_n = 0_V$를 만족하는 적어도 하나는 영이 아닌 F의 원소 $c_1, c_2, \dots, c_n$이 존재하여야 한다. k를 c_k가 영이 아닌 가장 큰 첨수의 번호라 하자. 그러면 모든 $i > k$에 대하여 $c_i = 0_F$이므로

$$c_1u_1 + c_2u_2 + \cdots + c_ku_k = 0_V$$

이고, 따라서

$$c_ku_k = -c_1u_1 - c_2u_2 - \cdots - c_{k-1}u_{k-1}$$

이다. F는 체이고 $c_k \neq 0_F$이므로 c_k^{-1}이 존재한다. 앞 등식에 c_k^{-1}를 곱하면 u_k는 u_k 앞의 u들의 일차결합임을 알 수 있다. 즉

$$u_k = (-c_1c_k^{-1})u_1 + (-c_2c_k^{-1})u_2 + \cdots + (-c_{k-1}c_k^{-1})u_{k-1}$$

이다. ■

다음 보조정리는 일차독립인 집합의 크기에 대한 상한을 제시해준다. 그것은 사실상, V가 F 위에서 n개의 원소에 의해 생성될 수 있다면 모든 V의 일차독립인 부분집합은 많아야 n개 이하의 원소를 포함하는 것을 말한다.

보조정리 11.2

F 위의 벡터공간 V에 대하여, V가 집합 $\{v_1, v_2, \dots, v_n\}$으로 생성되고 V의 부분집합 $\{u_1, u_2, \dots, u_m\}$이 일차독립이면 $m \leq n$이다.

증명

생성의 정의에 따라, V의 임의의 원소(특히 u_1)는 $v_1, v_2, \ldots, v_n$의 일차결합이다. 그래서 집합 $\{u_1, v_1, v_2, \ldots, v_n\}$은 일차종속이다. 따라서 보조정리 11.1에 따라, 그 원소 중 하나는 그 앞 원소들의 일차결합이다. 이를테면 $v_i = a_1 u_1 + b_1 v_1 + b_2 v_2 + \cdots + b_{i-1} v_{i-1}$이다. 만약 v_i를 제거하면 남은 집합

$$(*) \qquad \{u_1, v_1, v_2, \ldots, v_{i-1}, v_{i+1}, \ldots, v_n\}$$

은 여전히 V를 생성한다. 왜냐하면 V의 임의의 원소는 v들의 일차결합이고, 여기에 포함된 v_i는 $a_1 u_1 + b_1 v_1 + b_2 v_2 + \cdots + b_{i-1} v_{i-1}$로 바꿀 수 있기 때문이다. 특히 u_2는 집합 (*)의 원소들의 일차결합이다. 결과적으로 집합

$$\{u_1, u_2, v_1, v_2, \ldots, v_{i-1}, v_{i+1}, \ldots, v_n\}$$

은 일차종속이다. 보조정리 11.1에 따라, 그 원소들 중 하나는 그 앞 원소들의 일차결합이다. 그 원소가 u들 중 하나가 될 수 없다. 이는 u들 전체가 일차종속임을 의미하기 때문이다. 그래서 어떤 v_j가 u_1, u_2와 그 앞에 있는 v들의 일차결합이다. 이 v_j를 제거하면 집합

$$\{u_1, u_2, v_1, v_2, \ldots, v_{i-1}, v_{i+1}, \ldots, v_{j-1}, v_{j+1}, \ldots, v_n\}$$

을 얻는다. V의 임의의 원소는 v들의 일차결합이고 v_i, v_j는 u_1, u_2와 다른 v들의 일차결합으로 대체할 수 있으므로, 이 집합은 여전히 V를 생성한다. 특히 u_3는 이 새로운 집합의 원소들의 일차결합이다. 이 과정을 계속한다. 즉, 단계마다 하나의 u를 추가하고 하나의 v를 제거하여, V를 생성하는 새로운 집합을 얻는다. 만약 $m > n$이면 모든 u들을 넣기 전에 v들이 소진될 것이고, 결과적으로 $\{u_1, u_2, \ldots, u_n\}$ 형태의 어떤 집합이 V를 생성하게 된다. 그러나 이것은 u_m이 $u_1, u_2, \ldots, u_n$의 일차결합이 될 것을 의미하므로 $\{u_1, u_2, \ldots, u_m\}$가 일차독립임에 모순이다. 따라서 $m \leq n$이다. ■

정리 11.3

V를 체 F 위의 벡터공간이라 하자. F 위에서 V의 임의의 두 유한 기저는 원소의 개수가 서로 같다.

증명

$\{u_1, u_2, \ldots, u_m\}$과 $\{v_1, v_2, \ldots, v_n\}$을 F 위에서 V의 기저라 하자. 그러면 v들이 V

를 생성하고 u 들은 일차독립이므로, 보조정리 11.2에 따라 $m \le n$ 이다. 이제 역할을 바꾸어 u들이 V를 생성하고 v들이 일차독립이므로, 또 보조정리 11.2에 따라 $n \le m$ 이다. 따라서 $m = n$ 이다. ■

정리 11.3에 따르면, F 위에서 V의 한 기저에 포함된 모든 원소의 개수는 선택된 기저에 의존하지 않는다. 그래서 이 수는 V의 어떤 성질이다.

정의 체 F 위의 벡터공간 V의 어떤 기저가 유한일 때 V를 F 위에서 **유한차원**(finite dimensional)이라고 한다. F 위에서 V의 **차원**(dimension)은 V의 임의의 기저에 속하는 모든 원소의 개수이고, $[V : F]$ 로 나타낸다. V의 유한 기저가 존재하지 않으면 V는 F 위에서 **무한차원**(infinite dimensional)이라고 한다.

예제 11

$\mathbb{Q}$ 위의 벡터공간 $\mathbb{Q}^3$ 의 차원은, $\{(1, 0, 0),\ (0, 1, 0),\ (0, 0, 1)\}$이 기저이므로 3이다. 더 일반적으로, F가 체일 때 F^n 은 F 위의 n차원 벡터공간이다(연습문제 27).

예제 12

$\{1, i\}$ 가 $\mathbb{R}$ 위에서 $\mathbb{C}$ 의 기저이므로 $[\mathbb{C} : \mathbb{R}] = 2$ 이다. 한편 $\mathbb{Q}$ 의 확대체 $\mathbb{R}$ 은 $\mathbb{Q}$ 위의 무한차원 벡터공간이다. 이 사실에 대한 증명은 무한집합의 원소 개수에 관해 간단하지 않은 사실들이 필요하므로, 여기서는 생략한다.

확대체에 대한 응용

이 장의 나머지 부분에서 K는 체 F의 확대체이다. K를 F 위의 벡터공간으로 생각하여 K가 F 위에서 유한차원일 때, K는 F의 **유한차원 확대체**(finite–dimensional extension)라 한다.

참고 $[K : F] = 1$ 이고 $\{u\}$가 기저이면 K의 임의의 원소는 어떤 $c \in F$ 에 대하여 cu 형태이다. 특히 $1_F = cu$ 이고, 따라서 $u = c^{-1}$는 F에 속한다. 따라서 $K = F$ 이다. 한편 $K = F$이면 $\{1_F\}$가 기저이므로 $[K : F] = 1$ 임을 쉽게 알 수 있다. 그러므로

$$[K : F] = 1 \text{일 필요충분조건은 } K = F \text{이다.}$$

F, K, L이 $F \subseteq K \subseteq L$인 체이면 K와 L은 F 위의 벡터공간으로 생각할 수 있다. 차원 $[K:F]$, $[L:K]$, $[L:F]$가 어떤 관계가 있는지 묻는 것은 당연하다. 다음은 그 답이다.

정리 11.4

F, K, L을 $F \subseteq K \subseteq L$인 체라 하자. $[K:F]$와 $[L:K]$가 유한이면 L은 F의 유한차원 확대체이고, $[L:F]=[L:K][K:F]$이다.

증명

$[K:F]=m$이고 $[L:K]=n$이라고 하자. F 위에서 K의 기저 $\{u_1, u_2, \dots, u_m\}$과 K 위에서 L의 기저 $\{v_1, v_2, \dots, v_n\}$이 존재한다. 연습문제 19에 따라 각 u_i와 v_j는 영이 아니고, 따라서 모든 곱의 집합 $\{u_iv_j \mid 1 \le i \le m,\ 1 \le j \le n\}$은 정확히 mn개의 원소를 갖는다. (왜냐하면 $u_iv_j = u_kv_t$이면 $u_iv_j - u_kv_t = 0_K$이고 u_i, $u_k \in K$이므로 K 위에서 v들의 일차독립성에 모순되고, 어느 것도 같을 수 없다.) $[L:K][K:F]=nm=[L:F]$이므로, 이 mn개의 원소들의 집합이 F 위에서 L의 기저임을 보이기만 하면 된다.

w가 L의 임의의 원소이면 w는 기저의 원소 $v_1, v_2, \dots, v_n$의 일차결합이다. 말하자면

$$(*) \qquad w = b_1v_1 + b_2v_2 + \cdots + b_nv_n$$

여기서 각 $b_j \in K$이다. 각 $b_j \in K$는 기저의 원소 $u_1, u_2, \dots, u_m$의 일차결합이므로 다음을 만족하는 $a_{ij} \in F$가 존재한다. 즉

$$\begin{aligned} b_1 &= a_{11}u_1 + a_{21}u_2 + \cdots + a_{m1}u_m \\ b_2 &= a_{12}u_1 + a_{22}u_2 + \cdots + a_{m2}u_m \\ &\ \vdots \\ b_n &= a_{1n}u_1 + a_{2n}u_2 + \cdots + a_{mn}u_m \end{aligned}$$

$(*)$에 이들 표현 각각의 우변을 대입하면 w는 $a_{ij} \in F$인 $a_{ij}u_iv_j$ 형태의 항들의 합임을 알 수 있다. 따라서 모든 곱 $a_{ij}u_iv_j$의 집합은 F 위에서 L을 생성한다.

일차독립임을 보이기 위하여, $c_{ij} \in F$이고

$$(**) \qquad \sum_{i,j} c_{ij}u_iv_j = c_{11}u_1v_1 + c_{12}u_1v_2 + \cdots + c_{mn}u_mv_n = 0_F$$

이라고 가정하자. v_1을 포함하는 모든 항을 모은 다음, v_2를 포함하는 모든 항을 모으고, $\cdots$ 하면 (**)를 다음과 같이 다시 나타낼 수 있다.

$$\begin{aligned}&(c_{11}u_1 + c_{21}u_2 + \cdots + c_{m1}u_m)v_1 \\ &\quad + (c_{12}u_1 + c_{22}u_2 + \cdots + c_{m2}u_m)v_2 \\ &\qquad + \cdots + (c_{1n}u_1 + c_{2n}u_2 + \cdots + c_{mn}u_m)v_n = 0_F\end{aligned}$$

v들의 계수들은 K의 원소이고, 그래서 v들의 일차독립성으로부터 각 $j = 1, 2, \ldots, n$에 대하여

$$c_{1j}u_1 + c_{2j}u_2 + \cdots + c_{mj}u_m = 0_F$$

이다. 각 $c_{ij} \in F$이고, u들은 F 위에서 일차독립이므로 모든 i, j에 대하여 $c_{ij} = 0_F$이다. 이것으로 일차독립의 증명을 완성하고, 정리가 증명된다. ■

11.4절의 정리 11.15를 증명하려면 다음과 같은 결과가 필요하다.

정리 11.5

체 F의 유한차원 확대체 K와 L에 대하여, $f : K \to L$이 모든 $c \in F$에 대하여 $f(c) = c$인 동형사상이면 $[K : F] = [L : F]$이다.

증명

$[K : F] = n$이고, $\{u_1, u_2, \ldots, u_n\}$이 F 위에서 K의 기저라 하자. $[L : F] = n$임을 증명하기 위하여 $\{f(u_1), f(u_2), \ldots, f(u_n)\}$이 F 위에서 L의 기저임을 보이기만 하면 된다. $v \in L$이라 두면 f가 동형사상이므로 어떤 $u \in K$에 대하여 $v = f(u)$이다. 기저의 정의에 따라, $u = c_1u_1 + c_2u_2 + \cdots + c_nu_n$이고, 각 $c_i \in F$이다. 따라서

$$\begin{aligned}v = f(u) &= f(c_1u_1 + c_2u_2 + \cdots + c_nu_n) \\ &= f(c_1)f(u_1) + f(c_2)f(u_2) + \cdots + f(c_n)f(u_n)\end{aligned}$$

이다. 그런데 모든 i에 대하여 $f(c_i) = c_i$이므로 $v = c_1f(u_1) + c_2f(u_2) + \cdots + c_nf(u_n)$이다. 그러므로 $\{f(u_1), f(u_2), \ldots, f(u_n)\}$이 L을 생성한다. 일차독립임을 보이기 위하여 다음을 가정하자.

$$d_1f(u_1) + d_2f(u_2) + \cdots + d_nf(u_n) = 0_F$$

여기서 각 $d_i \in F$ 이다. 그러면 $f(d_i) = d_i$ 이므로

$$\begin{aligned} f(d_1u_1 + d_2u_2 + \cdots + d_nu_n) &= f(d_1)f(u_1) + f(d_2)f(u_2) + \cdots + f(d_n)f(u_n) \\ &= d_1f(u_1) + d_2f(u_2) + \cdots + d_nf(u_n) = 0_F. \end{aligned}$$

동형사상 f는 단사이므로, 정리 6.11에 따라 $d_1u_1 + d_2u_2 + \cdots + d_nu_n = 0_F$ 이다. 그런데 이들은 K에서 일차독립이고, 따라서 모든 $d_i = 0_F$ 이다. 그러므로 $\{f(u_1), f(u_2), \cdots, f(u_n)\}$ 은 일차독립이고, 따라서 기저이다. ■

■ 연습문제

노트: V는 체 F 위의 벡터공간을 나타내고, K는 F의 확대체를 나타낸다.

A. 1. $M(\mathbb{R})$은 $\mathbb{R}$ 위의 벡터공간임을 보이라.

2. $\mathbb{Q}^2$는 $\mathbb{Q}$ 위의 벡터공간임을 보이라.

3. 다항식환 $\mathbb{R}[x]$는 (보통의 다항식 덧셈과 다항식의 스칼라배에 대하여) $\mathbb{R}$ 위의 벡터공간임을 보이라.

4. $n \geq 1$ 이 정수일 때, 상수다항식 0과 차수가 n 이하인 $\mathbb{R}[x]$의 모든 다항식으로 구성되는 집합을 $\mathbb{R}_n[x]$ 로 나타내자. $\mathbb{R}_n[x]$ 는 (보통의 다항식 덧셈과 다항식의 스칼라배에 대하여) $\mathbb{R}$ 위의 벡터공간임을 보이라.

5. $n \geq 1$ 이 정수일 때, F^n 이 F 위의 벡터공간임을 보이라.

6. $\{v_1, v_2, \ldots, v_n\}$ 이 F 위에서 K를 생성하고 w가 K의 임의의 원소이면 $\{w, v_1, v_2, \ldots, v_n\}$ 도 K를 생성함을 증명하라.

7. $\{i, 1+2i, 1+3i\}$ 는 $\mathbb{R}$ 위에서 $\mathbb{C}$ 를 생성함을 보이라.

8. $\mathbb{Q}^3$의 부분집합 $\{(1,0,0), (0,1,0), (0,0,1)\}$ 은 $\mathbb{Q}$ 위에서 일차독립임을 보이라.

9. $\{\sqrt{2}, \sqrt{2}+i, \sqrt{3}-i\}$ 는 $\mathbb{R}$ 위에서 일차종속임을 보이라.

10. v가 V의 영이 아닌 원소이면 $\{v\}$는 F 위에서 일차독립임을 증명하라.

11. 0_V를 포함하는 V의 임의의 부분집합은 F 위에서 일차종속임을 증명하라.

12. V의 부분집합 $\{u, v, w\}$가 F 위에서 일차독립이면 $\{u, u+v, u+v+w\}$는 일차독립임을 증명하라.

13. $S=\{v_1, v_2, \ldots, v_k\}$가 V의 일차종속인 부분집합이면, S를 포함하는 V의 임의의 부분집합도 F 위에서 일차종속임을 증명하라.

14. V의 부분집합 $T=\{u_1, u_2, \ldots, u_t\}$가 F 위에서 일차독립이면, 공집합이 아닌 T의 임의의 부분집합도 F 위에서 일차독립임을 증명하라.

15. b와 d가 영이 아닌 서로 다른 실수이고, c는 임의의 실수라 하자. $\{b, c+di\}$는 $\mathbb{R}$ 위에서 $\mathbb{C}$의 기저임을 증명하라.

16. K가 $\mathbb{Z}_p$의 n차원 확대체일 때, K의 원소들의 개수는 최대 몇 개인가?

17. $\{v_1, v_2, \ldots, v_n\}$이 F 위에서 V의 기저이고, $c_1, c_2, \ldots, c_n$을 F의 영이 아닌 원소라 하자. $\{c_1v_1, c_2v_2, \ldots, c_nv_n\}$도 F 위에서 V의 기저임을 증명하라.

18. $\{1, [x]\}$가 $\mathbb{Z}_2$ 위에서 $\mathbb{Z}_2[x]/(x^2+x+1)$의 기저임을 보이라.

19. $\{v_1, v_2, \ldots, v_n\}$이 V의 기저이면, 모든 i에 대하여 $v_i \neq 0_V$임을 증명하라.

20. F, K, L이 $F \subseteq K \subseteq L$인 체라 하자. $S=\{v_1, v_2, \ldots, v_n\}$가 F 위에서 L을 생성할 때, 왜 S가 K 위에서도 L을 생성하는지를 설명하라.

B. 21. 임의의 $v \in V$와 임의의 $a \in F$에 대하여, 다음을 증명하라.
   (a) $0_F v = 0_V$ [**힌트**: 정리 3.5의 증명을 모방하라.]
   (b) $a 0_V = 0_V$
   (c) $-(av) = (-a)v = a(-v)$

22. (a) $\mathbb{R}$ 의 부분집합 $\{1,\ \sqrt{2}\}$ 는 $\mathbb{Q}$ 위에서 일차독립임을 증명하라.
    (b) $\sqrt{3}$ 은 $\mathbb{Q}$ 위에서 1과 $\sqrt{2}$ 의 일차결합이 아님을 증명하라. 결론적으로 $\{1,\ \sqrt{2}\}$ 는 $\mathbb{Q}$ 위에서 $\mathbb{R}$ 을 생성하지 않는다.

23. (a) $\{1,\ \sqrt{2},\ \sqrt{3}\}$ 이 $\mathbb{Q}$ 위에서 일차독립임을 보이라.
    (b) $\{1,\ \sqrt{2},\ \sqrt{3},\ \sqrt{6}\}$ 이 $\mathbb{Q}$ 위에서 일차독립임을 보이라.

24. v 가 영이 아닌 실수라 하자. $\{1, v\}$ 가 $\mathbb{Q}$ 위에서 일차독립일 필요충분조건은 v 가 무리수임을 증명하라.

25. (a) $k \geq 1$ 을 정수라 하자. $\mathbb{R}[x]$ 의 부분집합 $\{1, x, x^2, \ldots, x^k\}$ 는 $\mathbb{R}$ 위에서 일차독립임을 보여라(연습문제 3을 보라).
    (b) $\mathbb{R}[x]$ 는 $\mathbb{R}$ 위에서 무한차원임을 보이라.

26. 연습문제 4에서의 벡터공간 $\mathbb{R}_n[x]$ 는 $\mathbb{R}$ 위에서 차원이 $n+1$ 임을 보이라.

27. F가 체이면 벡터공간 F^n 은 F 위에서 차원이 n 임을 보이라.

28. K가 F 위에서 꼭 한 개의 기저를 가질 필요충분조건은 $K = F \cong \mathbb{Z}_2$ 임을 보이라.

29. $1_F + 1_F \neq 0_F$ 라 가정하자. $\{u, v, w\}$가 F 위에서 V의 기저이면 $\{u+v, v+w, u+w\}$도 기저임을 증명하라.

30. $\{v_1, v_2, \ldots, v_n\}$ 이 F 위에서 V의 기저일 필요충분조건은 V의 임의의 원소를 $v_1, v_2, \ldots, v_n$ 의 일차결합으로 유일한 방법으로 나타낼 수 있는 것을 증명하라. (여기서 '유일'은 $w = c_1v_1 + c_2v_2 + \cdots + c_nv_n$ 이고 $w = d_1v_1 + d_2v_2 + \cdots + d_nv_n$ 이면 모든 i 에 대하여 $c_i = d_i$ 임을 의미한다.)

31. n차 다항식 $p(x) = a_0 + a_1x + a_2x^2 + a_nx^n$ 이 $F[x]$에서 기약이고, F의 확대체 $F[x]/(p(x))$을 L 이라고 하자. F 위에서 L 의 차원이 n임을 증명하라. [힌트: 따름정리 5.5, 정리 5.8과 5.10 및 연습문제 30이 도움이 될 것이다.]

32. $S = \{v_1, v_2, ..., v_n\}$ 이 F 위에서 V를 생성하면 S의 어떤 부분집합이 F 위에서 V의 기저임을 증명하라. [**힌트**: 보조정리 11.1을 이용하여, v들을 반복적으로 제거하여 줄여진 집합이 여전히 V를 생성하고, 일차독립이 될 때까지 계속하라.]

33. V의 부분집합 $\{u_1, u_2, ..., u_t\}$ 가 F 위에서 일차독립이고 $w \in V$가 이 u들의 일차결합이 아니면 $\{u_1, u_2, ..., u_t, w\}$ 는 일차독립임을 증명하라.

34. V가 F 위에서 유한차원이면 임의의 양의 정수 k에 대하여 F 위에서 일차독립인 k개의 벡터들의 어떤 집합을 포함함을 증명하라. [**힌트**: 수학적귀납법을 이용하라. 연습문제 10은 $k = 1$ 인 경우이고, 연습문제 33은 귀납 단계를 증명하는 데 이용할 수 있다.]

35. V의 부분집합 $\{v_1, v_2, ..., v_n\}$ 이 F 위에서 일차독립이고, $c_i \in F$에 대하여 $w = c_1v_1 + c_2v_2 + \cdots + c_nv_n$ 이라고 가정하자. 집합 $\{w - v_1, w - v_2, ..., w - v_n\}$ 이 F 위에서 일차독립일 필요충분조건은 $c_1 + c_2 + \cdots + c_n \neq 1_F$ 임을 증명하라.

36. V가 F 위에서 유한차원이고, S는 일차독립인 V의 부분집합이라 가정하자. S는 V의 어떤 기저에 속하는 것을 증명하라. [**힌트**: $[V : F] = n$ 이고, $S = \{u_1, u_2, ..., u_m\}$ 이라고 하자. 그러면 보조정리 11.2에 의하여 $m \leq n$ 이다. 만약 S가 V를 생성하지 않으면, u들의 일차결합이 아닌 어떤 w가 존재해야 한다. 연습문제 33을 이용하여, 더 큰 일차독립인 집합을 구한다. 만약 이것이 생성하지 않으면 이 논법을 계속한다. 보조정리 11.2를 이용하여, 이 과정은 S를 포함하는 어떤 기저와 함께 끝나야 함을 보이라.]

37. $[V : F] = n$이라고 가정하고, 다음 조건은 동치임을 증명하라.

(i) $\{v_1, v_2, ..., v_n\}$이 F 위에서 V를 생성한다.

(ii) $\{v_1, v_2, ..., v_n\}$이 F 위에서 일차독립이다.

(iii) $\{v_1, v_2, ..., v_n\}$이 F 위에서 V의 기저이다.

38. F, K, L이 $F \subseteq K \subseteq L$인 체라 하자. $[L:F]$가 유한이면 $[L:K]$와 $[K:F]$도 유한이고 모두 $[L:F]$ 이하임을 증명하라. [**힌트**: 연습문제 20과 32를 이용하여 $[L:K]$가 유한임을 보이라. $[K:F]$가 유한임을 보이기 위하여, $[L:F]=n$이라고 가정한다. 집합 $\{1_K\}$는 연습문제 10에 따라 일차독립이다. 만약 이것이 K를 생성하지 않으면, 연습문제 36에 대한 힌트에서의 과정을 진행하여 일차독립이고 더 큰 K의 부분집합을 구한다. 보조정리 11.2와 $[L:F]=n$이라는 사실을 사용하여, 이 과정이 많아야 n개의 원소를 포함하는 K의 기저와 함께 끝난다는 것을 보이라.]

39. 소수 p에 대하여 $[K:F]=p$이면 $F \subsetneq E \subsetneq K$인 체 E가 존재하지 않음을 증명하라. [**힌트**: 연습문제 38과 정리 11.4.]

11.2 단순확대체

체의 확장은 두 가지 관점에서 생각할 수 있다. 하나의 체로부터 위쪽으로 그 확대체를 볼 수 있고, 또 아래쪽으로 그 부분체를 볼 수 있다. 제5장에서 위로의 관점에 대한 예들을 살펴보았다. 체 F와 $F[x]$에 속하는 기약 다항식 $p(x)$를 가지고, 그 모든 합동류의 체(즉, 몫체) $F[x]/(p(x))$를 구성하였다. 정리 5.11은 $F[x]/(p(x))$가 $p(x)$의 어떤 근을 포함하는 F의 확대체임을 보여준다.

이 절에서는 체 K와 부분체 F로 시작하여, 아래쪽으로의 관점을 취한다. $u \in K$일 때, u와 F를 모두 포함하는 K의 모든 부분체에 관하여 무엇을 말할 수 있는가? 가장 작은 그런 부분체가 있는가? 만약 u가 $F[x]$의 어떤 다항식 $p(x)$의 근이면 그 가장 작은 부분체는 $p(x)$의 어떤 근을 포함하는 확대체 $F[x]/(p(x))$와 어떤 관계가 있는가?

첫 질문에 대한 이론적 답은 매우 쉽다. K를 체 F의 확대체라 하고, $u \in K$라 하자. F와 u를 모두 포함하는 K의 모든 부분체(이 부분체들의 모임은 최소한 K 자신을 포함하므로 공집합은 아니다)의 교집합을 $F(u)$로 나타내자. K의 어떤 부분체들의 모임의 교집합은 그 자체로 체이므로(연습문제 1), $F(u)$는 체이다. 그 정의로부터 $F(u)$는 F와 u를 포함하는 K의 임의의 부분체에 포함되고, 따라서 $F(u)$는 F와 u를 포함하는 K의 가장 작은 부분체이다. $F(u)$를 F의 **단순확대체**(simple extension)라 한다.

실제로는 이 답은 완전히 만족스럽지는 않다. 단순확대체 $F(u)$에 대한 더 명쾌한 기술이 필요하다. $F(u)$의 구조는 u가 $F[x]$의 어떤 다항식의 근이 되느냐 아니냐에 달린 것으로 판명된다. 그래서 여기서 잠시 멈추고, 어떤 용어를 소개한다.

정의 F의 확대체 K의 원소 u에 대하여, u가 $F[x]$의 영이 아닌 어떤 다항식의 근일 때 u는 F 위에서 **대수적**(algebraic)이라고 한다. $F[x]$의 영이 아닌 임의의 다항식의 근이 아닌 원소를 F 위에서 **초월적**(transcendental)이라고 한다.

예제 1

$\mathbb{R}$의 확대체 $\mathbb{C}$에서 i는 $x^2+1 \in \mathbb{R}[x]$의 근이므로, $\mathbb{R}$ 위에서 대수적이다. $\mathbb{C}$의 원소 $2+i$는 $x^3-x^2-7x+15 \in \mathbb{Q}[x]$의 근임을 쉽게 밝힐 수 있다. 그러므로 $2+i$는 $\mathbb{Q}$ 위에서 대수적이다. 마찬가지로 $\sqrt[5]{3}$은 x^5-3의 근이므로, $\mathbb{Q}$ 위에서 대수적이다.

예제 2

체 F의 임의의 원소 c는 $x-c \in F[x]$의 근이므로, F 위에서 대수적이다.

예제 3

실수 π와 e는 $\mathbb{Q}$ 위에서 초월적이다(증명 생략). 앞으로 대수적원소에 집중하기로 한다. 초월적원소에 대한 더 많은 정보를 위하여, 연습문제 10과 24~26을 보라.

만약 u가 F의 확대체 K의 대수적원소이면 u를 근으로 갖는 $F[x]$의 많은 다항식이 존재할 수도 있다. 다음 정리는 그 모두가 어떤 한 다항식의 배수임을 보여주며, 이 다항식으로 단순확대체 $F(u)$의 정확한 기술이 가능하다.

정리 11.6

K가 F의 확대체이고, $u \in K$를 F 위에서 대수적원소라 하자. 그러면 u를 근으로 갖는 $F[x]$의 모닉 기약 다항식 $p(x)$가 꼭 하나 존재한다. 또한 u가 $g(x) \in F[x]$의 근이면 $g(x)$는 $p(x)$로 나누어진다.

증명

S를 u를 근으로 갖는 $F[x]$의 영이 아닌 모든 다항식의 집합이라 하자. 그러면 u는 F 위에서 대수적이므로 S는 공집합이 아니다. S의 다항식의 모든 차수의 집합은 영이 아닌 어떤 정수들의 공집합이 아닌 집합이고, 따라서 정렬성원리에 따라 최소원소를 포함해야 한다. $p(x)$를 S에서 차수가 가장 작은 어떤 다항식이라 하자. $p(x)$의 영이 아

닌 임의의 스칼라배는 u를 근으로 갖는 같은 차수의 다항식이다. 그래서 $p(x)$를 모닉으로 선택할 수 있다(만약 모닉이 아니면 최고차항 계수의 역원을 곱한다).

만약 $p(x)$가 $F[x]$에서 기약이 아니면 $p(x)=k(x)t(x)$이고 $\deg k(x) < \deg p(x)$, $\deg t(x) < \deg p(x)$인 다항식 $k(x)$와 $t(x)$가 존재할 것이다. 결과적으로 K에서 $p(u)=k(u)t(u)=0_F$이다. K가 체이므로 $k(u)=0_F$ 또는 $t(u)=0_F$, 즉 $k(x)$ 또는 $t(x)$가 S에 속한다. 이것은 $p(x)$가 S에서 가장 작은 차수를 갖는 다항식이므로 불가능하다. 따라서 $p(x)$는 기약이다.

다음은 S의 임의의 $g(x)$는 $p(x)$로 나누어짐을 보이자. 나눗셈 알고리즘에 의하여, $g(x)=p(x)q(x)+r(x)$이고, 여기서 $r(x)=0_F$ 또는 $\deg r(x) < \deg p(x)$이다. u는 $g(x)$와 $p(x)$의 공통근이므로

$$r(u)=g(u)-p(u)q(u)=0_F-0_F\,q(u)=0_F$$

따라서 u는 $r(x)$의 근이다. 만약 $r(x)$가 영이 아니라면 $r(x)$는 S에 속하고, 이것은 $p(x)$가 S의 가장 작은 차수를 갖는 다항식이라는 사실과 모순이다. 그러므로 $r(x)=0_F$이고, 그 결과 $g(x)=p(x)q(x)$이다. 따라서 S의 임의의 다항식은 $p(x)$로 나누어진다.

$p(x)$가 유일함을 보이기 위하여, $t(x)$가 S의 모닉인 기약 다항식이라 가정하자. 그러면 $p(x)\mid t(x)$이다. $p(x)$는 기약이고(따라서 상수가 아니다), $t(x)$는 기약이므로 어떤 $c\in F$에 대하여 $t(x)=cp(x)$이다. 그런데 $p(x)$는 모닉이고 그래서 c는 $cp(x)$의 최고차항 계수이고, 따라서 $t(x)$의 최고차항 계수이다. $t(x)$는 모닉이므로 $c=1_F$이다. 그러므로 $p(x)=t(x)$이고 $p(x)$는 유일하다. ■

F의 확대체 K와 F 위의 대수적원소 $u\in K$에 대하여, 정리 11.6에서의 모닉인 기약 다항식 $p(x)$를 u의 F 위에서 **최소다항식**(minimal polynomial)이라고 한다. 정리 11.6의 유일성에 관한 진술은 $F[x]$에서 u를 근으로 갖는 모닉인 기약 다항식을 찾으면, 그것이 바로 u의 F 위에서 최소다항식임을 의미한다.

예제 4

x^2-3은 $\sqrt{3}\in\mathbb{R}$을 근으로 갖는 $\mathbb{Q}[x]$에서 모닉인 기약 다항식이다. 그러므로 x^2-3은 $\sqrt{3}$의 $\mathbb{Q}$ 위에서 최소다항식이다. x^2-3은 $(x-\sqrt{3})(x+\sqrt{3})$으로 인수분해되므로 $\mathbb{R}$ 위에서 가약임을 주목한다. 그래서 $\sqrt{3}$의 $\mathbb{R}$ 위에서 최소다항식은 $\mathbb{R}[x]$에서 모닉이고 기약인 $x-\sqrt{3}$이다.

예제 5

$u = \sqrt{3} + \sqrt{5} \in \mathbb{R}$ 이라고 하자. 그러면 $u^2 = 3 + 2\sqrt{3}\sqrt{5} + 5 = 8 + 2\sqrt{15}$ 이다. 따라서 $u^2 - 8 = 2\sqrt{15}$ 이므로 $(u^2-8)^2 = 60$, 즉 $(u^2-8)^2 - 60 = 0$이다. 그러므로 $u = \sqrt{3} + \sqrt{5}$ 는 $(x^2-8)^2 - 60 = x^4 - 16x^2 + 4 \in \mathbb{Q}[x]$ 의 근이다. 이 다항식이 $\mathbb{Q}[x]$ 에서 기약임을 확인하라(연습문제 14). 따라서 이것이 $\sqrt{3} + \sqrt{5}$ 의 $\mathbb{Q}$ 위에서 최소다항식이다.

u의 최소다항식은 단순확대체에 대한 위로와 아래로의 관점 사이의 연관관계를 제시하고, $F(u)$의 유용한 다음 서술을 제공해준다.

정리 11.7

F 의 확대체 K에 대하여, $u \in K$를 F 위에서 대수적원소라 하자. u의 최소다항식 $p(x)$ 의 차수가 n 이면 다음이 성립한다.

(1) $F(u) \cong F[x]/(p(x))$이다.

(2) $\{1_F, u, u^2, \dots, u^{n-1}\}$은 F 위에서 벡터공간 $F(u)$ 의 기저이다.

(3) $[F(u) : F] = n$이다.

정리 11.7은 u가 F 위에서 대수적이면 $F(u)$는 K에 의존하지 않지만, $F[x]$와 최소다항식 $p(x)$에 의하여 완전히 결정됨을 보여준다. 그 결과로, $F(u)$를 종종 F에 u를 **덧붙인 체**(field obtained by adjoining)라 한다.

정리 11.7의 증명

(1) $F(u)$는 u를 포함하는 체이므로, 그것은 u의 모든 양의 거듭제곱을 포함하여야 한다. $F(u)$는 F도 포함하므로, $F(u)$는 $b_i \in F$ 인 $b_0 + b_1 u + b_2 u^2 + \cdots + b_t u^t$ 형태의 모든 원소를 포함한다. 즉, $F(u)$는 임의의 $f(x) \in F[x]$ 에 대하여 원소 $f(u)$를 포함한다. $\varphi(f(x)) = f(u)$로 주어진 사상 $\varphi : F[x] \to F(u)$는 환의 준동형사상이다. $F[x]$ 의 다항식이 φ의 핵에 속하는 경우는 정확히 u가 그 다항식의 근이 될 때이다. 정리 11.6에 따라 φ의 핵은 주아이디얼 $(p(x))$이다. 제1동형사상 정리 6.13은 합동류(잉여류) $[f(x)]$를 $f(u)$로 보내는 사상에 의하여, $F[x]/(p(x))$가 $\text{Im}\,\varphi$와 동형임을 보여준다. 또한 $p(x)$는 기약이므로 정리 5.10에 따라서 몫환 $F[x]/(p(x))$는 체이고, 따

라서 $\mathrm{Im}\,\varphi$도 체이다. 임의의 상수다항식은 φ에 의하여 그 자신으로 사상되고, $\varphi(x)=u$이다. 그래서 $\mathrm{Im}\,\varphi$는 F와 u를 모두 포함하는 $F(u)$의 부분체이다. $F(u)$는 F와 u를 포함하는 K의 가장 작은 부분체이므로, $F(u)=\mathrm{Im}\,\varphi \cong F[x]/(p(x))$이다.

(2)와 (3) $F(u)=\mathrm{Im}\,\varphi$이므로 $F(u)$의 영이 아닌 임의의 원소는 어떤 $f(x)\in F[x]$에 대하여 $f(u)$의 형태이다. 또한 $\deg p(x)=n$이면 나눗셈 알고리즘에 의하여, $f(x)=p(x)q(x)+r(x)$, 여기서 $r(x)=b_0+b_1x+\cdots+b_{n-1}x^{n-1}\in F[x]$이다. 따라서 $f(u)=p(u)q(u)+r(u)=0_F\,q(u)+r(u)=r(u)=b_0 1_F+b_1u+\cdots+b_{n-1}u^{n-1}$이다. 그러므로 $\{1_F, u, u^2, \ldots, u^{n-1}\}$은 $F(u)$를 생성한다. 이 집합이 일차독립임을 보이기 위하여, $c_0+c_1u+c_2u^2+\cdots+c_{n-1}u^{n-1}=0_F$이고 각 $c_i\in F$라 가정하자. 그러면 u는 $c_0+c_1x+c_2x^2+\cdots+c_{n-1}x^{n-1}$의 근이고, 따라서 (차수가 $\le n-1$인) 이 다항식은 (차수가 n인) $p(x)$로 나누어져야 한다. 이것은 $c_0+c_1x+c_2x^2+\cdots+c_{n-1}x^{n-1}$이 영 다항식일 때만 가능하다. 즉, 각 $c_i=0_F$이다. 그러므로 $\{1_F, u, u^2, \ldots, u^{n-1}\}$은 F 위에서 일차독립이고, 따라서 $F(u)$의 기저이다. 그러므로 $[F(u):F]=n$이다. ■

예제 6

$\sqrt{3}$의 $\mathbb{Q}$ 위에서 최소다항식은 x^2-3이다. $n=2$일 때 정리 11.7을 적용하여 $\{1, \sqrt{3}\}$이 $\mathbb{Q}$ 위에서 $\mathbb{Q}(\sqrt{3})$의 기저임을 알 수 있고, 따라서 $[\mathbb{Q}(\sqrt{3}):\mathbb{Q}]=2$이다. 유사하게 예제 5에서 $\sqrt{3}+\sqrt{5}$의 $\mathbb{Q}$ 위에서 최소다항식은 x^4-16x^2+4이다. 그 결과 $[\mathbb{Q}(\sqrt{3}+\sqrt{5}):\mathbb{Q}]=4$이고 $\{1, \sqrt{3}+\sqrt{5}, (\sqrt{3}+\sqrt{5})^2, (\sqrt{3}+\sqrt{5})^3\}$은 기저이다.

다음은 정리 11.7의 직접적인 결과이다.

u와 v가 $F[x]$에서 같은 최소다항식 $p(x)$를 가지면 $F(u)$는 $F(v)$와 동형이다.

$F(u)$와 $F(v)$는 모두 $F[x]/(p(x))$와 동형이므로 서로 동형이 되는 것이다. 이 결과는 u와 v가 F의 같은 확대체에 속하지 않아도 성립한다. 이 절의 나머지 부분은 11.4절까지는 필요하지 않지만, 이 아이디어의 일반화를 다룬다. 같은 체의 단순확대체뿐 아니라, 동형이지만 서로 다른 두 체의 단순확대체를 생각할 것이다.

F와 E는 체이고, $\sigma : F \to E$가 동형사상이라 가정하자. $f(x) = c_0 + c_1 x + c_2 x^2 + \cdots + c_n x^n$을 다항식 $\sigma f(x) = \sigma(c_0) + \sigma(c_1)x + \sigma(c_2)x^2 + \cdots + \sigma(c_n)x^n$으로 사상하는 $F[x]$에서 $E[x]$로의 사상은 환의 동형사상임을 확인하라(4.1절의 연습문제 21). $f(x) = c$가 $F[x]$의 상수다항식(즉, F의 원소)이면 이 동형사상은 $f(x) = c$를 $\sigma(c) \in E$로 사상한다. 이런 이유로, 동형사상 $\sigma : F \to E$는 동형사상 $F[x] \to E[x]$로 **확장된다**(extended)고 하고, 그 확장된 동형사상도 역시 σ로 나타낸다.

따름정리 11.8

$\sigma : F \to E$를 체의 동형사상이라 하자. u가 F의 어떤 확대체의 원소이고, 그 최소다항식을 $p(x) \in F[x]$라 하자. v를 E의 어떤 확대체의 원소라 하고, 그 최소다항식이 $\sigma p(x) \in E[x]$라 하자. σ는 모든 $c \in F$에 대하여 $\bar{\sigma}(u) = v$이고, $\bar{\sigma}(c) = \sigma(c)$인 체의 동형사상 $\bar{\sigma} : F(u) \to E(v)$로 확장된다.

σ가 항등사상 $F \to F$인 특별한 경우는 u와 v가 같은 최소다항식을 가지면 $F(u) \cong E(v)$이고, 그 동형사상은 u를 v로, F의 임의의 원소를 자신으로 사상하는 함수이다.

따름정리 11.8의 증명

이 따름정리 앞의 언급에 따라, 동형사상 σ는 (여전히 σ로 나타내는) 동형사상 $F[x] \to E[x]$로 확장된다. 정리 11.7의 증명은 $\bar{\tau}([g(x)]) = g(v)$로 주어진 동형사상 $\bar{\tau} : E[x]/(\sigma p(x)) \to E(v)$가 존재하는 것을 보여준다. $g(x)$를 $[g(x)]$로 사상하는 전사인 동형사상

$$E[x] \to E[x]/(\sigma p(x))$$

를 π라 하고, 다음 합성을 생각하자.

$$\begin{array}{ccccccc} F[x] & \xrightarrow{\sigma} & E[x] & \xrightarrow{\pi} & E[x]/(\sigma p(x)) & \xrightarrow{\bar{\tau}} & E(v) \\ f(x) & \longrightarrow & \sigma f(x) & \longrightarrow & [\sigma f(x)] & \longrightarrow & \sigma f(v) \end{array}$$

이 세 개의 사상은 모두 전사이고, 그래서 합성함수도 전사이다. 이 합성함수의 핵은 $\sigma h(v) = 0_E$인 모든 $h(x) \in F[x]$로 구성된다. $\bar{\tau}$는 동형사상이므로, $\sigma h(v) = 0_E$일 필요충분조건은 $E[x]/(\sigma p(x))$에서 $[\sigma h(x)]$가 잉여류 영, 즉 $\sigma h(x)$가 $\sigma p(x)$의 배수이다. 그런데 만약 $\sigma h(x) = k(x) \cdot \sigma p(x)$이면 동형사상 σ의 역사상을 적용하여

$h(x) = \sigma^{-1}(k(x))p(x)$ 이다. 따라서 이 합성함수의 핵은 $F[x]$ 에서 주아이디얼 $(p(x))$ 이다. 그러므로 제1동형사상 정리 6.13으로부터, $F[x]/(p(x)) \cong E(v)$ 이다. 즉, 정리 6.13의 증명은 이 동형사상(θ로 나타낸)이 $\theta([f(x)]) = \sigma f(v)$ 임을 보여준다. $\theta([x]) = v$ 이고, 각 $c \in F$ 에 대하여 $\theta([c]) = \sigma(c)$ 이다. 그래서 다음 상황을 얻는다.

$$\begin{array}{ccccc} F[u] & \xleftarrow{\overline{\varphi}} & F[x]/(p(x)) & \xrightarrow{\theta} & E(v) \\ f(u) & \longleftarrow & [f(x)] & \longrightarrow & \sigma f(v) \\ c & \longleftarrow & [c] & \longrightarrow & \sigma(c) \qquad c \in F \end{array}$$

여기서, $\overline{\varphi}$는 정리 11.7에서의 동형사상이다. 합성함수 $\theta \circ \overline{\varphi}^{-1} : F(u) \to E(v)$ 는 σ를 확장하고, u를 v에 사상하는 동형사상이다. ■

예제 7

다항식 $x^3 - 2$ 는 Eisenstein 판정법에 따라, $\mathbb{Q}[x]$ 에서 기약이다. 이것은 $\mathbb{R}$ 에서 근, 즉 $\sqrt[3]{2}$ 를 갖는다. 또한 $\sqrt[3]{2}\omega$ 역시 $x^3 - 2$ 의 $\mathbb{C}$ 에서 한 근이다. 여기서 $\omega = \dfrac{-1+\sqrt{3}i}{2}$ 는 1의 복소 세제곱근이다. 항등사상 $\mathbb{Q} \to \mathbb{Q}$ 에 대하여 따름정리 11.8을 적용하면, $\sqrt[3]{2}$ 를 $\sqrt[3]{2}\omega$ 로, $\mathbb{Q}$ 의 각 원소를 자신으로 보내는 동형사상에 의하여 실수 부분체 $\mathbb{Q}(\sqrt[3]{2})$ 는 복소수 부분체 $\mathbb{Q}(\sqrt[3]{2}\omega)$ 와 동형이다.

■ 연습문제

노트: 달리 명시하지 않는 한 K는 체 F 의 확대체이다.

A. 1. $\{E_i \mid i \in I\}$ 를 K의 어떤 부분체들의 모임이라 하자. $\bigcap_{i \in I} E_i$ 는 K의 부분체임을 증명하라.

2. $u \in K$ 이면 $F(u^2) \subseteq F(u)$ 임을 증명하라.

3. $u \in K$ 이고 $c \in F$ 이면 $F(u+c) = F(u) = F(cu)$ 임을 증명하라.

4. $\mathbb{Q}(3+i) = \mathbb{Q}(1-i)$ 임을 증명하라.

5. 다음 주어진 원소가 $\mathbb{Q}$ 위에서 대수적임을 증명하라.
   (a) $3+5i$ (b) $\sqrt{i-\sqrt{2}}$ (c) $1+\sqrt[3]{2}$

6. $u \in K$이고 u^2이 F 위에서 대수적이면 u는 F 위에서 대수적임을 증명하라.

7. L이 $F \subseteq K \subseteq L$인 체이고 $u \in L$이 F 위에서 대수적이면 u는 K 위에서 대수적임을 증명하라.

8. $u, v \in K$이고 $u+v$가 F 위에서 대수적이면 u는 $F(v)$ 위에서 대수적임을 증명하라.

9. $\sqrt{\pi}$가 $\mathbb{Q}(\pi)$ 위에서 대수적임을 증명하라.

10. $u \in K$가 F 위에서 초월적이고 $0_F \neq c \in F$이면 $u+1_F$, cu, u^2은 각각 F 위에서 초월적임을 증명하라.

11. $[\mathbb{Q}(\sqrt[6]{2}) : \mathbb{Q}]$를 구하라.

12. $a+b \in \mathbb{C}$이고 $b \neq 0$이면 $\mathbb{C} = \mathbb{R}(a+bi)$임을 증명하라.

13. $[K:F]$가 소수이고 $u \in K$가 F 위에서 대수적이면 $F(u)=K$ 또는 $F(u)=F$임을 보이라.

14. x^4-16x^2+4는 $\mathbb{Q}[x]$에서 기약임을 증명하라.

B. 15. $\mathbb{C}$의 임의의 원소는 $\mathbb{R}$ 위에서 대수적임을 보이라. [힌트: 보조정리 4.29.]

16. $u \in K$가 F 위에서 대수적이고 $c \in F$이면 $u+1_F$와 cu는 F 위에서 대수적임을 증명하라.

17. 다음 주어진 원소의 $\mathbb{Q}$ 위에서 최소다항식을 구하라.
   (a) $\sqrt{1+\sqrt{5}}$ (b) $\sqrt{3}\,i+\sqrt{2}$

18. $\sqrt{2}+i$의 $\mathbb{Q}$ 위에서, 또 $\mathbb{R}$ 위에서 최소다항식을 구하라.

19. u가 $F[x]$ 에서 소수 차수의 최소다항식을 갖는 K의 대수적원소라고 하자. E가 $F \subseteq E \subseteq F(u)$ 인 체이면 $E = F$ 또는 $E = F(u)$임을 보이라.

20. u가 $F[x]$에서 홀수 차수의 최소다항식을 갖는 K의 대수적원소라고 하자. $F(u) = F(u^2)$ 임을 증명하라.

21. $F = \mathbb{Q}(\pi^4)$ 이고 $K = \mathbb{Q}(\pi)$ 라 하자. π는 F 위에서 대수적임을 보이고, F 위에서 K의 기저를 구하라.

22. r과 s가 영이 아니면 $\mathbb{Q}(\sqrt{r}) = \mathbb{Q}(\sqrt{s})$ 일 필요충분조건은 어떤 $t \in \mathbb{Q}$ 에 대하여 $r = t^2 s$ 임을 증명하라.

23. K가 $[K : \mathbb{Q}] = 2$ 인 $\mathbb{Q}$ 의 확대체이면 제곱인수가 없는 어떤 정수 d에 대하여 $K = \mathbb{Q}(\sqrt{d})$ 임을 증명하라. [**힌트**: 제곱인수가 없다는 것은 임의의 소수 p에 대하여 d가 p^2 으로 나누어지지 않음을 의미한다.]

24. $u \in K$가 F 위에서 초월적이면 $F(u) \cong F(x)$ 임을 증명하라. 단, 여기서 $F(x)$는 $F[x]$ 의 분수체로, 10.4절의 예제 1에서 살펴보았다. [**힌트**: $f(x)/g(x)$를 $f(u)g(u)^{-1}$로 보내는 $F(x)$에서 $F(u)$로의 사상을 생각하라.]

25. $u \in K$가 F 위에서 초월적이면 F 의 모든 원소를 제외한 $F(u)$의 모든 원소는 F 위에서 초월적임을 증명하라.

26. 연습문제 24에서의 $F(x)$에 대하여, $\dfrac{x^3}{x+1} \in F(x)$ 는 F 위에서 초월적임을 증명하라.

11.3 대수적확대체

앞 절에서는 하나의 대수적원소에 중점을 두었다. 이제 전체가 대수적원소로 구성되는 확대체를 생각한다.

정의

체 F의 확대체 K에 대하여, K의 임의의 원소가 F 위에서 대수적일 때 K를 F의 **대수적확대체**(algebraic extension)라 부른다.

예제 1

$a+bi \in \mathbb{C}$ 이면 $a+bi$는

$$(x-(a+bi))(x-(a-bi)) = x^2 - 2ax + (a^2+b^2) \in \mathbb{R}[x]$$

의 근이다. 그러므로 $a+bi$ 는 $\mathbb{R}$ 위에서 대수적이고, 따라서 $\mathbb{C}$ 는 $\mathbb{R}$ 의 대수적확대체이다. 한편 $\mathbb{Q}$ 위에서 대수적이 아닌 (π나 e와 같은) 실수가 존재하므로, $\mathbb{C}$ 와 $\mathbb{R}$ 은 어느 것도 $\mathbb{Q}$ 의 대수적확대체가 아니다.

F 위의 임의의 대수적원소 u는 정리 11.7에 따라, F의 어떤 유한차원 확대체, 말하자면 $F(u)$에 속한다. 한편 F의 유한차원 확대체로 시작하면 다음을 얻는다.

정리 11.9

K가 F의 유한차원 확대체이면 K는 F의 대수적확대체이다.

증명

가정에 의하여 K는 F 위에서 유한 기저, 이를테면 $\{v_1, v_2, \dots, v_n\}$ 을 갖는다. 이 n개의 원소가 K를 생성하므로, 보조정리 11.2에 의하여 K의 임의의 일차독립인 집합은 n개 이하의 원소를 갖는다.

$u \in K$ 이면 다음 두 가지 가능성이 있다. (1) 어떤 $0 \leq i < j$에 대하여 $u^i = u^j$, (2) u의 모든 음이 아닌 거듭제곱은 서로 다르다. (1)의 경우에 u는 다항식 $x^i - x^j \in F[x]$의 근이고, 따라서 F 위에서 대수적이다. (2)의 경우에 $\{1_F, u, u^2, \dots, u^n\}$ 은 $n+1$ 개

의 K의 원소들의 집합이고, 그러므로 F 위에서 일차독립이다. 따라서 $c_0 1_F + c_1 u + c_2 u^2 + \cdots + c_n u^n = 0_F$를 만족하는 적어도 하나는 영이 아닌 F의 원소 c_i들이 존재한다. 그러므로 u는 $F[x]$의 영이 아닌 다항식 $c_0 + c_1 x + c_2 x^2 + \cdots + c_n x^n$의 근이고 결과적으로 F 위에서 대수적이다. ■

만약 F의 확대체 K가 초월적원소 u를 포함하면 K는 F 위에서 무한차원이어야 된다. (그렇지 않으면 정리 11.9에 따라 u는 대수적일 것이다.) 그렇지만 정리 11.9의 역은 거짓이다. 무한차원의 대수적확대체가 있기 때문이다(연습문제 16).

단순확대체는 아주 좋은 성질을 갖는다. 하나의 원소 u가 F 위에서 대수적임을 보이기만 하면, 체 $F(u)$ 전체가 대수적확대체임을 결론지을 수 있다. (왜냐하면 정리 11.7에 의하여 $F(u)$는 유한차원이고, 따라서 정리 11.9에 따라 대수적이기 때문이다.) 이 사실은 단순확대체의 개념을 일반화하면 유한개의 원소만 조사하여 체가 대수적이라는 성질을 결정할 수 있음을 제시한다.

$u_1, u_2, \ldots, u_n$이 F의 확대체 K의 원소일 때, F와 모든 u_i를 포함하는 K의 모든 부분체의 교집합을

$$F(u_1, u_2, \ldots, u_n)$$

로 나타내자. 단순확대체의 경우와 마찬가지로, $F(u_1, u_2, \ldots, u_n)$은 F와 모든 u_i를 포함하는 K의 가장 작은 부분체이다. $F(u_1, u_2, \ldots, u_n)$는 $u_1, u_2, \ldots, u_n$에 의한 F의 **유한생성 확대체**(finitely generated extension)라 한다.

예제 2

체 $\mathbb{Q}(\sqrt{3}, i)$는 체 $\mathbb{Q}$와 원소 $\sqrt{3}$과 i를 모두 포함하는 $\mathbb{C}$의 가장 작은 부분체이다.

예제 3

어떤 유한생성 확대체는 실제로 단순확대체가 될 수도 있다. 예를 들어, 체 $\mathbb{Q}(i)$는 i와 $-i$를 모두 포함하고, 그래서 $\mathbb{Q}(i, -i) = \mathbb{Q}(i)$이다.

예제 4

임의의 유한차원 확대체는 또한 유한생성 확대체이다. $\{u_1, u_2, \ldots, u_n\}$이 F 위에서 K의 기저이면 모든 u_i의 모든 일차결합(계수가 F에 속함)은 $F(u_1, u_2, \ldots, u_n)$에 속한다. 그러므로 $K = F(u_1, u_2, \ldots, u_n)$이다.

유한생성 확대체를 다루는 열쇠는 단순 확장을 반복적으로 실행하여 유한생성 확대체를 얻을 수 있음을 주목하는 것이다. 예를 들어, K가 F의 확대체이고 $u, v \in K$이면 $F(u, v)$는 F와 u를 포함하는 K의 부분체이고, 따라서 $F(u)$를 포함해야 한다. $F(u, v)$는 v를 포함하므로, 이 체는 $F(u)$와 v를 모두 포함하는 가장 작은 부분체인 $F(u)(v)$를 포함해야 한다. 그런데 $F(u)(v)$는 F, u, v를 모두 포함하는 체이고, 따라서 $F(u, v)$를 포함해야 한다. 그러므로 $F(u, v) = F(u)(v)$이다. 따라서 유한생성 확대체 $F(u, v)$는 단순확대체의 사슬

$$F \subseteq F(u) \subseteq F(u)(v) = F(u, v)$$

로부터 얻을 수 있다.

예제 5

확대체 $\mathbb{Q}(\sqrt{3}, i)$는 다음 단순확대체 사슬로부터 얻을 수 있다. 즉

$$\mathbb{Q} \subseteq \mathbb{Q}(\sqrt{3}) \subseteq \mathbb{Q}(\sqrt{3})(i) = \mathbb{Q}(\sqrt{3}, i).$$

11.2절의 예제 4에서 살펴보았듯이, $x^2 - 3$은 $\sqrt{3}$의 $\mathbb{Q}$ 위에서 최소다항식이고, 그래서 정리 11.7로부터 $[\mathbb{Q}(\sqrt{3}) : \mathbb{Q}] = 2$이다. 유사하게 $x^2 + 1$ [계수들은 $\mathbb{Q}(\sqrt{3})$에 속함]은 i의 $\mathbb{Q}(\sqrt{3})$ 위에서 최소다항식이다. 왜냐하면 근 $\pm i$는 $\mathbb{Q}(\sqrt{3})$에 속하지 않고, 따라서 따름정리 4.19로부터 $x^2 + 1$은 $\mathbb{Q}(\sqrt{3})$ 위에서 기약이기 때문이다. 다시, 정리 11.7에 의하여 $[\mathbb{Q}(\sqrt{3})(i) : \mathbb{Q}(\sqrt{3})] = 2$이다. 결과적으로 정리 11.4로부터

$$[\mathbb{Q}(\sqrt{3}, i) : \mathbb{Q}] = [\mathbb{Q}(\sqrt{3})(i) : \mathbb{Q}(\sqrt{3})][\mathbb{Q}(\sqrt{3}) : \mathbb{Q}] = 2 \cdot 2 = 4$$

이다. 그러므로 유한생성 확대체 $\mathbb{Q}(\sqrt{3}, i)$는 유한차원이고, 따라서 정리 11.9로부터 $\mathbb{Q}$ 위에서 대수적이다.

근본적으로 같은 논법이 일반적으로 성립하고, 어떤 확대체가 대수적인지를 결정하는 유용한 방법을 제공한다.

정리 11.10

$K = F(u_1, u_2, \ldots, u_n)$이 F의 유한생성 확대체이고, 각 u_i가 모두 F 위에서 대수적이면 K는 F의 대수적확대체이다.

증명

체 K는 확대체 사슬

$$F \subseteq F(u_1) \subseteq F(u_1, u_2) \subseteq F(u_1, u_2, u_3) \subseteq \cdots \subseteq F(u_1, u_2, \dots, u_{n-1}) \subseteq F(u_1, u_2, \dots, u_n) = K$$

로부터 얻을 수 있다. 또한 $F(u_1, u_2) = F(u_1)(u_2)$, $F(u_1, u_2, u_3) = F(u_1, u_2)(u_3)$ 이고, 일반적으로 $F(u_1, u_2, \dots, u_i)$는 단순확대체 $F(u_1, u_2, \dots, u_{i-1})(u_i)$이다. 각 u_i는 F 위에서 대수적이고, 따라서 11.2절의 연습문제 7에 따라 $F(u_1, u_2, \dots, u_{i-1})$ 위에서 대수적이다. 그런데 정리 11.7로부터 대수적원소에 의한 임의의 단순확대체는 유한차원이다. 그러므로

$$[F(u_1, u_2, \dots, u_i) : F(u_1, u_2, \dots, u_{i-1})]$$

는 $i = 2, \dots, n$ 각각에 대하여 유한이다. 따라서 정리 11.4를 반복적으로 적용하여 $[K : F]$는 곱

$$[K : F(u_1, u_2, \dots, u_{n-1})] \cdots [F(u_1, u_2, u_3) : F(u_1, u_2)][F(u_1, u_2) : F(u_1)][F(u_1) : F]$$

이다. 따라서 $[K : F]$는 유한이고, 결론적으로 정리 11.9로부터 K는 F 위에서 대수적이다. ■

예제 6

$\sqrt{3}$과 $\sqrt{5}$는 모두 $\mathbb{Q}$ 위에서 대수적이고, 따라서 $\mathbb{Q}(\sqrt{3}, \sqrt{5})$는 정리 11.10으로부터 $\mathbb{Q}$의 유한차원 대수적확대체이다. $\mathbb{Q}$ 위에서 $\mathbb{Q}(\sqrt{3}, \sqrt{5})$의 차원을 단순확대체 사슬

$$\mathbb{Q} \subseteq \mathbb{Q}(\sqrt{3}) \subseteq \mathbb{Q}(\sqrt{3})(\sqrt{5}) = \mathbb{Q}(\sqrt{3}, \sqrt{5})$$

을 생각하여 계산할 수 있다. $[\mathbb{Q}(\sqrt{3}) : \mathbb{Q}] = 2$임을 알고 있다. $[\mathbb{Q}(\sqrt{3})(\sqrt{5}) : \mathbb{Q}(\sqrt{3})]$을 결정하기 위하여, $\sqrt{5}$의 $\mathbb{Q}(\sqrt{3})$ 위에서 최소다항식을 구하자. 명백한 후보는 $x^2 - 5$이고, 이것은 $\mathbb{Q}[x]$에서 기약이지만, 최소다항식임을 알기 위하여 그것이 $\mathbb{Q}(\sqrt{3})$ 위에서 기약임을 보여야 한다. 만약 $\sqrt{5}$와 $-\sqrt{5}$가 $\mathbb{Q}(\sqrt{3})$에 속하면 $\pm\sqrt{5} = a + b\sqrt{3}$, $a, b \in \mathbb{Q}$이다. 양변을 제곱하면 $5 = a^2 + 2ab\sqrt{3} + 3b^2$이고, 따라서 ($a$와 b가 영이 아닐 때) $\sqrt{3} = \dfrac{5 - a^2 - b^2}{2ab}$으로 $\sqrt{3}$이 무리수라는 사실에 모순이다. 만약 $a = 0$이거나 $b = 0$이면 유사한 모순이 생긴다. 그러므로 $\pm\sqrt{5}$은 $\mathbb{Q}(\sqrt{3})$에 속하지 않고, 따라서 따름정리 4.19로부터 $x^2 - 5$는 $\mathbb{Q}(\sqrt{3})$ 위에서 기약이다. 그

래서 x^2-5는 $\mathbb{Q}(\sqrt{3})$ 위에서 $\sqrt{5}$의 최소다항식이고, 정리 11.7에 따라 $[\mathbb{Q}(\sqrt{3})(\sqrt{5}):\mathbb{Q}(\sqrt{3})]=2$이다. 결론적으로 정리 11.4로부터

$$[\mathbb{Q}(\sqrt{3},\sqrt{5}):\mathbb{Q}]=[\mathbb{Q}(\sqrt{3})(\sqrt{5}):\mathbb{Q}(\sqrt{3})][\mathbb{Q}(\sqrt{3}):\mathbb{Q}]=2\cdot 2=4$$

이다. ■

이 절의 나머지 부분은 앞으로 계속 사용하지는 않는다. 정리 11.4는 유한차원 확대체의 사슬에서 최상위 체는 바탕체 위에서 유한차원임을 말한다. 다음은 유한차원이 아닐 수도 있는 대수적확대체에 대한 유사한 결과이다.

따름정리 11.11

L이 K의 대수적확대체이고, K가 F의 대수적확대체이면 L은 F의 대수적확대체이다.

증명

$u\in L$이라고 하자. u는 K 위에서 대수적이므로 $a_0+a_1u+a_2u^2+\cdots+a_mu^m=0_K$인 $a_i\in K$가 존재한다. 여기서 각 a_i는 $F(a_1,a_2,\ldots,a_m)$에 속하므로 u는 사실 $F(a_1,a_2,\ldots,a_m)$ 위에서 대수적이다. 결과적으로 확대체 사슬

$$F\subseteq F(a_1,a_2,\ldots,a_m)\subseteq F(a_1,a_2,\ldots,a_m)(u)=F(a_1,a_2,\ldots,a_m,u)$$

에서 $F(a_1,a_2,\ldots,a_m)(u)$는 정리 11.7에 따라 $F(a_1,a_2,\ldots,a_m)$ 위에서 유한차원이다. 또한 각 a_i가 F 위에서 대수적이므로 정리 11.10으로부터 $[F(a_1,a_2,\ldots,a_m):F]$는 유한이다. 그러므로 $F(a_1,a_2,\ldots,a_m,u)$는 정리 11.4에 따라 F 위에서 유한차원이고, 따라서 정리 11.9에 의하여 F 위에서 대수적이다. 따라서 u는 F 위에서 대수적이다. u는 L의 임의의 원소이므로, L은 F의 대수적확대체이다. ■

따름정리 11.12

체 F의 확대체 K에 대하여, F 위에서 대수적인 모든 K의 원소의 집합을 E라 하자. E는 K의 부분체이고, F의 대수적확대체이다.

증명

F 의 임의의 원소는 F 위에서 대수적이므로 $F \subseteq E$ 이다. $u, v \in E$ 이면 정의로부터 u와 v는 F 위에서 대수적이다. 부분체 $F(u, v)$는 정리 11.10에 의하여 F의 대수적확대체이고, 따라서 $F(u, v) \subseteq E$이다. $F(u, v)$는 체이므로, $u+v$, uv, $-u$, $-v \in F(u, v) \subseteq E$ 이다. 유사하게 만약 u가 영이 아니면 $u^{-1} \in F(u, v) \subseteq E$이다. 그러므로 E는 덧셈과 곱셈에 대하여 닫혀있고, E의 원소의 덧셈에 대한 역원과 영이 아닌 원소의 곱셈에 대한 역원도 E에 속한다. 따라서 E는 체이다. ■

예제 7

따름정리 11.12에서 $K = \mathbb{C}$ 이고 $F = \mathbb{Q}$ 일 때, 체 E를 **대수적 수의 체**(field of algebraic numbers)라 한다. 체 E는 $\mathbb{Q}$ 의 무한차원 대수적확대체이다(연습문제 16). 대수적 수는 453쪽에서 좀 다른 맥락으로 살펴보았다.

■ 연습문제

노트: 달리 명시하지 않는 한 K는 체 F 의 확대체이다.

A. 1. $u, v \in K$ 이면 $F(u)(v) = F(u, v)$임을 입증하라.

2. K가 유한체이면 K는 F 의 대수적확대체임을 보이라.

3. 다음에 주어진 $\mathbb{Q}$ 의 확대체의 기저를 구하라.

(a) $\mathbb{Q}(\sqrt{5}, i)$ (b) $\mathbb{Q}(\sqrt{5}, \sqrt{7})$

(c) $\mathbb{Q}(\sqrt{2}, \sqrt{3}, \sqrt{5})$ (d) $\mathbb{Q}(\sqrt[3]{2}, \sqrt{3})$

4. $\mathbb{Q}(\sqrt{3})$ 위에서 $\mathbb{Q}(\sqrt{2}+\sqrt{3})$의 기저를 구하라.

5. $[\mathbb{Q}(\sqrt{3}, i) : \mathbb{Q}] = 4$ 임을 보이라.

6. $[\mathbb{Q}(\sqrt{2}, \sqrt{5}, \sqrt{10}) : \mathbb{Q}] = 4$ 임을 입증하라.

7. $[K : F]$가 유한이고 u가 K 위에서 대수적이면 $[K(u) : K] \leq [F(u) : F]$ 임을 증명하라.

8. $[K:F]$가 유한이고 u가 K 위에서 대수적이면 $[K(u):F(u)] \le [K:F]$ 임을 증명하라. [**힌트**: F위에서 K의 기저가 $F(u)$위에서 $K(u)$를 생성함을 보이라.]

9. $[K:F]$가 유한이고 u가 K 위에서 대수적이면 $[K(u):F]$는 $[F(u):F]$로 나누어짐을 증명하라.

B. 10. $[K:F]$가 유한일 필요충분조건은 F 위에서 대수적인 어떤 $u_1, u_2, \dots, u_n$에 대하여 $K = F(u_1, u_2, \dots, u_n)$ 임을 증명하라.

11. $u, v \in K$가 F 위에서 대수적이라 하고, $p(x)$와 $q(x)$를 각각의 최소다항식이라 하자.
   (a) $\deg p(x) = m$ 이고 $\deg q(x) = n$ 일 때, $\gcd(m, n) = 1$ 이면 $[F(u, v):F] = mn$ 임을 증명하라.
   (b) 만약 m과 n이 서로 소가 아니면 (a)의 결론이 거짓일 수 있음을 예를 들어 보이라.
   (c) $[\mathbb{Q}(\sqrt{2}, \sqrt[3]{2}):\mathbb{Q}]$는 무엇인가?

12. D를 $F \subseteq D \subseteq K$인 환이라 하자. K가 F 위에서 대수적이면 D는 체임을 증명하라. [**힌트**: 영이 아닌 $u \in D$의 역원을 구하기 위하여, 정리 11.7을 이용하여 $F(u) \subseteq D$임을 보이라.]

13. $p(x)$와 $q(x)$를 $F[x]$에서 기약이라 하고, $\deg p(x)$가 $\deg q(x)$와 서로 소라고 가정하자. F의 어떤 확대체에서, u가 $p(x)$의 근이고 v가 $q(x)$의 근이라 하자. $q(x)$는 $F(u)$ 위에서 기약임을 증명하라.

14. (a) $F_1 \subseteq F_2 \subseteq F_3 \subseteq \cdots$ 를 체의 사슬이라 하자. 모든 F_i의 합집합도 체임을 증명하라.
   (b) 각 F_i가 F_1 위에서 대수적이면 모든 F_i의 합집합은 F_1의 대수적확대체임을 보이라.

15. E를 따름정리 11.12에서처럼, F 위에서 대수적인 모든 K의 원소의 체라고 하자. 차집합 $K - E$의 임의의 원소는 E 위에서 초월적임을 증명하라.

16. E를 대수적 수의 체라고 하자(예제 7을 보라). E는 $\mathbb{Q}$의 무한차원 대수적확대체임을 증명하라. [힌트: 임의의 양의 정수 n에 대하여 $[E : \mathbb{Q}] \geq n$임을 증명하는 것으로 충분하다. 다항식 $x^n - 2$의 근과 Eisenstein 판정법을 생각하라.]

17. $1_F + 1_F \neq 0_F$라 가정하자. $u \in F$일 때 $\sqrt{u}$를 $x^2 - u$의 K에서의 한 근이라고 하자. $F(\sqrt{u} + \sqrt{v}) = F(\sqrt{u}, \sqrt{v})$임을 증명하라. [힌트: 정리 11.7에 따라 1, $(\sqrt{u} + \sqrt{v})$, $(\sqrt{u} + \sqrt{v})^2$, $(\sqrt{u} + \sqrt{v})^3$ 등등은 $F(\sqrt{u} + \sqrt{v})$를 생성해야 한다. 이 사실을 이용하여 $\sqrt{u}$와 $\sqrt{v}$는 $F(\sqrt{u} + \sqrt{v})$에 속함을 보이라.]

18. $n_1, n_2, \ldots, n_t$가 서로 다른 양의 정수이면 $[\mathbb{Q}(\sqrt{n_1}, \sqrt{n_2}, \ldots, \sqrt{n_t}) : \mathbb{Q}] \leq 2^t$임을 증명하라.

C. 19. 연습문제 18에서 각 n_i가 소수이면 $\leq$를 $=$으로 바꿀 수 있음을 보이라.

11.4 분해체

F가 체이고, $f(x)$는 $F[x]$의 다항식이라 하자. 앞에서 $f(x)$의 어떤 근을 포함하는 F의 확대체를 생각하였다. 이제 $f(x)$의 모든 근을 포함하는 확대체를 살펴보자.

이 문맥에서 단어 '모든'은 명확한 설명이 좀 필요하다. $f(x)$의 차수가 n이라고 하자. 그러면 따름정리 4.17에 따라, $f(x)$는 어떤 체에서든 많아야 n개의 근을 갖는다. 그래서 F의 확대체 K가 $f(x)$의 n개의 서로 다른 근을 포함한다면 비록 $f(x)$의 n개의 근을 포함하는 F의 다른 확대체가 있어도, K는 $f(x)$의 '모든' 근을 포함한다고 합리적으로 말할 수 있다. 한편 K가 $f(x)$의 근을 n개보다 적게 포함한다고 가정하자. $f(x)$의 추가 근을 포함하는 K의 확대체를 찾을 수도 있을 것이다. 그렇지만 그런 K의 확대체가 없다면 K가 '모든' 근을 포함한다고 말하는 것이 합리적이다. 이 조건을 다음과 같이 유용한 형태로 나타낼 수 있다.

K가 F의 확대체이고, $f(x)$가 차수 n인 $F[x]$의 다항식이라 하자. $f(x)$가 $K[x]$에서

$$f(x) = c(x - u_1)(x - u_2) \cdots (x - u_n)$$

으로 인수분해될 때, $f(x)$는 체 K 위에서 **분해된다**(split)고 한다. 이 경우에 K나 K의

임의의 확대체에 속하는 $f(x)$의 근은 (꼭 다를 필요가 없이) 원소 $u_1, u_2, \ldots, u_n$ 뿐이다. 만약 v가 K의 어떤 확대체에 속하고 $f(v)=0_F$이면 $c(v-u_1)(v-u_2)\cdots(v-u_n)=0_F$이다. 지금 $f(x)$는 상수가 아니므로 c는 영이 아니다. 따라서 $v-u_i$의 하나는 영이고, 즉 $v=u_i$이다. 그래서 $f(x)$가 K 위에서 분해되면 K가 $f(x)$의 모든 근을 포함한다고 합리적으로 말할 수 있다. 다음 단계는 $f(x)$의 모든 근을 포함하는 가장 작은 확대체를 생각하는 것이다.

정의

체 F와 $f(x) \in F[x]$에 대하여

(i) $f(x)$가 K 위에서 분해된다. 이를테면
$f(x)=c(x-u_1)(x-u_2)\cdots(x-u_n)$이다.

(ii) $K=F(u_1, u_2, \ldots, u_n)$

를 만족하는 F의 확대체 K를 $f(x)$의 F 위에서 **분해체**(splitting field)라 한다.

예제 1

x^2+1을 $\mathbb{R}[x]$의 다항식으로 생각하자. $\mathbb{C}[x]$에서 $x^2+1=(x+i)(x-i)$이고 $\mathbb{C}=\mathbb{R}(i)=\mathbb{R}(i,-i)$이므로 $\mathbb{C}$가 분해체이다. 유사하게 $\mathbb{Q}(\sqrt{2})$는 $\mathbb{Q}[x]$의 다항식 x^2-2의 분해체이다. 왜냐하면 $x^2-2=(x+\sqrt{2})(x-\sqrt{2})$이고 $\mathbb{Q}(\sqrt{2})==\mathbb{Q}(\sqrt{2},-\sqrt{2})$이기 때문이다.

예제 2

$\mathbb{Q}[x]$에서 다항식 $f(x)=x^4-x^2-2$는 $(x^2-2)(x^2+1)$로 인수분해되고, 따라서 $\mathbb{C}$에서 근은 $\pm\sqrt{2}$와 $\pm i$이다. 그러므로 $\mathbb{Q}(\sqrt{2}, i)$가 $f(x)$의 $\mathbb{Q}$ 위에서 분해체이다.

예제 3

$F[x]$에서 임의의 1차 다항식 $cx+d$는 $cx+d=c(x-(-c^{-1}d))$이고 $-c^{-1}d \in F$이므로 F 위에서 분해된다. 당연히 F는 F와 $c^{-1}d$를 포함하는 가장 작은 체, 즉 $F=F(c^{-1}d)$이다. 그래서 F 자신이 $cx+d$의 F 위에서 분해체이다.

예제 4

분해체의 개념은 다항식 및 바탕체에 의존한다. 예를 들어, $\mathbb{C}$는 x^2+1의 $\mathbb{R}$ 위에서 분

해체지만 $\mathbb{Q}$ 위에서는 아니다. $\mathbb{C}$는 확대체 $\mathbb{Q}(i, -i) = \mathbb{Q}(i)$와 같지 않기 때문이다. 증명을 위하여 연습문제 1을 보라.

여기서, 분해체에 대한 다음 두 가지 주요 문제에 대한 답을 할 필요가 있다. 즉, $F[x]$에서 임의의 다항식은 F 위에서 분해체를 갖는가? F 위에서 하나 이상의 분해체를 가지면 그것들은 어떤 관계가 있는가?

첫 번째 질문에 대한 비형식적인 답은 쉽다. 주어진 $f(x) \in F[x]$에 대하여, 따름정리 5.12로부터 $f(x)$의 한 근 u를 포함하는 확대체 $F(u)$를 구할 수 있다. $F(u)[x]$에서의 인수정리에 의하여, $f(x) = (x-u)g(x)$임을 알고 있다. 따름정리 5.12에 따라, 또 $g(x)$의 한 근 v를 포함하는 $F(u)$의 확대체 $F(u)(v)$가 존재한다. 이 과정을 계속하여 결국 $f(x)$의 분해체를 얻는다. 이 논법을 귀납적으로 형식화할 수 있고, 좀 더 많은 것을 증명할 수 있다.

정리 11.13

체 F와 $F[x]$의 상수가 아닌 n차 다항식 $f(x)$에 대하여, $[K:F] \le n!$인 $f(x)$의 F 위에서 분해체 K가 존재한다.

증명

$f(x)$의 차수에 대한 수학적귀납법으로 증명한다. 만약 $f(x)$의 차수가 1이면 F 자신이 $f(x)$의 분해체이고, $[F:F] = 1 \le 1!$이다. 차수가 $n-1$ 이하인 모든 다항식에 대하여 정리가 참이라고 가정하고, $f(x)$의 차수가 n이라고 하자. 정리 4.14로부터, $f(x)$는 $F[x]$에서 기약인 인수를 갖는다. 이 다항식에 그것의 최고차항 계수의 역수를 곱하여 $f(x)$의 모닉인 기약 인수 $p(x)$를 얻는다. 정리 5.11에 따라, $p(x)$의 한 근(따라서 $f(x)$의 근) u를 포함하는 확대체가 존재한다. 또한 $p(x)$는 u의 최소다항식이다. 결과적으로 정리 11.7로부터 $[F(u):F] = \deg p(x) \le \deg f(x) = n$이다. 인수정리 4.16은 어떤 $g(x) \in F(u)[x]$에 대하여 $f(x) = (x-u)g(x)$임을 보여준다. $g(x)$의 차수는 $n-1$이므로 귀납법의 가정은 $[K:F(u)] \le (n-1)!$을 만족하는 $g(x)$의 $F(u)$ 위에서 분해체 K가 존재함을 보장한다. $K[x]$에서

$$g(x) = c(x-u_1)(x-u_2)\cdots(x-u_{n-1})$$

이고, 따라서 $f(x) = c(x-u)(x-u_1)(x-u_2)\cdots(x-u_{n-1})$이다.

$$K = F(u)(u_1, u_2, \dots, u_{n-1}) = F(u, u_1, u_2, \dots, u_{n-1})$$

이므로 K는 $[K:F]=[K:F(u)][F(u):F]\leq(n-1)!\,n$ 인 $f(x)$의 F 위에서 분해체임을 알 수 있다. 이것으로 귀납 단계가 완성되었고, 정리의 증명이 끝난다. ■

같은 다항식의 두 분해체 사이의 관계는 다음과 같이 쉽게 진술할 수 있다.

$F[x]$의 다항식 $f(x)$의 임의의 두 분해체는 동형이다.

놀랍게도 이 사실을 증명하는 가장 쉬운 방법은 이것이 하나의 특수한 경우가 되는 더 강력한 결과를 증명하는 것이다.

정리 11.14

$\sigma:F\to E$ 가 체의 동형사상이고, $f(x)$ 는 $F[x]$ 의 상수가 아닌 다항식이라 하고, $\sigma f(x)$ 를 대응하는 $E[x]$ 의 다항식이라 하자. K가 $f(x)$ 의 F 위에서 분해체이고 L이 $\sigma f(x)$ 의 E 위에서 분해체이면 σ는 동형사상 $K\to L$로 확장된다.

$F=E$ 이고 σ가 항등사상 $F\to F$ 이면 이 정리는 $f(x)$ 의 임의의 두 분해체는 동형임을 진술한다.

정리 11.14의 증명

증명은 $f(x)$ 의 차수에 대한 수학적귀납법으로 한다. 만약 $\deg f(x)=1$ 이면 분해체의 정의에 따라, $K[x]$ 에서 $f(x)=c(x-u)$ 이고 $K=F(u)$ 이다. 그런데 $F[x]$ 에서 $f(x)=cx-cu$ 이고, 그래서 c와 cu는 F 에 속한다. 따라서 $u=c^{-1}cu$ 도 F 에 속한다. 그러므로 $K=F(u)=F$ 이다. 493쪽에서 σ는 동형사상 $F[x]\cong E[x]$ 로 확장되고, 따라서 $\sigma f(x)$ 도 차수가 1이고, 유사한 논법으로 $E=L$ 임을 알 수 있다. 이 경우에 σ 자체는 필수 성질을 만족하는 동형사상이다.

차수가 $n-1$ 인 다항식에 대하여 정리가 참이라고 가정하고, $f(x)$ 의 차수가 n이라고 하자. 정리 11.13의 증명에서와 같이, 정리 4.14에 따라 $f(x)$ 는 $F[x]$에서 모닉인 기약 인수 $p(x)$를 갖는다. σ는 동형사상 $\sigma:F[x]\to E[x]$ 로 확장되고(493쪽), $\sigma p(x)$는 $E[x]$ 에서 $\sigma f(x)$ 의 모닉인 기약 인수이다. $p(x)$ 의 임의의 근은 $f(x)$ 의 근이고, 따라서 K는 $p(x)$ 의 모든 근을 포함한다. 유사하게 L은 $\sigma p(x)$ 의 모든 근을 포함한다. u를 K에서 $p(x)$ 의 근이라 하고, v를 L에서 $\sigma p(x)$ 의 근이라 하자. 그러면 따름정리 11.8에 따라, σ는 u를 v로 사상하는 동형사상 $\sigma:F(u)\to E(v)$ 로 확장되고, 그 상황은 다음과 같다.

$$\begin{array}{ccc} K & & L \\ \cup\!\shortmid & & \cup\!\shortmid \\ F(u) & \xrightarrow{\cong} & E(v) \\ \cup\!\shortmid & & \cup\!\shortmid \\ F & \xrightarrow{\sigma} & E \end{array}$$

인수정리 4.16으로부터 $F(u)[x]$ 에서 $f(x)=(x-u)g(x)$ 이고, 따라서 $E(v)[x]$ 에서

$$\sigma f(x)=\sigma(x-u)\sigma g(x)=(x-\sigma u)\sigma g(x)=(x-v)\sigma g(x).$$

이제 $f(x)$ 는 K 위에서 분해되고, 말하자면 $f(x)=c(x-u)(x-u_2)\cdots(x-u_n)$ 이다. $f(x)=(x-u)g(x)$ 이므로 $g(x)=c(x-u_2)\cdots(x-u_n)$ 이다. $g(x)$ 의 모든 근과 체 $F(u)$ 를 포함하는 가장 작은 체는 $F(u_1, u_2, ..., u_n)=K$ 이고, 따라서 K 는 $g(x)$ 의 $F(u)$ 위에서 분해체이다. 유사하게 L 은 $\sigma g(x)$ 의 $E(v)$ 위에서 분해체이다. $g(x)$ 의 차수가 $n-1$ 이므로 귀납법의 가정에 의하여, 동형사상 $F(u) \to E(v)$ 는 동형사상 $K \to L$ 로 확장된다. 이것은 귀납 단계를 완성하고, 정리의 증명이 끝난다. ■

F 위에서 어떤 다항식의 분해체는 정의로부터 그 다항식의 모든 근을 포함한다. 그런데 놀랍게도 분해체는 지금 정의하려는 훨씬 강한 성질을 갖는다.

정의 F 의 대수적확대체 K에 대하여, $F[x]$의 기약 다항식이 K에서 한 근을 가질 때마다 K 위에서 분해될 때(즉, K에서 모든 해를 가질 때) K는 F 위에서 **정규**(normal)라 하고, 또는 F 의 **정규확대체**(normal extension)라 한다.

정리 11.15

체 K가 체 F 위에서 $F[x]$의 어떤 다항식의 분해체일 필요충분조건은 K가 F의 유한차원 정규확대체이다.

증명

K가 $f(x) \in F[x]$ 의 분해체이면 $K=F(u_1, u_2, ..., u_n)$, 여기서 모든 u_i는 $f(x)$ 의 모든 근이다. 결과적으로 정리 11.10에 따라 $[K:F]$ 는 유한이다. $p(x)$ 를 K에서 어떤 근 v를 갖는 $F[x]$ 의 기약 다항식이라 하자. $p(x)$ 를 $K[x]$ 의 다항식으로 생각하고, L 을 $p(x)$ 의 K 위에서 분해체라고 하자. 그러면 $F \subseteq K \subseteq L$ 이다. $p(x)$ 가 K 위에서 분해되는 것을 증명하기 위하여, L 에서 $p(x)$ 의 모든 근이 사실 K에 속하는 것을 보

이기만 하면 된다.

$w \in L$을 v와 다른 $p(x)$의 임의의 근이라 하자. 따름정리 11.8에 의하여($E = F$와 항등사상 σ와 함께), v를 w에 사상하고 F의 임의의 원소를 자신으로 사상하는 동형사상 $F(v) \to E(w)$가 존재한다. L의 부분체 $K(w)$를 생각하자. 그 상황은 다음과 같다.

$$\begin{array}{ccc} K & & K(w) \\ \cup\!\!\!\shortmid & & \cup\!\!\!\shortmid \\ F(v) & \cong & F(w) \\ \cup\!\!\!\shortmid & & \cup\!\!\!\shortmid \\ F & = & F \end{array}$$

$$K(w) = F(u_1, u_2, \dots, u_n)(w) = F(u_1, u_2, \dots, u_n, w) = F(w)(u_1, u_2, \dots, u_n)$$

이므로 $K(w)$는 $f(x)$의 $F(w)$ 위에서 분해체이다. 또한 $v \in K$이고 K는 $f(x)$의 F 위에서 분해체이므로 K 역시 부분체 $F(v)$ 위에서 $f(x)$의 분해체이다. 따라서 정리 11.14로부터 동형사상 $F(v) \to F(w)$는 v를 w로, F의 임의의 원소를 자신으로 사상하는 동형사상 $K \to K(w)$로 확장된다. 결과적으로 정리 11.5에 따라, $[K:F] = [K(w):F]$이다. 확대체 사슬 $F \subseteq K \subseteq K(w)$에서 $[K(w):K]$는 정리 11.7로부터 유한이고, 이 증명의 첫 단락의 언급에 따라 $[K:F]$는 유한이다. 그래서 정리 11.4로부터

$$[K:F] = [K(w):F] = [K(w):K][K:F]$$

이다. 양쪽 끝 변에서 $[K:F]$를 소거하면 $[K(w):K] = 1$이고, 그러므로 $K(w) = K$이다. 그런데 이것은 $w \in K$임을 의미한다. 따라서 $p(x)$의 L에 속하는 모든 근은 K에 속하고 $p(x)$는 K 위에서 분해된다. 그러므로 K는 F의 정규확대체이다.

역으로, K가 $\{u_1, u_2, \dots, u_n\}$를 기저로 갖는 F의 유한차원 정규확대체라 가정하자. 그러면 $K = F(u_1, u_2, \dots, u_n)$이다. 각 u_i는 정리 11.9에 의하여 F 위에서 대수적이고, 그 최소다항식을 $p_i(x)$라 하자. 각 $p_i(x)$는 정규확대체인 K 위에서 분해되므로, $f(x) = p_1(x) \cdots p_n(x)$도 K 위에서 분해된다. 그러므로 K는 $f(x)$의 분해체이다. ■

예제 5

체 $\mathbb{Q}(\sqrt[3]{2})$는 기약 다항식 $x^2 - 2 \in \mathbb{Q}[x]$의 실근을 포함하지만, 복소근 $\sqrt[3]{2}\omega$ (11.2절의 예제 7에서 기술함)을 포함하지 않는다. 그러므로 $\mathbb{Q}(\sqrt[3]{2})$는 $\mathbb{Q}$의 정규확대체가 아니고, 따라서 $\mathbb{Q}[x]$의 어느 다항식의 분해체도 될 수 없다.

이 지점에서, 체 F가 $F[x]$의 임의의 다항식이 분해되는 확대체를 갖는지 묻는 것은 당연하다. 다르게 말하자면, $F[x]$의 모든 다항식의 모든 근을 포함하는 확대체가 존재하는가? 그 답은 '예'이지만, 증명은 이 책의 범위를 넘는다. 상수가 아닌 모든 다항식이 그 위에서 분해되는 체를 **대수적으로 닫혀있다**(algebraically closed)고 한다. 예를 들어, 대수학의 기본정리와 따름정리 4.28은 복소수체 $\mathbb{C}$는 대수적으로 닫혀있음을 보여준다.

K가 F의 대수적확대체이고, K가 대수적으로 닫혀있을 때 K를 F의 **대수적폐포**(the algebraic closure)라 한다. F의 임의의 두 대수적폐포는 동형임을 말하는 정리 11.14에 대응하는 유사 정리로부터, 영어 관사 'the'가 정당화된다. 예를 들면, $\mathbb{C}$는 $\mathbb{R}$의 대수적폐포이다. 왜냐하면 $\mathbb{C} = \mathbb{R}(i)$는 $\mathbb{R}$의 대수적확대체이고 대수적으로 닫혀있어서이다. 하지만 체 $\mathbb{C}$는 $\mathbb{Q}$ 위에서 대수적이 아니므로 $\mathbb{C}$는 $\mathbb{Q}$의 대수적폐포가 아니다. 대수적 수의 체 E(11.3절의 예제 7)는 $\mathbb{Q}$의 대수적폐포이다(연습문제 20).

■ 연습문제

노트: F는 체이다.

A. 1. $\sqrt{2}$는 $\mathbb{Q}(i)$에 속하지 않고, 따라서 $\mathbb{C} \neq \mathbb{Q}(i)$임을 보이라.
[힌트: $\sqrt{2} = a + bi$이고 $a, b \in \mathbb{Q}$이면 모순임을 보이라.]

2. $x^2 - 3$과 $x^2 - 2x - 2$는 $\mathbb{Q}[x]$에서 기약이고 같은 분해체, 즉 $\mathbb{Q}(\sqrt{3})$을 갖는 것을 보이라.

3. $x^4 - 4x^2 - 5$의 $\mathbb{Q}$ 위에서 분해체를 구하고, $\mathbb{Q}$ 위에서 차원이 4임을 증명하라.

4. $f(x) \in \mathbb{R}[x]$이면 $\mathbb{R}$ 또는 $\mathbb{C}$가 $f(x)$의 $\mathbb{R}$ 위에서 분해체임을 증명하라.

5. K를 F 위에서 $f(x)$의 분해체라 하자. E가 $F \subseteq E \subseteq K$를 만족하는 체이면 K가 $f(x)$의 E 위에서 분해체임을 보이라.

6. K를 $f(x)$의 F 위에서 분해체라고 하자. $[K : F]$가 소수일 때 $u \in K$가 $f(x)$의 근이고 $u \notin F$이면 $K = F(u)$임을 보이라.

7. u가 F 위에서 대수적이고, $K = F(u)$가 F의 정규확대체이면 K는 u의 최소다항식의 F 위에서 분해체임을 증명하라.

8. 다음 중 어느 것이 $\mathbb{Q}$ 의 정규확대체인가?
   (a) $\mathbb{Q}(\sqrt{3})$　　(b) $\mathbb{Q}(\sqrt[3]{3})$　　(c) $\mathbb{Q}(\sqrt{5}, i)$

9. 대수적으로 닫혀있는 유한체는 존재하지 않음을 증명하라. [**힌트**: F 의 모든 원소가 $a_1, a_2, \ldots, a_n$ 이고, a_1 은 영이 아닐 때 $a_1 + (x-a_1)(x-a_2)\cdots(x-a_n) \in F[x]$ 를 생각하라.]

B. 10. $\mathbb{Q}(\sqrt{2}, \sqrt{3})$ 이 $x^4+2x^3-8x^2-6x-1$ 의 $\mathbb{Q}$ 위에서 분해체임을 2차 인수를 구하여 보이라.

11. x^4+1 의 $\mathbb{Q}$ 위에서 분해체를 구하고 기술하라.

12. x^4-2 의 다음 체 위에서 분해체를 구하라.
    (a) $\mathbb{Q}$　　(b) $\mathbb{R}$

13. x^6+x^3+1 의 $\mathbb{Q}$ 위에서 분해체를 구하라.

14. $\mathbb{Q}(\sqrt{2}, i)$ 가 $x^2-2\sqrt{2}x+3$ 의 $\mathbb{Q}(\sqrt{2})$ 위에서 분해체임을 보이라.

15. x^2+1 의 $\mathbb{Z}_3$ 위에서 분해체를 구하라.

16. x^3+x+1 의 $\mathbb{Z}_2$ 위에서 분해체를 구하라.

17. K가 $[K:F]=2$ 인 F 의 확대체이면 K는 정규확대체임을 증명하라.

18. F, E, K 를 $F \subseteq E \subseteq K$ 인 체이고, $E = F(u_1, u_2, \ldots, u_n)$ 이라고 하자. 여기서 u_i 들은 모두 $f(x) \in F[x]$ 의 근이다. K는 $f(x)$ 의 F 위에서 분해체일 필요충분조건은 K가 $f(x)$ 의 E 위에서 분해체임을 증명하라.

19. 체 K에 관한 다음 조건은 모두 동치임을 증명하라.
    (i) $K[x]$ 에서 상수가 아닌 임의의 다항식은 K에서 근을 갖는다.
    (ii) $K[x]$ 에서 상수가 아닌 임의의 다항식은 K 위에서 분해된다. (즉, K는 대수적으로 닫혀있다.)
    (iii) $K[x]$ 에서 임의의 기약 다항식은 차수가 1 이다.
    (vi) K 자신을 제외한 K의 대수적확대체가 존재하지 않는다.

20. K는 F의 확대체이고, E는 따름정리 11.12에서와 같이 F 위에서 대수적인 모든 K의 원소의 부분체라고 하자. K가 대수적으로 닫혀있으면 E는 F의 대수적폐포임을 증명하라. [$F=\mathbb{Q}$이고, $K=\mathbb{C}$인 특수한 경우는 대수적 수의 체 E가 $\mathbb{Q}$의 대수적폐포임을 보여준다.]

21. $F[x]$에서 임의의 다항식이 F의 대수적확대체 K 위에서 분해된다고 하자. K는 F의 대수적폐포임을 증명하라.

C. 22. F의 유한차원 확대체 K에 대하여, $\sigma: F\to K$가 체의 준동형사상이면 K의 확대체 L과 임의의 $a\in F$에 대하여 $\tau(a)=\sigma(a)$인 준동형사상 $\tau: K\to L$이 존재함을 증명하라.

23. F의 유한차원 확대체 K가 정규확대체일 필요충분조건은 K가 다음 성질을 만족하는 것임을 증명하라: L이 K의 확대체이고 $\sigma: K\to L$이 임의의 $c\in F$에 대하여 $\sigma(c)=c$인 단사 준동형사상이면 언제나 $\sigma(K)\subseteq K$이다.

11.5 분리가능성

임의의 다항식은 모든 근을 포함하는 분해체를 갖는다. 이 근들은 모두 다를 수도 있고 중근이 있을 수도 있다.* 이 절에서는 모든 근이 서로 다른 경우를 생각하고, 지금까지 얻은 정보를 이용하여 유한차원 확대체에 관한 매우 유용한 사실을 증명한다.

F를 체라고 하자. n차 다항식 $f(x)\in F[x]$가 어떤 분해체에서† n개의 서로 다른 근을 가질 때 $f(x)$는 **분리가능**(separable)이라 한다. 이것은 $f(x)$가 임의의 분해체에서 중근을 갖지 않을 때 분리가능인 것과 동치이다. F의 확대체 K에 대하여, $u\in K$가 F 위에서 대수적이고, 그 최소다항식 $p(x)\in F[x]$가 분리가능이면 원소 u를 F 위에서 **분리가능**(separable)이라고 한다. 확대체 K의 임의의 원소가 F 위에서 분리가능일 때 K를 **분리가능확대체**(separable extension) 또는 F 위에서 **분리가능**(separable)이라 한다. 따라서 분리가능확대체는 필수적으로 대수적이다.

---

* 그 분해체에서 $f(x)=(x-u_1)(x-u_2)\cdots(x-u_n)$이고, 어떤 $i\neq j$에 대하여 $u_i=u_j$일 때 중근이 생긴다.

† 같은 다항식의 두 분해체는 동형이므로 이것은 $f(x)$가 임의의 분해체에서 꼭 n개의 서로 다른 근을 갖는 것을 의미한다.

예제 1

다항식 $x^2+1 \in \mathbb{Q}[x]$는 서로 다른 근 i와 $-i$를 $\mathbb{C}$에서 가지므로 분리가능이다. 그러나 $f(x)=x^4-x^3-x+1$은 $(x-1)^2(x^2+x+1)$로 인수분해되므로 분리가능이 아니다. 따라서 $f(x)$는 $\mathbb{C}$에서 한 개의 중근과 총 세 개의 서로 다른 근을 갖는다.

다음에 나오는 개념을 이용하여 분리가능성을 판정하는 방법이 몇 가지 있다.

$$f(x)=c_0+c_1x+c_2x^2+\cdots+c_nx^n \in F[x]$$

의 **도함수**(derivative)는

$$f'(x)=c_1+2c_2x+3c_3x^2+\cdots+nc_nx^{n-1} \in F[x]^*$$

이다. 이런 익숙한 대수적 형태의 도함수의 정의로부터 다음 성질이 성립하는 것을 확인하기 위하여, 연습문제 4와 5를 사용하여야 한다.

$$(f(x)+g(x))'=f'(x)+g'(x)$$
$$(f(x)g(x))'=f(x)g'(x)+f'(x)g(x)$$

보조정리 11.16

체 F에 대하여, $f(x)\in F[x]$라 하자. $f(x)$와 $f'(x)$가 $F[x]$에서 서로 소이면 $f(x)$는 분리가능이다.

이 보조정리는 $F[x]$에서 전체적으로 성립하고, 분리가능성을 결정하는 데 분해체에 대한 어떤 지식도 필요하지 않다. 분리가능성의 다른 판정법에 대해서는 연습문제 8~10을 보라.

보조정리 11.16의 증명

대우명제†, 즉 $f(x)$가 분리가능이 아니면 $f(x)$와 $f'(x)$는 서로 소가 아님을 증명하자(이것은 정리의 진술과 논리적 동치이다). K를 $f(x)$의 분해체라 하고, $f(x)$가 분리가능이 아니라고 가정하자. 그러면 $f(x)$는 K에서 중근 u를 포함해야 한다. 따라서

* $F=\mathbb{R}$일 때, 이것은 기초 미적분학에서의 보통의 도함수이다. 그러나 여기의 정의는 순전히 대수적이고, 임의의 체 위에서의 다항식에 적용되는 반면, 미적분학에 사용되는 극한은 어떤 체에서는 정의되지 않을 수도 있다.

† 대우의 정의와 대우를 사용하는 증명에 대하여, 부록 A(650쪽~651쪽과 653쪽)를 보라.

어떤 $g(x) \in K[x]$에 대하여 $f(x) = (x-u)^2 g(x)$이고

$$f'(x) = (x-u)^2 g'(x) + 2(x-u)g(x)$$

이다. 따라서 $f'(u) = 0_F g'(u) + 0_F g(u) = 0_F$이고, u는 또한 $f'(x)$의 근이다. $p(x) \in F[x]$가 u의 최소다항식이면 $p(x)$는 상수가 아니고, $f(x)$와 $f'(x)$ 둘 다 $p(x)$로 나누어진다. 그러므로 $f(x)$와 $f'(x)$는 서로 소가 아니다. ■

양의 정수 n과 $c \in F$에 대하여, nc는 원소

$$c + c + \cdots + c \ (n\text{개의 합})$$

임을 상기한다. 모든 양의 정수 n에 대하여 $n1_F \neq 0_F$일 때, 체 F는 **표수**(characteristic)가 0이라고 한다. 예를 들어, $\mathbb{Q}$, $\mathbb{R}$, $\mathbb{C}$는 모두 표수가 0이지만 ($\mathbb{Z}_3$에서 $3 \cdot 1 = 0$이므로) $\mathbb{Z}_3$은 표수가 0이 아니다. 표수가 0인 임의의 체는 무한이다(연습문제 3). F의 표수가 0이면 임의의 양의 정수 n과 $c \in F$에 대하여

$$nc = c + \cdots + c = (1_F + \cdots + 1_F)c = (n1_F)c, \quad n1_F \neq 0_F$$

이다. 그래서 $nc = 0_F$일 필요충분조건은 $c = 0_F$이다. 이 사실은 표수가 0인 체에서 분리가능성에 대한 열쇠이다.

정리 11.17

표수가 0인 체 F에 대하여, $F[x]$의 임의의 기약 다항식은 분리가능이고, F의 임의의 대수적확대체 K는 분리가능확대체이다.

F의 표수가 0이 아닐 때 이 정리는 거짓일 수도 있다(연습문제 15).

정리 11.17의 증명

기약 다항식 $p(x) \in F[x]$는 상수가 아니고, 따라서

$$p(x) = cx^n + (\text{차수가 더 낮은 항}), \quad c \neq 0_F \text{이고 } n \geq 1$$

이다. 그러면

$$p'(x) = (nc)x^{n-1} + (\text{차수가 더 낮은 항}), \quad nc \neq 0_F.$$

그러므로 $p'(x)$는 기약인 $p(x)$보다 더 낮은 차수의 영이 아닌 다항식이다. 그래서

$p(x)$ 와 $p'(x)$ 는 서로 소이다. 따라서 보조정리 11.6에 따라, $p(x)$ 는 분리가능이다. 특히 각 $u \in K$ 의 최소다항식은 분리가능이다. 그래서 K 는 분리가능확대체이다. ■

임의의 유한생성(특히, 모든 유한차원) 분리가능확대체는 사실상 단순확대체이므로 분리가능확대체는 특별히 좋은 경우이다.

정리 11.18*

K가 F 의 유한생성 분리가능확대체이면 어떤 $u \in K$ 에 대하여 $K = F(u)$ 이다.

증명

가정에서 $K = F(u_1, u_2, ..., u_n)$ 이다. 증명은 n에 대한 수학적귀납법으로 한다. $n = 1$ 이고 $K = F(u_1)$ 일 때는 증명할 것이 없다. 다음 단락에서 $n = 2$ 일 때 정리가 참임을 보일 것이다. 귀납법의 가정으로 $n = k - 1$ 일 때 성립함을 가정하고, $n = k$ 라 하자. 귀납법과 $n = 2$의 경우에 따라

$$K = F(u_1, u_2, ..., u_k) = F(u_1, u_2, ..., u_{k-1})(u_k) = F(t)(u_k) = F(t, u_k) = F(u)$$

이다.

증명을 완성하기 위하여, $K = F(v, w)$라 가정하고 K가 F 의 단순확대체임을 보이자. 먼저 F 가 무한임을 가정하자(이것은 연습문제 3으로부터, 표수가 0이면 항상 성립하는 것이다). $p(x) \in F[x]$ 를 v의 최소다항식이라 하고, $q(x) \in F[x]$를 w의 최소다항식이라 하자. L을 $p(x)q(x)$ 의 F 위에서 분해체라 하자. $w = w_1, w_2, ..., w_n$ 을 $q(x)$의 L 위에서 모든 근이라 하자. 분리가능의 정의에 따라, 모든 w_i 는 모두 서로 다르다. $v = v_1, v_2, ..., v_m$ 을 $p(x)$의 L 에서 모든 근이라 하자. F 가 무한이므로

$$(*) \qquad \text{모든 } 1 \le i \le m,\ 1 \le j \le n\text{에 대하여 } c \ne \frac{v_i - v}{w - w_j}$$

인 $c \in F$ 가 존재한다. $u = v + cw$ 라 두자. $K = F(u)$ 임을 보이자. $w \in F(u)$ 임을 보이기 위하여 $h(x) = p(u - cx) \in F(u)[x]$ 라 두고, w는 $h(x)$ 의 근임을 주목한다. 즉

$$h(w) = p(u - cw) = p(v) = 0_F.$$

어떤 $w_j\,(j \ne 1)$ 또한 $h(x)$ 의 근이라고 가정하자. 그러면 $p(u - cw_j) = 0_F$ 이고, 따라

* 이 정리는 12.2절에서만 사용될 것이다.

서 $u-cw_j$는 $p(x)$의 근 중 하나이다. 말하자면 $u-cw_j=v_i$이다. $u=v+cw$이므로

$$v+cw-cw_j=v_i \quad \text{즉} \quad c=\frac{v_i-v}{w-w_j}$$

이다. 이것은 (*)에 모순이다. 그러므로 w는 $q(x)$와 $h(x)$의 유일한 공통근이다.

$r(x)$를 w의 $F(w)$ 위에서 최소다항식이라 하자. 그러면 $q(x)$는 $r(x)$로 나누어지고, 따라서 $r(x)$의 임의의 근은 $q(x)$의 근이다. 그런데 $h(x)$도 $r(x)$로 나누어지므로, 그 모든 근은 $h(x)$의 근이다. 앞 단락으로부터, $r(x)$는 L에서 꼭 하나의 근 w를 갖는다. 그러므로 $r(x)\in F(u)[x]$는 차수가 1이 되어야 하고, 따라서 그 근 w는 $F(u)$에 속한다. $u, w\in F(u)$에 대하여 $v=u-cw$이므로 $v\in F(u)$이고, 따라서 $K=F(v,w)\subseteq F(u)$이다. 그런데 $u=r+cw\in K$이고, 그래서 $F(u)\subseteq K$이고 $K=F(u)$이다. 이로써 F가 무한일 때 증명이 완성된다. F가 유한인 경우는 다음 절의 정리 11.28을 보라.

예제 2

앞의 정리의 증명을 $\mathbb{Q}(\sqrt{3}, \sqrt{5})$에 적용하여 $v=\sqrt{3}$, $v_2=-\sqrt{3}$, $w=\sqrt{5}$, $w_2=-\sqrt{5}$를 얻고, 그 결과 $c=1$로 선택할 수 있다. 그러면 $u=\sqrt{3}+\sqrt{5}$이고, $\mathbb{Q}(\sqrt{3}, \sqrt{5})$는 단순확대체 $\mathbb{Q}(\sqrt{3}+\sqrt{5})$이다.

■ 연습문제

노트: K는 체 F의 확대체이다.

A. 1. K가 F 위에서 분리가능이고, E가 $F\subseteq E\subseteq K$인 체이면 K는 E 위에서 분리가능임을 보이라.

2. F의 표수가 0이면 K의 표수는 0임을 보이라.

3. 표수가 0인 임의의 체는 무한임을 증명하라. [힌트: $n\in\mathbb{Z}$이고 $n>0$인 모든 원소 $n1_F$를 생각하라.]

B. 4. $f(x), g(x)\in F[x]$일 때 다음을 증명하라.

(a) $[f(x)+g(x)]'=f'(x)+g'(x)$

(b) $c\in F$이면 $[cf(x)]'=cf'(x)$

5. (a) $f(x)=cx^n \in F[x]$ 이고 $g(x)=b_0+b_1x+b_2x^2+\cdots+b_kx^k \in F[x]$ 이면 $[f(x)g(x)]'=f(x)g'(x)+f'(x)g(x)$ 임을 증명하라.

   (b) $f(x)$, $g(x)$ 가 $F[x]$ 의 임의의 다항식이면 $[f(x)g(x)]'=f(x)g'(x)+f'(x)g(x)$ 임을 증명하라. [**힌트**: $f(x)=a_0+a_1x+a_2x^2+\cdots+a_nx^n$ 이면 $f(x)g(x)=a_0g(x)+a_1xg(x)+a_2x^2g(x)+\cdots+a_nx^ng(x)$ 이다. 문항 (a)와 연습문제 4를 이용하라.]

6. $f(x) \in F[x]$ 이고 n이 양의 정수이면 $f(x)^n$ 의 도함수는 $nf(x)^{n-1}f'(x)$ 임을 증명하라. [**힌트**: n에 대한 수학적귀납법과 연습문제 5를 이용하라.]

7. (a) F 의 표수가 0이고 $f(x) \in F[x]$, $f'(x)=0_F$ 이면 어떤 상수 $c \in F$ 에 대하여 $f(x)=c$ 임을 증명하라.

   (b) 만약 F 의 표수가 0이 아니면 문항 (a)는 거짓일 수 있음을 $\mathbb{Z}_2[x]$ 에서 예를 들어 보이라.

8. $u \in K$가 $f(x) \in F[x]$ 의 중근일 필요충분조건은 u가 $f(x)$ 와 $f'(x)$ 의 공통근임을 증명하라. [**힌트**: $f(x)=(x-u)^m g(x)$, $m \geq 1$, $g(x) \in K[x]$ 이고 $g(u) \neq 0_F$ 일 때, u가 $f(x)$ 의 중근일 필요충분조건은 $m>1$ 이다. 연습문제 5와 6을 이용하여 $f'(x)$ 를 계산하라.]

9. $f(x) \in F[x]$ 가 분리가능일 필요충분조건은 $f(x)$ 와 $f'(x)$ 가 서로 소임을 증명하라. [**힌트**: 보조정리 11.16과 연습문제 8을 보라.]

10. $p(x)$ 가 $F[x]$ 에서 기약일 때, $p(x)$ 가 분리가능일 필요충분조건은 $p'(x) \neq 0_F$ 이다.

11. F 의 표수가 0이고, K가 $f(x) \in F[x]$ 의 분해체라 가정하자. $d(x)$ 가 $f(x)$ 와 $f'(x)$ 의 최대공약수이고, $h(x)=f(x)/d(x) \in F[x]$ 일 때 다음을 증명하라.

    (a) $f(x)$와 $h(x)$는 K 에서 근이 모두 같다.

    (b) $h(x)$는 분리가능이다.

12. 정리 11.18을 이용하여, 다음 각각을 $\mathbb{Q}$ 의 단순확대체로 나타내라.

    (a) $\mathbb{Q}(\sqrt{2}, \sqrt{3})$ (b) $\mathbb{Q}(\sqrt{3}, i)$ (c) $\mathbb{Q}(\sqrt{2}, \sqrt{3}, \sqrt{5})$

13. p와 q가 서로 다른 소수일 때 $\mathbb{Q}(\sqrt{p}, \sqrt{q}) = \mathbb{Q}(\sqrt{p} + \sqrt{q})$임을 증명하라.

14. F는 무한이고, v, $w \in K$가 F 위에서 대수적이고 w는 $F[x]$에서 어떤 분리가능 다항식의 근이라고 가정하자. $F(v, w)$는 F의 단순확대체임을 증명하라. [**힌트**: 정리 11.18의 증명을 모방하라.]

15. 분리가능이 아닌 기약 다항식의 예가 여기에 있다. $F = \mathbb{Z}_2(t)$를 ($\mathbb{Z}_2$에서 계수를 갖는 부정원 t에 관한 모든 다항식의 환) $\mathbb{Z}_2[t]$의 분수체로 10.4절의 예제 1에서 정의된 것이라 하자.
   (a) $x^2 - t$는 $F[x]$에서 기약임을 증명하라. [**힌트**: $x^2 - t$가 F에서 어떤 근을 가지면 $[g(t)/h(t))]^2 = t$인 $g(t)$, $h(t)$가 $\mathbb{Z}_2[t]$에서 존재한다.]
   (b) $x^2 - t \in F[x]$는 분리가능이 아님을 증명하라. [**힌트**: 도함수가 영임을 보이고, 연습문제 10을 이용하라.]

11.6 유한체

유한체는 사영 기하, 조합론, 실험설계 및 암호이론을 포함한 많은 영역에서 응용되고 있다. 이 절에서 체의 확장과 분해체에 관하여 유한체를 특성화하고, 그 구조를 동형사상 기준으로 완전히 결정한다.

몇 가지 정의와 함께 체가 아니거나 심지어 유한이 아닌 환에 적용되는 결과들로 시작한다. 그렇지만 유한체에 대한 응용에 주된 관심을 둘 것이다.

R을 항등원을 갖는 환이라 하자. 임의의 양의 정수 n과 $c \in R$에 대하여 nc는 $c + c + \cdots + c$ (n개의 합)임을 상기한다. 모든 양의 정수 n에 대하여 $n1_R \neq 0_R$일 때, R은 **표수**(characteristic)가 0이라고 한다. 한편 어떤 양수 m에 대하여 $m1_R = 0_R$이면 정렬성 원리에 따라, 가장 작은 그런 m이 존재한다. 이때 n이 $n1_R = 0_R$인 가장 작은 양의 정수이면 R의 **표수**가 n이라고 한다.* 예를 들어, $\mathbb{Q}$의 표수는 0이고, $\mathbb{Z}_3$의 표수는 3이다.

* 제7장을 읽었다면 R의 표수가 양수일 때 그것은 단지 덧셈군 R에서 원소 1_R의 위수라는 것을 알 것이다.

보조정리 11.19

R이 정역이면 R의 표수는 0 또는 양의 소수이다.

증명

R의 표수가 0 이면 증명할 것이 없다. R의 표수가 $n>0$ 이라고 가정하자. n이 소수가 아니면 $n=kt$이고 $k<n$, $t<n$인 양의 정수 k와 t가 존재할 것이다. 분배법칙으로부터

$$\begin{aligned}(k1_R)(t1_R) &= \underbrace{(1_R+\ \cdots\ +1_R)}_{k\text{개의 합}}\underbrace{(1_R+\ \cdots\ +1_R)}_{t\text{개의 합}} \\ &= 1_R1_R+\ \cdots\ +1_R1_R = 1_R+\ \cdots\ +1_R \quad [kt\text{개의 합}] \\ &= (kt)1_R = n1_R = 0_R.\end{aligned}$$

R은 정역이므로 $k1_R=0_R$ 또는 $t1_R=0_R$이고, n이 $n1_R=0_R$인 가장 작은 양의 정수라는 사실에 모순이다. 그러므로 n은 소수이다. ■

보조정리 11.20

R을 항등원을 갖는 환이라고 하자. R의 표수가 $n>0$ 이면 $k1_R=0_R$일 필요충분조건은 $n\mid k$ 이다.*

증명

$n\mid k$, 즉 $k=nd$ 이면 $k1_R=nd1_R=(n1_R)(d1_R)=0_R(d1_R)=0_R$ 이다. 역으로, $k1_R=0_R$이라고 가정하자. 나눗셈 정리에 따라 $k=nq+r$, 여기서 $0\le r<n$ 이다. 이제 $n1_R=0_R$이므로

$$r1_R=r1_R+0_R=r1_R+nq1_R=(r+nq)1_R=k1_R=0_R$$

이다. $r<n$ 이고, 표수의 정의로부터 n은 $n1_R=0_R$인 가장 작은 양의 정수이므로 $r=0$ 가 되어야 한다. 그러므로 $k=nq$ 이고 $n\mid k$ 이다. ■

* 이 보조정리는 바로 정리 7.9 (1)에서 $a=1_R$ 이고 $e=0_R$ 인 (덧셈에 대한) 특별한 경우이다.

정리 11.21

R 을 항등원을 갖는 환이라고 하면, 다음이 성립한다.

(1) 집합 $P = \{k1_R \mid k \in \mathbb{Z}\}$ 는 R 의 부분환이다.

(2) R 의 표수가 0이면 $P \cong \mathbb{Z}$ 이다.

(3) R 의 표수가 $n > 0$ 이면 $P \cong \mathbb{Z}_n$ 이다.

증명

$f : \mathbb{Z} \to R$ 을 $f(k) = k1_R$ 로 정의하자. 그러면

$$f(k+t) = (k+t)1_R = k1_R + t1_R = f(k) + f(t)$$

이다. 분배법칙으로부터 (보조정리 11.19의 증명에서와 같이)

$$f(kt) = (kt)1_R = (k1_R)(t1_R) = f(k)f(t)$$

이다. 그러므로 f 는 준동형사상이다. f 의 치역은 정확히 집합 P 와 같고, 그러므로 따름정리 3.11에 따라 P 는 환이다. 결과적으로 f 를 $\mathbb{Z}$ 에서 P 로의 전사인 준동형사상으로 생각할 수 있다. 그러면 제1동형사상 정리 6.13으로부터 $P \cong \mathbb{Z}/(\mathrm{Ker} f)$ 이다. 만약 R 의 표수가 0 이면 $k1_R = 0_R$ 인 유일한 정수는 $k = 0$ 이다. 그래서 f 의 핵은 $\mathbb{Z}$ 의 아이디얼 (0) 이고, $P \cong \mathbb{Z}/(0) \cong \mathbb{Z}$ 이다. 만약 R 의 표수가 $n > 0$ 이면 보조정리 11.20은 f 의 핵이 n 의 모든 배수로 이루어지는 주아이디얼 (n) 임을 보여준다. 따라서 $P \cong \mathbb{Z}/(n) \cong \mathbb{Z}_n$ 이다. ■

정리 11.21에 따르면, 표수가 0 인 체는 $\mathbb{Z}$ 의 복제를 포함하고, 따라서 무한이다. 그러므로 보조정리 11.19로부터 다음을 얻는다.

따름정리 11.22

임의의 유한체의 표수는 어떤 소수 p 이다.

그렇지만 표수가 p 인 무한체가 존재(연습문제 8)하므로 따름정리 11.22의 역은 거짓이다.

K 가 소수 p 를 표수로 갖는 체이면(특히 K 가 유한이면) 정리 11.21은 K 가 $\mathbb{Z}_p$ 와 동형인 어떤 부분체 P 를 포함하는 것을 보여준다. 이 체 P 를 K 의 **기본부분체**(prime subfield)라고 하고, 이것은 K의 모든 부분체에 포함된다.* (왜냐하면 임의의 부분체는 1_K를 포함하므로 모든 정수 t에 대하여 $t1_K$를 포함하기 때문이다.) P에 대한 또 다른 설명은 연습문제 4를 참조하라. 기본부분체 P를 동형 복제인 $\mathbb{Z}_p$와 동일시할 것이다. 그러면

표수가 p인 임의의 체는 $\mathbb{Z}_p$를 포함한다.

유한체(finite field) K에서 모든 원소의 개수를 K의 **위수**(order)라 한다. 표수가 p인 유한체 K의 위수를 결정하기 위하여, K를 그 기본부분체 $\mathbb{Z}_p$의 확대체로 생각한다.

정리 11.23

임의의 유한체 K의 위수는 p^n이다. 여기서 p는 K의 표수이고, $n=[K:\mathbb{Z}_p]$이다.

증명

$\mathbb{Z}_p$ 위에서 K를 생성하는 어떤 유한집합이 분명히 존재(예를 들어, 집합 K 자신)한다. 결과적으로 11.1절의 연습문제 32에 따라 K는 $\mathbb{Z}_p$ 위에서 유한 기저 $\{u_1, u_2, \dots, u_n\}$을 갖는다. K의 임의의 원소는 11.1절의 연습문제 30으로부터, 각 $c_i \in \mathbb{Z}_p$인

$$(*) \qquad c_1u_1 + c_2u_2 + \cdots + c_nu_n$$

형태로 꼭 한 가지 방법으로 나타낼 수 있다. 각 c_i에 대해 정확히 p개의 가능성이 있으므로, (*) 형태의 서로 다른 일차결합의 개수는 정확히 p^n이다. 그러므로 K의 위수는 p^n이고, 여기서 n은 기저를 구성하는 모든 원소의 개수 $[K:\mathbb{Z}_p]$이다. ■

정리 11.23은 유한체의 크기에 대한 가능성을 제한한다. 예를 들어, 6은 어떤 소수의 거듭제곱이 아니므로 위수가 6인 체는 존재하지 않는다. 여러 가지 다른 문제도 제시한다. 즉, 임의의 소수 p와 임의의 양의 정수 n에 대하여 위수가 p^n인 체는 존재하는가? 위수 p^n인 두 체는 어떤 관련이 있는가? 이 문제들에 대한 답이 정리 11.25와 그 따름정리에서 주어진다. 이 정리를 증명하기 위하여, 다음 기술적 보조정리가 필요하다.

---

* K의 표수가 0이면 K는 $\mathbb{Z}$의 동형 복제 P를 포함한다. K는 P의 각 원소의 곱셈에 대한 역원을 모두 포함하므로, K는 체 $\mathbb{Q}$의 복제를 포함한다. 표수 p의 경우처럼, (기본부분체라 부르는) 이 체는 K의 모든 부분체에 포함된다. 더 정확한 진술과 증명을 위하여 정리 10.31($R=P\cong\mathbb{Z}$ 및 $F\cong\mathbb{Q}$와 함께)을 보라.

보조정리 11.24 신입생의 꿈(Freshman's Dream)*

p를 소수라 하고 R을 항등원을 갖는 가환환이라고 하자. R의 표수가 p이면 임의의 $a, b \in R$과 양의 정수 n에 대하여

$$(a+b)^{p^n} = a^{p^n} + b^{p^n}.$$

증명

n에 대한 수학적귀납법으로 증명한다. 만약 $n=1$이면 부록 E의 이항정리에 따라

$$(a+b)^p = a^p + \binom{p}{1} a^{p-1} b + \cdots + \binom{p}{r} a^{p-r} b^r + \cdots + \binom{p}{p-1} a b^{p-1} + b^p.$$

부록 E의 연습문제 6으로부터, 중간의 각 계수 $\binom{p}{r} = \dfrac{p!}{r!\,(p-r)!}$은 정수이다. 분모의 각 항은 소수 p보다 작아 분자의 인수 p는 약분되지 않고, 그러므로 $\binom{p}{r}$은 p로 나누어 진다. 이를테면 $\binom{p}{r} = tp$이다. R의 표수가 p이므로

$$\binom{p}{r} a^{p-r} b^r = tp1_R a^{p-r} b^r = t(p1_R) a^{p-r} b^r = t0_R a^{p-r} b^r = 0_R.$$

따라서 중간의 모든 항은 영이고 $(a+b)^p = a^p + b^p$이다. 그래서 정리는 $n=1$일 때 참이다. $n=k$일 때 정리가 참이라고 가정하자. 이 가정과 $n=1$인 경우를 이용하면

$$(a+b)^{p^{k+1}} = \left((a+b)^{p^k}\right)^p = \left(a^{p^k} + b^{p^k}\right)^p = \left(a^{p^k}\right)^p + \left(b^{p^k}\right)^p = a^{p^{k+1}} + b^{p^{k+1}}$$

임을 알 수 있다. 그러므로 이 정리는 $n=k+1$일 때 참이고, 따라서 귀납법으로부터 모든 n에 대하여 참이다. ■

정리 11.25

K를 $\mathbb{Z}_p$의 확대체라 하고, n이 양의 정수라 하자. K의 위수가 p^n일 필요충분조건은 K가 $x^{p^n} - x$의 $\mathbb{Z}_p$ 위에서 분해체이다.

* 용어는 Vincent O. McBrien에 의한 것이다.

증명

K가 $f(x)=x^{p^n}-x$의 $\mathbb{Z}_p$에서 분해체라 가정하자. $f'(x)=p^n x^{p^n-1}-1=0x^{p^n-1}-1=-1$이므로, 보조정리 11.16에 따라 $f(x)$는 분리가능이다. $x^{p^n}-x$의 p^n개의 서로 다른 근으로 구성되는 K의 부분집합을 E라 하자. $c\in E$일 필요충분조건은 $c^{p^n}=c$임을 주목한다. 집합 E가 실제로 K의 부분체임을 보이자. $a, b\in E$이면 보조정리 11.24에 따라

$$(a+b)^{p^n}=a^{p^n}+b^{p^n}=a+b.$$

그러므로 $a+b\in E$이고, E는 덧셈에 대하여 닫혀있다. $(ab)^{p^n}=a^{p^n}b^{p^n}=ab$이므로 E는 곱셈에 대하여 닫혀있다. 0_K와 I_K는 분명히 E에 속한다. a가 영이 아닌 E의 원소이면 $-a$와 a^{-1}는 E에 속한다. 예를 들어

$$(a^{-1})^{p^n}=a^{-p^n}=\left(a^{p^n}\right)^{-1}=a^{-1}$$

이기 때문이다. $-a$에 대한 논법은 비슷하다(연습문제 7). 그러므로 E는 K의 부분체이다. 분해체 K는 모든 근의 집합 E를 포함하는 가장 작은 부분체이므로 $K=E$가 되어야 한다. 그러므로 K의 위수는 p^n이다.

역으로, K의 위수가 p^n이라고 가정하자. K의 임의의 원소가 $x^{p^n}-x$의 근임을 보이기만 하면 된다.* 그러면 K의 서로 다른 p^n개의 모든 원소는 가능한 모든 근이고, K는 $x^{p^n}-x$의 분해체이기 때문이다. 분명히 0_K는 근이고, 그래서 c를 K의 영이 아닌 임의의 원소라 하자. $c_1, c_2, \ldots, c_k$를 K의 영이 아닌 모든 원소라 하자. (여기서 $k=p^n-1$이고 c는 c_i들 중 하나이다.) u를 곱 $u=c_1c_2c_3\cdots c_k$라 하자. k개의 원소 $cc_1, cc_2, \ldots, cc_k$는 ($cc_i=cc_j$이면 $c_i=c_j$이므로) 모두 다르고, 그래서 바로 K의 영이 아닌 모든 원소를 순서를 바꾼 것이고, 그 곱은 원소 u이다. 그러므로

$$u=(cc_1)(cc_2)\cdots(cc_k)=c^k(c_1c_2c_3\cdots c_k)=c^ku.$$

u를 소거하면 $c^k=1_K$, 즉 $c^{k+1}=c$이고 $c^{k+1}-c=0_K$와 동치이다. $k+1=p^n$이므로 c는 $x^{p^n}-x$의 근이다. ■

정리 11.25는 여러 가지 따름정리를 갖는다. 이 정리와 함께 그 따름정리들은 모든 유한체를 완전히 특성화한다.

* 군 이론을 이용한 간단한 증명이 연습문제 22에 주어진다.

따름정리 11.26

임의의 양의 소수 p와 양의 정수 n에 대하여, 위수가 p^n인 체가 존재한다.

증명

정리 11.13에 따라, $x^{p^n}-x$의 $\mathbb{Z}_p$ 위에서 분해체가 존재하고, 정리 11.25에 따라 그 위수는 p^n이다. ■

따름정리 11.27

같은 위수의 두 체는 서로 동형이다.

증명

K와 L이 위수가 p^n인 체이면 정리 11.25에 따라, 둘 다 $x^{p^n}-x$의 $\mathbb{Z}_p$ 위에서 분해체이고, 따라서 ($\mathbb{Z}_p$ 위의 항등사상 σ에 대한) 정리 11.14로부터 서로 동형이다. ■

따름정리 11.27에 따르면 위수가 p^n인 (동형사상 기준) 유일한 체가 존재한다. 이 체를 위수 p^n의 **Galois 체**(Galois field)라 부른다. 군 이론에 의존하는 다음 두 결과와 함께 유한체에 대한 논의를 마친다.

정리 11.28

유한체 K의 부분체 F에 대하여, K는 F의 단순확대체이다.

증명

정리 7.16으로부터, K의 영이 아닌 모든 원소의 곱셈에 대한 군은 순환군이다. u가 이 군을 생성하면 부분체 $F(u)$는 0_F와 u의 모든 거듭제곱 포함하므로 K의 모든 원소를 포함한다. 그러므로 $K=F(u)$이다. ■

따름정리 11.29

p를 소수라 하자. 임의의 양의 정수 n에 대하여 $\mathbb{Z}_p[x]$에서 n차 기약 다항식이 존재한다.

증명

따름정리 11.26에 따라, $\mathbb{Z}_p$의 위수가 p^n인 확대체 K가 존재한다. 정리 11.28로부터 어떤 $u \in K$에 대하여 $K = \mathbb{Z}_p(u)$이다. 정리 11.7에 의하여, $\mathbb{Z}_p[x]$에서 u의 최소다항식은 기약이고 차수가 $[K : \mathbb{Z}_p]$이다. 정리 11.23은 $[K : \mathbb{Z}_p] = n$ 임을 보여준다. ■

■ 연습문제

A. 1. R이 항등원을 갖는 환이고, $m, n \in \mathbb{Z}$ 이면 $(m1_R)(n1_R) = (mn)1_R$ 임을 증명하라. [m, n이 양수인 경우는 보조정리 11.19의 증명에서 이미 증명하였다.]

2. 다음의 표수는 무엇인가?

(a) $\mathbb{Q}$ (b) $\mathbb{Z}_2 \times \mathbb{Z}_6$ (c) $\mathbb{Z}_3[x]$

(d) $M(\mathbb{R})$ (e) $M(\mathbb{Z}_3)$

3. R이 항등원을 갖는 환이라고 하자. R의 표수가 $n \geq 0$ 이면 모든 $a \in R$에 대하여 $na = 0_R$ 임을 증명하라.

4. K가 표수가 소수 p인 체이면 그 기본부분체는 K의 모든 부분체의 교집합임을 증명하라.

5. F를 유한체 K의 부분체라 하자. F의 위수가 q이면 K의 위수는 q^n, 여기서 $n = [K : F]$ 임을 보이라.

6. 위수가 p^n인 임의의 체 K는 1_K의 모든 k제곱근을 포함함을 보이라. 단, 여기서 $k = p^n - 1$이다.

7. E를 어떤 분해체에서 $x^{p^n} - x \in \mathbb{Z}_p[x]$의 모든 근의 집합이라 하자. $a \in E$이면 $-a \in E$ 임을 증명하라.

B. 8. 소수 p에 대하여 $\mathbb{Z}_p(x)$를 다항식환 $\mathbb{Z}_p[x]$의 분수체(10.4절의 예제 1에서와 같이)라고 하자. $\mathbb{Z}_p(x)$는 표수가 p인 무한체임을 보이라.

9. R이 표수가 소수 p인 항등원을 갖는 가환환이라 하자. $a, b \in R$이고 $n \geq 1$이면 $(a-b)^{p^n} = a^{p^n} - b^{p^n}$임을 증명하라.

10. K를 표수가 p인 유한체라고 하자. $f(a) = a^p$로 주어진 사상 $f : K \to K$는 동형사상임을 증명하라. K의 임의의 원소는 K에서 p제곱근을 가짐을 결론지으라.

11. 신입생의 꿈(보조정리 11.24)은 표수 p가 소수가 아니거나 R이 가환환이 아니면 거짓일 수 있음을 보이라. [**힌트**: $\mathbb{Z}_6$과 $M(\mathbb{Z}_2)$를 생각하라.]

12. c가 $f(x) \in \mathbb{Z}_p[x]$의 근이면 c^p도 근임을 증명하라.

13. **Fermat 작은 정리**(Fermat's Little Theorem)를 증명하라: p가 소수이고 $a \in \mathbb{Z}$이면 $a^p \equiv a \pmod{p}$이다. 만약 a가 p와 서로 소이면 $a^{p-1} \equiv 1 \pmod{p}$이다. [**힌트**: $\mathbb{Z}$에서 합동에 관한 진술을 $\mathbb{Z}_p$에서 등호에 관한 진술로 번역하고, 정리 11.25를 이용하라.]

14. F가 체이고, $F[x]$에서 모닉인 다항식 $f(x)$가 분해체 K에서 중근을 갖지 않는다고 하자. E를 K에서 $f(x)$의 모든 근의 집합이라고 하자. 집합 E가 사실 K의 부분체이면 F의 표수는 어떤 소수 p이고, 어떤 $n \geq 1$에 대하여 $f(x) = x^{p^n} - x$임을 증명하라.

15. (a) $x^3 + x + 1$은 $\mathbb{Z}_2[x]$에서 기약임을 보이고, 위수가 8인 체를 만들라.
(b) $x^3 - x + 1$은 $\mathbb{Z}_3[x]$에서 기약임을 보이고, 위수가 27인 체를 만들라.
(c) $x^4 + x + 1$은 $\mathbb{Z}_2[x]$에서 기약임을 보이고, 위수가 16인 체를 만들라.

16. 표수가 p인 유한체 K에 대하여 F를 K의 부분체라 하고, n을 양의 정수라고 하자. $L = \{a \in K \mid a^{p^n} \in F\}$일 때, 다음을 증명하라.
(a) L은 F를 포함하는 K의 부분체이다.
(b) $L = F$이다. [**힌트**: 연습문제 10을 이용하여, $g(a) = a^{p^n}$으로 주어진 사상 $g : K \to K$가 $g(F) = F$인 동형사상임을 보이라. $g^{-1}(F)$는 무엇인가?]

17. E와 F가 유한체 K의 부분체이고, E가 F와 동형이면 $E=F$임을 증명하라.

18. K는 체이고 k, n이 양의 정수라고 하자.
   (a) $K[x]$에서 $x^n - 1_K$가 $x^k - 1_K$로 나누어질 필요충분조건은 $\mathbb{Z}$에서 $k \mid n$임을 증명하라. [**힌트**: 나눗셈 알고리즘으로부터, $n = kq + r$이고, $x^n - 1_K = (x^k - 1_K)h(x) + (x^r - 1_K)$, 여기서 $h(x) = x^{n-k} + x^{n-2k} + \cdots + x^{n-qk}$.]
   (b) $p \geq 2$인 정수이면 $(p^k - 1) \mid (p^n - 1)$일 필요충분조건은 $k \mid n$임을 증명하라. [**힌트**: 문항 (a)의 증명을 복사하여, x를 p로 바꾸라.]

19. K를 위수 p^n의 유한체라고 하자.
   (a) F가 K의 부분체이면 $d \mid n$인 어떤 d에 대하여 F의 위수는 p^d임을 증명하라. [**힌트**: 연습문제 18이 도움이 될 것이다.]
   (b) $d \mid n$이면 K는 위수가 p^d인 유일한 부분체를 가짐을 증명하라. [**힌트**: 유일성 부분은 연습문제 17과 따름정리 11.27을 참조하라.]

20. p가 소수이고, $f(x)$는 $\mathbb{Z}_p[x]$에서 2차 기약 다항식이라 하자. K가 위수가 p^3인 $\mathbb{Z}_p$의 확대체이면 $f(x)$는 $K[x]$에서 기약임을 보이라.

21. 유한체에서 임의의 원소는 두 개의 제곱 원소의 합으로 나타낼 수 있음을 증명하라.

22. 따름정리 8.6 (2)를 이용하여, 위수 p^n의 유한체 K의 임의의 영이 아닌 원소 c는 $c^{p^n - 1} = 1_K$임을 증명하라. 결과적으로 c가 $x^{p^n} - x$의 근이고, 이것을 이용하여 정리 11.25를 증명하라.

응용: 원한다면, BCH 코드(16.3절)를 여기서 다루어도 좋다.

CHAPTER 12

Galois 이론

고전 대수학에서 주요 문제는 고차 방정식들에 대한 근의 공식(2차 방정식에 대한 근의 공식에 대응하는)이 존재하는가였다. 비록 3차와 4차 방정식에 대한 공식들이 16세기에 발견되었으나 거의 300년 동안 더 이상의 진전이 이루어지지 않았다. 그런데 Ruffini와 Abel이 놀라운 답을 제시하였다. 즉, $n \geq 5$일 때 n차의 모든 다항 방정식에 대한 공식이 존재하지 않는다는 것이다. 이 결과는 특별한 형태의 방정식들의 해를 하나의 공식으로부터 얻을 수 있을 것이라는 가능성을 배제하지 않았다. 그뿐만 아니라 공식으로 풀 수 있는 방정식에 관해 어떤 실마리도 주지 않았다.

완전한 설명을 제공한 것은 놀랄 만큼 독창적인 Galois의 연구였다. 그 연구는 다항 방정식들을 공식으로 풀 수 있는지 결정하는 판정법을 포함하였다. Galois의 아이디어는 원래의 풀이가능성 문제의 영역을 훨씬 넘어, 이후의 수학 발전에 심오한 영향을 끼쳤다.

방정식 $f(x) = 0$의 해는 $f(x)$의 계수 체의 어떤 확대체에 놓인다. Galois의 놀라운 발견은 그런 확대체와 군 사이의 밀접한 관련성이었다(12.1절). 그 관련성에 대한 자세한 기술은 12.2절에서 Galois 이론의 기본정리로 주어진다. 이 정리는 공식에 의한 방정식의 풀이가능성에 대한 Galois의 판정법을 증명하기 위한 주된 도구이다(12.3절).

12.1 Galois 군

체의 확장을 연구하는 열쇠는 각 확대체를 Galois 군이라고 하는 어떤 군과 관련짓는 것이다. 그러면 Galois 군의 성질과 군 이론의 정리를 사용하여, 체 확장에 관한 중요한 사실을 확립할 수 있다. 이 절에서는 Galois 군을 정의하고, 그 기본 성질을 전개한다. 이 절 전체에서 F는 체이다.

정의 K를 F의 확대체라 하자. F를 원소별로 고정하는(즉, 임의의 $c \in F$에 대하여 $\sigma(c) = c$인) 동형사상 $\sigma : K \to K$를 K의 **F-자기동형사상**(F-automorphism)이라고 한다. K의 모든 F-자기동형사상의 집합을 $\mathrm{Gal}_F K$로 나타내고, F 위에서 K의 **Galois 군**(Galois group)이라고 한다.

다음은 정의에서 용어 '군'의 사용을 정당화한다.

정리 12.1

K가 F의 확대체이면 $\mathrm{Gal}_F K$는 함수의 합성에 대한 군이다.

증명

항등사상 $\iota : K \to K$는* 자기 동형사상이므로, $\mathrm{Gal}_F K$는 공집합이 아니다. $\sigma, \tau \in \mathrm{Gal}_F K$이면 3.3절의 연습문제 27에 의하여, $\sigma \circ \tau$는 K에서 K로의 동형사상이다. 각 $c \in F$에 대하여 $(\sigma \circ \tau)(c) = \sigma(\tau(c)) = \sigma(c) = c$이다. 따라서 $\sigma \circ \tau \in \mathrm{Gal}_F K$이고, $\mathrm{Gal}_F K$는 닫혀있다. 함수의 합성은 결합법칙을 만족하고, 항등사상 ι가 $\mathrm{Gal}_F K$의 항등원이다. 임의의 전단사함수는 부록 B의 정리 B.1에 따라 역함수를 갖는다. $\sigma \in \mathrm{Gal}_F K$이면 3.3절의 연습문제 29에 따라 σ^{-1}는 K에서 K로의 동형사상이다. 임의의 $c \in F$에 대하여 $\sigma^{-1}(c) = c$임을 밝히라(연습문제 1). 그러므로 $\sigma^{-1} \in \mathrm{Gal}_F K$이고, $\mathrm{Gal}_F K$는 군이다. ■

예제 1.A†

$\sigma(a+bi) = a - bi$로 주어지는 복소켤레 사상 $\sigma : \mathbb{C} \to \mathbb{C}$는 3.3절의 예제 3에서 보인 것처럼, $\mathbb{C}$의 자기동형사상이다. 임의의 실수 a에 대하여

$$\sigma(a) = \sigma(a + 0i) = a - 0i = a$$

이다. 그래서 σ는 $\mathrm{Gal}_{\mathbb{R}} \mathbb{C}$에 속한다. i와 $-i$는 $x^2 + 1 \in \mathbb{R}[x]$의 모든 근이고 σ는 이 근들을 서로 다른 것으로 사상한다. 즉 $\sigma(i) = -i$이고 $\sigma(-i) = i$이다. 이것은 다음 정리의 한 예이다.

---

* 이 장 전체에서 ι는 논하는 체 위에서 항등사상을 나타낸다.

† 이 절과 다음 절 전체에서 세 개의 예제가 반복적으로 나온다. 처음 나오는 예제 1은 1.A로 표시하고, 두 번째 나오는 것은 1.B 등으로 표시한다. 또 처음 나오는 예제 2는 2.A 등으로 표시한다.

정리 12.2

F의 확대체 K에 대하여, $f(x) \in F[x]$라 하자. $u \in K$가 $f(x)$의 근이고 $\sigma \in \mathrm{Gal}_F K$이면 $\sigma(u)$도 $f(x)$의 근이다.

증명

$f(x) = c_0 + c_1 x + c_2 x^2 + \cdots + c_n x^n$ 이면

$$c_0 + c_1 u + c_2 u^2 + \cdots + c_n u^n = 0_F$$

이다. σ는 준동형사상이고, 각 $c_i \in F$에 대하여 $\sigma(c_i) = c_i$이므로

$$\begin{aligned} 0_F = \sigma(0_F) &= \sigma(c_0 + c_1 u + c_2 u^2 + \cdots + c_n u^n) \\ &= \sigma(c_0) + \sigma(c_1)\sigma(u) + \sigma(c_2)\sigma(u^2) + \cdots + \sigma(c_n)\sigma(u^n) \\ &= c_0 + c_1 \sigma(u) + c_2 \sigma(u)^2 + \cdots + c_n \sigma(u)^n \\ &= f(\sigma(u)) \end{aligned}$$

그러므로 $\sigma(u)$는 $f(x)$의 근이다. ■

$u \in K$가 F 위에서 대수적이고, 최소다항식이 $p(x) \in F[x]$라 하자. 정리 12.2는 Galois 군의 임의의 자기동형사상에 대한 u의 상 역시 $p(x)$의 근임을 말한다. 역으로, K에서 $p(x)$의 임의의 근은 $\mathrm{Gal}_F K$의 어떤 자기동형사상에 대한 u의 상인가? 다음은 그 답이 긍정인 한 경우이다.

정리 12.3

K가 어떤 다항식의 F 위에서 분해체이고, $u, v \in K$라고 하자. $\sigma(u) = v$인 $\sigma \in \mathrm{Gal}_F K$가 존재할 필요충분조건은 u와 v가 $F[x]$에서 같은 최소다항식을 갖는다.

증명

u와 v가 같은 최소다항식을 가지면 따름정리 11.8에 따라, $\sigma(u) = v$이고 σ가 F를 원소별로 고정하는 동형사상 $\sigma : F(u) \to F(v)$가 존재한다. K가 어떤 다항식의 F 위에서 분해체이므로, K는 같은 다항식에 대한 $F(u)$와 $F(v)$ 위에서 모두 분해체이다. 그러므로 정리 11.14로부터, σ는 K의 F-자기동형사상(역시 σ로 나타냄)으로 확장된

다. 다르게 말하면, $\sigma \in \mathrm{Gal}_F K$이고 $\sigma(u) = v$ 이다. 그 역은 정리 12.2의 직접적인 결과이다. ■

예제 1.B

예제 1.A는 $\mathrm{Gal}_{\mathbb{R}} \mathbb{C}$ 는 적어도 두 원소, 즉 항등사상 ι와 복소켤레 사상 σ를 갖는 것을 보여준다. 이제 $\mathrm{Gal}_{\mathbb{R}} \mathbb{C}$ 에는 이 원소들뿐임을 보이자. τ를 $\mathrm{Gal}_{\mathbb{R}} \mathbb{C}$ 의 임의의 원소라고 하자. i는 x^2+1 의 근이므로 정리 12.2에 따라, $\tau(i) = \pm i$ 이다. 만약 $\tau(i) = i$ 이면 τ는 $\mathbb{R}$ 의 임의의 원소를 고정하므로

$$\tau(a+bi) = \tau(a) + \tau(b)\tau(i) = a + bi$$

이고, 따라서 $\tau = \iota$이다. 마찬가지로 만약 $\tau(i) = -i$ 이면

$$\tau(a+bi) = \tau(a) + \tau(b)\tau(i) = a + b(-i) = a - bi$$

이고, 그러므로 $\tau = \sigma$ 이다. 따라서 $\mathrm{Gal}_{\mathbb{R}} \mathbb{C} = \{\iota, \sigma\}$ 는 위수 2의 군이고, 정리 8.7에 따라 $\mathbb{Z}_2$와 동형이다.

앞의 예제는 $\mathbb{C} = \mathbb{R}(i)$ 의 $\mathbb{R}$ -자기동형사상이 i 에 대한 작용에 따라 완전히 결정됨을 보여준다. 일반적으로 같은 것이 참이다.

정리 12.4

$K = F(u_1, u_2, ..., u_n)$을 F의 대수적확대체라고 하자. $\sigma, \tau \in \mathrm{Gal}_F K$이고 각 $i = 1, 2, ..., n$에 대하여 $\sigma(u_i) = \tau(u_i)$ 이면 $\sigma = \tau$이다. 다르게 표현하면, $\mathrm{Gal}_F K$ 의 임의의 자기동형사상은 $u_1, u_2, ..., u_n$ 에 대한 작용에 따라 완전히 결정된다.

증명

$\beta = \tau^{-1} \circ \sigma \in \mathrm{Gal}_F K$ 라 두자. β가 항등사상 ι임을 보이자. 임의의 i에 대하여 $\sigma(u_i) = \tau(u_i)$ 이므로

$$\beta(u_i) = (\tau^{-1} \circ \sigma)(u_i) = \tau^{-1}(\sigma(u_i)) = \tau^{-1}(\tau(u_i)) = (\tau^{-1} \circ \tau)(u_i) = \iota(u_i) = u_i$$

이다. $v \in F(u_1)$ 라 하자. 정리 11.7에 따라, $v = c_0 + c_1 u_1 + c_2 u_1^2 + \cdots + c_{n-1} u_1^{n-1}$ 인 $c_i \in F$가 존재한다. 여기서 n은 u_1 의 최소다항식의 차수이다. β는 u_1과 F의 임의

의 원소를 고정하므로

$$\begin{aligned}\beta(v) &= \beta(c_0 + c_1u_1 + c_2u_1^2 + \cdots + c_{n-1}u_1^{n-1}) \\ &= \beta(c_0) + \beta(c_1)\beta(u_1) + \beta(c_2)\beta(u_1^2) + \cdots + \beta(c_{n-1})\beta(u_1^{n-1}) \\ &= c_0 + c_1u_1 + c_2u_1^2 + \cdots + c_{n-1}u_1^{n-1} = v\end{aligned}$$

그러므로 임의의 $v \in F(u_1)$에 대하여 $\beta(v) = v$이다. 이 논법을 F 대신에 $F(u_1)$로, u_1 대신에 u_2로 바꾸어 계속하면 모든 $v \in F(u_1)(u_2) = F(u_1, u_2)$에 대하여 $\beta(v) = v$ 임을 알 수 있다. 또 F를 $F(u_1, u_2)$로, u_1을 u_3으로 바꾸어 반복하면 임의의 $v \in F(u_1, u_2, u_3)$에 대하여 $\beta(v) = v$를 보여준다. 유한 번의 반복으로, 모든 $v \in F(u_1, u_2, \ldots, u_n) = K$에 대하여 $\beta(v) = v$, 즉 $\iota = \beta = \tau^{-1} \circ \sigma$을 얻는다. 그러므로

$$\tau = \tau \circ \iota = \tau \circ (\tau^{-1} \circ \sigma) = (\tau \circ \tau^{-1}) \circ \sigma = \iota \circ \sigma = \sigma$$

이다. ■

예제 2.A

정리 12.2에 따라, $\mathbb{Q}$ 위에서 $\mathbb{Q}(\sqrt{3}, \sqrt{5})$의 Galois 군의 임의의 자기동형사상은 $\sqrt{3}$을 $\sqrt{3}$ 또는 $-\sqrt{3}$, 즉 $x^2 - 3$의 근으로 보낸다. 유사하게 $\sqrt{5}$를 $\pm\sqrt{5}$, 즉 $x^2 - 5$의 근으로 보내야 한다. 정리 12.4에 따라, 자기동형사상은 $\sqrt{3}$과 $\sqrt{5}$에 대한 작용으로 완전히 결정되므로 $\mathrm{Gal}_{\mathbb{Q}}\mathbb{Q}(\sqrt{3}, \sqrt{5})$에는 많아야 네 개의 자기동형사상이 존재하고, 이들은 $\sqrt{3}$과 $\sqrt{5}$에 대한 다음 네 가지 가능한 작용에 대응한다.

$$\begin{array}{llll} \sqrt{3} \xrightarrow{\iota} \sqrt{3} & \sqrt{3} \xrightarrow{\tau} -\sqrt{3} & \sqrt{3} \xrightarrow{\alpha} \sqrt{3} & \sqrt{-3} \xrightarrow{\beta} -\sqrt{3} \\ \sqrt{5} \longrightarrow \sqrt{5} & \sqrt{5} \longrightarrow \sqrt{5} & \sqrt{5} \longrightarrow -\sqrt{5} & \sqrt{5} \longrightarrow -\sqrt{5} \end{array}$$

이제 이러한 작용을 갖는 항등사상이 아닌 자기동형사상 τ, α, β를 구성하여 $\mathrm{Gal}_{\mathbb{Q}}\mathbb{Q}(\sqrt{3}, \sqrt{5})$가 위수 4의 군임을 보이자. τ를 구성하기 위하여, $x^2 - 3$이 $\sqrt{3}$과 $-\sqrt{3}$ 모두의 $\mathbb{Q}$ 위에서 최소다항식임을 주목한다. 따름정리 11.8로부터, $\sigma(\sqrt{3}) = -\sqrt{3}$이고 σ가 원소별로 $\mathbb{Q}$를 고정하는 동형사상 $\sigma : \mathbb{Q}(\sqrt{3}) \to \mathbb{Q}(-\sqrt{3})$이 존재한다. 11.3절의 예제 6은 $x^2 - 5$가 $\sqrt{5}$의 $\mathbb{Q}(\sqrt{3})$ 위에서 최소다항식임을 보여준다. 또다시 따름정리 11.8로부터, σ는 $\tau(\sqrt{5}) = \sqrt{5}$인 $\mathbb{Q}(\sqrt{3})(\sqrt{5}) = \mathbb{Q}(\sqrt{3}, \sqrt{5})$의 $\mathbb{Q}$-자기동형시장 τ로 확장된다. 그러므로 $\tau \in \mathrm{Gal}_{\mathbb{Q}}\mathbb{Q}(\sqrt{3}, \sqrt{5})$이고 $\tau(\sqrt{3}) = \sigma(\sqrt{3}) = -\sqrt{3}$, $\tau(\sqrt{5}) = \sqrt{5}$이다. 두 단계의 유사

한 논법으로, 자기 동형사상 α와 β를 앞에서 열거한 작용으로부터 얻는다. 또한 τ, α, β 각각은 $\mathrm{Gal}_{\mathbb{Q}}\mathbb{Q}(\sqrt{3}, \sqrt{5})$ 에서 위수가 2이다. 예를 들면,

$$(\tau \circ \tau)(\sqrt{3}) = \tau(\tau(\sqrt{3})) = \tau(-\sqrt{3}) = -\tau(\sqrt{3}) = -(-\sqrt{3}) = \sqrt{3} = \iota(\sqrt{3})$$

이고 $(\tau \circ \tau)(\sqrt{5}) = \sqrt{5} = \iota(\sqrt{5})$ 이다. 따라서 정리 12.4로부터 $\tau \circ \tau = \iota$ 이다. 정리 8.8을 이용하거나 직접 연산표를 계산하여(연습문제 4) $\mathrm{Gal}_{\mathbb{Q}}\mathbb{Q}(\sqrt{3}, \sqrt{5}) \cong \mathbb{Z}_2 \times \mathbb{Z}_2$ 임을 결론짓는다. 예를 들어, $(\tau \circ \alpha)(\sqrt{3}) = \beta(\sqrt{3})$ 이고 $(\tau \circ \alpha)(\sqrt{5}) = \beta(\sqrt{5})$ 임을 쉽게 알 수 있고, 따라서 정리 12.4로부터 $\tau \circ \alpha = \beta$ 이다.

앞 예제에서 $\mathbb{Q}(\sqrt{3}, \sqrt{5})$ 는 $f(x) = (x^2-3)(x^2-5)$ 의 분해체이고, 그 Galois 군의 임의 자기동형사상은 $f(x)$의 네 개의 근 $\sqrt{3}$, $-\sqrt{3}$, $\sqrt{5}$, $-\sqrt{5}$ 를 치환한다. 이것은 다음을 설명한다.

따름정리 12.5

$f(x)$ 를 $F[x]$ 에서 분리가능 n차 다항식이라 하자. K가 $f(x)$ 의 분해체이면 $\mathrm{Gal}_F K$ 는 S_n 의 어떤 부분군과 동형이다.

증명

분리가능성으로부터 $f(x)$는 K에서 n개의 서로 다른 근, 말하자면 $u_1, u_2, \ldots, u_n$을 갖는다. S_n을 집합 $R = \{u_1, u_2, \ldots, u_n\}$ 의 모든 치환의 군으로 생각하자. $\sigma \in \mathrm{Gal}_F K$이면 $\sigma(u_1), \sigma(u_2), \ldots, \sigma(u_n)$ 은 정리 12.2로부터, $f(x)$ 의 근이다. 또한 σ는 단사이므로 이들은 모두 다르고, 따라서 $u_1, u_2, \ldots, u_n$의 순서를 바꾼 것이다. 다르게 말하자면, 집합 R에 대한 σ 의 제한사상($\sigma|_R$로 표시함)은 R의 치환이다. 규칙 $\theta(\sigma) = \sigma|_R$에 따라 사상 $\theta : \mathrm{Gal}_F K \to S_n$ 을 정의하자. 양쪽 군에서 연산은 함수의 합성이므로, θ가 군의 준동형사상임을 밝히기는 쉽다. 분해체의 정의에 따라 $K = F(u_1, u_2, \ldots, u_n)$ 이다. 만약 $\sigma|_R = \tau|_R$이면 임의의 i에 대하여 $\sigma(u_i) = \tau(u_i)$ 이고, 따라서 정리 12.4에 의하여, $\sigma = \tau$ 이다. 그러므로 θ는 단사인 준동형사상이고, 따라서 정리 7.20으로부터 $\mathrm{Gal}_F K$는 S_n 의 부분군 $\mathrm{Im}\,\theta$ 와 동형이다. ■

K가 $f(x)$의 분해체이면 보통, 각 자기동형사상을 그것에서 유도된 $f(x)$의 모든 근의 치환과 동일시하여

$\mathrm{Gal}_F K$를 동형인 S_n의 그 부분군과 동일시한다.

예제 3.A

K를 x^3-2의 $\mathbb{Q}$ 위에서 분해체라 하자. x^3-2의 모든 근은 $\sqrt[3]{2}$, $\sqrt[3]{2}\omega$, $\sqrt[3]{2}\omega^2$ 여기서 $\omega=(-1+\sqrt{3}i)/2$는 1의 복소 세제곱근이다. 그러면 $\mathrm{Gal}_{\mathbb{Q}} K$는 S_3의 부분군이다. 정리 12.3에 따라 첫 번째 근 $\sqrt[3]{2}$를 두 번째 근 $\sqrt[3]{2}\omega$로 사상하는 자기 동형사상 σ가 적어도 하나 존재하고, 이것은 정리 12.2로부터 세 번째 근 $\sqrt[3]{2}\omega^2$을 자신으로 보내거나 첫 번째 근 $\sqrt[3]{2}$로 보내야 한다. 그래서 σ는 S_3에서의 치환 $(1\,2)$ 또는 $(1\,2\,3)$이다.

주의: K가 다항식 $f(x)\in F[x]$의 분해체이면 따름정리 12.5로부터 $\mathrm{Gal}_F K$의 임의의 원소가 $f(x)$의 모든 근의 어떤 치환을 생성하지만, 그 반대가 성립하는 것은 아니다. 즉, 모든 근의 임의의 치환이 어떤 K의 F-자기동항사상으로부터 얻어질 필요는 없다. 예를 들어, $\mathbb{Q}(\sqrt{3},\sqrt{5})$는 $f(x)=(x^2-3)(x^2-5)$의 분해체이지만, 예제 2.A에 따라 모든 근의 치환인

$$\begin{array}{cccc} \sqrt{3} & -\sqrt{3} & \sqrt{5} & -\sqrt{5} \\ \downarrow & \downarrow & \downarrow & \downarrow \\ \sqrt{5} & -\sqrt{5} & \sqrt{3} & -\sqrt{3} \end{array}$$

을 정하는 $\mathbb{Q}(\sqrt{3},\sqrt{5})$의 $\mathbb{Q}$-자기동형사상이 존재하지 않는다.

K를 F의 확대체라 하자. $F\subseteq E\subseteq K$를 만족하는 체 E를 그 확대체의 **중간체**(intermediate field)라 한다. 이 경우에 K를 E의 확대체로 생각한다. Galois 군 $\mathrm{Gal}_E K$는 원소별로 E를 고정하는 K의 모든 자기동형사상으로 구성된다. 임의의 이러한 자기 동형사상은 $F\subseteq E$이므로 자동으로 F의 각 원소를 고정한다. 따라서 $\mathrm{Gal}_E K$에서의 임의의 자기 동형사상은 $\mathrm{Gal}_F K$에 속한다. 즉

E가 중간체이면 $\mathrm{Gal}_E K$는 $\mathrm{Gal}_F K$의 부분군이다.

예제 2.B

$\mathbb{Q}(\sqrt{3})$은 $\mathbb{Q}$의 확대체 $\mathbb{Q}(\sqrt{3}, \sqrt{5})$의 중간체이다. 예제 2.A는 $\mathrm{Gal}_{\mathbb{Q}}\mathbb{Q}(\sqrt{3}, \sqrt{5}) = \{\iota, \tau, \alpha, \beta\}$ 임을 보여준다. $\mathbb{Q}(\sqrt{3})$의 임의의 원소를 고정하는 자기 동형사상은 정리 12.4로부터 $\sqrt{3}$을 자신으로 사상하는 것뿐이다. 그러므로

$$\mathrm{Gal}_{\mathbb{Q}(\sqrt{3})}\mathbb{Q}(\sqrt{3}, \sqrt{5})$$

는 $\{\iota, \tau, \alpha, \beta\}$의 부분군 $\{\iota, \alpha\}$이다.

이제 체의 확장에서 각 중간체를 그 Galois 군의 어떤 부분군과 관련짓는 자연스러운 방법을 알고 있다. 역으로, H가 그 Galois 군의 부분군이면 다음을 이용하여 H를 어떤 중간체와 관련지을 수 있다.

정리 12.6

K를 F의 확대체라고 하자. $\mathrm{Gal}_F K$의 임의의 부분군 H에 대하여

$$E_H = \{k \in K \mid \text{모든 } \sigma \in H\text{에 대하여 } \sigma(k) = k\}$$

라 두면, E_H는 그 확대체의 중간체이다.

체 E_H를 부분군 H의 **고정체**(fixed field)라 부른다.

정리 12.6의 증명

$c, d \in E_H$이고 $\sigma \in H$이면

$$\sigma(c+d) = \sigma(c) + \sigma(d) = c + d \text{ 이고, } \quad \sigma(cd) = \sigma(c)\sigma(d) = cd$$

이다. 그러므로 E_H는 덧셈과 곱셈에 대하여 닫혀있다. 모든 자기동형사상 σ에 대하여 $\sigma(0_F) = 0_F$이고 $\sigma(1_F) = 1_F$이므로 0_F와 1_F는 E_H에 속한다. 정리 3.10은 E_H의 영이 아닌 임의의 c와 H의 모든 원소 σ에 대하여

$$\sigma(-c) = -\sigma(c) = -c \text{ 이고 } \quad \sigma(c^{-1}) = \sigma(c)^{-1} = c^{-1}$$

임을 보여준다. 그러므로 $-c \in E_H$이고 $c^{-1} \in E_H$이다. 따라서 E_H는 K의 부분체이다. H는 $\mathrm{Gal}_F K$의 부분군이므로 임의의 $c \in F$와 모든 $\sigma \in H$에 대하여 $\sigma(c) = c$이다. 그러므로 $F \subseteq E_H$이다. ■

예제 2.C

$\mathbb{Q}(\sqrt{3}, \sqrt{5})$의 $\mathbb{Q}$ 위에서 Galois 군 $\{\iota, \tau, \alpha, \beta\}$의 부분군 $H = \{\iota, \alpha\}$를 생각하자. $\alpha(\sqrt{3}) = \sqrt{3}$이므로 부분체 $\mathbb{Q}(\sqrt{3})$은 H의 고정체 E_H에 포함된다. $E_H = \mathbb{Q}(\sqrt{3})$을 증명하기 위하여, $\mathbb{Q}(\sqrt{3})$의 모든 원소는 ι와 α에 의하여 고정되는 원소들뿐임을 보여야 한다; 연습문제 14를 보라.

예제 1.C

예제 1.B에서 살펴본 것처럼, 복소켤레 사상 σ에 대하여 $\mathrm{Gal}_{\mathbb{R}}\,\mathbb{C} = \{\iota, \sigma\}$이다. 당연히 항등원 부분군의 고정체는 $\mathbb{C}$ 전체이다. σ는 임의의 실수를 고정하고, 실수가 아닌 임의의 수는 바뀌므로 $\mathrm{Gal}_{\mathbb{R}}\,\mathbb{C}$의 고정체는 체 $\mathbb{R}$이다.

앞 예제에서의 상황과 다르게, 바탕체 F는 항상 군 $\mathrm{Gal}_F K$의 고정체일 필요는 없다.

예제 3.B

$\mathbb{Q}(\sqrt[3]{2})$의 $\mathbb{Q}$ 위에서 Galois 군의 임의 자기동형사상은 정리 12.2로부터 $\sqrt[3]{2}$를 $x^3 - 2$의 어떤 근으로 사상하여야 한다. 예제 3.A는 $\sqrt[3]{2}$가 이 다항식의 유일한 실근임을 보여준다. 정리 11.7에 따라 $\mathbb{Q}(\sqrt[3]{2})$는 실수만으로 구성되므로, $\mathrm{Gal}_{\mathbb{Q}}\,\mathbb{Q}(\sqrt[3]{2})$에서의 임의의 자기동형사상은 $\sqrt[3]{2}$를 자신으로 사상해야만 한다. 정리 12.4에 따라 $\mathrm{Gal}_{\mathbb{Q}}\,\mathbb{Q}(\sqrt[3]{2})$는 항등사상인 자기동형사상만으로 구성된다. 그래서 $\mathrm{Gal}_{\mathbb{Q}}\,\mathbb{Q}(\sqrt[3]{2})$의 고정체는 체 $\mathbb{Q}(\sqrt[3]{2})$ 전체이다.

■ 연습문제

노트: 달리 명시하지 않는 한 K는 체 F의 확대체이다.

A. 1. σ가 K의 F-자기동형사상이면 σ^{-1}도 K의 F-자기동형사상임을 보이라.

2. $[K:F]$가 유한일 때, K의 임의의 F-자기동형사상은 K의 F 위에서 기저에 대한 작용으로 완전히 결정되는가?

3. $[K:F]$가 유한일 때, $\sigma \in \mathrm{Gal}_F K$이고 $u \in K$가 $\sigma(u) = u$인 원소이면 $\sigma \in \mathrm{Gal}_{F(u)} K$임을 보이라.

4. 군 $\mathrm{Gal}_{\mathbb{Q}}\,\mathbb{Q}(\sqrt{3}, \sqrt{5}) = \{\iota, \tau, \alpha, \beta\}$ 에 대한 연산표를 작성하라. [예제 2.A를 보라.]

5. $f(x) \in F[x]$ 가 n차의 분리가능이고, K를 $f(x)$ 의 분해체라고 하자. $\mathrm{Gal}_F K$ 의 위수는 $n!$ 의 약수임을 보이라.

6. K가 $\mathbb{Q}$ 의 확대체이고, σ가 K의 자기동형사상이면 σ는 $\mathbb{Q}$ -자기동형사상임을 증명하라. [**힌트**: $\sigma(1) = 1$ 이면 모든 $n \in \mathbb{Z}$ 에 대하여 $\sigma(n) = n$ 이다.]

B. 7. (a) $\mathrm{Gal}_{\mathbb{Q}}\,\mathbb{Q}(\sqrt{2})$ 의 위수는 2 이고, 따라서 $\mathbb{Z}_2$와 동형임을 보이라. [**힌트**: 최소다항식이 $x^2 - 2$ 이다. 정리 11.7을 보라.]

(b) $d \in \mathbb{Q}$ 이고 $\sqrt{d} \not\in \mathbb{Q}$ 이면 $\mathrm{Gal}_{\mathbb{Q}}\,\mathbb{Q}(\sqrt{d})$ 는 $\mathbb{Z}_2$와 동형임을 보이라.

8. $\mathrm{Gal}_{\mathbb{Q}}\,\mathbb{Q}(\sqrt[4]{2}) \neq \langle \iota \rangle$ 임을 보이라.

9. (a) $\omega = (-1 + \sqrt{3}i)/2$ 는 1의 복소 세제곱근이다. ω의 $\mathbb{Q}$ 위에서 최소다항식 $p(x)$를 구하고, ω^2 도 $p(x)$ 의 근임을 보이라. [**힌트**: ω는 $x^3 - 1$ 의 근이다.]

(b) $\mathrm{Gal}_{\mathbb{Q}}\,\mathbb{Q}(\omega)$ 는 무엇인가?

10. (a) $\mathrm{Gal}_{\mathbb{Q}}\,\mathbb{Q}(\sqrt{2}, \sqrt{3})$ 을 구하라. [**힌트**: 예제 2.A를 보라.]

(b) $p,\ q$가 서로 다른 양의 소수일 때, $\mathrm{Gal}_{\mathbb{Q}}\,\mathbb{Q}(\sqrt{p}, \sqrt{q})$ 를 구하라.

11. $\mathrm{Gal}_{\mathbb{Q}}\,\mathbb{Q}(\sqrt{2}, i)$ 를 구하라. [**힌트**: $\mathbb{Q} \subseteq \mathbb{Q}(\sqrt{2}) \subseteq \mathbb{Q}(\sqrt{2}, i)$ 를 생각하고, 예제 2.A에서와 같이 진행하라.]

12. $\mathrm{Gal}_{\mathbb{Q}}\,\mathbb{Q}(\sqrt{2}, \sqrt{3}, \sqrt{5}) \cong \mathbb{Z}_2 \times \mathbb{Z}_2 \times \mathbb{Z}_2$ 임을 보이라.

13. F의 표수가 0이고 K가 $f(x) \in F[x]$ 의 분해체일 때, $\mathrm{Gal}_F K$의 위수는 $[K : F]$ 임을 증명하라. [**힌트**: 정리 11.17과 11.18에 의하여, $K = F(u)$ 이다.]

14. H를 $\mathrm{Gal}_{\mathbb{Q}}\,\mathbb{Q}(\sqrt{3}, \sqrt{5}) = \{\iota, \tau, \alpha, \beta\}$ 의 부분군 $\{\iota, \alpha\}$ 이라고 하자. H의 고정체는 $\mathbb{Q}(\sqrt{3})$ 임을 보이라. [**힌트**: $\mathbb{Q}(\sqrt{3}) \subseteq E_H \subseteq \mathbb{Q}(\sqrt{3}, \sqrt{5})$ 임을 밝히라. $[\mathbb{Q}(\sqrt{3}, \sqrt{5}) : \mathbb{Q}(\sqrt{3})]$ 은 무엇인가?]

15. (a) $\mathbb{R}$ 의 임의의 자기동형사상은 양의 원소를 모두 양의 원소로 사상함을 보이라. [힌트: $\mathbb{R}$ 의 임의의 양의 원소는 제곱수이다.]
(b) $a, b \in \mathbb{R}$, $a < b$ 이고 $\sigma \in \mathrm{Gal}_{\mathbb{Q}}\mathbb{R}$ 이면 $\sigma(a) < \sigma(b)$ 임을 증명하라. [힌트: $a < b$ 일 필요충분조건은 $b - a > 0$.]
(c) $\mathrm{Gal}_{\mathbb{Q}}\mathbb{R} = \langle \iota \rangle$ 임을 증명하라. [힌트: $c < r < d$, $c, d \in \mathbb{Q}$ 이면 $c < \sigma(r) < d$ 이고, 그러면 $\sigma(r) = r$ 임을 보이라.]

C. 16. $\zeta, \zeta^2, \ldots, \zeta^n = 1$ 을 $\mathbb{Q}$ 의 어떤 확대체에서 $x^n - 1$ 의 n개의 서로 다른 근이라 하자. $\mathrm{Gal}_{\mathbb{Q}}\mathbb{Q}(\zeta)$ 는 가환임을 증명하라.

17. E가 F 위에서 정규인 중간체이고, $\sigma \in \mathrm{Gal}_F K$ 라고 하자. $\sigma(E) = E$ 임을 증명하라.

12.2 Galois 이론의 기본정리

Galois 이론의 근본 아이디어는 확대체의 성질들을 그 Galois 군의 성질들로 관련짓는 것이다. 이것을 위한 열쇠는 Galois 이론의 기본정리로, 다음 절에서 증명할 것이다.

이 절의 전체에 걸쳐, K는 F의 유한차원 확대체이다. S를 모든 중간체의 집합, T를 Galois 군 $\mathrm{Gal}_F K$ 의 모든 부분군의 집합이라 하자. 임의의 중간체 E에 대하여 $\varphi(E) = \mathrm{Gal}_E K$ 로 함수 $\varphi : S \to T$ 를 정의한다. 이 함수 φ를 **Galois 대응**(Galois correspondence)이라고 한다. (그 자신의 부분체로 생각한) K는 $\mathrm{Gal}_F K$ 의 항등원만의 부분군에 대응되고, 부분체 F는 (그 자신의 부분군으로 생각한) 군 전체 $\mathrm{Gal}_F K$에 대응된다.

예제 2.D*

$\mathbb{Q}$ 의 확대체 $\mathbb{Q}(\sqrt{3}, \sqrt{5})$와 중간체 $\mathbb{Q}(\sqrt{3})$에 대한 Galois 대응을 생각하자. 앞에서 언급한 것과 536쪽의 예제 2.B에 따라

$$\mathbb{Q}(\sqrt{3}, \sqrt{5}) \longrightarrow \mathrm{Gal}_{\mathbb{Q}(\sqrt{3}, \sqrt{5})}\mathbb{Q}(\sqrt{3}, \sqrt{5}) = \{\iota\}$$

$$\mathbb{Q}(\sqrt{3}) \longrightarrow \mathrm{Gal}_{\mathbb{Q}(\sqrt{3})}\mathbb{Q}(\sqrt{3}, \sqrt{5}) = \{\iota, \alpha\}$$

$$\mathbb{Q} \longrightarrow \mathrm{Gal}_{\mathbb{Q}}\mathbb{Q}(\sqrt{3}, \sqrt{5}) = \{\iota, \tau, \alpha, \beta\}$$

* 12.1절과 12.2절의 예제 번호 부여 방식은 530쪽에서 설명한다.

를 얻는다. 예제 2.C는 $E = \mathbb{Q}(\sqrt{3})$ 이 부분군 $H = \{\iota, \alpha\} = \mathrm{Gal}_{\mathbb{Q}(\sqrt{3})}\mathbb{Q}(\sqrt{3}, \sqrt{5})$ 의 고정체임을 보여준다. 또한 $K = \mathbb{Q}(\sqrt{3}, \sqrt{5}) = \mathbb{Q}(\sqrt{3})(\sqrt{5})$ 는 고정체 $E = \mathbb{Q}(\sqrt{3})$ 의 분리가능인 정규확대체이다. 왜냐하면 K는 $x^2 - 5$ 의 분해체(정리 11.15)이고 표수가 0이기 때문이다(정리 11.17).

이제 적절한 조건과 함께 Galois 대응이 모든 중간체의 집합에서 $\mathrm{Gal}_F K$의 모든 부분체의 집합으로의 전단사함수임을 보이기 위한 도구를 준비한다.

보조정리 12.7

K를 F 의 유한차원 확대체라고 하자. H가 Galois 군 $\mathrm{Gal}_F K$의 부분군이고 E가 H의 고정체이면 K는 E의 분리가능이고 정규인 단순확대체이다.

앞의 예제 2.D는 $(K = \mathbb{Q}(\sqrt{3}, \sqrt{5}),\ E = \mathbb{Q}(\sqrt{3}),\ H = \{\iota, \alpha\}$ 일 때) 보조정리 12.7을 설명한다.

보조정리 12.7의 증명

정리 11.9로부터 각 $u \in K$는 F 위에서 대수적이고, 따라서 11.2절의 연습문제 7에 따라 E 위에서 대수적이다. 정리 12.2로부터 H에서 임의의 자기동형사상은 u를 그 최소다항식 $p(x) \in E[x]$의 어떤 근으로 사상한다. 그러므로 u는 H에 속하는 자기 동형사상에 대하여 유한개의 서로 다른 상, 말하자면 $u_1, u_2, \ldots, u_t \in K$를 갖는다.

$\sigma \in H$이고 (어떤 $\tau \in H$에 대하여) $u_i = \tau(u)$ 이면 $\sigma(u_i) = \sigma(\tau(u))$ 이다. $\sigma \circ \tau \in H$ 이므로 $\sigma(u_i)$ 도 u의 상임을 알 수 있고, 따라서 집합 $\{u_1, u_2, \ldots, u_t\}$ 에 속해야 한다. σ는 단사이므로 원소 $\sigma(u_1), \sigma(u_2), \ldots, \sigma(u_t)$ 는 u의 서로 다른 t개의 상이고, 따라서 어떤 순서로 $u_1, u_2, \ldots, u_t$ 이다. 다르게 말하면, H에 속하는 임의의 자기동형사상은 $u_1, u_2, \ldots, u_t$를 치환한다.

$$f(x) = (x - u_1)(x - u_2)\cdots(x - u_t)$$

라 두자. 모든 u_i가 서로 다르므로, $f(x)$ 는 분리가능이다. $f(x)$ 가 실제로 $E[x]$ 에 속하는 것을 보이자. 이것을 증명하기 위하여 $\sigma \in H$ 라 두고, σ가 493쪽에서 기술한 (여전히 σ로 나타내는) 어떤 동형사상 $K[x] \to K[x]$을 유도함을 상기한다. 그러면

$$\sigma f(x) = (x - \sigma(u_1))(x - \sigma(u_2))\cdots(x - \sigma(u_t))$$

이다. σ는 전체 u_i를 치환하므로 $f(x)$의 인수들을 단순히 재배열하고, 따라서 $\sigma f(x) = f(x)$이다. 그러므로 H의 임의의 자기동형사상은 분리가능 다항식인 $f(x)$의 계수들을 모두 그 자신으로 사상하고, 따라서 이 계수들은 모두 H의 고정체인 E에 속한다. $u = u_1$은 $f(x) \in E[x]$의 근이므로, u는 E 위에서 분리가능이다. 따라서 K는 E의 분리가능확대체이다.

체 K는 F 위에서 유한생성이다. (그 이유는 $[K:F]$가 유한이기 때문이다. 또 11.3절의 예제 4를 보라.) 그 결과, K는 E 위에서 유한생성이고, 따라서 정리 11.18에 따라 어떤 $u \in K$에 대하여 $K = E(u)$이다. $f(x)$를 앞 단락에서와 같이 두자. 그러면 $f(x)$는 $K[x]$에서 분해되고, 따라서 $K = E(u)$는 $f(x)$의 E 위에서 분해체이다. 그러므로 K는 정리 11.15로부터 E 위에서 정규확대체이다. ■

정리 12.8

K를 F의 유한차원 확대체라 하자. H가 Galois 군 $\mathrm{Gal}_F K$의 부분군이고 E가 H의 고정체이면 $H = \mathrm{Gal}_E K$이고, $|H| = [K:E]$이다. 그러므로 Galois 대응은 전사함수이다.

증명

보조정리 12.7은 어떤$u \in K$에 대하여 $K = E(u)$임을 보여준다. E 위에서 u의 최소다항식의 차수가 n이면 정리 11.7에 따라 $[K:E] = n$이다. 정리 12.2와 12.4에 따라, $\mathrm{Gal}_E K$에서 서로 다른 자기동형사상은 u를 $p(x)$의 서로 다른 근으로 사상한다. 그래서 $\mathrm{Gal}_E K$에 속하는 서로 다른 자기동형사상의 개수는 많아야 $p(x)$의 모든 근의 개수인 n이다. 이제 고정체 E의 정의로부터 $H \subseteq \mathrm{Gal}_E K$이다. 결과적으로

$$|H| \le |\mathrm{Gal}_E K| \le n = [K:E]$$

이다. $f(x)$를 보조정리 12.7의 증명에서와 같은 것이라 하자. 그러면 H는 적어도 (H에 대한 u의 서로 다른 상의 개수인) t개의 자기동형사상을 포함한다. $u = u_1$은 $f(x)$의 근이므로 $f(x)$는 $p(x)$로 나누어진다. 따라서

$$|H| \ge t = \deg f(x) \ge \deg p(x) = n = [K:E]$$

이다. 두 부등호 관계식을 결합하여

$$|H| \le |\mathrm{Gal}_E K| \le [K:E] \le |H|$$

를 얻는다. 그러므로 $|H| = |\mathrm{Gal}_E K| = [K:E]$이고, 따라서 $H = \mathrm{Gal}_E K$이다. ■

예제 3.C

예제 3.B에 따라, Galois 군 $\mathrm{Gal}_{\mathbb{Q}}\,\mathbb{Q}(\sqrt[3]{2})=\langle \iota \rangle$ 이고, 그래서 Galois 대응에서 중간체 $\mathbb{Q}(\sqrt[3]{2})$와 $\mathbb{Q}$는 모두 $\langle \iota \rangle$에 대응한다. $\mathbb{Q}(\sqrt[3]{2})$는 $\mathbb{Q}$의 정규확대체가 아님을 주목한다. [$\mathbb{Q}(\sqrt[3]{2})$는 x^3-2의 실수가 아닌 근을 포함하지 않고, 그래서 이 다항식은 $\mathbb{Q}(\sqrt[3]{2})$에서 하나의 근을 갖지만 분해되지는 않기 때문이다.]

Galois 확대체

정리 12.8에 따라 Galois 대응이 비록 전사이지만, 단사가 아닐 수 있음을 앞의 예제가 보여준다. 단사임을 보장하기 위하여, 확대체에 대한 추가의 가정이 필요하다. 앞의 증명들과 예제들은 정규성과 분리가능성이 그 후보가 될 것 같음을 시사한다.

정의

K가 체 F의 유한생성, 분리가능인 정규확대체일 때, K를 F의 **Galois 확대체**라고 하거나 K가 F 위에서 **Galois**라 한다.

정리 11.15와 11.17에 따라, 표수가 0인 Galois 확대체는 단순히 분해체이다.

정리 12.9

F의 Galois 확대체 K에 대하여, 임의의 중간체 E는 부분군 $\mathrm{Gal}_E K$의 고정체이다.

E와 L이 $\mathrm{Gal}_E K=\mathrm{Gal}_L K$인 중간체이면 정리 12.9는 E와 L이 모두 같은 군의 고정체임을 보여 주고, 따라서 $E=L$이다. 그러므로 Galois 확대체에 대한 Galois 대응은 단사함수이다.

정리 12.9의 증명

정의로부터, $\mathrm{Gal}_E K$의 고정체 E_0은 E를 포함한다. $E_0\subseteq E$임을 보이기 위하여, 대우명제, 즉 $u\not\in E$이면 u는 $\mathrm{Gal}_E K$에 속하는 어떤 자기동형사상에 의하여 이동되고, 따라서 $u\not\in E_0$을 증명한다. K는 중간체 E의 Galois 확대체(정리 11.15 와 11.4절의 연습문제 5에 따라 정규이고, 11.5절의 연습문제 1에 따라 분리가능)이므로 E의 대수적확대체이다. 결과적으로 u는 차수가 ≥ 2인 최소다항식 $p(x)\in E[x]$를 갖는 E 위에서 대수적이다. (만약 $\deg p(x) = 1$ 이면 u는 E에 속할 것이다.) 분리가능성으로부터 $p(x)$는 중근을 갖지 않고, 정규성으로부터 모든 근은 K에 속한다. v를 u와 다른 $p(x)$의 어떤 근이라 하자. 그러면 정리 12.3으로부터, $\sigma(u) = v$ 인 $\sigma \in \mathrm{Gal}_E K$ 가 존재한다. 그러므로 $u \notin E_0$ 이고, 따라서 $E_0 = E$이다. ■

따름정리 12.10

K를 F의 유한차원 확대체라 하자. K가 F 위에서 Galois일 필요충분조건은 F가 Galois 군 $\mathrm{Gal}_F K$의 고정체이다.

증명

K가 F 위에서 Galois이면 정리 12.9는($E = F$와 함께) F가 $\mathrm{Gal}_F K$ 의 고정체임을 보여준다. 역으로, F가 $\mathrm{Gal}_F K$ 의 고정체이면 보조정리 12.7은($E = F$와 함께) K가 F 위에서 Galois임을 보여준다. ■

따름정리 12.10의 관점에서, Galois 확대체는 종종 F가 $\mathrm{Gal}_F K$의 고정체가 되는 유한차원 확대체로 정의된다. Galois 이론에 관한 다른 책을 읽을 때, 어느 정의가 사용되고 있는지를 확인하여 적절하지 않은 가정을 하지 않도록 하는 것이 좋을 것이다.

예제 2.E

체 $\mathbb{Q}(\sqrt{3}, \sqrt{5})$는 $f(x) = (x^2 - 3)(x^2 - 5)$의 분해체이므로, $\mathbb{Q}$의 Galois 확대체이다. 그래서 정리 12.8과 정리 12.9 다음의 언급에 따라, Galois 대응은 전단사이다. 예제 2.A에 따라 Galois 군 $\mathrm{Gal}_{\mathbb{Q}} \mathbb{Q}(\sqrt{3}, \sqrt{5}) = \{\iota, \tau, \alpha, \beta\}$ 이다. 다음 도표는 Galois 대응 아래서 상응하는 위치에 있는 부분체와 부분군이 서로 대응하는데, 그것이 정확함을 밝히라.

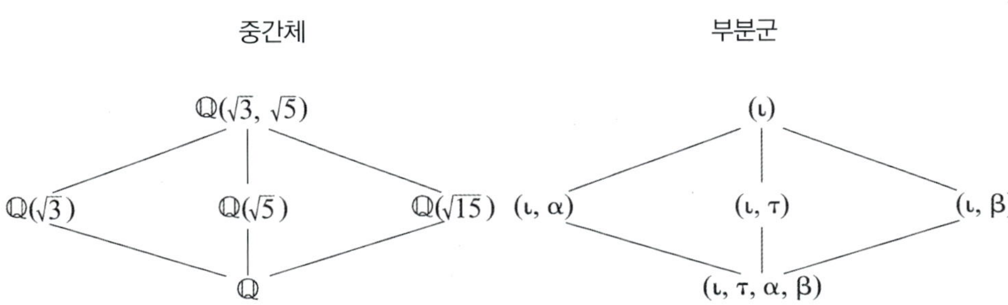

모든 중간체는 그 자체로 $\mathbb{Q}$ 의 Galois 확대체임을 주목하라. (예를 들어, $\mathbb{Q}(\sqrt{5})$ 는 x^2-5 의 분해체이다.) 또한 Galois 군의 대응하는 모든 부분군은 정규부분군이다. 유사한 상황이 일반적으로 성립하는 것을 바로 다음에서 알 수 있다.

정리 12.11 Galois 이론의 기본정리

K가 F의 Galois 확대체이면 다음이 성립한다.

(1) 이 확대체의 모든 중간체의 집합 S와 Galois 군 $\mathrm{Gal}_F K$의 모든 부분군의 집합 T 사이에는 각 중간체 E를 부분군 $\mathrm{Gal}_E K$로 대응시키는 전단사함수가 존재한다. 또한

$$[K:E]=|\mathrm{Gal}_E K| \text{이고} \quad [E:F]=[\mathrm{Gal}_F K:\mathrm{Gal}_E K] \text{이다.}$$

(2) 중간체 E가 F의 정규확대체일 필요충분조건은 대응하는 군 $\mathrm{Gal}_E K$가 $\mathrm{Gal}_F K$의 정규부분군이고, 이 경우에 $\mathrm{Gal}_F E \cong \mathrm{Gal}_F K/\mathrm{Gal}_E K$ 이다.

증명

정리 12.8과 정리 12.9 다음의 언급은 (1)항의 첫 진술을 증명한다. 정리 12.9로부터, 각 중간체 E는 $\mathrm{Gal}_E K$의 고정체이다. 결과적으로 정리 12.8에 따라 $[K:E]=|\mathrm{Gal}_E K|$ 이다. 특히 $F=E$ 이면 $[K:F]=|\mathrm{Gal}_F K|$이다. 그러므로 Lagrange 정리 8.5와 정리 11.4에 따라

$$[K:E][E:F]=[K:F]=|\mathrm{Gal}_F K|=|\mathrm{Gal}_E K|[\mathrm{Gal}_F K:\mathrm{Gal}_E K]$$

이다. 이 등식의 처음과 끝항을 $[K:E]=|\mathrm{Gal}_E K|$로 나누면

$$[E:F]=[\mathrm{Gal}_F K:\mathrm{Gal}_E K]$$

임을 보여준다.

(2)항을 증명하기 위하여, 먼저 $\mathrm{Gal}_E K$가 $\mathrm{Gal}_F K$의 정규부분군이라 가정하자. $p(x)$가 E에서 근 u를 갖는 $F[x]$에서의 기약 다항식이면 $p(x)$가 $E[x]$에서 분해됨을 보여야 한다. K는 F 위에서 정규이므로 $p(x)$가 $K[x]$에서 분해됨을 알고 있다. 그래서 $p(x)$의 K에서의 각 근 v가 사실은 E에 속하는 것을 보이기만 하면 된다. 정리 12.3으로부터, $\sigma(u)=v$ 인 $\mathrm{Gal}_F K$에 속하는 자기동형사상 σ가 존재한다. τ가 $\mathrm{Gal}_E K$의 임의의 원소이면 정규성으로부터, 어떤 $\tau_1 \in \mathrm{Gal}_E K$에 대하여 $\tau\circ\sigma=\sigma\circ\tau_1$ 이다. $u\in E$ 이므로 $\tau(v)=\tau(\sigma(u))=\sigma(\tau_1(u))=\sigma(u)=v$ 이다. 따라서 v는

$\mathrm{Gal}_E K$ 의 임의의 원소 τ에 의하여 고정되고, 그러므로 $\mathrm{Gal}_E K$ 의 고정체, 즉 E(정리 12.9를 보라)에 속해야 한다.

역으로, E가 F의 정규확대체라 가정하자. 그러면 E는 (1)항에 따라 F 위에서 유한 차원이다. 다음에 증명할 보조정리 12.12에 따라, 그 핵이 $\mathrm{Gal}_E K$ 인 전사인 준동형사상 $\theta : \mathrm{Gal}_F K \to \mathrm{Gal}_F E$ 가 존재한다. 그러면 정리 8.16으로부터, $\mathrm{Gal}_E K$ 는 $\mathrm{Gal}_F K$ 의 정규부분군이고, 제1동형사상 정리 8.20에 따라 $\mathrm{Gal}_F K / \mathrm{Gal}_E K \cong \mathrm{Gal}_F E$이다. ■

예제 3.D

$x^3 - 2$ 의 분해체 K 는 $\mathbb{Q}$ 의 Galois 확대체이고, 그 Galois 군은 예제 3.A에 의하여 S_3 의 부분군이다.* $\mathbb{Q} \subseteq \mathbb{Q}(\sqrt[3]{2}) \subseteq K$ 임을 주목한다. $x^3 - 2$ 는 $\sqrt[3]{2}$ 의 최소다항식이므로, 정리 11.7에 따라 $[\mathbb{Q}(\sqrt[3]{2}) : \mathbb{Q}] = 3$ 이다. 다른 근($\sqrt[3]{2}\,\omega$ 와 $\sqrt[3]{2}\,\omega^2$)은 어느 것도 실수가 아니고, 따라서 어느 것도 $\mathbb{Q}(\sqrt[3]{2})$ 에 속하지 않는다. 그래서 $[K : \mathbb{Q}] > 3$ 이다. $[K : \mathbb{Q}] \leq 6$ (정리 11.13, 11.14)이고 $[K : \mathbb{Q}]$ 는 3으로 나누어지므로(정리 11.4), $[K : \mathbb{Q}] = 6$ 이다. 따라서 $\mathrm{Gal}_{\mathbb{Q}} K$ 는 정리 12.11로부터 위수가 6이고 S_3 이다.

S_3 의 진부분군은 위수 3의 순환군 $\langle (1\,2\,3) \rangle$ 과 위수 2인 세 개의 순환군, 즉 $\langle (1\,2) \rangle$, $\langle (1\,3) \rangle$, $\langle (2\,3) \rangle$ 뿐이다. Galois 대응은 다음과 같이, 상응하는 위치에 있는 부분체와 부분군이 서로 대응한다. 두 부분체를 연결하는 선 곁에 있는 정수는 작은 체 위에서 큰 체의 차원이다. 두 부분군을 연결하는 선 곁의 정수는 큰 부분군에서 작은 부분군의 지수이다.

중간체 도표

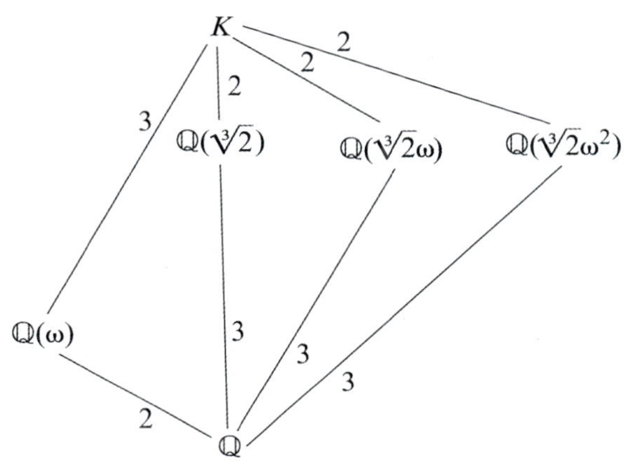

* S_3를 근 $\sqrt[3]{2}$, $\sqrt[3]{2}\,\omega$, $\sqrt[3]{2}\,\omega^2$ 의 이 순서에 대한 모든 치환의 군으로 생각한다. 예를 들어, $(1\,2)$는 $\sqrt[3]{2}$ 와 $\sqrt[3]{2}\,\omega$를 서로 바꾸고 $\sqrt[3]{2}\,\omega^2$ 를 고정한다.

부분군 도표

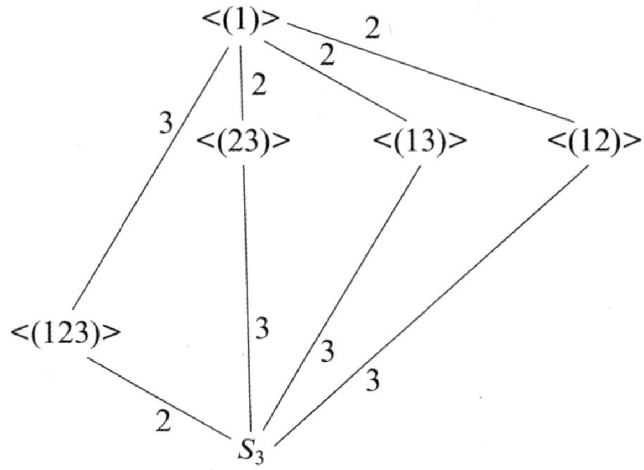

$\omega = \left(\frac{1}{2}\right)(\sqrt[3]{2})^2(\sqrt[3]{2}\,\omega) \in K$ 이므로 체 $\mathbb{Q}(\omega)$는 중간체이다. $\mathbb{Q}(\omega)$는 x^2+x+1의 분해체(연습문제 3)이고, 따라서 $\mathbb{Q}$ 위에서 Galois이다. 대응하는 부분군은 정규부분군 $\langle(123)\rangle$이다. 한편 예제 3.C는 $\mathbb{Q}(\sqrt[3]{2})$가 $\mathbb{Q}$ 위에서 Galois가 아님을 보여 주고, 대응하는 부분군 $\langle(23)\rangle$은 S_3의 정규부분군이 아니다.

앞의 예제는 다음의 중요한 사실을 설명해준다.

Galois 대응은 포함관계를 반대로 바꾼다.

예를 들어, $\mathbb{Q} \subseteq \mathbb{Q}(\omega)$이지만 대응하는 부분군들은 포함관계가 반대인 $S_3 \supseteq \langle(123)\rangle$을 만족한다.

마지막으로 다음을 증명하여 기본정리의 증명을 완성한다.

보조정의 12.12

K를 F의 유한 정규확대체라 하자. 중간체 E가 F의 정규확대체이면 전사이고, 그 핵이 $\mathrm{Gal}_E K$인 군의 준동형사상 $\theta : \mathrm{Gal}_F K \to \mathrm{Gal}_F E$가 존재한다.

증명

$\sigma \in \mathrm{Gal}_F K$이고 $u \in E$라 하자. 그러면 u는 F 위에서 대수적이고, 최소다항식을 $p(x)$라 하자. E는 F의 정규확대체이므로, $p(x)$는 $E[x]$에서 분해된다. 즉 $p(x)$의

모든 근이 E에 속한다. 정리 12.2에 따라 $\sigma(u)$가 $p(x)$의 어떤 근이므로, $\sigma(u) \in E$임을 알 수 있다. 그러므로 임의의 $\sigma \in \mathrm{Gal}_F K$에 대하여 $\sigma(E) \subseteq E$이다. 따라서 σ의 E에 대한 제한사상($\sigma|_E$로 나타냄)은 F-동형사상 $E \to \sigma(E)$이다. 따라서 정리 11.5로부터 $[E:F] = [\sigma(E):F]$이다. $F \subseteq \sigma(E) \subseteq E$이므로 정리 11.4에 따라 $[E:F] = [E:\sigma(E)]\,[\sigma(E):F]$이고, 이것으로부터 $[E:\sigma(E)] = 1$이다. 그러므로 $E = \sigma(E)$이고 $\sigma|_E$는 사실 $\mathrm{Gal}_F E$에 속하는 자기동형사상이다.

함수 $\theta : \mathrm{Gal}_F K \to \mathrm{Gal}_F E$를 $\theta(\sigma) = \sigma|_E$로 정의하자. θ가 군의 준동형사상임을 증명하기는 쉽다. 그것의 핵은 E에 대한 제한사상이 항등사상인 K의 모든 자기동형사상으로 구성된다. 즉, 부분군 $\mathrm{Gal}_E K$이다.

θ가 전사임을 보이기 위하여, 정리 11.15에 따라 K는 F 위에서 분해체임을 주목하고, 따라서 K는 E 위에서 같은 다항식에 대한 분해체이다. 결과적으로 정리 11.14로부터 임의의 $\tau \in \mathrm{Gal}_F E$는 $\mathrm{Gal}_F K$에 속하는 어떤 F-자기 동형사상 σ로 확장된다. 이것은 $\sigma|_E = \tau$이고, 즉 $\theta(\sigma) = \tau$이다. 그러므로 θ는 전사이다. ■

앞 증명에서, K의 정규성은 마지막 단락 이전에는 사용하지 않았다. 그래서 첫 단락은 다음의 유용한 사실을 증명한다.

따름정리 12.13

K가 F의 확대체이고, 중간체 E가 F의 정규확대체라고 하자. $\sigma \in \mathrm{Gal}_F K$이면 $\sigma|_E \in \mathrm{Gal}_F E$이다.

■ 연습문제

노트: K는 체 F의 확대체이다.

A. 1. K가 F 위에서 Galois이면 중간체는 유한개뿐임을 보이라.

2. K가 $\mathbb{Q}$의 정규확대체이고 $[K:\mathbb{Q}] = p$가 소수이면 $\mathrm{Gal}_{\mathbb{Q}} K \cong \mathbb{Z}_p$임을 보이라.

3. (a) $\omega = (-1 + \sqrt{3}i)/2$는 $x^3 - 1$의 근임을 보이라.

(b) ω와 ω^2은 $x^2 + x + 1$의 근임을 보이라. 따라서 $\mathbb{Q}(\omega)$는 $x^2 + x + 1$의 분해체이다.

4. 다음 주어진 $\mathbb{Q}$ 의 확대체에 대하여 중간체와 부분군들의 Galois 대응을 표시하라.
   (a) $\mathbb{Q}(\sqrt{d})$, 여기서 $d \in \mathbb{Q}$ 이지만 $\sqrt{d} \notin \mathbb{Q}$ 이다.
   (b) $\mathbb{Q}(\omega)$, 여기서 ω는 연습문제 3에서와 같다.

5. K가 F 위에서 Galois이고 $\mathrm{Gal}_F K$가 위수 10인 Abel 군일 때, 그 확대체는 얼마나 많은 중간체를 갖는가? 또 F 위에서 그들의 차원은 무엇인가?

6. K와 L이 모두 F의 Galois 확대체이고, $K \neq L$, $\mathrm{Gal}_F K \cong \mathrm{Gal}_F L$인 K와 L의 예를 보이라.

B. 7. 다음 주어진 $\mathbb{Q}$ 의 확대체에 대한 Galois 대응을 표시하라.
   (a) $\mathbb{Q}(\sqrt{2}, \sqrt{3})$
   (b) $\mathbb{Q}(i, \sqrt{2})$

8. K가 F 위에서 Galois이고, $\mathrm{Gal}_F K$ 가 Abel 군이고, 중간체 E가 F 의 정규확대체이면 $\mathrm{Gal}_E K$ 와 $\mathrm{Gal}_F E$ 는 Abel 군임을 증명하라.

9. K가 F 위에서 Galois이고, $\mathrm{Gal}_F K \cong \mathbb{Z}_n$라 가정하자.
   (a) E가 F 위에서 정규인 중간체이면 $\mathrm{Gal}_E K$ 와 $\mathrm{Gal}_F E$ 는 순환군이다.
   (b) n의 임의의 양의 약수에 대하여 꼭 하나씩의 중간체가 존재하고, 모든 중간체는 이것뿐임을 보이라.

10. 두 중간체 E와 L에 대하여 $\sigma(E) = L$인 $\sigma \in \mathrm{Gal}_F K$ 가 존재할 때, E와 L은 **켤레**(conjugate)라고 한다. E와 L이 켤레일 필요충분조건은 $\mathrm{Gal}_E K$ 와 $\mathrm{Gal}_L K$ 가 $\mathrm{Gal}_F K$ 의 켤레 부분군(398쪽에서에 정의함)임을 증명하라.

11. (a) $K = \mathbb{Q}(\sqrt[4]{2}, i)$가 $x^4 - 2$ 의 $\mathbb{Q}$ 위에서 분해체임을 보이라.
   (b) $[K : \mathbb{Q}] = 8$ 임을 증명하고, 정리 12.11로부터 $\mathrm{Gal}_{\mathbb{Q}} K$ 의 위수가 8임을 결론지으라. [**힌트**: $\mathbb{Q} \subseteq \mathbb{Q}(\sqrt[4]{2}) \subseteq \mathbb{Q}(\sqrt[4]{2}, i)$.]
   (c) $\sigma(\sqrt[4]{2}) = \sqrt[4]{2}i$, $\sigma(i) = i$ 이고, 위수가 4인 $\sigma \in \mathrm{Gal}_{\mathbb{Q}} K$ 가 존재함을 증명하라.
   (d) 따름정리 12.13으로부터, 복소켤레 사상의 K에 대한 제한사상이 $\mathrm{Gal}_{\mathbb{Q}} K$ 의 원소 τ이다.

$$\mathrm{Gal}_{\mathbb{Q}} K = \{\sigma, \sigma^2, \sigma^3, \sigma^4 = \iota, \tau, \sigma\tau, \sigma^2\tau, \sigma^3\tau\}$$

   임을 보이라. [**힌트**: 정리 12.4를 이용하여, 이 원소들이 모두 서로 다른 것을 보이라.]

(e) $\text{Gal}_{\mathbb{Q}} K \cong D_4$ 임을 증명하라. [**힌트**: σ를 r_1에, τ를 v에 사상하라.]

12. 연습문제 11에서의 K에 대하여, $\text{Gal}_{\mathbb{Q}(i)} K \cong \mathbb{Z}_4$ 임을 증명하라.

C. 13. 연습문제 11에서의 K에 대하여, 이 확대체에 대한 Galois 대응을 표시하라. [중간체 중에는 $\mathbb{Q}((1+i)\sqrt[4]{2})$ 와 $\mathbb{Q}((1-i)\sqrt[4]{2})$ 가 있다.]

14. $\mathbb{Q}$ 의 확대체 $\mathbb{Q}(\sqrt{2}, \sqrt{3}, \sqrt{5})$ 에 대한 Galois 대응을 표시하라. [이 Galois 군은 위수가 2인 부분군을 7개 갖고, 위수 4인 부분군을 7개 갖는다.]

12.3 거듭제곱근으로의 풀이가능성

2차 방정식 $ax^2+bx+c=0$ 의 해는 잘 알려진 공식

$$x = \frac{-b \pm \sqrt{b^2-4ac}}{2a}$$

으로 주어진다. 이 사실은 고대에도 알려져 있었다. 16세기에 3차와 4차 방정식의 해에 대한 공식이 발견되었다. 예를 들어, $x^3+bx+c=0$ 의 모든 해는 다음과 같이 주어진다.

$$x = \sqrt[3]{(-c/2)+\sqrt{d}} + \sqrt[3]{(-c/2)-\sqrt{d}}$$
$$x = \omega\sqrt[3]{(-c/2)+\sqrt{d}} + \omega^2\sqrt[3]{(-c/2)-\sqrt{d}}$$
$$x = \omega^2\sqrt[3]{(-c/2)+\sqrt{d}} + \omega\sqrt[3]{(-c/2)-\sqrt{d}}$$

여기서 $d=(b^3/27)+(c^2/4)$, $\omega=(-1+\sqrt{3}\,i)/2$ 는 1의 세제곱근이고, 다른 세제곱근은

$$\sqrt[3]{(-c/2)+\sqrt{d}}\ \sqrt[3]{(-c/2)-\sqrt{d}} = -b/3$$

이 되도록 선택한다.*

1800년대 초, Ruffini와 Abel은 독립적으로 $n \geq 5$ 에 대하여 모든 n 차 방정식의 해를 구하는 공식이 존재하지 않음을 증명하였다. 그러나 이 문제에 대한 완전한 분석은 다항 방정식들을 공식으로 풀 수 있는지를 결정하는 판정법을 제시한 Galois 덕분이다. 그 판정법은 공식으로 풀 수 없는 어떤 5차 방정식을 제시할 수 있도록 하는 것으로, 여기

* 일반적인 3차와 4차에 대한 공식들은 유사하지만, 더 복잡하다.

서 소개한다. 논의를 간단히 하기 위해, 모든 체는 표수가 0 이라고 가정한다.

앞에서 설명했던 것처럼, '공식'은 다항식 $f(x) \in F[x]$의 모든 계수와 함께 시작하여, 단지 체의 연산(덧셈, 뺄셈, 곱셈, 나눗셈) 및 거듭제곱근(제곱근, 세제곱근, 네제곱근 등)의 풀이만을 사용하여 방정식 $f(x) = 0_F$의 모든 해를 찾아주는 어떤 특별한 과정이다. 이러한 맥락에서 F의 원소 c의 **n 제곱근**은 F의 어떤 확대체에서 다항식 $x^n - c$의 임의의 근을 의미한다.

$f(x) \in F[x]$ 이면, 체의 연산을 실행하여 계수들의 체 F의 밖으로 나갈 수 없다(닫힘 성질!). 그러나 n 제곱근을 취하여 어떤 확대체로 들어갈 수 있다. 그 후에 m 제곱근을 취하여 또 다른 확대체로 이동할 수도 있다. 이렇게 하여 $f(x) = 0_F$의 모든 해를 위한 공식의 존재성은 이 해들이 어떤 특별한 종류의 확대체에 놓인다는 것을 의미한다.

예제 1

다항식 $x^3 + 3x + 2$ 에 앞의 공식을 적용하면, $x^3 + 3x + 2 = 0$ 의 모든 해는

$$\sqrt[3]{-1+\sqrt{2}} + \sqrt[3]{-1-\sqrt{2}},$$
$$\omega\sqrt[3]{-1+\sqrt{2}} + \omega^2\sqrt[3]{-1-\sqrt{2}},$$
$$\omega^2\sqrt[3]{-1+\sqrt{2}} + \omega\sqrt[3]{-1-\sqrt{2}}$$

이다. 이 모든 근은 확대체 사슬

$$\begin{array}{ccccccccc} \mathbb{Q} & \subseteq & \mathbb{Q}(\omega) & \subseteq & \mathbb{Q}(\omega, \sqrt{2}) & \subseteq & \mathbb{Q}\left(\omega, \sqrt{2}, \sqrt[3]{-1+\sqrt{2}}\right) & \subseteq & \mathbb{Q}\left(\omega, \sqrt{2}, \sqrt[3]{-1+\sqrt{2}}, \sqrt[3]{-1-\sqrt{2}}\right) \\ \| & & \| & & \| & & \| & & \| \\ F_0 & \subseteq & F_1 & \subseteq & F_2 & \subseteq & F_3 & \subseteq & F_4 \end{array}$$

속에 있다. 이 사슬의 각 체는 앞의 단순확대체이고, 어떤 n에 대하여 $u^n \in F_j$ 인 $F_j(u)$ 의 형태이다. (즉, u는 F_j 의 어떤 원소의 n 제곱근이다.) 즉

$$F_1 = F_0(\omega), \text{ 여기서 } \omega^3 = 1 \in F_0$$
$$F_2 = F_1(\sqrt{2}), \text{ 여기서 } (\sqrt{2})^2 = 2 \in F_0 \subseteq F_1$$
$$F_3 = F_2\left(\sqrt[3]{-1+\sqrt{2}}\right), \text{ 여기서 } \left(\sqrt[3]{-1+\sqrt{2}}\right)^3 = -1+\sqrt{2} \in F_2$$
$$F_4 = F_3\left(\sqrt[3]{-1-\sqrt{2}}\right), \text{ 여기서 } \left(\sqrt[3]{-1-\sqrt{2}}\right)^3 = -1-\sqrt{2} \in F_3$$

F_4 는 $x^3 + 3x + 2$ 의 모든 해를 포함하므로, $x^3 + 3x + 2$ 의 분해체를 포함한다.

앞의 예제는 다음 정의를 설명한다.

정의

체 F의 확대체 K에 대하여, 각 $i = 1, 2, \ldots, t$에 대하여 u_i의 어떤 거듭제곱이 F_{i-1}에 속하고 $F_i = F_{i-1}(u_i)$를 만족하는 체들의 사슬

$$F = F_0 \subseteq F_1 \subseteq \cdots \subseteq F_t = K$$

가 존재할 때, K를 F의 **거듭제곱근 확대체**(radical extension)라고 한다.

$f(x) \in F[x]$라 하자. $f(x)$의 분해체를 포함하는 F의 거듭제곱근 확대체가 존재할 때, **거듭제곱근으로 풀이가능**(solvable by radicals)이라고 한다. 앞 예제는 $x^3 + 3x + 2 = 0$가 거듭제곱근으로 풀이가능임을 보여준다.

앞의 논의는 그 해들에 대한 공식이 존재한다면 방정식 $f(x) = 0_F$는 거듭제곱근으로 풀이가능임을 보여준다. 대우명제로, $f(x) = 0_F$가 거듭제곱근으로 풀이가능이 아니면 (위에서 논의한 의미에서) 해를 구하는 공식은 존재할 수 없다.

가해군

거듭제곱근으로의 방정식의 풀이가능성에 대한 Galois의 판정법을 진술하기 전에, 새로운 군들의 집단을 소개할 필요가 있다. 군 G에 대하여, 각 G_i가 앞의 군 G_{i-1}의 정규부분군이고, G_{i-1}/G_i가 Abel 군인 부분군들의 사슬

$$G = G_0 \supseteq G_1 \supseteq G_2 \supseteq \cdots \supseteq G_{n-1} \supseteq G_n = \langle e \rangle$$

가 존재할 때, G를 **풀이가능**(solvable) 또는 **가해군**(solvable groups)이라고 한다.

예제 2

Abel 군 G의 모든 몫군은 Abel 군이고, 따라서 사슬 $G \supseteq \langle e \rangle$은 정의에서의 조건을 만족하므로 모든 Abel 군은 풀이가능이다.

예제 3

S_3에서 $\langle (1\,2\,3) \rangle$을 위수 3의 순환부분군이라 하자. 사슬 $S_3 \supseteq \langle (1\,2\,3) \rangle \supseteq \langle (1) \rangle$은 S_3가 풀이가능임을 보여준다. 그렇지만 다른 대칭군에 대하여, 다음이 성립한다.

정리 12.14

$n \geq 5$ 일 때, 군 S_n 은 가해군이 아니다.

증명

반대로, S_n 이 가해군이라 가정하고

$$S_n = G_0 \supseteq G_1 \supseteq G_2 \supseteq \cdots \supseteq G_t = \langle (1) \rangle$$

을 정의에서 요구하는 부분군의 사슬이라고 하자. $(r\,s\,t)$ 를 S_n 에서 임의의 3-순환치환이라 하고, u, v 를 r, s, t 와 다른 $\{1, 2, \ldots, n\}$ 의 어떤 원소라 하자. ($n \geq 5$ 이므로 u와 v 가 존재한다.) S_n / G_1 이 가환이므로, 정리 8.14($a = (t\,u\,s)$, $b = (s\,r\,v)$ 일 때)로부터 G_1 은

$$(t\,u\,s)(s\,r\,v)(t\,u\,s)^{-1}(s\,r\,v)^{-1} = (t\,u\,s)(s\,r\,v)(t\,s\,u)(s\,v\,r) = (r\,s\,t)$$

를 포함해야 한다. 그러므로 G_1 은 모든 3-순환치환을 포함한다. G_1 / G_2 가 가환이므로 S_n 을 G_1 으로, G_1 을 G_2 로 바꾸어 논법을 반복하면 G_2 는 3-순환치환을 포함한다고 할 수 있다. 각 G_{i-1} / G_i 가 가환이라는 사실과 함께, 계속 반복하면 항등원 부분군 G_t 가 모든 3-순환치환을 포함한다는 결론을 얻게 되고, 이것은 모순이다. 그러므로 S_n 은 가해군이 아니다. ■

정리 12.15

가해군 G 의 임의의 준동형상은 가해군이다.

증명

$f : G \to H$ 를 전사인 준동형사상이라 가정하고, $G = G_0 \supseteq G_1 \supseteq G_2 \supseteq \cdots \supseteq G_t = \langle e_G \rangle$ 를 가해군의 정의에서의 부분군들의 사슬이라 하자. 각 i 에 대하여 $H_i = f(G_i)$ 라 두고, 부분군 사슬

$$H = H_0 \supseteq H_1 \supseteq H_2 \supseteq \cdots \supseteq H_t = f(\langle e_G \rangle) = \langle e_H \rangle$$

를 생각하자. 8.2절의 연습문제 22는 각 $i = 1, 2, \ldots, t$ 에 대하여, 각 H_i 가 H_{i-1} 의 정규부분군임을 보여준다. $a, b \in H_{i-1}$ 라 두자. 그러면 $f(c) = a$ 이고 $f(d) = b$ 인

$c, d \in G_{i-1}$가 존재한다. 가해군의 정의에 따라 G_{i-1}/G_i는 가환이므로,정리 8.14로부터 $cdc^{-1}d^{-1} \in G_i$이다. 따라서

$$aba^{-1}b^{-1} = f(c)f(d)f(c^{-1})f(d^{-1}) = f(cdc^{-1}d^{-1}) \in f(G_i) = H_i$$

이다. 그러므로 H_{i-1}/H_i는 정리 8.14로부터 가환이고, 결과적으로 H는 풀이가능이다. ■

Galois 판정법

$f(x) \in F[x]$에 대하여 K가 $f(x)$의 F 위에서 분해체일 때* $\mathrm{Gal}_F K$를 $f(x)$의 **Galois 군**(Galois group)이라고 한다. 다음은 **Galois 판정법**(Galois' Criterion)이다.

$f(x) = 0_F$가 거듭제곱근으로 풀이가능일 필요충분조건은 $f(x)$의 Galois 군이 가해군이다.

Galois의 가해성 판정법을 증명하기 위하여, 거듭제곱근 확장과 n 제곱근에 관한 정보가 더 필요하다. F가 체이고 ζ가 F의 어떤 분해체에서 $x^n - 1_F$의 근(그래서 $\zeta^n = 1_F$)일 때 ζ를 **단위원의 n 제곱근**(n th root of unity)이라고 한다. $x^n - 1_F$의 도함수 nx^{n-1}은 (F의 표수가 0이므로) 영이 아니고 $x^n - 1_F$와 서로 소이다. 그러므로 보조정리 11.16에 따라 $x^n - 1_F$는 분리가능이다. 따라서 $x^n - 1_F$의 모든 분해체 K에는 정확히 n개의 서로 다른 단위원의 n 제곱근이 있다. ζ와 τ가 K에서 단위원의 n 제곱근이면

$$(\zeta\tau)^n = \zeta^n\tau^n = 1_F 1_F = 1_F$$

이고, 그 결과 $\zeta\tau$도 단위원의 n 제곱근이다. 단위원의 n 제곱근 전체 집합은 곱셈에 대하여 닫혀있으므로, 체 K의 곱셈에 대한 군의 위수 n인 부분군이고(정리 7.12), 따라서 정리 7.16 또는 따름정리 9.11로부터 순환군이다. K에서 단위원의 모든 n 제곱근의 이 순환군을 생성하는 원소를 **단위원의 원시 n 제곱근**(primitive n th root of unity)이라고 한다. 따라서 ζ가 단위원의 원시 n 제곱근일 필요충분조건은 $\zeta, \zeta^2, \zeta^3, \ldots, \zeta^n = 1_F$가 단위원의 서로 다른 n개의 모든 n 제곱근이다.

* 정리 11.14에 따라 $f(x)$의 임의의 두 분해체는 동형이므로, 대응하는 Galois 군도 동형이다. 그래서 $f(x)$의 Galois 군은 K의 선택에 무관하다.

예제 4

$\mathbb{C}$ 에서 단위원의 모든 네제곱근은 $1,\ -1,\ i,\ -i$ 이다. $i^2 = -1$, $i^3 = -i$, $i^4 = 1$ 이므로, i 는 단위원의 원시 네제곱근이다. 마찬가지로 $-i$ 도 단위원의 원시 네제곱근이다. DeMoivre 정리는 임의의 n 에 대하여

$$\cos(2\pi/n) + i\sin(2\pi/n)\text{은 } \mathbb{C} \text{ 에서 단위원의 원시 } n \text{ 제곱근}$$

임을 보여준다. $n = 3$ 일 때, 이것은

$$\omega = \cos(2\pi/3) + i\sin(2\pi/3) = (-1/2) + (\sqrt{3}/2)i$$

가 단위원의 원시 세제곱근임을 말한다.

보조정리 12.16

체 F 에 대하여, ζ 가 F 에서 단위원의 원시 n 제곱근이면 n 의 임의의 양의 약수 d에 대하여 F 는 단위원의 원시 d 제곱근을 포함한다.

증명

가정에 따라, ζ 는 F 에 대한 곱셈군에서 위수가 n 이다. $n = dt$ 이면 정리 7.9에 따라 ζ^t 는 위수가 d 이다. 그래서 ζ^t 는 위수 d 의 부분군을 생성하고, 따름정리 8.6으로부터 각 원소의 위수는 d 의 약수이다. 다르게 말하면, 모든 k에 대하여 $((\zeta^t)^k)^d = 1_F$ 이다. 따라서 서로 다른 d 개의 거듭제곱 ζ^t, $(\zeta^t)^2$, ..., $(\zeta^t)^{d-1}$, $(\zeta^t)^d = 1_F$ 는 모두 $x^d - 1_F$ 의 근이다. $x^d - 1_F$ 는 많아야 d 개의 근을 갖고, 단위원의 임의의 d 거듭제곱근은 $x^d - 1_F$ 의 근이므로, ζ^t 는 단위원의 원시 d 거듭제곱근이다. ■

이제 앞에서의 주제를 하나로 묶을 수 있고, 일반적인 경우를 증명하는 데 필수적인 도구일 뿐만 아니라 Galois 판정법의 특별한 경우인 두 정리를 증명한다.

정리 12.17

표수가 0인 체 F에 대하여, ζ 가 F 의 어떤 확대체에서 단위원의 원시 n 거듭제곱근이면 $K = F(\zeta)$는 F 의 정규확대체이고, $\mathrm{Gal}_F K$ 는 Abel 군이다.

증명

체 $K = F(\zeta)$는 ζ의 모든 거듭제곱을 포함하고, 그러므로 $x^n - 1_F$의 분해체이다.* 따라서 정리 11.15에 따라, K는 F의 정규확대체이다. 그것의 Galois 군에서 임의의 자기동형사상은 정리 12.2로부터, ζ를 $x^n - 1_F$의 어떤 근으로 사상해야 한다. 그러므로 $\sigma, \tau \in \mathrm{Gal}_F K$이면 어떤 양의 정수 k, t에 대하여 $\sigma(\zeta) = \zeta^k$이고 $\tau(\zeta) = \zeta^t$이다. 결과적으로

$$(\sigma \circ \tau)(\zeta) = \sigma(\tau(\zeta)) = \sigma(\zeta^t) = \sigma(\zeta)^t = (\zeta^k)^t = \zeta^{kt}$$
$$(\tau \circ \sigma)(\zeta) = \tau(\sigma(\zeta)) = \tau(\zeta^k) = \tau(\zeta)^k = (\zeta^t)^k = \zeta^{kt}$$

이다. 따라서 정리 12.4로부터 $\sigma \circ \tau = \tau \circ \sigma$이고, $\mathrm{Gal}_F K$는 Abel 군이다. ■

정리 12.18

F가 표수 0인 체이고, 단위원의 원시 n제곱근을 포함한다고 하자. u가 F의 어떤 확대체에서 $x^n - c \in F[x]$의 근이면 $K = F(u)$는 F의 정규확대체이고, $\mathrm{Gal}_F K$는 Abel 군이다.

증명†

가정에 의하여 $u^n = c \in F$이다. ζ가 F에서 단위원의 원시 n제곱근이면 임의의 k에 대하여

$$(\zeta^k u)^n = (\zeta^k)^n u^n = (\zeta^n)^k u^n = 1_F\, c = c$$

이다. 결과적으로 $\zeta, \zeta^2, \ldots, \zeta^n = 1_F$는 F에서 서로 다른 원소이므로 원소 $\zeta u, \zeta^2 u, \ldots, \zeta^n u = u$는 $x^n - c$의 서로 다른 n개의 근이다. 따라서 $K = F(u)$는 $x^n - c$의 F 위에서 분해체이고, 그러므로 정리 11.15에 따라 F의 정규확대체이다.‡ $\sigma, \tau \in \mathrm{Gal}_F K$이면 정리 12.2로부터, 어떤 양의 정수 k, t에 대하여 $\sigma(u) = \zeta^k u$이고 $\tau(u) = \zeta^t u$이다. 결과적으로 ζ^k와 ζ^t가 F에 속하므로

---

* $\zeta^n - 1_F$이므로, 체 $K = F(\zeta)$는 F의 거듭제곱근 확대체이다. 따라서 $x^n - 1_F$는 거듭제곱근으로 풀이가능이다. 그래서 ($x^n - 1_F$의 Galois 군) $\mathrm{Gal}_F K$이 Abel 군(따라서 가해군)임을 진술하는 이 정리는 Galois 판정법의 특별한 경우이다.

† $\mathrm{Gal}_F K$가 실제로 순환군임을 보이는 대체 증명을 위하여, 연습문제 22를 보라.

‡ $u^n = c \in F$이므로 체 $K = F(u)$는 또한 F의 거듭제곱근 확대체이고, 그래서 $x^n - c = 0_F$는 거듭제곱근으로 풀이가능이다. 따라서 정리는 Galois 판정법에 대한 또 다른 특별한 경우이다.

$$(\sigma \circ \tau)(u) = \sigma(\tau(u)) = \sigma(\zeta^t u) = \sigma(\zeta^t)\sigma(u) = \zeta^t(\zeta^k u) = \zeta^{t+k} u$$
$$(\tau \circ \sigma)(u) = \tau(\sigma(u)) = \tau(\zeta^k u) = \tau(\zeta^k)\tau(u) = \zeta^k(\zeta^t u) = \zeta^{t+k} u$$

그러므로 정리 12.4에 따라 $\sigma \circ \tau = \tau \circ \sigma$ 이고, $\mathrm{Gal}_F K$ 는 Abel 군이다. ■

정리 12.19 Galois 판정법

F가 표수 0인 체이고, $f(x) \in F[x]$ 라 하자. $f(x) = 0_F$가 거듭제곱근으로 풀이가능일 필요충분조건은 $f(x)$ 의 Galois 군이 가해군이다.

다음에 필요한 이 정리의 반만 증명하기로 한다. 나머지 반에 대해서는 Hungerford [5]의 V.9절을 참조하라.

정리 12.19의 증명

$f(x) = 0_F$가 거듭제곱근으로 풀이가능이라고 가정하자. 그 증명은 다음과 같이 세 단계로 나누어 할 것이고, 상세한 내용은 558쪽~560쪽에 있다.

1. 정리 12.21: $f(x)$ 의 분해체 E를 포함하는 F 의 정규 거듭제곱근 확대체 K가 존재한다.*
2. 체 E는 정리 11.15에 따라, F 의 정규확대체이다.
3. 정리 12.22: F의 정규확대체인 임의의 K 의 중간체의 Galois 군은 가해군이다. 특히 ($f(x)$ 의 Galois 군) $\mathrm{Gal}_F E$ 는 가해군이다. ■

정리 12.19의 증명을 완성하기 전에, 그 결과를 사용하여 5차 방정식의 풀이 불가능성을 보인다.

예제 5

다항식 $f(x) = 2x^5 - 10x + 5 \in \mathbb{Q}[x]$ 의 Galois 군이 S_5 임을 주장한다. 이것은 정리 12.14로부터 가해군이 아니다. 결과적으로 방정식 $2x^5 - 10x + 5 = 0$ 는 정리 12.19에 따라 거듭제곱근으로 풀이가능이 아니다. 그러므로 551쪽에서 설명한 것처럼,

* 이것은 중대한 기술적 세부 사항이다. 거듭제곱근으로 풀이가능성의 정의는 E를 포함하는 F의 거듭제곱근 확대체만을 보장한다. 그런데 거듭제곱근 확대체는 F의 정규확대체일 필요가 없다(연습문제 19). 만약 아니라면, 기본정리 12.11을 사용할 수 없을 것이다.

모든 5차 방정식의 해를 구하는 (체의 연산과 거듭제곱근 풀이만을 포함하는) 공식이 존재하지 않는다.

앞의 주장을 증명하기 위하여, $f(x)$의 도함수는 $10x^4-10$이고, 이것의 실근은 ± 1 뿐임(다른 해는 $\pm i$)을 주목한다. 그러면 $f''(x)=40x^3$이고, 기초 미적분학의 2계 도함수 판정법에 따라 $f(x)$는 $x=\ -1$에서 꼭 하나의 극댓값을, $x=1$에서 꼭 하나의 극솟값을 갖고, $x=0$에서 변곡점을 갖는다. 그러므로 그래프의 개형은 다음과 같다. 특히 $f(x)$는 꼭 세 개의 실근을 갖는다.

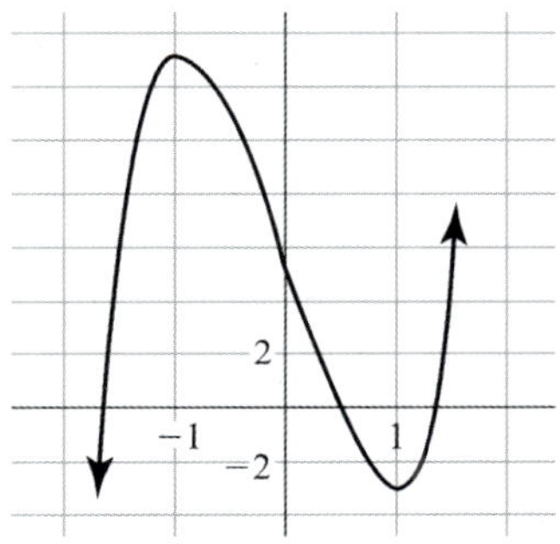

Eisenstein 판정법($p=5$와 함께)에 의하여 $f(x)$는 $\mathbb{Q}[x]$에서 기약임을 주목한다. K가 $\mathbb{C}$에서 $f(x)$의 분해체이면, 기본정리에 따라 $\mathrm{Gal}_{\mathbb{Q}}\,K$의 위수는 $[K:\mathbb{Q}]$이다. r이 $f(x)$의 임의의 근이면 정리 11.4로부터 $[K:\mathbb{Q}]=[K:\mathbb{Q}(r)][\mathbb{Q}(r):\mathbb{Q}]$이고, 정리 11.7로부터 $[\mathbb{Q}(r):\mathbb{Q}]=5$이다. 그러므로 $\mathrm{Gal}_{\mathbb{Q}}\,K$의 위수는 5로 나누어진다. 따라서 $\mathrm{Gal}_{\mathbb{Q}}\,K$는 위수가 5인 어떤 원소를 포함한다.*

군 $\mathrm{Gal}_{\mathbb{Q}}\,K$는 $f(x)$의 근들의 치환군으로 생각한 S_5의 부분군이다(따름정리 12.5). 그런데 S_5에서 위수 5인 원소는 5-순환치환뿐이다(7.5절의 연습문제 19 참조). 그래서 $\mathrm{Gal}_{\mathbb{Q}}\,K$는 어떤 5-순환치환을 하나 포함한다. 복소켤레 사상은 K의 자기동형사상을 유도한다(따름정리 12.13). 이 자기동형사상은 $f(x)$의 실수가 아닌 두 근을 서로 바꾸고, 다른 세 개의 실근은 고정한다. 따라서 $\mathrm{Gal}_{\mathbb{Q}}\,K$는 어떤 호환을 포함한다. 연습문제 8은 어떤 5-순환치환과 호환을 동시에 포함하는 S_5의 유일한 부분군이 S_5 자신임을 보여준다. 그러므로 $\mathrm{Gal}_{\mathbb{Q}}\,K=S_5$이고, 바로 주장한 것이다. ■

이제 다음 정리에서 꼭 필요한 다음 기술적 보조정리를 시작으로, Galois의 판정법의 증명을 완성하자.

* 제9장을 읽었다면, 따름정리 9.4를 이용하라. 그렇지 않으면, 이 절의 연습문제 9를 이용하라.

보조정리 12.20

$F,\ E,\ L$을

$$F \subseteq E \subseteq L = E(v) \text{ 이고, } \quad v^k \in E \text{ 인}$$

표수 0의 체라고 하자. L이 F 위에서 유한차원이고 E가 F 위에서 정규이면 E의 거듭제곱근 확대체이고 F의 정규확대체인, L의 확대체 M이 존재한다.

증명

정리 11.15에 따라, E는 어떤 $g(x) \in F[x]$의 F 위에서 분해체이다. $p(x) \in F[x]$를 v의 F 위에서 최소다항식이라 하고, M을 $g(x)p(x)$의 F 위에서 분해체라 하자. 정리 11.15로부터 M은 F 위에서 정규이다. 또한 ($L = E(v)$이고 F 위에서 E는 $g(x)$의 모든 근으로 생성되므로) $F \subseteq E \subseteq L \subseteq M$이다. $v = v_1,\ v_2,\ \dots,\ v_r$을 $p(x)$의 M에서 모든 근이라 하자. 정리 12.3에 따라, 각 i에 대하여 $\sigma_i(v) = v_i$인 $\sigma_i \in \mathrm{Gal}_F M$이 존재한다. 따름정리 12.13은 $\sigma_i(E) \subseteq E$임을 보여준다. 가정에 따라 $v^k = b \in E$이고, 따라서 임의의 i에 대하여

$$v_i^{\,k} = \sigma_i(v)^k = \sigma_i(v^k) = \sigma_i(b) \in E \subseteq E(v_1,\ v_2,\ \dots,\ v_{i-1})$$

이다. 결과적으로

$$E \subseteq L = E(v_1) \subseteq E(v_1,\ v_2) \subseteq E(v_1,\ v_2,\ v_3) \subseteq \ \cdots\ \subseteq E(v_1,\ v_2,\ \dots,\ v_r) = M$$

이고, M은 E의 거듭제곱근 확대체이다. ■

정리 12.21

F가 표수 0의 체이고, $f(x) \in F[x]$라 하자. $f(x) = 0_F$가 거듭제곱근으로 풀이가능이면 $f(x)$의 분해체를 포함하는 F의 정규 거듭제곱근 확대체가 존재한다.

증명

정의로부터, $f(x)$의 어떤 분해체 K는 거듭제곱근 확대체

$$F = F_0 \subseteq F_1 \subseteq F_2 \subseteq F_3 \subseteq \ \cdots\ \subseteq F_t$$

에 포함된다. 여기서 각 $i = 1,\ 2,\ \dots,\ t$에 대하여 $F_i = F_{i-1}(u_i)$이고 $u_i^{n_i}$는 F_{i-1}에

속한다. $E = F$, $L = F_1$, $v = u_1$과 함께 보조정리 12.20은 F_1을 포함하는 F의 정규 거듭제곱근 확대체 M_1을 생성한다. 가정에 따라 $u_2^{n_2} \in F_1 \subseteq M_1$이다. $E = M_1$, $v = u_2$, $L = M_1(u_2)$와 함께 보조정리 12.20을 적용하여 M_1의 거듭제곱근 확대체이고, 따라서 F의 거듭제곱근 확대체인 F의 정규확대체 M_2를 얻는다. 또한 M_2는 $F_2 = F_1(u_2)$를 포함한다. 이 논법을 반복하여 계속하면 F_t를 포함하는, 따라서 K를 포함하는, F의 정규 거듭제곱근 확대체 M_t를 얻는다. ■

정리 12.22

F의 정규 거듭제곱근 확대체 K에 대하여, E는 중간체이고, 표수가 모두 0 이라고 하자. E가 F의 정규확대체이면 $\mathrm{Gal}_F E$는 가해군이다.

증명

가정에 따라, 각 $i = 1, 2, \ldots, t$에 대하여 $F_i = F_{i-1}(u_i)$이고 $u_i^{n_i}$는 F_{i-1}에 속하는 부분체 사슬

$$F = F_0 \subseteq F_1 \subseteq F_2 \subseteq F_3 \subseteq \cdots \subseteq F_t = K$$

가 존재한다. n을 $n_1, n_2, \ldots, n_t$의 최소공배수라고 하고, ζ는 단위원의 원시 n거듭제곱근이라 하자. 각 $i \geq 0$에 대하여 $E_i = F_i(\zeta)$라 두자. 그러면 각 $i \geq 1$에 대하여

$$E_i = F_i(\zeta) = F_{i-1}(u_i)(\zeta) = F_{i-1}(u_i, \zeta) = F_{i-1}(\zeta)(u_i) = E_{i-1}(u_i)$$

이다. $i \geq 1$에 대하여 $u_i^{n_i} \in F_{i-1} \subseteq E_{i-1}$이고 $\zeta^n \in F$이므로

$$F \subseteq E_0 \subseteq E_1 \subseteq E_2 \subseteq E_3 \subseteq \cdots \subseteq E_t = L$$

은 K를 포함하는 (따라서 E를 포함하는) F의 거듭제곱근 확대체이다.* 정규확대체 $K = F_t$는 정리 11.15에 따라 어떤 다항식 $p(x) \in F[x]$의 분해체이고, 따라서 $L = E_t = F_t(\zeta)$는 $p(x)(x^n - 1_F)$의 F 위에서 분해체이다. 그러므로 정리 11.15와 11.7로부터 L은 F의 Galois 확대체이다.

$\mathrm{Gal}_F L$의 부분군들의 다음 사슬을 생각하자.

---

* L의 구성은 K가 F 위에서 정규라는 가정을 사용하지 않고, 사슬에 포함된 임의의 체는 바로 이전 체의 정규확대체임을 다음에 알게 될 것이다. 그런데 이것은 L이 F 위에서 정규(따라서 Galois)임을 보장하기에 충분치 **않다**(연습문제 19). 이것을 보장하기 위하여 K가 F 위에서 정규라는 가정이 필요하고, 그래서 L에 대하여 기본정리를 사용할 수 있다.

$$\mathrm{Gal}_F L \supseteq \mathrm{Gal}_{E_0} L \supseteq \mathrm{Gal}_{E_1} L \supseteq \mathrm{Gal}_{E_2} L \supseteq \cdots \supseteq \mathrm{Gal}_{E_{t-1}} L \supseteq \mathrm{Gal}_L L = \langle \iota \rangle$$

각 부분군은 이전의 정규부분군이고, 그 몫군은 Abel 군임을 보이자. 각 n_i는 n의 약수이므로 보조정리 12.16에 따라 E_0는 단위원의 원시 n_i 거듭제곱근을 포함한다. 결과적으로 정리 12.18에 따라 ($i \geq 1$ 일 때) 각 E_i는 E_{i-1} 위에서 정규이고, Galois 군 $\mathrm{Gal}_{E_{i-1}} E_i$ 는 Abel 군이다. L은 F 위에서 Galois이므로, L은 각 E_j 위에서 Galois이다. E_{i-1}의 확대체 L에 기본정리 12.11을 적용하면, $\mathrm{Gal}_{E_i} L$ 은 $\mathrm{Gal}_{E_{i-1}} L$의 정규부분군이고, 그 몫군 $\mathrm{Gal}_{E_{i-1}} L / \mathrm{Gal}_{E_i} L$은 Abel 군 $\mathrm{Gal}_{E_{i-1}} E_i$ 와 동형임을 알 수 있다. 유사하게 정리 12.11과 12.17로부터 E_0는 F 위에서 정규이고, $\mathrm{Gal}_{E_0} L$은 $\mathrm{Gal}_F L$의 정규부분군이고, $\mathrm{Gal}_F L / \mathrm{Gal}_{E_0} L$은 Abel 군 $\mathrm{Gal}_F E_0$과 동형이다. 그러므로 $\mathrm{Gal}_F L$은 가해군이다.

E는 F 위에서 정규이므로 기본정리는 $\mathrm{Gal}_E L$이 $\mathrm{Gal}_F L$의 정규부분군이고, $\mathrm{Gal}_F L / \mathrm{Gal}_E L$은 $\mathrm{Gal}_F E$와 동형임을 보여준다. 그러므로 $\mathrm{Gal}_F E$는 가해군 $\mathrm{Gal}_F L$의 준동형상이고(정리 8.18을 보라), 따라서 정리 12.15에 따라 $\mathrm{Gal}_F E$는 가해군이다. ■

■ 연습문제

노트: F는 체를 나타내고, 모든 체는 표수가 0이다.

A. 1. 주어진 수를 포함하는 $\mathbb{Q}$의 거듭제곱근 확대체를 구하라.

(a) $\sqrt[4]{1+\sqrt{7}} - \sqrt[5]{2+\sqrt{5}}$

(b) $\sqrt[5]{\sqrt{2}+i} / \sqrt[3]{5}$

(c) $\sqrt[3]{3-\sqrt{2}} / (4+\sqrt{2})$

2. x^2-3과 $x^2-2x-2 \in \mathbb{Q}[x]$는 같은 Galois 군을 가짐을 보이라. [**힌트**: 각각의 분해체는 무엇인가?]

3. K가 F의 거듭제곱근 확대체이면 $[K:F]$는 유한임을 증명하라. [**힌트**: 정리 11.7과 11.4.]

4. $n \geq 5$일 때, A_n은 가해군이 아님을 증명하라. [**힌트**: 정리 12.14의 증명을 모방하라.]

5. (a) S_4는 가해군임을 보이라. [**힌트**: A_4의 부분군 $H = \{(13)(34),\ (13)(24),\ (14)(23),\ (1)\}$을 생각하라.]
   (b) D_4는 가해군임을 보이라.

6. G가 비가환 단순군이면 G는 가해군이 아님을 증명하라. [이 사실은 정리 8.26과 함께 $n \geq 5$일 때 A_n이 가해군이 아니라는 또 다른 증명을 제공한다.]

7. 다음 n에 대하여, $\mathbb{C}$에서 단위원의 n제곱근을 모두 열거하라.
   (a) 2 (b) 3 (c) 4 (d) 5 (e) 6

B. 8. G를 호환 $\sigma = (rs)$와 5-순환치환 α를 포함하는 S_5의 부분군이라 하자. $G = S_5$임을 다음을 따라 증명하라.
   (a) 어떤 k에 대하여 α^k는 $(rsxyz)$의 형태임을 보이라. $\tau = \alpha^k \in G$라 두고, 번호를 다시 붙여 $\sigma = (12)$이고 $\tau = (12345)$라 가정해도 좋다.
   (b) $(12),\ (23),\ (34),\ (45) \in G$임을 보이라. [**힌트**: $k \geq 1$에 대하여 $\tau^k \sigma \tau^{-k}$을 생각하라.]
   (c) $(13),\ (14),\ (15) \in G$임을 보이라. [**힌트**: $(12)(23)(12) = ?$]
   (d) 임의의 호환은 G에 속하는 것을 보이라. 그러므로 정리 7.26에 따라, $G = S_5$이다.

9. G를 위수가 n인 군이라 하자. $5 \mid n$이면 G는 위수 5인 어떤 원소를 포함하는 것을 다음을 따라 증명하라. S를 $r,\ s,\ t,\ u,\ v \in G$이고 $rstuv = e$인 모든 5-순서쌍 (r, s, t, u, v)의 집합이라 하자.
   (a) S는 정확히 n^4개의 5-순서쌍을 포함함을 보이라. [**힌트**: $r,\ s,\ t,\ u \in G$이고 $v = (rstu)^{-1}$이면 $(r, s, t, u, v) \in S$이다.]
   (b) S의 두 5-순서쌍의 하나가 다른 것을 순환적으로 치환한 것이면 두 5-순서쌍은 동치라고 하자.* 이 관계는 S 위의 동치관계임을 증명하라.
   (c) S에서 동치류는 정확히 다섯 개의 5-순서쌍을 포함하거나 (r, r, r, r, r) 형태의 꼭 하나의 5-순서쌍으로 이루어짐을 증명하라.
   (d) S에서 꼭 하나의 5-순서쌍을 포함하는 동치류가 적어도 두 개 존재함을 증명하라. [**힌트**: 하나는 (e, e, e, e, e)이다. 이 하나뿐이면 $n^4 \equiv 1 \pmod 5$임을 보이라. 그런데 $5 \mid n$이고 그래서 $n^4 \equiv 0 \pmod 5$이므로, 이것은 모순이다.]

* 예를 들어 (r, s, t, u, v)는 (s, t, u, v, r), (t, u, v, r, s), (u, v, r, s, t), (v, r, s, t, u)의 각각과 동치이고, S의 다른 5-순서쌍과는 아니다.

(e) $c \neq e$ 이고, $\{(c, c, c, c, c)\}$ 가 꼭 하나의 원소를 갖는 동치류이면 c는 위수가 5임을 증명하라.

10. 군 G의 정규부분군 N이 가해군이고, G/N이 가해군이면 G는 가해군임을 증명하라.

11. 가해군 G의 임의의 부분군 H는 가해군임을 증명하라. [**힌트**: $G = G_0 \supseteq G_1 \supseteq G_2 \supseteq \cdots \supseteq G_{n-1} \supseteq G_n = \langle e \rangle$ 가 G의 가해군임에 대한 부분군 사슬이면 군 $H_i = H \cap G_i$를 생각하라. H_{i-1}/H_i가 Abel 군임을 보이기 위하여, $H_i x \to G_i x$ 로 주어진 사상 $H_{i-1}/H_i \to G_{i-1}/G_i$ 가 잘 정의된 단사 준동형 사상임을 밝히라.]

12. 2차 기약 다항식의 Galois 군은 $\mathbb{Z}_2$와 동형임을 증명하라.

13. 3차 기약 다항식의 Galois 군은 $\mathbb{Z}_3$ 또는 S_3와 동형임을 증명하라.

14. 4차 기약 다항식의 Galois 군은 가해군임을 증명하라. [**힌트**: 따름정리 12.5 및 연습문제 5와 11.]

15. 2차 기약 다항식 $p(x)$와 $q(x)$에 대하여, $f(x) = p(x)q(x)$의 Galois 군은 $\mathbb{Z}_2 \times \mathbb{Z}_2$ 또는 $\mathbb{Z}_2$와 동형임을 증명하라. [**힌트**: u가 $p(x)$의 근이고 v가 $q(x)$의 근이면 두 가지 경우, 즉 $v \notin F(u)$와 $v \in F(u)$의 경우가 있다.]

16. Galois의 판정법을 이용하여, 4차 이하의 임의의 다항식은 거듭제곱근으로 풀이가능임을 증명하라. [**힌트**: 연습문제 12~15.]

17. 다음 주어진 $\mathbb{Q}[x]$ 의 다항식의 Galois 군 G를 구하라.

(a) $x^6 - 4x^3 + 4$ [**힌트**: 인수분해하라.]

(b) $x^4 - 5x^2 + 6$

(c) $x^5 + 6x^3 + 9x$

(d) $x^4 + 3x^2 - 2x - 6$

(e) $x^5 - 10x - 5$ [**힌트**: 예제 5를 보라.]

18. $\mathbb{Q}$ 위에서 주어진 방정식이 거듭제곱근으로 풀이가능인지 아닌지 결정하라.

(a) $x^6 + 2x^3 + 1 = 0$ (b) $3x^5 - 15x + 5 = 0$

(c) $2x^5 - 5x^4 + 5 = 0$ (d) $x^5 - x^4 - 16x + 16 = 0$

19. (a) $\mathbb{Q}(\sqrt{2}i)$가 $x^2 + 2$의 분해체임을 보여, $\mathbb{Q}(\sqrt{2}i)$가 $\mathbb{Q}$의 정규확대체임을 증명하라.

(b) $\mathbb{Q}(\sqrt[4]{2}(1-i))$가 $x^2 + 2\sqrt{2}i$의 분해체임을 보여, 그것이 $\mathbb{Q}(\sqrt{2}i)$의 정규확대체임을 보이라.

(c) $\mathbb{Q} \subseteq \mathbb{Q}(\sqrt{2}i) \subseteq \mathbb{Q}(\sqrt[4]{2}(1-i))$는 $[\mathbb{Q}(\sqrt[4]{2}(1-i)) : \mathbb{Q}] = 4$인 $\mathbb{Q}$의 거듭제곱근 확대체임을 보이고, $\mathbb{Q}$는 단위원의 모든 제곱근(즉 ± 1)을 포함하는 것을 주목하라.

(d) $L = \mathbb{Q}(\sqrt[4]{2}(1-i))$라 두자. $v = \sqrt[4]{2}(1+i)$는 L에 속하지 않음을 보이라. [**힌트**: 만약 $v \in L$이고 $u = \sqrt[4]{2}(1-i) \in L$이면 $v/u = i$이고 $(v-u)/2i = \sqrt[4]{2} \in L$임을 보이라. 이것은 $[L : \mathbb{Q}] \geq [\mathbb{Q}(\sqrt[4]{2}, i) : \mathbb{Q}]$를 의미하고, (c)와 12.2절의 연습문제 12(b)에 모순이다.]

(e) $L = \mathbb{Q}(\sqrt[4]{2}(1-i))$는 $\mathbb{Q}$의 정규확대체가 아님을 증명하라. [**힌트**: ((d)에서의) u와 v는 기약 다항식 $x^4 + 8$의 근이다.]

20. ζ를 단위원의 원시 5제곱근이라 하자. 4.5절의 연습문제 21을 가정하고, $x^5 - 1$의 Galois 군 $\mathrm{Gal}_{\mathbb{Q}}\,\mathbb{Q}(\zeta)$는 위수가 4인 순환군임을 증명하라.

21. $x^5 + 32$의 $\mathbb{Q}$ 위에서 Galois 군은 무엇인가? [**힌트**: $\mathbb{Q}(\zeta)$는 분해체이고, 여기서 ζ는 단위원의 원시 5제곱근이다. 연습문제 20을 보라.]

22. 정리 12.18에서 군 $\mathrm{Gal}_F K$는 순환군임을 증명하라. [**힌트**: $\mathrm{Gal}_F K$에서 덧셈군 $\mathbb{Z}_n$으로의 사상 f를 $f(\sigma) = k$로 정의하자. 여기서 $\sigma(u) = \zeta^k u$이다. f는 잘 정의되고, 단사인 준동형사상임을 보이고, 정리 7.17을 이용하라.]

C. 23. p가 소수일 때, G가 어떤 호환과 p-순환치환을 하나 포함하는 S_p의 부분군이면 $G = S_p$임을 증명하라. [연습문제 8은 $p = 5$인 경우이다.]

24. p가 소수일 때, p차 기약 다항식 $f(x) \in \mathbb{Q}[x]$에 대하여, $f(x)$가 꼭 두 개의 실수가 아닌 근을 가지면 $f(x)$의 Galois 군은 S_p임을 증명하라. [예제 5는 근본적으로 $p = 5$인 경우다.]

25. Galois 군이 S_7인 $\mathbb{Q}[x]$의 7차 다항식을 찾으라.

PART 3

둘러보기 및 응용

CHAPTER 13

공개키 암호

선행학습 요건: 2.3절

코드(code, 암호)는 수 세기 동안 상인, 첩자, 군인이나 외교관들이 비밀 메시지를 전달하기 위하여 사용해 왔다. 최근 정부와 기업의 막대한 양의 민감한 자료와 전산화된 데이터 저장소(대부분이 위성이나 전화선으로 전송되는)는 효율적인 고도의 보안 코드에 대한 요구를 증가시켜 왔다.

일회용으로 안전한 코드를 작성하기는 쉽다. 다음 '코드 패드'를 생각하자.

실제 단어:	morning	evening	Monday	Tuesday	attact
코드 단어:	bat	glot	king	button	figle

만약 내가 당신에게 메시지 FIGLE BUTTON BAT를 보내고 누구도 그 패드의 복사본을 가지고 있지 않다면, 이것이 "attact on Tuesday morning"을 의미한다고 적이 확신하고 알 방법이 없다. 물론, 같은 코드를 재사용한다면 적들이 그 메시지 이후에 일어나는 사건들을 분석하여 그것을 풀 수 있을지도 모른다.

비록 일회용 코드 패드가 안전하지만, 많고 긴 메시지를 일상적으로 보내야 한다면 번거롭고 비효율적이다. 코드화(encoding)와 코드복원화(decoding)가 컴퓨터로 이루어지더라도 모든 메시지에 대한 각 참여자에게 새로운 패드를 디자인하여 제공하고, 이 패드의 모든 복사본을 승인받지 않은 사람들로부터 꼭 보호해야 할 필요가 있다. 이것은 매일 수많은 단어를 코드화하고, 코드복원화해야 할 때는 큰 비용이 들어 비현실적이다. 빈번한 다자간 전산 기반 통신을 위하여, 이상적인 코드 시스템은 다음 중 하나일 것이다.

1. 각 개인은 메시지의 코드화와 코드복원화를 위한, 효과적이고 재사용할 수 있는 컴퓨터 알고리즘을 가지고 있다.
2. 각 개인의 코드복원화 알고리즘은 그 개인의 코드화 알고리즘으로부터 적절한 시간 내에 얻을 수 없다.

이러한 성질을 갖는 코드 시스템을 **공개키 시스템**(public-key system)이라고 부른다. 비록 조건 2를 어떻게 만족할 수 있는지는 분명하지 않지만, 공개키 시스템의 장점을 쉽게 알 수 있다.

각 참여자의 코드화 알고리즘은 공개적으로 – (전화번호부와 같은) 책에 발표하는 등으로 – 알려질 수 있고, 이렇게 하여 운반 문제나 코드 패드의 배포에 따른 보안 문제를 해소할 수 있다. 이것은 조건 2, 즉 누군가 개인의 코드화 알고리즘을 아는 것이 그 개인의 코드복원화 알고리즘을 알아낼 수 있는 것은 아니기 때문에, 비밀 유지를 훼손하지 않는다. 그래서 비록 개인에게 코드화된 메시지를 보낼 수 있다 하여도, 다른 개인에게 코드로 보내진 메시지를 복원할 방법이 없다.

공개키 시스템에 대한 코드화 알고리즘은 누구나 이용한 수 있으므로, 위조의 가능성이 있어 보인다. 예를 들어 어떤 은행에서 Anne이라고 주장하며 Anne의 계좌에서 Tom의 계좌로 돈을 이체할 것을 은행에 요구하는 코드화된 메시지를 받았다고 가정하자. 은행은 이 메시지가 실제로 Anne이 보낸 것이라고 어떻게 확신할 수 있을까?

그 답은 누구나 할 수 있을 만큼 간단하다. 코드화와 코드복원화 알고리즘은 서로의 역이다. 즉, (어느 순서로든) 차례로 적용하면 처음 단어를 얻는다. 그래서 Anne는 먼저 그녀의 비밀 코드복원화 알고리즘을 사용하여 그녀의 이름을 쓰고, 이를테면 그것이 Gybx가 된다고 하자. 그다음 그녀는 Gybx에 은행의 공개 코드화 알고리즘을 적용하여, 그 결과(그녀의 '서명')를 메시지와 함께 보낸다. 은행은 비밀 코드복원화 알고리즘을 이 '서명'에 적용하여 Gybx를 얻는다. 다음은 Anne의 공개 코드화 알고리즘을 Gybx에 적용하면 그것은 Anne으로 바뀐다. 그러면 그 누구도 Anne으로 코드화된 단어 Gybx를 얻기 위하여 그녀의 코드복원화 알고리즘을 사용할 수 없으므로, 은행은 그 메시지가 Anne으로부터 온 것임을 확신할 수 있다.

1977년 R.Rivest, A. Shamir와 L. Adleman이 공개키 시스템 하나를 개발하였다. 그들의 시스템은 지금은 RSA 시스템으로 불리는데, 기초 정수론에 기반하고 있다. 그 보안성은 큰 정수 인수분해의 어려움에 의존한다. 다음은 RSA 시스템을 이해하는 데 필요한 수학적 예비 지식이다.

보조정리 13.1

$p, r, s, c \in \mathbb{Z}$ 이고, p를 소수라 하자. $p \nmid c$ 이고 $rc \equiv sc \pmod p$ 이면 $r \equiv s \pmod p$ 이다.

증명

$rc \equiv sc \pmod p$이므로 $rc - sc = (r-s)c$는 p로 나누어진다. 정리 1.5에 따라 $p \mid (r-s)$ 또는 $p \mid c$ 이다. $p \nmid c$이므로 $p \mid (r-s)$이고, 따라서 $r \equiv s \pmod p$이다. ■

보조정리 13.2 Fermat 작은 정리(Fermat's Little Theorem)

소수 p와 $a \in \mathbb{Z}$ 에 대하여, $p \nmid a$ 이면 $a^{p-1} \equiv 1 \pmod p$ 이다.

증명*

연습문제 1에 따라, 정수 a, $2a$, $3a$, ..., $(p-1)a$ 의 어느 것도 0과 모듈로 p 합동이 아니다. 결과적으로 따름정리 2.5와 정리 2.3으로부터 이들 각각은 1, 2, 3, ..., $p-1$ 의 어느 하나와 합동이다. 만약 그중 어느 두 개가 같은 것과 합동, 말하자면 $ra \equiv i \equiv sa \pmod p$ 여기서 $1 \le i, r, s \le p-1$ 이면 ($c = a$와 함께) 보조정리 13.1에 따라 $r \equiv s \pmod p$가 될 것이다. 정수 1, 2, 3, ..., $p-1$ 의 어느 두 개도 모듈로 p 합동이 아니므로(어느 두 개의 차가 p보다 작고 따라서 p로 나누어지지 않는다), 이것은 불가능하다. 그러므로 a, $2a$, $3a$, ..., $(p-1)a$ 는 어떤 순서로 1, 2, 3, ..., $p-1$ 과 합동이다. 정리 2.2를 반복적으로 사용하면

$$a \cdot 2a \cdot 3a \cdots (p-1)a \equiv 1 \cdot 2 \cdot 3 \cdots (p-1) \pmod p.$$

왼쪽의 순서를 바꾸어

$$\begin{aligned} a \cdot a \cdot a \cdots a \cdot 1 \cdot 2 \cdot 3 \cdots (p-1) &\equiv 1 \cdot 2 \cdot 3 \cdots (p-1) \pmod p \\ a^{p-1}(1 \cdot 2 \cdot 3 \cdots (p-1)) &\equiv 1(1 \cdot 2 \cdot 3 \cdots (p-1)) \pmod p \end{aligned}$$

이제 $p \nmid (1 \cdot 2 \cdot 3 \cdots (p-1))$ 이다. (만약 나누어지면, 따름정리 1.6에 따라 p는 인수들 중 어느 하나와 같아진다.) 그러므로 ($c = 1 \cdot 2 \cdot 3 \cdots (p-1)$ 과 함께) 보조정리 13.1로부터, $a^{p-1} \equiv 1 \pmod p$이다. ■

* 군 이론에 기반한 증명은 7.3절의 연습문제 38에서 개요를 서술하고, 체 이론에 기반한 것은 11.6절의 연습문제 13에 있다.

이 논의의 나머지 부분에서, p와 q는 서로 다른 양의 소수이다. $n = pq$이고 $k = (p-1)(q-1)$이라고 하자. $\gcd(d, k) = 1$인 d를 선택하자. 그러면 ($n = k$와 함께) 정리 2.9로부터 방정식 $dx = 1$은 $\mathbb{Z}_k$에서 해를 갖는다. 그러므로 합동방정식 $dx \equiv 1 \pmod{k}$는 $\mathbb{Z}$에서 어떤 해를 갖는다. 그 해를 e라 하자.

정리 13.3

p, q, n, k, e, d를 앞 단락에서와 같은 정수라 하자. 임의의 $b \in \mathbb{Z}$에 대하여, $b^{ed} \equiv b \pmod{n}$이다.

증명

e가 $dx \equiv 1 \pmod{k}$의 한 해이므로 어떤 t에 대하여 $de - 1 = kt$이고, 그 결과로

$$b^{ed} = b^{kt+1} = b^{kt} b^1 = b^{(p-1)(q-1)t} b = (b^{p-1})^{(q-1)t} b.$$

만약 $p \nmid b$이면 보조정리 13.2에 따라

$$b^{ed} = (b^{p-1})^{(q-1)t} b \equiv 1^{(q-1)t} b \equiv b \pmod{p}.$$

만약 $p \mid b$이면 b와 그 거듭제곱들 하나하나는 0과 모듈로 p 합동이다. 그러므로 모든 경우에 $b^{ed} \equiv b \pmod{p}$이다. 유사한 논법으로 $b^{ed} \equiv b \pmod{q}$임을 알 수 있다. 합동관계의 정의로부터

$$p \mid (b^{ed} - b) \text{ 이고 } \quad q \mid (b^{ed} - b) \text{ 이다.}$$

그러므로 연습문제 2에 따라 $pq \mid (b^{ed} - b)$이다. $pq = n$이므로 n이 $(b^{ed} - b)$로 나누어지며, 따라서 $b^{ed} \equiv b \pmod{n}$이다. ■

정수 c의 **모듈로 n 최소나머지**(least residue modulo n)는 c를 n으로 나눌 때 그 나머지 r이다. 나눗셈 알고리즘에 따라 $c = nq + r$이고, 그래서 $c - r = nq$이다. 따라서 $c \equiv r \pmod{n}$이다. 0과 n의 사이 안에 있는 두 정수는 모듈로 n 합동일 수 없으므로, c의 최소나머지는 c와 모듈로 n 합동인 0과 n의 사이 안의 유일한 정수이다.

이제 RSA 시스템의 제작 기법을 기술할 수 있다. 그 후에 그것이 공개키 시스템에 대한 조건들을 어떻게 만족하는가를 보일 것이다. 먼저 보낼 메시지의 문자와 빈칸을 두 자리의 십진수로 바꾸어 숫자 형태로 변환한다.* 즉

* 구두점, 숫자, 특수기호 등을 위한 더 많은 숫자가 사용될 수도 있다. 그러나 기본 개념의 설명을 위하여 이것으로 충분할 것이다.

빈칸 = 00, A = 01, B = 02, ..., Y = 25, Z=26

예를 들어, 단어 GO는 숫자 0715로, WEST는 23051920으로 쓰여지고, 결과로 메시지 "GO WEST"는 숫자 07150023051920이 되고, 이것을 B로 표시하겠다.

p, q, n, k, d, e는 정리 13.3에서와 같은 것으로, p, q는 $B < pq = n$이 되도록 선택한다. 메시지 B를 코드화하기 위하여, B^e의 모듈로 n 최소나머지를 계산하여 C로 나타낸다. 그러면 C는 B의 코드화된 형태이다. C를 편리한 방법으로 보낸다.

C를 받은 개인은 C^d의 모듈로 n 최소나머지를 계산하여, C를 복원한다. 이것은 다음의 이유로 원래 메시지를 생산한다. B^e는 그것의 최소나머지 C와 모듈로 n 합동이므로, 정리 13.3은

$$C^d \equiv (B^e)^d = B^{ed} \equiv B \pmod{n}$$

임을 보여준다. C^d의 최소나머지는 0과 n 사이에 있는 C^d와 모듈로 n 합동인 유일한 수이고 $0 < B < n$이다. 그러므로 원래 메시지 B는 C^d의 최소나머지이다.

수치적인 예를 제시하기 전에, RSA 시스템이 공개키 시스템에 대한 조건을 만족하는 것을 보이자.

1. 실제로 RSA 시스템을 사용할 때, p와 q는 (각각 수백 자릿수를 갖는) 큰 소수이다. 그런 소수는 컴퓨터로 빠르게 확인할 수 있다. 비록 B, e, C, d가 큰 수라 하더라도 B^e와 C^d의 모듈로 n 최소나머지를 구하는 빠른 알고리즘이 있다. 이것들은 지수의 2진법 표시에 기반하고, (엄청나게 큰 수가 될 수도 있는) B^e나 C^d의 직접적인 계산을 요구하지는 않는다. 자세한 것을 위하여 Knuth [31]을 보라. 그래서 RSA 시스템의 코드화와 코드복원화 알고리즘은 계산상 효율적이다.
2. RSA 시스템을 사용하기 위하여, 네트워크 속의 각 개인은 적절한 p, q, d를 선택하고 n, k, e를 결정하기 위하여 컴퓨터를 사용한다. 코드화 알고리즘에 대한 정수 e와 n은 공개적으로 알려지지만, n의 소인수 p, q 및 정수 d와 k는 비밀로 감추어진다. 컴퓨터를 가지고 있는 누구나 e와 n을 사용하여 메시지를 코드화할 수 있다. 그렇지만 외부인에게는 n을 인수분해하여 p와 q를 먼저 구하지 않으면 d (와 따라서 코드복원화 알고리즘)를 결정할 실제적인 방법이 없다.* 현재의 기술로는 이것은 수천 년이 걸릴 수도 있다! 그러므로 아주 빠른 새로운 소인수분해의 방법이 개발되지 않는 한 RSA 시스템은 안전한 것 같다.

앞에서와 같이 n을 선택하더라도 수치적인 형태의 어떤 메시지는 n보다 큰 것이 있을 수도 있다. 그런 경우 원래의 메시지는 각각이 n보다 작아지도록 여러 개의 블록으

---

* 대안으로, k를 구한 다음 이를 구하기 위하여 합동 방정식 $ex \equiv 1 \pmod{k}$을 풀려고 시도할 수도 있다. 그러나 이것은 n을 인수분해하는 것과 계산적으로 동등함을 보일 수 있고, 그래서 시간이 모자랄 것이다.

로 쪼갠다. 다음 예는 Rivest-Shamir-Adleman에 기인한다.

예제 1

$p = 47$, $q = 59$라 하자. 그러면 $n = pq = 47 \cdot 59 = 2773$이고, $k = (p-1)(q-1) = 46 \cdot 58 = 2668$이다.* $d = 157$이라고 두자. 그래핑 계산기나 컴퓨터로 $\gcd(157, 2668) = 1$이고, $157x \equiv 1 \pmod{2668}$의 해가 $e = 17$임을 쉽게 밝힐 수 있다.† 메시지 "IT'S ALL GREEK TO ME."를 코드화할 것이다. $n = 2773$보다 작은 정수만을 코드화할 수 있다. 그래서 메시지를 두 문자 블록에 (그리고 빈칸을 #로) 쓴다. 즉

I T	S #	A L	L #	G R
0920	1900	0112	1200	0718
E E	K #	T O	# M	E #
0505	1100	2015	0013	0500

그러면 각 블록은 2773보다 작은 하나의 정수이다. 첫째 블록 0920을 $e = 17$과 컴퓨터를 이용하여 920^{17}의 모듈로 2773 최소나머지, 즉

$$920^{17} \equiv 948 \pmod{2773}$$

을 계산하여 코드화한다. 다른 블록도 유사하게 코드화한다. 그 결과로 메시지의 코드화된 형태는 다음과 같다.

0948	2342	1084	1444	2663
2390	0778	0774	0219	1655

이 메시지를 받은 개인은 $d = 157$을 이용하여 각 블록을 코드복원화한다. 예를 들면, 0948을 코드복원화하기 위하여 컴퓨터는

$$948^{157} \equiv 920 \pmod{2773}$$

을 계산한다. 이것이 원래의 첫째 블록 0920 = IT이다.

암호와 RSA 시스템에 대한 더 많은 정보를 위하여, Hoffstein, Pipher, and Silvemann [33], Rivest-shamir-Adleman [34], Simmons [35]와 Trappe and Washington [36]을 보라.

* 이 숫자들은 개념을 설명할 것이다. 그러나 2773은 손으로 인수분해할 수 있으므로, 그 숫자들이 너무 작아 안전한 코드를 제공하지 못한다.

† 계산기로 합동 방정식을 풀기 위하여, 14쪽의 기술팁을 사용하여 $157u + 2668v = 1$을 만족하는 u와 v를 구한다. 그러면 $157u - 1 = 2668v$이고, 이것은 $157u \equiv 1 \pmod{2668}$을 의미한다.

■ 연습문제

A. 1. 소수 p에 대하여, $k, a \in \mathbb{Z}$ 는 $p \nmid a$이고 $0 < k < p$ 라 하자. $ka \not\equiv 0 \pmod{p}$ 임을 증명하라. [힌트: 정리 1.5.]

2. 서로 다른 소수 p와 q에 대하여, $p \mid c$ 이고 $q \mid c$ 이면 $pq \mid c$ 임을 증명하라. [힌트: $c = pk$ 이면 $q \mid pk$ 이다. 정리 1.5를 이용하라.]

3. $e = 3$, $n = 2773$과 함께 계산기와 RSA 코드화 알고리즘을 이용하여, 다음 메시지를 코드화하라.

(a) GO HOME (b) COME BACK (c) DROP DEAD

[힌트: 두 숫자 블록을 이용하고, 빈칸을 생략하지 말 것.]

4. Fermat 작은 정리의 다음 변형을 증명하라: p가 소수이고 $a \in \mathbb{Z}$ 이면 $a^p \equiv a \pmod{p}$ 이다. [힌트: $p \mid a$와 $p \nmid a$의 두 경우를 생각하라. 두 번째 경우는 보조정리 13.2를 사용하라.]

B. 5. 연습문제 3에서의 코드에 대한 코드복원화 알고리즘을 구하라.

6. C를 RSA 알고리즘을 사용하여 코드화된 메시지의 코드 형태라 하자. C의 코드화의 모듈러 n이 서로 소가 아닌 것을 알았다고 하자. 어떻게 n을 인수분해할 수 있고, 그렇게 하여 코드복원화 알고리즘을 찾을 수 있는지 설명하라. [그런 C가 나타날 확률은 n의 소인수 p, q가 100자리 이상의 수일 때 10^{-99} 보다 작다.]

CHAPTER 14

중국인의 나머지정리

선행학습 요건: 14.1절에 대하여 2.1절과 부록 C; 14.2절에 대하여 3.1절; 14.3절에 대하여 6.2절.

중국인의 나머지정리(Chinese Remainder Theorem, 14.1절)는 1세기 중국의 수학자들에게 알려졌던 정수론의 유명한 결과이다. 또한 이것은 컴퓨터 산술(14.2절)에 실용적으로 응용된다. $\mathbb{Z}$ 외의 환에 대한 이 정리의 확장은 환론에서 흥미로운 결과를 갖는다(14.3절). 분명히 14.1절에서 유발되었지만, 14.3절은 이 장의 나머지 부분과 독립적이고, 6.2절을 읽은 후 언제든지 읽어도 좋다.

14.1 중국인의 나머지정리의 증명

합동방정식(congruence)은 ' $=$ '를 ' $\equiv \pmod n$ ' 으로 대체한 정수 계수의 방정식이다. 같은 방정식에서

$$6x+5 \equiv 7 \pmod 3 \quad \text{또는} \quad 6x+5 \equiv 7 \pmod 5$$

처럼, 다른 합동식이 나올 수 있다. 합동식의 해는 정수만 의미를 갖고, 그래서 방정식을 푸는 기법이 합동식에 항상 적용할 수 있는 것은 아니다. 예를 들어, $6x+5=7$은 $x=1/3$을 하나의 해로 갖지만, $6x+5 \equiv 7 \pmod 3$은 해가 없고(연습문제 3) $6x+5 \equiv 7 \pmod 5$는 무수히 많은 해를 갖는다(연습문제 4).

여러 가지 이론적 문제와 실용적 응용은

$$x \equiv 2 \pmod 4$$
$$x \equiv 5 \pmod 7$$
$$x \equiv 0 \pmod{11}$$
$$x \equiv 8 \pmod{15}$$

와 같은 **연립 일차합동방정식**(system of linear congruences)의 해법을 요구한다. 연립 합동방정식의 **해**(solution)는 포함된 모든 합동방정식의 해가 되는 정수이다. 반드시 해를 갖는 연립 일차합동방정식의 경우를 몇 가지 조사해 보자.

보조정리 14.1

m과 n이 서로 소인 양의 정수이고, $a, b \in \mathbb{Z}$ 이면 연립 합동방정식

$$x \equiv a \pmod m$$
$$x \equiv b \pmod n$$

은 해를 갖는다.

증명

$\gcd(m, n) = 1$이므로, 정리 1.2에 따라 $mu + nv = 1$인 정수 u와 v가 존재한다. 이 등식과 합동의 정의로부터, 다음 네 가지 경우가 나온다.

(i) $mu \equiv 0 \pmod m$ (ii) $nv \equiv 1 \pmod m$ $[1 - nv = mu$이므로$]$

(iii) $nv \equiv 0 \pmod n$ (iv) $mu \equiv 1 \pmod n$ $[1 - mu = nv$이므로$]$

$t = bmu + anv$ 라 두자. (i), (ii)와 정리 2.2에 따라

$$t = bmu + anv \equiv b \cdot 0 + a \cdot 1 = a \pmod m$$

이고, 따라서 $t \equiv a \pmod m$이다. 유사하게 (iii), (iv)와 정리 2.2로부터

$$t = bmu + anv \equiv b \cdot 1 + a \cdot 0 = b \pmod n$$

이고, 따라서 $t \equiv b \pmod n$이다. 그러므로 t는 주어진 연립 합동방정식의 해이다. ■

보조정리 14.1의 증명은 다음 알고리즘을 제공한다.

보조정리 14.1의 연립 합동방정식의 해법 알고리즘

1. $mu + nv = 1$인 u와 v를 구한다.*

* 이것은 Euclid 알고리즘을 이용하여 손으로 구할 수 있다. 1.2절의 연습문제 15를 보라. 이것은 또 컴퓨터나 그래핑 계산기로 구할

2. 그러면 $t = bmu + anv$ 가 구하는 한 해이다.

예제 1

연립 합동방정식

$$x \equiv 2 \pmod 4$$
$$x \equiv 5 \pmod 7$$

을 풀기 위하여, $m = 4,\ n = 7,\ a = 2,\ b = 5$ 와 함께 해법을 적용하면

1. $u = 2,\ v = -1$ 이 $4u + 7v = 1$ 을 만족하는 것을 쉽게 알 수 있다.
2. 그러므로 구하는 해는

$$t = bmu + anv = 5 \cdot 4 \cdot 2 + 2 \cdot 7 \cdot (-1) = 26$$

이다.

정리 14.2 중국인의 나머지정리(Chinese Remainder Theorem)*

$m_1,\ m_2,\ \ldots,\ m_r$ 을 짝으로 서로 소($i \neq j$일 때 $\gcd(m_i, m_j) = 1$을 의미)인 양의 정수라 하고, $a_1,\ a_2,\ \ldots,\ a_r$ 을 임의의 정수라 하자.

(1) 연립 합동방정식

$$(\#) \qquad \begin{aligned} x &\equiv a_1 \pmod{m_1} \\ x &\equiv a_2 \pmod{m_2} \\ &\vdots \\ x &\equiv a_r \pmod{m_r} \end{aligned}$$

는 해를 갖는다.

(2) t가 (#)의 해일 때, z가 (#)의 해일 필요충분조건은 $z \equiv t \pmod{m_1 m_2 \cdots m_r}$ 이다.

정리의 첫 부분을 증명하기 위하여 수학적귀납법을 사용하는데, 그 이유는 다음에 곧 명확해질 것이다. 수학적귀납법을 사용하지 않는 증명을 위하여, 연습문제 21을 보라.

수 있다. 14쪽의 기술팁을 보라.

* 1세기 중국의 수학자들에게 알려진 것이므로 이름을 그렇게 붙였다.

정리 14.2의 증명

(1) 합동 방정식에 포함된 식의 개수 r에 대한 수학적귀납법으로 증명한다. $r=2$ 일 때 ($m=m_1$, $n=m_2$, $a=a_1$, $b=a_2$와 함께) 보조정리 14.1에 따라 해가 존재한다. 그래서 귀납법의 가정으로 $r=k$ 일 때 해가 존재한다고 하고, 다음 연립 합동방정식 (*)를 생각하자.

$$(*)\qquad \begin{aligned} x &\equiv a_1 \pmod{m_1} \\ x &\equiv a_2 \pmod{m_2} \\ &\vdots \\ x &\equiv a_k \pmod{m_k} \\ x &\equiv a_{k+1} \pmod{m_{k+1}} \end{aligned}$$

수학적귀납법의 가정에 의하여, (*)에서 앞쪽 k개 식의 연립 합동방정식은 해 s를 갖는다. 또한 $m_1 m_2 m_3 \cdots m_k$와 m_{k+1}은 서로 소이다(연습문제 5). 결과적으로 보조정리 14.1에 따라 연립 합동방정식

$$(**)\qquad \begin{aligned} x &\equiv s \pmod{m_1 m_2 m_3 \cdots m_k} \\ x &\equiv a_{k+1} \pmod{m_{k+1}} \end{aligned}$$

는 어떤 해 t를 갖는다. 정수 t는 필수적으로

$$t \equiv s \pmod{m_1 m_2 m_3 \cdots m_k}$$

를 만족한다. 결과적으로 각 $i=1, 2, 3, \ldots, k$에 대하여

$$t \equiv s \pmod{m_i}$$

이다. (이유: $t-s$가 $m_1 m_2 m_3 \cdots m_k$로 나누어지면 그것은 각 m_i로 나누어진다.) 이제 s는 (**)에서 앞쪽 k개 식의 연립 합동방정식의 해이고, 그래서 각 $i \le k$에 대하여

$$t \equiv s \pmod{m_i} \text{ 이고 } \quad s \equiv a_i \pmod{m_i} \text{ 이다.}$$

추이적 성질(정리 2.1)에 따라

$$i=1, 2, 3, \ldots, k \text{ 에 대하여 } t = a_i \pmod{m_i}$$

이다. t는 (**)의 해이므로, 그것은 $t \equiv a_{k+1} \pmod{m_{k+1}}$을 만족한다. 따라서 t는 (*)의 해이고, 그러므로 $r=k+1$ 일 때 해가 존재한다. 따라서 수학적귀납법에 따라, 연립 합동방정식 (#)는 해를 갖는다.

(2) z가 연립 합동방정식 (#)의 다른 해이면 각 $i=1, 2, 3, \ldots, r$ 에 대하여

$$z \equiv a_i \pmod{m_i} \text{ 이고 } \quad t \equiv a_i \pmod{m_i} \text{ 이다.}$$

추이적 성질(정리 2.1)로부터 $z \equiv t \pmod{m_i}$이다. 따라서

$$m_1 \mid (z-t),\ m_2 \mid (z-t),\ m_3 \mid (z-t),\ \ldots,\ m_r \mid (z-t)$$

이다. 그러므로 연습문제 7로부터 $m_1 m_2 \cdots m_r \mid (z-t)$ 이고, 따라서

$$z \equiv t \pmod{m_1 m_2 \cdots m_r} \text{ 이다.}$$

역으로, $z \equiv t \pmod{m_1 m_2 \cdots m_r}$ 이면 앞에서와 같이, 각 $i = 1, 2, 3, \ldots, r$ 에 대하여 $z \equiv t \pmod{m_i}$ 이다. $t \equiv a_i \pmod{m_i}$ 이므로 추이적 성질에 따라, 각 i 에 대하여 $z \equiv a_i \pmod{m_i}$ 이다. 그러므로 z는 연립 합동방정식 (#)의 해이다. ■

정리 14.2의 증명은 실제로 큰 연립 합동방정식의 풀이를 위한 효율적인 컴퓨터 알고리즘을 제공한다. 즉, 보조정리 14.1에 따라 첫 두 개의 해를 구한 다음, 완전한 연립 합동방정식의 해를 결정하기 위하여, 필요한 만큼 귀납 단계를 계속한다.

예제 2

다음 연립 합동방정식을 풀어보자.

$$x \equiv 2 \pmod 4$$
$$x \equiv 5 \pmod 7$$
$$x \equiv 0 \pmod{11}$$
$$x \equiv 8 \pmod{15}$$

예제 1은 $x = 26$ 이 처음 두 개의 합동방정식으로 이루어진 연립 방정식

$$x \equiv 2 \pmod 4$$
$$x \equiv 5 \pmod 7$$

의 해임을 보여준다. 다음은 연립 합동방정식

$$x \equiv 26 \pmod{4 \cdot 7}$$
$$x \equiv 0 \pmod{11}$$

의 해를 구하자. 먼저 $u = 2$ 와 $v = -5$ 는 $28u + 11v = 1$을 만족하는 것을 주목한다.* 그러면 예제 1 앞에 있는 해법 알고리즘은 ($a = 26,\ m = 4 \cdot 7 = 28,\ b = 0,\ n = 11$ 과 함께)

$$bmu + anv = 0 \cdot 28 \cdot 2 + 26 \cdot 11 \cdot (-5) = -1430$$

* u 와 v 의 값은 그래핑 계산기 프로그램을 이용하여 구하였다. 14쪽의 기술팁을 보라.

이 한 해임을 보여준다. $x = -1430$이 역시 처음 세 식의 연립 합동방정식

$$x \equiv 2 \pmod{4}$$
$$x \equiv 5 \pmod{7}$$
$$x \equiv 0 \pmod{11}$$

의 해임을 쉽게 확인할 수 있다. 마지막으로

$$x \equiv -1430 \pmod{4 \cdot 7 \cdot 11}$$
$$x \equiv 8 \pmod{15}$$

의 해를 구하자. $u = 2$와 $v = -41$은 $308u + 15v = 1$을 만족하는 것을 주목한다.* 그래서 예제 1의 앞에 있는 해법 알고리즘은 ($a = -1430$, $m = 4 \cdot 7 \cdot 11 = 308$, $b = 8$, $n = 15$와 함께)

$$bmu + anv = 8 \cdot 308 \cdot 2 + (-1430) \cdot 15 \cdot (-41) = 884{,}378$$

이 한 해임을 보여준다. $x = 884{,}378$이 완전한 연립 방정식

$$x \equiv 2 \pmod{4}$$
$$x \equiv 5 \pmod{7}$$
$$x \equiv 0 \pmod{11}$$
$$x \equiv 8 \pmod{15}$$

의 해임을 입증할 수 있다. $4 \cdot 7 \cdot 11 \cdot 15 = 4620$이고 $884{,}378 \equiv 1958 \pmod{4620}$이므로 정리 14.2로부터 $x = 1958$도 역시 한 해임을 쉽게 확인할 수 있다. 손으로 계산하면 더 작은 해가 사용하기에 더 편하다. 그래서 연립 합동방정식의 모든 해는 1958과 모듈로 4620 합동인 모든 수라고 말한다.

기술팁: 예제 2에서와 같은 연립 합동방정식은 웹사이트 www.CengageBrain.com로부터 내려받을 수 있는 중국인의 나머지정리 프로그램으로 풀 수 있다. 예제 2를 푼다고 하면 상수 $\{2, 5, 0, 8\}$과 대응하는 모듈러의 목록 $\{4, 7, 11, 15\}$를 입력한다. 그러면 프로그램은 아래의 그림 1과 같이 해를 출력한다.

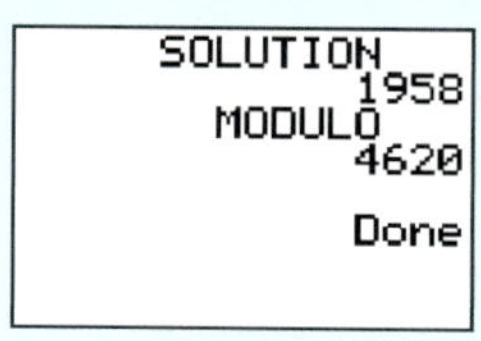

그림 1

Maple로 같은 연립 합동방정식을 풀기 위하여, 명령어 chrem([2,5,0,8],[4,7,11,15]); 을 사용한다.

* u와 v의 값은 그래핑 계산기 프로그램을 이용하여 구하였다. 14쪽의 기술팁을 보라.

■ 연습문제

A. 1. $u \equiv v \pmod{n}$ 이고, u가 $6x+5 \equiv 7 \pmod{n}$ 의 해이면 v 도 해임을 보이라. [힌트: 정리 2.2.]

2. $6x+5 \equiv 7 \pmod{n}$ 이 해를 가지면 수 1, 2, 3, ..., $n-1$ 중의 하나도 역시 해임을 보이라. [힌트: 연습문제 1과 따름정리 2.5.]

3. $6x+5 \equiv 7 \pmod{3}$ 은 해가 없음을 보이라. [힌트: 연습문제 2.]

4. $6x+5 \equiv 7 \pmod{5}$ 는 무수히 많은 해를 가짐을 보이라. [힌트: 연습문제 1과 2.]

5. $m_1, m_2, \ldots, m_k, m_{k+1}$ 은 짝으로 서로 소(즉, $i \neq j$일 때 $\gcd(m_i, m_j)=1$) 인 양의 정수이면, $m_1 m_2 m_3 \cdots m_k$와 m_{k+1}은 서로 소임을 증명하라. [힌트: 만약 서로 소가 아니면, 어떤 소수 p가 공약수이다(왜?). 모순을 얻기 위하여, 따름정리 1.6을 이용하라.]

6. $\gcd(m, n)=1$ 일 때, $m \mid d$ 이고 $n \mid d$ 이면 $mn \mid d$ 임을 증명하라. [힌트: $d = mk$ 이면 $n \mid mk$ 이다; 정리 1.4를 이용하라.]

7. $m_1, m_2, \ldots, m_r$ 이 짝으로 서로 소(즉, $i \neq j$일 때 $\gcd(m_i, m_j)=1$)인 양의 정수라 하자. 각 i 에 대하여, $m_i \mid d$ 이면 $m_1 m_2 m_3 \cdots m_r \mid d$ 임을 증명하라. [힌트: 연습문제 5와 6을 반복적으로 사용하라.]

연습문제 8~13에서 연립 합동방정식의 해를 구하라.

8. $x \equiv 5 \pmod{6}$
   $x \equiv 7 \pmod{11}$

9. $x \equiv 3 \pmod{11}$
   $x \equiv 4 \pmod{17}$

10. $x \equiv 1 \pmod{2}$
    $x \equiv 2 \pmod{3}$
    $x \equiv 3 \pmod{5}$

11. $x \equiv 2 \pmod{5}$
    $x \equiv 0 \pmod{6}$
    $x \equiv 3 \pmod{7}$

12. $x \equiv 1 \pmod{5}$
$x \equiv 3 \pmod{6}$
$x \equiv 5 \pmod{11}$
$x \equiv 10 \pmod{13}$

13. $x \equiv 1 \pmod{7}$
$x \equiv 6 \pmod{11}$
$x \equiv 0 \pmod{12}$
$x \equiv 9 \pmod{13}$
$x \equiv 0 \pmod{17}$

B. 14. (고대 중국의 문제) 17명의 산적 패가 금화 상자 하나를 훔쳤다. 그들끼리 똑같이 금화를 나누어 가지려고 하였을 때 세 개가 남았다. 싸움이 일어나 산적 중 한 명이 죽임을 당하였다. 남은 산적들이 다시 금화를 나누어 가지려고 하니 열 개가 남았다. 또다시 싸움이 벌어졌고, 다섯 명의 산적이 죽임을 당하였다. 생존자들이 금화를 나누었을 때 네 개가 남았다. 또 싸움이 벌어져 네 명의 산적이 죽임을 당하였다. 남은 자들끼리 금화를 똑같이 나누었을 때 하나도 남지 않았다. 상자 속에 있을 수 있는 금화 개수의 최솟값은 무엇인가?

15. $\gcd(a, n) = d$ 일 때, $d \mid b$ 이면 $ax \equiv b \pmod{n}$ 은 해를 갖는 것을 보이라. [**힌트**: 어떤 c에 대하여 $b = dc$ 이고, 어떤 u와 v에 대하여 $au + nv = d$ 라 하자 (왜?). 마지막 등식을 c배 하라. auc 와 모듈로 n 합동인 것은 무엇인가?]

16. $\gcd(a, n) = d$ 일 때, $d \nmid b$ 이면 $ax \equiv b \pmod{n}$은 해를 갖지 않음을 보이라.

17. $\gcd(a, n) = 1$ 일 때, s, t가 $ax \equiv b \pmod{n}$ 의 해이면 $s \equiv t \pmod{n}$ 임을 증명하라. [**힌트**: $n \mid (as - at)$ 임을 보이고, 정리 1.4를 이용하라.]

18. $\gcd(a, n) = d$ 일 때, s, t가 $ax \equiv b \pmod{n}$의 해이면 $s \equiv t \pmod{n/d}$ 임을 증명하라.

19. $\gcd(m, n) = d$ 일 때, 연립 합동방정식

$$x \equiv a \pmod{m}$$
$$x \equiv b \pmod{n}$$

이 해를 가질 조건은 $a \equiv b \pmod{d}$ 임을 증명하라.

20. r이 m과 n의 최소공배수일 때, s, t가 연습문제 19의 연립 합동방정식의 해이면 $s \equiv t \pmod{r}$ 임을 증명하라.

21. (중국인의 나머지정리의 (1)항에 대한 대체 증명) 각 $i=1, 2, 3, \dots, r$ 에 대하여, m_i를 제외한 모든 m_j의 곱을 N_i라 하자. 즉

$$N_i = m_1 m_2 \cdots m_{i-1} m_{i+1} \cdots m_k$$

(a) 각 i 에 대하여 $\gcd(N_i, m_i) = 1$ 임을 보이고, 따라서 $N_i u_i + m_i v_i = 1$ 을 만족하는 정수 u_i와 v_i가 존재한다.

(b) $i \neq j$ 인 각 i와 j 에 대하여 $N_i u_i \equiv 0 \pmod{m_j}$ 임을 보이라.

(c) 각 i에 대하여 $N_i u_i \equiv 1 \pmod{m_i}$ 임을 보이라.

(d) $t = a_1 N_1 u_1 + a_2 N_2 u_2 + a_3 N_3 u_3 + \cdots + a_r N_r u_r$ 은 그 연립 합동방정식의 해임을 보이라.

14.2 중국인의 나머지정리의 응용

모든 컴퓨터는 기계 연산에 사용할 수 있는 **단어크기**(word size)라고 부르는 정수의 크기에 대한 제한이 있다. 큰 용량의 컴퓨터에서 그것은 2^{35} 정도이다. 단어크기보다 큰 정수의 컴퓨터 계산은 시간 소모가 큰 다중정밀도(multiprecision) 기법이 필요하다. 이런 경우에 덧셈과 곱셈을 위하여, 중국인의 나머지정리에 기반하는 대안적 방법이 종종 더 빠르다.

단어크기보다 작은 임의의 정수 r, s, t, n 에 대하여 대용량 컴퓨터는

$r+s$와 rs (그 답이 단어크기를 초과할 때도),
t의 모듈로 n 최소나머지* (t가 단어크기를 초과하는 경우를 포함, 연습문제 2 참고),
그리고 $\mathbb{Z}_n$ 에서 합과 곱을

빠르게 계산할 수 있다. 마지막으로 컴퓨터는 연립 합동방정식을 풀기 위하여 중국인의 나머지정리(정리 14.2)의 약간의 변형을 이용할 수 있다. 그러나 이것은 단어크기를 초과하는 수를 수반할 수도 있고, 따라서 더 느린 다중정밀도 기법이 요구된다.

대안적 방법이 어떻게 작동하는지에 대한 아이디어를 얻기 위하여, 사용하는 컴퓨터의 단어크기가 100이라고 생각하고, 그래서 다중정밀도 기법이 더 큰 수의 계산을 위하여 필요하다고 하자. 다음 예는 그런 컴퓨터에서 최소한의 다중정밀도 기법만을 사용하

* 정수 t의 **모듈로 n 최소나머지**(least-residue modulo n)는 t를 n으로 나누었을 때 나머지 r이다. 나머지 알고리즘에 따라 $t = nq+r$ 이므로 $t-r=nq$이고, 즉 $t \equiv r \pmod{n}$ 이다.

여, 두 개의 네 자리의 수를 어떻게 곱하는지를 보여준다.

예제 1

여러 개의 연립 합동방정식과 중국인의 나머지정리를 이용하여, 3456과 7982를 곱하여 보자. 먼저 여러 개의 숫자를 모듈로 단위로 선택하고, 3456과 7982의 각 모듈로 단위에 대한 최소나머지를 구한다.*

$$(*)\quad \begin{aligned} 3456 &\equiv 74 \pmod{89} & 7982 &\equiv 61 \pmod{89}\\ 3456 &\equiv 36 \pmod{95} & 7982 &\equiv 2 \pmod{95}\\ 3456 &\equiv 61 \pmod{97} & 7982 &\equiv 28 \pmod{97}\\ 3456 &\equiv 26 \pmod{98} & 7982 &\equiv 44 \pmod{98}\\ 3456 &\equiv 90 \pmod{99} & 7982 &\equiv 62 \pmod{99} \end{aligned}$$

그러면 정리 2.2에 따라, $3456 \cdot 7982 = 74 \cdot 61 \pmod{89}$ 이다. $74 \cdot 61$의 모듈로 89 최소나머지를 취하고, 다른 합동식에 대해서도 유사한 방법으로 진행하여, 다음을 얻는다.

$$(**)\quad \begin{aligned} 3456 \cdot 7982 &\equiv 74 \cdot 61 \equiv 64 \pmod{89}\\ 3456 \cdot 7982 &\equiv 36 \cdot 2 \equiv 72 \pmod{95}\\ 3456 \cdot 7982 &\equiv 61 \cdot 28 \equiv 59 \pmod{97}\\ 3456 \cdot 7982 &\equiv 26 \cdot 44 \equiv 66 \pmod{98}\\ 3456 \cdot 7982 &\equiv 90 \cdot 62 \equiv 36 \pmod{99} \end{aligned}$$

그러므로 $3456 \cdot 7982$ 는 연립 방정식

$$(***)\quad \begin{aligned} x &\equiv 64 \pmod{89}\\ x &\equiv 72 \pmod{95}\\ x &\equiv 59 \pmod{97}\\ x &\equiv 66 \pmod{98}\\ x &\equiv 36 \pmod{99} \end{aligned}$$

의 해이다. 중국인의 나머지정리는† (***)의 한 해가 27,585,792이고, ($3456 \cdot 7982$를 포함하여) 임의의 해는 이것과 모듈로 $89 \cdot 95 \cdot 97 \cdot 98 \cdot 99 = 7{,}956{,}949{,}770$ (이것을 앞으로 M으로 표기)에 대한 합동이다. 그러므로 0과 M 사이에 있는 어떤 두 수가 모듈로 M 합동일 수 없으므로, 27,585,792는 0과 M 사이에 있는 유일한 해이다. $0 < 3456 \cdot 7982 < 10^4 \cdot 10^4 = 10^8 < M$ 임을 알고 있다. $3456 \cdot 7982$는 해이므로

* 89, 95, 97, 98, 99를 모듈로 단위로 선택한 이유는 다음에 설명한다.

† 여기까지는 모든 계산이 가상 컴퓨터로 빠르게 실행되었다. 여기가 단어크기를 초과하는 수로 인하여 더 늦은 다중정밀도 기법이 처음으로 필요한 곳이다.

$3456 \cdot 7982 = 27,585,792$ 이다.

이제 다른 관점에서 이 예제를 살펴보자. 정수의 모듈로 n 최소나머지를 $\mathbb{Z}_n$ 의 원소로 생각하면, (*)에서의 합동식은 정수 3456이 환 $\mathbb{Z}_{89} \times \mathbb{Z}_{95} \times \mathbb{Z}_{97} \times \mathbb{Z}_{98} \times \mathbb{Z}_{99}$ 에서의 원소 $(74, 36, 61, 26, 90)$으로 표현될 수 있음을 보여준다. 마찬가지로 7982는 $(61, 2, 28, 44, 62)$로 표현된다. (**)에서 $74 \cdot 61 \equiv 64 \pmod{89}$ 라고 말하는 것은 $\mathbb{Z}_{89} \times \mathbb{Z}_{95} \times \mathbb{Z}_{97} \times \mathbb{Z}_{98} \times \mathbb{Z}_{99}$ 에서의 곱셈과 동치이다. 즉

$$\begin{aligned}(74, 36, 61, 26, 90)(61, 2, 28, 44, 62) &= (74 \cdot 61, 36 \cdot 2, 61 \cdot 28, 26 \cdot 44, 90 \cdot 62) \\ &= (64, 72, 59, 66, 36)\end{aligned}$$

(***)의 해는 환 $\mathbb{Z}_{89} \times \mathbb{Z}_{95} \times \mathbb{Z}_{97} \times \mathbb{Z}_{98} \times \mathbb{Z}_{99}$ 의 원소 $(64, 72, 59, 66, 36)$이 정수 27,585,792를 표현하는 것을 보여준다.

실질적인 단어크기의 경우에 이 과정은 이제 명확하다. $m_1, m_2, \ldots, m_r$ 을 짝으로 서로 소인 양의 소수라 하자.

1. 각 정수 t를 각 모듈로 m_i 에 대한 t의 합동류를 취하여 $\mathbb{Z}_{m_1} \times \cdots \times \mathbb{Z}_{m_r}$ 의 원소로 표현한다.
2. $\mathbb{Z}_{m_1} \times \cdots \times \mathbb{Z}_{m_r}$ 에서 계산한다.
3. 그 답을 중국인의 나머지정리를 이용하여 정수 형태로 변환한다.

모든 m_i 는 그 곱 M 이 그 계산으로부터 생기는 모든 수보다 크게 선택해야 한다. 그렇지 않으면, 단계 3에서 변환 과정이 실패할 수도 있다(연습문제 3~5). 이것은 종종 예제에서와 같이 각 m_i 를 컴퓨터의 단어크기를 초과하지 않고 가능한 한 크게 선택하여 이루어진다. 만약 더 작은 모듈로 단위를 선택한다면 M 이 충분히 큰 것을 보장하기 위하여 더 많은 모듈로 단위가 필요할 수도 있다.

정수에서 모듈러 표현으로 또 그 반대의 변환 과정(단계 1과 단계 3)은 (특히 다중정밀도 기법을 수반할 수도 있는 3단계에서) 평범한 정수의 곱셈에서는 불필요한 시간을 요구한다. 그러나 이것은 입력이나 출력에서 숫자당 꼭 한 번만 필요하다. 이 모듈러 표현은 모든 중간 계산에서 사용할 수도 있다. 이것은 특히, 각 $\mathbb{Z}_{m_i}$ 에서 동시에 실행할 수 있는 병렬 처리능력을 갖춘 컴퓨터에서 큰 정수를 직접 계산하는 것보다 훨씬 빠르다. 적절한 조건 아래, 단계 2에서의 속도의 유리함이 단계 1과 단계 3에서 필요한 추가 시간의 불리함보다 더 크다. 더 자세한 것은 Knuth [31]을 보라.

연립 일차방정식의 (십진소수로 나타내는 근삿값이 아닌) 정확한 해를 구해야 하는 경우가 종종 있다. 그 연립 방정식에서 방정식이나 미지수가 수백 개 있고, 계수들이 큰

정수일 때 보통의 컴퓨터 방법은 중간 계산 동안 아주 큰 수를 근삿값 처리하기 때문에 단지 근삿값만을 생산한다. 이런 연립 방정식의 정확한 해를 구하는 방법은 중국인의 나머지정리에 기반을 두고 있다.

그 아이디어는 대강 말하자면 다음과 같다. $m_1, m_2, \ldots, m_r$를 서로 다른 소수라 하자. (따라서 서로 소이다.)* 각 m_i에 대하여 주어진 연립 방정식에서 계수들을 그 합동류로 바꾸어 $\mathbb{Z}_{m_i}$ 위의 연립 방정식으로 변환한다. 그런 후에 이 변환된 새 연립 방정식들의 각각을 보통의 방법으로 푼다. (Gauss-Jordan 소거법은 체 $\mathbb{Z}_{m_i}$ 위에서도 $\mathbb{R}$ 위에서와 같이 작동한다.) 이때 $\mathbb{Z}_{m_i}$에서의 작은 수에 대한 근삿값 처리는 문제가 아니다. 마지막으로 중국인의 나머지정리와 행렬대수를 이용하여, 모듈로 m_i에 대한 해들을 원래의 연립 방정식의 해로 바꾸어준다.†

■ 연습문제

A. 1. 사용하는 컴퓨터의 크기가 100이라고 가정하자. 본문에서 요약한 방법대로, $m_1 = 95$, $m_2 = 97$, $m_3 = 98$, $m_4 = 99$를 사용하여 합 $123{,}684 + 413{,}456$을 구하라.

2. (a) $\mathbb{Z}_{12}$에서의 계산만을 사용하여, $64{,}397$의 모듈로 12 최소나머지를 구하라. [**힌트**: 정리 2.2, 2.3과 $64{,}397 = (((6 \cdot 10 + 4)10 + 3)10 + 9)10 + 7$이라는 사실을 이용하라.]

   (b) n이 사용하는 컴퓨터의 단어크기보다 작은 양의 정수라 하고, t를 (단어크기보다 클 수 있는) 임의의 정수라 하자. $\mathbb{Z}_n$에서의 계산만을 사용하여 (따라서 다중정밀도 기법이 필요하지 않은) t의 모듈로 n 최소나머지를 어떻게 구할 수 있는지 설명하라.

3. 본문에서 요약한 방법을 이용하여, 7과 8을 $\mathbb{Z}_3 \times \mathbb{Z}_5$의 원소로 표현하라. $\mathbb{Z}_3 \times \mathbb{Z}_5$에서 이 두 표현의 곱이 $(2, 1)$임을 보이라. $(2, 1)$을 정수 형태로 변환하기 위하여, 본문에서처럼 중국인의 나머지정리를 이용하여 56을 얻을 수 있는가? 왜 아닌가? 이 예는 모든 m_i의 곱이 요구하는 계산 문제에 대한 답보다 작으면, 왜 이 방법이 성립하지 않는지 보여준다. 또한 연습문제 5를 보라.

* 앞에서 논하였던 것과 유사한 크기에 대한 고려가 그 m_i들의 선택에 중요한 역할을 한다.

† 이 변환은 앞에 나왔던 것보다 약간 더 까다롭다. 예를 들면, 연립 방정식 $\begin{matrix} 8x+5y=12 \\ 4x+5y=10 \end{matrix}$은 $\mathbb{Z}_7$ 위에서 $\begin{matrix} x+5y=5 \\ 4x+5y=3 \end{matrix}$으로 바뀐다. $x=4$, $y=3$이 $\mathbb{Z}_7$ 위의 연립 방정식의 해임을 확인할 수 있다. 이것으로부터 원래 연립 방정식의 해인 $x=1/2$, $y=8/5$를 얻는 방법은 간단하지 않다.

B. 4. $f: \mathbb{Z} \to \mathbb{Z}_3 \times \mathbb{Z}_4 \times \mathbb{Z}_5$를 $f(t) = ([t]_3, [t]_4, [t]_5)$로 주어진 것이라고 하자. 여기서 $[t]_n$은 $\mathbb{Z}_n$에서 t의 합동류이다. 함수 f는 t를 최소나머지를 취하여 $\mathbb{Z}_3 \times \mathbb{Z}_4 \times \mathbb{Z}_5$의 원소로 표현하는 것으로 생각할 수 있다.

(a) $0 \le r,\ s < 60$일 때 $f(r) = f(s)$일 필요충분조건은 $r = s$임을 증명하라. [힌트: 정리 14.2.]

(b) r 또는 s가 60보다 크면 (a)는 거짓일 수 있음을 보이는 예를 들라.

5. $m_1, m_2, \ldots, m_k$가 짝으로 서로 소인 양의 정수이고, $f: \mathbb{Z} \to \mathbb{Z}_{m_1} \times \mathbb{Z}_{m_2} \times \cdots \times \mathbb{Z}_{m_k}$가

$$f(t) = ([t]_{m_1}, [t]_{m_2}, \ldots, [t]_{m_k})$$

로 주어진 함수라 하자. 여기서 $[t]_{m_i}$는 $\mathbb{Z}_{m_i}$에서 t의 합동류이다. $M = m_1 m_2 \cdots m_k$라고 두자. $0 \le r,\ s < M$일 때, $f(r) = f(s)$일 필요충분조건은 $r = s$임을 증명하라. [연습문제 4는 특별한 경우이다.]

6. 연습문제 7(c)를 가정하자. 사용 컴퓨터의 단어크기가 2^{35}일 때, 2^{184} (약 2.45×10^{55}) 정도 큰 수와 함께 계산하기 위하여, 선택하는 모든 m_i는 무엇인가?

C. 7. (a) a와 b가 양의 정수일 때, $2^a - 1$의 모듈로 $2^b - 1$에 대한 최소나머지는 $2^r - 1$임을 증명하라. 여기서 r은 a의 모듈로 b에 대한 최소나머지이다.

(b) a와 b가 양의 정수일 때, $2^a - 1$과 $2^b - 1$의 최대공약수는 $2^t - 1$임을 증명하라. 여기서 t는 a와 b의 최대공약수이다. [힌트: Euclid 알고리즘과 (a)를 이용하라.]

(c) a와 b가 양의 정수일 때, $2^a - 1$과 $2^b - 1$이 서로 소일 필요충분조건은 a와 b가 서로 소임을 증명하라.

14.3 환에 대한 중국인의 나머지정리

두 합동방정식에 대한 중국인의 나머지정리는 아이디얼에 관하여 나타냄으로써, $\mathbb{Z}$에서 환으로 확장할 수 있다. 이렇게 하는 열쇠는 아이디얼을 모듈로 단위로 하는 합동관계의 정의(6.1절)와 다음 사실이다. 즉, A와 B가 환 R에서의 아이디얼일 때, 모든 합의 집합 $\{a + b \mid a \in A,\ b \in B\}$를 $A + B$로 나타내고, 그 자체로 아이디얼이다(6.1절

의 연습문제 20).

정수 m과 n에 대하여, $\mathbb{Z}$에서 I를 m의 모든 배수의 아이디얼이고 J를 n의 모든 배수의 아이디얼이라 하자. 그러면 모듈로 m 합동은 모듈로 아이디얼 I 합동과 같다. 만약 $\gcd(m, n) = 1$이면 어떤 u와 v에 대하여 $mu + nv = 1$이다. 이 등식에 임의의 정수 r을 곱하면 $m(ur) + n(vr) = r$임을 보여준다. 따라서 임의의 정수는 m의 어떤 배수와 n의 어떤 배수의 합, 즉 아이디얼 I의 어떤 원소와 아이디얼 J의 어떤 원소의 합이다. 그러므로 $I + J$는 전체 환 $\mathbb{Z}$이다. 따라서 조건 $\gcd(m, n) = 1$은 $I + J = \mathbb{Z}$라고 하는 것과 같다.

$\gcd(m, n) = 1$일 때, 아이디얼 I와 J의 교집합은 mn의 모든 배수로 이루어진 아이디얼이다(14.1절의 연습문제 6). 그래서 두 정수의 모듈로 mn 합동은 정확히 모듈로 아이디얼 $I \cap J$ 합동일 때이다.

앞 단락에서 고딕체의 문장은 두 합동방정식에 대한 중국인의 나머지정리가 아이디얼에 관한 용어로 옮겨지는 방법을 알려준다. 지금까지 논의한 아이디얼들을 임의의 환 R에 대한 아이디얼로 바꾸면 다음을 얻는다.

정리 14.3 환에 대한 중국인의 나머지정리

환 R에 대하여, I와 J를 $I + J = R$인 아이디얼이라 하자. 임의의 $a, b \in R$에 대하여, 연립 합동방정식

$$x \equiv a \pmod{I}$$
$$x \equiv b \pmod{J}$$

는 해를 갖고, 임의의 두 해는 모듈로 $I \cap J$ 합동이다.

R이 항등원을 가질 때, 이 정리는 r개의 아이디얼 $I_1, I_2, \ldots, I_r$과 $i \neq j$일 때 $I_k + J_k = R$의 가정과 함께 합동방정식 $x \equiv a_k \pmod{I_k}$의 경우로 일반화할 수 있다. (연습문제 6과 Hungerford [5, p.131]을 보라.)

정리 14.3의 증명

$I + J = R$이고 $b - a \in R$이므로 $i + j = b - a$인 $i \in I$, $j \in J$가 존재한다. 따라서 $a + i = b - j$이다. $t = a + i$라 두면

$$t - a = (a + i) - a = i \in I$$

이고, 그래서 $t \equiv a \pmod{I}$이다. 유사하게 $a + i = b - j$이므로

$$t-b=(a+i)-b=(b-j)-b=-j\in J$$

이다. 따라서 $t\equiv b\ (\bmod J)$이고, t는 그 연립 합동방정식의 해이다. z도 해이면 정리 6.4에 따라 $z\equiv a\ (\bmod I)$와 $t\equiv a\ (\bmod I)$로부터 $z\equiv t\ (\bmod I)$이다. 유사하게 $z\equiv t\ (\bmod J)$이다. 이것은 $z-t\in I$이고 $z-t\in J$임을 의미한다. 그러므로 $z-t\in I\cap J$이고 $z\equiv t\ (\bmod I\cap J)$이다. ■

중국인의 나머지정리의 한 결과는 유용한 환의 동형사상이다.

정리 14.4

환 R에 대하여, I와 J를 $I+J=R$인 아이디얼이라 하면

$$R/(I\cap J)\ \cong\ R/I\times R/J$$

인 환의 동형사상이 존재한다.

증명

사상 $f:R\to R/I\times R/J$를 $f(r)=(r+I,\ r+J)$로 정의하자. 그러면 f는 준동형사상이다. 왜냐하면

$$\begin{aligned}f(r)+f(s)&=(r+I,\ r+J)+(s+I,\ s+J)\\&=((r+s)+I,\ (r+s)+J)=f(r+s)\end{aligned}$$

이고

$$\begin{aligned}f(r)f(s)&=(r+I,\ r+J)(s+I,\ s+J)\\&=(rs+I,\ rs+J)=f(rs)\end{aligned}$$

이기 때문이다. f가 전사임을 보이기 위하여, $(a+I,\ b+J)\in R/I\times R/J$라 하자. f에 대한 상이 $(a+I,\ b+J)$인 R의 원소를 찾아야 한다. 정리 14.3으로부터, 연립 합동방정식

$$\begin{aligned}x&\equiv a\ (\bmod I)\\x&\equiv b\ (\bmod J)\end{aligned}$$

에 대한 해 $t\in R$가 존재한다. 그런데 $t\equiv a\ (\bmod I)$이므로, 정리 6.6으로부터 $t+I=a+I$이다. 유사하게 $t\equiv b\ (\bmod J)$로부터 $t+J=b+J$이고, 그 결과로

$$f(t)=(t+I,\ t+J)=(a+I,\ b+J)$$

이다. 그러므로 f는 전사이다.

K를 f의 핵이라 하자. 제1동형사상 정리 6.13에 따라, R/K는 $R/I \times R/J$와 동형이다. 이제 K가 $f(r)$이 $R/I \times R/J$의 영 원소인, 즉

$$(r+I,\ r+J) = (0_R + I,\ 0_R + J)$$

인 모든 원소 $r \in R$로 구성된다. 따라서

$$r+I = 0_R + I \text{이고} \quad r+J = 0_R + J$$

이다. 그런데 $r+I = 0_R + I$는 $r \equiv 0_R \pmod{I}$를 의미하고, 따라서 $r \in I$이다. 유사하게 $r+J = 0_R + J$는 $r \in J$를 의미한다. 그러므로 $r \in I \cap J$이다. 그래서 $I \cap J$는 f의 핵이고, $R/(I \cap J) = R/\mathrm{Ker}\, f \cong R/I \times R/J$이다. ■

따름정리 14.5

$\gcd(m, n) = 1$이면 $\mathbb{Z}_{mn} \cong \mathbb{Z}_m \times \mathbb{Z}_n$이다.

증명

환 $\mathbb{Z}$에서, 아이디얼 (m)은 m의 모든 배수로, 또 (n)은 n의 모든 배수로 구성된다. 이 절의 첫 세 단락은 $(m)+(n) = \mathbb{Z}$이고, $(m) \cap (n)$는 mn의 모든 배수의 아이디얼 (mn)임을 보여준다. 또한 몫환 $\mathbb{Z}/(mn)$, $\mathbb{Z}/(m)$, $\mathbb{Z}/(n)$은 각각 $\mathbb{Z}_{mn}$과 $\mathbb{Z}_m$, $\mathbb{Z}_n$이다. 그러므로 ($R = \mathbb{Z}$, $I = (m)$, $J = (n)$과 함께) 정리 14.4로부터,

$$\mathbb{Z}_{mn} = \mathbb{Z}/(mn) = \mathbb{Z}/((m) \cap (n)) \cong \mathbb{Z}/(m) \times \mathbb{Z}/(n) \cong \mathbb{Z}_m \times \mathbb{Z}_n$$

이다. ■

따름정리 14.6

$n = p_1^{n_1} p_2^{n_2} \cdots p_t^{n_t}$, 여기서 모든 p_i는 서로 다른 양의 소수이고 각 $n_i > 0$이면

$$\mathbb{Z}_n \cong \mathbb{Z}_{p_1^{n_1}} \times \mathbb{Z}_{p_2^{n_2}} \times \mathbb{Z}_{p_3^{n_3}} \times \cdots \times \mathbb{Z}_{p_t^{n_t}}$$

이다.

증명

모든 p_i는 서로 다른 소수이므로, 각 i에 대하여 $p_i^{n_i}$와 곱 $p_{i+1}^{n_{i+1}} \cdots p_t^{n_t}$는 서로 소이다. 그러므로 따름정리 14.5를 반복적으로 사용하여

$$\begin{aligned}\mathbb{Z}_n &\cong \mathbb{Z}_{p_1^{n_1}} \times \mathbb{Z}_{p_2^{n_2} p_3^{n_3} \cdots p_t^{n_t}} \cong \mathbb{Z}_{p_1^{n_1}} \times \mathbb{Z}_{p_2^{n_2}} \times \mathbb{Z}_{p_3^{n_3} \cdots p_t^{n_t}} \cong \cdots \\ &\cong \mathbb{Z}_{p_1^{n_1}} \times \mathbb{Z}_{p_2^{n_2}} \times \mathbb{Z}_{p_3^{n_3}} \times \cdots \times \mathbb{Z}_{p_t^{n_t}}\end{aligned}$$

임을 알 수 있다. ■

■ 연습문제

A. 1. (a) $\mathbb{Z}_5 \times \mathbb{Z}_{12}$는 $\mathbb{Z}_3 \times \mathbb{Z}_{20}$과 동형임을 보이라.
 (b) $\mathbb{Z}_4 \times \mathbb{Z}_{35}$는 $\mathbb{Z}_5 \times \mathbb{Z}_{28}$과 동형인가?

2. I와 J가 환 R의 아이디얼일 때, $a \in I$, $b \in J$이면 $ab \in I \cap J$임을 보이라.

3. $\gcd(m, n) \neq 1$일 때, $\mathbb{Z}_{mn}$은 $\mathbb{Z}_m \times \mathbb{Z}_n$과 동형이 아님을 보이라. [힌트: $\gcd(m, n) = d$이면 $\dfrac{mn}{d}$은 정수이다(왜?). 만약 동형사상이 존재하면 $1 \in \mathbb{Z}_{mn}$은 $(1, 1) \in \mathbb{Z}_m \times \mathbb{Z}_n$에 사상될 것이다. $\mathbb{Z}_{mn}$에서 $\dfrac{mn}{d} \cdot 1 \neq 0$이지만, $\mathbb{Z}_m \times \mathbb{Z}_n$에서 $\dfrac{mn}{d} \cdot (1, 1) = (0, 0)$임을 보여 모순을 유도하라.]

4. 다음 환 중 어느 것이 서로 동형인가?

$\mathbb{Z}_2 \times \mathbb{Z}_6 \times \mathbb{Z}_7$, $\mathbb{Z}_3 \times \mathbb{Z}_4 \times \mathbb{Z}_7$, $\mathbb{Z}_{84}$, $\mathbb{Z}_7 \times \mathbb{Z}_{12}$, $\mathbb{Z}_2 \times \mathbb{Z}_3 \times \mathbb{Z}_{14}$, $\mathbb{Z}_4 \times \mathbb{Z}_{21}$

5. 항등원을 갖는 환 R에 대하여, I_1, I_2, I_3가 $I_1 + I_3 = R$이고 $I_2 + I_3 = R$인 R의 아이디얼이면 $(I_1 \cap I_2) + I_3 = R$ 임을 증명하라. [힌트: $r \in R$이면 어떤 $i_1 \in I_1$, $t_2 \in I_2$와 i_3, $t_3 \in I_3$에 대하여 $r = i_1 + i_3$이고 $1_R = t_2 + t_3$이다. 그러면 $r = (i_1 + i_3)(t_2 + t_3)$이고, 이것을 전개하여 r이 $(I_1 \cap I_2) + I_3$에 속함을 보이라. 연습문제 2가 도움이 될 것이다.]

6. 항등원을 갖는 환 R에서, I_1, I_2, I_3가 $i \neq j$일 때 $I_i + I_j = R$인 아이디얼이라고 하자. $a_i \in R$이면 연립 합동방정식

$$x \equiv a_1 \pmod{I_1}$$
$$x \equiv a_2 \pmod{I_2}$$
$$x \equiv a_3 \pmod{I_3}$$

은 해를 갖고, 임의의 두 해는 모듈로 $I_1 \cap I_2 \cap I_3$ 합동임을 증명하라. [**힌트**: s가 첫 두 합동식의 해이면 연습문제 5와 정리 14.3을 이용하여 연립 합동방정식

$$x \equiv s \pmod{I_1 \cap I_2}$$
$$x \equiv a_3 \pmod{I_3}$$

는 해를 갖고, 그것이 원래의 연립 합동방정식의 해임을 보이라.]

CHAPTER 15

기하학적 도형의 작도

선행학습 요건 4.1절, 4.4절, 4.5절

B.C. 6세기 이래로, 수학자들은 (눈금이 없는) 자와 컴퍼스를 사용한 기하적 도형의 작도를 연구했다. 고대 그리스인들은 기하학에 대한 기량이 뛰어났음에도 불구하고, 자와 컴퍼스만을 사용하여 다음과 같은 작도를 결코 할 수 없었다.

정육면체의 두 배: 주어진 정육면체의 두 배의 부피를 갖는 정육면체의 모서리 작도*

각의 삼등분: 주어진 각의 삼분의 일 크기의 각 작도

원의 정사각형화: 주어진 원과 넓이가 같은 정사각형의 작도

마침내 지난 19세기에 이 도형들의 작도가 각각 불가능한 것으로 입증되었다. 이 장에서는 앞에 열거한 처음 두 가지 작도의 불가능성에 대한 기초적 증명을 기술한다. (세 번째 것은 연습문제 21에서 논한다.)

많은 사람이 이 문제들, 특히 각의 삼등분에 매혹되어 심지어 모두가 불가능한 것으로 증명되었음에도(예를 들어, Dudley [37] 참조) 불구하고, 자신들이 '해법'이라고 우기는 것을 계속 발표하기도 하였다. 결과적으로 중요한 것은 여기서 불가능하다고 주장하는 것이 무엇인지, 또 증명을 구성하는 것이 무엇인지를 이해하는 것이다.

고대 그리스인들은 앞에서 열거한 모든 작도가 추가 도구를 허용한다는 조건으로 쉽게 이루어질 수 있음을 알았다. 예를 들어, 컴퍼스와 단 하나의 눈금을 표시한 자를 사

* 이 문제는 고대의 한 전설에 그 기원을 갖는 것으로 추정된다. 즉, 아테네(Athens)는 전염병으로 고통받고 있었고, 델로스(Delos)에서 사제들은 정육면체인 옛 제단의 부피를 두 배로 하는 정육면체 모양의 새로운 제단을 만들어 아폴로(Apollo)에게 바치면 전염병이 끝날 것이라고 시민들에게 말하여 왔다고 한다.

용하여 임의의 각을 삼등분할 수 있다. 또한 그리스인들은 $90°$와 같은 어떤 각은 자와 컴퍼스만으로 삼등분할 수 있다는 것을 알았다(연습문제 3). 그래서 문제는 이런 작도를 어쨌든 해 보일 수 있는지가 아니라, 오직 (표시되지 않은) 자와 컴퍼스를 사용하여 가능한 어떤 경우라도 그것들을 작도할 수 있는지이다. 또한 어떤 측정 기구도 절대적으로 정확하지 않으므로, 그런 작도의 타당성을 보이기 위해 실제 측정만으로 충분하지 않다. 타당성을 입증하기 위해서는 정확한 원리와 논리의 법칙에 근거한 타당한 수학적 증명이 필요하다.

여기서 제시한 불가능성 증명의 (또한 이 사실에 대한 알려진 다른 모든 증명의) 열쇠는 이 기하학적 문제를 동치인 대수적 문제로 옮기는 것이다. 이러한 번역 과정에서 자를 사용한 작도는 일차방정식의 풀이에 대응하고, 컴퍼스를 사용한 작도는 2차 방정식의 풀이에 대응한다는 사실을 나중에 알게 될 것이다. 이러한 번역 과정을 시작하기 전에 여기서 취급할 것에 관한 감을 얻을 수 있도록, 전형적인 자와 컴퍼스에 의한 작도를 살펴본다.

예제 1

정점 O와 P에 대하여, 다음과 같이 직선 OP와 수직인 O를 지나는 직선을 작도하여 보자. O를 중심으로 반지름이 OP인 원을 작도한다. 이것은 그림 1의 왼쪽에 보인 것처럼, 직선 OP와 점 R과 P에서 만난다. 선분 OR과 OP는 이 원의 반지름이고, 따라서 길이가 같다. 이제 R을 중심으로 반지름이 RP인 원을 작도하고, 또 P를 중심으로 반지름이 RP인 원을 작도한다. 이 원들은 그림 1의 가운데에서 보인 것처럼, 점 A와 B에서 만난다. 선분 RP, RA, PA는 같은 길이를 갖는다. (왜?)

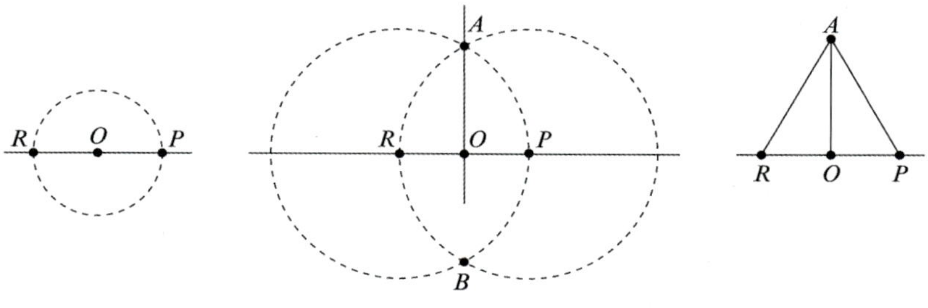

그림 1

선 AO를 그린다. 그림 1의 오른쪽에 보인 것처럼, 삼각형 RAP에서 변 RA와 PA는 길이가 같고, 변 OR과 OP도 길이가 같다. 변 OA는 자신과 합동이다. 따라서 삼각형 ORA와 OPA는 세 변의 길이가 같으므로 합동이다. 각 ROA와 POA는 같고 보각이므로, 각각은 직각이다. 그러므로 직선 AO는 직선 OP와 점 O에서 직교한다.

논법의 개요

이제 기하학에서 대수학으로의 번역을 시작하자. 다음 개요는 어디로 향하고 있는지 알 수 있도록 하고, 또 똑바로 진행하도록 도움을 줄 것이다. 여기서 고딕체의 제목은 아래 작은 절의 제목에 대응한다.

작도가능 점 두 정점에서 시작하여, 자와 컴퍼스를 사용하여 작도할 수 있는 새로운 점이 무엇인가를 결정한다. 이 점을 작도가능(constructible)이라 한다. 그러고 나서 원래의 두 점 사이의 거리를 단위길이로 정하여, 평면을 좌표화한다.

작도가능 수 수 r에 대하여, 점 $(r, 0)$가 작도가능인 점일 때 r을 작도가능(constructible)이라 한다. 그런 다음 작도가능 점들과 그 교점들의 좌표로 결정된 선과 원의 방정식들을 살펴본다. 이렇게 하여, $\mathbb{R}$ 의 어떤 부분체들과 $\mathbb{R}$ 의 양의 어떤 원소의 제곱근들에 관하여 작도가능 수들을 특성화할 수 있게 된다.

다항식의 근 그러면 어떤 3차 다항식이 작도가능 수를 근으로 갖지 않음을 보이기 위해, 작도가능 수의 특성화를 사용할 수 있다.

불가능성의 증명 마지막으로, 문제의 작도 불가능성을 모순에 의한 증명으로 보인다. 즉, 만약 그 작도가 가능하면 앞 단락에서 언급한 3차 다항식의 하나가 작도가능 수를 근으로 갖고, 이것은 모순이다.

작도가능 점

먼저 예제 1에서와 같이 정점 O와 P에서 시작하여, 자와 컴퍼스 작도에 대한 형식적인 수학적 설명을 해 보자. 집합 $\{O, P\}$를 S라 두자. S의 두 점으로 결정되는 선을 긋는다. O와 P를 중심으로 반지름이 OP인 두 원을 그린다. 이 선과 원들의 모든 교점과 함께 원래의 집합 S의 두 점 O와 P로 이루어진 집합을 S_1 이라고 두자. S_1 과 함께 이 과정을 계속한다. S_1 의 점들의 짝으로 결정되는 모든 선을 그린다. S_1 의 어떤 점들의 짝 사이의 거리를 반지름으로 하고, S_1 의 한 점을 중심으로 하는 원을 모두 그린다. 이 선들과 원들의 모든 교점과 함께 S_1 의 모든 점의 집합을 S_2 라 하자. S_2 와 함께 이 과정을 반복한다. 이 과정을 계속하여, 어떤 집합들의 사슬

$$S \subseteq S_1 \subseteq S_2 \subseteq S_3 \subseteq \cdots$$

를 얻는다. 어떤 S_i 에 속하는 임의의 점을 **작도가능 점**(constructible point)이라고 한다. **작도가능 선**(constructible line)은 적어도 두 작도가능 점을 포함하는 선이다. **작도가능 원**(constructible circle)은 중심이 작도가능 점이고, 반지름이 작도가능 점의 어떤 짝 사이의 거리와 같은 원이다. 예를 들어, 그림 1에 표시된 모든 점과 모든 선과 원은 작도

가능이다. 작도가능인 선과 원의 교점들은 작도가능 점이다.

이제 O를 원점으로, O에서 P까지의 거리를 단위길이로 하고, 선 OP를 x축으로, P의 좌표를 $(1, 0)$로 하여 평면을 좌표화한다. 그림 1은 y축(직선 AO)이 작도가능 선임을 보여준다. 점 $(0, 1)$은 y축과 중심이 O이고, 반지름이 OP인 작도가능 원과의 교점이므로 작도가능이다. 유사한 논법으로 다음을 알 수 있다.

$(r, 0)$가 작도가능일 필요충분조건은 $(0, r)$이 작도가능이다.

작도가능 수

실수 r에 대하여, 점 $(r, 0)$이 작도가능 점일 때 r은 **작도가능 수**(constructible number)라 한다. 모든 정수는 각도가능 수이다(연습문제 4). r이 작도가능인 두 점 A와 B 사이의 거리이면 $(r, 0)$는 x축과 중심 O와 반지름 r을 갖는 작도가능 원과의 교점이므로 r은 작도가능 수이다. 연습문제 18은 다음을 보여준다.

한 점이 작도가능일 필요충분조건은 그 좌표가 모두 작도가능 수이다.

정리 15.1

a, b, c, d가 작도가능 수일 때, $c \neq 0$이고 $d > 0$이면 $a+b$, $a-b$, ab, a/c, $\sqrt{d}$는 작도가능 수이다.

증명

먼저 a와 c가 양수라 가정하고, a/c가 작도가능 수임을 보이자. a와 c는 작도가능 수이므로 점 $(a, 0)$와 $(0, c)$는 작도가능이고, 이 점들이 결정하는 선 L도 작도가능이다. 작도가능 점 $(0, 1)$을 지나고 L에 평행한 선은 작도가능이다(연습문제 19). 예제 2의 왼쪽 그림에서 보인 것처럼, 그것은 x축과 점 $(x, 0)$에서 만난다. 따라서 x는 작도가능 점이다. 삼각형의 닮음을 이용하여 $\frac{1}{c} = \frac{x}{a}$이고, 즉 $x = a/c$이다. $a = 0$이거나 a 또는

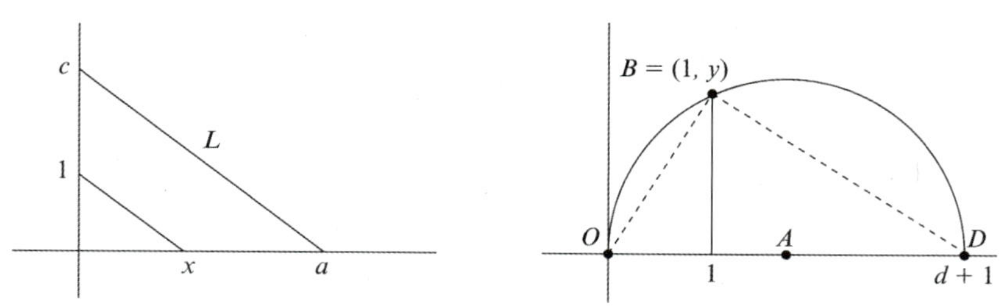

그림 2

c가 음수일 때, 연습문제 13은 a/c가 작도가능임을 보여준다.

$b=0$이면 $ab=0$는 분명히 작도가능이다. 만약 $b \neq 0$이면 앞 단락으로부터 $1/b$은 작도가능임을 알 수 있고, 따라서 $a/(1/b)=ab$도 작도가능이다. 연습문제 2는 $a+b$와 $a-b$가 작도가능임을 보여준다.

수 $d+1$은 연습문제 2로부터 작도가능이다. 그래서 작도가능 점 $(0,0)$과 $(d+1,0)$을 연결하는 선분의 중점 A는 작도가능이다(연습문제 20). 따라서 중심 A와 반지름 $(d+1)/2$의 원은 작도가능이다. 그림 2의 오른쪽에 보인 것처럼, 점 $(1,0)$에서 x축에 수직인 작도가능 선은 이 원과 작도가능 점 $B=(1,y)$에서 만난다. 평면기하의 한 정리로, (OBD와 같은) 반원에 내접하는 각은 직각이다. 그림 2의 오른쪽 그림에서 세 개의 삼각형과 Pythagoras 정리를 이용하여, $y^2=d$이고, 그러므로 $y=\sqrt{d}$이다. 이것으로부터 $y=\sqrt{d}$는 작도가능 수이다. ■

따름정리 15.2

모든 유리수는 작도가능이다.

증명

임의의 정수는 작도가능이다(연습문제 4). 그러므로 임의의 두 정수 짝의 몫(유리수)은 정리 15.1에 따라 작도가능이다. ■

어떤 실수가 작도가능인지 정확하게 결정하기 위해서, 작도가능인 선과 원의 방정식을 조사해야 한다.

보조정리 15.3

F를 실수체 $\mathbb{R}$의 부분체라고 하자.

(1) 좌표가 모두 F에 속하는 두 점을 지나는 직선은

$$ax+by+c=0 \quad \text{여기서 } a,\ b,\ c \in F$$

형태의 방정식을 갖는다.

(2) 중심의 좌표가 F에 속하는 점이고, 반지름의 제곱이 F에 속하는 원은

$$x^2+y^2+rx+sy+t=0 \quad \text{여기서 } r,\ s,\ t \in F$$

형태의 방정식을 갖는다.

증명

(1) (x_1, y_1)과 (x_2, y_2)를 $x_i,\ y_i \in F$인 점이라 하자. $x_1 \neq x_2$이면 두 점을 지나는 직선의 방정식에 대한 공식으로부터 직선의 방정식이 다음과 같음을 알 수 있다.

$$y - y_1 = \frac{y_2 - y_1}{x_2 - x_1}(x - x_1)$$

$$\underbrace{\left(\frac{y_2 - y_1}{x_2 - x_1}\right)x}_{\downarrow \atop ax} \underbrace{- y}_{\downarrow \atop +by} + \underbrace{\left[-x_1\left(\frac{y_2 - y_1}{x_2 - x_1}\right)\right] + y_1}_{\downarrow \atop c} = 0$$

F는 체이고, $x_i,\ y_i \in F$이므로 각 $a,\ b,\ c$는 F에 속한다. $x_1 = x_2$인 경우는 독자에게 맡긴다.

(2) (x_1, y_1)이 중심, k가 반지름이고 $x_1,\ y_1,\ k^2 \in F$이면 원의 방정식은

$$(x - x_1)^2 + (y - y_1)^2 = k^2$$

$$x^2 + y^2 + (-2x_1)x + (-2y_1) + \left[x_1^2 + y_1^2 - k^2\right] = 0$$

이다. 계수는 모두 F에 속한다. ■

보조정리 15.4

$\mathbb{R}$의 부분체 F에 대하여, k를 $\sqrt{k} \notin F$인 F의 원소라 하자. $F(\sqrt{k})$를 집합 $\{a + b\sqrt{k} \mid a,\ b \in F\}$라 두자.

(1) $F(\sqrt{k})$는 F를 포함하는 $\mathbb{R}$의 부분체이다.
(2) $F(\sqrt{k})$의 임의의 원소는 $a + b\sqrt{k}$, 여기서 $a,\ b \in F$의 형태로 유일하게 나타낼 수 있다.

증명

(1) 연습문제 15.

(2) $a + b\sqrt{k} = a_1 + b_1\sqrt{k}$이고 여기서 $a,\ b,\ a_1,\ b_1 \in F$이면 $a - a_1 = (b - b_1)\sqrt{k}$이다. 만약 $b \neq b_1$이면 $\sqrt{k} = (a - a_1)(b - b_1)^{-1}$이고 이것은 F의 원소이다. 이것은 $\sqrt{k} \notin F$라는 사실에 모순이다. 따라서 $b = b_1$이고, 그러므로 $a - a_1 = 0\sqrt{k} = 0$이

다. 따라서 $a = a_1$ 이고 $b = b_1$ 이다. ■

체 $F(\sqrt{k})$를 F의 **2차확대체**(quadratic extension)라 한다. 2차확대체는 어느 숫자가 작도가능인지를 결정하는 데 중요한 역할을 한다.

보조정리 15.5

$\mathbb{R}$ 의 부분체 F에 대하여, L_1 과 L_2를 계수가 F의 원소인 방정식을 갖는 직선이라 하자. C_1 과 C_2를 계수가 F의 원소인 방정식을 갖는 원이라 하자.

(1) L_1 이 L_2와 만나면 그 교차점의 좌표는 F의 원소이다.

(2) C_1 이 C_2와 만나면 그 교차점의 좌표는 F 또는 어떤 2차확대체 $F(\sqrt{k})$의 원소이다.

(3) L_1 이 C_1 과 만나면 그 교차점의 좌표는 F 또는 어떤 2차확대체 $F(\sqrt{k})$의 원소이다.

증명

(1) L_1 과 L_2가 방정식

$$L_1 : a_1x + b_1y = c_1$$
$$L_2 : a_2x + b_2y = c_2$$

여기서 $a_i,\ b_i,\ c_i \in F$를 갖는다고 하자. L_1 이 L_2와 만나므로, 이 방정식들은 공통근을 갖는다. 소거법과 행렬식을 이용하여, 그 해는

$$x = \frac{b_2c_1 - b_1c_2}{a_1b_2 - a_2b_1} \text{ 이고 } \quad y = \frac{a_1c_2 - a_2c_1}{a_1b_2 - a_2b_1}$$

임을 알 수 있다. $a_i,\ b_i,\ c_i \in F$ 이므로 교점 (x, y)는 체 F에 속한다.

(2) C_1 과 C_2의 방정식이

$$C_1 : x^2 + y^2 + r_1x + s_1y + t_1 = 0$$
$$C_2 : x^2 + y^2 + r_2x + s_2y + t_2 = 0$$

라 가정하자. 여기서 $r_i,\ s_i,\ t_i \in F$ 이다. 그 교점의 좌표는 두 방정식을 만족하고, 따라서 첫 방정식에서 두 번째 것을 뺀 방정식을 만족해야 한다. 즉

$$(r_1 - r_2)x + (s_1 - s_2)y + (t_1 - t_2) = 0$$

이다. 이것은 직선의 방정식이고, 그 계수는 모두 F에 속한다. C_1과 C_2의 교점은 이 직선과 원 C_1 위에 있으므로, 정리의 증명을 완성하기 위하여 (3)을 증명하기만 하면 된다.

(3) L_1과 C_1이 앞에서와 같은 방정식을 갖는다고 하자. a_1, b_1 중 적어도 하나는 영이 아니어야 하고, 이를테면 $b_1 \neq 0$이라고 하자. L_1의 방정식을 y에 관해 풀고, 이 결과를 C_1의 방정식에 대입한다. 이렇게 하여, $a, b, c \in F$인 $ax^2 + bx + c = 0$ 형태의 방정식을 얻는 것을 확인하라. 이 방정식의 해는

$$x = \frac{-b \pm \sqrt{b^2 - 4ac}}{2a} = A \pm B\sqrt{k}$$

여기서 $A = -b/2a$, $B = 1/2a$, $k = b^2 - 4ac$는 F의 원소이다. L_1과 C_1이 만나므로 $k \geq 0$임을 안다. L_1에 대한 방정식을 이용하여, L_1과 C_1의 교점의 좌표들은

$$x = A + B\sqrt{k} \text{ 와 } \quad y = \frac{c_1 - a_1 A}{b_1} - \frac{a_1 B}{b_1}\sqrt{k}$$

$$x = A - B\sqrt{k} \text{ 와 } \quad y = \frac{c_1 - a_1 A}{b_1} - \frac{a_1 B}{b_1}\sqrt{k}$$

이다. 만약 $k = 0$이면 이들은 하나의 교점으로 줄어든다. $b_1 \neq 0$이므로 이 좌표들은 모두 F에 속하거나($\sqrt{k} \in F$일 때), 2차확대체 $F(\sqrt{k})$에 속한다($\sqrt{k} \notin F$일 때). ■

정리 15.6

실수 r이 작도가능이면 $r \in F_n$이고 각 F_i가 앞 체의 2차확대체인 어떤 사슬 $\mathbb{Q} = F_0 \subseteq F_1 \subseteq F_2 \subseteq \cdots \subseteq F_n \subseteq \mathbb{R}$이 존재한다. 여기서

$$F_1 = \mathbb{Q}(\sqrt{c_0}),\ F_2 = F_1(\sqrt{c_1}),\ F_3 = F_2(\sqrt{c_2}),\ \ldots,\ F_n = F_{n-1}(\sqrt{c_{n-1}})$$

이고, $i = 0, 1, 2, \ldots, n-1$에 대하여 $c_i \in F_i$이지만 $\sqrt{c_i} \notin F_i$이다.

이 정리에서와 같은 체의 유한사슬을 **2차확대체 사슬**(quadratic extension chain)이라고 한다.

정리 15.6의 증명

r을 작도가능 수라고 하자. 그러면 $(r, 0)$는 점 $O=(0,0)$과 $P=(1,0)$로부터 유한 번의 다음 형태의 조작으로 작도할 수 있다.

(ⅰ) A와 B에 의하여 결정되는 선을 긋는다. 여기서 A, B는 이전에 작도한 점이거나 $\{O, P\}$의 원소이다.

(ⅱ) 중심이 A이고 반지름이 B에서 C 사이의 거리인 원을 그린다. 여기서 A, B, C는 이전에 작도한 점이거나 $\{O, P\}$의 원소이다.

(ⅲ) 항 (ⅰ)과 (ⅱ)에서 그려진 선들과 원들의 교점들을 결정한다.

이 과정은 그 좌표가 $\mathbb{Q}$에 속하는 점 O와 P에서 시작한다. 그것들에 의하여 결정된 선들과 원들은 보조정리 15.3으로부터, 그런 선들과 원들의 교점은 보조정리 15.5로부터, 그 좌표가 $\mathbb{Q}$에 속하거나 어떤 2차확대체 $\mathbb{Q}(\sqrt{c_0})$에 속하는 점들이다. 이 점들로부터 결정된 선들과 원들은 보조정리 15.3에 따라 그 방정식의 계수가 체 $F_1 = \mathbb{Q}(\sqrt{c_0})$에 속한다. 이 선들과 원들의 교점들은 보조정리 15.5로부터 그 좌표가 F_1에 속하거나 어떤 2차확대체 $F_1(\sqrt{c_1})$에 속한다. 이런 식으로 계속하여, 점 $(r, 0)$의 작도의 각 단계에서 거론된 점들의 좌표는 어떤 체 F_i에 속하고, 다음 단계에서 새롭게 얻어진 점들은 F_i 또는 어떤 2차확대체 $F_i(\sqrt{c_i})$에 속한다. 유한 번의 이러한 과정 후에 점 $(r, 0)$에 도착하는데, 그 좌표는 2차확대체 사슬 $\mathbb{Q}=F_0 \subseteq F_1 \subseteq F_2 \subseteq \cdots \subseteq F_n$의 마지막 체에 속한다. ■

다항식의 근

어떤 실수가 작도가능이 아님을 보이기 위한 두 가지 방법이 있다. 여기서 보이는 방법은 기초적이고, 제4장에 의존한다. 그렇지만 11.1절과 11.2절을 공부하였다면 정리 15.9를 건너뛰고, 거기서 주어진 증명의 자리에 아래 각주를 이용하라.*

보조정리 15.7

$\mathbb{R}$의 부분체 F에 대하여 $f(x) \in F[x]$라 하자. $k \in F$이지만 $\sqrt{k} \notin F$라 가정하자. $a+b\sqrt{k}$가 $f(x)$의 근이면 $a-b\sqrt{k}$도 $f(x)$의 근이다.

* $k \in F$이고 $\sqrt{k} \notin F$이면 $x^2-k \in F[x]$는 $\sqrt{k}$의 F 위에서 최소다항식이고, 따라서 정리 11.7에 의하여 $[F(\sqrt{k}):F]=2$이다. $\mathbb{Q} \subseteq \cdots \subseteq F_n$이 2차확대체의 사슬이면 정리 11.4에 따라 $[F_n:\mathbb{Q}]$는 2의 거듭제곱이다. 그러므로 작도가능 수 u의 최소다항식은 (그 차수가 차원 $[\mathbb{Q}(u):\mathbb{Q}]$이고, 이것은 $[F_n:\mathbb{Q}]$의 약수이므로) 어떤 정수 k에 대하여 그 차수가 2^k이다. 결과적으로 어떤 작도가능 수도 $\mathbb{Q}[x]$에서 기약인 3차 다항식의 근이 될 수가 없다. 따름정리 4.19에 따라 유리수 근을 갖지 않는 $\mathbb{Q}[x]$의 3차 다항식은 기약이므로 그런 다항식은 작도가능 수를 근으로 가질 수 없다.

증명

$u = r + s\sqrt{k} \in F(\sqrt{k})$에 대하여 $r - s\sqrt{k}$ 를 $\bar{u}$ 로 나타내자. $F(\sqrt{k})$의 임의의 원소는 보조정리 15.4로부터 $(r,\ s \in F$ 인$)$ $r + s\sqrt{k}$ 의 형태로 유일하게 나타낼 수 있으므로, 이 연산은 잘 정의된다. 임의의 $u, v \in F(\sqrt{k})$ 에 대하여 $\overline{u+v} = \bar{u} + \bar{v}$ 이고 $\overline{uv} = \bar{u} \cdot \bar{v}$ 임을 확인하라. 또 $u = \bar{u}$ 일 필요충분조건은 $s = 0$, 즉 $u \in F$ 임을 주목한다. 증명의 나머지는 $F = \mathbb{R}$, $k = -1$ 이고 $\sqrt{k} = i$ 의 특별한 경우인 보조정리 4.29의 증명과 같다. ■

보조정리 15.8

체 K의 부분체 F에 대하여, $f(x),\ g(x) \in F[x]$ 이고 $h(x) \in K[x]$ 라 하자. $f(x) = g(x)h(x)$ 이면 $h(x)$는 사실 $F[x]$에 속한다.

증명

$F[x]$ 에서 나눗셈 알고리즘에 따라, $f(x) = g(x)k(x) + r(x)$, 여기서 $r(x) = 0$ 또는 $\deg r(x) < \deg g(x)$인 다항식 $k(x)$와 $r(x)$가 $F[x]$ 에서 존재한다. $F \subseteq K$이므로 이 다항식들은 모두 $K[x]$ 에 속한다. 이제 유일한 몫과 나머지가 존재함을 말하는 $K[x]$에서 나눗셈 알고리즘을 생각하자. $f(x) = g(x)k(x) + r(x)$ 이고, 가정에 따라 또한 $f(x) = g(x)h(x) + 0$ 이다. 유일성으로부터 $r(x) = 0$ 이고 $h(x) = k(x)$ 이다. $k(x) \in F[x]$ 이므로 보조정리는 증명되었다. ■

정리 15.9

$f(x)$를 $\mathbb{Q}[x]$ 의 3차 다항식이라 하자. $f(x)$가 $\mathbb{Q}$ 에서 근을 갖지 않으면 $f(x)$는 작도가능 수를 근으로 갖지 않는다.

이 정리는 예를 들어, $\sqrt[3]{2}$ 는 유리근판정법(정리 4.21)으로부터 유리수 근을 갖지 않는 $x^3 - 2 \in \mathbb{Q}[x]$ 의 한 근이므로 작도가능이 아님을 보여준다.

정리 15.9의 증명

반대로, $f(x)$가 작도가능인 실근을 갖는다고 가정하자. 그런 각 근은 정리 15.6에 따라 $\mathbb{Q}$ 의 어떤 2차확대체 사슬에 속한다. $f(x)$ 의 어떤 근을 포함하는 모든 2차확대체 사슬 중에서 길이가 가능한 한 가장 작은 것을, 말하자면 $\mathbb{Q} = F_0 \subseteq F_1 \subseteq \cdots \subseteq F_n$ 을 선택하자. 이것은 $f(x)$ 가 F_n 에서 어떤 근 r 을 갖고, 길이가 $n-1$ 이하인 2차확대체 사슬은 $f(x)$ 의 근을 포함하지 않음을 의미한다. $f(x)$ 는 유리수 근을 갖지 않으므로 $F_n \neq \mathbb{Q}$ 임을 주목하자. 인수정리 4.16에 따라, 어떤 $t(x) \in F_n[x]$ 에 대하여 $f(x) = (x-r)t(x)$ 이다. 이제 $r \in F_n$ 이고, 2차확대체 사슬의 정의에 따라 $\sqrt{k} \notin F_{n-1}$ 인 어떤 $k \in F_{n-1}$ 에 대하여 $F_n = F_{n-1}(\sqrt{k})$이다. 그러므로 $r = a + b\sqrt{k}$, 여기서 a, $b \in F_{n-1}$ 이다. $b \neq 0$임을 보여야 한다. 그렇지 않으면 r 은 사슬 $F_0 \subseteq F_1 \subseteq \cdots \subseteq F_{n-1}$ 에 속할 것이고, 이것은 $f(x)$ 가 길이 $n-1$ 의 사슬 속에 있는 근을 갖지 않는 사실에 모순이다. 보조정리 15.7에 따라 $\bar{r} = a - b\sqrt{k}$ 도 $f(x) = (x-r)t(x)$ 의 근이다. ($b \neq 0$ 때문에) $\bar{r} \neq r$ 이므로 $\bar{r}$ 는 $t(x)$ 의 근이어야 한다. 인수정리로부터, 어떤 $h(x) \in F_n[x]$ 에 대하여

$$f(x) = (x-r)(x-\bar{r})h(x)$$

이다. $g(x) = (x-r)(x-\bar{r})$ 라 두고, $g(x)$ 의 모든 계수가 F_{n-1} 에 속하는 것을 관찰한다. 즉

$$g(x) = \left(x - (a + b\sqrt{k})\right)\left(x - (a - b\sqrt{k})\right) = x^2 - 2ax + \left(a^2 - kb^2\right)$$

이다. 그러므로 $f(x) = g(x)h(x)$, 여기서 $f(x)$, $g(x) \in F_{n-1}[x]$ 이다. 결과적으로 보조정리 15.8로부터 $h(x) \in F_{n-1}[x]$ 이다. 이제 $f(x)$ 는 차수가 3이고 $g(x)$ 는 차수가 2이고, 그래서 정리 4.2에 따라 $h(x)$ 의 차수는 1이다. 체 위의 임의의 1차 다항식은 그 체에 속하는 근을 가지므로 $h(x)$ 는 F_{n-1} 에서 근을 갖고, 따라서 $f(x)$ 도 F_{n-1} 에서 근을 갖는다. 이것은 $f(x)$ 의 근을 포함하는 최소길이의 2차확대체 사슬인 $F_0 \subseteq F_1 \subseteq \cdots \subseteq F_n$ 의 선택에 모순이다. 그러므로 $f(x)$ 는 작도가능 수를 근으로 갖지 않는다. ■

불가능성의 증명

마침내 이 장의 시작에서 논의하였던 작도들에 대한 불가능성을 증명할 때이다. 이후로 점, 선, 반지름 등을 임의로 선택할 때 작도가능 점, 선, 반지름 등을 선택할 것이다. 이것은 작도 과정에서 얻어진 모든 점, 선 등은 작도가능일 것임을 보장한다.

정육면체의 두 배

주어진 정육면체의 한 변의 양 끝점을 O와 P로 표시하고, 변 OP를 단위 선분으로 하여 평면을 좌표화한다. 주어진 정육면체의 한 변의 길이는 1 이므로 그 부피는 1 이다.

만약 자와 컴퍼스로 부피가 2인 정육면체의 변을 작도하는 어떤 방법이 있다고 하면 이 변의 길이 c는 $c^3 = 2$를 만족하는 작도가능 수일 것이다. 따라서 c는 $x^3 - 2$의 근일 것이다. 그렇지만 유리근판정법에 따라 이 다항식은 유리수 근을 갖지 않고, 따라서 정리 15.9에 따라 작도가능인 근을 갖지 않는다. 이 모순은 자와 컴퍼스에 의한 정육면체의 두 배는 불가능임을 보여준다.

각의 삼등분

60°의 각은 자와 컴퍼스로 삼등분할 수 없음을 증명하는 것으로 충분하다. 두 점 O, P를 선택하고 O를 원점으로, $P = (1, 0)$로 하여 평면을 좌표화한다. 점 $Q = (1/2, \sqrt{3}/2)$은 그 좌표가 정리 15.1과 따름정리 15.2에 따라, 작도가능 수이므로 작도가능이다. 또한 Q는 단위원 $x^2 + y^2 = 1$에 속한다. 그러므로 각 POQ는 그 코사인값이 $1/2$ (Q의 제1좌표)이고, 따라서 60°의 크기를 갖는다. 만약 자와 컴퍼스로 이 각을 삼등분하는 것이 가능하면 그림 3에서 보는 것처럼, 유한 번의 작도 과정으로 각 ROP가 20°의 크기를 갖는 작도가능 점 R을 얻을 수 있을 것이다.

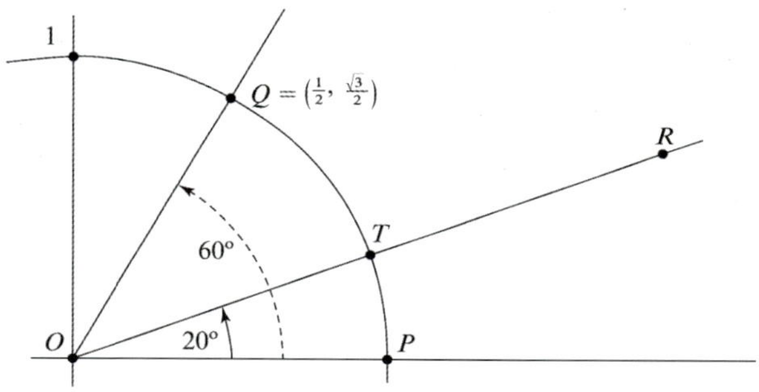

그림 3

작도가능 선 OR과 작도가능 단위원이 만나는 점 T는 작도가능 점이다. 따라서 그 첫 좌표는 $\cos 20^\circ$로 작도가능 수이다. 그러므로 $2\cos 20^\circ$는 정리 15.1로부터 작도가능 수이다. 그런데 임의의 각 t에 대한 기초 삼각공식(연습문제 5)에 따라

$$\cos 3t = 4\cos^3 t - 3\cos t$$

이다. 만약 $t = 20^\circ$이면 이 등식은

$$\cos 60^\circ = 4\cos^3 20^\circ - 3\cos 20^\circ$$
$$\frac{1}{2} = 4\cos^3 20^\circ - 3\cos 20^\circ$$

가 된다. 2배 하여 다시 정렬하면

$$(2\cos 20^\circ)^3 - 3(2\cos 20^\circ) - 1 = 0$$

이다. 따라서 가정한 작도가능 수 $2\cos 20^\circ$는 $x^3-3x-1=0$의 근이다. 유리근판정법은 이 다항식이 유리수 근을 갖지 않음을 보여 주고, 따라서 정리 15.9로부터 작도가능인 근이 없다. 이것은 모순이다. 그러므로 각 60°는 자와 컴퍼스로 삼등분할 수 없다.

■ 연습문제

A. 1. r이 작도가능일 필요충분조건은 $-r$이 작도가능임을 증명하라.

2. a, b를 작도가능 수라 하자. $a+b$와 $a-b$가 작도가능임을 증명하라.

3. 자와 컴퍼스를 사용하여 다음 각을 작도하라.
(a) 30°　　(b) 45°
(c) 각 90°와 45°는 자와 컴퍼스로 삼등분할 수 있음을 보이라.

4. 임의의 정수는 작도가능임을 증명하라. [힌트: 1은 작도가능이다(왜?). 중심이 $(1,0)$이고 반지름이 1인 원을 작도하여, 2가 작도가능임을 보이라.]

5. $\cos 3t = 4\cos^3 t - 3\cos t$를 증명하라. [힌트: 다음 등식들이 도움이 될 것이다. (1) $\cos(t_1+t_2)=\cos t_1 \cos t_2 - \sin t_1 \sin t_2$, (2) $\cos 2t = 2\cos^2 t - 1$과 $\sin 2t = 2\sin t \cos t$, (3) $\sin^2 t + \cos^2 t = 1$.]

6. $\cos 3t = 1/3$일 때, 각 $3t$를 삼등분하는 것은 가능한가? $\cos 3t = 11/16$일 때는?

B. 7. 밑면이 한 변의 길이가 x인 정사각형이고, 높이가 y인 직육면체 상자를 생각하자. 이 상자의 부피가 3이고 그 겉넓이가 7이라고 하자. 이런 상자의 모서리는 자와 컴퍼스로 작도할 수 있는가?

8. 자와 컴퍼스를 이용하여, 길이가 $1+\sqrt{3}$인 선분을 단위길이의 선분으로부터 작도하라.

9. 둘레의 길이가 8이고 넓이가 1인 이등변 삼각형을 자와 컴퍼스로 작도할 수 있는가?

10. (a) 작도가능인 두 각의 합은 작도가능임을 증명하라. [작도가능 각은 그 두 변이 작도가능 선인 각이다.]
    (b) 1° 의 각을 단위길이의 선분에서 시작하여, 자와 컴퍼스로 작도하는 것이 불가능함을 증명하라. [**힌트**: 만약 가능하다면 각 20° 에 관하여 무엇을 말할 수 있는가?]

11. 각 t가 작도가능일 필요충분조건은 $\cos t$가 작도가능 수임을 증명하라.

12. r이 작도가능 수일 필요충분조건은 길이가 $|r|$인 선분이 길이 1인 선분에서 시작하여 자와 컴퍼스로 작도할 수 있는 것임을 증명하라.

13. a, c를 작도가능 수라 하고 $c \neq 0$이라고 하자. a/c는 작도가능임을 증명하라. [**힌트**: $a > 0$, $c > 0$인 경우는 정리 15.1의 증명에서 하였다.]

14. 모든 작도가능 수의 집합은 체임을 증명하라.

15. F를 $\mathbb{R}$의 부분체라 하고, $k \in F$라 하자. $F(\sqrt{k}) = \{a + b\sqrt{k} \mid a, b \in F\}$는 F를 포함하는 $\mathbb{C}$의 부분체임을 증명하라. $k > 0$일 때 $F(\sqrt{k})$는 $\mathbb{R}$의 부분체임을 보이라. [**힌트**: 3.1절의 연습문제 39에 대한 힌트를 모방하라.]

16. 정리 15.6의 역, 즉 r이 어떤 2차확대체 사슬에 있으면 r은 작도가능 수임을 증명하라. [**힌트**: 정리 15.1, 따름정리 15.2.]

17. C를 작도가능 점이라 하고, L을 작도가능 선이라 하자. C를 지나고 L에 수직인 선은 작도가능임을 증명하라. [**힌트**: C가 L 위에 있는 경우는 예제 1에서 증명하였다. C가 L 위에 있지 않고 D가 L 위의 작도가능 점이면 중심이 C이고 반지름이 CD인 원은 작도가능이고, 작도가능 점 D와 E에서 L과 만난다. 중심이 D이고 반지름이 CD인 원과 중심이 E이고 반지름이 CE인 원은 작도가능 점 C와 Q에서 만난다. 선 CQ는 L에 수직임을 보이라.]

18. (r, s)가 작도가능 점일 필요충분조건은 r과 s가 작도가능 수임을 증명하라. [**힌트**: (r, s)를 지나고 두 좌표축에 수직인 선은 연습문제 17에 따라 작도가능이다.]

19. A를 작도가능 선 L 위에 있지 않은 작도가능 점이라 하자. A를 지나고 L에 평행한 선은 작도가능임을 증명하라. [**힌트**: 연습문제 17을 이용하여, A를 지나고 L에 수직인 작도가능 선 M을 구하라. 그다음, A를 지나고 M에 수직인 선을 작도하라.]

20. 작도가능인 두 점의 중점은 작도가능 점임을 증명하라. [**힌트**: 연습문제 17의 힌트를 적용하라.]

C. 21. 원의 정사각형화 반지름이 r인 원이 주어지면, 그 원과 넓이가 같은 정사각형은 자와 컴퍼스로 작도하는 것이 불가능함을 보이라. π는 $\mathbb{Q}[x]$의 어떤 다항식의 근이 아니라는 자명하지 않은 사실을 가정해도 좋다.

CHAPTER 16

대수적 코딩이론

선행학습 요건: 16.1절에 대하여 7.4절과 부록 F, 16.2절에 대하여 8.4절, 16.3절에 대하여 11.6절.

코딩이론(coding theory, 부호이론)은 '잡음(noise)'(대기의 조건, 근처 전자장비의 간섭, 장비 불량 등)에 영향을 받는 전자장비의 '채널(channel)'(전화, 전신, 라디오, TV, 위성, 컴퓨터 중계 등)을 통해 메시지를 빠르고 정확하게 전송하는 것을 다룬다. 그 잡음으로 인해 오류가 생길 수 있고, 그 결과 받은 메시지가 보낸 것과 다른 것이 된다. 코딩이론의 목적은 수령자가 그런 오류를 검색할 수 있고, 또 가능하면 그것을 정정할 수 있도록 하는 것이다.*

코드 문제를 해결하기 위한 현대대수학의 이용은 이 장에서 이름이 여러 번 등장하는 Richard W. Hamming이 개척하였다. 1950년에 그는 많은 종류의 오류정정 코드를 개발하였는데, 그중 일부를 여기서 소개한다.

16.1 선형코드

언어의 메시지는 전송을 위하여 보통 수의 형태로 변환한다. 컴퓨터를 사용할 때, 이것은 보통 2진 코드를 사용하여 이루어지는데, 여기서 메시지는 0과 1의 숫자열로 나타낸다. 이러한 메시지는 대부분 컴퓨터에서 중앙처리 장치가 문자, 숫자 및 기호를 이러

* 따라서 코딩이론은 제13장에서 논하였던 비밀 코드와 사실상 아무런 관련이 없다. 후자의 목적은 메시지를 은닉하는 것이었지만 여기서의 목적은 그 정확성을 보장하는 것이다.

한 방법으로 표현하기 때문에 쉽게 처리된다. 여기서의 논의는 이러한 2진 코드만을 다룬다.*

이 장 전체에서, **2진 대칭채널**(binary symmtric channel)을 사용한다고 가정한다. 이것은 다음을 의미한다.

1. 하나의 0을 하나의 1로 잘못 수신할 확률은 하나의 1을 하나의 0으로 잘못 수신할 가능성과 같다.
2. 하나의 숫자에 대한 전송오류의 확률은 0.5보다 작다.
3. 중복 전송오류는 독립적으로 생긴다.†

다음은 이 주제의 맛보기를 위한 간단한 예이다.

예제 1

보낸 메시지가 하나의 숫자 1 또는 0이라고 가정하자. 그 메시지는 예를 들어, 어떤 위성이 멀리 있는 행성의 주변 궤도를 돌거나 돌지 않거나를 알리는 신호일 수 있다. 하나의 숫자 메시지로 수신자는 오류가 일어났는지 알 수 있는 방법이 없다. 그러나 대신에 네 개의 숫자 메시지, 즉 1 대신에 1111을, 0 대신에 0000을 보낸다고 가정하자. 그러면 이 코드는 단일 오류를 정정할 수 있다. 예를 들어, 만약 1101을 수신하였으면 단일 오류가 생겼고, 1111이 옳은 메시지일 것이다. 물론 삼중 오류가 발생했고, 옳은 메시지가 0000일 수도 있다. 그러나 이것은 단일 오류보다 가능성이 훨씬 낮다.‡ 이 코드는 이중 오류를 탐지(detect)할 수 있지만 그것을 정정(correct)할 수는 없다. 예를 들어, 1100을 수신하였다면 두 개의 오류가 있을 것 같지만 의도한 메시지는 분명하지 않다.

예제 1은 간단한 형태로 코딩이론의 기본 요소를 설명한다. 숫자의 메시지어(message word, 0과 1)는 코드어(codeword, 0000과 1111)로 변환된다. 코드어만 전송되지만, 예제에서 0과 1의 임의의 네 자리 숫자열이 가능한 수신어(received word)다. 수신어를 코드어와 비교하여 가장 오류일 것 같은 것을 결정하고, 코드복원기(decoder)가 오류를 탐지하고, 가능하다면 그것들을 정정한다.§ 마지막으로, 정정된

* '2진(binary)'은 이 코드가 $\mathbb{Z}_2$에 기반한다는 것을 나타낸다. 비록 2진 코드가 가장 흔한 것이라 해도, $\mathbb{Z}_2$ 대신에 유한체를 사용하여 다른 코드를 만들 수 있다.

† 메시지 전송의 정확도는 이들의 확률에 종속된다. 기초 확률론은 이 책에 대한 선행학습 요건이 아니므로, 여기에서는 그런 문제의 논의는 최소한으로 할 것이다. 연습문제 27~31을 보라.

‡ 만약 하나의 숫자를 잘못 받을 확률이 0.01이라면, 어떤 메시지 단어에서 3개 또는 4개의 오류가 발생하는 빈도는 0.0004% (250,000 전송 중 한 번)보다 작다. 연습문제 27을 보라.

§ 이것을 때로는 **최대가능성 코드복원화**(maximum-likelihood decoding)라 한다.

코드어는 원래의 메시지어로 변환되거나, 그렇지 않으면 바로잡을 수 없는 수신어로 오류가 표시된다.

이제 예제 1을 다른 관점으로 살펴보자. 메시지어 0과 1을 $\mathbb{Z}_2$의 원소로 생각하고, 전체 수신어(그 원소가 0과 1의 네 자리 숫자열인)를 덧셈군 $\mathbb{Z}_2 \times \mathbb{Z}_2 \times \mathbb{Z}_2 \times \mathbb{Z}_2$로 생각한다. 정리 7.12를 이용하여, 코드어 집합 $\{0000, 1111\}$은 전체 수신어의 위수가 2인 부분군임을 쉽게 확인할 수 있고, 다음과 같이 도식화하여 나타낼 수 있다.

메시지어	**코드어**	**수신어**
$\mathbb{Z}_2$		$\mathbb{Z}_2 \times \mathbb{Z}_2 \times \mathbb{Z}_2 \times \mathbb{Z}_2$
0	0000	
1	1111	

다음은 이 아이디어를 일반적으로 확장한다. 임의의 양의 정수 n에 대하여

$$\mathbb{Z}_2 \times \mathbb{Z}_2 \times \mathbb{Z}_2 \times \cdots \times \mathbb{Z}_2 \,(n\text{ 개의 } \mathbb{Z}_2)\text{를 } B(n)\text{으로 나타낸다.}$$

좌표별 덧셈에 대하여, $B(n)$은 위수가 2^n인 덧셈군이다(연습문제 10). $B(n)$의 원소는 0과 1의 길이가 n인 숫자열이다.

정의

$0 < k < n$일 때, $B(n)$의 위수가 2^k인 부분군 C를 **(n, k) 2진 선형코드**(binary linear code)라 한다.

편의상 C는 종종 (n, k) 코드, 선형코드, 또는 그냥 코드라고 부른다.* C의 원소를 **코드어**(codeword)라 한다. 코드어만 전송되지만, $B(n)$의 임의의 원소가 **수신어**(received word)일 수 있다.

예제 1에서의 코드는 $C = \{0000, 1111\}$이고, 위수 2^4의 군 $B(4) = \mathbb{Z}_2 \times \mathbb{Z}_2 \times \mathbb{Z}_2 \times \mathbb{Z}_2$의 위수가 2^1인 부분군이다. 그러므로 이것은 $(4, 1)$ 코드이고, 여기서 메시지어 집합은 $B(1) = \mathbb{Z}_2$이다. 유사하게 일반적인 (n, k) 코드에서 위수가 2^k인 $B(k) = \mathbb{Z}_2 \times \mathbb{Z}_2 \times \mathbb{Z}_2 \times \cdots \times \mathbb{Z}_2$ (k개의 $\mathbb{Z}_2$의 복제)를 메시지어 집합으로 생각한다.

비록 각 메시지어를 유일한 코드어에 지정하는 임의의 방법을 사용할 수 있으나, 예제 1에서 만들어진 방법은 각 코드어의 첫 숫자가 대응하는 메시지어, 즉 $0 \to 0000$이고 $1 \to 1111$이므로 편리하다. 다음에 살펴볼 (n, k) 코드는 같은 특징을 갖는다. 즉, 어떤 n-자리 코드어의 첫 k개의 숫자는 대응하는 메시지어를 형성한다.

* 선형코드는 **블록코드**(block code) 또는 **군코드**(group code)라 부르기도 한다.

예제 2

$(6,5)$ **짝홀검사코드**(parity-check code)를 만들어 보자. 메시지어는 $B(5)$의 원소 전체, 즉 0과 1의 다섯 자리 숫자열이다. 메시지어는 그 숫자열에 6번째 숫자를 첨가한 ($B(6)$의 원소인) 코드어로 변환된다. 여기서 추가된 숫자는 메시지어에 포함된 모든 숫자의 ($\mathbb{Z}_2$에서) 합이다. 예를 들면, 메시지어가 11011 이면 $1+1+0+1+1=0$으로 대응하는 $B(6)$에서의 코드어는 110110 이다. 유사하게 메시지어 $10101 \in B(5)$는 $1+0+1+0+1=1$을 갖고, 따라서 대응하는 코드어는 $101011 \in B(6)$이다.

$B(6)$의 원소가 코드어일 필요충분조건은 그것의 모든 숫자의 합이 0 이다. [이유: 만약 그 메시지어의 모든 숫자의 합이 0 이면 하나의 0 을 추가하여 코드어가 만들어지고, 그 메시지어의 모든 숫자의 합이 1 이면 하나의 1 을 그 코드어에 추가하여, $1+1=0$ 이다. 역을 증명하기 위하여, 연습문제 12를 보라.] 이러한 성질을 이용하여, 코드어 집합 C는 $B(6)$의 부분군임을 보이기는 쉽다(연습문제 13).

이 코드는 (1 을 0 으로 수신하거나 0 을 1 로 수신하는) 수신어의 모든 숫자의 합이 0 이 아니고 1 이므로, 단일 전송오류를 탐지할 수 있다. 홀수개의 오류에 대하여 같은 것이 참이다. 그렇지만 짝수개 숫자의 오류는 탐지할 수 없고, 어떤 오류도 정정할 수 없다. $n \geq 2$에 대하여, 같은 방법으로 $(n, n-1)$ 짝홀검사코드를 만들 수 있다.

메시지의 재전송이 쉬운 경우에, 짝홀검사코드가 대단히 유용할 수 있다. 그런 코드는 은행 업무와 컴퓨터의 내부연산에서 자주 사용된다. 그러나 재전송이 비용이 많이 들거나, 어렵거나, 불가능하면 오류정정 코드(error-correcting code)가 더 바람직하다. 이제 코드가 탐지하거나 정정할 수 있는 오류의 개수를 결정하는 수학적 도구를 개발한다.

정의 $B(n)$의 원소 u에 대하여, u에 포함된 영이 아닌 좌표의 개수를 u의 **Hamming 무게**(weight)라고 하고, $Wt(u)$로 나타낸다.

예제 3

$B(5)$에서 $u=11011$ 이면 $Wt(u)=4$ 이다. 유사하게 $u=1010010 \in B(7)$은 무게 3 을 갖고, 0000000 은 무게 0 을 갖는다.

정의 $u, v \in B(n)$이라고 하자. u와 v의 서로 다른 좌표의 개수를 **Hamming 거리**(Hamming distance)라 하고, $d(u,v)$로 나타낸다.*

* 즉, $u=u_1 u_2 \cdots u_n$ 이고 $v=v_1 v_2 \cdots v_n$ (각 u_i, v_i는 1 또는 0)일 때 $d(u,v)$는 $u_i \neq v_i$인 i의 개수이다.

예제 4

$B(5)$ 에서 $u = 00101$ 이고 $v = 10111$ 이면 u 와 v 는 첫 번째와 네 번째 좌표가 서로 다르므로 $d(u, v) = 2$ 이다. $B(4)$ 에서 0000 과 1111 의 거리는 4이다.

보조정리 16.1

$u,\ v,\ w \in B(n)$ 이면

(1) $d(u, v) = Wt(u-v)$ 이고

(2) $d(u, v) \le d(u, w) + d(w, v)$ 이다.

증명

(1) $u-v$ 의 어떤 좌표가 영이 아닐 조건은 u 와 v 에서 그 좌표가 서로 다르다. 그러므로 $u-v$ 에서 영이 아닌 좌표의 개수, 즉 $Wt(u-v)$ 는 u 와 v 에서 서로 다른 좌표의 개수, 즉 $d(u,\ v)$ 이다.

(2) 항 (1)로부터, $Wt(u-v) \le Wt(u-w) + Wt(w-v)$ 를 증명하는 것으로 충분하다. 이 부등식의 왼쪽 변은 $u-v$ 의 영이 아닌 좌표의 개수이고, 오른쪽 변은 $u-w$ 와 $w-v$ 의 영이 아닌 좌표의 총개수이다. 그래서 $u-v$ 의 i 번째 좌표가 영이 아니면 $u-w$ 와 $w-v$ 의 적어도 하나는 i 번째 좌표가 영이 아니다. i 번째 좌표를 아래첨자 i 를 사용하여 나타내고, $u-v$ 의 i 번째 좌표 $u_i - v_i$ 가 영이 아니라고 가정하자. 만약 $u-w$ 의 i 번째 좌표 $u_i - w_i$ 가 영이 아니면 증명할 것이 없다. 만약 $u_i - w_i = 0$ 이면 $u_i = w_i$ 이고, 따라서 $w_i - v_i = u_i - v_i \neq 0$ 이다. 그러므로 $w-v$ 의 i 번째 좌표 $w_i - v_i$ 는 영이 아니다. ■

코드로 u 를 전송하여 w 가 수신되었다면, 이 전송에서 오류의 개수는 u 와 w 에서 서로 다른 좌표의 개수, 즉 u 와 w 의 Hamming 거리이다. 큰 개수의 전송오류는 작은 개수보다 적을 것 같으므로(연습문제 27), 수신어와 가장 가까운 코드어는 가장 높은 정도로 전송된 코드어일 것으로 보인다. 그러므로 수신어는 Hamming 거리로 그것에 가장 가까운 코드어로 복원된다. 만약 가장 가까운 코드어가 하나 이상이면 코드복원기는 오류 신호를 보낸다.* 이 과정을 **최근접-이웃 코드복원화**(nearest-neighbor decoding)라 한다.†

* 대안으로, 가장 가까운 코드어 중 하나를 임의로 선택하도록 코드복원기를 프로그램할 수 있다. 이것은 보통 재전송이 어렵거나 불가능할 때 이루어진다.

† 이 장의 가정 아래, 최근접-이웃 코드복원화는 최대가능성 코드복원화와 일치한다.

정의

t 개 이하의 오류와 함께 전송된 임의의 코드어가 최근접-이웃 코드복원화로 정정될 때, 선형코드는 **t개 오류를 정정한다**(correct t errors)고 한다.

정리 16.2

선형코드가 t 개 오류를 정정할 필요충분조건은 임의의 두 코드어 사이의 Hamming 거리가 적어도 $2t+1$ 이다.

증명

임의의 두 코드어 사이의 거리가 적어도 $2t+1$ 이라고 가정하자. 코드어 u 를 t 개 이하의 오류로 전송하여 w 로 수신하였다면 $d(u, w) \le t$ 이다. v 가 임의의 다른 코드어라면 가정으로, $d(u, v) \ge 2t+1$ 이다. 따라서 보조정리 16.1에 따라

$$2t+1 \le d(u, v) \le d(u, w) + d(w, v) \le t + d(w, v)$$

이다. $2t+1 \le t+d(w, v)$ 의 양변에서 t 를 소거하면 $d(w, v) \ge t+1$ 임을 보여준다. $d(u, w) \le t$ 이므로 u 는 w 에 가장 가까운 코드어이고, 그래서 최근접 - 이웃 코드복원화는 w 를 u 로 올바르게 복원한다. 따라서 이 코드는 t 개 오류를 정정한다. 역의 증명은 연습문제 15이다. ■

코드어만 전송되므로, 오류는 수신어가 코드어가 아닐 때마다 탐지된다.

정의

적어도 하나 이상, t 개 이하의 오류를 갖는 임의의 전송에서 수신어가 코드어가 아니면, 선형코드는 **t개 오류를 탐지한다**(detect t errors)고 한다.

정리 16.3

선형코드가 t 개 오류를 탐지할 필요충분조건은 임의의 두 코드어 사이의 Hamming 거리가 적어도 $t+1$ 이다.

증명

임의의 두 코드어 사이의 거리가 적어도 $t+1$ 이라고 가정하자. 코드어 u 를 적어도 하나 이상, t 개 이하의 오류로 전송하여 w 로 수신하였다면

$$0 < d(u, w) \le t \text{ 이고, } \quad \text{따라서 } d(u, w) < t + 1$$

이다. 그래서 w는 코드어일 수가 없다. 그러므로 이 코드는 t개 오류를 탐지한다. 그 역의 증명은 연습문제 16이다. ■

u와 v가 서로 다른 코드어이면 보조정리 16.1에 따라, $d(u, v)$는 영이 아닌 코드어 $u - v$의 무게이다. 역으로, 영이 아닌 임의의 코드어 w의 무게는 $Wt(w) = Wt(w - \mathbf{0}) = d(w, \mathbf{0})$이므로, 서로 다른 코드어 w와 $\mathbf{0} = 000 \cdots 0 \in B(n)$ 사이의 거리이다. 그러므로 임의의 두 코드어 사이의 Hamming 거리의 최솟값은 영이 아닌 모든 코드어의 가장 작은 Hamming 무게와 같다. 이 사실을 정리 16.2와 16.3과 결합하여, 다음을 얻는다.

따름정리 16.4

선형코드가 $2t$개 오류를 탐지하고, t개 오류를 정정할 필요충분조건은 임의의 영이 아닌 코드어의 Hamming 무게가 적어도 $2t + 1$이다.

예제 5

메시지어를 $00, 10, 01, 11 \in B(2)$라 두고, 각 메시지어를 다섯 번씩 반복하여 얻은 코드어($B(10)$의 원소), 즉

$$0000000000, \ 1010101010, \ 0101010101, \ 1111111111$$

에 지정하는 $(10, 2)$ 코드를 만들어 보자. 코드어 집합 C는 덧셈에 대하여 닫혀있고, 따라서 위수가 2^2인 부분군이다(정리 7.12). 그러므로 C는 $(10, 2)$ 코드이다. 임의의 영이 아닌 코드어는 Hamming 무게가 적어도 $5 = 2 \cdot 2 + 1$이다. ($t = 2$와 함께) 따름정리 16.4에 따라 코드 C는 두 오류를 정정하고, 4개 오류를 탐지한다.

시스템코드

많은 횟수(앞 예제에서는 5회)로 메시지어를 반복하는 코드를 작성하여, 높은 정도의 오류탐지와 정정을 항상 보장할 수 있다. 이런 반복 코드의 약점은 긴 메시지를 보내야 할 때 그 비효율성이다. 각 메시지어에 대하여 많은 숫자를 전송하기에는 시간과 비용이 많이 든다. 그래서 목표는 불필요하게 전송속도를 낮추지 않고, 수용할 수 있는 정확도를 달성하는 코드를 작성하는 것이다.

선형코드를 작성하는 효율적인 기술 중 하나는 행렬의 곱셈에 기반한다. 이러한 방법으로 작성된 코드는 각 메시지어를 유일한 코드어로 지정하는 코드화 알고리즘을 자

동으로 갖추고 있다.

예제 6

(7, 4) 코드를 만들어 보자. 메시지어는 $B(4)$ 의 모든 원소이고, 코드어는 $B(7)$ 의 원소가 될 것이다. 메시지어를 행벡터로 생각하고, $\mathbb{Z}_2$ 의 원소를 성분으로 하는 행렬

$$G = \begin{pmatrix} 1\,0\,0\,0\,0\,1\,1 \\ 0\,1\,0\,0\,1\,0\,1 \\ 0\,0\,1\,0\,1\,1\,0 \\ 0\,0\,0\,1\,1\,1\,1 \end{pmatrix}$$

을 오른쪽에 곱하여 코드어로 바꾼다. 예를 들면, 메시지어 1101 은

$$(1101)\begin{pmatrix} 1\,0\,0\,0\,0\,1\,1 \\ 0\,1\,0\,0\,1\,0\,1 \\ 0\,0\,1\,0\,1\,1\,0 \\ 0\,0\,0\,1\,1\,1\,1 \end{pmatrix} = (1101001)$$

이므로 코드어 1101001 로 바뀐다. 코드어 전체 집합 C는 유사하게 얻을 수 있다. 즉

메시지어	코드어	메시지어	코드어
0000	0000000	1000	1000011
0001	0001111	1001	1001100
0010	0010110	1010	1010101
0011	0011001	1011	1011010
0100	0100101	1100	1100110
0101	0101010	1101	1101001
0110	0110011	1110	1110000
0111	0111100	1111	1111111

다음의 정리 16.6은 C가 실제로 $B(7)$ 의 부분군임을 보여준다. 그러므로 C는 (7, 4) 코드이고, (7, 4) **Hamming 코드**라 부른다. 앞의 표는 임의의 영이 아닌 코드어는 Hamming 무게가 적어도 $3 = 2 \cdot 1 + 1$ 이다. 따라서 ($t = 1$ 과 함께) 따름정리 16.4로부터, 이 코드는 단일 오류를 정정하고 이중 오류를 탐지한다.

예제 6의 표는 (7, 4) Hamming 코드의 코드어가 특별한 형태임을 보여준다. 즉, 각 코드어의 첫 4 개의 숫자는 대응하는 메시지어를 형성한다. 예를 들면, **1101**001은 1101 에 대한 코드어이다.* 각 코드의 첫 k 개의 숫자가 대응하는 메시지를 형성하는 (n, k) 코드를 **시스템코드**(systematic code)라 부른다. 앞의 모든 예는 시스템코드이다.

시스템코드는 코드어를 쉽게 원래의 메시지어로 바꿀 수 있으므로 편리하다. 즉, 첫 k 개의 숫자를 취하면 된다.

앞의 예제들에서의 유사한 과정을 따라 다른 시스템코드를 작성할 수 있다. $\mathbb{Z}_2$ 에서 성분을 갖는 다음과 같은 형태의 $k\times n$ 행렬 G를 $k\times n$ **표준생성행렬**(standard generator matrix)이라 한다. 즉

$$\begin{pmatrix} 1 & 0 & 0 & \cdots & 0 & 0 & a_{11} & \cdots & a_{1\,n-k} \\ 0 & 1 & 0 & \cdots & 0 & 0 & a_{21} & \cdots & a_{2\,n-k} \\ \vdots & \vdots & \vdots & & \vdots & \vdots & \vdots & & \vdots \\ 0 & 0 & 0 & \cdots & 1 & 0 & a_{k-1\,1} & \cdots & a_{k-1\,n-k} \\ 0 & 0 & 0 & \cdots & 0 & 1 & a_{k1} & \cdots & a_{k\,n-k} \end{pmatrix} = (I_k \mid A)$$

여기서 I_k 는 $k\times k$ 항등행렬이고 A는 $k\times(n-k)$ 행렬이다. 예를 들면, 예제 6에서 행렬 G는 4×7 표준생성행렬이다. 이것은 $(I_4 \mid A)$ 형태이고 여기서 A는 4×3 행렬이다.

표준생성행렬은 오른쪽에 곱하여, $B(k)$ 의 원소를 코드어($B(n)$ 의 원소)로 바꾸는 코드화 알고리즘으로 사용할 수 있다. 각 $u\in B(k)$ 는 길이가 k 인 행벡터로 생각한다. 그러면 행렬의 곱 uG는 길이 n 의 행벡터, 즉 $B(n)$ 의 원소이다. G의 첫 k 개의 열은 항등행렬 I_k 를 형성하므로, 코드어 uG의 첫 k 개의 좌표는 대응하는 메시지어 $u\in B(k)$ 를 형성한다(연습문제 23). uG를 '코드어'라 부르는 것을 정당화하기 위하여, 모든 그런 원소의 집합이 $B(n)$ 의 부분군임을 보여야 한다.

보조정리 16.5

$f: B(k)\to B(n)$ 이 단사인 군의 준동형사상이면 f 의 치역은 (n, k) 코드이다.

증명

$\mathrm{Im} f$ 는 정리 7.20에 따라, $B(k)$ 와 동형인 $B(n)$ 의 부분군이다. 그러므로 $\mathrm{Im} f$ 는 위수가 2^k 이고, 따라서 (n, k) 코드이다. ■

정리 16.6

G가 $k\times n$ 표준생성행렬이면 $\{uG \mid u\in B(k)\}$는 (n, k) 시스템코드이다.

* 각 코드어의 마지막 세 숫자는 수신어가 코드어인지를 결정하기 위하여 사용할 수 있는 **검사숫자**이다. 예제 22를 보라.

증명

함수 $f: B(k) \to B(n)$을 $f(u) = uG$로 정의하자. f 의 치역은 $\{f(u) \mid u \in B(k)\} = \{uG \mid u \in B(k)\}$ 이다. 보조정리 16.5와 그 앞의 고딕체의 언급에 따라, f 가 군의 단사인 준동형사상임을 보이기만 하면 된다. 행렬 곱셈은 분배법칙을 만족하므로

$$f(u+v) = (u+v)G = uG + vG = f(u) + f(v)$$

이다. 따라서 f 는 군의 준동형사상이다.

$u = u_1 u_2 \cdots u_k \in B(k)$ 이면 G가 표준생성행렬이므로 uG의 첫 k 개의 좌표는 $u_1 u_2 \cdots u_k$ 이고, $v = v_1 v_2 \cdots v_k \in B(k)$ 에 대해서도 유사하다. 이 사실을 이용하여, f 가 단사임을 보이자. 만약 $f(u) = f(v)$ 이면 $B(n)$ 에서

$$u_1 u_2 \cdots u_k{*}{*}{*}{*}{*} = uG = f(u) = f(v) = vG = v_1 v_2 \cdots v_k{*}{*}{*}{*}{*}$$

여기서 *들은 uG와 vG의 남은 좌표를 표시한다. $B(n)$ 의 이 원소들은 같으므로 모든 좌표에서 같아야 한다. 특히 $u_1 = v_1$, $u_2 = v_2$, …, $u_k = v_k$ 이다. 그러므로 $B(k)$ 에서 $u = v$ 이고, f 는 단사이다. ■

예제 7

정리 16.6에 따라, 표준생성행렬

$$G = \begin{pmatrix} 1\,0\,0\,0\,1\,1 \\ 0\,1\,0\,1\,0\,0 \\ 0\,0\,1\,1\,1\,0 \end{pmatrix}$$

는 $(6, 3)$ 코드 $\{uG \mid u \in B(3)\}$ 을 생성한다. 그 코드화 알고리즘 $u \to uG$는 다음 코드어들을 생산한다.

메시지어	코드어	메시지어	코드어
000	000000	100	100011
001	001110	101	101101
010	010101	110	110110
011	011011	111	111000

임의의 영이 아닌 코드어의 Hamming 무게는 적어도 3 이므로, 이 코드는 ($t = 1$ 과 함께) 따름정리 16.4로부터, 단일 오류를 정정하고 이중 오류를 탐지한다.

표준생성행렬에 의한 방법으로 큰 코드를 기술하는 것은 모든 코드어를 나열하는 것

보다 훨씬 효율적이다. 예를 들어, $(50, 30)$ 코드에서 30×50 생성행렬은 1500개의 성분이 존재할 뿐이지만, 10억 개보다 많은 코드어가 있다.

임의의 시스템 선형코드가 어떤 표준생성행렬에 의하여 주어지는 것을 보이기 위해, 선형대수를 이용할 수 있다. 앞 예제들의 코드에 대한 표준생성행렬을 연습문제 7~9에서 알 수 있다.

■ 연습문제

A. 1. $C = \{0000, 0101, 1010, 1111\}$ 은 $(4, 2)$ 코드임을 보이라.

2. Hamming 무게를 구하라.
   (a) $0110110 \in B(7)$
   (b) $11110011 \in B(8)$
   (c) $000001 \in B(6)$
   (d) $101101101101 \in B(12)$

3. 두 점 사이의 Hamming 거리를 구하라.
   (a) 0010101 과 1010101
   (b) 110010101 과 100110010
   (c) 111111 과 000011
   (d) 00001000 과 10001000

4. $(7, 4)$ Hamming 코드에서 최근접-이웃 코드복원화를 사용하여, 다음 수신어에 대한 오류를 탐지하고, 가능하다면 그 수신어를 복원하라.
   (a) 0111000
   (b) 1101001
   (c) 1011100
   (d) 0010010

5. 다음 표준생성행렬로 생성된 모든 코드어를 열거하라.
   (a) $\begin{pmatrix} 1\,0\,0\,0 \\ 0\,1\,1\,1 \end{pmatrix}$
   (b) $\begin{pmatrix} 1\,0\,1\,1\,1 \\ 0\,1\,0\,1\,0 \end{pmatrix}$
   (c) $\begin{pmatrix} 1\,0\,0\,1 \\ 0\,1\,0\,1 \\ 0\,0\,1\,0 \end{pmatrix}$
   (d) $\begin{pmatrix} 1\,0\,0\,1\,1\,1 \\ 0\,1\,0\,1\,0\,1 \\ 0\,0\,1\,1\,1\,0 \end{pmatrix}$

6. 연습문제 5에서 각 코드가 탐지하는 오류의 개수와 정정하는 오류의 개수를 결정하라.

7. 표준생성행렬

$$G = \begin{pmatrix} 1\,0\,0\,0\,0\,1 \\ 0\,1\,0\,0\,0\,1 \\ 0\,0\,1\,0\,0\,1 \\ 0\,0\,0\,1\,0\,1 \\ 0\,0\,0\,0\,1\,1 \end{pmatrix}$$

가 예제 2에서의 $(6, 5)$ 짝홀검사코드를 생성함을 보이라. [**힌트**: G가 생성하는 모든 코드어를 열거한 다음, 그 짝홀검사코드에서 모든 코드어를 열거하여, 두 목록을 비교하라.]

8. 표준생성행렬

$$G = \begin{pmatrix} 1\,0\,1\,0\,1\,0\,1\,0\,1\,0 \\ 0\,1\,0\,1\,0\,1\,0\,1\,0\,1 \end{pmatrix}$$

가 예제 5에서의 $(10, 2)$ 반복 코드를 생성함을 보이라. [**힌트**: 연습문제 7에 대한 힌트를 보라.]

9. 1×4 표준생성행렬 (1111)이 예제 1에서의 코드를 생성함을 보이라.

10. $B(n) = \mathbb{Z}_2 \times \mathbb{Z}_2 \times \mathbb{Z}_2 \times \cdots \times \mathbb{Z}_2$ (n개의 인자)가 좌표별 덧셈에 대하여 위수가 2^n 인 Abel 군임을 증명하라.

B. 11. 임의의 $u, v, w \in B(n)$ 에 대하여, 다음을 증명하라.
(a) $d(u, v) = d(v, u)$
(b) $d(u, v) = 0$ 일 필요충분조건은 $u = v$
(c) $d(u, v) = d(u + w, v + w)$

12. $B(6)$ 의 원소가 (예제 2에서의) $(6, 5)$ 짝홀검사코드에서 코드어일 필요충분조건은 그 원소의 모든 숫자의 합이 0 임을 증명하라. [**힌트**: 첫 다섯 개의 숫자 합과 여섯 번째 숫자를 비교하라.]

13. (예제 2에서의) $(6, 5)$ 짝홀검사코드에서 모든 코드어의 집합은 $B(6)$ 의 부분군임을 증명하라. [**힌트**: 연습문제 12를 사용하라.]

14. u 와 v 가 t 개 오류를 정정하는 코드의 서로 다른 코드어이면, 왜 $d(u, v) \geq t$ 인지 설명하라.

15. t 개 오류를 정정하는 코드에서 임의의 두 코드어 사이의 Hamming 거리가 적어도 $2t+1$ 임을 보여, 정리 16.2의 증명을 완성하라. [**힌트**: u, v 가 $d(u, v) \leq 2t$ 이면 정확히 t 개의 좌표에서 u 와 다르고 t 개 이하의 좌표에서 v 와 다른 어떤 단어 w 를 찾아서 모순을 얻고, 연습문제 14를 보라.]

16. t 개 오류를 탐지하는 코드에서 임의의 두 코드어 사이의 Hamming 거리가 적어도 $t+1$ 임을 보여, 정리 16.3의 증명을 완성하라.

17. 단일 오류를 정정하는 $(5, 2)$ 코드를 작성하라.

18. 이중 오류를 정정하는 $(6, 3)$ 코드는 존재하지 않음을 보이라.

19. 임의의 영이 아닌 코드어의 Hamming 무게가 적어도 4인 $(7, 3)$ 코드를 작성하라.

20. 임의의 영이 아닌 코드어의 Hamming 무게가 적어도 4인 $(6, 2)$ 코드는 존재하는가?

21. 꼭 세 개의 메시지만 필요하다고 가정하자(예를 들면, 'go', 'slow down', 'stop'). 이 메시지들이 단일 오류를 정정하는 어떤 (n, k) 코드로 전송되게 하는 가능한 한 작은 n 을 구하라.

22. G를 예제 6에서의 $(7, 4)$ Hamming 코드에 대한 표준생성행렬이라고 하자.
(a) $u = (u_1,\ u_2,\ u_3,\ u_4)$가 메시지어이면 대응하는 코드어 uG는

$$(u_1,\ u_2,\ u_3,\ u_4,\ u_2+u_3+u_4,\ u_1+u_3+u_4,\ \ u_1+u_2+u_4)$$

임을 보이라.
(b) $v = (v_1,\ v_2,\ v_3,\ v_4, v_5, v_6,\ v_7) \in B(7)$ 일 때, v 가 코드어일 필요충분조건은 그 마지막 세 좌표(검사숫자)가

$$v_5 = v_2 + v_3 + v_4$$
$$v_6 = v_1 + v_3 + v_4$$
$$v_7 = v_1 + v_2 + v_4$$

를 만족하는 것을 보이라.

23. G가 $k \times n$ 표준생성행렬이고, $u = u_1 u_2 u_3 \cdots u_k$가 메시지어이면 코드어 uG의 첫 k개의 숫자는 $u_1, u_2, u_3, \ldots, u_k$ 임을 보이라.

24. C가 선형코드일 때, 모든 코드어가 짝수 Hamming 무게를 갖거나 코드어 전체의 꼭 절반이 짝수 Hamming 무게를 갖는 것을 증명하라.

25. $B(n)$에서 짝수인 Hamming 무게를 갖은 모든 원소는 $(n, n-1)$ 코드를 형성함을 증명하라.

26. $k < n$일 때, $f : B(k) \to B(n)$이 군의 준동형사상이면 $\mathrm{Im} f$는 선형코드인가? $\mathrm{Im} f$는 (n, k) 선형코드인가?

노트: 연습문제 27~31은 기초 확률 지식과 계산기가 필요하다.

27. 단일 숫자를 잘못 전송할 확률이 0.01이라고 가정하고, 네 자리 코드어를 전송하였다고 하자. 적합한 확률 트리(probability tree)를 작성하여, 그 코드어가 다음 각 오류와 함께 전송될 확률을 계산하라.
(a) 오류가 없음
(b) 한 개의 오류
(c) 두 개의 오류
(d) 세 개의 오류
(e) 네 개의 오류
(f) 3개 이상의 오류

28. 다섯 자리 코드어에 대하여, 연습문제 27에 답하라.

29. 단일 숫자를 잘못 전송할 확률이 0.5 보다 크다고 가정하자. 왜 '역 코드복원화' (1을 0으로, 0을 1로 복원하는)를 이용하여야 하는지 설명하라.

30. 단일 숫자를 잘못 전송할 확률이 0.01이라고 가정하고, M이 500-자릿수의 메시지라고 하자.
(a) M이 오류 없이 전송될 확률은 무엇인가?
(b) 각 숫자를 세 번 중복으로(각 1을 111로, 각 0을 000으로) 전송하고, 수신된 각 숫자는 '다수의 법칙'(111, 110, 101, 011은 1로, 000, 001, 010, 100은 0으로 복원)에 따라 복원된다고 가정하자. M을 전송하여 수신된 메시지가 바르게 복원될 확률은 무엇인가? [**힌트**: 전송 후 단일 숫자가 바르게 복원될 확률을 구하라.]

31. (a) n-자릿수의 메시지에서 k 개 오류가 생길 수 있는 경우의 수는 $\binom{n}{k}$ 임을 보이라. 여기서 $\binom{n}{k}$ 는 이항계수이다.

(b) p 가 어떤 단일 숫자가 잘못 전송될 확률이고, q 가 바르게 전송될 확률이면 n-자릿수의 메시지에서 k 개 오류가 일어날 확률은 $\binom{n}{k} p^k q^{n-k}$ 임을 보이라.

16.2 코드복원화 기법

16.1절에서, 각 수신어를 복원하기 위하여, 2^k 개의 모든 코드어와 비교하여 (n, k) 코드에 대한 최근접-이웃 코드복원화를 구현하였다. 그렇지만 k 가 아주 클 때, 이 억지스러운 기법은 비실용적이거나 불가능할 수 있다. 그래서 이제 좀 더 효율적인 코드복원화 기법을 개발한다. 그중 하나는 군과 잉여류에 기초한다.

예제 1

C를 $(5, 2)$ 코드 $\{00000, 10110, 01101, 11011\}$ 이라고 하자. C에 속하지 않는 $B(5)$ 의 모든 원소로부터 무게가 최소인 (이 경우는 무게가 1인) 하나를 선택하고, 이를테면 $e_1 = 10000$ 라 하자. C의 모든 원소에 계속하여 e_1 을 더하여 $e_1 + C$를 구성하고, 각 $c \in C$에 대하여 c 바로 아래 $e_1 + c$와 함께 그 잉여류의 모든 원소를 표로 나타낸다. 즉

C:	00000	10110	01101	11011
$e_1 + C$:	10000	00110	11101	01011

따라서 예를 들어, $e_1 + 01101 = 10000 + 01101 = 11101$ 이므로 11101은 $01101 \in C$ 바로 아래에 있다. 위에 나열되지 않은 원소 중에서 무게가 가장 작은 것 하나를, 이를테면 $e_2 = 01000$ 을 선택하고, 같은 방법으로($c \in C$ 아래에 $e_2 + c$가 있음) 그것의 잉여류를 표로 나타낸다. 즉

C:	00000	10110	01101	11011
$e_1 + C$:	10000	00110	11101	01011
$e_2 + C$:	01000	11110	00101	10011

아직 배열되지 않은 원소 중에서 무게가 최소인 것 하나를 선택하여 그 잉여류를 표로

나타내고, 이 방법을 $B(5)$ 의 모든 원소가 그 표에 나타날 때까지 계속한다. 다음은 완성된 표임을 확인하라.

00000	10110	01101	11011	코드어
10000	00110	11101	01011	
01000	11110	00101	10011	
00100	10010	01001	11111	수신어
00010	10100	01111	11001	
00001	10111	01100	11010	
11000	01110	10101	00011	
10001	00111	11100	01010	

코드복원화 규칙은 다음과 같다(나중에 그 타당성을 보일 것이다.): 수신어 w를 w가 있는 열의 맨 위에 있는 코드어로 복원한다. 예를 들어, 01001(4번째 행)은 01101로 복원하고, 01010(마지막 행)은 11011로 복원한다. 유사하게 11000(7행)은 00000으로 복원한다.

이 예제에서의 코드복원화 표를 **표준배열**(standard array)이라 하고, 코드복원화 규칙을 **표준배열 코드복원화**(standard-array decoding) 또는 **잉여류 코드복원화**(coset decoding)라 한다. 임의의 코드 C에 대하여 같은 과정으로 표준배열을 작성할 수 있다. 그 행들은 C의 모든 잉여류이고, C 자체를 첫 행으로 갖는다. 각 행은 $e+C$ 형태이고 여기서 e는 **잉여류대표**(coset leader, 그 잉여류에서 가장 작은 무게를 갖는 어떤 원소로 그 행에서 맨 처음에 기록)이다. ($c \in C$에 대하여) 원소 $e+c$는 c 아래의 열에 나타내고, c로 복원한다.

정리 16.7

C를 (n, k) 코드라고 하자. C에 대한 표준배열 코드복원화는 최근접-이웃 코드복원화이다.

증명

$w \in B(n)$이면 $w = e + v \in e + C$이다. 여기서 e는 잉여류대표이고, v는 w를 포함하는 열의 가장 위에 있는 코드어이다. 표준배열 코드복원화는 w를 v로 복원한다. v가 w에 가장 가까운 코드어임을 보여야 한다. $u \in C$가 임의의 다른 코드어이면 $w - u$는 $w + C$의 원소이다. 그런데 ($e = w - v \in w + C$이므로) $w + C$는 e를 포함

하는 잉여류이다. 설정에 따라, 잉여류대표 e 는 그 잉여류에서 가장 작은 무게를 갖고, 그래서 $Wt(w-u) \geq Wt(e)$ 이다. 그러므로 보조정리 16.1에 따라

$$d(w,u) = Wt(w-u) \geq Wt(e) = Wt(w-v) = d(w,v)$$

이다. 따라서 v 는 w 에 가장 가까운 코드어이다. ■

표준배열로 최근접-이웃 코드복원화를 구현할 때, 수신어 w 에 가장 가까운 코드어가 두 개 이상일 때는 (오류 신호를 보내기보다는) 언제나 하나의 코드어가 자동으로 선택된다. 그래서 이런 경우, 잘못된 코드복원화가 일어날 수 있다. 바로 앞 예제에서의 코드는 단일 오류를 정정한다. (임의의 코드어는 무게가 적어도 3이다. 따름정리 16.4를 보라.) 둘 이상의 오류는 단일 오류보다 훨씬 적을 것이므로, 이 코드에 대하여 표준배열 코드복원화는 정확성이 매우 높다(연습문제 18).

표준배열이 한번 작성되면, 코드복원화를 위하여 모든 코드어를 꼬박꼬박 비교하는 것보다 이것이 훨씬 더 효율적이다. 아쉽게도 큰 코드에 대하여 표준배열을 작성하는 것은 꼬박꼬박 억지스럽게 비교하는 것만큼 큰 컴퓨터 시간과 메모리가 요구될 수도 있다. 그렇지만 코드가 생성행렬로 주어지면 훨씬 짧은 코드복원화 배열이 가능함을 곧 알게 될 것이다.

$k \times n$ 표준생성행렬 $G = (I_n \mid A)$ 를 갖는 (n, k) 코드를 생각하자. 이 코드의 **짝홀검사행렬**(parity-check matrix)은 $n \times (n-k)$ 행렬 $H = \left(\frac{A}{I_{n-k}}\right)$ 이다.*

예제 2

예제 1의 $(5,2)$ 코드 $\{00000,\ 10110,\ 01101,\ 11011\}$ 에 대한 표준생성행렬이

$$G = \begin{pmatrix} 1\,0\,1\,1\,0 \\ 0\,1\,1\,0\,1 \end{pmatrix} = (I_2 \mid A)$$

임을 확인하라. 여기서 $k=2,\ n=5,\ n-k=3$ 이고, A는 2×3 행렬이다. 따라서 짝홀검사행렬은 5×3 행렬

$$H = \begin{pmatrix} 1 & 1 & 0 \\ 1 & 0 & 1 \\ 1 & 0 & 0 \\ 0 & 1 & 0 \\ 0 & 0 & 1 \end{pmatrix} = \left(\frac{A}{I_3}\right)$$

이다. 행렬의 곱 GH는 2×3 영행렬임을 확인하라.

* 생성행렬은 항상 짝홀검사행렬로부터 얻을 수 있으므로, 코딩이론의 많은 책에서 코드를 생성행렬로 정의하기보다 그것의 짝홀검사행렬로 정의한다. 대부분 책에서 짝홀검사행렬은 여기서의 행렬 H의 전치행렬, 즉 i 행이 H의 i 열과 같은 $(k-n) \times n$ 행렬로 정의한다. 여기서는 행렬 H가 더 편리하고, 어느 경우든 모든 결과는 한 표기법에서 다른 표기법으로 쉽게 바꿀 수 있다.

이러한 현상은 일반적으로도 일어난다.

보조정리 16.8

$G=(I_n \mid A)$가 어떤 선형코드에 대한 표준생성행렬이고, 행렬 $H=\left(\dfrac{A}{I_{n-k}}\right)$가 그 짝홀검사행렬이면 GH는 영행렬이다.

증명

GH의 i 행과 j 열의 성분은 G의 i 행(617쪽 참조)과 H의 j 열의 곱이다.* 즉

$$(\delta_{i1}\,\delta_{i2}\cdots\,\delta_{ij}\cdots\,\delta_{ik}\,a_{i1}\,a_{i2}\cdots\,a_{ij}\cdots\,a_{i(n-k)})\begin{pmatrix} a_{1j}\\ a_{2j}\\ \vdots\\ a_{ij}\\ \vdots\\ a_{kj}\\ \delta_{1j}\\ \delta_{2j}\\ \vdots\\ \delta_{ij}\\ \vdots\\ \delta_{(n-k)j}\end{pmatrix}$$

$$\begin{aligned}&=\delta_{i1}a_{1j}+\delta_{i2}a_{2j}+\cdots+\delta_{ii}a_{ij}+\cdots+\delta_{ik}a_{kj}\\ &\quad +a_{i1}\delta_{1j}+a_{i2}\delta_{2j}+\cdots+a_{ij}\delta_{jj}+\cdots+a_{i(n-k)}\delta_{(n-k)j}\end{aligned}$$

이다. $r\neq s$ 일 때 $\delta_{rs}=0$ 이고, $\mathbb{Z}_2$ 에서 덧셈이므로 그 합은

$$\delta_{ii}a_{ij}+a_{ij}\delta_{jj}=1\,a_{ij}+a_{ij}\,1=a_{ij}+a_{ij}=0 \text{ 이다. } \blacksquare$$

$k\times n$ 표준생성행렬 G를 갖는 (n,k) 코드에서 임의의 수신어 $w\in B(n)$은 길이 n의 행벡터이다. 짝홀검사행렬 H는 $n\times(n-k)$ 행렬이므로, 곱 wH는 길이가 $n-k$인 행벡터, 즉 $B(n-k)$의 원소이다. $000\cdots 0\in B(n-k)$를 $\mathbf{0}$로 나타낸다.

예제 3

예제 2의 $(5,2)$ 코드에 대한 5×3 짝홀검사행렬을 H라 두자. 그러면 $11000H=011$이고, $10110H=\mathbf{0}$이다. 즉

* Kronecker 델타(delta) 기호 δ_{rs}는 다음과 같이 정의한다. 즉, $r=s$일 때 $\delta_{rs}=1$이고, $r\neq s$일 때 $\delta_{rs}=0$.

$$(11000)\begin{pmatrix}1&1&0\\1&0&1\\1&0&0\\0&1&0\\0&0&1\end{pmatrix}=(011)\text{이고,}\quad (10110)\begin{pmatrix}1&1&0\\1&0&1\\1&0&0\\0&1&0\\0&0&1\end{pmatrix}=(000)$$

이다. 10110 가 이 코드에서 코드어이고, $(10110)H=\mathbf{0}$ 라는 사실은 다음 정리의 한 예이다.

정리 16.9

C를 표준생성행렬 G와 짝홀검사행렬 H를 갖는 (n, k) 코드라고 하자. $B(n)$ 의 원소 w 가 코드어일 필요충분조건은 $wH=\mathbf{0}$ 이다.

증명

함수 $f: B(n) \to B(n-k)$ 를 $f(w)=wH$ 로 정의하자. 그러면 (정리 16.6의 증명에서와 같은 논법으로) f 는 군의 준동형사상이다. 이제 w 가 코드어일 필요충분조건은 $w \in C$이다. 또한 $w \in K$(f 의 핵)일 필요충분조건은 $wH=\mathbf{0}$ 이다. 그러므로 $w \in C$ 일 필요충분조건이 $w \in K$, 즉 $C=K$ 임을 보여야 한다. 생성행렬의 정의로부터, C의 임의의 원소는 어떤 $u \in B(k)$ 에 대하여 uG 의 형태이다. 그런데 GH는 영행렬이므로(보조정리 16.8), $(uG)H=u(GH)=\mathbf{0}$ 이다. 그러므로 $C \subseteq K$ 이다. C는 위수가 2^k 인 부분군이므로 K 의 위수가 2^k 임을 보이기만 하면 $C=K$를 결론지을 수 있다.

예제 14는 f 가 전사임을 보여준다. 제1동형사상 정리 8.20으로부터, $B(n-k) \cong B(n)/K$ 이고, 따라서 Lagrange 정리 8.5로부터

$$\begin{aligned} 2^n = |B(n)| &= |K| \cdot [B(n):K] \\ &= |K| \cdot |B(n)/K| = |K| \cdot |B(n-k)| = |K| \cdot 2^{n-k} \end{aligned}$$

이 등식의 첫 항과 마지막 항을 2^{n-k} 로 나누어 $|K|=2^k$ 임을 알 수 있다. ■

따름정리 16.10

C를 짝홀검사행렬 H를 갖는 선형코드라 하고, $u,\ v \in B(n)$ 이라고 하자. u 와 v 가 C 의 같은 잉여류에 속할 필요충분조건은 $uH=vH$ 이다.

증명

u와 v가 같은 잉여류에 속한다는 것은 $u+C=v+C$를 의미한다. 덧셈표기로 정리 8.2는

$$u+C=v+C\text{일 필요충분조건은 } u-v\in C$$

임을 보여준다. 정리 16.9로부터

$$u-v\in C\text{일 필요충분조건은 } (u-v)H=\mathbf{0}$$

이다. 행렬의 곱에 대한 분배법칙으로부터, $(u-v)H=uH-vH$이다. 또한 $uH-vH=\mathbf{0}$은 $uH=vH$와 동치이다. 따라서

$$(u-v)H=\mathbf{0}\text{ 일 필요충분조건은 } uH=vH$$

이다. 앞에서 가운데 정렬된 세 개의 문장을 결합하면 정리가 증명된다. ■

$w\in B(n)$이고 H가 짝홀검사행렬일 때, wH를 w의 **증상**(syndrome)이라고 한다. 따름정리 16.10에 따라, w와 그 잉여류대표 e는 같은 증상을 갖는다. $v\in C$에 대하여 $w=e+v$인 표준배열은 w를 $v=w-e$로 복원한다. 그러므로 표준배열 (최근접-이웃) 코드복원화는 다음과 같이 구현될 수 있다.

1. w가 수신어이면 w의 증상(즉, wH)을 계산한다.
2. 같은 증상을 갖는(즉, $eH=wH$인) 잉여류대표 e를 구한다.
3. w를 $w-e$로 복원한다.

(**증상코드복원화**(syndrome decoding)라고 부르는) 이 과정은 잉여류대표만을 알기만 하면 되므로, 표준배열을 훨씬 간단한 표로 대신할 수 있다.

예제 4

$(5, 2)$ 코드 {00000, 10110, 01101, 11011}에 대한 잉여류대표는 예제 1에서 보인

$$00000,\ 10000,\ 01000,\ 00100,\ 00010,\ 00001,\ 11000,\ 10001$$

이다. 이들 각각에 예제 2에서 주어진 짝홀검사행렬 H를 곱하면 그 증상을 얻는다. 즉

증상	000	110	101	100	010	001	011	111
잉여류대표	00000	10000	01000	00100	00010	00001	11000	10001

예를 들어, $w=01001$을 복원하기 위하여 $01001H=100$를 계산한다. 위 표는 이 증상을 갖는 잉여류는 $e=00100$ 임을 보여준다. 그래서 w를 $w-e=01001-00100$

= 01101 로 복원된다.

코드의 크기에 따라, 또 전체 표준배열을 작성하지 않고 잉여류대표들을 결정할 수 있는가에 따라 증상코드화는 억지스러운 최근접-이웃 코드복원화보다 훨씬 효율적일 수 있다. 예를 들어, $(56, 48)$ 코드는 2^{48} (대략 2.8×10^{14})개의 코드어를 갖지만, 단지 $2^8 = 256$ 개의 잉여류를 갖는다.

표준배열 및 증상코드복원화는 각 수신어에 대하여 가장 가까운 코드어를 항상 구해준다는 의미로, 완전한 코드복원화 전략이다. 메시지를 재전송하는 것이 비현실적인 경우, 완전한 코드복원화가 필수적이다. 그렇지만 재전송이 가능하면 t 개 오류를 정정하고, t 개보다 많은 오류가 탐지되면 재전송을 요청하는 불안전 코드복원화를 사용하는 것이 더 좋을 수도 있다.

$e_i \in B(n)$ 을 i 번째 좌표가 1, 다른 모든 좌표가 0 인 행벡터를 나타내기로 하자. 예를 들면, $B(3)$ 에서 $e_1 = 100$, $e_2 = 010$ 이고 $e_3 = 001$ 이다. 각 e_i 는 무게가 1이고, 사실

$e_1, e_2, \ldots, e_n$ 은 $B(n)$ 에서 무게가 1인 원소 전체이다.

$e_2 \in B(3)$ 과 다음 행렬 H 의 곱을 생각하자. 즉

$$e_2 H = (010)\begin{pmatrix} 1\,0\,1 \\ 0\,1\,1 \\ 1\,1\,1 \end{pmatrix} = (011) = (H\text{의 } 2\text{ 행})$$

연습문제 10은 같은 것이 일반적으로 일어나는 것을 보여준다. $e_i \in B(n)$ 이고, H가 n 개 행을 갖는 행렬이면

$e_i H$는 행렬 H의 i 번째 행이다.

이제 C가 짝홀검사행렬 H를 갖는 선형코드이고, H의 어느 행도 영이 아니고 어느 두 행도 같지 않다고 하자. 그러면 가정에 따라, $e_i H =$ (H의 i 번째 행) $\neq \mathbf{0}$이고, 따라서 정리 16.9로부터

e_i는 코드어가 아니다.

또한 $i \neq j$ 이면 e_i와 e_j는 C의 같은 잉여류에 속할 수 없다. (그렇지 않으면 따름정리 16.10으로부터 (H의 i 행) $= e_i H = e_j H =$ (H의 j 행)이다.) 따라서

e_i는 그 잉여류에서 무게가 1인 유일한 원소이다.

그래서 e_i를 포함하는 잉여류에서 다른 원소의 무게는 적어도 2이다.* 결과적으로

e_i는 항상 그 잉여류의 대표이다.

마지막으로 수신어 w의 증상이 H의 i 번째 행이면 $wH = e_iH$이고, 그 결과로 따름정리 16.10으로부터 w와 e_i는 같은 잉여류에 속한다.

앞 단락은 H의 행들이 모두 0 이 아니고, 서로 다를 때 (불완전할 수도 있는) 증상코드복원화를 구현하는 편리한 방법을 제시한다. 즉

1. w가 수신어이면 그 증상 wH를 계산한다.
2. $wH = \mathbf{0}$ 이면 (정리 16.9로부터 w는 코드어이므로) w를 w로 복원한다.
3. $wH \neq \mathbf{0}$ 이고 wH가 H의 i 번째 행이면 w를 그것의 i 번째 좌표를 바꾸어 복원한다. (즉, e_i가 w의 잉여류대표이므로 w를 $w - e_i$로 복원한다.)
4. $wH \neq \mathbf{0}$ 이고 wH가 H의 어느 행도 아니면 복원하지 않고, 재전송을 요청한다.

(**짝홀검사행렬 코드복원화**(parity-check matrix decoding)라 부르는) 이 전략은 잉여류와 잉여류대표를 구할 필요가 없으므로, 큰 코드를 쉽게 구현할 수 있다. 그뿐만 아니라, 다음이 성립한다.

정리 16.11

C를 짝홀검사행렬 H를 갖는 선형코드라 하자. H의 행이 모두 영이 아니고, 어느 두 행도 같지 않으면 짝홀검사행렬 코드복원화는 모든 단일 오류를 정정한다.

증명

코드어 u가 좌표 i에서 꼭 한 개의 오류를 갖고 전송되어 w로 수신되었다고 할 때, $w - u = e_i$이다. 정리 16.9에 따라, $wH = (e_i + u)H = e_iH + uH = e_iH + \mathbf{0} = e_iH$, 즉 H의 i 번째 행이다. 그러므로 w는 $w - e_i = u$로 옳게 복원된다. ■

예제 5

C를 예제 2에서 주어진 짝홀검사행렬을 갖는 $(5, 2)$코드라고 하자. 10011 이 수신되었다면 그 증상은

---

* 무게 0 인 유일한 원소는 $000 \cdots 0$ 이고, 그 잉여류는 C이다. C는 코드어가 아니므로 C는 e를 포함하는 잉여류가 아니다.

$$(10011)\,H = (10011)\begin{pmatrix} 1 & 1 & 0 \\ 1 & 0 & 1 \\ 1 & 0 & 0 \\ 0 & 1 & 0 \\ 0 & 0 & 1 \end{pmatrix} = (101) = (H\text{의 } 2\text{행})$$

이다. 그러므로 10011 은 $10011 - e_2 = 10011 - 01000 = 11011$ 로 복원된다. 만약 11000 이 수신되었다면 그 증상은 H의 어느 행도 아닌 011 임을 확인하라. 그러므로 11000 은 복원되지 않고, 재전송을 요청한다.

짝홀검사행렬 코드복원화가 실제로 완전한 증상(최근접-이웃)코드복원화인 중요한 코드들의 종류가 하나 있다.

예제 6

$(7, 4)$ Hamming 코드에 대한 표준생성행렬 G는 16.1절의 예제 6에서 주어졌다. 그 짝홀검사행렬 H는 어느 행도 영이 아니고, 어느 두 행도 서로 다른

$$H = \begin{pmatrix} 0 & 1 & 1 \\ 1 & 0 & 1 \\ 1 & 1 & 0 \\ 1 & 1 & 1 \\ 1 & 0 & 0 \\ 0 & 1 & 0 \\ 0 & 0 & 1 \end{pmatrix}$$

이다. 이 코드에서 수신어 w 의 가능한 증상은 000 과 $B(3)$ 의 7 개의 영이 아닌 원소들이다. 그런데 $B(3)$ 의 영이 아닌 모든 원소가 H의 행으로 나타난다. 그래서 임의의 증상은 000 (w 를 w 자신으로 복원) 또는 어떤 i 에 대하여 H의 i 번째 행(w 를 그것의 i 번째 좌표를 바꾸어 복원)이다. 그러므로 임의의 수신어는 복원된다.

예제 6은, 선형코드가 그 짝홀검사행렬(그것으로부터 표준생성행렬을 쉽게 구할 수 있는)에 의하여 완전히 결정된다는 사실을 이용하여 기술될 수 있는 무한개 코드의 어떤 집단에 속하는 하나이다. $r \geq 2$ 를 정수라 하고, $n = 2^r - 1$ 과 $k = 2^r - 1 - r$ 이라고 하자. 그러면 $n - k = r$ 이다. 앞의 예는 $r = 3$ 일 경우이다. $n \times (n-k)$ 행렬 H는 마지막 r 개의 행은 항등행렬 I_r 이 되고, 그 n 개의 행은 $B(r)$ 의 영이 아닌 모든 원소로 이루어진다고 하자. $B(r)$ 에서 영이 아닌 모든 원소의 개수는 $2^r - 1 = n$ 이므로, 영이 아닌 각 원소는 H의 한 행으로 꼭 한 번씩 나타난다. 그래서 H의 모든 행은 서로 다르

고 영이 아니다. 이 짝홀검사행렬을 갖는 코드를 **Hamming 코드**라 부른다.

임의의 Hamming 코드에서 가능한 모든 증상은 H의 행들이다. 그러므로 짝홀검사행렬 코드복원화는 모든 단일 오류를 정정하는 완전한 증상코드복원화이다.

■ 연습문제

A. 1. 16.1절의 연습문제 5의 각 표준생성행렬에 대한 짝홀검사행렬을 구하라.

2. 16.1절의 예제 7에서의 코드에 대한 짝홀검사행렬을 구하라.

3. 16.1절의 예제 2에서의 짝홀검사코드에 대한 짝홀검사행렬을 구하라. [16.1절의 연습문제 7을 보라.]

4. 16.1절의 예제 5에서의 $(10, 2)$ 반복 코드에 대한 짝홀검사행렬을 구하라. [16.1절의 연습문제 8을 보라.]

5. $(15, 11)$ Hamming 코드에 대한 짝홀검사행렬을 구하라.

6. 짝홀검사행렬 $\begin{pmatrix} 1 & 0 \\ 0 & 1 \\ 1 & 0 \\ 0 & 1 \\ 1 & 0 \\ 0 & 1 \end{pmatrix}$을 갖는 선형코드 C는 단일 오류를 정정할 수 없음을 보이라.

7. C를 표준생성행렬 $G = \begin{pmatrix} 1 & 0 & 1 & 1 \\ 0 & 1 & 0 & 1 \end{pmatrix}$을 갖는 코드라고 하자. C에 대한 표준배열을 작성하고, 각 잉여류대표의 증상을 구하라.

8. 16.1절의 예제 7에 있는 $(6, 3)$ 코드에 대한 표준배열을 작성하고, 각 잉여류대표의 증상을 구하라.

9. 예제 1에서의 $(5, 2)$ 코드에 대한 새로운 잉여류대표들은 선택하고(가능하면), 그것을 이용하여 표준배열을 작성하라. 이 배열은 예제 1에서의 표준배열과 어떻게 비교되는가?

10. $e_i = 00\cdots010\cdots00 \in B(n)$이 i 번째 좌표가 1 이고, 다른 좌표는 모두 0 이라고 하자. H가 n 개의 행을 갖는 행렬이면 e_iH는 H의 i 번째 행임을 보이라.

B. 11. 코드어 u를 전송하여 w가 수신되었다고 가정하자. 표준배열 코드복원화가 w를 u로 복원할 필요충분조건은 $w-u$가 잉여류대표임을 보이라.

12. 무게가 t 이하인 임의의 원소가 코드 C에 대한 표준배열에서 잉여류대표이면 C는 t 개 오류를 정정함을 보이라.

13. 코드어 u를 전송하여 w가 수신되었을 때, $e=w-u$를 **오류유형**(error pattern)이라고 한다. 어떤 오류가 탐지될 필요충분조건은 대응하는 오류유형이 코드어가 아님을 증명하라.

14. 정리 16.9의 증명에서 함수 $f: B(n) \to B(n-k)$는 전사임을 증명하라. [**힌트**: $v = v_1v_2 \cdots v_{n-k} \in B(n-k)$일 때 $v = f(u)$, 여기서 $u = 000\cdots0v_1v_2\cdots v_{n-k} \in B(n)$임을 보이라.]

15. C를 짝홀검사행렬 H를 갖는 선형코드라고 하자. C가 단일 오류를 정정할 필요충분조건은 H의 모든 행이 서로 다르고 영이 아님을 증명하라.

16. $(7,4)$ Hamming 코드를 갖는 짝홀검사행렬 코드복원화는 두 개 이상의 오류를 탐지할 수 없음을, 예를 들어 보이라.

17. Hamming 코드에서 임의의 영이 아닌 코드어는 무게가 적어도 3 임을 보이라.

18. [확률 지식 필요] 예제 1의 $(5,2)$ 코드에서, 하나의 숫자에서 전송오류일 확률이 0.01 이라고 가정하자.
    (a) 단일 코드어가 오류 없이 전송될 확률은 0.95099 임을 보이라.
    (b) 100 단어 메시지가 오류 없이 전송될 확률은 0.01 이하임을 보이라.
    (c) 단일 코드어가 꼭 하나의 오류와 함께 전송될 확률은 0.4803 임을 보이라.
    (d) 단일코드어가 예제 1에서의 표준배열로 옳게 복원될 확률은 적어도 0.99921 임을 보이라.
    (e) 100 단어 메시지가 그 표준배열로 옳게 복원될 확률은 적어도 0.92 임을 보이라. [**힌트**: (b)와 비교하라.]

16.3 BCH 코드

앞 절에서의 Hamming 코드는 모든 단일 오류를 정정하는 효율적인 코드복원화 알고리즘을 가지고 있다. 여기서 제시하는 BCH* 코드에 대하여 같은 것이 참이다. 그런데 이 코드들은 다중 오류를 정정하므로 더 쓸모가 있다.

BCH 코드의 작성을 위하여, 그 덧셈군이 $B(n)$ 의 어떤 부분군과 같은(동형인) 유한환을 이용한다. 그런 환에서 각 아이디얼은 그 덧셈군이 $B(n)$ 의 어떤 부분군(과 동형)이므로 선형코드이다. 그 환의 덧셈에 대한 대수구조는 이 코드에 대한 효과적인 오류정정 코드복원화 알고리즘을 제공한다.

문제의 유한환은 다음과 같이 작성할 수 있다. n 을 양의 정수라 하고, (x^n-1) 을 $\mathbb{Z}_2[x]$ 에서 x^n-1 의 모든 배수로 구성된 주아이디얼이라고 하자. 몫환 $\mathbb{Z}_2[x]/(x^n-1)$ 의 모든 원소는 모듈로 x^n-1 합동류(잉여류) 전체이다. 따름정리 5.5로부터, $\mathbb{Z}_2[x]/(x^n-1)$ 에서 서로 다른 합동류는

$$(*) \qquad a_0+a_1x+a_2x^2+\cdots+a_{n-1}x^{n-1}, \quad \text{여기서 } a_i\in\mathbb{Z}_2$$

형태의 모든 다항식과 일대일 대응된다. 이런 각 다항식은 n 개의 계수를 갖고, 각 계수는 두 가지 가능성을 갖는다. 따라서 $\mathbb{Z}_2[x]/(x^n-1)$ 은 2^n 개의 원소를 갖는 환이다. 또한 다항식 (*)의 n 개의 계수 $(a_0, a_1, a_2, \ldots, a_{n-1})$ 은 $B(n)=\mathbb{Z}_2\times\cdots\times\mathbb{Z}_2$ 의 원소로 생각할 수 있다.

정리 16.12

$f(a_0+a_1x+a_2x^2+\cdots+a_{n-1}x^{n-1})=(a_0, a_1, a_2, \ldots, a_{n-1})$ 로 주어진 함수 $f:\mathbb{Z}_2[x]/(x^n-1)\to B(n)$ 은 덧셈군의 동형사상이다.

증명

연습문제 7. ■

$\mathbb{Z}_2[x]/(x^n-1)$ 의 임의의 아이디얼은 (동형사상 기준으로) $B(n)$ 의 어떤 부분군이므로, 정리 16.12는 선형코드로 생각할 수 있음을 보여준다. 특히 $g(x)\in\mathbb{Z}_2[x]$ 이면

* BCH는 1959년~1960년, 이 코드를 발명한 사람들인 Bose, Chaudhuri, Hocquenghem의 머리글자를 의미한다.

$g(x)$ 의 합동류(잉여류)는 $\mathbb{Z}_2[x]/(x^n-1)$ 에서 주아이디얼 I를 생성한다. 아이디얼 I는 $h(x) \in \mathbb{Z}_2[x]$ 인 $[h(x)g(x)]$ 형태의 모든 합동류로 구성된다. BCH 코드는 이러한 형태를 보인다.

t 개 오류를 정정하는 BCH 코드를 정의하기 위하여, $t < 2^{r-1}$ 을 만족하는 양의 정수 r 을 선택한다. 그러면 $g(x)$ 는 위수 2^r 인 유한체를 생각함으로써, 다음과 같이 결정할 수 있다.

예제 1

$t = 2$ 이고 $r = 4$ 라고 하자. 그러면 $n = 2^4 - 1 = 15$ 이다. 적절한 $g(x)$ 를 구하여, 모든 이중 오류를 정정하는 어떤 코드를 $\mathbb{Z}_2[x]/(x^{15}-1)$ 에서 작성할 것이다. 이것을 위하여, 위수가 $2^4 = 16$ 인 체가 필요하다.

다항식 $1+x+x^4$ 은 $\mathbb{Z}_2[x]$ 에서 기약이다(연습문제 3). 따라서 정리 5.10(그다음 언급과 함께)에 따라, $K = \mathbb{Z}_2[x]/(1+x+x^4)$ 은 위수가 16 인 체이다. 정리 5.11로부터, K는 $1+x+x^4$ 의 어떤 근 α 를 포함한다.

$$1+\alpha+\alpha^4 = 0 \text{ 이고,} \quad \text{따라서 } \alpha^4 = 1+\alpha^{*}$$

임을 이용하여, α 의 거듭제곱을 계산할 수 있다. 예를 들어, $\alpha^6 = \alpha^2\alpha^4 = \alpha^2(1+\alpha) = \alpha^2+\alpha^3$ 이다. 유사하게

$$\begin{array}{lll}
\alpha^1 = \alpha & \alpha^6 = \alpha^2+\alpha^3 & \alpha^{11} = \alpha+\alpha^2+\alpha^3 \\
\alpha^2 = \alpha^2 & \alpha^7 = 1+\alpha+\alpha^3 & \alpha^{12} = 1+\alpha+\alpha^2+\alpha^3 \\
\alpha^3 = \alpha^3 & \alpha^8 = 1+\alpha^2 & \alpha^{13} = 1+\alpha^2+\alpha^3 \\
\alpha^4 = 1+\alpha & \alpha^9 = \alpha+\alpha^3 & \alpha^{14} = 1+\alpha^3 \\
\alpha^5 = \alpha+\alpha^2 & \alpha^{10} = 1+\alpha+\alpha^2 & \alpha^{15} = 1
\end{array}$$

임을 알 수 있다. 정리 11.7의 진술 (1)과 (2)에 따라 ($u = \alpha$ 이고 $p(x) = 1+x+x^4$ 일 때) 이 원소들은 서로 다르고, 모두 영이 아니다. 그러므로 이들은 K의 영이 아닌 모든 원소이고, α 는 K의 곱셈에 관한 군을 생성한다.

다항식 $g(x)$ 를 구성하기 위하여, 먼저 $\alpha, \alpha^2, \alpha^3, \alpha^4$ 의 $\mathbb{Z}_2$ 위에서 최소다항식을 구한다. K의 구성에 따라, α 의 최소다항식은 $m_1(x) = 1+x+x^4$ 이다. 이 다항식 $m_1(x)$ 는 또한 α^2 와 α^4 의 최소다항식이다. 예를 들면, 신입생의 꿈(보조정리 11.24)로부터

* $\mathbb{Z}_2$ 에서 $1 = -1$ 임을 기억하라.

$$\begin{aligned} m_1(\alpha^2) &= 1+(\alpha^2)+(\alpha^2)^4 \\ &= 1+(\alpha^2)+(\alpha^4)^2 = 1+\alpha+\alpha^4 = 0^2 = 0 \end{aligned}$$

이다. α^3의 최소다항식이 $m_3(x) = 1+x+x^2+x^3+x^4$ 임을 확인하라(연습문제 5). 다항식 $g(x)$를 곱 $m_1(x)\,m_3(x)$로 정의하고, 결과적으로

$$\begin{aligned} g(x) &= (1+x+x^4)(1+x+x^2+x^3+x^4) \\ &= 1+x^4+x^6+x^7+x^8 \in \mathbb{Z}_2[x] \end{aligned}$$

이다.

C를 $\mathbb{Z}_2[x]/(x^{15}-1)$에서 $[g(x)]$로 생성된 아이디얼이라고 하자. 그러면 정리 16.12에서 C는 코드이다. C는 모든 단일 오류와 이중 오류를 정정하는 $(15, 7)$ 코드임을 보일 것이다.

C의 코드어는 정확히 무슨 모양인가? 따름정리 5.5로부터, $\mathbb{Z}_2[x]/(x^{15}-1)$에서 각 합동류는

(**) $\qquad a_0 + a_1x + a_2x^2 + \cdots + a_{13}x^{13} + a_{14}x^{14}$, 여기서 $a_i \in \mathbb{Z}_2$

인 형태의 유일한 다항식의 합동류이다. 그래서 이 다항식으로 그 합동류를 나타낼 것이다.* 편의를 위하여, 이 다항식은 (정리 16.12에서처럼) $B(15)$의 원소 $a_0a_1a_2 \cdots a_{14} = (a_0, a_1, a_2, \ldots, a_{14})$와 동일시할 것이다. 모든 코드어는 $g(x)$의 모든 배수의 모임으로 구성된다. 예를 들어

다항식 형태 코드	$B(15)$에서 형태
$g(x) = 1+x^4+x^6+x^7+x^8$	100010111000000
$xg(x) = x(1+x^4+x^6+x^7+x^8)$	
$= x+x^5+x^7+x^8+x^9$	010001011100000
$(1+x^6)g(x) = (1+x^6)(1+x^4+x^6+x^7+x^8)$	
$= 1+x^4+x^7+x^8+x^{10}+x^{12}+x^{13}+x^{14}$	100010011010111

만약 $g(x)$가 차수 ≥ 7의 어떤 다항식 $h(x)$의 배수이면 코드어 $h(x)g(x)$는 차수 ≥ 15이고, (**)의 형태가 아니다. 예를 들어, $h(x) = x^8$이면

* 이것은 2.3절에서 $\mathbb{Z}_n$의 원소(합동류)를 $[k]$보다는 k 형태로 나타내기로 하였던 것과 유사한 대응이다.

$$h(x)g(x) = x^8 g(x) = x^8(1+x^4+x^6+x^7+x^8) \\ = x^8+x^{12}+x^{14}+x^{15}+x^{16}$$

이다. $h(x)g(x)$ 와 같은 합동류에 속하는 (**) 형태의 다항식은 $h(x)g(x)$ 를 $x^{15}-1$ 로 나눌 때의 나머지이다(따름정리 5.5).

$$h(x)g(x) = (1+x)(x^{15}-1)+(1+x+x^8+x^{12}+x^{14})$$

임을 확인하라. 따라서 $[h(x)g(x)]$ 는 코드어 $1+x+x^8+x^{12}+x^{14}$, 즉 110000001000101 이다.

예제 1에서의 과정은 쉽게 일반화된다. 그 코드가 정정해야 하는 오류의 개수를 t 라 하면 $n=2^r-1$ 이라고 두고, 여기서 r 은 $t<2^{r-1}$ 을 만족하도록 선택한다(예제에서는 $t=2$, $r=4$). 따름정리 11.26으로부터 위수 2^r 인 유한체 K가 존재한다. 정리 11.28에 따라, $K=\mathbb{Z}_2[\alpha]$, 여기서 α 는 K의 영이 아닌 모든 원소의 곱셈에 대한 군을 생성하는 (따라서 곱셈에 대한 위수가 $2^r-1=n$인) 원소이다.

$$m_1(x),\ m_2(x),\ m_3(x),\ \ldots,\ m_{2t}(x) \in \mathbb{Z}_2[x]$$

를 각각 원소

$$\alpha,\ \alpha^2,\ \alpha^3,\ \ldots,\ \alpha^{2t} \in K$$

의 최소다항식이라 하자. $g(x)$ 를 $\mathbb{Z}_2[x]$ 에서 목록 $m_1(x),\ m_2(x),\ m_3(x),\ \ldots,$ $m_{2t}(x)$ 의 서로 다른 모든 다항식의 곱이라 하자.

$\mathbb{Z}_2[x]/(x^n-1)$ 에서 $[g(x)]$ 가 생성하는 아이디얼 C를 (초기의 좁은 의미에서) **생성다항식**(generator polynomial) $g(x)$ 를 갖는 **길이**(length) n 과 **설계된거리**(designed distance) $2t+1$ 의 **BCH 코드**라고 한다. 그래서 예제 1에서의 코드는 길이 15 와 설계된거리 $5(=2\cdot 2+1)$ 의 BCH 코드이다. $g(x)$ 의 차수가 m 이면 연습문제 14는 이 코드 C가 (n,k) 코드이고, 여기서 $k=n-m$ 임을 보여준다.

정리 16.13

길이가 n 이고 설계된거리가 $2t+1$ 인 BCH 코드는 t 개 오류를 정정한다.

증명

증명은 행렬식의 지식이 필요하다. Lidl-Pilz [32, p.230]을 보라. ■

정리 16.13은 설계된 개수의 오류를 정정하는 BCH가 존재함을 보여준다. 실제 관점에서 더 중요한 것으로, 큰 BCH 코드를 복원하기 위한 효과적인 알고리즘이 존재한다.* 이것에 대한 완전한 기술은 여기서는 범위를 벗어난다. 그렇지만 여기서 오류정정 과정의 근본적인 아이디어를 간추린 형태로 설명한다.

C를 생성다항식 $g(x)$를 갖는 설계된거리 $2t+1$의 BCH 코드라 하자. $g(x)$의 정의에 따라, 각 최소다항식 $m_i(x)$는 $g(x)$의 약수이다. 따라서 각 $i=1, 2, \ldots, 2t$에 대하여 $g(\alpha^i)=0$이다. $[f(x)]$가 C에서 코드어이면 어떤 $h(x)$에 대하여 $f(x)=h(x)g(x)$이고, 그러므로

$$f(\alpha^i)=h(\alpha^i)g(\alpha^i)=h(\alpha^i)\cdot 0=0$$

이다. 역으로, 임의의 α^i가 $f(x)\in \mathbb{Z}_2[x]$의 근이면 정리 11.6으로부터, 임의의 $m_i(x)$는 $f(x)$의 약수이다. 이것으로부터 $g(x) \mid f(x)$이다(연습문제 8). 그러므로

$$[f(x)] \text{ 가 코드어일 필요충분조건은 임의의 } 1 \le i \le 2t \text{ 에 대하여 } f(\alpha^i)=0$$

이다.

코드복원기(decoder)가 다항식

$$r(x)=a_0+a_1x+a_2x^2+\cdots+a_kx^k$$

(의 합동류)를 나타내는 단어 $a_0a_1a_2\cdots a_k$를 수신한다. 코드복원기는 체 $K=\mathbb{Z}_2(\alpha)$의 다음 원소들, 즉

$$r(\alpha),\ r(\alpha^2),\ r(\alpha^3),\ \ldots,\ r(\alpha^{2t})$$

를 계산한다. 만약 이들 모두가 0이면 $r(x)$는 앞에서 언급한 사실에 따라 코드어이다. 만약 어느 것이 영이 아니면 코드복원기는 (특별한 과정에 따라) 이것들을 이용하여, 다항식 $D(x)\in K[x]$를 구성한다. 이 다항식을 **오류-위치탐지 다항식**(error-locator polynomial)이라고 부른다. K는 유한이므로, 각 $\alpha^i\in K$를 $D(x)$에 대입하여 K에 속하는 $D(x)$의 영이 아닌 모든 근을 구할 수 있다.

만약 t개보다 많은 오류가 생기지 않았으면, $D(x)$의 영이 아닌 모든 근은 전송오류의 위치를 알려준다. 예를 들면, α^7이 근이면 a_7이 수신어 $r(x)$에서 옳지 않은 것이다.

* 이것이 BCH 코드가 널리 이용되는 한 이유이다. 예를 들면, European and trans-Atlantic communication system은 $t=6$과 $r=8$에 대한 BCH 코드를 사용한다. 실패 확률이 겨우 1,600만분의 1인 6개 오류를 정정하는 $(255, 231)$ 코드이다.

유사하게 $\alpha^0 = 1$ 이 근이면 a_0 을 전송하는 데 오류가 일어난 것이다.

$D(x)$ 가 K 에서 근을 갖지 않거나 어떤 $r(\alpha^i)$ 가 0 이면, 즉 $D(x)$ 를 구할 수 없으면 t 개보다 많은 오류가 발생한 것이다. 그래서 코드복원기는 정해진 절차(여기서는 생략)에 따라 $r(x)$ 와 가장 가까운 코드어를 임의로 선택한다.

예제 2

예제 1에서의 $(15, 7)$ BCH 코드에서, 단어

$$r(x) = x + x^7 + x^8 = 010000011000000$$

가 수신되었다고 가정하자. 예제 1의 앞부분 목록과 K 의 임의의 원소 u 에 대하여 $u + u = 0$ (연습문제 1)이라는 사실을 이용하여

$$\begin{aligned} r(\alpha) &= \alpha + \alpha^7 + \alpha^8 = \alpha + (1 + \alpha + \alpha^3) + (1 + \alpha^2) = \alpha^2 + \alpha^3 = \alpha^6 \\ r(\alpha^3) &= \alpha^3 + (\alpha^3)^7 + (\alpha^3)^8 \\ &= \alpha^3 + \alpha^{21} + \alpha^{24} = \alpha^3 + \alpha^6 + \alpha^9 \\ &= \alpha^3 + (\alpha^2 + \alpha^3) + (\alpha + \alpha^3) = \alpha + \alpha^2 + \alpha^3 = \alpha^{11} \end{aligned}$$

을 얻는다. 연습문제 6으로부터

$$\begin{aligned} r(\alpha^2) &= r(\alpha)^2 = (\alpha^6)^2 = \alpha^{12} \\ r(\alpha^4) &= r(\alpha)^4 = (\alpha^6)^4 = \alpha^{24} = \alpha^9 \end{aligned}$$

임을 알 수 있다. 오류-위치탐지 다항식은 공식(연습문제 15에서 밝혀질)

$$D(x) = x^2 + r(\alpha)x + \left(r(\alpha^2) + \frac{r(\alpha^3)}{r(\alpha)}\right)$$

로 주어진다. 예제 1의 앞부분에서의 목록을 이용하여

$$\begin{aligned} D(x) &= x^2 + \alpha^6 x + \left(\alpha^{12} + \frac{\alpha^{11}}{\alpha^6}\right) = x^2 + \alpha^6 x + (\alpha^{12} + \alpha^5) \\ &= x^2 + \alpha^6 x + \alpha^{14} \end{aligned}$$

임을 알 수 있다. $D(x)$ 에 K 의 임의의 영이 아닌 원소를 대입하여

$$\begin{aligned} D(\alpha^5) &= (\alpha^5)^2 + \alpha^6 \alpha^5 + \alpha^{14} = \alpha^{10} + \alpha^{11} + \alpha^{14} \\ &= (1 + \alpha + \alpha^2) + (\alpha + \alpha^2 + \alpha^3) + (1 + \alpha^3) = 0 \end{aligned}$$

$$
\begin{aligned}
D(\alpha^9) &= (\alpha^9)^2 + \alpha^6\alpha^9 + \alpha^{14} = \alpha^{18} + \alpha^{15} + \alpha^{14} = \alpha^3 + 1 + \alpha^{14} \\
&= \alpha^3 + 1 + (1 + \alpha^3) = 0
\end{aligned}
$$

을 발견한다. 그러므로 α^5 와 α^9 가 $D(x)$ 의 모든 근이고, 그래서 x^5 와 x^9 의 계수에서 오류가 발생하였다. 수신어

$$r(x) = x + x^7 + x^8 = 01000\underline{0}011\underline{0}00000$$

는 코드어인(636쪽을 보라)

$$c(x) = x + x^5 + x^7 + x^8 + x^9 = 01000\underline{1}011\underline{1}00000$$

으로 정정된다.

유사한 방법으로, $r(x) = x^2 + x^6 + x^9 + x^{10} = 001000100110000$ 이 수신되면

$$r(\alpha) = \alpha^8, \quad r(\alpha^2) = \alpha, \ \ r(\alpha^3) = \alpha^9 \text{이고}$$

$$
\begin{aligned}
D(x) &= x^2 + r(\alpha)x + \left(r(\alpha^2) + \frac{r(\alpha^3)}{r(\alpha)}\right) = x^2 + \alpha^8 x + \left(\alpha + \frac{\alpha^9}{\alpha^8}\right) \\
&= x^2 + \alpha^8 x + (\alpha + \alpha) = x^2 + \alpha^8 x = x(x + \alpha^8)
\end{aligned}
$$

이다. $D(x)$ 의 영이 아닌 근은 α^8 뿐이므로 x^8 의 계수에서 단일 오류가 발생하였고, 그 코드어는

$$c(x) = x^2 + x^6 + x^8 + x^9 + x^{10} = 001000101110000$$

이다. 마지막으로 $1 + x + x^4$ 를 수신하였다면

$$r(\alpha) = 1 + \alpha + \alpha^4 = 0 \text{ 이고} \quad r(\alpha^3) = 1 + \alpha^3 + \alpha^{12} = \alpha^5$$

이다. 그래서 $D(x)$ 를 얻을 수 없고, 두 개보다 더 많은 오류가 발생하였다고 결론짓는다. 마찬가지로 $1 + x + x^3$ 을 수신하였다면 $D(x) = x^2 + \alpha^7 x + \alpha^5$ 이고, $D(x)$ 는 K 에서 근을 갖지 않음을 확인하라. 이것 역시 두 개보다 많은 오류가 일어났음을 알 수 있다.

■ 연습문제

노트: 달리 명시하지 않는 한 K는 위수 16의 체 $\mathbb{Z}_2[x]/(1+x+x^4)$이고, α는 예제 1에서처럼, $1+x+x^4$의 근이다.

A. 1. (a) 임의의 $f(x) \in \mathbb{Z}_2[x]$에 대하여, $f(x)+f(x)=0$ 임을 증명하라.

(b) 체 K의 임의의 u에 대하여, $u+u=0$ 임을 증명하라.

2. $\mathbb{Z}_2[x]$에서 기약인 이차 다항식은 x^2+x+1 뿐임을 보이라. [**힌트**: 모든 2차 다항식을 열거하고, 따름정리 4.19를 이용하라.]

3. $\mathbb{Z}_2[x]$에서 $1+x+x^4$이 기약임을 증명하라. [**힌트**: 연습문제 2와 정리 4.16.]

4. α^5의 $\mathbb{Z}_2$ 위에서 최소다항식은 $1+x+x^2$ 임을 증명하라. [**힌트**: 예제 1의 목록을 이용하라.]

5. (a) α^3의 $\mathbb{Z}_2$ 위에서 최소다항식은 $1+x+x^2+x^3+x^4$ 임을 증명하라. [**힌트**: 연습문제 2와 정리 4.16 및 예제 1의 목록.]

(b) α^4도 $1+x+x^4$의 근임을 보이라.

B. 6. $f(x) \in \mathbb{Z}_2[x]$이고 α가 $\mathbb{Z}_2$의 어떤 확대체의 원소이면 임의의 $k \geq 1$에 대하여 $f(\alpha^{2k}) = f(\alpha^k)^2$ 임을 증명하라. [**힌트**: 보조정리 11.24.]

7. (a) $f([a_0+a_1x+a_2x^2+ \cdots +a_{n-1}x^{n-1}]) = (a_0, a_1, a_2, \ldots, a_{n-1})$로 주어진 함수 $f : \mathbb{Z}_2[x]/(x^n-1) \to B(n)$은 전사임을 보이라.

(b) f는 덧셈군의 준동형사상임을 증명하라.

(c) f는 단사임을 증명하라. [**힌트**: 덧셈표기의 정리 8.17.]

8. (a) F가 체이고, $f(x) \in F[x]$라고 하자. $p(x)$와 $q(x)$가 $F[x]$에서 $p(x) \mid f(x)$이고 $q(x) \mid f(x)$를 만족하는 서로 다른 모닉인 기약이면 $p(x)q(x) \mid f(x)$ 임을 증명하라. [**힌트**: $f(x)=g(x)h(x)$ 이면 $p(x) \mid g(x)h(x)$이고, 정리 4.12의 (2)항을 이용하라.]

(b) $m_1(x), m_2(x), m_3(x), \ldots, m_k(x)$가 $F[x]$에서 $f(x)$가 각 $m_i(x)$로 나누어지는 서로 다른 모닉인 기약이면 $g(x) = m_1(x)m_2(x)m_3(x) \cdots m_k(x) \mid f(x)$ 임을 증명하라.

9. C를 예제 1과 2에서의 $(15, 7)$ BCH 코드라고 하자. 거기서 살펴본 오류정정 기법을 이용하여, 다음 수신어를 정정하거나 세 개 이상의 오류가 발생하였음을 확인하라.
   (a) $1+x = 110000000000000$
   (b) $1+x^3+x^4+x^5 = 100111000000000$
   (c) $1+x^2+x^4+x^7 = 101010010000000$
   (d) $1+x^6+x^7+x^8+x^9 = 100000111100000$

10. $t=3,\ r=4,\ n=15$ 인 BCH 코드에 대한 생성다항식이 $g(x)=1+x+x^2+x^4+x^5+x^8+x^{10}$ 임을 보이라. [**힌트**: 연습문제 3~5가 도움이 될 것이다.]

11. $K=\mathbb{Z}_2(\alpha)$를 위수 2^r 의 유한체라 하고, 그 곱셈군이 α 로 생성된다고 하자. 각 i 에 대하여 $m_i(x)$를 α^i 의 $\mathbb{Z}_2$ 위에서 최소다항식이라 하자. $n=2^r-1$ 이면 x^n-1 은 각 $m_i(x)$ 로 나누어짐을 증명하라. [**힌트**: $\alpha^n=1$ (왜?), 정리 11.6을 이용하라.]

12. $g(x)$가 $\mathbb{Z}_2[x]/(x^n-1)$ 에서 어떤 BCH 코드의 생성다항식이면 x^n-1 은 $g(x)$ 로 나누어짐을 증명하라. [**힌트**: 연습문제 11과 8(b).]

13. $g(x)\in\mathbb{Z}_2[x]$ 를 x^n-1 의 인수라 하고, C를 $\mathbb{Z}_2[x]/(x^n-1)$ 에서 $[g(x)]$ 로 생성된 주아이디얼이라 하자. 그러면 C는 코드이다. C는 다음 의미에서 순환적(cyclic)임을 증명하라: C(코드어를 $B(n)$ 의 원소로 나타낸)가 다음 성질을 만족한다. 즉 $(c_0, c_1, c_2, \dots, c_{n-1})\in C$이면 $(c_{n-1}, c_0, c_1, \dots, c_{n-2})\in C$이다. [**힌트**: $c_{n-1}+c_0x+c_1x^2+\cdots+c_{n-2}x^{n-1}=x\left(c_0+c_1x+\cdots+c_{n-1}x^{n-1}\right)-c_{n-1}(x^n-1)$.]

C. 14. C를 연습문제 13에서의 코드라고 하자. $g(x)$ 의 차수가 m 이고, $k=n-m$ 이라고 하자. J를 $\mathbb{Z}_2[x]$ 에서 $a_0+a_1x+a_2x^2+\cdots+a_{k-1}x^{k-1}$ 형태의 모든 다항식의 집합이라 하자.
   (a) C의 임의의 원소는 $s(x)\in J$인 $[s(x)g(x)]$ 형태임을 증명하라. [**힌트**: $[h(x)g(x)]\in C$라 두자. 나눗셈 알고리즘에 의하여 $h(x)g(x)=e(x)(x^n-1)+r(x)$, 여기서 $\deg r(x)<n$이고, $[h(x)g(x)]=[r(x)]$이다. $r(x)=s(x)g(x)$, 여기서 $s(x)=h(x)-e(x)f(x)$ 이고 $g(x)f(x)=x^n-1$ 임을 보이라. 정리 4.2를 이용하여, $s(x)\in J$임을 보이라.]

(b) C는 위수가 2^k 이고, 따라서 C는 (n, k) 코드임을 증명하라. [**힌트**: 따름정리 5.5를 이용하여, J에서 $s(x) \neq t(x)$ 이면 C에서 $[s(x)g(x)] \neq [t(x)g(x)]$ 임을 보이라. 얼마나 많은 원소가 J에 속하는가?

15. C를 차수 ≤ 14 의 다항식으로 나타낸 코드어를 갖는 예제 1과 2에서의 $(15, 7)$ BCH 코드라 하자. 코드어 $c(x)$ 를 전송하여 x^i 와 x^j 의 계수에서의 오류와 함께 $r(x)$ 가 수신되었다고 하자. 그러면 α^i와 α^j을 근으로 갖는 $D(x) = (x+\alpha^i)(x+\alpha^j) \in K[x]$ 는 오류-위치탐지 다항식이다. $D(x)$ 의 계수를 $r(\alpha)$, $r(\alpha^2)$, $r(\alpha^3)$ 에 관하여 다음과 같이 설명하라.

(a) $r(x) - c(x) = x^i + x^j$ 임을 증명하라.

(b) $k = 1, 2, 3$ 에 대하여 $r(\alpha^k) = \alpha^{ki} + \alpha^{kj}$ 임을 증명하라. [638쪽의 굵은 글씨로 된 설명을 참조하라.]

(c) $D(x) = x^2 + (\alpha^i + \alpha^j)x + \alpha^{i+j} = x^2 + r(\alpha)x + \alpha^{i+j}$ 임을 보이라.

(d) $\alpha^{i+j} = r(\alpha^2) + \dfrac{r(\alpha^3)}{r(\alpha)}$ 임을 보이라. [**힌트**: $r(\alpha)^3 = (\alpha^i + \alpha^j)^3 = \alpha^{3i} + \alpha^{3j} + \alpha^{i+j}(\alpha^i + \alpha^j) = r(\alpha^3) + r(\alpha)\alpha^{i+j}$ 임을 보이고, α^{i+j} 에 대하여 풀라. $r(\alpha)^2 = r(\alpha^2)$ 임을 주목하라.]

16. $t = 1$ 인 BCH 코드는 사실 Hamming 코드임을 보이라. (631쪽~632쪽을 보라.)

PART 4

부록

Appendix A

논리와 증명

이 부록은 이 책을 읽는 데 필요한 논리와 증명에 관한 기본 사실을 요약한다. 이 주제의 완전한 논의를 위하여, Galovich [7], Smith-Eggen-St. Andre [10] 또는 Solow [11]을 보라.

논리

명제(statement)는 참(true) 또는 거짓(false)인 서술문(declarative sentence)이다. 예를 들면, 다음 각 문장은 명제이다.

π는 실수이다.
임의의 삼각형은 이등변이다.
지난해 미국에서 103마리의 대머리독수리가 태어났다.

마지막 문장은 비록 참과 거짓임을 증명할 수 없지만, 명제이다. 다음 문장은 어느 것도 명제가 아니다.

몇 시야? 와!

합성명제

접속사 '그리고(and)'와 '또는(or)'을 사용하여 여러 개의 명제로 형성되는 **합성명제**(compound statement)를 자주 다룬다. 합성명제의 참과 거짓은 그 합성요소들의 참과 거짓에 달려 있다. 명제 P와 Q에 대하여

'P 그리고 Q'는 P와 Q 둘 다 참일 때 참이고, 그 외는 거짓이다.

예를 들어,

$$\pi\text{는 실수이고}\quad 9 < 10\text{ 이다}$$

는 각 합성요소가 모두 참이므로, 참인 명제이다. 그러나

$$\pi\text{는 실수이고}\quad 7-5=8\text{ 이다}$$

는 그 합성요소 중 하나가 거짓이므로, 거짓 명제이다.

보통의 문장에서, 단어 '또는(or)'은 배제의 의미로 가장 자주 사용된다. 예를 들면

그는 적어도 21세이거나 또는 21세보다 어리다

처럼 '하나 또는 다른 것'을 의미하지만, 둘 다를 의미하지 않는다. 그렇지만 '또는'은 다음 문장에서와 같이 포괄하는 의미로 사용될 수도 있는데, 이것은 '하나, 또는 다른 것, 또는 둘 다 가능한'을 의미한다.

그들은 첫 경기에서 이기거나 또는 두 번째 경기에서 이길 것이다.

따라서 포괄적인 '또는'은 일상적인 언어에서 '그리고/또는'과 같은 의미가 있다. 수학에서 '또는'은 항상 포괄적인 의미로 사용하여 합성 요소들 모두가 참이 될 수도 있지만, 그것을 꼭 요구하지 않는 가능성을 허락한다. 결과적으로 명제 P와 Q에 대하여

'P 또는 Q'는 P와 Q의 적어도 하나가 참일 때 참인 명제이고,
P와 Q가 모두 거짓일 때 거짓이다.

예를 들어,

$$7 > 5\quad\text{또는}\quad 3+8=11$$

과

$$7 > 5\quad\text{또는}\quad 3+8=23$$

은 각각에서 적어도 하나의 합성요소가 참이므로 모두 참인 명제이지만

$$4 < 2\quad\text{또는}\quad 5+3=12$$

는 모든 합성요소가 거짓이므로 거짓이다.

부정

명제 P의 **부정**(negation)은 명제 'P가 아니다'이고, 편의상 'not-P'로 간단히 나타낼 수 있다. 따라서

7은 양의 정수이다

의 부정은 명제 '7은 양수이다가 아니다'이고, 보통 덜 어색한 형태인 '7은 양의 정수가 아니다'로 나타낼 수 있다. 명제 P에 대하여,

P의 부정은 P가 거짓일 때만 참이고,
P의 부정은 P가 참일 때만 거짓이다.

명제 'P 그리고 Q'의 부정은 명제 'P 그리고 Q가 아니다'이다. 이제 'P 그리고 Q'는 P와 Q가 모두 참일 때만 꼭 참이고, 이것은 P와 Q의 적어도 하나가 거짓임을 의미하는 경우가 아니라는 것을 말한다. 그런데 이것은 not-P 또는 not-Q의 하나가 참일 때만 꼭 일어난다. 따라서

명제 'P 그리고 Q'의 부정은 명제 'not-P 또는 not-Q'이다.

예를 들어,

f는 연속이고 f는 $x = 5$에서 미분가능이다

의 부정은 명제

f는 연속이 아니거나 f는 $x = 5$에서 미분가능이 아니다

이다.

명제 'P 또는 Q'의 부정은 명제 'P 또는 Q가 아니다'이다. 이제 'P 또는 Q'는 P와 Q 중 적어도 하나가 참일 때만 정확히 참이다. 이것은 P와 Q 모두 거짓을 의미하는 경우가 아니라는 것을 말한다. 그런데 P와 Q는 not-P와 not-Q가 둘 다 참일 때 정확히 모두 거짓이다. 따라서

명제 'P 또는 Q'의 부정은 'not-P이고 not-Q'

이다. 예를 들어,

119가 소수이거나 $\sqrt{3}$이 유리수이다

의 부정은 명제

119가 소수가 아니고 $\sqrt{3}$이 유리수가 아니다

이다.

한정

많은 수학적 명제는 한정을 포함한다. **전칭한정**(universal quantifier)은 논의하는 항목 모두에 대하여(for all) 어떤 성질이 참임을 진술한다. 다음과 같은 전칭한정의 여러 가지 변형이 있다. 즉

모든 실수 c에 대하여 $c^2 > -1$ 이다.
임의의 정수는 실수이다.
모든 정수는 유리수이다.
각 실수 a에 대하여 수 a^2+1 은 양이다.

존재한정(existential quantifier)은 어떤 성질을 갖는 대상이 적어도 하나 존재한다는 것을 주장한다. 예를 들어,

양의 유리수가 존재한다.
$x^2-5x+6=0$ 을 만족하는 수 x가 존재한다.
짝수인 소수가 있다.

수학에서 단어 '어떤(some)'은 '적어도 하나(at least one)'를 의미하고, 사실상 존재한정이다. 예를 들면,

어떤 정수는 소수이다

는 '적어도 하나의 정수는 소수이다'라고 말하는 것과 같다. 즉

소수인 정수가 존재한다

이다.

한정을 포함하는 명제의 부정을 취할 때 주의해야 한다. 예를 들면,

모든 실수는 유리수이다

의 부정은 '모든 실수는 유리수이다가 아니다', 즉 무리수인(유리수가 아닌) 적어도 하나의 실수가 존재한다는 것을 의미한다. 그래서 이 부정은

무리수가 적어도 하나 존재한다

이다. 특히 명제 '모든 실수는 유리수가 아니다'와 '모든 실수는 무리수이다'는 '모든 실수는 유리수가 아니다'의 부정이 아니다. 이 예는 다음의 일반적 원리를 설명한다. 즉

전칭한정을 갖는 명제의 부정은 존재한정을 갖는 어떤 명제이다.

명제

양의 정수가 존재한다

의 부정은 '양의 정수가 존재한다가 아니다', 즉 '임의의 정수는 양이 아니다' 또는 '양의 정수는 없다'를 의미한다. 따라서

존재한정을 갖는 명제의 부정은 전칭한정을 갖는 어떤 명제이다.

조건명제와 상호조건명제

수학적 증명에서 기호로 $P \Rightarrow Q$로 나타내는

$$P\text{이면 } Q\text{이다}$$

형태의 **조건명제**(conditional statement)를 주로 다룬다. 여기서 명제 P를 **가정**(hypothesis) 또는 **전제**(premise)라 부르고, Q를 **결론**(conclusion)이라고 부른다. 다음은 몇 가지 예이다.

c와 d가 정수이면 cd는 정수이다.
f가 $x=3$에서 연속이면 f는 그곳에서 미분가능이다.
$a \neq 0 \Rightarrow a^2 > 0$.

여러 가지 문법적 변형이 있는데, 그 모두는 'P이면 Q이다'와 같은 것을 의미한다. 즉

P는 Q를 의미한다.
P는 Q를 위하여 충분하다.
P를 조건으로 Q이다.
P일 때 언제나 Q이다.

일상적 용법에서, 명제 'P이면 Q이다'는 P의 참이 Q의 참을 보장하는 것을 의미한다. 결국

'$P \Rightarrow Q$'는 P와 Q 모두 참일 때와 모두 거짓일 때 참이고,
P가 참이고 Q가 거짓일 때 거짓이다.

비록 드물게 일어나는 상황이지만, 때때로 P가 거짓일 때 명제 '$P \Rightarrow Q$'를 다루어야 한다. 예를 들어, 다음 선거 공약을 생각해 보자. 내가 당선되면 세금을 내릴 것이다. 만약 후보자가 당선되면(P가 참이면) 이 명제의 참이나 거짓은 세금이 내리느냐 아니냐에 달려 있다. 그렇지만 만약 후보자가 당선되지 않으면(P가 거짓이면) 무엇인가? 세금이 어떻게 되든가 관계없이 선거 공약이 거짓이라고 정당하게 말할 수 없다. 결과적으로 기호논리에서 다음 규칙을 채택하는 것이 관례이다.

P가 거짓일 때 명제 '$P \Rightarrow Q$'는 참이다.

조건명제 '$P \Rightarrow Q$'의 **대우**(contrapositive)는 명제 'not-Q $\Rightarrow$ not-P'이다. 예를 들면, 정수에 관한 명제

$$c\text{가 }6\text{의 배수이면 }c\text{는 짝수이다}$$

의 대우는 명제

$$c\text{가 짝수가 아니면 }c\text{는 }6\text{의 배수가 아니다}$$

이다. 원래 명제와 그 대우는 모두 참임을 주목한다. 두 명제의 하나가 다른 것이 참일 때 꼭 참이면 두 명제는 **동치**(equivalent)라고 한다. 다음을 주장한다. 즉

조건명제 '$P \Rightarrow Q$'는 그것의 대우명제 'not-Q $\Rightarrow$ not-P'와 동치이다.

이 동치관계를 증명하기 위하여, $P \Rightarrow Q$가 참이라 하고, 명제 'not-Q $\Rightarrow$ not-P'를 생각하자. not-Q가 참이라고 가정하자. 그러면 Q는 거짓이다. 이제 P가 참이라면 Q는 필수적으로 참일 것이고, 이것은 그 경우가 아니다. 그래서 P는 거짓이어야 하고, 따라서 not-P는 참이다. 따라서 not-Q $\Rightarrow$ not-P는 참이다. 유사한 방법으로 not-Q $\Rightarrow$ not-P가 참이면 $P \Rightarrow Q$도 참임을 보일 수 있다.

조건명제 '$P \Rightarrow Q$'의 **역**(inverse)은 명제 '$Q \Rightarrow P$'이다. 예를 들어, 명제

$$b\text{가 양의 실수이면 }b^2\text{은 양이다}$$

의 역은 명제

$$b^2\text{이 양이면 }b\text{는 양의 실수이다.}$$

이다. 이 마지막 명제는 거짓이다. 왜냐하면 $(-3)^2$은 양수 9이지만 -3은 양이 아니기 때문이다. 따라서

참인 명제의 역은 거짓일 수 있다.

한 조건명제와 그 역이 모두 참인 어떤 상황이 있다. 예를 들면

$$\text{정수 }k\text{가 홀수이면 정수 }k+1\text{은 짝수이다}$$

는 참이고, 그 역

$$\text{정수 }k+1\text{이 짝수이면 정수 }k\text{는 홀수이다}$$

도 참이다. 이 사실을 간결한 형태로 'k가 홀수일 필요충분조건은 $k+1$이 짝수이다'와 같이 진술할 수 있다. 더 일반적으로

$$P\text{일 필요충분조건은 }Q$$

는 'P iff Q' 또는 '$P \Leftrightarrow Q$'로 축약하여 나타내고

$$P \Rightarrow Q \text{ 그리고 } Q \Rightarrow P$$

를 의미한다. 'P일 필요충분조건은 Q'는 **상호조건명제**(biconditional statement)라 한다. 합성명제에 대한 규칙으로부터 'P일 필요충분조건은 Q'는 정확히 $P \Rightarrow Q$와 $Q \Rightarrow P$가 모두 참일 때 참이다. 이 경우에 P의 참은 Q의 참을 의미하고, 그 역도 마찬가지이다. 그러므로 Q가 참일 때 정확히 P가 참이다. 다르게 말하면 'P일 필요충분조건은 Q'는 P와 Q가 동치 명제임을 의미한다.

정리와 증명

수학적 주제의 형식적 전개는 어떤 무정의 용어 및 **공리**(axiom, 참인 것으로 가정한 무정의 용어들에 관한 명제)와 함께 시작한다. 새로운 용어들을 정의하고, 또 **정리**(theorem, 이 대상들에 관한 참인 명제)를 구성하기 위하여 이러한 무정의 용어와 공리를 사용한다. 정리의 **증명**(proof)은 그 명제가 참임을 완전히 정당화하는 것이다.

대부분의 정리는 조건명제이다. 조건명제 형태로 진술되지 않은 정리는 종종 어떤 조건명제와 동치이다. 예를 들어, 명제

1 보다 큰 임의의 정수는 어떤 소수들의 곱이다

는

n이 정수이고 $n > 1$ 이면 n은 어떤 소수들의 곱이다

와 동치이다.

조건명제 형태로 표현할 수 있는 어떤 정리를 증명하는 첫 단계는 가정 P와 결론 Q를 특정하는 것이다. 정리 '$P \Rightarrow Q$'를 증명하기 위하여, 가정 P가 참임을 가정한 다음, 그것을 사용하여 공리와 정의 그리고 이전에 증명된 정리들과 함께, 결론 Q가 필수적으로 참임을 입증한다.

증명의 방법

다음과 같이 공통적인 몇 가지 증명 기법을 기술한다. 이러한 요약은 도움이 되지만, 있을 수 있는 모든 수학적 명제를 증명하기 위하여 정확한 과정을 주는 강력하고 빠른 규칙은 없다. 여기서 논하는 증명의 방법은 증명을 분석하고, 작성하는 것을 안내하는 지도와 비슷하다. 지도는 그 지형의 모든 어려움을 드러내 보이지 않을 수도 있지만, 보통 그 경로를 더 분명하게 해 주고 여행을 더 쉽게 해 준다.

직접증명법 이 증명 방법은 R이 참인 명제이고, '$R \Rightarrow S$'가 참인 조건명제이면 S는 참인 명제'라는 **긍정논법**(modus ponens)이라고 부르는 논리 법칙에 근거한다. 정리 '$P \Rightarrow Q$'를 직접적인 방법으로 증명하기 위하여, 명제 열 $P_1, P_2, \ldots, P_n$을 찾아, 조건명제 $P \Rightarrow P_1$, $P_1 \Rightarrow P_2$, $P_2 \Rightarrow P_3$, …, $P_{n-1} \Rightarrow P_n$과 $P_n \Rightarrow Q$의 각각이

참임을 입증한다. 그러면 P가 참이라는 가정과 긍정논법을 반복적으로 사용하여, Q가 참임을 보인다.

직접증명법은 증명의 방법으로 가장 널리 사용된다. 실제 사례에서는 P에서 Q로 진행할 수 있도록 하는 각종 중간 명제를 생각해 내기가 매우 어려울 수 있다. 그것들을 찾기 위하여, 대부분의 수학자는 종종 **전진-후진 기법**(forward-backward technique)이라고 불리는 사고의 과정을 이용한다. 진행을 앞으로 시작하여 자신에게 묻는다: 가정 P에 관하여 무엇을 알 수 있는가? 그것이 무엇을 의미하는가? 이 사실들로부터 무슨 명제들이 나오는가? 등등. 이때 아직 명확하지는 않지만, 만약 있다면 결론 Q와 P의 연관성에 따라 함축되는 명제들의 목록을 얻을 수도 있다.

이제 무슨 사실이 Q가 참임을 보장하는가? 무슨 명제가 그 사실을 함축하는가? 등등을 질문하여 Q에서 거꾸로 진행한다. 그때 Q를 함축하는 어떤 명제들의 목록을 얻는다. 이것을 첫 목록과 비교한다. 운이 좋으면 어떤 명제는 양쪽 목록에 있을 것이고, 더 많게는 첫 목록에 어떤 명제 S가 있고, 두 번째 목록에 어떤 명제 T가 있고, 또 $S \Rightarrow T$를 보이는 것이 가능할 수도 있다. 그러면 $P \Rightarrow S$이고, $S \Rightarrow T$이고, $T \Rightarrow Q$이고, 그 결과로 $P \Rightarrow Q$이다.

전진-후진 기법을 사용하여 성공적으로 $P \Rightarrow Q$의 증명을 찾았을 때, 완성된 형태로 증명을 써야 한다. 이 완성된 형태는 증명을 이끈 사고 과정과 아주 다르게 보일 수 있다. 그 사고 과정은 앞과 뒤로 넘나들었지만, 완성된 증명은 보통 P로 시작하여 단계적인 논리적 순서에 따라 P에서 S로, T로, Q로 진행된다. 완성된 증명은 증명에 필요한 사실들만을 포함하여야 한다. 전진-후진 과정에서 나왔던 많은 명제가 최종 논법에 부적절한 것으로 드러나면, 그것들은 완성된 증명에 포함되지 않아야 한다. 이 책에 실린 대부분의 증명에서 볼 수 있듯이, 완성된 증명은 조건명제들의 열거라기보다 보통 하나의 이야기 형식으로 기술된다.

대우증명법(contrapositive method) 임의의 조건명제는 그것의 대우와 동치이므로, '$P \Rightarrow Q$'가 참임을 결론짓기 위하여 '$\text{not-}Q \Rightarrow \text{not-}P$'를 증명하여도 된다. 예를 들면, 특정 함수 f에 대하여

$$a \neq b \text{ 이면 } f(a) \neq f(b)$$

를 증명하는 대신에 대우인

$$f(a) = f(b) \text{ 이면 } a = b$$

를 증명하여도 된다.

모순에 의한 증명(proof by contradiction) 어떤 명제 R이 참이라고 가정하고, $R \Rightarrow S$라는 타당한 주장을 한다(즉, $R \Rightarrow S$가 참인 명제이다)고 가정하자. 명제 S가

사실은 거짓 명제라면, 참인 전제 R과 참인 명제 $R \Rightarrow S$는 긍정논법에 따라 S가 참임을 유도하므로, 가능한 결론은 원래의 명제 R이 거짓이어야 한다는 꼭 한 가지뿐이다.

이 사실을 이용하여 정리 '$P \Rightarrow Q$'를 증명하기 위하여, 보통 P가 참인 명제임을 가정한다. 그러면 $R=$ not-Q와 함께 앞 단락에서의 논법을 적용한다. 다르게 말하면, not-Q가 참이라고 가정하고, 거짓으로 알려진 어떤 명제 S에 대하여 not-$Q \Rightarrow S$를 보여주는 어떤 논법(예측건대, P와 이전에 증명된 결과를 이용해)을 찾는다. not-Q가 거짓이어야 함을 결론짓는다. 그런데 Q가 참일 때 바로 not-Q가 거짓이다. 그러므로 Q는 참이고, $P \Rightarrow Q$가 증명된다. 그런데 보통 명제 S를 찾고 not-Q가 S를 함축하는 것을 증명하기가 어려운 부분이다.

예제 1

어떤 정수가 2의 배수일 때 짝수(even)라 하고, 짝수가 아닌 정수를 홀수(odd)라 하는 것을 상기한다. 모순에 의한 증명으로, 명제

$$m^2 \text{이 짝수이면 } m \text{이 짝수이다}$$

를 증명해 보자. 여기서, 명제 'm^2이 짝수이다'를 P라 하고, 명제 'm이 짝수이다'를 Q라 하자. 'm이 짝수가 아니다'와 동치인 'm이 홀수이다'(명제 not-Q)를 가정하자. 그런데 임의의 홀수는 어떤 짝수보다 1만큼 더 크다. 임의의 짝수는 2의 배수이므로, 어떤 정수 k에 대하여 $m=2k+1$이다. 그러면 산술의 기본 법칙으로부터

$$m^2=(2k+1)^2=4k^2+4k+1=2(2k^2+2k)+1$$

이다. 이 식의 마지막 명제는 m^2이 2의 어떤 배수보다 1 더 크다는 것을 말한다. 그런데 m^2이 짝수임(명제 P)이 주어진 것이고, 따라서 'm^2은 홀수이고 동시에 짝수이다'(명제 S). 어떤 정수도 홀수이고 동시에 짝수일 수 없으므로, 이 명제는 거짓이다. 그러므로 원래의 가정 not-Q는 모순(거짓 명제 S)을 일으킨다. 결과적으로 not-Q는 거짓이어야 하고, 따라서 명제 'm이 짝수이다'(명제 Q)는 참이다.

예제 1에서, 여러 가지 명제들을 일반적인 상황에 쉽게 관련지을 수 있도록 문자 표시를 붙였다. 보통은 모순에 의한 증명에서 이렇게 하지 않으므로, 이 예제에서만큼 자세하게 주어지지 않을 수도 있다.

증명 방법의 선택은 부분적으로 취향의 문제이고, 부분적으로 효율성의 문제다. 앞에서 열거한 것 중 어느 것이나 사용할 수 있지만, 상황에 따라 하나의 증명법이 다른 것보다 훨씬 짧거나 쉽게 파악할 수 있는 증명이 될 수 있다. 또한 어떤 형태의 명제들

에만 적용할 수 있는 증명법들이 있다.

수학적귀납법에 의한 증명(proof by induction) 이 증명법은 부록 C에서 자세히 논한다.

구성증명법(construction method) 이 증명법은 '이런저런 성질을 갖는 이러저러한 것이 존재한다'와 같은 형태의 명제를 포함하는 정리에 적절하다. 예를 들어,

$d^2 - 4d - 5 = 0$ 를 만족하는 정수 d가 존재한다.
r과 s가 서로 다른 유리수이면 r과 s 사이에 유리수가 존재한다.
r이 양의 실수이면 $\frac{1}{m} < r$ 을 만족하는 양의 정수 m이 존재한다.

이러한 명제를 증명하기 위하여, 요구되는 성질을 갖는 대상을 하나 구성(발견, 제작, 추측)하여야 한다. 그런 명제의 증명을 읽을 때, 그 증명에서 제시한 대상이 실제로 진술된 성질을 갖는다는 것을 입증하기만 하면 된다. 존재 증명은 하나의 예를 제시하는 것 이상 아무것도 아닐 수 있다. (예를 들면, 정수 2는 '양의 정수가 존재한다'의 증명을 제공한다.) 그렇지만 요구되는 대상을 찾기 위하여, 자명하지 않은 논거가 필요한 경우가 많을 것이다.

주의: 존재 증명을 위하여 하나의 예가 충분하지만, 어떤 예는 직접 또는 간접적으로 전칭한정을 포함하는 정리를 결코 증명할 수 없다. 예를 들면, 명제

c가 정수이면 $c^2 - c + 11$ 은 소수이다

가 성립하는 수없이 많은 예가 있더라도, 그것이 증명된 것은 아닐 것이다. 왜냐하면 이 명제는 사실상 (임의의) 정수 c에 대하여 어떤 다른 정수가 소수임을 말하기 때문이다. $12^2 - 12 + 11 = 143 = 13 \cdot 11$ 이므로 $c = 12$ 인 경우는 성립하지 않는다. 그래서 이 명제는 거짓이다. 이 예는 다음을 보여준다.

반례는 명제가 거짓임을 증명하는 데 충분하다.

이 이야기의 교훈은 어떤 명제가 참인지 불확실하다고 생각하면, 그것이 성립하거나 성립하지 않는 어떤 예를 찾으러 시도하라는 것이다. 만약 그것이 성립하지 않는 단지 하나의 예를 발견할 수 있다면, 그 명제가 참이 아님을 증명한 것이다. 만약 그 명제가 성립하는 예만을 찾을 수 있다면, 그것을 증명한 것은 아니지만 그것이 참일 것이라는 증거를 높이는 것이다.

다중조건명제의 증명

상호조건명제 'P일 필요충분조건은 Q'를 증명하기 위하여, '$P \Rightarrow Q$'와 '$Q \Rightarrow P$'

둘 다를 증명하여야 한다. 이 명제 중 하나를 증명하고, 다른 하나는 증명하지 않는 것이 일상적인 학생들의 잘못이다. 예를 들어,

변 a, b, c를 갖는 직각 삼각형의 빗변이 c일 필요충분조건은 $c^2 = a^2 + b^2$이다

의 증명은 두 개의 분리된 부분으로 구성된다. 첫째, 변 a, b와 빗변 c를 갖는 직각 삼각형이 있다고 가정하고, $c^2 = a^2 + b^2$임을 증명해야 한다. 다음은 두 번째 논의를 해야 한다. 즉, 삼각형의 변들이 $c^2 = a^2 + b^2$을 만족한다고 가정하고, 이것이 빗변이 c인 직각 삼각형임을 증명해야 한다.

다음 조건들은 동치이다: P, Q, R, S, T

형태의 명제를 **다중조건명제**(multiconditional statement)라 하고, 이것은 명제 P, Q, R, S 또는 T가 임의의 다른 것을 함축하는 것을 의미한다. 따라서 다중조건 명제는 바로 상호조건명제들의 목록, 즉 $P \Leftrightarrow Q$ 그리고 $P \Leftrightarrow R$ 그리고 $P \Leftrightarrow S$ 그리고 $P \Leftrightarrow T$ 그리고 $Q \Leftrightarrow R$ 그리고 $Q \Leftrightarrow S$ 등등에 대한 약칭이다. 이 다중조건 명제를 증명하기 위하여

$$P \Rightarrow Q \text{ 그리고 } Q \Rightarrow R \text{ 그리고 } R \Rightarrow S \text{ 그리고 } S \Rightarrow T \text{ 그리고 } T \Rightarrow P$$

를 증명하기만 하면 된다. 다른 모든 요구 조건은 곧바로 성립한다. 예를 들면, $T \Rightarrow P$와 $P \Rightarrow Q$로부터 $T \Rightarrow Q$임을 알 수 있고, 다른 모든 경우도 유사하게 알 수 있다.

예제 2

정수에 관한 정리

양의 정수 p에 대한 다음 조건들은 동치이다:

(1) p는 소수이다.
(2) p가 ab의 인수이면 p는 a의 인수이거나 p는 b의 인수이다.
(3) $p = rs$이면 $r = \pm 1$ 또는 $s = \pm 1$이다.

를 증명하기 위하여, 세 가지 분리된 논의를 하여야 한다. 먼저, (1)을 가정하고 (2)를 증명한다. 그 결과 (1) $\Rightarrow$ (2)가 참이다. 두 번째로 (2)를 가정하고 (3)을 증명한다. 그 결과로 (2) $\Rightarrow$ (3)이 참이다. 마지막으로, (3)을 가정하고 (1)을 증명해야 한다. 그 결과 (3) $\Rightarrow$ (1)이 참이다.

주의 각 단계에서 세 개의 명제 중 꼭 하나만을 가정하고, 그것을 이용하여 다른 것을 증명한다. 세 번째 명제는 그 논의 부분에서 역할을 하지 않는다.

Appendix B

집합과 함수

여기서의 목적에 따라 **집합**(set)은 대상(object)의 임의의 모임이다. 예를 들어,

모든 정수의 집합 $\mathbb{Z}$
넓이 24의 모든 직각 삼각형의 집합
모든 양의 무리수의 집합

집합의 대상을 그 집합의 **원소**(element) 또는 **구성원**(member)이라고 부른다. B가 집합일 때, 명제 'b는 B의 원소이다'는 '$b \in B$'로 간단히 나타낸다. 유사하게 '$b \notin B$'는 'b는 B의 원소가 아니다'를 의미한다. 예를 들어, 모든 정수의 집합 $\mathbb{Z}$에 대하여

$$2 \in \mathbb{Z} \text{ 이고 } \quad \pi \notin \mathbb{Z} \text{ 이다.}$$

집합을 나타내는 여러 가지 방법이 있다. 앞의 예에서처럼, 하나의 집합은 **언어적 서술**(verbal description)로 정의할 수 있다. 작은 유한집합은 그 모든 원소를 **나열**(listing)하여 표기할 수 있다. 그 목록은 관습적으로 곱슬한 괄호 속에 배치한다. 예를 들면

$$\{3,\ 7,\ -4,\ 9\} \text{ 또는 } \{a,\ b,\ c,\ r,\ s,\ t\}$$

원소 나열 표기는 종종 무한집합에도 쓰인다. 예를 들어, $\{2,\ 4,\ 6,\ 8,\ \ldots\}$은 모든 양의 정수의 집합을 나타낸다. 엄밀히 말하면, 이 표기는 무한집합의 경우에 누구나 같은 형태로 알고, 영원히 계속될 것이라 이해하는 것에 달려 있으므로 애매모호하다. 그렇지만 문맥상 분명할 때는 어떤 혼동이 일어나지 않을 것이다.

마지막으로 집합은 원소들이, 또 그 원소들만 성립하는 성질들에 관하여 기술할 수 있다. 이것은 보통 **조건제시 표기**(set-builder notation)로 이루어진다. 예를 들어,

$$\{x \mid x\text{는 정수이고 } x > 9\}$$

는 x가 9보다 큰 정수임을 만족하는 모든 원소 x의 집합을 나타낸다. 일반적으로 세로선은 '만족하는(such that)'에 대한 속기이고, '$\{y \mid P\}$'는 'P를 만족하는 모든 원소 y의 집합'이라고 읽는다. 따라서 다음 각각은 모든 짝수 정수의 집합이다.

$$\{x \mid x\text{는 짝수인 정수}\}$$
$$\{t \mid t \in \mathbb{Z}\text{이고 } t\text{는 짝수}\}$$
$$\{r \mid r \in \mathbb{Z}\text{이고 } r\text{은 2의 배수}\}$$
$$\{r \mid r \in \mathbb{Z}\text{이고 어떤 정수 } k\text{에 대하여 } r = 2k\}$$

공집합

조건제시 표기의 어떤 특별한 경우는 특이한 집합을 이끈다. 예를 들어, 집합

$$\{x \mid x\text{는 정수이고 } 0 < x < 1\}$$

는 0과 1 사이에 정수가 없으므로, 원소를 갖지 않는다. 원소를 갖지 않는 집합을 **공집합**(empty set 또는 null set)이라고 부르고, $\varnothing$로 나타낸다. 임의의 원소 c에 대하여, $c \in \varnothing$는 거짓이고, $c \notin \varnothing$는 참이다. 공집합은 곳곳에 사용되는 대단히 편리한 개념이지만, **공집합이 아닌 집합**(nonempty set, 즉 적어도 하나의 원소를 갖는 집합)에 대해서만 성립하는 정리들을 다룰 때 약간의 주의가 꼭 필요하다.

부분집합

집합 B와 C에 대하여, B의 임의의 원소가 역시 C의 원소일 때 B는 C의 **부분집합**(subset)이라고 한다($B \subseteq C$로 나타낸다). 다르게 말하면, $B \subseteq C$는 정확히 명제

$$x \in B \Rightarrow x \in C$$

가 참일 때이다. 예를 들어, 모든 짝수의 집합은 모든 정수의 집합 $\mathbb{Z}$의 부분집합이고, 모든 유리수의 집합은 실수 전체 집합의 부분집합이다.

'$B \subseteq C$'의 정의는 (이 경우에 B의 임의의 원소는 또한 C의 원소임은 확실히 참이므로) $B = C$의 가능성을 허용한다. 다르게 말하면,

임의의 집합 B에 대하여, $B \subseteq B$이다.

B가 C의 부분집합이고 $B \neq C$일 때 B는 C의 **진부분집합**(proper subset)이라 하고, $B \subsetneq C$로 나타낸다.

부분집합 관계는 추이적임을 쉽게 보일 수 있다. 즉

$B \subseteq C$이고 $C \subseteq D$이면 $B \subseteq D$이다.

두 집합 B와 C가 정확히 같은 원소를 가질 때 **같다**(equal). 이 경우에 B의 임의의

원소는 C의 원소이고, C의 임의의 원소는 B의 원소이다. 따라서

$B = C$일 필요충분조건은 $B \subseteq C$이고 $C \subseteq B$이다.

이 사실은 두 집합이 같음을 증명하는 데 가장 일반적으로 이용되는 방법이다. 즉, 각각이 다른 것의 부분집합임을 증명한다.

기본논리는 공집합에 관한 놀라운 사실을 이끈다. 즉, 명제 $x \in \varnothing$ 는 항상 거짓이므로 조건명제

$$x \in \varnothing \ \Rightarrow \ x \in C$$

는 항상 참이다(부록 A를 보라). 그런데 이것은 바로 '$\varnothing$ 가 C의 부분집합'의 정의이다. 그러므로

공집합 $\varnothing$ 는 임의의 집합의 부분집합이다.

집합의 연산

이제 주어진 집합으로부터 새로운 집합을 구성하는 표준 방법을 살펴본다. 집합 B와 C에 대하여, B에서 C의 **차집합**(relative complement)은 $B - C$로 나타내고, C에 속하지 않는 B의 모든 원소로 구성된다. 따라서

$$B - C = \{x \mid x \in B \text{ 이고 } x \notin C\}.$$

예를 들어, E가 모든 짝수의 집합이면 $\mathbb{Z} - E$는 모든 홀수의 집합이다.

집합 B와 C의 **교집합**(intersection)은 B와 C에 (동시에) 속하는 모든 원소로 구성되고, $B \cap C$로 나타낸다. 따라서

$$B \cap C = \{x \mid x \in B \text{ 이고 } x \in C\}.$$

예를 들어, $B = \{-2, 1, \sqrt{2}, 5, \pi\}$이고 C가 모든 양의 유리수 집합이면, 두 집합 모두에 속하는 원소는 1과 5뿐이므로 $B \cap C = \{1, 5\}$이다. B가 모든 양의 정수의 집합이고, C가 음이 아닌 모든 정수의 집합이면 두 집합에 모두 속하는 원소가 없으므로 $B \cap C = \varnothing$ 이다. $B \cap C = \varnothing$ 인 집합 B와 C는 **서로 소**(disjoint)라고 말한다.

집합 B와 C의 **합집합**(union)은 B와 C 중 적어도 하나에 속하는 모든 원소로 구성되고, $B \cup C$로 나타낸다. 따라서

$$B \cup C = \{x \mid x \in B \text{ 또는 } x \in C\}.$$

예를 들어, $B = \{1, 3, 5, 7\}$과 $C = \{-1, 1, 4, 9\}$의 합집합은 $B \cup C = \{-1, 1, 3, 4, 5, 7, 9\}$이다. B가 모든 유리수의 집합이고, C 가 모든 무리수의 집합이면 $B \cup C$는 모든 실수의 집합이다.

학생들은 합집합과 교집합에 대한 다음 성질을 꼭 증명해봐야 한다. 임의의 집합 A, B, C, D에 대하여

$$B \cup B = B \qquad B \cap B = B$$
$$B \cup \varnothing = B \qquad B \cap \varnothing = \varnothing$$
$$B \cup C = C \cup B \qquad B \cap C = C \cap B$$
$$B \subseteq B \cup C \qquad B \cap C \subseteq B$$

$$B \subseteq C \text{ 일 필요충분조건은 } B \cup C = C$$
$$B \subseteq C \text{ 일 필요충분조건은 } B \cap C = B$$

$$B \cup (C \cup D) = (B \cup C) \cup D \qquad B \cap (C \cap D) = (B \cap C) \cap D$$
$$B \cap (C \cup D) = (B \cap C) \cup (B \cap D) \qquad B \cup (C \cap D) = (B \cup C) \cap (B \cup D)$$

합집합과 교집합의 개념은 쉽게, 무한개도 가능한 여러 개의 모임에 대하여 확장할 수 있다. I를 공집합이 아닌 어떤 집합(index set 색인집합이라 부르는)이라고 하고, 각 i에 대하여 집합 A_i가 주어진다고 하자. 그러면 이 집합의 모임의 교집합은 ($\bigcap_{i \in I} A_i$로 나타내고) 집합 A_i에 모두 속하는 모든 원소의 집합이다. 즉

$$\bigcap_{i \in I} \boldsymbol{A_i} = \{\boldsymbol{x} \mid \textbf{모든 } \boldsymbol{i \in I}\textbf{에 대하여 } \boldsymbol{x \in A_i}\}$$

마찬가지로 이 집합들의 모임의 합집합은 ($\bigcup_{i \in I} A_i$로 나타내고) 집합 A_i 중 적어도 하나에 속하는 모든 원소의 집합이다. 즉

$$\bigcup_{i \in I} \boldsymbol{A_i} = \{\boldsymbol{x} \mid \textbf{어떤 } \boldsymbol{i \in I}\textbf{에 대하여 } \boldsymbol{x \in A_i}\}$$

집합 B와 C의 **곱집합**(Cartesian product)은 $B \times C$로 나타내고, $x \in B$이고 $y \in C$인 모든 순서쌍 (x, y)로 구성된다. 순서쌍들의 **같음**(equality)은 규칙

$$(x, y) = (u, v) \text{ 일 필요충분조건은 } B\text{에서 } x = u \text{ 이고 } C\text{에서 } y = v$$

로 정의한다. 예를 들어, $B = \{r, s, t\}$이고 $C = \{5, 7\}$이면 $B \times C$는 집합

$$\{(r, 5), (r, 7), (s, 5), (s, 7), (t, 5), (t, 7)\}$$

이다. 모든 실수의 집합 $\mathbb{R}$을 종종 수직선과 동일시한다. 그러면 곱집합 $\mathbb{R} \times \mathbb{R}$은 바로 보통의 좌표평면으로, $x, y \in \mathbb{R}$인 좌표 (x, y)를 갖는 모든 점의 집합이다.

임의의 유한개의 B_1, B_2, …, B_n의 곱집합은 유사한 방식으로 정의된다. $B_1 \times B_2 \times \cdots \times B_n$은 각 $i = 1, 2, \ldots, n$에 대하여 $x_i \in B_i$인 모든 n-순서쌍 $(x_1, x_2, \ldots, x_n)$의 집합이다. 예를 들어, $B = \{0, 1\}$, 정수 전체 집합 $\mathbb{Z}$와 실수 전체 집합 $\mathbb{R}$에 대

하여 $B \times \mathbb{Z} \times \mathbb{R}$ 은 $k \in \mathbb{Z}$ 이고 $r \in \mathbb{R}$ 인 $(0, k, r)$ 과 $(1, k, r)$ 의 형태의 모든 삼중 순서쌍(triple)의 집합이다. 곧 $B \times \mathbb{Z} \times \mathbb{R}$ 은 무한집합으로, $(0, -5, 3)$, $(1, 24, \pi)$, $(1, 1, -\sqrt{3})$ 는 그 원소이다.

함수

집합 B에서 집합 C로의 **함수**(function) 또는 **사상**(map) f는 ($f : B \to C$로 나타내고) B의 각 원소 b에 C의 꼭 하나씩의 원소 c를 지정(assign)하는 어떤 규칙(rule)이다. 이때 c를 b의 **상**(image) 또는 함수 f의 b에서의 **값**(value)이라고 하고, 보통 $f(b)$로 나타낸다. 집합 B를 함수 f의 **정의역**(domain)이라 하고, 집합 C를 함수 f의 **공역**(range)이라고 부른다.

전 단계의 수학 교과과정에서 여러 가지 다양한 함수를 취급하였다. 예를 들어, 실수 전체 집합 $\mathbb{R}$ 에 대하여, 다음 각 규칙

$$f(x) = \cos x, \quad g(x) = x^2 + 1, \quad h(x) = x^3 - 5x + 2$$

는 $\mathbb{R}$ 에서 $\mathbb{R}$ 로의 함수를 정의한다. 함수의 규칙은 꼭 어떤 대수적 식으로 주어져야 하는 것은 아니다. 예를 들면, 규칙이

$$x\text{가 짝수일 때 } f(x) = 0 \text{ 이고,} \quad x\text{가 홀수일 때 } f(x) = 1 \text{ 인}$$

함수 $f : \mathbb{Z} \to \{0, 1\}$ 을 생각할 수 있다. 집합 B에 대하여, 규칙 '각 원소에 그 자신이 대응하는'으로 정의된 B에서 B로의 함수를 B 위의 **항등사상**(identity map)이라 하고, ι_B로 나타낸다. 따라서 $\iota_B : B \to B$는

$$\text{임의의 } x \in B\text{에 대하여 } \iota_B(x) = x$$

로 정의된다.

합성함수

함수 f와 g에 대하여, f의 치역과 g의 정의역이 같다고 하자. 말하자면 $f : B \to C$이고 $g : C \to D$라 하자. 그러면 f와 g의 **합성함수**(composite)는 규칙

$$h(x) = g(f(x))$$

로 정의되는 함수 $h : B \to D$이다. 다르게 말하면, 합성함수는 함수 f를 먼저 적용한 후, g를 적용하여 얻어진다. 즉

$$B \xrightarrow{f} C \xrightarrow{g} D$$

$$x \longrightarrow f(x) \longrightarrow g(f(x))$$

f와 g의 합성함수는 h 대신에 보통 $g \circ f$로(순서에 주목) 나타낸다. 따라서 $g \circ f : B \to D$는 $(g \circ f)(x) = g(f(x))$로 정의된다.

예제 1

E를 모든 짝수의 집합이라고 하고, $\mathbb{N}$을 음이 아닌 모든 정수의 집합이라고 하자. 함수 $f : E \to \mathbb{Z}$는 $f(x) = x/2$로 정의하고(x는 짝수이므로 $x/2$는 정수), $g : \mathbb{Z} \to \mathbb{N}$을 $g(n) = n^2$으로 정의한다. 그러면 합성함수 $g \circ f : E \to \mathbb{N}$은 다음 규칙을 갖는다:

$$(g \circ f)(x) = g(f(x)) = g(x/2) = (x/2)^2 = x^2/4$$

순서를 반대로 하는 (g를 먼저 적용한 다음 f를 적용하는) 합성함수 $f \circ g$는 g의 공역이 f의 정의역과 같지 않으므로, 정의되지 않는다. 예를 들면, $g(3) = 9$ 이지만 f의 정의역은 짝수 전체 집합이고, f의 규칙이 홀수에도 의미를 갖는다 하더라도 $f(g(3)) = f(9) = 9/2$는 $\mathbb{Z}$에 속하지 않는다.

예제 2

$f(x) = x - 1$과 $g(x) = x^2$으로 각각 주어진 함수 $f : \mathbb{Z} \to \mathbb{Z}$와 $g : \mathbb{Z} \to \mathbb{Z}$에 대하여, 합성함수 $f \circ g : \mathbb{Z} \to \mathbb{Z}$는 규칙

$$(f \circ g)(x) = f(g(x)) = f\left(x^2\right) = x^2 - 1$$

로 주어진다. 이 경우에 반대순서의 합성함수 $g \circ f$도 정의되고, 그 규칙은

$$(g \circ f)(x) = g(f(x)) = g(x-1) = (x-1)^2 = x^2 - 2x + 1$$

이다. 따라서 예를 들면,

$$(f \circ g)(3) = 9 - 1 = 8 \text{ 이지만 } \quad (g \circ f)(3) = 9 - 6 + 1 = 4$$

이다. 그래서 둘 다 정의되지만, $f \circ g$는 $g \circ f$와 같은 함수는 아니다.

두 함수 $h : B \to C$와 $k : B \to C$가 임의의 $b \in B$에 대하여 $h(b) = k(b)$일 때 **같다**(equal)고 한다.

예제 3

임의의 함수 $f: B \to C$와 C 위의 항등사상 $\iota_C : C \to C$에 대하여, $\iota_C \circ f: B \to C$이고 임의의 $b \in B$에 대하여

$$(\iota_C \circ f)(b) = \iota_C(f(b)) = f(b)$$

이다. 그러므로 $\iota_C \circ f = f$ 이다. 유사하게 B 위의 항등사상 ι_B에 대하여 $(f \circ \iota_B): B \to C$이고, 임의의 $b \in B$에 대하여

$$(f \circ \iota_B)(b) = f(\iota_B(b)) = f(b)$$

이다. 결과적으로

$f: B \to C$이면 $\iota_C \circ f = f$ 이고 $f \circ \iota_B = f$ 이다.

함수 $f: B \to C$, $g: C \to D$, $h: D \to E$에 대하여, 합성함수 $(f \circ g) \circ h$와 $f \circ (g \circ h)$ 각각은 B에서 E로의 함수이다.

$$(f \circ g) \circ h = f \circ (g \circ h)$$

임을 주장한다. 이 명제의 증명은 합성함수의 정의를 사용하는 간단한 연습문제이다. 임의의 $b \in B$에 대하여

$$[(f \circ g) \circ h](b) = (f \circ g)(h(b)) = f[g(h(b))]$$

이고

$$[f \circ (g \circ h)](b) = f \circ [(g \circ h)(b)] = f[g(h(b))]$$

이다. 두 등식의 우변이 같으므로, 합성함수 $(f \circ g) \circ h$와 $f \circ (g \circ h)$는 각 $b \in B$에서 같은 효과가 있고, 그 주장이 증명된다.

이항연산

비형식적으로, 정수에서의 이항연산(binary operation)을 주어진 두 정수로부터 새로운 정수를 만드는 하나의 규칙으로 생각할 수 있다. 보통의 덧셈과 곱셈은 다음과 같은 의미에서 연산이다: 주어진 a와 b에 대하여 $a+b$와 ab를 얻는다. 주어진 정수들의 짝으로부터 새로운 하나의 정수를 만드는 것은 또한 함수의 개념을 암시한다. 정수들의 덧셈은 그 규칙이

$$f(a, b) = a + b$$

인 $\mathbb{Z}\times\mathbb{Z}$ 에서 $\mathbb{Z}$ 로의 함수 f로 생각할 수 있다. 유사하게 곱셈은 $g(a,b)=ab$ 로 주어진 함수 $g:\mathbb{Z}\times\mathbb{Z}\to\mathbb{Z}$ 로 생각할 수 있다.

앞의 예제들을 염두에 두고, 다음 형식적 정의를 만들어 보자. 공집합이 아닌 집합 B 위의 **이항연산**(binary operation, 보통 간단히 B 위의 연산이라 부르는)은 하나의 함수 $f:B\times B\to B$이다. 익숙한 예들은 일반적으로 새로운 기호를 제시한다. 이 연산을 표시하기 위하여 보통 어떤 기호, 이를테면 $*$ 를 사용하고, $f(a,b)$ 를 $a*b$ 로 나타낸다.

예제 4

앞에서 살펴본 것처럼, 보통의 덧셈과 곱셈은 $\mathbb{Z}$ 위의 연산이다. $\mathbb{Z}$ 위의 또 하나의 연산을 규칙이 $f(a,b)=ab-1$ 인 함수 $f:\mathbb{Z}\times\mathbb{Z}\to\mathbb{Z}$ 로 정의한다. 이 연산을 $*$ 로 나타내면 $3*5=15-1=14$ 이고, 마찬가지로

$$12*4=47 \quad -7*4=-29 \quad 0*8=-1$$

이다. $a*b=ab-1=ba-1=b*a$ 이고, 그 결과로 $*$ 를 적용할 때, 보통의 덧셈과 곱셈의 경우와 같이 원소들의 순서는 중요하지 않다. (이러한 성질에 대한 기술적인 용어는 가환(commutative)이다.) 한편

$$(1*2)*3=1*3=2 \text{ 이지만 } 1*(2*3)=1*5=4$$

이고, 그 결과 일반적으로 $(a*b)*c\neq a*(b*c)$ 이다. 따라서 $*$ 는 덧셈과 곱셈에서는 성립하는 결합법칙(associative law: $(a+b)+c=a+(b+c)$ 와 $(ab)c=a(bc)$ 를 의미하는)은 성립하지 않는다.

예제 5

S를 공집합이 아닌 집합이라 하자. $f:S\to S$와 $g:S\to S$가 함수이면 그 합성 $f\circ g$ 도 S에서 S로의 함수이다. 그래서 만약 B가 S에서 S로의 모든 함수의 집합이면 함수들의 합성은 집합 B 위의 한 연산이다. 다르게 말하면, 그 사상은 (f,g)를 $f\circ g$에 보내는 $B\times B$에서 B로의 함수이다. 앞에서의 합성함수의 논의는 B 위의 $\circ$ 연산은 결합법칙이 성립하지만(즉, $(f\circ g)\circ h=f\circ(g\circ h)$), 교환법칙은 성립하지 않는다($f\circ g$는 $g\circ f$와 같을 필요는 없다)는 것을 보여준다.

$*$ 를 집합 B 위의 연산이라 하고, $C\subseteq B$ 라고 하자. 부분집합 C가

$$a,\ b\in C \text{이면 언제나 } a*b\in C$$

를 만족할 때, C는 연산 $*$에 대하여 **닫혀있다**(closed)고 한다. 예를 들어, 양의 실수 전체 집합 B 위의 보통의 곱셈 연산을 생각하자. C를 모든 양의 정수로 이루어진 부분집합이라 하자. 그러면 a와 b가 양의 실수일 때 언제나 ab는 양의 정수이므로, C는 그 연산에 대하여 닫혀있다. 그렇지만 B 위의 연산이 보통의 나눗셈이면 C는 닫혀있지 않다. 즉, a와 b가 정수이면 $a \div b$는 정수일 필요가 없다. (예를 들면, $3 \div 7 = 3/7 \notin C$.)

$*$가 집합 B 위의 연산이면 (자신의 부분집합으로 생각한) B는 연산의 정의에 따라 $*$에 대하여 닫혀있다. 그런데도 이 책을 포함한 많은 책에서 판에 박힌 것처럼, $*$에 대한 B의 닫힘을 그 연산의 성질 하나로 열거한다. 비록 이것이 논리적으로 필수적이지는 않지만 닫힘의 중요성을 강조하고, B 외의 부분집합에 대해서는 닫힘이 당연한 것으로 여길 수 없다는 것을 상기해준다.

단사함수와 전사함수

함수 $f: B \to C$가 B의 서로 다른 원소를 C의 서로 다른 원소에 대응시킬 때, 즉 함수 표기로, B에서 $a \neq b$이면 C에서 $f(a) \neq f(b)$일 때, f는 **단사**(injective) 또는 **일대일**(one-to-one)이라고 한다. 약간 어색한 이 명제는 그 대우와 동치이고, 따라서 다음의 유용한 표현을 갖는다.

C에서 $f(a) = f(b)$이면 언제나 B에서 $a = b$일 때 $f: B \to C$는 단사이다.

예제 6

$\mathbb{R}$을 실수 전체 집합이라 하자. $f(x) = 2x + 3$으로 주어진 함수 $f: \mathbb{R} \to \mathbb{R}$이 단사임을 보이기 위하여, $f(a) = f(b)$, 즉

$$2a + 3 = 2b + 3$$

이라고 가정하자. 각 변에서 3을 빼서 $2a = 2b$임을 알 수 있고, 양변을 2로 나누어 $a = b$임을 결론짓는다. 그러므로 f는 단사이다.

예제 7

$f(x) = x^2$으로 주어진 함수 $f: \mathbb{Z} \to \mathbb{Z}$는 $f(-3) = 9 = f(3)$이지만 $-3 \neq 3$이므로, 단사가 아니다. 그 대신에 서로 다른 원소 3과 -3이 같은 상을 갖는다.

함수 $f: B \to C$에 대하여, C의 임의의 원소가 적어도 하나의 B의 원소에 대한 f의 상이 될 때, 즉

임의의 $c \in C$에 대하여, $f(b) = c$인 $b \in B$가 존재할 때

f는 **전사**(surjective 또는 onto)라고 한다.

예제 8

$\mathbb{N}$을 모든 음이 아닌 정수의 집합이라고 하고, $f : \mathbb{Z} \to \mathbb{N}$은 $f(x) = |x|$로 주어진 함수라 하자. 그러면 $\mathbb{N}$의 임의의 원소는 적어도 하나의 $\mathbb{Z}$의 원소(즉, 그 자신)의 f에 대한 상이므로 f는 전사이다. 그렇지만 예를 들어 $f(1) = f(-1)$이므로 f가 단사가 아님을 주목한다.

예제 9

E를 짝수 전체 집합이라고 하고, $g(x) = 4x$로 주어진 함수 $g : \mathbb{Z} \to E$를 생각하자. E의 원소 2는 $\mathbb{Z}$의 어떤 원소의 g에 대한 상이 아님을 주장하자. 어떤 $b \in \mathbb{Z}$에 대하여 $2 = g(b)$이면 $2 = 4b$이고, 따라서 $1 = 2b$이다. 1은 2의 배수인 정수가 아니므로, 이것은 불가능하다. 그러므로 g는 전사가 아니다. 그렇지만 $4a = 4b$ (즉 $g(a) = g(b)$) 이면 $a = b$이므로, g는 단사임을 주목한다.

예제 10

$\mathbb{R}$을 실수 전체 집합이라 하고, $f : \mathbb{R} \to \mathbb{R}$은 $f(x) = 2x + 3$으로 주어진 함수라 하자. f가 전사임을 증명하기 위하여, $c \in \mathbb{R}$이라고 하자. $f(b) = c$를 만족하는 $b \in \mathbb{R}$을 찾아야 한다. 다른 표현으로, $2b + 3 = c$를 만족하는 수 b를 구하여야 한다. 그렇게 하려고, 이 마지막 방정식을 b에 관하여 풀어 $b = \dfrac{c-3}{2}$을 얻는다. 그러면 $f(b) = 2\left(\dfrac{c-3}{2}\right) + 3 = c - 3 + 3 = c$이다. 그러므로 사상 f는 전사이다. 사상 f는 또한 단사이다(예제 6을 보라).

앞의 예제들은 단사와 전사는 서로 독립적인 개념임을 보여준다. 어느 하나가 다른 것을 의미하지 않고, 또 어떤 특별한 사상은 이 성질 중 하나 또는 둘 다를 가질 수 있고, 어느 것도 가지지 않을 수 있다.

함수 $f : B \to C$에 대하여 f의 **치역**(image)은 C의 다음 부분집합이다.

$$\mathrm{Im}f = \{c \mid \text{어떤 } b \in B \text{에 대하여 } c = f(b)\} = \{f(b) \mid b \in B\}$$

예를 들어, $f : \mathbb{Z} \to \mathbb{Z}$가 $f(x) = 2x$로 주어지면 $\mathrm{Im}f = \{f(x) \mid x \in \mathbb{Z}\} = \{2x \mid x$

$\in \mathbb{Z}\}$ 이므로, $\mathrm{Im} f$는 짝수 전체 집합이다. 유사하게 $g: \mathbb{Z} \to \mathbb{Z}$가 $g(x) = |x|$로 주어지면 $\mathrm{Im}\, g$는 음이 아닌 정수 전체 집합이다. 사상 $f: B \to C$는 C의 임의의 원소가 꼭 B의 어떤 원소의 상이 될 때 전사이다. 따라서

$f: B \to C$가 전사일 필요충분조건은 $\mathrm{Im} f = C$이다.

함수 $f: B \to C$에 대하여, S가 B의 부분집합이면 그 부분집합 S의 **상**(image)은 집합

$$f(S) = \{c \mid \text{어떤 } b \in S\text{에 대하여 } c = f(b)\} = \{f(b) \mid b \in S\}$$

이다. 예를 들어, $f: \mathbb{Z} \to \mathbb{Z}$가 $f(x) = 2x$로 주어지고, S가 모든 홀수의 집합이면 $f(S) = \{2x \mid x\text{는 홀수}\}$는 4의 배수가 아닌 모든 짝수의 집합이다. 만약 부분집합 S가 전체 집합 B이면 $f(B)$는 정확히 $\mathrm{Im} f$이다.

전단사함수

함수 $f: B \to C$에 대하여, f가 단사이고 또 전사일 때 f는 **전단사**(bijective) 또는 **일대일대응**(one-to-one correspondence)이라고 한다.

예제 11

예제 6과 10은 $f(x) = 2x + 3$으로 주어진 사상 $f: \mathbb{R} \to \mathbb{R}$이 전단사임을 보여준다.

예제 12

$$f(1) = v, \quad f(2) = w, \quad f(3) = x, \quad f(4) = y, \quad f(5) = z$$

로 주어진, 집합 $\{1, 2, 3, 4\}$에서 $\{v, w, x, y, z\}$로의 함수 f가 전단사임을 쉽게 알 수 있다.

바로 앞 예제는 임의의 유한집합 B와 C에 대하여, B에서 C로의 전단사함수가 존재할 필요충분조건은 B와 C가 같은 원소의 개수를 갖는 것임을 설명한다. 특히 B가 유한이고 $C \subsetneq B$이면 B에서 C로의 전단사함수는 존재할 수 없다. 그러나 무한집합에서는 상황이 아주 다르다.

예제 13

E를 짝수 전체 집합이라 하고, $f(x) = 2x$로 주어진 사상 $f: \mathbb{Z} \to E$를 생각하자. 정의

로부터, 임의의 짝수는 어떤 정수의 2배이고, 그래서 f는 전사이다. 또한 $2a = 2b$ 에서 $a = b$ 이고, 따라서 f는 단사이다. 그러므로 f는 전단사이다. 이 경우에 참인 것이 좀 더 있다. 사상 $g : E \to \mathbb{Z}$ 를 $g(u) = u/2$ 로 정의하자. u가 짝수일 때 $u/2$ 는 정수이므로, 이것은 타당하다. 합성함수 $g \circ f : \mathbb{Z} \to \mathbb{Z}$ 를 생각하자. 즉

$$(g \circ f)(x) = g(f(x)) = g(2x) = 2x/2 = x .$$

따라서 임의의 x에 대하여 $(g \circ f)(x) = x = \iota_{\mathbb{Z}}(x)$ 이고, 합성함수 $g \circ f$ 는 바로 $\mathbb{Z}$ 위의 항등사상 $\iota_{\mathbb{Z}}$ 이다. 이제 다른 합성함수 $f \circ g : E \to E$를 살펴보자. 즉

$$(f \circ g)(u) = f(g(u)) = f(u/2) = 2(u/2) = u .$$

그러므로 합성함수 $f \circ g$ 는 항등사상 ι_E 이다.

예제 13은 지금 증명하려고 하는 모든 전단사함수가 갖는 어떤 성질을 설명한다.

정리 B.1

함수 $f : B \to C$가 전단사일 필요충분조건은 $g \circ f = \iota_B$이고 $f \circ g = \iota_C$인 함수 $g : C \to B$ 가 존재한다.

증명

먼저 f가 전단사라고 가정하자. $g : C \to B$를 다음과 같이 정의한다. 즉, f가 전사이므로 $c \in C$이면 $f(b) = c$인 $b \in B$가 존재한다. 또한 f가 단사이므로 $f(b) = c$인 유일한 b가 존재한다. (왜냐하면 $f(b') = c$이면 $f(b) = f(b')$ 이므로 $b = b'$.) 그러므로 다음 규칙으로 함수 g를 정의할 수 있다.

$$g(c) = b, \quad \text{여기서 } b\text{는 } f(b) = c\text{인 유일한 } B\text{의 원소이다.}$$

그러면 $g(c) = b$는 정확히 $f(b) = c$일 때이다. 따라서 임의의 $c \in C$에 대하여

$$(f \circ g)(c) = f(g(c)) = f(b) = c$$

이고, 이것으로부터 $f \circ g = \iota_C$를 결론짓는다. 유사하게 각 $u \in B$에 대하여 $f(u)$는 C의 원소, 말하자면 $f(u) = v$ 이고, g의 정의로부터 $g(v) = u$ 를 얻는다. 그러므로

$$(g \circ f)(u) = g(f(u)) = g(v) = u$$

이고, $g \circ f = \iota_B$ 이다. 이것으로 상호조건문 정리의 첫 반을 증명하였다.

나머지 반을 증명하기 위하여, 진술된 성질을 갖는 사상 $g : C \to B$가 주어졌다고 가정하자. f가 전단사임을 증명해야 한다. $f(a) = f(b)$라 가정하자. 그러면

$$\begin{aligned} g(f(a)) &= g(f(b)) \\ (g \circ f)(a) &= (g \circ f)(b) \\ \iota_B(a) &= \iota_B(b) \\ a &= b \end{aligned}$$

그러므로 $f(a) = f(b)$로부터 $a = b$이고, f는 단사이다. f가 전사임을 보이기 위하여, c를 C의 임의의 원소라 두자. 그러면 $g(c) \in B$이고, $f(g(c)) = (f \circ g)(c) = \iota_C(c) = c$이다. 그래서 f가 c에 사상하는 B의 한 원소(즉 $g(c)$)를 구하였다. 따라서 f는 전사이다. 그러므로 f는 전단사이고, 정리는 증명되었다. ■

$f : B \to C$가 전단사함수이면 정리 B.1에서의 사상 g를 f의 **역함수**(inverse)라 하고, 이것은 때때로 f^{-1}로 나타낸다. 정리 B.1에서 f와 g의 역할을 바꾸면 전단사함수 f의 역함수 g는 그 자체로 전단사함수임을 보여준다.

■ 연습문제

노트: $\mathbb{Z}$는 정수 전체 집합, $\mathbb{Q}$는 유리수 전체 집합, $\mathbb{R}$은 실수 전체 집합이다.

A. 1. 각 집합을 원소 나열 표기로 나타내라.

(a) -3과 9 사이에 있는 모든 정수

(b) -10보다 큰 모든 음의 정수

(c) 그 제곱근이 4 이하인 모든 양의 정수

2. 각 집합을 조건제시 표기로 나타내라.

(a) 모든 양의 실수

(b) 모든 음의 무리수

(c) 좌표평면에서 첫 좌표가 유리수인 모든 점

(d) -50보다 큰 모든 음의 짝수

3. 다음 집합 중에서 어느 것이 공집합이 아닌가?

(a) $\{r \in \mathbb{Q} \mid r^2 = 2\}$

(b) $\{r \in \mathbb{R} \mid r^2 + 5r - 7 = 0\}$

(c) $\{t \in \mathbb{Z} \mid 6t^2 - t - 1 = 0\}$

4. B가 C의 부분집합인 것은?
   (a) $B = \mathbb{Z}$, $C = \mathbb{Q}$
   (b) B는 $x^2 + 2x - 5 = 0$ 의 모든 해, $C = \mathbb{Z}$
   (c) $B = \{a, b, 7, 9, 11, -6\}$, $C = \mathbb{Q}$

5. $A \subseteq B$이고 $B \subseteq C$이면 $A \subseteq C$임을 증명하라.

6. 각 경우에 $B - C$, $B \cap C$, $B \cup C$를 구하라.
   (a) $B = \mathbb{Z}$, $C = \mathbb{Q}$
   (b) $B = \mathbb{R}$, $C = \mathbb{Q}$
   (c) $B = \{a, b, c, 1, 2, 3, 4, 5\}$, $C = \{a, c, e, 2, 4, 6, 8\}$

7. $B = \{a, b, c\}$이고 $C = \{0, 1, c\}$일 때 $B \times C$의 모든 원소를 열거하라.

8. $A = \{0, 1\}$이고, B, C가 연습문제 7에서와 같을 때 $A \times B \times C$의 모든 원소를 열거하라.

9. $A = \{1, 2, 3, 4\}$라고 하자. $f \circ g \neq g \circ f$인 A에서 A로의 함수 f와 g를 예를 들어 보이라.

10. $A = \mathbb{Z}$일 때 문제 9의 질문에 답하라.

11. 다음 각 부분집합 B는 주어진 연산에 대하여 닫혀있는가?
    (a) B는 모든 짝수, 연산: $\mathbb{Z}$에서의 곱셈
    (b) B는 모든 홀수, 연산: $\mathbb{Z}$에서의 덧셈
    (c) B는 영이 아닌 모든 유리수, 연산: 영이 아닌 실수 전체 집합에서 나눗셈
    (d) B는 모든 홀수, 연산: $\mathbb{Z}$에서의 연산 $*$, 여기서 $a * b$는 수 $ab - (a + b) + 2$로 정의

12. 각 함수 f의 치역을 구하라.
    (a) $f : \mathbb{R} \to \mathbb{R}$, $f(x) = x^2$
    (b) $f : \mathbb{Z} \to \mathbb{Q}$, $f(x) = x - 1$
    (c) $f : \mathbb{R} \to \mathbb{R}$, $f(x) = -x^2 + 1$

13. $B=\{1, 2, 3, 4\}$와 $C=\{a, b, c\}$에 대하여
   (a) B에서 C로의 서로 다른 전사함수 네 개를 열거하라.
   (b) C에서 B로의 서로 다른 단사함수 네 개를 열거하라.
   (c) C에서 C로의 전단사함수를 모두 열거하라.

14. (a) 단사이지만 전사가 아닌 함수 f의 예를 들라.
   (b) 전사이지만 단사가 아닌 함수 g의 예를 들라.

15. 공집합이 아닌 집합 B와 C에 대하여, $f(x, y)=(y, x)$로 주어진 함수

$$f: B\times C\rightarrow C\times B$$

는 전단사임을 증명하라.

B. 16. $\{1, 2\}$의 모든 부분집합을 열거하라. $\{1, 2, 3\}$과 $\{1, 2, 3, 4\}$에 대하여 같은 것을 하라. n-원소 집합의 모든 부분집합의 개수에 대한 추측을 만들라.

17. 660쪽에서 열거한 합집합과 교집합에 대한 각 성질을 증명하라.

18. $a<b$인 $a, b\in\mathbb{R}$에 대하여 집합 $\{r\in\mathbb{R} \mid a\leq r<b\}$를 $[a, b]$로 나타낸다. N은 모든 음이 아닌 정수의 집합을, P는 모든 양의 정수의 집합을 나타낸다. 다음 합집합과 교집합을 구하라.

   (a) $\bigcup_{n\in N}[n, n+1]$ (b) $\bigcup_{n\in P}\left[\frac{1}{n}, 2+\frac{1}{n}\right]$

   (c) $\bigcap_{n\in P}\left[-\frac{1}{n}, 0\right)$ (d) $\bigcap_{n\in P}\left[\frac{1}{n}, 2+\frac{1}{n}\right)$

19. 임의의 집합 A, B, C에 대하여, 다음을 증명하라.

$$A\times(B\cup C)=(A\times B)\cup(A\times C)$$

20. A, B를 U의 부분집합이라 하자. 다음 De Morgan 법칙을 증명하라.
   (a) $U-(A\cap B)=(U-A)\cup(U-B)$
   (b) $U-(A\cup B)=(U-A)\cap(U-B)$

21. 임의의 집합 A, B, C에 대하여, 다음을 증명하라.

$$(A-B)\cup(B-A)=(A\cup B)-(A\cap B)$$

22. C가 유한집합일 때 $|C|$는 C에 속하는 모든 원소의 개수를 나타낸다. A와 B가 유한집합이면 $|A \cup B| = |A| + |B|$는 참인가?

23. $\mathbb{R}^{**}$는 양의 실수 전체 집합을 나타낸다고 하자. 각 양의 실수 c를 그 제곱이 c인 실수에 지정하는 규칙은 $\mathbb{R}^{**}$에서 $\mathbb{R}$로의 함수를 정의하는가?

24. $\mathbb{R}$ 위에 정의된 다음 각 연산은 가환(commutative, 즉 모든 a, b에 대하여 $a * b = b * a$)인지, 결합적(associative, 즉 모든 a, b, c에 대하여 $a * (b * c) = (a * b) * c$)인지를 결정하라.
   (a) $a * b = 2^{ab}$
   (b) $a * b = ab^2$
   (c) $a * b = 0$
   (d) $a * b = (a + b)/2$
   (e) $a * b = 1$
   (f) $a * b = b$
   (g) $a * b = a^2 + b^2$

25. 다음 주어진 함수가 단사임을 증명하라.
   (a) $f : \mathbb{Z} \to \mathbb{Z},\ f(x) = 2x$
   (b) $f : \mathbb{R} \to \mathbb{R},\ f(x) = x^3$
   (c) $f : \mathbb{Z} \to \mathbb{Q},\ f(x) = x/7$
   (d) $f : \mathbb{R} \to \mathbb{R},\ f(x) = -3x + 5$

26. 다음 주어진 함수는 전사임을 증명하라.
   (a) $f : \mathbb{R} \to \mathbb{R},\ f(x) = x^3$
   (b) $f : \mathbb{Z} \to \mathbb{Z},\ f(x) = x - 4$
   (c) $f : \mathbb{R} \to \mathbb{R},\ f(x) = -3x + 5$
   (d) $f : \mathbb{Z} \times \mathbb{Z} \to \mathbb{Q}$, $b \neq 0$일 때 $f(a, b) = a/b$, $b = 0$일 때 $f(a, b) = 0$

27. 함수 $f : B \to C$와 $g : C \to D$에 대하여 다음을 증명하라.
   (a) f와 g가 단사이면 $g \circ f : B \to D$가 단사이다.
   (b) f와 g가 전사이면 $g \circ f : B \to D$가 전사이다.

28. (a) $f : B \to C$와 $g : C \to D$를 $g \circ f$가 단사인 함수라 하자. f는 단사임을 증명하라.
   (b) 문항 (a)의 상황에서 g가 단사가 아닌 예를 들라.

29. (a) $f: B \to C$와 $g: C \to D$를 $g \circ f$가 전사인 함수라 하자. g는 전사임을 증명하라.
    (b) 문항 (a)의 상황에서, f가 전사가 아닌 예를 들라.

30. ($B \neq \varnothing$ 일 때) $g: B \times C \to C$를 $g(x, y) = y$로 주어진 함수라 하자.
    (a) g는 전사임을 증명하라.
    (b) 만약 그렇다면, 어떤 조건 아래서 g가 단사인가?

31. $f: B \to C$가 함수이면 임의의 $b \in B$에 대하여 $f(b) \in \mathrm{Im} f$ 이므로, f는 B에서 $\mathrm{Im} f$ 로의 사상으로 생각할 수 있다. 이 사상 $f: B \to \mathrm{Im} f$ 는 전사임을 보이라.

32. B가 유한이고, $f: B \to B$가 함수라 하자. f가 단사일 필요충분조건은 f가 전사임을 증명하라.

33. $f: B \to C$가 함수이고, S, T는 B의 부분집합이라고 하자.
    (a) $f(S \cup T) = f(S) \cup f(T)$ 임을 증명하라.
    (b) $f(S \cap T) \subseteq f(S) \cap f(T)$ 임을 증명하라.
    (c) $f(S \cap T) \neq f(S) \cap f(T)$ 인 예를 들라.

34. $f: B \to C$가 단사일 필요충분조건은 B의 부분집합 S와 T의 임의의 짝에 대하여 $f(S \cap T) = f(S) \cap f(T)$ 임을 증명하라.

35. $f: B \to C$와 $g: C \to D$를 전단사함수라 하자. 그러면 함수 $g \circ f: B \to D$는 연습문제 27에 따라 전단사이다. $(g \circ f)^{-1} = f^{-1} \circ g^{-1}$ 임을 증명하라.

Appendix C

정렬성과 수학적귀납법

정수 전체 집합 $\mathbb{Z}$에서 보통의 산술과 $\mathbb{Z}$ 위의 보통 순서관계($<$)에 대하여 익숙하다고 가정한다. 음이 아닌 정수 전체 부분집합을 $\mathbb{N}$으로 나타낸다. 따라서

$$\mathbb{N} = \{0,\ 1,\ 2,\ 3,\ \ldots\}$$

이다. 마지막으로 다음 기본 공리를 가정한다.

정렬성원리(Well-Ordering Axiom)

공집합이 아닌 $\mathbb{N}$의 임의의 부분집합은 최소원소를 포함한다.

사람들은 대부분 이 공리가 매우 그럴듯하다고 생각하지만, $\mathbb{N}$을 어떤 다른 수 집합으로 바꾸면 성립하지 않을 수 있음을 주목하는 것이 중요하다. 예를 위해, 이 책의 3쪽을 보라.

정렬순서 공리의 중요한 결과는 수학적귀납법으로 알려진 증명의 방법이다. 이것은 다음과 같은 명제를 증명하기 위하여 사용될 수 있다.

n개의 원소를 갖는 집합은 2^n개의 부분집합을 갖는다.

이 명제를 $P(n)$으로 나타내고, n의 가능한 각 값에 대하여 하나씩의 실제로 무한히 많은 명제를 살펴보자. 즉

$P(0)$: 0개의 원소를 갖는 집합은 $2^0 = 1$ 개의 부분집합을 갖는다.

$P(1)$: 1개의 원소를 갖는 집합은 $2^1 = 2$ 개의 부분집합을 갖는다.

$P(2)$: 2개의 원소를 갖는 집합은 $2^2 = 4$ 개의 부분집합을 갖는다.

$P(3)$: 3개의 원소를 갖는 집합은 $2^3 = 8$ 개의 부분집합을 갖는다.

등등. 원래의 진술을 증명하기 위하여,

$$\text{임의의 } n \in \mathbb{N} \text{ 에 대하여 } P(n) \text{ 이 참}$$

임을 증명하여야 한다. 다음은 이것을 어떻게 할 수 있는지 보여준다.

정리 C.1 수학적귀납법의 원리(principle of mathematical induction)

음이 아닌 임의의 정수 n에 대하여 명제 $P(n)$ 이 주어졌다고 가정하자.

(i) $P(0)$ 이 참이고,
(ii) $P(k)$ 가 참이면 $P(k+1)$ 도 참일 때

임의의 $n \in \mathbb{N}$ 에 대하여 $P(n)$ 은 참이다.

n-원소 집합의 부분집합의 개수에 대한 예는 정리의 증명 뒤에 계속된다. 그것을 증명하는 방식과는 아주 다르게, 정리 C.1이 어떻게 적용되는지를 알 수 있도록 그 예를 지금 읽어 보기를 원할 수도 있을 것이다.

정리 C.1의 증명

S를 $P(j)$ 가 거짓인 모든 정수 j로 구성되는 $\mathbb{N}$ 의 부분집합이라고 하자. 정리를 증명하기 위하여, S가 공집합임을 보이기만 하면 된다. 이것을 위하여, 모순에 의한 증명을 한다. S가 공집합이 아니라고 가정하자. 그러면 정렬성원리에 따라, S는 최소원소, 말하자면 d를 포함한다. S의 정의로부터 $P(d)$ 는 거짓이고, 성질 (i)에서 $P(0)$ 이 참이므로 $d \neq 0$ 여야 한다. 결과적으로 (d는 음이 아닌 정수이므로) $d \geq 1$ 이고, 따라서 $d-1 \geq 0$, 즉 $d-1 \in \mathbb{N}$ 이다. $d-1 < d$ 이고, d는 S의 최소원소이므로 $d-1$은 S에 속할 수 없다. 그러므로 $P(d-1)$ 은 참이어야 한다(그렇지 않으면 $d-1$ 이 S에 속할 것이므로). ($k = d-1$ 과 함께) 성질 (ii)에 따라, $P((d-1)+1) = P(d)$ 도 참인 명제이다. 이것은 $d \in S$이므로 모순이다. 그러므로 S는 공집합이고, 정리가 증명된다. ■

일련의 명제에 수학적귀납법의 원리를 적용하기 위하여, 이들 명제가 성질 (i)과 (ii)를 모두 만족하는 것을 입증하여야 한다. 성질 (i)은 어떤 특정 $P(k)$ 가 실제로 참이라 주장하는 것이 아니라, 단지 조건적 관련성만 성립하는 것을 주목한다. 즉, 만약 $P(k)$ 가 참이라고 하면 $P(k+1)$ 도 역시 참이어야 한다. 그래서 성질 (ii)를 입증하기

위하여 $P(k)$ 가 참임을 가정하고, 이 가정을 이용하여 $P(k+1)$ 이 참임을 증명한다. 다음 예제들에서, 어떤 특정 $P(k)$ 가 참이라는 것을 직접 증명하는 것은 불가능하더라도, 이 조건명제를 증명하는 것은 종종 가능함을 알 수 있을 것이다. $P(k)$ 가 참이라고 하는 가정을 **귀납법의 가정**(induction assumption) 또는 **귀납법의 가설**(induction hypothesis)이라고 부른다.

"음이 아닌 첫 $n+1$ 개의 정수들의 합은 $\frac{n(n+1)}{2}$ 이다."와 같은 명제를 증명하는데 귀납법을 사용한 적이 있을 것이다. 여기서 $P(n)$ 은 명제 '$0+1+2+3+\cdots+n = \frac{n(n+1)}{2}$'이다. 이러한 예들이 초심자에게 좋은 연습문제가 되지만, 고급 수학에서 귀납법이 사용되는 전형적인 방법은 아니다. 다음 예제들은 귀납법에 의한 증명의 더 포괄적인 그림을 보여줄 것이다. 이것들은 보통의 초보적 예들보다 좀 더 복잡하지만 쉽게 접할 수 있는 것이다.

예제 1

수학적귀납법의 원리를 이용하여, 각 $n \geq 0$ 에 대하여

$$n \text{ 개의 원소를 갖는 집합은 } 2^n \text{ 개의 부분집합을 갖는다}$$

를 증명할 것이다. $n=0$ 이면 그 집합은 공집합(원소를 갖지 않는 유일한 집합)이어야 한다. ($\varnothing$ 는 모든 집합의 부분집합이므로) 그것의 꼭 하나의 부분집합은 그 자신뿐이다. 그래서 명제

$$P(0): 0\text{개의 원소를 갖는 집합은 } 2^0 = 1 \text{ 개의 부분집합을 갖는다}$$

는 참이다(성질 (i) 성립).

정리 C.1의 성질 (ii)를 밝히기 위하여

$$P(k): k\text{개의 원소를 갖는 집합은 } 2^k \text{ 개의 부분집합을 갖는다}$$

가 참임을 가정하고, 이 귀납법의 가설을 이용하여

$$P(k+1): k+1 \text{ 개의 원소를 갖는 집합은 } 2^{k+1} \text{ 개의 부분집합을 갖는다}$$

를 증명하자. 이것을 위하여, T를 $k+1$ 개의 원소를 갖는 집합이라 하고 T의 어떤 원소 c를 선택한다. T의 각 부분집합은 c를 포함하거나 c를 포함하지 않는다. c를 포함하지 않는 T의 모든 부분집합은 정확히 $T-\{c\}$ 의 모든 부분집합이다. $T-\{c\}$ 는 T 보다 하나 더 적은 원소 개수를 가지므로, 그것은 k개의 원소를 갖는 집합이고, 그러므로 정확히 2^k 개의 부분집합을 갖는다. (왜냐하면 귀납법의 가설로 $P(k)$ 는 참이다.)

이제 c를 포함하는 T의 임의의 부분집합은 $T-\{c\}$의 어떤 부분집합 D에 대하여 $\{c\} \cup D$ 형태이어야 한다. D에 대한 2^k개의 가능한 선택이 있고, 따라서 c를 포함하는 2^k개의 부분집합이 있다. 결과적으로 T의 부분집합 전체의 개수는

$$\begin{aligned}\begin{pmatrix} c\text{를 포함하는} \\ \text{부분집합의 개수}\end{pmatrix} + \begin{pmatrix} c\text{를 포함하지 않는} \\ \text{부분집합의 개수}\end{pmatrix} &= 2^k + 2^k \\ &= 2\left(2^k\right) \\ &= 2^{k+1}.\end{aligned}$$

따라서 $k+1$개의 원소를 갖는 임의의 집합 T는 2^{k+1}개의 부분집합을 갖고, 즉 $P(k+1)$은 참인 명제이다.

어떤 명제에 대해서는 수학적귀납법이 적절할 것으로 보이지만, 수학적귀납법의 원리를 편리하게 사용할 수 없다. 그런 경우, 그 과정의 변형이 필요하다.

정리 C.2 완전수학적귀납법의 원리(The Principle of Complete Induction)

음이 아닌 각 정수 n에 대하여 명제 $P(n)$이 주어졌다고 가정하자.

(i) $P(0)$가 참이고

(ii) $P(j)$가 $0 \le j < t$인 모든 j에 대하여 참이면 $P(t)$도 참일 때

임의의 $n \in \mathbb{N}$에 대하여 $P(n)$은 참이다.

이 귀납법의 형태는 이전 것과 동치임을 앞으로 알게 될 것이므로, '완전수학적귀납법'이라는 제목은 흔히 사용되고는 있지만, 약간 부적절한 명칭이다.

정리 C.2의 증명

각 $n \in \mathbb{N}$에 대하여 $Q(n)$을 명제

$$P(j)\text{가 } 0 \le j \le n\text{인 모든 } j\text{에 대하여 참이다}$$

라고 하자. 이 명제에서 마지막의 부등호는 $\le$이지 $<$이 아님을 조심스럽게 주목한다. 수학적귀납법의 원리(정리 C.1)를 이용하여, 임의의 $n \in \mathbb{N}$에 대하여 $Q(n)$이 참임을 보일 것이다. 이는 특히 임의의 n에 대하여 $P(n)$이 참임을 의미한다. 이제 $Q(0)$은 명제

$$P(j)\text{가 } 0 \le j \le 0 \text{인 모든 } j\text{에 대하여 참이다.}$$

다르게 말하면, $Q(0)$은 바로 명제 '$P(0)$가 참이다'이다. 그런데 이것은 정리의 가설 (ⅰ)에 의한 경우이다. $Q(k)$가 참이라고 가정하자. 즉

$$P(j)\text{가 } 0 \le j \le k\text{인 모든 } j\text{에 대하여 참이다.}$$

($t = k+1$과 함께) 가설 (ⅱ)에 따라, $P(k+1)$이 역시 참이라고 결론 내릴 수 있다. 그러므로

$$P(j)\text{는 } 0 \le j \le k+1 \text{인 모든 } j\text{에 대하여 참이다.}$$

즉, $Q(k+1)$이 참인 명제이다. 따라서 $Q(k)$가 참일 때는 언제나 $Q(k+1)$도 참임을 보였다. 수학적귀납법의 원리에 따라, 임의의 $n \in \mathbb{N}$에 대하여 $Q(n)$은 참이고, 증명이 완성되었다. ■

귀납법(또는 원리)의 형식적 기술에서 표기 $P(n)$은 매우 편리하다. 그렇지만 귀납법을 이용한 실제 증명에서 이것은 드물게 사용된다. 다음 예제는 보통 귀납법을 이용한 증명에서 더 전형적으로 표현되는 방법이다. 그러나 여기서도 관례적인 것보다 더 자세한 내용을 포함한다.

예제 2

완전수학적귀납법의 원리를 이용하여, 다음을 증명하자. 즉 $n, b \in \mathbb{N}$이고, $b > 0$이면

$$(*) \qquad n = bq + r \text{이고} \quad 0 \le r < b$$

인 $q, r \in \mathbb{N}$이 존재한다. (음이 아닌 정수에 관한 **나눗셈 알고리즘**이라고 부르는) 이 명제는 바로 초등학교 나눗셈의 형식화이다. n을 b로 나눌 때 $n = bq + r$을 만족하는 몫 q와 (나누는 수 b보다 작은) 나머지 r이 존재한다. 4쪽의 논의를 보라.

명제 (*)는 $n = 0$과 임의의 양수 b에 대하여 ($q = 0$이고 $r = 0$라 두면) 참이다. 그래서 정리 C.2의 성질 (ⅰ)을 만족한다. (*)가 $0 \le n < t$인 모든 n에 대하여 참이라고 하자. (이것은 귀납법의 가설이다.) (*)가 $n = t$에 대하여 참임을 보여야 한다. $t < b$이면 $t = b0 + t$이고, 그래서 (*)는 $q = 0$과 $r = t$로 참이다. $b \le t$이면 $0 \le t - b < t$이고, 귀납법의 가설에 따라, (*)는 $n = t - b$에 대하여 참이다. 그러므로

$$t - b = q_1 b + r_1 \text{이고} \quad 0 \le r_1 < b$$

인 정수 q_1과 r_1이 존재한다. 결과적으로

$$t = b + q_1 b + r_1 = (1+q_1)b + r_1 \text{ 이고 } \quad 0 \le r_1 < b$$

이다. 그러므로 (*)는 $n = t$ 에 대하여 ($q = 1 + q_1$ 및 $r = r_1$과 함께) 참이다. 따라서 정리 C.2의 성질 (ii)를 만족한다. 완전수학적귀납법의 원리에 따라, (*)는 임의의 $n \in \mathbb{N}$ 에 대하여 참이다.

어떤 수학 명제는 $n = 0$ 이나 n 의 다른 작은 어떤 값에 대하여 거짓이지만 $n = r$ 과 그 이후의 모든 정수에 대하여 참이다. 예를 들면,

모든 정수 $n \ge 1$ 에 대하여 $3n > n+1$

모든 정수 $n \ge 5$ 에 대하여 $2^n > n^2 + 2$

임을 보일 수 있다. 이런 명제들은 종종 수학적귀납법(또는 원리)의 어떤 변형을 이용하여 증명할 수 있다. 즉

각 정수 $n \ge r$ 에 대하여 명제 $P(n)$ 이 참임을 증명하기 위하여, $P(0)$ 대신에 $P(r)$ 로 시작하는 이전과 같은 기본 과정을 따른다.

이 과정의 타당성은 다음 사실에 따른 결과이다.

정리 C.3

r이 양의 정수이고, 각 $n \ge r$ 에 대하여 명제 $P(n)$ 이 주어졌다고 가정하자.

(i) $P(r)$ 이 참이고

(ii) $k \ge r$ 일 때, $P(k)$ 가 참이면 $P(k+1)$ 이 참이거나, 또는

(ii′) $P(j)$ 가 $r \le j < t$ 인 모든 j에 대하여 참일 때마다 $P(t)$ 가 참이면

임의의 $n \ge r$ 에 대하여 $P(n)$ 은 참이다.

증명

조건 (i)과 (ii)는 정리 C.1과 유사하다. 정리 C.1의 증명에서 0을 r로, 1을 $r+1$ 로, 또 $\mathbb{N}$ 을 $\mathbb{N}_r = \{n \mid n \in \mathbb{N} \text{ 이고 } n \ge r\}$ 로 바꾸면, 글자 그대로 현재 상황으로 옮겨짐을 밝히라. 조건 (i)과 (ii)는 정리 C.2와 유사하고, 그 증명도 유사하게 옮겨진다. ■

여기서 증명할 마지막 정리는 이 책의 나머지 부분을 읽는 데 꼭 필요한 것은 아니다. 그렇지만 수학을 배우는 학생이라면 꼭 알아야 하는 결과이다. 또한 이것은 직관은 때

때로 오류를 일으킬 수 있다는 사실의 좋은 설명이다. 거의 모든 사람에게 정렬성원리는 자명해 보이지만, 수학적귀납법의 원리는 더 깊고 어떤 증명이 필요해 보인다. 무엇보다도 이것은 정렬성원리가 보기보다 훨씬 깊은 것임을 암시한다.

정리 C.4

다음 명제는 동치이다.

(1) 정렬성원리
(2) 수학적귀납법의 원리
(3) 완전수학적귀납법의 원리

증명

정리 C.1의 증명은 (1) $\Rightarrow$ (2)임을 보여주고, 정리 C.2의 증명은 (2) $\Rightarrow$ (3)을 보여준다. (3) $\Rightarrow$ (1)임을 증명하기 위하여, 완전수학적귀납법의 원리를 가정하고 S를 $\mathbb{N}$의 임의의 부분집합이라고 하자. 정렬성원리를 증명하기 위하여

S가 공집합이 아니면 S는 최소원소를 갖는다

는 것을 보여야 한다. 그렇게 하려고, 동치인 대우명제

S가 최소원소를 갖지 않으면 S는 공집합이다

를 증명할 것이다. S가 최소원소를 갖지 않는다고 가정하고, S가 공집합임을 증명하기 위하여 임의의 $n \in \mathbb{N}$에 대하여 명제

(**) n이 S의 원소가 아니다

가 참임을 보이기만 하면 된다. 0는 $\mathbb{N}$의 최소원소이므로 0을 포함하는 $\mathbb{N}$의 임의의 부분집합의 최소원소이기도 하다. S는 최소원소를 갖지 않으므로, 0은 S에 속할 수 없고, 따라서 $n=0$일 때 (**)는 참이다. (즉, 정리 C.2의 성질 (ⅰ)이 성립한다.) $0 \le j < t$인 모든 j에 대하여 (**)가 참이라고 가정하자. 그러면 $0, 1, 2, \ldots, t-1$의 어느 것도 S에 속하지 않고, 이것은 S에 속하는 임의의 원소는 t 이상이라는 것과 동치이다. 만약 t가 S에 속하면 모든 $s \in S$에 대하여 $s \ge t$이므로 t가 S의 최소원소일 것이다. S는 최소원소를 갖지 않으므로, t는 S에 속하지 않는다. 다르게 말하면, $n=t$일 때 (**)는 참이다. 따라서 $j<t$일 때 (**)가 참임은 t에 대하여 그것이 참임을 의미한다. (즉, 정리 C.2의 성질 (ⅱ)가 성립한다.) 완전수학적귀납법의 원리에 따라, 모든 $n \in \mathbb{N}$에 대하여 (**)가 참이다. 그러므로 S는 공집합이고, 증명이 완성된다. ■

■ 연습문제

A. 1. 처음 $n+1$ 개의 음이 아닌 정수의 합은 $n(n+1)/2$ 임을 증명하라. [**힌트**: $P(k)$ 를 명제 $0+1+2+\ \cdots\ +k=k(k+1)/2$라 두라.]

2. 임의의 음이 아닌 정수 n에 대하여, $2^n > n$ 임을 증명하라.

3. 임의의 음이 아닌 정수 n에 대하여, $2^{n-1} \le n!$ 임을 증명하라. [**힌트**: $0!=1$ 과 $n>0$ 에 대하여 $n!=1\cdot 2\cdot 3\cdots(n-1)n$ 임을 상기하라.]

4. r을 $r\neq 1$ 인 실수라 하자. 임의의 정수 $n\ge 1$ 에 대하여

$1+r+r^2+r^3+\ \cdots\ +r^{n-1}=\dfrac{r^n-1}{r-1}$ 임을 증명하라.

B. 5. 임의의 양의 정수 n에 대하여, 4는 7^n-3^n 의 약수임을 증명하라. [**힌트**: $7^{k+1}-3^{k+1}=7^{k+1}-7\cdot 3^k+7\cdot 3^k-3^{k+1}=7(7^k-3^k)+(7-3)3^k$.]

6. 임의의 양의 정수 n에 대하여, 3은 4^n-1 의 약수임을 증명하라.

7. 임의의 양의 정수 n에 대하여, 3은 $2^{2n+1}+1$ 의 약수임을 증명하라.

8. 임의의 양의 정수 n에 대하여, 5는 $2^{4n-2}+1$ 의 약수임을 증명하라.

9. 음이 아닌 임의의 정수 n에 대하여, 64는 9^n-8n-1 의 약수임을 증명하라.

10. 완전수학적귀납법의 원리를 이용하여, 1 보다 큰 임의의 정수는 어떤 소수들의 곱임을 증명하라. [정수 p가 $p>1$ 이고, 양의 약수가 1과 p 뿐이면 p는 소수임을 상기하라.]

11. B를 n개의 원소를 갖는 집합이라고 하자. B에서 B로의 서로 다른 단사함수의 개수는 $n!$ 임을 증명하라. [$n!$ 은 연습문제 3에서 정의하였다.]

12. 참 또는 거짓: 임의의 음이 아닌 정수 n에 대하여 n^2-n+11 은 소수이다. 답이 타당함을 보이라. [소수는 연습문제 10에서 정의하였다.]

13. B를 n개의 원소를 갖는 집합이라고 하자.
   (a) $n \geq 2$ 일 때 B의 2-원소 부분집합의 개수는 $n(n-1)/2$ 임을 증명하라.
   (b) $n \geq 3$ 일 때 B의 3-원소 부분집합의 개수는 $n(n-1)(n-2)/3!$ 임을 증명하라.
   (c) $n \geq k$ 일 때 B의 k-원소 부분집합의 개수에 대한 추측을 만들라. 그 추측을 증명하라.

14. 어떤 사교모임에서 각 커플이 서로 다른 커플과 꼭 한 번씩 시합한다고 하자. 비기는 경우는 없다고 가정한다.
   (a) n커플이 참가할 때, 다음의 의미로 '최고의 커플'이 존재함을 증명하라. 즉, 임의의 커플 v에 대하여, 커플 u가 v를 이기거나 v를 이긴 커플을 이길 때, u를 '최고'라 한다.
   (b) 하나보다 많은 최고의 커플이 있을 수 있음을 예를 들어 보이라.

15. 모든 장미는 같은 색이라는 다음 '증명'에서 무엇이 잘못인가? 다음 명제를 증명하는 것으로 충분하다. 즉 임의의 n개의 장미의 집합에서, 그 집합의 모든 장미는 같은 색이다. $n=1$ 일 때 그 명제는 분명히 참이다. $n=k$ 일 때 그 명제가 참이라고 가정하자. S를 $k+1$ 개의 장미의 어떤 집합이라고 하자. S에서 하나의 장미(A 라 부르는)를 제거하여 k 개의 장미가 남아 있고, 귀납법의 가정에 따라 모두 같은 색이다. 장미 A 를 다시 넣고 다른 장미(B라 부르는)를 제거한다. 또다시 귀납법의 가정으로부터 남아 있는 k 개의 장미는 모두 같은 색이어야 한다. 남은 장미에는 A 도 포함되므로, S에 있는 모든 장미는 같은 색이다. 이것은 그 명제가 $n=k+1$ 일 때 참임을 증명한다. 그러므로 귀납법으로부터, 그 명제는 모든 n에 대하여 참이다.

16. n을 양의 정수라 하자. 세 개의 막대가 바닥에 세워져 있고, 그들 중 하나에 각각의 반지름이 그 아래 것보다 작은, $n=5$ 일 때 아래 그림에서 보는 것처럼, n 개의 원판이 끼워져 쌓여 있다.

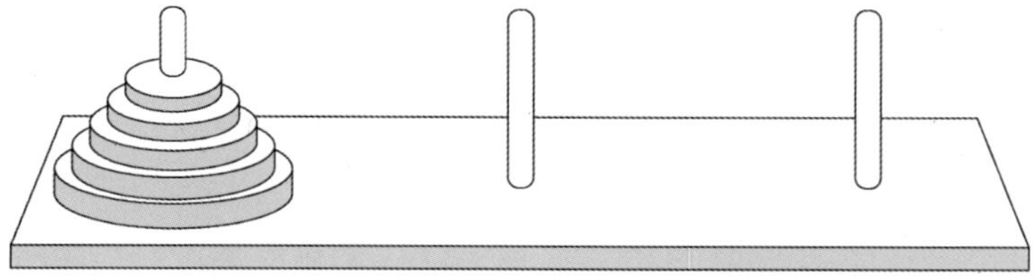

이 게임은 모든 원판을 다른 막대에 다음 규칙에 따라 옮기는 것이다. 즉, (i) 한 번에 꼭 하나의 원판만을 옮길 수 있다. (ii) 원판은 어느 막대로나 옮길 수 있지만, 더 작은 원판 위로 옮길 수 없다. (iii) 새 막대의 모든 원판의 최종 순서는 처음 막대의 원래 순서와 같아야 한다. 이 게임은 $2^n - 1$ 번의 이동으로 완성될 수 있고, 더 적은 횟수의 이동으로 완성될 수 없음을 증명하라.

17. x를 -1보다 큰 실수라 하자. 임의의 양의 정수 n에 대하여 $(1+x)^n \geq 1+nx$ 임을 증명하라.

C. 18. 평면에서 유한개의 직선(선분이 아닌 온전한 직선)으로 형성된 지도를 생각하자. 임의의 그런 지도는 같은 선분을 경계로 공유하는 임의의 두 영역은 서로 다른 색이 되도록, 꼭 두 개의 색으로 칠할 수 있음을 귀납법을 사용하여 증명하라. 단, 꼭 하나의 점을 경계로 공유하는 두 영역은 같은 색이 될 수 있다. [이 문제는 평면에서 (연속곡선이나 곡선 일부를 경계로 갖는) 임의의 지도는 경계를 공유하는 임의의 두 영역이 다른 색이 되도록, 많아야 네 가지 색으로 칠할 수 있다고 하는, 소위 4색정리(Four-Color Theorem)의 특별한 경우이다.]

Appendix D

동치관계

이 부록은 부록 B를 마친 후 언제든지 읽어도 좋지만, 10.4절까지 필요하지 않다. 그 전에 읽었다면 예제 1~3에는 어려움이 없지만, 그 이후의 몇 가지 예를 건너뛰어야 할 수도 있다. 제2장은 '정수' 표시의 예들에 대한, 제6장은 '환' 표시의 예들에 대한, 또 8.1절은 '군' 표시의 예들에 대한 선행학습 요건이다.

집합 A 에 대하여, $A \times A$ 의 임의의 부분집합을 A 위의 **관계**(relation)라 부른다. A 위의 관계 T에 대하여, 부분집합 T가

(i) **반사적**(reflexive): 임의의 $a \in A$ 에 대하여 $(a, a) \in T$
(ii) **대칭적**(symmetric): $(a, b) \in T$이면 $(b, a) \in T$
(iii) **추이적**(transitive): $(a, b) \in T$이고 $(b, c) \in T$이면 $(a, c) \in T$

를 만족할 때 T를 **동치관계**(equivalence relation)라 부른다. T가 A 위의 동치관계이고, $(a, b) \in T$일 때 a는 b와 **동치**(equivalent)라 하고, $(a, b) \in T$ 대신에 $a \sim b$ 로 나타낸다. 이 기호에서 동치관계를 정의하는 조건들은 다음과 같다.

(i) **반사적**: 임의의 $a \in A$ 에 대하여 $a \sim a$
(ii) **대칭적**: $a \sim b$ 이면 $b \sim a$
(iii) **추이적**: $a \sim b$ 이고 $b \sim c$ 이면 $a \sim c$

이 기호를 사용할 때, 관계는 보통 특별한 언급 없이 $A \times A$ 의 어떤 집합으로 정해진다.

예제 1

A 를 집합이라 하고, $a \sim b$ 를 $a = b$ 를 의미하는 것으로 정의하자. 다르게 말하면, A

위의 이 동치관계는 $A \times A$ 의 부분집합 $T = \{(a, b) \mid a = b\}$ 이다. 그러면 ~가 동치관계임은 쉽게 알 수 있다.

예제 2

$$r \sim s \text{는 } |r| = |s|$$

를 의미하는 것으로 정의된 실수 전체 집합 $\mathbb{R}$ 위의 관계는 동치관계임을 쉽게 밝힐 수 있다.

예제 3*

$$a \sim b \text{는 } a - b \text{가 } 3\text{의 배수}$$

를 의미하는 것으로 정의된 정수 전체 집합 $\mathbb{Z}$ 위의 관계를 생각하자. 예를 들어, $17 - 5 = 12$ 는 3의 배수이므로 $17 \sim 5$ 이다. 임의의 a에 대하여 $a - a = 0 = 3 \cdot 0$ 이므로 분명히 $a \sim a$ 이다. 성질 (ii)를 증명하기 위하여, $a \sim b$ 라 가정하자. 그러면 $a - b$ 는 3의 배수이다. 따라서 $-(a - b)$ 도 3의 배수이다. 그런데 $-(a - b) = b - a$ 이다. 그러므로 $b \sim a$ 이다. 성질 (iii)을 증명하기 위하여, $a \sim b$ 이고 $b \sim c$ 라 가정하자. 그러면 $a - b$와 $b - c$는 3의 배수이고, 그래서 그 차 $(a - b) - (b - c) = a - c$도 3의 배수이므로 $a \sim c$ 이다. 따라서 ~는 (보통 모듈로 3 합동이라 부르고, $a \equiv b \pmod 3$ 으로 나타내는) 동치관계이다.

예제 4 (정수)

정해진 양의 정수 n에 대하여,

$$a \equiv b \pmod n \text{ 일 필요충분조건은 } a - b \text{가 } n\text{의 배수}$$

로 정의된 집합 $\mathbb{Z}$ 위의 모듈로 n 합동관계는 정리 2.1에 따라 동치관계이다.

예제 5 (환)

I가 환 R의 아이디얼일 때

$$a \equiv b \pmod I \text{ 일 필요충분조건이 } a - b \in I$$

로 정의된 모듈로 I 합동관계는 정리 6.4에 따라, R 위의 동치관계이다.

* 2.1절을 이미 읽었다면 예제 3과 8을 건너뛰라; 그것은 바로 $n = 3$ 인 경우의 모듈로 n 합동이다.

예제 6 (군)

K가 군 G의 부분군일 때

$$a \equiv b \text{ 일 필요충분조건이 } ab^{-1} \in K$$

로 정의된 관계는 정리 8.1에 따라, G 위의 동치관계이다.

주의: 동치관계를 정의하는 성질 중 하나 또는 두 개는 만족하지만, 모두는 만족하지 않는 집합 위의 관계가 흔히 있을 수 있다. 예를 들면, 실수 전체 집합 $\mathbb{R}$ 위의 순서관계 $\leq$는 반사적이고, 추이적이지만 대칭적이 아니다. 다른 예를 위하여, 연습문제 8과 9를 보라. 그러므로 어떤 특정 관계가 실제로 동치관계임을 증명하기 위하여, 세 가지 성질 모두를 증명하여야 한다.

$\sim$를 집합 A 위의 동치관계라 하자. $a \in A$ 일 때 a의 **동치류**(equivalence class)는 ($[a]$로 나타내고) a와 동치인 A의 모든 원소의 집합이다. 즉

$$[a] = \{b \mid b \in A \text{ 이고 } b \sim a\}$$

예를 들면, 예제 2에서 수 9의 동치류 $[9]$는 $b \sim 9$ 인, 즉 $|b| = |9|$인 모든 실수 b로 구성된다. 따라서 $[9] = \{9, -9\}$ 이다.

예제 7 (환, 군)

환 R의 아이디얼 I에 대하여, 모듈로 I 합동관계에서 동치류는 잉여류 $a + I = \{a + i \mid i \in I\}$ 이다. 마찬가지로 군 G의 부분군 K에 대하여 모듈로 K 합동관계의 동치류는 우잉여류 $Ka = \{ka \mid k \in K\}$ 이다.

예제 8

예제 3에서 정수 2의 동치류는 $b \sim 2$, 즉 $b - 2$가 3의 배수인 모든 정수 b로 구성된다. 그런데 $b - 2$는 정확히 b가 어떤 정수 k에 대하여 $b = 2 + 3k$ 인 형태의 배수이다. 그러므로

$$\begin{aligned}[2] &= \{2 + 3k \mid k \in \mathbb{Z}\} = \{2 + 0,\ 2 \pm 3,\ 2 \pm 6,\ 2 \pm 9, \ldots\} \\ &= \{\ldots, -7, -4, -1, 2, 5, 8, 11, \ldots\}.\end{aligned}$$

유사한 논법으로, 동치류 $[8]$은 $8 + 3k$ $(k \in \mathbb{Z})$ 형태의 모든 정수로 구성된다. 결과적으로

$$[8] = \{..., -7, -4, -1, 2, 5, 8, 11, 14, 17, ...\}$$

따라서 $[2]$와 $[8]$은 같은 집합이다. $2 \sim 8$ 임을 주목한다. 이것은 다음 정리의 한 예이다.

정리 D.1

집합 A의 동치관계 $\sim$와 $a, c \in A$에 대하여, $a \sim c$일 필요충분조건은 $[a] = [c]$ 이다.

증명*

$a \sim c$라 가정하자. $[a] = [c]$를 증명하기 위하여, 먼저 $[a] \subseteq [c]$를 보이자. 이것을 위하여, $b \in [a]$ 라고 하자. 그러면 정의로부터 $b \sim a$ 이다. 추이적이므로 $a \sim c$로부터 $b \sim c$ 이다. 그러므로 $b \in [c]$ 이고, $[a] \subseteq [c]$ 이다. 이 논법에서 a와 c의 역할을 바꾸고, 대칭적 성질에 따라 $c \sim a$라는 사실을 이용하여 $[c] \subseteq [a]$ 임을 알 수 있다. 그러므로 $[a] = [c]$ 이다. 역으로 $[a] = [c]$ 이라고 가정하자. 반사적이므로 $a \sim a$로부터 $a \in [a]$를 얻고, 따라서 $a \in [c]$ 이다. $[c]$의 정의로부터 $a \sim c$ 임을 알 수 있다. ■

일반적으로 두 집합에 대하여 세 가지 가능성이 있다. 즉, 두 집합이 같거나 서로 소이거나 어떤 공통 원소를(모두는 아님) 갖는다. 동치류에는 세 번째 가능성이 일어날 수 없다.

따름정리 D.2

집합 A의 동치관계 $\sim$에 대하여, 임의의 두 동치류는 서로 소이거나 일치한다.

증명

$[a]$와 $[c]$를 동치류라고 하자. 만약 이것들이 서로 소이면 더 증명할 것이 없다. 만약 그들이 서로 소가 아니라면 $[a] \cap [c]$는 공집합이 아니고, 정의로부터 $b \in [a]$ 이고, $b \in [c]$인 원소 b가 존재한다. 동치류의 정의로부터 $b \sim a$ 이고 $b \sim c$ 이다. 결과적으로 추이적 성질과 대칭적 성질에 따라 $a \sim c$ 이다. 그러므로 정리 D.1에 따라 $[a] = [c]$ 이다. ■

* 2.1절을 읽었다면, 이 증명과 따름정리 D.2는 정리 2.3과 따름정리 2.4의 증명과 사실상 같다는 점을 주목하라. $\equiv$를 $\sim$로 바꾸기만 하면 된다.

집합 A 에 대하여, 그 합집합이 A 이고 서로 소인, 공집합이 아닌 A 의 부분집합들의 모임을 A 의 **분할**(partition)이라 한다.* A 위의 임의의 동치관계는 다음과 같이 어떤 분할을 이끈다. 임의의 $a \in A$ 에 대하여 $a \in [a]$ 이므로, 임의의 동치류는 공집합이 아니고 A 의 임의의 원소는 동치류 중 하나에 속한다. 서로 다른 동치류들은 따름정리 D.2로부터 서로 소이다. 그러므로

집합 A 위의 동치관계의 서로 다른 모든 동치류는 A 의 분할을 이룬다.

역으로, A 의 임의의 분할은 그 동치류들이 정확히 그 분할을 이루는 부분집합들인 어떤 동치관계를 이끈다(연습문제 21).

■ 연습문제

A. 1. P를 평면이라 하자. p, q가 P의 점일 때, $p \sim q$를 p와 q가 원점으로부터 같은 거리를 갖는 것으로 정의한다. $\sim$는 P 위의 동치관계임을 증명하라.

2. 유리수 전체 집합 $\mathbb{Q}$ 위의 관계를 $r \sim s$ 일 필요충분조건이 $r - s \in \mathbb{Z}$ 로 정의한다. $\sim$는 동치관계임을 증명하라.

3. (a) $a \sim b$ 일 필요충분조건이 $\cos a = \cos b$ 로 정의된 집합 $\mathbb{R}$ 위의 관계는 동치관계임을 증명하라.
   (b) 0의 동치류와 $\pi/2$ 의 동치류를 기술하라.

4. m과 n이 평면 P의 직선일 때, $m \sim n$을 m과 n이 평형임을 의미하는 것으로 정의한다. $\sim$는 P 위의 동치관계인가?

5. (a) $\sim$를 $(x, y) \sim (u, v)$ 일 필요충분조건이 $x = u$ 로 정의된 보통의 좌표평면 위의 관계라 하자. $\sim$는 동치관계임을 증명하라.
   (b) 이 관계의 동치류들을 기술하라.

6. $(x, y) \sim (u, v)$ 일 필요충분조건이 $x - u$ 가 정수로 정의된 좌표평면 위의 관계는 동치관계임을 증명하라.

7. $f : A \to B$를 함수라 하자. $u \sim v$ 일 필요충분조건이 $f(u) = f(v)$ 인 관계는 동치관계임을 증명하라.

* 즉, 그 부분집합들의 임의의 두 개가 서로 소이다.

8. $A = \{1, 2, 3\}$ 이라고 하자. 순서쌍에 관한 관계의 정의를 이용하여, 다음에 진술된 성질을 갖는 A 위의 관계를 나타내라.
   (a) 반사적, 비 대칭적, 비 추이적
   (b) 대칭적, 비 반사적, 비 추이적
   (c) 추이적, 비 반사적, 비 대칭적
   (d) 반사적이고 대칭적, 비 추이적
   (e) 반사적이고 추이적, 비 대칭적
   (f) 대칭적이고 추이적, 비 반사적

9. 다음 주어진 관계가 갖는 성질(반사적, 대칭적, 추이적)은 어느 것인가?
   (a) 실수 전체 집합 위의 $a < b$
   (b) 집합 S의 모든 부분집합의 집합 위의 $A \subseteq B$
   (c) 실수 전체 집합 위의 $a \neq b$
   (d) 정수 전체 집합 위의 $(-1)^a = (-1)^b$

B. 10. 실수 r에 대하여 $\leq r$인 가장 큰 정수를 $[\![r]\!]$로 나타내자. 예를 들면, $[\![\pi]\!] = 3$, $[\![7]\!] = 7$이고, $[\![-1.5]\!] = -2$이다. $r \sim s$ 일 필요충분조건이 $[\![r]\!] = [\![s]\!]$로 정의된 $\mathbb{R}$ 위의 관계는 동치관계임을 증명하라.

11. $\sim$를 $a \sim b$일 필요충분조건이 $a/b \in \mathbb{Q}$로 정의된 영이 아닌 실수 전체 집합 $\mathbb{R}$ 위의 관계라 하자. $\sim$는 동치관계임을 증명하라.

12. $a \sim b$일 필요충분조건이 $a = 10^k b$인 $k \in \mathbb{Z}$가 존재하는 것으로 정의된 $\mathbb{R}$ 위의 관계는 동치관계인가?

13. 실계수 다항식 전체 집합 $\mathbb{R}[x]$에서 $f(x) \sim g(x)$일 필요충분조건을 $f'(x) = g'(x)$로 정의하자. 여기서 $'$는 도함수를 나타낸다. $\sim$가 $\mathbb{R}[x]$ 위의 동치관계임을 증명하라.

14. T를 $\mathbb{R}$에서 $\mathbb{R}$로의 모든 연속함수의 집합이라 하고, $f \sim g$일 필요충분조건을 $f(2) = g(2)$로 정의하자. $\sim$는 동치관계임을 증명하라.

15. $a \sim b$일 필요충분조건이 $a^2 \equiv b^2 \pmod 6$으로 정의된 $\mathbb{Z}$ 위의 관계는 동치관계임을 증명하라.

16. $S = \{(a, b) \mid a, b \in \mathbb{Z}$ 이고 $b \neq 0\}$ 이라 하고, $(a, b) \sim (c, d)$ 일 필요충분조건을 $ad = bc$ 로 정의하자. $\sim$는 S 위의 동치관계임을 증명하라.

17. $\sim$을 집합 A 위의 대칭적이고 추이적인 관계라 하자. $\sim$가 반사적임을 주장하는 다음 '증명'에서 무엇이 잘못인가? 대칭적이므로 $a \sim b$ 이면 $b \sim a$ 이다. 그러면 $a \sim b$ 이면 $b \sim a$ 이므로, 추이적 성질로부터 $a \sim a$ 이다. [연습문제 8(f)도 보라.]

18.* G를 군이라 하고, $a \sim b$ 일 필요충분조건을 $b = c^{-1}ac$ 를 만족하는 $c \in G$가 존재한다고 정의하자. $\sim$는 G 위의 동치관계임을 증명하라.

19.* (a) 군 G의 부분군 K에 대하여, $a \sim b$ 일 필요충분조건을 $a^{-1}b \in K$로 정의하자. $\sim$가 G 위의 동치관계임을 증명하라.
(b) 문항 (a)에서 동치관계는 예제 6에서의 관계와 같을 필요가 없음을 보여주는 예를 들라.

20.* G를 S_n 의 부분군이라 하자. 집합 $\{1, 2, \ldots, n\}$ 위의 관계를 $a \sim b$ 일 필요충분조건이 어떤 $\sigma \in G$에 대하여 $a = \sigma(b)$ 로 정의하자. $\sim$는 동치관계임을 증명하라.

21. 집합 A에 대하여, $\{A_i \mid i \in I\}$ 를 A 의 분할이라 하자. A 위의 관계를 $a \sim b$ 일 필요충분조건이 a와 b가 이 분할에서의 같은 부분집합에 속하는 (즉, $a \in A_k$ 이고 $b \in A_k$ 인 $k \in I$가 존재하는) 것으로 정의한다.
(a) $\sim$는 A 위의 동치관계임을 증명하라.
(b) $\sim$의 모든 동치류는 정확히 그 분할에 속하는 모든 부분집합 A_i 임을 증명하라.

* 7.2절과 7.3절은 연습문제 18~20에 대한 선행학습 요건이다.

Appendix E

이항정리

부록 C와 3.2절은 이 부록에 대한 선행학습 요건이다. 여기에서 제시한 내용은 11.6절에서 사용되고, 그 밖에 종종 연습문제에서 사용된다.

3.2절의 예제 3에서 살펴본 것으로, 가환환 R의 임의의 원소 a, b에 대하여

$$(a+b)^2 = a^2 + 2ab + b^2$$

이다. 곱셈에 대한 분배법칙과 교환법칙을 이용한 유사한 계산으로, 다음을 알 수 있다.

$$\begin{aligned}(a+b)^3 &= a^3 + 3a^2b + 3ab^2 + b^3 \\ (a+b)^4 &= a^4 + 4a^3b + 6a^2b^2 + 4ab^3 + b^4\end{aligned}$$

여기서 떠오르는 패턴이 있지만, 그것은 어떤 사실을 먼저 언급하지 않으면 당연하지 않다.

$0!$은 1로 정의하고, 임의의 양의 정수 n에 대하여 기호의 $n!$을 수 $n(n-1)(n-2)\cdots 3\cdot 2\cdot 1$을 나타내는 것을 상기한다. $0 \le k \le n$인 각 k에 대하여, **이항계수** (binomial coefficient) $\binom{n}{k}$는 수 $\dfrac{n!}{k!\,(n-k)!}$로 정의한다. 이 수는 분수일 것 같지만, 임의의 이항계수는 실제로 정수이다(연습문제 6). 예를 들면, $\binom{4}{1} = \dfrac{4!}{1!\,(4-1)!} = \dfrac{4\cdot 3\cdot 2\cdot 1}{1\cdot 3\cdot 2\cdot 1} = 4$이고, 유사하게 $\binom{4}{2} = \dfrac{4!}{2!\,2!} = 6$이다. 이 수들은 앞의 $(a+b)^4$의 전개식에서 계수들로 나오는 것을 주목한다. 사실

$$(a+b)^4 = a^4 + \binom{4}{1}a^3b + \binom{4}{2}a^2b^2 + \binom{4}{3}ab^3 + b^4$$

임을 쉽게 밝힐 수 있다. 이것은 다음 정리의 하나의 예이다.

정리 E.1 이항정리(Binomial Theorem)

가환환 R에 대하여, $a,\ b \in R$이라고 하자. 임의의 양의 정수 n에 대하여

$$(a+b)^n = a^n + \binom{n}{1}a^{n-1}b + \binom{n}{2}a^{n-2}b^2 + \cdots + \binom{n}{n-1}ab^{n-1} + b^n$$

증명

n에 대한 수학적귀납법으로 증명한다. $n=1$ 일 때 이 정리는 $(a+b)^1 = a^1 + b^1$ 임을 말하고, 이것은 분명히 참이다. $n=k$ 일 때 정리가 참이라고 가정하자. 즉

$$(a+b)^k = a^k + \binom{k}{1}a^{k-1}b + \binom{k}{2}a^{k-2}b^2 + \cdots + \binom{k}{k-1}ab^{k-1} + b^k$$

이 가정을 이용하여, $n=k+1$ 일 때 정리의 결과가 참임을 증명하여야 한다. 지수의 정의로부터, $(a+b)^{k+1} = (a+b)(a+b)^k$ 이다. $(a+b)^k$ 에 귀납법의 가정을 적용하고, 곱셈의 분배법칙과 교환법칙을 이용하여

$$\begin{aligned}
(a+b)^{k+1} &= (a+b)(a+b)^k \\
&= (a+b)\left[a^k + \binom{k}{1}a^{k-1}b + \cdots + \binom{k}{r}a^{k-r}b^r + \cdots + \binom{k}{k-1}ab^{k-1} + b^k\right] \\
&= a\left[a^k + \binom{k}{1}a^{k-1}b + \cdots + \binom{k}{r}a^{k-r}b^r + \cdots + \binom{k}{k-1}ab^{k-1} + b^k\right] \\
&\quad + b\left[a^k + \binom{k}{1}a^{k-1}b + \cdots + \binom{k}{r}a^{k-r}b^r + \cdots + \binom{k}{k-1}ab^{k-1} + b^k\right] \\
&= \left[a^{k+1} + \binom{k}{1}a^k b + \cdots + \binom{k}{r}a^{k-r+1}b^r + \cdots + \binom{k}{k-1}a^2b^{k-1} + ab^k\right] \\
&\quad + \left[a^k b + \binom{k}{1}a^{k-1}b^2 + \cdots + \binom{k}{r}a^{k-r}b^{r+1} + \cdots + \binom{k}{k-1}ab^k + b^{k+1}\right] \\
&= a^{k+1} + \left[\binom{k}{1} + 1\right]a^k b + \left[\binom{k}{2} + \binom{k}{1}\right]a^{k-1}b^2 + \cdots \\
&\quad + \left[\binom{k}{r+1} + \binom{k}{r}\right]a^{k-r}b^{r+1} + \cdots + \left[1 + \binom{k}{k-1}\right]ab^k + b^{k+1}
\end{aligned}$$

(반드시 학생 스스로 증명해 보아야 하는) 연습문제 5로부터, $r = 0,\ 1,\ \ldots,\ k$ 에 대하여

$$\binom{k}{r+1} + \binom{k}{r} = \binom{k+1}{r+1}$$

임을 알 수 있다. 앞 등식의 마지막 부분의 각 계수에 이 사실을 적용한다. 예를 들면,

$\binom{k}{1}+1=\binom{k}{1}+\binom{k}{0}=\binom{k+1}{1}$이고, $\binom{k}{2}+\binom{k}{1}=\binom{k+1}{2}$ 등등. 그러면 앞 등식의 처음과 마지막으로부터,

$$(a+b)^{k+1}=a^{k+1}+\binom{k+1}{1}a^k b+\binom{k+1}{2}a^{k-1}b^2+\cdots$$
$$+\binom{k+1}{r+1}a^{k-r}b^{r+1}+\cdots+\binom{k+1}{k}ab^k+b^{k+1}$$

을 얻는다. 그러므로 $n=k+1$일 때 정리가 참이고, 따라서 귀납법에 따라 모든 자연수 n에 대하여 정리의 결과가 참이다.

■ 연습문제

A. 1. x와 y를 실수라 하자. $(2x-y^2)^9$의 전개에서 x^5y^8의 계수를 구하라. [**힌트**: $a=2x,\ b=y^2$과 함께 정리 E.1을 적용하라.]

2. x와 y가 실수일 때, $(x^3-3y)^{10}$의 전개에서 $x^{12}y^6$의 계수는 무엇인가?

B. 3. r과 n을 $0<r<n$인 정수라 하자. $\binom{n}{r}=\binom{n}{n-r}$임을 증명하라.

4. 임의의 양의 정수 n에 대하여, $2^n=\binom{n}{0}+\binom{n}{1}+\binom{n}{2}+\cdots+\binom{n}{n}$임을 증명하라. [**힌트**: $2^n=(1+1)^n$.]

5. r과 k를 $0\le r\le k-1$인 정수라 하자. $\binom{k}{r+1}+\binom{k}{r}=\binom{k+1}{r+1}$임을 증명하라. [**힌트**: $(k-r)(k-(r+1))!=(k-r)!=((k+1)-(r+1))!$이라는 사실을 이용하여, 분모가 $(k+1)!\,(k-r)!$인 분수로 좌변의 각 항을 나타내라. 그 분수를 더하고, 분자를 간단히 하여 $\binom{k+1}{r+1}$과 그 결과를 비교하라.]

6. n을 양의 정수라 하자. 수학적귀납법을 사용하여, 다음 명제를 증명하라. 즉, $0\le r\le n$인 각 정수 r에 대하여 $\binom{n}{r}$은 정수이다. [**힌트**: $n=1$일 때 $\binom{1}{0}=1=\binom{1}{1}$을 계산하기는 쉽다. $n=k$일 때 이 명제가 참이라고 가정하고, 연습문제 5를 이용하여 $n=k+1$일 때 그 명제가 참임을 보이라.]

7. 다음은 **Pascal 삼각형**(Pascal's triangle)의 첫 5개의 행이다.

행 0 : 1

행 1 : 1 1

행 2 : 1 2 1

행 3 : 1 3 3 1

행 4 : 1 4 6 4 1

주어진 행의 각 성분은 (양 끝의 1을 제외하고) 그 위에 있는 이전 행의 두 수의 합이다. 예를 들면, 행 4에서 첫 4는 행 3의 1과 3의 합이고, 유사하게 행 4의 6은 행 3의 두 3의 합이다.

(a) Pascal 삼각형의 그다음 세 개의 행을 작성하라.

(b) Pascal 삼각형에서 행 n의 모든 성분은 $(a+b)^n$ 의 전개에서 그 계수, 즉 $\binom{n}{0}, \binom{n}{1}, \binom{n}{2}, \ldots, \binom{n}{n}$와 정확히 같음을 증명하라. [힌트: 연습문제 5가 도움이 될 것이다.]

Appendix F

행렬대수

이 부록은 3.1절 이후 어느 때나 읽어도 좋지만, 제16장에서만 필요하다. 이 부록 전체에서 R은 항등원을 갖는 환이다.

$\mathbb{Z}$, $\mathbb{Q}$, $\mathbb{R}$, $\mathbb{C}$ 에서 성분을 갖는 2×2 행렬들의 환을 3.1절에서 소개하였다. 이 행렬들은 다음 정의의 특별한 경우다. R 위의 $n\times m$ **행렬**(matrix)은 n개의 가로 행과 m개의 세로 열의 배열

$$\begin{pmatrix} r_{11} & r_{12} & \cdots & r_{1m} \\ r_{21} & r_{22} & \cdots & r_{2m} \\ r_{31} & r_{32} & \cdots & r_{3m} \\ \vdots & \vdots & & \vdots \\ a_{n1} & a_{n2} & \cdots & a_{nm} \end{pmatrix}$$

으로, 여기서 각 $r_{ij}\in R$이다. 예를 들어,

$$A=\begin{pmatrix} 7 & -6 & 4 & 10 & 0 \\ 1 & 0 & 5 & -2 & 1 \\ 3 & 3 & 4 & 12 & 9 \\ 0 & 5 & 2 & 0 & -8 \end{pmatrix} \qquad B=\begin{pmatrix} 1 & 4 & 0 \\ 2 & 1 & 3 \\ 3 & 2 & 0 \end{pmatrix} \qquad C=\begin{pmatrix} 1 & 0 & 1 & 0 \\ 0 & 1 & 1 & 1 \end{pmatrix}$$

$\mathbb{Z}$ 위의 4×5 $\qquad$ $\mathbb{Z}_5$ 위의 3×3 $\qquad$ $\mathbb{Z}_2$ 위의 2×4

행렬은 보통 대문자로 나타내고, 그 성분들은 그것이 위치하는 행과 열을 나타내는 이중 첨자와 함께 소문자로 나타낸다. 예를 들면, 앞의 행렬 $A=(a_{ij})$에서 4행과 2열의 성분은 $a_{42}=5$이다. 행렬 C에서 $c_{12}=0$이고 $c_{23}=1$이다. 따라서, 예를 들어, $n\times m$ 행렬 (r_{ij})에서 i행은

$$r_{i1}\ r_{i2}\ r_{i3}\ r_{i4}\ \cdots\ r_{im}$$

이다. $n \times m$ **영행렬**(zero matrix)은 모든 성분이 0_R인 $n \times m$ 행렬이다. **항등행렬**(identity matrix)은 1-1, 2-2, 3-3,..., n-n의 위치에 1_R을, 나머지 모든 위치에 0_R을 갖는 $n \times n$ 행렬이다. 예를 들어, 환 $\mathbb{R}$ 위에서

$$I_3 = \begin{pmatrix} 1 & 0 & 0 \\ 0 & 1 & 0 \\ 0 & 0 & 1 \end{pmatrix} \quad I_4 = \begin{pmatrix} 1 & 0 & 0 & 0 \\ 0 & 1 & 0 & 0 \\ 0 & 0 & 1 & 0 \\ 0 & 0 & 0 & 1 \end{pmatrix} \quad I_5 = \begin{pmatrix} 1 & 0 & 0 & 0 & 0 \\ 0 & 1 & 0 & 0 & 0 \\ 0 & 0 & 1 & 0 & 0 \\ 0 & 0 & 0 & 1 & 0 \\ 0 & 0 & 0 & 0 & 1 \end{pmatrix}.$$

항등행렬 I_n은 $I_n = (\delta_{ij})$로 간결하게 나타낼 수 있다. 여기서 δ_{ij}는 **Kronecker 델타**(delta) 기호로

$$\delta_{ij} = \begin{cases} 1_R & i = j \text{일 때} \\ 0_R & i \neq j \text{일 때} \end{cases}$$

로 정의된다.

때때로 큰 행렬을 두 개의 작은 행렬로 이루어진 것으로 생각하는 것이 편리하다. 예를 들어, A가 $\mathbb{Z}$ 위의 3×2 행렬

$$\begin{pmatrix} 4 & 2 \\ 1 & 0 \\ 3 & 5 \end{pmatrix}$$

이면 $(I_3 \mid A)$는 3×5 행렬

$$\begin{pmatrix} 1 & 0 & 0 & 4 & 2 \\ 0 & 1 & 0 & 1 & 0 \\ 0 & 0 & 1 & 3 & 5 \end{pmatrix}$$

을 나타낸다. 유사하게 $A = \begin{pmatrix} 2 & 3 \\ 4 & 6 \end{pmatrix}$일 때 $\left(\dfrac{A}{I_2}\right)$는 행렬 $A = \begin{pmatrix} 2 & 3 \\ 4 & 6 \\ 1 & 0 \\ 0 & 1 \end{pmatrix}$을 나타낸다.

$A = (a_{ij})$이고 $B = (b_{ij})$가 $n \times m$ 행렬일 때, 그들의 **합**(sum) $A + B$는 i-j 위치에 $a_{ij} + b_{ij}$를 갖는 $n \times m$ 행렬이다. 다르게 말하면, 다음 예와 같이 $\mathbb{Z}_5$ 위에서 대응하는 위치에 있는 성분끼리 더하는 것이다.

$$\begin{pmatrix} 1 & 3 & 4 \\ 0 & 2 & 1 \end{pmatrix} + \begin{pmatrix} 3 & 2 & 0 \\ 1 & 4 & 2 \end{pmatrix} = \begin{pmatrix} 4 & 0 & 4 \\ 1 & 1 & 3 \end{pmatrix}$$

A와 B의 크기가 다르면 그 합은 정의되지 않는다. 그런데 A, B, C가 $n \times m$ 행렬일

때, 연습문제 3은 행렬의 덧셈이 가환(commutative)[$AB = BA$]이고, 결합적(associate) [$A+(B+C)=(A+B)+C$]임을 보여준다. $n\times m$ 영행렬은 덧셈에 대한 항등원 역할을 한다(연습문제 4).

선형대수 코스에서, 더 명료함을 위하여 행렬 A와 B의 곱은 A의 열의 개수와 B의 행의 개수가 같을 때만 정의한다. 가장 간단한 경우는 하나의 행 $(a_1\, a_2\, a_3 \cdots a_n)$으로 이루어진 $1\times m$ 행렬 A와 하나의 열 $\begin{pmatrix} b_1 \\ b_2 \\ b_3 \\ \vdots \\ b_n \end{pmatrix}$으로 이루어진 $n\times 1$ 행렬 B의 곱이다.*

그 곱은 원소

$$a_1b_1 + a_2b_2 + a_3b_3 + \cdots + a_mb_m$$

이 유일한 성분인 1×1 행렬이다. 예를 들어, $\mathbb{Z}$ 위에서

$$(*) \qquad (2\,3\,1)\begin{pmatrix} 4 \\ 0 \\ 2 \end{pmatrix} = 2\cdot 4 + 3\cdot 0 + 1\cdot 2 = 10$$

이다.

A가 $n\times m$ 행렬이고 B가 $m\times k$ 행렬이면 행렬의 **곱**(product) AB는 i-j 위치의 성분이 A의 i행과 B의 j열의 곱인 $n\times k$ 행렬 (c_{ij})이다. 즉

$$c_{ij} = a_{i1}b_{1j} + a_{i2}b_{2j} + a_{i3}b_{3j} + \cdots + a_{im}b_{mj} = \sum_{r=1}^{m} a_{ir}b_{rj}$$

예제 1

$$A = \begin{pmatrix} 2 & 3 & 1 \\ 1 & 5 & 0 \end{pmatrix} \text{와 } B = \begin{pmatrix} 4 & 2 & 6 & 3 \\ 0 & 1 & 2 & 1 \\ 2 & 6 & 0 & 2 \end{pmatrix}$$

의 곱은 1-1 의 위치의 성분이 10(앞의 (*)에서 보는 것처럼 A의 1행과 B의 1열의 곱)인 2×4 행렬이다. AB에서 2-3 의 위치의 성분은 A의 2행과 B의 3열의 곱이다. 즉

$$1\cdot 6 + 5\cdot 2 + 0\cdot 0 = 16$$

이다. 유사한 계산으로

* 꼭 하나의 행을 갖는 행렬을 **행벡터**(row vector)라 하고, 꼭 하나의 열을 갖는 행렬을 **열벡터**(column vector)라 한다. 행벡터와 열벡터를 기술하기 위하여 하나의 첨수로 충분하다.

$$AB = \begin{pmatrix} 2 & 3 & 1 \\ 1 & 5 & 0 \end{pmatrix} \begin{pmatrix} 4 & 2 & 6 & 3 \\ 0 & 1 & 2 & 1 \\ 2 & 6 & 0 & 2 \end{pmatrix} = \begin{pmatrix} 10 & 13 & 18 & 11 \\ 4 & 7 & 16 & 8 \end{pmatrix}$$

임을 알 수 있다. 곱 BA는 B가 네 개의 열을 갖지만, A는 단지 두 개의 행을 가지므로 정의되지 않는다.

A, B, C가 AB와 BC가 정의되는 적절한 크기의 행렬이면 행렬의 곱셈은 결합적(associate)이다. 즉, $A(BC) = (AB)C$이다(연습문제7). 유사하게 E, F, G가 곱 EG와 FG가 정의되는 행렬이면, 곱셈에 대하여 분배법칙(distributive law)이 성립한다. 즉, $(E+F)G = EG + FG$이다(연습문제 5). 항등행렬은 이러한 의미에서 곱셈에 대한 항등원(identity element)의 역할을 한다. 즉, A가 $n \times m$ 행렬이면 $I_n A = A$이고, $A I_m = A$이다(연습문제 6). 곱 AB와 BA가 모두 정의될 때도 행렬의 곱셈은 가환이 아닐 수 있다. (3.1절의 예제 6을 보라.)

환 R 위의 모든 $n \times n$ 행렬의 집합을 $M_n(R)$로 나타내자. $M_n(R)$의 모든 행렬은 열과 행의 개수가 모두 같으므로, 모든 $A, B \in M_n(R)$에 대하여 $A+B$와 AB 그리고 BA가 모두 정의된다. 앞에서 열거하는 행렬의 덧셈과 곱셈에 관한 성질들은 다음 정리의 증명을 제공한다.

정리 F.1

R이 항등원을 갖는 환이면 R 위의 모든 $n \times n$ 행렬의 집합 $M_n(R)$은 항등원 I_n을 갖는 비가환 환이다.

■ 연습문제

노트: 달리 명시하지 않는 한 모든 행렬은 항등원을 갖는 어떤 환 R 위의 행렬이다.

A. 1. A와 B를 $\mathbb{Z}$ 위의 행렬이라고 가정하자. $A+B$를 구하라.

(a) $A = \begin{pmatrix} 1 & 2 & -2 & 0 \\ 3 & 5 & 7 & 11 \end{pmatrix}$ $B = \begin{pmatrix} 0 & -8 & 2 & 4 \\ 6 & 0 & 4 & 1 \end{pmatrix}$

(b) $A = \begin{pmatrix} 3 & 0 & 2 \\ 4 & 1 & 6 \\ 0 & 1 & 0 \\ 2 & -5 & 7 \end{pmatrix}$ $B = \begin{pmatrix} 1 & -2 & 0 \\ 3 & 0 & 4 \\ 0 & 7 & -6 \\ 1 & 6 & 0 \end{pmatrix}$

2. A와 B를 $\mathbb{Z}_6$ 위의 행렬이라고 가정하자. 곱이 정의될 때 AB와 BA를 구하라.

(a) $A=\begin{pmatrix}2&4\\1&5\\3&0\end{pmatrix}$ $\quad B=\begin{pmatrix}1&0&1\\2&3&2\end{pmatrix}$

(b) $A=\begin{pmatrix}1&4\\5&2\end{pmatrix}$ $\quad B=\begin{pmatrix}0&5&3\\1&0&2\end{pmatrix}$

(c) $A=(3\ 2\ 1\ 0)$ $\quad B=\begin{pmatrix}1&0&0\\0&1&0\\0&0&1\\1&1&1\end{pmatrix}$

B. 3. $A=(a_{ij}),\ B=(b_{ij}),\ C=(c_{ij})$를 $n\times m$ 행렬이라 하자. 다음을 증명하라.

(a) $A+B=B+A$ (b) $A+(B+C)=(A+B)+C$

4. $A=(a_{ij})$가 $n\times m$ 행렬이고, Z가 $n\times m$ 영행렬이면 $A+Z=A$임을 증명하라.

5. (a) E와 F를 $1\times m$ 행벡터이고, $G=(g_{ij})$를 $m\times k$ 행렬이라고 하자. $(E+F)G=EG+FG$임을 증명하라.

(b) $E=(e_{ij})$와 $F=(f_{ij})$를 $n\times m$ 행렬, $G=(g_{ij})$를 $m\times k$ 행렬이라 하자. $(E+F)G=EG+FG$임을 증명하라.

6. A가 $n\times m$ 행렬이면 $I_nA=A$이고, $AI_m=A$임을 증명하라.

C. 7. $A=(a_{ij})$가 $n\times m$ 행렬, $B=(b_{ij})$가 $m\times k$ 행렬, $C=(c_{ij})$가 $k\times p$ 행렬이라고 하자. $A(BC)=(AB)C$임을 증명하라. [힌트: $BC=(d_{ij})$일 때 $d_{ij}=\sum_{r=1}^{k} b_{ir}c_{rj}$이고, $AB=(e_{ij})$일 때 $e_{ij}=\sum_{t=1}^{m} a_{it}b_{tj}$이다. $A(BC)$의 i-j 성분은 $\sum_{t=1}^{m} a_{it}d_{tj}=\sum_{t=1}^{m} a_{it}\left(\sum_{r=1}^{k} b_{tr}c_{rj}\right)=\sum_{t=1}^{m}\sum_{r=1}^{k} a_{it}b_{tr}c_{rj}$임을 보이라. $(AB)C$의 i-j 성분이 이것과 같은 이중 합임을 보이라.]

Appendix G

다항식

고등학교 수학에서는 다항식의 'x'에 관한 어떤 불분명함이 있다. 때때로 x는 (방정식 $5x-6=17$ 에서처럼) 특정수를 대신한다. 또 어떤 때는 x가 어떤 수를 대신하지 않는 것 같다. 그것은 바로 ($(x+3)(x-5)=x^2-2x-15$ 와 같은 연습문제에서와 같이) 대수적으로 처리되는 하나의 기호일 뿐이다.* 여기에서의 목표는 이러한 모호함을 없애는 '다항식'의 엄밀한 정의를 전개하는 것이다. 이 논의에 필요한 선행학습 요건은 고등학교 과정의 대수와 제3장이다.

형식적 정의를 위한 사전 준비로, 고등학교에서의 다항식은 지금까지 언급한 x 없이 기술할 수 있음을 주목한다. 예를 들면, $5+6x-2x^3$ 은 그 계수들 $(5, 6, 0, -2)$ 로 완전히 결정된다.† 그런데 $5+6x-2x^3$ 은 $5+6x-2x^3+0x^4+0x^5+0x^6$ 으로 쓸 수도 있다. 추가의 '영 항(zero term)'을 허용하여, 영들로 끝나는 무한수열 $(5, 6, 0, -2, 0, 0, 0, \cdots)$ 으로 계수들을 나타낸다.

이 새로운 표기에서 다항식들의 더하기는 이전과 매우 같다. 즉, x의 거듭제곱에 대응하는 계수들을 더한다. 말하자면, 좌표별로 수열을 더한다.

$$\begin{array}{rcl} 5+6x-2x^3 & \quad & (5,\ \ 6,\ 0,\ -2,\ 0,\ 0,\ 0,\ \cdots) \\ 3-2x+5x^2-4x^3 & & (3,\ -2,\ 5,\ -4,\ 0,\ 0,\ 0,\ \cdots) \\ \hline 8+4x+5x^2-6x^3 & & (8,\ \ 4,\ 5,\ -6,\ 0,\ 0,\ 0,\ \cdots) \end{array}$$

* 때때로 x는 (함수 $f(x)=x^3-x$ 에서와 같이) 무수히 많은 값을 취할 수 있는 하나의 변수로 사용된다. 이 사용은 4.4절에서 논의한다.

† 0은 x^2 의 계수이다.

곱셈도 수열에 관하여 기술할 수 있고, 이것을 곧 알게 될 것이다. 이 모형을 유념해 두면, 이 형식적 정의와 정리들이 어디서 왔는지 분명히 알 것이다.

이 부록의 끝에 있는 정리 4.1에서 제외하고, R은 (반드시 가환일 필요는 없는) 항등원을 갖는 환이다. 환 R 위의 **다항식**(polynomial)은 어떤 무한수열

$$(a_0, a_1, a_2, a_3, \ldots)$$

로 정의한다. 여기서 각 $a_i \in R$이고 영이 아닌 a_i는 유한개뿐인, 즉 어떤 첨수 k에 대하여 $i > k$이면 모두 $a_i = 0_R$이다. 각 원소 $a_i \in R$을 이 다항식의 **계수**(coefficient)라 한다.

$a_0 = b_0$, $a_1 = b_1$이고 일반적으로 임의의 $i \geq 0$에 대하여 $a_i = b_i$일 때, 다항식 $(a_0, a_1, a_2, \ldots)$와 $(b_0, b_1, b_2, \ldots)$는 **같다**(equal). 다항식의 **덧셈**(addition)은 $\oplus$로 나타내고, 규칙

$$(a_0, a_1, a_2, \ldots) \oplus (b_0, b_1, b_2, \ldots) = (a_0 + b_0,\ a_1 + b_1,\ a_2 + b_2, \ldots,\ a_i + b_i, \ldots)$$

로 정의한다. 오른쪽의 수열은 실제로 다항식임을 밝혀야 한다. 즉, 어떤 항 이후로 그 모든 계수가 영이다(연습문제 2).

다항식의 **곱셈**(multiplication)은 $\odot$로 나타내고, 규칙*

$$(a_0, a_1, a_2, \ldots) \odot (b_0, b_1, b_2, \ldots) = (c_0,\ c_1,\ c_2, \ldots)$$

여기서
$$\begin{aligned}
c_0 &= a_0 b_0 \\
c_1 &= a_0 b_1 + a_1 b_0 \\
c_2 &= a_0 b_2 + a_1 b_1 + a_2 b_0 \\
&\ \vdots \\
c_n &= a_0 b_n + a_1 b_{n-1} + a_2 b_{n-2} + \cdots + a_{n-1} b_1 + a_n b_0 \\
&= \sum_{i=0}^{n} a_i b_{n-i}
\end{aligned}$$

로 정의한다. 여기서 정의한 곱은 실제로 다항식임을 보이기 위하여, $(c_0, c_1, c_2, \ldots)$의 계수는 어떤 지점부터 모두 영임을 보여야 한다(연습문제 2).

정리 G.1

R을 항등원을 갖는 환이라 하고, P를 R 위의 모든 다항식의 집합이라고 하자. P는 항등원을 갖는 환이다. R이 가환이면 P도 가환이다.

---

* 형식적 정의를 이해하기 위하여, 곱셈 문제 $(a_0 + a_1 x + a_2 x^2)(b_0 + b_1 x + b_2 x^2)$을 풀어보고, 그 답에서 x의 각 거듭제곱의 계수를 살펴보라.

증명

연습문제 2는 P가 덧셈과 곱셈에 대하여 닫혀있음을 보여준다. P에서 덧셈이 가환임을 보이기 위하여, R이 가환이므로 임의의 $a_i,\ b_i \in R$에 대하여 $a_i + b_i = b_i + a_i$ 임을 주목한다. 그러므로 P에서

$$\begin{aligned}(a_0, a_1, a_2, \ldots) \oplus (b_0, b_1, b_2, \ldots) &= (a_0 + b_0,\ a_1 + b_1,\ \ldots) = (b_0 + a_0,\ b_1 + a_1, \ldots) \\ &= (b_0, b_1, b_2, \ldots) \oplus (a_0, a_1, a_2, \ldots)\end{aligned}$$

이다. 덧셈에 대한 결합법칙과 분배법칙은 유사하게 증명된다. P에서 곱셈에 대한 항등원은 다항식 $(1_R, 0_R, 0_R, \ldots)$, 영 원소는 다항식 $(0_R, 0_R, 0_R, \ldots)$이고, 방정식 $(a_0, a_1, a_2, \ldots) + X = (0_R, 0_R, 0_R, \ldots)$의 해는 $X = (-a_0,\ -a_1,\ -a_2, \ldots)$이다.

P가 항등원을 갖는 환임을 보이기 위하여, 곱셈에 대한 결합법칙을 보여야 한다. $A,\ B,\ C \in P$라 하자. 여기서

$$A = (a_0, a_1, a_2, \ldots), \quad B = (b_0, b_1, b_2, \ldots), \quad C = (c_0,\ c_1,\ c_2, \ldots)$$

이면 $(A \odot B) \odot C$의 n번 좌표는

$$(*) \qquad \sum_{i=0}^{n} (ab)_i c_{n-i} = \sum_{i=0}^{n} \left[\sum_{j=0}^{i} a_j b_{i-j} \right] c_{n-i} = \sum_{i=0}^{n} \sum_{j=0}^{i} a_j b_{i-j} c_{n-i}$$

오른쪽의 마지막 합이 다음과 같음을 보여준다.

$$(**) \qquad \sum a_u b_v c_w$$

여기서 합이 $u + v + w = n$이고 $u \ge 0,\ v \ge 0,\ w \ge 0$를 만족하는 모든 정수 $u,\ v,\ w$에 걸쳐 취한다. 한편 $A \odot (B \odot C)$의 n번 좌표는

$$(***) \qquad \sum_{r=0}^{n} a_r (bc)_{n-r} = \sum_{r=0}^{n} a_r \left(\sum_{s=0}^{n-r} b_s c_{n-r-s} \right) = \sum_{r=0}^{n} \sum_{s=0}^{n-r} a_r\, b_s\, c_{n-r-s}$$

이다. 연습문제 6은 오른쪽의 마지막 합도 (**)와 일치함을 보여준다. $(A \odot B) \odot C$와 $A \odot (B \odot C)$의 n번 좌표들이 각 $n \ge 0$에 대하여 서로 같으므로, $(A \odot B) \odot C = A \odot (B \odot C)$이다. 정리의 마지막 진술은 독자에게 맡긴다(연습문제 3). ■

이전 기호로 상수다항식은 보통의 숫자와 같은 역할을 한다. 새 기호로 상수다항식은 $(r, 0_R, 0_R, \ldots)$의 형태이고, 근본적으로 같은 것이 사실이다.

정리 G.2

P를 환 R 위의 모든 다항식의 환이라고 하자. R^*를 $r \in R$인 $(r, 0_R, 0_R, \ldots)$ 형태의 P의 모든 다항식의 집합이라 하면 R^*는 P의 부분환이고, R과 동형이다.

증명

$$f(r) = (r, 0_R, 0_R, \ldots)$$

로 주어진 함수 $f: R \to R^*$를 생각하자. f가 전단사임을 쉽게 밝힐 수 있다. 또한

$$\begin{aligned} f(r+s) &= (r+s, 0_R, 0_R, \ldots) \\ &= (r, 0_R, 0_R, \ldots) \oplus (s, 0_R, 0_R, \ldots) \\ &= f(r) \oplus f(s) \end{aligned}$$

이고

$$\begin{aligned} f(rs) &= (rs, 0_R, 0_R, \ldots) \\ &= (r, 0_R, 0_R, \ldots) \odot (s, 0_R, 0_R, \ldots) \\ &= f(r) \odot f(s) \end{aligned}$$

이다. 그러므로 f는 동형사상이고, 따라서 R^*는 부분환이다. ■

기본 사실들이 확립된 지금, 다항식에 대한 '이전'의 기호를 되살려야 하는 때이다. 먼저 R^*에 속하는 다항식들이 좀 더 '상수'(R의 원소) 같아 보이기를 원한다. 그래서

$(a, 0_R, 0_R, \ldots)$을 굵은 글씨체 $\boldsymbol{a}$로 나타낼 것이다.

다음은 수열 표기의 원래 출처로 되돌아가서

$(0_R, 1_R, 0_R, 0_R, \ldots)$을 x로 나타낼 것이다.

여기서 x가 무엇인가에 대해서는 모호함이 없다 – 그것은 P에 속하는 어떤 특정 수열이고, 그것은 R이나 R^*의 원소가 아니고, 그것은 R이나 R^*의 어떤 원소를 '대신' 하지도 않는다.

이 표기는 상황을 좀 더 익숙한 것으로 보이게 한다. 예를 들면,

$$(a, 0_R, 0_R, \ldots) + (b, 0_R, 0_R, \ldots)(0_R, 1_R, 0_R, 0_R, \ldots)$$

는 $\boldsymbol{a} + \boldsymbol{b}x$가 된다. 유사하게 $\boldsymbol{c}x^3$ (x^3의 '상수' c배)는 위치 3에 c인 $(0_R, 0_R, 0_R, c,$

$0_R, 0_R, \ldots)$ 이다.* 그렇지만 모두 이전의 기호에서처럼 작동된다고 바로 추정할 수는 없다. 요구되는 증명은 다음 두 결과에서 주어진다.

보조정리 G.3

P를 환 R 위의 모든 다항식의 환이라 하고, x를 다항식 $(0_R, 1_R, 0_R, 0_R, \ldots)$ 이라고 하자. R^*의 임의의 원소 $\boldsymbol{a} = (a, 0_R, 0_R, \ldots)$ 와 각 정수 $n \geq 1$에 대하여

(1) $x^n = (0_R, 0_R, \ldots, 0_R, 1_R, 0_R, 0_R, \ldots)$, 여기서 1_R은 위치 n에 있다.

(2) $\boldsymbol{a}x^n = (0_R, 0_R, \ldots, 0_R, a, 0_R, 0_R, \ldots)$, 여기서 a는 위치 n에 있다.

증명

다항식 x를 다음과 같이 나타낼 수 있다. 즉

$$x = (e_0, e_1, e_2, \ldots), \text{ 여기서 모든 } i \neq 1 \text{ 에 대하여 } e_i = 0_R \text{이고, } e_1 = 1_R$$

이다.

진술 (1)은 n에 대한 수학적귀납법으로 증명할 것이다.† $n = 1$일 때, (1)은 $x^1 = x$의 정의로부터 참이다. $n = k$일 때 (1)이 참이라고 가정하자. 즉

$$x^k = (d_0, d_1, d_2, \ldots)$$

여기서 모든 $i \neq k$에 대하여 $d_i = 0_R$이고, $d_k = 1_R$이라고 가정하자. 그러면

$$x^{k+1} = x^k x = (d_0, d_1, d_2, \ldots)(e_0, e_1, e_2, \ldots) = (r_0, r_1, r_2, \ldots)$$

여기서 각 $j \geq 0$에 대하여

$$r_j = \sum_{i=0}^{j} d_i e_{j-i}$$

이다. $i \neq 1$일 때 $e_i = 0_R$이고, $i \neq k$일 때 $d_i = 0_R$이므로

$$r_{k+1} = \underbrace{d_0 e_{k+1} + \cdots + d_{k-1} e_2}_{0} + d_k e_1 + \underbrace{d_{k+1} e_0}_{0} = d_k e_1 = 1_R 1_R = 1_R$$

이고, $j \neq k+1$일 때

* 다항식 $(r, s, t, \ldots)$에서 원소 r은 위치 0에 있고, s는 위치 1에 있고, t는 위치 2에 있고, 등등을 기억하라.

† 부록 C를 보라.

$$
\begin{aligned}
r_j &= \underbrace{d_0 e_j + d_1 e_{j-1} + \cdots + d_{j-2} e_2}_{0} + d_{j-1} e_1 + \underbrace{d_j e_0}_{0} \\
&= d_{j-1} e_1 = d_{j-1} 1_R = d_{j-1}
\end{aligned}
$$

이다. 그런데 $j \neq k+1$ 이므로, $j-1 \neq k$ 이다. 그러므로 모든 $j \neq k+1$ 에 대하여 $r_j = d_{j-1} = 0_R$ 이다. 따라서 $x^{k+1} = (r_0, r_1, r_2, \ldots) = (0_R, 0_R, \ldots, 0_R, 1_R, 0_R, 0_R, \ldots)$, 여기서 1_R은 위치 $k+1$ 에 있다. 그래서 $n = k$ 일 때 (1)은 참이고, 그러므로 귀납법에 따라 모든 n에 대하여 참이다.

유사한 귀납법의 논법으로 (2)를 증명한다; 연습문제 7을 보라. ■

정리 G.4

P가 환 R 위의 모든 다항식의 환이면 P는 다음 조건을 만족하는 R의 동형 복제 R^*와 한 원소 x를 포함한다.

(1) 임의의 $a \in R^*$에 대하여 $\boldsymbol{a}x = x\boldsymbol{a}$ 이다.

(2) P의 임의의 원소는 $\boldsymbol{a}_0 + \boldsymbol{a}_1 x + \cdots + \boldsymbol{a}_n x^n$ 의 형태로 나타낼 수 있다.

(3) $n \leq m$일 때, $\boldsymbol{a}_0 + \boldsymbol{a}_1 x + \cdots + \boldsymbol{a}_n x^n = \boldsymbol{b}_0 + \boldsymbol{b}_1 x + \cdots + \boldsymbol{b}_m x^m$ 이면 $i \leq n$ 일 때 $\boldsymbol{a}_i = \boldsymbol{b}_i$ 이고, $i > n$ 일 때 $\boldsymbol{b}_i = \boldsymbol{0}_R$이다. 특히,

(4) $\boldsymbol{a}_0 + \boldsymbol{a}_1 x + \cdots + \boldsymbol{a}_n x^n = \boldsymbol{0}_R$일 필요충분조건은 모든 $i \geq 0$에 대하여 $\boldsymbol{a}_i = \boldsymbol{0}_R$ 이다.

증명

x를 보조정리 G.3에서와 같은 것으로 하자. (1)의 증명은 독자에게 맡긴다(연습문제 5).

(2) $(a_0, a_1, a_2, \ldots) \in P$ 이면, 모든 $i > n$ 에 대하여 $a_i = 0_R$ 인 첨수 n이 존재한다. 보조정리 G.3에 따라

$$
\begin{aligned}
&(a_0, a_1, a_2, \ldots, a_n, 0_R, 0_R, \ldots) \\
&\qquad = (a_0, 0_R, 0_R, \ldots) + (0_R, a_1, 0_R, \ldots) + (0_R, 0_R, a_2, 0_R, \ldots) \\
&\qquad\qquad + \cdots + (0_R, \ldots, 0_R, a_n, 0_R, \ldots) \\
&\qquad = \boldsymbol{a}_0 + \boldsymbol{a}_1 x + \cdots + \boldsymbol{a}_n x^n
\end{aligned}
$$

이다.

(3) 증명 (2)에서의 논법을 반대로 하여, $\boldsymbol{a}_0 + \boldsymbol{a}_1 x + \cdots + \boldsymbol{a}_n x^n$ 은 수열 $(a_0, a_1, a_2,$

$\cdots a_n, 0_R, 0_R, \cdots)$ 이고 $\boldsymbol{b}_0 + \boldsymbol{b}_1 x + \cdots + \boldsymbol{b}_m x^m = (b_0, b_1, b_2, ..., b_m, 0_R, 0_R, ...)$ 임을 알 수 있다. 이 두 수열이 같으면 $i \le n$ 일 때 $a_0 = b_0$ 이고, $n < i \le m$ 일 때 $0_R = b_i$ 이어야 한다.

(4)는 (3)의 특별한 경우이다. 즉, $\boldsymbol{b}_i = \boldsymbol{0}_R$ 이라고 두기만 하면 된다. ■

다항식을 $\boldsymbol{a}_0 + \boldsymbol{a}_1 x + \cdots + \boldsymbol{a}_n x^n$ 의 형태로 나타낼 때, 덧셈과 곱셈은 고등학교에서 하였던 것과 같아 보이고, 다만 어떤 기호에서 굵은 글자를 사용한 것만 다르다.

예제 1

실계수를 갖는 모든 다항식의 환에서 분배법칙 및 정리 G.2와 G.4 는 다음을 보여준다.

$$\begin{aligned}(\mathbf{3}x+\mathbf{1})(\mathbf{2}x+\mathbf{5}) &= (\mathbf{3}x+\mathbf{1})\mathbf{2}x + (\mathbf{3}+\mathbf{1})\mathbf{5} \\ &= \mathbf{3}x\cdot\mathbf{2}x + \mathbf{1}\cdot\mathbf{2}x + \mathbf{3}x\,\mathbf{5} + \mathbf{1}\cdot\mathbf{5} \\ &= \mathbf{3}\cdot\mathbf{2}xx + \mathbf{1}\cdot\mathbf{2}x + \mathbf{3}\cdot\mathbf{5}x + \mathbf{1}\cdot\mathbf{5} \\ &= \mathbf{6}x^2 + \mathbf{17}x + \mathbf{5}\end{aligned}$$

원소의 관점에서, 굵은 글자와 일반 글자의 차이는 중요하다. 왜냐하면 $\boldsymbol{a}$는 수열이지만 a는 R의 원소이기 때문이다. 그러나 대수 구조적 관점에서 (모든 굵은 글자 $\boldsymbol{a}$로 구성되는) R^*는 (모든 a로 구성되는) R과 동형이므로 구별할 필요가 없다. 결과적으로 R을 그 동형 복제인 R^*와 동일시하여 $R \cong R^*$의 원소를 보통의 글자로 나타내도 문제가 없다.* 그러면 다항식은 이전과 같아 보이고, 같은 방식으로 행동한다. 이러한 이유로, 이 다항식환에 대한 표준표기는 $R[x]$ 로, 앞으로 P 대신에 사용할 것이다.

이제 다항식에 관한 이전의 작업에 대한 엄밀한 증명의 추가적인 장점, 환에 대한 이러한 개념의 일반화와 다항식에 관한 새로운 관점과 함께, 기호의 관점에서 다시 제자리로 돌아온다. 항등원을 갖는 환 R과 함께 시작하여, R의 **확대환**(extension ring) $R[x]$ (즉, R을 부분환으로 포함하는 어떤 환)를 구성하였다. 이 확대환은 R의 임의의 원소와 가환인 한 원소 x를 포함한다. 이 원소 x는 R에 속하지 않고, R의 어떤 원소를 대신하지 않는다. 이 확대환의 임의의 원소는 R의 어떤 원소들과 x의 어떤 거듭제곱들

* 예를 들어, 상수다항식 4를 실수 4인 것처럼 취급할 때까지, 오랫동안 이 동일시 과정을 거쳐 왔다. 다항식은 R의 원소이거나, 또는 $i \ge 1$에 대하여 적어도 하나의 $a_i \ne 0_R$이고 그 이후의 a_i 들은 모두 영인 수열 $(a_0, a_1, a_2, ...)$를 말하는 것으로, 다항식의 정의를 다시 하면 이 동일시 문제를 피할 수 있다. 그러면 모든 다항식의 집합은 실제로 R을 부분집합으로 포함한다. 이 경우, 덧셈과 곱셈의 정의와 함께 정리들의 증명은 여러 개의 경우로 나누어 다루어야 한다. 정리 G.4를 다시 증명할 때까지 (지겹지만) 당연한 방법으로 진행해 보라.

로 근본적으로 유일한 방법으로 나타낼 수 있다. x는 $a_0 + a_1x + \cdots + a_nx^n = 0$일 필요충분조건이 임의의 i에 대하여 $a_i = 0_R$인 성질을 가지므로, x는 R 위에서 **초월적**(transcendental) 또는 R 위의 **부정원**(indeterminate)이라고 부른다.*

이제 정리 4.1을 증명할 때이고, 여기서 환 R은 항등원을 가질 필요가 없다.

정리 4.1

R이 환이면 R에 속하지 않는 다음 조건을 만족하는 어떤 원소 x를 포함하는 환 T가 존재한다. 즉

(i) R은 T의 부분환이다.

(ii) 임의의 $a \in R$에 대하여 $xa = ax$이다.

(iii) $$a_0 + a_1x + \cdots + a_nx^n \text{ (여기서 } n \geq 0 \text{이고 } a_i \in R)$$

형태의 T의 모든 원소들의 집합 $R[x]$는 R을 포함하는 T의 부분환이다.

(iv) $R[x]$의 원소에 대한 이 표현은 일의적이다. 즉, $n \leq m$이고

$$a_0 + a_1x + \cdots + a_nx^n = b_0 + b_1x + \cdots + b_mx^m$$

이면 $i = 1, 2, \ldots, n$에 대하여 $a_i = b_i$이고, $i > n$일 때 $b_i = 0_R$이다.

(v) $a_0 + a_1x + \cdots + a_nx^n = 0$일 필요충분조건은 임의의 i에 대하여 $a_i = 0_R$이다.

증명

다음 두 가지 경우가 있다. 즉, (1) R이 항등원을 갖는다. (2) R이 항등원을 갖지 않는다.

경우 1: $T = P = R[x]$ 및 R과 동일시된 R^*와 함께, 정리 G.1과 G.4를 이용하라.

경우 2: S를 R을 부분환으로 포함하는 항등원을 갖는 환이라고 하자. 여러 가지 익숙한 환에 대하여 S는 쉽게 찾을 수 있다. 예를 들어, 짝수들의 환은 항등원을 갖지 않지만, 항등원을 갖는 $\mathbb{Z}$의 부분환이다. 일반적으로, 3.3절의 연습문제 39를 이용하라.

R 대신에 S와 함께 경우 1을 적용하여, $S[x] = T$를 구성한다. 계수들이 실제로 R에 속하는 $S[x]$의 모든 다항식은 R를 포함하는 $S[x] = T$의 부분환을 형성한다. 이것은 쉽게 증명할 수 있고(연습문제 10), 이 부분환이 $R[x]$이다. 따라서 이 정리의 성질 (i)이 성립한다. 성질 (ii)~(v)는 $S[x]$의 모든 원소에 대하여 성립하므로, $R[x]$

* 후자의 용어는 x가 $R[x]$의 원소로 잘 정의된 것이므로 좀 잘못 지어진 것이다.

의 모든 원소에 대하여 필수적으로 성립한다. ■

마지막으로 다음을 주목한다.

R이 항등원을 갖지 않을 때, 다항식 x는 그 자체로 $R[x]$에 속하지 않는다.

예를 들면, 짝수 전체의 환 R 위의 모든 다항식의 환은 짝수 계수를 갖는 모든 다항식으로 구성된다. 그러므로 그것은 $x = 1x$를 포함하지 않고, 또 홀수 k에 대하여 다항식 kx를 포함하지 않는다.

■ 연습문제

A. 1. 각 다항식을 수열로 표시하고, 각 수열을 다항식으로 표시하라.

(a) $(0, 1, 0, 1, 0, 1, 0, 0, 0, \dots)$

(b) $(0, 1, 2, 3, 4, 5, 6, 7, 8, 9, 0, 0, 0, \dots)$

(c) $3x^6 - 5x^4 + 12x^3 - 3x^2 + 7.5x - 11$

(d) $(x-1)(x^3 - x^2 + 1)$

2. (a) $(a_0, a_1, a_2, \dots)$와 $(b_0, b_1, b_2, \dots)$가 다항식이면 그 합은 다항식(즉, 어떤 지점 이후의 모든 합의 좌표가 모두 영)임을 보이라.

(b) $(a_0, a_1, a_2, \dots) \odot (b_0, b_1, b_2, \dots)$가 다항식임을 증명하라. [힌트: $i > k$일 때 $a_i = 0_R$이고 $i > t$일 때 $b_i = 0_R$이면 $i > k+t$일 때 곱의 i 좌표를 조사하라.]

3. 정리 G.1의 다음 부분을 증명하라.

(a) P에서 덧셈은 결합적이다.

(b) P에서 두 가지 분배법칙을 만족한다.

(c) R이 가환이면 P는 가환이다.

4. 다음을 증명하여, 정리 G.2의 증명을 완성하라.

(a) f가 단사이다.

(b) f가 전사이다.

5. 정리 G.4의 (1)을 증명하라.

B. 6. (a) 정리 G.1의 증명에서 (P에서 결합적인 곱셈) $\sum_{i=0}^{n}\sum_{j=0}^{i} a_j b_{i-j} c_{n-i} = \sum a_u b_v c_w$ 임을 보이라. 단, 여기서 마지막 합은 $u+v+w=n$ 인 모든 음이 아닌 정수 u, v, w에 걸쳐 취한다. [**힌트**: 항별로 두 합을 비교하라. $a_j b_{i-j} c_{n-i}$ 의 모든 첨수의 합은 n 이다. $a_u b_v c_w$ 가 다른 합에 있음을 보이기 위하여, $j=u$ 와 $i=u+v$ 라 두고, $n-i=w$ 임을 보이라.]

(b) $\sum_{r=0}^{n}\sum_{s=0}^{n-r} a_r b_s c_{n-r-s} = \sum a_u b_v c_w$ 임을 보이라. [마지막 합에서 (a)처럼 하라.]

7. 보조정리 G.3의 (2)를 증명하라. [**힌트**: $\boldsymbol{a} = (a_0, a_1, a_2, \dots)$, 여기서 $i > 1$ 일 때 $a_i = 0_R$이고, (1)로부터 $x^n = (d_0, d_1, d_2, \dots)$, 여기서 $d_n = 1_R$이고 $i \neq n$ 일 때 $d_i = 0_R$이다; n에 대한 수학적귀납법을 이용하라.]

8. R을 정역이라 하자. 수열 표기를 사용하여, 다항식환 $R[x]$ 도 정역임을 증명하라.

9. R을 체라고 하자. 수열 표기를 사용하여, 다항식환 $R[x]$ 은 체가 아님을 증명하라. [**힌트**: $(0_R, 1_R, 0_R, 0_R, \dots)$ 은 가역원인가?]

10. 정리 4.1의 경우 (2)의 증명에서, $R[x]$ 은 $S[x]$ 의 R을 포함하는 부분환임을 보이라.

C. 11. (a) $\mathbb{Q}[\pi]$ 를 $n \geq 0$ 이고, 각 $r_i \in \mathbb{Q}$ 인 $r_0 + r_1\pi + \cdots + r_n\pi^n$ 형태의 모든 실수의 집합이라 하자. $\mathbb{Q}[\pi]$ 는 $\mathbb{R}$ 의 부분환임을 보이라.

(b) $r_0 + r_1\pi + \cdots + r_n\pi^n = 0$ 일 필요충분조건이 각 $r_i = 0$ 이라고 가정하자. (이 사실은 1882년에 증명되었고, 그 증명은 이 책의 범위를 넘는다.) $\mathbb{Q}[\pi]$ 는 다항식환 $\mathbb{Q}[x]$ 와 동형임을 증명하라.

참고문헌

이 목록은 이 책의 본문에서 참조한 모든 책과 논문은 물론 특정 주제에 대한 부수적인 읽기, 참고 및 심화 연구에 적합한 많은 다른 책을 포함한다. 이 목록은 완전한 것이 아니다. 학생들의 가독성을 대부분 주요한 선택 기준으로 하였다.

일반 현대대수학 (학부 수준)

이 도서들은 이 책의 제1~12장과 대략 동일한 내용을 담고 있으나, 각각 조금씩 다른 관점과 강조점을 제시한다. 단지 [3]은 13~16장과 상당히 겹친다.

1. Beachy, J., and W. Blair, *Abstract Algebra*, 3rd edition. Prospect Heights, IL: Waveland Press, 2006.
2. Fraleigh, J., *A First Course in Abstract Algebra*, 7th edition. Boston: Pearson, 2003.
3. Gallian, J., *Contemporary Abstract Algebra*, 8th edition. Belmont, CA: Cengage, 2013.
4. Herstein, I. N., *Abstract Algebra*, 3rd edition. New York: Wiley, 1996.

일반 현대대수학 (대학원 수준)

이 도서들은 1~12장의 내용을 훨씬 더 깊고 상세하게 다룰 뿐만 아니라, 이 책에서 논하지 않은 주제들도 다수 포함하고 있다.

5. Hungerford, T. W., *Algebra*. New York: Springer, 1980.
6. Dummit, D., and R. Foote, *Abstract Algebra*, 3rd edition. New York: Wiley, 2004.

논리, 증명 및 집합론

7. Galovich, S., *Doing Mathematics: An Introduction to Proofs and Problem Solving*, 2nd edition. Belmont, CA: Cengage, 2007.
8. Goldrei, D., *Classic Set Theory for Guided Independent Study*. Boca Raton, FL: Chapman & Hall/CRC, 1996.
9. Halmos, P., *Naive Set Theory*. New York: Springer, 1974.

10. Smith, D., M. Eggen, and R. St. Andre. *A Transition to Advanced Mathematics*, 7th edition. Belmont, CA: Cengage, 2011.
11. Solow, D., *How to Read and Do Proofs*, 5th edition. New York: Wiley, 2009

정수론

12. Burton, D. M., *Elementary Number Theory*, 7th edition. Columbus, OH: McGraw-Hill, 2011.
13. Ireland, K., and M. Rosen, *A Classical Introduction to Modern Number Theory*, 2nd edition. New York: Springer, 1990.
14. Rose, H. E., *A Course in Number Theory*, 2nd edition. Cary, NC: Oxford University Press, 1995.
15. Rosen, K. H., *Elementary Number Theory and Its Applications*, 6th edition. Boston: Pearson, 2011.

환(rings)

16. Cohn, P. M., *An Introduction to Ring Theory*. New York: Springer, 2000.
17. Lam, T. Y., *A First Course in Noncommutative Rings*, 2nd edition. New York: Springer, 2001.
18. Herstein, I. N., *Noncommutative Rings*, Carus Monograph 15. Washington, DC: Mathematical Association of America, 2005.
19. Stark, H., "A Complete Determination of Complex Quadratic Fields of Class Number One," *Michigan Mathematical Journal*, 14(1967), pp. 1-27.
20. Watkins, J. J., *Topics in Commutative Ring Theory*. Princeton: Princeton University Press, 2007.
21. Wilson, J. C., "A Principal Ideal Domain That Is Not a Euclidean Ring," *Mathematics Magazine*, 46(1973), pp. 34-38. A simplified version of part of this article is in Williams, K. S., "Note on Non-Euclidean Principal Ideal Domains," *Mathematics Magazine* 48(1975), pp. 176-177.

군(groups)

22. Armstrong, M. A., *Groups and Symmetry*. New York: Springer, 2010.
23. Gallian, J., "The Search for Finite Simple Groups," *Mathematics Magazine*, 49(1976), pp. 163-179.
24. Rotman, J., *An Introduction to the Theory of Groups*, 4th edition. New York: Springer-Verlag, 1995.

25. Steen, L. A., "A Monstrous Piece of Research," *Science News,* 118(1980), pp. 204-206.

체(fields)와 Galois 이론

26. Gaal, L., *Classical Galois Theory with Examples*, 5th edition. Boston: American Mathematical Society, 1998.
27. Hadlock, C. R., *Field Theory and Its Classical Problems*, Carus Monograph 19. Washington, DC: Mathematical Association of America, 2000.
28. Howie, J. M., *Fields and Galois Theory*. New York: Springer, 2006.
29. Kaplansky, I., *Fields and Rings,* revised 2nd edition. Chicago: University of Chicago Press, 1972.

응용대수학과 컴퓨터 과학

30. Childs, L., *A Concrete Introduction to Higher Algebra*, 3rd edition. New York: Springer, 2009.
31. Knuth, D. E., *The Art of Computer Programming: Seminumerical Algorithms*, Vol 2, 3rd edition. Boston: Pearson, 1998.
32. Lidl, R., and G. Pilz, *Applied Abstract Algebra*, 2nd edition. New York: Springer, 1998.

암호이론

33. Hoffstein, J., J. Pipher, and J. H. Silverman, *An Introduction to Mathematical Cryptography*. New York: Springer, 2008.
34. Rivest, R. L., A. Shamir, and L. Adleman, "A Method for Obtaining Digital Signatures and Public-Key Cryptosystems," *Communications of the A.C.M.*, 21(1978), pp. 120-126.
35. Simmons, G. J., "Cryptology: The Mathematics of Secure Communications," *Mathematical Intelligencer*, 1(1979), pp. 233-246.
36. Trappe, W., and L. Washington, *Introduction to Cryptography with Coding Theory*, 2nd edition. Boston: Pearson, 2006.

기하학적 도형의 작도

37. Dudley, U., *The Trisectors*, 2nd edition. Washington, DC: Mathematical Association of America, 1996.

대수적 코딩이론

38. Hill, R., *A First Course in Coding Theory*. Oxford: Oxford University Press, 1990.
39. Ling, S., and C. Xing, *Coding Theory: A First Course*. Cambridge: Cambridge University Press, 2004.
40. Roman, S., *Introduction to Coding and Information Theory*. New York: Springer, 1997
41. Thompson, T. M., *From Error-Correcting Codes Through Sphere Packings to Simple Groups*. Washington, DC: Mathematical Association of America, 1984.

역사

42. Berlinghoff, W., and F. Gouvea, *Mathematics Through the Ages: A Gentle History for Teachers and Others*, 2nd edition. Washington, DC: Mathematical Association of America: Oxton House Publishing, 2003.
43. Boyer, C., and U. Merzbach, *A History of Mathematics*, 3rd edition. New York: Wiley, 2011.
44. Burton, D., *The History of Mathematics: An Introduction*, 7th edition. Columbus, OH: McGraw-Hill, 2010.
45. Eves, H., *An Introduction to the History of Mathematics*, 6th edition. Belmont, CA: Cengage, 1990.
46. Katz, V., *A History of Mathematics*, 3rd edition. Boston: Pearson, 2009.

선택된 홀수 번호 연습문제의 풀이 및 힌트

증명을 요구하는 연습문제의 경우, 증명 전체의 스케치(학생이 세부적인 세부 사항을 채울 것), 증명의 핵심 부분(학생이 나머지 부분을 채울 것), 또는 증명을 찾을 수 있게 해주는 힌트가 있을 수 있다.

제1장

1.1절 (9쪽)

1. (a) $q=4,\ r=1$ (b) $q=0,\ r=0$ (c) $q=-5,\ r=3$

3. (a) $q=6,\ r=19$ (b) $q=-9,\ r=54$
   (c) $q=62720,\ r=92$

5. 등식과 부등식을 c배 하라. 나눗셈 알고리즘을 적절히 적용하라.

7. $a=3q+1$이면 $a^2=(3q+1)^2=9q^2+6q+1=3(3q^2+2q)+1$이고, 이것은 $k=3q^2+2q$인 $3k+1$ 형태이다. $a=3q$ 또는 $a=3q+2$일 때, 유사한 논법을 사용하라.

9. 나눗셈 알고리즘에 따라, 임의의 정수 a는 $3q$ 또는 $3q+1$ 또는 $a=3q+2$의 형태이다. 각 경우에 a^3을 계산하고 연습문제 7과 같이 진행하라.

1.2절 (16쪽)

1. (a) 8 (c) 1 (e) 9 (g) 592

3. $a\,|\,b$는 어떤 정수 u에 대하여 $b=au$임을 의미한다. 유사하게 $b\,|\,c$는 어떤 정수 v에 대하여 $c=bv$임을 의미한다. 이 두 등식을 이용하여 $c=a\cdot$(어떤 정수)임을 보이라. 이것은 $a\,|\,c$임을 증명하라.

5. $a\,|\,b$는 어떤 정수 u에 대하여 $b=au$임을 의미하고, $b\,|\,a$는 어떤 정수 v에 대하여 $a=bv$임을 의미한다. 두 등식을 조합하여 $a=auv$임을 보이라. 이는 $1=uv$를 의미한다. u와 v는 정수이므로, 유일한 가능성은 무엇인가?

7. $|a|$ – 왜?

9. 조언: 간단한 명제의 증명을 시도하기 전에, 어떤 당연한 반례가 있는지를 확인하라.

11. (a) 1 또는 2

13. (c) 문항 (a)와 (b)로부터, a와 b의 모든 공약수의 집합이 b와 r의 모든 공약수의 집합과 일치한다. 이 집합에서 가장 큰 정수는 무엇인가?

19. $d \mid a$이고 $d \mid b$라 가정하면, $a = du$이고 $b = dv$이다. $a \mid (b+c)$이므로 $b+c = aw$이다. 따라서 $c = aw - b = duw - dv = d(uw - v)$, 그 결과 $d \mid c$이다. $\gcd(b,c) = 1$일 때, d와 $\gcd(a,b)$에 관하여 무슨 결론을 지을 수 있는가?

21. a와 $\gcd(b,c)$의 임의의 공약수는 또한 $\gcd(a,b)$와 c의 공약수이다. [증명: $d \mid \gcd(b,c)$이면 $\gcd(b,c)$의 정의로부터, $d \mid b$ 와 $d \mid c$이다. 또한 $d \mid a$이면 d는 a와 b의 공약수이고, 따라서 따름정리 1.3에 의하여 $d \mid \gcd(a,b)$이다.] 유사한 논법으로, $\gcd(a,b)$와 c의 모든 공배수는 또한 a와 $\gcd(b,c)$의 공배수이다.

25. (a) 정의에 따라 a와 b는 모두 $\gcd(a,b)$로 나누어진다. 이것이 $\gcd(a,b)$와 1에 관하여 무엇을 말하는가?

27. 어떤 u, v에 대하여 $d = cu + av$(왜?). 따라서 $db = cbu + abv$이다. 어떤 w에 대하여 $ab = cw$임(왜?)을 이용하여, $c \mid db$임을 보이라.

29. 먼저 임의의 정수 n은 9의 어떤 배수와 그 자릿수들의 합임을 보이라. [예: $7842 = 7 \cdot 1000 + 8 \cdot 100 + 4 \cdot 10 + 2 = 7(999+1) + 8(99+1) + 4(9+1) + 2$ $= (7 \cdot 999 + 8 \cdot 99 + 4 \cdot 9) + (7+8+4+2) = 9(7 \cdot 111 + 8 \cdot 11 + 4) + (7+8+4+2)$.] 따라서 임의의 n은 $9k + r$의 형태이다. 여기서 r은 n의 모든 자릿수의 합이다. 따라서 n이 9의 배수일 필요충분조건은 9가 r의 약수이다.

31. (a) 30, 60, 420, 72

33. $d = \gcd(a,b)$라 하자. 그러면 어떤 정수 u와 v에 대하여 $a = du$이고 $b = dv$이다. $m = ab/d$라 두자. m이 a와 b의 공배수임을 보이라. c가 a와 b의 다른 공배수이면 연습문제 26을 이용하여 $m \le c$임을 보이라. 이것은 무엇을 말하는가?

1.3절 (27쪽)

1. (a) $5040 = 2^4 \cdot 3^2 \cdot 5 \cdot 7$　　(c) $45,670 = 2 \cdot 5 \cdot 4567$

3. 전부

5. (a) $3, 3^2, 3^3, ..., 3^s; 3\cdot 5, 3^2\cdot 5, 3^3\cdot 5, ..., 3^s\cdot 5;$
$3\cdot 5^2, 3^2\cdot 5^2, 3^3\cdot 5^2, ..., 3^s\cdot 5^2; 3\cdot 5^3, ...;$
$3\cdot 5^t, 3^2\cdot 5^t, 3^3\cdot 5^t, ..., 3^s\cdot 5^t; 5, 5^2, ..., 5^t$

7. a는 p로 나누어지므로, $a=pk$를 만족하는 정수 k가 존재한다. 유사하게 어떤 정수 d에 대하여 $a+bc=pd$. 따라서 $bc=pd-a=pd-pk=p(d-k)$. 정리 1.5를 적용하라.

9. ($\Leftarrow$) p가 주어진 성질을 갖는다고 가정하고, d를 p의 약수라 하자. 이를테면 $p=dt$. 성질에 따라, $d=\pm 1$ (이 경우 $t=\pm p$) 또는 $t=\pm 1$ (이 경우 $d=\pm p$). 따라서 p의 약수는 ± 1과 $\pm p$ 뿐이고, 여기서 p는 소수.

11. 어떤 v, w에 대하여 $a-b=pv$이고 $c-d=pw$ (왜?). 두 등식을 더하고, 더한 등식의 각 변을 다시 정렬하여, $(a+c)-(b+d)$가 p로 나누어지는 사실을 얻는다.

17. 정리 1.5에 따라, a^2의 임의의 소수 약수는 역시 a의 약수이다. b^2에 대하여도 유사하게 성립한다.

19. $\dfrac{b}{a}=\dfrac{p_1^{s_1}\cdots p_k^{s_k}}{p_1^{r_1}\cdots p_k^{r_k}}=p_1^{s_1-r_1}\cdots p_k^{s_k-r_k}$이다. $a\mid b$이므로 $\dfrac{b}{a}$는 정수이다. 모든 p_i는 서로 다른 소수이고, 앞의 등식에서 우변의 각 지수는 영 이상이다(왜?)— 즉, $s_1-r_1\geq 0$, $s_2-r_2\geq 0, \cdots, s_k-r_k\geq 0$.

21. c가 $p_1p_2\cdots p_k$로 소인수분해되면 $ab=c^2=p_1p_1p_2p_2\cdots p_kp_k$. 정리 1.5에 따라, a 또는 b가 p_1로 나누어진다. 이를테면 a가 나누어진다고 하자. $\gcd(a,b)=1$이므로, b는 p_1로 나누어질 수 없다. 따라서 $p_1^2\mid a$. 필요하다면 재배열하고, 번호를 다시 매겨 $a=p_1p_1p_2p_2\cdots p_jp_j=(p_1p_2\cdots p_j)^2$이고 $b=p_{j+1}p_{j+1}\cdots p_kp_k=(p_{j+1}p_{j+2}\cdots p_k)^2$임을 보이라.

23. a와 b가 양이고 $a^2\mid b^2$이라고 가정하자. $a=p_1^{r_1}\cdots p_k^{r_k}$이고 $b=p_1^{s_1}\cdots p_k^{s_k}$라 가정하자. 여기서 $p_1, p_2, ..., p_k$는 서로 다른 소수이고 각 $r_i, s_i\geq 0$이다(연습문제 13 참조). 그러면 $a^2=p_1^{2r_1}\cdots p_k^{2r_k}$이고 $b^2=p_1^{2s_1}\cdots p_k^{2s_k}$이다. 또한 $a^2\mid b^2$이므로 연습문제 19에 따라 $2r_i\leq 2s_i$이고, 따라서 각 $i=1, 2, ..., k$에 대하여 $r_i\leq s_i$. 따라서 각 i에 대하여 $s_i=r_i+u_i$를 만족하는 영이 아닌 정수 $u_1, ..., u_k$가 존재한다. 이 사실과 a와 b의 소인수분해를 사용하여, $a\mid b$임을 보이라. 역은 쉽다.

25. 부록 E의 연습문제 6으로부터, $\binom{p}{k}$는 정수다. $\binom{p}{1}=p$이고 $k>1$일 때 $\binom{p}{k}$의 분모는 각각 p보다 작은 정수들의 곱이다.

27. $p>3$가 소수이면 $p=6k+1$ 또는 $6k+5$(왜 다른 경우는 배제할 수 있는가?). $p=6k+1$이면 $p^2+2=(6k+1)^2+2=36k^2+12k+3=3(12k^2+4k+1)$. 다른 경우는 유사하게 처리할 수 있다.

29. k를 n의 약수인 2의 가장 큰 거듭제곱의 지수라 하자. 그러면 어떤 정수 m에 대하여 $n=2^k m$이고, 이것은 홀수이다. 그렇지 않으면 n이 2^k+1로 나누어지므로, k가 n의 약수인 2의 가장 큰 거듭제곱의 지수라는 가정에 모순이다. 산술의 기본정리로부터 유일하다.

33. $x^n-1=(x-1)(x^{n-1}+x^{n-2}+\cdots+x^2+x+1)$임을 밝히라. $y^{mn}-1==(y^m)^n-1$이 y^m-1을 인수로 가짐을 결론지으라. $y=2$와 $p=mn$와 함께 이 사실을 적용하여, p가 합성수일 때 2^p-1이 언제나 합성수임을 보이라.

제2장

2.1절 (37쪽)

1. (a) $2^4=16\equiv 1 \pmod 5$

3. (a)와 (c)

5. (a) $5\equiv 1 \pmod 4$, 그러므로 정리 2.2에 따라 $5^{2000}\equiv 1^{2000}\equiv 1 \pmod 4$. 정리 2.3을 적용하라.
   (b) 먼저 4와 모듈로 5 합동인 음수를 하나 구하라.

7. 따름정리 2.5에 따라, $a\equiv 0$ 또는 $a\equiv 1$ 또는 $a\equiv 2$ 또는 $a\equiv 3 \pmod 4$. 따라서 정리 2.2에 따라 a^2은 0^2 또는 1^2 또는 2^2 또는 3^2과 모듈로 4 합동이다.

9. (a) $(n-a)^2=n^2-2na+a^2$. 따라서 $(n-a)^2-a^2$은 n으로 나누어진다.

13. ($\Rightarrow$) 나눗셈 알고리즘에 따라 $a=qn+r$과 $b=pn+s$이고, 나머지 r과 s는 $0\le r<n$과 $0\le s<n$을 만족한다. $a\equiv b \pmod n$이면 $a-b=kn$이고(왜?), 따라서 $kn=(qn+r)-(pn+s)$이고, 이것은 $r-s=(k-q+p)n$을 의미한다. 즉, $n\mid(r-s)$. r과 s는 n보다 작으므로, 만약 $r-s=0$이면 이것은 불가능하다. 역을 증명하기 위하여, $r=s$라 가정하고, $n\mid(a-b)$ 임을 보이라.

15. 정리 1.2와 합동의 정의를 이용하라.

17. $10\equiv -1 \pmod{11}$를 주목하고, 정리 2.2를 이용하라.

19. 어떤 k에 대하여 $a-b=nk$이다(왜?). a와 n의 임의의 공약수는 또한 b의 약수이고, b와 n의 임의의 공약수는 역시 a의 약수임을 보이라. 이것은 $\gcd(a,n)$과 $\gcd(b,n)$에 관하여 무엇을 말하는가?

21. $10 \equiv 1 \pmod 9$; 따라서 정리 2.2에 따라 $10^n \equiv 1^n \equiv 1 \pmod 9$ 이다.

2.2절 (45쪽)

1. (a)

+	[0]	[1]
[0]	[0]	[1]
[1]	[1]	[0]

·	[0]	[1]
[0]	[0]	[0]
[1]	[0]	[1]

(c)

+	[0]	[1]	[2]	[3]	[4]	[5]	[6]
[0]	[0]	[1]	[2]	[3]	[4]	[5]	[6]
[1]	[1]	[2]	[3]	[4]	[5]	[6]	[0]
[2]	[2]	[3]	[4]	[5]	[6]	[0]	[1]
[3]	[3]	[4]	[5]	[6]	[0]	[1]	[2]
[4]	[4]	[5]	[6]	[0]	[1]	[2]	[3]
[5]	[5]	[6]	[0]	[1]	[2]	[3]	[4]
[6]	[6]	[0]	[1]	[2]	[3]	[4]	[5]

·	[0]	[1]	[2]	[3]	[4]	[5]	[6]
[0]	[0]	[0]	[0]	[0]	[0]	[0]	[0]
[1]	[0]	[1]	[2]	[3]	[4]	[5]	[6]
[2]	[0]	[2]	[4]	[6]	[1]	[3]	[5]
[3]	[0]	[3]	[6]	[2]	[5]	[1]	[4]
[4]	[0]	[4]	[1]	[5]	[2]	[6]	[3]
[5]	[0]	[5]	[3]	[1]	[6]	[4]	[2]
[6]	[0]	[6]	[5]	[4]	[3]	[2]	[1]

3. $x = [1], [3], [5]$ 또는 $[7]$

5. $x = [1], [2], [4]$ 또는 $[5]$

7. $x = [3]$ 또는 $[7]$

9. (a) $[a] = [3]$ 또는 $[5]$　　(c) 아니오

11. (a) $x = [0], [1]$ 또는 $[2]$　　(c) $x = [0], [1], [2], [3]$ 또는 $[4]$

13. $\mathbb{Z}_4$ 또는 $\mathbb{Z}_6$에서 살펴보라.

15. (a) $[a]^2 + [b]^2$　　(c) $[a]^5 + [b]^5$

2.3절 (51쪽)

1. (a) $a = 1, 2, 3, 4, 5, 6$　　(c) $a = 1, 2, 4, 5, 7, 8$

3. 연습문제 10을 포함하여 여러 가지 가능성이 있다.

5. b가 영인자이므로, $b \neq 0$이고 $c \neq 0$인 $bc = 0$. 따라서 $(ab)c = 0$. a가 가역원이라는 사실을 이용하여 $ab \neq 0$임을 보이라. 무슨 결론을 내릴 수 있는가?

7. $\mathbb{Z}_p$에서 $ab = 0$는 $\mathbb{Z}$에서 $p \mid ab$를 의미한다. 정리 1.5를 적용하고, 그 결과를 $\mathbb{Z}_p$로 바꾸라.

9. (a) a는 가역원이므로, 어떤 b에 대하여 $ab=1$이다. a가 또한 영인자이면 어떤 $c \neq 0$에 대하여 $ac=0$이다. 곱 abc를 생각하고, 모순을 유도하라.

11. **해의 존재성**: 어떤 u에 대하여 $au=1$(왜?). $ax=b$의 양변에 u를 곱하라. **유일성**: r과 s가 $ax=b$의 해라 가정하고, a가 가역원이라는 사실을 이용하여 $r=s$임을 보이라.

15. (a) $3,\ 9,\ 15$

17. a와 c가 가역원이면 어떤 b, d에 대하여 $ab=1$이고 $cd=1$이다. 이것을 이용하여 ac가 가역원임을 보이라.

제3장

3.1절 (67쪽)

1. (a) 덧셈에 대해 닫힘.

5. (a) 항등원을 갖지 않은 부분환 (임의의 곱이 영행렬이다.)
   (c) 부분환이 아니다. (e) 항등원을 갖는 가환 부분환이다.

7. 공리 1~5는 입증하기 쉽다. K가 곱셈에 대하여 닫혀있는가?

11. (a) **부분 증명**: $\begin{pmatrix} a & a \\ b & b \end{pmatrix} + \begin{pmatrix} c & c \\ d & d \end{pmatrix} = \begin{pmatrix} a+c & a+c \\ b+d & b+d \end{pmatrix} \in S$이므로 덧셈에 대하여 닫혀있다. 영행렬은 S에 속한다. 정리 3.2를 이용하라.
   (c) 아래 행이 영이 아닌 모든 $B \in S$에 대하여 J는 좌항등원이 아니다. 확인하라.

13. 정리 3.2를 이용하라. 덧셈에 대하여 닫힘: $a+c \in \mathbb{Z}$이고 $b+d \in \mathbb{Z}$이므로 $(a+b\sqrt{2})+(c+d\sqrt{2})=(a+c)+(b+d)\sqrt{2} \in \mathbb{Z}(\sqrt{2})$. 곱셈에 대하여 닫힘: 예제 20을 보라. 또한 $0=0+0\sqrt{2} \in \mathbb{Z}(\sqrt{2})$. 나머지를 완성하라.

15. (a)

+	(0,0)	(1,1)	(0,2)	(1,0)	(0,1)	(1,2)
(0,0)	(0,0)	(1,1)	(0,2)	(1,0)	(0,1)	(1,2)
(1,1)	(1,1)	(0,2)	(1,0)	(0,1)	(1,2)	(0,0)
(0,2)	(0,2)	(1,0)	(0,1)	(1,2)	(0,0)	(1,1)
(1,0)	(1,0)	(0,1)	(1,2)	(0,0)	(1,1)	(0,2)
(0,1)	(0,1)	(1,2)	(0,0)	(1,1)	(0,2)	(1,0)
(1,2)	(1,2)	(0,0)	(1,1)	(0,2)	(1,0)	(0,1)

·	(0,0)	(1,1)	(0,2)	(1,0)	(0,1)	(1,2)
(0,0)	(0,0)	(0,0)	(0,0)	(0,0)	(0,0)	(0,0)
(1,1)	(0,0)	(1,1)	(0,2)	(1,0)	(0,1)	(1,2)
(0,2)	(0,0)	(0,2)	(0,1)	(0,0)	(0,2)	(0,1)
(1,0)	(0,0)	(1,0)	(0,0)	(1,0)	(0,0)	(1,0)
(0,1)	(0,0)	(0,1)	(0,2)	(0,0)	(0,1)	(0,2)
(1,2)	(0,0)	(1,2)	(0,1)	(1,0)	(0,2)	(1,1)

19.

$+$	0	S	A	B	C	D	E	F
0	0	S	A	B	C	D	E	F
S	S	0	F	E	D	C	B	A
A	A	F	0	D	E	B	C	S
B	B	E	D	0	F	A	S	C
C	C	D	E	F	0	S	A	B
D	D	C	B	A	S	0	F	E
E	E	B	C	S	A	F	0	D
F	F	A	S	C	B	E	D	0

$\cdot$	0	S	A	B	C	D	E	F
0	0	0	0	0	0	0	0	0
S	0	S	A	B	C	D	E	F
A	0	A	A	0	0	A	A	0
B	0	B	0	B	0	B	0	B
C	0	C	0	0	C	0	C	C
D	0	D	A	B	0	D	A	B
E	0	E	A	0	C	A	E	C
F	0	F	0	B	C	B	C	F

21. 곱셈에 대한 항등원은 6이다.

23. E가 $*$에 대하여 닫힘을 증명하기 위하여, a와 b가 짝수일 때 $a * b = ab/2$도 짝수임을 밝히라. $*$에 대한 결합법칙을 증명하기 위하여, $(a * b) * c = a * (b * c)$ 임을 다음과 같이 보이라. 정의로부터 $(a * b) * c = (ab/2) * c = \dfrac{(ab/2)c}{2}$이다. $a * (b * c)$를 $\mathbb{Z}$의 곱셈에 관하여 표현하고, 두 표현이 일치함을 보이라. $*$에 대한 교환법칙은 유사하게 증명할 수 있다. 분배법칙을 증명하기 위하여 $a * (b + c) = (a * b) + (a * c)$, 즉 $a(b+c)/2 = ab/2 + ac/2$ 임을 보여야 한다. 곱셈에 대한 항등원 e가 존재한다면 임의의 $a \in E$에 대하여 $e * a = a$, 즉 $\mathbb{Z}$에서 $ea/2 = a$임을 만족해야 한다. 그런데 $ea/2 = a$는 $e = 2$임을 의미한다.

25. **부분 증명**: 공리 4: $r \oplus (-1) = r + (-1) + 1 = r$이므로 영 원소는 -1이다. 공리 5: -1이 영 원소이므로, 방정식 $a \oplus x = -1$이 해를 가짐을 보여야 한다. $a \oplus (-2-a) = a + (-2-a) + 1 = -1$이므로 그 해는 $x = -2-a$이다. 이 환이 정역임을 증명하기 위해 $a \odot b = -1$임을 가정하고 $a = -1$ 또는 $b = -1$임을 보여야 한다. 이제 $a \odot b = -1$는 $\mathbb{Q}$에서 $ab + a + b = -1$, 즉 $ab + a + b + 1 = 0$을 의미한다. 좌변을 인수분해하고, $\mathbb{Q}$가 정역임을 이용하라.

27. **부분 증명**: b와 d가 홀수이면 bd도 홀수이다. 따라서 $\dfrac{a}{b} + \dfrac{c}{d} = \dfrac{ad+bc}{bd} \in S$이고, S는 덧셈에 대하여 닫혀있다. 예를 들어, $0 = 0/5$이므로 $0 \in S$이다. 정리 3.2를 이용하라. S가 체인가에 대해서는, $(2/7)x = 1$의 해는 무엇인가?

31. (b) $K=\begin{pmatrix} k & 0 \\ 0 & k \end{pmatrix}$ 이고 $A=\begin{pmatrix} a & b \\ c & d \end{pmatrix}$ 이면

$$KA=\begin{pmatrix} k & 0 \\ 0 & k \end{pmatrix}\begin{pmatrix} a & b \\ c & d \end{pmatrix}=\begin{pmatrix} ka & kb \\ kc & kd \end{pmatrix}=\begin{pmatrix} ak & bk \\ ck & dk \end{pmatrix}=\begin{pmatrix} a & b \\ c & d \end{pmatrix}\begin{pmatrix} k & 0 \\ 0 & k \end{pmatrix}=AK$$

35. $R=\mathbb{Z}_2$, $S=\mathbb{Z}_3$로 생각하고, 연습문제 15(a)의 풀이에 있는 표를 조사하라.

37. (a) 예제 6에서 사용된 증명을 $M(\mathbb{R})$에 대하여 옮겨쓰라.

39. $\mathbb{Q}(\sqrt{2})$가 환이라는 증명은 연습문제 13과 근본적으로 동일하다. 그 힌트가 $(r+s\sqrt{2})x=1$ 의 해가 실제로 $\mathbb{Q}(\sqrt{2})$ 에 속하는 것을 어떻게 입증하는지 보여준다.

41. (b) 부분 증명: $\begin{pmatrix} x & x \\ y & y \end{pmatrix}$가 우항등원이면

$$\begin{pmatrix} a & a \\ b & b \end{pmatrix}\begin{pmatrix} x & x \\ y & y \end{pmatrix}=\begin{pmatrix} a & a \\ b & b \end{pmatrix}$$

$$\begin{pmatrix} ax+ay & ax+ay \\ bx+by & bx+by \end{pmatrix}=\begin{pmatrix} a & a \\ b & b \end{pmatrix}$$

$$\begin{pmatrix} a(x+y) & a(x+y) \\ b(x+y) & b(x+y) \end{pmatrix}=\begin{pmatrix} a & a \\ b & b \end{pmatrix}$$

마지막 방정식은 $x+y=1$ 일 때만 성립한다.

43. (b) H는 환 $M(\mathbb{C})$에 속하므로 그 덧셈은 가환이고 결합적이고, 곱셈은 결합적이고 분배법칙을 만족한다. H가 덧셈과 곱셈에 대하여 닫혀있고, 영행렬과 항등행렬이 H에 속하고, H의 임의의 행렬의 음행렬도 H에 속하는 것을 보이기만 하면 된다.

3.2절 (84쪽)

1. (a) $a^2-ab+ba-b^2$

3. (b) 0, 1, 4, 9

5. (c) 아니오. u가 R에서 역원이 u^{-1}인 가역원이고, v도 u의 역원이라고 가정하자. 그러면 $uv=1_R$, 그래서 $u^{-1}uv=u^{-1}1_R$이고, 이것은 $v=u^{-1}$을 의미한다. 따라서 꼭 하나의 역원이 존재한다.

9. 곱셈에 대하여 닫힘: $\begin{pmatrix} a & 4b \\ b & a \end{pmatrix}\begin{pmatrix} c & 4d \\ d & c \end{pmatrix}=\begin{pmatrix} ac+4bd & 4ad+4bc \\ bc+ad & 4bd+ac \end{pmatrix}=\begin{pmatrix} ac+4bd & 4(ad+bc) \\ ad+bc & ac+4bd \end{pmatrix}\in S$ 이다. S가 뺄셈에 대하여 닫힘을 밝히고, 정리 3.6을 적용하라.

11. $0_R\in S$(왜?)이므로 S는 공집합이 아니다. $r, s\in S$이면 정의로부터 $mr=0_R$이고 $ms=0_R$. 따라서 $m(r-s)=mr-ms=0_R-0_R=0_R$. 그래서 $r-s\in S$. 유사하게 연습문제 23에 따라 $m(rs)=(mr)s=0_Rs=0_R$. 그래서 $rs\in S$. 그러므로 정리 3.6에 따라 S는 부분환이다.

15. (b) 가능한 예가 많이 있다. $M(\mathbb{R})$의 대부분의 가역행렬의 짝이 예가 된다.

17. $ub=0_R$이고 u가 역원이 v인 가역원이면, $ub=0_R$의 양변의 왼쪽에 v를 곱하여 $b=0_R$을 얻는다. $cu=0_R$이면 (v를 오른쪽에 곱하는) 유사한 논법으로, $c=0_R$임을 알 수 있다. 따라서 u와의 곱이 0_R인 영이 아닌 원소가 없고, 따라서 u는 영인자가 아니다.

19. $(a,b)(c,d)=(1_R,1_S)$ 이면 ac와 bd에 관해 무엇을 말할 수 있는가?

21. $ab=ac$는 $a(b-c)=0_R$과 동치이다.

25. (a) 3.1절의 연습문제 21을 보라. (그 답은 '예').
    (b) 1_S1_R과 1_S1_S를 생각하고, 연습문제 21을 이용하라.

27. 아니오. 반례를 위해, $M(\mathbb{R})$의 대부분의 어떤 행렬로 b를 생각하라.

31. (a) 임의의 x에 대하여 $x^2=x$이므로 $(a+a)^2=a+a$. 그런데
    $(a+a)^2=(a+a)(a+a)=a^2+a^2+a^2+a^2=a+a+a+a$.

39. (b) 아니오. 반례를 찾을 수 있어야 한다.

41. (b) 12

3.3절 (100쪽)

1. $\mathbb{Z}_2\times\mathbb{Z}_3$에 대한 표가 3.1절의 연습문제 15(a)의 풀이 속에 있다.

3. $f(a)=f(b)$이면 $(a,a)=(b,b)$ 이고, 따라서 같은 순서쌍의 정의로부터 $a=b$이다. 그러므로 f는 단사. $f(a+b)=(a+b,a+b)=(a,a)+(b,b)=f(a)+f(b)$이다. $f(ab)=f(a)f(b)$ 이고 f가 전사임을 보여, 증명을 완성하라.

11. 다음을 포함하여 많은 정답이 있다.
    (a) f는 덧셈을 보존하지 않는다. 예를 들어, $f(4+9)=\sqrt{4+9}=\sqrt{13}\approx 3.6$이지만 $f(4)+f(9)=\sqrt{4}+\sqrt{9}=2+3=5$. 그러므로 $f(4+9)\neq f(4)+f(9)$.
    (b) f는 곱셈을 보존하지 않는다. 예를 들어, $f(2\cdot 5)=f(10)=30$ 이지만 $f(2)\cdot f(5)=6\cdot 15=90$. 그러므로 $f(2\cdot 5)\neq f(2)\cdot f(5)$.

13. 부분 증명: (a) f가 전사임을 증명하기 위하여, $r\in R$이라고 하자. 그러면 $(r,0_S)\in R\times S$이고 $f((r,0_S))=r$. 따라서 f는 전사.
    (c) a가 S의 영이 아닌 원소이면 $f((0_R,a))=0_R=f((0_R,0_S))$이지만 $(0_R,a)\neq(0_R,0_S)$. 따라서 f는 단사가 아니다.

17. **전사**: $a+bi$가 복소수이면 $f(a-bi)=a-(-bi)=a+bi$. **단사**: $f(a+bi)=f(c+di)$이면, f의 정의와 복소수의 같음에 대한 정의(3.1절의 예제 11)를 사용하여 $a+bi=c+di$임을 보이라.

21. $\mathbb{Z}^*$에서의 곱셈에 대한 항등원은 0이다. 동형사상 $f: \mathbb{Z} \to \mathbb{Z}^*$가 존재하면 정리 3.10은 f가 $f(1)=0$을 만족함을 보여준다. 따라서 $f(2)=f(1+1)=f(1)\oplus f(1)=0\oplus 0=0\oplus 0=0+0-1=-1$. 유사하게 $f(3)=f(1+2)=f(1)\oplus f(2)=0\oplus(-1)=0+(-1)-1=-2$이다. $f(4)$는 무엇인가? $f(5)$는? $f(-1)$은? f에 대한 공식을 구하라. 그러면 그 공식을 이용하여 f가 단사, 전사, 그리고 준동형사상임을 보이라.

25. f는 단사가 아니므로 동형사상이 아니다. 예를 들면,

$$f\begin{pmatrix}1 & 0\\ 2 & 3\end{pmatrix}=1=f\begin{pmatrix}1 & 0\\ 0 & 0\end{pmatrix} \text{ 이지만 } \begin{pmatrix}1 & 0\\ 2 & 3\end{pmatrix}\neq\begin{pmatrix}1 & 0\\ 0 & 0\end{pmatrix}$$

27. (a) f와 g는 준동형사상이므로, $(f\circ g)(a+b)=f(g(a+b))=f(g(a)+g(b))=f(g(a))+f(g(b))=(f\circ g)(a)+(f\circ g)(b)$. 유사한 논법으로, $(f\circ g)(ab)=(f\circ g)(a)\cdot(f\circ g)(b)$.

(b) 다음 두 가지를 보여야 한다: (1) f와 g가 단사이면, $f\circ g$도 단사이고, (2) f와 g가 전사이면, $f\circ g$도 전사이다. (1)을 증명하기 위하여, $(f\circ g)(a)=(f\circ g)(b)$, 즉 $f(g(a))=f(g(b))$을 가정하자. 그러면 f와 g가 단사임을 사용하여 $a=b$임을 보이라.

31. $f(0_R)=0_S\in T$이므로 $0_R\in P$임을 알고 있고, 그러므로 P는 공집합이 아니다. $a, b\in P$라 두면 $f(a)\in T$이고 $f(b)\in T$. 따라서 $f(a-b)=f(a)-f(b)\in T$. 따라서 $a-b\in P$. 유사한 논법으로 $ab\in P$이다. 그러므로 정리 3.6에 따라 P는 부분환이다.

35. (a) $\mathbb{Z}$는 항등원을 갖고 E는 갖지 않는다.

(c) 그 환들은 서로 다른 개수의 원소를 갖고, 그래서 $\mathbb{Z}_4\times\mathbb{Z}_{14}$에서 $\mathbb{Z}_{16}$으로의 단사함수가 있을 수 없다.

(e) 방정식 $x+x=0_R$은 $\mathbb{Z}\times\mathbb{Z}_2$에서 **영이 아닌** 해를 갖지만(그 해가 무엇인가?) $\mathbb{Z}_{16}$에서는 갖지 않는다.

37. (b) f는 영이 아니므로 $f(a)\neq 0_T$를 만족하는 $a\in S$가 존재한다. 따라서 $f(1_S)f(a)=f(1_Sa)=f(a)\neq 0_T$이고, 이것은 $f(1_S)\neq 0_T$임을 의미한다. $f(1_S)$는 멱등원임을 보이고, 문항 (a)를 적용하라.

제4장

4.1절 (118쪽)

1. (a) $3x^4+x^3+2x^2+2$ (c) x^5-1

3. (a) $x^3,\ x^3+x^2,\ x^3+x,\ x^3+x^2+x,\ x^3+1,\ x^3+x^2+1,\ x^3+x+1,\ x^3+x^2+x+1$

5. (a) $q(x)=3x^2-5x+8,\ r(x)=-4x-6$
   (c) $q(x)=x^3+3x^2+2x+3,\ r(x)=4$

9. 예(영인자의 정의를 읽고, R이 $R[x]$의 부분집합임을 기억하라.)

11. $(r+s)(r-s)=r^2-s^2$이라는 사실이 도움이 될 것이다.

13. $f(x)g(x)=0_R$을 만족하는 $g(x)\in R[x]$가 존재한다(왜?). $g(x)=b_0+b_1x^1+\cdots+b_kx^k$(여기서 $b_k\neq 0_R$)라 하자. $f(x)g(x)$를 전개하고, x^{n+k}의 계수를 살펴보라. 이 계수는 무엇이어야 하는가? 또, a_n에 관하여 무엇을 말할 수 있는가?

15. (b) 문항 (a)의 힌트의 다항식에 하나의 항을 더하라.

17. $0\neq b\in R$이면 $b\in R[x]$이고 $1_R=bq(x)+r(x)$이다. $\deg b=0$임을 이용하여, $r(x)=0$이고 $q(x)\in R$임을 보이라. 따라서 R의 임의의 영이 아닌 원소는 역원을 갖는다.

4.2절 (126쪽)

1. $0_F\neq c\in F$이면 c는 역원을 갖는다. 따라서 $f(x)=c(c^{-1}f(x))$.

5. (a) $x-1$ (c) x^2-1 (e) $x-i$

7. $f(x)\mid(x+1)$이고 $f(x)\mid x$이므로 $(x+1)-x=1$은 $f(x)$로 나누어진다. 따라서 $\deg f(x)=0$이다. 그러므로 $f(x)$는 상수.

9. 1_F가 $f(x)$와 0_F의 (일차)결합이다(왜?). 이것은 무엇을 의미하는가?

15. $h(x)$의 임의의 약수는 또한 $f(x)$의 약수이다.

4.3절 (131쪽)

1. (a) $x^3+\dfrac{2}{3}x^2+\dfrac{1}{3}x+\dfrac{5}{3}$ (c) x^3-ix+i

3. (a) $x^2+x+1,\ 2x^2+2x+2,\ 3x^2+3x+3,\ 4x^2+4x+4$

7. $(\Rightarrow)$ $f(x)$가 기약이고, $0_F\neq c\in F$에 대하여 $g(x)=cf(x)$라 가정하자.
   $g(x)=r(x)s(x)$이면 $f(x)=(c^{-1}r(x))s(x)$이고, 따라서 정리 4.12에 따라 $c^{-1}r(x)$ 또는 $s(x)$는 영이 아닌 상수이다. $c^{-1}r(x)$가 상수이면 $r(x)$도 역시 상수임을 보이라. 따라서 $g(x)$는 정리 4.12로부터 기약이다.

9. (a) x^2+x+1

   (c) $x^2+1,\ x^2+x+2,\ x^2+2x+2,\ 2x^2+2,\ 2x^2+x+1,\ 2x^2+2x+1$

11. 만약 가약이라면, 그것은 차수 1인 모닉 인수를 가질 것이다(왜?). 즉 $a \in \mathbb{Z}_7$인 $x+a$ 형태의 인수이다. 가능성이 있는 그 일곱 개의 어느 것도 인수가 아님을 밝히라.

13. $(x-3)(x-4)^3$

15. (a) $f(x) \in \mathbb{Z}_p[x]$가 가약인 모닉 이차다항식이면 어떤 $c, d, e \in \mathbb{Z}_p$에 대하여 $f(x)=(cx+d)(c^{-1}x+e)$로 인수분해되어야 한다(왜?). 따라서 $f(x)=c(x+dc^{-1})c^{-1}(x+ec)=(x+a)(x+b)$이고, 여기서 $a=dc^{-1}$이고 $b=ec$. 가능한 인수의 짝의 개수를 셀 때, 예를 들어 $(x+2)(x+3)$는 $(x+3)(x+2)$와 동일한 인수분해임을 기억하라. 또한 $(x+2)(x+2)$와 같은 인수분해를 생각하라.

23. (a) $\mathbb{Z}_7$ 대신에 $\mathbb{Z}_5$로 바꾸어, 연습문제 11에 대한 풀이처럼 진행하라.

4.4절 (140쪽)

1. (a) $f(x)=x^2+x$를 포함하여 많은 정답이 있다.

3. (a) 아니오; $f(-2) \neq 0$.　　(c) 예.

5. 인수정리가 도움이 될 것이다.

7. $\mathbb{Z}_7$의 임의의 원소가 x^7-x의 근임을 보이라.

9. $\mathbb{Z}_3[x]$에서 $x^2+1,\ x^2+x+2,\ x^2+2x+2$

13. (a) $0_F \neq c \in F$에 대하여 $f(x)=cg(x)$이면 $g(x)=c^{-1}f(x)$. 따라서 $g(u)=0_F$는 $f(u)=0_F$를 의미하고, 그 반대도 마찬가지다.

15. x^2+1이 가약이면 어떤 $a, b \in \mathbb{Z}_p$에 대하여 $x^2+1=(x+a)(x+b)$(4.3절의 연습문제 21(a)에 대한 답을 보라). 우변을 전개하라.

19. (a) $f(x)=(x-a)^k g(x)$이고 $g(a) \neq 0$이면 $f'(x)=k(x-a)^{k-1}g(x)+(x-a)^k g'(x)$이다. a가 $f(x)$의 중근이면 $k \geq 2$이고 $k-1 \geq 1$이다. a가 $f(x)$와 $f'(x)$의 공통근이면 $k \geq 2$임을 보이라.

23. (a) n을 $f(x)$, $g(x)$, $h(x)$의 최고 차수라 하자. 필요하면 계수 영을 이용하여, $f(x)=a_0+a_1x+\cdots+a_nx^n$, $g(x)=b_0+b_1x+\cdots+b_nx^n$이고 $h(x)=c_0+c_1x+\cdots+c_nx^n$. 그러면 $F[x]$에서 $g(x)+h(x)=(b_0+b_1x+\cdots+b_nx^n)+(c_0+c_1x+\cdots+c_nx^n)=(b_0+c_0)+(b_1+c_1)x+\cdots+(b_n+c_n)x^n$이다. $F[x]$에서 $f(x)=g(x)+$

$h(x)$이므로 $a_0 = b_0 + c_0$, $a_1 = b_1 + c_1$, ..., $a_n = b_n + c_n$를 얻는다. 그러므로 F에서 $g(r) + h(r) = (b_0 + c_0) + (b_1 + c_1)r + \cdots + (b_n + c_n)r^n = a_0 + a_1 r + \cdots + a_n r^n = f(r)$.

29. $f(x)$의 차수 n에 대한 수학적 귀납법으로 증명한다. $n = 0$이면 $f(x)$는 영이 아닌 상수 다항식이므로 근을 갖지 않는다. 그래서 $n = 0$일 때 따름정리는 참이다. 이제 차수 $k-1$의 다항식에 대하여 따름정리가 참이라고 가정하고, $\deg f(x) = k$라고 하자. $f(x)$(즉, $n = k$일 때)에 대하여 따름정리가 참임을 증명하라. [여기서 그것을 하라.] 결과적으로 임의의 차수 n에 대하여 따름정리가 참이다.

4.5절 (152쪽)

1. (a) $(-1)(x+1)(x-2)(x^2+1)$ (c) $xx(x+2)(x-1)(3x-1)$
   (e) $(x+3)(2x+1)(x^2+1)$

3. 유리근판정법을 사용하라.

5. (a) $p = 2$라 두라. (c) $p = 2$ 또는 $p = 3$라 두라.

7. (a) $p = 5$라 두고, 따름정리 4.19를 이용하라.

11. Eisenstein 판정법과 따름정리 4.18을 적용하라.

17. 차수 k의 다항식은 $k+1$개의 계수를 갖는다. x^k의 계수 a_k를 제외한 각 계수에 대하여 n가지 선택사항이 있다. a_k에 대하여는 몇 가지 선택사항이 있는가?

19. (a) $(x+2)(x-2)(x^3+2x^2+4x+2)$

4.6절 (159쪽)

1. (a) $1-2i,\ 1+2i,\ 3,\ -2$ (c) $3+2i,\ 3-2i,\ -1+i,\ -1-i$

3. (a) $\mathbb{Q}[x]$에서 $x^4 - 2$, $\mathbb{R}[x]$에서 $(x^2 + \sqrt{2})(x + \sqrt[4]{2})(x - \sqrt[4]{2})$,
   $\mathbb{C}[x]$에서 $(x - \sqrt[4]{2}i)(x + \sqrt[4]{2}i)(x + \sqrt[4]{2})(x - \sqrt[4]{2})$
   (c) $\mathbb{Q}[x]$에서 $(x-1)(x^2-5)$,
   $\mathbb{R}[x]$와 $\mathbb{C}[x]$에서 $(x-1)(x+\sqrt{5})(x-\sqrt{5})$

5. 보조정리 4.29에 따라, $f(x)$의 실수가 아닌 근이 두 개씩 짝으로 나온다.

제5장

5.1절 (166쪽)

1. (a) $f(x) \equiv g(x) \pmod{p(x)}$ (b) $f(x) \equiv g(x) \pmod{p(x)}$
   (c) $f(x) \not\equiv g(x) \pmod{p(x)}$

3. 여덟 개의 합동류가 존재한다.

5. 따름정리 5.5를 이용하라.

7. 각 합동류를 $a \in F$인 $[a]$의 형태로 나타낼 수 있다.

9. a와 b 대신에 $f(x)$와 $g(x)$로 바꾸어, 2.1절의 연습문제 13의 풀이를 보라.

5.2절 (173쪽)

1.

$+$	$[0]$	$[1]$	$[x]$	$[x+1]$	$[x^2]$	$[x^2+1]$	$[x^2+x]$	$[x^2+x+1]$
$[0]$	$[0]$	$[1]$	$[x]$	$[x+1]$	$[x^2]$	$[x^2+1]$	$[x^2+x]$	$[x^2+x+1]$
$[1]$	$[1]$	$[0]$	$[x+1]$	$[x]$	$[x^2+1]$	$[x^2]$	$[x^2+x+1]$	$[x^2+x]$
$[x]$	$[x]$	$[x+1]$	$[0]$	$[1]$	$[x^2+x]$	$[x^2+x+1]$	$[x^2]$	$[x^2+1]$
$[x+1]$	$[x+1]$	$[x]$	$[1]$	$[0]$	$[x^2+x+1]$	$[x^2+x]$	$[x^2+1]$	$[x^2]$
$[x^2]$	$[x^2]$	$[x^2+1]$	$[x^2+x]$	$[x^2+x+1]$	$[0]$	$[1]$	$[x]$	$[x+1]$
$[x^2+1]$	$[x^2+1]$	$[x^2]$	$[x^2+x+1]$	$[x^2+x]$	$[1]$	$[0]$	$[x+1]$	$[x]$
$[x^2+x]$	$[x^2+x]$	$[x^2+x+1]$	$[x^2]$	$[x^2+1]$	$[x]$	$[x+1]$	$[0]$	$[1]$
$[x^2+x+1]$	$[x^2+x+1]$	$[x^2+x]$	$[x^2+1]$	$[x^2]$	$[x+1]$	$[x]$	$[1]$	$[0]$

$\cdot$	$[0]$	$[1]$	$[x]$	$[x+1]$	$[x^2]$	$[x^2+1]$	$[x^2+x]$	$[x^2+x+1]$
$[0]$	$[0]$	$[0]$	$[0]$	$[0]$	$[0]$	$[0]$	$[0]$	$[0]$
$[1]$	$[0]$	$[1]$	$[x]$	$[x+1]$	$[x^2]$	$[x^2+1]$	$[x^2+x]$	$[x^2+x+1]$
$[x]$	$[0]$	$[x]$	$[x^2]$	$[x^2+x]$	$[x+1]$	$[1]$	$[x^2+x+1]$	$[x^2+1]$
$[x+1]$	$[0]$	$[x+1]$	$[x^2+x]$	$[x^2+1]$	$[x^2+x+1]$	$[x^2]$	$[1]$	$[x]$
$[x^2]$	$[0]$	$[x^2]$	$[x+1]$	$[x^2+x+1]$	$[x^2+x]$	$[x]$	$[x^2+1]$	$[1]$
$[x^2+1]$	$[0]$	$[x^2+1]$	$[1]$	$[x^2]$	$[x]$	$[x^2+x+1]$	$[x+1]$	$[x^2+x]$
$[x^2+x]$	$[0]$	$[x^2+x]$	$[x^2+x+1]$	$[1]$	$[x^2+1]$	$[x+1]$	$[x]$	$[x^2]$
$[x^2+x+1]$	$[0]$	$[x^2+x+1]$	$[x^2+1]$	$[x]$	$[1]$	$[x^2+x]$	$[x^2]$	$[x+1]$

3.

$+$	$[0]$	$[1]$	$[x]$	$[x+1]$
$[0]$	$[0]$	$[1]$	$[x]$	$[x+1]$
$[1]$	$[1]$	$[0]$	$[x+1]$	$[x]$
$[x]$	$[x]$	$[x+1]$	$[0]$	$[1]$
$[x+1]$	$[x+1]$	$[x]$	$[1]$	$[0]$

$\cdot$	$[0]$	$[1]$	$[x]$	$[x+1]$
$[0]$	$[0]$	$[0]$	$[0]$	$[0]$
$[1]$	$[0]$	$[1]$	$[x]$	$[x+1]$
$[x]$	$[0]$	$[x]$	$[1]$	$[x+1]$
$[x+1]$	$[0]$	$[x+1]$	$[x+1]$	$[0]$

7. $[ax+b]+[cx+d]=[(a+c)x+(b+d)]$, $[ax+b][cx+d]=[(ad+bc)x+(3ac+bd)]$

11. $[x]$와 그 자신의 곱을 생각하라.

5.3절 (179쪽)

1. (a) 체 (따름정리 4.19와 정리 5.10을 이용하라.)

   (c) 체가 아니다. (x^4+x^2+1는 가약임을 보이라.)

3. 따름정리 5.5에 따라, $F[x]/(x-a)$의 서로 다른 모든 원소는 $c \in F$인 합동류 $[c]$ 전체이다. 이것을 이용하여, $F[x]/(x-a)$는 F와 동형임을 보이라.

5. (a) $r+s\sqrt{3}$의 곱셈에 대한 역원이 $\frac{r}{t}-\frac{s}{t}\sqrt{3}$ 임을 밝히라. 여기서 $t=r^2-3s^2$이다.

7. 따름정리 5.12에 따라, $f(x)$의 근 c_1을 포함하는 F의 확대체 K가 존재한다. 따라서 $K[x]$에서 $f(x)=(x-c_1)g(x)$. 다시 따름정리 5.12를 이용하여, $g(x)$의 근 c_2를 포함하는 K의 확대체 L을 구하라. 계속하라.

9. (a) 따름정리 4.19와 정리 5.10를 이용하라.

제6장

6.1절 (190쪽)

1. K가 아이디얼이 아님을 보이기 위해, 양의 차수의 다항식에 상수 다항식을 곱하면 무슨 일이 일어나는지 생각하라.

9. (a) $r \in R$이고 $1_R \in I$이면 $r=r \cdot 1_R \in I$이다. 따라서 $R \subseteq I$이고, 그러므로 $R=I$.

11. (a) $(0)=\{0\}$이고 $(1)=(2)=(3)=(4)=\mathbb{Z}_5$
 (c) $(0)=\{0\}$, $(1)=(5)=(7)=(11)=\mathbb{Z}_{12}$,
 $(2)=(6)=(10)=\{0, 2, 4, 6, 8, 10\}$, $(4)=(8)=\{0, 4, 8\}$,
 $(3)=(9)=\{0, 3, 6, 9\}$, $(6)=\{0, 6\}$

13. 아니오; 연습문제 11에 대한 풀이를 보라.

17. (a) $I \cap J$는 0_R을 포함하고(왜?), 따라서 공집합이 아니다. $a, b \in I \cap J$이면 $a, b \in I$이고, 그래서 정리 6.1에 따라 $a-b$는 I에 속한다. 유사하게 $a-b \in J$. 따라서 $a-b \in I \cap J$. 이제 $r \in R$이면 $ra \in I \cap J$이고 $ra \in I \cap J$임을 보이라. 정리 6.1을 적용하라.

27. 정리 6.1을 이용하라. K가 공집합이 아니므로 정리 3.10에 따라 $f(0_R)=0_S$이고, 따라서 $0_R \in K$이다. $a, b \in K$이면 정의로부터 $f(a)=0_S$이고 $f(b)=0_S$이다. $a-b \in K$임을 보이기 위하여, $f(a-b)=0_S$임을 증명해야 한다. $r \in R$일 때 $ra \in K$임을 보이기 위하여, $f(ra)=0_S$임을 증명해야 한다.

29. $(m) \cap (n)$의 원소는 m과 n 모두로 나누어진다. 따라서 그것은 (mn)에 속한다(1.2절의 연습문제 17을 보라).

31. ($\Rightarrow$) $(a)=(b)=(0_R)$ 이면 $a=0_R=b$ 이고, 따라서 $u=1_R$에 대하여 $a=bu$ 임을 보여준다. $(a)=(b)\neq(0_R)$ 이면 a와 b 모두 영이 아니고 $a=a\cdot 1_R\in(a)$. 그러므로 $a\in(b)$ 이고, 그 결과 어떤 $u\in R$에 대하여 $a=bu$ 이다. 유사하게 어떤 $v\in R$에 대하여 $b=av$ 이다. 따라서 $a=bu=avu$ 이고, 이것으로부터 $uv=1_R$ 이다(정리 3.7). 그 결과 u는 가역원이다.

35. $I\neq(3)$ 이면 I가 $\gcd(3,b)=1$을 만족하는 원소 b를 포함하는 것을 보이라. 정리 1.3을 이용하여 $1\in I$임을 보이면, 연습문제 9(a)로부터 $I=\mathbb{Z}$ 이다.

41. (a) 3.1절의 연습문제 27을 보라.

43. (b) $f(x)\in\mathbb{Z}[x]$의 상수항이 c이면 $f(x)-c$는 x로 나누어지고, 그 결과로 문항 (a)로부터 $f(x)\equiv c \pmod J$. 따라서 정리 6.6에 따라 $f(x)+J=c+J$이다. b, c가 서로 다른 정수이면 $b-c$는 x로 나누어질 수 없다(왜?). 따라서 $b-c\notin J$이고 $b\not\equiv c \pmod J$. 그러므로 정리 6.6에 따라 $b+J\neq c+J$.

47. 절반의 증명: $u\in S$를 가정하자. $u^2=u$이고 $S=(u)$이면 S는 부분환이므로 아이디얼이다. $s\in S$이면 어떤 $r\in\mathbb{Z}_n$에 대하여 $s=ru$. 따라서 $su=(ru)u=ru^2=ru=s$. 그러므로 u는 S의 항등원이다.

6.2절 (204쪽)

3. 6.1절의 연습문제 10에 따라, f의 핵은 (0_F)이거나 F이다. F가 될 수 없는 이유를 설명하라. 따라서 정리 6.11에 따라 f는 단사이고, 그러므로 동형사상이다.

5. $R=\mathbb{Z}$ 이고 I가 주아이디얼 (n)인 경우를 생각하라. 그러면 $\mathbb{Z}/I$는 바로 $\mathbb{Z}_n$ 이다. $\mathbb{Z}_n$은 항상 정역인가?

7. R에서 R로의 항등사상에 제1동형사상 정리를 적용하라.

9. (b) b, c가 정수인 $\begin{pmatrix}0&0\\b&c\end{pmatrix}$ 형태의 R에서 모든 행렬로 구성되는 아이디얼

13. 절반의 증명: $a+I\in R/I$라 두자. $a-b^2\in I$를 만족하는 원소 $b\in R$가 존재하면 $a\equiv b^2 \pmod I$. 그래서 정리 6.6에 따라 $a+I=b^2+I=(b+I)(b+I)$. 따라서 $b+I$는 $a+I$의 R/I에서 제곱근.

17. (a) $f(a+b)=((a+b)+I,(a+b)+J)=((a+I)+(b+I),(a+J)+(b+J))=(a+I,a+J)+(b+I,b+J)=f(a)+f(b)$. 유사한 논법으로 $f(ab)=f(a)f(b)$ 임을 보이라.

    (c) $I\cap J$

21. $f: \mathbb{Z}_{20} \to \mathbb{Z}_5$가 $f([a]_{20}) = [a]_5$로 주어진다고 하자. 여기서 $[a]_n$은 $\mathbb{Z}_n$의 원소를 나타낸다. 먼저 f는 잘 정의된 함수임(그 합동류의 대표 $r+J$의 선택에 독립)을 보이라. 그러면 f는 전사이고 핵이 (5)인 환의 준동형사상임을 보이라. 제1동형사상 정리를 적용하라.

25. $r+J$가 R/J의 멱영원이면 어떤 n에 대하여 $0_R+J=(r+J)^n=r^n+J$. 따라서 $r^n \in J$(왜?), 이것은 r^n이 R에서 멱영원임을 의미한다. 따라서 어떤 m에 대하여 $(r^n)^m = 0_R$. 그런데 이것은 $r \in J$임을 말하고, 따라서 $r+J$는 영 잉여류 0_R+J.

29. 함수 $f: S \to \mathbb{R} \times \mathbb{R}$을 $f\begin{pmatrix} a & b \\ 0 & c \end{pmatrix} = (a, c)$로 정의하자. f는 전사이고 핵이 I인 환의 준동형사상임을 보이라. 제1동형사상 정리를 적용하라.

6.3절 (213쪽)

1. 합성수의 정의에 따라 $n = cd$이고, $1 < |c| < |n|$, $1 < |d| < |n|$. 따라서 c와 d는 n의 배수일 수 없다. 따라서 $cd = n$은 (n)에 속하지만 $c \notin (n)$이고 $d \notin (n)$. 그러므로 (n)은 소 아이디얼이 아니다.

3. (a) 정리 2.8을 이용하여, p가 소수일 필요충분조건은 $\mathbb{Z}_p$가 체임을 보이라. 그런데 $\mathbb{Z}_p = \mathbb{Z}/(p)$; 정리 6.15를 적용하라.

5. $\mathbb{Z}_6$에서 모든 극대 아이디얼은 $\{0, 3\}$과 $\{0, 2, 4\}$이다.

7. R이 체이면 6.1절의 연습문제 10을 이용하라. (0_R)이 극대 아이디얼이면 정리 6.15와 6.2절의 연습문제 7을 이용하라.

9. $p = cd$이면 $cd \in (p)$이다. (p)가 소이므로, $c \in (p)$ 또는 $d \in (p)$, 이를테면 $c \in (p)$라 하자. 따라서 어떤 $v \in R$에 대하여 $c = pv$. 이 사실과 $p = cd$임을 이용하여 d가 가역원임을 보이라.

15. (b) 예를 들어, $3 \cdot 7 = 0 \in M$이지만 $3 \notin M$이고 $7 \notin M$이므로, M은 소 아이디얼이 아니다.

17. 6.2절의 연습문제 22에 따라 I는 아이디얼. $J \neq S$(왜?)와 전사라는 사실을 이용하여 $I \neq R$임을 보이라. $rs \in I$이면 $f(rs) \in J$. 따라서 $f(r)f(s) \in J$(왜?)이고, J가 소 아이디얼이므로 $f(r) \in J$ 또는 $f(s) \in J$. 그러므로 $r \in I$ 또는 $s \in I$이고, 따라서 I는 소 아이디얼이다.

19. ($\Rightarrow$) R이 유일한 극대 아이디얼 M을 갖는다고 가정하자. 그러면 정의로부터 $M \neq R$이고, 그래서 6.1절의 연습문제 9에 따라 M은 비가역원 전체집합에 포함된다. c가 가역원이 아니면 아이디얼 $(c) \neq R$(왜?). 그러므로 가정으로부터 (c)는 극대 아이디얼에 포

함된다. 그러나 M이 유일한 극대 아이디얼이다. 그래서 $c \in (c) \subseteq M$. 임의의 비가역원은 M에 속하므로 모든 비가역원 집합은 아이디얼 M이다.

제7장

7.1절 (230쪽)

1. $\begin{pmatrix}1&2&3\\2&3&1\end{pmatrix}^{-1} = \begin{pmatrix}1&2&3\\3&1&2\end{pmatrix}$이고 $\begin{pmatrix}1&2&3\\3&1&2\end{pmatrix}^{-1} = \begin{pmatrix}1&2&3\\2&3&1\end{pmatrix}$. 다른 치환은 각각 자신이 역원이다.

3. (a) 18 (c) 24 (e) 6

5. (a) $\begin{pmatrix}2&0\\2&1\end{pmatrix}$ (c) $\begin{pmatrix}4&6\\2&2\end{pmatrix}$

9.

$\circ$	r_0	r_1	r_2	s	t	u
r_0	r_0	r_1	r_2	s	t	u
r_1	r_1	r_2	r_0	u	s	t
r_2	r_2	r_0	r_1	t	u	s
s	s	t	u	r_0	r_1	r_2
t	t	u	s	r_2	r_0	r_1
u	u	s	t	r_1	r_2	r_0

13. $S_3 \times \mathbb{Z}_2$는 위수가 12인 비가환 군이고, $D_4 \times \mathbb{Z}_2$는 위수가 16인 비가환 군이다.

17. (a) G는 군. **닫힘:** $a, b \in \mathbb{Q}$이면 $\mathbb{Q}$에서 $a * b = a + b + 3$. **결합법칙:** $(a * b) * c = (a+b+3) * c = (a+b+3)+c+3 = a+b+c+6 = a+(b+c+3)+3 = a * (b+c+3) = a * (b * c)$. 항등원이 -3이고, $a * (-6-a) = a+(-6-a)+3 = -3$이고 유사하게 $(-6-a) * a = -3$이므로 a의 역원은 $-6-a$임을 보이라.
   (c) G는 항등원 0을 갖고 a의 역원이 $-a/(1+a)$인 군이다.

19. 아니오; 모든 a에 대하여 $a * e = a$와 $e * a = a$를 **모두** 만족하는 항등원 e가 존재하지 않는다.

23. 7.1.A절의 예제 15에 있는 대부분의 논법은 전체적으로 '$\neq 0$'을 '$= 1$'로 바꾸어 이 상황으로 옮길 수 있음을 보이라. $SL(2, \mathbb{R})$에서 행렬의 역행렬도 $SL(2, \mathbb{R})$에 속하는 것을 보이기 위해 (3.2절의 예제 7과 7.1.A절의 예제 15에 있는) 역행렬 공식을 사용하라.

27. $ab = ac$이면 $b = eb = (a^{-1}a)b = a^{-1}(ab) = a^{-1}(ac) = (a^{-1}a)c = ec = c$이다.

31. a, b, c를 T의 서로 다른 원소라 하자. $\sigma \in A(T)$가 $\sigma(a) = b$, $\sigma(b) = a$이고 T의 다른 임의의 원소에 대하여 $\sigma(t) = t$로 주어진다고 하자. $\tau \in A(T)$가 $\tau(a) = b$, $\tau(b) = c$, $\tau(c) = a$이고 T의 다른 임의의 원소에 대하여 $\tau(t) = t$로 주어진다고 하자. $(\sigma \circ \tau)(a) = a$이고 $(\tau \circ \sigma)(a) = c$임을 밝히라. 따라서 $\sigma \circ \tau \neq \tau \circ \sigma$.

7.2절 (254쪽)

1. $e = c^{-1}c = c^{-1}c^2 = (c^{-1}c)c = ec = c$

5. $f(a) = f(b)$이면 $a^{-1} = b^{-1}$이다. 따라서 $(a^{-1})^{-1} = (b^{-1})^{-1}$. 그러므로 따름정리 7.6으로부터 $a = (a^{-1})^{-1} = (b^{-1})^{-1} = b$. 따라서 f는 단사. 따름정리 7.6을 이용하여 f가 전사임을 증명하라.

7. (a) 2 (c) 6

9. (a) U_{10}은 위수가 4이다. U_{24}는 위수가 8이다.

13. G가 위수 n의 유한군이고 $a \in G$이면 $n+1$개의 원소 a^0, a, a^2, a^3, …, a^n은 모두 서로 다를 수 없다. 따라서 $n \ge i > j$인 어떤 i와 j에 대하여, $a^i = a^j$이고 이것은 $0 \le i-j \le n$인 어떤 i와 j에 대하여, $a^{i-j} = e$ 임을 의미한다(왜?). 이것이 $|a|$에 관하여 무엇을 말하는가?

17. (a) $x = a^{-1}b$는 $ax = b$의 해이므로 $a(a^{-1}b) = (aa^{-1})b = eb = b$이다. c도 해이면 $ac = b = a(a^{-1}b)$. 따라서 정리 7.5(2)로부터 $c = a^{-1}b$이다.

27. $a, b \in G$이면 가정으로부터, $aa = e$, $bb = e$이고 $abab = e$이다. 마지막 등식 양변의 왼쪽에 ba를 곱하여 간단히 하라.

29. $x = a^{-1}cb^{-1}$이라 하고, $axb = c$임을 보이라. 유일함을 보이기 위하여 $ayb = c$라 가정하고, $y = a^{-1}cb^{-1}$임을 보이라.

31. (b) S_3에서, $a = \begin{pmatrix} 1 & 2 & 3 \\ 2 & 1 & 3 \end{pmatrix}$이고 $b = \begin{pmatrix} 1 & 2 & 3 \\ 1 & 3 & 2 \end{pmatrix}$라 두자. $|a| = 2$, $|b| = 2$, $ab = \begin{pmatrix} 1 & 2 & 3 \\ 2 & 3 & 1 \end{pmatrix}$이고 $(ab)^4 = ab$ 임을 보이라.

33. $\gcd(m, n) = 1$ 일 때, $|a| = m$ 이고 $|b| = n$ 라고 하자. $(ab)^k = e$ 이고 $ab = ba$ 이면 $a^kb^k = (ab)^k = e$ 이고, 그 결과 $a^k = b^{-k}$. 따라서 $a^{kn} = (b^{-k})^n = (b^n)^{-k} = e$. 그러므로 정리 7.9에 따라 $m \mid kn$ 이고, 따라서 정리 1.4에 따라 $m \mid k$. 유사하게 $n \mid k$. 따라서 $mn \mid k$ (1.2절의 연습문제 17을 보라).

35. $ab = b^4a \Rightarrow aba^{-1} = b^4 \Rightarrow ab^3a^{-1} = (aba^{-1})(aba^{-1})(aba^{-1}) = (b^4)^3 = b^{12} = e$ ($b^6 = e$ 이므로) $\Rightarrow ab^3 = a \Rightarrow b^3 = e$. 그러므로 $ab = b^4a = b^3ba = eba = ba$.

7.3절 (268쪽)

1. (a) $\langle 1 \rangle = U_{15}$, $\langle 2 \rangle = \langle 8 \rangle = \{1, 2, 4, 8\}$, $\langle 4 \rangle = \{1, 4\}$,
$\langle 7 \rangle = \langle 13 \rangle = \{1, 4, 7, 13\}$, $\langle 11 \rangle = \{1, 11\}$, $\langle 14 \rangle = \{1, 14\}$

5. $\langle 2 \rangle = \{..., -8, -6, -4, -2, 0, 2, 4, 6, 8, ...\}$

7. $\langle 2 \rangle = \left\{..., \frac{1}{16}, \frac{1}{8}, \frac{1}{4}, \frac{1}{2}, 1, 2, 4, 8, 16, ...\right\}$

9. $1 = 2^4,\ 2 = 2^1,\ 4 = 2^2,\ 7 = 13^3,\ 8 = 2^3,\ 11 = 2 \cdot 13,\ 13 = 13^1,\ 14 = 2^3 \cdot 13$

11. 덧셈표기를 사용하여, 그 군은 $(1,1)$로 생성되는 순환군: $1(1,1) = (1,1)$, $2(1,1) = (0,2)$, $3(1,1) = (1,0)$, $4(1,1) = (0,1)$, $5(1,1) = (1,2)$, $6(1,1) = (0,0)$.

13. e_H는 H의 항등원이므로, $e_H e_H = e_H$이다. $c = e_H$에 대하여 7.2절의 연습문제 1을 적용하라.

15. (a) $a, b \in H \cap K$이면 $a, b \in H$이고 $a, b \in K$이다. H는 부분군이므로, $ab \in H$이고 $a^{-1} \in H$. 유사하게 $ab \in K$이고 $a^{-1} \in K$. 따라서 $ab \in H \cap K$이고 $a^{-1} \in H \cap K$. 그러므로 정리 7.11에 따라 $H \cap K$는 부분군이다.

29. H는 공집합이 아니므로 어떤 $c \in H$가 존재한다. 가정으로부터, $e = cc^{-1} \in H$. $d \in H$이면 $e \in H$이므로 $d^{-1} = ed^{-1} \in H$. 이것과 $d = (d^{-1})^{-1}$라는 사실을 이용하여 $c, d \in H$이면 $cd \in H$임을 보이라. 정리 7.11을 적용하라.

31. $a, b \in H$에 대하여 $x^{-1}ax, x^{-1}bx \in x^{-1}Hx$ 이면 $ab \in H$이고, 따라서 $(x^{-1}ax)(x^{-1}bx) = x^{-1}(ab)x \in x^{-1}Hx$이다. $(x^{-1}ax)^{-1} = x^{-1}a^{-1}x \in x^{-1}Hx$ 임을 보이라. 정리 7.11을 적용하라.

33. 정리 1.2가 도움이 될 것이다.

35. $(\Rightarrow)$ a가 G의 중심에 속하면 임의의 $g \in G$에 대하여 $ag = ga$. 따라서 $C(a) = \{g \in G \mid ag = ga\} = G$.

41. $a^n, b^n \in H$이면 G는 가환이므로, $a^n b^n = (ab)^n \in H$. 또한 $(a^n)^{-1} = a^{-n} = (a^{-1})^n \in H$. 정리 7.11을 적용하라.

43. $\mathbb{Z}_{12}$의 모든 부분군은 $\{0\}$, $\{0, 6\}$, $\{0, 3, 6, 9\}$, $\{0, 4, 8\}$, $\{0, 2, 4, 6, 8, 10\}$와 $\mathbb{Z}_{12}$.

47. 7.2절의 연습문제 33을 보라.

49. $G = \langle a \rangle = \{na \mid n \in \mathbb{Z}\}$. $g \in G$가 $x + x = a$의 해라고 가정하자. 그러면 어떤 정수 k에 대하여 $g = ka$. 따라서 $ka + ka = a$, 이것은 a가 유한위수를 갖는 것을 의미한다(왜?). 이것은 모순이고, 따라서 $x + x = a$는 G에서 해를 갖지 않는다.

53. $\gcd(m,n)=1$ 이면 연습문제 47을 이용하라. $\mathbb{Z}_m \times \mathbb{Z}_n$이 순환군이면 $\gcd(m,n)=1$ 임을 증명하기 위해, 동치인 대우명제를 증명하라: $\gcd(m,n) \neq 1$ 이면 $\mathbb{Z}_m \times \mathbb{Z}_n$은 순환군이 아니다. 만약 $\gcd(m,n)=d>1$이면 $m=dr,\ n=ds$이고, $drs<mn$이다. 만약 $(a,b) \in \mathbb{Z}_m \times \mathbb{Z}_n$이면 $drs(a,b)=(drsa, drsb)=(sma, rnb)=(0,0)$ 이다. 그러므로 (a,b)의 위수는 drs의 약수이고(덧셈표기의 정리 7.9에 따라), 따라서 mn보다 작다. 그래서 정리 7.15에 따라 (a,b)는 (위수가 mn인 군) $\mathbb{Z}_m \times \mathbb{Z}_n$을 생성할 수 없다.

57. (a) $U_{18}=\{1, 5, 7, 11, 13, 17\}$ 은 5로 생성됨을 보이라.

7.4절 (284쪽)

1. (a) **준동형사상**: $f(x+y)=3(x+y)=3x+3y=f(x)+f(y)$. **전사**: $t \in \mathbb{R}$ 이면 $f(t/3) =3(t/3)=t$. **단사**: $f(x)=f(y)$ 이면 $3x=3y$이고, 따라서 $x=y$.

5. 임의의 a, b에 대하여 $g(a+b)=2(a+b)=2a+2b=g(a)+g(b)$이므로 g는 준동형사상이다. $f(0), f(1), \ldots, f(8)$ 를 쉽게 계산할 수 있고, 그러면 f가 단사이고 전사임을 보일 수 있다.

7. 임의의 a, b에 대하여 $f(ab)=|ab|=|a||b|=f(a)f(b)$이므로 f는 준동형사상이다. f는 왜 전사인가?

11. 임의의 a, b에 대하여 $g(a)g(b)=\begin{pmatrix}1&0\\0&a\end{pmatrix}\begin{pmatrix}1&0\\0&b\end{pmatrix}=\begin{pmatrix}1&0\\0&ab\end{pmatrix}=g(ab)$ 이므로 g는 준동형사상이다. $g(a)=g(b)$이면 $\begin{pmatrix}1&0\\0&a\end{pmatrix}=\begin{pmatrix}1&0\\0&b\end{pmatrix}$,이것은 $a=b$를 의미한다. 따라서 g는 단사.

13. 두 군 모두 위수가 4인 순환군임을 보이고, 정리 7.19를 이용하라.

15. $f(a^0)=f(e_G)=e_H=f(a)^0$. 양의 정수에 대하여, 수학적 귀납법을 사용하라: $f(a^1)=f(a)=f(a)^1$. 만약 $f(a^k)=f(a)^k$ 이면 $f(a^{k+1})=f(a^k a^1)=f(a^k)f(a)=f(a)^k f(a)=f(a)^{k+1}$. 따라서 모든 $n \geq 0$에 대하여 $f(a^n)=f(a)^n$. 음수 n에 대하여는?

19. $(\Rightarrow)$ G가 가환이면 $f(ab)=(ab)^{-1}=b^{-1}a^{-1}=a^{-1}b^{-1}=f(a)f(b)$ 이므로, f는 준동형사상이다. 이 경우, 7.2절의 연습문제 5에 따라 f는 동형사상이다.

21. f와 g는 준동형사상이므로, $(g \circ f)(ab)=g[f(ab)]=g[f(a)f(b)]=g(f(a))g(f(b))=(g \circ f)(a)(g \circ f)(b)$. 따라서 $g \circ f$는 준동형사상. $c \in K$이면 g는 전사이므로, $g(b)=c$를 만족하는 $b \in H$가 존재한다. f는 전사이므로, $f(a)=b$를 만족하는 $a \in G$가 존재한다. 따라서 $(g \circ f)(a)=g(f(a))=g(b)=c$이고 $g \circ f$는 전사이다. f가 단사임을 보여, 증명을 완성하라.

29. $a^n = e_G$이면 연습문제 15와 정리 7.20에 따라, $f(a)^n = f(a^n) = f(e_G) = e_H$. 유사하게 $f(a)^n = e_H$이면 $f(a^n) = f(a)^n = e_H = f(e_G)$. f는 단사이므로 $a^n = e_G$. 그러므로 $a^n = e_G$일 필요충분조건은 $f(a)^n = e_H$.

31. $a, b \in F$이면 f는 준동형사상이므로, $f(ab) = f(a)f(b) = ab$. 그래서 $ab \in F$이고, F는 군 연산에 대하여 닫혀있다. 정리 7.20을 이용하여 F의 임의의 원소의 역원도 F에 속하는 것을 보이라. 그런 다음 정리 7.11을 이용하라.

35. $K_f = \{1, 4\}$

37. $f, g \in \text{Inn}\, G$이면 어떤 c, d에 대하여 $f(a) = c^{-1}ac$이고 $g(a) = d^{-1}ad$ 임을 보이라. $(f \circ g)(a) = (dc)^{-1}a(dc)$ 임을 보이라. 그러면 $f \circ g \in \text{Inn}\, G$이다. f의 역함수 h는 $h(a) = cac^{-1} = (c^{-1})^{-1}ac^{-1} \in \text{Inn}\, G$로 주어진다. 정리 7.11을 이용하라.

41. 예제 6을 보라.

43. U_8의 임의의 항등원이 아닌 원소의 위수는 2이지만, 이것은 U_{10}에 대하여 참이 아님을 밝히라. 따라서 연습문제 29에 따라 동형사상 f가 존재하지 않는다.

51. (a) $\theta_c(x) = \theta_c(y)$ 이면 $xc^{-1} = yc^{-1}$. 따라서 정리 7.5로부터 $x = y$. 그러므로 θ_c는 단사. $x \in G$이면 $xc \in G$이고 $\theta_c(xc) = (xc)c^{-1} = x$. 따라서 θ_c는 전사.

59. (a) h와 v는 모두 동일한 내부 자기동형사상(즉, 임의의 $a \in D_4$에 대하여 $h^{-1}ah = v^{-1}av$)을 유도함을 보이라. r_0와 r_2에 대하여, r_1와 r_3에 대하여, 또 d와 t에 대하여 같은 것을 보이라. 그리고 h, r_0, r_1, d로 유도된 내부 자기동형사상들이 모두 서로 다름을 보이라. (즉, 그것 중 어느 두 개도 D_4의 임의의 원소에 동일한 작용을 하는 것은 없다.)

7.5절 (298쪽)

1. (a) (173) (c) (1476283)

3. (a) (12)(45)(679) (c) (13)(254)(69)(78)

5. (a) 2 (c) 4

7. (a) 홀치환 (c) 짝치환

9. (a) 3 (c) 60

11. 여덟 개의 3-순환치환이 존재하고(모두 열거하라), 각 위수는 3이다. (12)(34), (13)(24), (14)(23)은 각각 위수가 2. 항등원 (1)은 위수 1.

15. $(a_1 a_2 \cdots a_k) = (a_1 a_k)(a_1 a_{k-1}) \cdots (a_1 a_4)(a_1 a_3)(a_1 a_2)$. $k-1$개의 호환이 ($a_2,\ a_3,\ \cdots,\ a_k$ 각각에 대하여 하나씩) 존재한다. $k-1$이 짝수일 필요충분조건은 k가 홀수.

19. $\tau = \sigma_1 \sigma_2 \cdots \sigma_r$ 이라고 가정하자. 여기서 σ_i 들은 서로 소인 순환치환으로 σ_1 은 위수 k_1, σ_2 는 위수 k_2, ..., σ_r 은 위수 k_r 을 갖는다. $\tau^n = (1)$ 일 필요충분조건은 임의의 i에 대하여 $\sigma_i^n = (1)$ 임을 보이라. 정리 7.9를 이용하여 임의의 i에 대하여 $k_i \mid n$임을 보이라.

23. 정리 7.12를 이용하라.

25. $\tau\sigma = \sigma^{-1}\tau$ 임을 보이라. 이것을 이용하여 σ의 거듭제곱과 τ의 거듭제곱의 임의의 곱은 다음 중 하나임을 보여라: $\sigma,\ \sigma^2,\ \sigma^3,\ \sigma^4 = (1),\ \tau,\ \sigma\tau,\ \sigma^2\tau,\ \sigma^3\tau$.

29. 세 가지 경우가 있을 수 있다: $(ab)(ab)$, $(ab)(ac)$, $(ab)(cd)$ (여기서 a, b, c, d는 서로 다른 기호). 그런데 $(ab)(ab) = (1) = (abc)^3$, $(ab)(ac) = (acb)$ 이고 $(ab)(cd) = (acb)(acd)$.

35. $\tau = (ab)$라 두고, σ를 서로 소인 순환치환의 곱으로 나타내라. 연습문제 18에 따라 서로 소인 순환치환들은 가환이므로 $\sigma\tau\sigma^{-1}$에서 a나 b를 포함하지 않는 모든 순환치환은 소거될 것이고, $\sigma\tau\sigma^{-1}$는 $\kappa(ab)\kappa^{-1}$의 형태로 축약될 것이다. 여기서 κ는 다음 형태 중 하나를 갖는다: $(\cdots xaby \cdots)$, $(\cdots xbay \cdots)$, $(\cdots xay \cdots ubv \cdots)$, $(\cdots xay \cdots)$, $(\cdots ubv \cdots)$, $(\cdots xay \cdots)(\cdots ubv \cdots)$ (여기서 a, b, x, y, u는 서로 다른 기호) 각 경우에, $\kappa(ab)\kappa^{-1}$는 호환임을 보이라.

39. (a) 연습문제 24(a)와 (b)에서 사용된 논법을 S_n 을 G로, (12)를 τ로, B_n 을 G의 모든 홀치환의 집합으로, A_n 을 G의 모든 짝치환의 집합으로 바꾸어 여기서 사용할 수 있다. 연습문제 24(b)에 대한 힌트에서 (12)를 홀치환인(왜?) τ^{-1}로 바꾸라.
    (b) 연습문제 24(c)를 참조하고, $|S_n|$을 $|G|$로 바꾸라.
    (c) 문항 (b)를 이용하라.

45. 단사인 준동형사상 $S_n \to A_{n+2}$를 찾는 것이 아이디어이다. 그러면 정리 7.20의 문항 (4)를 적용하라. 먼저 S_n에서 임의의 치환을 S_{n+2}의 치환으로 생각할 수 있음을 주목하라. α를 S_{n+2}에서의 호환 $(n+1, n+2)$라고 하자. $f: S_n \to A_{n+2}$를 다음과 같이 정의하라. 즉, σ가 홀치환일 때 $f(\sigma) = \sigma\alpha$, σ가 짝치환일 때 $f(\sigma) = \sigma$ 이다. f가 준동형사상임을 보이기 위하여 σ와 τ가 S_n에 속한다고 가정하자. 다음 네 가지 경우를 생각하라: (1) σ와 τ가 모두 짝치환, (2) σ가 짝치환이고 τ가 홀치환, (3) σ가 홀치환이고 τ가 짝치환, (4) σ와 τ가 모두 홀치환. 각 경우에 $f(\sigma\tau) = f(\sigma)f(\tau)$ 임을 보이라. f가 단사임을 보이기 위하여 $f(\sigma) = f(\tau)$이면 $\sigma = \tau$임을 보여야 한다. (1)과 (4)의 경우에 그러함을 보이고, (2)와 (3)의 경우에 $f(\sigma) = f(\tau)$일 수 없음을 보이라.

제8장

8.1절 (315쪽)

1. $(\Rightarrow)$ $Ka = K$이면 $a = ea \in Ka = K$. 따라서 $a \in K$.

3. $Kr_0 = \{r_0, r_1, r_2, r_3\}$, $Kd = \{d, h, t, v\}$

7. 4　　9. 1　　11. 6

17. (a) 1, 2, 3, 4, 6, 8, 12, 24
(c) 1, 2, 4, 5, 8, 10, 16, 20, 40, 80

19. 27, 720

21. $H \cap K$는 H와 K의 부분군이므로 Lagrange 정리에 따라, 위수가 p의 약수이다. 따라서 $|H \cap K|$는 1(이 경우에 $H \cap K = \langle e \rangle$) 또는 p(이 경우에 $H = H \cap K = K$)이다.

23. $e \neq a \in G$이면 $\langle a \rangle$는 G의 항등원이 아닌 부분군이다. 따라서 $G = \langle a \rangle$. $|G| = |a|$가 합성수, 말하자면 $|a| = td$이면 정리 7.9에 따라 $\langle a^t \rangle$는 위수가 d인 부분군이다. 정리 8.7을 이용하라.

25. 2

31. G의 모든 원소를 짝으로 나타내면, a, a^{-1}; b, b^{-1}; c, c^{-1} 등등이다. 여기서 $a \neq a^{-1}$; $b \neq b^{-1}$; $c \neq c^{-1}$ 등등 가능한 만큼 계속. 홀수개의 항등원이 아닌 원소들이 존재한다는 사실을 이용하여, 어떤 지점에서 $k = k^{-1}$를 만족하는 항등원이 아닌 원소 k를 얻게 되는 것을 보이라. k의 위수는 무엇인가?

35. 진부분군의 위수는 n, 여기서 $1 < n < pq$이고 n은 pq의 약수이다. 정리 8.7을 이용하라.

41. G가 위수가 3인 원소를 포함하지 않으면, 임의의 항등원이 아닌 원소의 위수는 11임을 보이라. $p = 11$일 때 연습문제 40을 적용하라. 무슨 결론을 내릴 수 있는가?

8.2절 (325쪽)

5. (b) $\begin{pmatrix} 1 & c \\ 0 & 1 \end{pmatrix} \in N$이고 $\begin{pmatrix} a & b \\ 0 & d \end{pmatrix} \in G$이면

$$\begin{pmatrix} a & b \\ 0 & d \end{pmatrix}^{-1} \begin{pmatrix} 1 & c \\ 0 & 1 \end{pmatrix} \begin{pmatrix} a & b \\ 0 & d \end{pmatrix} = \begin{pmatrix} 1/a & -b/ad \\ 0 & 1/d \end{pmatrix} \begin{pmatrix} 1 & c \\ 0 & 1 \end{pmatrix} \begin{pmatrix} a & b \\ 0 & d \end{pmatrix}$$

$$= \begin{pmatrix} 1/a & -b/ad \\ 0 & 1/d \end{pmatrix} \begin{pmatrix} a & b+cd \\ 0 & d \end{pmatrix} = \begin{pmatrix} 1 & cd/a \\ 0 & 1 \end{pmatrix} \in N.$$

7. $G^* = G \times \langle e \rangle$는 7.3절의 연습문제 16에 따라 부분군이다. 임의의 $(c, d) \in G \times H$와 $(a, e) \in G^*$에 대하여 $(c, d)^{-1}(a, e)(c, d) = (c^{-1}, d^{-1})(a, e)(c, d) = (c^{-1}ac, d^{-1}ed)$ $= (c^{-1}ac, e) \in G^*$이므로, 정리 8.11에 따라 이것은 정규부분군이다.

11. $c \in G$일 때, f를 $f(x) = c^{-1}xc$로 주어진 내부 자기동형사상이라고 하자(7.4절의 예제 9를 보라). N이 특성부분군이므로 $f(N) \subseteq N$, 즉 $c^{-1}Nc \subseteq N$이다. 따라서 정리 8.11에 따라 N은 정규부분군이다.

13. 7.4절의 예제 9와 정리 8.11을 보라.

17. 먼저 K는 G의 부분군임을 증명하라. K가 정규부분군임을 보이기 위하여, 임의의 $a \in G$와 $k \in K$에 대하여 $a^{-1}ka \in K$임을 다음과 같이 알 수 있다:

$$\begin{aligned} f(a^{-1}ka) &= f(a^{-1})f(k)f(a) && [f\text{가 준동형사상}] \\ &= f(a)^{-1}f(k)f(a) && [\text{정리 } 7.20] \\ &= f(a)^{-1}e_H f(a) && [k \in K] \\ &= f(a)^{-1}f(a) = e_H \end{aligned}$$

그러므로 $a^{-1}ka \in K$이고, 정리 8.11에 따라 K는 정규부분군이다.

19. 7.3절의 연습문제 15를 이용하여, $N \cap K$가 K의 부분군임을 보이라. $g \in K$이고 $n \in N \cap K$이면 $g \in G$, $n \in N$이고, 따라서 N이 G의 정규부분군이므로 $g^{-1}ng \in N$. 그런데 $n \in N \cap K$이면 $n \in K$이고, 따라서 K의 닫힘 성질로부터 $g^{-1}ng \in K$. 그러므로 $g^{-1}ng \in N \cap K$이고, 그래서 $g^{-1}(N \cap K)g \subseteq N \cap K$. 따라서 정리 8.11에 따라 $N \cap K$는 K의 정규부분군이다.

21. $n \in N$이고 $k \in K$일 때, 정규부분군임을 이용하여 $k^{-1}(n^{-1}kn) = (k^{-1}n^{-1}k)n$이 $K \cap N = \langle e \rangle$에 속하는 것을 보이라.

23. (a) $a \notin N$이면 $Ne = N$과 Na는 서로 소인 잉여류이다(왜?). $[G : N] = 2$이므로, 두 잉여류는 G의 모든 원소를 포함한다. 그러므로 N에 속하지 않는 임의의 원소는 Na에 속해야 한다.

27. **부분 증명**: N이 정규부분군이고 $ab = n \in N$이면 $ba = babb^{-1} = bnb^{-1}$이고, 정규성에 따라 $bnb^{-1} \in N$이다.

29. $N = \langle a \rangle$라 두자. 그러면 정리 7.17에 따라, 어떤 k에 대하여 $H = \langle a^k \rangle$. 정규성에 따라 $g \in G$이면 $g^{-1}ag \in N$. 따라서 어떤 t에 대하여 $g^{-1}ag = a^t$. 결과적으로 임의의 $a^{ki} \in H$에 대하여, $g^{-1}a^{ki}g = (g^{-1}ag)^{ki} = (a^t)^{ki} = (a^k)^{ti} \in H$.

35. 7.3절의 연습문제 15와 27에 따라 N은 부분군이다. N이 G의 정규부분군임을 보이라.

37. 가정으로부터 순환군 $\langle a \rangle$는 정규부분군이다. 따라서 $b^{-1}ab \in \langle a \rangle$, 즉 어떤 k에 대하여 $b^{-1}ab = a^k$.

8.3절 (355쪽)

3. **부분 풀이**: $(Mh)(Mr_1) = M(h \circ r_1) = Md$, $(Mr_1)(Mh) = M(r_1 \circ h) = Mt = Md$.

5. $\mathbb{Z}_{18}/M$는 $1+M$으로 생성되는 순환군임을 보이라. 그러면 $\mathbb{Z}_{18}/M$에서 $1+M$의 위수는 6임을 보이라.

7. 군 U_{26}과 $\langle 5 \rangle$, $U_{26}/\langle 5 \rangle$의 위수를 구하라. (7.1절 또는 7.1.A절의 예제 14를 보라.) 정리 8.13과 8.7을 이용하라.

9. $G/N \cong \mathbb{Z}_2$.

11. $ab = ba \in G$이므로, G/N에서 $NaNb = Nab = Nba = NbNa$.

15. 그 몫군의 항등원은 잉여류 $(0,0) + \langle (5,5) \rangle = \langle (5,5) \rangle$. 임의의 양의 정수 k에 대하여 $k(1,0) = (k,0) \notin \langle (5,5) \rangle$이므로 $(1,0) + \langle (5,5) \rangle$는 무한위수를 갖는다. 한편 $(1,1) + \langle (5,5) \rangle$는 위수가 5이고, 이것은 쉽게 보일 수 있다.

19. $b \in G$이면 Nb은 G/N의 제곱 원소, 말하자면 $Nb = (Nc)^2 = Nc^2$이다. $b \in Nb$이므로 어떤 $n \in N$에 대하여 $b = nc^2$. N의 원소들에 관해 무엇을 알 수 있는가?

21. Tg가 유한위수 n을 가지면 $Tg^n = (Tg)^n = Te = T$, 따라서 $g^n \in T$. 이것이 g^n의 위수에 관하여 무엇을 말하는가? 또한 결국 g의 위수에 관하여 무엇을 말하는가?

23. $\mathbb{R}^*/\mathbb{R}^{**} \cong \mathbb{Z}_2$.

25. (a) $9, 5, 7$
(b) $m, n \in \mathbb{Z}$이면 $\mathbb{Q}/\mathbb{Z}$에서 $n(m/n + \mathbb{Z}) = m + \mathbb{Z} = 0 + \mathbb{Z}$.

31. $Z(G)$의 위수로 가능한 것은 무엇인가? 그러면 $G/Z(G)$의 위수로 가능한 것은 무엇인가? 정리 8.7과 8.15를 이용하라.

37. **힌트**: $f(Na, Nb) = Nab$로 주어진 $f: A/N \times B/N \to G/N$는 잘 정의된 함수임을 보이라. 그리고 $a \in A$이고 $b \in B$이면 $Nab = Nba$임을 보이라. 이 사실을 이용하여 f가 준동형사상임을 증명하라.

8.4절 (348쪽)

1. $f((a+bi)+(c+di)) = f((a+c)+(b+d)i) = b+d = f(a+bi)+f(c+di)$; 핵은 $\mathbb{Z}$.

3. h가 준동형사상임을 증명하라. 핵은 $\langle 1 \rangle$(따라서 정리 8.17로부터 h는 단사).

5. $f((x, y)+(u, v))=f((x+u, y+v)=y+v=f(x, y)+f(u, v)$; 그러므로 f는 준동형사상. 핵을 구하라.

11. $[a]_n=[b]_n$ 이면 정리 2.3에 따라 $n \mid (a-b)$. $k \mid n$ 이므로 $k \mid (a-b)$ 를 얻는다. 이 사실을 이용하여 $[ra]_k=[rb]_k$ 임을 보이라.

13. 연습문제 11에 따라 f는 잘 정의된다. $f([a]_{16}+[b]_{16})=f([a+b]_{16})=[a+b]_4=[a]_4+[b]_4=f([a]_{16})+f([b]_{16})$이므로 f는 준동형사상이다. 핵을 구하고, 그것이 왜 $\mathbb{Z}_4$와 동형인지 설명하라.

17. (a) $\langle 0 \rangle$, $\mathbb{Z}_2$, $\mathbb{Z}_3$, $\mathbb{Z}_4$, $\mathbb{Z}_6$, $\mathbb{Z}_{12}$

19. $\langle e \rangle$, S_3, $\mathbb{Z}_2$.

21. f의 핵은 G의 정규부분군이고, 그래서 무엇이 될 수 있는가? 그것은 무엇을 의미하는가?

25. f가 준동형사상임을 보이라. c가 임의의 정수이면 $f(0, -c)=0-(-c)=c$; 따라서 f는 전사. (a, b) 가 f의 핵에 속하면 $a-b=0$ 이고, 따라서 $a=b$. 따라서 $(a, b)=(a, a)=a(1, 1) \in \langle (1, 1) \rangle$. $\langle (1, 1) \rangle$의 임의의 원소가 f의 핵에 속함을 보이라. 따라서 f의 핵은 $\langle (1, 1) \rangle$이다. 제1동형사상 정리 8.20을 적용하라.

27. $f(a, b)=(Ma, Nb)$ 로 주어진 $f: G \times H \to G/M \times H/N$는 전사이고 $M \times N$을 핵으로 갖는 준동형사상임을 밝히라. 정리 8.16과 제1동형사상 정리 8.20을 적용하라.

31. $f(a)=([a]_3, [a]_4)$ 로 주어진 $f: \mathbb{Z} \to \mathbb{Z}_3 \times \mathbb{Z}_4$는 준동형사상임을 보이라. 1.2절의 연습문제 17을 이용하여, f의 핵이 $\langle 12 \rangle$임을 보이라. $f(1)$, $f(2)$, $\cdots$, $f(12)$ 가 $\mathbb{Z}_3 \times \mathbb{Z}_4$의 모든 원소임을 일일이 확인하여, f가 전사임을 밝히라.

33. 제1동형사상 정리에 따라 $H \cong G/K$이므로, K를 포함하는 G의 모든 부분군의 집합 S에서 G/K의 모든 부분군의 집합 T로의 전단사함수를 하나 구성하기만 하면 충분하다. B가 K를 포함하는 G의 부분군이면 B/K는 G/K의 부분군이고, 그래서 $\theta: S \to T$를 $\theta(B)=B/K$로 정의하면, 정리 8.24에 따라 θ는 전사이다. θ는 단사임을 밝히라.

8.5절 (356쪽)

1. (a) (123), (132), (124), (142), (134), (143), (234), (243)

3. $\langle (1) \rangle$

5. 정리 7.23과 7.5절의 예제 6.

9. $N \neq \langle (1) \rangle$이면 N은 항등원이 아닌 어떤 원소 σ를 포함한다. $\tau \neq (1)$이 N에 속하면, 정리 7.5에 따라, $\sigma\sigma = (1) = \sigma\tau$이면 $\sigma = \tau$이다. 따라서 $N = \{(1), \sigma\}$이고, N은 위수가 2인 순환군이다.

제9장

9.1절 (367쪽)

3. (a) $\{(0,0)\}$, $\{(0,0), (1,0)\}$, $\{(0,0), (0,1)\}$, $\{(0,0), (1,1)\}$, $\mathbb{Z}_2 \times \mathbb{Z}_2$

5. $\mathbb{Z}_2 \times \mathbb{Z}_2$

9. 아니오.

13. (b) D가 정규부분군이면 임의의 $a, b \in G$에 대하여 $(a,e,e)(b,b,b)(a,e,e)^{-1} \in D$. 그런데 $(a,e,e)(b,b,b)(a,e,e)^{-1} = (aba^{-1}, b, b)$ 이다. 이것이 D에 속하므로 $aba^{-1} = b$가 성립해야 하고, 이것은 $ab = ba$를 의미한다.

23. (a) S_3에서 $M = \langle (123) \rangle$이고 $N = \langle (12) \rangle$이라고 두라.

25. 먼저 $i \neq j$일 때 $N_j \subseteq N_1 \cdots N_{i-1} N_{i+1} \cdots N_k$이므로, $N_i \cap (N_1 \cdots N_{i-1} N_{i+1} \cdots N_k) = \langle e \rangle$이면 $N_i \cap N_j = \langle e \rangle$임을 확인하라. 정리 9.1의 증명에 있는 준동형사상 f를 이용하라. $f(a_1, \ldots, a_k) = e$ 이면 $a_i = (a_1 \cdots a_{i-1})^{-1} e (a_{i+1} \cdots a_k)^{-1}$. 보조정리 9.2와 따름정리 7.6을 반복적으로 사용하여 $a_i \in N_i \cap N_1 \cdots N_{i-1} N_{i+1} \cdots N_k = \langle e \rangle$임을 보이라. 따라서 정리 8.17에 따라 f는 단사.

27. (a) S_3의 모든 정규부분군은 무엇인가?

9.2절 (382쪽)

1. $p^n a = 0$이고 $p^m b = 0$이면 $p^n(-a) = -(p^n a) = 0$이고 $p^{m+n}(a+b) = p^n p^m (a+b) = p^m(p^n a) + p^n(p^m b) = 0$. 따라서 $a + b \in G(p)$이고 $-a \in G(p)$. 정리 7.11을 이용하라.

3. (a) $\mathbb{Z}_4 \oplus \mathbb{Z}_3$, $\mathbb{Z}_2 \oplus \mathbb{Z}_2 \oplus \mathbb{Z}_3$ (c) $\mathbb{Z}_2 \oplus \mathbb{Z}_3 \oplus \mathbb{Z}_5$
(e) $\mathbb{Z}_2 \oplus \mathbb{Z}_3 \oplus \mathbb{Z}_3 \oplus \mathbb{Z}_5$, $\mathbb{Z}_2 \oplus \mathbb{Z}_9 \oplus \mathbb{Z}_5$
(g) $\mathbb{Z}_2 \oplus \mathbb{Z}_2 \oplus \mathbb{Z}_2 \oplus \mathbb{Z}_3 \oplus \mathbb{Z}_5 \oplus \mathbb{Z}_5$, $\mathbb{Z}_2 \oplus \mathbb{Z}_4 \oplus \mathbb{Z}_3 \oplus \mathbb{Z}_5 \oplus \mathbb{Z}_5$, $\mathbb{Z}_8 \oplus \mathbb{Z}_3 \oplus \mathbb{Z}_5 \oplus \mathbb{Z}_5$, $\mathbb{Z}_2 \oplus \mathbb{Z}_2 \oplus \mathbb{Z}_2 \oplus \mathbb{Z}_3 \oplus \mathbb{Z}_{25}$, $\mathbb{Z}_2 \oplus \mathbb{Z}_4 \oplus \mathbb{Z}_3 \oplus \mathbb{Z}_{25}$, $\mathbb{Z}_8 \oplus \mathbb{Z}_3 \oplus \mathbb{Z}_{25}$

5. (a) $2, 5^3$ (c) $2, 2, 2^2, 2^3, 3, 5, 5, 5, 5$

7. (a) 2, 2와 2, 2 (c) $2, 2^2$과 $2, 2^2$

9. (a) G는 위수가 p인 원소를 포함해야 한다(왜?). a의 위수가 p이면 $pa=0$.

13. q가 p와 다른 소수이고 $|G|$가 q로 나누어지면 연습문제 12를 이용하여, 모순을 유도하라.

19. (a) 연습문제 1은 유한위수를 갖는 임의의 원소의 위수가 p의 거듭제곱인 특별한 경우이다. 여기서 근본적으로 같은 증명이 가능하다.

9.3절 (390쪽)

3. $\{(12)(34),\ (13)(24),\ (14)(23),\ (1)\}$은 유일한 Sylow 2-부분군이다. 네 개의 모든 Sylow 3-부분군은 $\langle(123)\rangle,\ \langle(124)\rangle,\ \langle(134)\rangle,\ \langle(234)\rangle$이다.

5. (a) 1 또는 4

7. (a) G의 정규 Sylow 7-부분군이 존재함을 보이라.
   (c) G의 정규 Sylow 11-부분군이 존재함을 보이라.

9. $a\in G$이면 G/N에서 $(Na)^{p^n}=N$이고, 그래서 $a^{p^n}\in N$.

13. 제2 Sylow 정리에 따라, $|G|$의 각 소수 약수에 대하여 꼭 하나씩의 Sylow 부분군이 존재한다. $p_1,\ p_2,\ ...,\ p_k$를 $|G|$의 약수인 서로 다른 소수라 하고, $N_1,\ N_2,\ ...,\ N_k$를 각각 대응하는 Sylow 부분군이라고 하자. $f: N_1\times N_2\times\cdots\times N_k\to G$를 $f(a_1,a_2,...,a_k)=$ $=a_1a_2\cdots a_k$로 정의하라. 정리 9.1의 증명은 f가 준동형사상임을 보여준다. 그러면 정리 7.20에 따라 $\text{Im}f=N_1N_2\cdots N_k=\{a_1a_2\cdots a_k\,|\,a_i\in N_i\}$는 G의 부분군이다. $\text{Im}f$의 모든 Sylow 부분군도 역시 $N_1,\ N_2,\ ...,\ N_k$이다(왜?). Sylow 부분군의 정의에 따라, $|\text{Im}f|=|N_1|\cdot|N_2|\cdots|N_k|=|G|$. 따라서 $\text{Im}f=G$이고, f는 전사이다. 직접곱의 정의에 따라, $|N_1\times N_2\times...\times N_k|=|N_1|\cdot|N_2|\cdots|N_k|=|G|$이다. $N_1\times N_2\times\cdots\times N_k$와 G의 원소들의 개수가 같으므로 전사인 사상 f는 역시 단사여야 한다(왜?). 그러므로 f는 동형사상이다.

21. 정규부분군인 Sylow 3-부분군이나 Sylow 5-부분군이 존재함을 보이라. Sylow 5-부분군이 모두 여섯 개 존재하면 G는 위수가 5인 24개의 서로 다른 원소를 갖는 것을 주목하라(왜?). 유사하게 Sylow 3-부분군이 모두 열 개 존재하면 G는 위수가 3인 20개의 서로 다른 원소를 갖는다.

9.4절 (401쪽)

1. (a) $\{r_0\},\ \{r_2\},\ \{r_1,r_3\},\ \{h,v\},\ \{d,t\}$

3. D_4에서 $H=\{r_0,\ r_1,\ r_2,\ r_3\}$를 살펴보라.

5. $\langle(123)\rangle$, $\langle(124)\rangle$, $\langle(134)\rangle$, $\langle(234)\rangle$

9. C가 $a\in G$의 켤레류이면 $f(C)$는 $f(a)$의 켤레류임을 보이라.

15. 연습문제 14(c)의 등식에서, 각 $|C_i|$는 1이거나 p의 거듭제곱임을 밝히라. $\{e\}$가 켤레류이므로 적어도 하나의 $|C_i|$는 1이다. $|N|$는 p로 나누어지므로, 두 개 이상의 $|C_i|=1$가 존재해야 하고, 따라서 $Z(G)$의 항등원이 아닌 어떤 원소가 N에 속한다.

19. $b\in N(N(K))$이면 $b^{-1}N(K)b=N(K)$. $K\subseteq N(K)$이므로 $b^{-1}Kb\subseteq N(K)$이다. K와 $b^{-1}Kb$는 모두 $N(K)$의 Sylow p-부분군임을 보이고, 따라서 $N(K)$에서 켤레이다. 그런데 K는 $N(K)$의 정규부분군이고, 그러므로 $b^{-1}Kb=K$. 따라서 $b\in N(K)$.

21. S가 H를 포함하는 Sylow p-부분군이면(연습문제 24) 임의의 Sylow p-부분군은 어떤 $a\in G$에 대하여 $a^{-1}Sa$의 형태이고, 그러므로 $a^{-1}Ha$를 포함한다.

9.5절 (412쪽)

1. 먼저 $p^2\not\equiv 1 \pmod q$ 임을 보이라. [만약 $p^2\equiv 1 \pmod q$ 이면 $p+1$ 또는 $p-1$이 q로 나누어진다(왜?). $p<q$이고 $q\not\equiv 1 \pmod p$ 라는 사실을 이용하여, 두 가능성 모두 모순을 유도함을 보이라.] 그리고 정리 9.30을 이용하라.

5. (a)

	e	a	a^2	a^3	b	ab	a^2b	a^3b
e	e	a	a^2	a^3	b	ab	a^2b	a^3b
a	a	a^2	a^3	e	ab	a^2b	a^3b	b
a^2	a^2	a^3	e	a	a^2b	a^3b	b	ab
a^3	a^3	e	a	a^2	a^3b	b	ab	a^2b
b	b	a^3b	a^2b	ab	a^2	a	e	a^3
ab	ab	b	a^3b	a^2b	a^3	a^2	a	e
a^2b	a^2b	ab	b	a^3b	e	a^3	a^2	a
a^3b	a^3b	a^2b	ab	b	a	e	a^3	a^2

7. 9.3절의 연습문제 13과 정리 9.9를 이용하라.

13. $\{1, -1\}$

17. G는 얼마나 많은 Sylow p-부분군을 갖는가? 따름정리 9.16을 이용하라.

제10장

10.1절 (426쪽)

3. (a) 참. 증명: $a\mid b$는 $b=au$를 의미하고, $c\mid d$는 $d=cv$를 의미한다. 따라서 $bd=aucv=ac(uv)$이다.

5. a가 b의 연관자이면 어떤 가역원 u에 대하여 $a=bu$ 이다. $bu=a=bc$ 이므로 $u=c$, 모순.

7. $q=pu$ 라 가정하자. 여기서 p는 기약이고 u는 가역원이다. $q=rs$ 라 가정하자. 그러면 $rs=pu$ 이고, 따라서 $p=(pu)u^{-1}=(rs)u^{-1}=r(su^{-1})$ 이다. p는 기약이므로 정리 10.1에 따라 r이 가역원이거나 su^{-1}이 가역원이다. 그런데 만약 su^{-1}이 가역원, 이를테면 $su^{-1}w=1$ 이면 s는 가역원이다. 그러므로 정리 10.1에 따라 q는 기약이다.

17. (a) $\delta(ab)=\delta((su-tv)+(sv+tu)i)=(su-tv)^2+(sv+tu)^2=s^2u^2-2stuv+t^2v^2$ $+s^2v^2+2stuv+t^2u^2=s^2u^2+t^2v^2+s^2v^2+t^2u^2=(s^2+t^2)(u^2+v^2)=\delta(a)\delta(b)$.

21. $0_R \neq a \in R$이면, 정리 10.1을 이용하여 a^2이 기약일 수 없음을 보이라. 따라서 a^2은 가역원이여야 한다. 따라서 a는 가역원.

23. $p=rs$ 라 가정하자. 그러면 $p \mid r$ 또는 $p \mid s$ 이다. r 또는 s는 가역원임을 보이고, 정리 10.1을 적용하라.

29. 영이 아닌 모든 $a \in R$에 대하여 $\delta(a)=k$ 라 가정하자. $b \neq 0_R$이면 $1_R=bq+r$ 를 만족하는 $r=0_R$ 또는 $\delta(r)<\delta(b)$ 인 q, r가 존재한다. 이 마지막 조건은 $\delta(r)=k=\delta(b)$ 이므로 불가능하다. 따라서 $r=0_R$이고, 따라서 q는 b의 곱셈에 대한 역원이다.

10.2절 (441쪽)

1. $b \mid ab$ 이므로 $(ab) \subseteq (b)$ 이다. $(ab)=(b)$ 이면 $ab \mid b$, 이를테면 $abu=b$. 따라서 $au=1_R$이고, a가 가역원이 아니라는 사실에 모순.

5. 예제 3을 보라.

11. 아이디얼 (a)가 R이 아니면 a는 가역원이 아니고(왜?), 따라서 어떤 기약 원소 p로 나누어져야 한다(정리 10.12). 따라서 $(a) \subseteq (p)$, 여기서 (p)는 연습문제 10에 따라 극대이다.

13. (b) $f(a)=[a]$로 주어진 $f: \mathbb{Z} \to \mathbb{Z}_6$는 전사 준동형사상임을 밝히라.

15. 정리 10.8에 따라, 영이 아닌 어떤 b에 대하여 $I=(b)$이다. $a \in \mathbb{Z}[i]$ 이면 $a=bq+r$ 이고, 여기서 $r=0$ 또는 $\delta(r)<\delta(b)$ 이다. 따라서 $a \equiv r \pmod{I}$. 정리 6.6에 따라, I의 서로 다른 잉여류(mod I 합동류)의 개수는 b로 나눌 때 가능한 r의 개수 이하이다. 가능한 r이 유한개 존재함을 보이라.

21. 연습문제 20에 따라, 어떤 $u, v \in R$에 대하여 $d=au+bv$ 이다. $e \in S$가 a와 b의 공약수이면 d는 e로 반드시 나누어진다. 따라서 d는 S에서 a와 b의 최대공약수이다.

29. 어떤 d에 대하여 $bc = ad$이다. 각 p_i, q_i, r_i, z_i가 기약일 때 $a = r_1 r_2 \cdots r_k$, $d = z_1 z_2 \cdots z_n$, $b = p_1 p_2 \cdots p_s$, $c = q_1 q_2 \cdots q_t$이면 $p_1 p_2 \cdots p_s q_1 q_2 \cdots q_t = r_1 r_2 \cdots r_k z_1 z_2 \cdots z_n$. 그래서 각 r_i는 p_j 또는 q_j의 연관자이다. 그렇지만 r_i는 어느 p_j의 연관자도 될 수 없다(연관자가 된다면 r_i가 a와 b의 최대공약수 1_R의 약수이고, 이것은 기약인 r_i가 가역원임을 의미한다).

10.3절 (454쪽)

1. $x = a$, $y = b$, $z = c$가 $x^n + y^n = z^n$의 해이고 $n = kt$이면 $x = a^t$, $y = b^t$, $z = c^t$는 $x^k + y^k = z^k$의 해임을 보이라. 이것은 가정에 위배된다.

3. $N(ab) = N((rm + snd) + (rn + sm)\sqrt{d}) = (rm + snd)^2 - d(rn + sm)^2 = r^2m^2 + 2mnrsd + s^2n^2d^2 - dr^2n^2 - 2mnrsd - ds^2m^2 = r^2m^2 + s^2n^2d^2 - dr^2n^2 - ds^2m^2 = (r^2 - ds^2)(m^2 - dn^2) = N(a)N(b)$.

9. (a) 따름정리 10.22를 사용하라.

17. $(\Rightarrow)$ $a = u + v\sqrt{-5}$이고 $b = w + z\sqrt{-5}$라 하자. $r + s\sqrt{-5} \in P$이면 $r + s\sqrt{-5} = 2a + (1 + \sqrt{-5})b = 2(u + v\sqrt{-5}) + (1 + \sqrt{-5})(w + z\sqrt{-5}) = (2u + w - 5z) + (2v + w + z)\sqrt{-5}$. 따라서 $r - s = (2u + w - 5z) - (2v + w + z) = 2(u - v - 3z)$이므로 $r \equiv s \pmod 2$.

10.4절 (464쪽)

1. (2) $a(bk) = b(ak)$이므로 $[a, b] = [ak, bk]$.

3. $[a, 1_R] + [b, 1_R] = [a1_R + 1_R b, 1_R 1_R] = [a + b, 1_R] \in R^*$이고 $[a, 1_R][b, 1_R] = [ab, 1_R 1_R] = [ab, 1_R] \in R^*$; 따라서 R^*는 덧셈과 곱셈에 대하여 닫혀있다. F의 영 원소 $[0_R, 1_R]$은 R^*에 속한다. $[a, 1_R]$의 음의 원소는 $[-a, 1_R] \in R^*$.

5. $f([a + bi, c + di]) = \left(\dfrac{ac + bd}{c^2 + d^2}\right) + \left(\dfrac{bc + ad}{c^2 + d^2}\right)i$로 주어진 $f : F \to \{r + si \mid r, s \in \mathbb{Q}\}$는 동형사상임을 밝히라.

11. 정리 1.2에 따라, 어떤 정수 u와 v에 대하여 $mu + nv = 1$; u와 v는 음수일 수 있다. a의 음의 거듭제곱이 F에서 정의되고, 따라서 F에서 $a = a^1 = a^{mu+nv} = a^{mu}a^{nv} = (a^m)^u(a^n)^v = (b^m)^u(b^n)^v = b^{mu+nv} = b^1 = b$.

10.5절 (471쪽)

1. $(\Rightarrow)$ $f(x)$가 $R[x]$에서 가역원이면 어떤 $g(x)$에 대하여 $f(x)g(x) = 1_R$. 정리 4.2에 따라, $\deg f(x) + \deg g(x) = \deg 1_R = 0$. 따라서 $\deg f(x) = 0 = \deg g(x)$, 그 결과

$f(x),\ g(x) \in R$. 따라서 $f(x)$는 R에서 가역원.

3. ($\Rightarrow$) p가 $R[x]$에서 기약이라 가정하자. R에서 $p = rs$이면 r 또는 s가 $R[x]$에서 가역원이다. 따라서 연습문제 1에 따라 r 또는 s가 R에서 가역원. 그러므로 정리 10.1에 따라 p는 R에서 기약.

5. $c_1 c_2 \cdots c_m f(x) = g(x)$이므로 $g(x)$는 각 c_i로 나누어진다. $g(x)$는 원시다항식이므로 c_i는 R에서 가역원이다.

9. 먼저 $R[x]$가 UFD라는 사실을 이용하여 R이 정역임을 보이라. c가 R의 영이 아닌 비가역원 원소이면 연습문제 1에 따라, c는 $R[x]$의 영이 아닌 비가역원이다. 따라서 $c = p_1 p_2 \cdots p_k$이고, 여기서 각 p_i는 $R[x]$에서 기약이다. 정리 4.2는 각 $p_i \in R$임을 보여준다. 따라서 연습문제 3에 따라 p_i는 R에서 기약이다. $R[x]$가 UFD라는 사실을 이용하여, 이 인수분해는 순서를 무시하면 R에서 연관자 기준으로 유일함을 보이라.

제11장

11.1절 (484쪽)

7. $a + bi = (b - 2a)i + a(1 + 2i) + 0(1 + 3i)$. 또한
$a + bi = (-2a)i + (a - b)(1 + 2i) + b(1 + 3i)$.

9. $((-3/\sqrt{2}) - \sqrt{3})\sqrt{2} + \sqrt{3}(\sqrt{2} + i) + \sqrt{3}(\sqrt{3} - i) = 0$임을 밝히라.

11. 그 부분집합이 $\{0_V, u_2, u_3, \dots, u_n\}$이면 $1_F 0_V + 0_F u_2 + 0_F u_3 + \cdots + 0_F u_n = 0_V$, 여기서 첫 계수는 영이 아니다.

13. v_i들이 일차독립이므로, $c_1 v_1 + \cdots + c_k v_k = 0_V$를 만족하는 적어도 하나는 영이 아닌 $c_i \in F$가 존재한다. $c_1 v_1 + \cdots + c_k v_k + 0_F w_1 + \cdots + 0_F w_t = 0_V$이고 계수가 적어도 하나는 영이 아니므로 집합 $\{v_1, \dots, v_k, w_1, \dots, w_t\}$는 일차종속이다.

15. 임의의 $r + si \in \mathbb{C}$에 대하여, $r + si = \left(\dfrac{r}{b} - \dfrac{cs}{bd}\right)b + \dfrac{s}{d}(c + di)$. 따라서 $\{b, c + di\}$는 $\mathbb{R}$ 위에서 $\mathbb{C}$를 생성한다. 또한 그것이 $\mathbb{R}$ 위에서 일차독립임을 증명하라.

23. (a) $a + b\sqrt{2} + c\sqrt{3} = 0$이면 $a + b\sqrt{2} = -c\sqrt{3}$. 양변을 제곱하여 정리하여 $2ab\sqrt{2} = 3c^2 - a^2 - 2b^2$임을 보이라. $ab \neq 0$이면 $\sqrt{2} = (3c^2 - a^2 - 2b^2)/2ab \in \mathbb{Q}$이고, 이것은 $\sqrt{2}$가 무리수라는 사실에 모순이다. 따라서 $a = 0$ 또는 $b = 0$. 만약 $a = 0$이면 $b\sqrt{2} + c\sqrt{3} = 0$. 양변을 제곱하여, 유사한 논법으로 $bc = 0$를 보이라. 따라서 $b = 0$ 또는 $c = 0$. 그런데 $a = 0$이고 $b = 0$이면 $c\sqrt{3} = 0$, 따라서 $c = 0$. 유사하게 $a = 0$이고 $c = 0$이면 $b = 0$이다.

33. $c_1u_1 + \cdots + c_tu_t + dw = 0_V$라 가정하자. 만약 $d \neq 0_F$이면 $w = -d^{-1}c_1u_1 - d^{-1}c_2u_2 - \cdots - d^{-1}c_tu_t$, 모순. 따라서 $d = 0_F$. 그러면 $\{u_1, \ldots, u_t\}$가 일차독립이므로 모든 $c_i = 0_F$이다.

37. ((i) $\Rightarrow$ (iii)) $S = \{v_1, \ldots, v_n\}$이 F 위에서 V를 생성한다고 가정하자. 그러면 연습문제 32에 따라, S의 어떤 부분집합 T가 F 위에서 V의 기저이다. $[V : F] = n$이므로 T는 꼭 n개의 원소를 갖고, 따라서 $T = S$. 연습문제 36을 사용하여 (ii) $\Rightarrow$ (iii)임을 증명하라. 기저의 정의로부터, (iii)이면 (i)이고 (ii)이다.

11.2절 (494쪽)

3. 정의로부터, $F(u+c)$와 $F(u)$는 모두 F를 포함한다. $c \in F$이고 $u \in F(u)$이므로 $u+c \in F(u)$. 그러므로 $F(u+c)$는 F와 $u+c$를 포함하는 가장 작은 부분체이므로 $F(u) \supseteq F(u+c)$. 반대로 $u = (u+c) - c \in F(u+c)$이고 $F(u)$는 F와 u를 포함하는 가장 작은 부분체이므로 그 결과 $F(u) \subseteq F(u+c)$. 그러므로 $F(u+c) = F(u)$.

5. (a) $3+5i$가 $x^2 - 6x + 34$의 근임을 밝히라.
   (c) $1 + \sqrt[3]{2}$는 $x^3 - 3x^2 + 3x - 3$의 근임을 밝히라.

7. 가정으로부터, u는 어떤 $p(x) \in F[x]$의 근이다. 그런데 $F[x] \subseteq K[x]$이고, 그 결과 u는 $p(x) \in K[x]$의 근이다.

9. $\sqrt{\pi}$는 $x^2 - \pi \in \mathbb{Q}(\pi)[x]$의 근이다.

11. 6

15. 인수정리에 따라, $a+bi$는 $f(x) = (x-(a+bi))(x-(a-bi))$의 근이다. $f(x)$의 계수가 모두 실수임을 밝히라.

17. (a) $x^4 - 2x^2 - 4$

21. π는 $x^4 - \pi^4 \in \mathbb{Q}(\pi^4)[x]$의 근이고, 따라서 $\mathbb{Q}(\pi^4)$ 위에서 대수적이다. 그러므로 정리 11.7에 따라 $\{1, \pi, \pi^2, \pi^3\}$는 기저이다.

11.3절 (502쪽)

3. (a) $\{1, \sqrt{5}, i, \sqrt{5}i\}$를 포함하여 많은 정답이 있다.
   (c) $\{1, \sqrt{2}, \sqrt{3}, \sqrt{5}, \sqrt{6}, \sqrt{10}, \sqrt{15}, \sqrt{30}\}$를 포함하여 많은 정답이 있다.

5. 따름정리 4.19를 이용하여 x^2+1는 $\mathbb{Q}(\sqrt{3})$ 위에서 기약임을 보이고, 따라서 i의 $\mathbb{Q}(\sqrt{3})$ 위에서 최소다항식이다. 따라서 $[\mathbb{Q}(\sqrt{3}, i) : \mathbb{Q}(\sqrt{3})] = 2$이고 $[\mathbb{Q}(\sqrt{3}, i) : \mathbb{Q}] = [\mathbb{Q}(\sqrt{3}, i) : \mathbb{Q}(\sqrt{3})][\mathbb{Q}(\sqrt{3}) : \mathbb{Q}] = 2 \cdot 2 = 4$.

7. 정리 11.7과 11.4에 따라 $[K(u):F]$는 유한이다. 따라서 정리 11.9로부터 u는 F 위에서 대수적이다. $p(x) \in F[x]$가 u의 F 위에서 최소다항식이고, $q(x) \in K[x]$가 u의 K 위에서 최소다항식이면 정리 11.6에 따라 $q(x) \mid p(x)$. 따라서 정리 11.7에 따라, $[K(u):K] = \deg q(x) \le \deg p(x) = [F(u):F]$.

9. 정리 11.4, 11.7, 11.9 및 연습문제 8에 따라 $[F(u):F]$와 $[K(u):F(u)]$는 유한이다. $F \subseteq F(u) \subseteq K(u)$에 정리 11.4를 적용하라.

11. (a) 정리 11.4를 $F \subseteq F(u) \subseteq F(u,v)$에 적용하여, $[F(u,v):F]$가 $m = \deg p(x) = [F(u):F]$로 나누어짐을 보이라. 유사하게 $n \mid [F(u,v):F]$. 따라서 1.2절의 연습문제 17에 따라 $mn \mid [F(u,v):F]$이다. 정리 11.4와 연습문제 7을 이용하여, $[F(u,v):F] \le mn$임을 보이라. 그러므로 $[F(u,v):F] = mn$.

13. $h(x) \in F(u)[x]$를 v의 $F(u)$ 위에서 최소다항식이라 하자. 그러면 $h(x) \mid q(x)$. 연습문제 11(a)와 정리 11.4 및 11.7에 따라, $(\deg p(x))(\deg q(x)) = [F(u,v):F] = [F(u,v):F(u)][F(u):F] = (\deg h(x))(\deg p(x))$. 그러므로 $\deg h(x) = \deg q(x)$이고, 따라서 어떤 $k \in K$에 대하여 $q(x) = kh(x)$이다. $h(x)$가 $F(u)$ 위에서 기약이므로 $q(x)$도 마찬가지이다.

15. u가 E 위에서 대수적이면 정리 11.10과 따름정리 11.11에 따라, u가 F 위에서 대수적이다.

11.4절 (510쪽)

3. $\mathbb{Q}(\sqrt{5}, i)$는 분해체이다. 11.3절의 연습문제 3에 따라 그 차수는 4이다.

7. u의 최소다항식 $p(x)$는 $F[x]$에서 기약이고, K에서 근을 갖는다. 그러므로 $p(x)$는 $K = F(u)$에서 분해된다.

11. -1의 네제곱근은 $(\pm\sqrt{2}/2) \pm (\sqrt{2}/2)i$, 그 결과 $\mathbb{Q}(\sqrt{2}, i)$는 분해체이다.

15. 따름정리 4.19에 따라 x^2+1은 $\mathbb{Z}_3[x]$에서 기약이다. 따라서 정리 5.11에 따라, $\mathbb{Z}_3[x]/(x^2+1)$는 x^2+1의 근 $[x]$와 $[2x]$를 포함하여 모두 아홉 개의 원소를 갖는 체이다.

21. $p(x) \in K[x]$가 기약이고 u가 $p(x)$의 근이면 정리 11.10에 따라, $K(u)$는 K 위에서 대수적이다. 그러므로 따름정리 11.11에 따라 u는 F 위에서 대수적이다. F 위의 그 최소다항식 $q(x)$는 K 위에서 분해되고, 정리 11.6에 따라 기약인 $p(x) \in K[x]$의 인수이다. $p(x)$의 차수는 1임을 보이고, 연습문제 19를 적용하라.

11.5절 (516쪽)

1. $F[x]$의 임의의 다항식은 $E[x]$에도 속한다.

7. (a) $f(x) = a_n x^n + \cdots + a_0$이고 $f'(x) = 0_F$이면 각 $k > 0$에 대하여 $(k1_F)a_k = ka_k = 0_F$이다. F의 표수가 0이므로 $k1_F \neq 0_F$이고, 따라서 $a_k = 0$. 그러므로 $f(x) = a_0$.

9. $f(x)$와 $f'(x)$가 서로 소가 아니면 그 최대공약수는 어떤 분해체에서 근 u를 갖는다. 따라서 연습문제 8에 따라 u는 $f(x)$의 중근이고, 그 결과로 $f(x)$는 분리가능이 아니다.

13. 예제 2처럼, 정리 11.18의 증명을 이용하라.

11.6절 (525쪽)

3. $na = a + a + \cdots + a = 1_R a + 1_R a + \cdots + 1_R a = (1_R + \cdots + 1_R)a = (n1_R)a = 0_R a = 0_R$.

5. $p =$ (F의 표수) = (K의 표수). 정리 11.23으로부터 F의 위수는 p^m이고 $m = [F : \mathbb{Z}_p]$이다. 따라서 $q = p^m$이다. $[K : \mathbb{Z}_p] = [K : F][F : \mathbb{Z}_p] = nm$이므로, 정리 11.23은 K의 위수가 $p^{mn} = q^n$임을 보여준다.

13. $\mathbb{Z}_p$의 임의의 원소 a는 정리 11.25의 증명으로부터, $x^p - x$의 근이다. 따라서 $\mathbb{Z}_p$에서 $a^p = a$ 이고, 이것은 $\mathbb{Z}$에서 $a^p \equiv a \pmod{p}$임을 의미한다. $\mathbb{Z}$에서 a가 p와 서로 소이면 a는 체 $\mathbb{Z}_p$의 영이 아닌 원소이고, 따라서 역원을 갖는다.

17. $E \cong F$이므로, 각 위수는 어떤 소수 p에 대하여 p^n이다. 정리 11.25에 따라 $E = \mathbb{Z}_p(u_1, \ldots, u_t) = F$이고, 여기서 모든 u_i는 $x^{p^n} - x$의 K에서 모든 근이다.

제12장

12.1절 (537쪽)

1. 임의의 $c \in F$에 대하여, $\sigma(c) = c$이면 $\sigma^{-1}(c) = \sigma^{-1}(\sigma(c)) = c$.

3. 정리 11.7을 이용하여, 모든 $c \in F(u)$ 에 대하여 $\sigma(c) = c$임을 보이라.

5. 따름정리 12.5와 Lagrange 정리 8.5를 이용하라.

9. (a) $p(x) = x^2 + x + 1$ (b) $\mathrm{Gal}_{\mathbb{Q}}\mathbb{Q}(\omega) \cong \mathbb{Z}_2$

11. $\mathrm{Gal}_{\mathbb{Q}}\mathbb{Q}(\sqrt{2}, i) \cong \mathbb{Z}_2 \times \mathbb{Z}_2$

12.2절 (547쪽)

1. 모든 중간체의 개수는 $\mathrm{Gal}_F K$의 모든 부분군의 개수와 동일하고, 정리 12.11에 따라 유한이다.

5. 네 개, 차원은 10, 5, 2, 1.

9. (a) 정리 7.17에 따라, $\mathbb{Z}_n \cong \mathrm{Gal}_F K$ 의 임의의 부분군(특히, $\mathrm{Gal}_E K$)은 순환군이고 정규부분군. 정리 12.11에 따라, $\mathrm{Gal}_F E \cong \mathrm{Gal}_F K/\mathrm{Gal}_E K$; 8.3절의 연습문제 24를 적용하라.

11. (b) Eisenstein 판정법에 따라 x^4-2는 $\mathbb{Q}[x]$에서 기약이므로 $[\mathbb{Q}\sqrt{4}:\mathbb{Q}]=4$. 따름정리 4.19에 따라 x^2+1은 i의 $\mathbb{Q}(\sqrt[4]{2})$ 위에서 최소다항식이다.

12.3절 (560쪽)

1. (a) $\mathbb{Q} \subseteq (\sqrt{5}) \subseteq \mathbb{Q}(\sqrt{5}, \sqrt{7}) \subseteq \mathbb{Q}\left(\sqrt{5}, \sqrt{7}, \sqrt[4]{2+\sqrt{5}}\right)$
$\subseteq \mathbb{Q}\left(\sqrt{5}, \sqrt{7}, \sqrt[4]{2+\sqrt{5}}, \sqrt[4]{1+\sqrt{7}}\right)$를 포함하여 많은 정답이 있다.

5. (a) A_4는 그 부분군 H와 여덟 개의 3-순환치환 (123), (132), (124), (142), (134), (143), (234), (243) 으로 구성된다. H는 A_4의 정규부분군임을 보이라. 위수가 ≤ 4 인 모든 군은 가환이라는 사실을 이용하여, 사슬 $S_4 \supseteq A_4 \supseteq H \supseteq \langle(1)\rangle$이 풀이가능성의 정의를 만족하는 것을 보이라.

7. (a) ± 1 (c) $\pm 1, \ \pm i$
(e) $\pm 1, \ 1/2 \pm i\sqrt{3}/2, \ -1/2 \pm i\sqrt{3}/2$

13. K가 어떤 삼차다항식의 분해체이면 $[K:F]$는 3으로 나누어진다(왜?) 또, 정리 11.13에 따라 ≤ 6. 따라서 그 Galois 군은 위수가 3 또는 6인 S_3의 부분군이다(따름정리 12.5).

17. (a) $x^6-4x^3+4=(x^3-2)^2$이다. $\mathbb{Q}(\sqrt[3]{2}, \omega)$는 분해체이고, 여기서 ω는 1의 복소 세제곱근이다. $G \cong S_3$.
(c) $x^5+6x^3+9x=x(x^2+3)^2$이다. $\mathbb{Q}(i\sqrt{3})$는 분해체이다. $G \cong \mathbb{Z}_2$.
(e) $G \cong S_5$.

제13장

제13장 (573쪽)

1. $ka \equiv 0 \pmod{p}$이면 $p \mid ka$. 그렇지만 $\gcd(p,k)=1$(왜?). 따라서 정리 1.5로부터 $p \mid a$, 이것은 모순이다.

3. (a) 0107 0512 2421 1479

제14장

14.1절 (581쪽)

3. 해가 존재한다면, 연습문제 2에 따라 그 해는 0, 1, 또는 2이다. 이것들은 해가 아님을 밝히라.

9. $x \equiv -30 \pmod{187}$

11. $x \equiv -18 \pmod{210}$

13. $x \equiv 204 \pmod{204204}$

19. $(\Leftarrow)$ $b-a=dk$이고 $mu+nv=d$이면 $muk+nvk=b-a$. 보조정리 14.1의 증명처럼 진행하라.

14.2절 (586쪽)

3. $\mathbb{Z}_3 \times \mathbb{Z}_5$에서 7은 $(1,2)$이고 8은 $(2,3)$이다. 그러므로 그 곱은 $(1\cdot 2,\ 2\cdot 3)=(2,1)$ 이다.

5. $(\Rightarrow)$ $f(r)=f(s)$이면 r과 s는 **모두** 연립방정식 $x \equiv r \pmod{m_1}$, $x \equiv r \pmod{m_2}$, $\cdots$, $x \equiv r \pmod{m_r}$ 의 해이다.

14.3절 (591쪽)

1. (a) 따름정리 14.6을 반복적으로 이용하여, 둘 다 $\mathbb{Z}_3 \times \mathbb{Z}_4 \times \mathbb{Z}_5$와 동형임을 보이라. 따라서 서로 동형이다.

제15장

제15장 (605쪽)

3. (a) 좌표평면의 작도에서와 같이 시작하라. 컴퍼스를 점 $(1,0)$에 두고, $(1,0)$과 $(3,0)$을 잇는 선분을 반지름으로 하는 원을 그리라. 그 원은 세로축과 Q에서 만난다. $(0,0)$, Q, $(1,0)$ 을 꼭짓점으로 하는 직각 삼각형은 빗변의 길이가 2이고, 길이가 1인 한 변을 갖는다. 따라서 Q에서의 각(길이 1의 변을 마주 보는)은 $\sin^{-1}\left(\dfrac{1}{2}\right)=30°$이므로 $30°$이다.

   (c) 문항 (a)는 각 $90°$를 삼등분할 수 있음을 보여준다. 각 $30°$를 **이등분**할 수 있으므로, 각 $45°$를 삼등분할 수 있다.

5. $\cos 3t=\cos(t+2t)=\cos t\cos 2t-\sin t\sin 2t=\cos t\,(2\cos^2 t-1)-\sin t(2\sin t\cos t)$ $=2\cos^3 t-\cos t-2\sin^2 t\cos t=2\cos^3 t-\cos t-2(1-\cos^2 t)\cos t=4\cos^3 t-3\cos t.$

7. 아니오. 이것을 증명하기 위하여, x가 $\mathbb{Q}[x]$의 유리근을 갖지 않는 어떤 삼차다항식의 해임을 보이라.

9. 아니오.

15. $\sqrt{k}\in F$이면 $F(\sqrt{k})=F$. $\sqrt{k}\notin F$이면 $F(\sqrt{k})$의 영이 아닌 원소 $a+b\sqrt{k}$ 의 곱셈에 대한 역원이 $c+d\sqrt{k}$ 이다. 여기서 $c=a/(a^2-kb^2)$이고 $d=-b/(a^2-kb^2)$.

제16장

16.1절 (619쪽)

1. C가 덧셈에 대하여 닫힘을 밝히라. 따라서 정리 7.12에 따라 부분군이다.

3. (a) 1 (c) 4

5. (a) 0000, 1000, 0111, 1111
   (c) 0000, 0010, 0101, 0111, 1001, 1011, 1100, 1110

11. (c) i번째 좌표를 아래 첨수로 표시하면 $(u+w)_i = u_i + w_i$이고 $(v+w)_i = v_i + w_i$. 따라서 $(u+v)_i = (v+w)_i$일 필요충분조건은 $u_i = v_i$이다.

17. 00000, 11100, 00111, 11011을 포함하여 많은 정답이 있다.

21. $n=5$

25. $B(n)$의 원소가 짝수 Hamming 무게를 가질 필요충분조건은 그것이 Hamming 무게가 1인 짝수 개의 원소들의 합(예를 들면, $110=100+010$)임을 밝히라. 이것을 이용하여, 짝수 Hamming 무게를 갖는 원소들의 전체집합은 덧셈에 대하여 닫혀있음을 보이라.

27. (a) 0.96059601 (c) 0.00058806
    (e) 0.00000001

16.2절 (632쪽)

1. (a) $\begin{pmatrix} 0 & 0 \\ 1 & 1 \\ 1 & 0 \\ 0 & 1 \end{pmatrix}$ (c) $\begin{pmatrix} 1 \\ 1 \\ 0 \\ 1 \end{pmatrix}$

3. $\begin{pmatrix} 1 \\ 1 \\ 1 \\ 1 \\ 1 \\ 1 \end{pmatrix}$

5. 다음을 포함하여 많은 정답이 있다.

$$\begin{pmatrix} 0&0&1&1\\ 1&0&0&1\\ 1&0&1&0\\ 1&0&1&1\\ 0&1&0&1\\ 0&1&1&0\\ 0&1&1&1\\ 1&1&0&0\\ 1&1&0&1\\ 1&1&1&0\\ 1&1&1&1\\ 1&0&0&0\\ 0&1&0&0\\ 0&0&1&0\\ 0&0&0&1 \end{pmatrix}$$

13. 오류가 탐지될 필요충분조건은 w가 코드어가 아니다. $w = u + e$이고 코드어 전체집합은 덧셈에 대하여 닫혀있음을 주목하라.

16.3절 (641쪽)

1. (a) $f(x) = a_n x^n + \cdots + a_i x^i + \cdots + a_0$이면, 임의의 $a_i \in \mathbb{Z}_2$에 대하여 $a_i + a_i = 0$이므로 $f(x) + f(x) = (a_n + a_n)x^n + \cdots + (a_i + a_i)x^i + \cdots + (a_0 + a_0) = 0x^n + \cdots + 0x^i + \cdots + 0$.

3. $1 + x + x^4$는 $\mathbb{Z}_2$에서 근을 갖지 않음을 밝히라. 따라서 1차나 3차의 인수를 갖지 않는다. 만약 2차 인수가 존재하면, 그것은 두 1차 인수의 곱이거나 기약이다. 나눗셈을 하여 하나뿐인 2차 기약다항식(연습문제 2)은 인수가 아님을 보이라.

5. (a) 연산표를 이용하여, α^3이 $f(x) = 1 + x + x^2 + x^3 + x^4$의 근임을 보이라. 그러면 이제 $f(x)$가 기약임을 보이는 것으로 충분하다. 연습문제 3의 방법을 사용하라.

7. (c) $f([a_0 + a_1 x + \cdots + a_{n-1} x^{n-1}]) = (0, 0, ..., 0)$ 이면 $[a_0 + a_1 x + \cdots + a_{n-1} x^{n-1}] = [0]$, 그 결과 f의 핵은 항등원 부분군이다. 정리 8.17을 적용하라.

9. (a) $D(x) = x^2 + \alpha^4 x + \alpha$는 $1 = \alpha^0$과 $\alpha = \alpha^1$을 근으로 갖는다. 따라서 정정어는 000000000000000.

   (c) $D(x) = x^2 + \alpha^{13} x + \alpha^4$은 근 α^9과 α^{10}을 갖는다. 따라서 정정어는 101010010110000.

부록 B

부록 B (669쪽)

1. (a) $\{-2, -1, 0, 1, 2, 3, 4, 5, 6, 7, 8\}$ (c) $\{1, 2\}$

3. (a) $\sqrt{2}$는 무리수이므로 공집합 (c) 공집합

7. $(a,0)$, $(a,1)$, (a,c), $(b,0)$, $(b,1)$, (b,c), $(c,0)$, $(c,1)$, (c,c)

11. (a) 예 (c) 예

13. (a) $f(1)=a,\ f(2)=b,\ f(3)=c,\ f(4)=a;\ g(1)=c,\ g(2)=b,\ g(3)=a,\ g(4)=b;$ $h(1)=b,\ h(2)=a,\ h(3)=c,\ h(4)=c;\ k(1)=c,\ k(2)=a,\ k(3)=a, k(4)=b$ 로 주어진 함수 $f,\ g,\ h,\ k$를 포함하여, 많은 정답이 있다.
    (c) C에서 C로의 6개의 전단사함수가 존재한다.

19. $(a,d)\in A\times(B\cup C)$이면 $a\in A$이고 $d\in B$ 또는 $d\in C$. 그러므로 $(a,d)\in A\times B$ 또는 $(a,d)\in A\times C$이고, 따라서 $(a,d)\in(A\times B)\cup(A\times C)$. 따라서 $A\times(B\cup C)\subseteq(A\times B)\cup(A\times C)$. 역으로 $(r,s)\in(A\times B)\cup(A\times C)$라 가정하자. 그러면 $(r,s)\in A\times B$ 또는 $(r,s)\in A\times C$이다. $(r,s)\in A\times B$이면 $r\in A$이고 $s\in B$이고(따라서 $s\in B\cup C$), 그래서 $(r,s)\in A\times(B\cup C)$. 유사하게 $(r,s)\in A\times C$이면 $(r,s)\in A\times(B\cup C)$. 그러므로 $(A\times B)\cup(A\times C)\subseteq A\times(B\cup C)$이고, 따라서 두 집합은 같다.

23. 아니오, 왜?

25. (a) $f(a)=f(b)$이면 $2a=2b$. 양변을 2로 나누어 $a=b$임을 안다. 그러므로 f는 단사.
    (c) $f(a)=f(b)$이면 $a/7=b/7$이고, 이것은 $a=b$임을 의미한다.

27. (a) $(g\circ f)(a)=(g\circ f)(b)$이면 $g(f(a))=g(f(b))$이다. g가 단사이므로 $f(a)=f(b)$. f는 단사이므로 이것은 $a=b$임을 의미한다. 그러므로 $g+f$는 단사.

29. (a) $d\in D$라 하자. $g\circ f$가 전사이므로, $(g\circ f)(b)=d$를 만족하는 $b\in B$가 존재한다. $c=f(b)\in C$라 하자. 그러면 $g(c)=g(f(b))=(g\circ f)(b)=d$. 따라서 g는 전사.

부록 C

부록 C (681쪽)

1. $0=0(0+1)/2$이므로 $P(0)$은 참이다. $P(k)$가 참이라 하면, $1+2+\cdots+k=k(k+1)/2$. 양변에 $k+1$을 더하여 우변이 $(k+1)(k+2)/2$ 임을 보이라. 이것은 $P(k+1)$이 참임을 말한다.

3. $P(n)$을 명제 $2^{n-1}\le n!$이라 두자. $P(0)$과 $P(1)$이 참임을 밝히라. $k\ge 1$이고 $P(k)$가 참이라 하면 $2^{k-1}\le k!$이고 $2\le k+1$이다. 따라서 $(2^{k-1})2\le k!(k+1)$, 즉 $2^k\le(k+1)!$. 따라서 $P(k+1)$이 참이다.

7. $n=1$일 때, 명제가 참임을 밝히라. k에 대하여 명제가 참이라고 가정하자. 즉, 3이 $2^{2k+1}+1$의 인수이다. 그러면 $2^{2k+1}+1=3t$이고, 따라서 $2^{2k+1}=3t-1$이다. $k+1$에 대하여 명제가 참임을 보이기 위하여 $2^{2(k+1)+1}=2^{2k+2+1}=2^{2k+1}2^2=(3t-1)4=12t-4=3(4t-1)-1$임을 주목하고, 따라서 $2^{2(k+1)+1}+1=3(4t-1)$.

11. $n=1$일 때, 명제가 참임을 밝히라. $B=\{b_1, b_2, ..., b_n\}$. B에서 B로의 단사함수를 정의할 때, b_1의 상에 대한 n개의 가능한 선택이 존재하고, b_2의 상에 대한 $n-1$가지 선택이 존재하고(b_2는 b_1과 동일한 상을 가질 수 없으므로), b_3의 상에 대한 $n-2$가지 선택이 존재하고, 등등.

13. (a) $n=2$일 때, 명제가 참임을 밝히라. k개 원소를 갖는 집합은 $k(k-1)/2$개의 2-원소 부분집합을 갖는다고 가정하고, B가 $k+1$개의 원소를 갖는다고 하자. $b\in B$를 선택하고, $C=B-\{b\}$라 두자. B의 임의의 2-원소 부분집합은 C의 두 원소로 구성되거나, 또는 b와 C의 한 원소로 구성된다. 귀납법의 가정으로부터, $k(k-1)/2$개의 첫째 형태의 부분집합이 존재한다.

부록 D

부록 D (688쪽)

3. (a) $\cos a=\cos a$이므로 $a\sim a$이다. $a\sim b$이면 $\cos a=\cos b$이고 =는 대칭적이므로, $\cos b=\cos a$; 따라서 $b\sim a$. $a\sim b$이고 $b\sim c$이면 $\cos a=\cos b$이고 $\cos b=\cos c$. 따라서 $\cos a=\cos c$이므로 $a\sim c$.

5. (b) (r, s)의 동치류는 (r, s)를 지나는 세로 직선

9. (a) 추이적 (c) 대칭적

19. (b) D_4의 부분군 $K=\{r_0, v\}$를 생각하라.

부록 E

부록 E (693쪽)

1. 4032

3. $\binom{n}{r}=\dfrac{n!}{r!(n-r)!}=\dfrac{n!}{(n-(n-r))!(n-r)!}=\binom{n}{n-r}$

부록 F

부록 F (698쪽)

1. (a) $A+B=\begin{pmatrix}1 & -6 & 0 & 4 \\ 9 & 5 & 11 & 12\end{pmatrix}$

3. (a) $A+B$의 $i-j$ 위치의 원소는 $a_{ij}+b_{ij}$. 그런데 $a_{ij}+b_{ij}=b_{ij}+a_{ij}$, 이것은 $B+A$의 $i-j$ 위치의 원소. 따라서 $A+B=B+A$.

부록 G

부록 G (708쪽)

1. (a) $x+x^3+x^5$

   (c) $(-11, 7.5, -3, 12, -5, 0, 3, 0, 0, 0, \ldots)$

3. (a) $[(a_0, a_1, \ldots) \oplus (b_0, b_1, \ldots)] \oplus (c_0, c_1, \ldots)$

$$
\begin{aligned}
&= (a_0+b_0, a_1+b_1, \ldots) \oplus (c_0, c_1, \ldots) \\
&= ((a_0+b_0)+c_0, (a_1+b_1)+c_1, \ldots) \\
&= (a_0+(b_0+c_0), a_1+(b_1+c_1), \ldots) \\
&= (a_0, a_1, \ldots) \oplus (b_0+c_0, b_1+c_1, \ldots) \\
&= (a_0, a_1, \ldots) \oplus [(b_0, b_1, \ldots) \oplus (c_0, c_1, \ldots)]
\end{aligned}
$$

찾아보기

우소멸자(right annihilator), 72
우아이디얼(right ideal), 190
우잉여류(right coset), 308
우항등원(right identity), 68
원소(element), 657

현대대수학 제3판

Abstract Algebra: An Introduction, Third Edition

지은이 Thomas W. Hungerford
옮긴이 심효섭
펴낸이 조경희
펴낸곳 경문사
펴낸날 2024년 3월 4일 3판 1쇄
등 록 1979년 11월 9일 제 1979–000023호
주 소 04057, 서울특별시 마포구 와우산로 174
전 화 (02) 332–2004 팩스 (02) 336–5193
이메일 kyungmoon@kyungmoon.com

값 43,000원

ISBN 979–11–6073–674–8

군

체(fields)와 Galois 이론

F^n	$F \times F \times \cdots \times F$ (n개의 F), F는 체, 474
$[V:F]$	체 F 위의 벡터 공간 V의 차원; 특별한 경우: $[K:F]$, 여기서 K는 F에 대한 벡터 공간으로 간주되는 F의 확대체, 481
$F(u)$	체 F의 단순 확대체; F와 u를 포함하는 가장 작은 K의 부분체, 여기서 K는 F의 확대체이고 $u \in K$, 488
$F(u_1, u_2, \ldots, u_n)$	체 F의 유한생성 확대체; F와 $u_1, u_2, \ldots, u_n$을 포함하는 K의 가장 작은 부분체, 여기서 K는 F의 확대체이고 $u_i \in K$, 498
$f'(x)$	다항식 $f(x)$의 도함수, 513
$\mathrm{Gal}_F K$	F 위에서 K의 Galois 군, 여기서 K는 F의 확대체, 530
E_H	$\mathrm{Gal}_F K$의 부분군 H의 고정체, 536
ζ	체에서 단위원의 원시 n제곱근, 553

대수적 코드이론

$B(n)$	$\mathbb{Z}_2 \times \mathbb{Z}_2 \times \mathbb{Z}_2 \times \cdots \times \mathbb{Z}_2$ (n개의 $\mathbb{Z}_2$), 611
$Wt(u)$	$u \in B(n)$의 Hamming 무게, 612
$d(u, v)$	$u, v \in B(n)$의 Hamming 거리, 612
$e_1, e_2, \ldots, e_n$	$B(n)$에서 무게 1인 원소 전체, 629

그리스 알파벳

Alpha	α	A	Nu	ν	N
Beta	β	B	Xi	ξ	Ξ
Gamma	γ	Γ	Omicron	o	O
Delta	δ	Δ	Pi	π	Π
Epsilon	$\varepsilon, \in$	E	Rho	ρ	P
Zeta	ζ	Z	Sigma	σ	Σ
Eta	η	H	Tau	τ	T
Theta	θ	Θ	Upsilon	υ	Y
Iota	ι	I	Phi	φ, ϕ	Φ
Kappa	κ	K	Chi	χ	X
Lambda	λ	Λ	Psi	ψ	Ψ
Mu	μ	M	Omega	ω	Ω